Limann/Pelka

# Fernsehtechnik ohne Ballast

Otto Limann
Horst Pelka

# Fernsehtechnik ohne Ballast

Einführung in die Schaltungstechnik der Fernsehempfänger

Mit 619 Abbildungen und 4 Farbtafeln
19., neubearbeitete und erweiterte Auflage

Franzis'

Die Deutsche Bibliothek – CIP-Einheitsaufnahme

**Limann Otto:**
Fernsehtechnik ohne Ballast : Einführung in die Schaltungstechnik der Fernsehempfänger / Otto Limann ; Horst Pelka. -
19., neubearb. u. erw. Aufl. - Poing : Franzis, 1998
ISBN 3-7723-5725-3



Satz: Fotosatz Pfeifer GmbH, 82166 Gräfelfing
Druck: Offsetdruck Heinzelmann, München
Printed in Germany - Imprimé en Allemagne.

ISBN 3-7723-5725-3

# Vorwort

Die ständige Weiterentwicklung der Geräte der Unterhaltungs-Elektronik erfordert immer wieder eine Neubearbeitung des Buches.

Das in der vorhergehenden Auflage am Schluß eingefügte Sonderkapitel über integrierte Schaltungsbausteine wurde nunmehr in den Gesamtstoff „integriert". Dadurch folgen nun innerhalb eines Kapitels auf die Abschnitte mit den Funktionsbeschreibungen von Stufen, die mit Einzelbauelementen bestückt sind logisch sogleich die Stufenbeschreibungen für Bestückung mit integrierten Schaltungen. Das leitet sehr eindringlich von den elementaren Schaltungsgrundlagen zur modernen Schaltungstechnik über.

Es wird das bewährte Verfahren, die komplizierten Synchronisier- und Regelschaltungen in Fernsehempfängern auf die klassischen Fundamente der Steuer- und Regeltechnik zurückzuführen, beibehalten. Damit lassen sich die Kapitel über Verstärkungsregelung, automatische Scharfabstimmung, Impulsabtrennung, Störaustastung und Synchronisierung zwanglos und systematisch auf den offenen Steuerkreis oder den geschlossenen Regelkreis mit ihren Meßwertaufnehmern, Regelverstärkern und Stellgliedern zurückführen. Ebenso gehen Störaustastung, getastete Regelung und manche andere Automatik zurück auf die Schalt- und Differenzierstufen, Koinzidenz- und Antikoinzidenzstufen der allgemeinen elektronischen Schaltungstechnik.

Wie bisher stand bei der Abfassung das Ziel vor Augen, dem Berufsschüler und dem Servicetechniker die Grundfunktionen möglichst verständlich darzustellen, damit er sich in neu aufkommende Spezialschaltungen hineinfinden kann. Auch in der Zeit der integrierten Schaltungen und der Modulbauweise muß man die Grundlagen beherrschen, wenn man nicht zum gedankenlosen Modulaustauscher herabsinken will.

Diese Vorstellungen über die Signalaufbereitung und Signalverarbeitung in den einzelnen Stufen und in der Gesamtschaltung wird auch den Studierenden an Ingenieurschulen eine willkommene praktische Ergänzung des wissenschaftlichen Vorlesungsstoffes sein.

Eine Art programmiertes Lernen ergibt sich dadurch, daß in den späteren Kapiteln am Beginn eines neuen Abschnittes jeweils auf empfehlenswerten Wiederholungsstoff in den vorderen Grundlagenkapiteln zurückverwiesen wird.

Der Leser dieses Buches soll keine Schaltungen berechnen, sondern er soll die Funktion dieser Schaltungen verstehen, aber dabei auch einen Einblick in die schwierigen und vielfältigen Arbeiten des Entwicklungsingenieurs erhalten.

Möge diese neue Auflage wiederum ihren Weg machen und über ein Fachgebiet informieren, dessen Erzeugnisse Freude, Unterhaltung und auch Weiterbildung vermitteln sollen.

Ottobrunn bei München

*Otto Limann*

# Vorwort zur neunzehnten Auflage

Seit dem Erscheinen der ersten Auflage im Jahre 1957 hat sich die Schaltungstechnik und der Aufbau von Fernsehgeräten entscheidend geändert.

Die Etablierung der Farbtechnik, die Weiterentwicklung zu PALplus, die kommende Einführung des 16:9-Bildformates, die Satellitentechnik und die Verwendung höchstintegrierter Schaltungen kennzeichnen die neuen Generationen.

Da der erste Autor, Herr Limann vor einigen Jahren bereits in den Ruhestand getreten ist, hat mich der Franzis-Verlag beauftragt, die immer wieder notwendigen Überarbeitungen ab der vierzehnten Auflage vorzunehmen.

Wie bisher lag auch bei dieser Auflage das Ziel vor Augen, dem Berufsschüler, dem Servicetechniker und dem studierenden Ingenieur die Grundfunktionen der Fernsehtechnik möglichst verständlich darzustellen. Dazu dienen die Grundlagenkapitel und die Schaltbeispiele mit diskreten Bauelementen.

Andererseits sollen aber auch die Leser mit der neuesten Technik vertraut gemacht werden. Hierzu habe ich einige typische Schaltbeispiele mit digitaler Signalverarbeitung in hochintegrierten Schaltungen ausgewählt. Leider ist es nicht möglich, die gesamte Entwicklung mit allen auf dem Markt befindlichen Geräten in diesem Buch unterzubringen. Damit wäre der Umfang (und auch der Preis) des Buches überfordert. Hierzu sollen und müssen die Service-Anleitungen der einzelnen Firmen ergänzend mit herangezogen werden. Das Buch soll jedoch das Verständnis für die oft sehr komplizierten Vorgänge wecken und die Entwicklungstrends aufzeigen.

Daher wurden die Kapitel über PALplus, Flacher Bildschirm, Multi-Media und digitales Fernsehen neu aufgenommen. Digitales Fernsehen, flimmerfrei durch Zwischenspeicherung eines Halbbildes und 100-Hz-V-Ablenkung werden ebenso behandelt wie die Grundlagen der Satellitentechnik.

Wie bereits mein Vorautor, bin auch ich für weitere Vorschläge in der nächsten Auflage aufgeschlossen. Jede dieser Zuschriften wird gern entgegengenommen und berücksichtigt, doch bitte ich um Nachsicht, wenn nicht in allen Fällen ein Antwortschreiben möglich ist.

So hoffe ich, daß auch diese neue Auflage wieder viele Freunde gewinnen wird.

*Horst Pelka*

# Inhalt

## Wichtiger Hinweis

Die in diesem Buch wiedergegebenen Schaltungen und Verfahren werden ohne Rücksicht auf die Patentlage mitgeteilt. Sie sind ausschließlich für Amateur- und Lehrzwecke bestimmt und dürfen nicht gewerblich genutzt werden*).

Alle Schaltungen und technischen Angaben in diesem Buch wurden vom Autor mit größter Sorgfalt erarbeitet bzw. zusammengestellt und unter Einschaltung wirksamer Kontrollmaßnahmen reproduziert. Trotzdem sind Fehler nicht ganz auszuschließen. Der Verlag und der Autor sehen sich deshalb gezwungen, darauf hinzuweisen, daß weder eine Garantie noch die juristische Verantwortung oder irgendeine Haftung für Folgen, die auf fehlerhafte Angaben zurückgehen, übernehmen können. Für die Mitteilung eventueller Fehler sind Autor und Verlag jederzeit dankbar.

---

*) Bei gewerblicher Nutzung ist vorher die Genehmigung des möglichen Lizenzinhabers einzuholen.

# 1 Bildzerlegung und Bildübertragung

## *Prinzip der Bildzerlegung und -übertragung*

### Abb. 1.01 Bildabtastung

Verfahren zum Übertragen von Bildern und Schriftstücken auf elektrischem Wege sind als *Bildtelegrafie* oder *Bildfunk* seit langem bekannt. Dazu wird das Bild linienweise mit einem Fotodetektor abgetastet. Er wandelt die Helligkeitswerte der einzelnen Bildpunkte in elektrische Stromwerte um. Diese Stromschwankungen gelangen nacheinander zum Empfangsort. Sie werden dort in Helligkeitswerte zurückverwandelt, indem man mit dem Strom z.B. ein Glühlämpchen speist. Das durch eine Optik gebündelte Licht dieses Lämpchens wird dann linienweise über ein Fotopapier geführt und bewirkt dort entsprechende Schwärzungen. Das Grundprinzip einer Bildübertragung besteht also darin, die Helligkeitswerte der Vorlage punktweise abzutasten und nacheinander oder sequentiell[1]) zum Wiedergabeort zu übertragen.

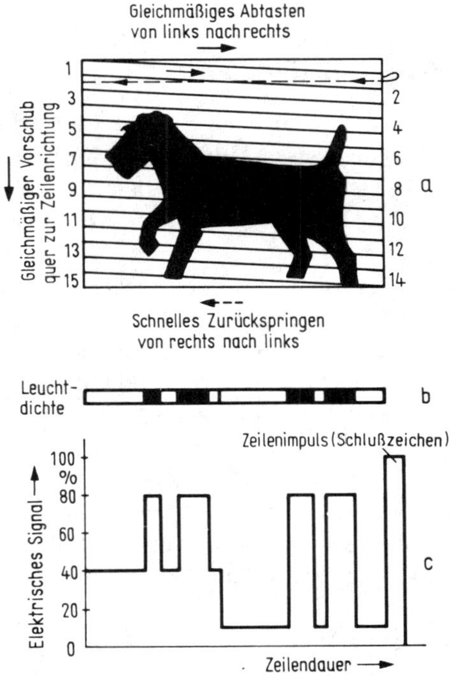


Abb. 1.01 Abtasten eines Bildes zur zeilenweisen Übertragung der Helligkeitswerte; a = Vorlage, b = Helligkeitsverlauf der Zeile 12, c = zugehöriger elektrischer Signalverlauf

1 sequens (lateinisch) = das Folgende.

Die Vorlage wird dazu nach Abb. 1.01a in ein Raster von parallelen Bildzeilen zerlegt, die um eine Zeilenbreite nach abwärts geneigt verlaufen. Am rechten Ende jeder Zeile muß das Abtastorgan ruckartig über die gesamte Bildbreite zurück zum nächsten Zeilenanfang springen. Um diesen Rücklauf richtig einsetzen zu lassen, wird außer den Stromschwankungen, die durch die verschieden hellen Stellen des Bildes entstehen, am Ende der Zeile ein besonderes Signal, der sogenannte Zeilenimpuls, gegeben. Es leitet den Rücklauf ein und sorgt dafür, daß die nächste Zeile genau an der richtigen Stelle beginnt. Dieses Signal besteht aus einem stärkeren Stromstoß vom Sender her. Man teilt also die Stromwerte z.B. folgendermaßen ein:

| Helligkeitswert | Elektrisches Signal |
|---|---|
| Weiß | 10 % |
| Mittelgrau | 40 % |
| Schwarz | 80 % |
| Zeilenimpuls (Schlußzeichen) | 100 % |

In Abb. 1.01b sind die Helligkeitswerte der Bildzeile 12 herausgezeichnet. Das Bild 1.01c darunter stellt die zugehörigen elektrischen Signale dar. Hier sei bereits im Vorgriff auf das Farbfernsehen erwähnt, daß man die Helligkeit eines Bildpunktes auch mit *Leuchtdichte oder Luminanz*[1]) bezeichnet. Ein Signalverlauf nach Bild 1.01c nennt man Leuchtdichtesignal oder Luminanzsignal. Den Ausdruck *Helligkeit* benutzt man besser für den optischen Eindruck des gesamten Bildes.

## Abb. 1.02 Bildübertragung

Das Schema einer Bildübertragung umfaßt folgende Stufen:

1. Zeilenweises Abtasten der Vorlage. Beim Fernsehen dient dabei als Abtastsonde ein feiner Elektronenstrahl in der Kameraröhre.
2. Die Helligkeitswerte der einzelnen Bildpunkte werden in elektrische Signale umgewandelt.
3. Diese Signale werden nacheinander zum Wiedergabeort übertragen.
4. Die elektrischen Signale werden in Helligkeitswerte zurückverwandelt. Beim Fernsehempfänger geschieht dies in der Bildröhre.
5. Die Helligkeitswerte wirken zeilenweise auf die Bildfläche ein.
6. Zusätzliche *Gleichlaufzeichen* (Synchronisierzeichen, Synchronisierimpulse) am Ende jedes Zeilensignals bewirken, daß der Schreibstrahl schnell zum Anfang der nächsten Zeile zurückspringt.

Das zeilenweise Abtasten der Vorlage und das zeilenweise Entstehen des Bildes am Empfangsort entspricht etwa dem Lesen einer Buchseite. Man gleitet mit dem Blick stetig die Zeile entlang und springt dann nach links auf den Anfang der nächsten Zeile zurück.

---

1 luminosus (lateinisch) = licht, hell.

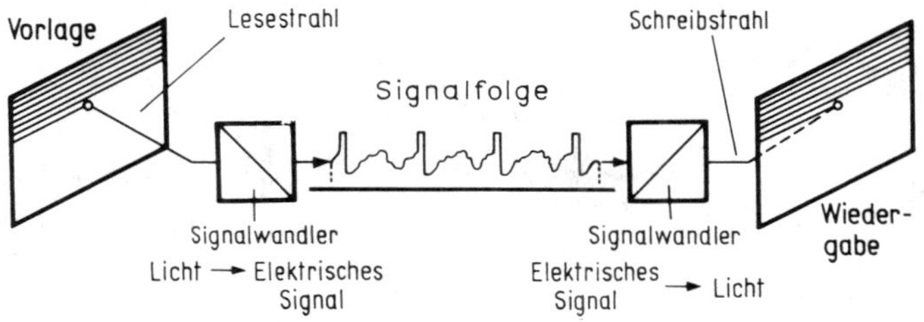


oben: Abb. 1.02 Schema einer zeilenweisen Bildübertragung vom Abtasten bis zur Bildwiedergabe

Abb. 1.03 Darstellung einer Bewegung durch aufeinanderfolgende Teilbilder

## Abb. 1.03 Erzeugen sich bewegender Bilder im Kino

Bei der Filmwiedergabe im Kino entsteht der Bewegungseindruck durch schnell aufeinanderfolgende Einzelbilder, von denen das nächste jeweils eine weitere Bewegungsphase darstellt. Diese Bilder werden nacheinander auf die Bildwand projiziert. Jedes Bild steht kurze Zeit still und wird dann ruckartig durch das nächste ersetzt. Wird also z.B. das Abstoßen eines Fußballs wiedergegeben, so befindet er sich im ersten Bild am Fuß des Spielers, beim zweiten an der Stelle 2, beim dritten an Stelle 3 usw.

Infolge der Trägheit des Auges verschmelzen bei etwa 16 bis 25 Bildwechseln je Sekunde die Teilbilder zu einer fortlaufenden Bewegung. Beim normalen Kinofilm werden 24 Einzelbilder in einer Sekunde wiedergegeben. Während der Umschaltzeit wird die Bildfläche verdunkelt. Dieser Wechsel von 24 Bildern je Sekunde läßt zwar die Bewegungen gut ineinanderfließen, er bewirkt aber noch ein spürbares Flimmern durch den Wechsel zwischen Bildhelligkeit und Dunkelpause. Das Flimmern wird vermieden, wenn die Bildfrequenz vergrößert wird. Das Erhöhen der Bildzahl würde jedoch längere und daher teurere Filme erfordern. Man wählt deshalb den Ausweg, das im Bildfenster gezeigte Bild zwischendurch kurz zu verdunkeln, also gewissermaßen zweimal (oder dreimal) zu zeigen. Die Bildfrequenz wird dadurch ohne Mehraufwand an Film auf 48 (oder 72) Teilbilder je Sekunde heraufgesetzt; hierbei ist dann kein Flimmern mehr wahrzunehmen.

## Abb. 1.04 Elektrische Übertragung sich bewegender Bilder

Die elektrische Übertragung sich bewegender Bilder setzt sich aus den Verfahren nach Abb. 1.01 und 1.03 zusammen. Dazu werden also aufeinanderfolgende Einzelbil-

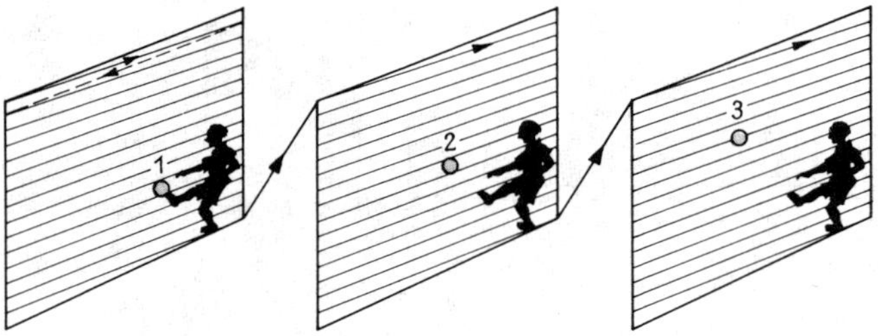


Abb. 1.04 Elektrische Übertragung von aufeinanderfolgenden Teilbildern

der mit verschiedenen Bewegungszuständen gezeigt. Jedes Einzelbild wird nochmals in Zeilen und Punkte aufgelöst, deren Helligkeitswerte in Spannungsschwankungen umgesetzt und nacheinander übertragen werden. Am Ende jeder Zeile wird ein aus einem kurzen Impuls bestehendes Gleichaufzeichen gegeben. Am Schluß eines ganzen Bildes aber werden mehrere aufeinanderfolgende Impulse gegeben. Sie bewirken, daß ein neues Bild an der linken oberen Ecke begonnen wird. Diese Teilbilder verschmelzen dann genau wie beim Film im Auge zu einer fortlaufenden Bewegung.

Lebende Szenen sind ständig bewegt, so daß sich bereits während des Abtastens die Bildpunkte verschieben. Dies ändert aber nichts an diesen Überlegungen, denn beim nächsten Einzelbild wird an den betreffenden Stellen jeweils die nächste Bewegungsphase erfaßt.

## Abb. 1.05 Zeilensprungverfahren

Um das Fernsehbild flimmerfrei zu machen, sollen wie beim Kino rund 50 Bildwechsel je Sekunde erfolgen. Dies erfordert einen hohen Aufwand für Verstärker und Übertragungseinrichtungen. Man sendet daher nur 25 Bilder und wendet eine ähnliche Täuschung wie beim Film an. Einmal werden in 1/50 Sekunde nur die ungeradzahligen Zeilen eines Bildes und dann in der folgenden 1/50 Sekunde die geradzahligen Zeilen übertragen, so daß in 2/50 = 1/25 Sekunden ein vollständiges Bild entsteht. Dieses Verfahren, stets eine Zeile zu überspringen, wird *Zwischenzeilen-* oder *Zeilensprungverfahren* genannt. Für das Auge entsteht dadurch der Eindruck von 50 Bildern je

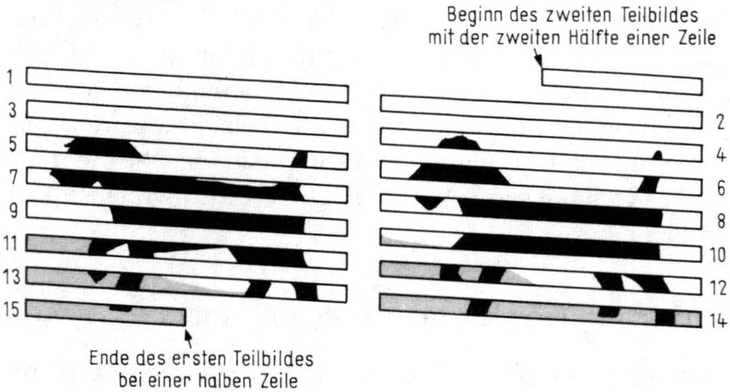


Abb. 1.05 Prinzip der Übertragung von zwei Teilbildern mit geraden und ungeraden Zeilenzahlen (Zeilensprungverfahren)

Sekunde, und das Flimmern tritt zurück. Die Zahl der vollständigen Bilder je Sekunde wird *Bildwechselfrequenz* genannt. Sie beträgt beim Fernsehen 25 Hz, in den Ländern mit FCC-Norm (USA, Japan und einige lateinamerikanische Länder) 30 Hz. Die Zahl der Teilbilder, die je Sekunde abgetastet werden, ist die Teilbild- oder Rasterfrequenz, auch *Vertikalfrequenz* genannt, weil zu Beginn eines neuen Teilbildes der Schreibpunkt senkrecht (vertikal) nach oben springen muß. Da ein vollständiges Bild aus zwei Teilbildern (mit geraden und ungeraden Zeilen) besteht, beträgt die Rasterfrequenz 50 Hz. 60 Hz für FCC-Norm, siehe auch Anhang über Fernsehnormen. Im Sprachgebrauch haben sich jedoch die Begriffe *Bildwechselfrequenz* (25 Hz) und *Teilbildfrequenz* (50 Hz) verwischt, und man versteht unter „Bildfrequenz" meist die Rasterfrequenz von 50 Hz. Der korrekte Ausdruck „Rasterfrequenz" liegt vielen Technikern nicht. Man spricht deshalb von der Bildkippfrequenz oder im Laborjargon kurz vom „Bildkipp".

Jedes Bildraster soll stets in gleicher Höhe anfangen, denn es wäre schaltungsmäßig schwierig, den obersten Bildpunkt abwechselnd immer eine Zeile höher oder tiefer beginnen zu lassen. Deswegen endet das erste Teilbild (ungerade Zeilen) mit einer halben Zeile, und das nächste Rasterbild beginnt oben mit der zweiten Hälfte einer Zeile. Da beide Raster die gleiche Zeilenzahl plus eine halbe Zeile erhalten, so besteht ein vollständiges Fernsehbild stets aus einer ungeraden Zahl von Zeilen, und zwar bei der eruopäischen Fernsehnorm aus 625 Zeilen. Jedes Teilbild besteht also aus 312½ Zeilen. Bei 25 Bildern zu je 625 Zeilen werden in einer Sekunde $625 \cdot 25 = 15625$ Zeilen abgetastet. Diese Norm wurde 1950 vom CCIR[1]) empfohlen und von dem Ausschuß-Vorsitzenden Gerber ausgearbeitet. Sie wird deshalb auch als *CCIR-Norm* oder *Gerber-Norm* bezeichnet.

Man merke sich also die folgenden Begriffe:

*Bildwechselfrequenz*
= Zahl der vollständigen Bilder je Sekunde = 25 Hz

*Rasterfrequenz, Vertikalfrequenz* oder Bildkippfrequenz
= Zahl der Teilbilder je Sekunde = 50 Hz

*Zeilenzahl*
= Zeilenzahl eines vollständigen Bildes = 625 Zeilen

*Zeilenfrequenz*
= Gesamtzahl der Zeilen je Sekunde
= Zeilenzahl x Bildwechselfrequenz
= $625 \cdot 25 = 15625$ Hz

Statt „Zeilenfrequenz" sagt man auch *Horizontalfrequenz,* weil die Zeilen annähernd waagerecht (horizontal) verlaufen. In den Serviceschriften der Industrie werden folgende Abkürzungen für die beiden wichtigen Frequenzen verwendet:

*B* oder *V* für *B*ildkippfrequenz oder *V*ertikalfrequenz
*Z* oder *H* für Zeilenfrequenz oder *H*orizontalfrequenz

1 CCIR = Comité Consultativ International des Radiocommunications = Internationaler beratender Ausschuß für Funkdienst.

Die hier genannten Zahlen und die weiteren Ausführungen gelten für die europäische CCIR-Fernsehnorm. Fernsehübertragungssysteme mit anderen Bildkipp- und Zeilenfrequenzen werden hier nicht behandelt, um den Stoff möglichst zu vereinfachen. Das Wissenswerte hierüber enthalten meist die Serviceschriften der Industriefirmen über Mehrnormenempfänger, mit denen man auch Sendungen anderer Normen aufnehmen kann.

## Abb. 1.06 Zeilensignal und Gleichlaufzeichen

Das Signal einer Zeile besteht aus dem Bildinhalt und dem Gleichlauf- oder Synchronisierzeichen am Ende der Zeile. Bei der Zeilenfrequenz von 15625 Hz steht für eine Zeile eine Zeitdauer

$$T = \frac{1}{f} = \frac{1}{15\,625} = 64 \cdot 10^{-6} = 64\ \mu s$$

zur Verfügung. Davon werden 11,5 $\mu$s für das Austast- und Synchronisierzeichen in Anspruch genommen. Es besteht aus einer kleinen „Schwarzschulter", dem etwa 5 $\mu$s breiten Synchronisierimpuls und einer weiteren ebenfalls etwa 5 $\mu$s breiten Schwarzschulter.

Die Synchronisierimpulse haben eine Höhe von 75% bis 100% der Maximalamplitude des Zeilensignals. Das Niveau von 75% stellt gleichzeitig den Schwarzpegel dar, der den dunkelsten Bildstellen entspricht. Die Synchronisierzeichen erscheinen also im Bild noch schwärzer als schwarz. Sie liegen im *Ultraschwarzgebiet* und bleiben ohnehin außerhalb des Bildfeldes. Die hintere Schwarzschulter verhindert, daß der Zeilenrücklauf als helle Linie erscheint. Der zurückspringende Strahl wird also dunkelgetastet oder ausgetastet. Der Weißpegel für die hellste Bildstelle liegt bei 10% des Maximalwertes. Zwischen zwei Zeilenimpulsen baut sich der Helligkeitsverlauf einer Zeile in Form von Amplitudenschwankungen auf. Der Impuls am Ende der Zeile stellt gewissermaßen einen Paukenschlag dar, durch den der Empfänger darauf aufmerksam gemacht wird, eine neue Zeile zu beginnen.

Den *B*ildinhalt bezeichnet man abgekürzt mit B. Das *A*ustastsignal, also den Schwarzpegel, mit A und das *S*ynchronisierzeichen mit S. Das gesamte elektrische Fernsehsignal wird deshalb abgekürzt BAS-Signal genannt.

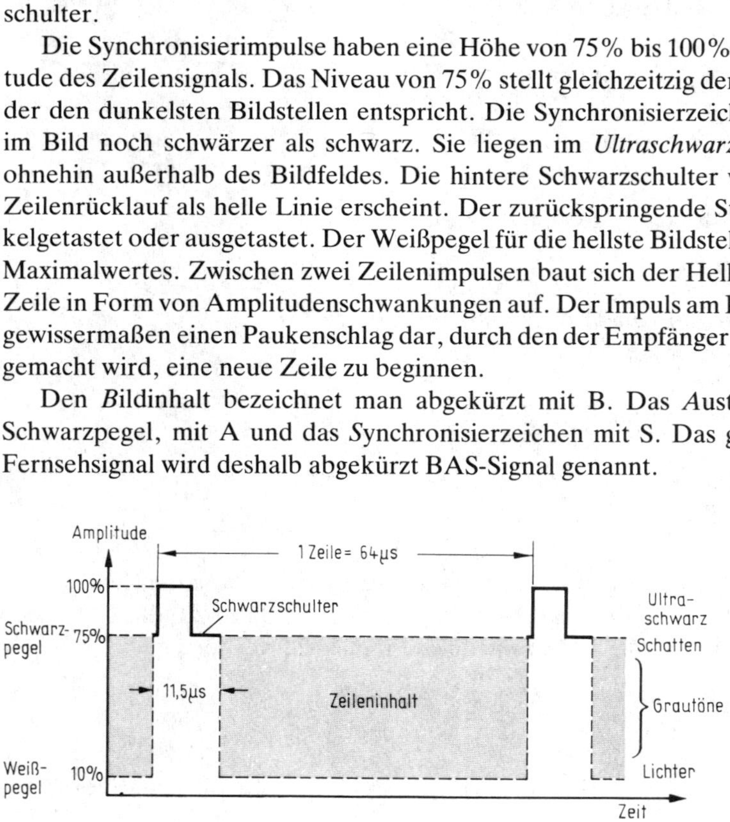


Abb. 1.06 Europäische Fernsehnorm für Bildinhalt und Gleichlaufzeichen einer Zeile

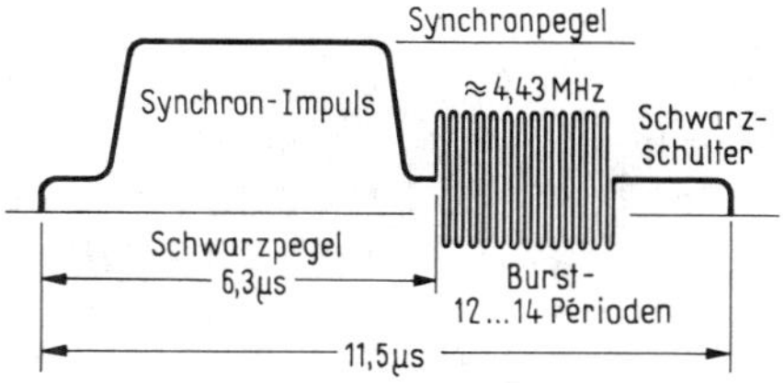


Abb. 1.07 Synchronisierzeichen mit Burstsignal für Farbsendungen

## Abb. 1.07 Burst-Signal

Mit der Einführung des Farbfernsehens erwies es sich als notwendig, ständig noch ein weiteres Signal vom Sender zum Empfänger zu übertragen, nämlich die sogenannte Farbträgerfrequenz von rund 4,43 MHz. Dabei genügt es, innerhalb eines Zeilensignals nur wenige Perioden dieser Frequenz zu übertragen. Auch für diese Impulse fand man noch ein Plätzchen. Man fügt auf der hinteren Schwarzschulter des Synchronisierzeichens zehn bis zwölf Perioden dieser Frequenz 4,43 MHz ein. Abb. 1.07 stellt den gegenüber Abb. 1.06 stark vergrößerten Austast- und Synchronisierimpuls dar. Den kurzen zusätzlichen Schwingungszug nennt man in Amerika *burst* = Stoß. Burst hängt sprachgeschichtlich mit unserem Wort bersten zusammen. Die Schwingungen bersten gewissermaßen aus der flachen Schwarzschulter heraus. Gesprochen wird das Wort von den Angelsachsen wie *börst*.

## Abb. 1.08 Bildwechselimpulse (Rasterimpulse)

Die Bildwechselimpulse am Ende eines Teilbildes sind breiter als die Zeilenimpulse, und es werden mehrere Zeichen hintereinander gegeben. Gleicht also der Zeilenimpuls einem Paukenschlag, der den Empfänger auf den Beginn einer neuen Zeile aufmerksam macht, dann entsprechen die Rasterimpulse einem Paukenwirbel von der Dauer mehrerer Zeilenlängen, der den Anfang eines neuen Teilbildes ankündigt.

Das erste Halbbild beginnt mit der Vorderflanke des Vertikal-Synchronimpulses (Abb. 1.08). Es weist 312½ Zeilen auf, wovon die ersten 22½ Zeilen noch in die Vertikal-Austastlücke fallen. Das zweite Halbbild beginnt nach 312½ Zeilen, also in der Mitte der 313. Zeile, ebenso mit der Vorderflanke des Vertikal-Synchronimpulses und endet mit der 625. Zeile.

Um den Halbzeilenversatz zu erhalten, werden am Ende eines jeden Halbbildes fünf Halbzeilenimpulse ausgesendet, ebenso nach dem V-Impuls. Damit während des 2,5 H-Perioden (2,5 × 64 µs) dauernden V-Impulses die Horizontal-Synchronisation weiter läuft, wird der V-Impuls im Abstand von H/2 kurz unterbrochen.

Die Versetzung der beiden Impulsreihen um eine halbe Zeilenbreite muß im Sender sehr genau eingehalten werden, wenn die beiden Teilbilder nicht gegeneinander wackeln sollen. Die Ausgleichimpulse oder Trabanten dienen als Ein- und Ausklang der Bildimpulse. Sie tragen dazu bei, daß im Empfänger für beide Raster recht gleichförmige Synchronisierzeichen entstehen. Würden die breiten Bildwechsel-

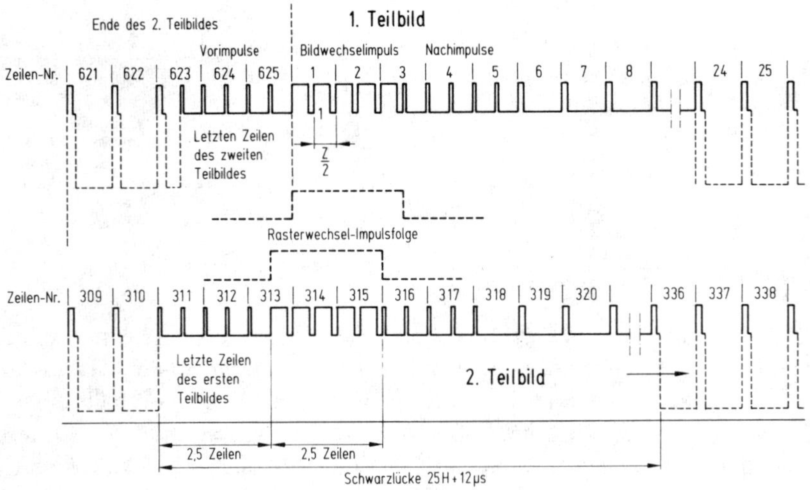


Abb. 1.08 Schema der Gleichlaufzeichen für das erste und zweite Teilbild

impulse sofort am Zeilenende einsetzen, dann könnten im Empfänger bei der Trennung von Zeilen- und Bildimpulsen ungleich große Synchronisierzeichen entstehen, und die Zeilen der Teilbilder könnten sich paarweise zusammenschieben, das Bild wird „paarig“ und verliert an Schärfe und Feinheit.

Die gesamte Impulsfolge für den Bildwechsel ist so gestaltet, daß der Rhythmus der Zeilenzeichen ständig erhalten bleibt. Bei jeder senkrechten gestrichelten Linie, die dem Zeilentakt entsspricht, ist eine ansteigende Impulsflanke vorhanden. Dadurch bleibt der Zeilentakt auch während des Bildwechsels erhalten, und beim Beginn des neuen Bildes setzt der Zeilenanfang exakt ein. Während der gesamten Bildwechsel-Impulsfolge wird also eine Reihe von Zeilen unsichtbar geschrieben. Das sichtbare Fernsehbild besteht also streng genommen gar nicht aus 625 Zeilen, sondern die Zeilenzahl ist um etwa 3% geringer.

## Abb. 1.09 Inhalt verschiedener Bildzeilen

Das Bild mit dem Baum dient dazu, die verschiedenen Eigenschaften von Bildzeilen zu erläutern. Aus ihm werden deshalb vier charakteristische Zeilen herausgeschnitten:

Zeile a enthält weiße (Himmel), graue (Wolken) und schwarze (Baumkrone) Bildtöne.

Zeile b enthält sehr viel Weiß (Himmel) und nur eine kurze schwache Unterbrechung durch den Baumstamm.

Abb. 1.09 Beispiel eines zu übertragenden Bildes. Die Bedeutung der einzelnen Zeilen a bis d wird in den folgenden Bildern erläutert

Zeile c ist eine Zeile mit vielen feinen Bildeinzelheiten infolge der Zaunlatten.

Zeile d gibt den umgekehrten Helligkeitseindruck wie Zeile b. Sie enthält sehr viel Schwarz durch den Erdboden und nur eine geringe Weißunterbrechung durch den Graben links vom Zaun.

## Abb. 1.10 Bildsignal mit Grautoninhalt

Die Bildtöne der herausgeschnittenen Zeile a werden folgendermaßen in Spannungswerte umgesetzt: Auf den Zeilenimpuls und die Schwarzschulter der vorhergehenden Zeile folgt zunächst links ein Stück Weiß. Es ergibt nach der Fernsehnorm (Bild 1.06) im Bildsignal 10% der Trägeramplitude. Darauf folgt der schwarze Streifen der Baumkrone. Er läßt die Spannung auf den vollen Schwarzpegel von 75% ansteigen. Nach einer zweiten weißen Stelle folgt dann die graue Wolke mit einem mittleren Spannungswert von 40%. Am Ende der Zeile steigt dann der Gleichlaufimpuls auf 100% an.

Von dem beim Fernsehen sehr wichtigen Schwarzpegel aus betrachtet sind die Zeilenimpulse positiv und der Bildinhalt negativ gerichtet. Diese Phasenlage muß am Ende der Fernsehübertragung wieder hergestellt sein. eine Phasenumkehrung würde negative Bilder, also hier einen weißen Baum vor schwarzem Himmel, ergeben oder, noch drastischer ausgedrückt, aus dem Bild eines Bäckers das eines Kaminkehrers machen.

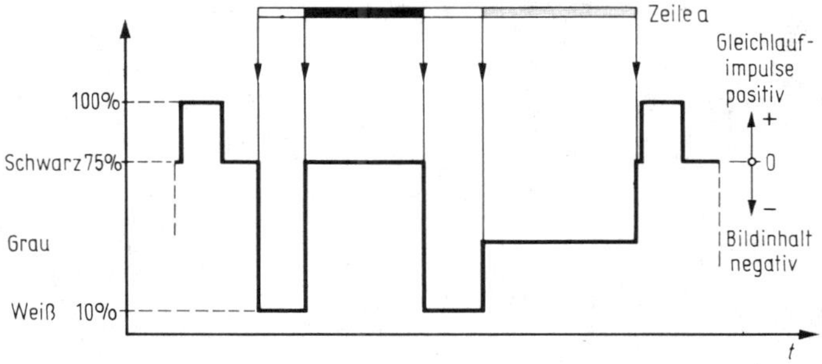


Abb. 1.10 Helligkeitsverlauf der Zeile a von Abb. 1.09 und Übertragung in das Fernsehsignal

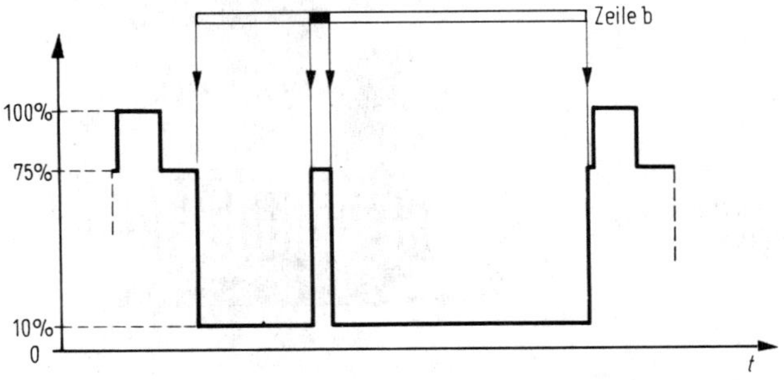


Abb. 1.11 Helligkeitsverlauf und Fernsehsignal der Zeile b mit hohem Weißanteil

## Abb. 1.11 Bildzeile mit niedrigem Gleichstromanteil

Die vorwiegend weiße Zeile b wird nur an einer schmalen Stelle durch den schwarzen Baumstamm unterbrochen. Das Spannungsdiagramm verläuft dann zwischen den Gleichlaufimpulsen größtenteils in der Höhe des Weißpegels bei 10% der Maximalamplitude. Von Null aus betrachtet stellt dies einen gewissen Gleichstromanteil dar. Er ist bei dieser hellen Bildzeile gering und beträgt nur 10% der größten Signalhöhe.

## Abb. 1.12 Bildzeile mit hohem Gleichstromanteil

Zeile d zeigt den umgekehrten Fall. Sie enthält nur ein kurzes weißes Stück an der linken Seite. Der hohe Schwarzanteil erzeugt daher eine Signalspannung, die vorwiegend in 75% Höhe auf dem Schwarzpegel verläuft; es ist also ein hoher Gleichstromanteil vorhanden.

Diese Gleichstromunterschiede bei hellen und dunklen Bildzeilen sind für die Übertragung der Fernsehsignale von großer Bedeutung. Sie erfordern entweder Gleichstromverstärker oder sonstige Kunstschaltungen, damit bei der Wiedergabe im Empfänger auch tatsächlich diese Unterschiede vorhanden bleiben und die weißen und schwarzen Bildzeilen sich richtig aufbauen. Werden diese Gleichstromanteile durch Kopplungsglieder wie Kondensatoren, die nur Wechselströme hindurchlassen, unterdrückt, so würden sich die Unterschiede langsam ausgleichen und die Grautöne werden nicht originalgetreu wiedergegeben.

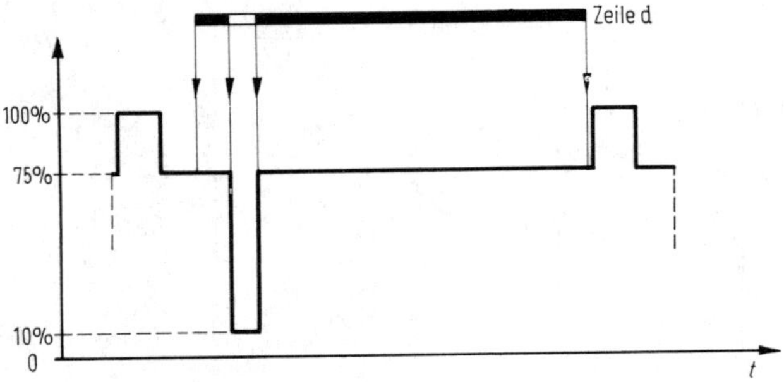


Abb. 1.12 Helligkeitsverlauf und Fernsehsignal der Zeile d mit hohem Schwarzanteil

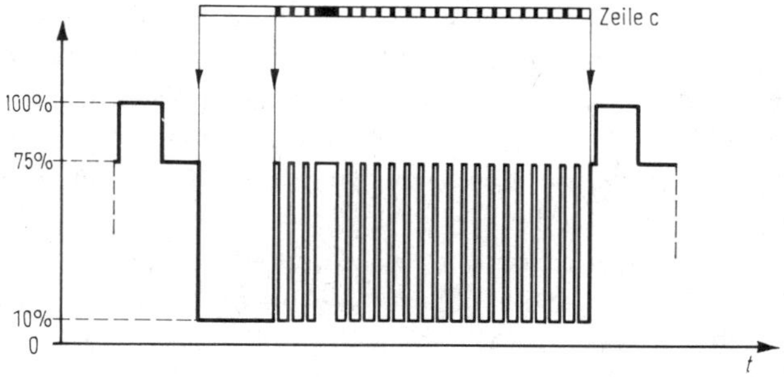


Abb. 1.13 Helligkeitsverlauf und Fernsehsignal bei der Zeile c mit ihren feinen Bildeinzelheiten

## Abb. 1.13 Wechselspannungserzeugung durch feine Bildeinzelheiten

Die Zeile c in Abb. 1.09 gibt einen Schnitt durch die einzelnen Zaunlatten. Im Spannungsdiagramm entsteht dadurch über dem Weißpegel eine Wechselspannung mit rechteckiger Kurvenform, die ebenfalls übertragen werden muß. Je feinere Einzelheiten abgebildet werden sollen, desto höher ist die Frequenz der erzeugten Wechselspannung. Man verlangt dabei, daß sich in der waagerechten Zeilenrichtung ebensolche Feinheiten wiedergeben lassen, wie es in der senkrechten Richtung durch die Zeilenunterteilung möglich ist.

Das Fernsehbild ist 625 Zeilen hoch. Die Breite des Bildes verhält sich zur Höhe wie 4:3. Die zu übertragenden Bildpunkte sollen in beiden Richtungen gleiche Abmessungen haben. Auf eine Zeilenbreite entfallen also

$$625 \cdot \frac{4}{3} = \frac{2500}{3} = 833 \text{ Bildpunkte.}$$

Ein Bild mit 625 Zeilen enthält dann

$$625 \cdot 833 \approx 520000 \text{ Bildpunkte.}$$

Da während einer Sekunde 25 Bilder übertragen werden, ergibt dies

$$0{,}52 \text{ Mill.} \cdot 25 = 13 \text{ Mill. Bildpunkte je Sekunde.}$$

## Abb. 1.14 Höchste Übertragungsfrequenz

Wenn diese 13 Millionen aufeinanderfolgenden Bildpunkte zufällig abwechselnd schwarz und weiß sind, dann wechselt auch jedesmal der Strom vom Größtwert zum

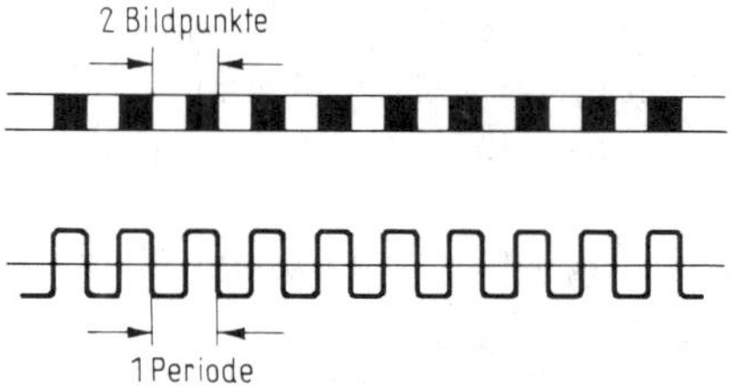


Abb. 1.14 Entstehen einer Bildwechselspannung durch aufeinanderfolgende Bildpunkte wechselnder Helligkeit

Kleinstwert, d.h. aus zwei Bildpunkten entsteht eine Periode der Bildwechselspannung und damit einer Grundfrequenz von 13 : 2 = 6,5 MHz. In der Praxis ist dieser Extremfall nicht dauernd vorhanden. Bei gelegentlichem Auftreten von so feinen Bildeinzelheiten kann eine gewisse Unschärfe in Kauf genommen werden. Man beschränkt daher in der Fernsehnorm die höchste zu übertragende Frequenz auf 5 MHz. Fernsehverstärker müssen also ein Frequenzband vom Gleichstrom (siehe Abb. 1.11 und 1.12) bis zu 5 MHz gleichmäßig verstärken, und darin besteht die große Schwierigkeit. Beim UKW-Rundfunk sind dagegen z.B. nur ± 75 kHz, also ein Frequenzband von 150 kHz Breite, zu übertragen.

Das 5 MHz breite Frequenzband, das die gesamte Bildinformation in Form von Amplituden- und Frequenzänderungen enthält, wird *Videofrequenzband*[1]) genannt. Abgekürzt spricht man auch von Videofrequenzen oder vom Videosignal. Den Teil des Schwarzweiß-Fernsehempfängers, der speziell dieses Frequenzgemisch verstärkt, nennt man Videoverstärker. Das Videosignal ist gleichbedeutend mit dem in Abb. 1.01 behandelten Leuchtdichtesignal oder Luminanzsignal, denn es überträgt nacheinander die Helligkeitsswerte der einzelnen Bildpunkte. In der Farbfernsehtechnik wird das Videosignal aus mathematischen Gründen auch als Y-Signal bezeichnet.

## *Vom Bild zum Bildsignal*

Am Anfang der Fernsehübertragungskette steht der Signalwandler vom flächigen Bild zur sequentiellen elektrischen Signalfolge. Hierzu dient die Bildaufnahmeröhre oder Kameraröhre. Sie enthält ein Elektronenstrahlsystem ähnlich wie eine Oszillografenröhre, aber anstelle des Leuchtschirmes eine Fotokatodenfläche. Fällt Licht darauf, dann gibt die Katode Strom ab. Es gibt verschiedene Ausführungen von Kameraröhren wie Ikonoskop, Orthikon, Vidikon und Plumbikon. Hier sei lediglich das allgemeine Arbeitsprinzip solcher Röhren besprochen.

### Abb. 1.21 und 1.22 Fotokatode und Signalplatte

Fotokatoden sind seit langem bekannt bei Vakuum-Fotozellen oder gasgefüllten Fotozellen. Solche Fotozellen enthalten ein Diodensystem, dessen Anodenstrom durch die Lichthelligkeit gesteuert wird. Die Kathode dieses Systems ist mit einer Silber-Cäsium- oder Silber-Antimon-Schicht überzogen. Fällt Licht darauf, so sendet sie unter dem Einfluß der Anodenspannung Elektronen aus. Je heller das auftreffende Licht, also je größer die Zahl der Lichtquanten (Photonen) ist, desto größer ist die Zahl der Elektronen und damit der Elektronenstrom.

1 video = (lateinisch) = ich sehe.

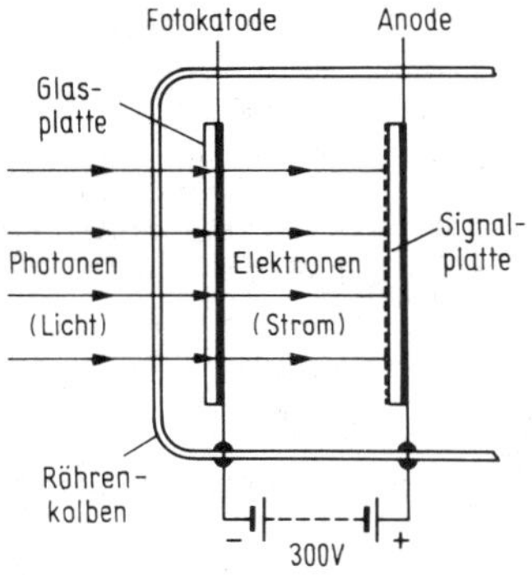


Abb. 1.21 Umwandlung von Lichtstrom in Elektronenstrom an der Fotokatode einer Kameraröhre

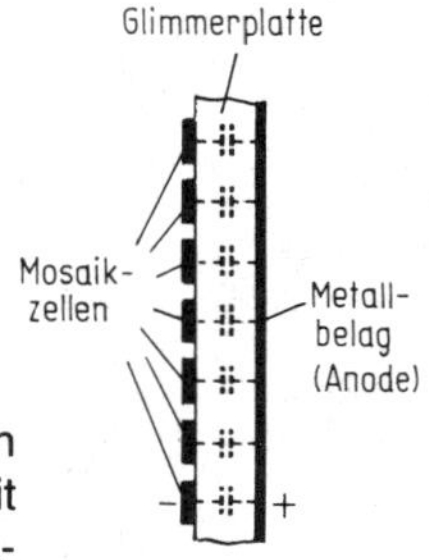


Abb. 1.22 Die einzelnen Zellen der Mosaikplatte bilden mit dem Metallbelag kleine Kapazitäten

Bei der Bildaufnahmeröhre besteht diese Fotokatode aus einer durchsichtigen Glasplatte, auf deren Innenseite die Fotoschicht aufgebracht ist. Auf dieser Platte wird die zu übertragende Szene mit Hilfe eines Objektives abgebildet. Auf der Fotoschicht entsteht also ein Bild wie auf dem Film einer gewöhnlichen Fotokamera. Die einzelnen Stellen der Schicht senden nun je nach der im Bild vorhandenen Helligkeit Elektronen aus, das Licht wird in Elektronenströme umgewandelt.

Die Signalplatte in Abb. 1.21 wirkt als Anode des Diodensystems. Infolge der zwischen Fotokatode und Signalplatte angelegten Spannung von einigen hundert Volt bildet sich dazwischen ein homogenes elektrisches Feld. Die aus der Katode austretenden Elektronen fliegen daher geradlinig und parallel auf die Signalplatte zu. Diese Platte besteht nach Abb. 1.22 aus einer dünnen rechteckigen Glimmerscheibe. Auf der Vorderseite befindet sich ein Mosaik von mehreren Millionen winziger voneinander isolierter Silber-Körnchen, während die Rückseite mit einem durchgehenden Metallbelag versehen ist. Jede einzelne Zelle des Mosaiks bildet mit dem Metallbelag einen kleinen Kondensator. Treffen Elektronen auf die Mosaikplatte, so laden sie diese einzelnen Kondensatoren auf. An Stelle eines optischen Bildes entsteht auf ihr ein elektrisches Ladungsbild. Helle Stellen des optischen Bildes lösen viele Elektronen aus der Fotokatode und ergeben an diesen Stellen der Mosaikplatte eine starke Aufladung, dunkle Stellen senden keine Elektronen aus, die Mosaikplatte wird nicht aufgeladen. Die Aufladestärke entspricht also Punkt für Punkt der Beleuchtungsstärke in der optischen Abbildung.

## Abb. 1.23 Prinzip einer Kameraröhre

Links im Röhrenkolben befinden sich die Fotokatode und die Signalplatte. Dazwischen ist bei diesem Röhrentyp noch ein feines Gitter angeordnet, das gewisse elektrische Störerscheinungen (Sekundäremission) verhindert. Rechts im Röhrenkolben sitzen eine heizbare Katode und ein Strahlsystem. Ähnlich wie bei den aus der Meßtechnik bekannten Oszillografenröhren werden die von dieser Katode austretenden Elektronen zu einem feinen Strahl konzentriert. Der Strahl wird dann durch Sägezahnablenkspannungen zeilenweise über die Signalplatte geführt. Entsprechend der Fernseh-

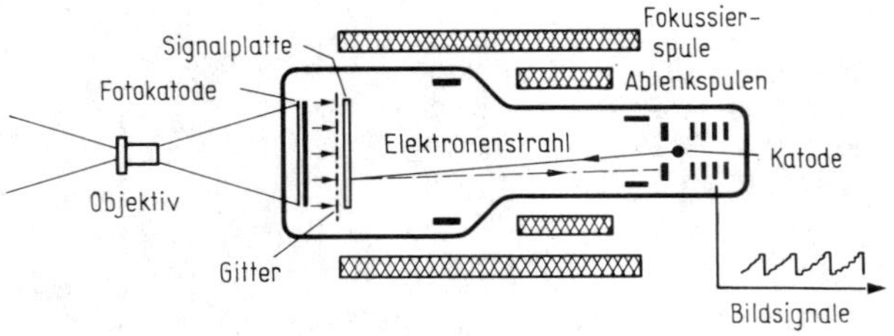


Abb. 1.23 Schema einer Kameraröhre (Typ Orthikon)

norm werden 625 Zeilen geschrieben. Diese Strahlablenkung erfolgt magnetisch durch den außerhalb des Röhrenkolbens angeordneten Ablenkspulensatz.

Das Kameraobjektiv projiziert durch den Glasboden der Röhre hindurch ein optisches Bild auf die Fotokatode. Diese gibt es als elektrisches Ladungsbild an die Signalplatte weiter. Der Elektronenstrahl tastet die Signalplatte zeilenweise ab und entlädt dadurch die einzelnen verschieden stark aufgeladenen Kondensatorelemente. Er „wischt“ die Ladungen aus, weil jedes Element soviel negative Elektronen aufnimmt, daß die durch Bildeinwirkung entstandene positive Ladung kompensiert wird. Die restlichen Elektronen des Strahles kehren zurück (im Bild gestrichelt). Die Größe dieses Rückstrahles entspricht dem an der betreffenden Bildstelle herrschenden Helligkeitswert. Der Rückstrahl prallt dann auf die erste Elektrode eines hinter der Katode angeordneten mehrstufigen Elektronenvervielfachers[1]). Dieser verstärkt die zunächst noch sehr schwachen Bildsignale um das 200...500fache. An seinem Ausgang werden die aufeinanderfolgenden Zeilensignale abgenommen.

Nachdem die Signalplatte abgetastet und „ausgewischt“ ist, entsteht darauf sofort ein neues Ladungsbild für das folgende Raster.

## *Sendermodulation*

### Abb. 1.31 Mit einem Signalgemisch modulierte Hochfrequenz

Die in den Abbildungen 1.10 bis 1.13 dargestellten Videofrequenzkurven bestehen aus der Summe der eigentlichen Bildsignale und der Zeilen-, Raster- und Ausgleichsimpulse. Mit diesem von der Fernsehkamera gelieferten BAS-Signalgemisch wird die Hochfrequenz des Senders amplitudenmoduliert. Um alle Feinheiten des Bildsignals bis zur höchsten Frequenz von 5 MHz wiederzugeben, muß die Schwingungszahl des Senders bedeutend höher liegen, damit auch auf die feinsten Spitzen im Videosignal, wie z.B. auf die feinen Zacken in Abb. 1.13, mehrere Hf-Schwingungen entfallen. Außerdem sind nur bei hohen Frequenzen die Schwingkreise genügend breitbrandig, um das Frequenzspektrum von 5 MHz zu übertragen. Man hat sich daher beim Fernse-

1 Sekundärelektronen-Vervielfacher, siehe Elektronik ohne Ballast.

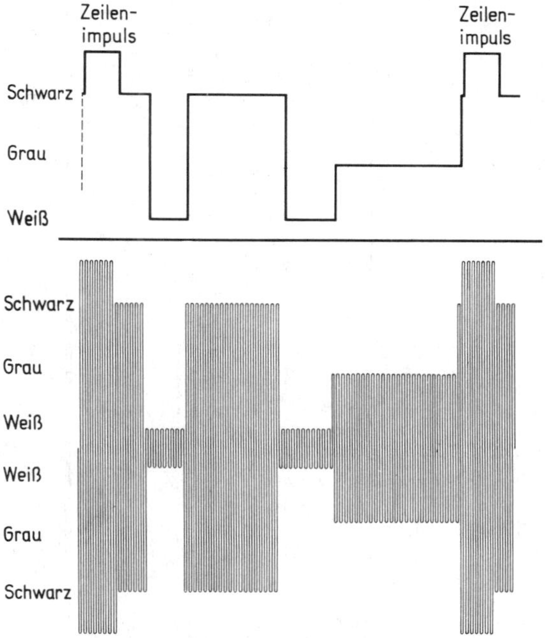


Abb. 1.31 Um feinste Bildeinzelheiten zu übertragen, muß die Hf-Schwingungszahl des Senders bedeutend höher sein als die höchste im Bild vorkommende Frequenz

hen für Sendefrequenzen um 60 MHz, 200 MHz und 500 bis 860 MHz, also für etwa 5 m, 1,5 m und 40 bis 60 cm Wellenlänge, entschieden.

Im modulierten Hf-Signal entsprechen bei der Gerber-Norm die Schwarzwerte den größten Amplituden. Dies hat den Vorteil, daß Störspitzen, z.B. von Automobilzündfunken, die sich der Hf-Schwingung überlagern, zum überwiegenden Teil in das Dunkelgebiet fallen und im Bild als schwarze Stellen erscheinen. Diese schwarzen Flecke stören weniger als weiße Löcher, wie sie bei umgekehrter Modulation auftreten würden.

Der Schwarzwert oder die *Schwarzschulter* ist ein wichtiger Bezugspunkt für den Bildaufbau im Fernsehempfänger. Der Schwarzwert läßt sich elektrisch im Signal stets eindeutig definieren, und durch Klemmschaltungen sorgt man dafür, daß dieser Spannungswert festgehalten (festgeklemmt) wird und später auf dem Bildschirm stets einen konstanten Schwarzton bewirkt.

## Abb. 1.32 Frequenzverteilung beim Bild- und Tonsender

Bei der Amplitudenmodulation entsteht rechts und links vom Träger ein Seitenband bis zur Breite der höchsten Modulationsfrequenzen. Beim Fernsehsender würde also die Gesamtbreite ± 5 MHz = 10 MHz betragen. Da aber im Empfänger *ein* Seitenband genügt, um nach der Gleichrichtung das ursprüngliche Signal zu erhalten, wird das untere Seitenband im Sender teilweise unterdrückt und gar nicht erst ausgestrahlt.

**Trägerfrequenzen in MHz (CCIR-NORM; VHF: 7 MHz, UHF: 8 MHz Kanalabstand)**

| Bereich | Kanal | Bild | Ton$_I$ |
|---|---|---|---|
| **VHF** I 41…68 MHz | 2 | 48,25 | 53,75 |
| | 3 | 55,25 | 60,75 |
| | 4 | 62,25 | 67,75 |
| **Kabel** | S1 | 105,25 | 110,75 |
| | S2 | 112,25 | 117,75 |
| | S3 | 119,25 | 124,75 |
| | S4 | 126,25 | 131,75 |
| | S5 | 133,25 | 138,75 |
| | S6 | 140,25 | 145,75 |
| | S7 | 147,25 | 152,75 |
| | S8 | 154,25 | 159,75 |
| | S9 | 161,25 | 166,75 |
| | S10 | 168,25 | 173,75 |
| **VHF** III 174…223 MHz | 5 | 175,25 | 180,75 |
| | 6 | 182,25 | 187,75 |
| | 7 | 189,25 | 194,75 |
| | 8 | 196,25 | 201,75 |
| | 10 | 210,25 | 215,75 |
| | 11 | 217,25 | 222,75 |
| | 9 | 203,25 | 208,75 |
| | 12 | 224,25 | 229,75 |
| **Kabel** | S11 | 231,25 | 236,75 |
| | S12 | 238,25 | 243,75 |
| | S13 | 245,25 | 250,75 |
| | S14 | 252,25 | 257,75 |
| | S15 | 259,25 | 264,75 |
| | S16 | 266,25 | 271,75 |
| | S17 | 273,25 | 278,75 |
| | S18 | 280,25 | 285,75 |
| | S19 | 287,25 | 292,75 |
| | S20 | 294,25 | 299,75 |
| **Erweiterter Kabelbereich** | S21 | 301,25 | 306,75 |
| | S22 | 308,25 | 313,75 |
| | S23 | 315,25 | 320,75 |
| | S24 | 322,25 | 327,75 |
| | S25 | 329,25 | 334,75 |
| | S26 | 336,25 | 341,75 |
| | S27 | 343,25 | 348,75 |
| | S28 | 350,25 | 355,75 |
| | S29 | 357,25 | 362,75 |
| | S30 | 364,25 | 369,75 |
| | S31 | 371,25 | 376,75 |
| | S32 | 378,25 | 383,75 |
| | S33 | 385,25 | 390,75 |

| Bereich | Kanal | Bild | Ton$_I$ |
|---|---|---|---|
| **Erweiterter Kabelbereich** | S34 | 392,25 | 397,75 |
| | S35 | 399,25 | 404,75 |
| | S36 | 406,25 | 411,75 |
| | S37 | 413,25 | 418,75 |
| | S38 | 420,25 | 425,75 |
| | S39 | 427,25 | 432,75 |
| | S40 | 434,25 | 439,75 |
| | S41 | 441,25 | 446,75 |
| **UHF** IV 470…606 MHz | 21 | 471,25 | 476,75 |
| | 22 | 479,25 | 484,75 |
| | 23 | 487,25 | 492,75 |
| | 24 | 495,25 | 500,75 |
| | 25 | 503,25 | 508,75 |
| | 26 | 511,25 | 516,75 |
| | 27 | 519,25 | 524,75 |
| | 28 | 527,25 | 532,75 |
| | 29 | 535,25 | 540,75 |
| | 30 | 543,25 | 548,75 |
| | 31 | 551,25 | 556,75 |
| | 32 | 559,50 | 564,75 |
| | 33 | 567,25 | 572,75 |
| | 34 | 575,25 | 580,75 |
| | 35 | 583,25 | 588,75 |
| | 36 | Radar | |
| | 37 | 599,25 | 604,75 |
| **UHF** V 606…861 MHz | 38 | Radioastronomie | |
| | 39 | 615,25 | 620,75 |
| | 40 | 623,25 | 628,75 |
| | 41 | 631,25 | 636,75 |
| | 42 | 639,25 | 644,75 |
| | 43 | 655,25 | 660,75 |
| | 44 | 655,25 | 660,75 |
| | 45 | 663,25 | 668,75 |
| | 46 | 671,25 | 676,75 |
| | 47 | 679,25 | 684,75 |
| | 48 | 687,25 | 692,75 |
| | 49 | 695,25 | 700,75 |
| | 50 | 703,50 | 708,75 |
| | 51 | 711,25 | 716,75 |
| | 52 | 719,25 | 724,75 |
| | 53 | 727,25 | 732,75 |
| | 54 | 735,25 | 740,75 |
| | 55 | 743,25 | 748,75 |
| | 56 | 751,25 | 756,75 |
| | 57 | 759,25 | 764,75 |

Die Bezeichnungen VHF und UHF sind Abkürzungen aus dem Englischen und bedeuten:
VHF = **V**ery **H**igh **F**requencies = Sehr hohe Frequenzen
UHF = **U**ltra **H**igh **F**requencies = Ultrahohe Frequenzen

| Bereich | Kanal | Bild | Ton$_I$ | Bereich | Kanal | Bild | Ton$_I$ |
|---|---|---|---|---|---|---|---|
| **UHF**<br>V<br>606...861 MHz | 58<br>59<br>60<br>61<br>62<br>63<br>64<br>65 | 775,25<br>775,25<br>783,25<br>791,25<br>799,25<br>807,25<br>815,25<br>823,25 | 772,75<br>780,75<br>788,75<br>796,75<br>804,75<br>812,75<br>820,75<br>828,75 | **UHF**<br>V<br>606...861 MHz | 66<br>67<br>68<br>69<br>exte.<br>exte.<br>exte.<br>exte. | 831,25<br>839,25<br>847,25<br>855,25<br>863,25<br>871,25<br>879,25<br>887,25 | 836,75<br>844,75<br>852,75<br>860,75<br>868,75<br>876,75<br>884,75<br>892,75 |

Der Kanal 1 ist nur 6 MHz breit und wird nicht für den Fernsehfunk verwendet. Die Kanäle 36 und 38 sind für Radar und Radioastronomie vorbehalten.

Damit sich Sender, die im gleichen Kanal arbeiten, weniger stören, werden die Bildträgerfrequenzen gegenüber den in der Tabelle angegebenen Werten um +10,5 kHz oder −10,5 kHz gegeneinander versetzt. Man nennt dies *Offset*-Betrieb. Die Kanalbezeichnung 23 lautet dann beispielsweise $23_+$ bei Versatz um +10,5 kHz und $23_-$ bei Versatz um −10,5 kHz. Für den Nennwert ist auch der Index 0 üblich, also $23_0$.

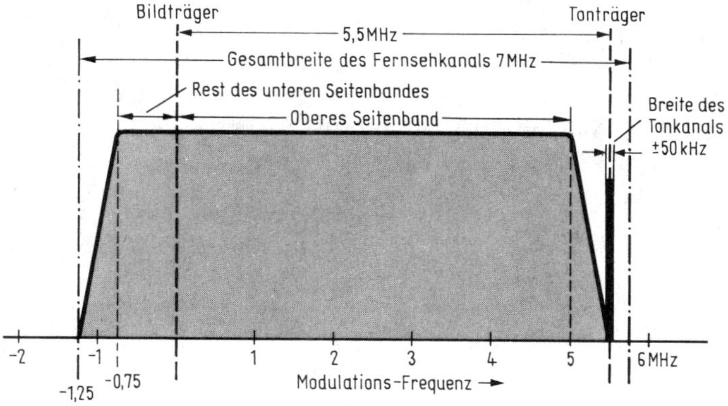


Abb. 1.32 Bandabgrenzungen des Bild- und Tonsenders eines Fernsehkanals

Es verbleibt nur ein sogenanntes *Restseitenband*. Infolge dieser Einengung ist es möglich, mehr Sender in den zugewiesenen Bereichen unterzubringen.

Außer dem Bildsender ist noch ein zweiter Sender für den zugehörigen Ton erforderlich, ggf. ein dritter Sender für den zweiten Ton. Er arbeitet jeweils auf einer um 5,5 MHz höheren Frequenz mit der vom UKW-Rundfunk bekannten Frequenzmodulation. Der Frequenzhub für 100% Modulation beträgt hierbei ± 50 kHz. Er nimmt also gegenüber der breiten Bildmodulation ein relativ schmales Band ein. Infolge der unterschiedlichen Modulationsarten ergeben sich im Empfänger weniger Störmöglichkeiten zwischen Ton- und Bildfrequenzen. Die Kanalbreite für Bild- und Tonsender beträgt nach der europäischen Fernsehnorm in den Bereichen I und III je 7 MHz. In den Dezimeterwellenbereichen IV und V (UHF) wurde die Kanalbreite mit Rücksicht auf andere Fernseh-Normen zu 8 MHz festgelegt. Die einzelnen Frequenzen für die vier verschiedenen Bereiche sind in den *Tabellen* auf Seite 38...39 aufgeführt.

## Abb. 1.33 Die Nachbarsender

Die Frequenzangaben in der vorherigen Abb. beziehen sich auf die Modulationsfrequenzen eines Senders rechts und links von der Bildträgerfrequenz. Für das Verständnis der Durchlaßkurven und für Abgleicharbeiten an Fernsehempfängern macht man sich die Verhältnisse zweckmäßig am Modulationsspektrum eines Senderkanals in Verbindung mit den Trägerfrequenzen der Nachbarsender klar. Betrachtet sei ein Sender im Kanal 10 des Bereiches III. Dessen Bildträger BT liegt bei 210,25 MHz, der Tonträger TT1 bei 215,75 MHz, der Tonträger TT2 bei 215,992 MHz. Im Kanalabstand 7 MHz vom Bildträger erscheint dann rechts der Nachbarbildträger NBT des Kanals 11 mit 217,25 MHz. Sein Restseitenband reicht bis rund 1 MHz an den Tonträger TT1 heran.

Ebenfalls in 7 MHz Abstand von eigenen Tonträger nach links erscheint der Nachbartonträger NTT1 des Kanals 9 mit 208,75 MHz. Nachbarbildträger und Nachbartonträger können den Empfang des gewünschten Senders stören und müssen deshalb durch Schwingkreise mit guter Selektion oder durch Fallen und Sperrkreise unterdrückt werden. Ferner wird das Restseitenband des gewünschten Senders im Empfänger durch eine speziell geformte Filterflanke beeinflußt.

Im Bereich IV/V mit 8 MHz Kanalbreite haben die Nachbarbildträger und -tonträger einen größeren Abstand vom eigenen Ton- und Bildträger, nämlich 2,5 MHz statt 1,5 MHz. Sie können daher den Empfang weniger stören. Außerdem bemüht man sich bei der Planung der Sendernetze darum, Sender, deren Frequenzen nebeneinanderliegen, räumlich möglichst weit entfernt voneinander anzuordnen, damit sie sich nicht stören können.

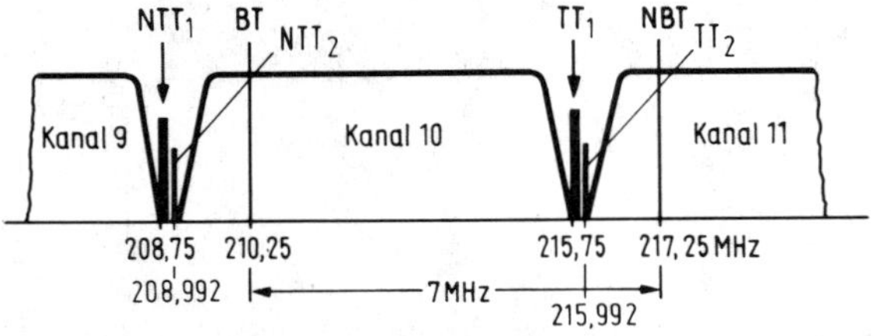


Abb. 1.33 Trägerfrequenzen und Frequenzbänder bei benachbarten Sendern im VHF-Bereich

## Abb. 1.34 Blockschaltung eines Fernsehsenders

Drei verschiedene Signalgruppen müssen miteinander kombiniert werden, um ein komplettes Fernsehsignal auszustrahlen:

1. Die von den Mikrofonen kommenden Tonfrequenzspektren werden verstärkt und damit werden die Tonsender frequenzmoduliert. Bei modernen Sendeanlagen werden Bild- und Tonsignale bereits in den Vorstufen zusammengeführt und über eine gemeinsame Endstufe auf die Endleistung verstärkt der Sendeantenne zugeführt.
2. Die Fernsehkamera liefert das Bildsignal B. Sie wird dazu mit Horizontal- und Vertikalablenkspannungen aus der Impulszentrale gesteuert.

3. Die gleiche Impulszentrale liefert die Austast- und Synchronisierimpulse, d.h. das AS-Signal.

Bildsignal und AS-Signal werden in einem *Coder* zu einem kompletten BAS-Signal addiert und dem Bildsender in Amplitudenmodulation aufgeprägt. Die hochfrequenten Schwingungen von Tonsender und Bildsender werden über die gemeinsame Antenne ausgestrahlt. In der Abb. ist nochmals das gesamte hochfrequente Modulationsspektrum mit Bildträger und Tonträger angedeutet. Das zeilenfrequente BAS-Signal mit 64 $\mu$s Dauer für eine Zeile und das Modulationsspektrum mit 5 MHz Bandbreite sind sehr wichtig, um die Funktion eines Fernsehempfängers zu verstehen. Diese Diagramme spielen auch für die Fehlersuche und beim Abgleichen eine große Rolle. Die Bedeutung dieser Diagramme muß man daher gut kennen. Das Diagramm für das BAS-Signal stellt einen zeitlichen Ablauf dar. Beim Modulationsspektrum sind dagegen Frequenzwerte auf der waagerechten Achse aufgetragen.

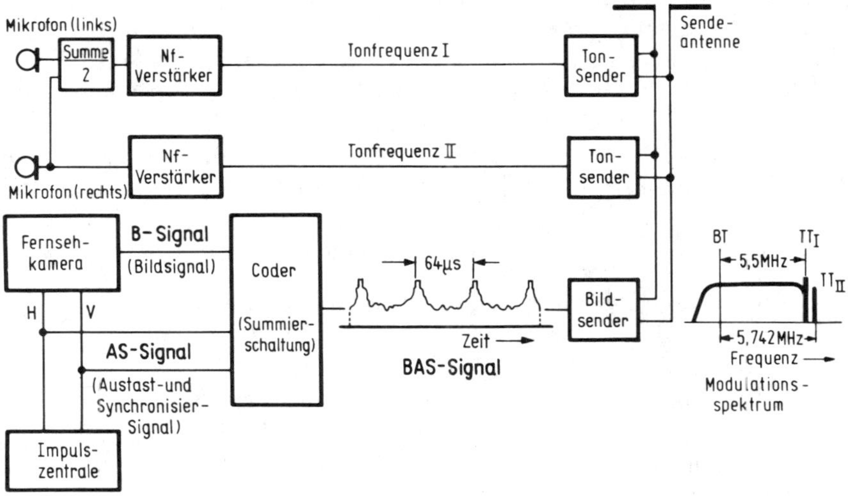


Abb. 1.34 Bildung des Fernseh-Gesamtsignals aus den verschiedenen Signalgruppen im Fernsehsender

Im Empfänger verlaufen die Vorgänge in umgekehrter Reihenfolge wie beim Sender. Das Modulationsspektrum muß dort zunächst verstärkt werden, dann zweigt man daraus das Tonfrequenzband für den Lautsprecher und die B-Signale für die Fernsehbildröhre ab. Das AS-Signal wird in H- und V-Impulse aufgelöst. Sie synchronisieren die Ablenkspannungen für den Elektronenstrahl der Fernsehbildröhre.

# 2 Die Farbbild-Übertragung

## *Nicht Farben, sondern Signale werden übertragen*

Viele Veröffentlichungen über das Farbfernsehen stellen die Farbphysik in den Vordergrund. Diese Dinge sind jedoch nur am Anfang und am Ende einer Farbfernsehübertragung von Bedeutung. Was dazwischen liegt, sind ausschließlich elektrische Schwingungen, Frequenzen, Spannungen und Impulse. Den Servicetechniker, der später sorgenvoll vor einem nicht funktionierenden Farbfernsehempfänger sitzt, interessiert es dann herzlich wenig, welche Lichtwellenlänge die rote Farbe hat und was der Unterschied zwischen additiver und subtraktiver Farbmischung ist.

Nicht Farben, sondern elektrische Signale werden übertragen und im Empfänger verarbeitet, und dies sei hier hauptsächlich behandelt. Was man vorerst wissen muß, ist, wieviel verschiedene Informationen für eine Farbfernsehübertragung notwendig sind. Zunächst müssen die vom Schwarzweißfernsehen bekannten Signale weiterhin ausgestrahlt werden, denn die bisherigen Fernsehempfänger sollen die Sendungen ebenfalls, wenn auch nur in Schwarzweiß, empfangen können. Diese Signale sind:

1. die Schwarzweiß-Bildmodulation, bisher als Videosignal, nunmehr als Leuchtdichte- oder Y-Signal bezeichnet.
2. die Tonmodulation, also Sprache und Musik,
3. die Synchronisierzeichen für die Bildkippfrequenz (50 Hz),
4. die Sychronisierzeichen für die Zeilenfrequenz (15625 Hz),
5. die eigentliche Sendewelle, die Bildträgerfrequenz,
6. die Tonträgerfrequenz (= Bildträger + 5,5 MHz).

Bildträger- und Tonträgerfrequenz werden hier gesondert aufgeführt. Sie sind wirklich die *Träger* der Information, so wie das Zeitungspapier der Träger einer Zeitungsmeldung ist. Ohne das Papier kann die eigentliche Meldung nicht überbracht werden. Zu diesen sechs Signalen kommen nun beim Farbfernsehen noch drei weitere:

7. das Farbtonsignal (grün, blau, rot)
8. das Farbsättigungssignal (blasse oder kräftige Farbe),
9. die Farbträgerfrequenz FT, auf welche die Signale 7 und 8 „aufgeprägt" sind. Diese Frequenz ist auch im Farbsynchronsignal, im Burst (vgl. Abb. 1.07), enthalten.

Die Schaltungstechnik eines Farbfernsehempfängers verstehen, heißt, diese neun Signalarten auf ihren verschlungenen Wegen im Schaltbild verfolgen zu können und zu wissen, wie die Weichen und Stufen arbeiten, die diese neun verschiedenen Nachrichten auseinandersortieren und an die entsprechende Stelle bringen. So gibt es bei der

Fernsehübertragung keine getrennten Farbtonsignale 7 und Farbsättigungssignale 8, sondern der Farbträger 9 wird mit Differenzsignalen moduliert, *V* und *U* genannt, in denen die beiden Informationen 7 und 8 enthalten sind. Diesen speziell modulierten Farbträger bezeichnet man als Farbartsignal *F.* Aus dem BAS-Signal des Schwarzweißempfängers wird das FBAS-Signal des Farbfernsehempfängers.

## *Licht und Farbe*

Die Abbildungen 2.01 bis 2.04 finden Sie auf den Farbtafeln hinter Seite 64.

### Abb. 2.01 Lichtmischung

Früher, als es noch keine Waschmaschinen gab, konnte man bei der „Großen Wäsche" einen eigenartigen Vorgang beobachten: Die Hausfrau steckte die gespülte Wäsche zum Schluß in einen Bottich mit leuchtend blau gefärbtem Wasser. Aus diesem Bad kamen die Wäschestücke so strahlend weiß heraus, wie es heute die Waschmittelfabrikanten behaupten. Bei genauerem Prüfen ergab sich, daß die Wäsche vorher einen schwachen Gelbstich hatte, vielleicht von der gelben Schmierseife, die man damals zum Waschen nahm. Gelb und Waschblau ergaben jedoch ein reines Weiß[1]). Einen ähnlichen Effekt kann man nach Abb. 2.01 links mit zwei farbigen Lichtbündeln zeigen. Wo sich beide Lichtflecke überschneiden, ist es heller, weil mehr Licht hinfällt. Außerdem ist diese Stelle nicht farbig, sondern weiß. Mit Lichtbündeln anderer Farbe lassen sich auf diese Weise weitere Farbeindrücke erzeugen, auch läßt sich Weiß aus drei oder mehreren farbigen Lichtbündeln (Farbreizen) zusammenmischen. Damit ergeben sich zwei wichtige Erkenntnisse:

1. Ein *Farbstich* läßt sich durch eine geeignete andere farbige Lichtstrahlung kompensieren.
2. Aus farbigen Lichtstrahlen lassen sich andere Farben oder Weiß zusammenmischen.

### Abb. 2.02 Farbe und Licht sind zweierlei

Farbe auf Gegenstände ist kein Licht.

Sichtbares Licht besteht aus elektromagnetischen Schwingungen mit Wellenlängen von 780 nm bis 390 nm.

---

1 Diese *Aufheller* sind auch heute noch in den Waschmitteln enthalten; die Blautönung ist allerdings ins Ultraviolette verschoben, hat jedoch die gleiche Wirkung.

| | |
|---|---|
| 380...450 nm Violett | 575...580 nm Gelb |
| 450...482 nm Blau | 585...595 nm Orange |
| 497...540 nm Grün | 600...780 nm Rot |

nm = Nanometer = $10^{-9}$ m

Licht *leuchtet*, dazu muß stets eine Lichtquelle vorhanden sein (Abb. 2.02). Auch die Farbbildröhre besteht eigentlich aus vielen kleinen Lichtquellen.

## Abb. 2.03 Weißes Licht

Weißes Licht ist eine Mischung von farbigem Licht. Das zeigt sich, wenn man Sonnenstrahlen nach Abb. 2.03 durch ein Prisma zerlegt. Aus farbigen *Lichtstrahlen* kann man wieder weißes Licht zusammenmischen (Abb. 2.01). Mit „Farben" aus dem Malkasten geht das nicht. Dort ergibt sich durch Mischen mehrerer Farben niemals Weiß, sondern ein schmutziges Graubraun. Diese *Körperfarben* im Gegensatz zum Licht stellen gewissermaßen selektive Reflektoren für Lichtwellen dar. Ein Farbeindruck ist nur beim Anstrahlen mit Licht vorhanden (in der Nacht sind alle Katzen grau). Ist in der Lichtstrahlung eine Wellenlänge vorhanden, die von der auf den Körper gepinselten Farbe gut reflektiert wird, dann entsteht ein Farbeindruck. Alle anderen Lichtwellen werden gedämpft oder verschluckt.

In die Fernsehkamera gelangen keine Farben, sondern Licht. Sie muß es in elektrische Signale umsetzen, die nach vielen Umformungen dann auf dem Bildschirm wieder in Licht zurückverwandelt werden. Der *Schirm leuchtet farbig auf*, er hat jedoch keine Eigenfarbe. Im ausgeschalteten Zustand sieht die Schirmfläche dunkelgrau aus. Auch im gesamten Übertragungsweg gibt es nirgends „Farben". Farbige Darstellungen in der Literatur über Farbfernsehen, auch die Bilder in diesem Buch, sind nur unzulängliche Vergleiche.

## Abb. 2.04 Y-Signal und Farbsignale

Das Entstehen des farbigen Bildes beim Fernsehen ähnelt dem Prinzip der Kindermalbücher. In ihnen ist ein schwarzweißes Bild vorgedruckt (Abb. 2.04a). Malt das Kind mit Farbstiften nach Teilbild b die Flächen aus, dann erhält man Abb. 2.04c. Daraus ergibt sich:

1. Das Schwarzweißbild (Y-Signal) soll alle feinen Bildeinzelheiten enthalten; es muß also eine große Bandbreite haben.
2. Die Farbsignale können gröber, also schmalbandiger sein. Trotzdem erhält man aus dem Zusammenwirken aller Signale ein ansprechendes Bild.

Beim Farbfernsehen werden drei Farbsignale, nämlich Blau, Rot und Grün verwendet. Durch Mischen der drei Grundfarben lassen sich alle anderen Farben erzeugen. Umgekehrt kann man farbiges Licht in Anteile dieser drei Grundfarben zerlegen. Für das Farbfernsehen wählte man als Grundfarben:

| Farbe | Rot | Grün | Blau | |
|---|---|---|---|---|
| Lichtwellenlänge | 600 | 540 | 450 | nm |

## *Farben und ihre Abstufungen*

Die Abbildungen 2.05 bis 2.07 finden Sie auf den Farbtafeln hinter Seite 48.

### Abb. 2.05 und 2.06 Farbart (Chrominanz)

Ein *Farbkoordinatensystem* nach DIN 5033 (Abb. 2.05) besteht aus einer Art Dreieck. Jeder Ecke ist eine der Farben Blau, Grün und Rot zugeordnet. Längs der Dreieckseiten geht eine Farbe allmählich in die andere über. Zwischen Grün und Rot wechselt also die Farbenfolge wie beim Regenbogen von Grün über Gelb und Orange auf Rot. Diese *Farben*, wie sie landläufig bezeichnet werden, spricht jeder, der nicht farbenblind ist, richtig an. Er wird z.B., ohne zu zögern, die Farben Orange und Rot unterscheiden. Der Techniker gewöhne sich jedoch daran, statt Farben nunmehr Farbart zu sagen.

Zur Mitte dieses Dreiecks hin werden die Farben immer blasser. Bei den Koordinaten $x = 0{,}3$ und $y = 0{,}3$ liegt der *Weißpunkt*. Hier sei gleich vorweggenommen, daß die Farben bei R, G und B den drei Leuchtstoffen der Farbbildröhre entsprechen. Durch Mischen der Farbstrahlung dieser drei Leuchtquellen lassen sich alle Farbarten innerhalb des schwarzen Dreiecks erzeugen.

Das dreieckige Farbkoordinatennetz wird beim Farbfernsehen zu einem Kreis umgeformt. Man stelle sich vor, daß das Dreieck R – G – B in Abb. 2.05 aus einer farbig getönten Schnur besteht, die um drei Nägel gespannt ist. Zieht man die Nägel heraus und legt die Schnur zu einem Kreis aus, dann kann man nach Abb. 2.06 Farbtöne durch einen Winkel $\alpha$ angeben. $\alpha = 100°$ würde dem Farbton Rot entsprechen, $\alpha = 240°$ etwa dem Farbton Grün. Für die Farbtöne Purpur und Blaugrün findet man in der Farbliteratur auch die Bezeichnung Magenta und Cyan. Im Farbkreis gegenüberliegende Farbpaare, also Gelb und Blau oder Rot und Blaugrün, nennt man Komplementärfarben.

In diesem Kreis, Abb. 2.06, legt man die Koordinatenachsen durch den Mittelpunkt und bezeichnet sie vorerst mit *U* und *V*, damit sie nicht mit den Koordinaten x und y des vorigen Bildes verwechselt werden können.

## Abb. 2.07 Farbsättigung

Der gleiche Farbton kann entweder satt und kräftig oder zart und pastellartig erscheinen. Eine Flasche mit roter Tinte entspricht einer sattroten Farbart. Gießt man Wasser dazu, dann bleibt der Farbton erhalten. Er wird weder violett noch gelblich, aber er wird um so blasser, je mehr Wasser man hineingießt. Die Abstufung des gleichen Farbtones nennt man seine Sättigung bzw. Entsättigung. Im Farbkreis stellt man nach Abb. 2.07 an der Peripherie die gesättigten Farben dar und läßt sie zur Mitte hin blasser werden. Der Mittelpunkt des Kreises ist dann weiß, er ist *entsättigt*. Den Sättigungsgrad stellt man durch die Amplitude des Farbzeigers dar. Bei halber Amplitude ist die Farbe nur zu 50% gesättigt. Ein Farbton kann also durch den Phasenwinkel $\alpha$ und der Sättigungsgrad durch die Zeigerlänge ausgedrückt werden.

$$\text{Farbart} = \text{Farbton} + \text{Farbsättigung}$$

Benutzt man die Koordinatenachsen $U$ und $V$, dann läßt sich ein solcher Farbanzeiger auch durch die entsprechenden Achsenabschnitte definieren. Zu dem in der Abb. angegebenen purpurfarbigen Punkt gehören z.B. die Werte $U = +0{,}6$ und $V = 0{,}5$.

*Helligkeit, Leuchtdichte (Luminanz)*

Man ist leicht geneigt, Farbsättigung mit Farbhelligkeit gleichzusetzen. Das stimmt jedoch nicht. Den Begriff *Helligkeit* macht man sich besser durch folgendes Beispiel klar: Verkleinert man die Blende in einem Fotoobjektiv, dann wird die Helligkeit in der Bildebene verringert. Man kann sich leicht davon bei einer Spiegelreflexkamera überzeugen. Diese Helligkeitsänderung verschiebt aber keinesfalls den Farbton oder die Farbsättigung. Rot bleibt Rot, Blaßrot bleibt ebenfalls Blaßrot und Weiß bleibt Weiß. Farbfilmaufnahmen ergeben bei sonst richtigen Bedingungen stets die gleichen Farben, gleichgültig, ob man sie mit kleiner oder großer Blende, also geringer oder großer Helligkeit in der Bildebene aufgenommen hat. Beim Farbfernsehen bewirkt das Y-Signal, also das bisherige Bildsignal, den Helligkeitseindruck des gesamten Bildes. Verändert man die Amplituden dieses Signals, dann wird das Bild im ganzen heller oder dunkler, ohne daß Farbton oder Farbsättigung sich ändern. (Stellt man am Empfänger das Bild dunkler, dann entsteht allerdings subjektiv der Eindruck, daß die Farben satter werden.)

Wie bei Abb. 1.01 erwähnt, bezeichnet man den meßbaren Helligkeitswert eines einzelnen Bildpunktes mit Leuchtdichte oder Luminanz. Aus diesem Grund nennt man das bisherige Bildsignal oder Videosignal beim Farbfernsehen auch Luminanzsignal, weil damit nacheinander die Leuchtdichtewerte der einzelnen Bildpunkte übertragen werden.

## *Die Farbfernsehkamera und ihre Signale*

Die Grundlagen des heutigen Farbfernsehsystems wurden in den Jahren 1951 bis 1953 von der NTSC[1]) in den USA erarbeitet. Dabei war zur Bedingung gemacht worden, dåß dieses Farbfernsehen *kompatibel*, d.h. verträglich mit dem bereits bestehenden Schwarzweiß-Fernsehsystem sein müsse. Das bedeutet, jeder Schwarzweißempfänger muß Farbsendungen in Schwarzweiß wiedergeben, und jeder Farbempfänger muß auch für schwarzweiß ausgestrahlte Sendungen geeignet sein. Ferner sollten beim Farbfernsehen die zusätzlichen Farbinformationen im gleichen Frequenzkanal bzw. im gleichen Modulationsspektrum untergebracht werden.

Diese Bedingungen werden durch geistreiche, aber verwickelte Verfahren erfüllt. Das Farbfernsehsystem erscheint deshalb in manchen Teilen ziemlich umständlich. Hätte man beim Fernsehen gleich mit der Farbe begonnen, dann wäre vielleicht manches einfacher geworden.

So wird beim Farbfernsehen die Schwarzweißinformation nicht direkt in einer Kameraröhre gewonnen, sondern auf dem Umweg über drei Farbsignale. Bei der Farbübertragung wird eines dieser Farbsignale dann aber weggelassen. Die beiden anderen werden umgeformt und gemeinsam einer einzigen Trägerfrequenz aufmoduliert. Dieses Modulationsspektrum wird in das Schwarzweißspektrum hineingeschachtelt. Im Empfänger sind dann ähnlich komplizierte Umwandlungen erforderlich, um die Schwarzweiß- und Farbsignale wieder voneinander zu trennen und die fehlende Farbinformation zu ergänzen. Dieses amerikanische NTSC-System besaß noch einen kleinen Mangel. Die Farbtönung konnte durch ungünstige Übertragungsbedingungen verfälscht werden. In Deutschland entwickelte deshalb Professor Bruch bei Telefunken das Pal-Verfahren. Es kompensiert diese Fehler selbsttätig, brachte jedoch eine weitere Komplikation in dieses System der vielfältigen Signalumwandlungen hinein. Die gesamte Technik ist aber ausgereift und wird beherrscht, und man kann sich systematisch in diese Dinge einarbeiten.

Wie gewinnt man nun aus einer farbigen Szene die elektrischen Signale für die Farbübertragung? Zunächst müssen Teilsignale aus den drei Farbarten Rot, Grün und Blau erzeugt werden. Man benötigt dazu drei farbselektiv gemachte Kameraröhren. Jede von ihnen liefert eine Zeilenimpulsfolge ähnlich wie bei einer Schwarzweiß-Kameraröhre nach Abb. 1.23, aber diese Signale gelten jeweils nur für eine Grundfarbe. Die drei Kameraröhren müssen vom gleichen Typsein (Ikonoskop, Orthikon, Vidikon oder Plumbikon) und genau gleiche Eigenschaften besitzen, um Farbfehler und unterschiedliche Fremdeinflüsse zu vermeiden und damit die Bilder sich später wieder zur Deckung bringen lassen. Die drei Röhren sind in einem gemeinsamen Kameragehäuse untergebracht und werden mit den gleichen Ablenkspannungen betrieben.

Es gibt allerdings auch Kameras mit *vier* Aufnahmeröhren, von denen eine unmittelbar das Y-Signal erzeugt. Hier sei jedoch das Verfahren mit nur drei Kameraröhren

---

1 *NTSC* = *N*ational *T*elevision *S*ystem *C*ommittee.

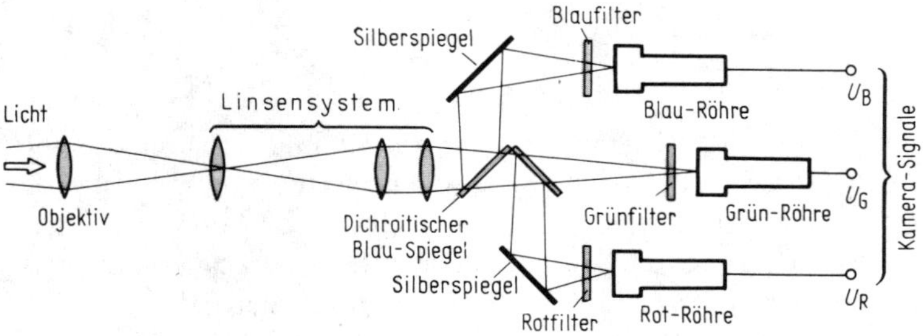


Abb. 2.11 Strahlengang in einer Farbfernsehkamera

behandelt, weil sich damit die rechnerische Zusammensetzung des Y-Signals für Weiß in der späteren Abbildung 2.12 besser erläutern läßt.

## Abb. 2.11 Prinzip einer Farbfernsehkamera

Das von der aufzunehmenden Szene kommende Licht fällt durch eine Optik auf verschiedene Umlenkspiegel. Zwei farbzerlegende (dichroitische) Spiegel reflektieren, wie manche Sonnenbrillen, bestimmte Farbbereiche, das übrige Spektrum wird durchgelassen. Der erste Spiegel reflektiert den blauen Lichtanteil auf einen undurchlässigen Silberspiegel. Von dort wird er durch ein Blaufilter auf eine Kameraröhre geworfen. Sie erzeugt aus den Blauanteilen ein Signal $U_B$. Ein zweiter dichroitischer Spiegel reflektiert den roten Lichtanteil über einen Silberspiegel durch ein Rotfilter auf eine weitere Kameraröhre. Sie bildet aus den roten Strahlen die Signalspannung $U_R$. Der grüne Lichtanteil wird von beiden Spiegeln durchgelassen und fällt durch ein Grünfilter auf die dritte Kameraröhre. An den Ausgängen erhält man also dann drei getrennte Signalspannungen $U_B$, $U_G$ und $U_R$. Eine strahlend weiße Fläche liefert über die Farbfilter zu 100% gesättigte Grundfarben und maximale Ausgangsspannungen.

## Abb. 2.12 Erzeugen des Leuchtdichtesignals

Aus diesen drei Farbsignalen erzeugt man zunächst in einer Matrix[1]) das Leuchtdichtesignal Y. Es entspricht dem bisherigen Videosignal beim Schwarzweißfernsehen, also den Helligkeits- bzw. Grauwerten der einzelnen Bildpunkte. Optisch kann man sich das so vorstellen, als ob von einem farbigen Bild ein Schwarzweißfoto angefertigt wird, bei dem dann die bunten Farben in entsprechende Grauwerte umgesetzt sind.

Bei der Umwandlung in der Fernsehkamera wird auch die Farbempfindlichkeit des menschlichen Auges berücksichtigt. Grünes Licht empfindet man heller als blaues und rotes. Deshalb legt man die Ausgangsspannungen der drei Kameraröhren an Spannungsteiler und zapft sie bei 30% (rot), 59% (grün) und 11% (blau) an. Über Entkopp-

1 Matrix = mathematische Bezeichnung für lineare Umformungen mit Hilfe eines Zahlenschemas.

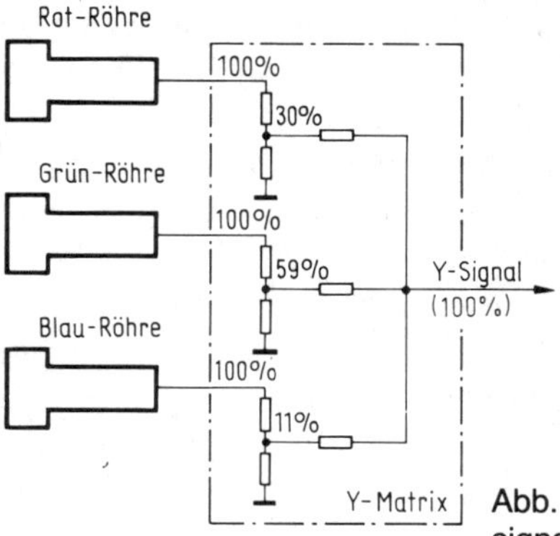


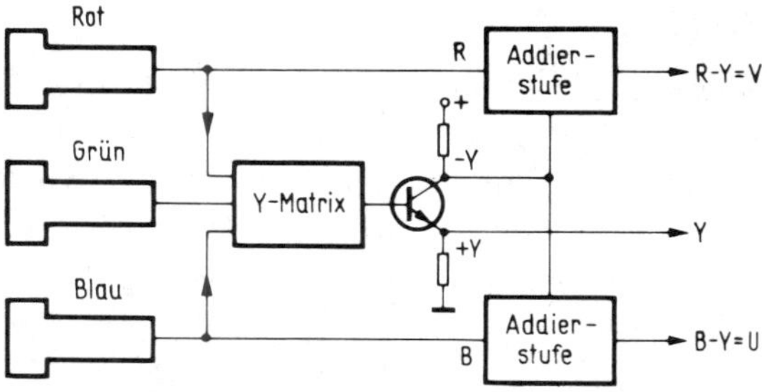


Abb. 2.13 Addieren des Y-Signals zum Rot- bzw. Blausignal

Abb. 2.12 Prinzipschaltung zum Erzeugen des Leuchtdichtesignals Y aus den drei Spannungen der Kameraröhren

lungswiderstände werden die Spannungen addiert. Damit ergibt sich das Y-Signal für eine weiße Fläche zu:

$$Y = 0{,}30\ U_R + 0{,}59\ U_G + 0{,}11\ U_B$$

Lediglich zur Schreibvereinfachung setzt man dafür:

$$Y = 0{,}30\ R + 0{,}59\ G + 0{,}11\ B$$

Wird keine helle weiße Fläche, sondern ein Bild wiedergeben, bei dem an den einzelnen Stellen nur bestimmte Farben vorhanden sind, dann ist die Summe der Farbspannungen kleiner. Das bedeutet, daß das Y-Signal nicht mehr dem reinen Weiß = 100%, sondern einem Grauwert entspricht.

## Abb. 2.13 Die V-U-Matrix

Aus den drei Farbanteilen R, G und B bildet man also das Y-Signal. Wie mehrfach erwähnt, entspricht es dem Videosignal eines Schwarzweißempfängers und wird als normales Modulationsspektrum mit 5 MHz Bandbreite übertragen.

Von den drei Farbinformationen R, G und B überträgt man nur zwei, nämlich Rot und Blau und läßt den Grünanteil unter den Tisch fallen. Man kann ihn nämlich im Empfänger jederzeit wieder rekonstruieren, wenn nur drei Werte der Gleichung

$$Y = 0{,}30\ R + 0{,}59\ G + 0{,}11\ B$$

vorhanden sind. Den Momentanwerten der Spannungen für Rot und Blau schaltet man das Y-Signal mit umgekehrter Polung entgegen und erhält die *Farbdifferenzsignale*

$$V = R - Y \text{ und } U = B - Y$$

Diese Spannungen lassen sich nach Abb. 2.13 gewinnen. Das Y-Signal wird einer Transistor-Phasenumkehrstufe dazugeführt. Am Emitter erscheint das Signal +Y und wird von dort weiterverarbeitet. Am Kolletor ergibt sich das um 180° in der Phase gedrehte Signal, also −Y. In zwei Addierstufen wird es mit den Signalen *R* und *B* zusammengefügt, und man erhält $V = (R - Y)$ und $U = (B - Y)$.

(Die Bezeichnung *V* für *R* – *Y* darf nicht mit dem Kurzzeichen V für die Vertikalfrequenz verwechselt werden.) Diese Farbdifferenzsignale *V* und *U* müssen also beim Farbfernsehen zusätzlich übertragen werden. Man moduliert aber beide Signale gemeinsam einer einzigen Trägerfrequenz, nämlich der bereits kurz erwähnten Frequenz von rund 4,43 MHz auf. Zum Verständnis dieser Vorgänge sind einige ergänzende Betrachungen über Modulationsverfahren notwendig[1]).

## Abb. 2.14 bis 2.16 Mehrfachmodulation

Die beiden grundlegenden Modulationsarten sind Amplitudenmodulation und Frequenzmodulation. Beim Schwarzweißfernsehen wendet man bereits beide Modulationsarten an: Der *Bildträger* wird mit dem Videosignal (Leuchtdichtesignal) und den Synchronzeichen *amplitudenmoduliert.* Der *Tonträger* wird mit den Tonsignalen *frequenzmoduliert.* Für das Farbfernsehen wurde gefordert, daß die gleichen Hochfrequenzübertragungskanäle beibehalten werden und daß die Farbbilder auch als Schwarzweißbilder auf den bisherigen Empfängern erscheinen sollten. Die zusätzliche Farbinformation mußte deshalb in das bisherige Fernsehnormsignal so hineingefügt werden, daß sie den Schwarzweißempfang nicht stört. Um diese Farbinformationen zu übermitteln, erfand man eine raffinierte Doppelmodulation. Sie benötigt nur eine Trägerfrequenz FT, überträgt jedoch die beiden Farbinformationen *U* und *V* innerhalb des gleichen Frequenzgebietes. Das ist ein entscheidender Unterschied gegenüber anderen Verfahren, die mehrere Informationen übermitteln. Dort werden die verschiedenen Nachrichten in jeweils andere Modulationsfrequenzgebiete gelegt. Bei der Trägerfrequenztelefonie nach Abb. 2.14 liegen die einzelnen Sprechkanäle säuberlich

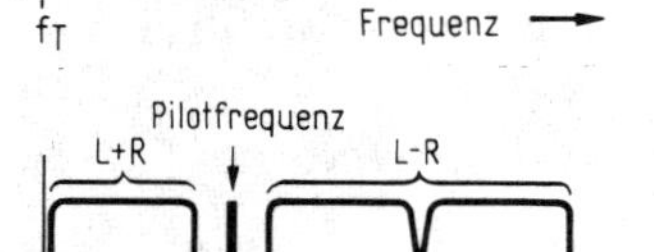


Abb. 2.14 Unterbringen mehrerer Telefongespräche innerhalb eines breiten Frequenzbandes bei der Trägerfrequenztelefonie

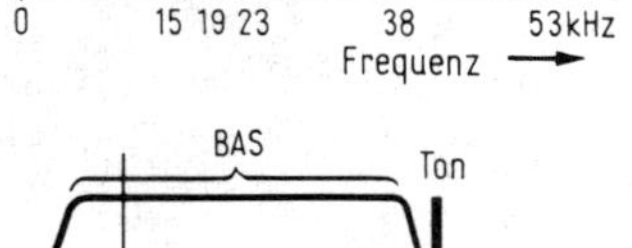


Abb. 2.15 Unterbindung mehrerer Tonfrequenzsignale innerhalb eines Frequenzbandes von 53 kHz bei der Rundfunk-Stereofonie

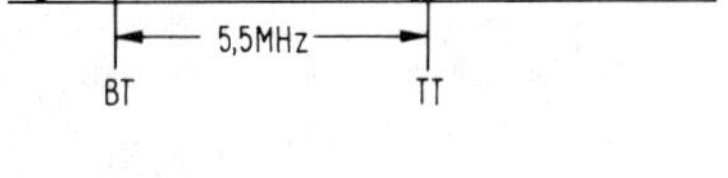


Abb. 2.16 Bild- und Tonfrequenzspektrum beim Schwarzweißfernsehen

1 Siehe Funktechnik ohne Ballast, Modulation von Sendern.

nebeneinander in gleichmäßigen Abständen von der Trägerfrequenz. Beim Stereorundfunk hat man nach Abb. 2.15 das sogenannte Differenzsignal L - R in 23 bis 53 kHz Abstand vom Träger gelegt. Beim Schwarzweißfernsehen ist der Ton nach Abb. 2.16 in 5,5 MHz Abstand vom Bildträger untergebracht.

Beim Farbfernsehen werden dagegen zwei Informationen aus Frequenzmangel sowie mit Rücksicht auf die Kompabilität einer einzigen Trägerfrequenz aufmoduliert. Diese beiden Signale *R* und *B* sind verschlüsselt in den Differenzsignalen *U* und *V* enthalten und damit wird erst moduliert. Hierfür wurde eine Doppelmodulation mit unterdrücktem Träger entwickelt. Ihr Prinzip muß der Fernsehtechniker gut kennen, ehe er einen Farbfernsehempfänger untersuchen und abgleichen kann. Zunächst sei aber angenommen, daß nur eine einzige Signalfolge für die Farbinformation vorliegt.

## Abb. 2.17 bis 2.19 Amplitudenmodulation mit unterdrücktem Träger

Bei der normalen Amplitudenmodulation mischt man das niederfrequente Modulationsspektrum mit einer höherfrequenten Trägerfrequenz. Man erhält dadurch Seitenbänder rechts und links vom Träger. Benutzt man zum Mischen einen Ringmodula-

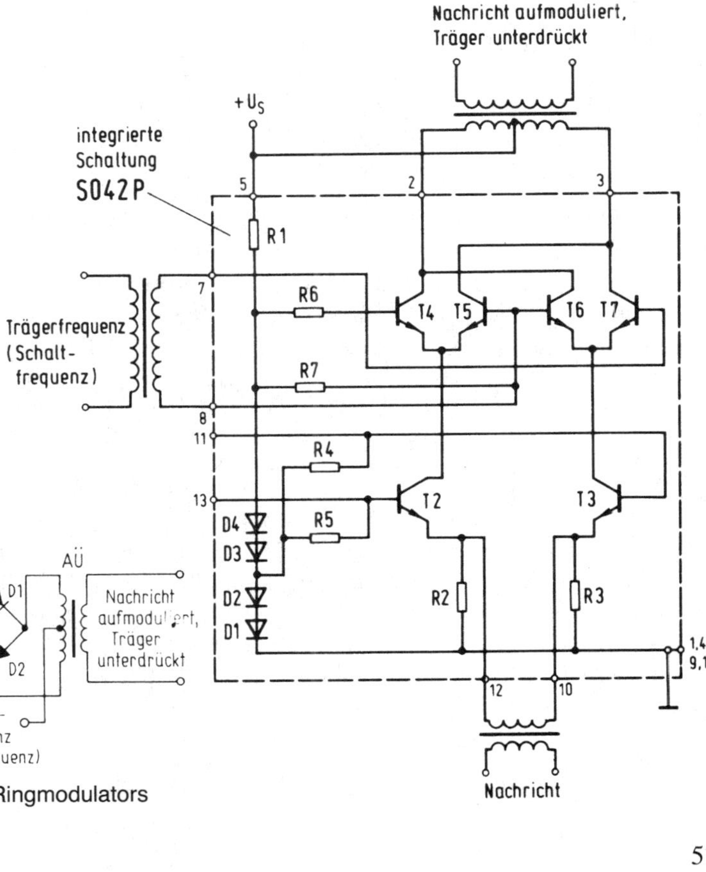


Abb. 2.18 Prinzip einer aktiven Mischschaltung mit der integrierten Schaltung SO42P

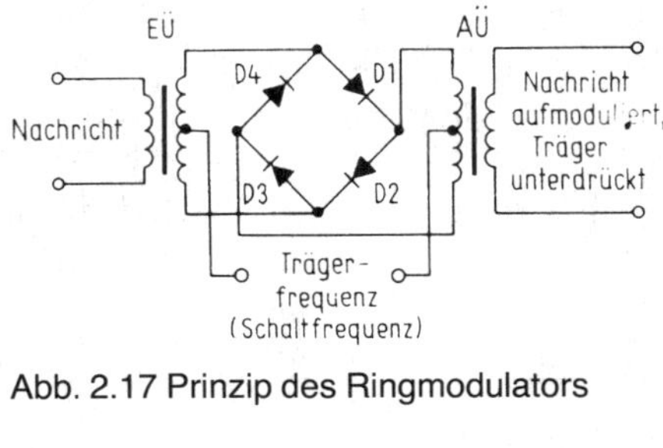


Abb. 2.17 Prinzip des Ringmodulators

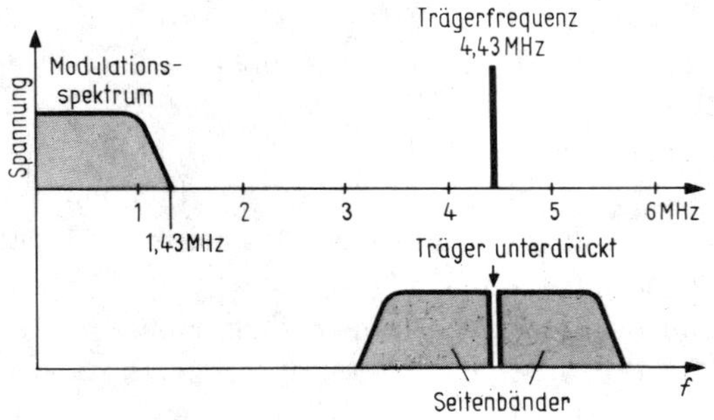


**Abb. 2.19 Modulation mit unterdrücktem Träger; oben die Eingangsfrequenzen des Modulators, unten das Ausgangsspektrum**

tor nach Abb. 2.17, dann erscheinen am Ausgang einer solchen Stufe nur die beiden Seitenbänder. Das niederfrequente Modulationspektrum und die Trägerfrequenz fallen vollständig heraus[1]).

Abb. 2.18 zeigt eine ähnliche Schaltung mit einer integrierten Schaltung SO42P. Der Vorteil liegt darin, daß die Schaltung nicht die Signale dämpft, sondern eher noch verstärkt.

Beim Farbfernsehsystem wird die Farbinformation in dieser Weise umgesetzt. Man begrenzt zunächst ihre Bandbreite, und zwar auf 1,3 MHz. Dieses Signal mischt man in einem Ringmodulator mit der Farbträgerfrequenz von 4,43 MHz. Am Ausgang des Modulators erhält man dann nach Abb. 2.19 nur die beiden Seitenbänder. Der Träger selbst ist herausgefallen bzw. unterdrückt.

Im Prinzip entspricht dieses Verfahren der bekannten Stereo-Rundfunkmodulation Abb. 2.15. Auch dort wird das eigentliche Modulationsspektrum in ein höheres Frequenzgebiet heraufgemischt und der Träger von 38 kHz unterdrückt. Um ihn später im Empfänger wieder neu zu erzeugen, schickt man die Pilotfrequenz 19 kHz mit. Sie wird im Empfänger verdoppelt und ergibt dann den Träger von 38kHz.

Beim Fernsehempfänger ist die Trägerfrequenz 4,43 MHz als Burst im Austastsignal enthalten. Im Empfänger wird eine durchlaufende Trägerfrequenz neu erzeugt und mit dieser Burstfrequenz synchronisiert.

Das Unterdrücken der Trägerfrequenz in der Farbinformation hat einen großen Vorteil. Wie aus der Frequenzskala in Abb. 2.19 zu erkennen ist, liegen diese heraufgemischten Farbinformationen immer noch innerhalb des 5 MHz breiten Schwarzweiß-Modulationsspektrums. Der Träger könnte daher ständig ein feines Muster oder Moiré mit dieser Frequenz im Band verursachen. Ist er nicht vorhanden, dann kann er auch nicht stören. Die Seitenbänder mit den Farbinformationen werden nach dem im nächsten Bild beschriebenen Verfahren in das Videoband eingefügt. Sie stören gleichfalls nicht.

1 Funktechnik ohne Ballast, Ringmodulator als multiplikative Mischschaltung.

## Abb. 2.21 und 2.22 Grundschwingungen und Harmonische

Wie kann man nun das heraufgemischte Farbsignalspektrum zusätzlich im Videogebiet unterbringen, ohne daß die Informationen sich gegenseitig stören? Hierzu hilft folgende Überlegung: Periodische nichtsinusförmige Schwingungen bestehen nach

Abb. 2.21 Beispiel eines periodischen Schwingungszuges

Abb. 2.22 Zusammensetzung des Frequenzspektrums eines Schwingungszuges aus Harmonischen seiner Wiederholungsfrequenz

Fourier aus sinusförmigen Grundschwingungen und deren Harmonischen. Abb. 2.21 zeigt einen solchen periodischen Schwingungszug und Abb. 2.22 seine Anteile an Harmonischen. Dies sind stets ganzzahlige Vielfache der Grundfrequenz, deren Amplituden mit höherer Schwingungszahl abnehmen[1]).

## Abb. 2.23 und 2.24 Harmonische des Zeilensignals

Die Zeilensignale eines Fernsehempfängers stellen nach Abb. 2.23 ebenfalls einen periodischen Schwingungszug dar. Zwischen den Zeilenimpulsen herrschen zwar je nach Bildinhalt lebhafte Änderungen, aber trotzdem ergibt sich nach Abb. 2.24 ein Oberwellenspektrum mit regelmäßigen Abständen. Die Harmonischen liegen jeweils im Abstand der Zeilenfrequenz. Infolge der komplizierten Form des Zeilenverlaufes reichen sie bis zu sehr hohen Ordnungszahlen. Übertragen wird noch die 350. Harmonische. Dieser Wert ergibt sich aus

$$\text{Videobandbreite} : \text{Zeilenfrequenz} = 5{,}5\ \text{MHz} : 15\ 625\ \text{Hz} \approx 350.$$

In diese Abb. 2.24 ist außerdem noch die üblicherweise angegebene Begrenzung für das Videospektrum dünn eingezeichnet. Die Darstellung des Frequenzspektrums ist nicht ganz maßstabgetreu, weil die hohen Harmonischen eine bedeuten geringere Amplitude haben. Hohe Frequenzen bedeuten feine Bildeinzelheiten, und man gibt

1 Funktechnik ohne Ballast.

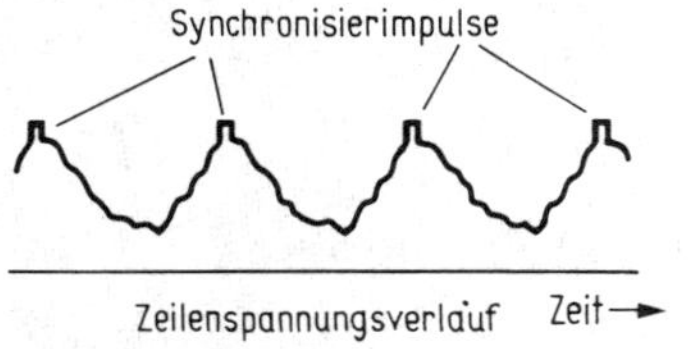


Abb. 2.23 Auch die Fernseh-Zeilensignale bilden einen periodischen Schwingungszug

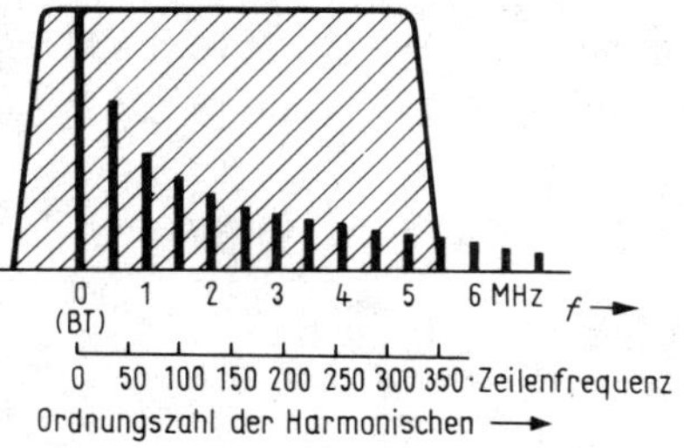


Abb. 2.24 Das Frequenzspektrum des vorhergehenden Bildes besteht aus einer dichten Folge von Harmonischen der Zeilenfrequenz im Abstand 15 625 Hz. Ihre Amplitude nimmt nach hohen Frequenzen stark ab. Zusätzlich schraffiert gezeichnet ist das üblicherweise angegebene Videospektrum

im Fernsehen nicht ständig auf der gesamten Bildfläche feingepunktete Stoffmuster wieder.

## Abb. 2.25 Das F-Signal wird in die Lücken gelegt

Hier sind nochmals die in der Amplitude stetig abnehmenden Harmonischen der Zeilenfrequenz 15 625 Hz vereinfacht als schwarze Balken dargestellt. In Wirklichkeit liegen diese Balken natürlich viel enger, denn das Frequenzspektrum beginnt mit

| | |
|---|---|
| 15 625 Hz | Grundfrequenz $f$ |
| 31 250 Hz | 2. Harmonische $2f$ |
| 46 875 Hz | 3. Harmonische $3f$ |
| 62 500 Hz | 4. Harmonische $4f$ |

Der Farbträger wird ebenfalls mit der Zeilenfrequenz moduliert. Seitlich zum Farbträger bilden sich also gleichfalls Harmonische in Abständen von 15 625 Hz aus. Man gibt nun dem Farbträger eine Frequenz von genau 4 433 618,75 Hz, das ist 567,5mal die *halbe* Zeilenfrequenz[1]). Dadurch fallen der Farbträger und seine Harmonischen

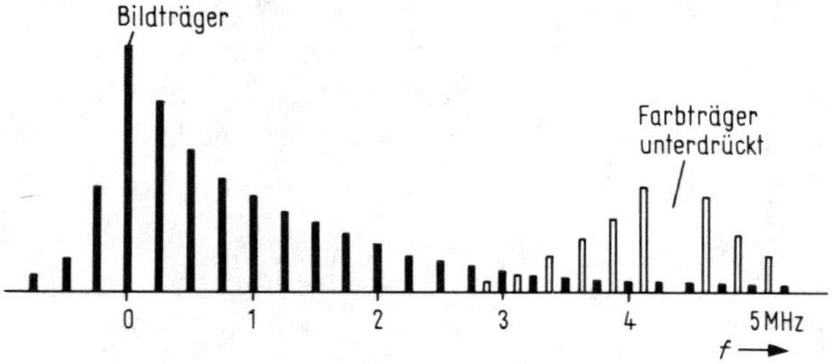


Abb. 2.25 Beim Farbfernseh-Signalspektrum liegen die Harmonischen des Farbsignals zwischen denen des Helligkeitssignals. Der Farbträger wird bei der Ausstrahlung unterdrückt

1 Um den genannten Zeilenwert von 4 433 618,75 Hz nicht ständig wiederholen zu müssen, kürzt man ihn in der Literatur und in den Schaltbildern ab zu 4,43 MHz oder noch knapper mit 4,4 MHz.

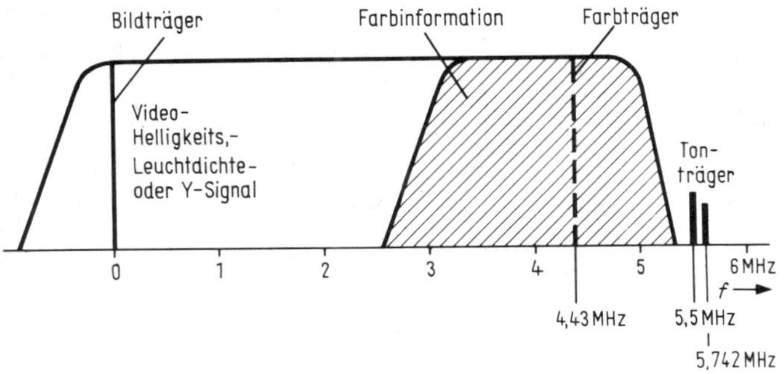


Abb. 2.26 Die Farbinformation wird in das bisherige Frequenzband für das Schwarzweißfernsehen eingefügt. Infolge der Frequenzverkämmung nach Abb. 2.25 stören sich die Signale gegenseitig nicht

(weiße Balken in Abb. 2.25) stets genau in die Lücken zwischen zwei Harmonische des Y-Signals (schwarze Balken). Infolge dieser *Frequenzverkämmung* stören sich die Signale gegenseitig nicht und können im Empfänger auseinandersortiert werden. Der Farbträger selbst ist unterdrückt und tritt deshalb hier nicht in Erscheinung.

### Abb. 2.26 Das Modulationsspektrum

In der üblichen Darstellung ergibt sich nun für das Modulationsspektrum schematisch ein Verlauf nach Abb. 2.26. Das F-Signal darf eine Bandbreite von ± 1,3 MHz haben. Ähnlich wie beim Videosignal schneidet man jedoch die oberen Seitenbandfrequenzen noch etwas ab. Damit gelangt man zu der hier verwendeten Darstellung. Weil das F-Signal bereits die Information *U* und *V* enthält, ist es damit gelungen, die Farbsignale in das Schwarzweißschema hineinzuschachteln.

## *QAM und PAL*

### Abb. 2.31 bis 2.33 U und V werden phasenverschoben moduliert

Offen ist nun aber immer noch die Frage, wie kann man die beiden verschiedenen Farbdifferenzsignale

$$U = B - Y \text{ und } V = R - Y$$

einer einzigen Trägerfrequenz aufmodulieren und sie nachher im Empfänger wieder auseinandertrennen. Durch einfaches Addieren der Spannung geht das nicht. Es gibt kein Verfahren, um solche Summenkurven wieder zu entwirren. Man fand jedoch eine Lösung. Die beiden Spannungen werden nach Abb. 2.31 nicht einer, sondern zwei um 90° phasenverschobenen Trägerfrequenzen in Amplitudenmodulation aufmoduliert. Man kann auch sagen, der zweite Träger wird jeweils um 90° später gestartet. Infolgedessen geht stets die eine Trägerspannung durch Null, während die andere gerade ihren Scheitelwert hat. Diese beiden phasenverschobenen Trägerspannungen gewinnt

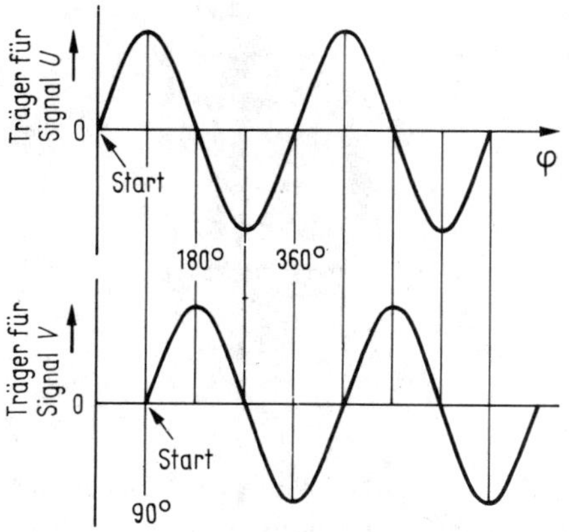


Abb. 2.31 Zwei um 90° phasenverschobene Träger- oder Schaltfrequenzen

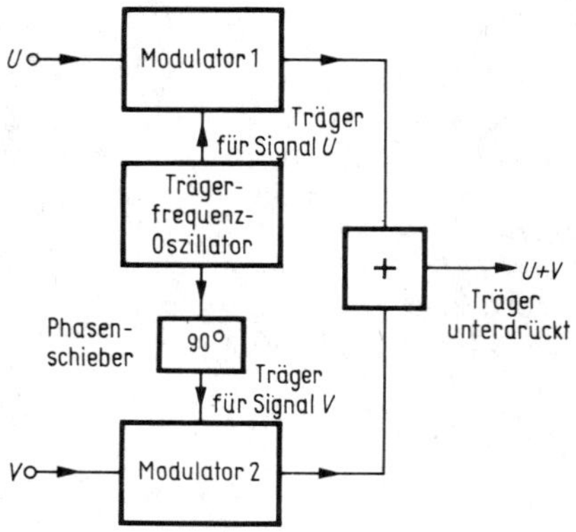


Abb. 2.32 Doppelmodulation zweier Signale durch um 90° phasenverschobene Trägerfrequenzen und Summierung in einem Addierglied. Die Trägerfrequenz wird unterdrückt.

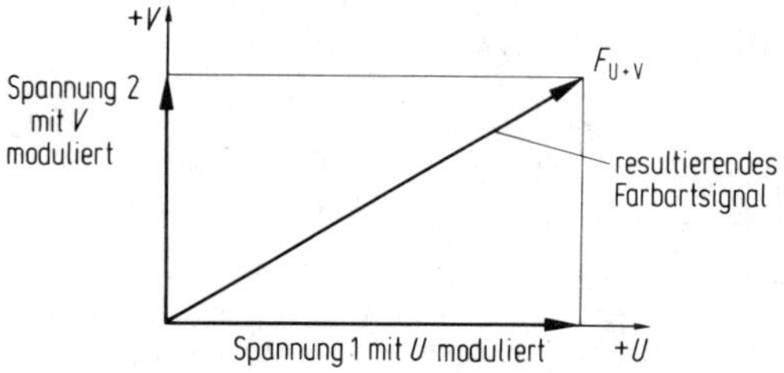


Abb. 2.33 Aus den beiden um 90° phasenverschobenen, mit U und V modulierten Trägerspannungen ergibt sich ein resultierendes Farbartsignal $F_{U+V}$

man in einer Blockschaltung nach Abb. 2.32. Der Trägerfrequenzoszillator arbeitet direkt auf den Ringmodulator 1. Die Trägerfrequenz wird darin mit dem Signal *U* moduliert. Der Modulator 2 für das V-Signal wird mit der gleichen Trägerfrequenz gespeist, jedoch wird sie zuvor über einen Phasenschieber geschickt und um einen 90° nacheilenden Phasenwinkel gedreht. Die Ausgangsspannungen der beiden Modulatoren werden in einem Addierglied zusammengeschaltet. Sie ergeben dort eine Summenkurve, nämlich ein mit beiden Informationen *U* und *V* amplitudenmoduliertes Signal, bei dem aber infolge der Eigenart der Ringmodulatoren die eigentliche Trägerfrequenz unterdrückt ist.

Die gleichzeitige Verwendung von zwei um 90° phasenverschobenen Wechselspannungen ist in der Oszillografentechnik seit langem bekannt zum Schreiben von Kreis- und Lissajou-Figuren. Dies sei hier erwähnt, weil auch bei dieser Doppelmodulation der Farbfernsehtechnik der Kreis eine Rolle spielt, wie dies bereits bei den Abb. 2.06 und 2.07 zum Ausdruck kam. Im Zeigerdiagramm setzen sich die beiden mit *U* und *V* modulierten Spannungen nach Abb. 2.33 zu einem resultierenden Farbartsignal $F_{U+V}$ zusammen. Alle drei Zeiger rotieren entsprechend den Wechselstromgesetzen 4,43 Millionen mal in der Sekunde (4,43 MHz) entgegen dem Uhrzeigersinn. Sie durchlaufen also ständig alle vier Quadranten des Achsenkreuzes. Deshalb nennt man diese Doppelmodulation auch Quadratur-Amplituden-Modulation, abgekürzt QAM. Zur

Vereinfachung wurden hier gleichbleibend große Signale für *U* und *V* angenommen. In Wirklichkeit ändern sich natürlich die Amplituden entsprechend den sich ändernden Farbwerten des abgetasten Bildes. Das resultierende Farbartsignal $F_{U+V}$ ändert dadurch ebenfalls ständig seine Amplitude und auch seine Phasenlage, weil sich, je nachdem ob der Augenblickswert von *U* oder *V* größer ist, das Quadrat von Abb. 2.33 zu einem liegenden oder stehenden Rechteck verformt.

Nun ergibt sich auch die Gedankenverbindung zu dem Farbkreis Abb. 2.07. Eine Farbart wurde dort bereits durch die Koordinaten *U* und *V* dargestellt. Dies bezog sich jedoch nur auf eine ruhende konstante Farbinformation, während es sich hier um ein hochfrequentes elektrisches Signal handelt.

## Abb. 2.34 Die Synchrondemodulation

Man möchte meinen, nun sei doch nichts gewonnen, diese komplizierte Summenspannung $F_{U+V}$, die als Farbartsignal ausgestrahlt wird, bekäme man nie wieder in die ursprünglichen Signale aufgelöst.

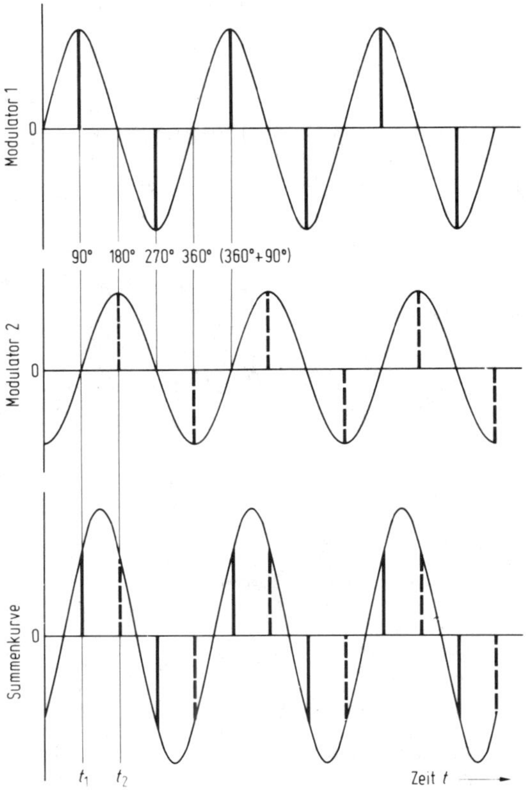


Abb. 2.34 Einzelkurven und Summenkurve; a und b = Verlauf der beiden phasenverschobenen Kurvenzüge, c = resultierende Kurve; durch Heraustasten zu den Zeitpunkten $t_1$, $t_2$ usw. erhält man nur die jeweils den Teilkurven entsprechenden Werte

Es gibt jedoch eine Lösung, um die beiden Modulationen wieder auseinanderzufädeln, obgleich sie einer einzigen Trägerfrequenz aufmoduliert sind. Um dies zu erläutern, ist in Abb. 2.34 das Zeigerdiagramm nochmals in die Sinuskurven zurückverwandelt. Abb. 2.34a zeigt die Trägerfrequenzspannung 1, Abb. 2.34b mit 90° Phasendrehung die Spannung 2, und darunter in Abb. 2.34c ist die Summenspannung aus den beiden Einzelspannungen dargestellt. Man erkennt wie schon in Abb. 2.31: Wenn Spannung 1 durch Null geht, dann hat die Spannung 2 stets gerade ihren Maximalwert. Er ist in den Kurven durch einen gestrichelten Balken markiert. Umgekehrt gilt das gleiche: Die Nullstellen der Kurve 2 fallen mit den Maximalwerten von Kurve 1 zusammen. Sie sind durch dicke Balken markiert. Betrachtet man die Summenkurve genau, dann stellt man fest, daß sie zu den Zeitpunkten 90°, 270° ,(360° + 90°) tatsächlich nur die Werte der Kurve 1 aufweist. Das gleiche gilt für die Zeitpunkte 0°, 180° und 360° für die Kurve 2. Man braucht also nur im Empfänger durch zwei getrennt arbeitende elektronische Schalter jeweils nach 180° ein kurzes Stück der Summenkurve durchzulassen oder herauszutasten, dann ergeben diese Ausschnitte, aneinandergereiht, den Verlauf der Scheitelwerte der ursprünglichen Kurven.

Das gilt auch für den Fall, daß die ursprüngliche Kurve infolge der sich ändernden Farbwerte des Bildes Amplitudenschwankungen aufweist. Mit Hilfe von Glättungsgliedern erhält man aus den herausgetasteten Teilstücken eine Hüllkurve, die dem ursprünglichen Signalverlauf von *U* oder *V* entspricht.

## Abb. 2.35 und 2.36 Prinzip eines Synchrondemodulators

Um hier nicht ständig nur mit abstrakten Diagrammen zu arbeiten, sei die Prinzipschaltung eines solchen Synchrondemodulators kurz besprochen. Das Farbartsignal $F_{U+V}$ wird einer Brückenschaltung mit zwei Schaltdioden zugeführt (Abb. 2.35). Als Schaltfrequenz dient die Trägerfrequenz von 4,43 MHz in einer definierten Phasenlage. Dieser Träger ist zum Demodulieren notwendig (man kennt dies von der Stereo-Rundfunkmodulation). Er wird im Fernsehempfänger neu erzeugt und mit den 4,43-MHz-Schwingungsstößen des Burstsignals auf den genauen Frequenzwert synchronisiert.

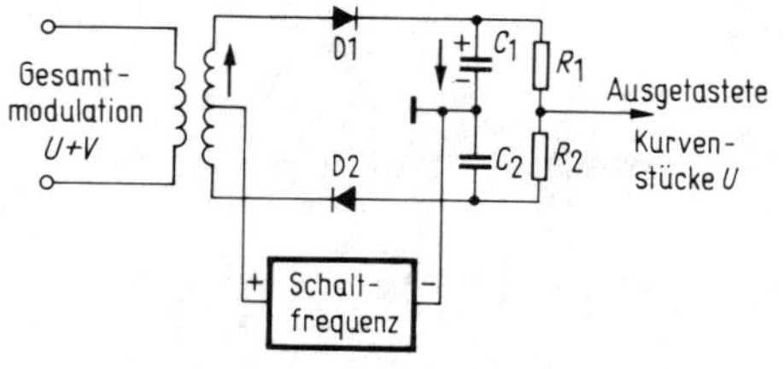


Abb. 2.35 Prinzipschaltung eines Synchrondemodulators

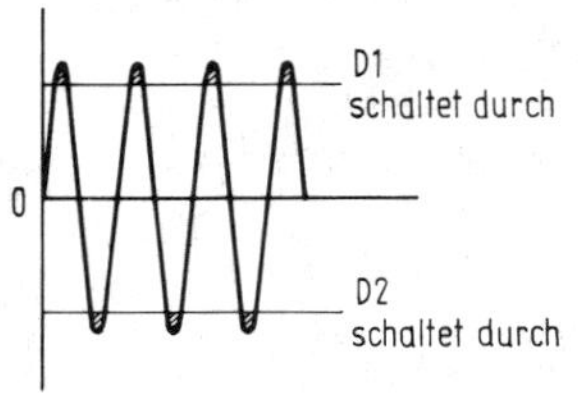


Abb. 2.36 Nur die oberen und unteren Sinuskuppen der Schalt- oder Trägerfrequenz öffnen die Dioden eines Synchrondemodulators

Denkt man sich in Abb. 2.35 zunächst den Schaltfrequenzoszillator stillgelegt, dann wirken die beiden Dioden für die eingekoppelte Summenspannung als normale Hf-Gleichrichter. An den beiden Ladekondensatoren entstehen Richtspannungen der angedeuteten Polarität. Schaltet man die Träger- bzw. Schaltfrequenz dazu, dann werden bei der angegebenen Polung die obere Diode durchgeschaltet und die untere gesperrt. Dadurch gelangt in diesem Zeitpunkt über die Diode 1 ein kurzer Ausschnitt aus der Summenspannung zum Ausgang. Nach 180° bzw. nach einer halben Periode der Schaltfrequenz wird die untere Diode leitend und läßt nun ihrerseits einen kurzen Ausschnitt der Summenspannung hindurch. Um die Schalt- bzw. Durchlaßzeit der Dioden möglichst kurz zu machen, gibt man der Schaltfrequenz eine große Amplitude und spannt die Dioden so weit negativ vor, daß nach Abb. 2.36 nur die Kuppen der Sinuskurve wirksam werden und die Dioden öffnen.

Wie später noch ausführlich behandelt wird, werden heute diese Funktionen von integrierten Schaltungen ausgeführt.

## Abb. 2.37 Blockschaltung für zwei Signale

Damit ist ein Teilziel erreicht. Man tastet aus der doppelt modulierten Spannung nur Teile des einen Signals jeweils in 180°-Abständen heraus. Der Ausbau für beide Signale ist nun klar. Er stellt die Umkehr von Abb. 2.32 dar. Die Trägerfrequenz schaltet den einen Demodulator direkt und den anderen wieder über einen 90°-Phasenschieber. Damit werden dann zu den Zeitpunkten 90° und 270° die Informationen des U-Signals (dicke Balken in Abb. 2.34) und zu den Zeitpunkten 180° und 360° die des V-Signals (gestrichelte Balken in Abb. 2.34) herausgetastet. Sie stehen dann an getrennten Ausgängen zur Verfügung.

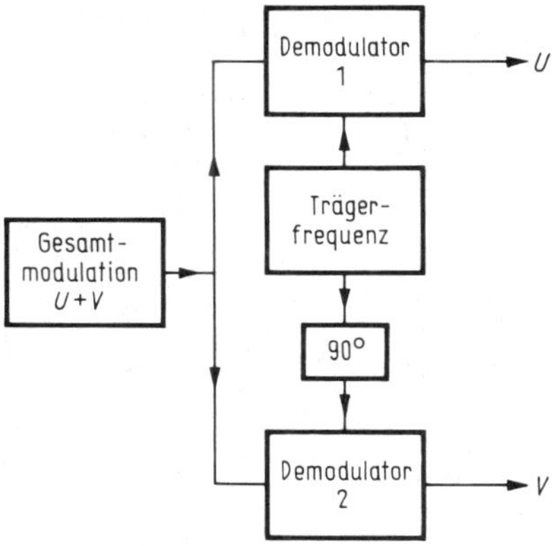


Abb. 2.37 Gesamtanordnung zweier Demodulatoren zum Rückgewinnen der Einzelsignale U und V

## *Farbartsignale und PAL-Verfahren*

### Abb. 2.41 Nochmals der Farbkreis

Zu dem Farbkreis in Abb. 2.06 und 2.07 gehört das hier in Abb. 2.41 vereinfacht dargestellte Achsenkreuz mit den Koordinaten *U* und *V*. Man kann darin ablesen, daß ein Zeiger mit der Hauptrichtung + *U* und nur geringem *V*-Anteil etwa auf Blau und ein anderer mit positivem *V* und kleinem *U*-Anteil auf Rot zeigen würde. Dies läßt sich sogar sichtbar machen, indem man die Komponenten *U* und *V* eines Farbartsignals *F* an die Ablenkplattenpaare eines Oszillografen legt. Mit einem solchen *Vektorskop* werden im Sender Phasenlagen und Amplituden von Testfarben kontrolliert. Der Farbzeiger ist jedoch bei einem Fernsehbild nicht stationär, sondern je nachdem, welche Farbe gerade abgetastet wird, schwenkt der Zeiger im Kreis hin und her und ändert dabei noch seine Länge. Das erinnert an den Spruch, den man sich bei den Anfängen der Wechselspannungslehre auf den Schulbänken zutuschelte: „Die Phase schiebt sich hin und her, zum Schluß weiß es kein Mensch nicht mehr!“

Weil der Farbton durch den Phasenwinkel dargestellt wird, beeinflussen Phasenwinkelfehler des Signals den Farbton. Unerwünschte Laufzeiten- oder Phasenverschiebungen können an mehreren Stellen im Übertragungsweg auftreten: im Kabel vom Studio zum Sender, auf den Richtfunkstrecken, durch Reflexionen bei der freien Ausbreitung (die bisherigen Geisterbilder) und z.B. durch Nichtlinearitäten im Sender. Die Phasenbeziehung innerhalb des Signals wird verfälscht, und aus Rot wird bei NTSC beispielsweise Orange. Daher besitzen die amerikanischen NTSC-Empfänger einen Einstellknopf, um die aufgetretenen Phasenfehler und damit den Farbton zu korrigieren.

### Abb. 2.42 Prinzip des Pal-Verfahrens

In Abb. 2.42a ist stark vereinfacht die Grundidee des Pal-Verfahrens dargestellt. In diesem Farbkreis sind nicht die Farbdifferenzspannung *U* und *V* eingezeichnet, son-

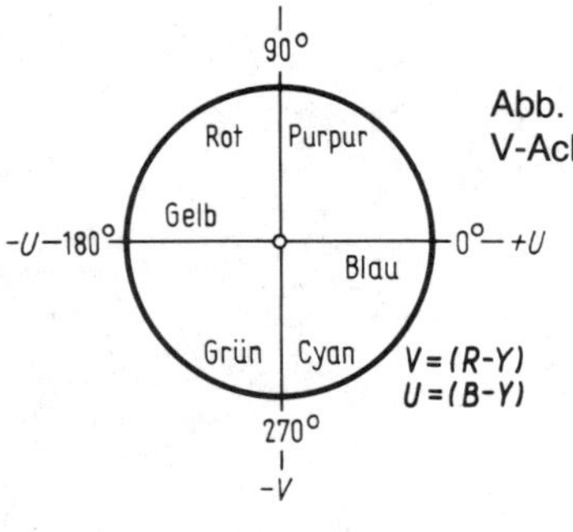


Abb. 2.41 Lage der U- und V-Achse im Farbkreis

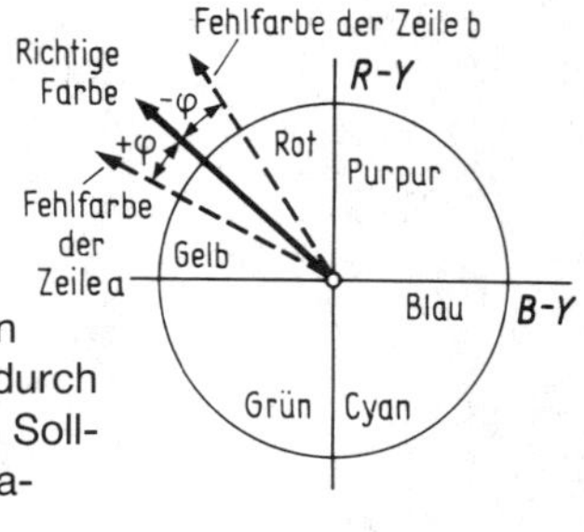


Abb. 2.42a Kompensation einer Zeigerabweichung durch einen spiegelbildlich zum Sollwert liegenden Kompensationszeiger

Farbkreis Abb. 2.42b im Tafelteil neben Seite 48

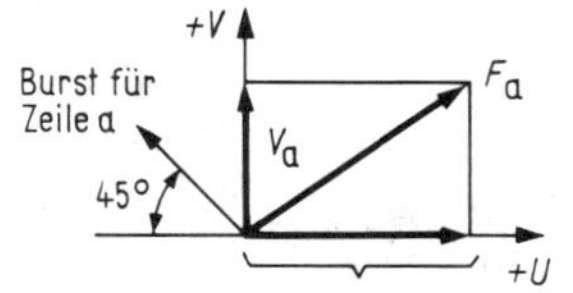


Abb. 2.43 Farbartsignal und Burstphasenlage für die Zeile a beim Pal-System

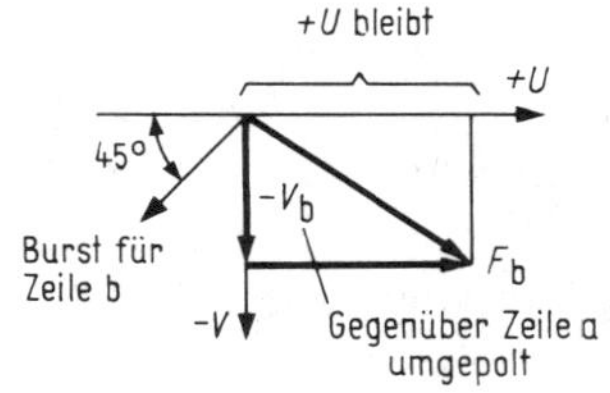


Abb. 2.44 Farbartsignal und Burstphasenlage für die Zeile b

dern ein daraus resultierender Farbartzeiger. Angenommen sei, daß gerade der Farbton Orange gesendet wird (richtige Farbe). Erleidet nun das Signal auf dem Übertragungsweg vom Sollwert aus eine Phasenverschiebung um den Winkel $+\varphi$, dann erscheint Gelb statt Orange auf dem Bildschirm.

Beim Pal-Verfahren werden nun durch einen elektronischen Schalter im Sender die V-Anteile des Farbartzeigers in der Phase abwechselnd (phased alternating) von Zeile zu Zeile (line) um 180° umgepolt[1]). Damit wird auch ein Fehlwinkel $\varphi$ von einer Zeile zur nächsten umgepolt. Im Abbildungsbeispiel erscheint dann in der folgenden Zeile b eine Fehlfarbe mit dem Winkel $-\varphi$, d.h. ein roter Farbton. Diese wechselnden Farbtonabweichungen werden mit einer Laufzeitleitung von 64 $\mu$s Verzögerungszeit gemittelt, d.h. man sieht trotz der Abweichungen der aufeinanderfolgenden Zeilen den richtigen Farbton Orange. Das Farbbild wird hierbei zwar etwas entsättigt, aber das stört in der Praxis kaum.

## Abb. 2.43 und 2.44 Pal-Umschaltung und Pal-Kennung

Da die V-Anteile des Farbsignals wegen der Quadraturmodulation um 90° gegen die U-Komponenten gedreht sein müssen, bedeutet dies, daß der V-Anteil einer Zeile a in Abb. 2.43 um +90° und bei der folgenden Zeile b um −90° gegen die U-Achse gedreht ist (Abb. 2.44).Damit der Empfänger die 180° Phasendrehung wieder rückgängig machen kann, muß er ebenfalls einen im gleichen Takt schaltenden Umschalter besitzen. Um diesen zeilenfrequenten Schalter richtig zu steuern, gibt man dem Burstsignal eine *Kennung* mit. Man verändert bei ihm gleichfalls von Zeile zu Zeile die Phasenlage. Der Burst, also die kurzen Schwingungspakete der Trägerfrequenz, erfüllt damit noch eine weitere Aufgabe. Für Zeile a startet dieser Schwingungszug mit der in Abb. 2.43 dargestellten Phasenlage. Für Zeile b ist die Burstphase in Abb. 2.44 eingezeichnet. Wie diese Unterschiede ausgewertet werden, wird später im Kapitel 16, Pal-Demodulation, besprochen.

1 „Pal" ist die Abkürzung für *P*hase *a*lternating *l*ine.

## Abb. 2.45 Blockschaltung einer Fernsehkamera mit Pal-Coder

Aus den Kameraspannungen *R*, *G* und B formt die Y-Matrix das Y-Signal. In der Y-Leitung liegt ein Verzögerungsglied. Ein gleiches Verzögerungsglied ist später im Empfänger notwendig. Seine Funktion wird dort behandelt. Die V-U-Matrix liefert die Spannungen *U* und *V*. Mit ihnen wird in zwei Modulatoren der Farbträger moduliert. In Erweiterung von Abb. 2.32 wird jedoch die Phase 90° versetzt, sondern abwechselnd für eine Zeile um + 90° und für die andere um − 90° von der U-Achse aus. Dazu dient ein mit der Zeilenfrequenz betriebener elektronischer Schalter. Die Wirkung der Quadraturmodulation wird dadurch nicht verändert; man muß lediglich im Empfänger einen ähnlichen Zeilenschalter vorsehen. In der Addierstufe hinter den beiden Modulatoren ergibt sich dann das *F*-Signal. Eine Impulszentrale liefert sämtliche Austast- und Synchronisierimpulse. Alle Ausgangssignale werden addiert und dann der hochfrequenten Trägerwelle aufmoduliert und ausgestrahlt.

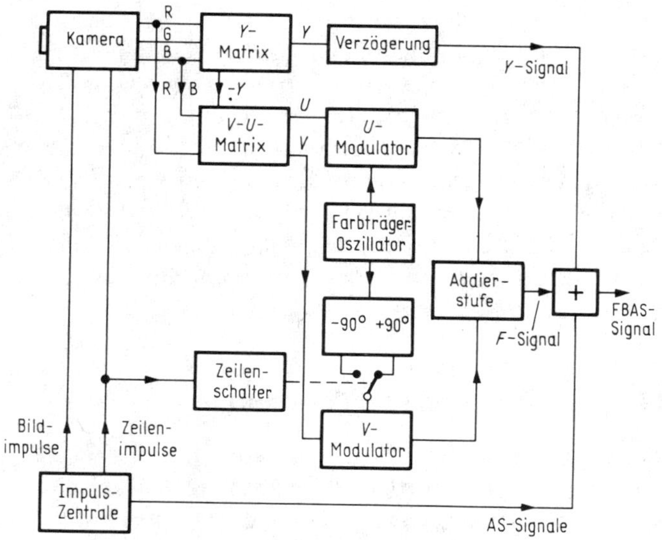


Abb. 2.45
Stark vereinfachte Blockschaltung einer Fernsehkamera mit Pal-Coder

# 3 Grundaufbau von Schwarzweiß-Fernsehempfängern und Eingangsschaltungen

## Abb. 3.01 Blockschaltung

Beim Fernsehempfang ist nicht nur das eigentliche Bildsignal aufzunehmen und zu verstärken, sondern auch der zum Bild gehörende Ton; ferner sind im Empfänger die Spannungen für den Rasterwechsel und für die Zeilenablenkung zu erzeugen. Raster- und Zeilenzahl müssen genau mit denen des Senders übereinstimmen. Dies wird durch die Gleichlaufzeichen des Fernsehsignals bewirkt. Sie werden zu diesem Zweck mit Hilfe eines *Amplitudensiebes,* auch *Impuls-Abtrennstufe* genannt, aus dem Fernsehsignal herausgesiebt. Außerdem müssen die verschiedenen Betriebsspannungen gewonnen werden.

Schwarzweiß-Fernsehempfänger bestehen entsprechend dem Blockschaltbild aus folgenden Baugruppen:

A. Hf-Teil (Tuner) mit Hf-Vorverstärker sowie Oszillator- und Mischstufe für Bild und Ton. (Tuner, gesprochen *Tjuner,* aus dem Englischen = *Abstimmer.*)

B. Gemeinsamer Zf-Teil für Bild und Ton.

C. Zf-Demodulator oder Video-Detektor. Er erzeugt aus der modulierten Zwischenfrequenz die Videofrequenz mit den Gleichlaufzeichen und, durch Mischen von Bildträger und Tonträger, eine neue Zwischenfrequenz von 5,5 MHz. Sie ergibt sich aus der Differenz zwischen Bildträgerfrequenz und Tonträgerfrequenz und wird daher auch „Differenzfrequenz“, abgekürzt Df genannt.

D. Video-Verstärker.

E. Abtrennung der Gleichlaufzeichen vom Bildinhalt (Impulsabtrennstufe, Amplitudensieb).

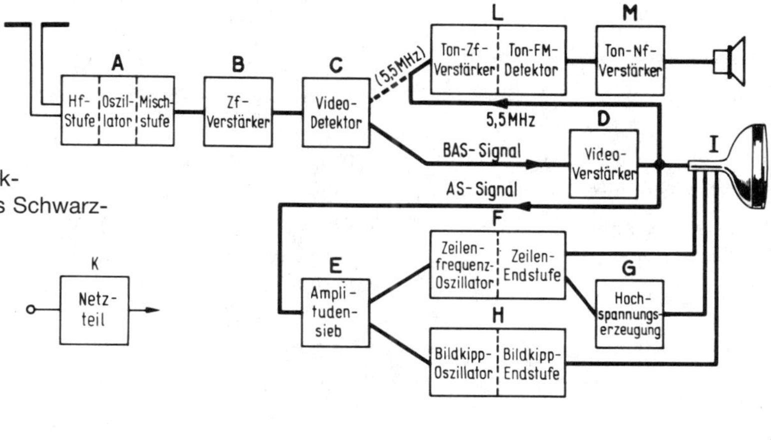


Abb. 3.01 Blockschaltung eines Schwarzweiß-Fernsehempfängers

F. Zeilenfrequenz-Oszillator und Zeilen-Endstufe.

G. Hochspannungsteil für die Bildröhre. Die bei großen Bildröhren (59 cm Schirmdiagonale) 16 bis 18 kV betragende Anodenspannung wird hierbei in einer Spezialschaltung aus der Zeilen-Endstufe gewonnen.

H. Bildkipp-Oszillator und Bildkipp-Endstufe.

I. Bildröhre.

K. Netzteil

L. 5,5-MHz-Ton-Zf-Verstärker mit FM-Detektor, da der Tonträger bei der europäischen Fernsehnorm frequenzmoduliert ist. Die Spannung für den Ton-Zf-Verstärker wird entweder hinter dem Video-Detektor oder hinter dem Video-Verstärker entnommen (vgl. Punkt C). Auf das Zweiton-Verfahren und auf sterophone Übertragung wird erst in einem späteren Abschnitt eingegangen.

M. Ton-Nf-Verstärker und Lautsprecher.

Alle diese Stufen werden auch im Farbempfänger benötigt. Er enthält jedoch zusätzlich den gesamten Chrominanzteil (Farbteil) und anstelle der Schwarzweiß-Bildröhre eine Dreifarben-Bildröhre. Zunächst seien jedoch die Stufen besprochen, die für beide Empfängerarten benötigt werden.

Fernsehempfänger arbeiten nach dem Überlagerungsverfahren, d.h. die verschieden hohen Eingangsfrequenzen der einzelnen Sender werden in das gleiche Zwischenfrequenzband umgesetzt oder herabgemischt. Der dazu notwendige Abstimmteil, der Tuner oder Programmwähler, wird in genau gleicher Ausführung für Schwarzweiß- und Farbempfänger verwendet. Diese Tuner werden meist von Spezialfirmen hergestellt und an die übrigen Empfängerfirmen geliefert.

## *Verstärkung und Rauschen des Hf-Eingangsteiles*

Vor- und Mischstufe eines Fernsehempfängers arbeiten für den Bereich III bei Frequenzen um 200 MHz. Die Bereiche IV und V (UHF) erstrecken sich von 470 MHz bis 860 MHz. Bei diesen sehr hohen Frequenzen beeinflussen die Eigenschaften der Transistoren weitaus stärker die Empfindlichkeit und das Rauschen des Eingangsteiles als beim UKW-Rundfunk mit Frequenzen um 100 MHz. Verbesserung ergab sich im UHF-Bereich durch spezielle Transistoren. Man konnte damit das Eigenrauschen des gesamten Eingangsteiles beträchtlich gegenüber Röhrenschaltungen vermindern. Das Eigenrauschen bestimmt die Empfindlichkeit, denn Empfangsspannungen oder noch kleiner gehen im Eigenrauschen unter und können nicht mehr wahrgenommen werden. Beim Fernsehempfänger heißt dies, daß das Bild in einem undeutlichen Schneegestöber zerfließt.

Das Eigenrauschen des Eingangsteiles hängt also von den Eigenschaften der Transistoren und von der Güte und Bandbreite der Kreise ab. Diese recht verwickelten

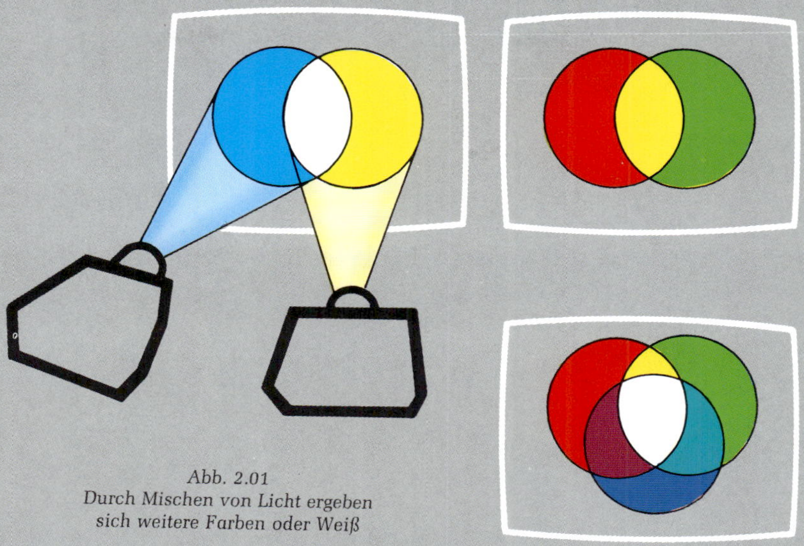

*Abb. 2.01*
*Durch Mischen von Licht ergeben sich weitere Farben oder Weiß*

*Abb. 2.02 Licht und Körperfarbe*

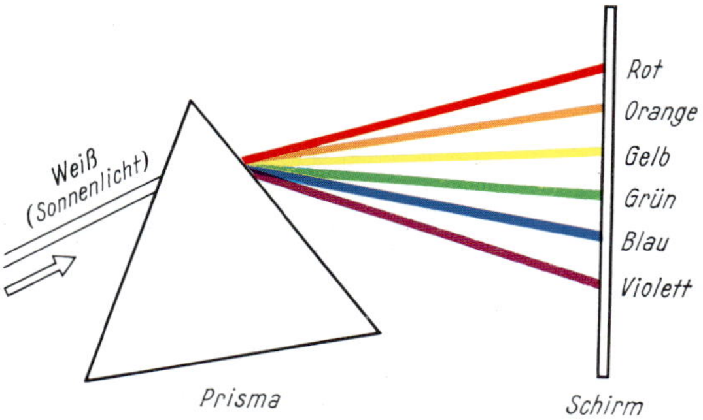


Abb. 2.03
Zerlegen des weißen Sonnenlichtes durch ein Prisma in farbiges Licht

Abb. 2.04
Prinzip von Kindermalbüchern. Das ziemlich viele Einzelheiten enthaltende Schwarzweißbild links wird durch verhältnismäßig grobes Ausmalen mit Farben (Mitte) zu dem wirkungsvollen Farbbild rechts

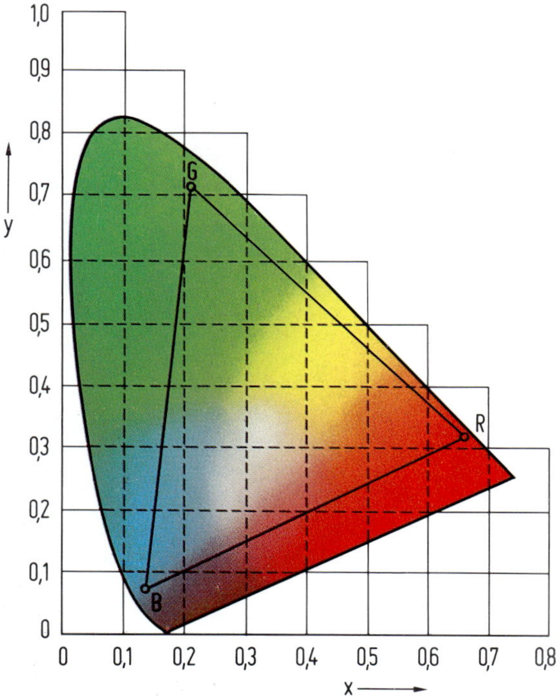


Abb. 2.05
Farbarten, definiert nach dem Farbdreieck

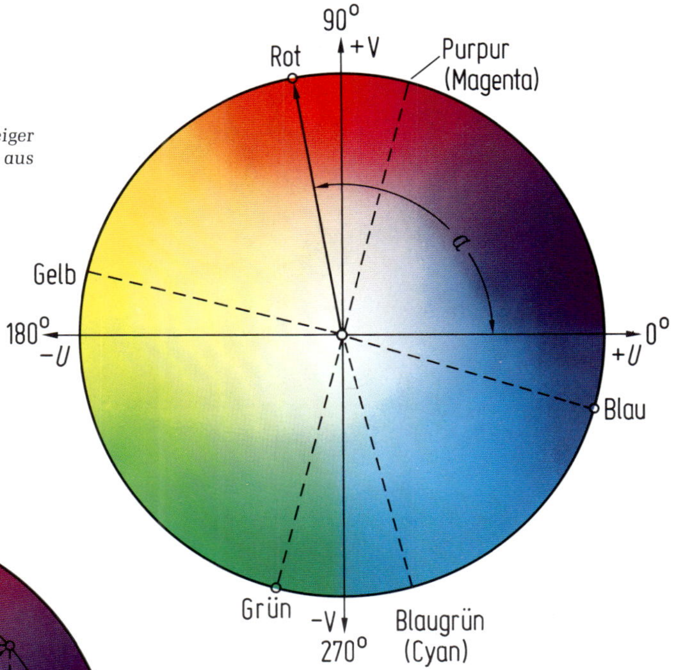


Abb. 2.06
*Farbkreis; ein Farbton ist durch einen Zeiger mit dem Winkel α von der Bezugslinie aus definiert*

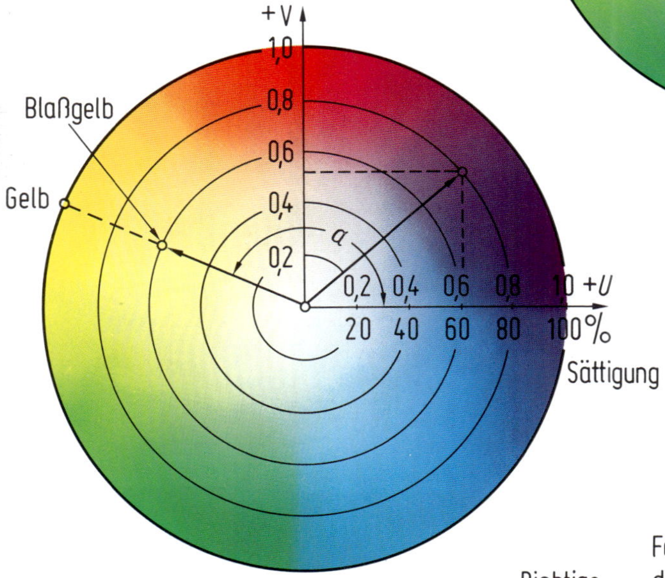


Abb. 2.07
*An der Peripherie des Farbkreises sind die gesättigten Farben angeordnet. Zur Mitte zu werden sie immer blasser (weniger gesättigt), das Zentrum ist weiß*

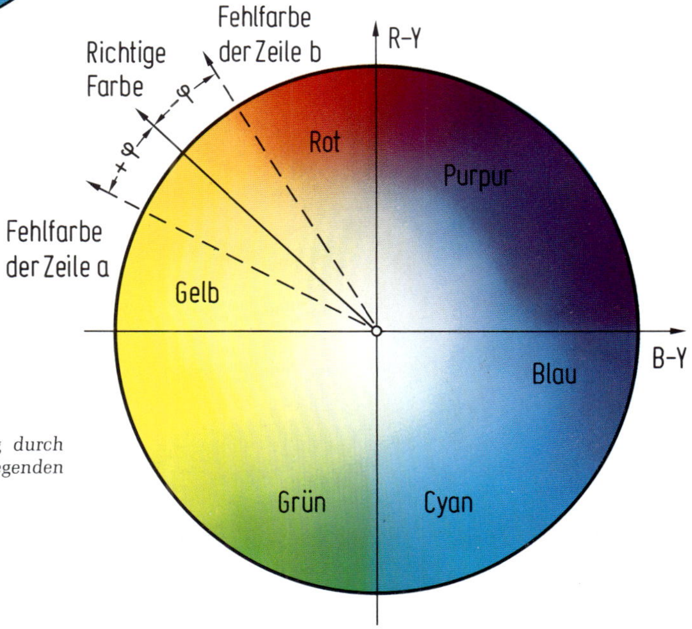


Abb. 2.42b
*Kompensation einer Zeigerabweichung durch einen spiegelbildlich zum Sollwert liegenden Kompensationszeiger*

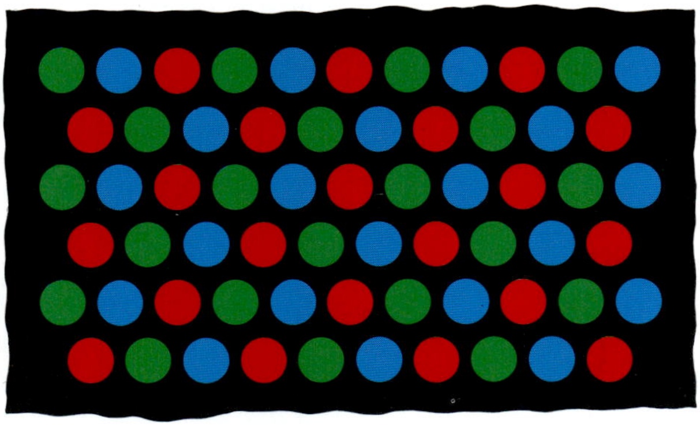

*Abb. 14.01 a Aufleuchten der Farbpunkte auf dem Bildschirm*

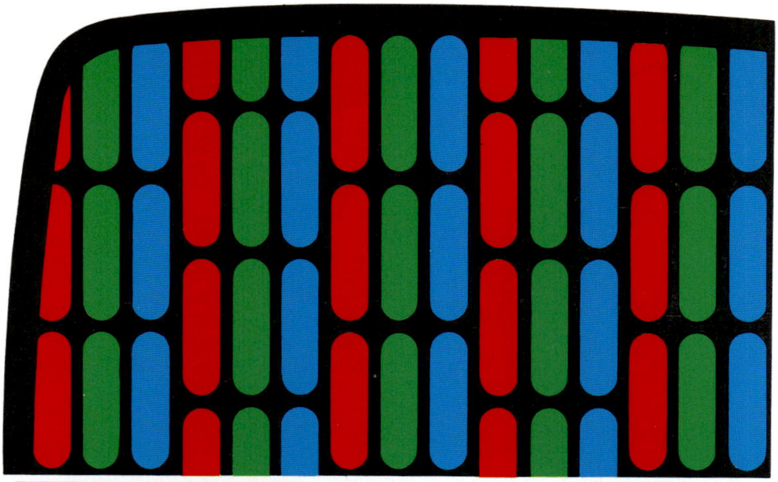

*Abb. 14.14 Reihenfolge der Leuchtstreifen auf dem Schirm einer Schlitzmaskenröhre*

Zusammenhänge sind für den Entwurf eines Empfängers im Labor äußerst wichtig, und hierüber gibt es viele ausführliche Fachveröffentlichungen. Dem Servicetechniker gibt die *Tabelle* einen Überblick über die Eigenschaften der Eingangsschaltung von Transistor-Tunern. Die Rauschzahl *F* bedeutet dabei ein Zahlenverhältnis. Es gibt an, wievielmal größer bei dem betreffenden Empfänger das Verhältnis von Rauschleistung zu Nutzleistung ist gegenüber einem rauschfreien Idealgerät. Gibt man den logarithmischen Wert an, spricht man von Rauschmaß. Je kleiner der Wert *F* ausfällt, desto besser (rauschärmer, empfindlicher) ist die Stufe.

Auf die Rauscheigenschaften des Tuners hat der Servicetechniker keinen Einfluß. Rauscht ein Gerät zu stark, dann ist entweder der Tuner defekt oder das Fernsehgerät bekommt zuwenig Eingangsspannung. Das bedeutet, daß die Antennenanlage überprüft oder leistungsfähiger gemacht werden muß.

Aber zunächst noch einige Worte zu den Bezeichnungen für diesen Eingangsbaustein. Zu Beginn der Fernsehtechnik gebrauchte man gern den Ausdruck *Kanalschalter*, weil man dabei mit einem mitunter recht schwer gehenden Rastenschalter nacheinander die Kanäle 2 bis 11 im VHF-Bereich einstellen konnte. Dann führten sich die Bezeichnungen *Kanalwähler* und *Tuner* ein, besonders nachdem der UHF-Bereich hinzugekommen war. Sind VHF- und UHF-Bereich in einem Baustein vereinigt, dann spricht man vom Einblock-Tuner bzw. Kombi-Tuner. Nach DIN 45 060 ist der Ausdruck *Allbereich-Kanalwähler* hierfür vorgeschrieben. Da aber der Fernsehteilnehmer nicht in Kanalzahlen denkt, sondern in Fernsehprogrammen (erstes, zweites, drittes Programm) und seinen Kanalwähler für diese Programme einrichtet, wurde auch die Bezeichnung *Programmwähler* üblich, und man sollte sie ebenfalls akzeptieren. Vermeiden sollte man dagegen den Ausdruck All*band*-Kanalwähler, denn die Fernsehfrequenzen sind nicht in Bänder, sondern in Bereiche unterteilt. Die richtige Gruppierung lautet demnach:

| | | |
|---|---|---|
| VHF-Kanalwähler | oder | VHF-Tuner |
| UHF-Kanalwähler | | UHF-Tuner |
| Allbereich-Kanalwähler | | Kombi-Tuner – Einblock-Tuner |

| Bereich | Frequenz MHz | Rauschmaß F in dB | Verstärkung in dB |
|---|---|---|---|
| I | 60 | < 6 | 22...25 |
| III | 200 | < 6 | 22...25 |
| IV/V | 470–860 | < 10 | 22...25 |

Für „Kanalwähler" kann man auch Programmwähler sagen.

Die Bezeichnung Tuner = Abstimmteil hat sich auch in die Rundfunkempfängertechnik eingeführt. Dort bezeichnet man allerdings ein vollständiges Empfangsgerät damit, also einschließlich Zf-Verstärker und Nf-Vorstufe. Ein solcher Tuner liefert die Steuerspannung für einen zusätzlichen, mehr oder weniger aufwendigen Hi-Fi-Endverstärker.

## *Abstimmittel für Kanalwähler*

### Abb. 3.02 und 3.03 Induktivitäten, Topfkreise

Für die Induktivitäten von Schwingkreisen im VHF-Bereich werden kleine drahtgewickelte Spulen verwendet, die durch Verbiegen der Windungsabstände abgeglichen werden. Bei einigen Ausführungen wurden auch Spulen nach Abb. 3.02 in Art gedruckter Schaltungen verwendet. Als Abstimmkapazitäten dienten früher Drehkondensatoren, jetzt benutzt man nur noch Kapazitätsdioden.

Für Dezimeterwellen, also für Abstimmkreise im UHF-Bereich, kann man die Spule L eines Schwingkreises nach Abb. 3.03b zu einem kurzen Drahtbügel zusammenschrumpfen lassen. Schaltet man nach Abb. 3.03c zwei solcher Drahtbügel parallel, dann wird der Induktivitätswert nochmals auf die Hälfte verringert. Schaltet man viele solcher Drahtbügel parallel und ordnet sie nach Abb. 3.03d um die Kapazität herum an, dann erhält man einen zylindrischen Topfkreis. Elektrisches und magnetisches Feld verlaufen bei ihm nur im Inneren. Ist der Topfkreis vollkommen geschlossen, so strahlt er nicht nach außen, und seine Güte wird nur durch die Verluste innerhalb des Topfes bestimmt. Durch Versilbern der Innenfläche kann man die Verluste sehr gering machen und gute elektrische Eigenschaften erzielen. Der Topf kann dabei

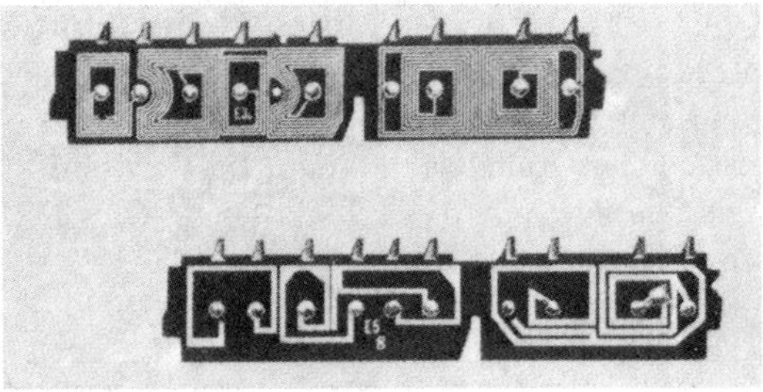

Abb. 3.02 Spulenstreifen aus einem älteren Valvo-Kanalwähler

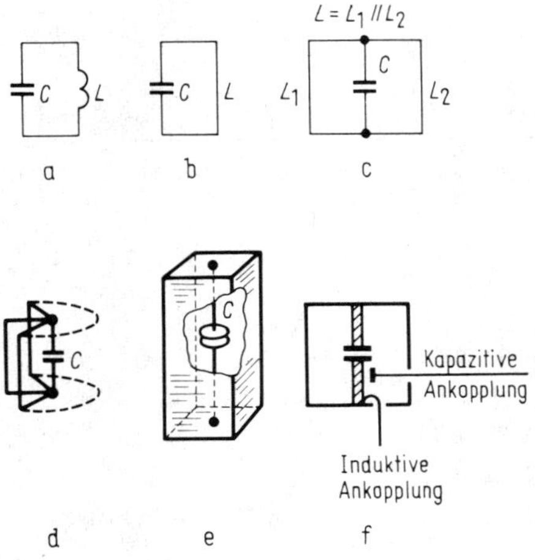


Abb. 3.03 Entwicklung eines Topfkreises
- a = Normaler Schwingkreis
- b = Die Induktivität L wird bei hohen Frequenzen zu einem einfachen Drahtbügel
- c = Durch Parallelschalten von zwei Drahtbügeln wird die Induktivität nochmals verringert
- d = Entstehung eines zylindrischen Topfkreises durch viele um den Kondensator herum angeordnete Drahtbügel
- e = Der Topf kann auch als rechteckiges Gehäuse ausgebildet werden
- f = Ankopplungsmöglichkeiten an einen Topfkreis

auch andere Formen haben, z.B. als langgestreckter Quader nach Abb. 3.03e. In dieser Form wurden Topfkreise lange Zeit hindurch als Abstimmelemente für UHF-Tuner angewendet. Als Kapazität C dienten zunächst Drehkondensatoren, später Kapazitätsdioden. Um Spannungen ein- oder auszukoppeln, muß man nach Abb. 3.03f Sonden durch Öffnungen des Topfes hineinführen. Zwei nebeneinanderliegende Topfkreise können durch einen *Koppelschlitz* in der gemeinsamen Wand zu einem Bandfilter vereinigt werden.

## Abb. 3.04 und 3.05 Leitungskreise

Gibt man eine Hf-Schwingung von der Wellenlänge λ auf eine Doppelleitung von der Länge λ/4, die am anderen Ende nach Abb. 3.03a kurzgeschlossen ist, dann wirkt dieses Gebilde als Parallelschwingkreis, der auf die Wellenlänge λ abgestimmt ist. Ein solcher Kreis weist bekanntlich für die Resonanzfrequenz einen hohen Widerstandswert auf, man kann ihn als Parallelresonanzkreis oder auch als Sperrkreis für diese Frequenz verwenden.

Dieses anscheinend widerspruchsvolle Verhalten – hoher Widersstandswert einer kurzgeschlossenen Leitung – beruht auf Ausbildung von „stehenden Wellen“ auf Leitungen, die genau λ/4 oder λ/2 lang sind. Die Ableitung dieser Gesetzmäßigkeiten führt hier zu weit weg vom Thema. Eine ungefähre Vorstellung und Gedächtnisstütze kann man sich verschaffen, wenn man nach Abb. 3.04b annimmt, daß die beiden parallelen Leitungsstücke einen Kondensator bilden und der Drahtbügel eine Induktivität darstellt. Daraus erhält man dann die Ersatzschaltung Abb. 3.04c.

Läßt man ein λ/4-Leitung am anderen Ende offen, dann stellt sie einen Serienresonanzkreis für Schwingungen mit dieser Wellenlänge dar (Abb. 3.05). Ein Serienresonanzkreis hat einen sehr geringen Widerstandswert für die Resonanzfrequenz, er wirkt als Saugkreis.

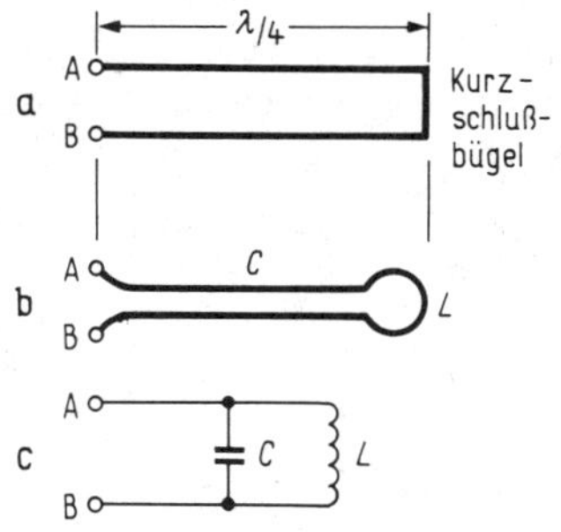


Abb. 3.04 Kurzgeschlossener λ/4-Leitungskreis
a = Paralleldrahtleitung
b = Der Kurzschlußbügel läßt sich als Induktivität betrachten
c = Ersatzschaltung

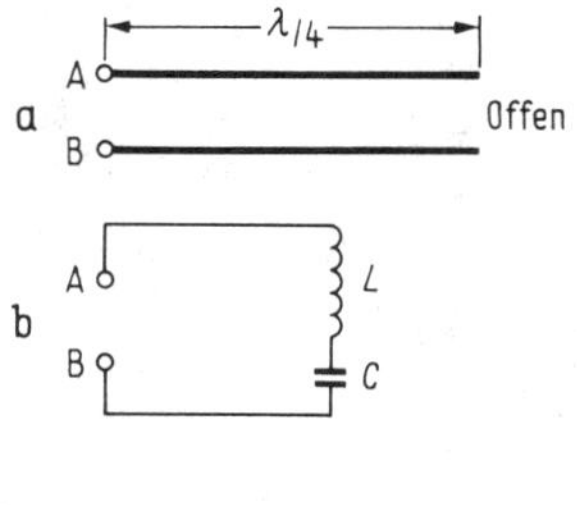


Abb. 3.05 Offener λ-/4-Leitungskreis
a = Paralleldrahtleitung, das offene Ende kann als Kapazität aufgefaßt werden, die Leitungen stellen Induktivitäten dar
b = Ersatzschaltung

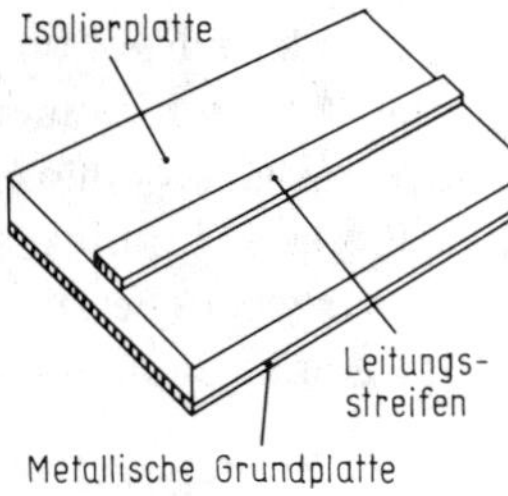


Abb. 3.06 Eine Paralleldrahtleitung kann auch durch einen Leitungsstreifen und eine davon isolierte Grundplatte dargestellt werden

## Abb. 3.06 Streifenleitungen

Die Paralleldrahtleitungen in den vorhergehenden Abb. kann man auch dadurch realisieren, indem man die beiden Leitungen durch Kupferfolien auf der Oberseite und Unterseite einer Isolierplatte darstellt. Man benutzt dazu die gleiche Platine, auf der ohnehin die gedruckte Schaltung des Tuners untergebracht ist. Dabei wird die eine Seite nicht als Leitung ausgebildet, sondern durch die Massebelegung dargestellt.

Wie bei vielen technischen Entwicklungen sind auch hierfür englische Ausdrücke übernommen worden, nämlich Stripe-Line oder Micro-Stripe-Line anstelle von Streifenleitung.

## Abb. 3.07 Verkürzte Leitungskreise

$\lambda$/Leitungen für eine Wellenlänge von beispielsweise 50 cm im UHf-Bereich wären 12,5 cm lang und würden sehr große Abmessungen des Tunergehäuses ergeben. Außerdem müßte man zum Durchstimmen des Bereiches ihre Länge ändern – eine unbequeme Konstruktion. Deshalb verkürzt man den Leistungskreis, läßt ihn also nur zu einer Art Drahtbügel-Induktivität zusammenschrumpfen und stimmt ihn mit einer veränderlichen Kapazität ab (Abb. 3.07a).

Bei Streifenleitungen, Abb. 3.07b, wird oft die Erdleitung weggelassen. Sie erscheinen dann im Schaltbild nur in der Form Abb. 3.07c.

Neuerdings verlängert man auch sehr kurze Streifenleitungen durch zwei bis drei freitragende Drahtwindungen. Abb. 3.07d zeigt schematisch ein UHF-Bandfilter in

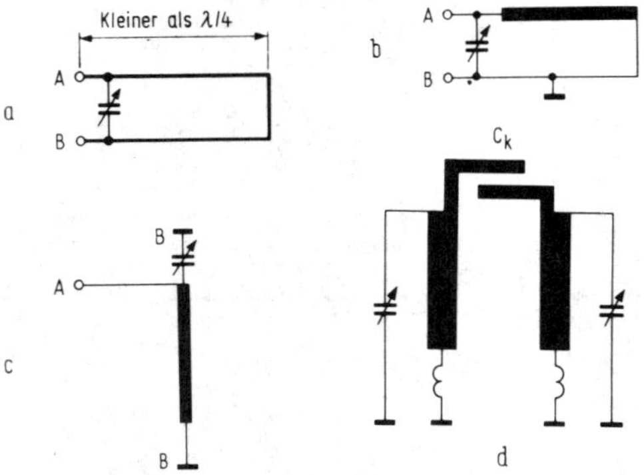


Abb. 3.07 Verkürzte Leitungskreise und Streifenleitungen
- a = Der kürzere Induktivitätsbügel wird durch eine Zusatzkapazität ausgeglichen
- b = Verkürzte Streifenleitung
- c = Anstelle von Abb. 3.07b verwendetes Schaltsymbol
- d = Kapazitiv gekoppeltes Bandfilter

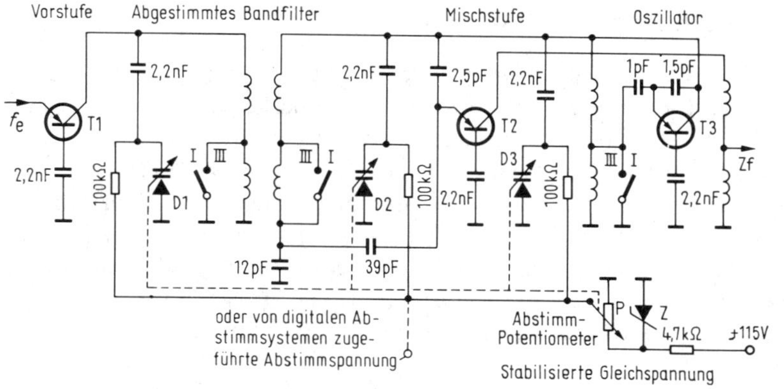


Abb. 3.08 VHF-Tuner mit Diodenabstimmung

dieser Ausführung. Zwei kleine zusätzliche Leiterflächen bilden die Koppelkapazität $C_K$.

Bei allen diesen Anordnungen von Abb. 3.07 ist es eigentlich nicht korrekt, von λ/4-Technik zu sprechen, wie man dies oft findet, denn die Leitergebilde sind erheblich kürzer. Sie stellen konzentrierte Schaltelemente dar, wie dies auch sonst bei Spulen der Fall ist.

## Abb. 3.08 Diodenabstimmung

Anstelle der früheren Drehkondensator- oder Variometerabstimmung hat sich bei Kanalwählern ganz allgemein die Diodenabstimmung durchgesetzt. Die Abb. zeigt die Prinzipschaltung eines VHF-Tuners für die Bereiche I und III. Auf Schaltungseinzelheiten sei hier jedoch vorerst nicht eingegangen. Wesentlich ist, daß die beiden Kreise des durchstimmbaren Bandfilters sowie der Oszillatorkreis mit Hilfe von Kapazitätsdioden D1 bis D3 durchgestimmt werden. Dazu führt man den Dioden über Entkopplungswiderstände eine gemeinsame Gleichspannung – hier aus dem Abstimmpotentiometer P – zu. Die Gleischspannung muß sehr stabil sein, denn Spannungsschwankungen würden die Abstimmung verändern. Bei neueren Kanalwählern wird die Abstimmgleichspannung auch durch integrierte Schaltungen stabilisiert.

Sieht man mehrere Potentiometer vor, die durch Tasten wahlweise eingeschaltet werden dann kann man jedes Potentiometer auf einen anderen Kanal fest einschalten und erhält einen Programmwähler mit Tastenbedienung.

Bei den in neuen Geräten eingeführten digitalen Abstimmsystemen wird die Abstimmmspannung entweder durch einen Digital-Analog-Wandler (Spannungssynthese) oder durch einen Komparator (Frequenzsynthese) erzeugt. Beide Prinzipien werden am Ende des Abschnittes 3 besprochen.

## Abb. 3.09 Eingangsschaltungen

Die Eingänge von Kanalwählern wurden lange Zeit für symmetrische Dipolantennen mit 240 Ω Strahlungswiderstand ausgelegt. Innerhalb der Schaltung ging man aber von den symmetrischen Eingangsklemmen auf einseitig geerdete Schaltungsstufen über. Deshalb erhielten sowohl die VHF- als auch die UHF-Tuner Breitband-Eingangsübertrager, die von 240 Ω symmetrisch auf 60 Ω unsymmetrisch transformieren.

Nach Abb. 3.09a besteht ein solcher Übertrager aus zwei bifilar gewickelten Spulensystemen. Dadurch ergibt sich elektrisch eine Wirkung, als wenn auf der 240-Ω-Seite zwei Wicklungen in Reihe liegen und auf der 60-Ω-Seite zwei Wicklungen parallel (Abb. 3.09b). Das Übersetzungsverhältnis *ü* beträgt also 2 : 1, das entspricht einer Widerstandsübersetzung von

$$ü^2 : 1 = 4 : 1 \text{ bzw. von } 240\ \Omega \text{ auf } 60\ \Omega.$$

Ein solcher Übertrager kann selbstverständlich in beiden Richtungen benutzt werden. z.B. um ein 60-Ω-Koaxialkabel an den 240-Ω-Eingang eines Empfängers anzupassen.

Im einfachsten Fall übersetzt man mit einem normalen Hochfrequenztransformator nach Abb. 3.09c mit einem Übersetzungsverhältnis von 2 : 1 von 240 Ω symmetrisch auf 60 Ω unsymmetrisch.

Ferner sind für den UHF-Bereich sogenannte λ/2-Umwegleitungen gebräuchlich. Bei ihnen wird in eine der symmetrischen 240-Ω-Leitungen ein Leitungsstück von der Länge λ/2 zusätzlich eingeschaltet. Dies bewirkt ebenfalls eine Transformation auf 60 Ω unsymmetrisch.

Mit dem Aufkommen der Gemeinschaftsantennen ergab sich die skurrile Tatsache, daß man vom koaxialen unsymmetrischen Kabelnetz der Antennenanlage zunächst mit Symmetriergliedern für VHF und UHF auf 240 Ω symmetrisch herauftransformieren mußte, um den Emfpänger mit seinen 240-Ω-Antennenbuchsen anschließen zu können. Innerhalb des Empfängers wurde jedoch wieder auf 60 Ω unsymmetrisch zurücktransformiert. Deshalb hat man 1972 einen neuen Antennenanschluß genormt. Danach werden die Kanalwähler unmittelbar für 75 Ω Eingangswiderstand ausgelegt. Die zweimalige Transformation entfällt, und statt der vier Einzelstecker mit dem daran baumelnden Gehäuse für die VHF- und UHF-Weiche wird nur noch ein spezieller Koaxialstecker verwendet.

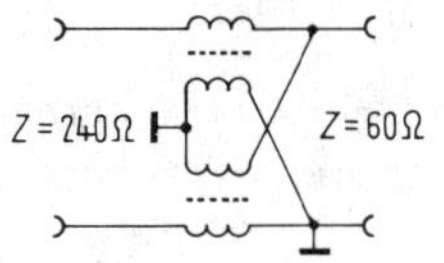


a = Anordnung aus zwei Spulensystemen

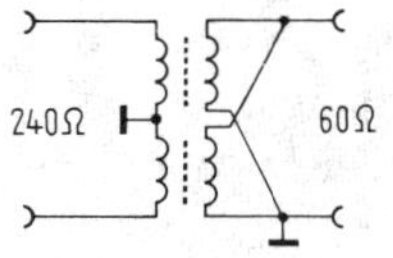


b = Ersatzschaltung

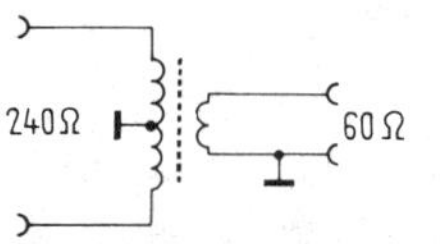


c = Vereinfachte Ausführung

Abb. 3.09 Symmetriertransformatoren

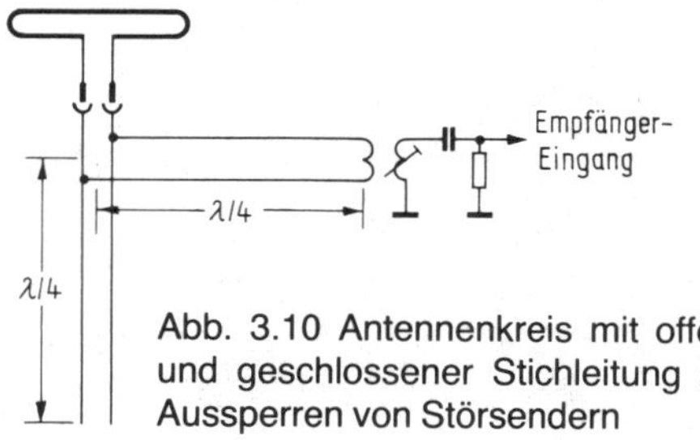


Abb. 3.10 Antennenkreis mit offener und geschlossener Stichleitung zum Aussperren von Störsendern

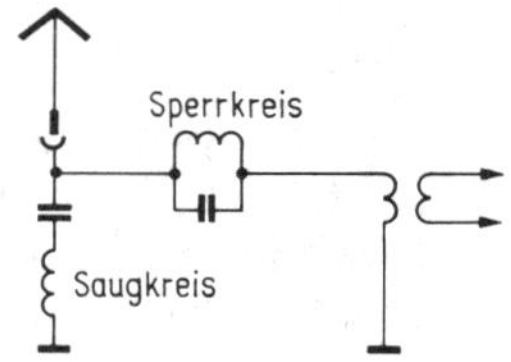


Abb. 3.11 Ersatzschaltung zu Abb. 3.10

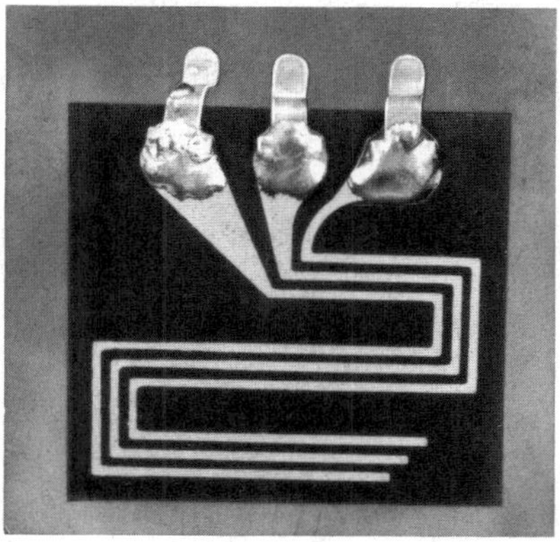

Abb. 3.12 Dreiadrige Stichleitung in gedruckter Schaltung

## Abb. 3.10 bis 3.12 Stichleitungen

Aus Hf-Leitungen bestehende Schwingkreise werden auch als „Stichleitungen" bezeichnet, weil sie als langgestreckte Gebilde mit einem Ende an die übrige Schaltung angeschlossen oder angestochen werden.

Stichleitungen dienen bei UKW- und Fernsehempfängern zum Aussperren von Störsendern. Man ordnet dazu parallel zu den Antennenklemmen eine als Saugkreis wirkende Stichleitung, also eine offene $\lambda/4$-Leitung an und stimmt sie auf die Störfrequenz ab. Fernsehempfänger werden häufig durch Harmonische von UKW-Rundfunksendern oder UKW-Empfänger-Oszillatoren gestört. Für die UKW-Frequenz 91,3 MHz zum Beispiel beträgt die zweite Harmonische 182,6 MHz. Diese Frequenz liegt im Fernsehkanal 6 mit dem Bildträger 182,25 MHz und verursacht ein störendes Moiré im Bild. Eine $\lambda/4$-Stichleitung zur Abhilfe müßte also folgende Länge haben:

$$\lambda = \frac{3 \cdot 10^8}{f} = \frac{3 \cdot 10^8}{182{,}6 \cdot 10^6} = 1{,}64 \text{ m}$$

$$\lambda/4 \; \frac{1{,}64}{4} = 0{,}41 = 41 \text{ cm}$$

Solche Stichleitungen können z.B. in Antennenanlagen vorgesehen und auf örtliche Störer abgeglichen werden. Kritisch sind auch Störstrahlungen von UKW-Rundfunkempfängern. Die zweite Harmonische eines UKW-Oszillators fällt bei der üblichen Zwischenfrequenz von 10,7 MHz in den Frequenzbereich 196...222 MHz (Bereich III).

| | | |
|---|---|---|
| UKW-Bereich | | 87...100 MHz |
| Oszillatorbereich | | |
| 87 + 10,7...100 + 10,7 | ≈ | 98...111 MHz |
| Zweite Harmonische | ≈ | 196...222 MHz |

Der UKW-Teil eines Empfängers muß daher so ausgebildet werden, daß diese Störstrahlung bestimmte, von der Bundespost festgelegte Werte nicht überschreitet. Dies wird im Empfängerbau durch sorgfältige Abschirmung, günstige Verdrahtung und richtige Erdungspunkte des UKW-Teiles erzielt. Bei verschiedenen UKW-Rundfunkempfängern wurden außerdem folgende zusätzliche Maßnahmen ergriffen:

Parallel zu den Antennenklemmen liegt nach Abb. 3.10 eine offene $\lambda/4$-Leitung, die auf Bandmitte der zu unterdrückenden Störstrahlung (196...222 MHz) abgestimmt ist. Sie wirkt für die Frequenzen als Kurzschluß. Zwischen den Antennenklemmen und der eigentlichen Antennenspule befindet sich eine weitere $\lambda/4$-Leitung für das gleiche Frequenzgebiet. Sie wirkt, vom Oszillator aus gesehen, als *kurzgeschlossene* $\lambda/4$-Leitung, wobei der Kurzschluß durch den an den Antennenklemmen befindlichen Saugkreis gebildet wird. Eine kurzgeschlossene $\lambda/4$-Leitung wirkt aber als Sperrkreis. Die vom Oszillator herrührenden Störfrequenzen werden also zunächst durch diesen Sperrkreis gehindert, bis zur Antenne vorzudringen. Etwa doch hindurchkommende Reste werden außerdem duch den Saugkreis kurzgeschlossen. In Abb. 3.11 sind diese Verhältnisse auf normale Schaltzeichen übertragen. Zum besseren Verständnis ist diese Schaltung unsymmetrisch dargestellt.

Im Originalgerät besitzt die Antennenspule eine Mittelanzapfung zum Anschluß der AM-Antenne. Die zu der Mittelanzapfung führende Leitung ist gegen die beiden Außenleiter gleichfalls in der beschriebenen Weise entstört. Dies ergibt eigentlich drei Leitungspaare, die zu dreieckförmig angeordneten Drähten zusammengefaßt wurden. Zweckmäßig bildet man diese drei Drähte auch nach Abb. 3.12 als gedruckte Schaltung aus und knickt sie dabei, um die Baulänge zu verringern. Infolge der Gleichmäßigkeit gedruckter Schaltungen ist dieses Gebilde stets exakt auf die zu unterdrückende Frequenz abgestimmt.

Auf den normalen UKW-Empfang haben die $\lambda/4$-Leitungen keinen Einfluß, da der Sperrkreis für die Empfangsfrequenz einfach ein etwas längeres Stück Antennenkabel darstellt, das nur zum Energietransport dient. Der Saugkreis bedeutet für den UKW-Bereich lediglich eine Kapazität, die in die Abstimmung des Eingangskreises eingeht.

Abb. 3.10 stellt ein einleuchtendes Beispiel für die Anwendung von $\lambda/4$-Leitungen dar, während Abb. 3.12 eine praktische Ausführungsform zeigt.

# *Eingangsstufen von Kanalwählern*

## Abb. 3.21 Antennenkopplung

Tuner werden so aufgebaut, daß besonders in den Signalleitungen keine mechanischen Schaltkontakte erforderlich sind. Am Antenneneingang sind aber Selektionsmittel vorzusehen, um die Bereiche I und III sowie den UHF-Bereich voneinander zu trennen. Ein „Wellenschalter" im konventionellen Sinn würde bei diesen hohen Frequenzen lange, verlustreiche Leitungen oder ein empfindliches mechanisches Schaltgestänge erfordern. Dies wird durch eine Anordnung von Frequenzweichen vermieden.

Das Antennensignal gelangt über einen Spannungstrennkondensator an drei parallele Bandpaßeingänge. Betrachten wir zunächst den unteren. Er ist als Hochpaß ausgebildet und so bemessen, daß er nur das gesamte UHF-Frequenzband zu dem Vorstufentransistor durchläßt. Frequenzen der Bänder I und III werden durch die kleinen Serienkapazitäten und die Querinduktivitäten um etwa 40 dB unterdrückt. Für UHF-Empfang wird der zugehörige Vorstufentransistor durch Anlegen der Betriebsspannung von + 12 V in Funktion gesetzt.

Für die Bereiche III und I sind im oberen Teil der Schaltung zwei geeignet bemessene Bandpässe vorgesehen. Der für Bereich I läßt vorzugsweise die niedrigen Frequenzen von 50 bis 60 MHz durch. Der Bandpaß für Bereich III ist für 170...230 MHz durchlässig. Dazu kommt aber noch folgender Schaltungskniff: Im Längszweig des Bandpasses für den Bereich III liegt die Schaltdiode D3. Als Querwiderstand für den Bereich I ist die Schaltdiode D4 angeordnet. Zum Umschalten auf den Bereich B III wird eine Schaltspannung von + 12 V an den Verzweigungspunkt der beiden 3,9-Ω-Widerständed gelegt. Die Diode D3 schaltet dann über die Drossel Dr2 durch und gibt den Signalweg frei. Auf der anderen Seite schaltet die Diode D4 ebenfalls durch und schließt den Zweig für die Signale des Bereiches I kurz. Sie können also nicht zum Vor-

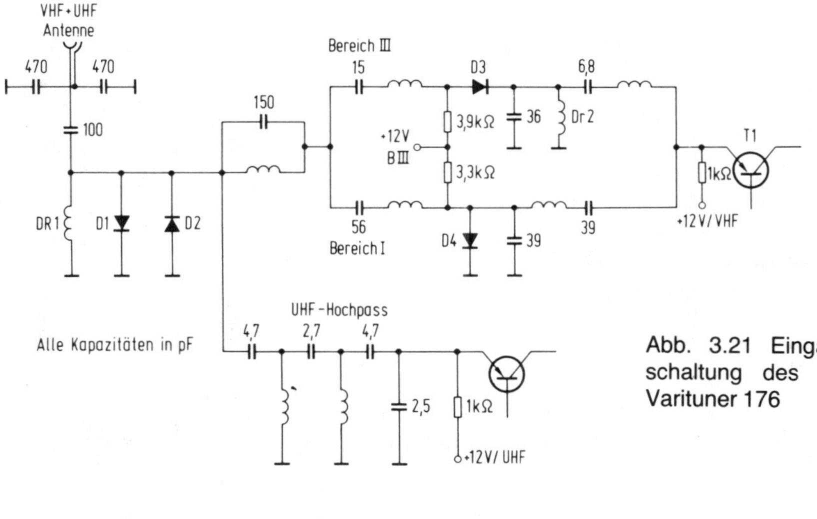


Abb. 3.21 Eingangsschaltung des NSF-Varituner 176

stufentransistor T1 gelangen. Dieser wird nur bei VHF-Empfang durch Anlegen von + 12 V Betriebsspannung „scharf gemacht“.

Bei dem Koaxial-Antennenanschluß ist die zur Abschirmung dienende Kabelhülle über 2x470 pF an die Bezugsleitung gelegt, damit keine direkte Lichtnetzverbindung möglich ist, um die VDE-Vorschriften einzuhalten. Die beiden antiparallen Dioden sowie die Drossel Dr1 dienen als Überspannungsableiter bei eventuellen statischen Aufladungen während eines Gewitters oder bei starken Störamplituden.

## Abb. 3.22 und 3.23 Transistorvorstufen in Basisschaltung

Wie bereits aus der vorigen Abbildung zu erkennen, wird für die Eingangstransistoren von Kanalwählern die Basisschaltung angewendet, weil dadurch Eingangs- und Ausgangskreis besser entkoppelt werden. Abb. 3.22 zeigt eine Transistor-Vorstufe für Bereich I und III. In der Eingangsleitung liegt ein Vorkreis in π-Schaltung mit der Induktivität L1. Der Transistor $T_1$ arbeitet in Basisschaltung. Die Betriebsspannung von + 12 V wird über den 1-kΩ-Ermitterwiderstand zugeführt. Der Kollektor liegt über die Drossel Dr an Masse. Der Basisspannungsteiler aus 18 kΩ und 6,8 kΩ könnte im einfachsten Fall mit der herausgeführten Leitung ebenfalls an + 12 V gelegt werden. Diese Leitung dient jedoch hier zur automatischen Verstärkungsregelung (AVR), die in den folgenden Abbildungen behandelt werden wird. Der Ausgangskreis besteht aus der Spule L2 und den in Serie liegenden Kapazitäten 8 pF und 20 pF.
In Abb. 3.23 ist die Ausführung eines UHF-Tuners dargestellt. Die Antennenimpedanz von 240 Ω wird über eine λ/2-Umwegleitung an den unsymmetrischen Eingang der Schaltung angepaßt. Die Spule L3 macht den Frequenzgang über den Bereich hinweg gleichmäßiger. Die Betriebsspannung wird wie in der vorigen Abb. über einen Widerstand von 1 kΩ dem Emitter zugeführt. Ebenso ist ein Basisspannungsteiler vorgesehen. Die Leitung vom Widerstand R2 wird für volle Verstärkung ebenfalls an

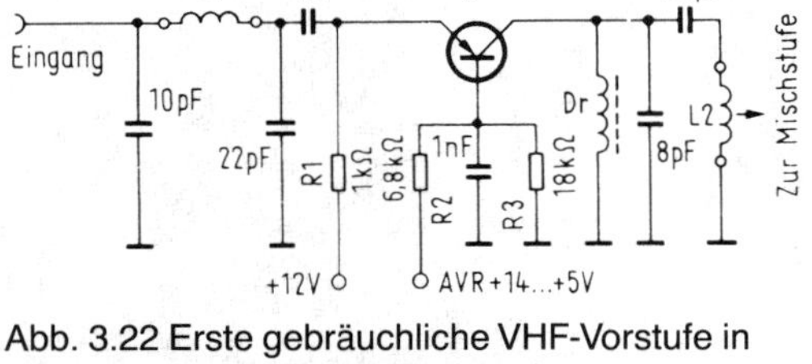


Abb. 3.22 Erste gebräuchliche VHF-Vorstufe in Basisschaltung mit Aufwärtsregelung

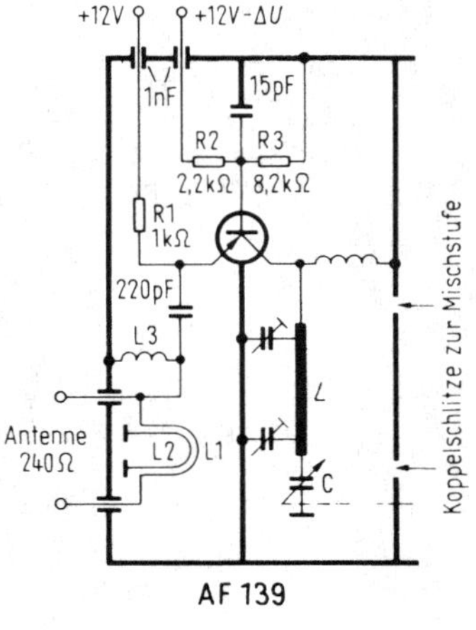


Abb. 3.23 Erste gebräuchliche UHF-Vorstufe in Basisschaltung mit Aufwärtsregelung

+12 V angelegt. Zum Herabregeln der Verstärkung ist diese Spannung jedoch um den Betrag $\Delta U$ zu verringern. Im Kollektorkreis des Eingangstransistors liegt ein abstimmbarer Leitungskreis mit der Induktivität L. Die Kopplung zur folgenden Spule geschieht durch zwei Koppelschlitze in der Wand des Topfkreises. An die Stelle des Drehkondensators $C$ kann auch eine Kapazitätsdiode treten.

## Abb. 3.24 bis 3.26 Verstärkungsregelung

Um unterschiedliche Antennenspannungen der Sender auszugleichen und Übersteuerungen der nachfolgenden Stufen zu vermeiden, sieht man für Empfängereingangsschaltungen eine automatische Verstärkungsregelung vor. Dies verringert auch die Gefahr von Kreuzmodulationen, d.h. der gegenseitigen Beeinflussung oder Mischung von zwei Stationen. Beim Fernsehempfänger bringt die automatische Verstärkungsregelung außerdem eine gleichbleibende Aussteuerung der Bildröhre. Das bedeutet, daß der Kontrast von den dunkelsten Schatten bis zu den hellen Spitzlichtern beim Umschalten auf einen anderen Sender erhalten bleibt.

Die Verstärkung von Eingangstransistoren in Basisschaltung wird meist nach dem Prinzip von Abb. 3.24, der sogenannten *Aufwärtsregelung*, beeinflußt. Will man die Verstärkung herabsetzen, dann erhöht man den Kollektorstrom und verringert gleichzeitig die Spannung zwischen Kollektor und Emitter. Zu diesem Zweck wird ein Emit-

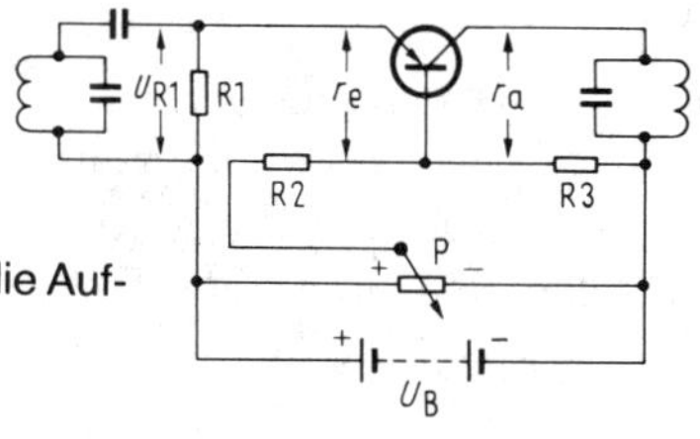


Abb. 3.24 Prinzipschaltung für die Aufwärtsregelung

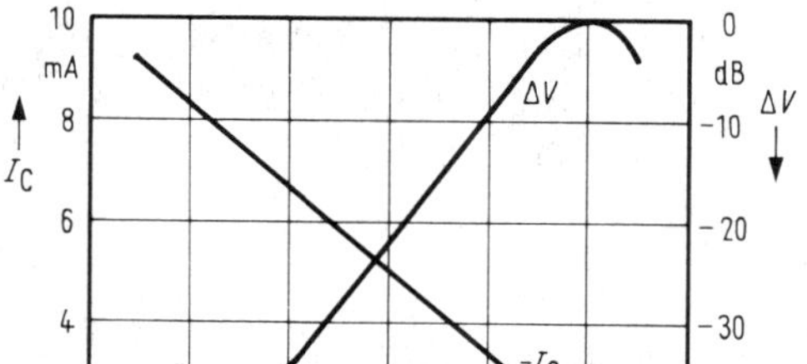


Abb. 3.25 Verstärkungsänderung und Kollektorstrom in Abhängigkeit von der Spannung zwischen Basis und Kollektor

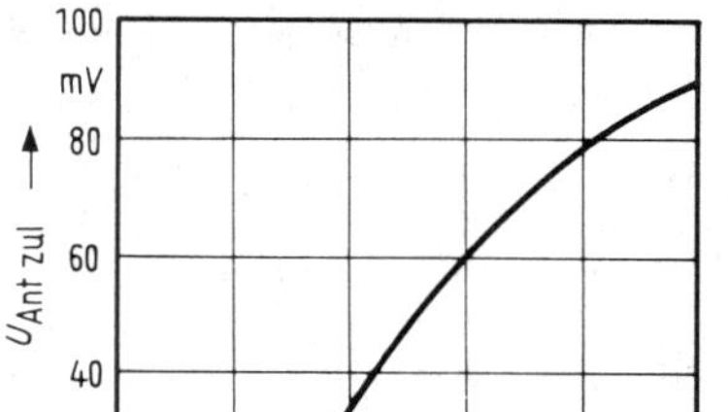


Abb. 3.26 Zulässige Antennenspannung für einen Hf-Transistor mit Aufwärtsregelung

terwiderstandd R1 eingefügt. Die Widerstände R2 und R3 bilden den üblichen Basisspannungsteiler, wenn man sich den Schleifer des Potentiometers P ganz nach links geschoben denkt. Der Arbeitspunkt des Transistors ist dann auf größte Verstärkung eingestellt.

Nun schiebe man den Schleifer des Potentiometers nach rechts. Dadurch wird die Basis negativer gemacht, das bedeutet bei einem pnp-Transistor, daß er aufgesteuert wird. Sein Kollektorstrom wird größer. Dadurch vergrößert sich jedoch auch der Spannungsabfall an dem verhältnismäßig hochohmigen Emitterwiderstand R1. Die Spannung zwischen Emitter und Kollektor des Transistors wird demnach kleiner. Im Extremfall kommt die Basis fast auf Kollektorpotential zu liegen. Das bedeutet, daß zwischen Basis und Kollektor eine kleine Spannung herrscht, aber ein großer Strom fließt. Dies entspricht aber einem kleinen Ausgangswiderstand $r_a$ des Transistors, denn ein großer Strom bei kleiner Spannung kann nur fließen, wenn der zugehörige Widerstandswert klein ist. Ähnliches, wenn auch in verringertem Maß, gilt für den Eingangswiderstand $r_e$.

Dieser stark verringerte Ausgangswiderstand des Transistors bedämpft den Ausgangskreis der Schaltung, und die Verstärkung wird dadurch herabgesetzt. Um diesen Effekt recht gleichmäßig zu gestalten, hat man besondere Regeltransistoren geschaffen. Abb. 3.25 zeigt das Verhalten eines solchen Transistors in einer Schaltung mit Aufwärtsregelung. Wenn man den Kollektorstrom $I_c$ in der beschriebenen Weise vergrößert, indem man die Spannung $U_{CB}$ zwischen Kollektor und Basis herabsetzt, dann ändert sich die Verstärkung insgesamt um −40 dB. Diese Aufwärtsregelung beim Transistor hat zudem den Vorteil, daß bei größeren Kollektorströmen, also im herabgeregelten Zustand, die gerade dann größeren Eingangsspannungen besser verarbeitet werden, weil sich mit zunehmender Regelung der Aussteuerbereich vergrößert. Abb. 3.26 zeigt dies für eine Schaltung mit dem Transistor AF139. Bei größter Verstärkung und bei Herabregeln bis etwa −6 dB sind Antennenspannungen bis zu einer Größe von etwa 20 mV zulässig, ohne daß störende Verzerrungen entstehen. Beim Herabregeln auf −16 dB bis −20 dB kann man dagegen dem Eingang Antennenspannungen von 80 bis 90 mV zumuten.

Die zum Regeln notwendige Steuerspannung wird wie bei einem Rundfunkempfänger am Ausgang des Zf-Verstärkers gewonnen, aber nur aus den Synchronimpulsen. Sie werden zu diesem Zweck aus der genormten Signalfolge herausgetastet („Getastete Regelung“, Abb. 8.43).

## Abb. 3.27 bis 3.29 pin-Diodenregelung

Ein anderer Weg, als in den Verstärkungsvorgang eines Transistors einzugreifen, ist es, bereits vor der ersten Stufe zu hohe Eingangsspannungen herabzuregeln. Dies wird ermöglicht durch ein Dämpfungsglied aus pin-Dioden. Eine pin-Diode ist ein Halbleiterbauelement, bei dem sich zwischen p-Zone und n-Zone eine weitere ziem-

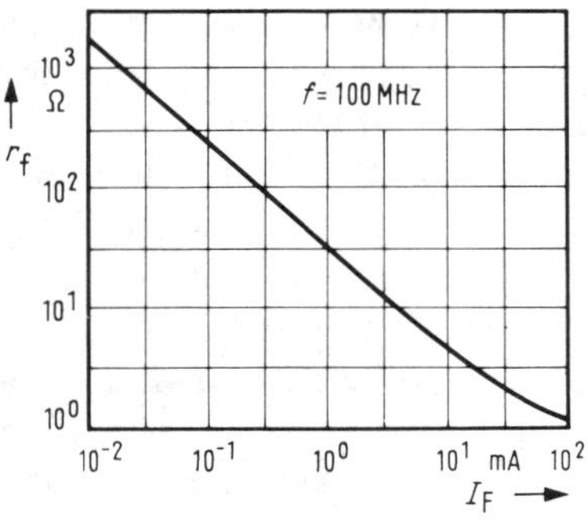


Abb. 3.27 Flußwiderstand $r_f$ einer pin-Diode in Abhängigkeit vom Flußstrom $I_F$

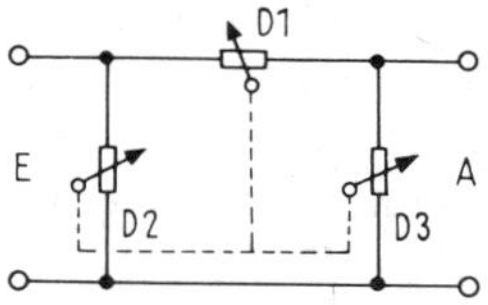


Abb. 3.28 Dämpfungsglied aus drei veränderlichen Widerständen

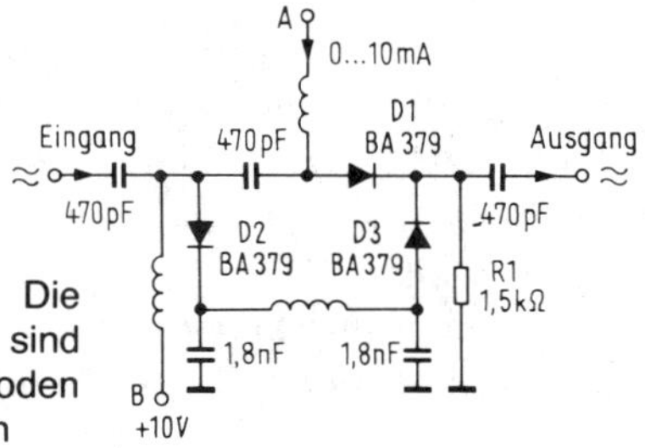


Abb. 3.29 Die Widerstände sind durch pin-Dioden ersetzt worden

lich hochohmige Zone aus sehr reinem Silizium befindet. Man nennt sie *Intrinsic*-Zone[1]).

Abb. 3.27 zeigt den Flußwiderstand $r_f$ einer solchen Diode Typ BA 379 in Abhängigkeit vom Flußstrom $I_F$. Man kann die Diode als stromgesteuerten Hf-Widerstand verwenden. Listenmäßig wird angegeben:

$$r_f = 6\,\Omega \qquad \text{bei } I_F = 10\text{ mA}$$
$$r_f = 1{,}2\,\text{k}\Omega \qquad \text{bei } I_F = 10\,\mu\text{A}$$

also eine Widerstandsänderung im Verhältnis von 1:200.

Drei solcher Dioden schaltet man zu einem Widerstandsnetzwerk oder Dämpfungsglied nach Abb. 3.28 zusammen und steuert sie so, daß der Wert von D1 steigt, während die Werte von D2 und D3 sinken und umgekehrt. Dadurch läßt sich eine am Eingang zugeführte Spannung sehr wirksam herabsetzen. Andererseits bleiben Eingangs- und Ausgangswiderstand dieses $\pi$-Gliedes annähernd konstant.

Abb. 3.29 zeigt die Bemessung für den VHF- und UHF-Bereich.

Führt man dem Punkt A einen positiven Steuerstrom von 10 mA zu, dann fließt er über die Diode D1 und den Widerstand R1. Die Diode wird niederohmig ($r_f = 6\,\Omega$), und an R1 entsteht eine Teilspannung

$$U = I \cdot R = 10 \cdot 10^{-3} \cdot 1{,}5 \cdot 10^3 = 15\text{ V}$$

Die beiden anderen Dioden D2 und D3 sind vom Punkt B her über die Drosseln und den Widerstand R1 mit +10 V vorgespannt. In Serie mit dieser Spannung liegt aber die gegenpolige Spannung von 15 V am Widerstand R1. Die Dioden erhalten also eine Sperrspannung von 5 V. Sie sind dadurch hochohmig gesteuert, d.h. die Querwiderstände des Dämpfungsgliedes sind hochohmig, und die volle Eingangsspannung wird übertragen.

1 *intrinsic* (englisch) = wahr; in diesem Fall hat es die Bedeutung von *rein*, sauber, also reines, sauberes Silizium.

Sperrt man die Stromzufuhr bei A, dann fließt ein Strom vom Punkt B in Flußrichtung über die beiden Dioden D2 und D3 und macht sie niederohmig. Andererseits sperrt nun der auftretende Spannungsabfall an R 1 die Diode D 1 und macht sie hochohmig. Damit ergibt sich eine Dämpfung von mehr als 35 dB bei Frequenzen bis zu 800 MHz. Durch Variieren des Steuerstromes am Punkt A können Zwischenwerte eingestellt werden. Dieses Dämpfungsglied wird vor die Kanalwähler geschaltet und im richtigen Sinn mit Regelströmen aus dem Zf-Verstärker gesteuert. Es verarbeitet dann hochfrequente Eingangsspannungen bis zu 1 V, ohne daß störende Kreuzmodulationen oder Übersteuerungen auftreten.

Für solche pin-Diodenregler werden spezielle Bausteine geliefert, bei denen die drei Dioden in Art einer integrierten Schaltung in einem gemeinsamen Gehäuse gegossen sind.

Andere Entwicklungsrichtungen zielen dahin, die Kreuzmodulationsfestigkeit von Kanalwählern durch Verwendung von Feldeffekttransistoren zu verbessern.

## Abb. 3.30 Regelung mit MOSFET

Die Schaltung zeigt einen Ausschnitt aus einem Kombituner. C 1 und L2 dienen als Weiche für UHF und VHF. Die VHF gelangt über L2 an den selektiven Eingangskreis,

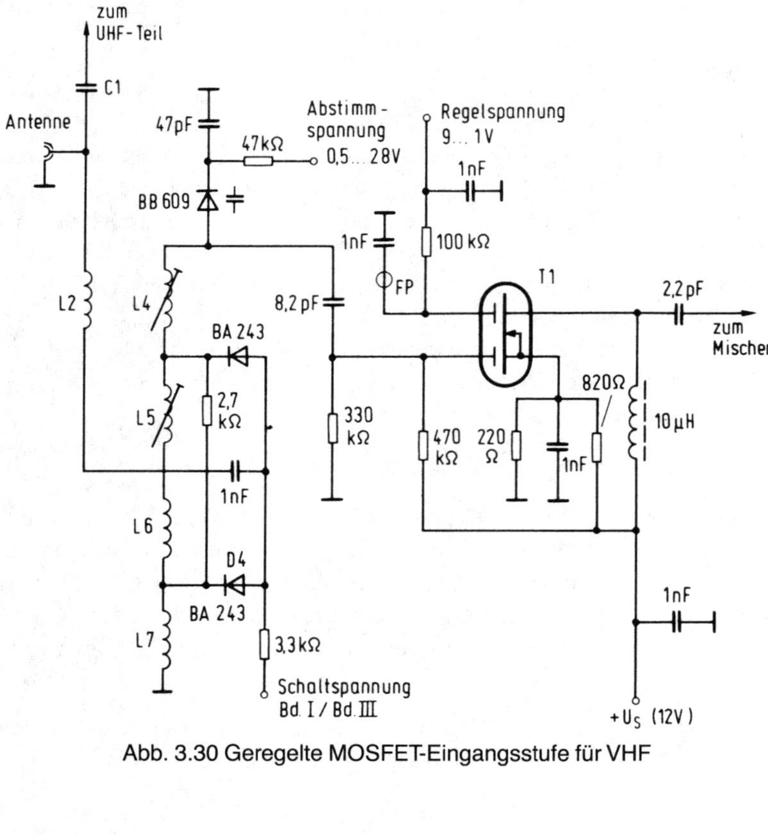


Abb. 3.30 Geregelte MOSFET-Eingangsstufe für VHF

bestehend aus den Spulen L4, L5, L6 und L7. Bei Band I sind alle vier Spulen hintereinander geschaltet. Als Abstimmdiode dient die Kapazitätsdiode BB 609 A. Bei Band III-Betrieb sind die beiden Schalterdioden BA 243 leitend und schließen die Spulen L5 und L6 kurz. Die Hochfrequenz gelangt über den Kondensator 8,2 pF zum Gate 1 der MOS-Tetrode. Gegenüber bipolaren Transistoren haben MOS-Tetroden wesentlich bessere Kreuzmodulationsfestigkeiten. Die Verstärkungsregelung erfolgt über das Gate 2, wobei der Transistor mit 9 V die höchste Verstärkung hat und bei einer Spannung von 0,5 ... 1,5 V seine Verstärkung um etwa 50 dB verringert.

## *Mischstufe*

### Abb. 3.31 Gemeinsamer Oszillator für Bild und Ton

Zu leicht wird bei der Schaltungsbetrachtung eines Fernsehgerätes übersehen, daß eigentlich zwei Sender, nämlich der Bild- und die Tonsender, gleichzeitig empfangen werden. Es müssen also auch drei Zwischenfrequenzen im Empfänger erzeugt werden. Man verwendet aber dazu nur eine Oszillatorfrequenz. Dadurch werden Schaltmittel erspart, und es ergibt sich der große Vorteil, daß nur eine gemeinsame Abstimmung bedient zu werden braucht. Bei den schwer vermeidbaren kleinen Frequenzwanderungen der Oszillatoren wäre es sehr lästig, zwei getrennte Feineinstellungen für Bild und Ton betätigen zu müssen.

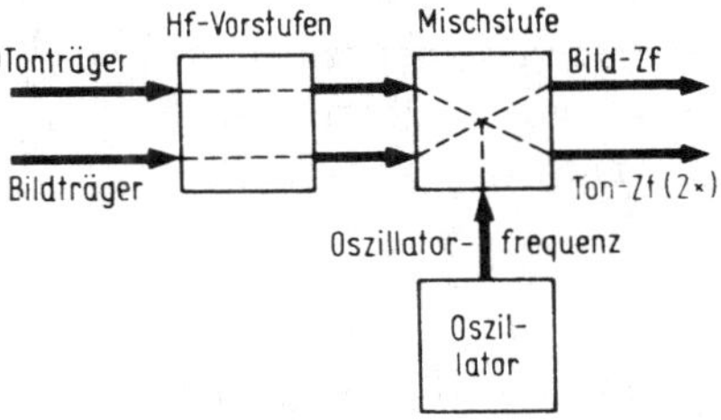


Abb. 3.31 Frequenzumsetzung im Eingangsteil eines Fernsehempfängers

### Abb. 3.32 Lage der Trägerfrequenzen im VHF-Bereich

Ein Zahlenbeispiel zeigt, wie die beiden Zwischenfrequenzen zustande kommen. Die Oszillatorfrequenz $O$ liegt oberhalb der Empfangsfrequenzen $E_{\text{Ton I + II}}$ für die Töne und $E_{\text{Bild}}$ für das Bild. Daraus ergeben sich als Zwischenfrequenzen die Differenzen

$$O - E_{\text{Ton}} = Zf_{\text{Ton}}$$
$$O - E_{\text{Bild}} = Zf_{\text{Bild}}$$

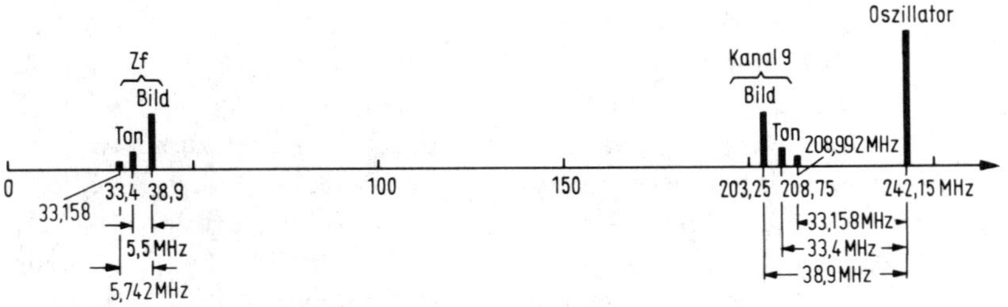


Abb. 3.32 Lage der Frequenzen auf der Frequenzskala

Die Oszillatorfrequenz selbst errechnet sich als Summe von Empfangsfrequenz und zugehöriger Zwischenfrequenz, z.B.

$$O = E_{Bild} + Zf_{Bild} \text{ oder } O = E_{Ton} + Zf_{Ton}$$

Für den Fernsehkanal 9 mit $E_{Ton\,I} = 208{,}75$ MHz, $E_{Ton\,II} = 208{,}992$ MHz und $E_{Bild} = 203{,}25$ MHz und eine Oszillatorfrequenz $O = 242{,}15$ MHz ergeben sich also:

$$242{,}15 - 208{,}75 = 33{,}4 = Zf_{Ton\,I}$$
$$242{,}25 - 208{,}992 = 33{,}158 = Zf_{Ton\,II}$$
$$242{,}15 - 203{,}25 = 38{,}9 = Zf_{Bild}$$

Man beachte:

a) Im Hf-Teil sind die Frequenzen der Tonträger höher als die des Bildträgers;
b) die Oszillatorfrequenz ist höher als die Empfangsfrequenzen;
c) im Zf-Teil sind die Frequenzen der Tonträger niedriger als die des Bildträgers

Selbstverständlich sind nicht nur die beiden im Abstand von 5,5 MHz bzw. 5.72 MHz liegenden Frequenzen der Ton- und Bildträger, sondern das gesamte zugehörige Modulationsband zu übertragen. Vorkreise und Zf-Verstärker müssen daher die entsprechende Durchlaßbreite besitzen.

## Abb. 3.33 Lage der Trägerfrequenzen im UHF-Bereich

Grundsätzlich arbeitet der UHF-Oszillator nach dem gleichen Prinzip wie der Oszillator im VHF-Bereich. Wir wählen als Beispiel den Kanal 26 mit 511,25 MHz Bildträger und 516,75 MHz Tonträger I. Umgesetzt wird auf die gleichen Zwischenfrequenzen 33,4 MHz und 38,9 MHz. Daraus ergibt sich eine Oszillatorfrequenz von

$$O = 511{,}25 + 38{,}9 = 550{,}15 \text{ MHz}$$

Abb. 3.33 zeigt die Frequenzlage. Die Frequenzvariation des UHF-Oszillators muß betragen:

$$\left.\begin{aligned} 470 + 38{,}9 &= 508{,}9 \\ 790 + 38{,}9 &= 828{,}9 \end{aligned}\right\} \approx 510 : 830 = 1 : 1{,}63$$

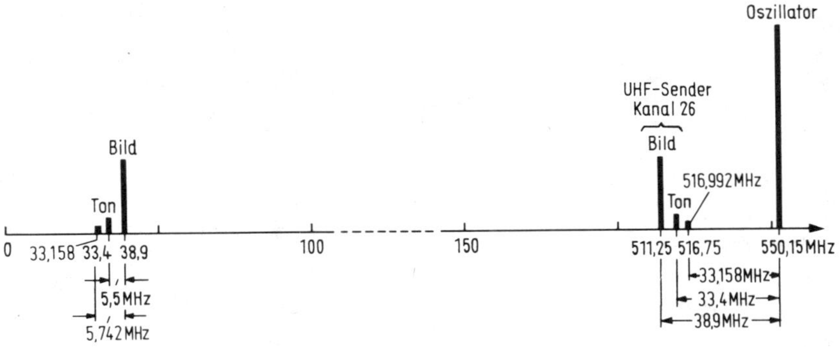


Abb. 3.33 Frequenzlage beim Empfang von Kanal 26

In diesem Zusammenhang sei nochmals auf die Kanalbreiten eingegangen, wie sie sich aus der Tabelle zu Abb. 1.32 und aus den Frequenzspektren der Abb. 2.25 und 2.26 entnehmen lassen.

## Abb. 3.34 Kanalbreiten

Nach Abb. 3.34a beträgt die Bandbreite im VHF-Bereich 7 MHz. Dabei liegt bei Farbsendungen der Farbträger 4,43 MHz und die Tonträger 5,5 MHz bzw. 5,742 MHz oberhalb des Bildträgers. Nur 8 kHz höher als der Tonträger II muß man bereits mit dem Restseitenband des nächsthöheren Kanals rechnen.

Im UHF-Bereich haben die Kanäle eine Bandbreite von 8 MHz (Bild 3.34b). Infolge der weit höheren Trägerfrequenzen bedeutet dies jedoch prozentual keinen wesentlich größeren Selektionsabstand.

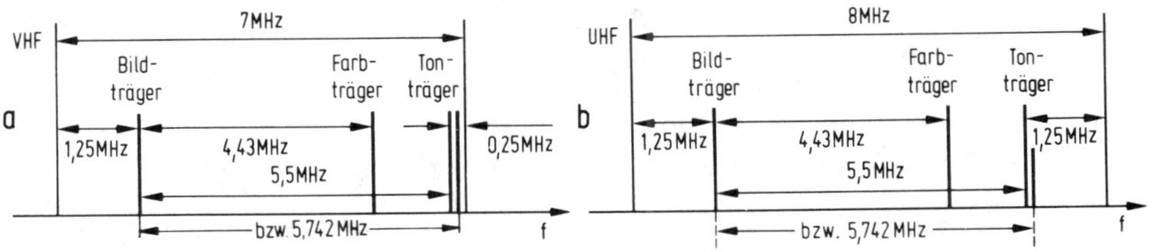


Abb. 3.34 Kanalbreiten des VHF- und UHF Bereiches

## Abb. 3.35 Blockschaltung eines Kombi-Tuners

Abb. 3.21 brachte bereits die Eingangsschaltung eines Kombi-Tuners. Sie ist hier in etwas abgewandelter Form wiederzuerkennen, nämlich mit dem Koaxialeingang und den drei Frequenzpässen. Der Signalpegel vor dem hier gemeinsamen Vorstufentransistor wird durch ein Dämpfungsglied geregelt (vgl. Abb. 3.29). Die Vorstufe dient zur Verstärkung. Sie hat aber auch die Aufgabe, die folgenden Mischstufen von der

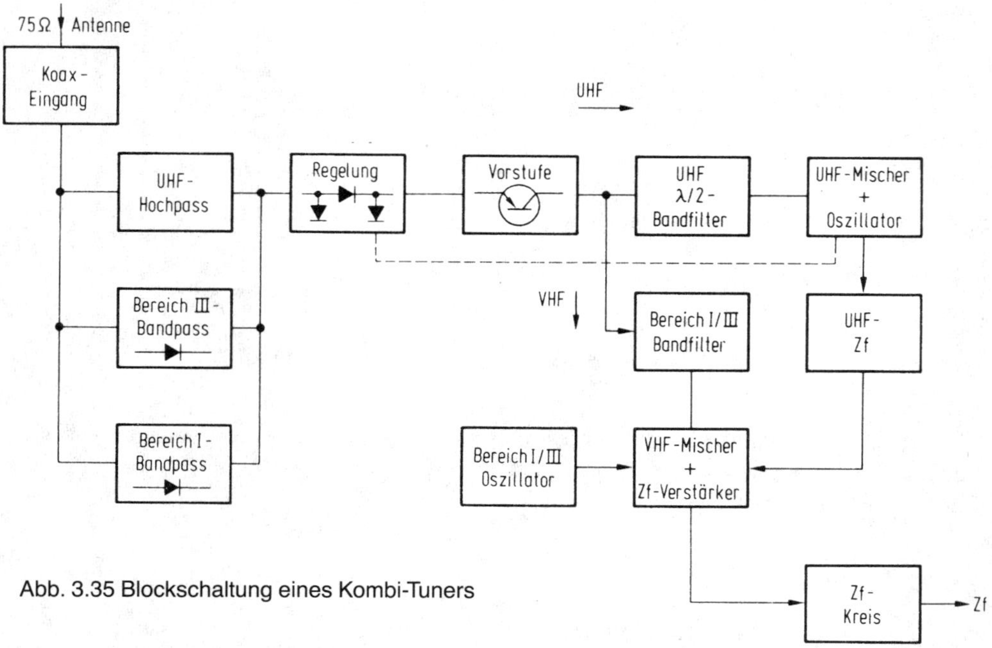


Abb. 3.35 Blockschaltung eines Kombi-Tuners

Antenne zu entkoppeln, damit keine Oszillatorfrequenzen über die Antenne abgestrahlt werden. Sie können, besonders bei Gemeinschaftsantennen-Anlagen, alle auf demselben Kanal abgestimmten Empfänger erheblich stören.

Die Aufteilung in VHF und UHF erfolgt hier durch Bandfilter hinter der Vorstufe. Für den UHF-Empfang ist eine selbstschwingende Misch- und Oszillatorstufe vorgesehen. Die VHF-Mischstufe arbeitet mit getrenntem Oszillator. Der Ausgang des Kanalwählerbausteins enthält stets auch den ersten Zf-Kreis mit Ankoppelmöglichkeit zum eigentlichen Zf-Verstärker.

## Abb. 3.36 Transistor-Oszillator für hohe Frequenzen

Für das Verständnis der mit Transistoren bestückten Mischstufen sei zuvor kurz auf die Wirkungsweise von Transistor-Oszillatoren für hohe Frequenzen eingegangen.

Obgleich die Basisschaltung beim Transistor bis zu sehr hohen Frequenzen arbeitet, ist dann doch der Kollektorstrom $i_2$ nicht mehr in Phase mit der Emitterspannung $u_1$. Er hinkt im allgemeinen bei hohen Frequenzen gegenüber der Phase der Steuerspannung im Emitterkreis nach. Mit einer normalen Rückkopplung vom Kollektor zum Emitterkreis würde man also keine Oszillatorschaltung aufbauen können, weil die Phasenbedingung nicht stimmt. Man benutzt deshalb die hier in Abb. 3.36a dargestellte Prinzipschaltung. Die am Basiskreis liegende Steuerspannung $u_l$ bewirke einen um 90° nacheilenden Strom $i_2$ durch den Kollektorschwingkreis. Die Spannung $u_2$ am Kreis ist jedoch in Phase mit $i_2$, da sich ein Kreis für seine Resonanzfrequenz wie ein

Abb. 3.36 Transistor-Rückkopplungsschaltung für sehr hohe Frequenzen. a = Schaltungsprinzip; b = Die Kapazität $C_R$ wird bisweilen nur durch ein Drahtende oder durch die Streukapazität dargestellt

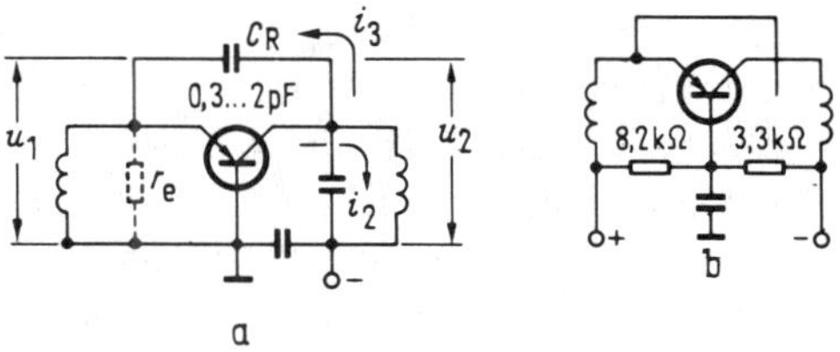


Wirkwiderstand verhält. Diese Spannung $u_2$ treibt über den sehr kleinen Rückkopplungskondensator $C_R$ (0,3...2 pF) einen Rückkopplungsstrom $i_3$ zurück zum Emitterkreis. Da der Eingangswiderstand $r_e$ der Basisschaltung sehr niederohmig ist, wird der Strom $i_3$ vorwiegend durch den kapazitiven Blindwiderstand bestimmt. Der Blindstrom eines Kondensators eilt gegenüber der erzeugenden Spannung $u_2$ vor. Die Kapazität des Kondensators sei hier so bemessen, daß sich eine Voreilung von etwa 90° ergibt. Damit eilt auch die vom Strom $i_3$ am Eingangswiderstand $r_e$ erzeugte Spannung um fast 90° vor, die Phasenlaufzeit im Transistor ist dadurch aufgehoben, die am Emitter eintreffende Rückkopplungsspannung ist tatsächlich etwa wieder in Phase mit der ursprünglichen Steuerspannung $u_1$. Sie verstärkt also diese Spannung, und der Transistor schwingt.

Bei UHF-Oszillatoren ist dieser sehr kleine Rückkopplungskondensator bisweilen nur als einseitig angelöteter Draht (Abb. 3.36b) ausgeführt, manchmal genügen sogar Verdrahtungskapazitäten und die inneren Kapazitäten des Transistors zur Rückkopplung, so daß sie im Schaltbild gar nicht dargestellt werden. Bei anderen Geräten findet man auch einen als Trimmer ausgebildeten Rückkopplungskondensator.

## Abb. 3.37 und 3.38 Transistor-Mischstufen

Wie bereits aus Abb. 3.35 zu erkennen, hat sich bei Transistortunern herausgebildet, daß im VHF-Bereich mit getrennter Misch- und Oszillatorstufe, im UHF-Bereich

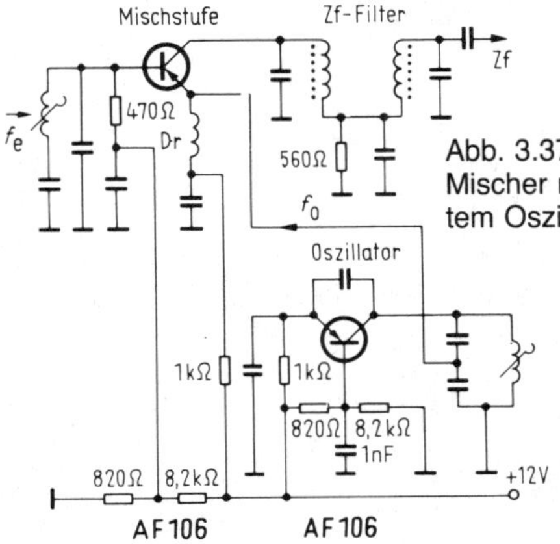


Abb. 3.37 VHF-Mischer mit getrenntem Oszillator

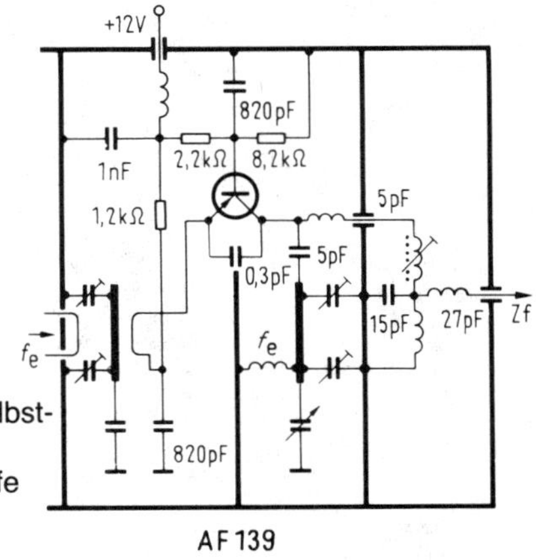


Abb. 3.38 Selbstschwingende UHF-Mischstufe

dagegen mit selbstschwingender Mischstufe gearbeitet wird. Abb. 3.37 zeigt die Anordnung in einem VHF-Baustein mit zwei Transistoren AF 106. Der Mischtransistor arbeitet hier in Emitterschaltung. Die Empfangsfrequenz wird der Basis, die Oszillatorfrequenz dem Emitter zugeführt, dessen Potential zu diesem Zweck durch eine Drossel „hochgelegt" worden ist. Bei anderen Firmen wird auch die Oszillatorspannung über eine kleine Kapazität zusammen mit der Empfangsfrequenz auf die Basis gegeben. Gemischt wird also additiv. Der Oszillator arbeitet wie in Abb. 3.36.

Im Transistor werden also beide Frequenzen gemischt, und die Zwischenfrequenz wird über eine UHF-Drossel am Kollektor ausgekoppelt.

In der UHF-Mischstufe Abb. 3.38 dient der Transistor AF 139 als Mischer und Oszillator. Die Empfangsfrequenz wird über eine Koppelschleife dem Emitter zugeführt. Außerdem ist der Transistor in der üblichen Weise als Oszillator mit Rückkopplung über eine Kapazität von 0,3 pF zwischen Emitter und Kollektor geschaltet.

## Abb. 3.39 Elektronische Scharfabstimmung

Die elektronische Scharfabstimmung oder automatische Frequenzregelung geht auf die von Rundfunkempfängern bekannten Anordnungen zurück[1]). Man legt parallel zum Oszillatorschwingkreis eine Kapazitätsdiode und steuert diese vom Zf-Demodulator so nach, daß sich automatisch die richtige Zwischenfrequenz ergibt. Die Abb. stellt diese Nachstimmdioden für einen UHF- und einen VHF-Oszillator mit Drehkondensatorabstimmung dar. Bei Diodenabstimmung kann man die Scharfabstimm-Regelung der eigentlichen Abstimmgleichspannung überlagern, so daß die gleiche Diode die Hauptabstimmung und die automatische Scharfabstimmung übernimmt.

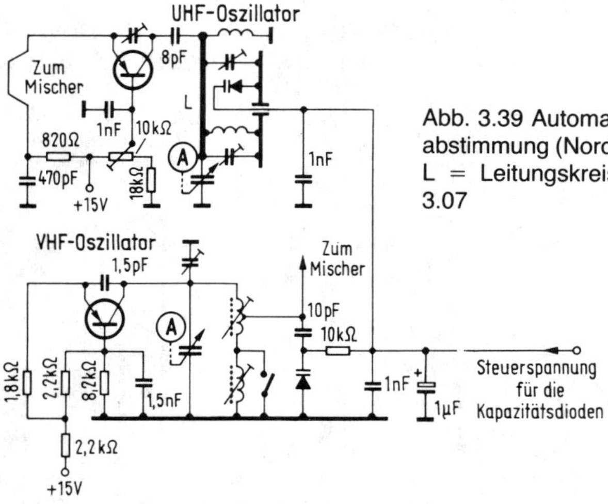


Abb. 3.39 Automatische Feinabstimmung (Nordmende)
L = Leitungskreis, vgl. Abb. 3.07

1 Funktechnik ohne Ballast, Automatische Scharfabstimmung

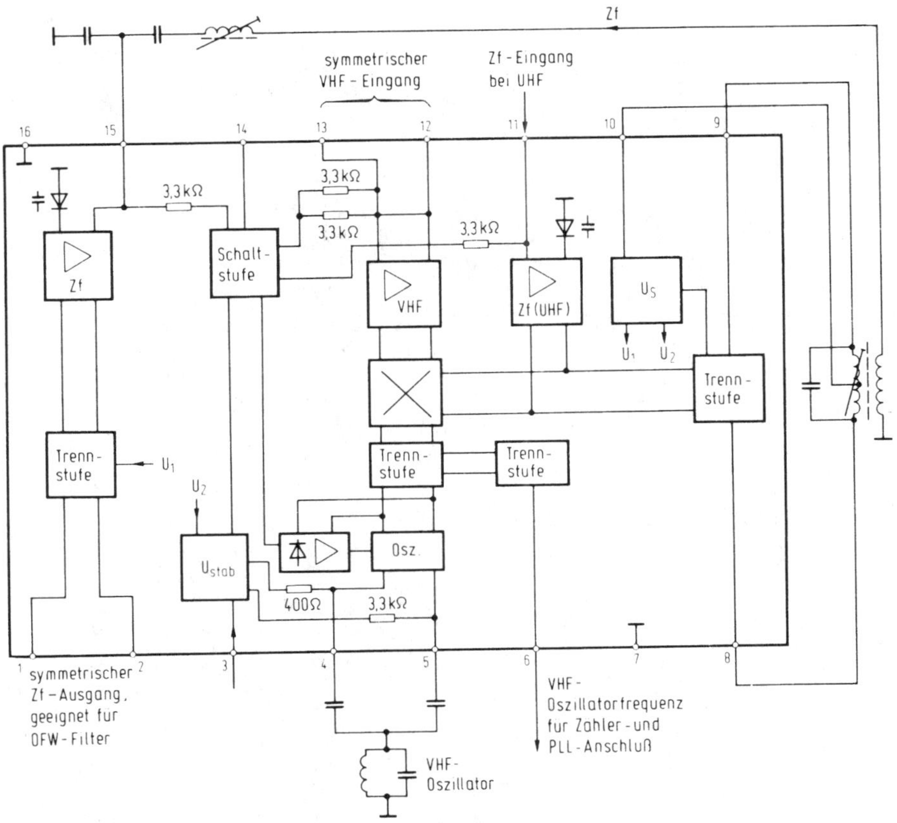


Abb. 3.40 Blockschaltbild der VHF-Tuner IS (Siemens Werkbild)

## Abb. 3.40 Integrierte VHF-Mischstufe und Oszillator

Im VHF-Teil des Tuners werden auch integrierte Schaltungen eingesetzt. Der Empfangsfrequenzbereich der im Blockschaltbild gezeigten IS überstreicht das gesamte VHF-Band bis 400 MHz. Die Beschaltung in einem Tuner wird im Abschnitt 3.44 besprochen.

# *VHF- und UHF-Tuner*

Der Tuner ist diejenige Baugruppe, die vom Fernsehteilnehmer oft betätigt werden muß. Um diese Bedienung immer mehr zu vereinfachen (und auch um die Fortschritte der Halbleitertechnik auszunutzen), wurden im Laufe der Zeit die verschiedenartig-

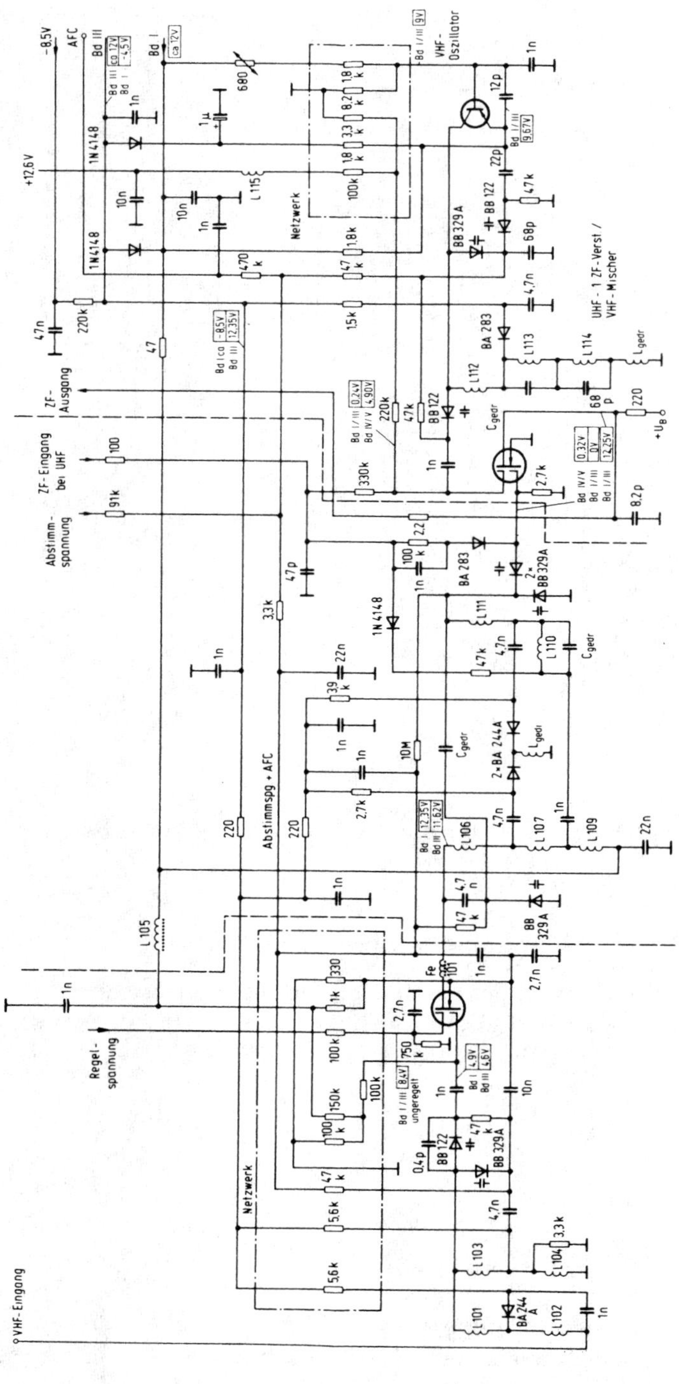


Abb. 3.41 VHF-Tuner mit Diodenabstimmung

sten Konstruktionen entwickelt. Bei den frühesten Ausführungen mußte jeweils von Hand auf einen anderen Sender abgestimmt werden. Dann kamen die sogenannten Speichertuner heraus, bei denen über mechanische Tastensteuerungen die Abstimmung programmiert werden konnte. Schließlich brachte die Diodenabstimmung eine Vereinfachung der Mechanik, weil dann nur noch Gleichstromleitungen zu schalten sind. Dies hat auch den sehr großen Vorteil, daß der Tunerbaustein an der elektrisch günstigsten Stelle im Gerät angeordnet werden kann. Er braucht nicht mehr unmittelbar an der Frontplatte zu sitzen.

Vom Aufbau her waren lange noch zwei Prinzipien üblich: Getrennte VHF- und UHF-Tuner, jeder mit eigener Transistorbestückung, und Kombi-Tuner, bei denen die Transistoren für beide Bereiche arbeiten.

## Abb. 3.41 VHF-Transistortuner mit Diodenabstimmung

Dieses Schaltungsbeispiel läßt zwei wichtige Eigenarten erkennen:

1. Innerhalb eines VHF-Tuners muß nochmals zwischen den Bereichen I und III umgeschaltet werden.
2. Dieser Tuner arbeitet mit einem abstimmbaren Eingangskreis. Insgesamt werden also vier Kreise durchgestimmt. Andere Kanalwähler besitzen dagegen nur einen Breitbandübertrager im Eingang und drei durchstimmbare Kreise. Die Ansichten über die Vorteile der einen oder der anderen Lösung sind verschieden.

Die Schaltung besteht demnach aus Vorstufe mit automatischer Verstärkungsregelung, Mischstufe und Oszillator. Alle vier Kreise werden mit Hilfe von in Sperrichtung betriebenen Siliziumdioden BB 329 A durchgestimmt. Die Kreisinduktivitäten im Eingang und im Bandfilter zwischen Vor- und Mischstufe setzen sich jeweils aus zwei Teilspulen zusammen. Für Bereich I wird die untere Teilspule zusätzlich wirksam. Die Kapazitätsdioden werden über Entkopplungswiderstände von der Abstimmgleichspannung gesteuert.

## Abb. 3.42 Bereichswahl durch Schaltdioden

Mechanische Umschaltkontakte innerhalb eines Tuners lassen sich durch „ruhende“ Kontakte, nämlich durch Schaltdioden ersetzen. Dadurch wird ein Schaltgestänge am Tunerbaustein vermieden, und er läßt sich an der günstigsten Stelle im Gerät anordnen. Die Schaltdioden werden über unkritische Gleichstromleitungen gesteuert. Abb. 3.42 zeigt das Prinzip der elektronischen Bereichumschaltung bei einem VHF-Bandfilter. In der dargestellten Schalterstellung gelangen +12 V an die Anoden der Dioden D1 und D2. Sie schalten durch und schließen die unteren Spulenteile über Kapazitäten von je 4,7 nF kurz, d.h. Bereich III wird empfangen.

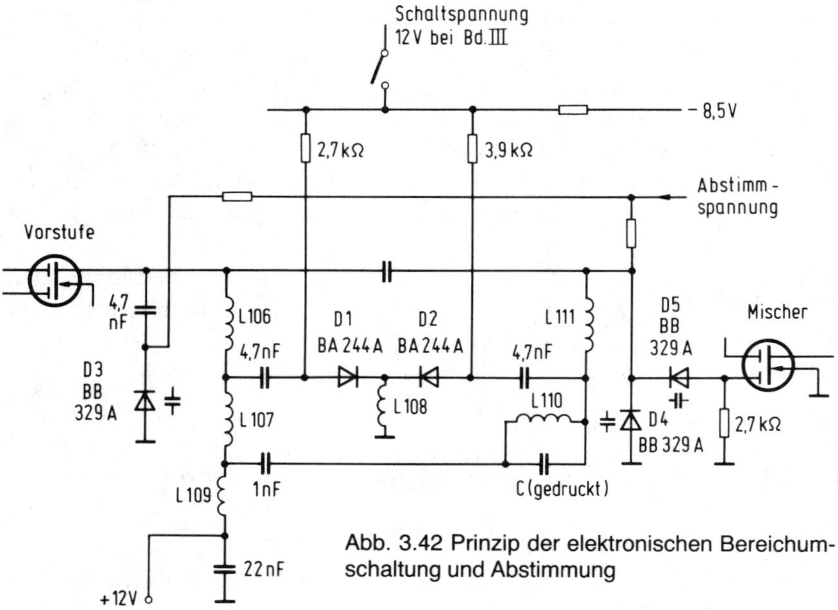


Abb. 3.42 Prinzip der elektronischen Bereichumschaltung und Abstimmung

Im Bereich I werden die Schaltdioden durch eine Spannung von −8,5 V in den hochohmigen Sperrzustand gesteuert. Die Kurzschlüsse über 4,7 nF entfallen, die unteren Spulenteile werden wirksam. Beide Kreise werden außerdem in beiden Bereichen elektronisch mit Kapazitätsdioden D3 und D4 durchgestimmt. D5 verändert die Ankopplung an den Mischer-MOSFET in Abhängigkeit von der Abstimmung, um die Verstärkung über den Bereich konstant zu halten.

## Abb 3.43 UHF-Tuner mit MOS-Eingangstransistor und Dioden-Abstimmung

Gegenüber bipolaren Siliziumtransistoren lassen die Eigenschaften der Tuner-Eingangsstufe sich durch Verwendung von MOS-Transistoren verbessern. In Abb. 3.43 ist ein Doppelgate-MOS-Transistor Typ BF 905 dafür vorgesehen[1]). Dieses Bauelement setzt das Rauschen der Eingangsstufe herab. Ferner werden Störungen durch Kreuzmodulationen wesentlich verringert. Der Doppelgate-Type kann außerdem am zweiten Gate mit einer Schwundregelspannung gesteuert werden, damit zu hohe Eingangsspannungen die folgenden Stufen nicht übersteuern.

Zum Abstimmen dieses Tuners dienen vier Streifenleitungen mit Abstimmdioden. Zwei der Kreise sind als Bandfilter zwischen Eingangstransistor und Mischstufe angeordnet.

1 MOS- und Doppelgate-Transistoren siehe „Funktechnik ohne Ballast".

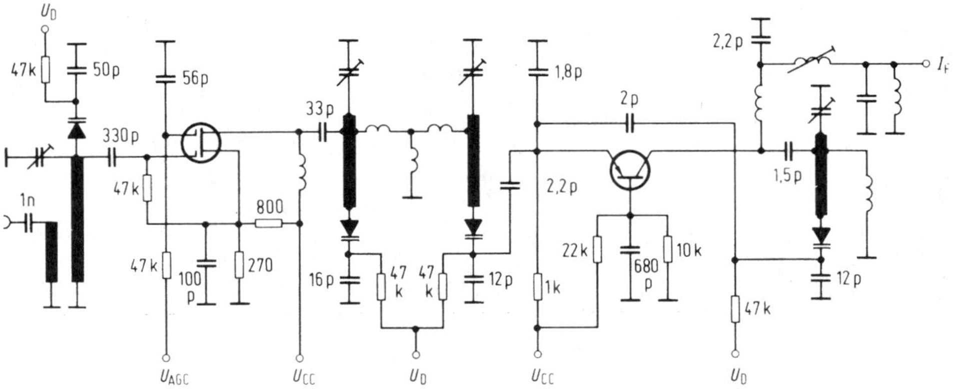


Abb. 3.43 Schaltung eines UHF-Tuners mit dem MOS-Transistor

## Abb. 3.44 Kombituner

Der Kombituner ist sowohl bei UHF als auch bei VHF mit selektiven Eingangskreisen und MOS-Tetroden ausgerüstet. Dies bewirkt eine wesentliche Verbesserung der Kreuzmodulationsfestigkeit. Der Antennenanschluß führt über eine Frequenzweiche C1/L2 auf den UHF-Teil (oben) und den VHF-Teil (unten).

Der UHF-Eingangskreis wird mit der Kapazitätsdiode D 1 abgestimmt, die zweite Diode D5 dient als variable Ankopplung an die MOS-Tetrode BF 966, eine verbesserte Ausführung des bekannten MOS-Transistors BF 960. Zwischen Vorstufe und selbstschwingender Mischstufe befindet sich ein zweikreisiges Bandfilter. Zum Anschluß eines Frequenzteilers für eine PLL-Steuerung dient R31 und C45. Der Schwingkreis L23 und C38 ist auf die Zwischenfrequenz abgestimmt, welche bei UHF-Betrieb in einer Nachverstärkerstufe im TUA 2000 im Pegel so weit angehoben wird, daß am Zf-Ausgang des TUA 2000 etwa gleich große Zf-Pegel für den VHF- und UHF-Bereich vorhanden sind.

Die VHF gelangt von der Antenne über L2 an den selektiven Eingangskreis, bestehend aus den Spulen L4, L5, L6 und L7. Die beiden Schalterdioden BA 243 schließen bei Band III-Betrieb die Spulen L5 und L6 kurz. Als Abstimmdioden werden im VHF-Bereich die Kapazitätsdioden BB 609 A verwendet. Nach Verstärkung in der MOS-Tetrode BF 961 gelangt das Signal über ein 2-kreisiges Bandfilter zu der integrierten VHF-Tuner-IS TUA 2000. Sie enthält einen Oszillator, VHF-Verstärker, Mischstufe und Zf-Teil. Das VHF-Signal wird im multiplikativen, aktiven Ringmischer mit dem Oszillatorsignal gemischt. Die Amplitude des Oszillators ist intern geregelt, dadurch werden Störstrahl- und Gleichlaufprobleme vermieden. Am Mischerausgang kann das Zf-Signal symmetrisch zur Einspeisung in ein Oberflächenwellenfilter entnommen werden. Alle Betriebsspannungen und -ströme des Oszillators sind stabilisiert, so daß die Oszillatoramplitude und -frequenz weitgehend unabhängig von Temperatur- und Betriebsspannungsänderungen ist. Die Zf-Ausgänge (Anschluß 1 und 2) haben offene

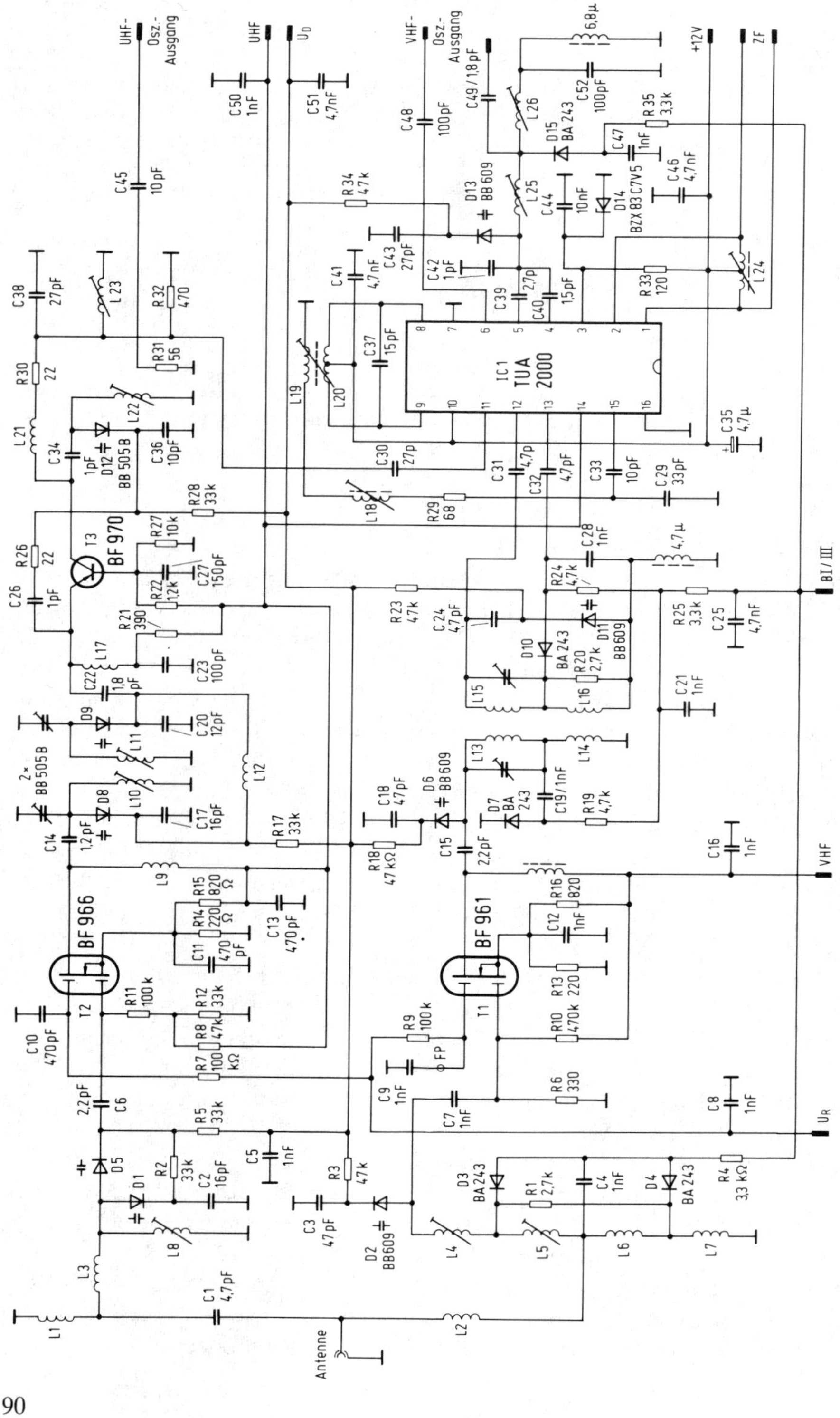


Abb. 3.44 Kombituner mit integriertem VHF-Mischer und -Oszillator (Aus Siemens Schaltbeispielen)

Kollektoren und können in ihrer Impedanz an das Siemens-Oberflächenwellen-Filter LIOB angepaßt werden. Am Anschluß 6 kann die VHF-Oszillatorfrequenz zum Anschluß des Frequenzteilers für ein PLL-System oder einen Zähler entnommen werden. Ein Schaltsignal an Anschluß 14 dient zur Umschaltung von VHF- auf UHF-Betrieb.
(Aus Siemens-Schaltbeispielen)

## Abb. 3.45 Hyperband-Tuner mit drei Bereichen

Der Hyperband-Tuner (Blockschaltbild in Abb. 3.45a) überstreicht lückenlos den Frequenzbereich von 50 ... 860 MHz, aufgeteilt in drei Bereiche: 50...170, 170 ... 470 und 470 ... 860 MHz. Damit sind außer den üblichen Band 1, Band III und UHF die Kabelbereiche 105 ... 175 und 230 ... 300 MHz, die Sonderkanäle S21 ... S25 (vgl. Abschnitt 1.32) und das für die Zukunft geplante Kabel-„Hyper"-Band 300 ... 470 MHz zu empfangen.

Der Tuner ist in der modernen SMD-Technik (Oberflächenmontage) mit doppelseitig kaschierter Platine aufgebaut.

Jeder Bereich hat seinen eigenen Vorstufentransistor. Das Eingangssignal wird über die Schalterdioden D1, D2 oder D3 auf den zuständigen MOSFET geführt. Das

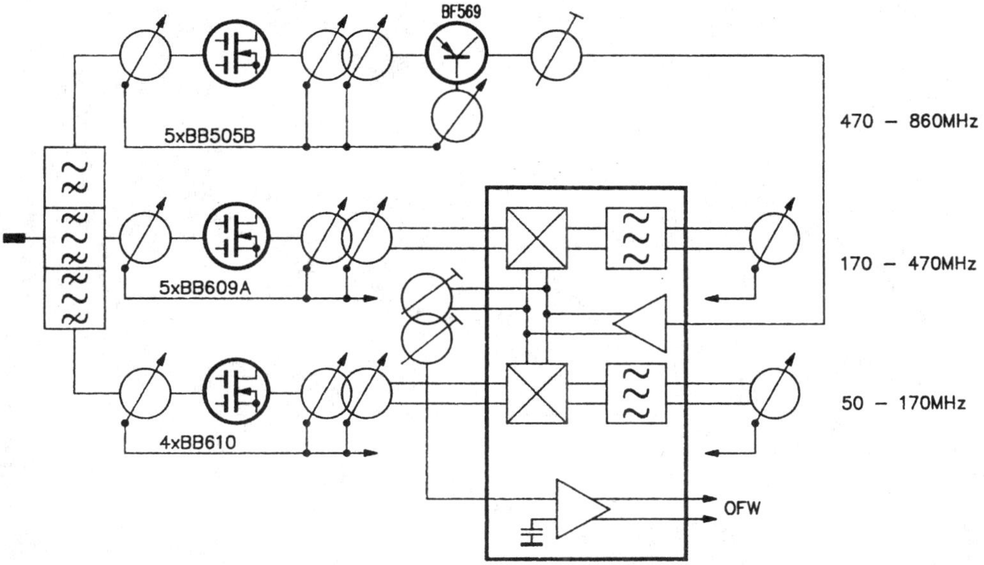


Abb. 3.45a Blockschaltbild des Hyperband-Tuners (Siemens Ohginalschaltbild)

Steuersignal wird zunächst digital über den I²C-Bus (SCL/SDA) der 1 Chip-PLL SDA 3202 (Abb. 3.45b) zugeführt. Der SDA 3202 wandelt dies in Gleichspannungssteuersignale an den Anschlüssen 11…13 um, die dann mit den Transistoren BC 858

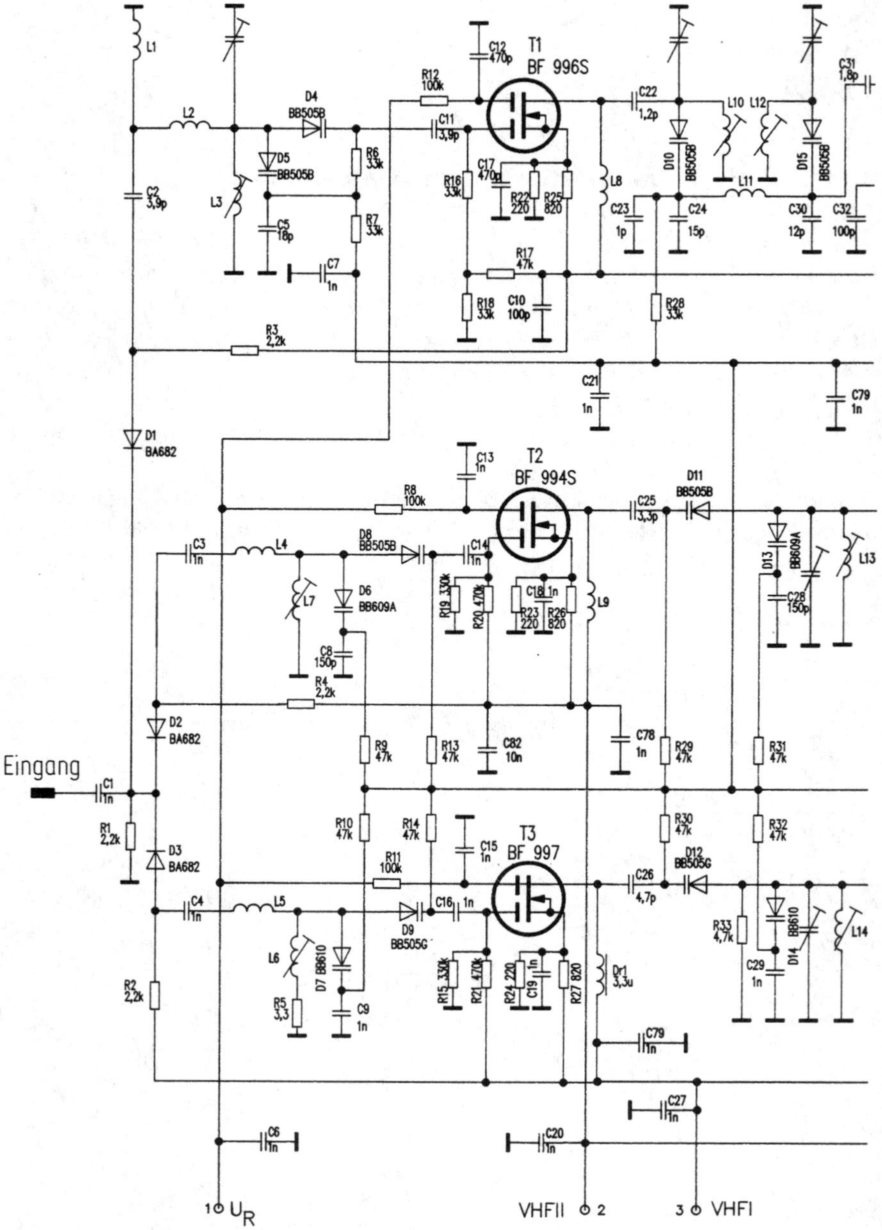


Abb. 3.45b Schaltbild des Hyperband-Tuners (Siemens Originalschaltbild)

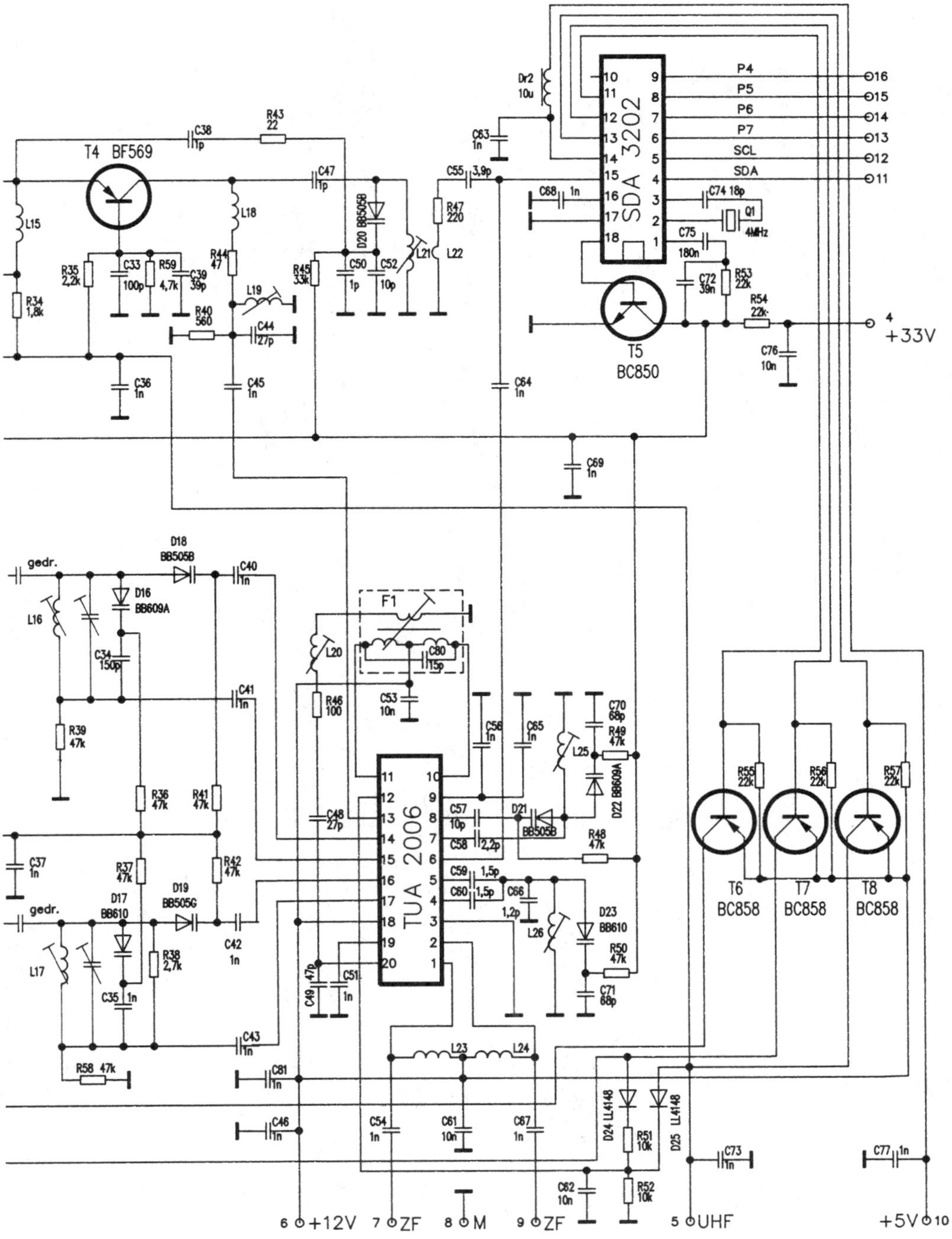
T4 BF569
C38
1p
R43
22
L15
R35
2,2k
C33
100p
R59
4,7k
C39
39p
R34
1,8k
C36
1n
L18
R44
47
L19
R40
560
C44
27p
C45
1n
C47
1p
D20 BB505B
R45
33k
C50
1p
C52
10p
L21
L22
C55
3,9p
R47
220
C64
1n
C63
1n
Dr2
10u
C68
1n
SDA 3202
C74 18p
Q1
4MHz
C75
180n
C72
39n
R53
22k
R54
22k
T5
BC850
C76
10n
4
+33V
P4
P5
P6
P7
SCL
SDA
16
15
14
13
12
11
C69
1n
D18
BB505B
gedr.
C40
1n
D16
BB609A
L16
C34
150p
C41
1n
R39
47k
R36
47k
R41
47k
C37
1n
R37
47k
R42
47k
D17
BB610
D19
BB505G
gedr.
C42
1n
L17
R38
2,7k
C35
1n
C43
1n
R58 47k
F1
L20
C80
15p
R46
100
C53
10n
C48
27p
TUA 2006
C49
47p
C51
1n
C56
1n
C65
1n
C57
10p
C58
2,2p
D21
BB505B
L25
C70
68p
R49
47k
D22 BB609A
R48
47k
C59
1,5p
C60
1,5p
C66
1,2p
L26
D23
BB610
R50
47k
C71
68p
L23
L24
C81
1n
C46
1n
C54
1n
C61
10n
C67
1n
D24 LL4148
D25 LL4148
R51
10k
R52
10k
C62
10n
C73
1n
C77
1n
R55
22k
R56
22k
R57
22k
T6
BC858
T7
BC858
T8
BC858
6 +12V
7 ZF
8 M
9 ZF
5 UHF
+5V 10

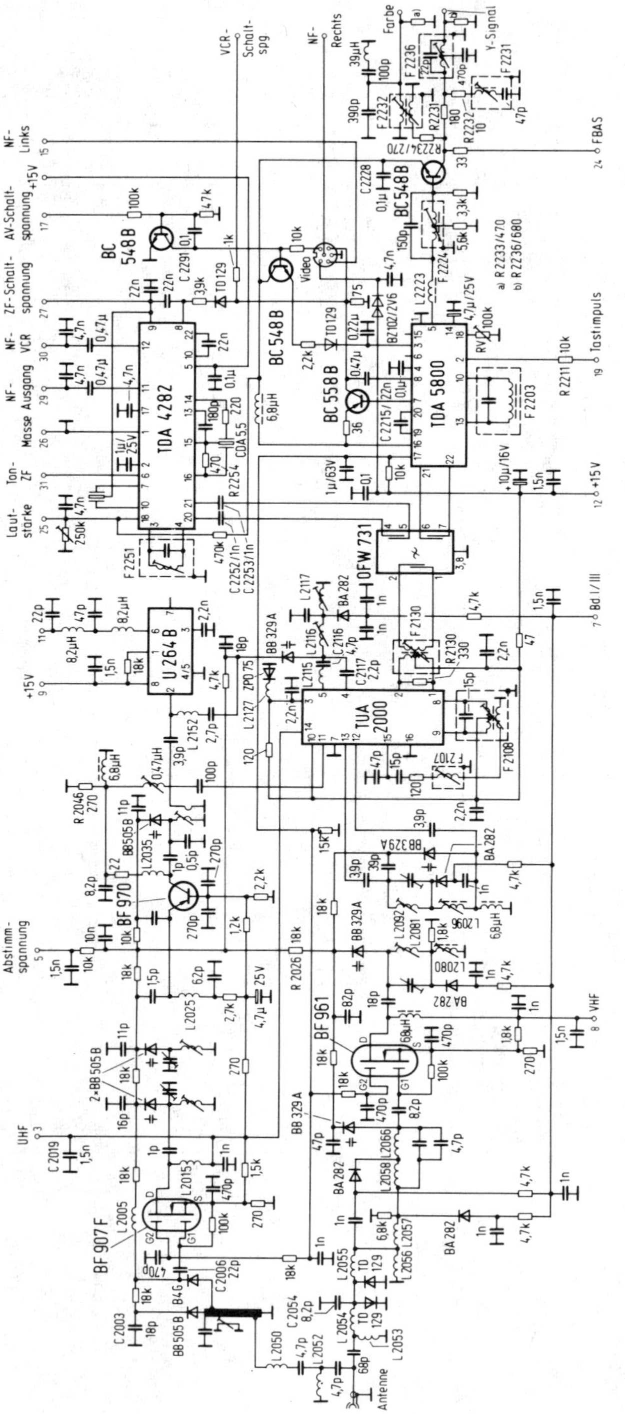


Abb. 3.46 Schaltung der Grundig Tuner-Zf-Kombination

verstärkt werden und an den verschiedenen Punkten die Bereichsumschaltungen vornehmen.

Weitere vier externe Gleichspannungssteuersignale P4...P7 z. B. für Norm-Umschaltung können digital über den $I^2C$-Bus geschaltet werden.

Im UHF-Bereich 470...860 MHz arbeitet der Tuner mit einer selbstschwingenden Mischstufe (BF 569). Bei den beiden anderen Bereichen dient die integrierte Schaltung TUA 2006, eine Weiterentwicklung des TUA 2000, als Oszillator und Mischstufe.

Bei UHF wird das Zf-Signal in dem IC nachverstärkt, damit in allen Bereichen die gleiche Verstärkung vorhanden ist. Im Nachfolgetyp TUA 2017 ist auch der UHF-Oszillator integriert.

## Abb. 3.46 Tuner-Zf-Kombination

Das Tuner-Zf-Konzept ist mechanisch dadurch gekennzeichnet, daß Tuner, Frequenzvorteiler für den Synthesizer und Zf-Teil mit Farbauskoppelung auf einer gemeinsamen Druckplatte untergebracht sind. Das Zusammenfassen von Tuner und Zf-Teil zu einer Einheit hat sich seit Jahren bereits in den portablen Schwarzweiß-Fernsehgeräten bestens bewährt. Der Kostendruck sowie Bestimmungen der Bundespost über die Einströmfestigkeit und neue Bauteile führten dazu, daß auch für die Farbfernsehgeräte dieses Aufbauprinzip gewählt wurde. Durch die Netztrennung ermöglicht, ist der Antennenanschluß direkt am Gehäuse angelötet als 75-Ω-Buchse ausgeführt. Abb. 3.46 zeigt die Gesamtschaltung, auf die nachstehend und im folgenden Kapitel 4 näher eingegangen wird.

Für die verschiedenen Anforderungen gibt es 3 verschiedene Ausführungen der Tuner-Zf-Kombinationen

1. mit Quasiparallelton für Stereogeräte
2. mit Intercarrierton für Mono-Geräte mit Abstimmsystem
3. mit Intercarrierton für Handbedienung

## Abb. 3.47 VHF-Vorstufe

Wie das Prinzipschaltbild zeigt, erfolgt die Transformation des niederohmigen Antenneneinganges auf dem verhältnismäßig hochohmigen Gate-1-Eingang über einen angezapften, abstimmbaren und umschaltbaren (Band I/III) Schwingkreis. In Stellung BIII (Kanal 5–12) sind S1 und S2 geschlossen bzw. in Stellung Band I (Kanal 2 – 4) offen.

S1 und S2 sind mit Schalterdioden realisiert. Die Regelspannung wird über R 2009 (18 kΩ) auf das durch C2004 (470 pf)Hf-mäßig geerdete Gate 2 geführt. Die volle Verstärkung erhält man, wenn die Spannung zwischen Gate 2 und Source etwa 5 V beträgt. Die vom Zf-Verstärker gelieferte minimale Regelspannung beträgt ca. 0,8 V. Um eine Abregelung von ca. 40 dB zu erzielen, muß die Gate-2-Spannung etwa 1,5 V unter dem Source-Potential liegen. Das bedeutet, daß das Source-Potential auf einem minimalen

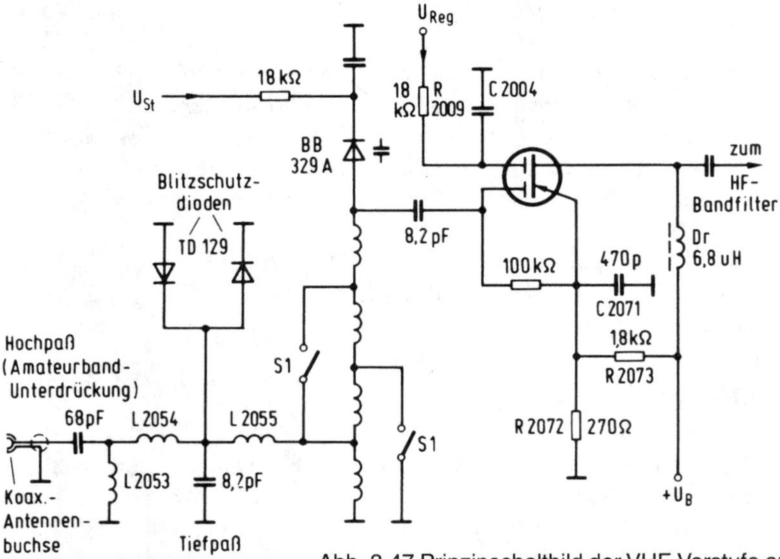


Abb. 3.47 Prinzipschaltbild der VHF-Vorstufe aus Abb. 3.46

Wert von 0,8 V + 1,5 V = 2,3 V gehalten werden muß. Dies erreicht man durch den kapazitiv überbrückten (C2071, 470 pF) Source-Widerstand R 2072 (270 Ω). Um diesen Mindestwert von 2,3 V auch bei abnehmenden oder fehlenden Drainstrom zu garantieren, wird in den Source-Widerstand zusätzlich ein Querstrom über R 2073 (1,8 kΩ) eingespeist. Bei der Abregelung bleiben die Resonanzfrequenz und die Bandbreite des Vorkreises konstant.

## Abb. 3.48 VHF-Mischstufe und -Oszillator

Das Hochfrequenzsignal wird symmetrisch aus dem Sekundärkreis des Hf-Bandfilters (Mischkreis) ausgekoppelt. Die Auskopplung erfolgt einmal über C 2091 (3,9 p) vom Hochpunkt des Mischkreises, zum anderen vom über die Drossel L (6,8 μH) hochgelegten Fußpunkt des Mischkreises über C 2099 (3,9 pF). Diese symmetrische Hf-Signalspannung wird dem PIN 12 und 13 der IS zugeführt.

Über Pin 12/13 gelangt die Hf über eine symmetrische und hochohmige Differenzstufe zum multiplikativen Mischer.

Der Hochpunkt des umschaltbaren Oszillatorschwingkreises (BI/BIII) wird über C 2117 (2,2 pF) dem niederohmigen Kollektorausgang (Pin 4) und über C 2116 (4,7 pF) in Serie zu der Phasendrehspule L 2115 liegenden hochohmigen Basiseingang (Pin 5) gelegt. L 2115 bewirkt ein sicheres Anschwingen des Oszillators bei OV Abstimmspannung und bei Bereichsumschaltung. Die Oszillatoramplitude wird intern auf einen fast konstanten Pegel ausgeregelt und über eine Trennstufe dem multiplikativen Mischer zugeführt. Außerdem ist die Oszillatorspannung am Hochpunkt des Oszillator-

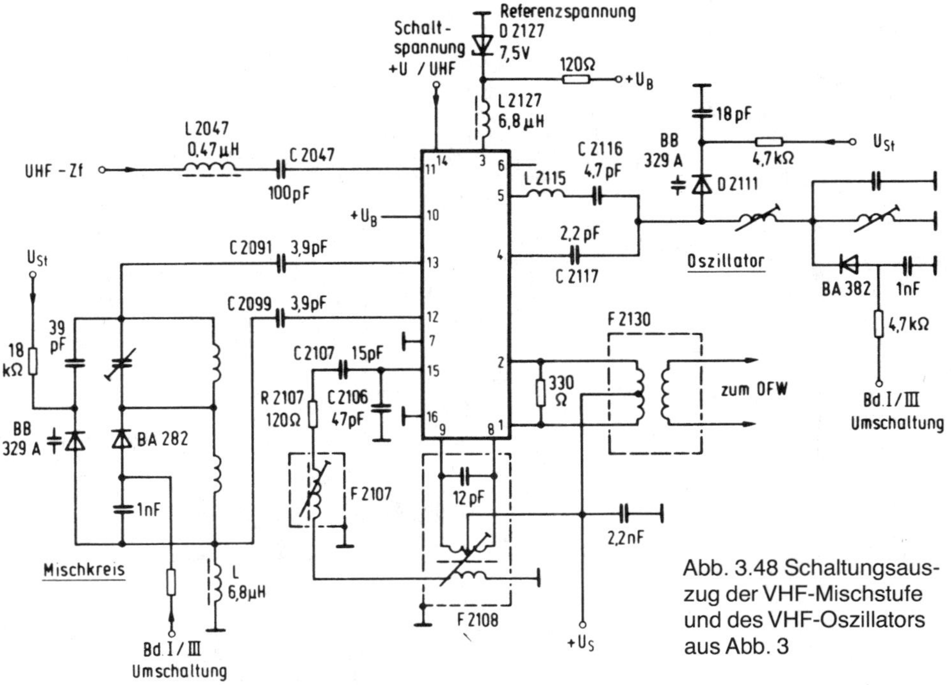


Abb. 3.48 Schaltungsauszug der VHF-Mischstufe und des VHF-Oszillators aus Abb. 3

schwingkreises sehr gering, so daß dynamische Kapazitätsänderungen der Abstimmdiode (Di 2111) vernachlässigbar klein werden und somit ein sehr guter Oszillatorgleichlauf garantiert ist.

Am Pin 8 und Pin 9 steht die über eine Trennstufe vom Mischer ausgekoppelte Zf zur Verfügung. Über die Bandfilteranordnung F 2108 und F 2107 wird die Zf einem unsymmetrischen Zf-Signaleingang mit anschließender Treibersstufe (Pin 15) zugeführt. Das mittels R 2107(120 Ω), C 2107 (15 pF) und C 2106 (47 pF) optimal gepegelte Zf-Signal zum Ansteuern des OFW-Filters steht am symmetrischen Treiberausgang Pin 1 und 2 über das breitbandige Filter F 2130 zur Verfügung.

In Bandwahlstellung UHF gelangt das UHF-Zf-Signal über L 2047 (0,47 µH), einer Entkopplungsdrossel und dem Trennkondensator C 2047 (100 pf) zum unsymmetrischen Zf-Verstärkereingang (Pin 11) und durchläuft anschließend den gleichen Signalweg der VHF-Zf. Gleichzeitig wird in Stellung UHF dem Pin 14 die positive Betriebsspannung des UHF-Teiles zugeführt. Diese Spannung schaltet den VHF-Oszillator und die VHF-Mischstufe ab und aktiviert die UHF-Zf-Einkoppelstufe.

Am Pin 3 wird eine auf 7,5 V stabilisierte Referenzspannung eingespeist. In Serie zu der 7,5 V Z-Diode, Di 2127 liegt eine 6,8 µH Drossel (L 2127), die ein Eindringen von Rauschwellen in der IS verhindert.

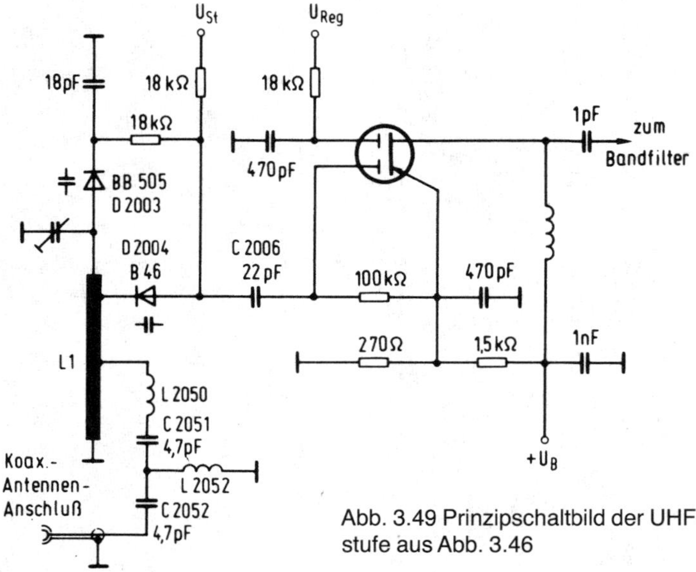


Abb. 3.49 Prinzipschaltbild der UHF-Vorstufe aus Abb. 3.46

## Abb. 3.49 UHF-Vorstufe

Das UHF-Signal wird über einen Hochpaß (C 2052, L 2052, C 2051) mit nachfolgender Entkopplungsspule L 2050 galvanisch in den Fußpunkt der Kreisinduktivität L 1 eingekoppelt. Die Entkopplungsspule ist so dimensioniert, daß sich eine minimale Bandbreite ohne Amplitudenverlust in den oberen UHF-Kanälen einstellt. Mittels der Kapazitätsdiode D 2003 wird der Vorkreis durchgestimmt. Am Hochpunkt des Vorkreisschwingkreises wird über die Kapazitätsdiode D 2004 und dem Trennkondensator C 2006 das UHF-Signal zum Gate 1 des MOS-FET ausgekoppelt.

Das Ergebnis dieser frequenzabhängigen Auskopplung ist eine hohe und über den Bereich fast konstante Kreisselektivität. Daraus resultiert eine sehr gute Absenkung im Spiegel- und 5 Kanal-Abstand. Außerdem ist diese Schaltungsordnung die optimale Lösung für gute Rauschzahlen. (Aus Grundig Technische Informationen)

*Tuner-Service*

Tuner-Reparaturen sind ein etwas schwieriges Gebiet. Bei der Kleinheit der Bauelemente und bei ihrer engen Anordnung in den Abschirmkammern können nur sehr geübte Kundendiensttechniker Fehler beheben. Bei neuen Geräten in Baugruppentechnik (Modultechnik) hat es sich daher eingeführt, lediglich zu überprüfen, ob der Tuner vom Gerät her die richtigen Versorgungs- und Regelspannungen bekommt und ob an den Meßpunkten die vorgesehenen Signale vorhanden sind. Liegt mit Sicherheit ein Defekt im Tuner selbst vor, dann ist er auszubauen und an das Werk einzusenden. Meist erhält man im Austauschverfahren schnell einen anderen gesunden Tuner, so daß der Kunde nicht zu lange auf die Reparatur warten muß.

Trotzdem sollte der Servicetechniker seinen Ehrgeiz darin setzen, die Funktion eines Kanalwählers in allen Einzelheiten zu verstehen, damit er richtige Fehlerdiagnosen stellen und kleinere Schäden selbst beheben kann.

# *Programmwahl*

## Abb. 3.50 Programmwähler-Einheit

Zum Einstellen verschiedener Kanäle bzw. Programme sind an die Abstimmdioden jeweils bestimmte Spannungen zu legen. Außerdem sind die Bereiche umzuschalten. Das Prinzip macht man sich am besten mit einem mechanischen Drucktastenwähler klar. Die Abstimmeinheit besteht aus sechs meist verdeckt angeordneten Einstell-

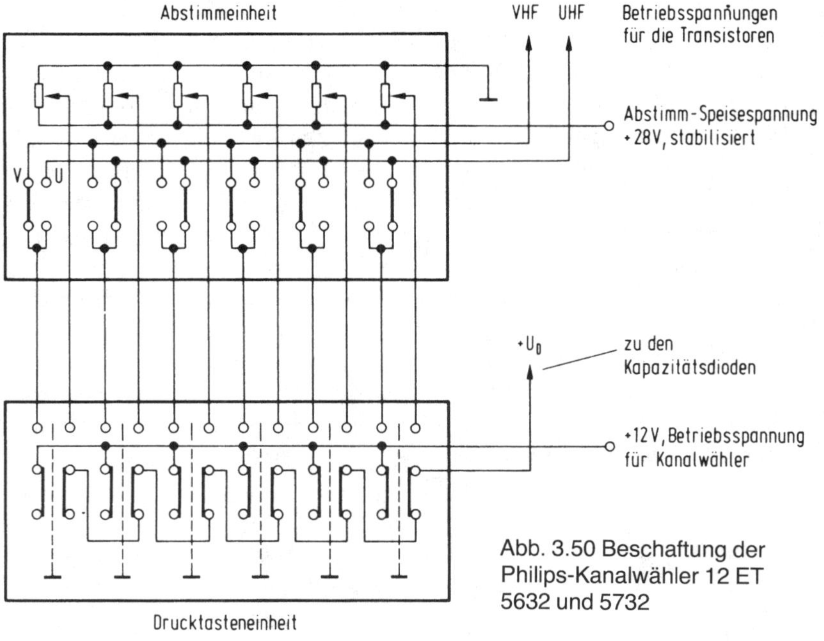


Abb. 3.50 Beschaftung der Philips-Kanalwähler 12 ET 5632 und 5732

potentiometern und zugehörigen sechs Wählschaltern. Diese Schalter müssen je nach dem gewünschten Bereich in die Stellung V = VHF oder U = UHF gebracht werden.

Drückt man nun eine Taste der Drucktasten-Einheit, dann gelangt die 12-V-Betriebsspannung je nach Programmierung des zugehörigen Wählschalters an den VHF- oder UHF-Teil des Tuners und macht ihn betriebsbereit. Nun stimmt man das entsprechende Potentiometer auf den gewünschten Kanal ab. Kleine, unter der Abdeckplatte bei jedem Potentiometer angeordnete Skalen geben Richtwerte hierfür. Dann wird die Abdeckplatte geschlossen, und nun erscheint beim Drücken dieser Taste stets das vorgewählte Programm. Die Speisespannung für die Abstimmpotentiometer ist auf +28 V stabilisiert, so daß Netzspannungsschwankungen keinen störenden Einfluß haben.

Eine weitere Vereinfachung durch Übergang von der Mechanik zur Elektronik mit Hilfe spezieller integrierter Schaltungen erläutern die folgenden Bilder.

## Abb. 3.51 und 3.52 Sensor-Programmwahl mit SAS 560 und 570

Mechanische Tastensätze für die Programmwahl am Tuner erfordern eine gewisse Kraft zur Bedienung, denn dabei ist nicht nur ein Schalter zu drücken und einzurasten, sondern über ein Gestänge muß auch die vorher gedrückte Taste entriegelt werden, damit sie in die Ruhelage zurückspringt. Sehr alten Leuten fällt es mitunter schwer, solche mechanischen Tasten zu betätigen. Außerdem besteht bei jeder Mechanik die Gefahr einer vorzeitigen Abnutzung, besonders wenn sie rauh behandelt wird.

Deswegen wurden Tastenanordnungen entwickelt, die durch einfaches Berühren mit dem Finger elektronisch arbeitende Schalter betätigen, die dann das Abstimmpotentiometer für den gewünschten Kanal an den Tuner anschließen und außerdem das vorher wirksame Potentiometer wieder abtrennen. Dies entspricht also dem mechanischen Entriegeln der vorher gedrückten Taste. Für diesen Zweck wurden die integrierten Schaltungen SAS 560 und 570 entwickelt. Sie sind gleich aufgebaut, und mit jeder lassen sich vier Kanäle wählen. Der Typ 560 besitzt lediglich eine Zusatzstufe, die beim Einschalten des Empfängers durch den Netzschalter immer den Kanal einschaltet, denn beim Ausschalten des Empfängers fällt stets der gesamte Tastensatz in die Ruhelage zurück. Man müßte also beim Wiedereinschalten des Gerätes erst den Netzschalter und dann eine Programmtaste betätigen, sonst zeigt der Empfänger kein Bild.

Abb. 3.51 zeigt den Aufbau der Stufe 1 des Bausteins SAS 560. Am Anschluß 10 liegt der Tastschalter Ta, am Anschluß 6 das Abstimmpotentiometer P zum erstmaligen Einstellen des Kanals. An den Anschluß 9 ist ein Lämpchen angeschlossen, das beim Einschalten die betreffende Taste beleuchtet und damit signalisiert, welcher Kanal in Betrieb ist. Im Ruhezustand sind die zu diesen Anschlüssen gehörenden Transistorsysteme T1, T9 und T13 stromlos.

Werden durch Berühren der Taste Ta die beiden Elektroden mit der Fingerkuppe überbrückt, dazu genügt ein Übergangswiderstand von 20 MΩ, dann schalten die Transistoren T1 und T2 durch. Das bis zu diesem Zeitpunkt leitende System T5 wird

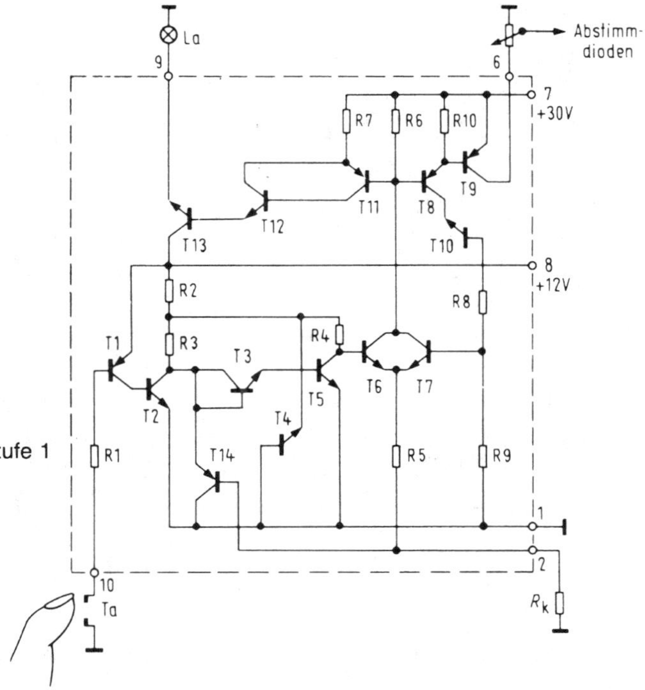


Abb. 3.51 Innenschaltung der Stufe 1 des Bausteins SAS 560

über das als Diode arbeitende System T3 gesperrt. Die Spannung am Kollektor von T5 steigt an bis zu einem Wert, der durch das als Z-Diode wirkende System T4 begrenzt wird.

Die ansteigende Spannung schaltet außerdem das System T6 der Differenzstufe durch. Über diesen Transistor werden auch die Systeme T8 und T9 stromführend gemacht, und das Abstimmpotentiometer wird wirksam. Außerdem werden die hintereinanderliegenden Systeme T11, T12 und T13 so aufgesteuert, daß über T13 die Lampe La Strom bekommt und aufleuchtet.

Der Transistor T8 erteilt ferner über ein ebenfalls als Z-Diode wirkendes System T10 und den Spannungsteiler R8, R9 der Basis des Transistors T7 eine bestimmte Basisspannung.

Die Sendung wird also hörbar. Nimmt man dann den Finger von der Taste, dann hält infolge dieser Basisvorspannung der Transistor T7 den Transistor 6 durchgeschaltet. Somit bleiben auch die Transistoren T9 und T13 stromführend, der eingeschaltete Kanal hält sich selbst, und auch die Tastenfeldbeleuchtung bleibt bestehen. An dem für alle Stufen gemeinsamen Koppelwiderstand $R_k$ stellt sich bei diesem Haltezustand eine Spannung von 3 V ein.

Wird eine andere Stufe durch Tasten betätigt, dann steigt die Spannung an $R_k$ kurzzeitig auf 4,5 V an und unterbricht den vorhergehenden Haltezustand, die neu gedrückte Taste wird wirksam.

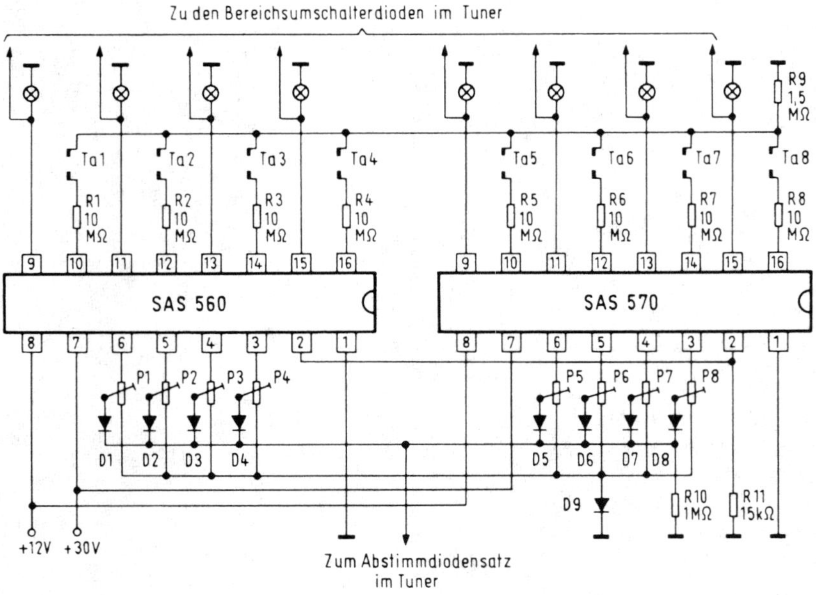


Abb. 3.52 Prinzipschema einer Wähleinheit für acht Kanäle mit den Bausteinen SAS 560 und 570

Der Transistor T14 ist nur im Typ SAS 560 vorhanden. Liegt am Widerstand $R_k$ beim Neueinschalten des gesamten Empfängers noch keine Spannung, dann liegt die Basis des Systems T14 an Masse. Dies hat den gleichen Effekt, als wenn die Taste Ta gedrückt würde, d.h. über das System 3 wird Transistor 5 gesperrt, und der Kanal 1 wird eingeschaltet.

Abb. 3.52 zeigt das Prinzip einer Wähleinheit für acht Kanäle mit den Bausteinen SAS 560 und SAS 570. Dabei wird jeweils mit der Signalanzeige auch der zu diesem Kanal gehörende Diodenschalter für den betreffenden Bereich im Tuner durchgeschaltet. Man kann also die Tasten für beliebige Kanäle in den Bereichen I, III oder IV programmieren.

Um die Berührungsströme an den Tasten auf ein Minimum zu begrenzen und die VDE-Vorschriften einzuhalten, selbst wenn alle Tasten gleichzeitig mit den Fingern berührt werden, liegen hochohmige Vorschaltwiderstände R1 bis R9 in den Tastenkreisen. Die Poteniometer P1 bis P8 liegen über Entkopplungsdioden an der gemeinsamen Steuerleitung. Die Diode D9 am Fußpunkt der Potentiometer kompensiert den Temperaturkoeffizienten der Entkopplungsdioden.

Die integrierten Schaltungen SAS 560 und 570 können außerdem über digitale Logikbausteine und einen Ringzähler für eine Fernbedienung erweitert werden. – Ähnliche Programmtasten-Bausteine werden von Texas Instruments unter den Bezeichnungen SN 16798 und SN 16799 geliefert. Sie reagieren sowohl in der hier beschriebenen Weise als auch als sogenannte Einscheibensensoren, d. h. es ist nur eine Tastelektrode vorhanden, die durch die Erdkapazität der berührenden Person betätigt wird.

## Digitalabstimmung

Eine noch weitergehende Bedienungsvereinfachung ergibt sich mit der Digitalabstimmung. Hierbei wird die gewünschte Kanalzahl (vgl. Tabelle auf Seite 38 ... 39) mit Hilfe von Tasten in das Gerät eingetippt. Ein Quarzoszillator und eine Frequenzteileranordnung bauen daraus die für den betreffenden Kanal erforderliche Oszillatorfrequenz auf. Gleichzeitig wird den Abstimmdioden des Tuners eine gleitende Suchlaufspannung zugeführt. Eine Frequenz- und Phasenvergleichsschaltung rastet ein, wenn die Oszillatorfrequenz des Tuners mit der Oszillatorfrequenz des eingetasteten Kanals übereinstimmt. Damit ist der Empfänger exakt auf den gewünschten Sender abgestimmt, selbst wenn dieser noch Sendepause haben sollte. Das Verfahren beruht auf zwei grundlegenden Prinzipien:

1. Phasengerasteter Regelkreis, im Englischen Phase-Locked-Loop (PLL) genannt.
2. Frequenzsynthese, d.h. Ableitung einer beliebig gewünschten Frequenz über Frequenzteiler aus einem Ouarzoszillator mit Festfrequenz.

## *Suchlauf und Programmwahl*

### Abb. 3.54 und 3.55 Suchlaufautomatik mit stetiger Durchstimmung

Die Festeinstellung von Programmtasten bzw. Programmwählern hat ihre unbestreitbaren Vorteile, wenn der Empfänger stationär im Heim steht und auf die örtlich gut zu empfangenden Sender abgeglichen werden kann. Anders ist dies bei tragbaren Empfängern, die auf Reisen mitgenommen werden.

Der Tuner des Gerätes arbeitet mit Abstimmdioden. Bei Handabstimmung wird nach dem im Kapitel 3 behandelten Prinzip[1]) den Dioden eine stetig veränderliche Gleichspannung zugeführt. Schaltet man auf die Suchlaufautomatik um, dann wird im Gerät eine nach Abb. 3.54 ansteigende Sägezahnspannung auf die Tunerdioden gegeben. Sie stimmt in etwa 2,5 s einen Bereich durch, stoppt beim ersten empfangswürdigen Sender. Das Prinzip dieser Automatik ist in der Blockschaltung Abb. 3.55 dargestellt. Ist auf A = Automatik geschaltet (H = Handabstimmung) und wird die Starttaste gedrückt, dann lädt sich im Sägezahngenerator ein Speicherkondensator von 3,3 $\mu$F über eine Konstantstromquelle auf. Die Spannung daran steigt nach Abb. 3.54 an. Diese Spannung stimmt den Tuner durch. Seine Ausgangssignale gelangen zum Hf-Verstärker. Jedesmal, wenn ein Trägersignal aus der dritten Bild-Zf-Stufe mit 38,9-MHz-Diskriminator Koinzidenz ergibt, würde das Start-Stop-Flipflop den Sägezahnspannungsanstieg unterbrechen und die Abstimmung fixieren. Das wäre aber auch bei jeder Tonträgerfrequenz der Fall. Deswegen ist eine zweite Koinzidenzschaltung für die Zeilensynchronimpulse vorgesehen. Nur dann, wenn gleichzeitig auch bei dieser Abstimmlage der Zeilenoszillator synchronisiert wird, dann ist richtig auf den Bildträger 38,9 MHz abgestimmt. Der Suchlauf stoppt, die automatische Feineinstellung stimmt nochmals genau nach, die Nf-Stummschaltung wird aufgehoben, und Bild und Ton erscheinen. Die Feinabstimmstufe sorgt nun auch dafür, daß die Abstimmung des Speicherkondensators konstant gehalten wird.

Damit die Automatik wirklich nur auf gut empfangende Sender anspricht, ist die Möglichkeit gegeben, den Empfindlichkeitsschalter auf „Nah“ zu stellen.

Die Anordnung enthält außerdem eine automatische Umschaltung für Bereich I, III und für UHF. Startet man erneut, weil einem das Programm nicht gefällt, dann läuft die Automatik bis zum Ende des Bereiches. Zwei bistabile Multivibratoren schalten dann die Bereichsschalterdioden um und starten erneut die Abstimmspannung.

Damit man weiß, in welcher Frequenzlage man sich überhaupt befindet, ist außerdem eine Art Abstimmanzeige mit drei Gruppen von Signallämpchen für die Bereiche I, III und UHF vorgesehen.

Abb. 3.54 Verlauf der Tunerabstimmspannung beim automatischen Suchlauf

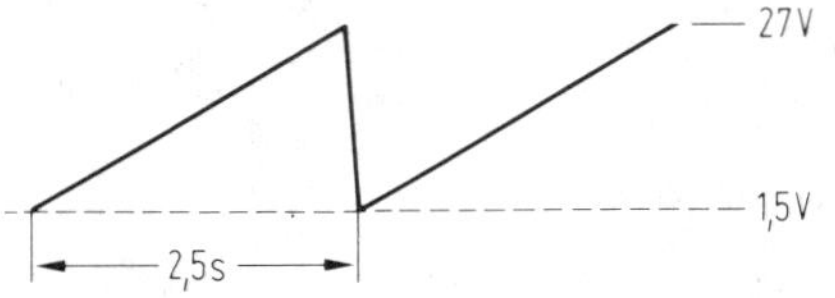


1 Vgl. Abb. 3.41 bis 3.49.

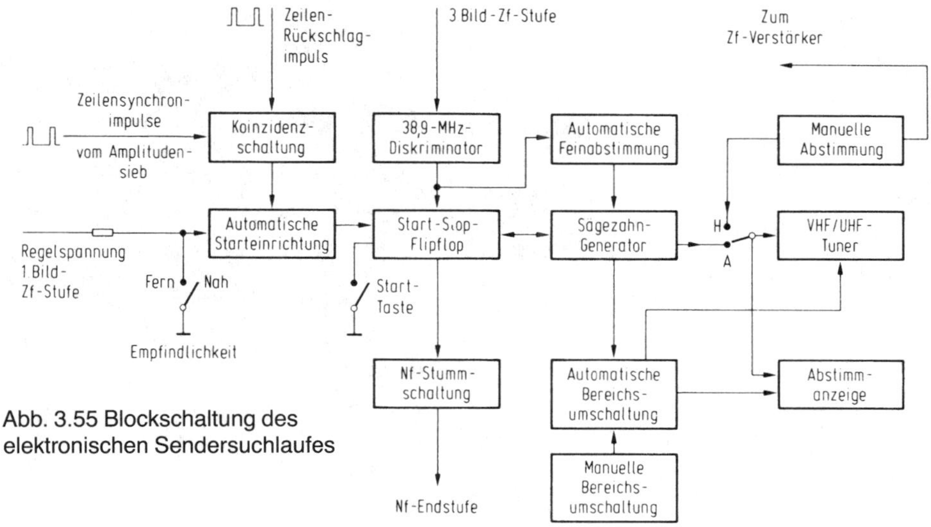


Abb. 3.55 Blockschaltung des elektronischen Sendersuchlaufes

Die Gesamtschaltung enthält eine Fülle interessanter Stufen. Sie arbeitet mit rund 80 Transistorsystemen sowie mit sechs Flipflops, die sich innerhalb eines integrierten Bausteins befinden. Die Automatik hat für den speziellen Zweck des Reisempfängers ihre Vorteile. Die stetige Durchstimmung eignet sich jedoch nicht so gut, um außerdem eine gezielte Programmwahl vorzusehen. Dafür ging man auf das Prinzip der Digitalabstimmung über.

## Abb. 3.56 Sendersuchlauf mit Digitalspeicherung

Bei der Farbfernsehgeräteserie Super Color 77, die Grundig 1976 auf den Markt brachte, ist ein elektronischer Sendersuchlauf vorgesehen, der in Digitaltechnik mit hochintegrierten MOS-Schaltungen arbeitet. Der Suchlauf wird gestartet durch Drükken einer der drei Bereichstasten:

| | | | |
|---|---|---|---|
| Bereich | VHF I | VHF III | UHF |
| Kanäle | 2 bis 4 | 5 bis 12 | 21 bis 68 |

Der schnelle Suchlauf geht beim Erreichen eines Fernsehsignals in eine langsame Feinabstimmung über und endet im optimalen Abstimmpunkt für die beste Bildschärfe. Der Abstimmvorgang läßt sich auf dem Bildschirm durch einen eingeblendeten wandernden Leuchtbalken verfolgen. Diese Thermometerskala gibt auch Anhaltspunkte für die Kanalzahl. Durch Druck auf eine weitere Taste läßt sich Abstimmung elektronisch speichern. Sie ist dann über Sensortasten jederzeit wieder aufzufinden. 12 solcher Stationstasten sind vorgesehen.

Abb. 3.56 Bedienungsfeld der Suchlaufelektronik von Grundig; vorn das zugehörige Steckmodul aus dem Gerätechassis

Die elektronische Speicherung erfolgt in Binärwerten in einer computerähnlichen Speichereinrichtung. Damit dieses elektronische Gedächtnis aufrecht erhalten bleibt, ist eine ständige Speisespannung erforderlich. Sie wird auch bei ausgeschaltetem Netzschalter aus dem Netz entnommen. Außerdem ist eine Trockenbatterie im Gerät vorgesehen, die sogar beim Herausziehen des Netzsteckers die Informationen für Wochen hinaus aufrecht erhält.

Die gesamte Suchlauf- und Speicherelektronik ist auf einem Steckmodul zusammengefaßt, das in Abb. 3.56 im Vordergrund zu sehen ist.

## Abb. 3.57 bis 3.59 Prinzip eines Digital-Suchlaufes

Mit elektronischem Sendersuchlauf und elektronischem Programmspeicher arbeiteten z. B. die Farbfernsehempfänger der Serie Goya Royal electronic von Philips. Das gesamte System besteht aus zwei hochintegrierten Schaltungen:

| Typ | Funktion | Integrierte Bauteile | Zahl der Anschlüsse |
|---|---|---|---|
| DD7661 | CMOS-Speicher | 2470 | 40 |
| DD7662 | pMOS-Kontrollogik | 2040 | 16 |

Aus der Vielzahl der Funktionen, die sich an der großen Zahl der integrierten Bauteile abschätzen lassen, sei hier lediglich das Prinzip des Sendersuchlaufes kurz beschrieben. Anstelle einer stetigen Tunerabstimmspannung mit Sägezahnverlauf nach Abb. 3.54 werden hier den Tunerdioden schrittweise ansteigende Spannungen nach Abb. 3.57 zugeführt. Diese Treppenspannung wird mit Hilfe eines Taktgenera-

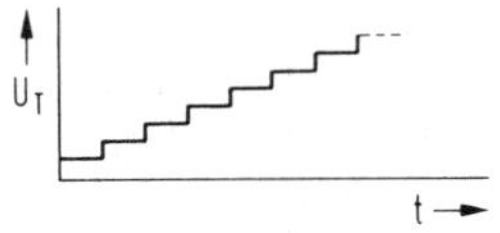


Abb. 3.57 Verlauf der Abstimmspannung bei digitaler Sendereinstellung

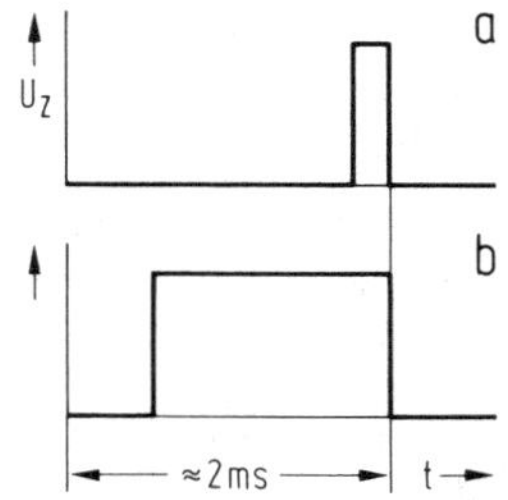


Abb. 3.58 Form der Speise-Impulse für die Tunerabstimmspannung, a für kleine, b für größere Spannungswerte

tors und eines Digitalzählers erzeugt. Sie steigt in 2048 Stufen oder Schritten bis zum Maximalwert der Tunerspannung an. Im UHF-Bereich mit rund 400 MHz Bereichsumfang ergibt sich damit eine Auflösung von etwa 200 kHz/Schritt. Das bedeutet einen maximalen Abstimmfehler von rund 100 kHz, der dann durch eine automatische Scharfabstimmung auf Null gebracht wird.

Wichtig ist die Abstimmgeschwindigkeit. Sie soll so bemessen sein, daß man die einzelnen Sender auf dem Bildschirm gut erfassen kann, ohne daß der Gesamtdurchlauf zu lange dauert. Man wählte für das Durchstimmen des VHF-Bereiches eine Zeit von 20 s. Das ergibt bei elf Kanälen rund 1,8 s/Kanal und für UHF mit 48 Kanälen 80 s, entsprechend etwa 1,7 s/Kanal.

Der Digitalzähler selbst liefert nur Zähl- bzw. Steuerimpulse. Über eine weitere Stufe werden daraus Ausgangsimpulse $U_Z$ mit einer Zykluszeit von 2 ms gewonnen. Am Beginn der „Treppe" ist der Verlauf eines solchen Spannungszyklus etwa wie in Abb. 3.58a, bei weiterem Fortschreiten wird der Rechteckimpuls stetig breiter, etwas nach der Form Abb. 3.58b.

Diese Ausgangsimpulse $U_Z$ steuern einen Schalttransistor. Über seinen Kollektorwiderstand wird dann eine hochstabile Gleichspannung von 30 V periodisch an ein Tiefpaßfilter geschaltet. An dessen Ausgang ergibt sich mit den Steuerimpulsen von Abb. 3.58a eine niedrige Treppenstufe, und mit Abb. 3.58b wird die Ausgangsspannung entsprechend höher. Insgesamt erhält man so eine exakt definiert ansteigende Tunerabstimmung.

Die Blockschaltung Abb. 3.59 gibt einen Überblick über die Gesamtfunktion. Der schnelle Zähler Y wird von dem 1-MHz-Taktgenerator T gesteuert und zählt kontinuierlich. Das Ausgangssignal wird in Binärdaten geliefert. Für $2048 = 2^{11}$ Schritte sind 11 bit, also 11 Leitungen, erforderlich. Sie führen zu dem Komparator Z.

Zum Starten des Suchlaufes ist eine der Tasten „Auf" oder „Ab" zu drücken. Dadurch werden dem Zähler/Schieberegister X Impulse (25 Hz für UHF, 100 Hz für VHF) zugeführt. Sie bestimmen die vorher erwähnten Bereichdurchlaufzeiten von 80 s bzw. 20 s. Wird bei einem empfangswürdigen Sender die Automatik gestoppt, dann bleibt die jeweilige Binärformation im Schieberegister X stehen.

Die Kanalwählertastatur besteht in diesem Fall aus den mechanischen Tastkontakten A bis D und 1 bis 4. Damit lassen sich 16 Programme speichern, indem jeweils zwei Tasten gedrückt werden. z.B. A3, B4, C2 usw. Will man den eben abgestimmten Sender speichern, dann drückt man z.B. A3 und außerdem die Taste S = Speichern. Über die Eingangslogik L wird dadurch die Adresse des Speicherplatzes für A3 im Speicher

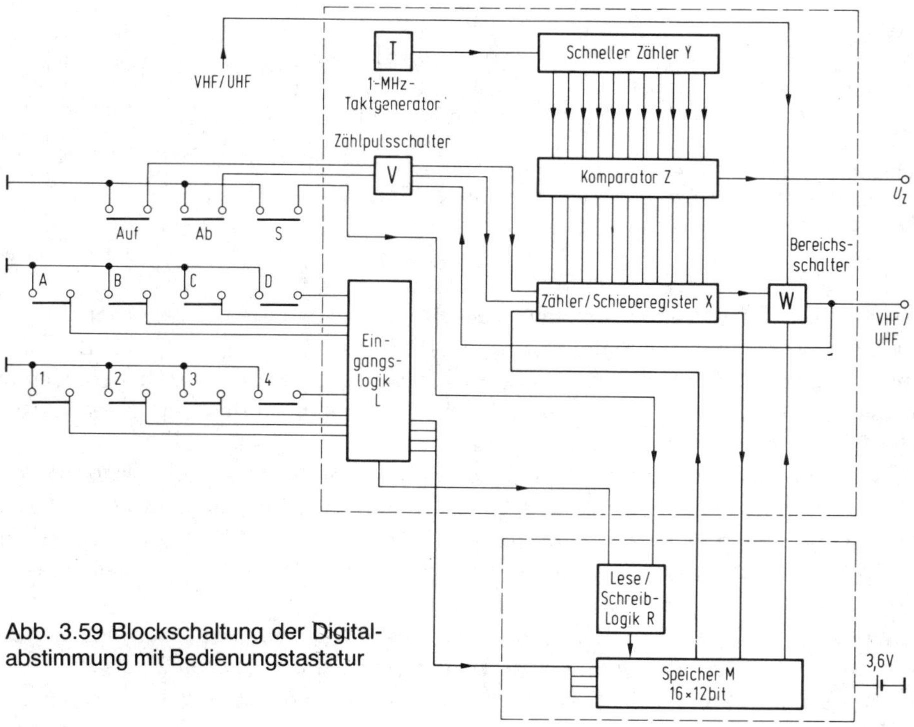


Abb. 3.59 Blockschaltung der Digitalabstimmung mit Bedienungstastatur

M gewählt, und aus dem Schieberegister X werden die zugehörigen Binärdaten unter Mitwirkung der Schreib-Leselogik L unter dieser Adresse gespeichert.

Zum normalen Empfang ist dann nur die Tastenkombination A3 zu drücken. Die Eingangslogik L wählt nun die zugehörige Adresse im Speicher M. Dieser liefert die Binärdaten an die Stufe X, und über den Komparator Z entsteht die richtige Abstimmspannung für den Tuner.

Das System enthält noch eine Reihe weiterer digitaler Funktionen, z. B. Steuerung und Speicherung der Einstellungen von Lautstärke, Helligkeit und Farbsättigung in jeweils 64 Schritten. Außerdem wird beim eigentlichen Suchlauf nach dem Durchstimmen des VHF-Bereiches automatisch auf den UHF-Bereich umgeschaltet und dieser ebenfalls durchgestimmt.

## Abb. 3.60 Frequenzvergleichsschaltung

Die automatische Digitalabstimmung beruht auf einem Regelprinzip, das der in den Abb. 8.51 und 15.52 besprochenen Phasenvergleichsschaltung ähnelt. Um Schwierigkeiten bei der direkten Verarbeitung der sehr hohen Oszillatorfrequenz $f_O$ (Istwert) des Tuners zu verringern, wird diese Frequenz in acht aufeinanderfolgenden Flipflopstufen jeweils im Verhältnis 2 : 1 heruntergeteilt. $2^8 = 256$; man erhält damit einen neuen Istwert für die Frequenz, nämlich

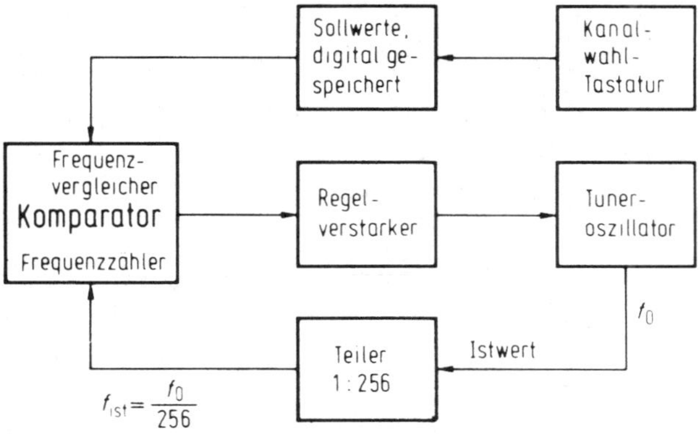


Abb. 3.60 Eine digitale Frequenzvergleichsschaltung zeigt im Prinzip den gleichen Aufbau wie eine Phasensynchronisierungs- oder PLL-Schaltung

$$f_{ist} = \frac{f_0}{256}$$

Eine Oszillatorfrequenz von 242,15 MHz für den Kanal 9 (vgl. Abb. 3.33) wird auf diese Weise auf 242 150 : 256 = 946 kHz heruntergeteilt, ein Wert, der sich weit besser verarbeiten läßt.

Diese Frequenz wird nun der Komparatorstufe zugeführt. In dieser befindet sich ein digitaler Frequenzzähler. Er liefert für $f_{ist}$ einen binär codierten Zahlenwert anstelle der einlaufenden stetigen Impulsserie.

Als Sollwert wird dem Koparator der für den betreffenden Kanal gültige ebenfalls binär codierte Zahlenwert eingegeben. Für alle in Frage kommenden Kanäle (bis zu 80) sind diese Zahlenwerte in einem Festwertspeicher enthalten und können über eine Tastatur einzeln abgerufen werden.

Der Komparator liefert über einen Regelverstärker eine zunächst gleitende Abstimmspannung für den Tuner. Ergibt sich dann im Komparator Gleichheit zwischen Istwert und Sollwert, dann ist das Gleichgewicht hergestellt – nicht Phasengleichheit wie bei der PLL-Schaltung Abb. 15.52, sondern nur Frequenzgleichheit, aber das ist für die exakte Abstimmung vollständig ausreichend. Die Abstimmspannung verbleibt nun auf diesem Wert, und der Tuner ist automatisch richtig eingestellt.

## *Abstimmsysteme*

### Abb. 3.61 Abstimmsystem mit Frequenzzähler

Ein derartiges, auch für Fernbedienung geeignetes Abstimmsystem wurde bei Philips entwickelt und unter der Bezeichnung TRD = Tuning Remote Digital[1]) eingeführt.

1 Entspricht etwa dem Ausdruck: Digitale Fernabstimmung

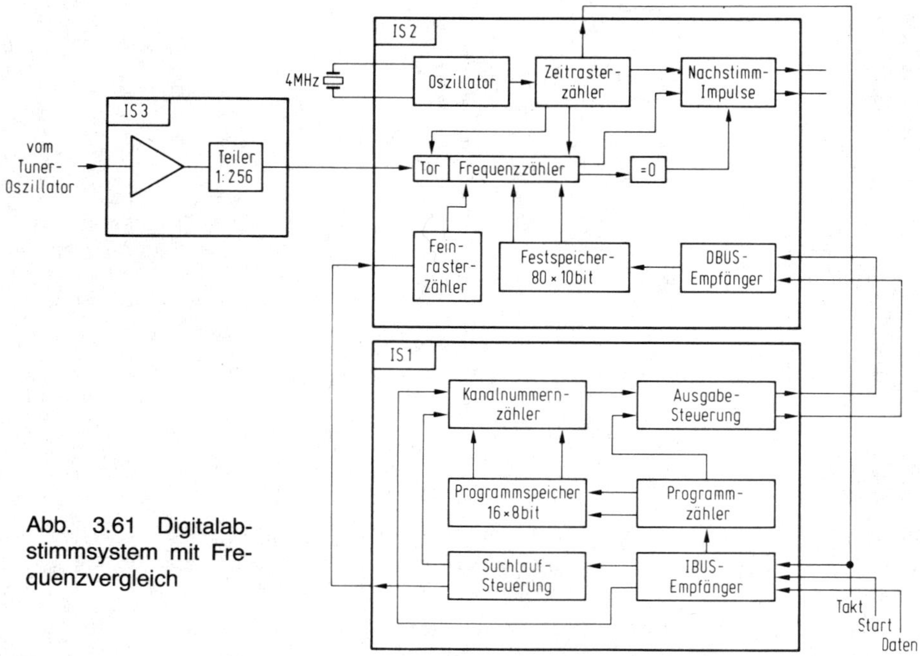


Abb. 3.61 Digitalabstimmsystem mit Frequenzvergleich

Die Blockschaltung zeigt den eigentlichen Abstimmteil. Valvo nennt das Verfahren Digital Channel Selection, d.h. digitale Kanalwahl. Dafür wurden die drei integrierten Schaltungen IS1 bis IS3 entwickelt.

Über eine Auskoppelschleife wird ein Teil der Oszillatorspannung am Tuner ausgekoppelt, in IS3 verstärkt, und darauf wird die Oszillatorfrequenz im Verhältnis 1 : 256 heruntergeteilt. Eine etwa in der Mitte des VHF-Bereiches liegende Oszillatorfrequenz von rund 200 MHz wird dadurch zu einer Impulsspannung von etwa 700 kHz umgeformt, die sich besser digital verarbeiten läßt.

Diese Frequenz wird an die IS2 weitergeleitet und gelangt durch eine Torschaltung an einen digitalen Frequenzzähler. Die Öffnungszeit für das Tor wird von einem 4-MHz-Quarzoszillator gesteuert.

Dieser Frequenzzähler ist eine Art Vorwahlzähler. In dem dazugehörigen Festwertspeicher sind die Daten für die bereits gespeicherten Kanäle in Binärform enthalten. Die Daten des gewünschten Kanals werden durch Drücken der entsprechenden Taste aus dem Speicher abgerufen und geben den Endwert für den Frequenzzähler. Auch hier wird über den Zeitrasterzähler eine ansteigende Abstimmspannung für die Tunerdioden erzeugt. Stimmen die Binärdaten für die Oszillatorfrequenz und die gespeicherte Information überein, dann fixiert sich die Abstimmspannung, und kleine Restabweichungen werden durch Nachstimmimpulse ausgeglichen.

Die Gesamtanlage umfaßt viele zusätzliche Funktionen. So wird die Nummer des gewählten Kanals in den Bildschirm eingeblendet. Außer dem elektronischen Suchlauf, der nach einem ähnlichen Prinzip wie in Abb. 3.59 arbeitet, kann man direkt in einer Stellung „Kanalwahl“ eine gewünschte Kanalnummer zweistellig eintasten. Die Automatik läuft dann auf diesen Kanal zu und stimmt ihn ab. Ferner sind hier ebenfalls Wählmöglichkeiten und Speicher für Analogfunktionen wie Lautstärke, Helligkeit, Farbsättigung und Kontrast vorgesehen. Das komplette System einschließlich Fernbedienung besteht aus zehn integrierten Schaltungsbausteinen. Um den Speicherinhalt auch bei Netzausfall zu erhalten, ist eine kleine Nickeladmiumbatterie im Gerät vorgesehen.

## Abb. 3.62 Abstimmsystem SDA 100

Siemens entwickelte ebenfalls ein digitales Abstimmsystem und brachte fünf integrierte Schaltungen dafür heraus. Die wichtigsten Funktionen sind aus dem Blockschaltbild zu ersehen. Sehr schnelle Teilerstufen in ECL-Technik ermöglichen es, mit einem Vorteiler von nur 1 : 64 hinter dem Tuner zu arbeiten. In Verbindung mit einem programmierbaren Teiler kann die heruntergeteilte Oszillatorfrequenz digital und phasenstarr mit einer quarzstabilen Referenzfrequenz, also mit dem Sollwert, verglichen werden. Die Komparatorstufe liefert die Abstimmspannung für den Tuner.

Mit zwei Drucktasten „Zehner“ und „Einer“ oder mit einer Suchlaufanordnung sind die Kanalnummern 00 bis 99 einstellbar. Die gewählte Kanalzahl wird ziffernmä-

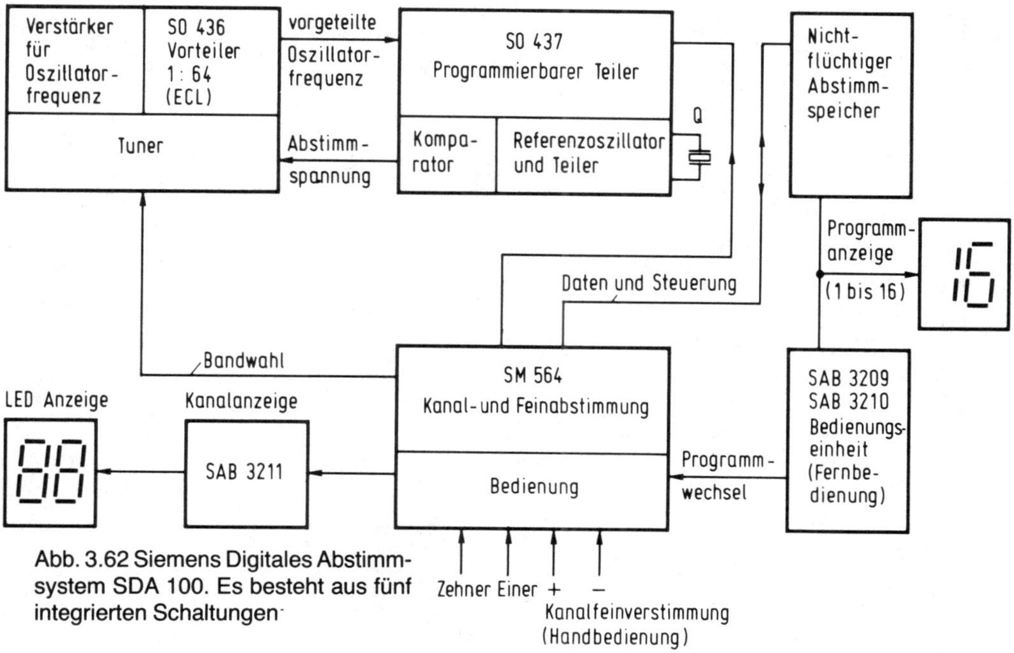


Abb. 3.62 Siemens Digitales Abstimmsystem SDA 100. Es besteht aus fünf integrierten Schaltungen

ßig angezeigt. Die im Empfangsgebiet gut zu empfangenen Stationen lassen sich speichern. Bei der eigentlichen Benutzung über die Bedienungseinheit leuchten dann an einem weiteren Anzeigefeld die Zahlen 1 bis 16 je nach Belegung der Stationstasten auf. – Die Abstimmung bzw. Programmierung kann bereits erfolgen, ohne daß ein Sendersignal vorhanden ist.

Bei manchen Kabel-Fernssehnetzen kann es vorkommen, daß die abgegebenen Frequenzen etwas vom genormten Kanalraster abweichen. Dies läßt sich durch die Kanal-Feinabstimmung ausgleichen und mit abspeichern.
Im Nachfolgetyp SDA 200 wird als Steuerbaustein bereits ein Ein-Chip-Mikrocomputer verwendet, der auch hier gewisse Funktionen der Fernbedienung mit übernimmt.

## Abb. 3.63 bis 3.67 Abstimmsystem SDA 210

Abb. 3.63 zeigt das Block-Schaltbild des digitalen Abstimmsystems. Es setzt sich im wesentlichen aus drei Blöcken zusammen:

Frequenzaufbereitung
Ablaufsteuerung und Display
Stationsspeicher

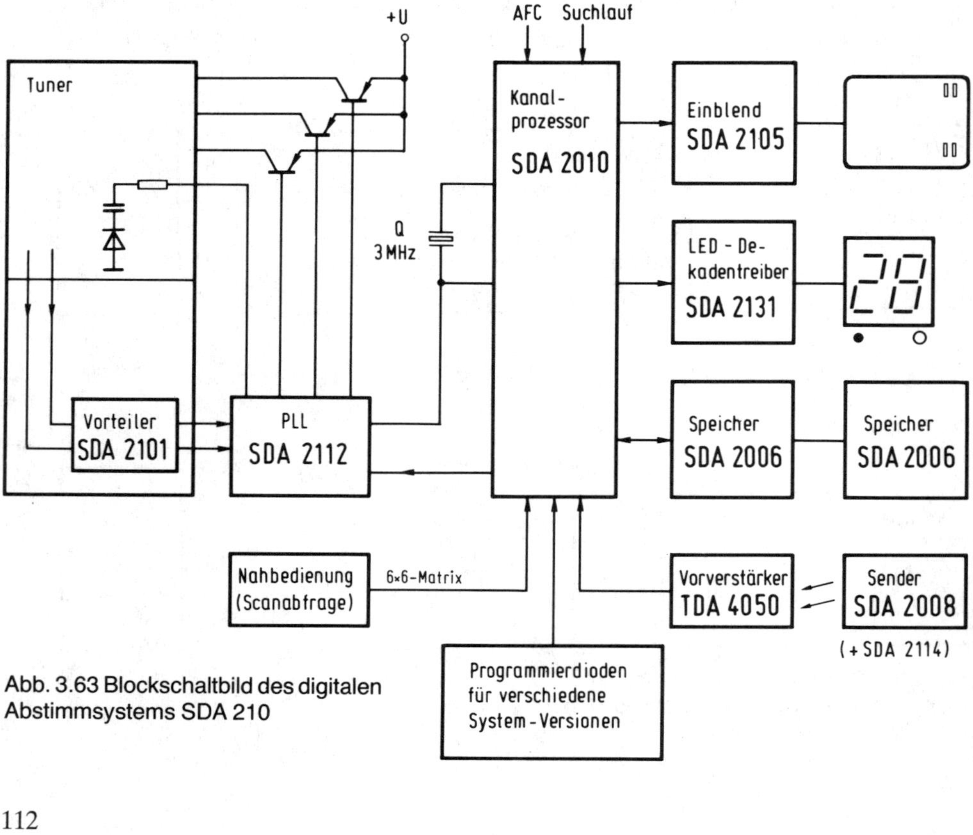


Abb. 3.63 Blockschaltbild des digitalen Abstimmsystems SDA 210

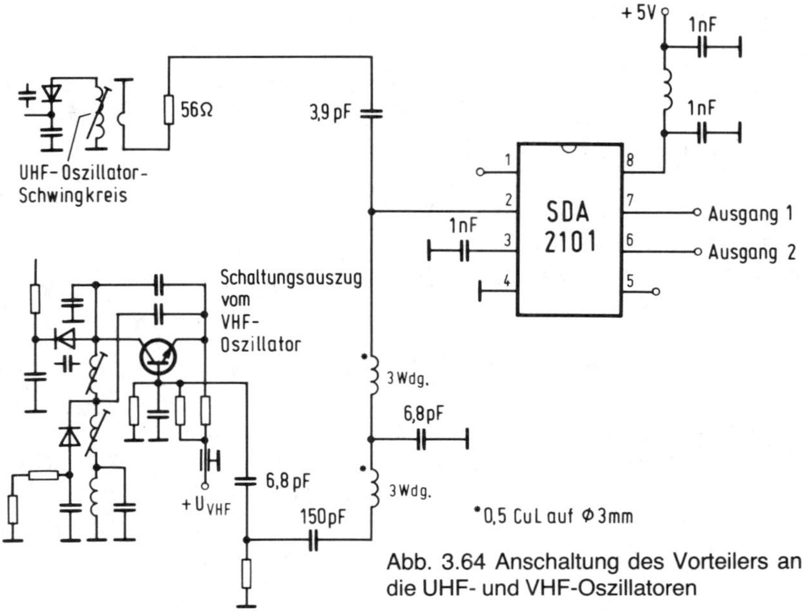


Abb. 3.64 Anschaltung des Vorteilers an die UHF- und VHF-Oszillatoren

Die gewünschten Frequenzen werden mit einem Frequenzsynthese-Generator nach dem Phase-Locked-Loop-Prinzip erzeugt. Die PLL wird von einem VCO (dies ist der Tuner-Oszillator), dem Vorteiler SDA 2101 mit dem festen Teilerfaktor 64:1, dem in SDA 2112 enthaltenen programmierbaren Teiler mit digital wählbarem Teilerfaktor und einem Phasenkomparator gebildet. Die Referenzfrequenz für den Phasenkomparator wird aus einem Quarzoszillator mit der Frequenz 3 MHz und anschließendem Teiler 1536 : 1 gewonnen. Multipliziert man die Referenzfrequenz von 1,953 kHz mit dem Teilerfaktor des SDA 2101, so erhält man 1,953 kHz·64 = 125 kHz. Dies ist der kleinstmögliche Abstimmschritt.

Der Vorteiler SDA 2101 ist in ECL-Technologie aufgebaut, besitzt einen integrierten Vorverstärker und hat den festen Teilerfaktor 64. Die maximale Eingangsfrequenz für den UHF-Eingang ist 950 MHz. Um einen sicheren Betrieb zu gewährleisten, sollte als Anhaltspunkt die sinusförmige Eingangsspannung im Betrieb 80–470 MHz 20 mV, bei 900 MHz 40 mV nicht unterschreiten.

Abb. 3.64 zeigt die Zusammenschaltung des SDA 2001 an einem Fernsehtuner[1]). Die Gegentaktausgänge ergeben sowohl eine gute Störfestigkeit gegen Einstreuungen, als auch geringe Störstrahlung bei dem Ausgangspegel von 1 $V_{ss}$.

Im PLL-Baustein SDA 2112 ist ein 13-Bit binär-programmierbarer Synchronteiler (Teilerfaktor N = 256 bis 8191) enthalten. Seine Eingangsfrequenz beträgt maximal 15 MHz. Die Eingabe des Teilerfaktors erfolgt seriell in ein 16-Bit Schieberegister, bei dem 13-Bit für diese Information ausgenutzt werden. Weitere 3 Bit speichern die Information für die Bandumschaltung. Das niederwertigste Bit LSB wird als erstes, das

1 Siehe auch Abb. 3.46, der Baustein ist im Tunergehäuse mit untergebracht.

höchstwertige Bit MSB als letztes eingeschoben (Abb. 3.65). Die Übernahme der Information erfolgt bei der fallenden Flanke des Schiebetaktes CPL.

Dem 16-Bit Schieberegister ist ein 16-Bit Pufferspeicher nachgeschaltet. Die Informationsübernahme in dem Puffer erfolgt mit dem L-Pegel des Freigabeeinganges PLE. Bezogen auf die fallende Flanke des Freigabesignals werden nur die letzten 16 Takte verwertet. Evtl. vorausgehende zusätzliche Bits bleiben ohne Bedeutung.

Am offenen Kollektorausgang CL wird ein Takt mit der Frequenz 62,5 kHz zur Verfügung gestellt (Abb. 3.66). Der Eingang des Synchronteilers : N ist zum Anschluß eines Gegentaktsignales mit ECL-Pegeln ausgelegt. Ist die PLL-Schleife synchronisiert, erhält man am Ausgang LOCKIND L-Signal.

Der Mikrocomputer SDA 2010 übernimmt als Bindeglied zwischen dem programmierbaren Teiler der PLL-Schaltung und dem elektrisch programmierbaren Abstimmspeicher, der die Zuordnung von Abstimminformationen und Programm-Nummern speichert, die Organisation des Ablaufes bei der Sendersuche und Abspeicherung sowie die Steuerung der Programm- bzw. Kanalanzeige. In ihm wird die Abstimminformation in eine Frequenzinformation umgewandelt. Die Frequenzinformation ist eine binäre Zahl, die den Teilerfaktor für den PLL-Teil darstellt. Die IS SDA 2010 gibt

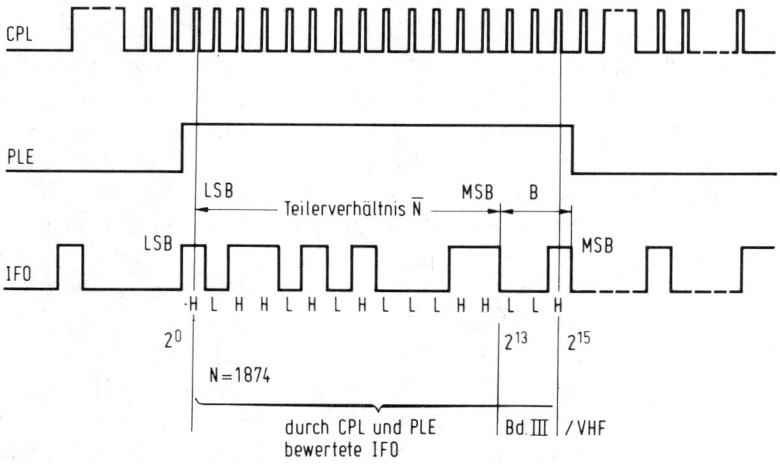


Wahrheitstabelle für die Bereichsumschaltung

| B | | | | | | |
|---|---|---|---|---|---|---|
| Eingang "IFO"-Bit | | | | | | |
| $2^{13}$ | $2^{14}$ | $2^{15}$ | $B_1$ | $B_2$ | $B_3$ | Bereich |
| H | H | L | H | H | L | UHF |
| H | L | H | H | L | H | Bd. I / VHF |
| L | H | H | L | H | H | Bd. III / VHF |

Bei positiver Logik bilden die "IFO"-Bits $2^0 \ldots 2^{12}$ das Komplement des dualen Codes vom Teilerverhältnis N.

Abb. 3.65 Impulsschema für Teilerfaktor und Bandauswahl

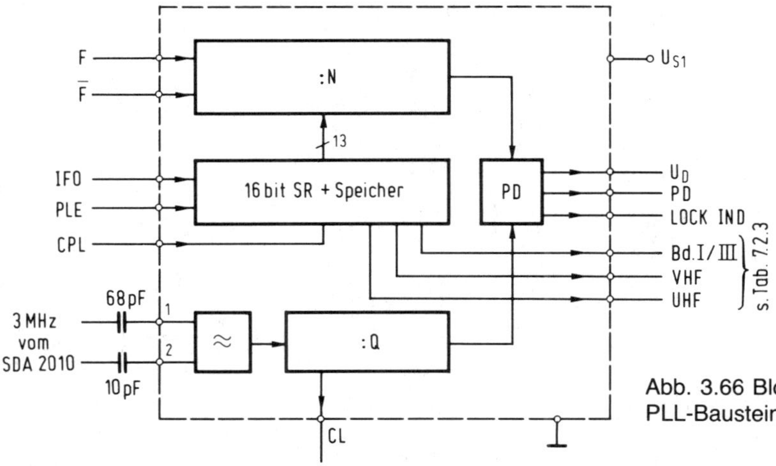


Abb. 3.66 Blockschaltbild des PLL-Bausteines SAD 2112

die Information in serieller Form an die PLL-Schaltung SDA 2112 und den Anzeigendecoder SDA 2131 zur Anzeige der Programm- bzw. der Kanalnummer ab. Die Daten gehen dabei über die für alle externen Bausteine gemeinsame DATA-Leitung. Die Zuordnung der Information zu der anzusprechenden Schaltung geschieht über die Freigabeleitungen zu den angesprochenen Bausteinen. Gleichzeitig wird dann ein Taktsignal (CLK)- ausgegeben, wenn Daten übernommen werden sollen. Den Programmnummern (Ziffertasten) ist eine Programmadresse des Abstimmspeichers zugeordnet, unter der die gewünschte absolute Kanalnummer eingespeichert werden kann. Bei späterem Betätigen einer Stationstaste auf der Fernbedienung wird vom Fernsteuervorverstärker über die Leitung IR die Information auf den Controller SDA 2010 gegeben und dort decodiert. Der Controller holt dann die Abstimminformation aus dem Abstimmspeicher, wandelt sie in eine Frequenzinformation um und gibt diese an den PLL-Baustein seriell wieder ab. Das Fernsehgerät wird auf die gewünschte Frequenz mit Quarzgenauigkeit abgestimmt.

Abb. 3.67 zeigt die Zusammenschaltung des Controllers mit dem Fernbedienungsempfänger, dem Stationsspeicher und dem Anzeigebaustein.

Das Einstellen eines noch nicht abgespeicherten Fernsehsenders kann sowohl über die Fernbedienung als auch über die Nahbedienung erfolgen. Zuerst wird die gewünschte Programm-Nr. gewählt, dann wird durch Drücken der Taste K/P von Programm- auf Kanal-Mode umgeschaltet. Jetzt muß innerhalb von 8 sec die Kanalwahl beginnen, und zwar müssen zuerst die Zehner und dann die Einer eingegeben werden. Bei den Kanälen 02 bis 09 ist die führende Null mit einzugeben. Erfolgt keine weitere Bedienung, so schaltet der SDA 2010 8 sec nach der letzten Tastenbetätigung wieder auf Programmwahl zurück. Will man vor Ablauf der 8 sec wieder in die Programmwahl zurück, so muß nur wieder die Taste K/P gedrückt werden. Bei jedem Verstellen der Kanalnummer setzt der Controller diese Information in die zugehörige Frequenzinformation um und gibt sie an die PLL-Schaltung weiter.

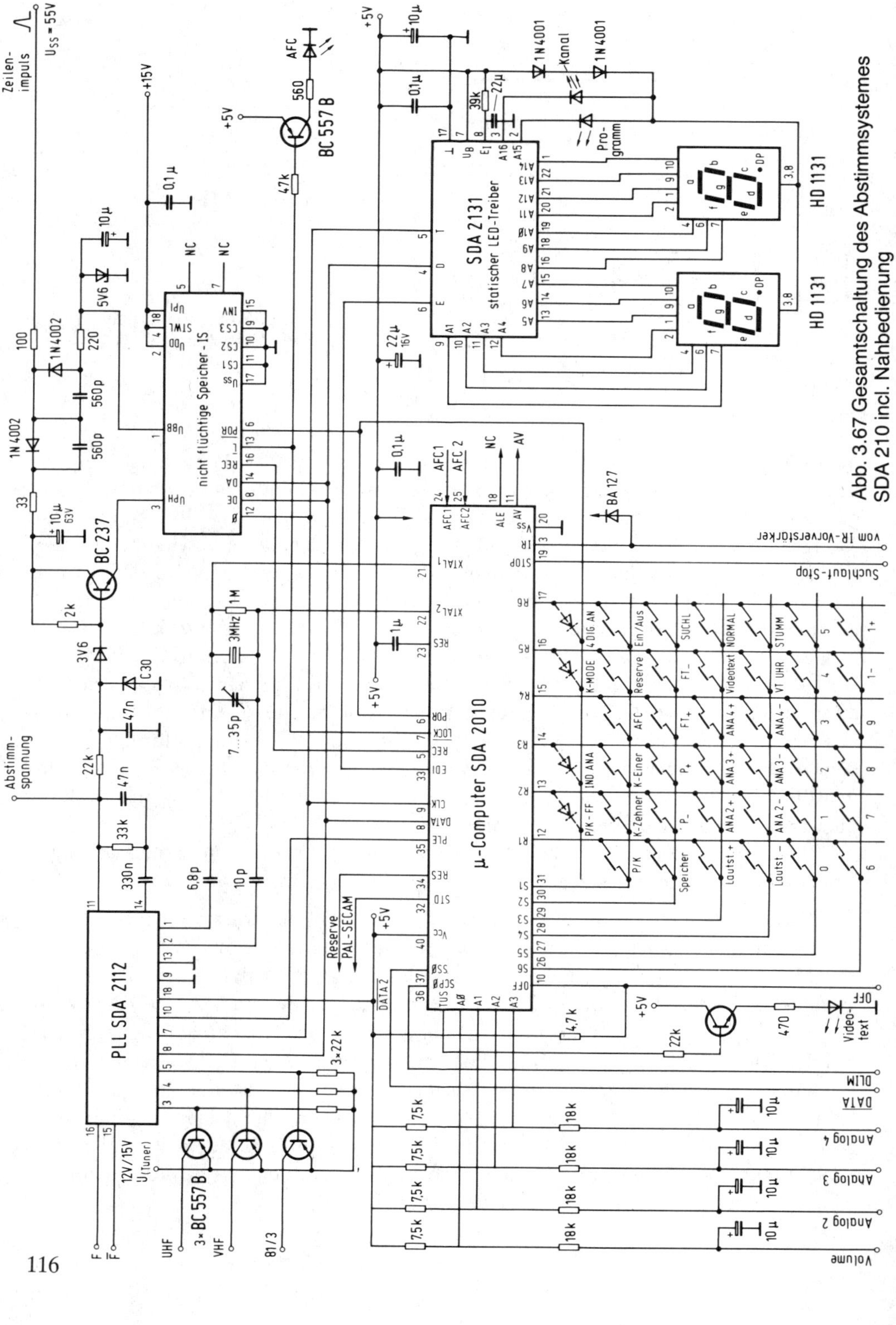


Abb. 3.67 Gesamtschaltung des Abstimmsystemes SDA 210 incl. Nahbedienung

Am Bildschirm kann beobachtet werden, ob auf dem zugehörigen Kanal ein Sender vorhanden ist.

Daneben verfügt das System über einen Sendersuchlauf. Gestartet wird der Suchlauf über die Stelltaste Suchlauf Start „SL". Daraufhin gibt der Controller nacheinander alle in dem internen ROM enthaltenen Frequenzinformationen einzeln an die PLL-Schaltung aus. Wird ein arbeitender Fernsehsender gefunden, wird der Ablauf automatisch durch das Signal aus der Suchlauf-Stop-Schaltung unterbrochen.

Über die Stelltasten Feinabstimmung Plus „FT+" und Feinabstimmung Minus „FT−" lassen sich Frequenzabweichungen von +3,875 bis −4 MHz von der Nennfrequenz des einzelnen Kanals in 125 kHz Schritten einstellen. Die Frequenzabstimmung verstellt sich automatisch beim Dauerdrücken der Taste alle 250 msec. Sie läuft innerhalb der oben angegebenen Verstellgrenzen gegen einen elektronischen Anschlag (Überlaufsperre). Wenn dieser erreicht ist, blinkt die Kanalnummeranzeige.

Von jedem einmal eingestellten Fernsehsender kann durch Betätigung der Speichertaste die zugehörige Abstimminformation (Kanalnummer) einschließlich Feinabstimminformation im Abstimmspeicher abgelegt werden. Im ROM des Controllers sind die Frequenzinformationen von 100 Fernsehkanälen sowie die Bandauswahl abgelegt. Die Bandwahl unterscheidet zwischen VHF-Bereich I, III und UHF.

Der Datenaustausch zwischen dem SDA 2010 und dem Abstimmspeicher erfolgt in Form eines Datenbusses. Er besteht aus dem Schiebetakt CLK, den Daten selbst (DATA) und einem Freigabesignal REC. Das Datenwort enthält die Information der Kanalnummer und der Feinabstimmung. Aus der Kanalnummer wird der Mittelwert der Frequenzinformation gewonnen. Für die endgültige Frequenzinformation wird der jedem Programm individuell zugeordnete Feinabstimmwert aufaddiert, die Summe dann an den PLL-Baustein weitergegeben.

Zum IS-Paket des SDA 210-Systems gehört noch der Infrarot-Fernbedienungssenderbaustein SDA 2008 (der IR-Dioden-Treiber SDA 2114P), der IR-Fernbedienungsvorverstärker TDA 4050B sowie der LED-Anzeigetreiber SDA 2130. Wahlweise kann mit dem gleichen Prozessor SDA 2010 auch der Multiplex LED Treiber SDA 2124 mit getrennten Anzeigen für Programm und Kanal eingesetzt werden; zum Aufruf des entsprechenden Ansteuer-Software-Moduls wird eine Programmierdiode zusätzlich in die Schaltung eingesetzt.
(Aus Siemens Schaltbeispielen)

Es konnten nur einige markante Abstimmsysteme hier beschrieben werden.

# 4 Bild-Zf-Verstärker

Vorweg ein Hinweis: das Frequenzspektrum, das in dieser Empfängerstufe verstärkt wird, enthält bei sogenannten Intercarrier-Ton-Empfängern auch den frequenzmodulierten Tonträger. Man müßte also korrekterweise sagen „Bild- und Ton-Zf-Verstärker". Es ist jedoch üblich die abgekürzte Form „Bild-Zf-Verstärker" oder „Video-Zf-Verstärker" zu verwenden.

Anders ist dies wieder beim sogenannten Quasi-Parallelton; bei diesem Verfahren, auf das noch später eingegangen wird, werden Bildkanal und Tonkanal (+Bildträger) hinter dem Tuner voneinander getrennt.

## Abb. 4.01 Durchlaßkurven des Fernsehempfängers

In Abb. 1.32 wurde erläutert, daß das untere Seitenband beim Fernsehsender teilweise unterdrückt wird, um die Kanäle enger aneinanderzurücken und mehr Sender unterzubringen. In Abb. 4.01a ist der Verlauf des ausgestrahlten Bandes nochmals mit starken Linien dargestellt und rechts und links daneben gestrichelt der Verlauf der Nachbarkanäle. Da sich keine Filter mit unendlich steilen Flanken bauen lassen, kann man im Sender das untere Seitenband nicht haarscharf am Träger abschneiden, sondern läßt den Abfall erst in 0,75 MHz Abstand beginnen. Die dem Träger benachbar-

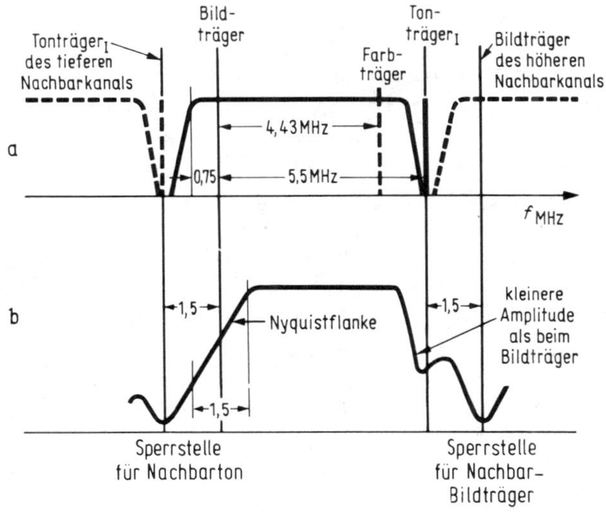


Abb. 4.01 Frequenzbänder und Durchlaßkurven
a = Frequenzband eines Fernsehsenders mit der Lage der Nachbarkanäle
b = Zugehörige Durchlaßkurve des Empfängers

ten Modulationsfrequenzen werden daher doppelt (auf beiden Seitenbändern) ausgestrahlt. Sie würden beim Empfang einen zu großen Anteil der tiefen Frequenzen und damit störende Bildverzerrungen ergeben, Nach einem Vorschlag von *Nyquist* bildet man daher die Durchlaßkurve des Empfängers so aus, daß nach Abb. 4.01b die Trägerfrequenz auf Mitte einer schrägen Flanke zu liegen kommt. Dadurch werden von den niedrigen Modulationsfrequenzen etwa ein Viertel des linken Seitenbandes und drei Viertel des rechten Seitenbandes durchgelassen.

Daraus ergibt sich bei der Weiterverarbeitung für alle Frequenzen der gleiche Wert. Dieser schräge Abfall der Durchlaßkurve wird „Nyquistflanke" genannt.

In 1,258 bzw. 1,5 MHz Abstand vom Bildträger liegen bereits die Tonträger der Nachbarsender. Um sie mit Sicherheit vom Empfang des gewünschten Senders auszusperren, gibt man der Durchlaßkurve durch Sperrkreise an dieser Stelle eine tiefe Einsattelung.

Bei der rechten Flanke der Durchlaßkurve ist die Doppelmodulation durch die Tonträger zu berücksichtigen. Sie müssen ebenfalls stark abgesenkt werden, damit sie nicht in die Bildmodulation hineinspucken. Das gäbe nämlich „Ton im Bild", z.B. Wellenlinien bei starkem Händeklatschen. Man schrägt deshalb die Tonträgerflanke in der Durchlaßkurve so ab, daß die Tonträgerfrequenz eine noch kleinere Amplitude als der Bildträger besitzt.

In 1,5 MHz Abstand vom eigenen Tonträger$_I$ liegt bereits wieder der Bildträger des höheren Nachbarkanals. Er muß durch Sperrkreise unterdrückt werden. Aus diesen Forderungen heraus erhalten die Flanken der Durchlaßkurve eines Schwarzweißempfängers etwa den in Abb. 4.01b dargestellten Verlauf.

Zu beachten ist außerdem bei Farbsendungen die Lage des Farbträgers im Abstand 4,43 MHz vom Bildträger. Mehr darüber in Abb. 4.03 und Abb. 4.04,

## Abb. 4.02 Form der Zf-Durchlaßkurve

Die in Abb. 4.01b geforderte Form der Durchlaßkurve läßt sich durch mehrere versetzt abgestimmte Zf-Kreise oder durch breitbandige Zf-Bandfilter erzielen. In beiden Fällen sind die Kreise außerdem mit ohmschen Widerständen zu bedämpfen. Der Einfluß des VHF- oder UHF-Eingangsteiles auf die Form der Durchlaßkurve kann dagegen vernachlässigt werden. Bei den geringen Kreisgüten und dem dämpfenden Einfluß der Transistoren wird im Eingang ein bedeutend breiteres Band durchgelassen. Die Trennschärfe muß also wie beim Rundfunkempfänger in den Zf-Teil verlegt werden. Wie in Abb. 3.32 gesagt, kehren sich die Frequenzverhältnisse im Zf-Teil um, die höhere Empfangsfrequenz ergibt die tiefere Zwischenfrequenz. Die in Abb. 4.01b angestrebte Durchlaßkurve muß also im Zf-Teil spiegelbildlich liegen.

Allerdings läßt sich der geforderte Verlauf nicht mathematisch exakt einhalten. Die stark gezeichnete Linie gibt eine praktisch erreichbare Durchlaßkurve an, die sich genügend genau an den theoretischen Verlauf anschmiegt. Der flache Scheitel wird dabei durch verschiedene Resonanzen der Zf-Kreise erreicht. Wie bereits erwähnt,

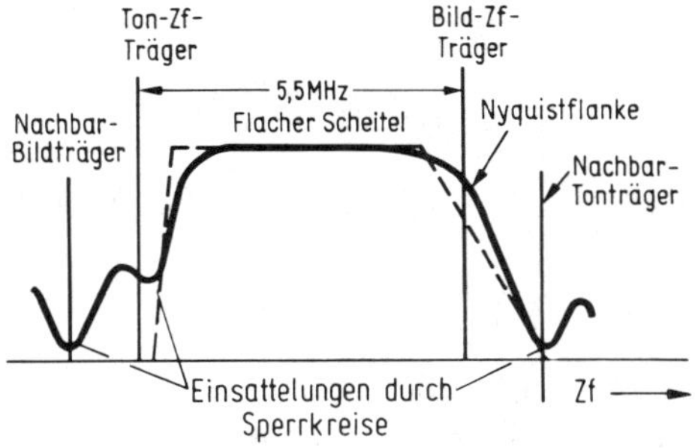


Abb. 4.02 Theoretische Zf-Durchlaßkurve (gestrichelt) und praktische erzielbare Annäherung (stark gezeichnet)

müssen die Kreise außerdem bedämpft werden, um den breiten Durchlaßbereich von 5,5 MHz zu erzielen.

Sperr- und Saugkreise im Zf-Teil unterdrücken die eigene Tonzwischenfrequenz für den Video-Gleichrichter sowie die störenden Frequenzen der Nachbarsender und bewirken damit die verschiedenen Einsattelungen in der Kurve.

In neuerer Zeit ist man aber in immer stärkerem Maße zu „Kompaktfiltern" übergegangen. Seit einigen Jahren werden diese auch nicht mehr mit Spulen, sondern als Oberflächenwellenfilter (siehe 4.25) realisiert.

## Abb. 4.03 Die gemessene Durchlaßkurve

Um eine Zf-Durchlaßkurve aufzunehmen, führt man dem Eingang des Zf-Verstärkers nacheinander die einzelnen Meßfrequenzen aus einem Meßsender zu. Die verstärkte Ausgangsspannung des Zf-Teiles wird gemessen und bei jedem Meßpunkt auf den gleichen Wert eingestellt, indem man den Meßsender mehr oder weniger weit aufdreht. An den Flanken der Kurve, wo die Sperrkreise liegen, muß man also die zugeführte Meßsenderspannung stark erhöhen, um auf konstante Ausgangsspannung des Zf-Teiles zu kommen.

Man trägt nun die jeweils am Meßsender eingestellten Spannungen in Kurvenform auf. Da an den Flanken eine höhere Spannung benötigt wird, ergibt sich, daß die gemessene Durchlaßkurve gegenüber den bisher betrachteten „auf dem Kopf steht".

Wegen der großen Spannungsunterschiede wählt man einen logarithmischen Maßstab oder rechnet die Spannungsverstärkung in dB um, wie hier in Abb. 4.03 geschehen. Für den Fernseh-Bild-Zf-Verstärker hat man sich auf einheitliche Trägerfrequenzen festgelegt, nämlich

| Bezeichnung | Frequenz | Demoduliert |
|---|---|---|
| Eigener Tonträger$_{I}$ (ET$_{I}$) | 33,4 MHz | 5,5 MHz |
| Eigener Tonträger$_{II}$ (ET$_{II}$) | 33,158 MHz | 5,742 MHz |
| Eigener Farbträger (FT) | 34,47 MHz | 4,43 MHz |
| Eigener Bildträger (EB) | 38,9 MHz | 0,0 MHz |

Zu beachten sind außerdem (vgl. Abb. 1.33):

| | |
|---|---|
| Nachbarbildträger (NB) | 31,9 MHz |
| Nachbartonträger (NT) | 40,4 MHz + 40,158 MHz |

Bei der hier dargestellten Zf-Durchlaßkurve eines Schwarzweißempfängers ergeben sich etwa folgende Dämpfungswerte:

| NB | ET | FT | BT | NT | |
|---|---|---|---|---|---|
| 57 | 22 | 20 | 6 | 65 | dB |

Dabei wird bei diesem Gerät der Firma Metz noch ein besonderer Schaltungstrick angewendet. Für Schwarzweißsendungen gilt die stark gezeichnete Kurve 1. Sie entspricht etwa dem Kurvenverlauf von Abb. 4.02 und bringt die hohen Bild-Zwischenfrequenzen von 34 ... 35 MHz, also im Videospektrum 4 ... 5 MHz, noch fast mit voller Verstärkung.

Läuft aber eine Farbsendung, dann setzt man besser die Verstärkung in diesem Gebiet herab, um Kreuzmodulationen mit dem Farbträger und damit perlschnurartige Störungen des Bildes durch die Frequenzen um 4,43 MHz zu verhindern. Hier besteht vom Farbträger eine ähnliche Gefahr wie bei „Ton im Bild" durch den Bildträger.

Bei dem Schwarzweißempfänger, dessen Zf-Durchlaßkurve hier dargestellt ist, wird nun automatisch beim Empfang einer Farbsendung auf das Kurvenstück 2 umgeschaltet und der Farbträger um 20 dB abgesenkt. Wie man das macht, wird in Abb. 4.21 behandelt werden.

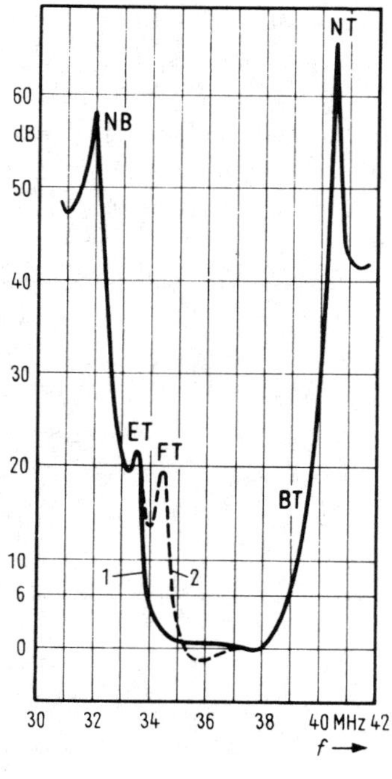


Abb. 4.03 Exakt ausgemessene Zf-Durchlaßkurve mit automatischer Farbträger-Absenkung bei Farbempfang, Kurventeil 2

## Abb. 4.04 Zf-Durchlaßkurve bei Farbempfängern

Aus dem gleichen Grund, nämlich um im Y-Kanal Störmodulationen durch die Farbsignalfrequenzen bei 4,43 MHz zu vermeiden, senkt man in Farbempfängern nach Abb. 4.04a generell die Durchlaßkurve beim Farbträger um 6 dB ab, ähnlich wie für den Bildträger auf der Nyquistflanke. Durch diese schräge Flanke bei der Farbträgerfrequenz wird zwangsläufig auch der 5,5-MHz-Tonträger bis zu 25 dB reduziert.

Der Servicetechniker sieht allerdings den Vorgang nach Abb. 4.04b spiegelbildlich als Zf-Kurve auf seinem Oszillografenschirm.

Bild- und Farbträger einerseits und Tonträger andererseits werden bei Farbempfängern in zwei getrennten Gleichrichtern demoduliert, damit kein Moiré durch Überlagerung von Ton- und Farbträger entsteht. Bei gemeinsamer Demodulation würde nämlich eine Störfrequenz von

$$34{,}47 - 33{,}4 = 1{,}07 \text{ MHz}$$

gebildet werden und auf dem Bildschirm als Moiré in Erscheinung treten. Es ist übrigens interessant, sich durch eine Überschlagsrechnung die Wirkung klar zu machen. Für 1,07 MHz ergibt sich eine Periodendauer

$$T = \frac{1}{f} = \frac{1}{1{,}07 \cdot 10^6} = 0{,}92 \cdot 10^{-6} \text{ s} = 0{,}92\ \mu\text{s}$$

Da eine Bildzeile 64 $\mu$s dauert, treten also 64 : 0,92 $\approx$ 70 Störpunkte pro Zeile auf.

## Abb. 4.05 Kopplungselemente

Die notwendige Form der Zf-Durchlaßkurve – breiter flacher Scheitel und schräg abfallende Flanken – lies sich früher nur mit Hilfe sinnreicher Kombinationen von künstlich bedämpften Schwingkreisen und Bandfiltern erzielen. Mindestens vier Zf-Kreise sind dazu erforderlich. Die verschiedensten Schaltungsanordnungen werden dabei benutzt. Abb. 4.05a zeigt einen induktiv gekoppelten Übertrager mit einem Dämpfungswiderstand $R_d$, um die Bandbreite zu vergrößern. Diese Kopplungsart wird vielfach zwischen zwei Verstärkertransistoren angewendet.

Ein anderes Koppelglied ist das $\pi$-Filter nach Abb. 4.05b. Hier liegt die Induktivität im Längszweig, und die Schwingkreiskapazität ist in zwei Teilkapazitäten aufgegliedert. Diese Anordnung ist von Vorteil, wenn eine längere abgeschirmte Leitung erforderlich ist, z.B. vom Tuner-Ausgang zum Bild-Zf-Verstärker. Die Eigenkapazität der Abschirmleitung addiert sich dann zur jeweiligen Abstimmkapazität, und es treten keine Verluste durch kapazitive Nebenschlüsse auf.

Ferner werden die aus der Rundfunktechnik bekannten Bandfilter mit zwei abgestimmten Kreisen im Fernseh-Zf-Verstärker angewendet. Dabei sind verschiedene

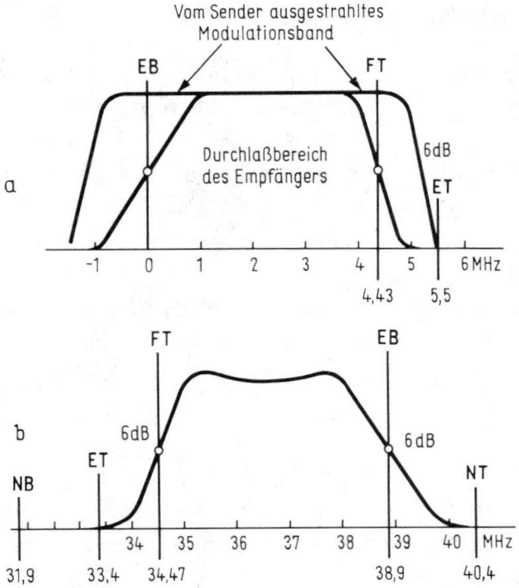


Abb. 4.04 Frequenzbänder beim Farbfernsehen; a = Modulationsband des Senders und Durchlaßbereich des Empfängers; b = Spiegelbildliche Zf-Durchlaßkurve des Empfängers

a = Übertrager mit Dämpfungswiderstand

b = $\pi$-Filter

c = Filter mit induktiver Fußpunktkopplung

d = Filter mit Stromkopplung

e = Filter mit Scheitel- und Fußpunktkopplung

f = Kapazitive Fußpunktkopplung

g = Filter mit Stromkopplung über einen dritten Kreis

h = Filter mit Spannungskopplung über einen dritten Kreis

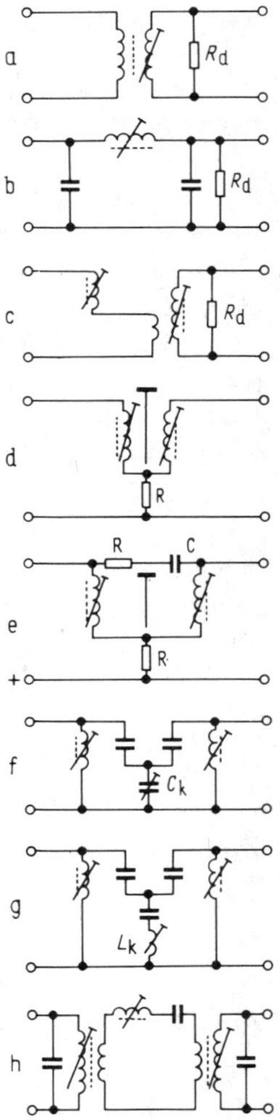


Abb. 4.05 Kopplungselemente von Fernseh-Zf-Verstärkern

Kopplungsarten möglich. Ein induktiv am Fußpunkt gekoppeltes Filter zeigt Abb. 4.05c. Bisweilen verwendet man auch stromgekoppelte Bandfilter nach Abb. 4.05d. Die beiden Kreise sind hier über einen gemeinsamen Fußpunktwiderstand *R* gekoppelt. Er ergibt gleichzeitig die erforderliche Dämpfung, um den breiten Durchlaßbereich zu erzielen. Eine zusätzliche Kopplung wird durch Abschirmung der Spulen verhindert.

Außerdem kann man solche Filter nach Abb. 4.05e an den Scheiteln der Schwingkreise über ein RC-Glied koppeln, um einen günstigen Phasenverlauf zu erzielen.

Ein Bandfilter mit einstellbarer Fußpunktkopplung durch einen Trimmerkondensator ist in Abb. 4.05f dargestellt. Die gleiche Wirkung ergibt nach Abb. 4.05g ein Serienresonanzkreis als Koppelglied. Man erhält dann ein Dreikreisbandfilter.

Ebenso stellt Abb. 4.05h ein Dreifachbandfilter dar, bei dem der zweite Kreis als niederohmiges Koppelglied in Serienresonanzschaltung arbeitet.

Bei Bild-Zf-Verstärkern mit integrierten Schaltungen kombiniert man bis zu vier Kreise, weil man hierbei die Selektionsmittel zu „Kompaktfiltern" vor dem Breitbandverstärker konzentrieren muß. Ferner sei auf die später in Abb. 4.09 angedeutete Entwicklung hingewiesen.

## Abb. 4.06 und 4.07 Filterkurven

Man kann Bild-Zf-Verstärker mit versetzt abgeglichenen Einzelkreisen oder mit Bandfiltern aufbauen, um die gewünschte breite Durchlaßkurve zu erhalten. Bei Verstärkern mit versetzt abgeglichenen Einzelkreisen werden die Kreise mit den zur Bandmitte liegenden Frequenzen stärker bedämpft. Ihre Resonanzkurve verläuft daher niedriger und flacher. Die beiden außen liegenden Kreise I und V mit ihrer geringen Dämpfung ergeben die steilen Flanken der Gesamtkurve. Das Tal, das entstehen würde, wenn nur diese beiden Kreise allein vorhanden sind, wird durch die mittlere flache (stark gedämpfte) Kurve III ausgefüllt, und die Kreise II und IV bügeln die Kuppe vollständig aus. Weiter kann man die Gesamtdurchlaßkurve dadurch verformen, daß man die Kreise verschieden bedämpft. Wird beispielsweise der Kreis V stärker gedämpft, dann ergibt sich an dieser Seite eine schräge Flanke, und man erhält damit die gewünschte Nyquistkurve.

Mit versetzt aufgebauten Einzelkreisen läßt sich die gewünschte Kurvenform recht genau nachbilden. Ein so aufgebauter Zf-Verstärker ist jedoch umständlich abzugleichen, weil allein für den Durchlaßbereich bis zu fünf Abgleichfrequenzen eingestellt werden müssen. Dazu kommen dann noch die Sperrfrequenzen für Nachbarton und Nachbarbild.

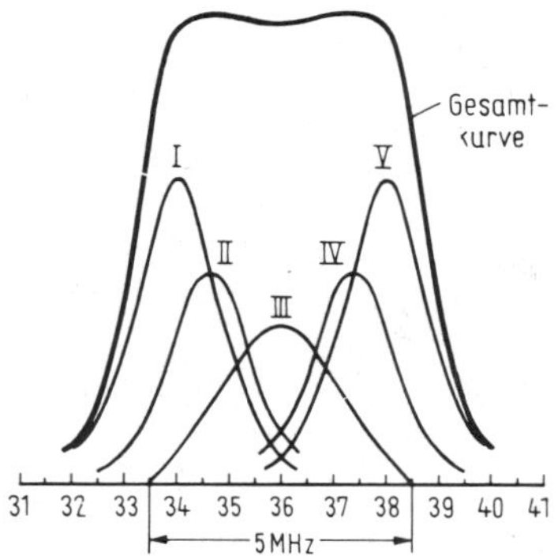


Abb. 4.06 Aufbau einer annähernd rechteckigen Gesamtdurchlaßkurve aus fünf versetzt abgestimmten und verschieden bedämpften Einzelkreisen

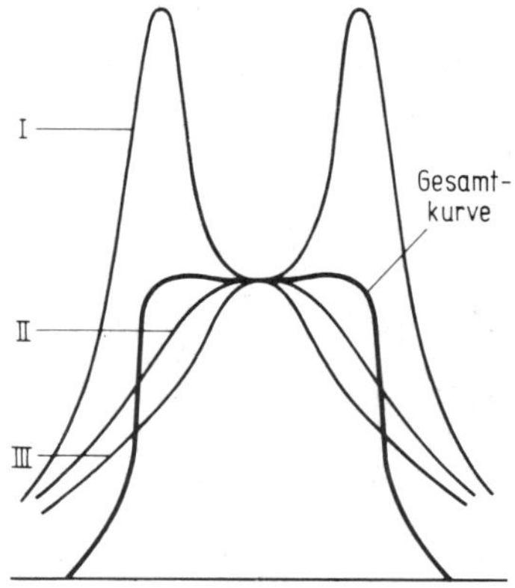


Abb. 4.07 Aufbau einer annähernd rechteckigen Gesamtdurchlaßkurve aus drei auf die gleiche Frequenz abgestimmten und verschieden bedämpften Bandfiltern

Die Gesamtkurve von Abb. 4.07 setzt sich aus den Einzelkurven von drei hintereinandergeschalteten Bandfiltern zusammen. Zwei von ihnen sind stark gedämpft und unterkritisch gekoppelt, so daß ihre Kurven nicht eingesattelt sind. Das dritte Bandfilter dagegen erhält eine hohe Güte und wird überkritisch gekoppelt, so daß sich zwei spitze Höcker ergeben. Diese drei Einzelkurven setzen sich dann zu der gewünschten Rechteckkurve mit flachem Scheitel und steilen Flanken zusammen. Zum Abgleichen solcher Filter genügen ein bis zwei Meßsenderfrequenzen, doch sind mitunter noch zusätzliche Arbeitsgänge („Glattziehen des Kurvendaches“) notwendig.

## Abb. 4.08 Die Frequenzfallen

Um der zunächst symmetrischen Durchlaßkurve eines Zf-Verstärkers den gewünschten Verlauf mit der einseitigen Nyquist-Flanke und den Sperrstellen zu geben, werden Absorptionskreise mit den eigentlichen Abstimmkreisen gekoppelt. Sie sollen bestimmte Frequenzen absorbieren, d.h. aufsaugen oder aufzehren. Diese Absorptionskreise werden im Englischen *Traps* = Fallen genannt. Für diese Fallen bestehen verschiedenartige Schaltungsmöglichkeiten. – In den Bildern bedeuten $f_s$ die zu sperrenden Frequenzen.

Nach Abb. 4.08a kann der als Parallelkreis ausgebildete Absorptionskreis kapazitiv an den Scheitel eines Bandfilters angeschlossen werden. Dabei ist der Kopplungsgrad durch die kleine Kapazität genau definiert.

In Abb. 4.08b ist die Falle induktiv mit dem eigentlichen Resonanzkreis gekoppelt. Hierbei entfällt der Aufwand für den Koppelkondensator, aber die Spulenabstände müssen genau festliegen.

Stromgekoppelte Bandfilter geben die Möglichkeit, nach Abb. 4.08c ein oder mehrere Saugkreise als Fallen parallel zum Kopplungswiderstand anzuordnen. Sie ergeben ein Filter mit „Nullstellen“, an denen die Resonanzkurve sehr tief abgesenkt ist. Eine solche Anordnung wird mitunter auch als „M-Filter“ bezeichnet. Die steilen Sperr-

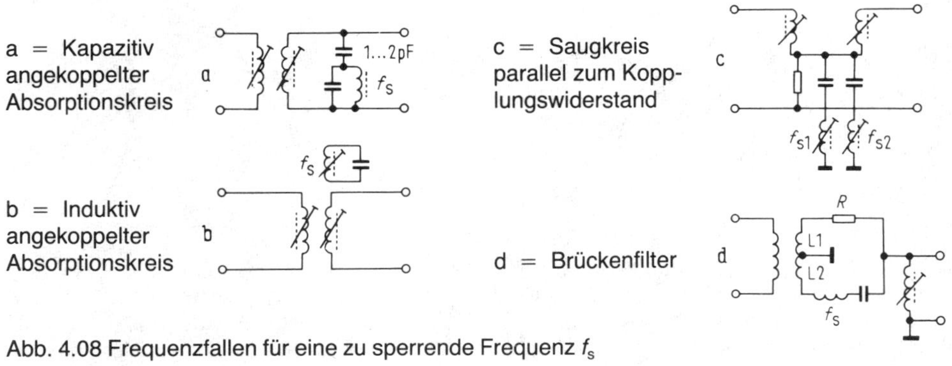


Abb. 4.08 Frequenzfallen für eine zu sperrende Frequenz $f_s$

Resonanzen für Nachbarbild und Nachbarton in Abb. 4.03 rühren von einem solchen Filter mit Nullstellen her.

Weiter sind Brückenfilter nach Abb. 4.08d üblich. Die Zweige der Brücke bestehen hierbei aus den beiden symmetrischen Spulenhälften *L* 1 und *L* 2, dem Widerstand R und dem Serienresonanzkreis für die auszusperrende Frequenz $f_s$. Der Widerstand *R* muß dabei den gleichen Wert haben wie der Serienwiderstand *r* des abgeglichenen Saugkreises. Bei abgeglichener Brücke liegt dann keine Spannung der Frequenz $f_s$ mehr in der Diagonale, also auch nicht zwischen dem Eingang der folgenden Stufe und Erde. Das bedeutet, daß die zu unterdrückende Frequenz $f_s$ ausgesperrt ist.

## Abb. 4.09 bis 4.11 Oberflächenwellen-Zf-Filter

In Rundfunkempfängern werden seit längerer Zeit Quarzfilter in Zf-Verstärker verwendet, um das Abgleichen von LC-Schwingkreisen zu vermeiden und eine bessere Frequenzstabilität und höhere Lebensdauer bei kleineren Abmessungen zu erreichen.

Ebenso werden seit einiger Zeit bei Fernsehempfängern in der Bild-Zwischenfrequenz fast nur noch Kompaktfilter eingesetzt. Für die bedeutend breiteren Frequenzbänder im Zf-Verstärker von Fernsehempfängern können die üblichen schmalbandigen Quarzfilter nicht verwendet werden. Die neuartigen Filterbausteine arbeiten mit kammartigen Elektrodenstrukturen auf einem Lithium-Niobat-Substrat. Die Eingangselektrode wandelt die zugeführten elektrischen Signale in mechanische Schwingungen um. Sie laufen über die Oberfläche des Substrats zu der ebenfalls kammartig ausgebildeten

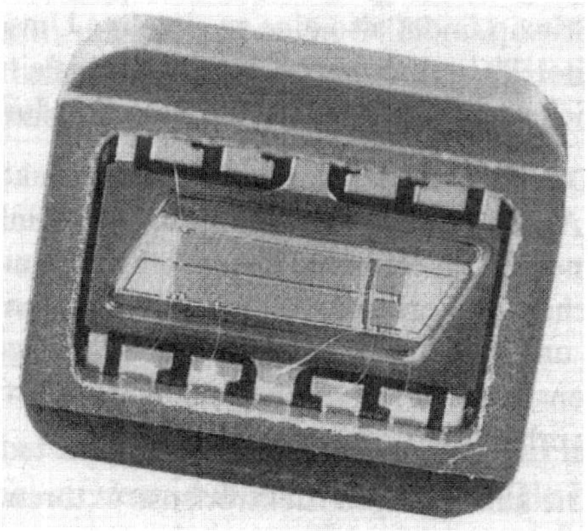

Abb. 4.09 Oberflächenwellen-Filter mit kammartigen Elektroden für Zf-Stufen von Femsehempfängern

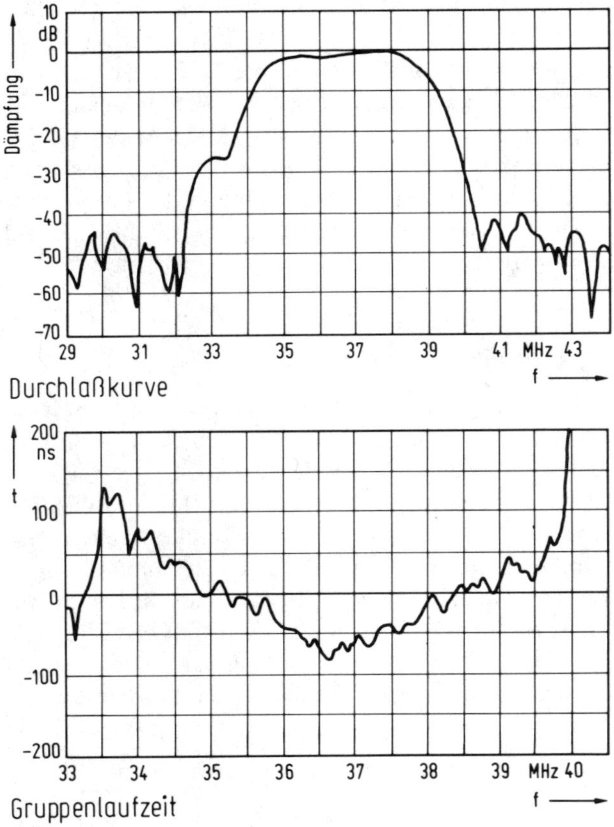


Abb. 4.10 Durchlaßkurve eines Oberflächenwellen-Filters Typ OWF 361 S von Siemens

Nach Siemens Datenblatt

Ausgangselektrode und werden dort in elektrische Schwingungen zurückverwandelt. Im Prinzip findet also eine zweimalige Umsetzung statt, ähnlich wie bei den später im Kapitel 11 besprochenen Verzögerungsleitungen, jedoch wird das Signalband nicht zeitlich verzögert, sondern die Frequenzdurchlaßkurve wird beeinflußt.

Der Abstand der Kammzinken der Elektrode bestimmt die Mittenfrequenz der Filter. Anzahl, Länge und Anordnung der Zinken ergeben die Form der Durchlaßkurve. Die neuen Bauelemente lassen sich mit minimalen Schaltungsänderungen in die bisher üblichen Zf-Verstärker einfügen. Die vielen LC-Schwingkreisanordnungen nach Abb. 4.05 und 4.06 werden erspart. Die Filtereigenschaften bleiben während der gesamten Lebensdauer des Fernsehempfängers konstant. Die Abgleicharbeiten verringern sich ganz erheblich.

Die kammartigen Elektrodenstrukturen in Abb. 4.09 werden durch Ätzen von aufgedampften feinen Metallschichten erzeugt, ähnlich wie bei der Herstellung von integrierten Schaltungen. Auch hier vollzieht sich also ein bedeutsamer Schritt von der herkömmlichen Schaltungstechnik zur Mikroelektronik.

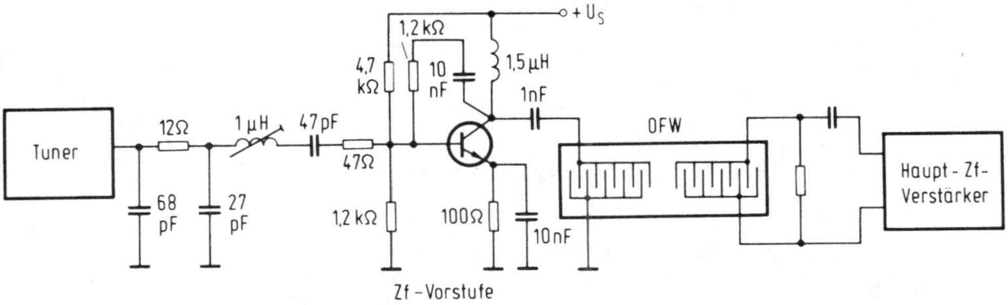


Abb. 4.11 Oberflächenwellen-Filter (OWF) in einer Zf-Verstärkerschaltung

Abb. 4. 10 zeigt die Durchlaßkurve eines 36-MHz-Oberflächenwellen-Filters Typ OFW 361 S von Siemens. Die Kurve sinkt bei 32 MHz und bei 40 MHz um je –50 dB ab. Das bedeutet für den Durchlaßbereich eine „Resonanzerhöhung" von rund 1: 300. Damit läßt sich eine hervorragende Zf-Selektion erzielen. Die kleinen Nebenzacken außerhalb des eigentlichen Durchlaßbereiches haben immer noch eine Dämpfung von –40 dB und machen keine Schwierigkeiten.

Abb. 4.11 läßt erkennen, wie ein solches Oberflächenwellen -Filter in einen Fernseh-Zf-Verstärker einzuschalten ist. Ein einziger abstimmbarer Kreis verbessert die Anpassung an den Tuner. Er trägt außerdem zur Unterdrückung der Nebenzacken von Abb. 4.10 bei.

## Abb. 4.12 Oberflächenwellen-Zf-Filter für Quasi-Parallelton

Abb. 4.12 zeigt die Durchlaßkurve eines Oberflächenwellen-Filters Typ OFW G 3201. Im Gegensatz zur Durchlaßkurve nach Abb. 4.10 zeigt hier die Durchlaßkurve bei der Tonträgerfrequenz I (33,4 MHz) eine typische Absenkung von 45 dB. Diese höhere Absenkung ist durchaus erwünscht, um Störungen im Bildkanal durch den Tonträger zu vermeiden. Der Tonträger selbst wird in einer getrennten Abzweigung des Oberflächen-Filters (s. Abb. 5.04) entnommen.

# *Bild-Zf-Demodulation*

Am Ausgang des Zf-Verstärkers ist bei Intercarrier-Empfängern nun das immer noch trägerfrequente Bild- und Tonsignal zu demodulieren, um das 5 MHz breite BAS- bzw. FBAS-Spektrum sowie den frequenzmodulierten Tonträger von 5,5 MHz zu gewinnen. Diese Demodulation erfolgt beim Schwarzweißempfänger mit Hilfe einer einfachen Kristalldiode. Ihr werden die trägerfrequenten und nun in die Zwi-

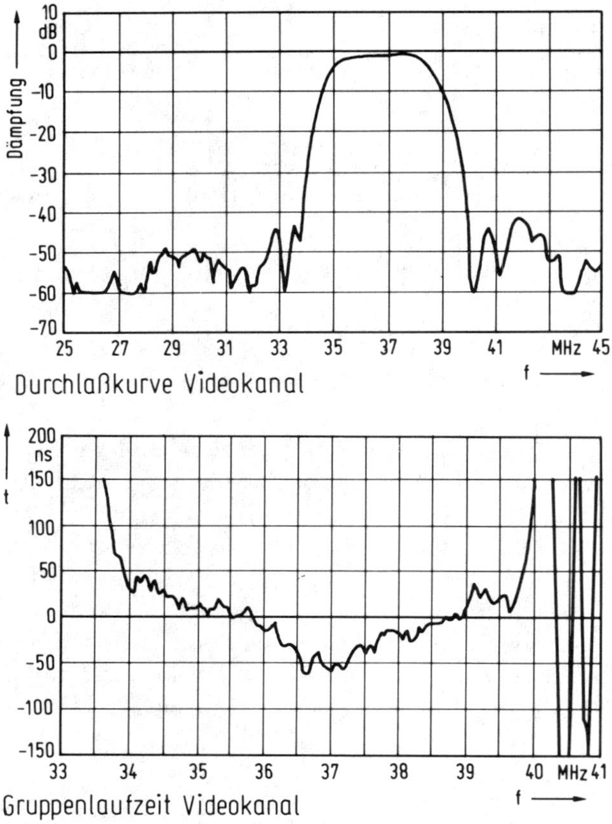


Abb. 4.12 Durchlaßkurve des Videokanales und Gruppenlaufzeit eines Oberflächenwellen-Filters Typ OFW G 3201 für Quasiparallel-Tonverfahren (vgl. Abb. 5.04) (Nach Siemens Datenblatt)

schenfrequenz umgesetzten Schwingungen nach Abb. 1.31 angeliefert, und durch Gleichrichten an der nichtlinearen Kennlinie entsteht hinter der Diode die Folge der BAS-Zeilensignale (Abb. 1.31 oben).

Für die Tondemodulation tritt ein Vorgang ein, der beim Aufbau des Fernsehsystems gründlich überlegt worden ist. Bekanntlich bilden sich beim Mischen zweier Frequenzen die Summen- und die Differenzfrequenz der beiden ursprünglichen Schwingungen. In der Mischstufe eines jeden Überlagerungsempfängers wird auf diese Weise die Zwischenfrequenz als Differenzfrequenz von Empfangs- und Oszillatorschwingung erzeugt. Eine Demodulatordiode wirkt ebenfalls als additive Mischstufe. Deshalb mischen sich an der Bild-Zf-Diode die Bild-Zwischenfrequenz 38,9 MHz und die Ton-Zwischenfrequenz 33,4 MHz und ergeben die Differenzfrequenz

$$38{,}9 - 33{,}4 = 5{,}5\,\text{MHz}. \qquad \text{(Vgl. Abb. 3.32)}$$

Das ist aber das Modulationsspektrum, in dem nach Abb. 1.32 und 1.34 rechts das frequenzmodulierte Ton-Nf-Band enthalten ist. Dieses System wird als *Differenzton-*Verfahren bezeichnet. Die Frequenz 5,5 MHz stellt gewissermaßen eine zwischendurch benutzte weitere Trägerfrequenz für die FM-Tonmodulation dar. In der englischen Fachliteratur nennt man sie deshalb *Intercarrier* = Zwischenträger.

## Abb. 4.13 Ton-Zf-Auskopplung hinter dem Bild-Zf-Demodulator

Bei Schwarzweißempfängern koppelt man vielfach die Ton-Zwischenfrequenz gleich hinter dem Demodulator über einen 5,5-MHz-Resonanzkreis aus, um sie dann

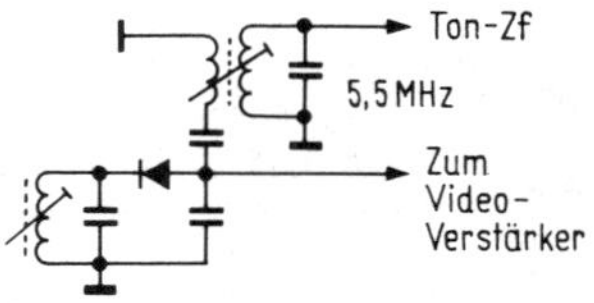


Abb. 4.13 Ton-Zf-Auskopplung unmittelbar hinter dem Bild-Zf-Demodulator

weiterzuverarbeiten. Das gesamte Signalgemisch geht außerdem zum Videoverstärker und weiter zur Bildröhre. Da im Zf-Verstärker der Tonträger stark abgesenkt wurde (vgl. Abb. 4.03), stört der 5,5-MHz-Anteil im Videokanal kaum und kann durch eine Höhenbeschneidung noch weiter unterdrückt werden.

## Abb. 4.14 Ton-Zf-Auskopplung im Videoteil

Der stark abgesenkte Tonträger muß erneut verstärkt werden, um auf genügende Lautsprecherleistung zu kommen. Deshalb muß der Tonverstärkerkanal (vgl. Abb. 3.01) eine recht hohe Gesamtverstärkung besitzen. Um dort eine Stufe einzusparen,

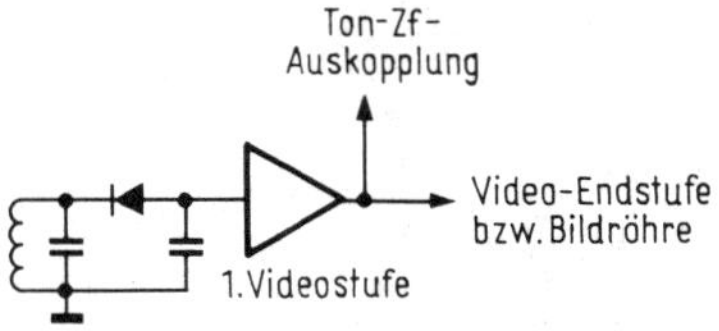


Abb. 4.14 Ton-Zf-Auskopplung aus dem Videoteil

koppelt man bisweilen die Ton-Zf erst hinter dem Videoverstärker aus, denn dort wird sie ohnehin verstärkt. Außerdem ist dann der erste Ton-Zf-Kreis elektrisch besser vom Ausgang des Gesamt-Zf-Verstärkers getrennt.

## Abb. 4.15 Bild-Zf-Demodulator beim Farbfernsehempfänger

Hinter dem Bild-Zf-Demodulator im Farbfernsehempfänger besteht die bereits bei Abb. 4.04 erwähnte unerwünschte Möglichkeit, daß aus Tonträger und Farbträger eine Störfrequenz zusammengemischt wird, nämlich

$$5{,}5 - 4{,}43 = 1{,}07 \text{ MHz}.$$

Um dies zu vermeiden, sieht man bei Farbfernsehempfängern zwei getrennte Demodulatoren für die Ton-Zf und für das FBAS-Signal vor. Diode D1 mischt aus Bildträger und Tonträger das Differenzsignal, es wird durch einen Resonanzkreis ausgesiebt und dem Ton-Zf-Verstärker zugeführt.

Abb. 4.15 Getrennte Demodulatoren beim Farbempfänger

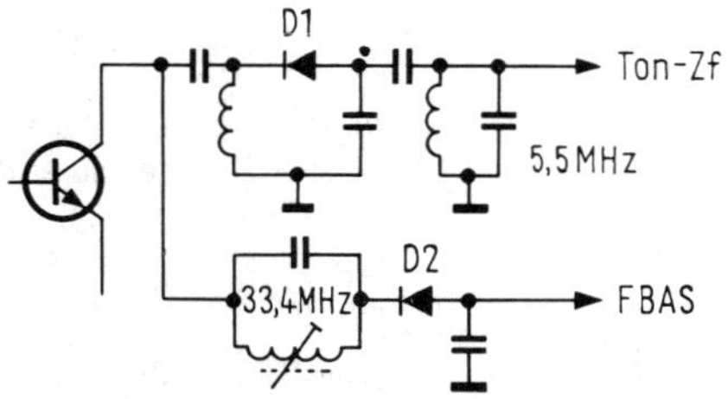


In einem zweiten Kanal wird zunächst der Zf-Tonträger durch einen auf 33,4 MHz abgeglichenen Sperrkreis unterdrückt. Eine zweite Diode ergibt dann das reine FBAS-Signal ohne Ton.

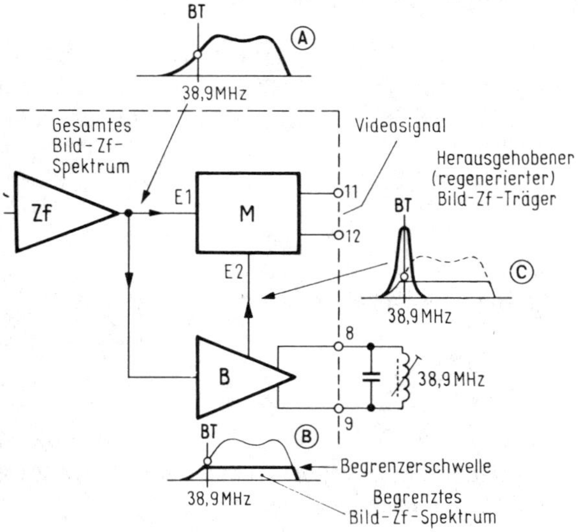


Abb. 4.16 Multiplikative Demodulation in der integrierten Schaltung TBA 440 (Siemens)

## Abb. 4.16 Multiplikative Bild-Zf-Demodulation

Wie bereits bei Abb. 2.17 erwähnt, bewirkt ein Ringmodulator eine sehr saubere multiplikative Mischung. Er eignet sich damit auch gut zum „Herabmischen", also zum Demodulieren. Solche Ringmodulatoren sind im allgemeinen ziemlich aufwendig und wurden deshalb in der sehr scharf kalkulierenden Unterhaltungs-Elektronik kaum angewendet. Bei integrierten Schaltungen spielt es jedoch keine Rolle, ob in ein Silizium-Chip eine oder vier Dioden eindiffundiert werden. Man kann sogar eine Vielzahl von Transistorsystemen im gleichen Arbeitsgang erzeugen.

Davon macht man Gebrauch bei einem speziellen Video-Zf-Baustein Typ TBA 440 von Siemens. Er enthält eine symmetrische multiplikative Brückenmischschaltung mit rund einem Dutzend Transistorsystemen. Damit lassen sich die unerwünschten Mischprodukte so weit unterdrücken, daß Frequenzweichen und die zweite Demodulatordiode eingespart werden können. Dieser Demodulator liefert auch beim Farbempfänger Ton-Zf und FBAS-Signal am gleichen Ausgang.

Bei einem multiplikativen Demodulator oder *Produkt-Detektor* muß zum Demodulieren die reine Trägerfrequenz zugemischt werden. Beim Bild-Zf-Spektrum ist dies die Zf-Bildträgerfrequenz von 38,9 MHz. Sie bildet dann mit den anderen markanten Frequenzen des Spektrums die Differenzfrequenzen

| | |
|---|---|
| 38,9 – 38,9 = 0,0 MHz | Gleichstromanteil |
| 38,9 – 34,47 = 4,43 MHz | Farbträger |
| 38,9 – 33,4 = 5,5 MHz | Tonträger |

und natürlich alle dazwischenliegenden Modulationsfrequenzen.

Man muß also für diese Modulationsart den Bildträger aus dem Spektrum heraussieben und dem zweiten Eingang des Ringmodulators zuführen. Im Baustein TBA 440 und den Nachfolgetypen geschieht dies nach Abb. 4.14 folgendermaßen:

Das gesamte Bild-Zf-Spektrum wird in einem dreistufigen Breitbandverstärker hoch verstärkt und dem Eingang $E_1$ der Mischstufe M zugeführt. Dieses Frequenzband hat die Kurvenform A, die durch das Filter-Netzwerk gegeben wurde. Der Bildträger BT liegt 6 dB unterhalb des Kurvenscheitels auf der Nyquist-Flanke.

Dieses Spektrum wird außerdem einem Begrenzerverstärker B zugeführt. Er schneidet den oberen Teil der Durchlaßkurve weg, so daß entsprechend dem Diagramm B sämtliche Frequenzanteile auf gleiches Spannungsniveau zu liegen kommen, auch die vorher abgesenkte Bildträgerfrequenz von 38,9 MHz. Ein so radikal abgekapptes Frequenzspektrum enthält keine Amplitudenmodulation mehr.

Am Ausgang des Begrenzerverstärkers liegt ein auf 38,9 MHz abgeglichener Schwingkreis. Er hebt jetzt, wie im Diagramm C dargestellt, diese Frequenz aus dem amplitudenbegrenzten Spektrum heraus. Man sagt, der Bildträger wird *regeneriert*. Dieser aus dem übrigen Bild-Zf-Spektrum herausgelöste Bildträger wird dem Ringmischer M zugeführt. Er liefert dann das Videosignal zusammen mit dem 5,5-MHz-Tonsignal an die Klemmen 11 und 12 des TBA 440. Alle diese Umformungen gehen im Innern der integrierten Schaltung vor. Beim Service braucht man nur mit dem Oszillografen Eingangs- und Ausgangssignal abzutasten – aber wissen sollte man trotzdem, wie das funktioniert!

## Abb. 4.21 Bild-Zf-Verstärker

Damit bei einem Fernseh-Zf-Verstärker von Anfang an Kreuzmodulationen zwischen Bild- und Tonträger verhindert werden, ordnet man zweckmäßig das gesamte Selektions- und Sperrkreisnetzwerk zum Formen der Resonanzkurve bereits vor der ersten Zf-Verstärkerstufe an. Bei diesem Bild-Zf-Verstärker der Firma Metz gelangt das Zf-Spektrum vom Tuner auf das Eingangsbandfilter L5 und auf ein Kombinationsfilter mit folgenden Funktionen:

L1 Eigentonabsenkung bei 33,5 MHz,
L2 Nachbarbildabsenkung bei 31,9 MHz,
L3 Nachbartonabsenkung bei 40,4 MHz,
L4 Farbträgerabsenkung bei 34,47 MHz (nur bei Farbsendungen)

Die Farbträgerfrequenz wird also nur abgesenkt, wenn tatsächlich Farbsendungen laufen, um den Perlschnureffekt durch den Farbhilfsträger zu vermeiden. In Abb. 4.03 war der Durchlaßbereich beim Empfang von Schwarzweißsendern und bei Farbsendungen dargestellt. Aber zunächst zur Funktion des Verstärkers selbst.

Nachdem durch das Schwingkreisnetzwerk am Eingang des Bild-Zf-Verstärkers Kreuzmodulationen weitgehend unterbunden werden, gelangt das Zf-Signal an die Basis des Transistors T1. Er dient auch zur Verstärkungsregelung und erhält dazu eine Regelspannung von 2,5 … 7 V. Bei 2,5 V Basisspannung hat der Transistor seine volle

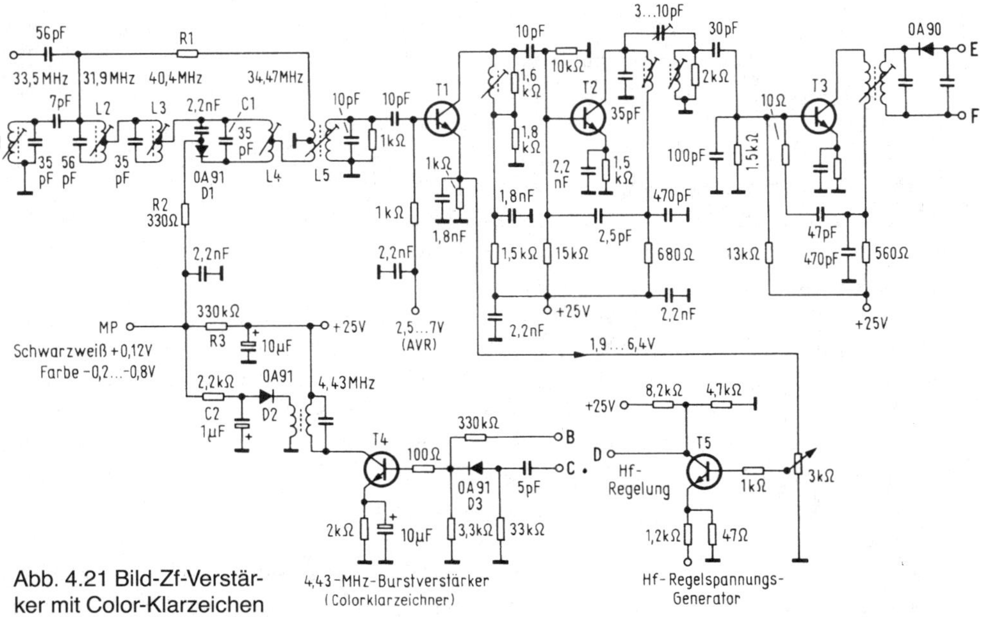


Abb. 4.21 Bild-Zf-Verstärker mit Color-Klarzeichen

Verstärkung, bei 7 V wird durch Stromaufwärtsregelung die Verstärkung um etwa 60 dB herabgesetzt. Der Kollektorkreis dieses Transistors hat eine sehr breite Resonanzkurve, damit sich die Gesamtdurchlaßkurve des Bild-Zf-Verstärkers beim Regeln nicht ändert.

Beim vollen Herunterregeln verschiebt sich die Spannung am Emitter dieses Transistors T1 von 1,9 V auf 6,4 V. Diese Spannungsänderung steuert eine Gleichspannungsverstärkerstufe mit dem Transistor T5. Diese Stufe dient als Hf-Regelspannungsgenerator und liefert ihrerseits über die Leitung D eine Regelspannung für den Tuner.

Im Kollektorkreis des zweiten Transistors liegt ein Bandfilter, das zusammen mit dem Einzelkreis der dritten Stufe ein gerades Dach der Durchlaßkurve ergibt. Auf die dritte Stufe folgt dann der Videodetektor mit der Diode OA 90.

Nun zu der Umschaltung bei Farbsendungen. Hierzu müssen einige Begriffe vorweggenommen werden, die erst in späteren Kapiteln behandelt sind, doch läßt sich dies bei den eng verzahnten Funktionen eines Fernsehempfängers nicht immer umgehen. Man kann übrigens die nachfolgende Funktionsbeschreibung auch zunächst auslassen und sich nur allgemein merken, daß der nur bei Farbsendungen vorhandene Burst über den Transistor T4 die Diode D1 sperrt. Dadurch wird die 34,47-MHz-Farbträgerfalle wirksam und sattelt die Durchlaßkurve an dieser Stelle ein.

Im einzelnen laufen dabei folgende Vorgänge ab: Der in der Abbildung dargestellte Burstverstärker (Colorklarzeichner) ist auf die Farbträgerhilfsfrequenz 4,43 MHz abgestimmt. Die Leitung C führt zur Videoendstufe, wo das gesamte 5 MHz breite Videofrequenzband einschließlich der eventuellen Burstfrequenz von 4,43 MHz vorhanden ist. Der Transistor T4 im Burstverstärker arbeitet jedoch nur während des Zeilenrücklaufes. Während dieser kurzen Zeitabschnitte wird seiner Basis über die Leitung B ein positiver Impuls aus dem Zeilenablenkteil zugeführt. Nur während der Dauer eines solchen Impulses kann Kollektorstrom fließen. Der Burstverstärker stellt damit eine UND-Schaltung dar. Ein Signal erscheint nur dann am Kollektor vom T4, wenn Steuersignale an den Eingängen B und C gleichzeitig eintreffen.

Bei Schwarzweißsendungen ist während der Zeit des Zeilenrücklaufes auf der Schwarzschulter des Synchronisierzeichens kein 4,43-MHz-Burstsignal vorhanden. Also entsteht auch keine Spannung am Kollektorschwingkreis, und die Diode D2 kann den Ladenkondensator C2 nicht aufladen.

Nun fließt außerdem in dieser Schaltung ständig vom Spannungspunkt +25 V ein Strom von 60 $\pi$A über die Widerstände R3, R2, Diode D1 und die Wicklungen L4–L5 nach Masse. Am Meßpunkt MP steht eine Spannung von +0,12 V. Sie bewirkt, daß die Diode leitet und somit einen niederohmigen Widerstand darstellt. Er dämpft den Schwingkreis bzw. die Falle für 34,47 MHz so stark, daß sie unwirksam ist. Bei Farbsendungen tritt jedoch zusätzlich das Burstsignal von 4,43 MHz während des Zeilenrücklaufes auf. Es gelangt an die Klemme C des Burstverstärkers, die UND-Schaltung wird wirksam, und am Kollektorkreis des Transistors T4 erscheint das verstärkte Signal. Die Diode D2 richtet es gleich und ladet den Elektrolytkondensator C2 in der gezeichneten Polarität auf. Diese Spannung ist so groß, daß sie die vorher positive

Spannung am Meßpunkt MP überwindet und nun dort eine Gleichspannung von –0,2 ... 0,8 V erzeugt. Infolge der Größe des Ladekondensators steht diese Spannung längere Zeit an und nicht nur während des Zeilenrücklaufes. Diese negative Spannung sperrt jetzt die Diode D 1. Damit entfällt die Dämpfung der Farbträgerfalle, sie wird nun wirksam, und die Durchlaßkurve in Abb. 4.03 sattelt sich bei der Zf-Farbträgerfrequenz 34,47 MHz ein. Hierdurch wird sowohl das Feinstruktur-Moiré des Farbträgers als auch das 1,07-MHz-Differenz-Moiré zwischen Ton- und Farbträger vermieden.

Abgesehen von dieser Spezialschaltung der Firma Metz stellt Abb. 4.21 die Standardausführung vieler Schwarzweiß-Bild-Zf-Verstärker dar.

## Abb. 4.22 Bild-Zf-Verstärker für einen Farbfernsehempfänger

Bei diesem Zf-Verstärker sind die Selektionsmittel zu zwei Filtern am Eingang und Ausgang des Verstärkers zusammengefaßt. Auch dies ermöglicht den eigentlichen Verstärker so breitbandig auszulegen, daß Toleranzen der Transistoren ohne nennenswerte Auswirkung bleiben. Das Dreikreisfilter am Eingang stellt die Zusammenfassung der Eckkreise und des Mittelkreises dar. Der Primärkreis befindet sich im Tuner. Die Resonanzen wurden so verteilt, daß der Kreis 1 in Bandmitte liegt, während Kreis 2 die Nyquist-Flanke und Kreis 3 die untere Flanke bestimmen. Das Filter enthält außerdem drei Fallen zum Absenken der Nachbarträger bzw. zum Formen einer Tontreppe.

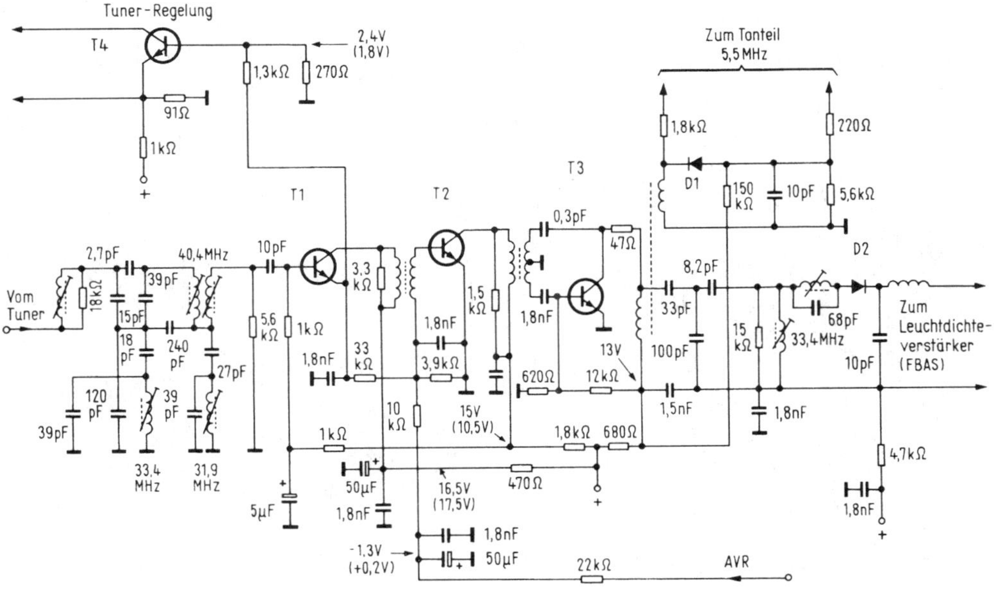


Abb. 4.22 Bild-Zf-Verstärker mit zwei Kompaktfiltern

Die Einzelkreise zwischen den Transistoren dienen lediglich zur Anpassung. Sie sind sehr breitbandig und werden beim Regeln zusätzlich bedämpft, so daß sie wenig Einfluß auf die Durchlaßkurve haben.
Für die 5,5-MHz-Tonzwischenfrequenz und für das FBAS-Signal sind getrennte Demodulatoren mit entsprechenden Weichen ähnlich Abb. 4.13 vorgesehen.
Wie in Abb. 4.21 wird auch hier am Emitter des geregelten Transistors T 1 eine gleitende Spannung abgenommen, im Transistor T4 verstärkt und dem Tuner als Regelspannung zugeführt.

## Abb. 4.23 Bild-Zf-Verstärker mit integrierter Schaltung

Diese von Siemens und Grundig entwickelte Schaltung faßt den gesamten Zf-Verstärker in einem sogenannten Steckmodul zusammen. Dieser Baustein läßt sich leicht prüfen und bei Defekten einfach austauschen.

Die Gesamtverstärkung und die Demodulation sind in der integrierten Schaltung TBA 440 zusammengefaßt. Davor liegen die gesamten Selektionsmittel in Form eines Vierkreis-Kompaktfilters und mit den Fallen für Nachbarton, Nachbarbild sowie zum Absenken des eigenen Tonträgers.

Vor diesem Filter befindet sich ein Einzeltransistor. Er entkoppelt das Filter gegen die Tuner-Zuleitung, so daß diese abgeschirmte Leitung nicht in die Filterabstimmung eingeht und der Verstärkerbaustein beliebig ausgetauscht werden kann.

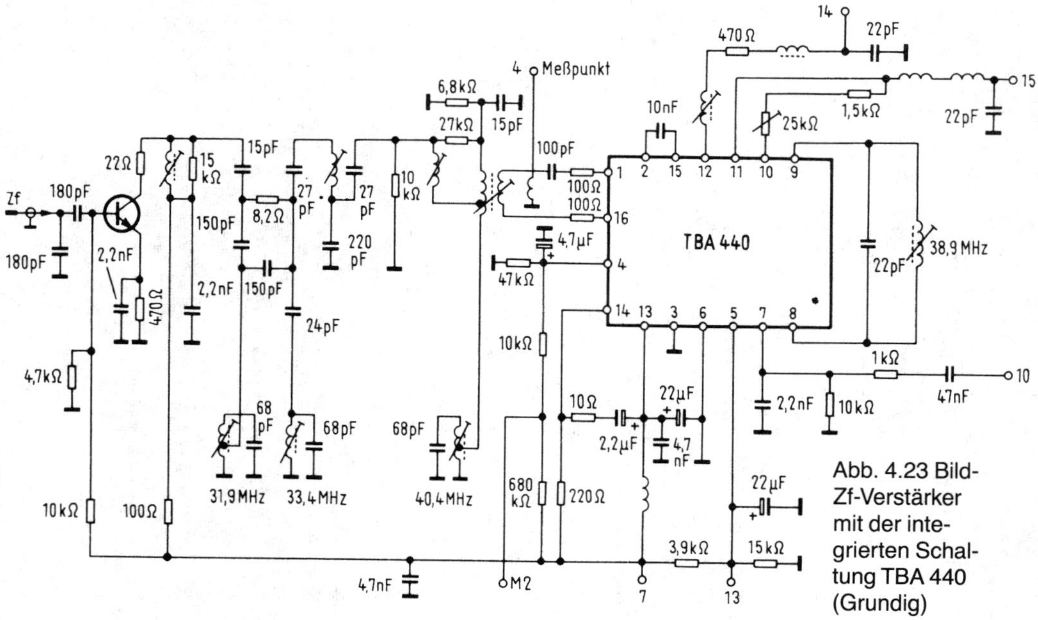


Abb. 4.23 Bild-Zf-Verstärker mit der integrierten Schaltung TBA 440 (Grundig)

Am Ausgang des Verstärkers TBA 440 liegt ein auf 38,9 MHz abgeglichener Einzelkreis zum Regenerieren des Bildträgers für die Mischstufe, vgl. Abb. 4.14. Das Videosignal steht in zwei Polaritäten für die verschiedenen weiteren Aufgaben zur Verfügung. Infolge des günstigen Verhaltens des multiplikativen Videodemodulators kann die Ton-Zwischenfrequenz ebenfalls am Punkt 15 abgenommen und anschließend ausgefiltert werden. Ein getrennter Demodulator zur Gewinnung der Ton-Zf ist nicht erforderlich.

## Abb. 4.24 Bild-Zf-Verstärker mit AFC- und VCR-Anschluß

Das Anpassungsnetzwerk (Abb. 4.24) ist als Ergänzungskreis zum Tuner so dimensioniert, daß Tunerausgang und Anpaß-Schaltung zusammen ein Bandfilter mit einer Bandbreite von 10 MHz ergeben.

Der einstufige Zf-Vorverstärker mit dem besonders rückwirkungsarmen Transistor BF 959 sorgt für eine Leistungsanpassung zwischen Tuner und Zf-Platine. Da das nachfolgende Oberflächenwellenfilter einen niederohmigen Quellwiderstand fordert, ist der Transistor spannungsgegengekoppelt. Die Eingangsimpedanz dieses Verstärkers beträgt 60 Ω, die Ausgangsimpedanz 100 Ω. Bei einem Emitterstrom von 20 mA stellt sich eine Spannungsverstärkung von etwa 26 dB ein. Damit ist die Einfügungsdämpfung von ca. 20 dB des nachfolgenden Oberflächenwellenfilters ausreichend ausgeglichen. Beim Arbeitspunkt 20 mA liegt die maximale Aussteuerfähigkeit des BF 959. Bei richtiger Einstellung der verzögerten Tunerregelung ist an dieser Stelle mit keiner Kreuzmodulation zu rechnen. Bei Verwendung der Tuner-IS TUA 2000 (siehe Abb. 3.44 und 3.46) kann der Vorverstärker entfallen.

Die Verwendung eines Oberflächenfilters aus Lithiumniobat, hier der Typ G 3201, ist bereits zum Standard geworden. Ein Abgleich sowie Nachgleich durch mögliche Alterung wird überflüssig. Der Frequenzgang und die Gruppenlaufzeit sind durch die Geometrie der interdigitalen Wandler fest vorgegeben und entsprechen der gültigen Norm. Der Typ G 3201 hat zwei getrennte Selektionswege mit unterschiedlichem Frequenzgang und unterschiedlicher Gruppenlaufzeit für Bild-Zf und Ton-Zf-Gewinnung. Im Bild-Zf-Zweig (Anschluß 6 und 7) entfällt die Tontreppe. Die Tonträger werden um ≥ 40 dB abgesenkt. Im Zweig zur Gewinnung der beiden Tonzwischenfrequenzen werden hingegen Bildträger (38,9) und die beiden Tonträger mit annähernd gleicher Amplitude bei konstanter Gruppenlaufzeit ausgefiltert.

Im folgenden integrierten Bild-Zf-Verstärker TDA 5800 wird das symmetrisch eingespeiste Zf-Signal verstärkt und demoduliert. Eine getastete Regelung hält die Video-Ausgangsspannung ab einer Eingangsspannung von 100 $\mu$V in einem Spannungsbereich von maximal 60 dB konstant.

Der Ausgang eines internen, in der integrierten Schaltung untergebrachten Begrenzerverstärkers führt über die Anschlüsse 10 und 13 auf einen Hilfskreis. Dieser ist auf die Trägerfrequenz 38,9 MHz abgestimmt. Die Videofrequenz wird aus der Bildzwischenfrequenz durch einen mittels dieser 38,9 MHz gesteuerten Demodulator erzeugt. Das positive Video-Signal (Anschluß 5) sowie das negative Video-Signal

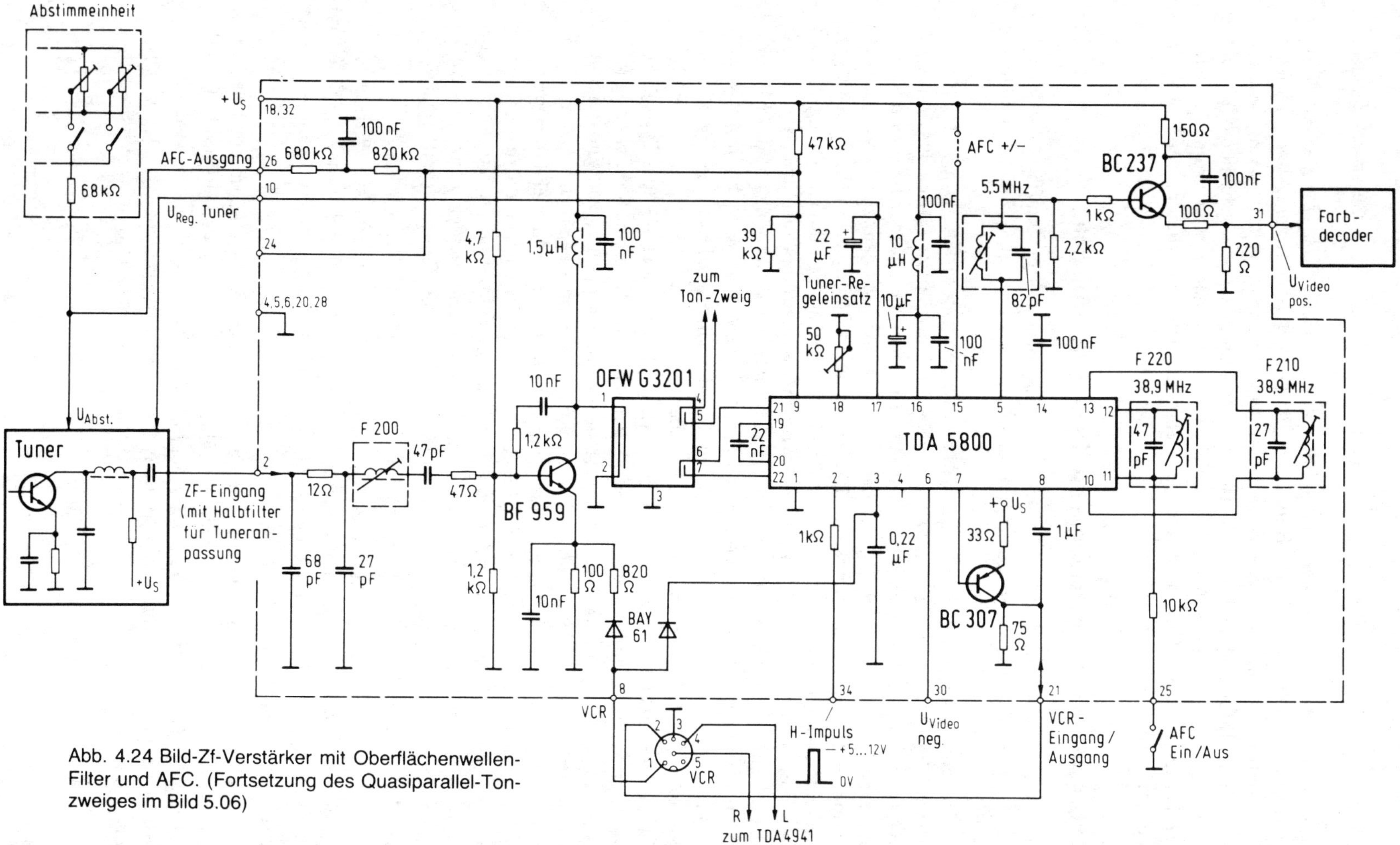


Abb. 4.24 Bild-Zf-Verstärker mit Oberflächenwellen-Filter und AFC. (Fortsetzung des Quasiparallel-Tonzweiges im Bild 5.06)

(Anschluß 6) werden an niederohmigen Ausgängen (150 Ω) und einer Signalamplitude von 3 $V_{ss}$ bereitgestellt. Der maximale Strom dieser Ausgänge beträgt 5 mA gegen Masse.

VCR-Betrieb ist über die Anschlüsse 7 und 8 möglich (1 $V_{ss}$ an 75 Ω). Mit einer Schaltspannung von 12 V kann von Aufnahme auf Wiedergabe geschaltet werden. Diese Schaltspannung gelangt über eine Diode BAY 61 auf den Anschluß 3 und regelt den Bild-Zf-Verstärker zu. Gleichzeitig wird über eine weitere Diode und einen Widerstand 820 Ω das Emitterpotential des Vorstufentransistors BF 959 so weit angehoben, daß er gesperrt ist. Damit ist ein Durchschlagen eines Senders bei VCR-Wiedergabe mit Sicherheit vermieden. Im Videosignalweg (Anschluß 5) sorgt eine Tonfalle (5,5 MHz) für die Abschwächung der Tonzwischenfrequenzen um etwa 20 dB. Ein Emitterfolger BC 237 ergibt einen niederohmigen Ausgang zum Farbdecoder.

Für die Tunerregelung wird am Anschluß 17 eine Stromsenke bis zu 3 mA bereitgestellt. Die Einsatzschwelle läßt sich mit dem Einsteller am Anschluß18 beeinflussen.

Zur AFC-Informationsgewinnung ist ein weiterer, auf 38,9 MHz abgestimmter Schwingkreis mit den Anschlüssen 11 und 12 verbunden. Bei Frequenzablage erscheint am Anschluß 9 je nach Frequenzlage ein positiver oder negativer Strom (maximal ± 1 mA). Das über ein Widerstandsnetzwerk gewonnene Korrektursignal wird dann der Abstimmspannung des Tuners aufaddiert. Die Abschaltung der AFC kann durch Beschaltung eines 10 kΩ-Widerstandes von Anschluß 11 nach Masse erfolgen.
(Aus Siemens-Schaltbeispielen)

# 5 Tonteil

Es ist noch ein ziemlich weiter Weg bis zum vollständigen Fernsehbild, aber wir wollen jetzt wenigstens den Ton aus dem Lautsprecher hören.

## Abb. 5.01 Differenzträger-Verfahren

Die Schaltungstechnik des Tonteils im Fernsehgerät ist gut bekannt vom UKW-Rundfunkempfänger her. An die Stelle der dort üblichen Zwischenfrequenz von 10,7 MHz treten hier lediglich die Frequenzen 5,5 MHz und 5,742 MHz. Aufbau also: selektiver Zf-Verstärker – FM-Demodulator – Nf-Verstärker – Endstufe – Lautsprecher.

Der Einfachheit halber werden bei der nachfolgenden Besprechung nur der Demodulationsvorgang für Ton I herangezogen. Aber zuvor nochmals einige Erläuterungen zu dieser Art der Tonmodulation. Vom Sender werden Bild- und Tonsignale gemeinsam ausgestrahlt, und in den bisher besprochenen Empfängerstufen wurden sie gemeinsam verarbeitet. Nun müssen Bild- und Tonfrequenzen getrennt werden. Bei den Geräten für die europäische 625-Zeilen-Fernsehnorm bedient man sich dazu besonderen Verfahrens. Es wird in Amerika, wo es gleichfalls für die dortige Fernsehnorm üblich ist, *Intercarrier-Verfahren* genannt, d.h. wörtlich übersetzt: Zwischenträger-Verfahren. Man bezeichnet es bei uns auch als Differenzträger- oder Differenzfrequenz-Verfahren und benutzt als Abkürzung den Ausdruck *Df* = Differenzfrequenz. Das Verfahren arbeitet nach folgendem Prinzip:

Man nehme zur Vereinfachung zunächst an, es sei eine Sendepause und Bild und Ton seien unmoduliert; dann laufen bei richtiger Abstimmung die beiden Trägerfrequenzen für $Ton_I$ = 33,4 MHz und für Bild = 38,9 MHz durch den Zf-Verstärker. Im Video-Gleichrichter werden die beiden Frequenzen gemischt. Aus den beiden Trägern für Bild und Ton bildet sich die Differenzfrequenz

$$Df = 38{,}9 - 33{,}4 = 5{,}5 \text{ MHz}.$$

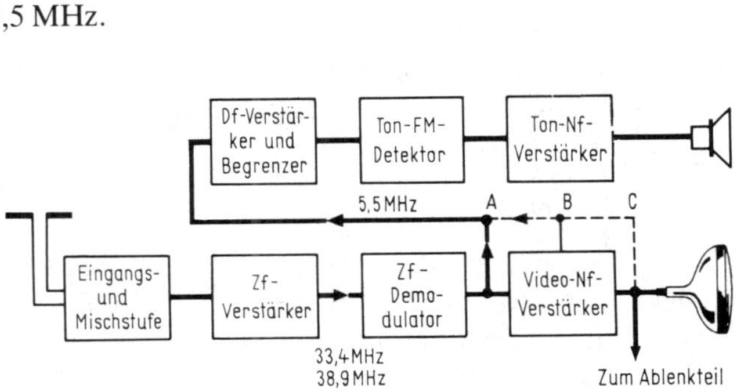


Abb. 5.01 Prinzip des Differenzträgerverfahrens; A = Auskoppeln des Differenzträgers hinter dem Bildgleichrichter; B = Auskoppeln des Differenzträgers hinter dem Videoverstärker

Siebt man also die Frequenz 5,5 MHz heraus und demoduliert sie, dann ergibt sich die eigentliche Ton-Niederfrequenz, die verstärkt dem Lautsprecher zugeführt werden kann. Den Differenzträger oder die zweite Zwischenfrequenz von 5,5 MHz kann man, wie bereits bei Abb. 4.12 erwähnt, unmittelbar hinter dem Bildgleichrichter bei A mit Hilfe eines auf 5,5 MHz abgestimmten Kreises heraussieben. Man kann sie aber auch hinter der ersten oder zweiten Stufe des Video-Verstärkers bei B oder C heraussieben und braucht dann weniger Verstärkung im eigentlichen Tonteil. Bedingung für dieses Verfahren der Tonfrequenzgewinnung ist jedoch, daß die Tonamplitude geringer ist als die Bildamplitude. Dies ist bereits in den Fernsehnormen berücksichtigt. Der Tonsender soll stets mit nur einem Zwanzigstel bzw. Hundertstel der Leistung des Bildsenders arbeiten. Außerdem schwächt man, wie bereits besprochen, im Zf-Teil des Empfängers die Ton-Zf durch Sperrkreise, so daß mit Sicherheit ihre Amplitude nur 1/40 bis 1/100 der Amplitude ist.

Weiter ist Bedingung zur Bildung des Differenzträgers, daß stets beide Frequenzen vorhanden sein müssen. Bleibt die Bildfrequenz weg, dann reißt der Ton auch ab. Daher ist in der Fernsehnorm (Abb. 1.06) vorgesehen, daß beim Weißpegel noch 10 % der Maximalamplitude des Bildträgers vorhanden sein müssen.

Das Verfahren ist auch nur deswegend möglich, weil bei dieser Fernsehnorm der Tonkanal frequenzmoduliert und der Bildkanal amplitudenmoduliert ist. Hinter dem Bilddemodulator ist natürlich das gesamte amplitudenmodulierte Bildsignal mit den steilen Impulsen der Synchronisierzeichen vorhanden. Sind die Amplituden genügend groß, dann lassen sie sich ähnlich wie bei UKW-FM-Empfängern durch Begrenzerstufen vor dem FM-Detektor einwandfrei abschneiden, und man erhält hinter dem FM-Detektor nur die reine Tonfrequenz.

Die Vorteile des Differenzfrequenz-Verfahrens sind:

1. Der Schaltungsaufwand wird geringer, als wenn man Bild und Ton gleich hinter der Hf-Mischstufe voneinander trennen und einen besonderen Ton-Zf-Verstärker vorsehen würde.

2. Die Differenzfrequenz wird durch Mischung des Bild- und Tonträgers erzeugt und nicht durch den Empfängeroszillator. Damit wirken sich Frequenzwanderungen dieses Oszillators überhaupt nicht auf den Tonkanal aus. An die Frequenzstabilität des Oszillators im Fernsehempfänger werden nämlich bedeutend höhere Anforderungen gestellt als beim UKW-Empfänger. Würde man z.B. eine Frequenzwanderung von ± 50 kHz (gleich der Kanalbreite des Tonkanals) zulassen, dann darf eine Oszillatorfrequenz von rund 200 MHz nur um

$$\frac{50}{200\,000} \cdot 100 = 0{,}025\ \%$$

d.h. 1/4 ‰ schwanken. Dies ist eine sehr scharfe Forderung, die beinahe an Quarzgenauigkeit heranreicht und nur von einem Oszillator mit Frequenzsynthese erfüllt wird. Wandert der Oszillator, wie dies bei Geräten mit selbstschwingenden Oszillatoren der Fall sein kann, so ist man gezwungen, oft die Abstimmung nachzustellen.

Abb. 5.02 Beim Paralleltonverfahren wird die Ton-Zwischenfrequenz von 33,4 MHz gesondert verstärkt

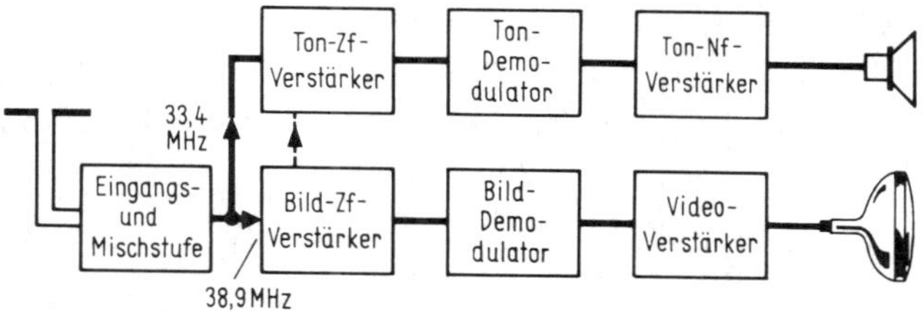


Da aber Bild- und Tonträger im Sender normgemäß um höchstens ± 3 kHz gegeneinander schwanken dürfen, ist also auch die Differenzfrequenz von 5,5 MHz auf ± 3kHz konstant, unabhängig von den Empfängereigenschaften. Auf die Bild-Zwischenfrequenz dagegen wirken sich Frequenzwanderungen des Oszillators weniger störend aus, da hier die Bandbreite nicht ± 50 kHz, sondern 5 MHz beträgt. Man braucht also solche Empfänger nur auf ein gutes Bild abzustimmen, dann ist der Ton automatisch einwandfrei, auch bei geringfügigen Sollwertabweichungen der Oszillatorfrequenz im Tuner.

## Abb. 5.02 Paralleltonverfahren

Das Differenzträger-Verfahren hat den Vorteil, daß die Tonqualität fast unabhängig von der Empfängerabstimmung ist. Man spart hierbei auch Verstärkerstufen, da der gesamte Zf-Teil und bisweilen auch der Videoverstärker mit zur Tonverstärkung beitragen. Zur Zeit der Röhrentechnik, als man mit jedem Röhrensystem geizen mußte, war das ein gewichtiges Argument. Im Zeitalter der integrierten Schaltungen ist die Mitverwendung des Videoverstärkers nicht mehr üblich.

Um das Bild abzurunden, seien noch die anderen Möglichkeiten, das Paralleltonverfahren und das Quasi-Paralleltonverfahren, erwähnt. Beim Paralleltonverfahren wird unmittelbar hinter dem Tuner oder aus der ersten Stufe des Bild-Zf-Verstärkers die Tonträger-Zwischenfrequenz, also z.B. 33,4 MHz, mit einem Resonanzkreis ausgekoppelt und in einem getrennten Ton-Zf-Verstärker verstärkt. Dieser Tonkanal liegt also *parallel* zum Bildkanal. Dieses Paralleltonverfahren ist bei den Mehrnormenempfängern notwendig, mit denen auch die französischen und belgischen Fernsehsender empfangen werden. Diese Stationen arbeiten mit einer anderen Norm, bei welcher auch der Tonträger amplitudenmoduliert ist. Das Differenzträger-Verfahren läßt sich hierbei nicht anwenden, denn beim Mischen von zwei Trägern mit Amplitudenmodulation würde sich ein wüstes Tongemisch ergeben.

## Abb. 5.03 und 5.04 Quasiparallel-Tonverfahren

Das Quasiparallel-Tonverfahren verbindet den Vorteil, daß die Tonqualität nicht so stark von der Abstimmung abhängt mit einem hohen Störabstand im Tonkanal. Bei diesem Verfahren werden im Tonzweig Ton- und Bildträger zunächst einmal gemein-

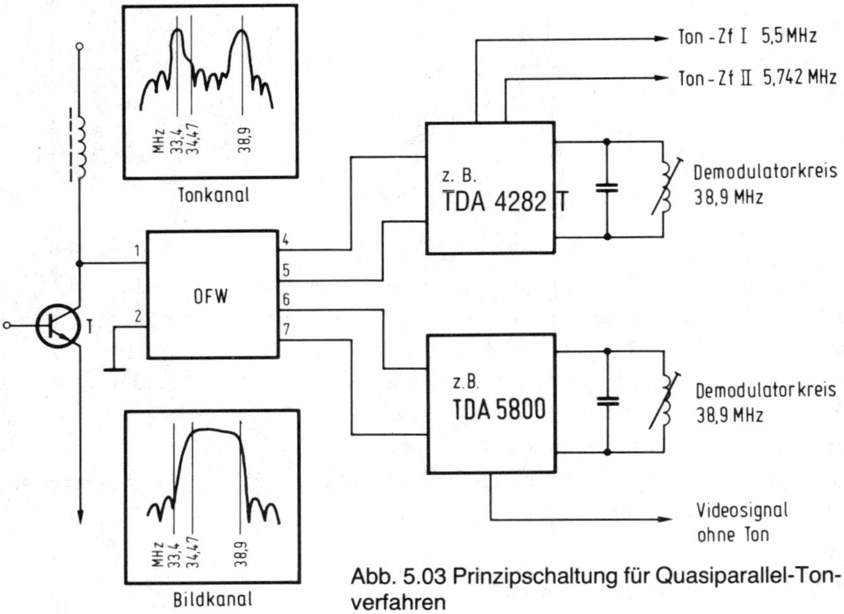


Abb. 5.03 Prinzipschaltung für Quasiparallel-Tonverfahren

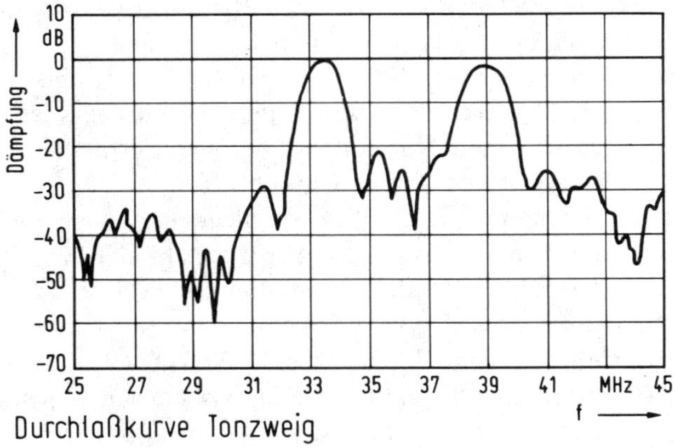


Abb. 5.04 Durchlaßkurve des Tonzweiges im Oberflächenwellenfilter Typ OFW G 3201 (vgl. Abb. 4.12) (Nach Siemens-Datenblatt)

sam verstärkt und demoduliert (hier ähnelt dieses Verfahren dem Intercarrier-Verfahren). Abweichend vom Intercarrier-Verfahren jedoch ist, daß der Bildinhalt im Oberflächenwellen-Filter stark unterdrückt wird. Besonders ist dies beim halben Bildtonabstand der Fall. Durch Oberwellenbildung wird nämlich beim Intercarrier-Verfahren der Tonträger von Bildinhalten deren Frequenzanteil bei 2,75 MHz liegt, gestört. Abb. 5.04 zeigt die Durchlaßkurve des Tonzweiges im Oberflächenwellen-Filter.

Nach einer Synchron-Demodulation mit 38,9 MHz entstehen, wie beim Intercarrier-Verfahren die Ton-Zf-Träger$_{I}$ 5,5 MHz und Ton-Zf-Träger$_{II}$ 5,742 MHz. Die praktische Schaltung finden Sie in Abb. 5.06.

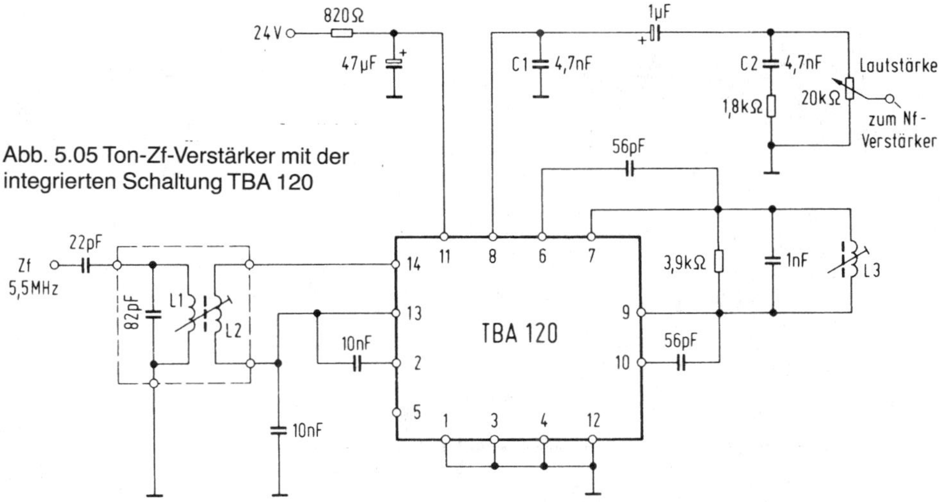


Abb. 5.05 Ton-Zf-Verstärker mit der integrierten Schaltung TBA 120

## Abb. 5.05 Ton-Zf-Verstärker mit Integrierter Schaltung

Die integrierte Schaltung TBA 120 hat große Verbreitung für die FM-Zf-Verstärkerstufen in Rundfunkempfängern (Zf = 10,7 MHz) und für den Ton-Zf-Teil von Fernsehempfängern (Zf = 5,5 MHz) gefunden. Der Baustein enthält einen sechsstufigen Breitbandverstärker und einen Koinzidenzdemodulator. Dem Eingang der integrierten Schaltung wird über ein Bandfilter die 5,5-MHz-Tonzwischenfrequenz vom Bild-Zf-Verstärker her zugeführt. Der Phasenschieberkreis des Demodulators mit der Induktivität L3 ist ebenfalls auf 5,5 MHz abzugleichen. Am Anschluß 8 steht das Nf-Signal zur Verfügung und wird dem Lautstärkeeinsteller zugeführt. Die Kondensatoren Cl und C2 dienen zur Höhenabsenkung (Deemphasis), wie sie bei Frequenzmodulation erforderlich ist.

Man erhält somit eine sehr einfache und übersichtliche Gesamtschaltung.

## Abb. 5.06 Quasiparallel-Ton

Der Bildträger (38,9 MHz) und die beiden Tonträger gelangen von den Anschlüssen 4 und 5 des Oberflächenwellenfilters symmetrisch zu den Anschlüssen 20 und 21 der Quasi-Parallelton-IS TDA 4282 T. In dieser befindet sich ein geregelter AM-Breitbandverstärker mit anschließendem Koinzidenzdemodulator zur Gewinnung der beiden Tonzwischenfrequenzen. Im Gegensatz zum Videodemodulator ist dieser Hilfskreis über zwei Kondensatorend angekoppelt, so daß an ihm ein um 90° phasenverschobenes Signal entsteht. Der Koinzidenzdemodulator arbeitet also ähnlich einem FM-Demodulator und unterdrückt alle zur Trägerfrequenz symmetrisch liegenden Seitenbänder. In der Praxis wird dieser Kreis auf größten Störabstand im Tonkanal

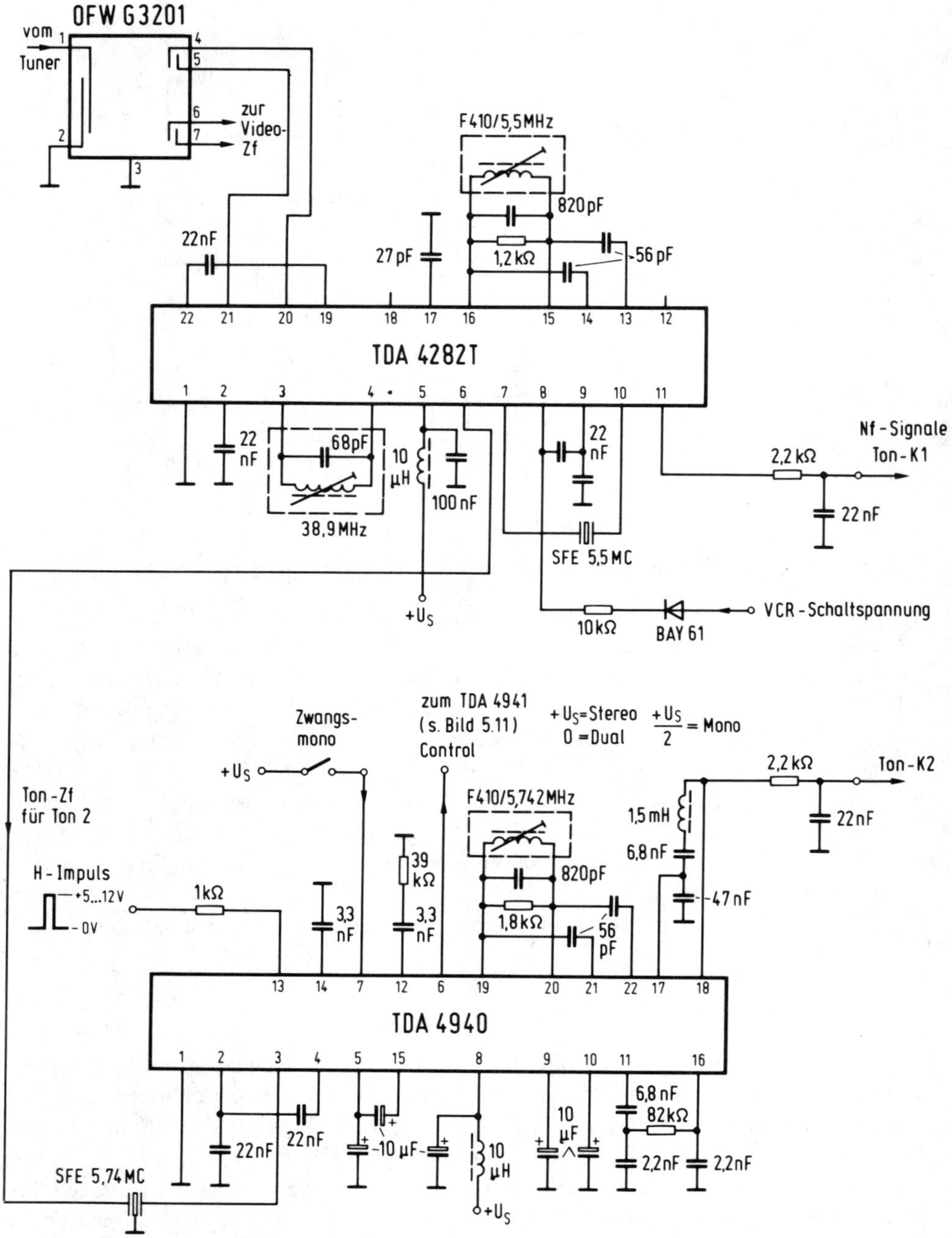


Abb. 5.06 Ton-Zf und Demodulation für Quasiparallel-Tonverfahren. Der TDA 4940 enthält auch noch die Pilotton-Auswertung (siehe Abb. 5.09)

abgeglichen, in der Regel etwa auf 39,2 MHz. Damit wird für den Bildträger die Schräge der Nyquistflanke in unmittelbarer Nähe des Bildträgers kompensiert. Das Ton-Zf-Signal 5,5 MHz für Ton 1 (L+R) wird über ein Keramikfilter selektiert und dem Anschluß 10 zugeführt. Ein Begrenzerverstärker führt auf den 5,5-MHz-FM-Demodulator. Als Frequenzbestimmendes Glied dient der Schwingkreis F410/5,5 MHz. Die Niederfrequenz kann Anschluß 11 entnommen werden; sie führt über ein Deemphasisglied. Für dieses Glied müssen Bauelemente mit einer Toleranz von 1% eingesetzt werden.

Das Tonzwischenfrequenzsignal für Ton 2 (2R) wird dem Anschluß 6 entnommen. Ein Keramikfilter selektiert die 5,74 MHz heraus, welche dem Anschluß 3 des TDA 4940 zugeführt wird. Auch hier führt wieder ein Begrenzerverstärker auf dem FM-Demodulator, hier mit dem frequenzbestimmenden Schwingkreis F410/5,74 MHz. Am Anschluß 18 kann das Niederfrequenzsignal für Ton 2 abgenommen werden. Auch hier ist wieder ein Deemphasisglied mit einer Toleranz von 1 % geschaltet. (Aus Siemens Schaltbeispielen)

## Abb. 5.07 Zf- und Nf-Verstärker auf einem Chip

Noch weiter vereinfacht wird der Aufbau eines Fernsehempfänger-Tonteils durch die integrierte Schaltung TDA 1035 der Firma Intermetall. Zur Verdeutlichung der

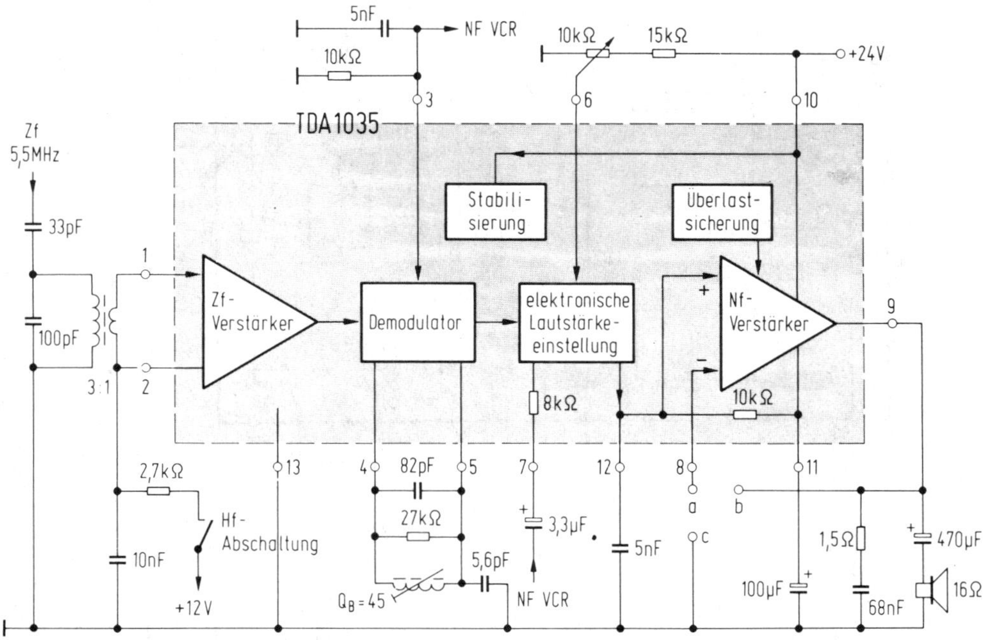


Abb. 5.07 Ton-Zf- und Nf-Teil mit der integrierten Schaltung TDA 1035 (Intermetall)

Funktionen sind hier zusätzlich die Innenstufen dargestellt. Der Baustein enthält einen Begrenzerverstärker für das frequenzmodulierte Zf-Signal, einen Koinzidenzdemodulator und eine Schaltung zur elektronischen Lautstärkeeinstellung sowie einen kompletten Nf-Verstärker mit Vorstufe, Treiberstufe und Endstufe in Seriengegentaktschaltung. Ferner ist ein Nf-Anschluß für einen Video-Cassetten-Recorder (VCR) vorgesehen. Bei Recorder-Wiedergabe wird der Hf-Teil abgeschaltet. Insgesamt benötigt der Baustein nur wenige äußere Schaltelemente. Zwei aus dem Gehäuse herausragende Kühlfahnen reichen aus für etwa 2 W Ausgangsleistung. Werden die Kühlfahnen vergrößert, so sind bis zu 4 W Ausgangsleistung möglich.

## Abb. 5.08 Tonkanal-Chip mit 4 W Endleistung und normgerechter VCR-Umschaltung

Der integrierte Tonkanal-Baustein TDA 2190 enthält ebenfalls einen Zf-Begrenzerverstärker, den FM-Demodulator, eine elektronische Lautstärkeeinstellung

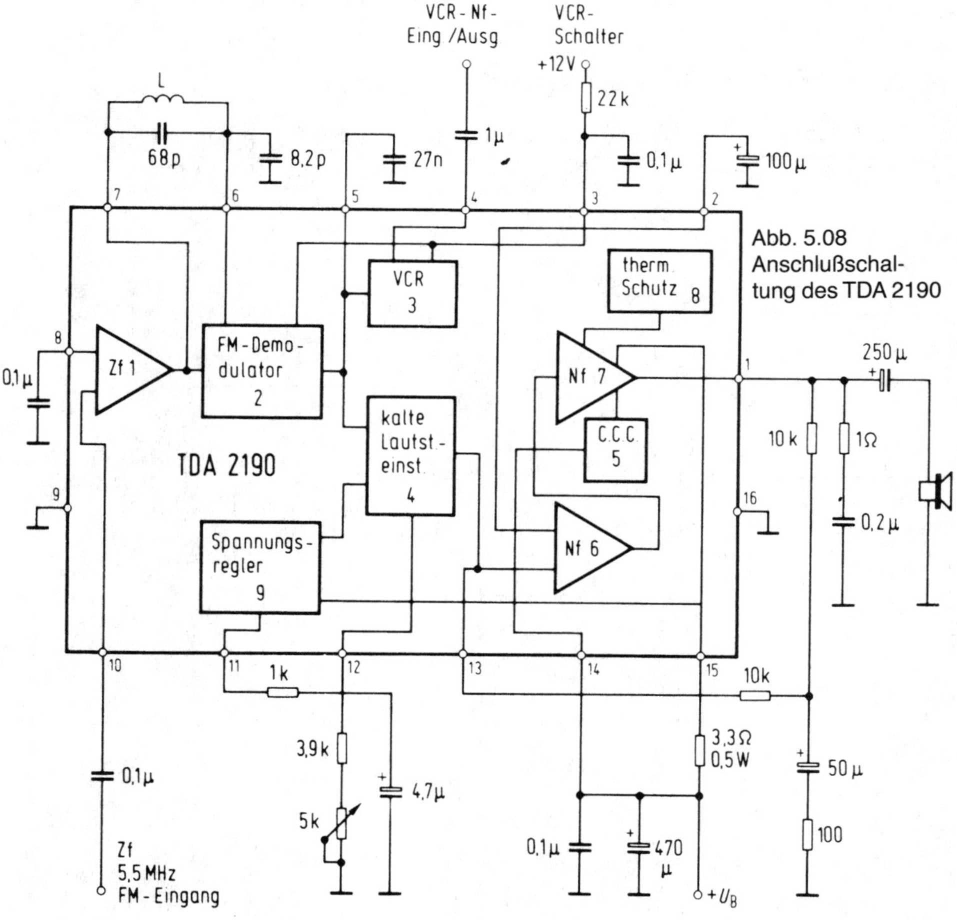


Abb. 5.08 Anschlußschaltung des TDA 2190

(„kalte“ Lautstärkeeinstellung) und einen Nf-Verstärker mit 4 W Ausgangsleistung. Die Stufe 5 bewirkt in der dargestellten äußeren Beschaltung einen sogenannten Konstantstrom-Betrieb, um die Versorgungsspannung auch bei maximaler Ausgangsleistung nicht zu stark zu belasten. Ferner vermindert die thermische Schutzschaltung 8 bei zu hohem Ansteigen der Chiptemperatur den Ausgangsstrom und damit die Ausgangsleistung.

Die Anschlußbuchse für den Ton des VCR-Gerätes wird normgerecht durch Anlegen einer Gleichspannung an den Stift 4 von Aufnahme auf Wiedergabe umgeschaltet.

## Abb. 5.09 und 5.10 Zweiton-Verfahren für Fernsehsendungen

Der Fernsehton, der bisher etwas als „Nebensächlichkeit“ bei der Fernsehübertragung betrachtet wurde, ist ab der Funkausstellung 1981 technisch wesentlich verbessert und dadurch attraktiver geworden. In Zusammenarbeit mit dem ZDF, der Deutschen Bundespost, der ARD, dem IRT und der deutschen Unterhaltungselektronikindustrie entstand ein neues Zweikanal-Tonverfahren. Die Aufteilung der Nf-Signale auf zwei getrennte Übertragungskanäle eröffnet neben der Qualitätsverbesserung die Möglichkeit der Stereoübertragung oder der Zweitonübertragung. So lassen sich ausländische Spielfilme gleichzeitig im Originalton und synchronisiert in der Landessprache ausstrahlen oder Konferenzen in der Landessprache mit getrennter Simultanübersetzung im zweiten Kanal übertragen. Auch Länder, die mehrere Sprachregionen haben, können zum gleichen Bild über die zwei getrennten Kanäle zweisprachig übertragen. Bei der Stereoübertragung wird aus Gründen der Kompatibilität die Matrizierung des Stereosignales nach Abb. 5.10 vorgenommen. Wenn der Empfänger nicht zum Empfang des zweiten Tonträgers eingerichtet ist, wird sowohl der linke als auch der rechte Tonkanal in Mono wiedergegeben. Welche Mehrkanal-Tonbetriebsart – Stereo, Zweiton oder Mono – vorliegt, wird mit einem amplitudenmodulierten Pilotträger im Tonkanal 2 übertragen. Aus Qualitätsgründen erfolgt die Aufbereitung der beiden Tonkanäle

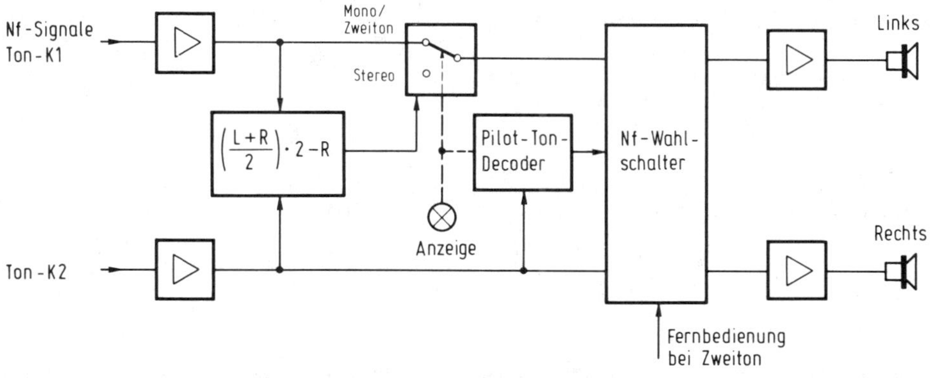


Abb. 5.09 Signal-Verarbeitung beim Zweiton-Verfahren auf der Empfängerseite. Bei Stereo-Empfang muß die Matrizierung im Ton-Kanal 1 wieder rückgängig gemacht werden.

| Betriebsart | Ton-Kanal 1 | 2 |
|---|---|---|
| Mono | Monosignal M1 | Monosignal M1 und Pilotträger 54,7 kHz (3,5 · $f_H$) |
| Stereo | Summensignal $M = \frac{L + R}{2}$ | Rechtssignal R und Pilotträger 50% AM mit 117 Hz $\frac{1}{133} \cdot f_H$ |
| Zweiton | Monosignal M1 | Monosignal M2 und Pilotträger 50% AM mit 274 Hz $\frac{1}{57} \cdot f_H$ |

* L = Linker Tonkanal, R = Rechter Tonkanal – bei Stereobetrieb

Abb. 5.10

1 und 2 (nicht zu verwechseln mit links und rechts), nach den Quasiparallel-Tonverfahren.

Abb. 5.09 zeigt die weitere Signalverarbeitung auf der Empfängerseite: Bei Mono- und Zweitonbetrieb steht der elektronische Schalter nach oben. Der Pilotton-Decoder gibt bei Monobetrieb eine Information an den Nf-Wahlschalter, daß Tonkanal 1 auf den linken und Tonkanal 2 auf den rechten Lautsprecher durchgeschaltet sind. Bei Zweitonbetrieb wird immer nur einer der beiden Tonkanäle auf beide Lautsprecher durchgeschaltet, eine zweite Information, von der Fernbedienung herkommend, bestimmt, welcher Ton zu hören ist.

Bei Stereobetrieb wird aus dem Signal

$$\left(\frac{L + R}{2}\right)$$

durch Matrizierung nach der Formel

$$\left(\frac{L + R}{2}\right) \times 2 - R$$

der linke Kanal gewonnen.

Der elektronische Schalter steht nach unten. Der Pilotton-Decoder gibt dem Nf-Wahlschalter an, daß beide Kanäle getrennt auf den linken und rechten Lautsprecher übertragen werden. Dabei steht für den rechten Tonkanal unmittelbar die Toninformation des Tonkanals 2 zur Verfügung.

Die eben erwähnte Pilotträgerauswertung ist in der integrierten Schaltung TDA 4940 (siehe Abb. 5.06) enthalten. Die Pilotträgerfrequenz $f_p = 3{,}5\ f_H$ wird mit einem PLL-Synthesizer erzeugt. Als Referenzfrequenz dient der Zeilenrücklaufimpuls, der dem Anschluß 13 zugeführt wird. Der modulierte Pilotträger gelangt vom NF-Ausgang über einen Kondensator zum Anschluß 17, wird verstärkt und einem Synchrondemodulator zugeführt. Der interne Pilotträger wird über einen Phasenregelkreis synchronisiert. Die auf diese Weise synchrondemodulierten Kenntöne gelangen über einen externen Bandpaß (zwischen Anschluß 16 und 11) zur Auswerteschaltung. Die Auswertung wird mit einem frequenzselektiven, sehr schmalbandigen, phasenunempfindlichen Effektivwertgleichrichter mit nachfolgendem Komparator vorgenommen. Die Betriebszustände „Stereo“ ($f_{ST} = f_H/133$), „Zweiton“ ($f_{ZT} = f_H/57$) und „Mono“ ($f_M = 0$) werden im Multiplexbetrieb abgefragt. Der momentane Betriebszustand wird über einen Tristateausgang[1]) (Anschluß 6) ausgegeben. Er führt in der Regel zu einer weiteren integrierten Schaltung mit der TV-Stereo-Matrix (z.B. TDA 4941 (siehe Abb. 5.11 oder TDA 4942). Mit einer positiven Spannung am Anschluß 7 kann zwangsweise „Mono“ eingestellt werden.

## Abb. 5.11 und 5.12 TV-Stereo-Matrix mit Kopfhörer- und VCR-Anschluß

Die Schaltung in Abb. 5.11 wertet das aus der integrierten Schaltung TDA 4940 (siehe Abb. 5.06) kommende, aus der Pilotton-Auswertung gewonnene Steuersignal aus.

Bei Stereoübertragung hat das Steuersignal die Größe der Speisespannung $U_s$. In diesem Fall wird Ton 1 als (L+R)-Signal und Ton 2 als (2R)-Signal übertragen. Die integrierte Matrix gewinnt aus diesen Informationen die Niederfrequenzsignale für den linken und den rechten Tonkanal. Neben den beiden normalen Niederfrequenzausgängen (Anschluß 12 (rechts) und Anschluß 13 (links)) stehen beide Kanäle für VCR und Kopfhörer an getrennten Anschlüssen zur Verfügung.

Ist das VCR-Gerät nicht für Stereo ausgerüstet, muß bei Wiedergabe der Schalter am Anschluß 15 geschlossen sein. Am Anschluß 20 wird wie üblich der Zustand Aufnahme oder Wiedergabe gesteuert. Bei Wiedergabe muß an diesem Anschluß die Speisespannung anliegen.

Bei Monobetrieb führt das Steuersignal zum Anschluß 21 die halbe Speisespannung ($U_{s/2}$). In diesem Fall wird der ankommende Ton 1 sowohl auf den linken als auch auf den rechten Tonkanal geschaltet.

Bei Zweiton-Wiedergabe führt das Steuersignal die Spannung Null. Zwei getrennte Analogschalter, gesteuert über Pin 14, ermöglichen die Wahl von Ton 1 bzw. Ton 2. Der Analogschalter 1 wirkt über einen gleichspannungsgesteuerten Balanceregler auf

1 Die Ausgangsspannung kann drei Zustände annehmen.

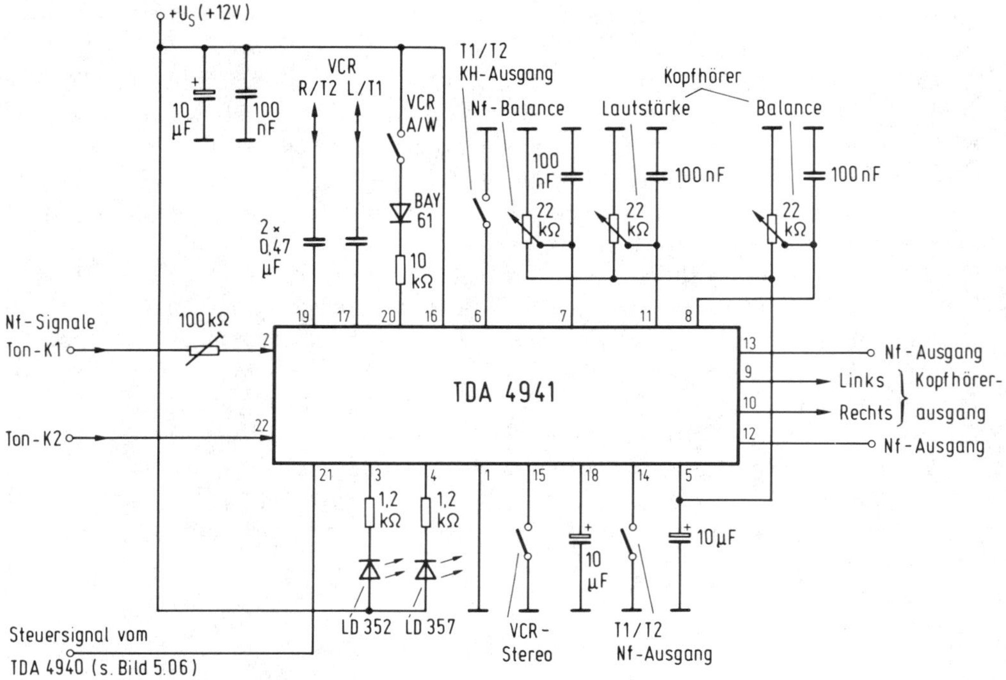


Abb. 5.11 Schaltung für die Signal-Verarbeitung beim Zweiton-Verfahren (TV-Stereomatrix)

Abb. 5.12 Beide Platinen enthalten die komplette Bild-Zf, Ton-Zf für Zweiton-Verfahren und die TV-Stereomatrix. Obere Platine trägt die Schaltung nach Abb. 5.11, untere Platine die Schaltungen der Abbildungen 4.25 und 5.06 (Siemens-Pressebild)

den normalen Nf-Ausgang. Der getrennt schaltbare Analogschalter 2 (Pin 6) steuert den Kopfhörerausgang. Die Schalteingänge für die Analogschalter wirken nur bei Zwei-Kanal-Betrieb und sind bei Stereo- bzw. Monobetrieb unwirksam. Geschlossene Schalter bewirken jeweils die Durchschaltung von Ton 2.

Zwei LED's zeigen die jeweiligen Betriebszustände an.
(Aus Siemens Schaltbeispielen)

## Abb. 5.13 Klang- und Lautstärkeregler für Stereoanwendungen

Bei den integrierten Schaltungen TDA 4290 lassen sich die Lautstärke, die Höhen und die Tiefen mittels Gleichspannung – hier angedeutet durch die 4 Potentiometer

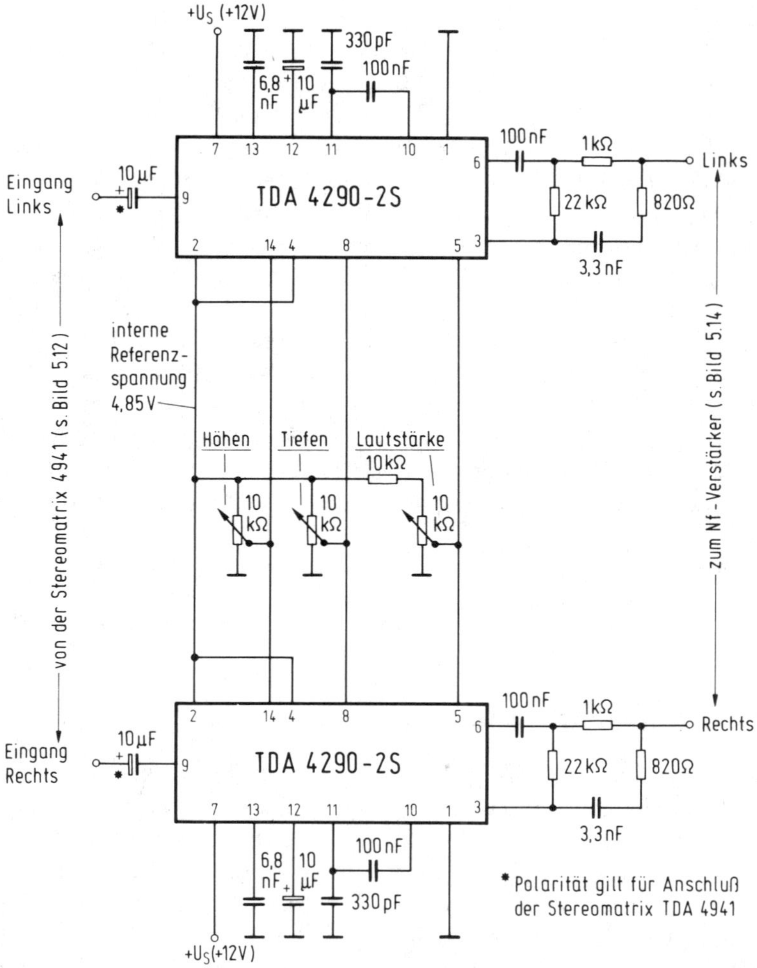


Abb. 5.13 Klang- und Lautstärkeregelung bei Stereobetrieb

10 kΩ in der Mitte des Bildes – einstellen. Die Charakteristik ist von linearer auf physiologische Lautstärkeregelung umschaltbar. Für Stereobetriebe können zwei IS mit den Steueranschlüssen parallel geschaltet werden, so daß der linke und der rechte Kanal sowohl in der Lautstärke als auch in der Klangcharakteristik gleichlaufend gesteuert werden können. Dafür muß dann der spezielle Typ TDA 4290-2S eingesetzt werden. Bei diesem Typ werden besonders enge Toleranzen für den Gleichlauf garantiert.

Die Höhenanhebung oder -absenkung ist von der Gleichspannung am Anschluß 14 und der Größe des Kondensators am Anschluß 13 abhängig. Die Größe des Kondensators bestimmt den Einsatzpunkt der Höhenanhebung oder -absenkung. Für die Tiefenanhebung oder -absenkung ist die Spannung am Anschluß 8 sowie die Größe des Kondensators zwischen den Anschlüssen 10 und 11 maßgebend.

Für die Einstellung der Lautstärken ist die Spannung am Anschluß 5 maßgeblich. Liegt keine Spannung am Anschluß 5, ist bei offenem Anschluß 4 die Ausgangsspannung an beiden Ausgängen (Anschluß 3 und Anschluß 6) um 80 dB abgesenkt.

Für die physiologische Lautstärkeregelung wird Anschluß 4 mit der Referenzspannung (Anschluß 2) verbunden. Jetzt tritt an den Anschlüssen 3 und 6 eine unterschiedliche Absenkung auf. Schließt man zwischen die Anschlüsse 3 und 6 ein frequenzabhängiges Netzwerk an (Abb. 5.13), so erhält man am Abgriff dieses Netzwerkes ein bewertetes Ausgangssignal, abhängig je nach Einstellung der unterschiedlichen Lautstärkepegel an Anschluß 3 und 6. Da bei maximaler Lautstärke die Spannungen am Anschluß 3 und 6 etwa gleich sind, wird das frequenzabhängige Netzwerk keinen Einfluß (bei hochohmiger Belastung) auf die Ausgangsspannung haben. Bei stärker werdender Abregelung sinkt die Ausgangsspannung am Anschluß 6 schneller als am Anschluß 3; folglich bilden die am Anschluß 6 angeschlossenen Bauelemente einen frequenzabhängigen Nebenanschluß für den Signalweg vom Anschluß 3 zum Ausgang. Um einen Abfall der tiefen Frequenzen bereits am Eingang der Schaltung zu vermeiden (Eingangswidersstand $\approx$ 4 kΩ), sollte der Ankoppelkondensator groß genug gewählt werden.

Der Ausgang am Abgriff des Netzwerkes sollte nur hochohmig belastet werden. (Aus Siemens-Schaltbeispielen)

## Abb. 5.14 6 W-Stereo-Nf-Verstärker

Der Stereo-Nf-Verstärker (Abb. 5.14) ist mit einem TDA 4925 aufgebaut. Das IC enthält zwei komplette Verstärker und ist bei minimaler Außenbeschaltung äußerst vielseitig anwendbar. Thermische Überlastungen der Endstufen-Transistoren werden durch die jedem Verstärker eigene Temperatursicherung verhindert. Ein SOA-Schutz für das obere Leistungselement macht das IC gegen Masse kurzschlußfest. Beim Aufbau ist zu beachten, daß der Abblock-Kondensator für die Speisespannung 100 nF sowie die Bedämpfungsglieder 100 nF/1Ω sehr kurz und induktivitätsarm zu den entsprechenden Anschlüssen beschaltet sind. Die beiden Koppelkondensatoren am Ein-

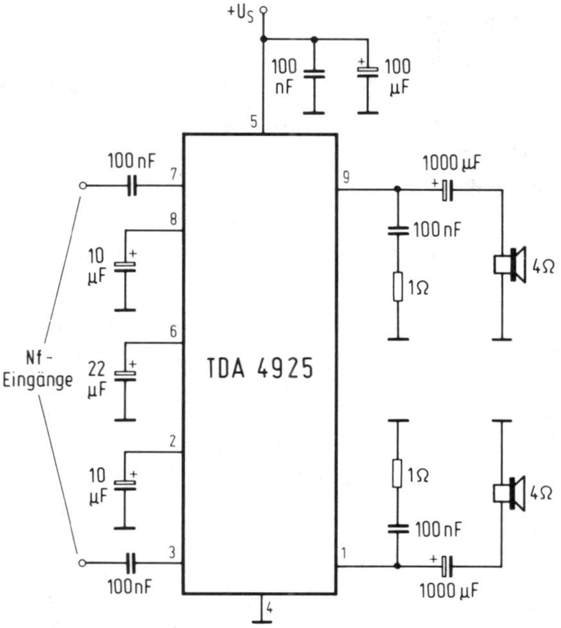


Abb. 5.14 Schaltung des Doppel-Nf-Verstärkers in einem Gehäuse TDA 4925 für Stereo-Ton

gang können entfallen, wenn die Schaltung mit der Schaltung von Abb. 5.13 verbunden wird.
(Aus Siemens-Schaltbeispielen)

## Abb. 5.15 Nf-Verstärker für 5 W

Im Tonteil für Mono-Geräte findet häufig die integrierte Schaltung TDA 1037 (Abb. 5.15) Verwendung. Der am Anschluß 6 in Serie mit dem Elektrolytkondensator

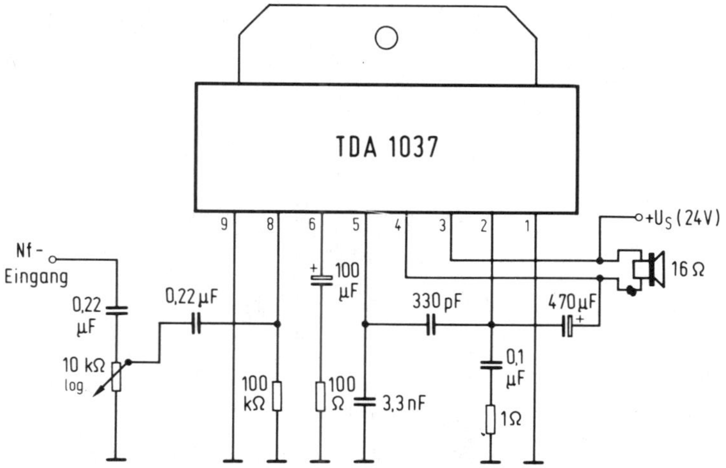


Abb. 5.15 Nf-Verstärker für Mono

100 $\mu$F angeschlossene Widerstand 100 Ω bstimmt die Verstärkung. Die Kondensatoren 330 pF und 3,3 nF bewirken eine Höhenabsenkung und unterstützen die Deemphasis. Die Ansteuerschaltung für die Endstufe arbeitet mit einer dynamischen Spannungsaufstockung, welche über den Kondensator 470 $\mu$F (Anschluß 4) vorgenommen wird. Der Gleichstromweg führt über den Lautsprecher.
(Aus Siemens-Schaltbeispielen)

## Abb. 5.16 W Nf-Verstärker in Brückenschaltung

Mit zwei integrierten Nf-Verstärkern TDA 2030 kann ein Leistungsverstärker für 25 W Ausgangsleistung in Brückenschaltung aufgebaut werden (Abb. 5.16). Da die Schaltung eine integrierte Kurzschlußsicherung besitzt, ist die Anwendung unproblematisch. Ferner sorgt eine thermische Kurzschlußsicherung dafür, daß bei Überlast die zulässigen Grenzwerte der Verlustleistung nicht überschritten werden.

Die Schaltung ist völlig symmetrisch aufgebaut, die Ansteuerung der rechten IS erfolgt vom Ausgang der linken IS über einen Widerstand von 22 kΩ im Gegenkopplungszweig zu Anschluß 2. Die vier Dioden 1N4001 verhindern, daß durch Induktivitäten in der Lautsprecherleitung sich Spannungen aufbauen, die die positive und negative Betriebsspannung überschreiten. Wichtig ist, daß die Bedämpfungsglieder 220 nF/ 1Ω kurz und induktivitätsarm von den Ausgängen der Verstärker (Anschluß 4) nach

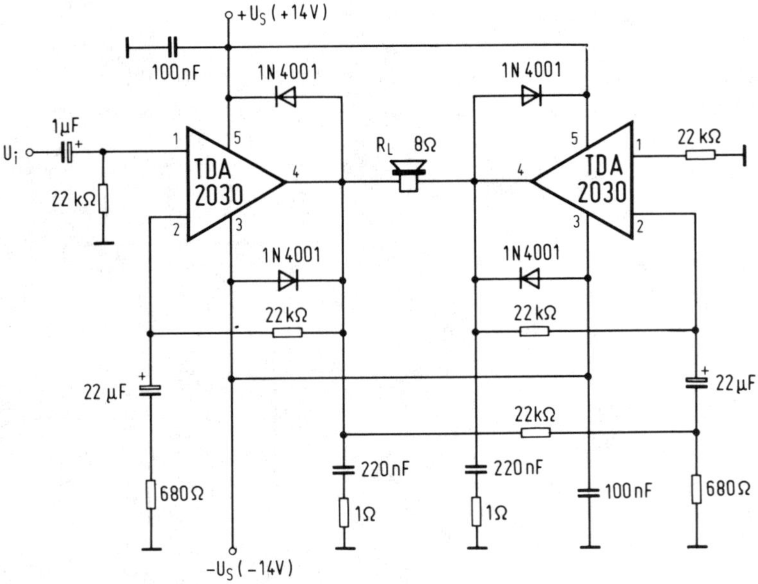


Abb. 5.16 25 W Nf-Verstärker in Brückenschaltung

Abb. 5.17 Fernsehgerät mit Stereo-Ton, man sieht links und rechts die Schallaustrittsöffnungen der Lautsprecher (Foto: Grundig AG)

Masse angeordnet sind. Die Verstärkung läßt sich durch das Spannungsteilerverhältnis der Gegenkopplung vom Ausgang (Anschluß 4) zum invertierenden Eingang (Anschluß 2) dimensionieren.
(Aus Siemens-Schaltbeispielen)

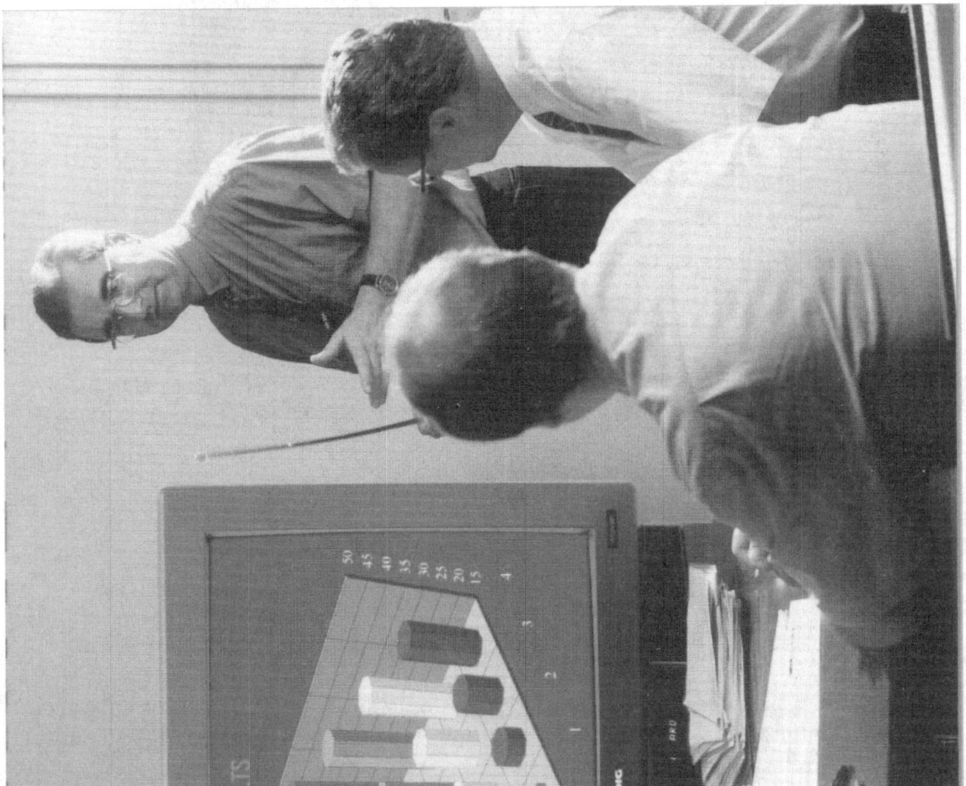


Abb. 5.18 Bei einem Fernsehgerät mit VGA-Schnittstelle können Computer-Grafiken vor einem größeren Personenkreis dargestellt werden. Siehe auch Kapitel 29 am Ende des Buches. (Foto: Grundig AG)

Abb. 5.19 Satelliten-TV-Receiver mit Antennen-Positionierer. Siehe auch Kapitel 24.35 über Satellitenfernsehen. (Foto: Grundig AG)

# 6 Video-Verstärker

Nun zurück zum Bildteil. Der Video-, Luminanz- oder Y-Verstärker verstärkt das 5 MHz breite Bildsignalspektrum und steuert damit den Strahlstrom der Bildröhre.

## *Helligkeitssteuerung der Bildröhre*

### Abb. 6.01 Strahlstrom und Helligkeit

Das Strahlsystem einer Bildröhre besteht aus der geheizten Katode k, einem Steuergitter g, hier Wehnelt-Zylinder genannt, und einem Anoden- und Fokussiersystem. Der Aufbau der Bildröhre wird im Kapitel 7 beschrieben. Hier interessiert zunächst nur die Möglichkeit, die Stärke des Strahlstromes und damit die Helligkeit des Leuchtflecks zu steuern. Dafür ergibt sich ein Zusammenhang, wie wir ihn vom Gitterspannungsdiagramm einer Röhre oder vom Basisspannungsdiagramm eines Transistors kennen. Durch Ändern der Spannung zwischen Gitter und Katode werden Strahlstrom $I_1$ und Helligkeit des Leuchtfleckes beeinflußt. Ist das Gitter stark negativ gegenüber der Katode (oder die Katode positiv gegenüber dem Gitter), dann ist der Strahlstrom klein. Dieser kleine Strom hat nicht genügend Kraft, den Bildschirm zum hellen Aufleuchten zu bringen. Unterdrückt man den Strahlstrom durch eine hohe negative Vorspannung gänzlich, dann bleibt der Bildschirm sogar vollkommen dunkel. Ein großer Strahlstrom dagegen befördert mehr Elektronen auf die Schirmfläche, und sie leuchtet an dieser Stelle hell auf.

Man kann also neben der Skala für den Strahlstrom einen Maßstab für die Helligkeit anbringen, und es gilt der Satz: *Hohe negative Spannungen am Gitter der Bildröhre (Wehnelt-Zylinder) ergeben Schwarz, geringe Spannungen Weiß.*

### Abb. 6.02 Polung des Video-Signals an der Bildröhre

Nach der europäischen Fernsehnorm liegt der Schwarzpegel bei 75% und der Weißpegel bei 10% des Bildsignales (vgl. Abb. 1.06). Damit also der Strahlstrom beim Schwarzpegel auch wirklich geringer wird, muß das Bildsignal am *Gitter* der Bildröhre *negativ* gerichtet sein. Grundvorspannung der Bildröhre und Verstärkung des Empfängers sind so einzustellen, daß möglichst die ganze Kennlinie der Bildröhre vom

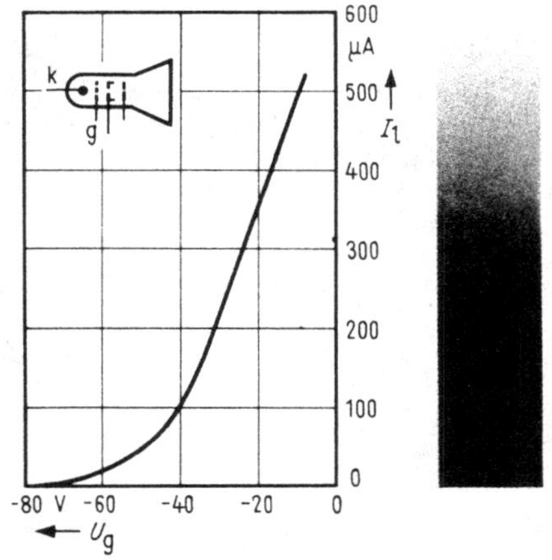


Abb. 6.01 Größerer Strahlstrom einer Bildröhre ergibt eine größere Helligkeit auf dem Bildschirm

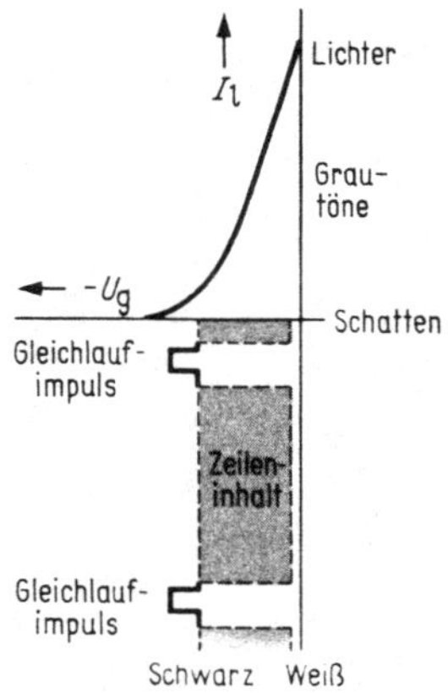


Abb. 6.02 Bei der europäischen Fernsehnorm müssen der Schwarzpegel und die Gleichlaufzeichen die Gitterspannung der Bildröhre zu negativen Werten verschieben

Signal ausgesteuert wird, um gute Helligkeitsunterschiede (Kontraste) zu erhalten. Die Bildröhre hat dabei im Ruhezustand nur eine geringe negative Vorspannung, so daß ihr Arbeitspunkt ziemlich hoch auf der Kennlinie liegt. Deshalb entsteht, solange der Sender noch nicht arbeitet, ein helles weißes Raster auf dem Bildschirm.

Erwähnt sei, daß die französische Fernsehnorm entgegengesetzt gerichtete Modulation hat; der Schwarzpegel liegt also bei kleinen Senderamplituden. Um Verwechslungen zu vermeiden, wird in unseren Ausführungen stets nur die europäische Fernsehnorm behandelt, bei der der Schwarzpegel auf 75 % der Senderamplitude liegt.

## Abb. 6.03 Polarltät der Videospannung

Die Steuerwirkung von Abb. 6.02 kann auf zweierlei Weise erzielt werden: durch Steuern am Gitter mit negativ gerichteten Spannungsimpulsen, Abb. 6.03a, oder durch Steuern an der Katode mit positiv gerichteten Spannungsimpulsen (Abb. 6.03b). Je nach Art der Schaltung muß also der Videoverstärker entsprechend gerichtete Signalfolgen liefern. Normalerweise wird die Bildhelligkeit nach Abb. 6.03b an der Katode gesteuert. Gleichzeitig benutzt man aber negative Impulse, um am Gitter den Strahlrücklauf dunkelzutasten.

Bei Farbfernsehempfängern wendet man beide Möglichkeiten für die Bilddarstellung an und steuert z.B. an den Katoden mit den Helligkeitssignalen und gleichzeitig an den Gittern mit den Farbdifferenzsignalen. Die Polarität bzw. Richtung der Video-Signalspannung ist daher gut zu beachten. Durch Phasenumkehrstufen (Inverterstufen) kann man jedoch leicht die benötigte Polung der Spannung gegen die Bezugsleitung erreichen. So wirkt bekanntlich ein Transistor in Emitterschaltung als Inverterstufe.

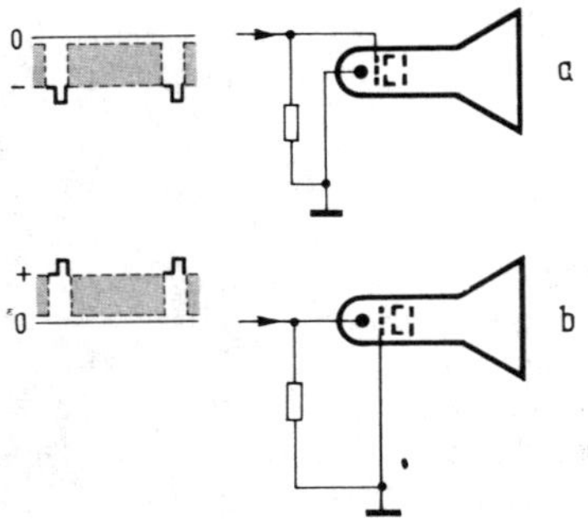


Abb. 6.03 Eine negativ gerichtete Spannung am Gitter der Bildröhre hat die gleiche Wirkung wie eine positiv gerichtete Spannung an der Katode

Aus dem Videoverstärker werden auch die Bild- und Austastsignale für die Ablenkteile entnommen, die in dem sogenannten Amplitudensieb vom Bildinhalt abgetrennt werden. Meist benötigt man dazu positiv gerichtete Synchronisierimpulse. Man zweigt sie deshalb an einer Stelle im Videoverstärker ab, wo sie in dieser Richtung vorhanden sind.

## Abb. 6.04 Polung des Videodemodulators

Die gewünschte Polarität des Videosignals wird bereits durch die Schaltung des Videodemodulators bestimmt. Die Abbildungen 6.04a bis f geben eine Übersicht über die verschiedenen Schaltmöglichkeiten. Den Spulen bzw. Schwingkreisen wird das links angedeutete modulierte Bild-Zf-Signal zugeführt. Nach dem Demodulieren ergibt sich dann für die oberen drei Schaltungen die negativ gerichtete Videospannung oben rechts, während die unteren Schaltungen positiv gerichtete Videospannungen (unten rechts) bewirken. Meistens wird die Schaltung nach Abb. 6.04a angewendet.

Sie hat den Vorteil, daß Zf- und Videokreis schaltungsmäßig gut getrennt und einpolig geerdet sind. Die Videospannung entsteht hierbei negativ gegen Erde.

Bei multiplikativen Demodulatoren[1]) können beide Signalformen gleichzeitig entnommen werden.

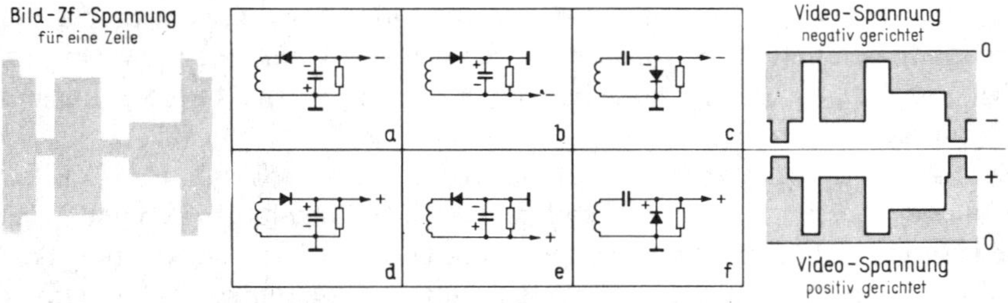


Abb. 6.04 Die verschiedenen Demodulatorschaltungen zum Erzeugen negativ und positiv gerichteter Videospannungen

1 Vgl. Abb. 4.14.

Abb. 6.05 Höhenanhebung im Videoverstärker
a = Durchlaßkurven
b = Ein bedämpfter Parallelschwingkreis ergibt den Kurvenverlauf 1 im Diagramm
c = Serienkompensation durch ein $\pi$-Filter (Kurve 2)
d = Gemischte Kompensation (Kurve 3)

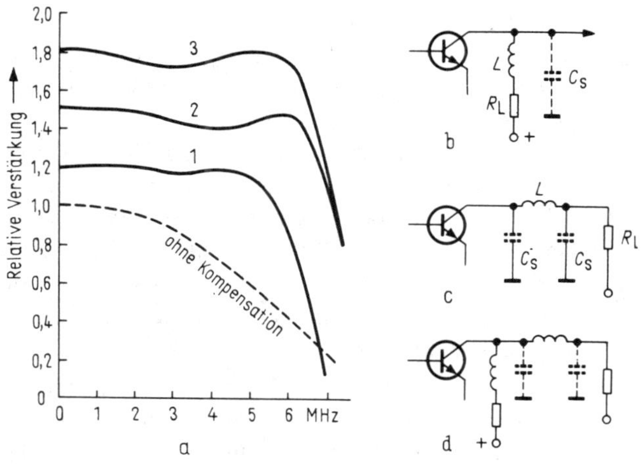


## Abb. 6.05 Video-Frequenzgang

Der Videoverstärker ist gelegentlich ein schlichter Breitbandverstärker, der ein von Gleichspannung bis etwa 5 MHz reichendes Frequenzspektrum mit gleichmäßiger Verstärkung durchlassen soll, damit auch die feinen in den hohen Frequenzen enthaltenen Bildeinzelheiten klar erscheinen. Ein solcher Breitbandverstärker bietet für den Schaltungstechniker keine Schwierigkeit. Nun werden aber die hohen Frequenzen um 5 MHz im Fernsehempfänger ständig benachteiligt. Im Bild-Zf-Verstärker senkt man den Tonträger ab, das wirkt sich auf die Flanke bei den hohen Bildfrequenzen aus, und hinter dem Videodemodulator muß man durch Längsdrosseln und Querkapazitäten die höherfrequenten Zf-Reste unterdrücken. Deshalb werden im Videoverstärker Höhenanhebungen vorgesehen, um die Frequenzen um 5 MHz wieder etwas aufzufrischen.

Die gestrichelte Kurve in Abb. 6.05a zeigt die sehr ungünstige, nicht korrigierte Durchlaßkurve eines Videoverstärkers. Ab 3 MHz sinkt die Verstärkung ab.

Legt man nun nach Abb. 6.05b in Reihe mit einem Arbeitswiderstand im Videoverstärker eine Induktivität L, dann bildet sie mit der Schaltkapazität einen durch den Arbeitswiderstand $R_L$ stark bedämpften Parallelschwingkreis. $R_L$ kann dann sogar um 20 % größer gemacht werden. Stimmt man diesen Kreis auf 5 MHz ab, dann ergibt sich die Kurve 1. Die Höhen werden angehoben, und auch bei tiefen Frequenzen ergibt sich eine etwas höhere Gesamtverstärkung gegenüber der Schaltung ohne Kompensation.

Bei der *Serienkompensation* wird ein Reihenschwingkreis aus der Spule $L$ und den beiden Teilkapazitäten $C_s$ gebildet. Im Resonanzfall sind die Spannungen an den Kapazitäten dieses $\pi$-Gliedes ein Maximum, und es ergibt sich ebenfalls eine Verstärkungsanhebung. $R_L$ kann hierbei sogar auf das 1,5fache vergrößert werden. Kurve 2 zeigt den Gewinn bei richtiger Bemessung. Die Anordnung wirkt gleichzeitig als Zf-Sperre.

Bei *gemischter Kompensation* werden beide Systeme vereinigt. Man bildet also aus der Schaltkapazität der Vorstufe und der Spule $L_1$ einen Parallelkreis. Daran schließt sich ein Serienkreis mit der Spule $L_2$ und der Streukapazität der folgenden Stufe. Arbeitswiderstand und Verstärkung können dann auf das 1,8fache vergrößert werden (Kurve 3). Allerdings sind die genaue Bemessung der Einzelteile, der Aufbau und das Abgleichen schwieriger.

Bei allen diesen Filtern sowohl im Bild-Zf-Teil als auch im Videoteil sind beim Entwurf sehr sorgfältig die Phasenbedingungen zu berücksichtigen. Innerhalb des Durchlaßgebietes sollen möglichst keine Phasendrehungen auftreten. Das gilt bei Farbempfängern besonders für den Teil, in dem die Farbsignale übertragen werden, denn dort könnten Phasendrehungen zu Farbverfälschungen führen. Die Berechnung von solchen komplizierten Filtern ist ein spezielles Arbeitsgebiet der wissenschaftlich geschulten Ingenieure. Man sieht es den Schalbildern nicht an, welche Vorarbeit darin steckt.

Bei flimmerfreien Fernsehgeräten (siehe auch digitale Signal-Verarbeitung in Fernsehgeräten, Kapitel 21) werden durch die doppelte Schreibgeschwindigkeit die Anforderungen an die Videostufen erhöht. Die Flankensteilheit des Signales muß mindestens halbiert werden (d. h. eine Bandbreite von 10 MHz), da sonst das Bild unscharf erscheinen würde. Dieses kann nur durch eine Verdoppelung der Bandbreite des Videoverstärkers besonders der Videoendstufe erreicht werden. Die Bandbreite der Videotreiberschaltung IC TDA 3505 oder IC TDA 4580 zusammen mit je zwei Transistoren BF 585 als Videoendstufen für RGB ist ausreichend.

Bei analogen Schaltungen ist eine gewisse Bildschärfeverbesserung durch Einfügen des ICs TDA 4670 in den Farbdecoder (siehe Abb. 18.62) möglich.

## Abb. 6.06 Elektronische Frequenzgangkorrektur

Neuere Erkenntnisse bei Videoendstufen gehen davon aus, daß der Lastwiderstand (durch die Bildröhre) im wesentlichen eine Kapazität ist. Ändert sich die Bildhellig-

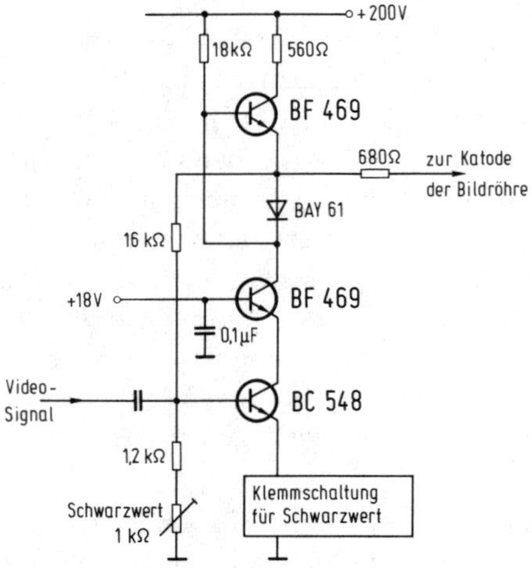


Abb. 6.06 Schaltung einer Video-Endstufe mit aktivem Lastwiderstand. Der gesteuerte Transistor BC 548 bildet zusammen mit dem BF 469 eine Kascode-Schaltung, bei der die schädliche Basis-Kollektor-Kapazität unschädlich wird.

keit, so muß diese Kapazität möglichst schnell entsprechend dem Helligkeitssprung auf- oder entladen werden.

Verändert sich der Bildinhalt in Richtung des Weißpegels, so führt der untere Transistor BF 469 Kollektorstrom. Der obere Transistor BF 469 wird gesperrt.

Verändert sich der Bildinhalt in Richtung des Schwarzpegels, sperrt der untere Transistor BF 469. Der obere BF 469 erhält eine Basisansteuerung über den Widerstand 18 kΩ und zieht das Potential der Bildröhrenkathode zu positiven Werten hin.

Um die ungewünschte Auswirkung der Basiskollektorkapazität des unteren BF 469 zu eliminieren (sie wirkt entsprechend der Verstärkung der Videostufe um diesen Faktor vergrößert), wird in den Emitter ein zweiter Transistor eingeschaltet. Diese Hintereinanderschaltung zweier Transistoren bezeichnet man als Kascode-Schaltung.

Durch die Verwendung dieses Prinzips des aktiven Lastwiderstandes werden nicht nur die Induktivitäten eingespart, sondern die Stromaufnahme ist erheblich geringer. Sie hängt etwas von der Häufigkeit der Helligkeitssprünge ab. Da statistisch gesehen jedoch große Helligkeitssprünge in einem normalen Fernsehbild sehr selten sind, ist der prozentuale Stromanstieg sehr gering. Dies erlaubt das Betreiben der Endstufentransistoren ohne Kühlkörper und vermeidet damit die zusätzliche kapazitive Belastung an den Transistoren.
(Nach Siemens-Schaltbeispielen)

## *Helligkeits- und Kontrasteinstellung*

Diese beiden unterschiedlichen Begriffe macht man sich zweckmäßig mit Hilfe der Bildröhrenkennlinie klar.

### Abb. 6.11 Umwandlung der Video-Spannung in Helligkeitswerte

Die zwischen Katode und Gitter der Bildröhre liegende Spannung steuert den Strahlstrom und damit die Helligkeit des Leuchtfleckes auf dem Bildschirm. Man kann also im Kennlinienfeld einer Bildröhre neben der $I_1$-Skala eine Helligkeitsskala anbringen. Für eine bestimmte Grundgittervorspannung und eine steuernde Gitterwechselspannung erhält man den Helligkeitsumfang des Bildes, indem man die zugehörigen Strahlstromwerte auf die Helligkeitsskala überträgt.

Ist z.B. an der Anode der Endröhre ein Signalgemisch von 15 V Scheitelwert vorhanden, dann hat nach der Fernsehnorm (Abb. 1.06) der eigentliche Bildinhalt (von 10 % des Gesamtsignals = weiß bis 75 % = schwarz) eine Amplitude von etwa 10 V. Erstreckt sich das Bildsignal *A* von −10 bis −20 V Gittervorspannung, dann wird dieser Spannungsbereich in die Helligkeitswerte A in Abb. 6.11 rechts umgesetzt.

Gibt man der Bildröhre eine größere negative Grundgittervorspannung, so daß das gleiche Bildsignal den Bereich *B* auf der Kennlinie aussteuert, dann ergeben sich die

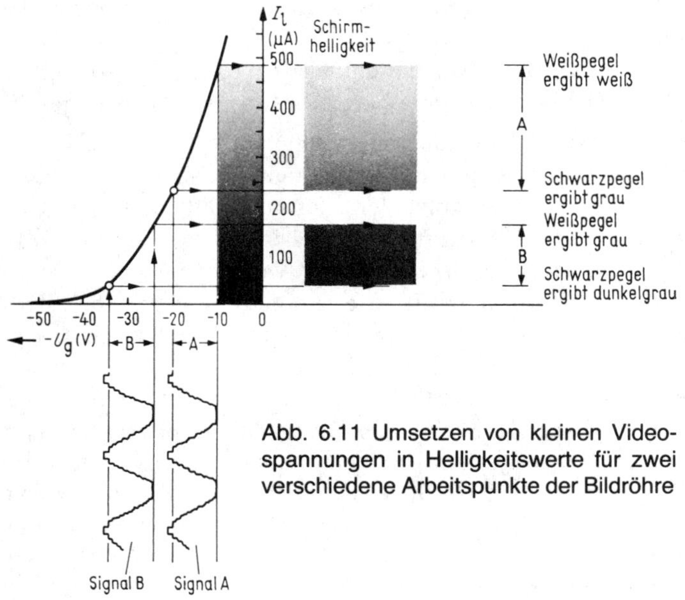


Abb. 6.11 Umsetzen von kleinen Videospannungen in Helligkeitswerte für zwei verschiedene Arbeitspunkte der Bildröhre

Helligkeitswerte B, d.h. das Bild wird im ganzen dunkler. *Die Gittervorspannung der Bildröhre beeinflußt also die Helligkeit* oder besser die „Grundhelligkeit" des Bildes. Der Drehwiderstand, der zum Einstellen der Gittervorspannung dient, wird daher als „Helligkeits-Einsteller" bezeichnet, obgleich er eigentlich *die dunklen Stellen* des Bildes festlegt. Die Helligkeit rührt vom Aufsteuern durch das Bildsignal her. Diese sprachliche Ungenauigkeit trägt leider viel dazu bei, daß Laien die Abstufungen eines Fernsehbildes falsch einstellen. Man sollte besser anstatt von Helligkeits- von *Schwarzwerteinstellung* sprechen und mit diesem Bedienungsknopf ein schönes sattes Schwarz in den Schatten des Bildes einstellen.

## Abb. 6.12 Einstellung am Wehnelt-Zylinder

Zum Einstellen des Arbeitspunktes und damit der Grundhelligkeit wird im einfachsten Fall dem Gitter 1 der Bildröhre eine veränderliche Spannung zugeführt. Dies ist in Abb. 6.12 an einer Videostufe gezeigt. Außerdem legt man an dieses Gitter während des Zeilenrücklaufes einen hohen negativen *Austastimpuls*, der den Strahl vollständig

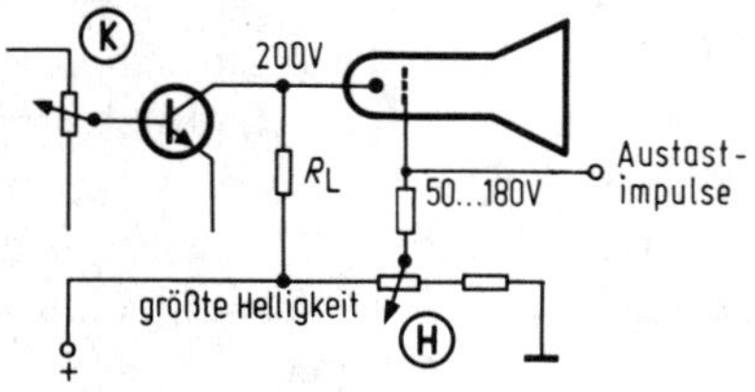


Abb. 6.12 Direkte Kopplung zwischen Video-Endstufe

unterdrückt, damit der Rücklauf nicht durch das Bild hindurch sichtbar wird. Die Rücklauf-Austastimpulse werden direkt dem Wehnelt-Zylinder der Bildröhre zugeführt. Die Helligkeits-Einstellspannung wird an dem Stellwiderstand eines Spannungsteilers abgegriffen. Die Differenz zwischen der Spannung an der Katode der Bildröhre (= Kollektorspannung des Video-Endtransistors) und dem Abgriff am Stellwiderstand ergibt die Vorspannung der Bildröhre.

## Abb. 6.13 Bildkontrast

In Abb. 6.11 werden die ursprünglichen Helligkeitswerte von weiß bis schwarz auf dem Leuchtschirm gar nicht richtig wiedergegeben. Im Fall $A$ gibt der Weißpegel zwar

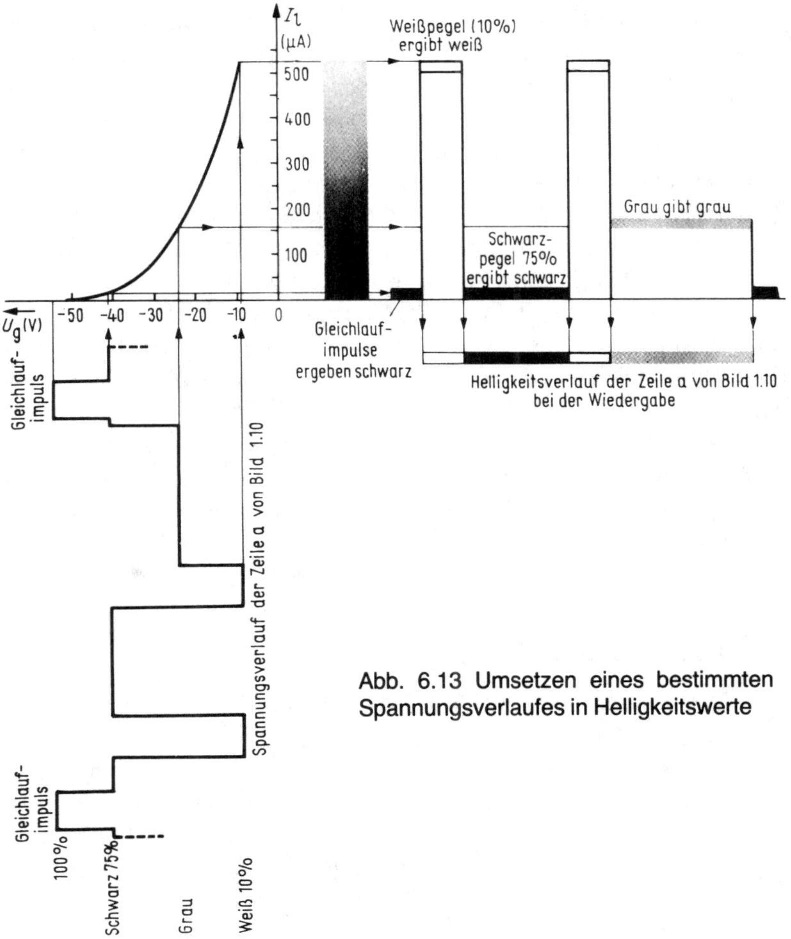


Abb. 6.13 Umsetzen eines bestimmten Spannungsverlaufes in Helligkeitswerte

weiß, aber der Schwarzpegel nur ein helles Grau. Das Bild ist hell, aber es hat keine Kontraste, es ist flau, wie der Fotograf sagt.

Ähnlich ist es bei *B*. Dem Schwarzpegel entspricht ein sehr dunkles Grau, dagegen gibt der Weißpegel kein Weiß, sondern nur ein mittleres Grau auf dem Leuchtschirm. Dieses Bild hat ebenfalls keine Kontraste und ist dabei zu dunkel.

Eine volle Ausnutzung der *Gradation*[1]) vom hellsten Weiß bis zum tiefsten Schwarz ist offensichtlich nur zu erreichen, wenn die gesamte Kennlinie der Bildröhre ausgesteuert, also die Video-Spannung vergrößert wird. Als Beispiel wurde in Abb. 6.13 wieder der Spannungsverlauf der Bildzeile 1.10 gewählt. Bei richtiger Aussteuerung entsteht daraus die dem Original entsprechende Helligkeitsverteilung. Der Schwarzpegel fällt in den Fußpunkt der Kennlinie, der Strahlstrom wird fast unterdrückt, und der Leuchtschirm bleibt dunkel. Der Weißpegel ergibt den größten Strahlstrom und damit die größte Helligkeit des Leuchtfleckes. Das Schirmbild enthällt jetzt die vollen Helligkeitsunterschiede oder den größten Kontrast zwischen hell und dunkel. Durch das größere Video-Signal gegenüber Abb. 6.11 wurde das Bild kontrastreicher.

Es ist also ein bestimmter Spannungsbereich notwendig, um kontrastreiche Bilder zu erhalten. Ist die Steuerspannung für die Bildröhre zu klein, weil der Kontrastregler falsch eingestellt wurde, dann ergeben sich kontrastlose, flaue oder zu „weiche" Bilder.

Andererseits ergibt sich eine volle Aussteuerung der Bildröhre und damit ein gleichbleibend guter Kontrast, wenn der Bildröhre stets gleich hohe Steuerspannungen zugeführt werden. Deshalb ist die automatische Verstärkungsregelung im Tuner und im Bild-Zf-Verstärker so wichtig, denn sie bringt unterschiedliche Eingangsspannungen auf gleiches Niveau zwischen Schwarzpegel und Weißpegel.

Der Kontrast eines Fernsehbildes hängt aber auch von der Modulation des Senders ab. Direktübertragungen können andere Kontraste ergeben als Bildaufzeichnungen oder als die Reproduktion alter Filme. Deshalb sieht man am Empfänger noch einen Kontrasteinsteller vor, mit dem man diese Unterschiede ausgleichen oder auch nach Wunsch ein weicheres oder kontrastreicheres Bild einstellen kann. Ein derartiger Kontrasteinsteller gleicht der Wirkung eines Lautstärkeeinstellers bei der Tonwiedergabe. Man muß damit die Größe der Videospannung ändern können.

## Abb. 6.14 Kontrasteinstellung

Abb. 6.12 zeigte stark vereinfacht die Anordnung eines Kontrasteinstellers K und des Helligkeitseinstellers H.

Um die Grundhelligkeit einzustellen, ändert man die Gleichspannung am Wehnelt-Zylinder und legt damit den Arbeitspunkt der Bildröhre auf den Fußpunkt ihrer Kennlinie, so daß sich ohne Signal oder mit dem Schwarzstreifen des Testbildes ein satter Schwarzwert ergibt. Die *Helligkeits*einstellung ist also eigentlich eine *Schwarz*einstel-

1 Gradation = Abstufung, Stufenfolge

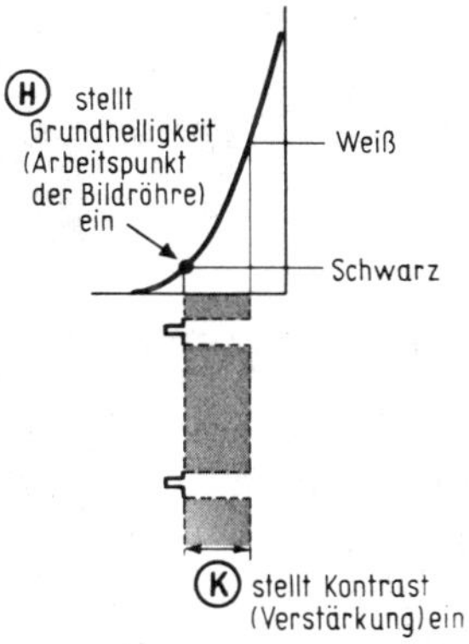


**Abb. 6.14 Wirkung der Einsteller von Abb. 6.12**

lung[1]). Verschiebt man den Arbeitspunkt auf der Kennlinie nach oben, dann fließt mehr Strahlstrom, das Bild wird heller, aber schwarze Stellen sind nicht mehr schwarz, sondern grau.

Die Prinzipschaltung 6.12 enthält keine Kopplungskondensatoren. Dies hat folgenden Grund: Bei Szenen mit großer Gesamthelligkeit verläuft die Video-Spannung zum großen Teil in der Nähe des Weißpegels, also bei 10 % der Maximalamplitude, so wie wir dies in Abb. 1.11 beim Helligkeitsverlauf einer viel Weiß enthaltenen Zeile klargemacht haben.

Bei einem dunklen Bild dagegen bewegt sich die Spannung ähnlich Abb. 1.12 in der Nähe des Schwarzpegels bei 75 % der Maximalamplitude. Diese sich langsam ändernden mittleren Spannungswerte verschiedener Bildhelligkeiten entsprechen Wechselspannungen sehr niedrigerer Frequenz. Sie können nur von einem direkt gekoppelten Verstärker übertragen werden. Er überträgt jedoch auch Gleichspannungsänderungen von der Video-Endstufe auf die Katode der Bildröhre. Verstellt man den Kontrast, dann ändert sich auch zwangsläufig der Arbeitspunkt der Bildröhre, also die Grundhelligkeit! Der Kontrasteinsteller beeinflußt also auch die Helligkeit. Diese gegenseitige Abhängigkeit ist störend und irreführend. Man hat deshalb Schaltungen entwikkelt, um das zu unterbinden und das wechselseitige Einstellen von Kontrast und Helligkeit zu ersparen.

Sind beide Einstellknöpfe bedienbar, so merke man sich besser und präge dies dem Laien ein:

*Mit Helligkeitsknopf* *schöne satte Schwärzen in den Schatten einstellen!*

*Mit Kontrastknopf* *leuchtend weiße Spitzlichter einstellen!*

Beide Einstellungen mehrmals wiederholen.

In Abb. 6.14 ist die Funktion von Helligkeits- und Kontrasteinsteller nochmals sinnfällig dargestellt. Daraus ist auch gut zu erkennen, daß der „Helligkeitseinsteller" eigentlich den Schwarzwert einstellt, wie bereits in Abb. 6.11 erwähnt.

1 Vgl. Abb. 6.11.

Noch wichtiger ist die richtige Bedienung von Kontrast- und Helligkeitseinstellung beim Farbfernsehempfänger, um eine gute Bildqualität zu erzielen. Sie arbeiten mit sogenannten elektronischen Potentiometern und sind in den integrierten Schaltungen untergebracht.

## Abb. 6.15 Einfluß eines Koppelkondensators im Video-Verstärker

Fügt man zwischen Videoendstufe und Bildröhre einen Koppelkondensator ein, dann bleibt nach dem Kondensator der mittlere Gleichspannungsanteil konstant. Ihm überlagert ist das eigentliche Videosignal, dessen Größe von der Kontrasteinstellung abhängt. Ändert sich der Kontrast bei gleichem Bildinhalt, so sieht man, daß der Schwarzwert sich bei höherem Kontrast zu dunkleren Werten verschiebt. Ist jedoch der Kontrast des Bildes gering, tritt eine Aufhellung des Gesamtbildes ein. Um dies zu vermeiden, muß der Schwarzwert des Bildes konstant gehalten werden.

## Abb. 6.16 Die Schwarzwertklemmdiode

Durch Einfügen einer Diode hinter dem Koppelkondensator läßt sich der Schwarzwert wieder herstellen. Genauer gesagt, klemmt die Diode auf den Spitzenwert des Synchronisierzeichens. Da die Synchronsignale aber vom Sender mit konstanter Amplitude ausgestrahlt werden, bleibt bei dieser Schaltung wenigstens dann der Schwarzwert erhalten, wenn beim Empfänger nicht am Kontrastregler gestellt wird.

Die Schaltung funktioniert folgendermaßen: Überschreitet der momentane Spannungswert hinter dem Kondensator die am Elektrolytkondensator liegende Gleichspannung $U_{Gl}$, fließt durch die Diode ein Strom, der den Koppelkondensator auflädt. Die Entladung des Kondensators geschieht über den (geringen) Kathodenstrom der Bildröhre. Nachteilig bei dieser Schaltung ist, daß bei Veränderung des Kontrastreg-

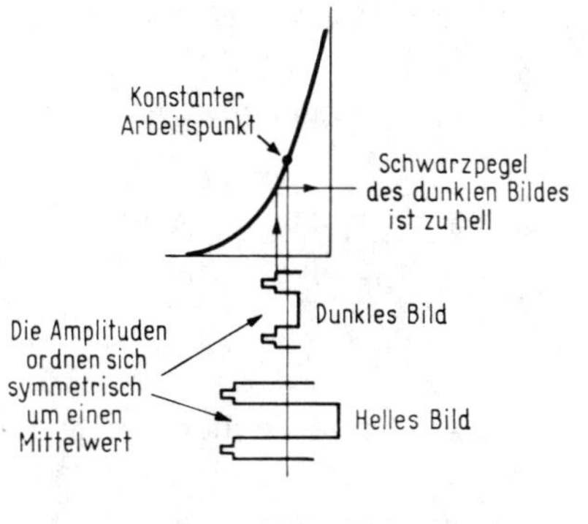


Abb. 6.15 Bei kapazitiver Kopplung würde der Schwarzpegel verschoben werden

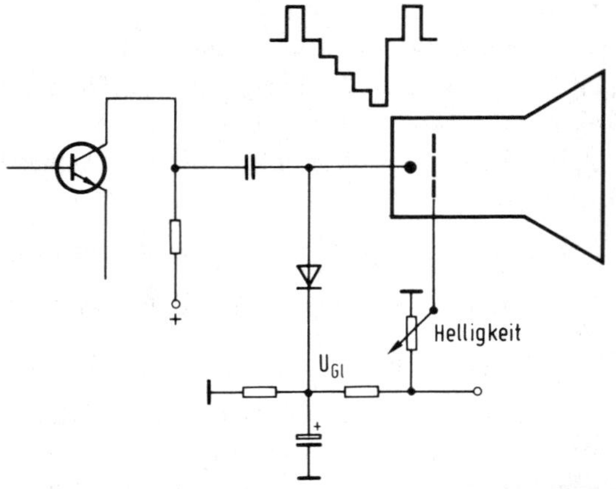


Abb. 6.16 Die Diode „klemmt" den Spitzenwert des Synchronierzeichens auf den durch den Spannungsteiler festgelegten Wert

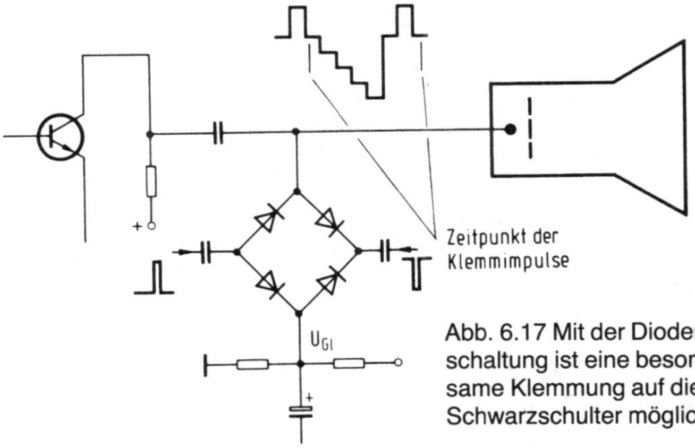


Abb. 6.17 Mit der Diodenbrückenschaltung ist eine besonders wirksame Klemmung auf die hintere Schwarzschulter möglich

lers am Empfänger gleichzeitig der Helligkeitsregler nachgestellt werden muß. Diesen Nachteil vermeidet man durch eine echte Schwarzwertklemmung.

## Abb. 6.17 Echte Schwarzwertklemmung

Bei dieser Schaltung werden schmale Impulse zum Zeitpunkt der hinteren Schwarzschulter auf eine Dioden-Brückenschaltung gegeben. Auf der linken Seite ist der Impuls positiv, auf der rechten Seite negativ gerichtet. Während der Klemmimpulse sind alle vier Dioden leitend, so daß die rechte Seite des Koppelkondensators mit der am Elektrolyt-Kondensator liegenden Spannung $U_{G1}$ verbunden ist. Liegt an der linken Seite des Kondensators nicht die gleiche Spannung an, so wird der Kondensator auf das Differenzpotential aufgeladen. Dies geschieht alle 64 µs nach jedem Zeilenimpuls. Durch diese Korrektur am Anfang jeder Zeile braucht auch der Koppelkondensator nur für die richtige Übertragung einer Zeile ausgelegt zu werden, während der Koppelkondensator in Abb. 6.16 hinsichtlich unterer Grenzfrequenz auf die Bildwechselfrequenz bemessen werden mußte. Der Koppelkondensator in Abb. 6.17 kann also um den Faktor 300 kleiner sein als der in Abb. 6.16.

Übrigens noch ein weiterer Vorteil dieser Schaltung, die auch häufig in professionellen Übertragungslinien angewendet wird: Die dem Videosignal überlagerten Netzbrummstörungen werden durch diese Art der Schwarzwertklemmung völlig beseitigt.

# *Schaltungstechnik*

## Abb. 6.21 Video-Verstärker

Dieser transistorbestückte Videoverstärker aus einer Serie von Schwarzweißgeräten der Firma Telefunken ist zweistufig aufgebaut. Die Vorstufe mit dem Transistor

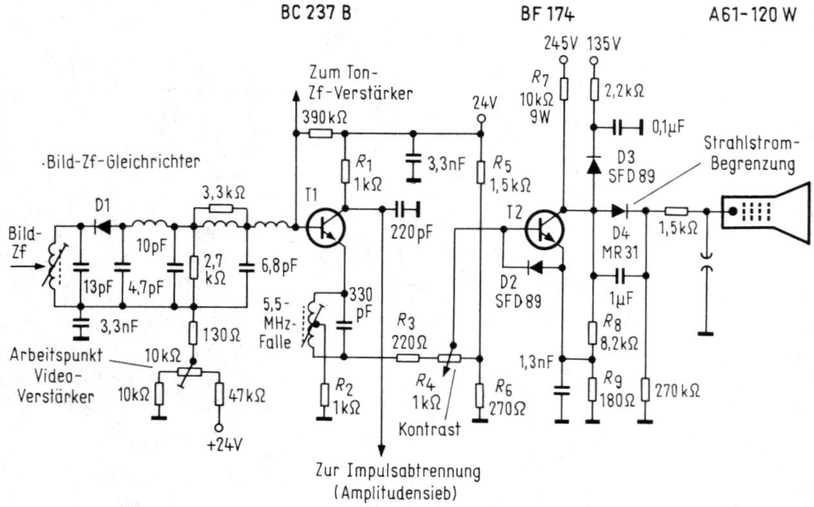


**Abb. 6.21 Transistorbestückter Videoverstärker für einen Schwarzweißempfänger (Telefunken)**

BC 237 B arbeitet für die Videofrequenzen als Impedanzwandler in Kollektorschaltung. Diese Stufe paßt den hochohmigen Ausgang des Bild-Zf-Demodulators an die niederohmige Verbindungsleitung zwischen Vor- und Endstufe an.

Zwischen Demodulator und erstem Transistor liegt ein Spulentiefpaß. Er bewirkt den konstanten Frequenzgang für das Videospektrum und unterdrückt die Reste der Bild-Zwischenfrequenz und ihre Oberwellen. Am Fußpunkt dieses Kreises liegt ein Gleichspannungsteiler für die Basisspannung des ersten Transistors. Da der Videoverstärker gleichstromgekoppelt ist, um den Schwarzwert richtig zu übertragen, bestimmt dieser 10-kΩ-Trimmwiderstand den Arbeitspunkt des gesamten Verstärkers.

Hinter dem Tiefpaß zweigt die Leitung zum Ton-Zf-Verstärker ab. Dadurch konnte der Emitterkreis des ersten Videotransistors als 5,5-MHz-Ton-Zf-Falle mit hoher Sperrdämpfung ausgebildet werden. Die Widerstände $R_1$ bis $R_6$ einschließlich des Transistors T1 bilden eine Brückenschaltung. Ihre Diagonale $R_3 - R_4$ führt keine Gleichspannung. Daher kann am Potentiometer $R_4$ die Videospannung zur Kontrasteinstellung abgegriffen werden, ohne daß sich der Arbeitspunkt der Endstufe verschiebt. Das Videosignal läßt sich im Verhältnis 5 : 1 bei konstantem Schwarzpegel ändern, das gibt eine sehr weitreichende Kontrasteinstellmöglichkeit.

Für den Ablenkteil bzw. für das Amplitudensieb benötigt man positiv gerichtete Synchronisierimpulse. Das hierfür erforderliche Videosignal wird am Kollektor des Vorstufentransistors abgegriffen. Er arbeitet dafür in Emitterschaltung mit einem Arbeitswiderstand von 1 kΩ und ergibt eine zweifache Verstärkung gegenüber dem Bild-Zf-Demodulatorkreis.

Die Endstufe liefert, mit 245 V Spannung betrieben, ein Videosignal von 90 $V_{ss}$. Der Spannungsteiler $R_7 - R_8 - R_9$ verhindert, daß die Kollektorgleichspannung bis zur Betriebsspannung von 245 V ansteigt, falls der Transistor längere Zeit gesperrt werden sollte. Die frequenzabhängige Gegenkopplung über 1,3 nF parallel zum Emitterwiderstand $R_9$ hebt Frequenzen ab 1 MHz an und gleicht somit Höhenverluste durch Basis- und Kollektorkapazitäten aus. In der gesamten Video-Endstufe ist daher im Gegensatz zu früheren Röhrenschaltungen keine Spule mehr zum Korrigieren des Frequenzganges notwendig und abzugleichen. Geblieben sind nur die drei Induktivitäten im Diodenfilter und die Spule der Ton-Zf-Falle.

In der Videoleitung zur Bildröhre liegt die Diode D4, um den Strahlstrom zu begrenzen, sowie eine Funkenstrecke. Diese begrenzt etwa auftretende Bildröhrenüberschläge auf 2 kV. Selbst diese Spannung kann aber den Endtransistor gefährden. Deswegen ist eine weitere Diode D3 vorgesehen. Sie schaltet bei Spannungen über 135 V durch und legt dann den Kollektor des Transistors an die 135-V-Leitung des Stromversorgungsteiles. Die Spannung am Kollektor kann also diesen Wert nicht übersteigen. Der 2,2-kΩ-Widerstand vor der Diode D3 begrenzt den Strom durch diese Diode.

Schließlich soll die Diode D2 verhindern, daß bei einem Überschlag die maximal zulässige Basis-Emitterspannung von 5 V überschritten wird. – Alle diese Maßnahmen zeigen, daß auch Hochleistungsendstufen mit Transistoren zuverlässig gegen Hochspannung geschützt werden können.

# 7 Schwarzweiß-Bildröhren

Mit den Videosignalen können wir die Helligkeit des Leuchtfleckes in der Bildröhre steuern. Es ist aber an der Zeit, sich nun mit diesen Bildröhren selbst zu befassen. Videospannungen bis 70 $V_{ss}$ wurden in den vorhergehenden Abschnitten genannt. Das ist weit mehr, als man sonst an Steuerspannungen in Empfängern benötigt. Aber der Grund ist einleuchtend: Schwarzweiß-Bildröhren arbeiten mit Anodenspannungen bis zu 18 000 V. Um einen Strahlstrom zu beeinflussen, der von einer so hohen Spannung erzeugt wird, braucht man auch bedeutend mehr Steuerspannung als für ein Bauelement, das vielleicht nur mit 100 V Betriebsspannung arbeitet.

## Abb. 7.01 Aufbau der Bildröhre

Die Elktronenstrahlröhre im Fernsehempfänger entspricht den aus der Meßtechnik bekannten Oszillografenröhren. Der Elektronenstrahl wird jedoch nicht durch elektrische, sondern durch magnetische Felder abgelenkt. Die Hauptteile der Bildröhre sind:

1. Die *Elektronenquelle*, sie strahlt ständig ein feines Elektronenbündel aus; man könnte sie deshalb „Elektronenspritze" nennen. Üblich ist jedoch der aus dem Englischen übersetzte Ausdruck „Elektronenkanone".
2. Die *Bündelungseinrichtung*, sie konzentriert den Strahl in der Bildschirmebene zu einem feinen Schnittpunkt.
3. Die rohrförmige *Anode*, sie erteilt den aus der Katode austretendend Elektronen die erforderliche Geschwindigkeit. Die Anode wird durch einen Grafitbelag innerhalb des trichterförmigen Teils des Kolbens fortgesetzt.
4. Die außen um den Röhrenhals liegenden *Ablenkspulen*, mit deren Hilfe der Elektronenstrahl horizontal und vertikal abgelenkt wird.
5. Der *Leuchtschirm* auf dem Röhrenboden.

## Abb. 7.02 Die Elektronenquelle der Bildröhre

Um den Elektronenstrom in der Bildröhre zu erzeugen, wird eine punktförmige geheizte Katode mit einer emittierenden Schicht verwendet. Der Heizfaden ist von der Katode elektrisch getrennt. Er sitzt in einem vorn geschlossenen Nickelröhrchen, auf dessen Stirnfläche sich die eigentliche Emissionsschicht mit 0,3 bis 1 mm Durchmesser

Abb. 7.01 Hauptbestandteile einer Fernsehbildröhre

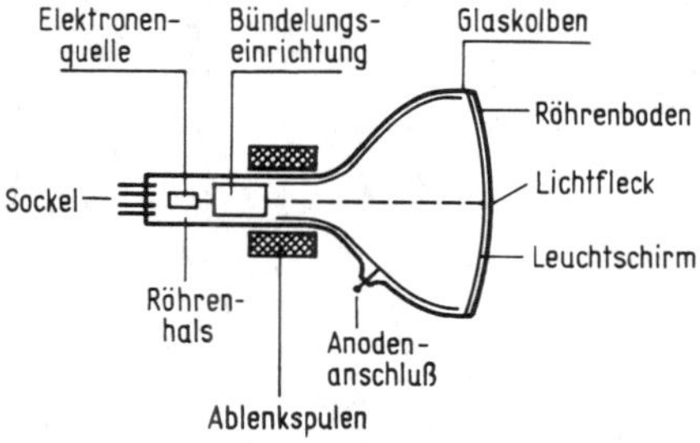


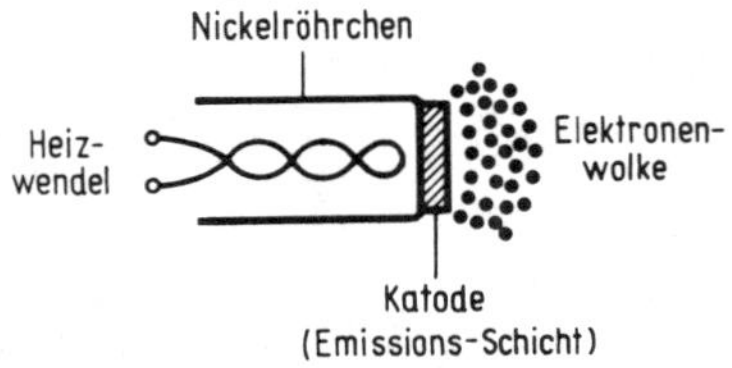


Abb. 7.02 Indirekt geheizte Katode einer Oszillografen- oder Fernsehbildröhre

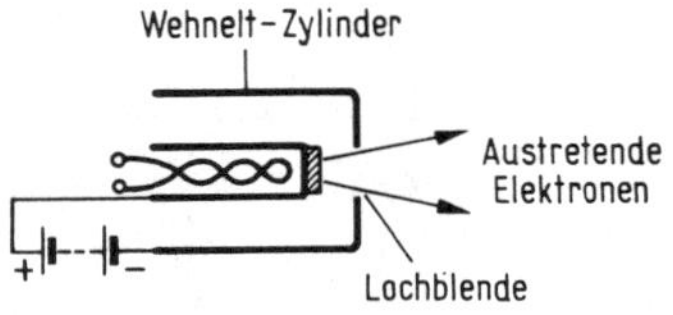


Abb. 7.03 Der Wehnelt-Zylinder läßt die Elektronen nur durch eine enge Blende austreten

befindet. Durch die Heizung werden aus dieser Schicht Elektronen herausgetrieben, sie umgeben zunächst die Katode als Elektronenwolke (Raumladung).

## Abb. 7.03 Die Bündelung durch den Wehnelt-Zylinder

Die Elektronenwolke soll zu einem Strahl ausgezogen werden. Man umgibt zu diesem Zweck die Katode im Abstand von einigen zehntel Millimetern mit einer zylinderförmigen Kappe, die an ihrer vorderen Stirnfläche eine winzige Öffnung (Lochblende) enthält. Diese nach ihrem Erfinder[1]) *Wehnelt-Zylinder* genannte Elektrode ist negativ gegenüber der Katode vorgespannt und wirkt abstoßend auf die Elektronen. Sie werden daher zur Achse hin zusammengedrängt und treten unter dem Einfluß einer Anodenspannung aus der engen Lochblende aus. Der Wehnelt-Zylinder dient aber auch als Steuerelektrode. Nähert sich die Spannung zwischen Katode und Wehnelt-Zylinder dem Wert Null, so wird der Strahlstrom größer und der Lichteffekt heller. Wird sie stark negativ, so wird der Strahl gänzlich unterdrückt, weil die Elektronen infolge der nun ebenfalls stark abstoßenden Wirkung des Wehnelt-Zylinders gar nicht mehr aus der Katode austreten können. Wegen der Verwandtschaft zum Steuergitter einer Verstärkerröhre wird der Wehnelt-Zylinder ebenfalls mit Gitter 1 ($g_1$) bezeichnet.

(Obgleich Verstärkerröhren in der Empfängertechnik keine Rolle mehr spielen, so sollte man doch ihre grundsätzlichen Funktionen kennen. Sie sind im Buch „Funktechnik ohne Ballast", Kapitel 7, in der heute angebrachten kurzen Form erläutert.)

1 A. Wehnelt, deutscher Physiker, 1871–1944, arbeitete vorwiegend auf dem Gebiet der Röntgenphysik und der Elektronenlehre.

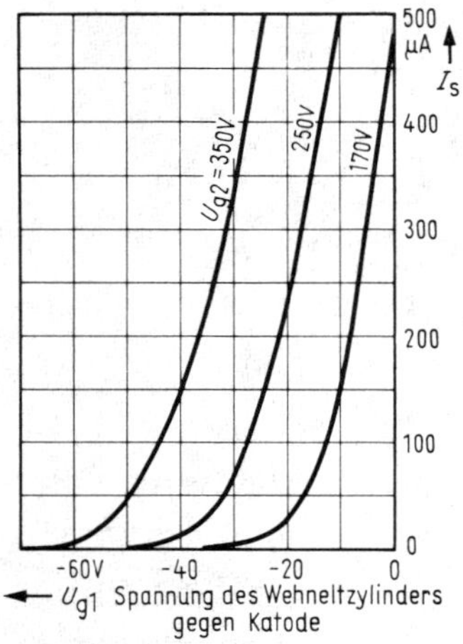


Abb. 7.04 Der Strahlstrom einer Fernsehbildröhre verläuft wie der Anodenstrom einer Verstärkerröhre

## Abb. 7.04 Verlauf des Strahlstromes

Die Verwandtschaft zur Verstärkerröhre wird besonders deutlich bei einem Kennlinienbild, das den Strahlstrom in Abhängigkeit von der negativen Spannung am Wehnelt-Zylinder zeigt. Die Kennlinien verlaufen ähnlich wie die Gitterspannungskennlinien einer Triode oder Pentode, und sie verschieben sich annähernd parallel, wenn die Anoden- oder Schirmgitterspannung geändert wird. Die Anoden- bzw. Strahlströme einer Bildröhre sind allerdings viel kleiner, sie liegen maximal bei einigen hundert Mikroampere.

Zu jeder Strahlstromstärke gehört eine bestimmte Helligkeit oder Leuchtdichte auf dem Bildschirm. In dem Diagramm sind die Kennlinien für drei verschiedene „Schirmgitterspannungen" $U_{g2}$ eingezeichnet. Je kleiner $U_{g2}$ ist, desto niedriger werden die Strahlströme, und die Helligkeit wird geringer.

Weiterhin erkennt man aus dem Diagramm: Hat man z.B. für die Kennlinie $U_{g2}$ = 250 V mit einem Videosignal von $U_{g1} = -20$ V einen Strahlstrom von 230 μA eingestellt, dann kann man durch Herabsetzen der Spannung auf −50 V diesen Strahlstrom zu Null machen, der Leuchtfleck verschwindet. Diese Steuermöglichkeit nutzt man aus, um im Fernsehempfänger den vom Ende einer Zeile zum Anfang der nächsten Zeile zurückspringenden Strahl *schwarzzutasten*.

*Zusammenfassung*

In Abb. 6.12 wurde erläutert, wie sich der Arbeitspunkt einer Bildröhre durch die Spannung an Katode und Wehnelt-Zylinder ergibt.

Abb. 6.13 zeigt, wie an der Katode durch Aufsteuern mit vom Schwarzpegel aus positiv gerichteten Videosignalen die Helligkeit der Bildpunkte gesteuert wird.

In den Abb. 6.14 war dargestellt, wie durch Ändern der Spannung am Gitter 1 die Grundhelligkeit verändert werden kann.

Schließlich gibt es noch die eben in Abb. 7.04 erwähnte Möglichkeit, über das Gitter 1 den rücklaufenden Strahl dunkelzutasten.

Katode und Gitter 1 werden also in dreifacher Weise zur Helligkeitssteuerung ausgenutzt.

Bisweilen wird die Frage gestellt, warum man bei Bildröhren nicht mit elektrostatischer Ablenkung arbeitet, wie dies bei Oszillografenröhren üblich ist. Der Grund liegt darin, daß man dann bei gleicher Bildschirmgröße, z.B. 50 cm Schirmdiagonale, weit längere Röhrenkolben benötigen würde, um ein verzerrungsfreies Bild zu erhalten. Mit magnetischen Ablenkspulen lassen sich dagegen auch bei kurzem Röhrenhals geschickte Entzerrungsmöglichkeiten für das Bildraster schaffen, selbst wenn der aus dem Strahlerzeugungssystem austretende Elektronenstrahl sehr steil umgelenkt werden muß. Dies wird im Abschnitt Strahlablenkung bei Abb. 7.24 bis 7.28 behandelt. Besonders gilt dies auch für Farbbildröhren, wie später in Kapitel 19 beschrieben werden wird.

## *Elektronenoptik*

### Abb. 7.11 Kraftfelder

Die Schwerkraft wirkt an allen Punkten der Erde stets senkrecht und läßt sich durch die zum Erdmittelpunkt M zusammenlaufenden *Schwerkraftlinien* andeuten. Ruhende oder bewegte Gegenstände werden von dieser Schwerkraft angezogen und fallen senkrecht in Richtung der Schwerkraftlinien nach unten oder werden in diese Richtung umgelenkt, selbst wenn sie zunächst eine andere Eigenbewegung haben (schräg emporgeworfene Steine, Geschosse usw.). – Man merke sich also:

1. *Schwerkraftlinien verlaufen stets senkrecht zu den Flächen mit gleichem Niveau vom Ursprungsort der Kraft aus.*
2. *In einem Kraftfeld befindliche Körper werden in die Richtung der Kraftlinien gezogen.*

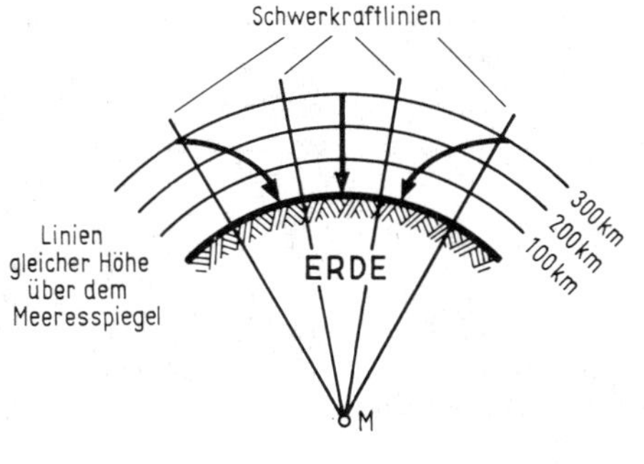


Abb. 7.11 Die Schwerkraftlinien der Erde stehen senkrecht auf dem Meeresspiegel oder auf Linien gleichen Abstandes davon; im Schwerkraftfeld befindliche Gegenstände werden in Richtung der Kraftlinien angezogen

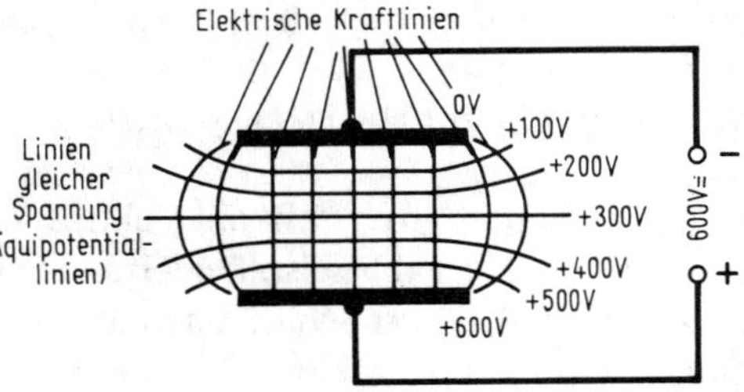


Abb. 7.12 Elektrische Kraftlinien stehen senkrecht auf den Linien gleicher Spannung; im Kraftfeld befindliche Elektronen werden in Richtung der Kraftlinien gelenkt

## Abb. 7.12 Elektrische Kraftlinien

Ein elektrisches Kraftfeld bildet sich zwischen den Platten eines Kondensators. Um die Richtung der Kraftlinien zu bestimmen, konstruiert man einige Linien *gleicher Spannungshöhe* (entsprechend den Linien gleicher Niveauhöhe beim Schwerkraftfeld). Sie werden hier *Äquipotentiallinien* genannt. Genau in der Mitte zwischen den beiden Platten wird z.B. die halbe angelegte Spannung herrschen, hier also +300 V. An den Rändern überwiegt der Einfluß der näher liegenden Platte, die Potentiallinien werden dort herumgebogen. *Die elektrischen Kraftlinien stehen ebenfalls an allen Schnittpunkten senkrecht auf diesen Äquipotentiallinien.* An den gekrümmten Stellen stehen die kurzen, als geradlinig zu betrachtenden Kurvenstücke senkrecht aufeinander. *In ein elektrisches Kraftfeld gelangende Teilchen, z.B. negative Elektronen, werden auch hier in die Richtung dieser Kraftlinien abgedrängt.*

## Abb. 7.13 und 7.14 Sammlung der Elektronen in einer Bildröhre

In einigem Abstand vom Wehnelt-Zylinder einer Bildröhre wird die rohrförmige Anode angeordnet. Sie erhält eine positive Spannung und bildet mit dem Wehnelt-Zylinder einen Kondensator. Die zwischen dessen beiden Polen entstehenden Potentiallinien krümmen sich in die Lochblenden hinein (Abb. 7.13), ebenso wie sie sich in Abb. 7.12 um die äußeren Kanten herumkrümmten. Da Wehnelt-Zylinder und Anode

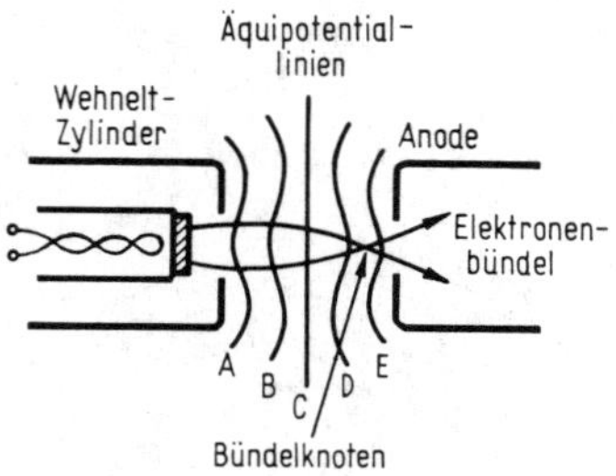


Abb. 7.13 Zwischen Wehnelt-Zylinder und Anode bilden sich schalenförmig gekrümmte Kraftfelder aus

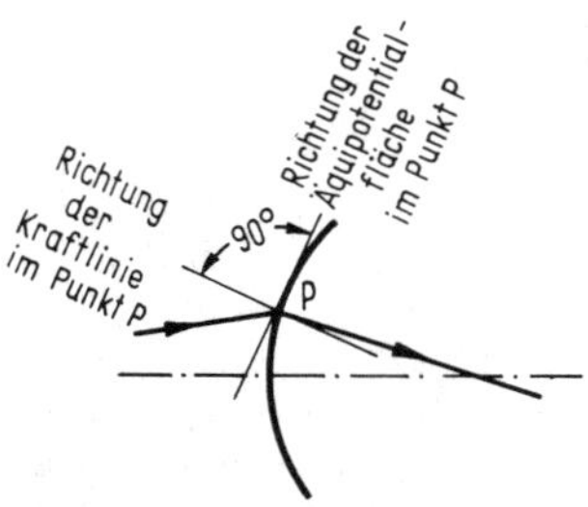


Abb. 7.14 Schräg auf die Potentialfläche treffende Elektronen werden in die Richtung der senkrecht dazu verlaufenden Kraftlinien abgedrängt

rohrförmige Körper sind, ergeben sich in Wirklichkeit nicht nur Potentiallinien, sondern schalenförmige Äquipotentialflächen. – Die aus dem Wehnelt-Zylinder austretenden Elektronen werden nun in die Richtung der elektrischen Kraftlinien gedrängt, versuchen also, möglichst senkrecht durch die Potentialflächen zu fliegen (Abb. 7.14). Bereits an der vorderen Äquipotentialfläche A werden sie deshalb so stark zur Mitte hingebogen, daß sich alle Elektronen anschließend an einem Punkt (Bündelknoten) auf der Mittelachse kreuzen.

## Abb. 7.15 und 7.16 Elektrostatische Fokussierung

Hinter dem Kreuzungspunkt laufen die Elektronen jedoch wieder auseinander, und sie würden auf dem Leuchtschirm einen Fleck von mehreren Zentimetern Durchmesser erzeugen. Um die Elektronen auf einen Punkt zu konzentrieren, benutzt man bei modernen Bildröhren ebenfalls elektrische Felder. Um die Funktion schrittweise zu erläutern, ist in Abb. 7.15 zunächst nur das Gitter 2 und eine rohrförmige Anode dargestellt. Gitter 2 erhält eine Spannung von +300...500 Volt, und die Anode liegt an +16...18 kV. Zwischen Gitter 2 und Anode bilden sich nun ebenfalls schalenförmige Potentialflächen. Wegen des größeren Durchmessers der Anode verlaufen die Flächen dort in größeren Rundungen. Trifft ein Strahl beim Punkt *P* im Winkel $\alpha$ schräg auf die erste stark gekrümmte Potentialfläche, so wird er zu der senkrecht auf dieser Fläche stehenden elektrischen Kraftlinie hingebogen. Der Strahl tritt daher in einem kleinen Winkel $\beta$ aus der Schale heraus. Dieser Vorgang wiederholt sich an den nächsten dicht hintereinander liegenden Flächen, so daß sich alle Strahlen zu einem spindelförmigen Bündel konzentrieren. Sie laufen an den rechts liegenden entgegengesetzt gekrümm-

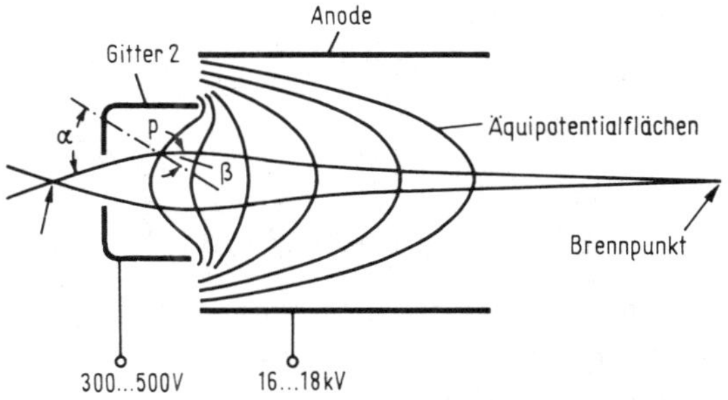


Abb. 7.15 Zwischen zwei aufeinanderfolgenden rohrförmigen Anoden mit verschiedener Spannung entsteht ebenfalls ein elektrisches Feld. Es sammelt die Elektronenstrahlen zu einem scharfen Brennpunkt auf dem Bildschirm

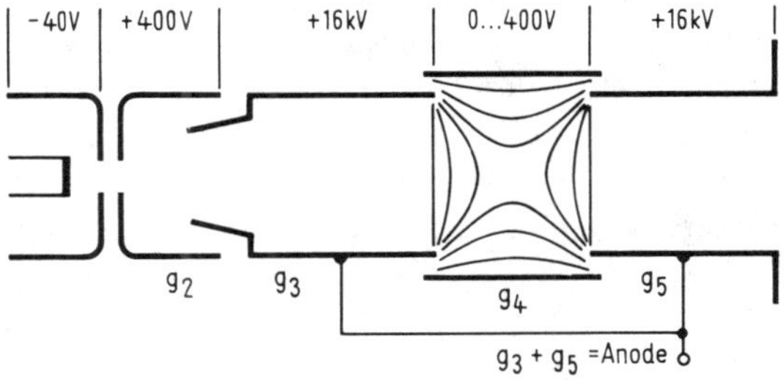


Abb. 7.16 Feinfokussierung durch Unterteilen des Anodenzylinders in zwei Rohrstücke $g_3$ und $g_5$

ten Flächen nicht mehr auseinander, weil das Bündel hier schon so schmal ist, daß es praktisch durch den Mittelpunkt der Schalen geht und daher nicht mehr abgelenkt wird.

Diese Anordnung wirkt wie eine Sammellinse (Brennglas) für sichtbare Lichtstrahlen und wird daher *elektrische Linse* oder *Elektronenoptik* genannt. Sie sammelt die vom Bündelknoten ausgehenden Elektronenstrahlen und vereinigt sie zu einem Brennpunkt. Dem Gitter 2 und der Anode gibt man in der Praxis eine etwas andere Form und legt sie an feste Spannungen. Das Röhrensystem ist so konstruiert, daß sich mit diesen Spannungen ein Brennpunkt auf dem Bildschirm ergibt.

Um Toleranzen auszugleichen und die äußerste Schärfe einstellen zu können, sieht man noch eine *Feinfokussierung* vor. Der Anodenzylinder wird dazu nach Abb. 7.16 in zwei Rohrstücke $g_3$ und $g_5$ unterteilt, und eine vierte Elektrode $g_4$ wird über der Lücke angeordnet. An diese Elektrode legt man eine von 0 V bis etwa +400 V veränderliche Spannung. Diese niedrige Spannung versucht in die Lücke zwischen den beiden Rohrstücken ihr Potential hineinzuschieben. Dadurch entstehen an den auf 16 kV aufgeladenen Rohrstücken ein System aus zwei etwa plankonvexen Sammellinsen. Durch Verstellen der Spannung an $g_4$ ändert sich die Brennweite dieses Linsensystems. Man stellt damit erstmalig im Werk oder nach dem Auswechseln einer Bildröhre die optimale Schärfe ein. Die Fokussierelektrode $g_4$ dieser *Schmalbündeloptik* sowie die gesamte Systemkonstruktion ergeben zwei Vorteile:

1. Der Leuchtpunkt des nun nadelfeinen Strahls bleibt auch bei größter Ablenkung bis zum Rand des Bildschirmes scharf (obgleich der Weg bis zum Bildrand wesentlich länger als zur Bildmitte ist).
2. Die Röhreneigenschaften werden unabhängig von Spannungsschwankungen, die Schärfe bleibt konstant.

## Abb. 7.17 und 7.18 Schaltsymbol und Typenbezeichnung

Das vorstehend besprochene Bildröhrensystem stellt man in Schaltungen wie ein Röhrensystem mit den Gittern $g_1$ bis $g_5$ dar (Abb. 7.17). Wegen der hohen Anodenspannung (14...18 kV) wird der Anodenanschluß a weit entfernt von den üblichen Elektroden an der Glaswand des Kolbens herausgeführt, während die anderen Anschlüsse zu einem Stecksockel vereinigt sind. Die Anode setzt sich vom System aus in einem leitenden, aus Grafit bestehenden Innenbelag des Kolbens fort. Der Kolben ist außen metallisiert und erhält einen Masseanschluß m. Die Heizfädenanschlüsse werden im Schaltsymbol meist weggelassen und erscheinen nur in einem Heizkreisschema an anderer Stelle der Gesamtschaltung des Empfängers.

| | | | | | | | |
|---|---|---|---|---|---|---|---|
| Stift 1 | 2 | 3 | 4 | 6 | 7 | 8 | Kappe |
| f | $g_1$ | $g_2$ | $g_4$ | $g_1$ | k | f | a |

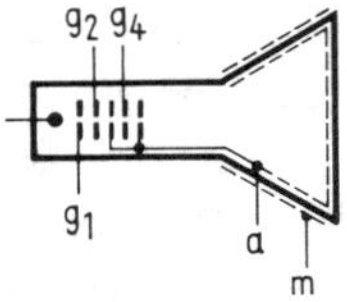


Abb. 7.17 in Empfängerschaltungen verwendetes Symbol einer Schwarzweißbildröhre

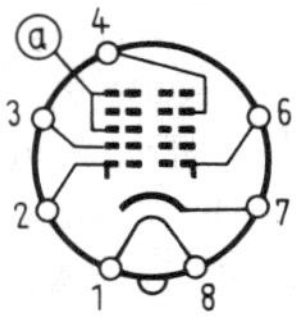


Abb. 7.18 Schaltsymbol für die Sokkelanschlüsse

Der Wehnelt-Zylinder $g_1$ erhält also hier zwei Anschlüsse (nicht bei allen Röhrentypen). Der Masseanschluß für die Außenmetallisierung wird meist durch einen Federkontakt hergestellt, der sich gegen die Kolbenwand legt.

Die Typenbezeichnung der jetzigen Schwarzweiß-Bildröhren bestehen aus den Buchstaben A, zwei Zahlengruppen und dem Buchstaben W, z.B. A 50–12 W. Darin bedeuten:

A= Fernsehbildröhre

50= Bildschirmdiagonale in Zentimeter

12=(zweite Zahlengruppe) eine Typenbezeichnung innerhalb dieser Bildschirmgröße

W=Weiß, also eine Bildröhre für Schwarzweißempfänger

Bei Farbbildröhren tritt anstelle des W ein X. Bildröhren mit den Buchstabengruppen AW und MW an erster Stelle sind veraltet. Nur einzelne AW-Typen werden für Ersatzbestückungen noch geliefert und in den Röhrendatenblättern aufgeführt.

## Abb. 7.19 und 7.20 Bildröhrengrößen

Äußere Kennzeichen einer Röhre sind die Abmessungen des Leuchtschirmes. Man gibt seine Größe durch seine Diagonale oder durch den größten Durchmesser des durch die Ecken laufenden Kreises an. Der ausnutzbare Schirmdurchmesser ist jedoch geringer, da man rings um die Schirmfläche einen Rand von etwa 12 bis 15 mm Breite abdecken muß bzw. nicht ausschreiben kann.

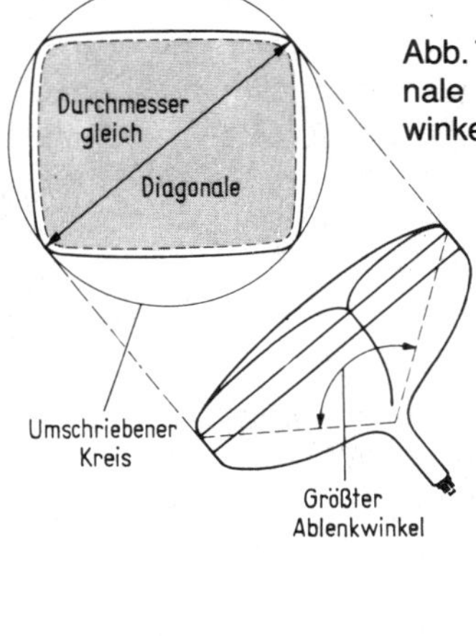


Abb. 7.19 Bildröhrendiagonale und größter Ablenkwinkel

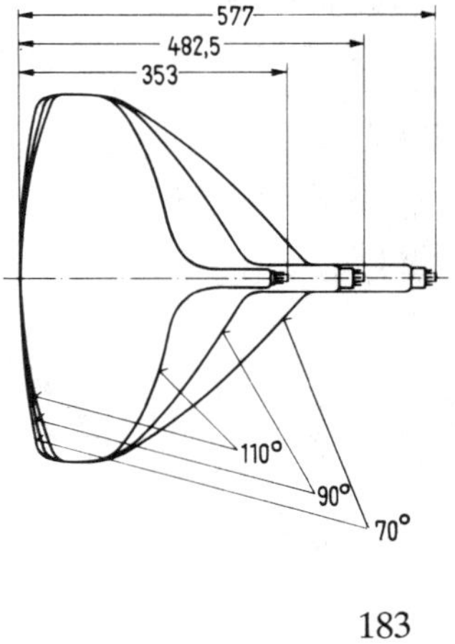


Abb. 7.20 Verkürzung der Bildröhren bei größerem Ablenkwinkel

Eine lange Röhre benötigt ein tieferes Gehäuse. Deswegend wurden im Laufe der Zeit die Baulängen der Röhren schrittweise verkürzt, indem man den Ablenkwinkel des Elektronenstrahls vergrößerte. Als Maß hierfür gibt man den maximalen Ablenkwinkel für die *Bilddiagonale* (Abb. 7.19) an. Er beträgt bei den gebräuchlichen Röhren 110°. Vorher waren Röhren mit 90° und sogar 70° Ablenkwinkel im Gebrauch (Abb. 7.20). Bei den Schwarzweiß-Bildröhren gibt es derzeit Ausführungen mit den Bilddiagonalen 28 cm und 31 cm für transportable Geräte und mit 44 cm, 47 cm, 50 cm und 56 bis 66 cm für Heimgeräte. Sonstige Konstruktionsunterschiede wie z.B. die Art der Halterung, Röhren für *Durchstecktechnik*, Dünnhalsausführungen haben für die grundlegende Funktion keine Bedeutung.

## Strahlablenkung

### Abb. 7.21 Prinzip der Ablenkspulen

Mit den bisher besprochenen Einrichtungen wird auf der Mitte des Leuchtschirmes der Bildröhre ein Lichtfleck erzeugt, dessen Helligkeit und Schärfe sich einstellen lassen. Zum Aufbau des Fernsehbildes muß dieser Lichtfleck zeilenweise über die Bildfläche geführt werden. Zu diesem Zweck wird der Elektronenstrahl durch magnetische Wechselfelder aus seiner axialen Richtung waagerecht und senkrecht abgelenkt.

Man ordnet deshalb für eine Ablenkrichtung an zwei gegenüberliegenden Seiten des Röhrenhalses je eine Spule so an, daß die Achsen der beiden Spulen *in einer gemeinsamen Flucht* liegen. Die Wicklungen werden so in Reihe geschaltet, daß sie als eine durchgehende Spule wirken, die lediglich in der Mitte auseinandergezogen ist.

Schickt man durch diese Anordnung einen Gleichstrom, so entsteht ein langgestreckter Elektromagnet, bei dem beispielsweise der Nordpol links liegt. Zwischen den beiden Teilspulen bildet sich quer zum Röhrenhals und zur Elektronenflugrichtung ein gleichmäßiges magnetisches Kraftfeld aus. Der Elektronenstrom e erfährt durch dieses Magnetfeld eine Ablenkung, und zwar nach der *Dreifingerregel* des Elektrotechnikers senkrecht zum Magnetfeld und senkrecht zur Stromrichtung, d.h. der Strahl wird hier entweder nach oben oder nach unten abgelenkt. Speist man die Spulen mit Wechselstrom, so wird der Lichtfleck mit der gleichen Frequenz hin- und hergeführt und bildet eine leuchtende Linie.

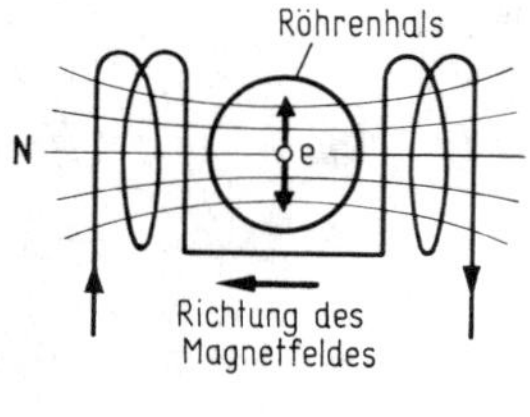


Abb. 7.21 Richtung des Magnetfeldes und Ablenkung des Elektronenstrahls

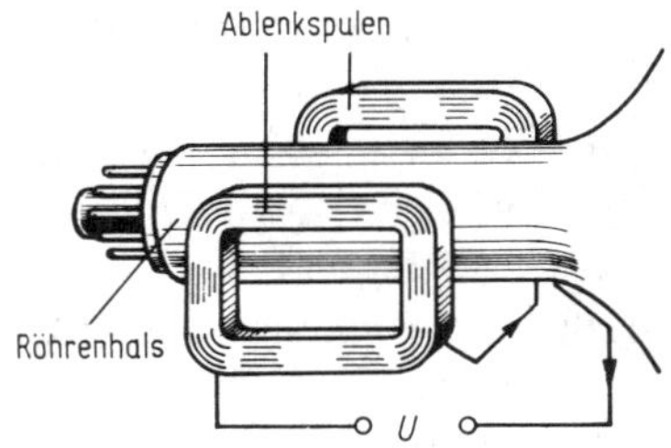


Abb. 7.22 Ablenkspulenpaar zum Erzeugen eines quer durch den Röhrenhals laufenden magnetischen Feldes

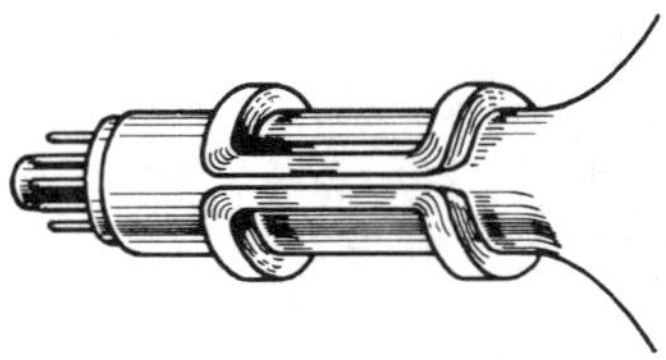

Abb. 7.23 Praktische Ausführung von Ablenkspulen, sie werden eng um den Röhrenhals herumgelegt

## Abb. 7.22 und 7.23 Sattelspulen

Die Grundform eines solchen Ablenkspulenpaares ist nach Abb. 7.22 etwa rechteckförmig. Je dichter die Spulen an den Röhrenhals herangebracht werden, um so kräftiger wird das Magnetfeld, und die Kraftlinien verlaufen besser parallel. Man formt deshalb die rechteckigen Spulen so, daß sie nach Abb. 7.23 unmittelbar am Röhrenhals anliegen. Um auch entsprechend Abb. 1.01 einen Vorschub senkrecht zur Zeilenrichtung zu erhalten, wird ein zweites Spulenpaar um 90° versetzt zum ersten zusätzlich angeordnet. Das eine Paar bildet dann die Zeilenablenkspulen, das andere die Bildablenkspulen. Durch besondere Form der Wicklung wird erreicht, daß die Bildzeilen möglichst geradlinig bis zum Bildrand verlaufen und auch bis in die Ecken des Bildes scharf sind. Wegen ihrer eigenartigen Form werden die hier im Prinzip dargestellten Spulen *Sattelspulen* oder *Pantoffelspulen* genannt.

## Abb. 7.24 und 7.25 Toroid-Spulen

Neben der Sattelspule gibt es noch eine zweite Spulenform, mit der sich ein Magnetfeld quer durch den Röhrenhals erreichen läßt. Nach Abb. 7.24 ordnet man im Prinzip zwei Spulen seitlich vom Röhrenhals so an, daß ihre Achsen *parallel zueinander* stehen. Die Wicklungen werden so verbunden, daß beim Durchschicken eines Gleichstromes z.B. bei beiden Spulen oben ein Nordpol entsteht. Die Kraftlinien beider Spulen vereinigen sich dann im Innern des Röhrenhalses wieder zu einem Magnetfeld mit in gleicher Richtung verlaufenden Kraftlinien. Dieses Feld lenkt, ebenfalls

Abb. 7.24 Andere Anordnung der Ablenkspulen

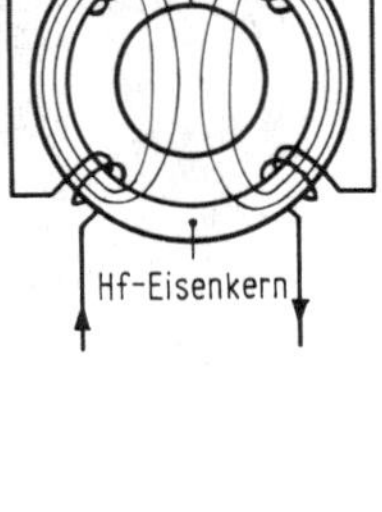


Abb. 7.25 Toroid-Spulen, bestehend aus zwei Spulenpaaren auf einem Ferritring

nach der Dreifingerregel, den Strahl senkrecht zur Strahlrichtung und senkrecht zu den Kraftlinien ab. Damit ergibt sich die gewünschte Bewegung des Leuchtfleckes, und zwar in diesem Fall in horizontaler Richtung.

In der Praxis unterteilt man jede Spule nochmals und ordnet insgesamt vier Teilspulen in der in Abb. 7.25 dargestellten Weise auf einem Ferritring an. Diese Spulen nennt man im Gegensatz zu Sattelspulen *Toroid*-Spulen (*Torus* = Ringkörper).

Im Fernsehempfänger kommt es sehr darauf an, daß die magnetischen Feldlinien der Ablenkspulen vollkommen parallel innerhalb der Bildröhre verlaufen, andernfalls wird das Bild *kissenförmig* oder *tonnenförmig* verzeichnet. Um diese Fehler zu vermeiden, sieht man je nach den Erwägungen und Berechnungen des Entwicklungs-Ingenieurs Sattelspulen, Toroid-Spulen oder sogar eine Kombination von beiden vor, z.B. Sattelspulen für die Horizontal- und Toroid-Spulen für die Vertikalablenkung. Auch durch besonderen Verlauf des Wickelquerschnittes lassen sich bestimmte Feldverzerrungen ausgleichen. Außerdem lassen sich kissenförmige Verzeichnungen durch zusätzliche kleine Permanentmagnete am Bildröhrenkolben beseitigen.

## Abb. 7.26 Ablenkeinheit

Die Abbildung zeigt eine Ablenkeinheit für elektrostatisch fokussierte Bildröhren mit großem Ablenkwinkel (Valvo). Zur Vertikalablenkung werden Toroidspulen verwendet. Sie sind auf einen teilweise konischen Ferritring gewickelt. Er umfaßt auch die Horizontalspulen und verlegt die Ablenkfelder weit nach vorn zum Bildkolben. Die Spulen für die Vertikalablenkung sind als weitausladende Sattelspulen ausgeführt. Die gesamte Spulenform ist so durchgebildet, daß sich ein gleichmäßig scharfes Raster über die gesamte Bildfläche hinweg ergibt. Zwei verstellbare Stabmagnete dienen zum Abgleichen der Bildgeometrie.

In den Horizontalablenkspulen entstehen sehr hohe Spannungsspitzen, die Durchschläge zwischen den einzelnen Windungen verursachen können, wenn die Lackisolation schadhaft ist. Die Sattelspulen werden deshalb durch komplizierte Spezialmaschi-

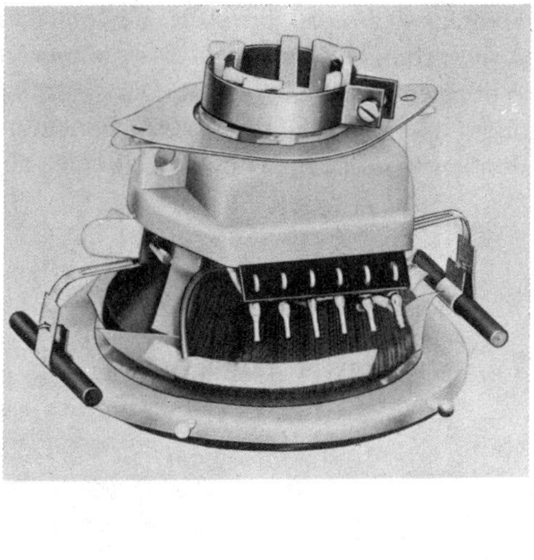

Abb. 7.26 Ansicht einer Ablenkeinheit für 47- und 59-cm-Rechteckbildröhren mit 110° Ablenkwinkel (Valvo)

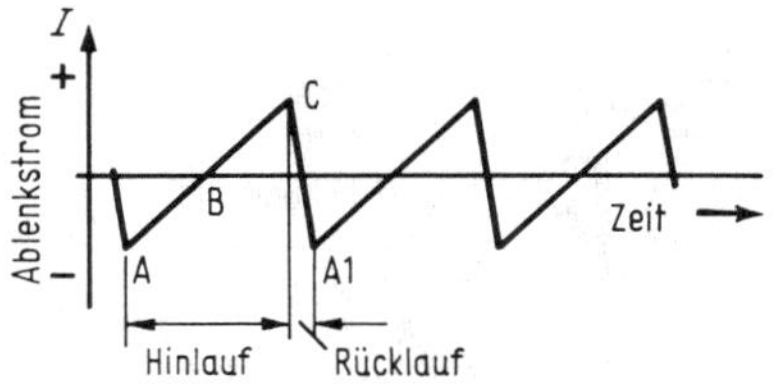


Abb. 7.27 Sägezahnförmiger Verlauf des Ablenkstroms

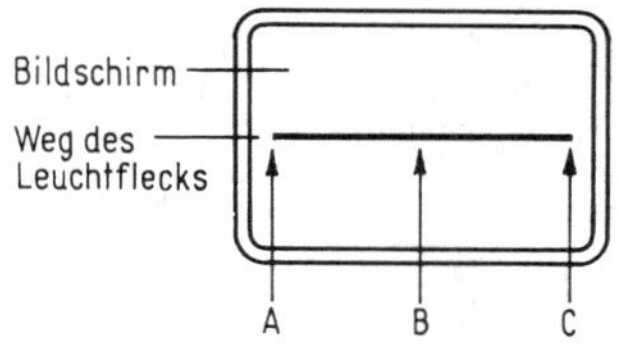


Abb. 7.28 Weg des Leuchtfleckes auf dem Bildschirm mit Markierungen für die Punkte A, B und C aus Abb. 7.27

nen gleich in der endgültigen Form gewickelt, denn ein nachträgliches Biegen und Formen bringt die Gefahr, daß an den Biegestellen und Drahtkreuzungen feinste Risse im Lack entstehen, so daß die Hochspannung dort durchschlägt.

## Abb. 7.27 und 7.28 Ablenkströme für Bildröhren

Damit der Lichtfleck mit gleichmäßiger Geschwindigkeit über den Bildschirm bewegt wird, muß der Strom in den Ablenkspulen linear ansteigen und am Ende der Zeile oder des Bildes schnell zum Anfangswert zurückspringen (vgl. Abb. 1.01). Dies wird durch einen sägezahnförmigen Wechselstrom erzielt. Er steigt gleichmäßig vom tiefsten negativen Wert *A* über den Stromwert Null = *B* bis zum positiven Spitzenwert *C* an (Abb. 7.27). Dadurch entsteht in den Spulen ein entsprechendes Magnetfeld. Beim größten negativen Stromwert *A* wird der Lichfleck z.B. ganz nach links abgelenkt (Abb. 7.28). Beim Strom Null ist kein Magnetfeld vorhanden, das Elektronenstrahlenbündel behält also seine ursprüngliche Richtung, der Lichtfleck befindet sich auf der Mitte des Bildschirmes. Kehrt sich die Stromrichtung um, dann wandert der Lichtfleck nach rechts, um endlich bei *C* die äußerste Stellung zu erreichen. Von dort springt er in wesentlich kürzerer Zeit wieder auf den Anfangspunkt *A* 1 des nächsten Sägezahnes zurück (Rücklauf). Diese Rücklaufzeit muß innerhalb der „Schwarzschulter" des Fernsehsignals (Abb. 1.06) zu liegen kommen, dann wird der Rücklauf auf dem Leuchtschirm unsichtbar.

Für die Zeilenablenkung im Fernsehempfänger muß also ein Sägezahnstrom mit einer Frequenz von 15 625 Hz verwendet werden.

Durch die um 90° gedrehten Bildablenkspulen fließt dagegen ein Sägezahnstrom mit der Rasterfrequenz von 50 Hz. Durch das gemeinsame Arbeiten beider Ablenkströme entsteht die Aufeinanderfolge der einzelnen Fernsehraster, wie es im Prinzip in den Abbildungen 1.01 und 1.04 gezeigt wurde.

Die in den Ablenkspulen benötigten sägezahnförmigen *Ströme* sind von recht beträchtlicher Größe. Sie müssen deshalb von einer leistungsfähigen Verstärkerstufe geliefert werden. Man erzeugt dazu im Vertikal-Oszillator sägezahnförmige *Spannungen*, die entsprechend verstärkt werden[1]). Diese Sägezahnspannungen bezeichnet man

1 Horizontale Sägezahnströme lassen sich durch Rechteckspannungen erzeugen. Einzelheiten hierzu werden später besprochen.

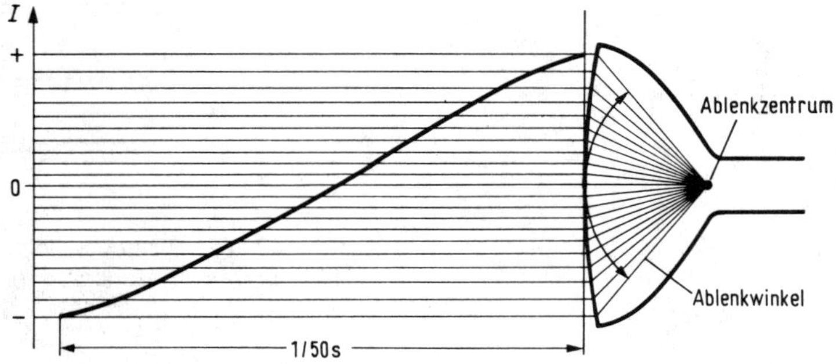


Abb. 7.29 Notwendige Vorverzerrung des Ablenkstroms

auch als „Kippspannungen", weil der Spannungswert langsam ansteigt und dann schnell wieder auf den Anfangswert zurückkippt.

Daß man eine erhebliche Ablenkleistung, also hohe Ablenkströme benötigt, kann man daraus ermessen, daß der Elektronenstrahl durch eine Anodenspannung von 16...18 kV beschleunigt wird. Er ist deswegen sehr „steif", und man braucht kräftige Magnetfelder, um ihn aus seiner Ruhelage zu bewegen.

### Abb. 7.29 Linearität des Ablenkstromes

Beim gleichmäßigen Ansteigen des Ablenkstromes entsprechend Abb. 7.27 wird der Elektronenstrahl etwa um gleiche Winkelbeträge ausgelenkt. Infolge der flachen Krümmung des Bildschirmes würden dadurch z. B. bei der Bildablenkung die Bildzeilen am oberen und unteren Rand einen weiteren Abstand erhalten als in der Mitte. Um dies auszugleichen, darf der Ablenkstrom nicht so exakt linear ansteigen, wie zunächst in Abb. 7.27 gezeichnet, sondern man muß den Anstieg leicht S-förmig verzerren. Dies geschieht durch geeignete Gegenkopplungsschaltungen und andere Korrekturelemente in den Ablenk-Endstufen. Ein ziemlich erheblicher Schaltungsaufwand ist hierzu notwendig, besonders bei Farbfernsehempfängern, bei denen jeweils drei verschiedenfarbige Raster genau zur Deckung gebracht werden müssen. Bei neueren Farbbildröhren wurden diese Korrekturarbeiten wesentlich vereinfacht. Trotzdem muß man die Grundlagen beherrschen, um Fehler zu erkennen und zu beseitigen.

## *Der Bildschirm*

### Abb. 7.31 Leuchtschicht und Lichthof

Der Kolben einer Bildröhre ist auf der Innenseite mit einer sehr dünnen Schicht bestimmter Chemikalien (Leuchtstoffe) überzogen, die an der von Elektronen getrof-

Abb. 7.31 Entstehung eines Lichthofes durch die innerhalb der Glaswand reflektierten Lichtstrahlen

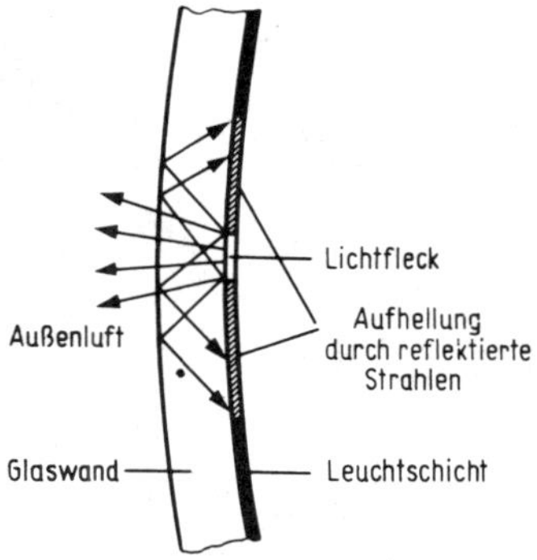


fenen Stelle aufleuchten. Die Helligkeit ist um so größer, je stärker der Elektronenstrom ist. Die Farbe des Schirmbildes hängt von den Leuchtstoffen ab; so gibt z. B. Kalziumwolframat ein bläuliches, Zinksulfid ein gelblich-grünes Bild. Durch Mischen verschiedener Leuchtstoffe lassen sich die Farbtöne beeinflussen. Am angenehmsten für längere Betrachtung haben sich Schwarzweiß-Bildröhren mit leicht gelblich aufleuchtendem Schirm erwiesen.

Die vom Strahl getroffene Stelle des Bildes soll kurze Zeit nachleuchten, damit ein geschlossenes Bild aus allen Leuchtpunkten zustande kommt. Andererseits darf die Nachleuchtdauer nicht größer sein als 1/50 Sekunde, weil nach dieser Zeit der nächste Bildpunkt eintrifft und sonst bei schnellen Bewegungen das Bild „verschmiert" wird. Die leuchtenden Stellen der Schirmfläche senden ihr Licht nach allen Seiten und nicht nur geradlinig zum Zuschauer hin aus. Lichtstrahlen, die unter einem bestimmten Grenzwinkel auf die Grenzfläche zwischen Glas und Luft treffen, werden im Glas reflektiert, zum Leuchtschirm zurückgeworfen und hellen diesen um den eigentlichen Lichtpunkt herum auf; es entsteht ein „Lichthof", der die scharfe Zeichnung verwischt. Zur Abhilfe verwendet man für den Kolbenboden kein Klarglas, sondern ein graues Filterglas. Es verschluckt zwar etwas vom gewünschten Licht, das unerwünschte Nebenlicht muß jedoch mindestens dreimal die Filterplatte durchlaufen, ehe es an die Außenluft tritt. Dadurch tritt die störende Aufhellung weniger in Erscheinung.

Auch die Raumbeleuchtung hellt den Leuchtschirm der Bildröhre an den dunklen Stellen auf. Hier wirkt sich das Filterglas ebenfalls günstig aus, denn das Raumlicht wird auf dem Hin- und Rückweg, also zweimal durch das graue Glas geschwächt. Dieses Graufilter bewirkt demnach, daß die dunklen Stellen des Bildes weder durch Lichthöfe noch durch Raumbeleuchtung unzulässig aufgehellt werden; es erhöht die Helligkeitsunterschiede, also den „Kontrast" des Fernsehbildes.

## Abb. 7.32 und 7.33 Metallisierte Leuchtschirme

Die vom Elektronenstrahl getroffene Stelle des Leuchtschirmes sendet naturgemäß Licht nach allen Seiten, also auch in das Innere der Bildröhre. 50 % des Lichtes würden

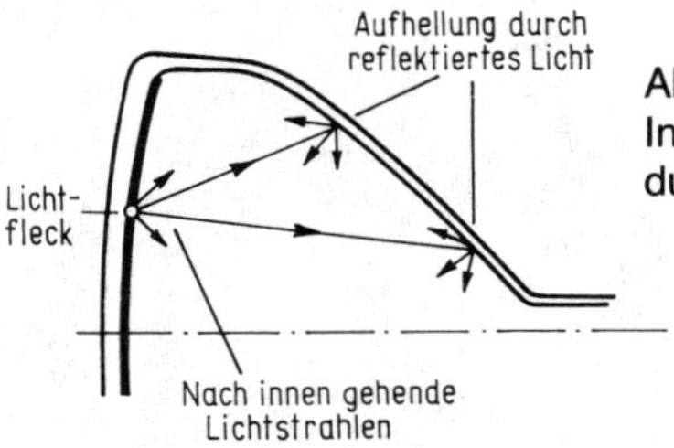


Abb. 7.32 Aufhellung des Innenraums der Bildröhre durch reflektiertes Licht

Abb. 7.33 Vergrößerte schematische Darstellung eines metallisierten Leuchtschirms

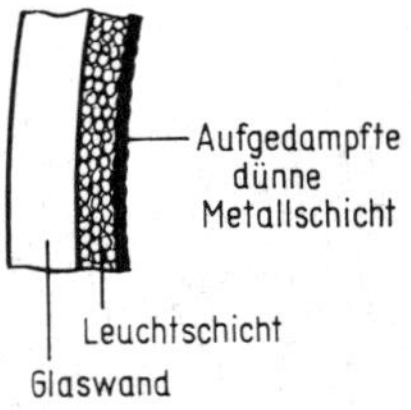


dadurch für den Beschauer verlorengehen. Außerdem trifft dieses rückwärtige Licht auf die Innenwandung der Röhre und hellt das Innere auf (Abb. 7.32), so daß die dunklen Stellen des Bildes von hinten durchleuchtet werden und der Kontrast herabgesetzt wird. Zur Abhilfe wird der Kolben innen mit einer mattschwarzen Grafitschicht versehen, die nur wenig Licht reflektiert. Eine weitere Verbesserung entsteht dadurch, daß nach Abb. 7.33 auf die Innenseite des Leuchtschirmes eine äußerst dünne spiegelnde Aluminiumschicht aufgedampft wird. Diese Schicht ist für die Elektronen durchlässig, reflektiert aber das im Leuchtschirm entstehende Licht nach vorne. Die Leuchtdichte an den hellen Stellen steigt also, und die Kontrastminderung durch die rückwärtige Aufhellung fällt weg. Gleichzeitig bringt die Metallisierung des Leuchtschirmes einen weiteren Vorteil: Im Elektronenstrahl enthaltene, den Leuchtschirm schädigende Ionen[1]) können wegen ihrer größeren Masse eine Metallfolie nicht durchdringen und den Leuchtstoff nicht erreichen. Bildröhren mit metallisiertem Leuchtschirm benötigen keine besonderen Schutzmaßnahmen gegen Ionenstrahlen.

## Abb. 7.34 Mechanische Behandlung von Fernsehbildröhren

Die Bildröhre ist luftleer gepumpt, soweit dies technisch möglich ist. Da praktisch jeder Gegendruck von innen fehlt, lastet auf einem Quadratzentimeter Außenfläche bei normalemd Luftdruck eine Atmosphäre, d.h. 1 kg/cm$^2$. Bei einer Bildröhre mit 59 cm Bilddiagonale lastet allein auf der Bildschirmfläche ständig ein Druck von mehr als 1,5 Tonnen, das entspricht einem vollbeladenen kleinen Lastwagen.

Springt der Glaskolben, so fliegen die Splitter unter dieser gewaltigen Belastung zwar zunächst nach innen, die Röhre implodiert (im Gegensatz zum Explodieren einer Sprengladung). Die Splitter fliegen aber geradlinig weiter oder prallen irgendwo ab, so daß sie schließlich doch im Raum umhergeschleudert werden und unangenehme Verletzungen hervorrufen können. Bildröhren werden daher vor der Auslieferung einer sorgfältigen Druckprobe unterzogen. Dabei wird in einem druckfesten Kessel der Außendruck zusätzlich stark erhöht. Bestehen sie diese Prüfung, so ist nach menschlichem Ermessen nichts zu befürchten, wenn die Röhre nicht fahrlässig unsanft behandelt wird. Es sind deshalb folgende Richtlinien streng zu beachten: Bildröhren sind nur

1 Ionen = elektrisch geladene Atome.

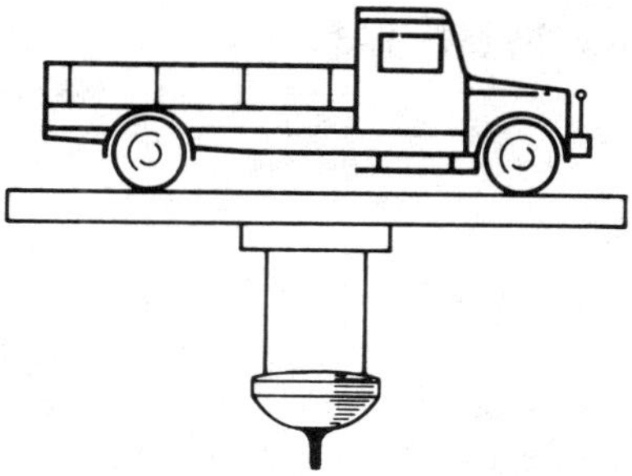

Abb. 7.34 Auf dem Schirm einer 59-cm-Fernsehbildröhre lastet der äußere Luftdruck fast mit dem Gewicht eines 1½ Tonnen schweren Lastwagens

in ihren Spezialverpackungen zu transportieren. Beim Auswechseln sollen sie auf eine weiche Unterlage gelegt werden, und zwar am besten mit der Schirmfläche auf einen der bekannten Tennisringe. Man arbeite ruhig und überlegt, um nirgends gegenzustoßen, und vermeide jeden Zwang beim Einsetzen in das Gerät. Zuschauer sind hierbei unerwünscht. Gefährliche Bildröhrenimplosionen sind allerdings bisher noch kaum gemeldet worden. Man muß schon sehr große Gewalt aufbringen, um eine Bildröhre zu zerstören. Bei Abgleicharbeiten am Empfänger braucht man daher nicht überängstlich zu sein; lediglich beim Auswechseln von Bildröhren sind die genannten Vorsichtsmaßregeln zu beachtend. Neuere Bildröhren werden außerdem durch einen Metallring an den gefährdeten Stellen oder durch einen Polyesterüberzug gegen Implosion geschützt.

# 8 Etwas Regel- und Impulstechnik

Im Tuner und im Bild-Zf-Verstärker wurden bereits zwei wichtige Regelschaltungen, die automatische Verstärkungsregelung (AVC)[1]) und die automatische Scharfabstimmung oder automatische Frequenzregelung (AFC)[1]), erwähnt. Die AVC hängt als sogenannte getastete Regelung von den Impulsreihen des noch zu besprechenden Zeilenablenkteiles ab. Auch in den übrigen Stufen des Fernsehempfängers befinden sich Regelschaltungen. Deshalb wird hier zunächst ein Überblick über automatische Regelungen im Fernsehempfänger gegeben. Eine gute Vorinformation dazu bietet auch das Buch Funktechnik ohne Ballast.

Im Sprachgebrauch werden leider die Worte *Regeln* und *Regler* mehrdeutig verwendet. Typische Beispiele beim Fernsehempfänger sind die Drehknöpfe für Helligkeit und Lautstärke. Man bezeichnet sie als Regler, obgleich damit, technisch gesehen, kein echter Regelvorgang verbunden ist, der sitzt nämlich in der *automatischen* Verstärkungsregelung.

Um solche Unklarheiten zu vermeiden, wird in diesem Buch nur eine *selbsttätige* Regelung als *Regelung* bezeichnet. Eine handbediente Anordnung dagegen ist eine *Steuerung* oder *Einstellung*; ein Regelwiderstand wird demzufolge *Stellwiderstand* oder, wenn er nur einmal abgeglichen wird, *Trimmwiderstand* genannt.

Diese Definitionen mögen alten Praktikern und auch dem Laien zunächst ungewohnt sein, man kommt jedoch bei den verwickelten Automatik-Schaltungen unserer Fernsehempfänger nicht mehr um eine exakte Begriffsbildung herum, und die jungen Fernsehtechniker und Serviceleute sollten sich diese Begriffe zu eigen machen, zumal sie im Normblatt DIN 19 226 festgelegt worden sind. Mit der Zeit prägen sich die exakten Definitionen so ein, daß man es als ausgesprochen falsch empfindet, wenn beispielsweise ein Lautstärke*einsteller* als Lautstärke*regler* bezeichnet wird.

Im technischen Englisch heißt Regeln to control, daher *a*utomatic *v*olume *c*ontrol = AVC = automatische Verstärkungsregelung. To control bedeutet also in diesem Zusammenhang mehr als unser Wort kontrollieren = überprüfen.

Für *Einstellen* könnte man auch *Steuern* sagen, denn das Steuern eines Schiffes, woher der Ausdruck stammt, bedeutet, daß man durch Drehen des Steuerrades das Schiff auf den gewünschten Kurs bringt. Besser reserviert man jedoch den Ausdruck Steuern für das Beeinflussen von Strömen und Spannungen innerhalb einer Schaltung. Im einfachsten Fall steuert man die Stärke eines Stromes durch Verändern eines im Kreis liegenden Widerstandes. Man steuert auch die Basisspannung eines Transistors, so daß sich entsprechend große Stromänderungen im Kollektorkreis ergeben. Zum falsch angewendeten Modewort ist die Bezeichnung „Ansteuern" geworden. Die Vorsilbe „an" ist überflüssig. Es genügt zu sagen, daß ein Transistor oder Verstärker durch eine Eingangsspannung gesteuert, aber nicht „angesteuert" wird.

1 Das C kommt aus dem Englischen „Control", was ins Deutsche mit Regelung zu übersetzen ist.

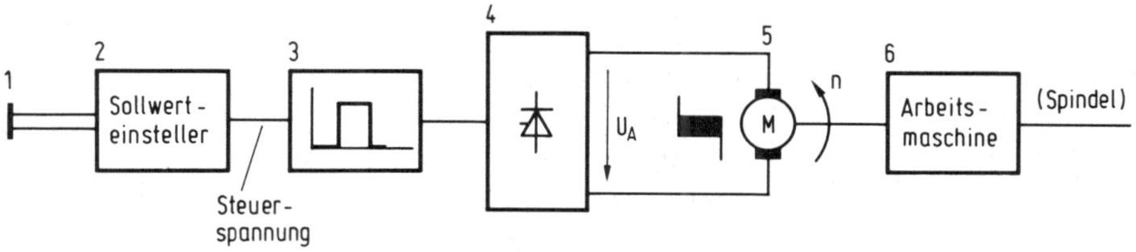


Abb. 8.01 Beispiel für eine Steuerkette; Antrieb mit veränderbarer Drehzahl

## Abb. 8.01 Steuerung

Der Begriff „Steuern“ kann in Anlehnung an DIN 19 226 folgendermaßen definiert werden: Auf ein abgegrenztes System wird mit äußeren Eingriffen – der sog. Eingangs- oder Führungsgröße – so eingewirkt, daß auf die Ausgangs- oder Aufgabengröße gemäß vorgegebener physikalischer Gesetzmäßigkeiten, Verknüpfungen und Zeitabläufe ein gewünschter Wert zu erwarten ist. Die Ausgangsgröße beeinflußt die Eingangsgröße nicht. Daher kann die Ausgangsgröße infolge von äußeren Störungen beträchtlich vom gewünschten Wert abweichen.

Diese Anordnung hat die Form einer Kette, in der die Wirkung von einem Glied zum anderen weitergereicht wird. Am Anfang steht z.B. bei einer Antriebsschiene der Wunsch nach einer Drehzahl. Er wird „Führungsgröße“ genannt. Diesem Wunsch wird durch die Steuerspannung Ausdruck verliehen, die in dem „Sollwerteinsteller“ gebildet wird. Von einem Glied dieser Kette zum nächsten wird der Wunsch weiter übertragen, man spricht von den „Übertragungsgliedern“. Die ganze aus Übertragungsgliedern bestehende Kette heißt „Steuerkette“. An ihrem Anfang steht die Führungsgröße, an ihrem Ende ist die physikalische Größe zu finden, auf die es ankommt. Sie heißt „Ausgangsgröße“.

Eine solche Steuerung kann durchaus auch ohne menschliche Einwirkung erfolgen. Eine Steuerung ist z.B. die Direkt-Synchronisation von Kipposzillatoren. Hierzu befehlen die Synchronimpulse des Senders dem Kipposzillator eine bestimmte Frequenz.

## Abb. 8.02 Regelkreis

Einen Regelkreis kann man allgemeingültig darstellen. Regelstrecke und Regler sind in einem Kreis angeordnet. Die Regelgröße X (die Ausgangsgröße des geregelten Objektes) wird mit Hilfe des Meßumformers in die abbildende physikalische Größe umgeformt (den Istwert X* der Regelgröße), die im Regler verarbeitet werden kann. Für die Abgrenzung zwischen Regler und Regelstrecke gilt die Definition: Alles, was nicht unmittelbar für die optimale Einstellung des Regelvorganges erforderlich ist, gehört zur Regelstrecke. Demnach beginnt die Regelstrecke dort, wo die Stellgröße Y auf das Stellglied einwirkt. Sie führt weiter mit der im Stellglied verstärkten Stellgröße Y* zu dem geregelten Objekt und endet am Ausgang des Meßumformers mit der an

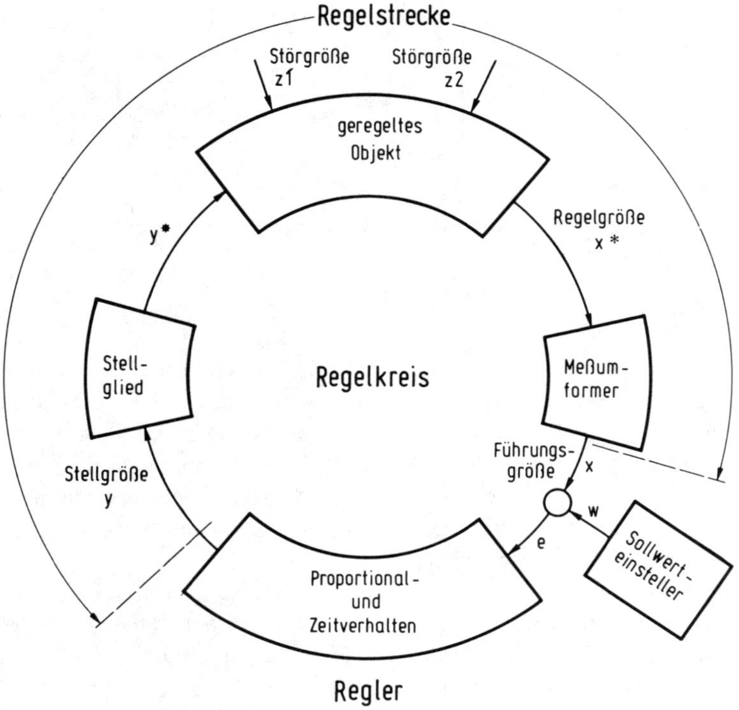


Abb. 8.02 Geschlossener Regelkreis. Störgrößen und Führungsgrößen wirken von außen auf den Regelkreis ein.

den Reglereingang angepaßten Regelgröße X* unter Einfluß aller Aufbereitungen des Istwertes, wie Glätten Spannungsteilen usw. Dagegen ist für die Betrachtung des regeltechnischen Verhaltens des Reglers nur das eingestellte Proportionalverhalten und das Zeitverhalten von Bedeutung. Von außen wirken die Störgrößen Z1 und Z2 auf den geschlossenen Regelkreis ein. Auch die Führungsgröße w, die von Sollwerteinsteller als der Sollwert für die Regelgröße ausgesendet wird, ist eine Größe, die genauso wie die Störgrößen von außen auf den Regelkreis einwirkt. Die Führungsgröße wirkt jedoch, im Unterschied zu den Störgrößen, an einer ganz besonderen Stelle des Kreises, nämlich im Eingang des Reglers, dort, wo diese von außen kommende Größe im Vergleicher mit der Regelgröße zusammentrifft, um als Regeldifferenz e weiter verarbeitet zu werden.

In Anlehnung an die Vorschrift DIN 19 226 kann der Begriff Regeln folgendermaßen definiert werden: Regeln heißt, eine physikalische Größe so zu beeinflussen, daß sie unabhängig von äußeren Störungen mit einem vorgegebenen Wert möglichst genau übereinstimmt. Bei Änderung dieses Führungswertes soll ein neuer Wert, bei Störungen der ursprüngliche Wert von der zu regelnden physikalischen Größe angenommen werden. Die Regeldifferenz, der Unterschied zwischen dem vorgegebenen und dem tatsächlichen Wert dient zur Beeinflussung der physikalischen Größe. Dies hört sich ziemlich kompliziert an, zumal der Sprachgebrauch der Reglungstechniker und Funk-

und Fernsehtechniker etwas unterschiedlich ist. In der Praxis im Fernsehempfänger wird der Sollwert entweder aus einer von einem Einsteller oder Spannungsteiler abgeleiteten Spannung hergestellt oder von einer vom Sender herkommenden Größe (z.B. Zeilenfrequenz der Synchronisierimpulse) abgeleitet. In der Phasensynchronisierschaltung im Fernsehempfänger wird die tatsächlich erzeugte Zeilenkippfrequenz am Zeilenausgangsübertrager mit der Frequenz der vom Sender kommenden Synchronisierimpulse verglichen. Aus der Abweichung wird eine Stellgröße erzeugt, die den Zeilenkipposzillator so weit verstellt, daß die Abweichung fast ganz verschwindet und die Sollfrequenz für die Praxis genau genug mit der Vergleichsfrequenz übereinstimmt; d.h., daß bei einer solchen Art der Regelung stets gewisse Restabweichung bestehenbleiben muß, damit das Stellglied eine Stellgröße bekommen kann.

*Regelschaltungen in Fernsehempfängern*

In der Praxis kommen zwei Arten von Regelschaltungen vor:

1. Regelung auf eine konstante Ausgangsamplitude
2. Regelung auf eine bestimmte Ausgangsfrequenz

Im ersteren Falle wird als Stellglied ein Transistor benutzt (dies ist auch bei integrierten Schaltungen der Fall). Im zweiten Falle meist eine Kapazitätsdiode. Detailliertere Schaltungen finden Sie in den nachfolgenden Kapiteln.

## *Fühler und Meßwertwandler für Regelschaltungen*

### Abb. 8.11 und 8.12 Diode als Meßwertwandler für Spannungsamplituden

Die Funktion ist allgemein aus der Empfängerschaltungstechnik bekannt. Die Diode *D* richtet die Zf-Spannung $u_{Zf}$ gleich, der Richtstrom durchfließt den Widerstand *R*. Die daran abfallende Spannung wird gesiebt und dient als Regelgleichspannung $U_R$. Der Zusammenhang von $U_R$ und $u_{Zf}$, also die Funktion als Meßwertwandler, ergibt sich aus der Diodenkennlinie Abb. 8.12. Man fühlt mit der Diode die Höhe der Zf-Spannung ab und gewinnt daraus den Stellwert. Hierbei handelt es sich um einen

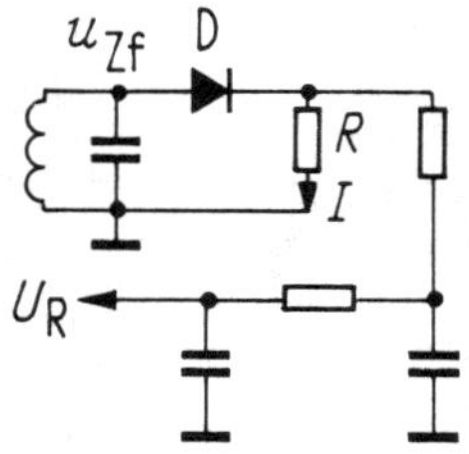


Abb. 8.11 Diode als Meßwertwandler für Hf-Spannungen

Abb. 8.12 Regelspannung in Abhängigkeit vom Meßwert

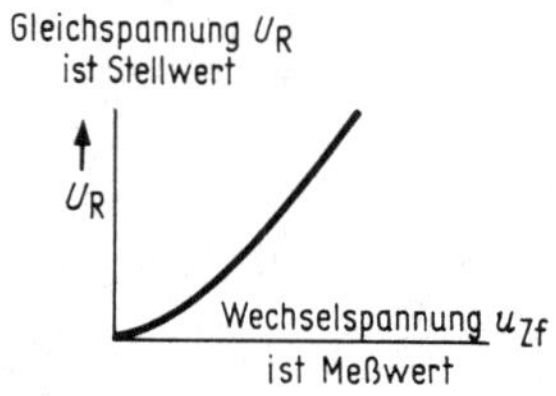

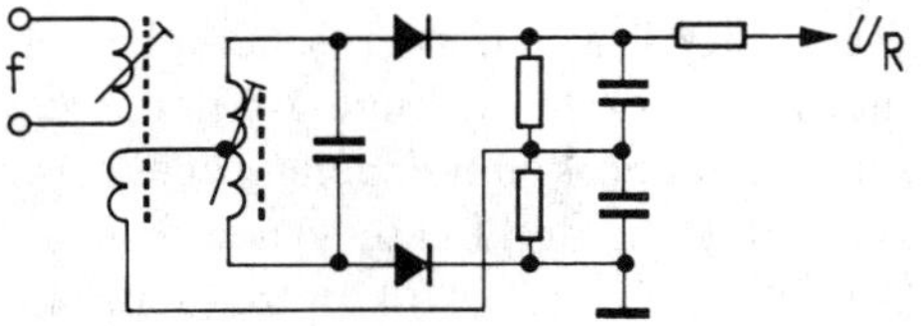


Abb. 8.13 Diskriminator als Meßwandler für Frequenzwerte

Abb. 8.14 Zusammenhang zwischen Regelspannung und Meßwert bei einem Diskriminator

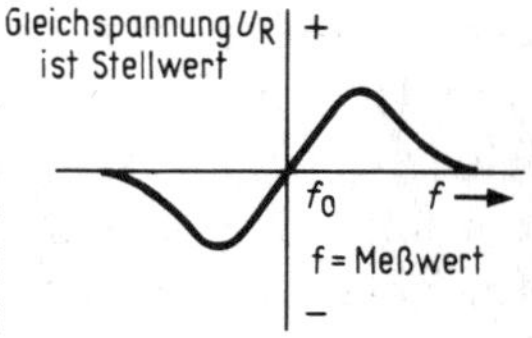


P-Regler, eine gewisse Restabweichung am Widersstand *R* in Abb. 8.11 bleibt bei unterschiedlichen Eingangsspannungen bestehen.

## Abb. 8.13 und 8.14 Diskriminator als Meßwertwandler für Frequenzabweichungen

Um Frequenzabweichungen zu messen, benutzt man die aus der UKW-Rundfunkempfängertechnik bekannten Demodulator-Schaltungen in ihren verschiedenen Abwandlungen, heute meist eine integrierte Schaltung. Ein solcher Diskriminator setzt Frequenzänderungen um, und zwar in Form der vom Abgleichen mit dem Wobbler bekannten S-Kurve, Abb. 8.14. Diskriminatoren dienen hauptsächlich zur automatischen Frequenzregelung (AFC), auch als automatische Feinabstimmung bezeichnet.

## Abb. 8.15 Koinzidenzstufen, Und-Gatter

Koinzidenz bedeutet das Zusammentreffen zweier Ereignisse, die gemeinsam einen bestimmten Effekt ergeben, einzeln dagegen wirkungslos bleiben. Schematisch ist ein Koinzidenzkreis in Abb. 8.15 dargestellt. Ein Strom kann nur fließen, wenn beide Schalter geschlossen sind.

In der Technik elektronischer Datenverarbeitungsanlagen, volkstümlich als Computer bezeichnet, finden Koinzidenzschaltungen in *Addierstufen* vielfältige Verwendung. Man nennt sie dort *Und-Gatter*, weil sie ein Tor (Gatter) darstellen, durch das nur Strom gelangen kann, wenn Schalter 1 und Schalter 2 geschlossen sind. Elektronische Koinzidenzkreise sind also ein Teilgebiet der Impulstechnik. Sie werden in diesem Buch im Kapitel Regeltechnik mit erwähnt, weil solche Koinzidenzstufen an ver-

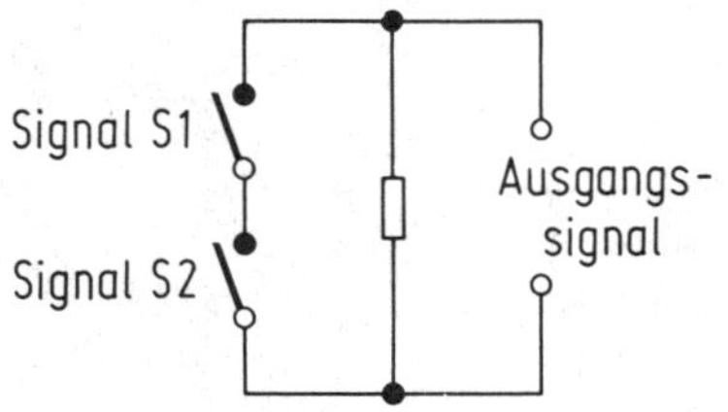


Abb. 8.15 Prinzip eines UND-Gatters oder einer Koinzidenzschaltung

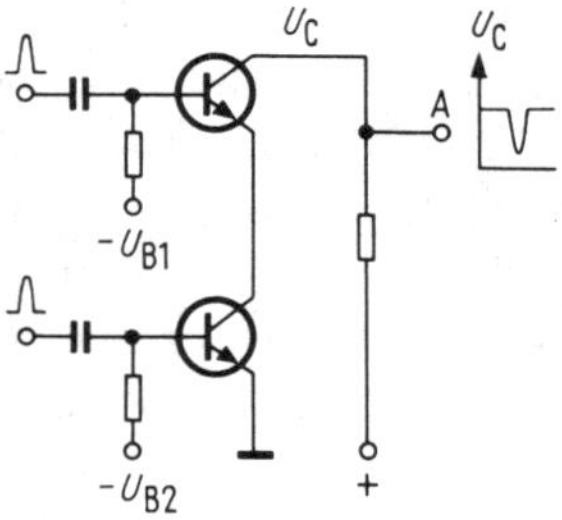


Abb. 8.16 Koinzidenzschaltung aus zwei in Serie liegenden Transistoren

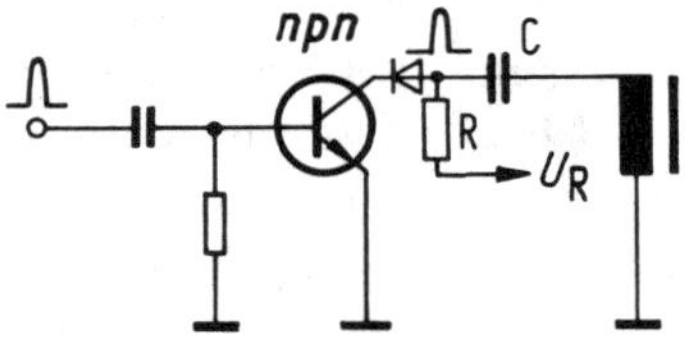


Abb. 8.17 Koinzidenzschaltung durch Doppelsteuerung eines Transistors

schiedenen Stellen im Fernsehempfänger als Fühler, Vergleichsschaltungen oder Meßwertwandler verwendet werden.

## Abb. 8.16 und 8.17 Transistor-Koinzidenzstufen

Die Schaltung Abb. 8.16 arbeitet mit zwei in Reihe liegenden npn-Transistoren. Ihre Basisvorspannungen werden so bemessen, daß die Transistoren sperren. Erst beim gleichzeitigen Auftasten durch positiv gerichtete Impulse fließt ein Emitterstrom, und am Ausgang A kann ein negativ gerichteter Spannungsimpuls abgenommen werden.

In Abb. 8.17 wird der npn-Transistor an der Basis und am Kollektor mit positiven Impulsen gesteuert. Die Kollektorimpulse werden einer Übertragerwicklung, z.B. dem Zeilenausgangsübertrager, entnommen. Beim gleichzeitigen Eintreffen der Impulse an Basis und Kollektor entstehen am Widerstand *R* Stromstöße. Der Kondensator *C* dient als Ladekapazität, an ihm kann eine negative Regelgleichspannung $U_R$ abgegriffen werden. Die Diode verhindert, daß die negative Spannung über die inverse Kollektorstrecke des Transistors abfließen kann.

## Abb. 8.18 Diodengatter

Eine UND-Schaltung mit zwei Dioden ist in Abb. 8.18 gezeichnet. Liegt am Eingang $E_1$ oder am Eingang $E_2$ das Potential Null, dann schaltet die zugehörige Diode durch, verbindet den Ausgang A mit den Nullpotential und hält ihn dort fest, auch wenn am anderen Eingang ein positiv gerichteter Impuls einläuft. Dieser wird dann gewissermaßen gegen Masse kurzgeschlossen.

Abb. 8.18 Diodengatter (UND-Schaltung) mit zwei Dioden

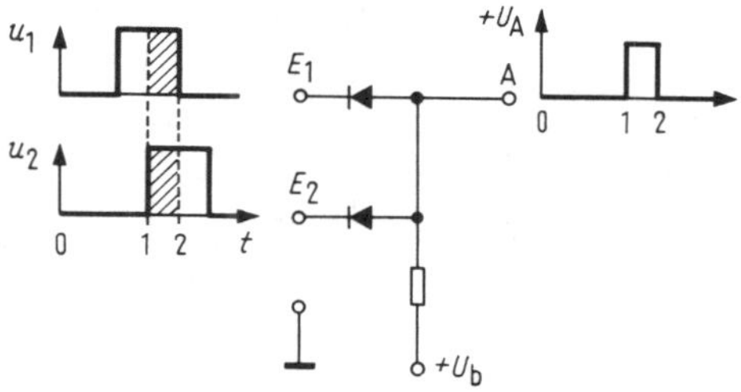

Erst wenn beide Eingänge zugleich zum Zeitpunkt 1 bis zum Zeitpunkt 2 in Koinzidenz sind, also positiv aufgetastet werden, dann sperren beide Dioden. Am Ausgang wird dann die Betriebsspannung + $U_b$ wirksam und ergibt während der Koinzidenzzeit einen positiven Impuls. Natürlich müssen die Scheitelwerte der Impulsspannungen größer sein als die Betriebsspannung $U_b$, damit die Dioden sicher gesperrt werden.

Bei zeitlicher Verschiebung der beiden Eingangsimpulse gegeneinander ändert sich die Breite des Ausgangsimpulses. Dieser Effekt wird bei der FM-Demodulation ausgenutzt, die nach dem Koinzidenzprinzip arbeitet.

## Abb. 8.19 Antikoinzidenzgatter

Antikoinzidenz bedeutet, daß beim Zusammenfallen zweier Impulse am Eingang ein entgegengesetzt gerichtetes Signal am Ausgang erzeugt wird. Eine einfache Antikoinzidenzschaltung mit einer Diode zeigt Abb. 8.19. Der Katode und der Anode der Diode werden positive Impulse zugeführt. Die Amplitude des Katodenimpulses ist größer als die an der Anode. Treffen beide Impulse gleichzeitig ein, dann ist die Katode während dieser Zeit positiver als die Anode und es kann kein Strom fließen. Verschieben sich die Impulse zeitlich gegeneinander, dann fließt Strom während der Zeit, in der die Anode positiv ist. Die Diode schaltet durch und ladet mit der Impulsenergie den Kondensator in der eingezeichneten Polarität auf.

## Abb. 8.20 und 8.21 Austaststufe

Gibt man in Abb. 8.16 einem der beiden Steuerimpulse die entgegengesetzte Richtung, dann heben sie sich bei gleichzeitigem Eintreffen und passenden Amplituden in ihrer Wirkung auf den Ausgangsstrom auf. Man erhält dort keinen Impuls. Das bedeutet ebenfalls eine Antikoinzidenzwirkung. Dieser Effekt wird ausgenutzt für Störaustastschaltungen und Schwarzwertsteuerungen von Fernsehempfängern. Man benutzt dazu Schaltungsanordnungen, bei denen das Hauptsignal an einem Eingang liegt und ständig durchgelassen wird.

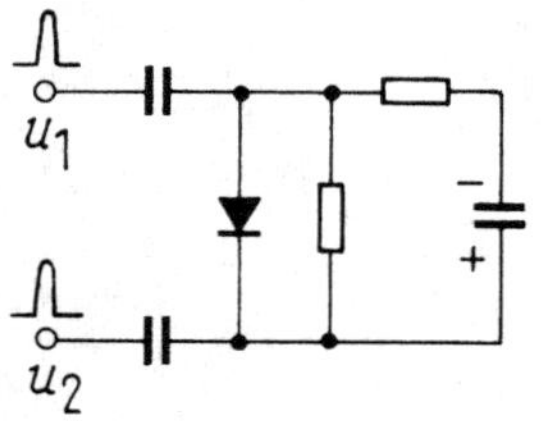


Abb. 8.19 Antikoinzidenzgatter mit einer Diode

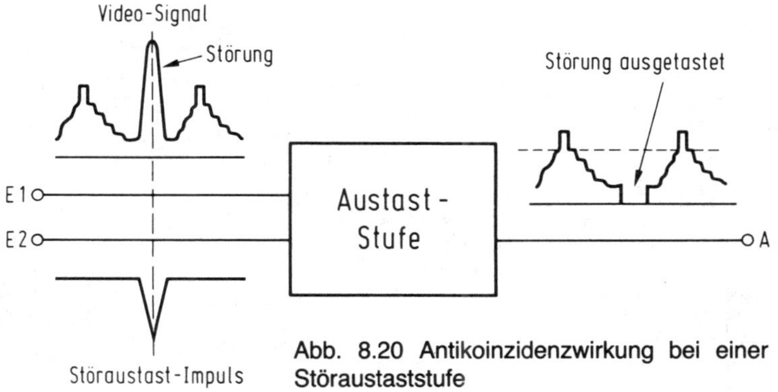


Abb. 8.20 Antikoinzidenzwirkung bei einer Störaustaststufe

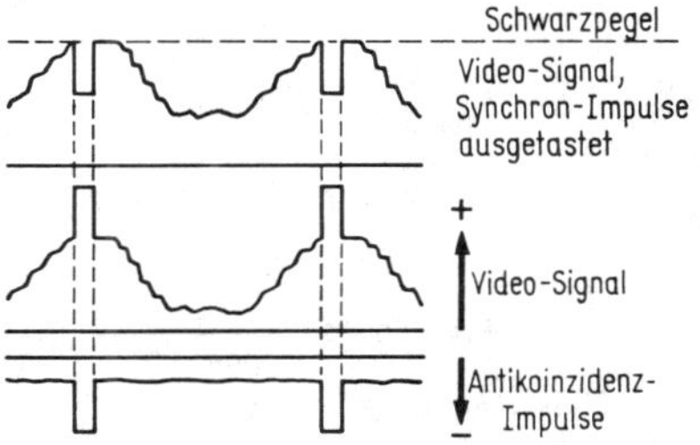


Abb. 8.21 Austasten der Synchronisierimpulse aus einem Videosignal, um den Schwarzpegel als Bezugslinie zu gewinnen

Gibt man auf den zweiten Eingang einen entgegengesetzt gerichteten kurzen Schaltimpuls, dann wird während der Dauer dieses Impulses ein kurzes Stück des Hauptsignals am Ausgang ausgetastet. Abb. 8.20 erläutert das Prinzip einer solchen Störaustastschaltung. Das Video- oder BAS-Signal möge einen hohen Störimpuls mitten in der Bildzeile enthalten. (Lichtschalter für Leuchtstoffröhren verursachen oft solche Störungen.) Dieser Impuls könnte die Synchronisierung des Zeilenfrequenz- und des Bildkipposzillators vollständig aus dem Tritt bringen. Man würde kurzzeitig ein wüstes Liniengewirr anstelle eines Fernsehbildes erhalten.

Deshalb werden solche Störspitzen in einer besonderen Schaltungsstufe abgeschnitten und in negativ gerichtete Störaustastimpulse umgeformt. Diese gibt man auf den zweiten Eingang der Austaststufe und sperrt damit während der Dauer der Störung den Signalweg innerhalb der Stufe. In dem am Ausgang erscheinenden Hauptsignal ist dann die Störung ausgetastet, aber die eigentlichen Synchronimpulse sind erhalten geblieben. Sie steuern exakt die Ablenkstufen. In Abb. 9.05 wird später eine solche Schaltung beschrieben.

Meist wird in der Austaststufe außerdem noch der Bildinhalt des Videosignals abgeschnitten, so daß, wie in Abb. 8.20 rechts durch die gestrichelte Linie angedeutet, nur noch die Amplituden der Synchronimpulse übrig bleiben. Diese Anordnung wird deshalb als Amplitudensieb bezeichnet. Die Abbildungen 9.01 bis 9.07 bringen später Einzelheiten hierzu.

In integrierten Schaltungen erscheint die gesamte Anordnung meist unter der Bezeichnung: Amplitudensieb mit Störaustastung.

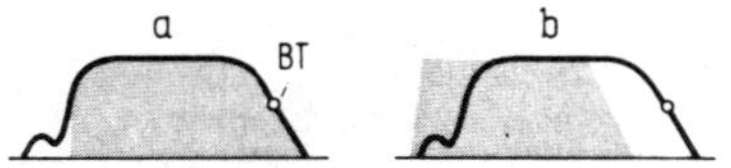


Abb. 8.31 Senderspektrum und Empfängerdurchlaßkurve; a = richtig abgestimmter Empfänger, b = Senderspektrum gegen die Zf-Durchlaßkurve verschoben

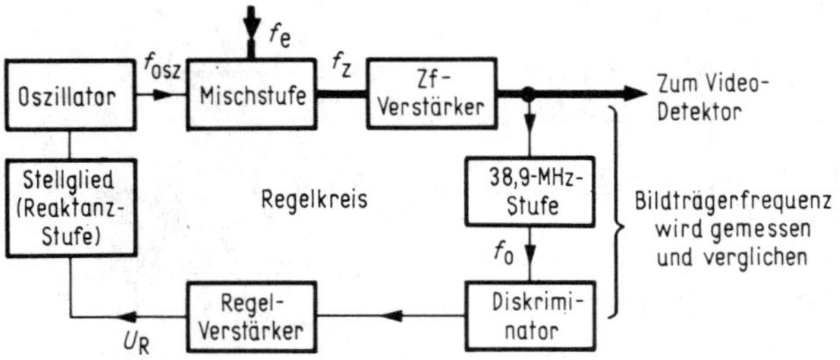


Abb. 8.32 Regelkreis für die automatische Feinabstimmung

# *Automatische Frequenzregelung (AFC)*

## Abb. 8.31 und 8.32 Prinzip der automatischen Frequenzregelung oder Feinabstimmung

Die automatische Feinabstimmung beruht auf dem Zusammenwirken von Zf-Verstärker und Eingangsteil. Die Frequenz des Oszillators soll so geregelt werden, daß die in der Mischstufe gebildete Bildträgerfrequenz BT nach Abb. 8.31a genau auf die Mitte der Nyquistflanke der Zf-Durchlaßkurve zu liegen kommt. Weicht die Oszillatorfrequenz ab, dann wird das Zf-Spektrum des Senders nach Abb. 8.31b verschoben, und ein Teil des Bildinhaltes geht verloren. Man mißt deshalb die Abweichung von der Sollfrequenz am Ausgang des Zf-Verstärkers, bildet daraus eine Regelspannung und steuert die Frequenz des Oszillators im Eingangsteil so nach, daß sich die richtige Sollfrequenz für den Bildträger im Zf-Verstärker ergibt. Nach dem angelsächsischen Ausdruck AFC = *automatic frequency control* wendet man auch bei uns dieses Kurzzeichen an.

Das Prinzip der automatischen Feinabstimmung des Oszillators ist seit über drei Jahrzehnten aus der Schaltungstechnik von Rundfunkempfängern bekannt. In Abb. 8.32 ist die Blockschaltung für Fernsehempfänger dargestellt. Der Oszillator im Eingangsteil soll so schwingen, daß die richtige Zwischenfrequenz gebildet wird. Der Sollwert $f_0$ der Bildträgerfrequenz ist erreicht, wenn der an den Ausgang des Zf-Verstärkers lose angekoppelte sehr trennscharfe Verstärker für 38,9 MHz seine maximale Spannung erhält und bei dem nachfolgenden auf die gleiche Frequenz abgestimmten Diskriminator die erzeugte Gleichspannung nach Abb. 8.14 durch Null geht. Wird der Sollwert über- oder unterschritten, dann entsteht eine positive oder negative Richtspannung. Sie wird im Regelspannungsverstärker verstärkt und steuert dann eine parallel zum Oszillatorkreis liegende Kapazitätsdiode als Stellglied. Sie zieht den Oszillator auf die richtige Frequenz hin.

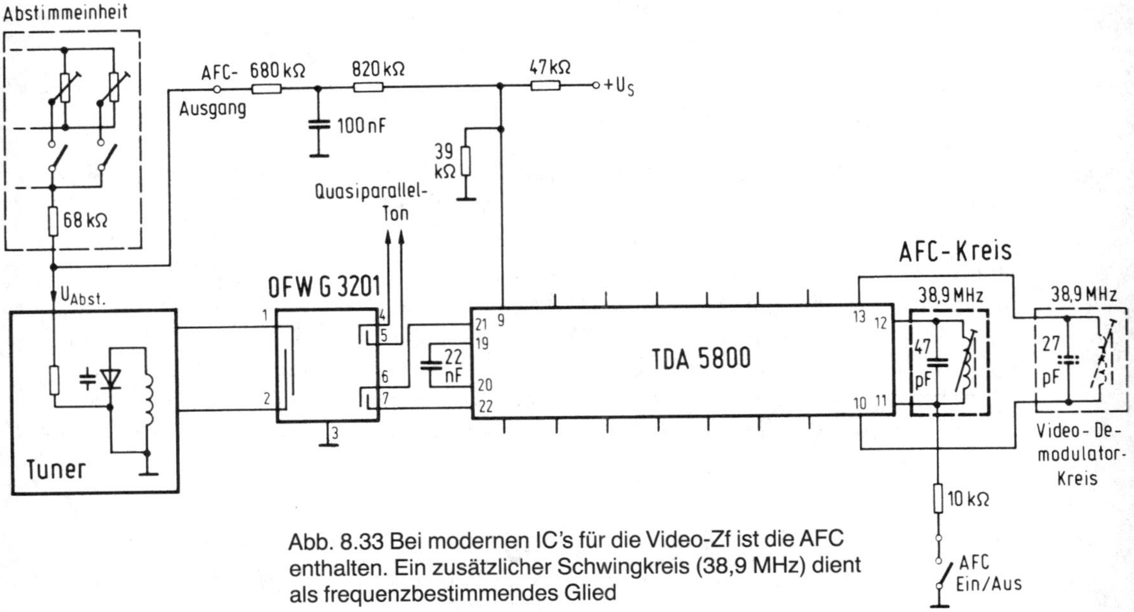


Abb. 8.33 Bei modernen IC's für die Video-Zf ist die AFC enthalten. Ein zusätzlicher Schwingkreis (38,9 MHz) dient als frequenzbestimmendes Glied

## Abb. 8.33 AFC-Schaltung

Für die AFC wird entweder eine getrennte integrierte Schaltung verwendet, oder die AFC-Schaltung ist wie im Beispiel nach Abb. 8.33 im Bild-Zf-Verstärker integriert. Als frequenzbestimmendes Glied dient der mit den Anschlüssen 11 und 12 verbundene Schwingkreis, der auf die Bild-Zf 38,9 MHz abgestimmt ist. Bei Frequenzablage erscheint am Anschluß 9 je nach Frequenzlagen ein positiver oder negativer Strom (max. ± 1 mA). Das Korrektursignal wird über einen Spannungsteiler der von den Abstimmpotentiometern kommenden Abstimmspannung aufaddiert und dann den Kapazitätsdioden des Tuners zugeführt. Die AFC kann durch Beschaltung eines 10 kΩ Widerstandes von Anschluß 11 nach Masse abgeschaltet werden (siehe auch Abbildungen 3.46 und 4.25).

## *Automatische Verstärkungs- und Kontrastregelung*

### Abb. 8.41 und 8.42 Prinzip

Die automatische Verstärkungsregelung (AGC)[1]) dient zum Ausgleichen verschieden hoher Antennenspannungen, und sie soll der Bildröhre eine möglichst gleichbleibende Videospannung anbieten, da hiervon der richtige Kontrast abhängt. Eine automatische Verstärkungsregelung im Hf- und Zf-Teil bedeutet deshalb gleichzeitig auch eine automatische Kontrastregelung, in die noch die handbediente Kontrasteinstellung eingefügt wird. Außerdem soll die automatische Verstärkungsregelung Übersteuerungen im Bild-Zf-Teil vermeiden. Durch grobes Übersteuern der letzten Zf-Stufe würden die Synchronisiersignale unterdrückt oder abgekappt. Gehen sie verloren, dann fallen aber auch die Zeilen- und Bildablenkspannungen außer Tritt, und das Bild wird nicht synchronisiert.

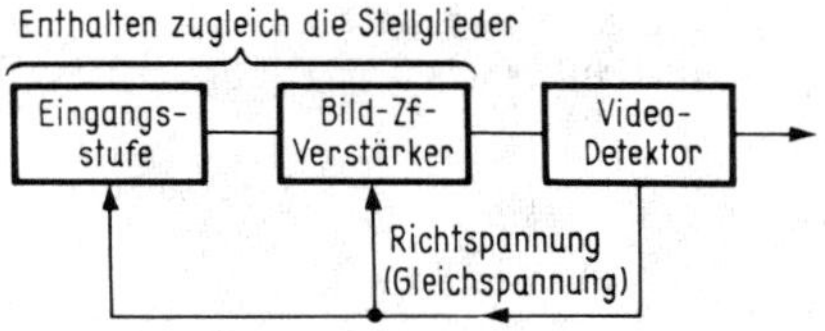


Abb. 8.41 Einfache automatische Verstärkungsregelung; die Richtspannung des Video-Demodulators verstellt die Verstärkung der Eingangs- und Zf-Stufen

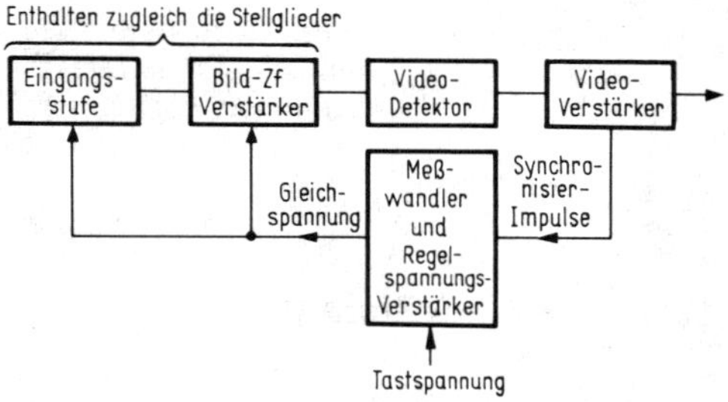


Abb. 8.42 Getastete Verstärkungsregelung eines Fernsehempfängers

Die automatische Verstärkungsregelung verbindet die bisher besprochenen Einheiten Hf-Teil, Bild-Zf-Verstärker und Video-Teil. Im einfachsten Fall könnte, ähnlich wie beim Rundfunk-Superhet, der Video-Demodulator als Fühler und Meßwandler dienen. Die dort gewonnene Richtspannung wird als Regelspannung auf den Eingangstransistor und eine oder mehrere Zf-Transistoren gegeben. Diese Transistoren wirken also zugleich als Stellglieder, um die Verstärkung im gewünschten Sinn zu ändern *(Abb. 8.41)*.

In der Praxis verwendet man jedoch nicht das gesamte Video-Signal dazu, um die Regelspannung zu erzeugen, sondern nur die Synchronisierzeichen, welche den höchsten Signalpegel haben. Man tastet sie dazu mit einer Koinzidenzschaltung aus dem Signal des Video-Verstärkers heraus. Die Koinzidenzschaltung wirkt dabei zugleich als Meßwertwandler bzw. als gesteuerte Gleichrichter und somit als Regelspannungsverstärker *(Abb. 8.42)*.

---

1 Aus dem Englischen: *A*utomatic *G*ain *C*ontrol

## Abb. 8.43 Warum „getastete" Regelung?

Die Regelspannung wird wie beim Rundfunkempfänger aus dem demodulierten Zf-Signal gewonnen. Dabei besteht aber ein wichtiger Unterschied. Beim AM-Rundfunkempfänger bleibt nach Abb. 8.43a der Mittelwert $U_m$ eines modulierten Trägers gleich groß, auch wenn die Amplitude der Nf-Spannung sich ändert. Die Größe der Regelspannung soll dabei etwa diesem Mittelwert $U_m$ entsprechen, nicht aber dem Spitzenwert bis zu den äußersten Kuppen der Hüllkurve. Dieser Mittelwert $U_m$ ist unabhängig von der Modulation. Er ändert sich nur entsprechend der Eingangsspannung. Würde man den Spitzenwert zur Regelung heranziehen, dann würde die Regelautomatik bereits durch Dynamikunterschiede der Nf-Spannung betätigt, d.h. bei einer lauten Stelle eines Musikstückes würde die Verstärkung herabgeregelt.

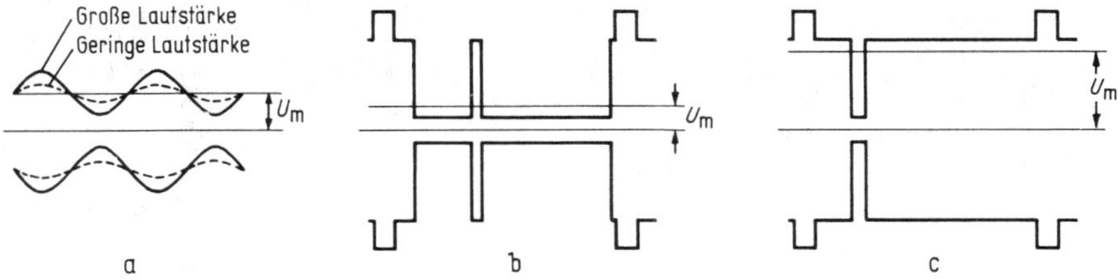


Abb. 8.43 Trägermittelwert $U_m$ in Abhängigkeit von der Modulationsart; a = im Rundfunkempfänger bleibt der Mittelwert $U_M$ eines Trägers bei großer und geringer Lautstärke gleich, b = Mittelwert $U_m$ bei einem Fernseh-Zeilensignal mit großer Helligkeit, c = Mittelwert bei einer dunklen Bildzeile

Eine dem Mittelwert $U_m$ entsprechende Gleichspannung gewinnt man im Rundfunkempfänger, indem man die Regelspannung am Zf-Demodulator abnimmt; seine Richtspannung entspricht nämlich diesem Mittelwert.

Bei einem Fernsehempfänger liegen die Verhältnisse anders. Dort ändert sich der Mittelwert in Abhängigkeit von der Modulation. Eine Zeile mit hohem Weißanteil, z.B. nach Abb. 1.11, ergibt ein kleines mittleres Spannungsniveau, entsprechend Abb. 8.43b. Beim Regeln mit diesem Mittelwert $U_m$ würde die Verstärkung heraufgesetzt und die Bildröhre übersteuert werden. Bei einer Zeile mit hohem Schwarzanteil dagegen stellt sich nach Abb. 8.43c ein großer Mittelwert ein, der den Empfänger herabregeln würde. Gewönne man also jeweils aus den Mittelwerten die Regelspannung, dann ändert sich die Bildhelligkeit in unerwünschter Weise.

Streng genommmen müßte man also beim Fernsehempfänger stets einen besonderen Regelgleichrichter vorsehen, der nicht auf den Mittelwert, sondern auf die Spitzenwerte der Synchronisierimpulse, besser noch auf die Schwarzschulter, anspricht. Die Synchronisierimpulse eignen sich deswegen gut zur Regelspannungserzeugung, weil sie stets gleich hoch sind, auch wenn der Bildinhalt wechselt. Andererseits sind sie aber von der Eingangsspannung des Empfängers abhängig und eignen sich deshalb auch zum Ausregeln verschieden großer Eingangsspannungen.

## Abb. 8.44 und 8.45 Die Taststufe

Die Regelspannung wird deshalb aus den Spitzenwerten der Gleichlaufimpulse abgeleitet. Sie werden beim Senden stets auf gleicher Höhe gehalten und sind daher ein Maßstab für die Empfangsfeldstärke. Ein Spitzengleichrichter mit RC-Gliedern niedriger Grenzfrequenz würde aber kurzzeitigen Feldstärkeschwankungen nicht folgen und zu träge regeln. Da die Gleichlaufimpulse jedoch nur einen geringen Bruchteil der Bildzeit ausmachen, besteht bei kleinen Widerständen und Kapazitäten im Gleichrichterkreis die Gefahr, daß die Regelspannung sich doch aus einem Mittelwert von Bild- und Synchronisiersignalen aufbaut.

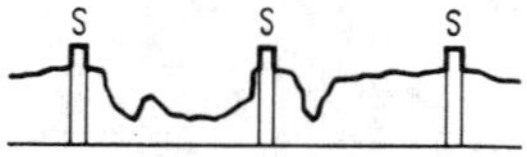


Abb. 8.44 Nur aus den Gleichlaufimpulsen S wird Regelspannung gebildet

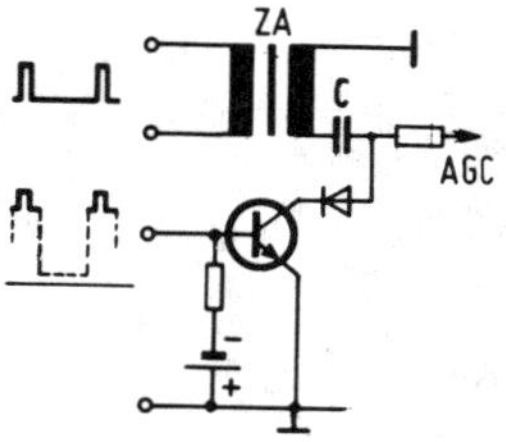


Abb. 8.45 Koinzidenzanordnung zum Erzeugen der Regelspannung aus den Gleichlaufzeichen, ZA = Zeilenausgangsübertrager

Deshalb erzeugt man nach Abb. 8.44 die Regelspannung nur während der Gleichlaufimpulse. Man tastet dazu mit einer Koinzidenzstufe aus dem gesamten Signalgemisch nur die Impulse heraus. Schaltungen dieser Art nennt man *getastete Regelung*. An die Basis des Transistors legt man nach Abb. 8.45 das positiv gerichtete Bildsignalgemisch aus dem Videoteil und eine hohe negative Vorspannung, so daß nur die Impulsspitzen in den Aussteuerbereich hineinragen. Der Transistor erhält keine Kollektorspannung. Statt dessen werden aus einer Wicklung auf dem Zeilenausgangsübertrager die positiv gerichteten *Zeilenrückschlagimpulse* angelegt. Diese Impulse werden später im Kapitel 11 ausführlich behandelt. Die Rückschlagimpulse fallen bei richtig arbeitendem Empfänger zeitlich mit den Zeilensynchronisierimpulsen zusammen. Nur während dieser sehr kurzen positiven Rückschlagimpulse erhält der Kollektor Spannung und kann Strom führen. Während der gleichen Zeit liegen jedoch die Synchronisierzeichen an der Basis und überwinden die negative Vorspannung. Von der Höhe der Impulsdächer an der Basis hängt die Größe des Kollektrorstromes ab und ladet den Kondensator C auf. Dagegen bleibt der Transistor gesperrt, während der Bildinhalt übertragen wird. Die Kollektorstromstöße erzeugen am Kondensator eine pulsierende Gleichspannung. Diese Regelspannung hängt nur von der Höhe der Synchronimpulse, nicht aber vom Bildinhalt ab. Bei kleiner Signalspannung wird der Transistor nur wenig aufgetastet, Kollektorstrom und Regelspannung bleiben klein, der Zf-Verstärker arbeitet mit großer Verstärkung.

Die Schaltung ist auch weitgehend unempfindlich gegen Störimpulse, denn diese werden ebenfalls ausgetastet, wenn sie nicht zufällig genau mit den Gleichlaufimpulsen zusammenfallen, was nur selten der Fall sein wird.

## Abb. 8.46 Getastete Regelung und Regelspannungsverstärker

Bei dieser Schaltung (nach Siemens-Unterlagen) werden dem Kollektor der Taststufe T1 negativ gerichtete Zeilenrückschlagimpulse von 600 $V_{ss}$ über eine kleine Kapazität von 47 pF zugeführt. Dieser Kondensator überträgt nur die steilen Impulsflanken. Hinter dem Kondensator bilden sich daher *Nadelimpulse* mit 70 $V_{ss}$. Diesen Vorgang nennt man differenzieren. Er wird im folgenden Kapitel über Impulsabtrennung ausführlicher behandelt.

Abb. 8.46 Getastete Regelung mit Verstärkerstufe (Siemens)

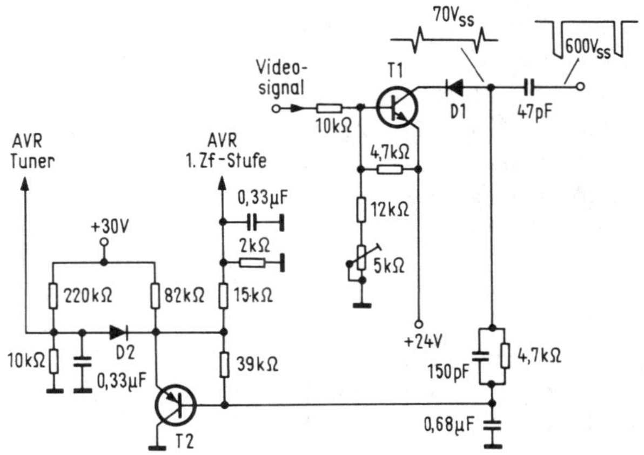


Die auf den Kondensator folgende Diode läßt nur die positiv gerichteten, sehr schmalen Nadelimpulse zum Kollektor durch. Der Basis des Transistors wird wie in Abb. 8.45 das gesamte Videosignal zugeführt. Der Emitter liegt an einer Spannung von +24 V. Zwischen diesem Punkt und Masse befindet sich der Spaltungsteiler 4,7 kΩ – 12 kΩ – 5 kΩ. Die Basis liegt an einem Abgriff dieses Spannungsteilers, wird also negativ gegen den Emitter vorgespannt. Mit dem 5-kΩ-Trimmwiderstand läßt sich die Vorspannung und damit die Tastschwelle einstellen.

Nadelimpuls und Synchronimpuls des Videosignals schalten den Transistor zum Zeitpunkt der hinteren Schwarzschulter durch. Im Kollektorkreis ladet sich dadurch der 0,68-μF-Kondensator auf einen Wert auf, der proportional den Synchronamplituden des Videosignals ist. Diese Regelspannung wird direkt auf den Zf-Verstärker gegeben und außerdem über den als Impedanzwandler dienenden Transistor T2 auf den Tuner. Die Diode D2 dient dabei als Schwellenwertdiode. Sie läßt die Tuner-Regelung erst ab 5 mV Antennenspannung wirksam werden.

Zum Verständnis wurde hier eine Schaltung mit Einzeltransistoren gezeigt. Heute sind fast alle Regelschaltungen in den integrierten Bild-Zf-Schaltungen enthalten. Dabei wird ein Zeilenimpuls geeigneter Größe an die integrierte Schaltung angelegt. An einem anderen Anschluß wird die Regelspannung für den Tuner direkt entnommen (siehe Abbildungen 3.46 und 4.25).

## *Phasensynchronisierung*

### Abb. 8.51 Blockschaltung

Die Phasensynchronisierung ist eine Regelschaltung, um die Frequenz eines selbständigen Oszillators phasengenau mit der Frequenz der Zeilengleichlaufzeichen zu synchronisieren. Das Verfahren geht auf den Regelkreis mit Sollwertgeber Abb. 8.02 zurück. Als Sollwert dient die Frequenz der vom Sender kommenden Zeilensynchronimpulse, also 15625 Hz. Um die für die Zeilenablenkspule der Bildröhre benötigten Sägezahnströme zu erzeugen, benutzt man eine mehrstufige Oszillator- und Impulsformerschaltung. Die Frequenz dieses Oszillators ist in engen Grenzen veränderlich, um sie bei Toleranzen der Bauelemente oder sonstigen Störeinflüssen exakt auf den richtigen Wert einstellen zu können.

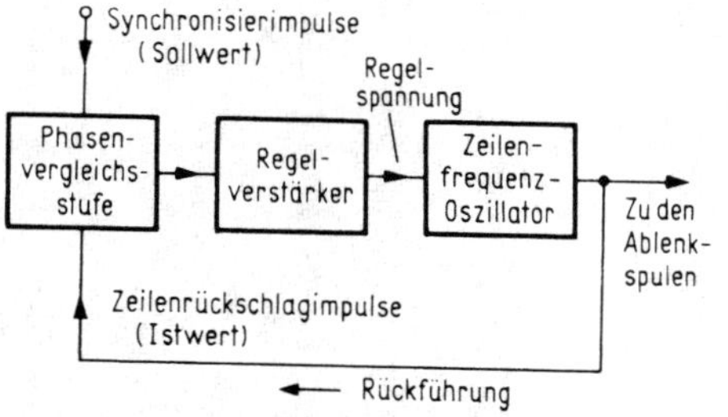


Abb. 8.51 Prinzip der als Phasensynchronisierung bezeichneten Regelschaltung

Zum Synchronisieren führt man vom Ausgang dieses Zeilenablenkteiles ebenfalls wieder Rückschlagimpulse als Istwert zurück zur *Phasenvergleichsstufe.* Diese Stufe erhält außerdem als Sollwert die Synchronimpulse aus den Empfangsteil. Weichen die beiden Frequenzen voneinander ab, dann wird eine Regelspannung gebildet, die den Oszillator wieder auf den richtigen Wert hinzieht. Die Ansprechempfindlichkeit ist so hoch, daß bereits Phasenabweichungen genügen, um die Regelung in Gang zu setzen. Bei richtiger Synchronisierung sind Regelspannung und Regelabweichung fast Null. Es handelt sich also im Prinzip um einen Integralregler. Die Wirkungsweise ist sehr stark mit der Funktion des Zeilenablenkteiles verzahnt und wird dort näher besprochen.

Erwähnt sei, daß diese Phasensynchronisierung eines Oszillators durch eine Steuerfrequenz heute in großem Umfang auch in anderen Schaltungsstufen von Rundfunk und Fernsehempfängern angewendet wird. Aus den USA wurde dafür die Bezeichnung PLL (Phase-Locked Loop) übernommen, etwa zu übersetzen mit Phasenregelschleife.

## Einzeltransistoren oder ICs?

Die in den jeweiligen Kapiteln besprochenen Schaltungen mit Einzeltransistoren stammen aus Industriegeräten. Mit Hilfe dieser Teilschaltungen lassen sich die Funktionen gut erläutern und überblicken. Selbst wenn solche Anordnungen aus Einzelelementen durch integrierte Schaltungen ersetzt werden, ist es zum Verständnis der Empfängerfunktionen wichtig, diese Grundprinzipien zu beherrschen.

Bei dieser Gelegenheit sei die Herkunft von zwei üblichen Fachausdrücken kurz erläutert.

*integer*, lateinisch, hat mehrere Bedeutungen. In der elektronischen Bausteintechnik wird es für den Begriff „vollständig“ angewendet. In einem solchend Bauelement sind vollständige Verstärkerstufen oder Umsetzerstufen mit mehreren Transistorsystemen zusammengefaßt. In der englischen Fachliteratur lautet die Bezeichnung hierfür „Integrated Circuit“, abgekürzt IC, Mehrzahl ICs. Diese Kurzzeichen haben sich auch bei uns eingeführt. Vielfach wird auch die Bezeichnung IS von *I*ntegrierte *S*chaltung benutzt.

*discretus*, lateinisch = abgesondert. Im Umgangsdeutsch bedeutet „diskret“ verschwiegen, taktvoll. Als Elektronik-Fachwort blieb die ursprüngliche lateinische Bedeutung erhalten. „Diskrete Bauelemente“ sind demnach keine verschwiegenen Bauelemente, es sind abgesonderte, also Einzelbauelemente wie Widerstände, Kondensatoren und im weiteren Sinne auch Dioden und Transistoren in Form von Einzelstücken. Aus ihnen wird dann eine Schaltungsstufe zusammengebaut.

# 9 Impulsabtrennung

*Wir haben bis jetzt den Weg des Fernsehsignals vom Eingang des Empfängers bis zur Bildröhre verfolgt und gesehen, wie dort die Amplitudenschwankungen des Signals wieder in Helligkeitswerte zurückverwandelt werden. Das Bildsignalgemisch enthält aber außer den Amplitudenschwankungen für den Helligkeitsverlauf die Synchronisierzeichen für die Zeilenanfänge und für den Rasterwechsel. Die weiteren Ausführungen beschäftigen sich mit dem Heraussieben dieser Zeichen aus dem Signalgemisch und mit der Sortierung in Zeilen- und Rasterimpulse. – Hierzu noch folgende Bemerkung:*

*Bisweilen wird auch die Bezeichnung Puls für periodisch wiederkehrende Impulse verwendet. Man vergleiche hierzu den Puls des Blutkreislaufes. Wenn der Arzt den Puls mißt, dann mißt er die* Puls-Frequenz, *also auch hier wird unter Puls eine periodische Reihe verstanden. Ein* Impuls *ist dagegen in dieser Betrachtungsweise nur ein einziger Spannungsstoß. Deshalb ist z. B. die in der Werkstatt übliche Ausdrucksweise „Der Zeilenimpuls" eigentlich unkorrekt, es muß vielmehr heißen „Zeilenimpulse" oder „Der Zeilenpuls", denn es handelt sich hierbei stets um eine periodische Impulsreihe, also um eine Mehrzahl von Impulsen.*

## *Amplitudensieb*

### Abb. 9.01 Abtrennen der Synchronisierzeichen vom Bildsignalgemisch

Bei der Besprechung der Grundlagen einer Bildübertragung wurde betont, daß die Zeilen- und Bildanfänge im Empfänger unbedingt genau im gleichen Takt wie im Sender erfolgen müssen. In dem Signalgemisch sind daher außer der Amplitudenmodulation für die Bildhelligkeitswerte noch die Frequenzen von 15 625 Hz für die Zeilenimpulse und 50 Hz für die Rasterwechselimpulse enthalten. Diese Impulse müssen herausgesiebt werden. Zweckmäßig werden nicht nur die Amplitudenschwankungen des eigentlichen Bildinhaltes auf der einen Seite des Signalgemisches, sondern auch die

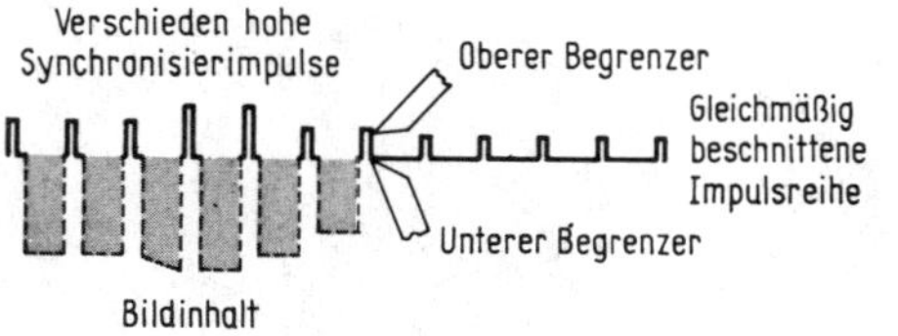


Abb. 9.01 Abtrennen der Gleichlaufimpulse durch Abkappen des Bildinhaltes und ungleich hoher Impulsscheitel

vielleicht verschieden hohen Impulsscheitel auf der anderen Seite abgekappt, so daß man eine gleichmäßig beschnittene Impulsreihe bekommt, die nur die Impulsfrequenzen 15 625 Hz und 50 Hz enthält. Dieses Abkappen oben und unten wird zweckmäßig auf zwei Stufen verteilt. In der ersten wird der Bildinhalt weggeschnitten, und in der zweiten werden die ungleich hohen Scheitel der Impulse auf gleiche Höhe gebracht.

## Abb. 9.02 Abkappen der Bildamplituden durch eine Diodenschaltung

Das Abkappen kann mit vorgespannten Schaltdioden erfolgen. Man gibt einer Diode eine negative Vorspannung – $U_v$ von einigen Volt und verschiebt dadurch ihren Arbeitspunkt soweit nach links, daß der Schwarzpegel auf den Kennlinienknick fällt. Die links davon liegenden Helligkeitsamplituden erzeugen keinen Diodenstrom, sondern nur die nach rechts herausragenden Synchronisierimpulse schalten die Diode durch. Der Diodenstrom enthält also nur die Synchronisierzeichen.

## Abb. 9.03 Begrenzerschaltungen

Bekanntlich werden beim Übersteuern einer Verstärkerstufe mit zu hohen Eingangsspannungen die oberen und die unteren Spitzen oder Kuppen des Signals beschnitten und abgekappt. Dies benutzt man, um die Synchronimpulse vom übrigen Signal abzutrennen und außerdem noch die Amplituden der Kurvenscheitel zu begrenzen. Man legt den Arbeitspunkt A der Steuerstufe sehr weit nach links, so daß wie im Diagramm 9.02 der Bildinhalt des Signalgemisches noch keinen Strom bewirkt. Lediglich die Synchronimpulse ragen bis über das Steuergebiet hinaus. Sie werden also durchgelassen, aber am Scheitel abgekappt, und es ergeben sich die gleichmäßig hohen Ausgangsstromimpulse. Dies entspricht also dem Schema von Abb. 9.01 und ergibt eine Verbesserung gegenüber Abb. 9.02.

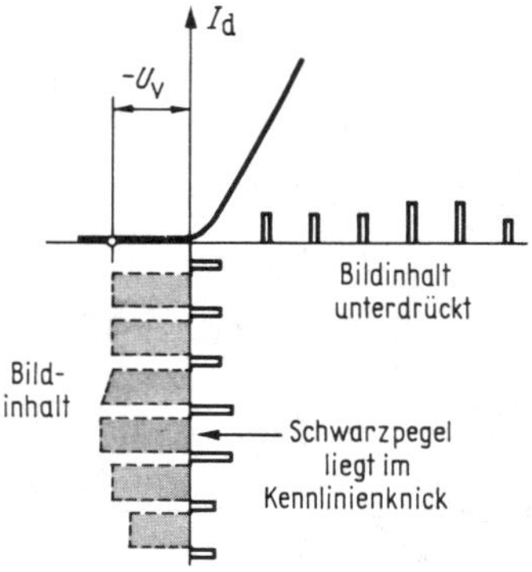


Abb. 9.02 Vorgespannte Diode als Amplitudensieb

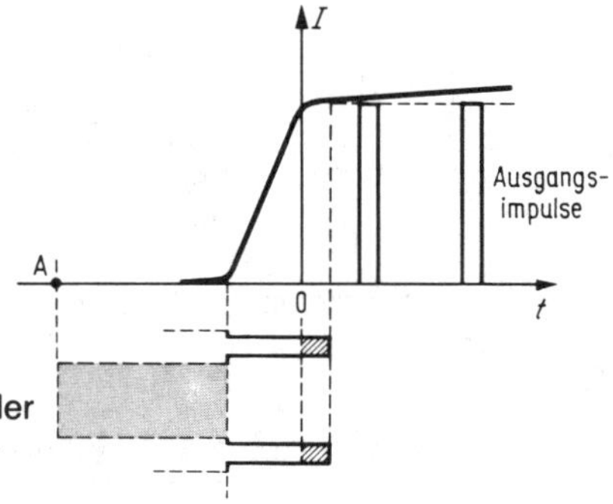


Abb. 9.03 Beidseitige Begrenzung der Synchronisierimpulse

## Abb. 9.04 Einstufiges Amplitudensieb

Die Verschiebung des Arbeitspunktes A im vorigend Bild kann man erzielen, indem man die notwendige Vorspannung aus dem Signalgemisch selbst erzeugt. Man führt es dazu über ein RC-Glied dem Basiskreis eines Transistors zu. Dieses RC-Glied bildet zusammen mit der Emitter-Basisdiode einen Gleichrichterkreis. *R* stellt den Lastwiderstand und *C* den Ladekondensator dar. Der Kondensator lädt sich in der eingezeichneten Polung fast auf den Scheitelwert des Signalgemisches auf und verschiebt somit den Arbeitspunkt automatisch in das Sperrgebiet des Transistors. Nur die Synchronimpulse schalten den Transistor durch und bewirken Kollektorstromstöße. Sie ergeben ihrerseits Spannungsimpulse als Lastwiderstandf $R_L$. Das Kollektorpotential sinkt dadurch ab, und man kann am Kollektorpotential negativ gerichtete beschnittene Synchronimpulse abnehmen. Die Stufe wirkt zugleich als Inverter.

Bedingung für derartige Begrenzerschaltungen ist, daß ein ziemlich großes BAS-Signal zur Verfügung steht. Die abgetrennten und beschnittenen Synchronisierimpulse erscheinen am Ausgang der Stufe mit Spannungswerten von 2 bis 5 V.

## Abb. 9.05 Störaustastung

Für den exakten Einsatz der Zeilen- und Bildanfänge ist wichtig, daß die Kippgeräte nur durch die eigentlichen Synchronisierzeichen angestoßen werden. Es besteht nämlich die Gefahr, daß starke, unregelmäßig auftretende Störimpulse die Kippgeräte zur falschen Zeit auslösen und das Bild verderben. Man ist deshalb bestrebt, Störimpulse bereits vor dem Amplitudensieb unschädlich zu machen. Die Wirkung der Störaustastung beruht auf einer Koinzidenzschaltung[1]).

Der Transistor arbeitet in Basisschaltung. Das positiv gerichtete BAS-Signal wird über den 2,2-kΩ-Kollektorwiderstand des Transistors zum Amplitudensieb geleitet. Am Emitter liegt ein BAS-Signal mit negativ gerichteten Gleichlaufzeichen. Die Basis-

1 Vgl. Abb. 8.15 bis 8.18.

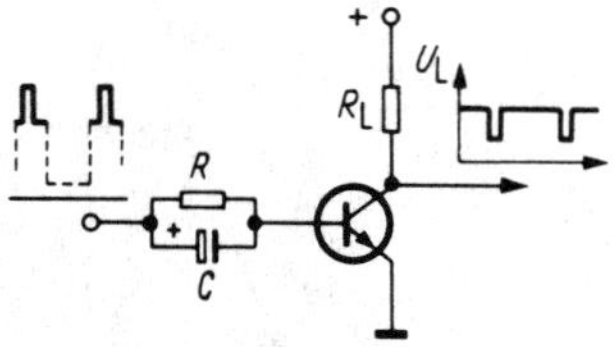


Abb. 9.04 Transistor als Amplitudensieb

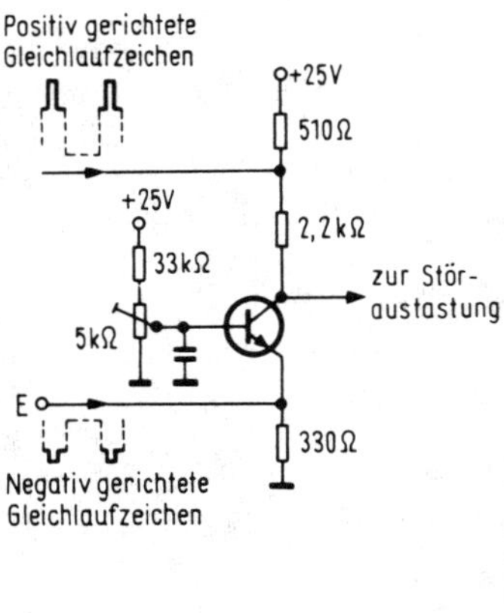


Abb. 9.05 Schaltung zum Austasten von Störimpulsen

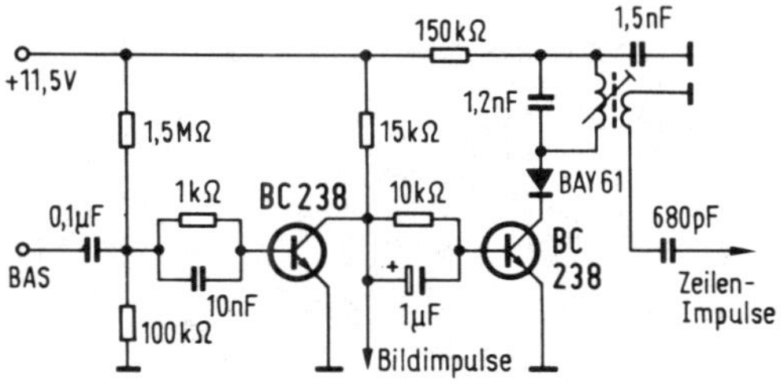


Abb. 9.06 Amplitudensieb mit zwei Transistoren

spannung des Transistors wird mit dem Trimmwiderstand so eingestellt, daß der Transistor für die Synchronimpulse gerade eben gesperrt ist.

Tritt nun ein Störimpuls auf, der negativer als der Synchronpegel am Emitter ist, dann schaltet er den Transistor durch. Infolgedessen fließt ein Strom durch den 2,2-kΩ-Kollektorwiderstand. Ähnlich wie in Abb. 9.04 macht dadurch das Kollektorpotential einen Spannungssprung in negativer Richtung. Genau zum gleichen Zeitpunkt erscheint aber auch derselbe Störimpuls im oberen BAS-Signal positiv gerichtet. Die beiden Spannungssprünge heben sich auf, sie kompensieren sich, und die Störung tastet sich selbst heraus!

Da die beiden sich auslöschenden Störimpulse entgegengesetzt gerichtet, also invertiert sind, bezeichnet man die Schaltung auch als *Störinverter*.

## Abb. 9.06 Zweistufiges Amplitudensieb mit Transistoren

In dieser Schaltung wird das BAS-Signal mit positiv gerichteten Synchronimpulsen über das aus Abb. 9.04 bekannte RC-Glied der Basis des ersten Transistors zugeführt. Die Spannung an seinem Kollektor ist durch den 15-kΩ-Widerstand sehr stark herabgesetzt, das ergibt die abschneidende und begrenzende Wirkung. Die abgetrennten Impulse erscheinen am Kollektor negativ gerichtet. Die Bildimpulse werden bereits hinter dem ersten Transistor ausgekoppelt. Der zweite Transistor verstärkt und begrenzt die Impulsreihe nochmals. An seinem Kollektor liegt ein Resonanzkreis, der durch jeden Synchronimpuls zu einer Schwingung angestoßen wird, deren Breite durch die Resonanzfrequenz des Kreises gegeben ist. Die hierzu in Reihe liegende Diode BAY 61 ermöglicht dabei das freie Durchschwingen der negativen Halbwelle. Die umgeformten Impulse werden induktiv auf den anschließenden Zeilenkippteil übertragen.

Die Bezeichnung *Zeilenimpulse* und *Bildimpulse* werden hier zur Vereinfachung gebraucht. In Wirklichkeit handelt es sich vorerst noch um die gleichen Impulsfolgen. Erst durch die Aufbereitung in den danach folgenden Stufen werden daraus typische Zeilen- und Bild-Synchronimpulse.

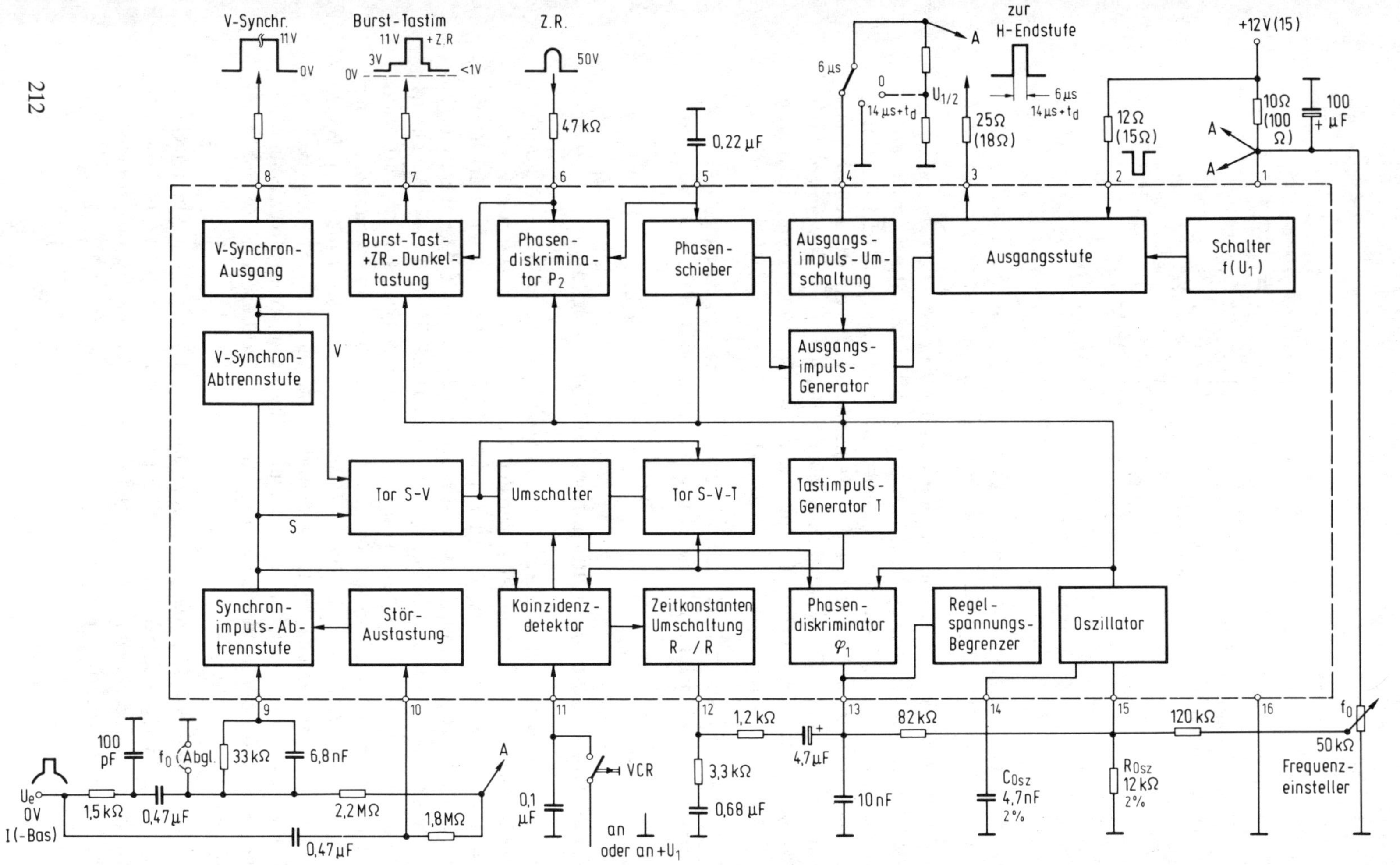


Abb. 9.07 Blockschaltbild der Horizontalkombination TDA 2593. Sie enthält das Amplitudensieb und die Erzeugung der Zeilenablenkfrequenz

## Abb. 9.07 Amplitudensiebe in integrierten Schaltungen

Die heute als Horizontalkombination zusammengefaßten integrierten Schaltungen enthalten auch in der Regel das Amplitudensieb. Dazu wird ein BAS-Signal mit einer Amplitude von 3 $V_{ss}$ über ein Zweizeitkonstantenglied an Anschluß 9 der IS zugeführt. Die größere Zeitkonstante besteht aus einem Kondensator von 0,47 $\mu$F und einem Widerstand von 2,2 MΩ, die kleine Zeitkonstante aus einem Kondensator von 6,8 nF und einem Widerstand von 33 kΩ. Über den Anschluß 10 wird das BAS-Signal einer Störaustaststufe zugeführt, damit starke Störungen die Funktion des Amplitudensiebes nicht beeinflussen. Wichtig ist, daß ein sog. negatives BAS-Signal (die Synchronimpulse sind hier positiv gerichtet) zugeführt wird.

# *Gewinnung der Zeilensynchronisierzeichen*

## Abb. 9.11 Differenzieren von Rechteckimpulsen

Nachdem im Amplitudensieb die Synchronisierzeichen von der Bildmodulation und von Amplitudenstörungen befreit worden sind, müssen die 50-Hz-Bildwechselimpulse und die 15 625-Hz-Zeilenimpulse voneinander getrennt werden. Die Schaltung eines Fernsehempfängers gabelt sich also hinter dem Amplitudensieb in zwei getrennte Kanäle für Zeilen- und Bildablenkung auf (vgl. Abb. 3.01). Zunächst wird die Gewinnung der Zeilensynchronisierimpulse besprochen.

Nach der Fernsehnorm bestehen die Synchronzeichen aus rund 5 $\mu$s breiten Rechteckimpulsen. Eine Bildzeile dauert 64 $\mu$s. Ein 5 $\mu$s breites Zeichen wäre also ein zu undefinierter Startschuß für den Zeilenbeginn. Deshalb benutzt man nur die Vorderflanke des Synchronimpulses als Triggersignal für die Kippspannungsoszillatoren des Ablenkteiles. Dazu formt man zunächst die steilen Flanken durch *Differenzieren* in Nadelimpulse um. Der Begriff Differenzieren stammt aus der höheren Mathematik. Man versteht darunter das Ermitteln der Steilheit von sehr kleinen Abschnitten einer Kurve. Der Funktechniker kennt die daraus abgeleiteten Begriffe der Kennlinien*steil-*

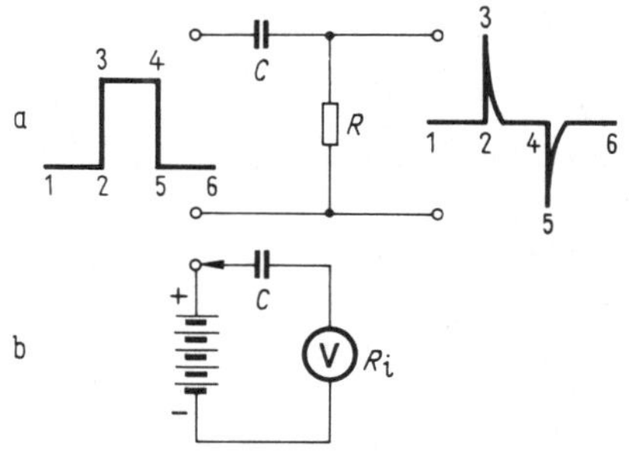


Abb. 9.11 Elektrisches Differenzierglied

*heit* von Dioden und Transistoren sowie des *differentiellen* Widerstandes bei nichtlinearen Widerständen[1]).

Bei einem elektrischen Rechteckimpuls hat die Grundlinie und das Impulsdach die Steigung Null. Die aufsteigende und die absteigende Flanke verlaufen dagegen sehr steil. In einer sehr kleinen Zeitdifferenz ergibt sich also eine sehr große Spannungsdifferenz. Beim elektrischen Differenzieren gewinnt man aus einem solchen Spannungssprung auf folgende Weise einen *Nadelimpus:* Man gibt die Rechteckspannung nach Abb. 9.11a auf ein als Hochpaß geschaltetes *RC*-Glied. Für die Spannung Null des Kurvenstückes 1–2 ist natürlich die Ausgangsspannung des Gliedes ebenfalls Null. Kommt jetzt der steile Spannungssprung 2–3 an den Eingang, so wirkt er wie die plötzlich ansteigende Halbwelle einer Wechselspannung sehr hoher Frequenz. Für Wechselspannungen besitzt aber der Kondensator nur einen geringen Widerstand. Fast die ganze Spannung 2–3 erscheint daher sofort an den Enden des Widerstandes *R*, und zwar in der Richtung des Spannungsanstieges, also positiv.

Während des darauffolgenden Zustandes 3–4 kann sich aber die Spannung am Widerstand *R* nicht halten, denn 3–4 im Rechteckimpuls ist ein Gleichspannungsanteil, der von Kondensatoren nicht übertragen wird. Die Spannung an *R* bricht also wieder zusammen und fällt auf Null ab. Dagegen ladet sich nun der Kondensator *C* auf die Gesamtspannung auf.

Man kann sich den Vorgang durch einen einfachen Versuch klarmachen, dessen Verlauf jeder Praktiker im voraus übersehen kann. Ein Kondensator *C* wird nach Abb. 9.11b über ein Voltmeter an eine Gleichspannungsquelle gelegt. Das Voltmeter schlägt kurz aus (Spannungsanstieg 2–3 in Abb. 9.11a) und wird dann wieder spannungslos, während nun der Kondensator auf die Batteriespannung aufgeladen ist. Gelangt in Abb. 9.11a nun die abfallende Impulsflanke 4–5 an das *RC*–Glied, so verläuft der Ladestoß in umgekehrter Richtung, d.h. am Widerstand tritt ein kurzer negativ gerichteter Spannungszacken 4–5 auf, und anschließend klingt die Ausgangsspannung wieder auf Null ab. Diese spitzen Spannungszacken eignen sich besser für die präzise Auslösung der Kippgeräte als reine Rechteckimpulse. Man wendet daher in allen Fernsehempfängern derartige Differenzierglieder an, um die eigentlichen Zeilensynchronisierungsimpulse zu erzeugen.

## Abb. 9.12 Bemessung des Differenziergliedes

Für die Bemessung eines solchen Differenziergliedes gelten folgende Überlegungen: Man kann die Anordnung als Kopplungskondensator und Ableitwiderstand einer Verstärkerstufe auffassen. Dieses Kopplungselement soll nur die sehr hohen Frequenzen übertragen, die in den Zeilenimpulsflanken enthalten sind. Nicht übertragen werden soll jedoch die eigentliche Zeilenimpulsfrequenz von 15 625 Hz. Die Grenzfre-

1 Elektronik ohne Ballast.

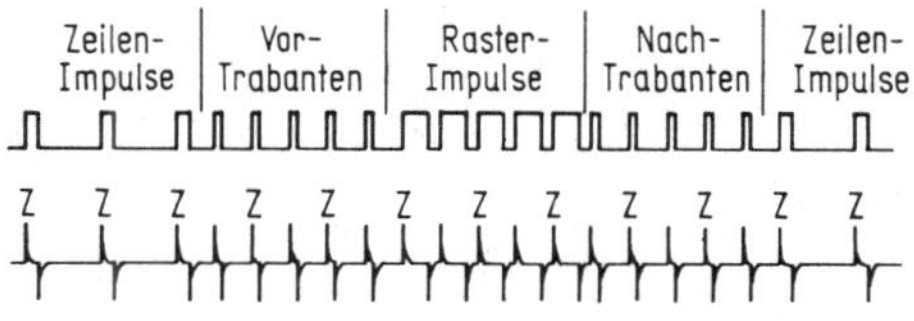


Abb. 9.13 Differenzieren einer Fernseh-Impulsreihe

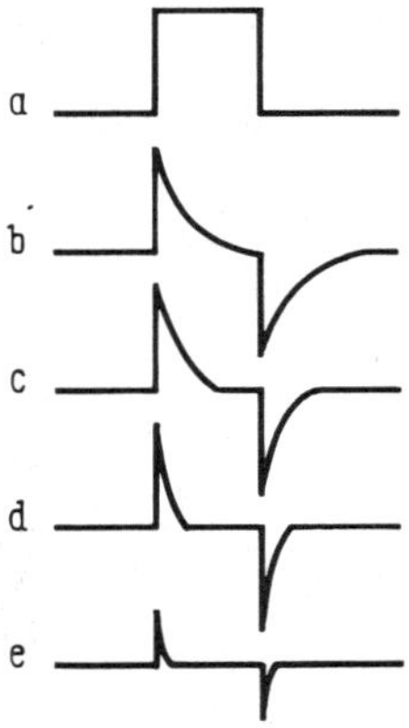


Abb. 9.12 Verformen einer Rechteckkurve durch RC-Glieder mit verschieden hoher Grenzfrequenz

quenz eines solchen *RC*-Gliedes muß also weit oberhalb von etwa 15 kHz liegend. So ergaben sich bei der Überprüfung einiger Industrieschaltungen folgende Werte:

| $C$ pF | $R\,\Omega$ | $f_{gr}$ kHz |
|---|---|---|
| 27 | 100 | 62 |
| 10 | 100 | 160 |
| 100 | 10 | 160 |
| 50 | 2 | 1600 |

Wie wirkt sich nun eine zu niedrige Grenzfrequenz bzw. ein zu großes *RC*-Produkt aus? Zur gedankenmäßigen Überlegung hilft wieder der Versuch von Abb. 9.11b. Macht man sowohl $C$ als auch den Innenwiderstand $R_i$ des Voltmeters sehr groß, so wird es beim Einschalten einer Gleichspannung eine ganze Weile dauern, bis durch den hohen Widerstand der große Kondensator auf den vollen Gleichspannungswert aufgeladen ist. Der anfängliche Spannungsstoß an $R_i$, also die am Instrument angezeigte Spannung, klingt daher viel langsamer auf Null ab. Es ergeben sich dann keine schmalen spitzen Zacken, sondern nur langsam in Form einer Entladekurve absinkende Scheitel (Abb. 9.12b). Bei einem mittleren Wert der Grenzfrequenz fallen die Scheitel schneller ab (Abb. 9.12c), und wird die Grenzfrequenz wie bei den eigentlichen Differenziergliedern sehr groß, dann bilden sich die gewünschten Zacken aus (Abb. 9.12d). Bei extrem hoher Grenzfrequenz werden die Zacken sehr schmal und nicht ganz so hoch (Abb. 9.12e). Man kann also durch Wahl von $R$ und $C$ die gewünschte Form der Zacken einstellen. Diese Vorgänge lassen sich übrigens sehr schön mit einem Elektronenstrahloszillografen sichtbar machen.

## Abb. 9.13 Differenzieren der gesamten Fernseh-Impulsreihe

In der dem Differenzierglied zugeführten Impulsreihe sind auch die breiten Rasterwechselimpulse vorhanden. Jede steile Impulsflanke löst nun entsprechend ihrer Richtung positive oder negative Nadelimpulse aus. Das Impulsschema ist so angelegt, daß

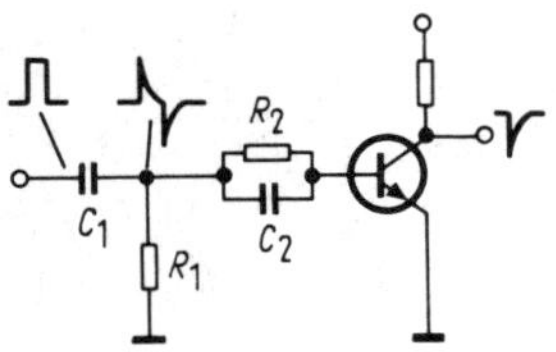


Abb. 9.14 Differenzierschaltung und Abkappen der nicht benötigten Spannungsspitzen

auch während der Rasterwechselimpulse im Takt der Zeilenimpulse die Zacken Z ausgelöst werden. Der Zeilengenerator erhält also auch während des Rasterwechsels die richtigen Synchronisierimpulse. Die dazwischenliegenden Spannungsspitzen im Abstand einer halben Zeile stören den Vorgang nicht.

## Abb. 9.14 Abkappen der nicht benötigten Spannungsspitzen

Anstelle der nur einseitig gerichteten ursprünglichen Rechteckimpulse erhält man hinter dem Differenzierglied positiv und negativ gerichtete Spannungsspitzen. In den meisten Fällen sprechen die Kippgeneratoren nur auf eine Vorzeichenrichtung an, so daß hierdurch keine Schwierigkeiten entstehen.

Wird jedoch nur eine Impulsrichtung gewünscht, so lassen sich die nach der anderen Seite gerichteten Impulse durch eine Begrenzerschaltung abkappen. Man fügt dazu zwischen dem Differenzierglied *R1 – C1* und dem darauf folgenden Transistor ein weiteres RC-Glied $R_2 - C_2$ mit sehr tief liegender Grenzfrequenz ein. Dadurch ergibt sich eine Wirkung wie in Abb. 9.04. An $C_2$ entsteht eine Vorspannung. Sie verschiebt automatisch den Arbeitspunkt des Transistors nach links und sperrt ihn. Nur die positiv gerichteten Zacken schalten durch und erscheinen invertiert als negativ gerichtete Nadelimpulse am Kollektor. Sie entsprechen den Vorderflanken der ursprünglichen positiven Rechteckimpulse.

Kehrt man die Richtung der Nadelimpulse vorher an einer geeigneten Stelle durch eine Inverterstufe um, so kann man auch die den rückwärtigen entsprechenden Spannungsspitzen isolieren und allein wirksam werden lassen.

Die einfachste Methode, um Impulse einer bestimmten Richtung zu erhalten und die entgegengesetzt gerichteten abzukappen, besteht darin, eine Ventildiode in den Leitungsweg einzufügen. Je nach ihrer Polung läßt sie nur die positiv oder die negativ gerichteten Impulse hindurch.

## Abb. 9.15 Elektrisches Differenzieren mit Hilfe eines Transformators

Nicht nur mit einem *RC*-Glied, sondern auch mit einem Transformator lassen sich Rechteckspannungen differenzieren. Wir legen an die Primärwicklung eines Übertragers nach Abb. 9.15 einen Rechteckimpuls. Während der Zeit 1–3 ist die Spannung Null, auf der Sekundärseite wird also keine Spannung induziert. Der plötzliche Anstieg

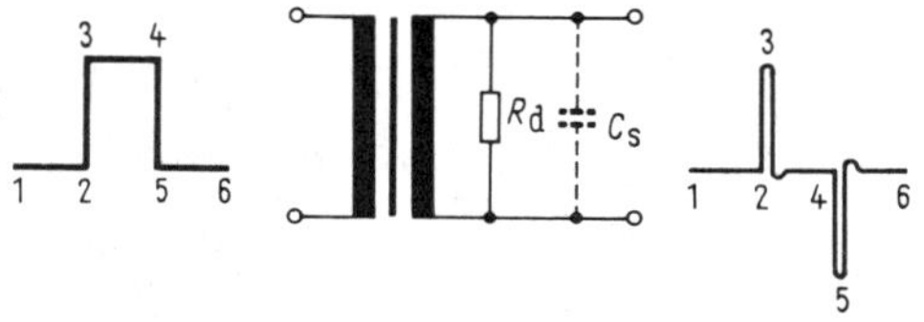


Abb. 9.15 Differenzierende Wirkung eines gedämpften Impulstransformators

2-3 entspricht einer Wechselspannung sehr hoher Frequenz. Sie erzeugt sekundär einen entsprechenden Spannungsstoß.

Der Zeitabschnitt 3–4 auf der Primärseite entspricht einem kurzen Gleichstrom, der nicht auf die Sekundärseite übertragen wird. Die Ausgangsspannung müßte also wieder Null werden, ähnlich wie hinter dem Kondensator in Abb. 9.11, der ebenfalls keine Gleichspannungen durchläßt. Nun stellt aber jede Übertragerwicklung mit den Schaltkapazitäten $C_s$ einen Schwingungskreis dar. Gibt man auf einen solchen Kreis einen Spannungsstoß, dann ladet er die Kapazität auf, und die Energie pendelt über die Spule von einer Kondensatorbelegung zur anderen hin und her, bis sie durch Verluste aufgebraucht ist. Bei jedem Spannungsstoß entsteht eine abklingende Schwingung.

Dämpft man den Schwingungskreis durch einen niederohmigen Widerstand $R_d$, dann wird die Energie bereits in der zweiten Halbwelle durch Dämpfung verbraucht, und jeder Sprung der Rechteckspannung löst auf der Sekundärseite nur einen schmalen Impuls aus, wie er in der Abbildung rechts dargestellt ist. Wir erhalten also die gleiche Wirkung wie in Abb. 9.11 mit einem *RC*-Glied. Ist der primäre Rechteckimpuls sehr schmal, dann folgen auf der Sekundärseite die beiden positiv und negativ gerichteten Impulse dicht aufeinander.

Eine solche Anordnung nennt man einen Impulstransformator. Er dient also nicht zum formgerechten Übertragen von Rechteckspannungen, sondern zum elektrischen Differenzieren. Jeder steile Spannungssprung auf der Primärseite löst, bei genügender Dämpfung, schmale Impulse auf der Sekundärseite aus. Die Dämpfung übernimmt dabei etwa die Aufgabe der Grenzfrequenz beim *RC*-Glied nach Abb. 9.11.

## Abb. 9.16 Differenzierstufe mit Impulstransformator

Im Ausgangskreis eines Amplitudenbegrenzers liegen in Reihe ein Übertrager und ein Widerstand *R*. An diesem Widerstand werden die Gleichlaufzeichen für das Bildablenkgerät entnommen. Der Übertrager dient zum Differenzieren der Zeilenimpulse.

In vielen Fernsehempfängerschaltungen benötigt man zwei symmetrische und gegenphasige Impulsreihen zum Synchronisieren des Zeilenablenkgerätes. Deshalb ist hier die Sekundärseite des Impulstransformators symmetrisch gegen Erde geschaltet. Der Widerstand von 2 kΩ entspricht dem Dämpfungswiderstand $R_d$ in Abb. 9.15. Er verhindert, daß sich Schwingungen auf der Sekundärseite ausbilden. Hinter den beiden 50-kΩ-Widerständen folgen weitere Schaltmittel, die eine ähnliche abkappende

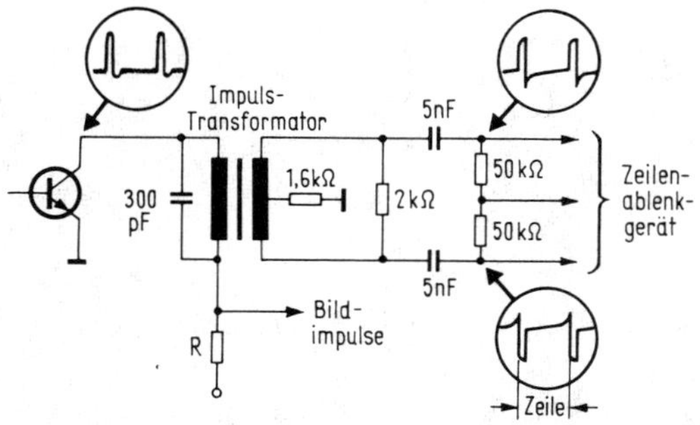


Abb. 9.16 Impulstransformator am Ausgang eines Amplitudensiebes

Wirkung ausüben wie in Abb. 9.14. Deshalb ist in den Oszillogrammen jeweils die nach einer Seite gerichtete Zackenreihe zu kurzen Spitzen verkümmert.

Diese symmetrische Schaltung ist für die in Kapitel 10 noch zu besprechende Phasensynchronisation erforderlich, die in den meisten Fernsehempfängern angewendet wird. RC-Differenzierschaltungen nach Abb. 9.11 werden für diesen Zweck seltener benutzt.

## *Gewinnung der Vertikal-Synchronisierzeichen*

Aus der Gruppe der breiten Bildwechselimpulse im BAS-Signal, vgl. Abb. 1.08, werden durch *Integrieren* die Startimpulse für den Bildwechsel, d.h. die Vertikal-Synchronisierzeichen gewonnen. Der Begriff integrieren stammt ebenfalls aus der Mathematik. Man nennt so ein Rechenverfahren, bei dem viele kleine Abschnitte summiert werden, also das „Ganze" gebildet wird, denn „integer" heißt auf lateinisch „vollständig" oder „ganz". Daher auch die Bezeichnung *integrierte Schaltung*, wie dies auf Seite 201 bereits erwähnt worden ist. Bei ihr sind viele einzelne kleine Baulemente zu einer Gesamtschaltung vereinigt. Die mathematische Bedeutung von integrieren ist: Kleine *aufeinanderfolgende* Einheiten zu einem Ganzen zu addieren.

Hierzu auch „Elektronik ohne Ballast".

### Abb. 9.21 Elektrisches Integrieren

Man versteht darunter das elektrische Addieren von kleinen Spannungsstößen. Dazu dient ein als Tiefpaß geschaltetes RC-Glied. Die Wirkungsweise sei zunächst an der einfachen Gleichstromschaltung Abb. 9.21a erläutert.

Wird der Schalter S eingeschaltet, dann fließt ein Ladestrom, und die Kapazität *C* ladet sich auf die Batteriespannung *U* auf. Die Spannung an C steigt dabei nach Kurve A erst steil und dann langsamer an, weil bei teilweise geladenem Kondensator die

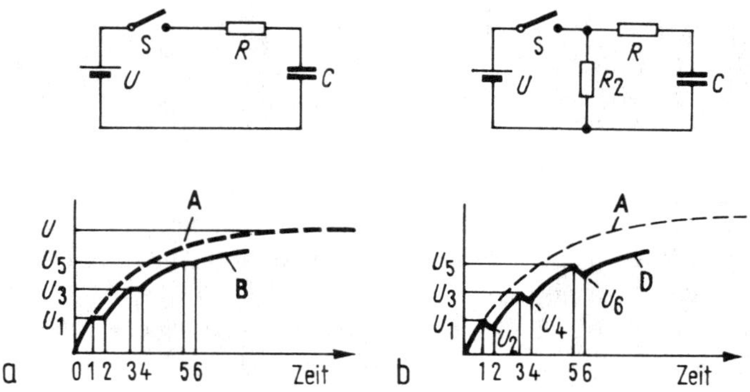


Abb. 9.21 Addieren (Integrieren) von Spannungsgrößen

Spannung hinter dem Widerstand sich nicht mehr so stark von der Ladespannung $U$ unterscheidet. Der Ladestrom wird also ständig kleiner, und dadurch steigt die Spannung an $C$ auch langsamer an. Dieser gesetzmäßige Anstieg erfolgt – ähnlich wie das Absinken der Spannung beim Entladen eines Kondensators – nach einer sogenannten Exponentialfunktion oder e-Funktion. Näheres soll hier nicht interessieren, uns genügt der grundsätzliche Verlauf der Kurve A. Wird der Schalter S nur ganz kurz ein- und sofort wieder ausgeschaltet, dann findet der Kondensator $C$ nicht die Zeit, sich auf den vollen Spannungswert $U$ aufzuladen. Er wird z.B. nur die Teilspannung $U_1$ annehmen und bei hochwertiger Isolation auf diesem Wert aufgeladen bleiben. Wird im Zeitpunkt 2 der Schalter nochmals kurz eingeschaltet und bei 3 wieder ausgeschaltet, dann ladet sich $C$ weiter bis zum Wert $U_3$ auf. Dieses Stück der Aufladekurve B entspricht dabei genau dem auf gleicher Höhe liegenden Stück der Kurve A, denn es stellt nur eine Fortsetzung dieser Kurve nach der Pause 1–2 dar. Durch mehrmaliges kurzes Ein- und Ausschalten erhält man endlich auch in diesem Fall die volle Spannung am Kondensator.

Durch kleine aufeinanderfolgende Stromstöße wird also die Kapazität auf die Gesamtspannung $U$ aufgeladen. Dies entspricht aber dem Begriff des Integrierens. Man kann den Versuch noch etwas abändern, indem man nach Abb. 9.21b hinter dem Schalter einen hochohmigen Widerstand $R_2$ einfügt. Der Ladevorgang ist wieder der gleiche, denn $R_2$ belastet die Batterie nur wenig. Wird aber jetzt S geöffnet, dann entladet sich in der Pause 1–2 der Kondensator $C$ über $R$ und $R_2$, und die Spannung sinkt auf den niedrigeren Wert $U_2$. Beim mehrmaligen Ein- und Ausschalten erhält man dann die eigenartige Zackenkurve D.

## Abb. 9.22 Integrieren der Fernseh-Gleichlaufzeichen

Das Ein- und Ausschalten de Schalters S bedeutet eigentlich das Erzeugen von rechteckförmigen Spannungsstößen an den Eingangsklemmen des RC-Gliedes. Man kann deshalb auch das Impulsgemisch des Fernsehsignals an den Eingang eines solchen „Integriergliedes" legen. Der Entladewiderstand $R_2$ aus Abb. 9.21b wird in der Praxis

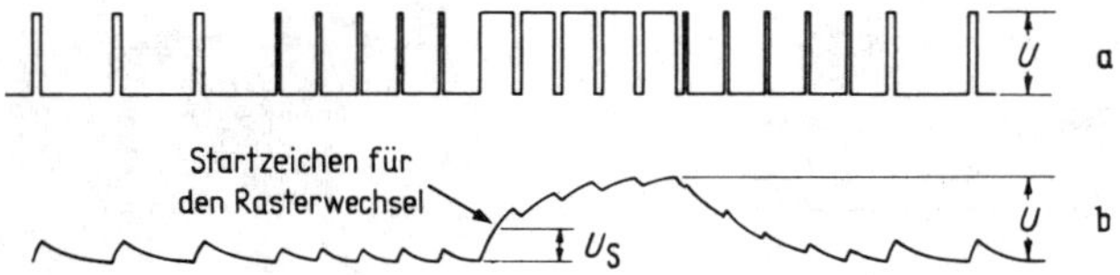


Abb. 9.22 Elektrisches Integrieren der Fernseh-Synchronisierimpulse

durch Basisspannungsteilerwiderstände oder Kollektorwiderstände von Transistoren gebildet. Man gibt den Widerständen solche Werte, daß nach den kurzen Zeilenimpulsen und Trabanten der Kondensator *C* sich wieder vollständig entlädt. Bei länger dauernden Bildwechselimpulsen dagegen ladet er sich höher auf und kann sich in den dazwischenliegenden kurzen Pausen nur wenig entladen. An *C* baut sich daher während der Bildwechselimpulse wieder eine Zackenkurve ähnlich wie in Abb. 9.21b auf, und sie klingt dann während der Nachtrabanten wieder ab. Aus der vorher gleichmäßigen Impulsreihe 9.22a werden also die Zeilenimpulse zu bedeutungslosen Zacken herabgedrückt, und nur zur Zeit der Rasterwechselimpulse kann die Spannung am Kondensator auf den vollen Wert *U* ansteigen.

Diese neuen durch Integration gewonnenen Zeichen können nun als Startzeichen für den Bildkippgenerator dienen. Man verwendet dazu einen Spannungswert auf der ansteigenden Flanke etwa bei $U_s$, um Störungen durch die restlichen Zeilenimpulse sicher zu vermeiden.

Man erkennt nun gut den bereits im ersten Kapitel bei Abb. 1.08 angedeuteten Zweck der Vortrabanten. Sie geben *vor* jedem Rasterwechsel fünf gleichmäßige niedrige Zacken, über denen sich dann die Spannung $U_s$ genau definiert aufbauen kann. Würde man einfach die Zeilenimpulse durchlaufen lassen, dann beträgt bei einem Halbbild der Abstand zwischen dem letzten Zeilenimpuls und dem ersten Bildimpuls nur eine halbe Zeile, beim anderen Halbbild jedoch eine ganze Zeile. Die Spannung $U_s$ baut sich im ersten Fall bereits auf der Mitte des abfallenden Rückens des vorhergehenden Zeilenimpulses auf, d.h. das Niveau $U_s$ wird zu früh erreicht, und das nächste Halbbild setzt zu früh ein. Alle Zeilen dieses Halbbildes liegen dann einseitig zu dicht bei den vorhergehenden Zeilen des anderen Halbbildes, die Zeilen stehen „paarig".

Man kann die Wirkungsweise des Integriergliedes auch aus den Eigenschaften eines Tiefpasses erklären. Die Grenzfrequenz dieses RC-Gliedes wird so niedrig gelegt, daß die der Zeilenfrequenz entsprechenden 15 625-Hz-Impulse durch den Kondensator *C* kurzgeschlossen werden und nur die 50-Hz-Bildwechselfrequenz eine Spannung erzeugt.

## Abb. 9.23 Praktische Integrierschaltung

Vielfach schaltet man zwei oder drei Integrierglieder hintereinander. Dann ladet sich während eines Impulses der erste Kondensator der Kette auf eine höhere Spannung auf als der letzte, denn die Längswiderstände wirken als Spannungsteiler für den Ladestromstoß. Während der Pause zwischen zwei Impulsen gleichen sich die Span-

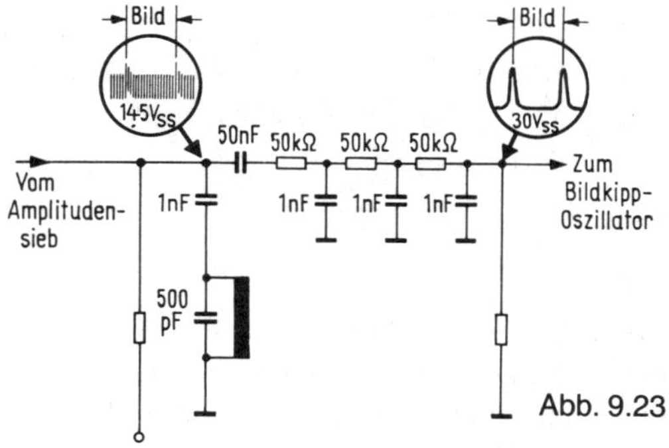


Abb. 9.23 Dreistufiges Integrierglied

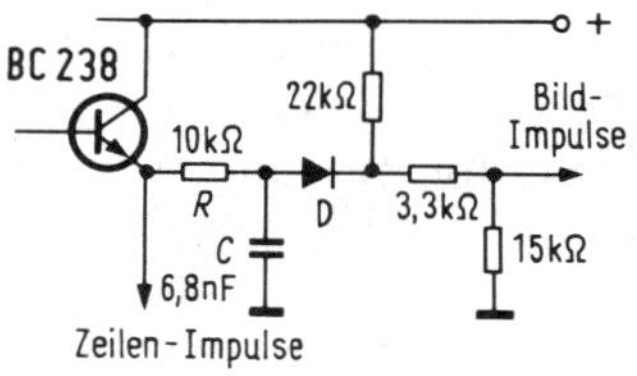


Abb. 9.24 Trennung von Zeilen- und Bildimpulsen

nungen der einzelnen Kondensatoren aus. Die hohe Spannung des ersten Kondensators ladet gewissermaßen den letzten Kondensator weiter auf. Dadurch wird die Welligkeit der Kurve Abb. 9.22b ausgebügelt, und man erhält ein gleichmäßig ansteigendes Signal für den Bildkipposzillator.

In der Schaltung werden die vom Amplitudensieb kommenden und verstärkten Gleichlaufzeichen – hier, da es sich bei diesem Beispiel noch um ein altes Röhrengerät handelt – mit einer Amplitude von 145 $V_{ss}$ angeliefert. Zur Zeilensynchronisierung werden sie über den Impulstransformator ausgekoppelt und differenziert (vgl. Abb. 9.15). Der vorgeschaltete 1-nf-Kondensator hat bereits eine integrierende Wirkung. Er ladet sich nämlich wie der Ladekondensator eines Netzteiles durch die breiten Rasterimpulse etwas auf. Dadurch heben sich in dem linken Oszillogramm, das die dichtgedrängten Zeilenimpulse darstellt, die breiten Bildwechselimpulse bereits etwas heraus.

Nach der dreigliedrigen Integrierkette ist infolge der mehrfachen Spannungsteilung die Spannung auf 30 $V_{ss}$ abgesunken, aber die Zeilenimpulse sind nun unterdrückt, und die reinen Bildimpulse heben sich positiv gerichtet heraus. Bei modernen Geräten sind die Signalpegel wesentlich kleiner, im Prinzip ist aber kein Unterschied.

## Abb. 9.24 Integrierschaltung mit Zeilenimpulssperre

Der Transistor arbeitet als Abschneidestufe. Sein Arbeitspunkt wird ähnlich Abb. 9.04 durch das Signalgemisch an der Basis selbsttätig so gewonnen, daß nur die Synchronimpulse in den Aussteuerbereich des Transistors fallen. Der Bildinhalt wird unterdrückt. Am Emitter des Transistors steht also die beschnittene Impulsreihe entsprechend Abb. 9.22a zur Verfügung. Diese Signalreihe wird zum Gewinnen der Zeilenimpulse an eine Differenzierschaltung weitergeleitet.

Die Bildsynchronimpulse werden durch Integrieren an dem RC-Glied aufgebaut. Wie aus Abb. 9.22b zu erkennen, haben diese Zeichen hinter dem RC-Glied eine weit höhere Amplitude als die kleinen Zacken, die nur von den Zeilenimpulsen verursacht werden. Die Diode D ist nun so vorgespannt, daß sie die kleinen Signale sperrt und nur die größeren Bildwechselimpulse durchläßt. Dadurch werden die Zeilenimpulse zurückgehalten, und der folgende Bildablenkteil spricht nur exakt auf die Bildimpulse an. Man kommt dadurch gegenüber Abb. 9.23 mit einem einstufigen Integrierglied aus und erhält doch saubere eindeutige Bildwechselimpulse.

*Zusammenfassung*

In Fernsehempfängern, die mit Röhren oder mit Einzeltransistoren bestückt waren, wurden auch die Impulsabtrennstufen aus Einzelelementen aufgebaut. Die integrierte Schaltungstechnik ermöglichte dann, diese Stufen mit auf dem Chip unterzubringen, der noch weitere Funktionen erfüllt. Ein Beispiel hierfür war in Abb. 9.07. Trotz dieser Vereinfachungen muß man aber die Grundfunktionen der Impulsabtrennung kennen.

# 10 Steueroszillatoren für Ablenkstufen

## Abb. 10.01 Prinzip eines Ablenkteiles

Die zum Schreiben des Rasters auf dem Schirm der Fernsehbildröhre dienenden Ablenkstufen bestehen im Prinzip aus *Steuergenerator, Treiberstufe* und *Endstufe*. Der freischwingende Steuergenerator wird von Synchronimpulsen aus dem Amplitudensieb auf die richtige Frequenz eingerastet – 50 Hz für die Vertikalablenkung (Bildkipp) und 15 625 Hz für die Horizontal- oder Zeilenablenkung. Die Endstufe liefert den Strom für die Ablenkspulen auf dem Hals der Bildröhre. Die Treiberstufe ist nicht immer erforderlich. Der Steuergenerator treibt dann unmittelbar die Endstufe.

Die Ströme in den Ablenkspulen müssen in Form einer Sägezahnkurve verlaufen. Beim Schreiben einer Zeile soll der Strom stetig und linear ansteigen, damit der Leuchtfleck gleichmäßig über den Bildschirm geführt wird. Dann springt der Strom in sehr kurzer Zeit auf den Anfangswert zurück, um dann die nächste Zeile zu schreiben. Diese Sägezahnstromkurve verlangt spezielle impulsförmige Steuerspannungen. Der gesamte Ablenkteil ist für diese Kippspannungs- oder Impulstechnik durchgebildet. Man kann darin drei Grundformen unterscheiden: Rechteckschwingungen, Sägezahnschwingungen und Nadelimpulsreihen. Meist entstehen diese Kippspannungsreihen dadurch, daß eine Röhre oder ein Transistor periodisch in einen anderen Arbeitspunkt kippt und darin bis zum nächsten Umkippen verharrt oder durch einen langsamen Lade- oder Entladevorgang wieder in den ursprünglichen Zustand zurückkehrt. Mit Hilfe der verschiedenartigsten Schaltungen lassen sich Impulsreihen in andere Formen umwandeln. Bekannt ist, wie man durch Abkappen oder Übersteuern aus Sinusschwingungen Rechteckimpulse machen kann. In Abb. 9.11 bis 9.13 lernten wir kennen, wie Rechteckimpulsreihen durch Differenzieren zu Nadelimpulsen umgeformt wurden. Später werden wir sehen, daß die Sägezahnströme in der Zeilen-Endstufe nicht durch Sägezahnspannungen, sondern durch Rechteck-Schaltspannungen erzeugt werden.

In Fernsehempfängern werden Impulsspannungen in den Ablenkteilen vorzugsweise mit Hilfe von Einzeltransistoren oder speziellen Stufen innerhalb von integrierten Schaltungen erzeugt. Jedoch sei zunächst das Prinzip der Kippspannungserzeugung mit einer Glimmröhre erläutert.

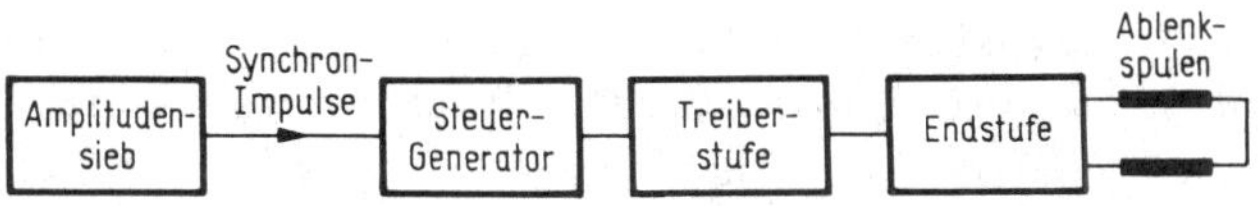


Abb. 10.01 Ablenkteil mit Synchronisierung

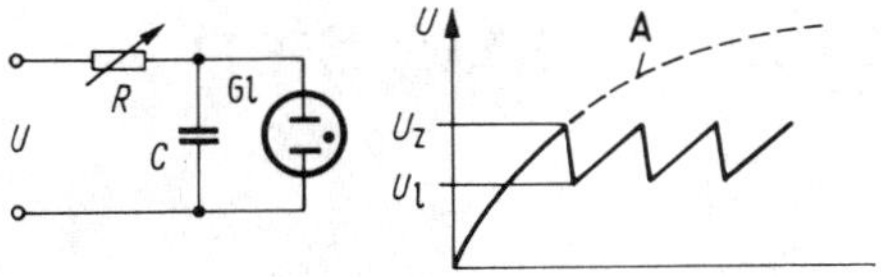


Abb. 10.02 Kippspannungserzeugung mit einer Glimmröhre

## Abb. 10.02 Prinzip der Kippspannungserzeugung

Ladet man den parallel zur Glimmröhre *Gl* liegenden Kondensator *C* über den Widerstand *R* auf, so steigt die Spannung daran nach einer Kurve *A* an (vgl. Abb. 9.21). Erreicht die Spannung am Kondensator den Wert der Zündspannung $U_z$ der Glimmröhre Gl, so „zündet" die Röhre und entladet den Kondensator kurzschlußartig bis zum Wert der Löschspannung $U_l$. Die Glimmröhre erlischt dann, und der Spannungsanstieg am Kondensator *C* beginnt von neuem. Die Spannung an *C kippt* also periodisch zwischen Zünd- und Löschspannung der Glimmröhre hin und her und ergibt damit die Sägezahnkurve. Man erkennt leicht, daß der Spannungsanstieg um so geradliniger ist, je höher die Ladespannung U über der Zündspannung liegt, weil dann die Glimmröhre bereits im unteren steilen Teil der Kurve A zündet. Vergrößert man den Wert des Widerstandes *R*, dann dauert es länger, bis der Kondensator aufgeladen und die Zündspannung erreicht ist. Die Sägezähne werden also breiter, die Kippfrequenz wird niedriger. Das gleiche tritt ein, wenn man die Kapazität *C* vergrößert oder allgemein, wenn man die Zeitkonstante dieses RC-Gliedes vergrößert.

Das Prinzip der Kippspannungserzeugung beruht hier also auf dem Laden und Entladen eines Kondensators. Dies kann auch in umgekehrter Reihenfolge geschehen, indem der Kondensator unmittelbar durch eine Spannungsquelle schnell aufgeladen und über einen Widerstand langsam entladen wird. Die Glimmröhre hat in beiden Fällen nur die Funktion eines automatischen Schalters. Er ist in Abb. 10.02 entweder geöffnet *(Laden)* oder geschlossen *(Entladen)*.

Ein Glimmröhren-Oszillator läßt sich versuchsweise leicht aufbauen, und an einem Oszillografen kann man die Sägezahnkurve sichtbar machen. Diese Kippschaltung führt auch den hochwissenschaftlichen Namen Relaxationsoszillator. Im Lateinischen heißt *relaxatio* Erleichterung, Erholung. Anscheinend hat der Namensgeber damit ausdrücken wollen, daß die Spannung am Kondensator sich wieder erholt, nachdem sie durch den Entlade-Kurzschluß zusammengebrochen ist.

## Abb. 10.03 Kipposzillator mit Transistoren

Diese Schaltung für den Bildkipposzillator in einem Siemens-Fernsehempfänger arbeitet nach dem gleichen Prinzip. Die Funktion der Glimmröhre wird dabei von zwei Transistoren übernommen. Beim Einschalten der Betriebsspannung $+U_b$ ist die Spannung am Punkt 1 zunächst geringer als die am Punkt 2, denn grob vereinfacht kann man sagen, daß über den niederohmigen Spannungsteiler die Spannung schneller zum

Abb. 10.03 Bildkipposzillator mit zwei Transistoren (Siemens)

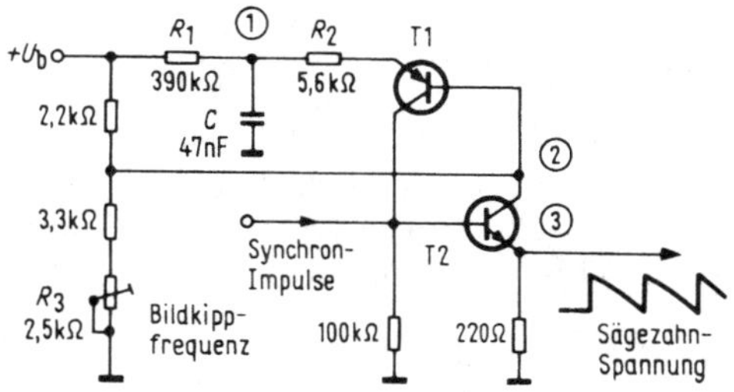


Punkt 2 gelangt als über den hohen 390-kΩ-Widerstand zum Punkt 1. Bei dieser Spannungsverteilung im Einschaltmoment sperrt der pnp-Transistor T1. Da er keinen Kollektorstrom führt, hat die Basis von T2 Massepotential, Transistor 2 sperrt daher ebenfalls.

Nun lädt sich über den Widerstand $R_1$ der Kondensator $C$ allmählich auf die volle Betriebsspannung auf. Transistor 1 wird leitend, schaltet durch und legt über seinen Kollektor die Basis des Transistors T2 ebenfalls an + $U_b$. Transistor 2 schaltet gleichfalls durch, Strom und Spannung an seinem Emitterwiderstand springen auf einen Höchstwert. Jetzt entlädt sich der Kondensator $C$ über den Widerstand $R_2$ und über die beiden Transistorstrecken. Ihre Kollektorströme gehen langsam zurück und damit auch die Spannung am Emitter des Transistors T2. Ist sie an diesem Punkt 1 unter einen Schwellenwert abgesunken, dann sperren die Transistoren und das Spiel beginnt von neuem.

Durch Verstellen des Widerstandes $R_3$ läßt sich die Spannung am Punkt 2 und damit die Entladezeit bzw. die Kippfrequenz einstellen.

Die im Amplitudensieb abgetrennten Synchronimpulse werden der Basis des Transistors T2 als Triggersignale zugeführt. Sie zwingen dem Kipposzinator die genaue Kippfrequenz auf, ähnlich wie nachher in Abb. 10. 15 beschrieben werden wird.

# *Sperrschwinger*

## Abb. 10.11 bis 10.13 Prinzip des Sperrschwingers

Im Prinzip ist der Sperrschwinger ein Oszillator mit sehr fester Rückkopplung, so daß eine hohe Spannung vom Kollektorkreis in den Basiskreis zurückgeführt wird. Die Basisgleichspannung $+U_B$ ist so bemessen, daß beim Einschalten der Speisespannung $+U_S$ ein hoher Kollektorstrom durch die Übertragerwicklung n1 fließt. Die Wicklung n2 ist so gepolt, daß die vom Kollektorstrom darin induzierte Spannung zur Basis hin positiv gerichtet ist.

Der in Wicklung n 2 induzierte hohe Spannungsstoß lädt den Kondensator C mit der eingezeichneten Polung auf. Durch die negative Spannung wird nach dem Abklin-

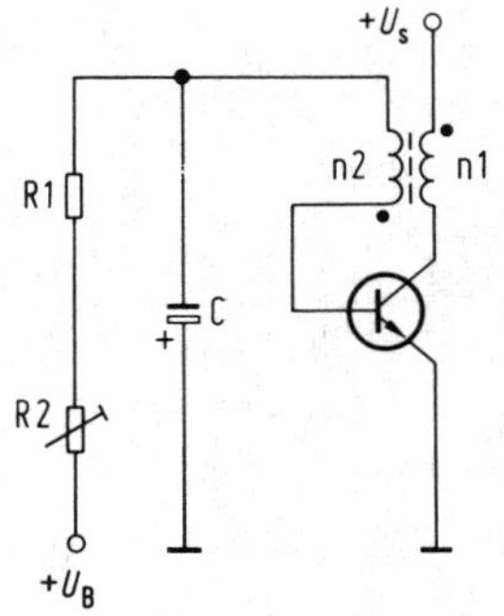


Abb. 10.11 Prinzipschaltung eines Sperrschwingers

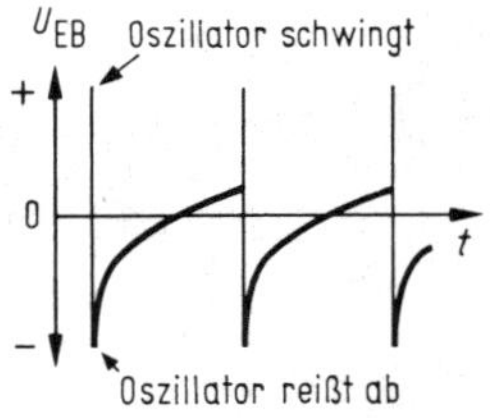


Abb. 10.12 Verlauf der Spannung im Basiskreis eines Sperrschwingers

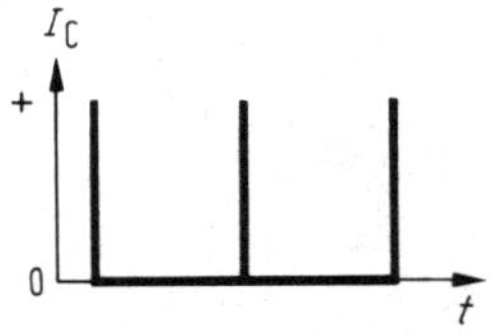


Abb. 10.13 Der Kollektorstrom verläuft in Form kurzer Spannungsstöße

gen der induzierten Spannung der Transistor gesperrt. Er blockiert[1]) sich selbst, und der Kollektorstrom reißt ab. Der Kondensator entlädt sich dann langsam über die hochohmigen Widerstände $R_1$ und $R_2$. Die negative Basisspannung klingt langsam in Form einer Entladekurve ab, bis die Emitter-Kollektorstrecke des Transistors wieder leitend wird. Sofort setzt der volle Kollektorstrom wieder ein, und der gesamte Vorgang wiederholt sich periodisch.

Durch Verstellen des Trimmwiderstandes $R_2$ kann man bewirken, daß sich der Kondensator $C$ langsam oder schneller entlädt, um die Frequenz dieses Kippvorganges zu beeinflussen. Ein kleiner Widerstandswert bewirkt eine schnellere Entladung, also eine höhere Kippfrequenz.

Abb. 10.12 zeigt etwa den Verlauf der Spannung an der Basis und Abb. 10.13 die schmalen, aber hohen Kollektorstromspitzen. Der Transistor stellt damit einen Schalter dar, der sich automatisch jeweils für eine kurze Zeit einschaltet, so daß ein kräftiger Strom fließt. Die Frequenz der eigentlichen Hf-Schwingung, die ohne diesen Blockiervorgang infolge der Induktivität und der Eigenkapazität der Wicklung n 1 entstehen würde, ist dabei von untergeordneter Bedeutung. In der Praxis bedämpft man die Wicklung n 1 sogar durch einen Parallelwiderstand, so daß nur eine einzige Halbwelle der Hf-Schwingung entsteht.

## Abb. 10.14 Verlauf der Kollektorspannung eines Sperrschwingers

Nicht der Aufladevorgang am Basiskondensator, sondern die Stromimpulse nach Abb. 10.13 sind maßgebend für die Verwendung des Sperrschwingers als Sägezahngenerator. Während der langen stromlosen Zeiten ist der Transistor gesperrt, und die volle Betriebsspannung liegt am Kollektor. Während der kurzen Stromimpulse bricht die Spannung bis auf einen kleinen Restwert zusammen. Der Impulstechniker sagt: „Der Transistor schaltet durch."

1 Daher die Bezeichnung Blocking-Oszillator im Englischen

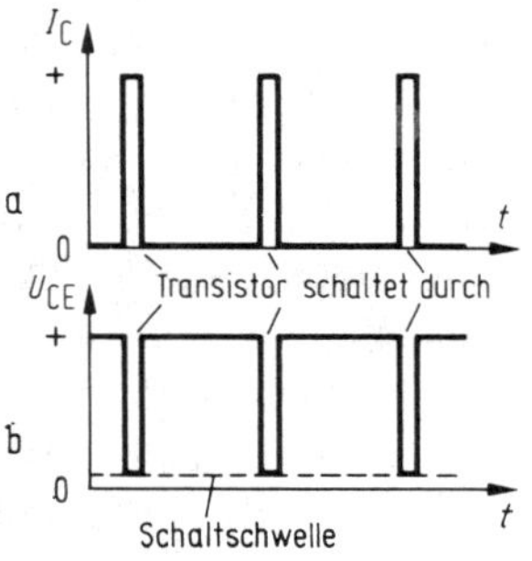


Abb. 10.14 Strom- und Spannungsverlauf am Kollektor eines Sperrschwingers

In Abb. 10.14 ist dieser Vorgang nochmals dargestellt. Dabei wurde gegenüber Abb. 10.13 die kurze Stromflußzeit etwas gedehnt. Dieses Durchschalten gleicht dem „Zünden" einer Glimmröhre und wird daher zum Entladen des Kondensators beim Erzeugen von Sägezahnspannungen ausgenutzt.

## Abb. 10.15 und 10.16 Sperrschwinger als Sägezahngenerator

An sich ergibt der Verlauf der Basisspannung Abb. 10.12 bereits eine Art Sägezahnkurve, wie sie für Ablenkschaltungen benötigt wird. Man erweitert jedoch die Schaltung in der in Abb. 10.15 dargestellten Weise, weil sich damit eine bessere Linearität des Sägezahnanstieges erreichen läßt. Der Sperrschwinger dient dabei nur als elektronischer Schalter, ähnlich der Glimmröhre in Abb. 10.02. Transistor, Übertrager und Basiskreis entsprechen genau der Abb. 10.11. Die Speisespannung wird nun aber über die Widerstände R4 und R3 zum Kollektor geführt, und vom Kollektor nach Masse liegt eine Kapazität C3.

Beim Einschalten muß sich nun erst der Kondensator C3 langsam über die Widerständen R4 und R3 aufladen. Bei hohen Widerstands- und Kapazitätswerten steigt die Spannung am Ladekondensator C3 sauber geradlinig an. Solange der Transistor gesperrt ist, fließt kein Kollektorstrom und der Kondensator lädt sich ungehindert auf.

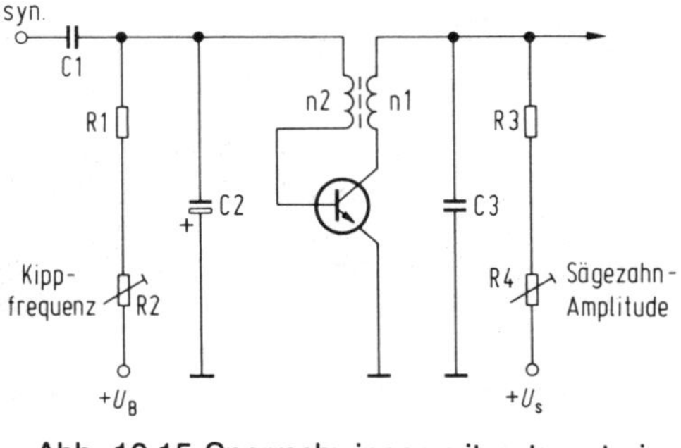


Abb. 10.15 Sperrschwinger mit getrennt einstellbarer Kippfrequenz und Sägezahnamplitude

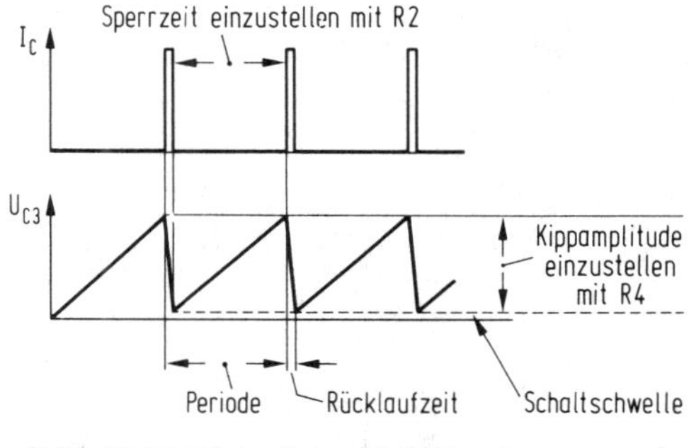


Abb. 10.16 Verlauf des Kollektorstromes und der Ladespannung an C 3

Steigt die Spannung aber so weit an, daß der Transistor durchschaltet, dann schließt er praktisch den Ladekondensator kurz. Die Spannung daran bricht zusammen und ergibt die senkrecht abfallende Sägezahnflanke nach Abb. 10.16. Das Spiel beginnt dann von neuem. Der Vorteil dieser Anordnung gegenüber dem einfachen Glimmröhrenkippgenerator besteht darin, daß Frequenz und Amplitude der Sägezahnspannung unabhänging voneinander sind und getrennt eingestellt werden können. Zur Frequenzeinstellung dient der veränderliche Widerstand R2 des Sperrschwingers. Man ändert damit nur die Entladezeiten des Sperrschwingerkondensators C2 und damit die Frequenz, ganz gleich, welche Spannung der Ladekondensator C3 führt.

Ändert man dagegen den Wert des Widerstandes $R_4$, dann lädt sich der Ladekondensator auf eine kleinere oder größere Spannung auf, d.h. die *Amplitude* der Kippspannung wird kleiner oder größer. Bei großer Amplitude wird aber der Strahl der Bildröhre weiter ausgelenkt. Mit einem veränderlichen Widerstand im Ladekreis läßt sich also die Bildhöhe einstellen. Dieser Widerstand wird als Trimmer ausgebildet, und er ist nur für den Service-Techniker zugänglich. Anstatt einen Vorwiderstand zu ändern, kann man die Ladespannung auch an einem Spannungsteiler abgreifen, um die Bildhöhe einzustellen.

Das Grundprinzip, einen durchgeschalteten Transistor zum Erzeugen von Sägezahnspannungen zu verwenden, kehrt bei allen Steueroszillatoren für Ablenkspannungen wieder.

## Abb. 10.17 Synchronisieren eines Sperrschwingers

Die Kippfrequenz eines Sperrschwingers muß durch die Synchronimpulse so gesteuert werden, daß der genaue Gleichlauf zum Fernsehsender hergestellt wird. Die Kurve Abb. 10.17a stellt die Kippspannung am Eingangs-RC-Glied eines Sperrschwin-

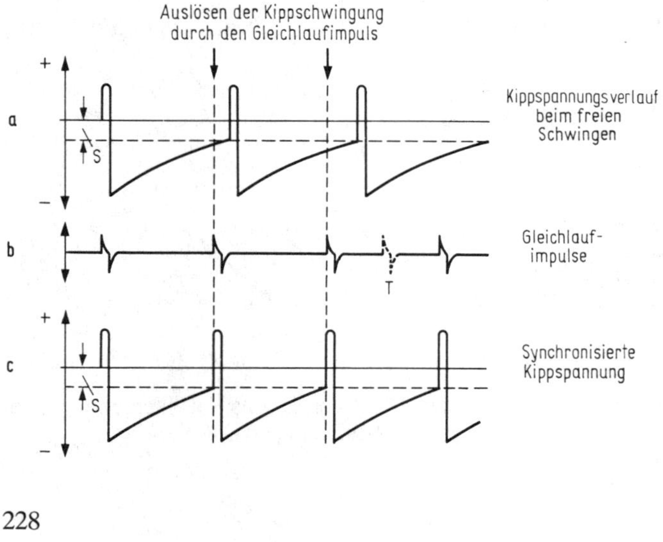


Abb. 10.17 Synchronisieren eines Kippgerätes mit Gleichlauf- oder Triggerimpulsen

gers dar. Sie verläuft, wie bereits in Abb. 10.12 erläutert. Nachdem sich die Ladespannung des Kondensators bis auf den Schwellenwert S verringert hat, schwingt die Schaltung an und ergibt einen hohen Stromstoß. Dadurch wird das RC-Glied erneut schlagartig aufgeladen und sperrt den Schwingungsvorgang wieder.

Bemißt man die Einzelteile so, daß die Periode der freien Kippschwingung etwas länger dauert als notwendig ist und führt man dem Eingang zusätzlich die durch Differenzieren gewonnenen Gleichlaufimpulse zu (Kurve 10.17b), dann addieren sich die Spannungsreihen a und b. Die kritische Auslösespannung S wird infolge des positiv gerichteten Gleichlaufimpulses bereits früher erreicht, und die Kippschwingung wird jetzt nach Kurve 10.17c stets genau im richtigen Zeitpunkt ausgelöst.

Die Impulse T im Abstand der halben Zeit bringen die Schaltung noch nicht zum Kippen, da sie die Auslösespannung S nicht erreichen. Die Eigenfrequenz von Kippschwingern muß also stets etwas niedriger sein als die Synchronisierfrequenz, denn es ist wohl möglich, den Kippvorgang früher auszulösen, aber man kann nicht eine vorzeitige Auslösung rückgängig machen.

Die Frequenz des Sperrschwingers wird also durch die Synchronisierimpulse auf den richtigen Wert gesteuert. Es handelt sich in diesem Fall nicht um eine Regelung (kein geschlossener Regelkreis), sondern man spricht von Direktsynchronisierung. Dieses Verfahren entspricht dem gleichen Vorgang, der auch bei Meßoszillografen angewendet wird, um bei periodischen Kurvenzügen ein stehendes Bild zu erzeugen. Auch dort führt man dem eingebauten Vertikal-Ablenkoszillator Synchronisier- oder Triggersignale zu, die den richtigen Anfang des Kurvenzuges bestimmen.

Sperrschwinger werden in neueren Empfängerschaltungen nur noch sehr selten angewendet – das Wickeln des Sperrschwinger-Transformators ist teurer als eine integrierte Schaltung, die eine spulenlose Kippstufe enthält.

## *Multivibratoren*

### Abb. 10.21 und 10.22 Der Multivibrator als rückgekoppelter Verstärker

Ein Multivibrator besteht aus zwei Röhren oder aus zwei Transistorsystemen, die nach Abb. 10.21 wechselseitig über Kopplungskondensatoren verbunden sind. Durch Umzeichnen entsteht daraus Abb. 10.22, an dem die Wirkungsweise besser zu erkennen ist. Dieses Bild stellt zwei hintereinandergeschaltete Verstärkerstufen dar, bei denen die Kollektorspannung des Transistors T2 über die Kapazität $C_2$ auf die Basis des Systems 1 rückgekoppelt ist. Ein Spannungssprung an der Basis B 1 wird im Transistor 1 verstärkt, über $C_1$ auf den Transistor T2 gegeben, dort nochmals verstärkt und wieder auf die Basis 1 zurückgeführt.

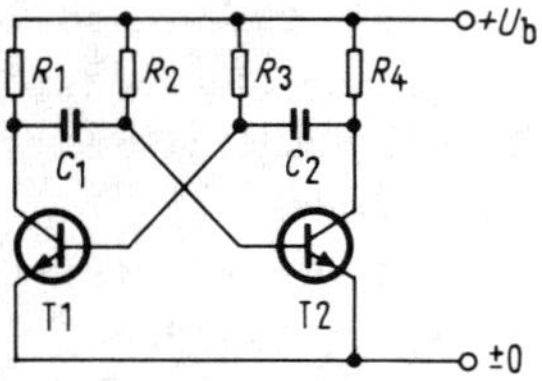


Abb. 10.21 Multivibrator in symmetrischer Darstellung

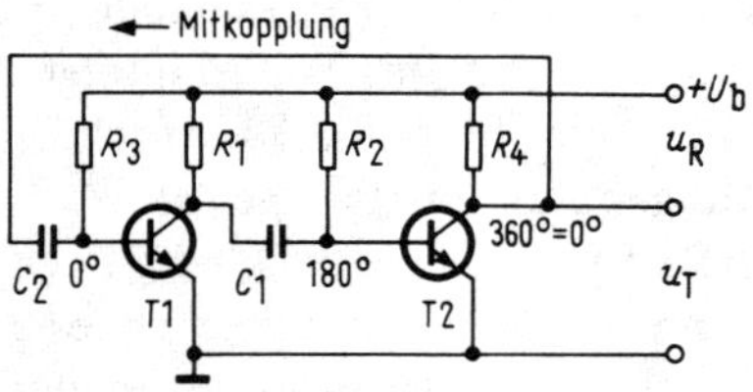


Abb. 10.22 Multivibrator, als rückgekoppelter Verstärker dargestellt

Eine Emitterschaltung ergibt bekanntlich 180° Phasendrehung. Zwei in Reihe geschaltete Verstärker ergeben 360° bzw. 0°. Eingangsspannung und Rückkopplungsspannung haben also die gleiche Phasenlage. Verstärkung ist bei zwei Stufen ebenfalls vorhanden, das gibt eine Mitkopplung, die Schaltung muß schwingen.

Da die volle Ausgangsspannung auf den Eingang zurückgelangt, wird die Stufe stark übersteuert. Diese Übersteuerung wirkt sich auch auf die zweite Stufe aus. Die Transistoren in einem Multivibrator kennen nur zwei Zustände: alles oder nichts, voll durchgeschaltet oder gänzlich gesperrt, und daraus ergibt sich eine Rechteck-Ausgangsspannung.

Der Vorgang läuft im einzelnen so ab: Transistor 1 werde durchgeschaltet. Seine Emitter-Kollektorstrecke stellt einen Widerstand von wenigen Ohm dar. Die Spannung am Kollektor wird daher schlagartig fast bis zum Nullpotential heruntergezogen. Dieser Spannungssprung wirkt sich über die Kapazität $C_1$ auf die Basis des zweiten Transistors aus. $C_1$ und die niederohmige Emitter-Basisstrecke von T2 bilden nämlich ein Differenzierglied nach Abb. 9.11. Das Durchschalten des Transistors T1 bzw. der steile Spannungssprung in negativer Richtung am Eingang des Differenziergliedes entspricht der abfallenden Flanke des Rechtecksprunges in Abb. 9.12a. Am Ausgang des RC-Gliedes, also an der Basis des Transistors T2, springt dann die Spannung auf einen negativen Wert (vgl. Abb. 9.12b...e), und der Transistor 2 wird dadurch gesperrt. Nun lädt sich die rechte Seite des Kondensators $C_1$ über den Widerstand $R_2$ langsam wieder auf positives Potential auf, denn die linke Belegung liegt über den immer noch durchgeschalteten Transistor 1 an Masse. Ist die Spannung an der Basis bis zu dem Wert angestiegen, bei dem ein Basisstrom in den Transistor 2 fließen kann, dann schaltet dieser vom Sperr- in den Durchlaßzustand.

Nun passiert dem Transistor 1 das gleiche, was vorher dem zweiten widerfahren war: Der Stromanstieg im Widerstand $R_4$ schiebt die Spannung am Kollektor fast bis zum Nullpunkt herunter. Dieser Spannungssprung wirkt sich über den Kondensator $C_2$ auf die Basis des Transistors 1 aus. Er sperrt schlagartig, aber schon beginnt sich auch $C_2$ über $R_3$ aufzuladen, und das Spiel beginnt von neuem.

## Abb. 10.23 Kurvenformen

Ist $R_1 = R_4$, $R_2 = R_3$ und $C_1 = C_2$, dann erfolgt das Hin- und Herschalten in genau gleichen Zeitabschnitten. Die Spannung an der Emitter-Kollektorstrecke des Transistors 1 verläuft nach Abb. 10.23a. Abb. 10.23b gibt den Spannungsverlauf an der Basis des Transistors 2 wieder. Bei der Schaltschwelle springt die Spannung am Kondensator wieder auf den vollen Wert der Betriebsspannung hoch, weil der Kollektorstrom des gesperrten Transistors zu Null wird. Damit wird der Spannungsabfall am Kollektorwiderstand ebenfalls Null, und die volle Betriebsspannung liegt an der Emitter-Kollektorstrecke.

Schließlich ist in Abb. 10.23c die Spannung $U_R$ am Kollektorwiderstand des betreffenden Transistors dargestellt. Sie muß gegensinnig zur Spannung $U_{CE}$ zwischen Emitter und Kollektor verlaufen. Die Spannungen am anderen Transistor sind jeweils genau um 180° dagegen verschoben.

Für die Schaltzeiten t eines Multivibrators gibt es Berechnungsformeln. Für einfache Überschlagsrechnungen werden folgende Gleichungen genannt:

$$t = 0{,}7\, R_B \cdot C$$

Die Schaltzeiten lassen sich beliebig wählen, vom Mikrosekundenbereich bis zu mehreren Sekunden: Ferner gilt:

$$R_B = 0{,}8\, \beta \cdot R_L$$

Darin bedeuten:

$R_B$ = Basisableitwiderstand
$\beta$ = Verstärkungsfaktor des Transistors
$R_L$ = Lastwiderstand bzw. Kollektor-Arbeitswiderstand

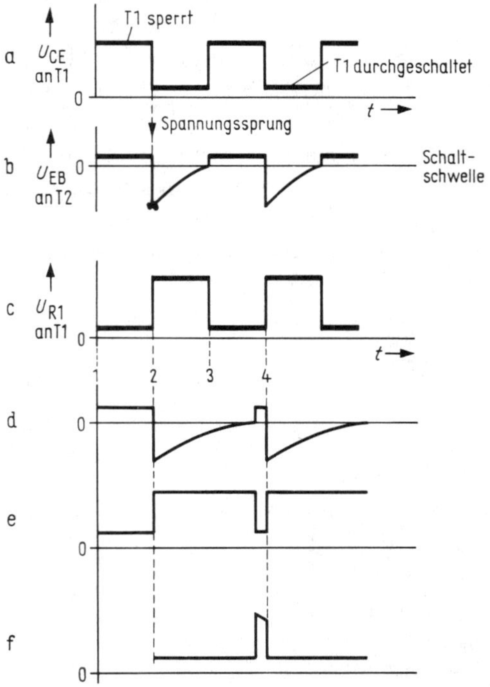


Abb. 10.23 Spannungsverläufe beim Multibvibrator

Macht man die Zeitkonstanten der RC-Glieder gleich groß, dann entstehen gleichbleibende Rechteckimpulse wie in den Kurven a und c. Macht man die Zeitkonstante an der Basis des zweiten Systems größer, dann klingt die Ladung nach Kurve d langsamer ab. Die Kollektorspannung des Systems 2 besteht dann nach Kurve e aus langen spannungsführenden Zeiten, die durch kurze negativ gerichtete Spannungsimpulse unterbrochen werden. Diese ergeben am Emitterwiderstand $R_4$ kurze positiv gerichtete Stromimpulse nach Kurve f. Damit erhält man auch beim Multivibrator die kurzzeitigen Schaltimpulse entsprechend Abb. 10.14. Sie werden in den Fernsehempfängern für weitere Schaltungsfunktionen ausgenutzt.

## *Sinusgeneratoren*

### Abb. 10.31 Prinzip des Sinusgenerators

Zum Erzeugen der Zeilenfrequenz werden vorwiegend Rückkopplungsoszillatoren mit LC-Schwingkreisen verwendet. Man bezeichnet sie als Sinusgeneratoren, denn sie liefern eine sinusförmige Spannung der Frequenz 15 625 Hz. Diese Sinusspannung wird dann durch Impulsformerstufen in die benötigten Rechteck- oder Sägezahnsignale umgewandelt. Die Frequenz eines Sinusoszillators ist gegen Spannungsschwankungen und impulsartige Störungen bedeutend stabiler als ein Sperrschwinger oder Multivibrator. Der schwingende LC-Kreis wirkt gewissermaßen wie ein Schwungrad, das sich nicht so leicht aus dem Takt bringen läßt.

Zum Synchronisieren des Oszillators wird ein ähnliches Verfahren wie bei der automatischen Feinabstimmung angewendet. Parallel zum Schwingkreis liegt ein Nachstimmglied, hier zur Vereinfachung als Kapazitätsdiode dargestellt. Sie erhält eine solche Regelspannung $U_R$, daß sich die exakte Zeilenfrequenz am Oszillator einstellt. Lange Zeit wurden sogenannte Reaktanzröhren als Nachstimmglieder benutzt. Dies sind Röhrensysteme, die durch Beschalten mit Phasenschiebern den Charakter von Blindwiderständen erhalten und dann als steuerbare Kapazität oder Induktivität dienen[1]). Die Halbleitertechnik hat hier eine Vereinfachung gebracht.

1 Ausführlich behandelt in den älteren Ausgaben der Fernsehtechnik ohne Ballast, 7. bis 9. Auflage.

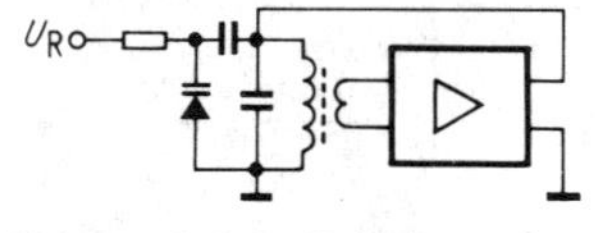


Abb. 10.31 Prinzip eines Sinusgenerators mit Nachstimmdiode

Abb. 10.32 Prinzip einer Phasenvergleichsschaltung

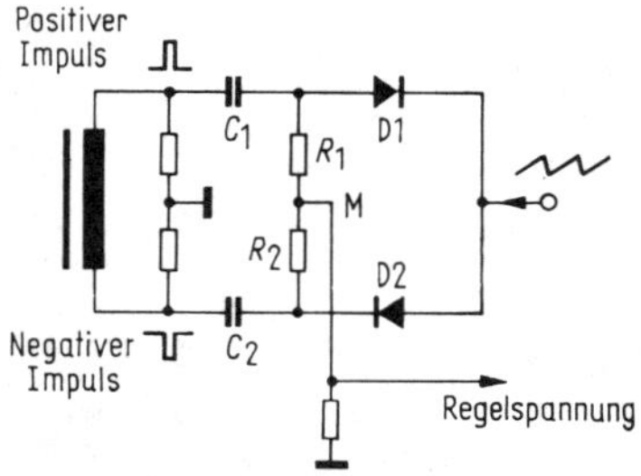

## Abb. 10.32 Phasenvergleichsschaltung

Die Regelspannung für das Nachstimmglied wird in einer Phasenvergleichsschaltung gewonnen. ein anderer Ausdruck hierfür ist Phasenkomparator. Es handelt sich dabei um eine dem Ratiodetektor ähnelnde Brückenschaltung mit zwei Kristalldioden. Die eine der beiden zu vergleichenden Frequenzen wird in Form von zwei schmalen, positiv und negativ gerichteten Impulsen symmetrisch der Brücke zugeführt, z.B. über eine Übertragerwicklung. Die andere Frequenz soll als Sägezahnspannung vorliegen und wird in die Brückendiagonale eingegeben. Die symmetrischen Impulse laden die beiden Kapazitäten $C_1$ und $C_2$ auf die gleiche Spitzenspannung, aber mit entgegengesetzter Polarität auf. Diese Spannungen werden über Widerstände $R_1$ und $R_2$ zusammengeführt und heben sich auf, so daß am Punkt M keine Spannung vorhanden ist.

Außerdem überlagert man diesen Teilspannungen an $R_1$ und $R_2$ die Sägezahnspannung der Vergleichs-Frequenz. Dadurch bilden sich an den Widerständen Summenspannungen aus den Impulsen und der Sägezahnspannung. Stimmen diese periodischen Schwingungszüge nach Frequenz und Phase genau überein, dann wird die Regelspannung zu Null.

## Abb. 10.33 und 10.34 Spannungsdiagramme der Phasenvergleichsschaltung

Im allgemeinen leitet man die schmalen symmetrischen Impulse aus den Zeilensynchronisierzeichen des Amplitudensiebes ab und entnimmt die Sägezahnspannung aus der Zeilenablenk-Endstufe. Die Synchronisierimpulse bestimmen den Zeilenrücklauf, sie liegen daher nach Abb. 10.33a im eingeschwungenen Zustand zeitlich auf der Mitte der Rücklaufflanke, und zwar im Nulldurchgang. Die Ladespannung $U_{C1}$ und $U_{C2}$ an den beiden Kondensatoren in Abb. 10.32 sind gleich groß, aber entgegengesetzt gerichtet. Sie heben sich auf, und die Regelspannung ist Null.

Schwingt der Zeilenoszillator langsamer, verschieben sich also Sägezahn- und Impulsspannung gegeneinander, dann wandern die Impulse an der Rückflanke nach oben, Abb. 10.33b. Dadurch wird die Spannung an der Kapazität $C_1$ um den Betrag $+ \Delta U_{C1}$ größer.

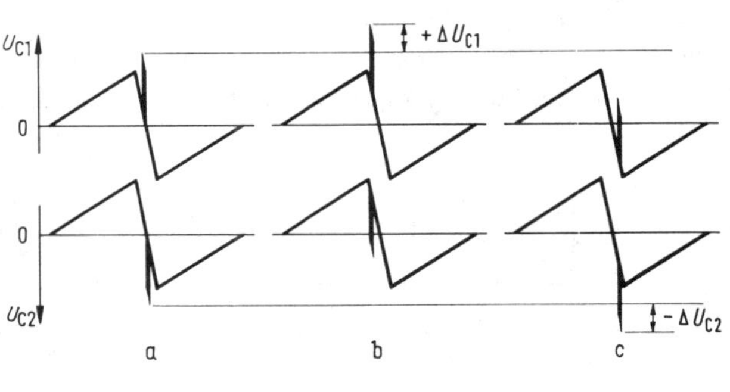


Abb. 10.33 Summenspannungen einer Phasenbrücke

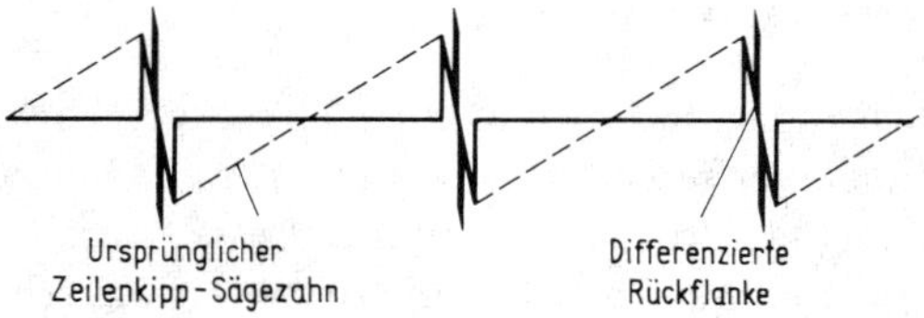


Abb. 10.34 Spannungsverlauf mit unterdrücktem Sägezahnanstieg

Umgekehrt: Schwingt der Oszillator schneller, dann bewegen sich die Impulse nach unten, und an $C_2$ entsteht entsprechend Abb. 10.33c ein negativ gerichteter Spannungsüberschuß $- \Delta U_{C2}$.

Diese unsymmetrischen Spannungsteile bewirken eine entsprechende positiv oder negativ gerichtete Regelspannung. Sie wird dem Nachstimmglied des Zeilenfrequenzoszillators zugeführt, und dieses zieht den Oszillator wieder auf die richtige Frequenz.

In manchen Schaltungen unterdrückt man die langsam ansteigenden Sägezahnflanken und tastet durch Differenzieren nur die für die Vergleichsstufe notwendige Rückflanke heraus. Abb. 10.34 zeigt, schematisch und zeitlich etwas gedehnt gegenüber Abb. 10.33, den Verlauf mit den auf die Rückflanke gesetzten Synchronimpulsen. Die gestrichelten Linien geben den ursprünglichen Sägezahn an.

Die Entwicklungsingenieure für die Ablenkstufen formen also die Impuls- und Ablenkspannungen je nach Bedarf um. Man darf deswegen nicht nur geometrisch exakte Rechteck- und Sägezahnspannungen erwarten. Ein Impulsplan ist daher ein wichtiger Bestandteil der Service-Unterlagen.

## Abb. 10.35 Der Regelkreis

Das Prinzip der Phasensynchronisierung eines Oszillators wurde bereits in Abb. 8.51 besprochen. Es handelt sich um einen geschlossenen Regelkreis mit Sollwertgeber. Sollwert ist die Frequenz der vom Sender kommenden Zeilensynchronimpulse. Der Zeilenfrequenzoszillator im Empfänger steuert zunächst die Zeilenendstufe. Von dort oder auch vom Ausgang des Oszillators wird eine Spannung mit dieser Frequenz in die Phasenvergleichsstufe zurückgeführt.

Verwirrend ist bisweilen für den Anfänger, daß sich für diese rückgeführten Zeilenoszillator-Impulse die Bezeichnung *Vergleichsimpulse* eingeführt hat. Im allgemeinen ist es in der Regeltechnik üblich, den *Sollwert* als Bezugswert, Referenzwert oder Vergleichswert zu bezeichnen. Das wären aber hier die vom Sender kommenden Synchronimpulse. Die sogenannten Vergleichsimpulse im Zeilenablenkteil stellen aber in

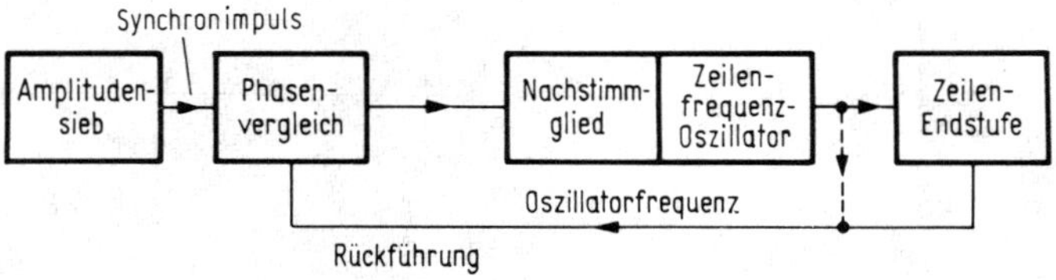


Abb. 10.35 Ablenkteil mit Regelkreis über eine Phasenvergleichsschaltung

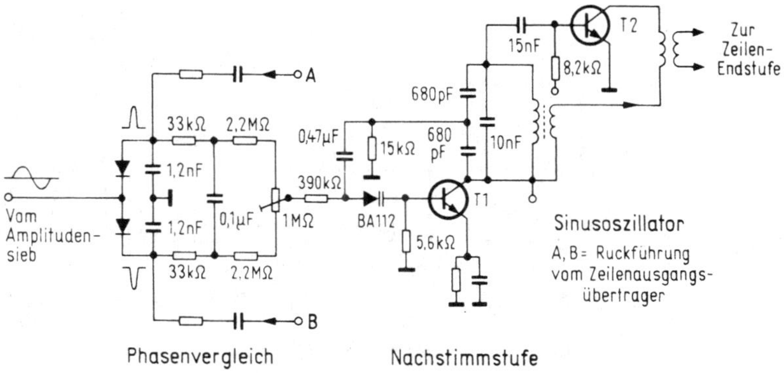


Abb. 10.36 Mit Transistoren bestückter Zeilenfrequenzoszillator. A und B bedeuten entgegengesetzt gerichtete Synchronisierimpulse aus dem Zeilenausgangsübertrager

Wirklichkeit die Frequenz des freischwingenden Zeilenoszillators dar, und diese Frequenz muß auf den richtigen Wert hingezogen werden. Dieses Regelsystem ist der Kern der Anordnung, und von außen her werden die Synchronisierzeichen vom Amplitudensieb als Sollwert (Sollfrequenz) daraufgegeben.

### Abb. 10.36 Sinusoszillator mit Transistoren

Bei dieser Phasenvergleichsstufe werden die entgegengesetzt gerichteten Impulse nicht aus den Synchronisierzeichen des Amplitudensiebes, sondern aus dem Zeilenausgangsübertrager entnommen. Dagegen wird die für die Schaltung erforderliche schräge Flanke aus den Synchronisiersignalen des Amplitudensiebes gewonnen, indem man (hier nicht dargestellt) damit einen Schwingkreis anstößt. Er liefert eine exakt synchronisierte Schwingung mit durch Null gehenden Flanken.

Die entstehende Regelspannung steuert zunächst die Kapazität einer Siliziumdiode BA 112. Sie liegt im Basis-Kollektorkreis des Transistors BFY 39. Er arbeitet als Kapazitätswandler und vervielfacht die Kapazitätsänderungen der Diode. Damit wird dann der Schwingkreis des Sinusoszillators mit dem Transistor T2 nachgestimmt. Transistor T2 dient zugleich als Treiber für die Zeilenendstufe.

Etwa in gleicher Weise arbeiten auch andere mit Transistoren bestückte Sinusoszillatoren für die Zeilenablenkung.

## *Zeilenoszillatoren mit integrierten Schaltungen*

### Abb. 10.41 Blockschaltung mit TDA 2593

Integrierte Schaltungen vereinfachen den Aufbau von Zeilenoszillatoren und Synchronisierstufen ganz beträchtlich. Der TDA 2593 enthält das Amplitudensieb mit

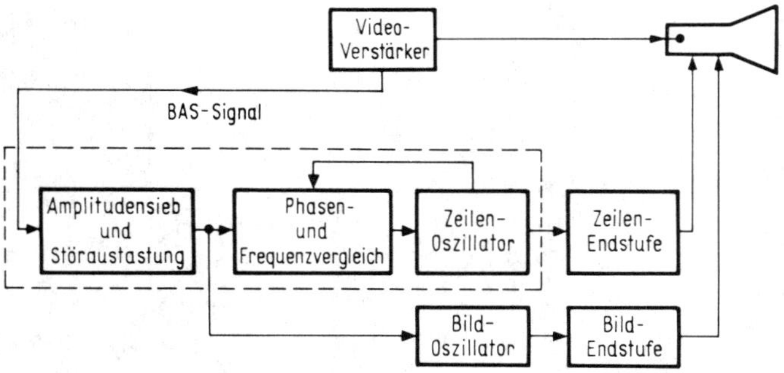


Abb. 10.41 Verschiedene Stufen eines Zeilenablenkteils lassen sich in einer integrierten Schaltung zusammenfassen

Störaustastung, die Phasenvergleichsschaltung, den Zeilenoszillator sowie eine Schaltstufe zum automatischen Umschalten der Störbandbreite. Mit diesem Baustein werden die in Abb. 10.41 hervorgehobenen konventionellen Stufen eines Fernsehempfängers ersetzt. Die für die Phasenvergleichsstufe notwendigen Zeilenimpulse werden innerhalb des Bausteines aus dem Zeilenoszillator und nicht der Zeilenendstufe entnommen. Dabei ergibt sich ebenfalls der geschlossene Phasenregelkreis. Gleichzeitig werden in der integrierten Schaltung alle notwendigen Impulsformungen durchgeführt. Um eine Induktivität für den Schwingkreis des Zeilenoszillators zu ersparen, ist dieser innerhalb der integrierten Schaltung als RC-Oszillator ausgebildet. Man braucht außen nur noch einen Kondensator und einen Widerstand anzuschließen, und der Feinabgleich der Frequenz erfolgt mit Hilfe einer veränderlichen Gleichspannung. Ein detaillierteres Blockschaltbild finden Sie in Abb. 9.07.

## Abb. 10.42 H-Oszillator und Amplitudensieb

Der gesamte Funktionsbereich des H-Oszillators und Amplitudensiebes wird durch das IC TDA 2593 abgedeckt. Abb. 10.42 zeigt die Beschaltung dieser IS. Dem Eingang wird entweder ein FBAS-Signal (wenn mit Farbe gearbeitet wird) oder das BAS-Signal (bei SW-Empfang) zugeführt. Das Amplitudensieb arbeitet mit der Doppelzeitkonstante 0,47 μF/2,2 MΩ und 6,8 nF/33 kΩ. Zwei getrennte Ausgänge liefern den Vertikal-Synchron-Impuls und einen Burst-Tastimpuls für die Farbstufen. H-Oszillator und Phasenvergleich sind voll integriert. Die Horizontalfrequenz wird durch den Kondensator 4,7 nF am Anschluß 14 und durch den Widerstand 12 kΩ am Anschluß 15 bestimmt. Eine Feinkorrektur wird mit dem unteren Steller 47 kΩ vorgenommen, der obere Steller beeinflußt die Phase. Bei VCR-Betrieb wird mit einer Schaltspannung 12 V die Zeitkonstante des Phasenvergleiches verkleinert.
(Aus Siemens Schaltbeispielen)

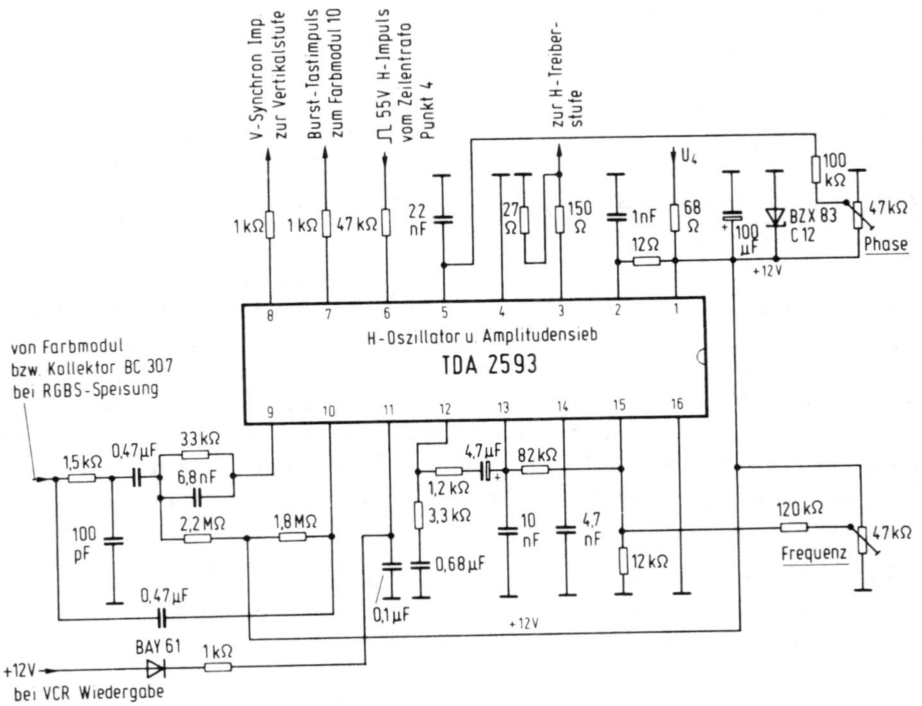


Abb. 10.42 Außenbeschaltung der Horizontalkombination TDA 2593 als Amplitudensieb und H-Oszillator

# 11 Ablenkung

## *Bildkippteil (Vertikalablenkung)*

Die Vertikal-Ablenkspulen einer Bildröhre haben für die niedrige Bildkippfrequenz von 50 Hz eine geringe Impedanz. Sie sind also niederohmig, ähnlich wie die Schwingspule eines Lautsprechers. Man benötigt jedoch eine erhebliche Ablenkleistung, um die mit 16...18 kV beschleunigten, also sehr energiereichen Elektronen in der Bildröhre aus ihrer Bahn abzulenken. Das bedeutet, daß hohe Ablenkströme in den niederohmigen Ablenkwicklungen erforderlich sind. Man mußte daher früher bei röhrenbestückten Empfängern einen Ausgangsübertrager vorsehen, um die Endröhre an die niederohmigen Ablenkspulen anzupassen.

Bei Transistorschaltungen kann man, ebenfalls wie in der Nf-Schaltungstechnik, auf niederohmige Komplementär-Gegentaktendstufen übergehen und damit direkt d.h. ohne Übertrager, die Ablenkspulen steuern.

### Abb. 11.01 und 11.02 Grundschaltung eines Bildkippteiles

Betrachtet sei zunächst die Ausführung mit Übertrager. Um die sägezahnförmige Steuerspannung zu erzielen, wird in Abb. 11.01 der am Eingang der Enstufe liegende Ladekondensator *C* über einen Widerstand *R* aus der Betriebsspannung aufgeladen und taktmäßig durch einen Schalter S entladen. Als Schalter dient ein gesteuertes Röhren- oder Transistorsystem in Form eines Sperrschwingers oder als Stufe eines Multivibrators. In den Bildablenkschaltungen werden vorwiegend Multivibratoren verwendet.

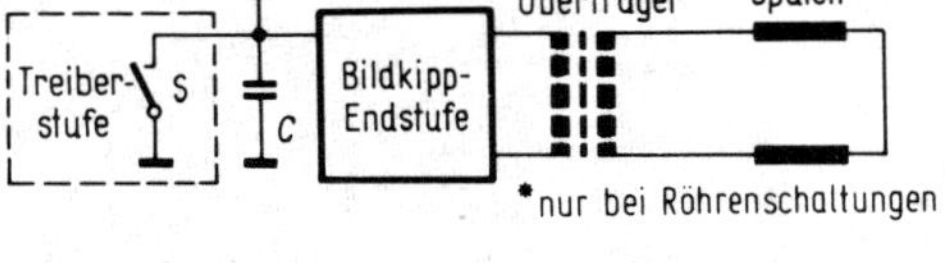


Abb. 11.01 Prinzip eines Bildkippteils

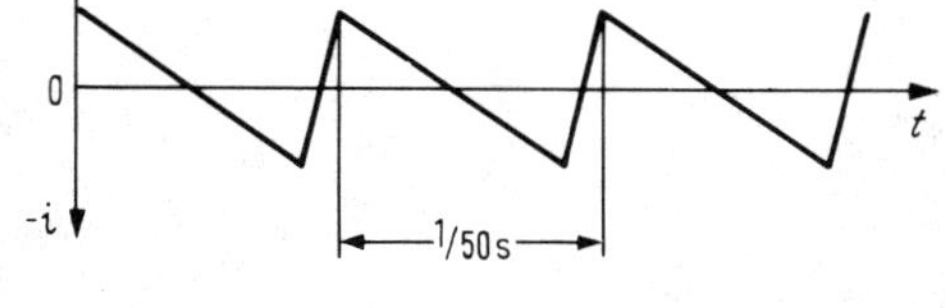


Abb. 11.02 Ausgangsstrom der Bildkippendstufe

Die am Kondensator entstehende Sägezahnspannung steuert den Ausgangsstrom der Endstufe. Der Ausgangstransformator überträgt die sägezahnförmigen *Strom*kurven auf die Ablenkspulen.

*Die Bildkipp-Endstufe wird mit Sägezahnspannungen gesteuert.*

Hinter dem Übertrager entfällt der eventuell im Signal enthaltene Gleichspannungsanteil. Die Sägezahnstromkurve ordnet sich nach Abb. 11.02 um eine Nullinie herum symmetrisch an. Dies muß auch so sein, denn der Elektronenstrahl in der Bildröhre wird von seiner größten Auslenkung am oberen Rand langsam zur Mitte geführt. Dort ist der Ablenkstrom gleich Null. Zum unteren Bildrand hin muß der Strom dann von Null aus in entgegengesetzter Richtung wieder anwachsen. Dann springt er auf den Anfangswert zurück, und das Spiel wiederholt sich.

Die Kurve in Abb. 11.02 ist stark idealisiert. Tatsächlich muß sie in bestimmter Weise vorverzerrt werden, um genau parallele Zeilen zu schreiben, wie bereits in Abb. 7.29 erwähnt worden ist.

## Abb. 11.03 Zusammensetzung einer Sägezahnkurve

Bereits von der Entstehung her droht der Sägezahnkurve eine Verformung. Sie besteht nämlich mathematisch und physikalisch aus einer Summe von Sinusschwingungen. Diese Summenkurve baut sich aus der Grundfrequenz (beim Bildkipp 50 Hz) und zahlreichen Harmonischen mit immer kleiner werdenden Amplituden auf. Die Oberschwingungen reichen bei der Bildkippspannung bis mindestens 1000 Hz. Kurve I in Abb. 11.03a stellt z.B. eine Sägezahnkurve mit den zugehörigen sinusförmigen Grundschwingungen $f$ und den Harmonischen $2f$, $3f$ und $4f$ dar. Die Nullinie ist auf die Mitte des Sägezahns gelegt. Deutlich ist zu erkennen, wie am linken Rand durch die Addition aller Halbwellen sich die nach oben gerichtete Spitze des Sägezahns aufbaut. In dem Maße wie $4f$, $3f$ und $2f$ nach unten abbiegen, strebt auch die Sägezahnflanke nach

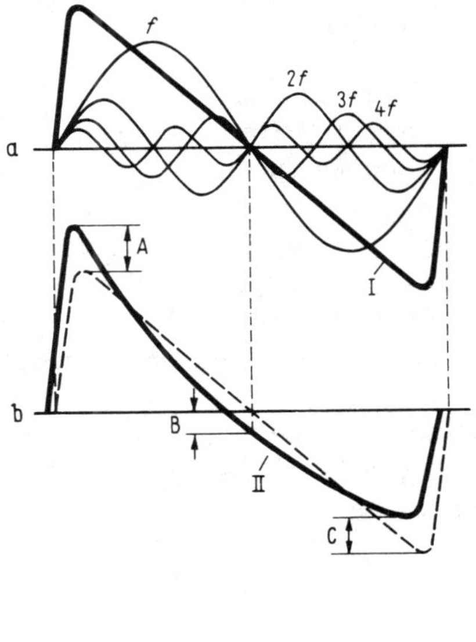


Abb. 11.03 Entstehen einer Sägezahnschwingung; a = der Sägezahn setzt sich aus sinusförmigen harmonischen Einzelschwingungen zusammen, b = durch die Phasenverschiebung der Grundschwingung $f$ nach rechts wird der geradlinige Anstieg verzerrt

unten. In der Mitte gehen alle Kurven, also auch die Sägezahnkurve, durch Null, und rechts wiederholt sich der Aufbau der Sägezahnspitze in umgekehrter Reihenfolge. Je mehr Harmonische berücksichtigt werden, desto schärfer sind die Spitzen und desto steiler wird der Abfall.

Der Ausgangsübertrager einer Bildkippendstufe muß dieses Gemisch von Sinusschwingungen gleichmäßig übertragen. Der induktive Widerstand der Primärwicklung müßte dazu sehr groß gegenüber dem Anpassungswiderstand der Endstufe sein, damit auch die tiefste Frequenz von 50 Hz noch nicht beeinträchtigt wird. Dies erfordert jedoch einen großen und teuren Transformator. Man verwendet daher eine kleinere Ausführung und gleicht die entstehenden Verzerrungen der Kurvenform (wie vielfach in der Verstärkertechnik üblich) durch geeignete Entzerrerglieder und Gegenkopplungen aus.

Der für 50 Hz zu gering bemessene Transformator bewirkt eine Phasenversschiebung dieser 50-Hz-Schwingung. Denkt man sich in Abb. 11.03b *nur die Grundschwingung $f$* etwas nach links verschoben, dann ergibt sich eine neue Summenkurve II. Der Anstieg der Grundschwingung beginnt eher, dadurch steigt der Sägezahn um den Betrag A höher an. Ferner geht er jetzt nicht mehr genau in der Mitte der Periode durch Null, sondern die nach links verschobene Grundschwingung zieht auch den Nulldurchgang der Summenkurve nach links, in der Mitte ergibt sich die Absenkung B. Endlich ist die Kuppe der negativen Halbwelle von $f$ ebenfalls nach links gerückt. Dadurch verringert sich der Sollwert der Sägezahnspitze um den Wert C. Aus dem ursprünglich geradlinigen gestrichelten Sägezahn ist also eine gekrümmte Kurve geworden.

## Abb. 11.04 Spannungsgegenkopplung zur Linearisierung des Bildkippstromes

Um die in der Kurve II von Abb. 11.03b geschilderte Verzerrung des Ausgangsstromes durch Phasenverschiebung der Grundfrequenz infolge der zu niedrigen Induktivität des Ausgangsübertragers rückgängig zu machen, kann man dem Eingang der Endstufe einen Spannungsanteil zusetzen, der diese Verzerrung gerade wieder aufhebt. Hierzu wird z.B. ein Teil der Ausgangswechselspannung über ein phasendrehendes RC-Glied und einen ohmschen Spannungsteiler als Gegenkopplung zugeführt. Durch passende Bemessung von $R_1$ und $C_1$ erreicht man den gewünschten Frequenzgang, während mit dem Spannungsteiler $R_2$ und $R_3$ der richtige Gegenkopplungsgrad eingestellt wird.

Man kann sogar noch mehr erreichen. Denkt man sich in Abb. 11.03 die Grundfrequenz nicht nach links, sondern nach rechts verschoben, dann wird die obere Spitze der Summenkurve abgeflacht, und man kommt beinahe zu der S-förmigen Verzeichnung, wie sie nach Abb. 7.29 notwendig ist. Eine solche Vorverzerrung kann also ebenfalls durch frequenzabhängige RC-Gegenkopplungen erreicht werden.

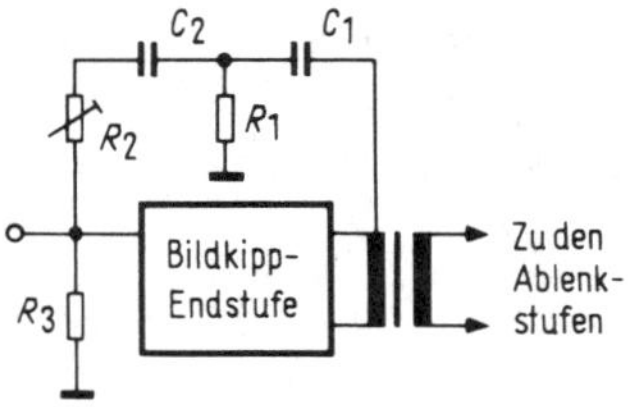


Abb. 11.04 Spannungsgegenkopplung der Bildkippendstufe

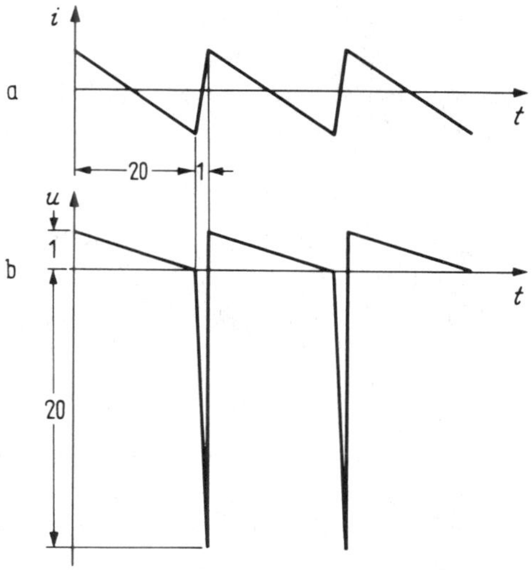


Abb. 11.05 An den Bildablenkspulen entsteht während des Stromrücklaufes eine große Spannungsspitze

## Abb. 11.05 Spannung an den Bildablenkspulen

Setzt man voraus, daß der Strom in den Bildablenkspulen den idealen, in Abb. 11.05a dargestellten Verlauf hat, dann steigt auch die Spannung an den Spulen beim Hinlauf linear an, denn der Strom kann nur gleichmäßig größer werden, wenn auch die Spannung stetig anwächst. Der schnelle Rücklauf des Stromes entspricht einem Ausschaltvorgang. Hierbei macht sich die Selbstinduktion der Spulen stark bemerkbar. Das in der Spule aufgebaute Magnetfeld bricht kurzfristig zusammen. Die darin enthaltene Energie wird frei und erzeugt einen starken Spannungsstoß. Dieser Vorgang ist bekannt beim Abschalten einer Induktivität (Magnetspule, Motor, Transformator) vom Starkstromnetz. Man kann dabei am Schalter einen Funken ziehen, der viel länger ist, als es der Netzspannung entspricht. Die Größe der entstehenden Spannung kann aus dem Selbstinduktionswert, der Stromänderung und der Zeit, in der sie erfolgt, berechnet werden. Hierfür besteht die Gleichung:

$$u = L \frac{\mathrm{d}i}{\mathrm{d}t}$$

Da das Rechnen mit den Differentialen d$i$ und d$t$ für den Praktiker etwas undurchsichtig ist, wollen wir eine leichter zu erfassende Überlegung anstellen: Wir nehmen an, daß beim Hin- und Rücklauf nur die Selbstinduktion der Spulen wirksam sei. Die Zeit für den Hinlauf ist etwa 20mal so lang wie für den Rücklauf. Die Spule wirkt in beiden Fällen wie ein induktiver Widerstand $R_L = 2\,\pi f L$. Vereinfacht sei für den Hinlauf nur die Grundfrequenz von 50 Hz angenommen. Am Ende des Hinlaufs fließt also ein bestimmter Strom $i$. Die Spannung an den Enden der Spule beträgt dann

$$u = i \cdot R_L = i \cdot 2\,\pi \cdot 50 \cdot L = v$$

Dieser jetzt fließende Strom *i* werde dann in 1/20 der vorherigen Zeit abgeschaltet; das bedeutet, daß eine steil abfallende Sägezahnflanke entsteht, deren Grundfrequenz 20mal größer sein muß als die für den Hinlauf. Der gleiche Strom *i* bei 20facher Frequenz bewirkt aber eine 20fache Spannung:

$$u_1 = i \cdot 2\,\pi \cdot 50 \cdot 20 \cdot L = 20v$$

Damit ergeben sich an den Ablenkspulen während des Rücklaufs die hohen Spannungsspitzen nach Abb. 11.05b.

Um den Vorgang deutlich zu machen, ist die Abbildung nicht ganz maßstäblich gezeichnet, denn bei einem Verhältnis von 20 : 1 für Zeit und Spannung würden Rücklaufflanke und Rücklaufspannung im Bild zu schmalen senkrechten Strichen zusammenlaufen.

Diese hohe Rücklaufspitze ist gar nicht einmal so unwillkommen. Sie dient nämlich zum Dunkeltasten des Elektronenstrahls während des Bildwechsels. Man führt sie zu diesem Zweck über geeignete Kopplungsglieder als negativen Impuls dem Wehnelt-Zylinder der Bildröhre zu, so daß der Strahl beim Zurückspringen vom unteren Bildrand auf den Anfang der ersten Zeile am oberen Bildrand gesperrt wird.

## Abb. 11.06 Größe der Rücklaufspannung an der Primärseite des Übertragers

Der in den Ablenkspulen während des Rücklaufes entstehende große Spannungsimpuls überträgt sich auf die Primärseite des Ausgangsübertragers. Die Spannung wird dabei hochtransformiert und addiert sich bei einer Endröhre zur Anodengleichspannung. In Abb. 11.06 ist ein Oszillogramm hierfür wiedergegeben. Die Anodengleichspannung beträgt 260 V. Steigt der Anodenstrom an (Hinlauf), dann entsteht ein Spannungsabfall am Anodenwiderstand bzw. am Ausgangsübertrager, und das Potential an der Anode der Röhre sinkt bis auf 110 V. Während des Rücklaufes entsteht die Spannungsspitze und steigt bis 810 V an.

Die Isolation der Schaltelemente und Spannungsfestigkeit der Röhre müssen diesen Belastungen gewachsen sein. Beim Typ PCL 805 beträgt die zulässige Spitzenspannung 2,0 kV. So hohe Spannungsfestigkeiten sind mit Transistoren nicht zu erzielen. Das war einer der Gründe, warum sich in den Ablenk-Endstufen relativ lange die Röhren gehalten haben. Beim Übergang auf eisenlose, d.h. übertragerlose Transistor-Gegentaktendstufen entfällt das Hochtransformieren der Rücklaufspannungsspitze.

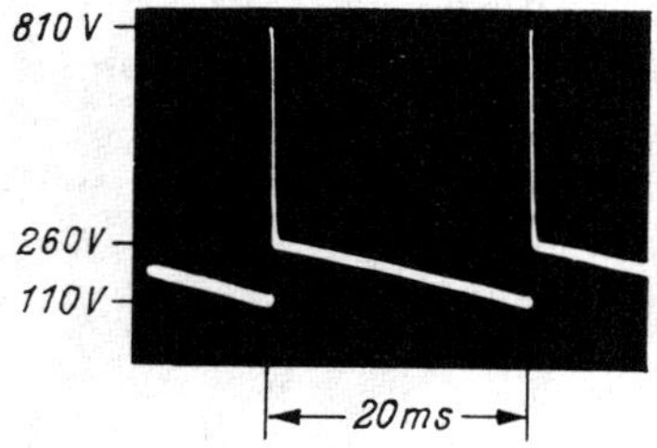


Abb. 11.06 Oszillogramm der Spannung einer Bildkippendstufe

Es ergeben sich kleinere Scheitelwerte, für die geeignete Leistungstransistoren zur Verfügung stehen.

## Abb. 11.07 Tangensentzerrung und Parabelspannung

Zwei Fachausdrücke, die sehr oft in Fachaufsätzen und Serviceschriften auftauchen. Wie mehrmals erwähnt, muß die steuernde Sägezahnspannung S-förmig vorverzerrt werden, um den Einfluß der Bildschirmkrümmung auszugleichen. Statt *S-förmige Vorverzerrung* sagt man auch *Tangensentzerrung*, weil man sich zur rechnerischen Ermittlung der Schaltelemente Tangenten an die einzelnen Punkte der S-Kurve gelegt denkt.

Um einen linearen Sägezahnanstieg in dieser Weise zu verzerren, muß man eine parabelförmige Spannung überlagern. Abb. 11.07a zeigt schematisch den Verlauf einer lineraren Ausgangsspannung mit vergröbert dargestellten Rücklaufspitzen.

Wenn man diese Kurve durch ein geeignet bemessenes RC-Glied integriert, dann erhält man den Kurvenzug Abb. 11.07b. Man erinnere sich, ein Integrierglied ist eine Art Tiefpaß. Er unterdrückt die hohen Frequenzanteile und verschleift die steilen Impulse zu stetig abfallenden bzw. ansteigenden Kurven, zu Parabelbögen.

Bildet man einen Gegenkopplungsweg vom Ausgang zum Eingang der Bildablenk-Endstufe über einen solchen Tiefpaß, dann addiert sich die dadurch geformte Parabelspannung zu der ursprünglich linearen Sägezahnspannung am Eingang, und man erhält einen Verlauf nach Abb. 11.07c, also die gewünschte S-förmige Verzerrung.

Die in der Kurve c gezeichneten negativ gerichteten Rechteckimpulse rühren vom Aufladevorgang des Steueroszillators her, vgl. Abb. 10.16. Sie können auch von den Rücklaufspannungsspitzen der Bildablenkspulen herrühren, die auf dem Gegenkopplungsweg nach Abb. 11.04 zum Eingang zurückgelangen. Da sie in die Rücklaufzeit fallen, stören sie die eingentliche S-förmige Steuerspannung zum Erzeugen des Bildrasters nicht.

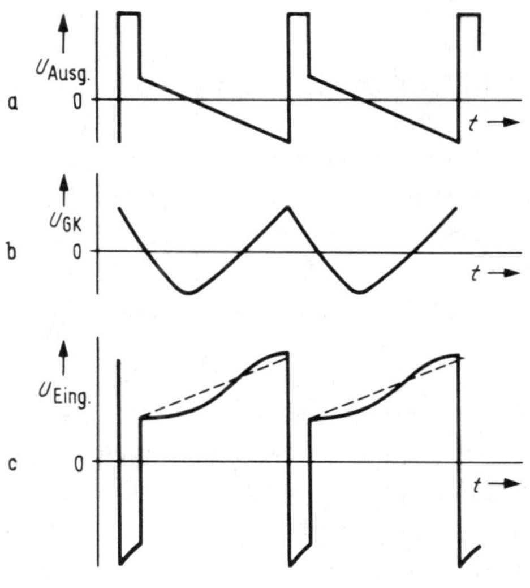


Abb. 11.07 Entstehung und Überlagerung einer Parabelspannung

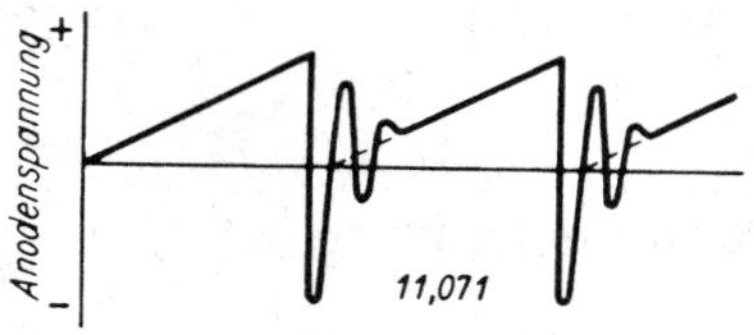


Abb. 11.08 Bei zu geringer Dämpfung des Ausgangskreises treten Störschwingungen infolge der hohen Rücklaufspannung auf

## Abb. 11.08 Schwinggefahr beim Rücklauf

Die große Spannungsspitze beim Rücklauf bringt aber eine andere Gefahr. Der Ausgangskreis der Endstufe stellt mit seiner Induktivität und den parallelliegenden Schaltkapazitäten einen Schwingkreis dar, der durch diese Spannungsspitze zum Schwingen angestoßen wird. Die Energie klingt also nicht sofort auf Null ab, sondern pendelt einige Male hin und her, bis sie in den Verlustwiderständen des Kreises verbraucht bzw. umgesetzt wird.

Diese Schwingungen würden sich dem neuen Sägezahnanstieg überlagern und die Zeilen aus dem Tritt bringen. Um diese Schwingungen zu dämpfen, vergrößert man künstlich die Verlustwiderstände des Ausgangskreises durch Dämpfungswiderstände parallel zur Primärwicklung des Übertragers[1]) oder durch spannungsabhängige (VDR) Widerstände bei den Ablenkspulen. Ihr Widerstandswert nimmt für höhere Spannungen stark ab, sie dämpfen daher nur die große Rücklaufspitze.

# *Schaltungsbeispiele*

## Abb. 11.11 Bildablenkteil mit Komplementär-Endstufe

Mit einer Komplementär-Endstufe mit zwei Leistungstransistoren erspart man den Ausgangsübertrager, denn die Ablenkspulen können dann wie die Schwingspule eines Lautsprechers bei einem Nf-Verstärker unmittelbar an den Mittelpunkt der Endstufe angeschlossen werden. Damit werden die Betriebsspannungen und somit auch die Gefährdung der Endstufe durch zu hohe Spannungsbeanspruchung wesentlich herabgesetzt.

Die hier dargestellte Schaltung arbeitet mit einem Komplementär-Leistungstransistorpaar und nur 11 V Versorgungsspannung. Davor befindet sich ein Treibertransistor. Gegenkopplungsnetzwerke zur Stabilisierung und Vorverzerrung führen vom Ausgang der Endstufe zurück auf die Basisanschlüsse der Endtransistoren und auf die

1 Vgl. die Funktion des Dämpfungswiderstandes Rd in Abb. 9.15.

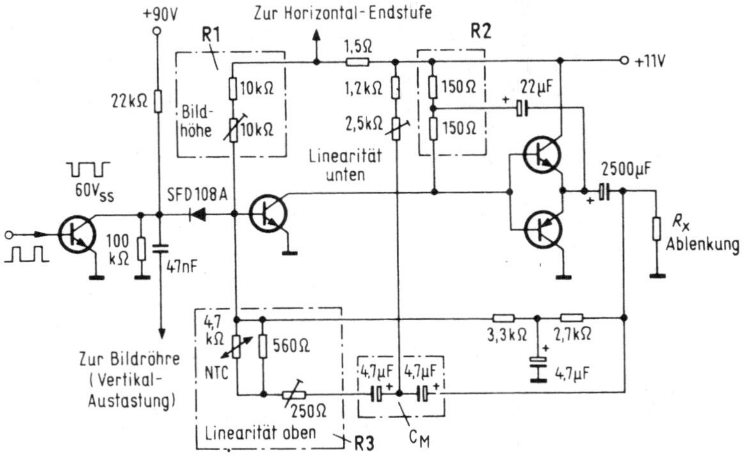


Abb. 11.11 Mit Transistoren bestückte Bildablenkschaltung

Basis des Treibertransistors. Der erste Transistor gehört zu der hier nicht dargestellten Spezialschaltung des 50-Hz-Steueroszillators (nach Blaupunkt Unterlagen).

## Abb. 11.12 Der MIller-Integrator

Die Aufladeschaltung bei transistorbestückten Bildkippteilen läßt sich durch einen Miller-Integrator verbessern. Das Prinzip beruht darauf, daß nach Abb. 11.12a der Ladekondensator $C$ am Eingang des Kippspannungsverstärkers durch eine Kapazität $C_M$ im Gegenkopplungsweg ergänzt wird. Wie jede Gegenkopplung wirkt auch diese den Änderungen der Eingangsspannung entgegen. Zu Beginn des Aufladevorganges der Kapazität $C$, also bei „leerem“ Kondensator, steigt die Spannung daran zunächst steil an, wie wir dies beim Integrierglied Abb. 9.21 kennengelernt haben. Über den Gegenkopplungskondensator $C_M$ wird dann aber dieser schnelle Spannungsanstieg gewissermaßen gebremst und verlangsamt.

Abb. 11.12a und Abb. 11.12b Prinzip des Miller-Integrators; die Kapazität $C_M$ im Gegenkopplungsweg vergrößert die Eingangskapazität

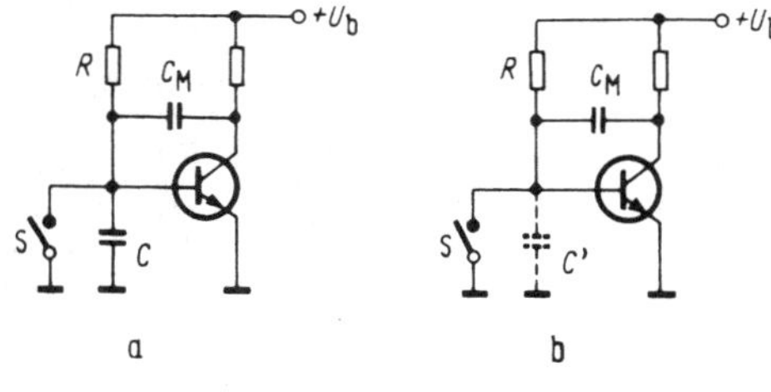

Im weiteren Verlauf des Ladevorganges, wenn also die Spannung ohnehin weniger steil ansteigt, ist auch die Gegenkopplungsspannung geringer und wirkt sich weniger aus. Insgesamt ergibt sich auf diese Weise ein sehr linearer Sägezahnanstieg am Kondensator *C* auch bei kleinen Betriebsspannungen, wie sie in Transistorschaltungen üblich sind.

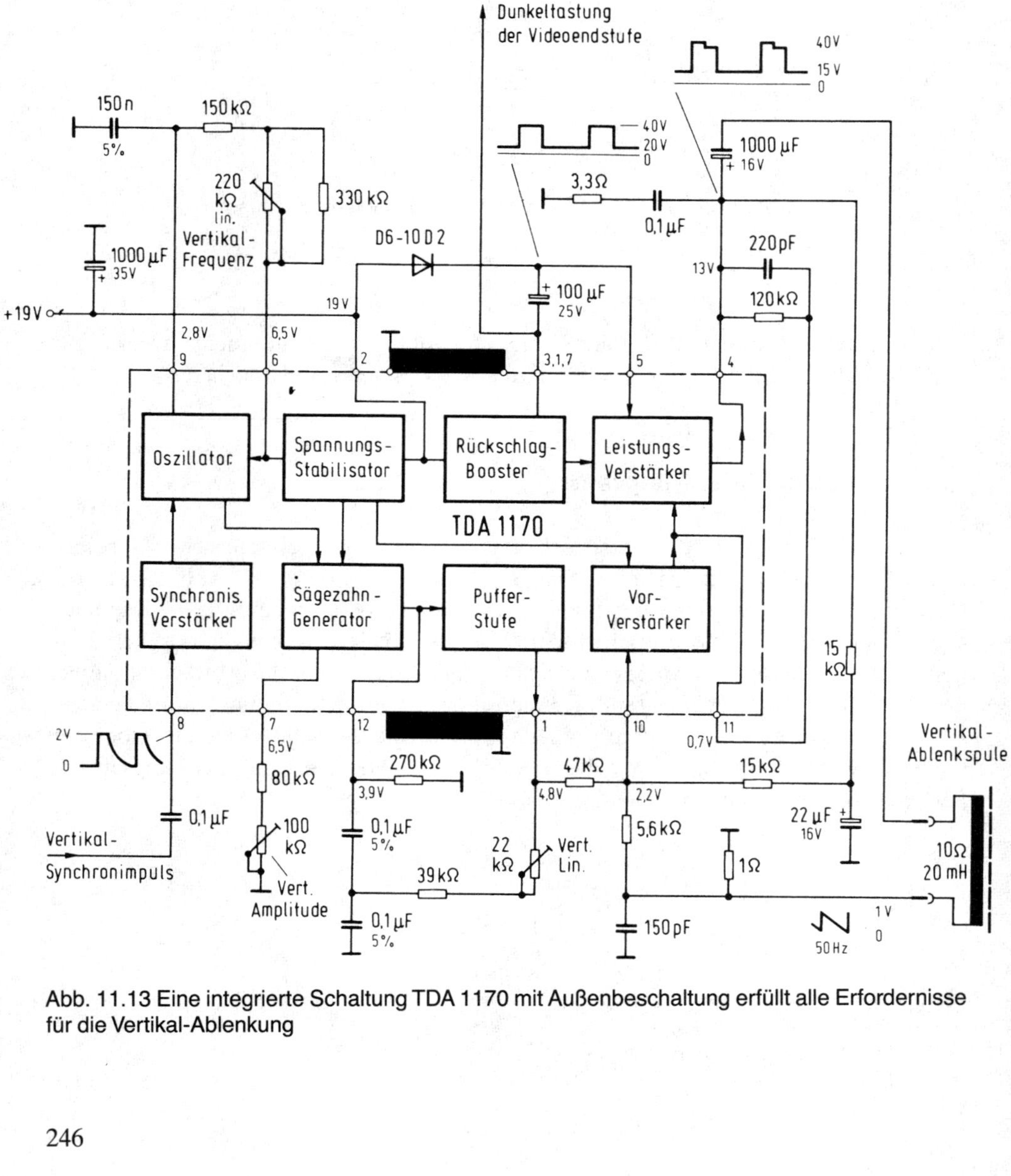


Abb. 11.13 Eine integrierte Schaltung TDA 1170 mit Außenbeschaltung erfüllt alle Erfordernisse für die Vertikal-Ablenkung

Dazu kommt noch ein weiterer Effekt. Bekanntlich ändert jede Gegenkopplung auch den Wert des Eingangswiderstandes der gegengekoppelten Stufe. Die hier vorliegende Spannungsgegenkopplung mit Parallelzuführung macht den Eingangswiderstand des Verstärkers niederohmig. Bei einer kapazitiven Gegenkopplung über $C_M$ wirkt sich dies nach Abb. 11.13b so aus, als wenn eine um den Verstärkungsfaktor $V$ größere Kapazität $C$ am Eingang läge, denn Verringerung des Eingangswiderstandes bedeutet bei kapazitivem Eingang einen größeren Kapazitätswert. Dabei gilt

$$C' = C_M (1 + V)$$

Man benötigt also gar keine Grundkapazität $C$ nach Abb. 11.12a am Eingang des Verstärkers, sondern der Kondensator $C_M$ wirkt zugleich als scheinbare Kapazität $C'$ zwischen den Eingangsklemmen. Da $R$ und $C_M$ ein Integrierglied bilden, wird die Anordnung nach ihrem Erfinder als *Miller-Integrator* bezeichnet.

Bei der Blaupunkt-Schaltung mit dem Miller-Integrator wird als elektronischer Schalter S ein Relaxations-Oszillator nach dem Prinzip von Abb. 10.03 angewendet. Insgesamt ergeben sich so bei transistorbestückten Ablenkstufen sehr viele Schaltungsvarianten. Der Miller-Kondensator $C_M$ ist auf Anhieb kaum in dem Gewirr der Gegenkopplungswege zu erkennen, die ihrerseits wieder zur Parabelbildung und zur S-förmigen Vorverzerrung der Steuerkurve dienen sollen.

## Abb. 11.13 Vertikalablenkstufe mit integrierter Schaltung

Durch Einsatz einer integrierten Schaltung vereinfacht sich der Aufbau einer Vertikalablenkstufe wesentlich. Daher werden fast nur noch integrierte Schaltungen in diesen Stufen eingesetzt. Die Schaltung TDA 1170 arbeitet hier mit einer Speisespannung von 19 V. Sie ist sowohl für Schwarz-Weiß-Geräte als auch für Farbfernsehgeräte einsatzfähig. Der aus der Horizontal-Kombination kommende Vertikalsynchronisierimpuls (siehe Abb. 9.07) synchronisiert über einen Synchronisationsverstärker den Oszillator. Seine Frequenz läßt sich mit einem 20 kΩ-Einsteller verändern. Ein Sägezahngenerator, dessen Amplitude sich mit dem 100 kΩ-Einsteller regulieren läßt, speist einen Vorverstärker, der dann den Leistungsverstärker aussteuert. Die Vertikal-Linearität kann über einen Gegenkopplungszweig zum Pufferverstärker verändert werden. Außerdem führt eine Gegenkopplung, die an einem 1Ω-Widerstand eine dem Ablenkstrom proportionale Spannung erzeugt, auf den Vorverstärker zurück. Die Vertikal-Ablenkspule ist unmittelbar an den Leistungsverstärker über einen Elektrolyt-Kondensator von 1000 μF angeschlossen.

### Stromsparende Vertikalablenkung

Bei einer anderen Vertikalablenkschaltung entnimmt man die erforderliche hohe Leistung zum größten Teil aus dem Zeilenausgangsübertrager. Aus den dort entstehenden steiflankigen Abschaltspannungen werden ohnehin verschiedene Betriebsspannungen gewonnen, wie dies im folgenden Abschnitt „Zeilen-Endstufe“ erläutert werden wird. Der Zeilenausgangsübertrager erhält in diesem Fall noch zwei zusätzliche Wicklungen, aus denen während eines jeden Zeilenrücklaufes Rückschlagspannungen von etwa 40 V Spitzenwert ausgekoppelt werden. Diese Spannungsimpulse laden über zwei als Schalter arbeitende Thyristoren einen Kondensator auf. Wenn auch der Einzelimpuls je Zeile einen relativ geringen Energieinhalt hat, so addieren sich diese Werte 625mal für ein Teilbild. Erst dann, nach 20 ms, wird die Energie des aufgeladenen Kondensators für die Vertikalablenkung, also zum Umschalten auf das nächste Bildraster, entnommen.

Der Wirkungsgrad dieser Anordnung ist sehr gut. Man kann damit den Leistungsverbrauch aus dem Lichtnetz um etwa 20 W verringern. Das Verfahren wird mit SSVD = *s*ynchronized *s*witched *v*ertical *d*eflection, d.h. als synchron geschaltete Vertikalablenkung, bezeichnet.

Bei einer von SEL entwickelten Vertikalablenkschaltung wird die benötigte Leistung während der *Hinlaufzeit* aus dem Horizontal-Ausgangsübertrager ausgekoppelt. SEL bezeichnet dies als SMVD-Schaltung, abgeleitet aus: *s*witch *m*ode *v*ertical *d*eflection.

## *Zeilen-Endstufe*

### Abb. 11.21 und 11.22 Einschaltstrom und Abschaltspannung einer Spule

Bei der Zeilenfrequenz von 15 625 Hz ist hauptsächlich die Selbstinduktion der Ablenkspulen wirksam, im Gegensatz zur 50-Hz-Rasterfrequenz. Schaltet man nach Abb. 11.21 eine Spule über einen Widerstand $R$ an eine Gleichspannung an, so springt der Strom nicht plötzlich auf seinen Höchstwert, sondern er steigt allmählich nach Art einer Sättigungskurve an und baut dabei das Magnetfeld um die Spule auf. Der *Einschaltstrom einer Spule* hat also grundsätzlich den gleichen Verlauf wie die *Einschaltspannung eines Kondensators* (vgl. Abb. 9.21). Man benötigt daher keine Sägezahnspannung, um den Sägezahnstrom für die Zeilenablenkspulen der Bildröhre zu erzeugen, sondern man braucht nur während des Zeilenhinlaufes nach Abb. 11.22a eine konstante Spannung $U$ anzulegen und sie für den Rücklauf abzuschalten. Sind $R$ und $L$ richtig bemessen, dann wird für die Hinlaufzeit nur der annähernd geradlinige erste Teil des Stromanstieges ausgenutzt. Vor dem Übergang in den flachen (gestrichelten) Teil der Stromkurve wird die Spannung bereits abgeschaltet (Abb. 11.22b). Wir haben

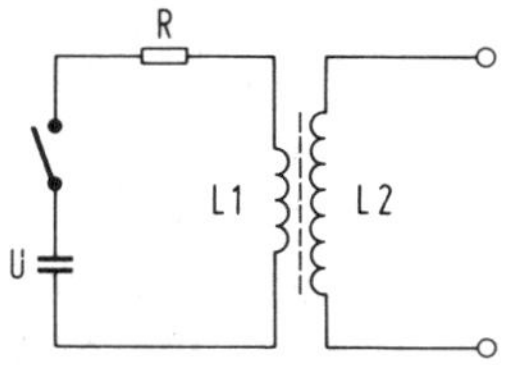


Abb. 11.21 Anschalten einer Gleichspannung an einen Übertrager

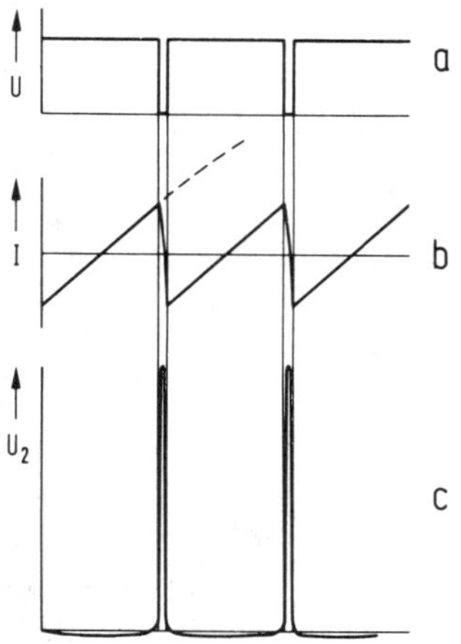


Abb. 11.22 Spannungs- und Stromverlauf beim taktmäßigen Schließen und Öffnen des Schalters *S* in Abb. 11.21 (In Teilabbildung 11.22a wurde die Nullinie so gelegt, wie dies für Bildröhrenablenkströme notwendig ist)

hier also wieder das Grundprinzip der Kippschwingungserzeugung von Abb. 10.02 vor uns, jedoch wird keine Sägezhanspannung mit einem Kondensator, sondern ein Sägezahn*strom* in einer Spule erzeugt. Zum „Kippen" genügt das kurzzeitige Ausschalten der Spannung. Man spricht daher von einer „Schaltspannung".

Wie bereits bei Abb. 11.05 erläutert, entsteht in der Induktivität $L$ während des Stromrücklaufes eine hohe Spannungsspitze. Sie wird hier bewußt vergrößert, indem an die Spulenwicklung $L_1$ eine Hochspannungswicklung $L_2$ angekoppelt ist. In dieser Wicklung entstehen dann sehr hohe Spannungsimpulse nach Abb. 11.22c.

Dieses Prinzip wird bei den Zeilenablenkendstufen ausgenutzt, um die hohe Anodenspannung zum Betrieb der Bildröhre und noch verschiedene andere Hilfsspannungen aus dem Zeilenrücklauf, nämlich dem Abschaltvorgang, zu gewinnen.

## Abb. 11.23 Prinzip der Zeilen-Endstufe

Für den Schalter S kommt bei der hohen Zeilenfrequenz von 15 625 Hz nur ein elektronisch gesteuerter Schalter in Frage. Im Bild ist dafür ein Transistor vorgesehen. Er muß einerseits sehr große Ströme liefern, denn die Bildablenkspulen sind recht niederohmig, andererseits muß er die hohen Abschaltspannungen vertragen. Dies war lange Zeit nur mit Röhren zu beherrschen. Inzwischen gibt es jedoch auch hierfür geeignete Leistungstransistoren. Bei anderen Geräten werden Thyristoren an dieser Stelle verwendet.

Der Transistor wird aus der Treiberstufe mit einer zeilenfrequenten Schaltspannung gesteuert und über die Wicklung $L_1$ mit Betriebsspannung versorgt. An dieser Wicklung und an den gleichspannungsfrei angekoppelten Spulen des Ablenkjoches baut sich beim Einschalten des Transistors der erforderliche Sägezahnanstieg auf und bewirkt den Zeilenlauf des Leuchtfleckes.

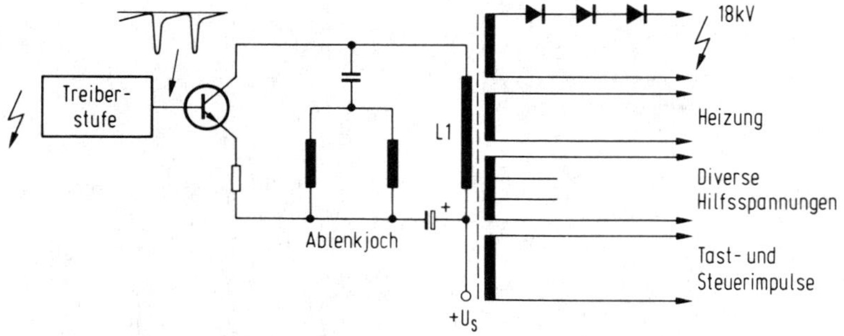


Abb. 11.23 Prinzip einer Transistor-Zeilenendstufe

Die beim Abschalten auftretende hohe Impulsspannung wird auf die verschiedenen Sekundärwicklungen transformiert und ausgenutzt. Sie liefert über eine Hochspannungswicklung die Anodenspannung für die Bildröhre und über eine Niedervoltwicklung die Heizspannung. Weitere Wicklungen dienen dazu, über Gleichrichter noch andere Betriebsspannungen zwischen 100 V und 300 V zu erzeugen. Hin und wieder wird auch ein Teil der Rücklaufenergie zum Betrieb der Vertikalendstufe benutzt, wie auf Seite 242 beschrieben. Schließlich werden noch zeilenfrequente Impulse für Tastzwecke und Phasenvergleichsschaltungen entnommen.

Diese verschiedenen Belastungen nutzen also in geschickter Weise die beim Rücklauf freiwerdende Energie aus. Sie dämpfen damit zugleich die Schwingungen der Wicklungsinduktivität.

Für die Zeilenendstufe bestehen sehr viele Variationsmöglichkeiten. Sehr wichtig ist die enge Verbindung zur eigentlichen Stromversorgung des Gesamtgerätes geworden. Nicht nur, daß wie in Abb. 11.23 Betriebsspannungen für die Bildröhre in der Endstufe gewonnen werden, man kann den Zeilentransformator sogar für die Stromversorgung aus dem Lichtnetz heranziehen. Dabei arbeitet man mit einem sogenannten Schaltnetzteil und synchronisiert dessen Schaltfrequenz mit der Zeilenfrequenz von 15 625 Hz. Dadurch erspart man den recht aufwendigen 50-Hz-Netztransformator und isoliert trotzdem über diesen Zeilentransformator wichtige Anschlußpunkte, z.B. Antennenbuchsen und Lautsprecheranschlüsse, vom Lichtnetz. Weitere Angaben hierzu folgen in den nächsten Abschnitten.

## Abb. 11.24 Zeilenablenkteil mit Transistoren

Diese mit Einzelelementen aufgebaute Schaltung läßt nochmals gut die Funktion der verschiedenen Stufen übersehen. Die Schaltung gehört zu einem tragbaren Fernsehgerät von Blaupunkt. Es ist für 12-V-Betrieb an einer Autobatterie ausgelegt. Damit steht eine stabile und hochbelastbare Stromquelle für sämtliche Transistorstufen zur Verfügung. Außerdem ist Netzbetrieb über ein eingebautes Netzteil vorgesehen. Es liefert eine elektronisch stabilisierte Betriebsspannung von 12 V.

In der Schaltung werden wie üblich die vom Amplitudensieb kommenden Synchronisierimpulse einer Phasenvergleichsschaltung mit den beiden Dioden D1 und D2

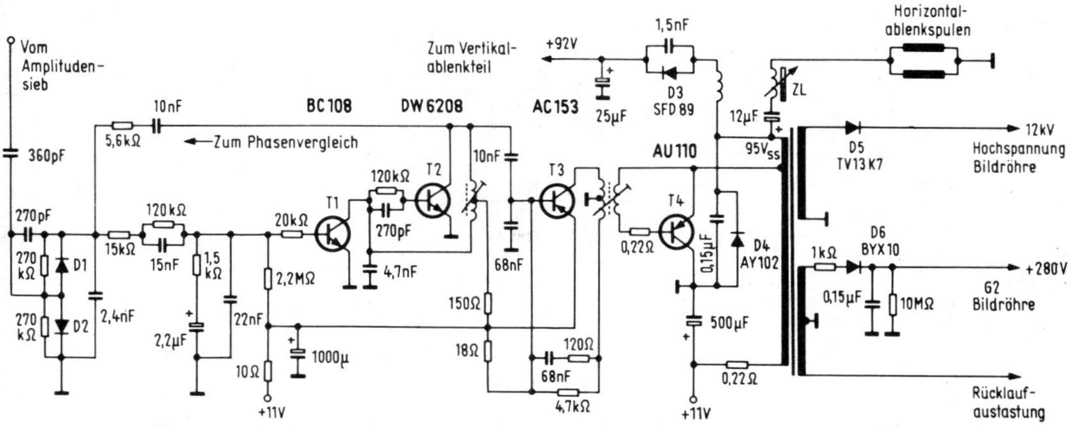


Abb. 11.24 Mit Transistoren bestücktes Zeilenablenkteil in einem älteren tragbaren Fernsehempfänger (Blaupunkt Scout)

zugeführt. Der Transistor T2 arbeitet als Sinusoszillator für die Zeilenfrequenz. Sein Basisstrom wird über die Gleichspannungsverstärker- und Entkopplungsstufe mit dem Transistor T1 von einer Nachstimmspannung aus der Phasenvergleichsstufe gesteuert. Die Referenzspannung wird unmittelbar am Schwingkreis des Sinusoszillators abgegriffen und über ein *RC*-Glied der Vergleichsstufe zugeführt.

Am kapazitiven Zweig des Schwingkreises wird an einem 68-nF-Kondensator ein Teil der Spannung ausgekoppelt und der Treiberstufe mit dem Transistor T3 zugeführt. Die verstärkte und bereits impulsartig geformte Spannung mit nun 40 $V_{ss}$ steuert den Hochleistungsschalttransistor AU 110. An der Primärwicklung des Zeilenübertragers erscheinen dadurch Zeilenimpulse mit 95 $V_{ss}$ zum Steuern der Horizontalablenkspulen. Die Diode D4 entspricht der Boosterdiode der Röhrentechnik. Sie gewinnt während des Zeilenrücklaufs Energie zurück.

Die Rückschlagimpulse von 95 $V_{ss}$ dienen weiterhin dazu, eine Betriebsgleichspannung von + 92 V für den Vertikalablenkteil mit Hilfe der Gleichrichterdiode D3 zu erzeugen.

Auf der Sekundärseite liefert die Hochspannungswicklung über den Selengleichrichter D5 eine Anodenspannung von 12 kV für die Bildröhre. An weiteren Wicklungen werden +280 V Gleichspannung für das Gitter 2 der Bildröhre sowie Impulse zur Rücklaufaustastung entnommen. Die Zeilenfrequenz und damit der Zeilenfang werden mit der Oszillatorspule des Transistors T2 abgeglichen, die Zeilenlinearität mit der der Spule ZL.

## Abb. 11.25 Zeilenablenkstufe mit Niedervolt-Netzteil

Bei transistorbestückten netzbetriebenen Fernsehempfängern liegt der Wert für die Betriebsspannung der meisten Stufen zwischen 12...150 V. Das erfordert einen

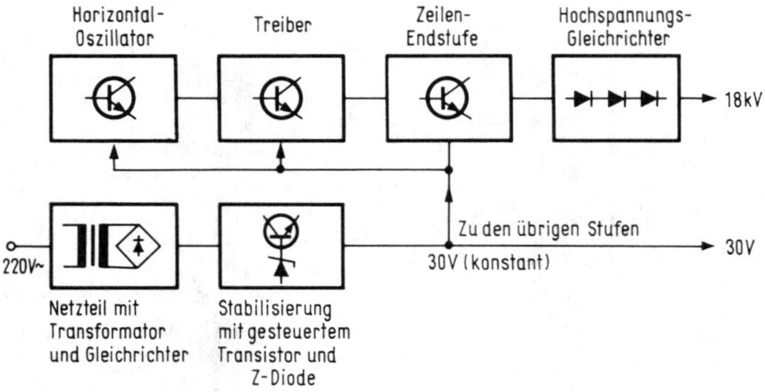


Abb. 11.25 Blockschaltung eines mit Transistoren bestückten Zeilenablenkteils mit Niedervoltnetzteil und Netztrafo

Netzteil mit Transformator und Gleichrichter oder ein Schaltnetzteil mit Stabilisierungsstufen, die solche konstanten Spannungen liefern. Diese Stufe ist unbedingt erforderlich, damit bei den Impulsbelastungen im Empfänger, bei dem große Strahlstromunterschiede durch helle und dunkle Bildteile sowie bei Netzspannungsschwankungen die Bildbreite und die Bildhöhe stabil bleiben.

Der für diese Schaltungsauslegung erforderliche Netztransformator muß eine ziemlich hohe Leistung liefern. Er ist daher teuer. Außerdem kann er 50-Hz-Brummstörungen in die Schaltung einstreuen. Deshalb vermeidet man nach Möglichkeit Netztransformatoren und erzeugt die Betriebsgleichspannungen über Gleichrichter direkt aus dem Lichtnetz und schaltet danach eine elektronische Regelung, hier Schaltnetzteil genannt.

## Abb. 11.26 Zeilenablenkstufe mit Darlington-Transistor

Die Zeilenablenkstufe aus einem Siemens Schwarz-Weiß-Fernsehempfänger arbeitet mit einer Versorgungsspannung von 22 V und dem Darlington-Transistor BU 806. Die aus der Horizontal-Kombinations-IS kommende Steuerspannung wird in einem Treibertransistor BC 337 verstärkt dem Zeilenendstufen-Transistor zugeführt. Die Impulsspitzen am Kollektor dieses Transistors haben eine Größe von 280 V.

Die Zeilenendstufe liefert auf der Primärseite die Versorgung des Bildkippteiles mit 19 V, auf der Sekundärseite die Versorgung der Videoendstufe mit 150 V. Ebenfalls wird an der Sekundärseite die Heizspannung für die Bildröhre, die Phasenvergleichsspannung und ein Tastimpuls für die getastete Verstärkungsregelung abgenommen. Letztlich wird durch zwei weitere Gleichrichter die Hochspannung mit 17,4 kV und eine Fokussierspannung von 500 V erzeugt.
(Nach Siemens-Unterlagen)

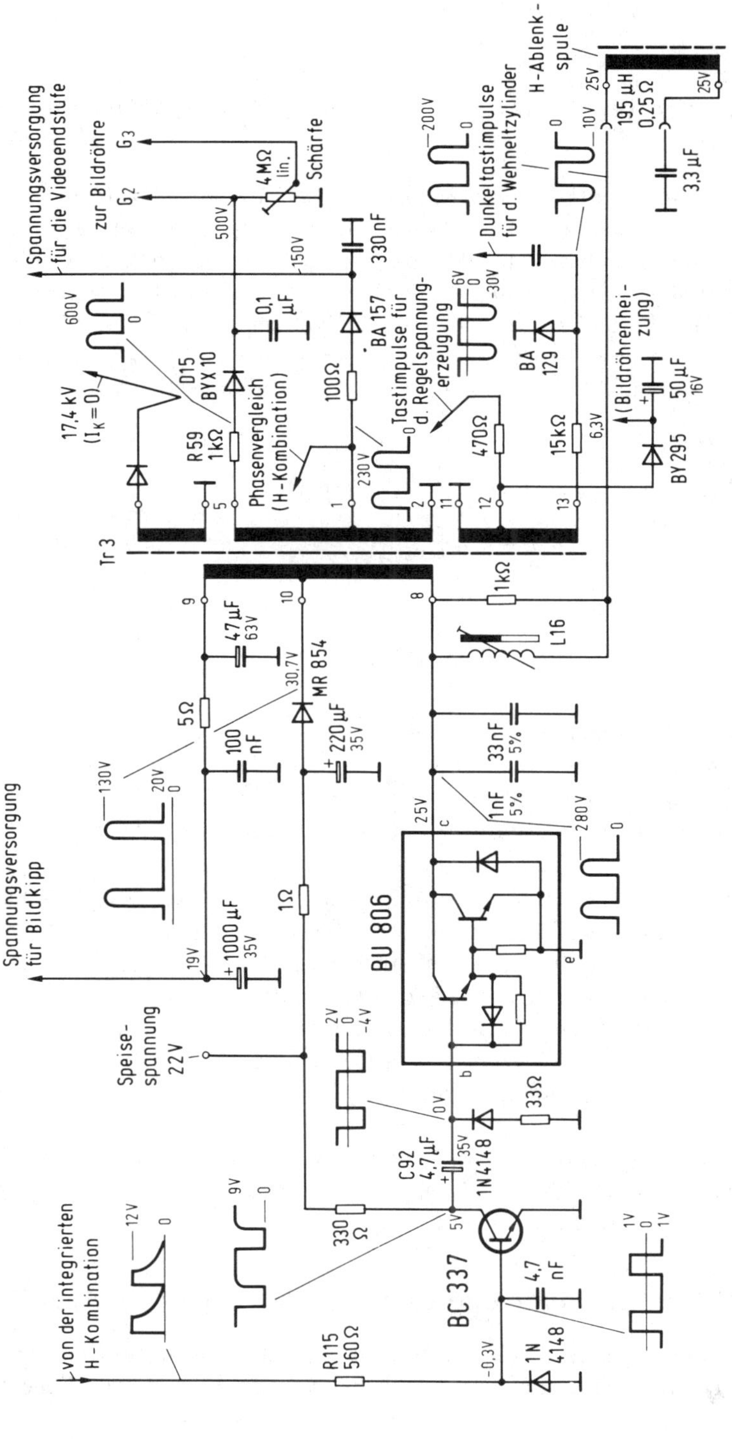


Abb. 11.26 Horizontal-Endstufe aus dem Siemens Schwarz-Weiß-Fernsehgerät FT 416

*Vom Ablenkteil zur Bildröhre*

## Abb. 11.41 Kombinationssignal zur Horizontal- und Vertikal-Rücklaufaustastung

Die vom Sender kommenden Synchronimpulse für Zeile und Bild, die so kunstvoll mit Differenzier- und Integrierschaltungen auseinandersortiert worden sind, müssen in etwas anderer Form hinter den Ablenkstufen doch wieder zusammengebracht werden. Man benötigt sie dann nämlich zum Dunkeltasten des Elektronenstrahls in der Bildröhre während des Horizontal- und Vertikalrücklaufes. Dies geschieht jeweils durch Anlegen negativer Austastimpulse an den Wehnelt-Zylinder. Man mischt dazu die Rückschlagimpulse für Zeile und Bild zu einer kombinierten Austast-Impulsreihe zusammen.

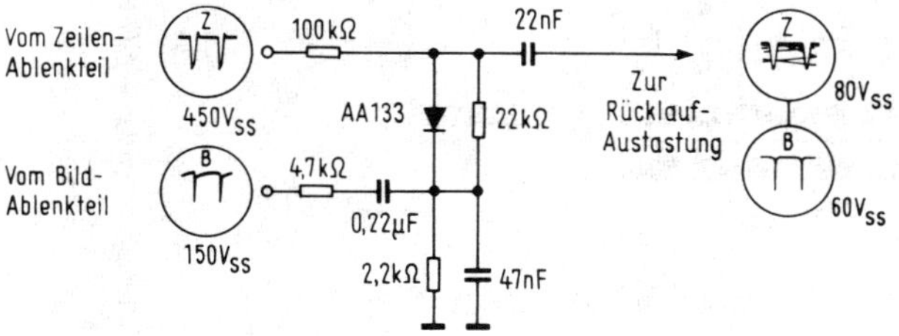


Abb. 11.41 Kombination der Zeilen- und Bildsynchronisierimpulse zur Rücklaufaustastung

In Abb. 11.41 werden die negativ gerichteten Rücklaufimpulse mit 450 $V_{ss}$ über einen Vorwiderstand an die Diodenanode gelegt. Der Katode werden aus der Vertikalablenkstufe Bildablenkimpulse mit 150 $V_{ss}$ zugeführt. Diese relativ breiten Impulse werden durch ein Differenzierglied aus 0,22 $\mu$F und 2,2 kΩ in Nadelimpulse umgewandelt und an der Diode mit den Zeilenimpulsen gemischt.

Am Ausgang entsteht eine Impulsreihe entsprechend dem Oszillogramm rechts unten mit 60 $V_{ss}$. Der Oszillograf ist dazu auf die Bildablenkfrequenz von 50 Hz zu stellen, dann heben sich die Bildimpulse deutlich heraus, während die außerdem vorhandenen Zeilenimpulse (theoretisch 625 Stück) als matter Lichtsaum dazwischenliegen.

Schaltet man die Zeitablenkung des Oszillografen auf die Zeilenfrequenz um, dann ergibt sich das obere Oszillogramm. Die negativ gerichteten Zeilenimpulse erscheinen deutlich, und weit auseinandergezogen laufen die viel langsameren Bildimpulse hindurch.

Insgesamt ergibt sich wieder eine Signalfolge aus Zeilen- und Bild- bzw. Horizontal- und Vertikal-Rückschlagimpulsen, die zur Rücklaufaustastung des Elektronenstrahls in der Bildröhre dienen.

## Abb. 11.42 Dunkeltastung und Betriebsspannungen der Bildröhre

Das Zusammenwirken von Video-Endstufe, Rücklaufaustastung und Spannungsversorgung der Bildröhre ist hier zusammenhängend dargestellt. Die Video-Endstufe

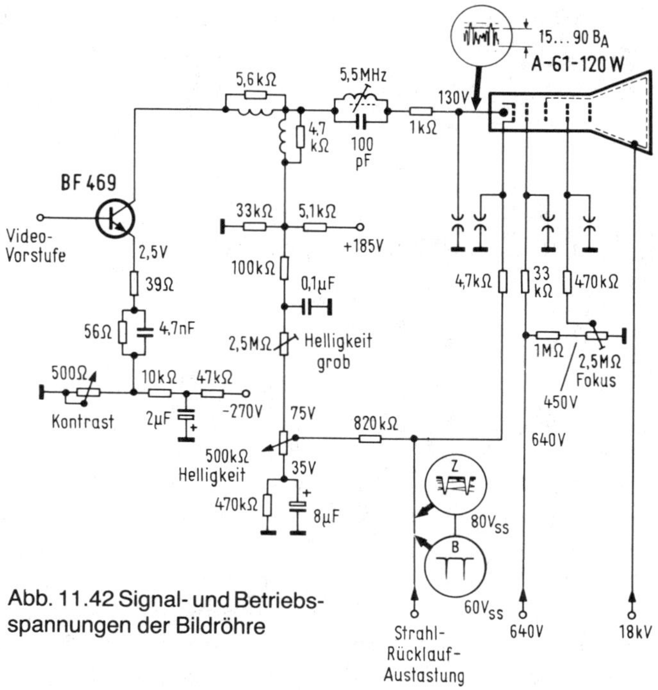


Abb. 11.42 Signal- und Betriebsspannungen der Bildröhre

ist mit einem Transistor hoher Sperrspannung bestückt. Sie liefert das Videosignal über einen 5,5-MHz-Sperrkreis an die Katode der Bildröhre. Der Sperrkreis dient zum Zurückhalten etwa vorhandener Ton-Zf-Reste. Das Signal an der Katode hat je nach Bildkontrast eine Amplitude von 15...90 V ab Schwarzpegel (Oszillogramm oberhalb des Bildröhrensymbols).

Kontrast und Helligkeit werden durch Einstellen der Arbeitspunkte von Video-Endstufe und Strahlstrom beeinflußt (vgl. Abb. 6.12).

Der Wehnelt-Zylinder erhält außer seiner am Helligkeitspotentiometer eingestellten Grundspannung (35...75 V) die negativ gerichteten Austastimpulse aus Abb. 11.41. Der Strahl wird dadurch bei jedem Horizontal- und Vertikalrücklauf dunkelgetastet.

Zur Gleichspannungsversorgung des Gitters 2 und der Anode der Bildröhre dienen die Spannungen von 640 V und 18 kV aus der Zeilenablenk-Endstufe.

An den Anschlüssen der Bildröhre liegen also hohe Impuls- und Gleichspannungen. Daher besteht die Gefahr, z.B. bei hoher Raumfeuchtigkeit, daß Sprüherscheinungen oder Überschläge zwischen den einzelnen Anschlüssen auftreten. Um die Bildröhre und ihre Schaltung nach Möglichkeit davor zu schützen, sind von allen kritischen Anschlüssen Funkenstrecken gegen Masse angeschlossen, damit solche Überspannungen abgeleitet werden.

Damit ist nun der Empfänger mit allen Signalspannungen und die Bildröhre mit Hochspannung versorgt. Nun sind aber noch die anderen Betriebsspannungen zu beschaffen.

## *Spezialteile für die Zeilenablenk-Endstufe*

### Abb. 11.51 Zeilentransformator

Der Zeilenausgangsübertrager erfordert wegen der hohen Betriebsfrequenz von 15625 Hz und ihrer noch viel höheren Harmonischen sowie wegen der Hochspannung von 16...18 kV einen äußerst sorgfältigen Aufbau und sehr gute Isolationseigenschaften. Bei dem dargestellten Modell befindet sich deshalb die dicht vergossene Hochspannungswicklung getrennt von der Niedersspannungswicklung auf dem anderen Schenkel des Eisenkernes. Angeschlossen ist ein Siemens-Hochspannungsgleichrichter Typ TV 18 für 18 kV. Dieser Stabgleichrichter besteht aus vielen kleinen in dem Isolierrohr aufeinandergestapelten Selen-Gleichrichterplättchen. Der eine Anschluß führt direkt zum Anodenanschluß der Bildröhre. Anstelle von Einweg-Hochspannungsgleichrichtern werden in neueren Geräten, meist Farbfernseh-Geräten, Spannungsvervielfacher mit Siliziumdioden, sog. Hochspannungskaskaden, verwendet, vgl. Abb. 18.21 bis 18.24.

### Abb. 11.52 3-H-Abstimmung

3-H-Abstimmung bedeutet „Abstimmung auf die dritte Harmonische“. Dies ist ein Begriff, der beim Zeilentransformator eine Rolle spielt. Den hohen Rücklaufspannungsimpuls am Zeilentransformator kann man als Halbwelle einer Sinusschwingung auffassen. Man stimmt nun die Hochspannungsspule des Zeilentransformators auf die dritte Harmonische dieser Schwingung ab. Die dadurch entstehende Zusatzschwingung überlagert sich nach Abb. 11.52a auf der Primärseite so mit der Rücklaufspannung, daß die Summenkurve niedriger wird. Dadurch erhält in transistorbestückten Geräten der Zeilen-Endtransistor eine geringere Rückschlagspannung und wird weniger beansprucht. Auf der Hochspannungsseite überlagert sich die Frequenz $3f$ mit entgegengesetzter Phase, so daß die Summenspannung und damit die Hochspannung größer wird, ein an dieser Stelle erwünschter Effekt. Die Versteilerung der Impulsflanken in Abb. 11.52 ist ebenfalls willkommen für die Rücklaufaustastung sowie für die getastete Regelung.

Diese 3-H-Abstimmung liegt durch die Bemessung des Zeilenausgangsübertragers und des Boosterkondensators fest. Sie braucht im allgemeinen beim Service nicht abgeglichen zu werden – aber man sollte den Begriff kennen. – Bisweilen findet man

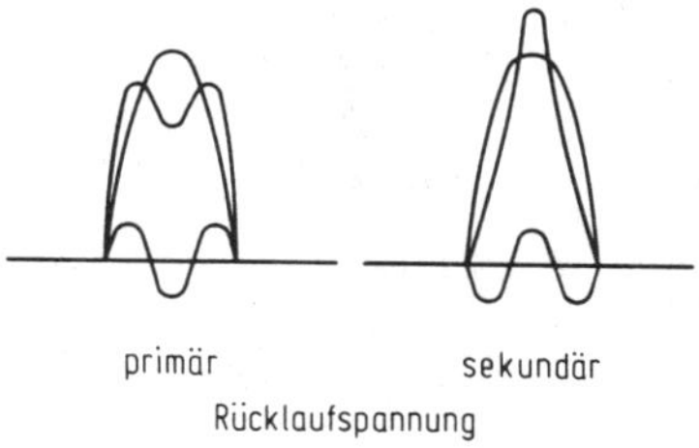


Abb. 11.52 Einfluß der Abstimmung auf die dritte Harmonische der Rücklaufspannung

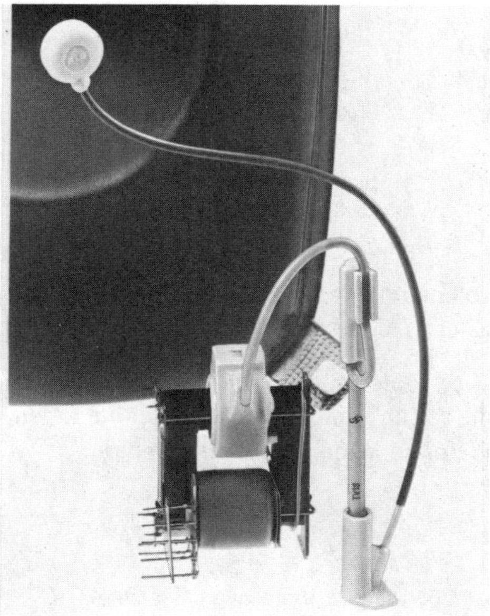

Abb. 11.51 Zeilenausgangsübertrager und Hochspannungsgleichrichter für einen Schwarzweißempfänger

hierfür auch die Bezeichnung *Oberwellenabstimmung*. Sie ist jedoch nicht so prägnant wie die Zahlenangabe 3 H, zumal es in Fernsehempfängern auch eine 5-H-Abstimmung gibt (Abstimmung auf die fünfte Harmonische).

## Abb. 11.53 bis 11.55 Zeilenlinearitäts-Einsteller

Die Wirkungsweise dieser Einsteller wurde in Abb. 11.41 zunächst übergangen, um erst die Hauptfunktionen der Zeilen-Endstufe zu erläutern. Dies werde nun nachgeholt.

Der Linearitätseinsteller soll, wie bei der Bildablenk-Endstufe[1]), den Stromsägezahn S-förmig verzerren, damit der Elektronenstrahl in der Bildröhre an den Rändern des Bildschirmes gleiche Wegabschnitte pro Zeiteinheit zurücklegt wie in der Mitte. In der Zeilenablenk-Endstufe verwendet man dazu nach Abb. 11.53 eine Induktivität mit einem kleinen verschiebbaren Permanentmagneten.

Schickt man einen Strom durch die Spule, dann ändert sich die Vormagnetisierung entsprechend Abb. 11.54. In einem bestimmten Strombereich ändert sich das $\mu$ bzw. die Induktivität sehr stark. In Verbindung mit den Induktivitäten der Ablenkspulen und dem Ablenkstrom wird die Anordnung so bemessen, daß bei den höchsten Stromwerten des Sägezahnes sich die Induktivität des Linearitäts-Einstellers gerade so ändert, daß die scharfen Spitzen des Sägezahnes nach Abb. 11.55 S-förmig abgeflacht werden. Die Größe dieser Krümmung kann man durch Verschieben des Magneten ein-

1 Vgl. Abb. 7.29.

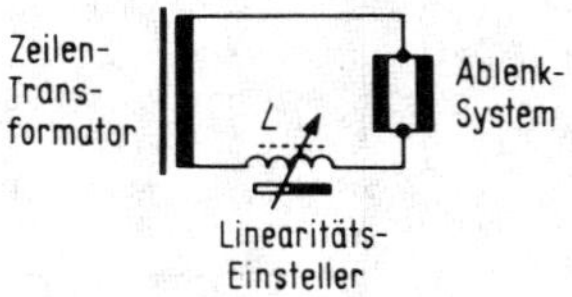


Abb. 11.53 Linearitätseinsteller im Ablenkstromkreis

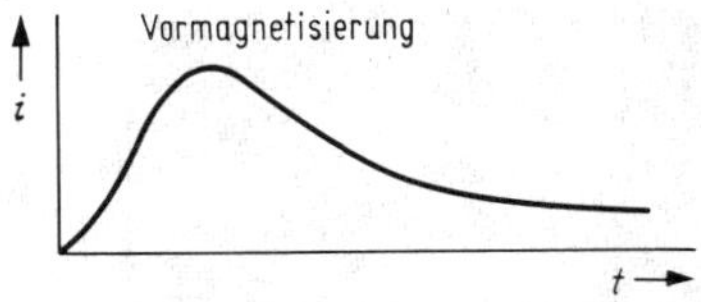


Abb. 11.54 Abhängigkeit der Permeabilität vom Strom

stellen. In den letzten Jahren konnten die Ablenkeinheiten so verbessert und so eng toleriert werden, daß auch der Linearitätseinsteller fest abgeglichen bleiben kann.

Wer die Wirkung bei einem älteren Gerät probieren möchte: Gittermuster vom Prüfgenerator auf die Bildröhre geben, und die kleine Spindel am Einsteller betätigen. Der Abstand der Gitterlinien am rechten und linken Rand verändert sich dann.

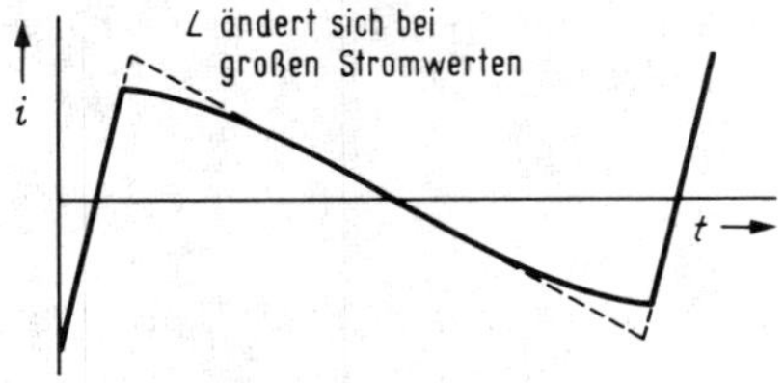


Abb. 11.55 Wirkung des Linearitätseinstellers

# 12 Stromversorgung

Fernsehempfänger benötigen mehrere voneinander unabhängige Betriebsspannungen. Sie werden über Gleichrichter, Siebmittel, Spannungswandler und Stabilisierungsschaltungen aus dem Lichtnetz gewonnen. Man benötigt im allgemeinen folgende Arten von Betriebsgleichspannungen:

1. 150...250 V Gleichspannung zur Versorgung der Zeilenablenkendstufe, der Videoendstufe und des Fokussiersystems der Bildröhre. Diese Spannungen müssen alle gut stabilisiert sein, damit die Bildgröße sich nicht bei Netzspannungsschwankungen ändert.
2. 15...40 V Gleichspannung für den Nf-Verstärker. Dabei benötigt die Nf-Endstufe zum Betrieb des Lautsprechers Ströme bis zu einigen hundert Milliampere. Stabilisierung ist jedoch nicht erforderlich.
3. Etwa 12 V stabilisierte Gleichspannung für alle Stufen, die wichtige Signale verarbeiten. Auch die Steuerspannungen für die Abstimmdioden im Tuner müssen gut stabilisiert sein.
4. 6,3 V Heizspannung für die Bildröhre.
5. 18...25 kV Anodenspannung für die Bildröhre.

Die letzte Spannung wird, wie bereits im vorigen Kapitel behandelt, nicht direkt aus der Netzspannung gewonnen, sondern innerhalb des Gerätes mit Hilfe des Zeilenablenkteiles erzeugt.

Werden Betriebsgleichspannungen direkt über Gleichrichter aus dem Lichtnetz entnommen, dann sind Bezugsleitung des Gerätes (Masseleitung) und Metallchassis stets mit einem Pol des Lichtnetzes verbunden. Während der Fehlersuche ist deswegen unbedingt ein Trenntransformator zwischen Netz und Empfänger zu schalten, damit das Chassis ungefährdet berührt werden kann.

Vielfach sieht der Empfängerentwickler bereits eine Netztrennung im Gerät vor, damit Antennenbuchsen, Lautsprecherbuchsen sowie Anschlüsse für Tonband- und Video-Cassetten-Recorder netzspannungsfrei ausgelegt werden können. Insgesamt ergibt sich eine ziemliche Vielfalt von Stromversorgungsschaltungen. Der folgende Abschnitt soll eine knappe Übersicht geben.

# *Prinzipschaltungen von Netzteilen*

## Abb. 12.01 Netzteil mit 50-Hz-Transformator

Die Schaltung ergibt eine einwandfreie Netztrennung. Die höheren Versorgungsspannungen werden meistens über einen Einweggleichrichter, die Niedervoltspannungen über Brückengleichrichter gewonnen.

Bei allen Schaltungen sind die eigentlichen Netzzuleitungen sorgfältig gegen Eindringen von Störspannungen abzublocken bzw. zu verdrosseln. Außerdem sind im Gerät sämtliche Versorgungsleitungen für Schwing- und Impulsstufen so zu sieben und abzublocken, daß keine Störungen in das Lichtnetz gelangen.

## Abb. 12.02 Hochvoltnetzteil

50-Hz-Netztransformatoren sind relativ aufwendig. Außerdem besteht immer die Gefahr, daß ihr magnetisches Streufeld Brummstörungen in Ton und Bild ergibt. Hauptsächlich aber um die Kosten für den Netztransformator zu ersparen, wurden früher viele Empfänger mit direkt aus dem Lichtnetz gespeisten Thyristorgleichrichtern ausgerüstet. Dabei ergibt sich die Möglichkeit, über eine Phasenanschnittsteuerung die Ausgangsgleichspannung auf gewünschte Werte einzustellen und zu stabilisieren. Im Prinzip wird dazu ein Teil der Ausgangsspannung an einem Widerstand abgegriffen und damit der Zündkreis des Thyristors gesteuert. Es liegt also ein geschlossener Regelkreis vor. Diese Schaltung ist allerdings galvanisch mit dem Lichtnetz verbunden.

## Abb. 12.03 Schaltnetzteil

Die Netzspannung wird direkt über einen Einweg- oder einen Brückengleichrichter in Gleichspannung umgeformt. Damit wird dann ein mit Transistoren bestückter Span-

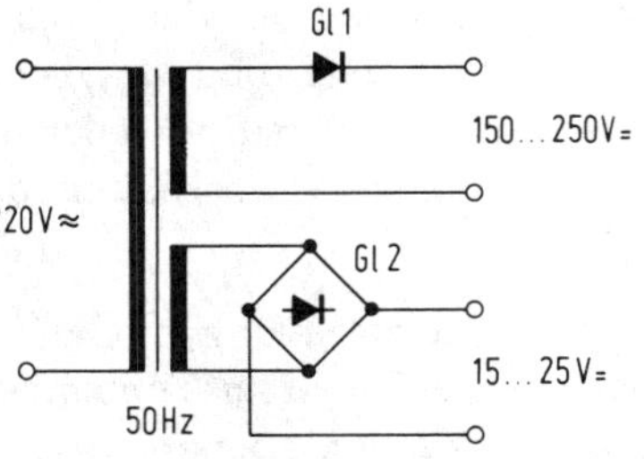

Abb. 12.01 Netzteil mit Netztransformator und Diodengleichrichtern

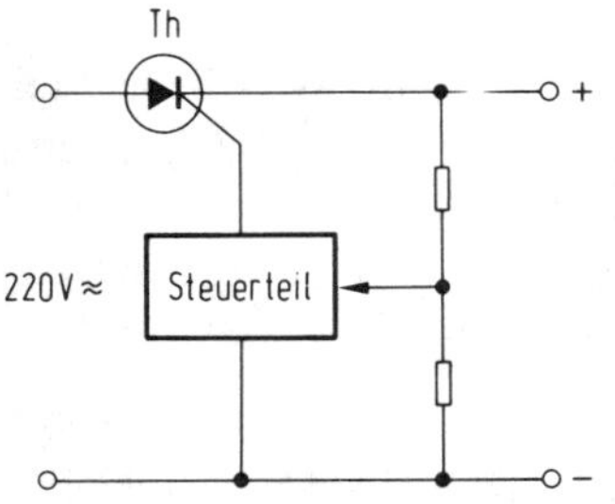

Abb. 12.02 Netzteil mit Thyristorgleichrichtern und Phasenanschnittsteuerung; keine Netztrennung

Abb. 12.03 Geschaltetes Netzteil mit hoher Schaltfrequenz

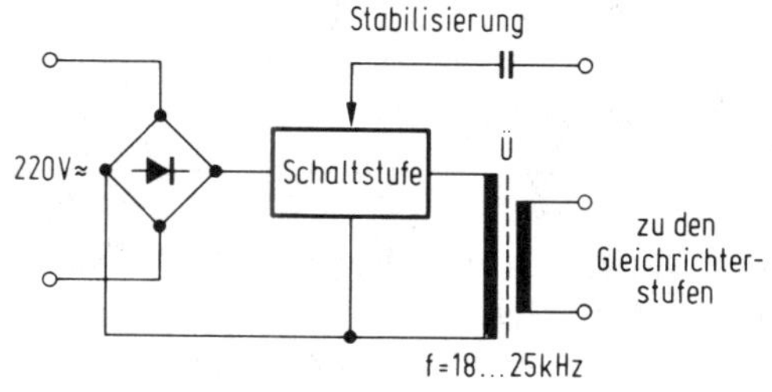


nungswandler betrieben. Er liefert eine Rechteck- oder Impulsspannung mit Frequenzen um 18...25 kHz. Diese Spannung läßt sich mit Hilfe eines Ferritkerntransformators Ü auf Sekundärwicklungen übertragen, die dann über Gleichrichter die verschiedenen Spannungen liefern. Hier an diesem Übertrager erfolgt also die Netztrennung. Mit Hilfe einer Steuerspannung kann die Ausgangsspannung der Schaltstufe stabilisiert werden. Dies erfolgt zum Beispiel dadurch, daß die Impulsbreite der Reckteckspannung beeinflußt wird[1]).

## *Netzteilschaltungen*

### Abb. 12.11 Netzteil mit elektronischer Sicherung

Die Schaltung stellt eine Kombination der Prinzipschaltungen Abb. 12.02 und 12.03 dar. Die Netzspannung wird durch einen Brückengleichrichter gleichgerichtet. Darauf folgt ein Schaltthyristor. Dieser wird mit Horizontalimpulsen aus der Zeilenab-

1 Elektronik ohne Ballast, Stabilisierte Netzgeräte.

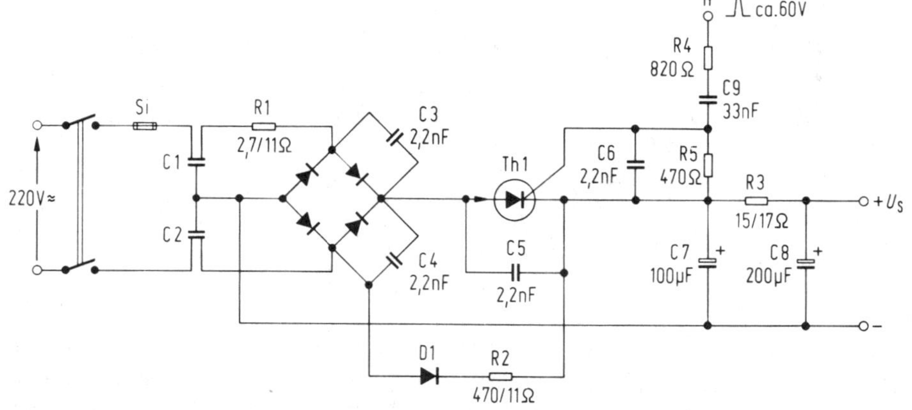


Abb. 12.11 Netzteil mit Gleichrichterbrücke und gesteuertem Thyristor

lenkstufe gesteuert. Dies ergibt eine Regel- bzw. Stabilisierungsschaltung, so daß die gesiebte Ausgangsspannung + *U*s sehr konstant bleibt.

Fallen infolge einer Störung die Ansteuerimpulse weg, dann sperrt der Thyristor und unterbricht die Speisespannungszuführung, damit keine weitere Schäden auftreten.

Über die Diode D1 und den Widerstand R2 fließt beim Einschalten des Gerätes zunächst eine Art Starterstrom in die Siebkette. – Man beachte die speziellen Störschutzkondensatoren in der Netzzuleitung.

## Abb. 12.12 Stabilisiertes Niedervoltnetzteil

Fernsehempfänger, die mit Diodenabstimmung arbeiten, benötigen sehr stabile Versorgungsspannungen, damit die Abstimmlage sich nicht verändert. Ferner muß bei Farbfernsehempfängern die Speisespannung der Transistoren sehr konstant sein, um trotz starker Belastungsänderungen durch unterschiedliche Helligkeiten und Farben ein gleichbleibendes Bildformat ohne farbige Säume zu erreichen.

Einen Teil dieser Stabilisierungsmaßnahmen legt man bereits in den Gleichspannungsnetzteil. Das Bild, nach Unterlagen von Schaub-Lorenz, zeigt eine Serienstabilisierung durch einen Transistor. Die Emitter-Kollektorstrecke des Transistors T1 dient als steuerbarer Vorwiderstand in der Gleichstromversorgungsleitung. Der Basisstrom von T1 wird von dem Transistor T2 gesteuert. Dessen Emitter-Basisspannung setzt sich aus der konstanten Spannung der Z-Diode und der entgegengesetzt gerichteten Spannung $U_E$ am Abgriff des Trimmpotentiometers P zusammen. Es handelt sich dabei um einen Sollwertregler. Die Diode liefert die konstante Vergleichsspannung. Steigt die Netzspannung, dann steigt die Teilspannung am Widerstand $R_1$. Sie liegt über dem Transistor T2 im Basiskreis des Transistors 1 und steuert ihn so nach, daß sich der Widerstand seiner Emitter-Kollektorstrecke vergrößert und die Ausgangsspannung konstant bleibt.

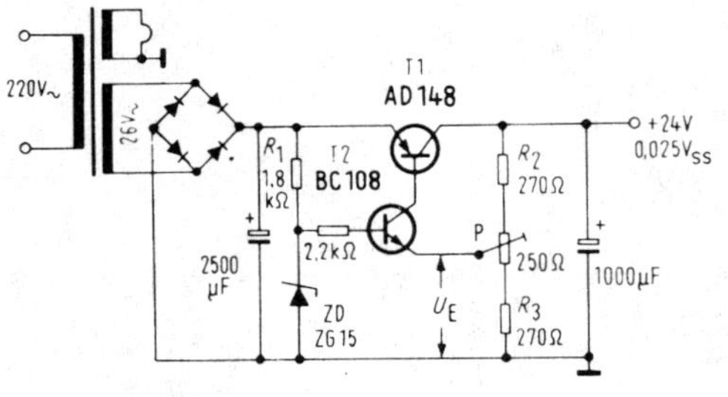


Abb. 12.12 Niedervoltnetzteil mit Spannungsstabilisierung

Will die Ausgangsspannung infolge stärkerer Belastung absinken, dann sinkt prozentual die Spannung $U_E$. Die Summenspannung im Basis-Emitterkreis des Transistors 2 steuert diesen Transistor und damit auch T 1 auf, so daß ein höherer Strom fließen kann, um die Belastung auszugleichen.

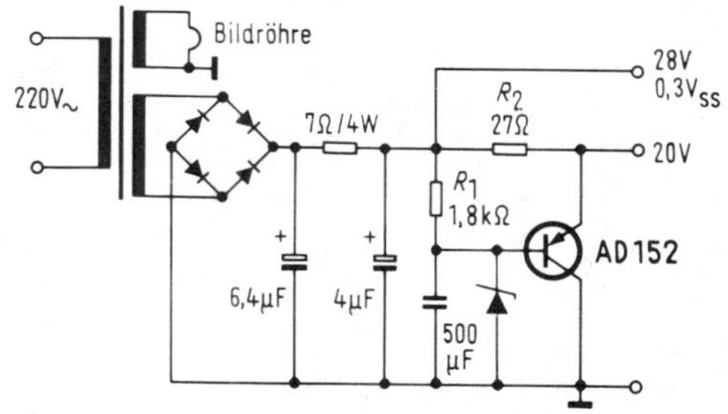


Abb. 12.13 Niedervoltnetzteil mit Spannungsstabilisierung durch Steuern des Laststromes

Die Regelung stabilisert also gegen Versorgungs- und Lastschwankungen. In beiden Fällen dient die Z-Diodenspannung als Vergleichswert. Mit dem Potentiometer P wird die gewünschte Ausgangsspannung abgeglichen. Diese Anordnung regelt auch Brummspannungen aus, daher ergibt sich der sehr niedrige Brummspannungswert von 0,025 $V_s$.

## Abb. 12.13 Netzteil mit Parallelstabilisierung

Bei der Anordnung nach Abb. 12.12 muß ein gewisser Spannungsüberschuß vorhanden sein, der im Serientransistor vernichtet werden kann. Bei der Querstabilisierung nach Abb. 12.13 liegt der Regeltransistor AD 152 parallel zum Ausgang. Er wird im Basiskreis von den Teilspannungen am Widerstand $R_1$ und $R_2$ gesteuert. Die Spannung an $R_1$ hängt ab von der Größe der Eingangsspannung. Die Spannung anf $R_2$ ist etwa proportional dem Laststrom. Ändern sich diese Werte, dann wird der Transistor so nachgesteuert, daß er bei Überspannung einen größeren Querstrom zieht und somit die Ausgangsspannung konstant hält, und bei starker Belastung erhöht sich sein Widerstandswert, sein Querstrom und damit die Gesamtbelastung verringern sich, so daß die Ausgangsspannung ebenfalls konstant bleibt.

Das Prinzip der „ausgleichenden“ Belastung wurde früher auch bei der Hochspannungsstabilisierung von Farbfernsehempfängern angewendet. Man benutzte dazu eine Leistungsröhre und bezeichnete sie als Ballast-Triode. Um Leistung zu sparen und damit die Erwärmung der Geräte niedrig zu halten, kann man auch mit gesteuerten Thyristor-Netzteilen arbeiten.

## Abb. 12.14 Thyristor-Netzteil

Das Prinzip dieser Schaltung ähnelt dem von Abb. 12.12. Anstelle des Leistungstransistors liegt ein Thyristor im Stromkreis. Er wird durch einen Transistor so gesteuert, daß Netz- und Versorgungsschwankungen ausgeregelt werden. Der Thyristor dient aber außerdem als Einweggleichrichter für die Netzspannung. Er wird so gesteuert, daß er eine Betriebsspannung $U_b = 150$ V für die Horizontal-Ablenkstufe erzeugt.

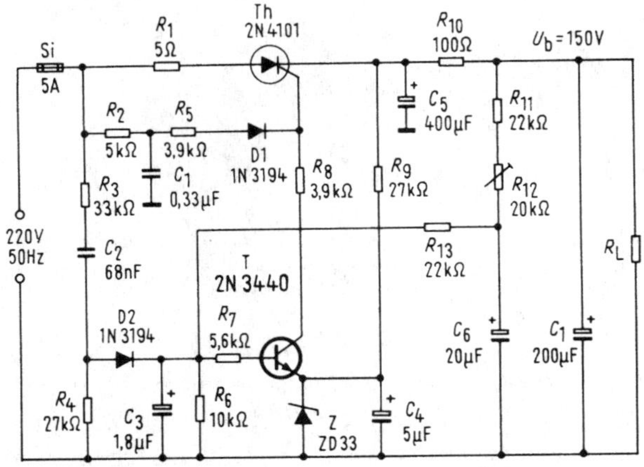


Abb. 12.14 Netzteil mit einem Thyristor im Stabilisierungskreis

Dabei wird nach dem Phasenanschnittverfahren gearbeitet. Maßgebend hierfür ist der Spannungsverlauf am Kondensator $C_3$. Er wird von der Gleichrichterdiode D2 mit positiv gerichteten Halbwellen aus dem Netz gespeist. Unterschreitet die Spannung an $C_3$ innerhalb einer Halbwelle den Wert der Emitterspannung des Transistors, dann sperrt der Transistor schlagartig, und der Thyristor wird von der über die Diode D1 kommenden positiven Halbwelle gezündet. Sinkt die Lichtnetzspannung, dann wird der Thyristor innerhalb der Halbwelle früher eingeschaltet und liefert wieder die gleiche Leistung.
Zum Ausgleich von Lastschwankungen wird ein Teil der Ausgangsspannung über die Widerstandskette $R_{11} - R_{12} - R_{13}$ ebenfalls auf die Basis des Steuertransistors gegeben. Diese Steuerspannung addiert sich so zu der vom Netz kommenden Halbwellenspannung, daß ebenfalls bei einem zu geringen Wert der Transistor früher innerhalb jeder Halbwelle gezündet wird, also die fehlende Leistung nachliefert.

## Abb. 12.15 und 12.16 Sperrwandlernetzteil mit Netztrennung

Die Schaltung arbeitet nach dem Prinzip von Abb. 12.03. „Sperrwandler" bedeutet, daß die über die Schaltstufe dem Transformator zugeführte Energie erst dann aus dem Transformator entnommen wird, wenn die Schaltstufe wieder gesperrt hat. Die primäre Spannungsquelle, also hier der Netzgleichrichter, wird nicht direkt belastet, sondern sie füllt gewissermaßen nur immer einen Speicher auf, aus dem dann gearbeitet wird. Man kann deshalb, solange die Schaltstufe in Ordnung ist, auch bei einem Kurzschluß auf der Verbraucherseite den Netzspannungsgleichrichter nicht überlasten. Das bedeutet eine Art elektronische Sicherung.

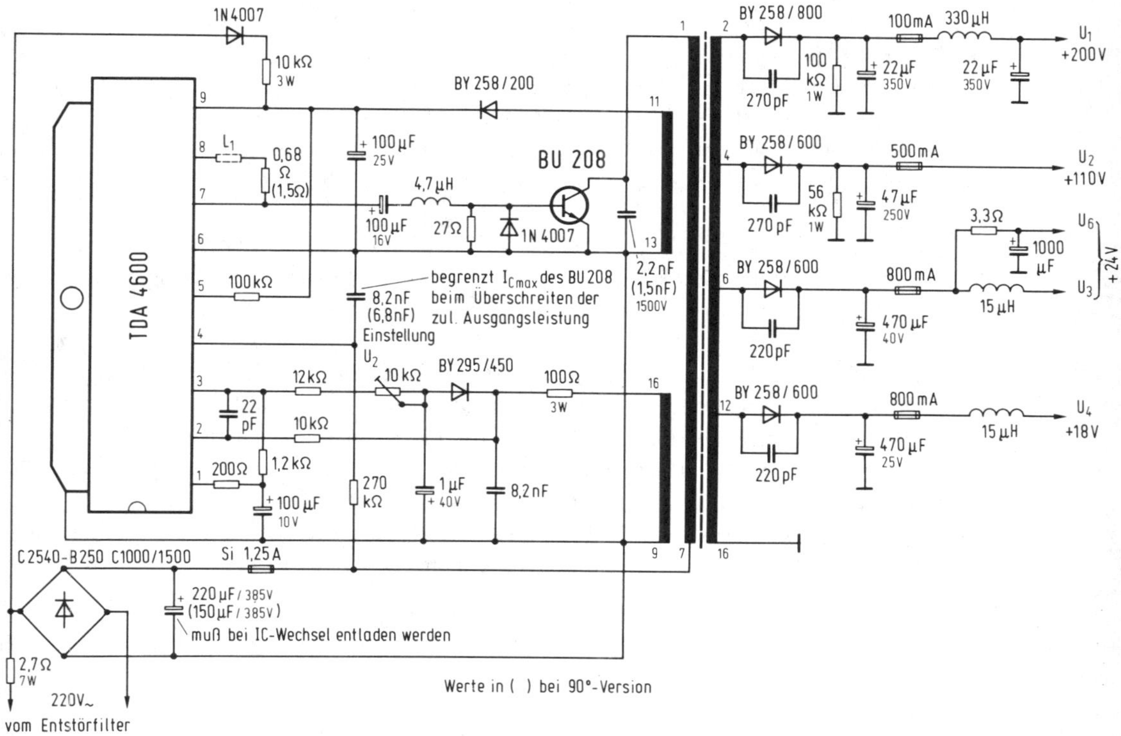


Abb. 12.15 Schaltung eines Standard-Schaltnetzteiles

Abb. 12.16 Foto einer Platine mit einem Schaltnetzteil

Im normalen Betrieb arbeitet die Anordnung mit Schaltfrequenzen zwischen 20 und 28 kHz. Sämtliche abgegebenen Spannungen sind stabilisiert und kurzschlußsicher. Netzspannungsschwankungen von über ± 20 % werden auf ± 1 % ausgeregelt.

Die integrierte Schaltung TDA 4600 übernimmt in freischwingenden Netzteilen die Ansteuerung, Regelung und Überwachung des Schalttransistors BU 208 (Abb. 12.15). Die IS schützt dabei auch den Schalttransistor bei Anlauf-, Normal- und Überlastbetrieb.

Der Graetz-Brückengleichrichter C 2540-B250 richtet die Netzwechselspannung gleich. Am Ladekondensator (220 $\mu$F) entsteht dann etwa eine Gleichspannung von 300 V. Mit dem Schalttransistor wird diese Spannung periodisch an die Wicklung 1–7 des Sperrwandlertrafos gelegt. Die IS TDA 4600 übernimmt die Regelung. An der Sekundärwicklung 2–16 entstehen während der Sperrzeit des BU 208 Spannungsspitzen, die über 4 Gleichrichter BY 258 gleichgerichtet werden und die Betriebsspannungen ergeben. Mit dem Einsteller (10 k$\Omega$) wird die 110 V-Spannung justiert.

Bei Kurzschluß der Sekundärwicklungen des Schaltnetzteiles regelt die IS auf einen sich wiederholenden Abfragezustand hin. Bei sekundär völlig lastfreiem Betrieb wird die IS auf ein kleines Tastverhältnis gesetzt. Die Gesamtleistungsaufnahme des Schaltnetzteiles wird somit in beiden Betriebszuständen auf N = 6 bis 10 W begrenzt.
(Aus Siemens-Schaltbeispielen)

## Abb. 12.17 Integrierte Steuerschaltung

Der TDA 4600 kontrolliert, steuert und schützt den Schalttransistor in Sperrwandler-Netzteilen bei Anlauf-, Normal- und Überlastbetrieb (Blockschaltung Abb. 12.17, Anwendungsschaltung Abb. 12.15).

### *A. Anlaufverhalten*

Während des Anlaufs (Einschaltens) werden nacheinander drei Betriebszustände durchlaufen.

1. Aufbau einer internen Referenzspannung.
   Sie versorgt den Spannungsregler und bewirkt die Aufladung des Koppelelkos zum Schalttransistor. Bis zu einer Speisespannung von $U_9 \approx 12$ V bleibt die Stromaufnahme $I_9 < 3{,}2$ mA.
2. Freigabe der internen Spannungsversorgung – Referenzspannung $U_1 = 4$ V.
   Diese Spannung wird schlagartig bei $U_9 \approx 12$ V eingeschaltet und bildet für alle Baugruppen der IS bis auf die Steuerlogik eine thermisch stabile und überlastfeste Stromversorgung.
3. Freigabe der Steuerlogik.
   Unmittelbar mit der Referenzspannung wird über ein weiteres Stabilisierungsglied die Stromversorgung der Steuerlogik eingeschaltet, damit ist die IS betriebsbereit.

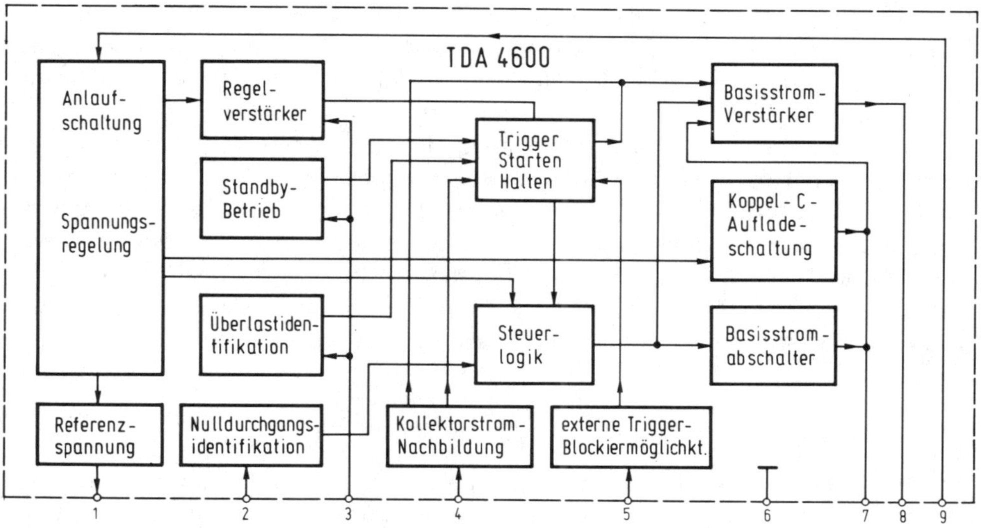


Abb. 12.17 Blockschaltbild der Steuer-IS TDA 4600 für Sperrwandler-Netzteile

Diese Anlauffolge wurde notwendig, um die Ladung des Koppelelkos zum Schalttransistor zu garantieren. Dann erst ist ein exaktes Schalten des Transistors gewährleistet.

*B. Normalbetrieb / Regelbetrieb*

Am Eingang Anschluß 2 werden die Nulldurchgänge der von der Rückkoppelspule eingespeisten Frequenz registriert und an die Steuerlogik weitergegeben.

Am Anschluß 3 (Regeleingang, Überlast und „Standby"-Kennung) werden die gleichgerichteten Amplitudenänderungen der Rückkoppelspule aufgenommen. Der Regelverstärker arbeitet mit einer Eingangsspannung von angenähert 2 V und einem Querstrom von ~ 1,4 mA. Die Überlastkennung begrenzt in Verbindung mit dem Kollektorstromnachbilder Anschluß 4 den Regelbereich des Regelverstärkers in Abhängigkeit von der internen Spannungsreferenz. Die Nachbildung des Kollektorstromes erfolgt durch ein externes RC-Glied an Anschluß 4 und intern festgelegten Schwellspannungen. Bei Vergrößerung der Kapazität (10 nF) vergrößert sich der größtmögliche Kollektorstrom des Schalttransistors (Umkehrpunkt). Damit ist der gewünschte Regelbereich festgelegt. Der Regelumfang liegt zwischen einer auf 2 V geklemmten Gleichspannung und einer sägezahnförmig ansteigenden Wechselspannung, die bis auf eine maximale Amplitude von 4 V (Referenzspannung) sich verändern kann. Bei sekundärer Lastminderung bis etwa 20 Watt wird die Schaltfrequenz erhöht (~ 50 kHz) mit fast konstantem Tastverhältnis (~ 3). Bei weiterer sekundärer Lastverleinerung bis etwa 1 Watt ändert sich neben der Schaltfrequenz (~ 70 kHz) zusätzlich das Tastverhältnis auf ca. 11. Gleichzeitig nimmt der Kollektorspitzenstrom auf < 1 A ab.

Im Trigger werden die Ausgangspegel des Regelverstärkers, der Überlastkennung und des Kollektorstromnachbilders verglichen und an die Steuerlogik weitergegeben. Mit Anschluß 5 besteht eine zusätzliche Trigger- und Blockiermöglichkeit. Bei Spannungen an Anschluß 5 von ≤ 2,2 V wird der Ausgang Anschluß 8 gesperrt.

In Abhängigkeit von der Anlaufschaltung, der Nulldurchgangsidentifikation und der Freigabe durch den Trigger werden in der Steuerlogik „Flip-Flops" gesetzt, die den Basisstromverstärker und den Basisstromabschalter steuern. Der Basisstromverstärker gibt den sägezahnförmigen $U_4$-Spannungsverlauf an den Ausgang Anschluß 8 weiter. Zwischen Anschluß 8 und Anschluß 7 wurde eine Stromgegenkopplung mit einem externen Widerstand ($R \approx 0{,}68\ \Omega$) eingeführt. Der Widerstandswert bestimmt die maximale Amplitude des Basisansteuerstromes für den Schalttransistor.

*C. Schutzbetrieb*

Der Basisstromabschalter, durch die Steuerlogik veranlaßt, klemmt den Ausgang Anschluß 7 auf 1,6 V und sperrt somit die Ansteuerung des Schalttransistors. Diese Schutzmaßnahme wird ausgelöst, wenn entweder die Speisespannung an Anschluß 9 einen Wert ≤ 7,0 V annimmt oder wenn an Anschluß 5 Spannungen ≤ 2,2 V auftreten. Bei Kurzschluß der sekundären Wicklungen des Schaltnetzteiles regelt die IS auf einen sich wiederholenden Abfrage-Zustand hin. Bei sekundär völlig lastfreiem Betrieb wird die IS auf ein großes Tastverhältnis gesetzt. Die Gesamtleistungsaufnahme des Schaltnetzteiles wird somit in beiden Betriebszuständen auf $N = 6 \dots 10$ Watt gehalten. Nach dem Sperren des Ausganges, was bei einer Speisespannung von $U_9 = 7{,}0$ V erfolgt, wird bei weiterem Verkleinern von $U_9 = 6$ V die Referenzspannung (4 V) abgeschaltet. (Nach Siemens-Unterlagen)

## Abb. 12.18 Schaltnetzteil für digitale Fernsehgeräte

Um den erhöhten Strombedarf digitaler Fernsehgeräte decken zu können, benötigt diese Geräteklasse einen verstärkten Netzteil (Abb. 12.18). Als Schaltstufe kommt hier der Transistor BU 646 zum Einsatz, der von der integrierten Schaltung TDA 4601, einer Weiterentwicklung der bekannten 4600-Familie, angesteuert wird. Der TDA 4601 wurde gegenüber dem TDA 4600-2 bezüglich des Abschaltens bei Unterspannung durch Einbau eines zusätzlichen Differenzverstärkers am Anschluß 5 verbessert.

Digitale Geräte haben besonders bei der 5-V-Speisespannung eine hohe Stromaufnahme. Deshalb sind für U5 zwei Wicklungen am Sperrschwingertrafo und ein Doppelgleichrichter vorgesehen. Die 8 V sind mit 4 A belastbar und werden dann in den einzelnen Stufen mit mehreren integrierten Stabilisatoren auf 5 V nachstabilisiert. Vorteilhaft dabei ist auch die Entkopplung der Stromversorgung der verschiedenen Baugruppen durch diese Stabilisatoren.

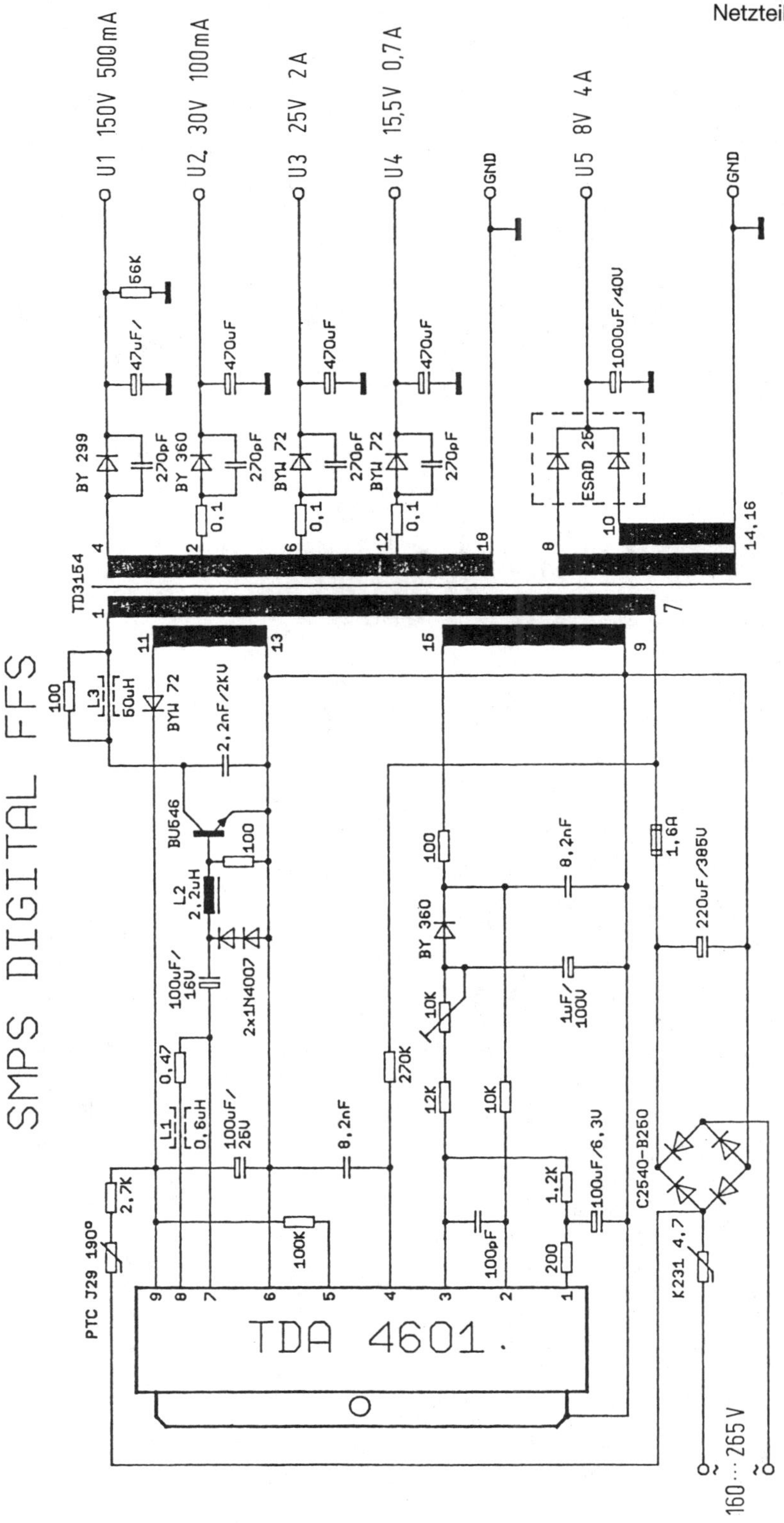


Abb. 12.18 Schaltbild eines Sperrwandlernetzteiles für digitale Fernsehgeräte (Siemens Originalschaltbild)

# 13 Schaltungsuntersuchung

Das Verständnis für die Funktion eines Fernsehempfängers beginnt bei den Einzelstufen. Daraus ergibt sich dann das sinnvolle Zusammenarbeiten in der Gesamtschaltung. Nun sind aber Fernsehempfänger-Schaltbilder stets als Ganzes dargestellt. Deswegen werden einige Richtlinien willkommen sein, um eine Gesamtschaltung aufzugliedern und besser überblicken zu können. Wir gehen dabei von drei Festpunkten aus: Antenneneingang, Bildröhre und Lautsprecher.

*Eingangsteil, Bild-Zf-Verstärker und Videoteil*

Zwischen Antennen-Eingang und Katode bzw. Steuergitter der Bildröhre muß die eigentliche Empfangsschaltung liegen, im Prinzip ein Überlagerungsempfänger, wie wir ihn seit Jahrzehnten vom AM-Super kennen. Diese Schaltung besteht aus Hf-Vorstufe, Oszillator, Mischstufe, Zf-Verstärker, Signalgleichrichter und Endstufe.

Hf-Vorstufe, Oszillator und Mischstufe bilden eine Einheit, bestehend aus VHF- und UHF-Tuner, manchmal auch unter Einschluß des Bild-ZF-Verstärkers. Ihre Schaltungen sind meist von gestrichelten Linien als Zeichen für eine besondere Abschirmung umgeben. Innerhalb dieser Einheit sind die einzelnen Funktionen an folgenden Merkmalen zu erkennen:

*VHF-Abstimmteil*

Er besteht aus Vorstufe, Mischstufe und Oszillator. Abgestimmt werden drei oder vier Kreise, früher mit Drehkondensator oder Variometer, heute ausschließlich mit Kapazitätsdioden. Die Mischstufe enthält einen fest abgeglichenen Ausgangskreis für die Zwischenfrequenz.

*UHF-Abstimmteil*

Er besteht entweder aus einem fest eingestellten Eingangsübertrager oder einem durchstimmbaren Vorkreis, einer Vorstufe mit stetig durchstimmbaren Leitungskreisen in Bandfilteranordnung, einer selbstschwingenden Mischstufe mit einem gleichfalls durchstimmbaren Leitungskreis und dem Zf-Ausgangskreis. Der Eingang des UHF-Abstimmteils führte früher zu gesonderten Antennenklemmen zum Anschließen der UHF-Dipolantenne, heute zu einer Weiche, die die Antennenspannung in VHF und UHF aufteilt.

*Einblock-Tuner*

Er vereinigt VHF- und UHF-Teil. Hier sind die unterschiedlichsten Schaltungen anzutreffen.

*Bild-Zf-Verstärker*

Auf den Zf-Kreis der Mischstufe folgt der Bild-Zf-Verstärker, äußerlich kenntlich am Oberflächenwellenfilter oder Spulenfilter.

*Video-Teil*

Die Video-Spannung wird stets dem Eingang einer Verstärkerstufe zugeführt, entweder einer Vorstufe oder in der überwiegenden Zahl der Fälle unmittelbar der Video-Endstufe. Einige Spulen zum Anheben der hohen Frequenzen dürfen nicht darüber hinwegtäuschen, daß wir uns hier bereits im Videoteil befinden, denn vom Ausgang dieser Endstufe führt bei Schwarz-weiß-Geräten eindeutig eine Leitung zur Katode oder zum Gitter 1 der Bildröhre.

Damit liegt der Weg des Fernsehsignals fest, und bei der Fehlersuche, z. B. mit dem Oszillografen, können diese Stufen auf das charakteristische Bild der sich ständig ändernden Zeilenmodulation hin abgetastet werden.

Auch bei Verwendung integrierter Schaltungen und beim Modulaufbau versuche man, die Schaltungsfunktion im logischen Zusammenhang zu sehen und die Wirkungsweise Stufe für Stufe zu verfolgen.

*Tonteil*

Der Tonteil wird am besten rückwärts vom Lautsprecher aus verfolgt. Hier liegen bekannte Verhältnisse vor. Von hinten nach vorn folgen aufeinander: Endstufe – Nf-Vorstufe – FM-Demodulator (Ratiodetektor, Diskriminator) – dann der Ton-Zf-Teil *außerhalb* des bereits betrachteten Bild-Zf-Kanals.

Die Fehlersuche im Tonteil entspricht der in einem normalen UKW-Super. Hierzu würde sich also ein Signalverfolger auch bewähren.

*Amplitudensieb*

Von der Video-Endstufe führt stets eine Leitung über RC-Schaltelemente zu einer weiteren verstärkerähnlichen Anordnung. Sie dient als Amplitudensieb für die Synchronisierimpulse. Bei Einzelbestückung sind meist zwei Transistorstufen vorhanden. Das zweite System dient dann dazu, die andere Seite der Impulse zu beschneiden. Vielfach ergänzt eine Störaustaststufe das Amplitudensieb.

*Zeilenablenkteil*

Da oft recht schwer zu erkennen ist, wo hinter dem Amplitudensieb die Verzweigung in Raster- und Zeilenimpulse vorgenommen wird, verfolgt man die Schaltung des Zeilenablenkteils am besten ebenfalls von rückwärts aus, nämlich vom Zeilen-Ablenkspulensatz und vom Zeilenausgangsübertrager.

Dieser Ausgangsübertrager liegt im Ausgangskreis einer Leistungsverstärkerstufe. Die Stufe davor ist der Zeilenkippgenerator, entweder ein Sperrschwinger, ein Multivibrator oder ein Sinusgenerator. Von hier nach vorn zu dem schon identifizierten Amplitudensieb weitergehend, muß man die Zeilensynchronisier-Schaltung erfassen. Dieser Teil wird dem Anfänger zunächst die größten Schwierigkeiten machen. Hier hilft nur ausdauerndes Studium des Kapitels über Zeilensynchronisier-Schaltungen und das systematische Lesen von Schaltbildern.

*Bildkippteil*

Die Ablenkstpulen für die Bildablenkung führen zu der Bildablenkstufe. Wieder rückwärtsgehend, muß man hier bei Schaltungen mit Einzeltransistoren auf den Rastergenerator (Sperrschwinger oder Multivibrator) treffen, der meist über ein mehrteiliges *RC*-Glied vom Amplitudensieb her synchronisiert wird oder auf einen IC. Hiermit ergibt sich dann eindeutig die Ausgangsstufe des Amplitudensiebes, denn hier führen die Synchronisierleitungen für Zeilen- und Rasterablenkteil zusammen.

Nach diesen Gesichtspunkten läßt sich bei Fleiß und Übung jedes Fernsehempfänger-Schaltbild analysieren. Sehr erleichtert wird das Verständnis durch sorgfältig ausgearbeitete Industrieschaltbilder, die nicht nur für den gut ausgebildeten Labor-Ingenieur, sondern auch für den Werkstatt-Techniker gestaltet sind. Er kann sich viel leichter in die Schaltung einarbeiten, wenn folgende Punkte beachtet werden:

1. Die einzelnen Stufen der Schaltung und vor allem die Schaltzeichen für Bedienungselemente sind mit Hinweisen auf die Wirkung zu versehen, wie: Feinabstimmung, Helligkeit, Schärfe, Rastersynchronisierung, Zeilensynchronisierung usw.
2. An wichtigen Spannungspunkten sind Hinweise für die dort vorhandenen Spannungskurven zur Kontrolle mit dem Oszillografen anzubringen. Dabei wäre künftig eine Kennzeichnung erwünscht, ob es sich um Impulse aus dem Sendesignal (BAS) oder im Gerät selbst erzeugte Impulse aus den Ablenkgeräten handelt.
3. Sehr instruktiv sind Serviceanleitungen, die außer der Gesamtschaltung zusätzliche übersichtlich gezeichnete Teilschaltungen der verschiedenen Stufen mit knappen Funktionsbestimmungen enthalten.
4. Die Schaltungstechnik der Fernsehempfänger liegt in großen Zügen fest, doch arbeitet man ständig an der Verbesserung von Einzelheiten. Die Bedeutung solcher Feinheiten kann nicht immer aus dem Schaltbild abgelesen werden. Gute Service-Anweisungen enthalten deshalb stets eine Funktionsbeschreibung, in der gerade diese Sonderfunktionen gut erläutert werden sollten. Dies stellt nicht nur eine wertvolle Hilfe beim Kundendienst dar, sondern beweist besser als schwungvolle Werbeschlagworte, daß man sich ehrlich um die Vervollkommnung des Gerätes bemüht hat.

Die integrierte Schaltungstechnik und die Modultechnik erleichtern bei gut dargestellten Gesamtschaltbildern die Übersicht. Sie wird aber noch weiter verbessert, wenn

Schaltungsgruppen wie Hf-Teil, Tonteil, Ablenkteile usw. durch unterschiedliche Farbraster gekennzeichnet werden.

## Abb. 13.01 Blockschaltung eines Schwarz-Weiß-Fernsehempfängers

Je nach Entwicklungsstand und Herstellerfirma sind die einzelnen Stufen des Empfängers mit unterschiedlichen aktiven Bauelementen bestückt. Auf dem deutschen Markt haben sich jedoch einige Standardschaltungen herauskristallisiert. Um bei den einzelnen Moduln auf größere Stückzahlen zu kommen, werden möglichst gleichartige Schaltungen für Schwarz/Weiß-Geräte, Portables und große Farbgeräte verwendet.

*Tuner-Zf-Kombination*

Für UHF- und VHF werden getrennte Verstärkungswege benutzt. Beide Tuner sind mit Dual-Gate-MOSTET Transistoren aufgebaut und mit Kapazitätsdioden

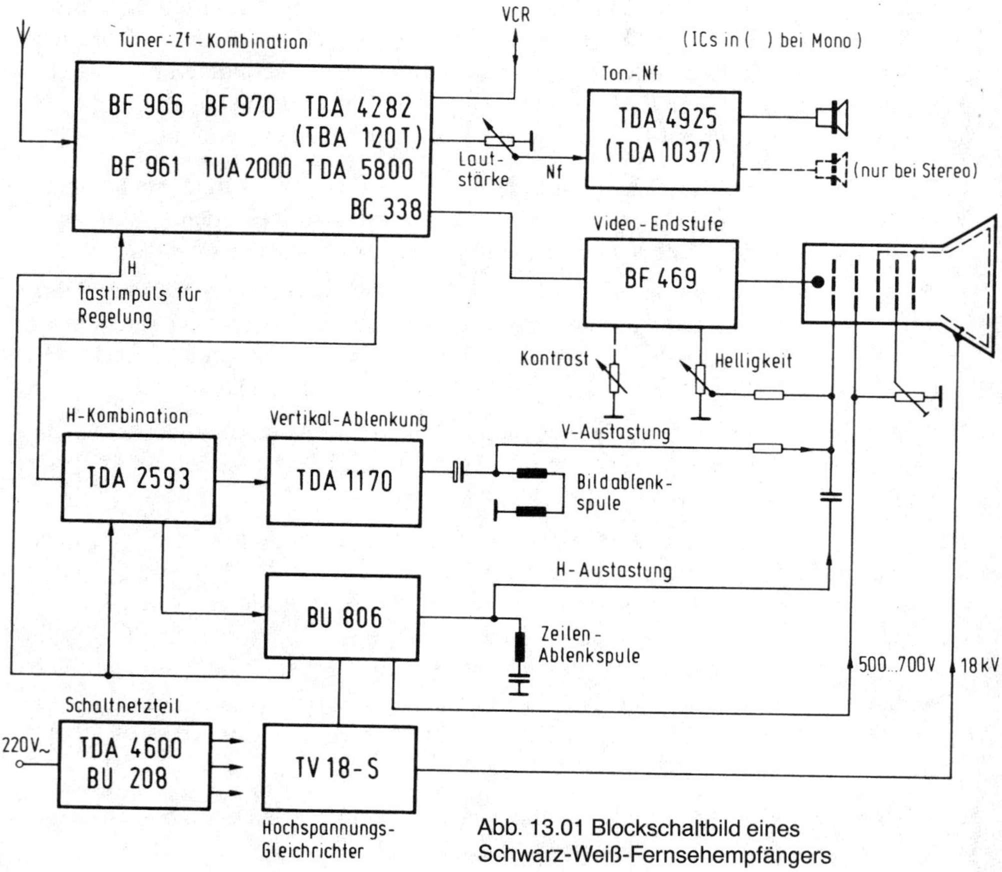


Abb. 13.01 Blockschaltbild eines Schwarz-Weiß-Fernsehempfängers

abgestimmt. Im VHF-Zweig dient die integrierte Schaltung TUA 2000 als Mischer und Oszillator, bei UHF als Zf-Vorverstärker. Die Tuner-Zf-Kombination enthält ferner den integrierten Zf-Verstärker und Demodulator TDA 5800 sowie wahlweise Quasi-Parallel-Ton oder Intercarrier-Ton. Die Tuner-Zf-Kombination ist bereits mit einer VCR-Buchse zum Anschluß eines Video-Recorders ausgerüstet.

*Niederfrequenzverstärker*

Der Niederfrequenzverstärker besteht nur aus einer integrierten Schaltung, die entweder beide Kanäle für Stereo- oder einen Kanal für Mono-Betrieb auf die Endleistung (etwa 6 W) verstärkt.

*Video-Endstufe*

Die Video-Endstufe, meist nur ein Transistor, verstärkt das aus der Tuner-Zf-Kombination kommende Video-Signal auf den für die Ansteuerung der Bildröhre benötigten Pegel. An der Endstufe befinden sich Kontrast- und Helligkeitseinsteller.

*Horizontal-Kombination*

In der Horizontal-Kombination befindet sich das Amplitudensieb sowie der Oszillator und Phasenvergleich für die Horizontalablenkung. Ebenfalls wird der Synchron-Impuls für die Vertikalablenkung der H-Kombination entnommen.

*Vertikal-Ablenkung*

Die gesamte Vertikal-Ablenkschaltung ist einschließlich der Endstufe in einer integrierten Schaltung vereinigt.

*Horizontal-Endstufe*

Die Horizontal-Endstufe arbeitet mit einem hochsperrenden Transistor, der die Zeilenablenkspulen direkt treibt. Aus dem Zeilentrafo werden die Zeilenimpulse für den Phasenvergleich und der Tastimpuls für die automatische Verstärkungsregelung entnommen. Eine Hochspannungswicklung führt auf den Hochspannungsgleichrichter TV 18-S, der die Hochspannung von 18 kV für die Bildröhre erzeugt. Ferner wird durch Gleichrichtung in der Horizontal-Endstufe die Vokussierspannung für die Bildröhre gewonnen.

Verschiedentlich liefert die Horizontal-Endstufe auch die Versorgungsspannung für die Vertikal-Ablenkung und die Video-Endstufe. Man geht aber in zunehmendem Maße dazu über, diese Spannungen direkt dem Schaltnetzteil zu entnehmen.

*Stromversorgung*

Der Netzteil, bei modernen Geräten meist als Schaltnetzteil ausgeführt, liefert die Gleichspannungen zum Betrieb der einzelnen Stufen und der Bildröhrenheizung. Die Ausgangsspannungen sind geregelt, so daß Netzspannungs-Schwankungen und Belastungsänderung auf die Höhe der Versorgungsspannungen nicht eingeht. Bei neuesten Entwicklungen ist es sogar gelungen, den Regelbereich derart zu erweitern, daß Eingangsspannungen von 110 V bis 220 V ohne Umschaltung verkraftet werden können.

## Abb. 13.02 und 13.06 Modultechnik

In der industriellen Elektronik ist es seit langem üblich, die einzelnen Schaltungsstufen, z. B. einer Maschinensteuerung, auf Steckkarten zusammenzufassen. Diese Karten werden dann in ein Kartenmagazin eingeschoben und damit zu der Gesamtschaltung verbunden. Bei Störungen läßt sich austesten, in welcher Karte der Fehler steckt, und man schiebt dann einfach eine vorrätig gehaltene Ersatzkarte ein.

Bei Fernsehempfängern begann die Entwicklung mit einem großen Chassis, auf dem ziemlich alle Bauelemente montiert und verdrahtet wurden. Dann kam die Zeit der gedruckten Schaltungen, und aus Gründen der Rationalisierung verwendete man auch hier zunächst große Platten mit möglichst vielen darauf montierten Einzelelementen. Dadurch erhielt man mit einem Stanzvorgang, einem Ätzbad, einer Bestükkungsstraße und einem Lötbad bereits die gesamte Empfangsschaltung oder die kompletten Ablenkstufen.

Die Praxis zeigte aber, daß trotz aller Erleichterungen die Fehlersuche und die Reparatur solcher Gesamtschaltungen recht mühsam und schwerfällig war. Deshalb griff man auf das Vorbild der industriellen Elektronik zurück, die Schaltung in Einzelstufen aufzulösen und diese auf austauschbaren Steckkarten anzuordnen.
Bereits im September 1968 stellte Körting ein Farbfernseh-Chassis vor, bei dem der Chrominanzanteil aus fünf Einzelplatinen bestand. Für sie wurde erstmals folgender Kunstgriff angewendet: Die Kontaktstifte zur Aufnahme der Steckplatinen ragen durch die Trägerplatte hindurch auf der anderen Seite heraus. Jede Steckeinheit konnte aus ihrer Arbeitsposition herausgezogen und auf der anderen Seite wieder aufgesteckt werden. Sie war dann wieder voll in Funktion, ragte freistehend in den Raum, und sie war nun von beiden Seiten für Meß- und Abgleichzwecke zugänglich.

1970 benutzte Philips für diese steckbaren Trägerplatten den Ausdruck „Modul".

Von 1972 ab führte sich in großen Umfang diese Modultechnik für Farbfernsehgeräte ein. So zeigt Abb. 13.02 den Modulaufbau eines Farbempfängers mit acht steckbaren Moduln. Solche Moduln lassen sich bei Schäden einfach auswechseln (Abb. 13.03) und stehen dem Fachhandel zu günstigen Austauschpreisen zur Verfügung. Auch bei diesem System können die Platinen auf der Rückseite des Chassis betriebsbereit und freistehend eingesteckt werden, damit sie beim Service leicht zugänglich sind.

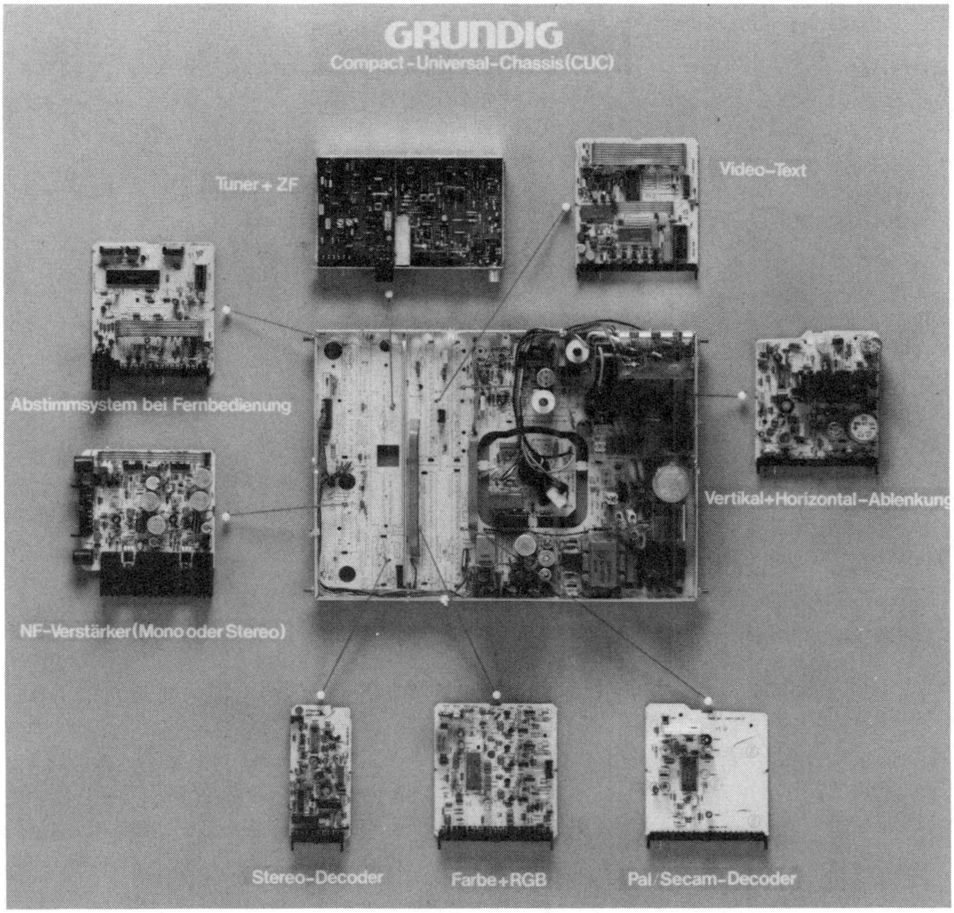


Abb. 13.02 Modulaufbau des Compact-Universal-Chassis, das bei den Farbfernsehgeräten von Grundig zum Einsatz gelangt (Foto: Grundig)

Abb. 13.03 Auswechseln eines Moduls (Grundig)

Abb. 13.04 Kleinste Ausbaustufe des Compact-Universal-Chassis für 37 cm-Farb-Portables (Foto: Grundig)

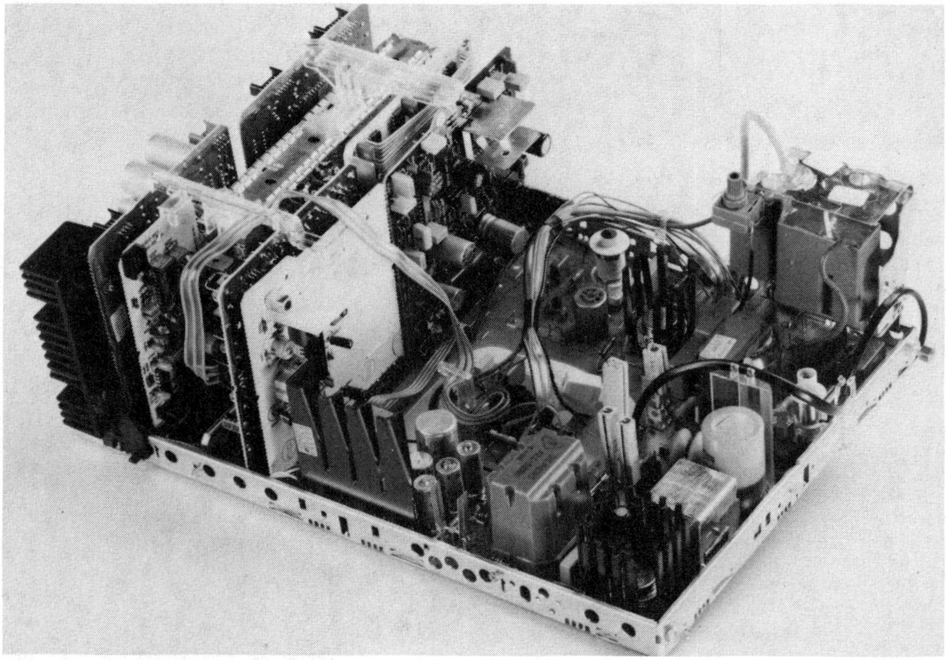

Abb. 13.05 Voll ausgebautes Compact-Universal-Chassis mit 2x20 W Stereoton, Videotext und PAL-/Secam-Decoder (Foto: Grundig)

Abb. 13.06 Digitalgerät Grundig M70-100 JDTV mit wenigen Modulen (Foto: Grundig)

Durch die Entwicklung von integrierten Schaltungen mit steigendem Integrationsgrad ist neuerdings die Entwicklung wieder rückläufig. Der Trend geht zum Einplatinen-Chassis, auf dem nur wenige Module, wie z. B. ein kombinierter Tuner-Zf-Modul untergebracht sind. Ein anderer Weg ist die Unterbringung einer Minimalkonfiguration auf dem Einplatinen-Chassis und nur Zusatzfunktionen wie Diodenmodulator zur Kissenentzerrung bei 110° Bildröhren, Stereoausrüstung, Videotext-Decoder und erhöhter Bedienungskomfort sind als zusätzliche aufsteckbare Module vorgesehen. Sie erweitern das Grund-Chassis zu einem Komfortgerät.

## Abb. 13.07 Blockschaltung als Servicehilfe

Mit einer etwas anderen Lösung für die schnelle und einfache Fehlersuche kam Loewe Opta im April 1972 heraus. Das Chassis des Schwarzweißempfängers P 30 besteht aus zwei Leiterplatten. Dazu gibt es das hier dargestellte Blockschaltbild als Reparaturhilfe. Die Schaltung ist in neun übersichtliche Funktionsblöcke eingeteilt. Sie lassen ähnlich den bisher üblichen Blockschaltungen (Abb. 13.01) den Gesamtaufbau erkennen, sind aber so mit Meßpunkten und Spannungsaufgaben versehen, daß für jeden Block eine eindeutige, nur für diesen Block gültige Fehlerdiagnose möglich ist. Der Servicetechniker nimmt also zuerst diese Blockschaltung und eine zugehörige Fehlersuchtabelle zur Hand. Als Indikator dient das Fernsehgerät selbst mit der Bild-

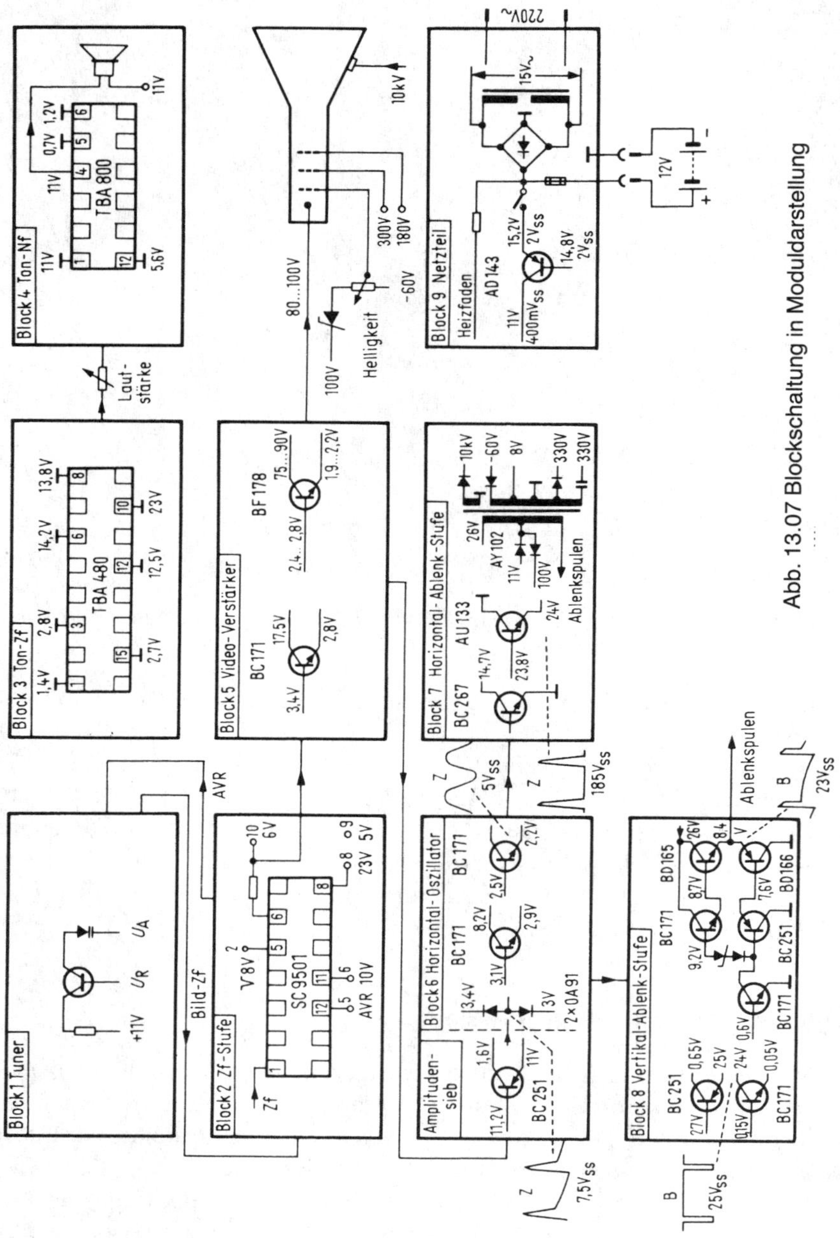


Abb. 13.07 Blockschaltung in Moduldarstellung

röhre. Zusätzlich erforderlich sind ein hochohmiger Spannungsmesser und ein Oszillograf. Die Meßpunktbezeichnungen (in Abb. 13.07 zur Vereinfachung weggelassen) kehren auf dem Gesamtschaltbild und auf den Leiterplatten wieder.

Auch der Übergang zu integrierten Schaltungen bedeutet für den Service eine Vereinfachung, wie Block 2, 3 und 4 in Abb. 13.07 erkennen läßt. Trotzdem sei nochmals betont, daß der gute Fernsehtechniker die Funktion aller Einzelstufen beherrschen muß.

## Abb. 13.08 und 13.09 Diagnosesysteme

Die erste Aufgabe der Fachwerkstatt ist die Fehlersuche. Erst wenn der Fehler gefunden und beseitigt ist, folgt das Abgleichen und Justieren, um das Gerät wieder auf Höchstleistung zu bringen. Für die systematische Fehlersuche haben die Firmen zweckmäßig Diagnosesysteme geschaffen.

Bei Farbfernsebgeräten der Firma Metz sind nach Abb. 13.08 auf der Lötseite der Grundleiterplatte und der Bildröhrenplatte alle Meßpunkte übersichtlich mit Nummern und Spannungswerten gekennzeichnet. Die Numerierung der Punkte gibt die Reihenfolge der Messung. Die Orientierung von einem Punkt zum nächsten wird durch Hinweispfeile erleichtert. Mit einem normalen Vielfachmeßgerät werden die Punkte der Reihe nach angetastet. Eine zugehörige, systematisch aufgebaute Diagnoseliste gibt dann Auskünfte, welche Bauteile bzw. Moduln zu überprüfen sind, wenn die vorgeschriebene Spannung nicht vorhanden ist.

Philips erweiterte dieses Prinzip bei seinem „Sofort-Diagnosesystem“ in der Weise, daß keine besondere Servicedokumentation geliefert wird, sondern auf die beiden Printplatten des Gerätes sind nach Abb. 13.09 durchsichtige Meßschablonen aufgesteckt. Diese Folien sind mit auffallenden, verschiedenfarbigen Fehlersuchanweisun-

Abb. 13.08 Die Meßpunkte auf der Grundleiterplatte werden der Reihe nach mit einem Spannungsmesser abgetastet. Mit Hilfe der zugehörigen Service-Diagnoseliste läßt sich die Fehlerstelle schnell einkreisen.

Abb. 13.09 Philips-Farbfernsehempfängerchassis mit Fehlersuchschablonen auf den Printplatten

gen bedruckt und mit Löchern versehen, durch welche wichtige Spannungspunkte systematisch mit Prüfspitzen angetastet werden können. Die Meßpunkte sind mit den gleichen Farben gekennzeichnet wie die Verbindungslinien und Beschriftungen, die zum Eingrenzen einer bestimmten Fehlererscheinung dienen. Als Meßgerät ist ein normales Vielfachinstrument mit einem Eigenwiderstand von 20 kΩ/V zu verwenden. Der Techniker braucht sich bei der Fehlersuche nur in Richtung der Verbindungslinien auf der Printplatte weiterzutasten, um die richtigen Meßschritte wie nach einem Fahrplan zu machen.

Die gesamte Folie ist ähnlich wie ein Stadtplan mit einem gelb eingedruckten Gitterraster versehen, dessen einzelne Felder mit Buchstaben und Ziffern bezeichnet sind. Neben den Fehlerhinweisen auf bestimmte Bauteile sind außerdem noch auf einem gelben Feld jeweils die Planquadrate bezeichnet, in denen das schadhafte Teil liegen muß So bedeutet zum Beispiel: T 350, F 3, daß der verdächtige Transistor 350 im Planquadrat F3 zu finden ist. Selbstverständlich enthält auch die ausführliche Servicedokumentation das gleiche Gitterraster.

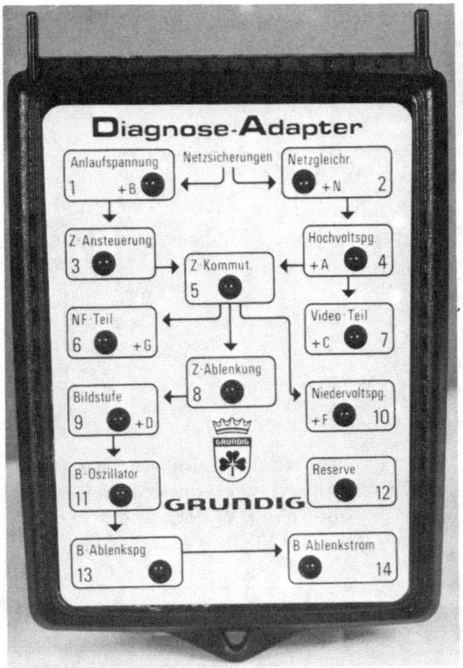

Abb. 13.11 Auf dem Grundchassis aufgesteckter Meßadapter; gestörte Stufen ergeben keine Leuchtanzeige

Abb. 13.10 Aufsteckbarer Diagnose-Adapter für 13 wichtige Meßpunkte

## Abb. 13.10 und 13.11 Diagnose-Adapter

Für Farbfernsehgeräte ab 1974 hat Grundig ein interessantes Fehlerdiagnoseverfahren eingeführt. Der Diagnoseadapter Abb. 13.10 besteht aus einem handlichen Kästchen im Taschenformat mit Leuchtdiodenanzeigen. Dieser Adapter wird an einen zentralen 15poligen Stecker auf der Rückseite des Gerätechassis aufgesteckt (Abb. 13.11). Über diese Prüfanschlüsse steht der Adapter dann mit 13 ausgewählten Meßpunkten der Empfängerschaltung in Verbindung, die für die richtige Funktion maßgebend sind. Die in Form eines Blockschaltbildes angeordneten Leuchtdioden lassen eindeutig erkennen, ab welcher Funktionsstufe eine Störung vorliegt bzw. welche Betriebs- oder Signalspannung ausgefallen ist. Fehlerhafte Baugruppen können bei den in Modulbauweise ausgeführten Empfängern dann meist durch Austauschen des Moduls ersetzt werden.

Im Prinzip kann man sich diese Leuchtdiodenanzeige wie eine programmierte Spannungsmessung vorstellen. Ist die Spannung mit der richtigen Höhe vorhanden, dann leuchtet die Diode auf, wenn nicht, bleibt sie dunkel.

Eine erste Diagnosehilfe ohne zusätzliche Geräte entwickelte Graetz für die Fernsehempfänger ab Baujahr 1975. Hierbei sind in jedem Gerät unmittelbar auf der Rückseite der Hauptplatine Leuchtdioden für sechs wichtige Betriebsspannungen eingebaut. Sie leuchten bei eingeschaltetem Empfänger ständig mit. Tritt eine Störung auf, dann läßt sich nach Abnehmen der Rückwand sofort mit einem Blick feststellen, welche Betriebsspannungen noch vorhanden sind oder welche fehlen. Daraus kann der Servicetechniker seine Schlüsse ziehen und den Fehler schnell einkreisen. Graetz nennt dieses System „VIDOM“, abgekürzt aus: *V*oll *i*ntegriertes *D*iagnosesystem mit *o*ptoelektronischer *M*eßanzeige.

## Abb. 13.12 Fehlersuchdiagramm

Als weiteres Hilfsmittel sei das Fehlersuchdiagramm Abb. 13.12 genannt, hier ein Beispiel für die Untersuchung an einem defekten Netzteil.

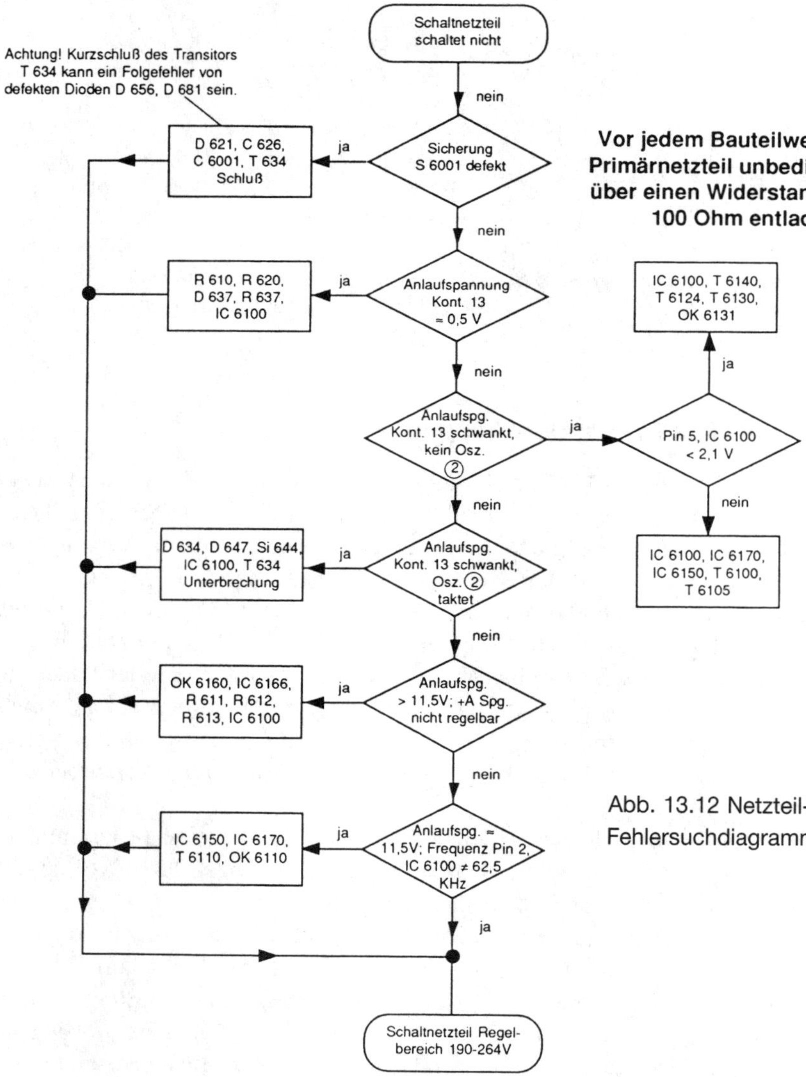


Abb. 13.12 Netzteil-Fehlersuchdiagramm (Grundig)

## Bildschirmdiagnose

Beim Fernsehempfänger bietet das Testbild auf dem Bildschirm jedenfalls eine gute Diagnosemöglichkeit. Hierfür bringen die Firmen systematisch aufgebaute Listen heraus. Zu den dargestellten Fehlerbildern wird jeweils sofort das Modul angegeben, das auszutauschen ist, um den Fehler zu beheben.

### Fehlersuchprogramm beim DIGIT 2000

Der *Text- und Graphikprozessor* (TPU) gestattet die Realisierung eines „*Service-Modes*“ über Menüs auf dem Bildschirm, welcher die Wartung erleichtern soll. Diese Hilfe ist natürlich nur dann nützlich, wenn überhaupt noch etwas auf der Bildröhre zu sehen ist.

### Fehlersuchprogramm über $I^2C$-Bus

Moderne Geräte verfügen auch über ein Fehlersuchprogramm über den $I^2C$-Bus. Die angezeigten Fehler beziehen sich aber manchmal leider nur auf $I^2C$-Bus-Defekte.

### Diagnose bei digitalen Farbfernsehgeräten

Digitale Farbfernsehgeräte lassen sich in den Service-Einstellungen durch Umprogrammieren von EEPROMs korrigieren. Mit diesem Service-„Eingriff“ ist auch häufig eine Fehlerdiagnose mit Computer möglich.

# 14 Bauelemente für Farbfernsehempfänger

## Die Delta-Farbbildröhre

Nachdem die Einzelstufen und die Gesamtfunktion des Schwarzweißempfängers besprochen worden sind, können wir uns den Besonderheiten des Farbfernsehempfängers zuwenden.

Erinnern wir uns, das FBAS-Signal bei Farbsendungen hat den gleichen Aufbau wie das BAS-Signal bei Schwarzweißsendungen. Lediglich auf der Schwarzschulter des Synchronisierimpulses ist ein kurzer Burstschwingungszug von der Farbträgerfrequenz 4,43 MHz hinzugekommen, Abb. 1.07, und in das Video- oder Helligkeitssignal ist nach Abb. 2.26 die Farbinformation hineingeschachtelt worden, ohne die Gesamtdurchlaßkurve zu verändern. Geändert hat sich nur eine Bezeichnung: das frühere Schwarzweiß-Helligkeitssignal nennt man jetzt Leuchtdichtesignal oder Y-Signal.

Tuner, Bild-Zf-Verstärker und Tonteil verarbeiten dieses FBAS-Signal genau wie ein Schwarzweißempfänger. Man braucht hierfür nicht umzudenken. Beim Y-Verstärker beginnen die Unterschiede, und bei der Farbbildröhre sind sie am größten. Da die gesamte übrige Schaltung diese Farbbildröhre mit Spannungen und Strömen beliefern muß, soll die Röhre zuerst besprochen werden. Zunächst wird die Delta-Röhre[1]) behandelt. Bei ihr sind je drei Farbleuchtpunkte im Dreieck angeordnet, daher der Vergleich mit dem großen griechischen Buchstaben Delta = Δ.

### Abb. 14.01 und 14.02 Bilder aus Farbpunkten

In der Malerschule der Neoimpressionisten gab es Künstler, die die Mischfarben nicht auf der Palette zusammenrührten, sondern sie setzten auf die Leinwand dicht nebeneinander Tupfen aus reinen Farben. Diese Pünktchenmaler oder *Pointillisten* wußten, daß sich die Farbeindrücke im Auge mischen und diese Mischung aus reinen Grundfarben lebendiger wirkt als eine mit dem Pinsel zusammengerührte Mischung. Eine Farbbildröhre liefert ebenfalls ein Pünktchenbild. Der Bildschirm besteht aus etwa 1,2 Millionen Leuchtstoffpunkten. Je drei davon bilden ein Farbdreieck *(Farbtripel)* für die Farben Rot, Grün und Blau. Das Aufleuchten wird durch drei Elektronenstrahlen bewirkt. Jeder Strahl trifft beim Zeilenschreiben stets Leuchtpunkte der gleichen Farbe. Abb. 14.01a befindet sich auf der Farbtafel nach Seite 48.

1 Sie wurde in den ersten 5 Jahren des Farbfernsehens hauptsächlich eingesetzt.

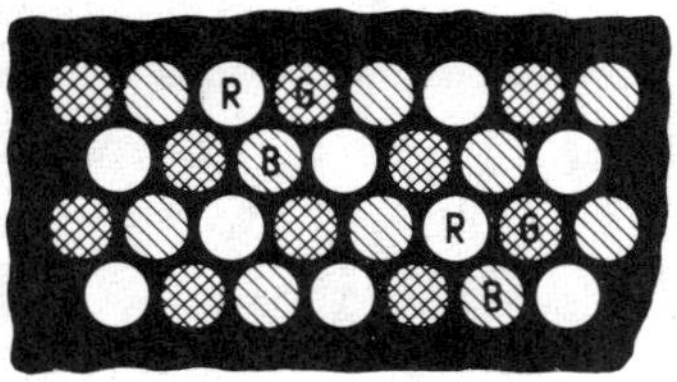


Abb. 14.01b Anordnung der Leuchtpunkte auf dem Bildschirm

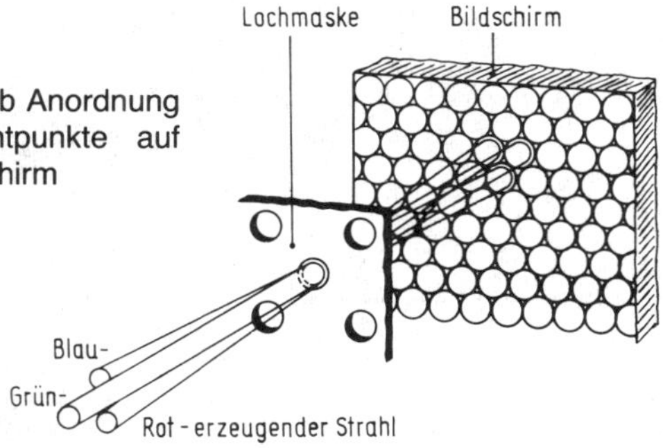


Abb. 14.02 Prinzip der drei Strahlen und der verschiedenfarbigen Leuchtpunkte bei der Lochmaskenbildröhre

In Abb. 14.01b sind zwei solcher Farbtrios in zwei aufeinanderfolgenden Zeilen durch die Buchstaben R, B und G gekennzeichnet. Werden beim Signal „Rot" die beiden anderen auf B und G gerichteten Strahlen dunkelgetastet, dann leuchtet nur der rote Leuchtpunkt auf. Steuert man die drei Strahlströme im Verhältnis

0,30 R : 0,59 G : 0,11 B

aus, dann leuchten die Farbpunkte in entsprechender Farbsättigung, und für das Auge erscheint durch Lichtmischung ein reines Weiß, vgl. Abb. 2.01 und 2.12.

Um diese drei Elektronenstrahlen jeweils genau auf die zugehörigen Leuchtpunkte zu lenken, befindet sich in der Röhre nach Abb. 14.02 eine Loch- oder Schattenmaske aus 0,1 mm dünnem Stahlblech, in das 400 000 Löcher eingeätzt sind. Zu jedem Loch gehört ein Farbtrio auf dem Bildschirm. Jeder Strahl besitzt ein eigenes Strahlsystem. Die Strahlen werden gemeinsam horinzontal und vertikal abgelenkt.

## Abb. 14.03 Das Steuersystem der Farbbildröhre

Abb. 14.03 stellt das Schaltsymbol einer Farbbildröhre nach dem Lochmaskenprinzip dar. Die Röhre enthält drei Strahlsysteme. Jedes besteht aus Heizfaden, Katode, Gitter 1 und Gitter 2. Die Fokussierelektrode Gitter 3 und die Anode a gehören allen Systemen gemeinsam.

Für die Steuerung der Strahlsysteme bestehen zwei Möglichkeiten:

1. Man gewinnt aus dem FBAS-Signal die reinen Farbsignale für Rot, Grün und Blau zurück und steuert damit die drei Katoden der Bildröhre. Man nennt dies *RGB-Steuerung*.
2. Man gewinnt aus dem Farbartsignal die drei Farbdifferenzsignale R – Y, G – Y und B – Y (vgl. Abb. 2.13) und steuert damit die Gitter $g_1$ und legt an die Katoden das Leuchtsignal Y. Infolge dieser Doppelsteuerung ergeben sich am Leuchtschirm ebenfalls die richtigen Farbwerte. Dieses System wird als *Farbdifferenzsteuerung* bezeichnet.

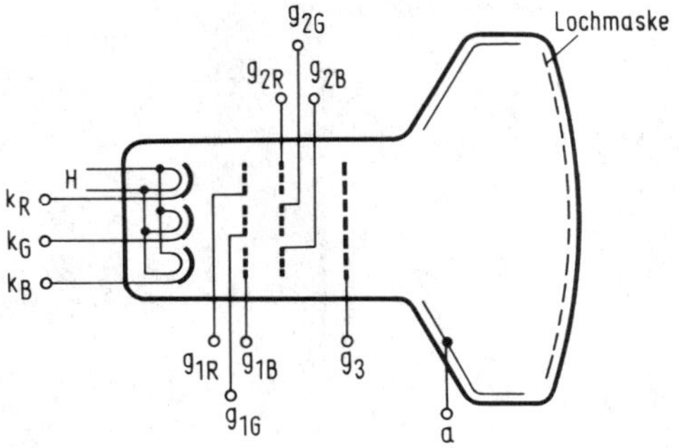


Abb. 14.03 Schaltsymbol und Anschlußbezeichnungen einer Farbbildröhre nach dem Lochmaskenprinzip

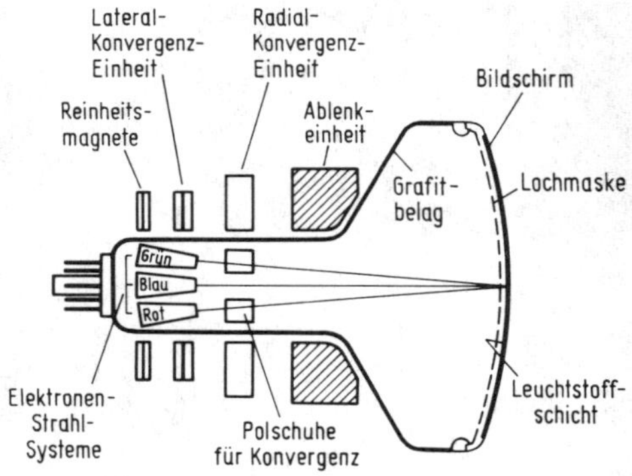


Abb. 14.04 Lochmaskenröhre mit Ablenk- und Konvergenzspulen (von oben gesehen)

In beiden Fällen sind die Farbsignalanteile an die jeweiligen drei Steuerelektroden so zu bemessen, daß die *Weißbalance* stimmt, d.h. wenn „Weiß" gesendet wird, muß die Gleichung

$$Y = 0{,}30\,R + 0{,}59\,G + 0{,}11\,B$$

auch im Steuerteil der Bildröhre erfüllt sein.

## Abb. 14.04 Farbreinheit und Konvergenz[1])

Das Bild zeigt schematisch die Ablenk- und Einstellsysteme auf dem Hals einer Farbbildröhre. Unmittelbar am Konus befindet sich die *Ablenkeinheit* mit den Vertikal- und Horizontal-Ablenkspulen. Sie entspricht dem Ablenksystem einer Schwarzweißbildröhre[2]).

Darauf folgt die *Radial-Konvergenzeinheit*. Mit ihr können die Elektronenstrahlen einzeln durch Magnetfelder so dirigiert und radial verschoben werden, daß sie auch tatsächlich alle drei nach Abb. 14.02 durch das gleiche Maskenloch fallen.

Mit der *Lateral-Konvergenzeinheit* wird nur der blauerzeugende Elektronenstrahl nicht radial, sondern tagential zur Bildröhrenachse verschoben. Dies ergibt eine weitere Möglichkeit, die drei Strahlen durch das gleiche Maskenloch zu lenken. Eine andere Bezeichnung für dieses Einstellelement ist *Blauschiebe*magnet.

Jeder Elektronenstrahl soll nur seine eigenen Leuchtpunkte treffen. Streift er auch Nachbarpunkte, dann ergeben sich keine reinen Grundfarben. Diese *Farbreinheit* wird durch Verdrehen von zwei Magnetringen auf dem Hals der Bildröhre eingestellt. (Bei manchen Farbbildröhren sitzen die Reinheitsmagnete zwischen den beiden Konver-

1 Konvergieren = zusammenlaufen.
2 Vgl. Abb. 7.26.

genzsystemen.) Außerdem läßt sich die Farbreinheit an den Rändern des Bildschirmes durch axiales Verschieben der gesamten Ablenkeinheit beeinflussen.

Selbst wenn im Prüffeld alle Strahljustierungen korrekt durchgeführt worden sind könnten beim Aufstellen des Empfängers in der Wohnung das Magnetfeld der Erde oder nahe gelegene magnetisierte Eisenteile die Strahlen ein wenig ablenken, so daß sie nicht mehr genau auf die zugeordneten Leuchtpunkte fallen. Deshalb ist der Röhrenkolben magnetisch abgeschirmt. Durch eine darüber befindliche Entmagnetisierungswicklung wird beim Einschalten des Gerätes ein abklingender Wechselstrom geschickt, um Störfelder in Eisenteilen, vor allem in der Lochmaske, zu entmagnetisieren.

## Abb. 14.05 Die Radial-Konvergenzeinheit

Sie besteht aus drei U-förmigen Ferritkernen mit zwei Wicklungen und einem drehbaren oder verschiebbaren Permanentmagneten auf jedem Schenkel. Die Magnete erzeugen homogene Felder zwischen den Polschuhen innerhalb des Röhrenhalses und lenken dadurch die Strahlen ab. Durch Verdrehen eines Magneten verschiebt sich der zugehörige Einzelstrahl in radialer Richtung zur Röhrenachse. Man stellt damit die „statische Konvergenz" in der Mitte des Bildschirmes ein. An den Bildrändern treten aber trotzdem noch große Deckungsfehler, d.h. Farbsäume, auf, weil die drei Strahlen dann nach Abb. 14.04 ganz verschieden „verbogen" werden. Diese Fehler kompensiert man durch Ströme, die duch Spulenwicklungen auf den Ferritkernen geschickt werden. Diese Korrekturströme werden aus den Ablenkstufen abgeleitet. Jeder U-Kern trägt ein Spulenpaar für die Vertikalkonvergenz und eines für die Horizontalkonvergenz. Die Ströme müssen für die Vertikalkonvergenz oben und unten gesondert eingestellt werden. Man nennt dies „Nord-Süd-Korrektur". Das Entsprechende gilt für die „Ost-West"-Einstellung, also für die Horizontalkonvergenz. Für den gesamten Abgleichvorgang sind sechs Trimmwiderstände und verschiedene Permanentmagnete abwechselnd mehrmals nacheinander einzustellen. Der Servicetechniker muß dabei sehr sorgfältig arbeiten. In früheren Lehrgängen für Farbfernsehtechnik wurde deshalb die Konvergenzeinstellung als Hauptthema behandelt.

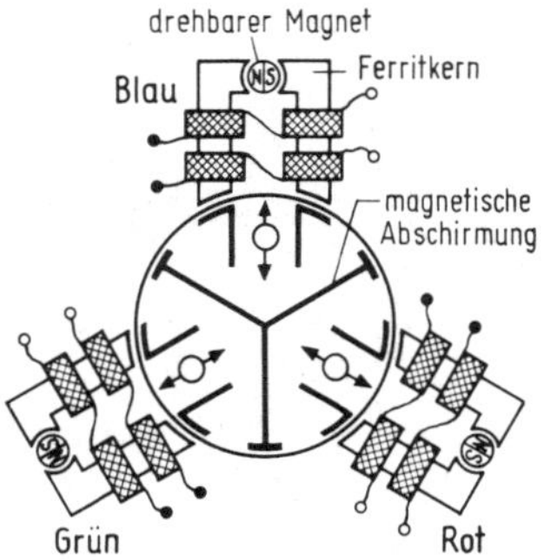


Abb. 14.05 Prinzip der Radial-Konvergenzeinheit mit drehbaren Reinheitsmagneten

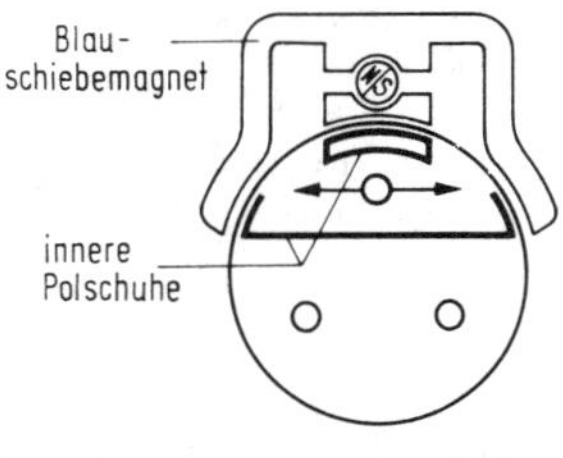


Abb. 14.06 Anordnung zur tangentialen Blauverschiebung

## Abb. 14.06 Der Blauschiebemagnet

Dieses auch mit Lateral-Konvergenzeinheit bezeichnete Einstellelement ist einfach aufgebaut und besteht nur aus einem Magnetjoch mit einem drehbaren oder verschiebbaren Permanentmagneten. Im Zusammenwirken mit den inneren Polschuhen bildet sich ein Feld aus, mit dem der Blaustrahl sich waagerecht verschieben läßt.

## Abb. 14.07 Richtungskorrektur zur Farbdeckung

Mit den drei Permanentmagneten in der Konvergenzeinheit Abb. 14.05 lassen sich die Strahlen radial innerhalb des Röhrenhalses verschieben. Die Strahlen für Grün und Rot ergeben dann direkt einen Schnittpunkt im gleichen Maskenloch. Mit dem Blauschiebemagnet Abb. 14.07 kann man den Blaustrahl tangential so schieben, daß er symmetrisch zu den Strahlen für Grün und Rot zu liegen kommt. Außerdem läßt er sich radial so verstellen, daß die drei Strahlen dann in der Ablenkebene auf den Ecken eines gleichseitigen Dreiecks liegen und im gleichen Maskenloch konvergieren (zusammenlaufen). Als Anhaltspunkt für die richtige Konvergenz dient die Weißeinstellung. Eine weiße Linie, die von einem Bildmustergenerator auf den Empfänger gegeben wird, muß auf dem Bildschirm tatsächlich als weiße Linie ohne farbige Ränder erscheinen.

## Abb. 14.08 Prinzip der Konvergenzschaltungen

Die Konvergenzeinstellung an den Rändern entspricht im Prinzip der S-förmigen Vorverzerrung der Ablenkströme beim Schwarzweißempfänger. Wenn dort der Verlauf der Ablenkströme an den Bildrändern nicht stimmt, dann erscheint der Kreis im Testbild nicht rund, sondern nimmt die Form einer unregelmäßigen Kartoffel an.

Ein weißer Kreis beim Farbfernsehempfänger besteht aber aus drei Einzelkreisen in den drei Grundfarben. Infolge der unterschiedlichen Ablenkwinkel der drei Elek-

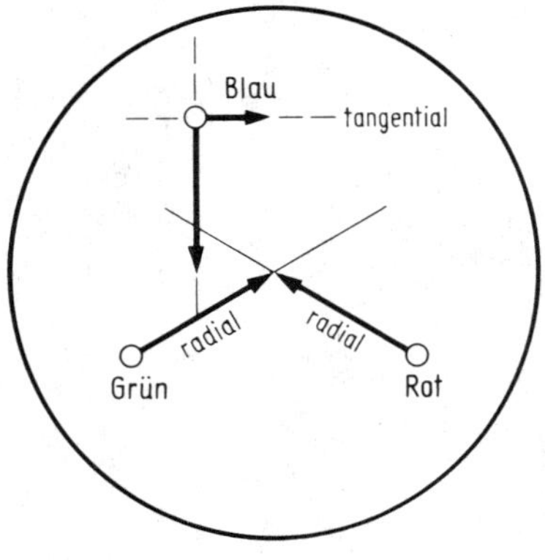


Abb. 14.07 Radial- und Tangentialverschiebung der Elektronenstrahlen

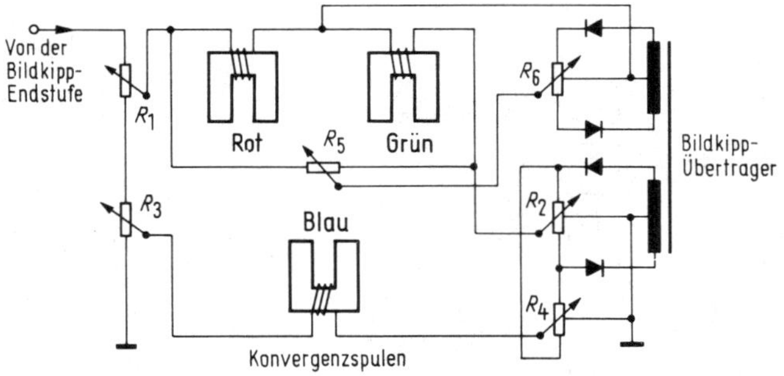


Abb. 14.08 Schaltung zur zeitsparenden Einstellung der Vertikalkonvergenz (Blaupunkt)

tronenstrahlen an den Bildrändern können die drei Einzelkreise ganz verschieden verzerrt werden. Es entsteht also nicht nur eine unregelmäßige Kartoffelform, sondern sie erhält auch noch bunte Lichtsäume. Um Linearität und Farbdeckung einzustellen, sind deshalb die Konvergenzschaltungen und die mehrfachen Konvergenzjustierungen notwendig. Die Industrie hat dafür Anordnungen entwickelt, bei denen sich die verschiedenen Einstellungen gegenseitig möglichst wenig beeinflussen.

Abb. 14.08 ist ein Schaltungsbeispiel für die zeitsparende Einstellung der Vertikalkonvergenz. Die Spulenwicklungen auf den U-Kernen entsprechen den Spulenpaaren auf den Schenkeln der Ferritkerne in Abb. 14.05. Diese Wicklungen werden mit Strömen aus dem Bildkippübertrager gespeist, die durch Dioden verformt und durch Spannungsteiler eingestellt werden. Außerdem überlagert man ihnen direkt aus der Endstufe entnommene Ströme. Die Einstellvorschrift für die Vertikalkonvergenz, also für die Mitten- und für die Nord-Süd-Korrektur stellt ein recht umfangreiches Programm dar.

Außerdem sind die Deckungsfehler am rechten und linken Bildrand (Ost-West-Korrektur) auszugleichen. Hierfür ist eine ähnlich umfangreiche Schaltungsanordnung an der Zeilen-Endstufe vorhanden, sie wirkt auf die Horizontalkorrekturspulen der Konvergenzeinheit. Man erkennt daraus, daß diese Arbeiten sehr sorgfältig und systematisch durchgeführt werden müssen. Bildröhrenhersteller und Empfängerindustrie mußten viel Mühe aufwenden, um diese Abgleichvorgänge zu erleichtern und zu vereinfachen. Kapitel 19 behandelt später ausführlich dessen einzelne Schritte. Obgleich bei der anschließend besprochenen Schlitzmaskenröhre diese Arbeiten ganz beträchtlich vereinfacht worden sind, müssen die Eigenarten der Deltaröhre dem Servicetechniker bekannt sein, denn nach Ansicht von Experten werden Geräte mit diesen Röhren noch jahrelang betreut werden müssen. Außerdem kann man daraus erst ermessen, welche Fortschritte die neueren Röhrentypen gebracht haben.

## Abb. 14.09 und 14.10 Transduktoren

Ein Transduktor ist dem Aufbau nach ein Transformator mit drei nach Abb. 14.09a angeordneten Wicklungen. Die Wicklung auf dem Innenkern wird als *Steuerwicklung*

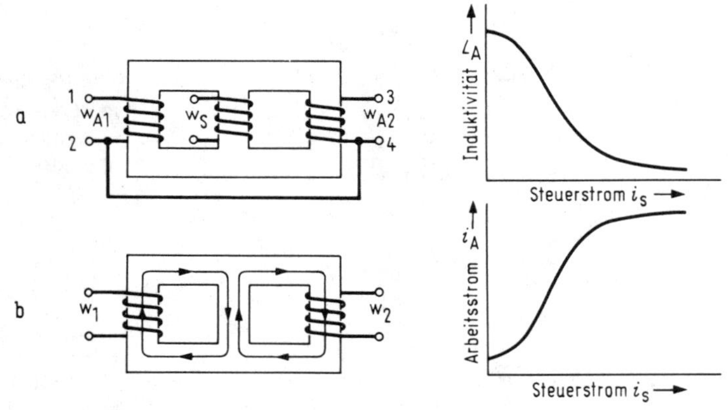


Abb. 14.09 Aufbau und Wirkungsweise eines Transduktors; a = Anordnung von Steuerwicklung und Arbeitswicklungen, b = Die in Reihe geschalteten Arbeitswicklungen werden so gepolt, daß sich ihre Magnetflüsse im Mittelschenkel aufheben, c = Abhängigkeit der Induktivität der Arbeitswicklung vom Steuerstrom, d = Abhängigkeit des Arbeitsstroms vom Steuerstrom

$w_S$ bezeichnet, die *Arbeitswicklungen* auf den Außenschenkeln mit $w_{A1}$ und $w_{A2}$. Sie sind so in Reihe geschaltet, daß bei Stromdurchgang die von ihnen bewirkten Magnetflüsse im äußeren Eisenkreis ebenfalls in Serie verlaufen. Ihre Induktivitäten addieren sich daher. Nach Abb. 14.09b kompensieren sich aber dann die Magnetflüsse im Mittelschenkel. In der Umkehrung bedeutet dies, daß die nach Teilbild a auf dem Mittelschenkel angeordnete stromdurchflossene Steuerwicklung in den in Reihe liegenden Arbeitswicklungen gegenläufige Spannungen induziert, die sich aufheben. Im Gegensatz zum normalen Transformator wird daher keine Leistung übertragen, und zwischen den Anschlüssen 1 und 3 entsteht keine Sekundärspannung.

Dagegen tritt ein anderer Effekt auf: Steuert man den Eisenkern durch einen hohen Steuerstrom in der Wicklung $w_s$ in das Sättigungsgebiet, dann wird dadurch die Permeabilität des Eisens verringert. Nach einem (hier vereinfachten) Grundgesetz der Elektronik gilt für die Induktivität einer Spule mit Eisenkern:

$$L = \mu\, w^2\, \mathrm{k}$$

$\mu$ = Permeabilität, $w$ = Windungszahl, k = Konstante für die sonstigen Spulenabmessungen.

Wird nun durch den Steuerstrom die Permeabilität im Eisen herabgesetzt, dann verringert sich auch die Induktivität der beiden in Reihe liegenden Arbeitswicklungen.

Abb. 14.10 Schaltsymbole für Transduktoren

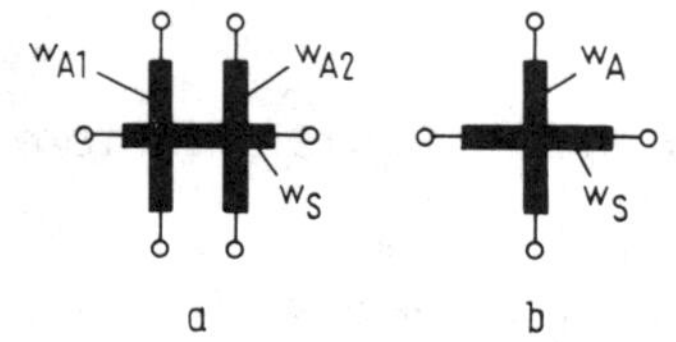

Dadurch ergibt sich der in Abb. 14.09c dargestellte Zusammenhang. Der Transduktor ist also eine steuerbare Induktivität, mit größer werdenden Steuerstrom wird die Induktivität oder der induktive Widerstand der Arbeitswicklung kleiner.

Man kann auf diese Weise die Stärke eines die Arbeitswicklung durchfließenden Stroms beeinflussen. Dies ergibt ein aktives Bauelement, dessen Arbeitsstrom oder Laststrom nicht wie bei der Röhre oder beim Transistor durch Spannungen, sondern durch Ströme gesteuert wird. Bei ansteigendem Steuerstrom sinkt der induktive Widerstand, der Strom steigt also an. Dies ergibt einen Kennlinienverlauf nach Abb. 14.09d.

Transduktoren eignen sich dazu, mit Strömen andere Ströme zu steuern oder zu modulieren. In dieser Weise werden Transduktoren im Ablenk- und Konvergenzteil von Fernsehempfängern benutzt. Man schickt z.B. durch die Steuerwicklung einen bildfrequenten Ablenkstrom und durch die Arbeitswicklung einen zeilenfrequenten Sägezahnstrom. Während der Zeiten, in denen der bildfrequente Strom seine Maximalwerte hat, werden auch die Amplituden des Zeilenablenkstroms in der anderen Wicklung größer, weil sich der Widerstand der Arbeitswicklung verringert. Diese Funktion wird benutzt, um Korrekturströme zum Entzerren des Bildschirmrasters zu gewinnen. Die Wirkung ist ähnlich wie für den Linearitätseinsteller in Abb. 11.53 bis 11.55, aber die Induktivitätsänderung bzw. die Modulationswirkung ist größer.

Als Schaltsymbol für den Tranduktor dient das in Abb. 14.10a dargestellte Zeichen. Mitunter wird die Arbeitswicklung auch nach Abb. 14.10b vereinfacht. Es gibt auch Transduktoren mit mehr als drei Wicklungen. Der Zweck besteht jedoch stets darin, mit dem Steuerstrom den Arbeitsstrom in einem zweiten, davon getrennten Stromkreis zu beeinflussen. Haben die beiden Ströme unterschiedliche Frequenzen, dann sind auch Rückwirkungen vom Arbeitskreis auf den Steuerkreis möglich.

### Allgemeines

Bei den im folgenden Abschnitt besprochenen Schlitzmasken-Farbbildröhren ist die Konvergenzeinstellung wesentlich vereinfacht worden. Trotzdem sind die vorhergehenden Ausführungen über Rasterkorrektur und Kissenentzerrung nicht überflüssig geworden, denn Millionen von Empfängern mit diesen Bildröhren sind noch in Betrieb und müssen gewartet werden. Aber auch für die Schlitzmaskenröhren ist das Verständnis für den Verlauf der verschiedenen Korrekturströme von Vorteil, um die Funktion der Strahlablenkung zu verstehen.

## *Die Schlitzmasken-Farbbildröhre*

Die Deltaröhre erfordert eine komplizierte Anordnung von 20 bis 30 Einstellelementen sowie umfangreiche Abgleicharbeiten. Diese Arbeiten müssen sowohl im

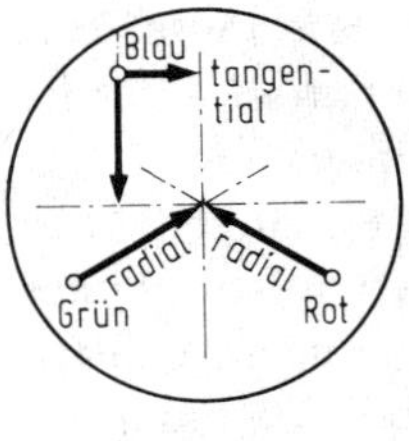


Abb. 14.11 Um bei der Lochmaskenröhre (Deltaröhre) die drei Strahlen in der Mitte zur Deckung zu bringen, sind mindestens vier Einstellvorgänge erforderlich

Abb. 14.12 Ordnet man die drei Strahlsysteme in einer Linie nebeneinander an, dann braucht man nur noch die beiden äußeren Strahlen zur Mitte zu schieben, um Deckung bzw. Konvergenz zu erzielen

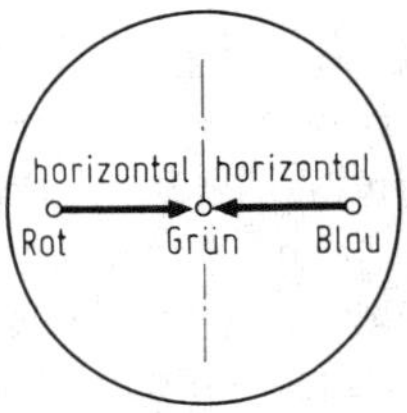


Prüffeld der Gerätefirmen als auch später in der Servicewerkstatt durchgeführt werden. Nach langjähriger Entwicklungsarbeit gelang es, diesen Aufwand durch andere Röhrenkonstruktionen zu verringern und die Bildröhre mitsamt der Ablenkeinheit gleich im Bildröhrenwerk so zu konstruieren und zu justieren, daß später nur noch geringe Konvergenzkorrekturen notwendig sind.

Um das Prinzip dieser neueren Schlitzmaskenröhre klar herauszustellen, sind in Abb. 14.11 nochmals die grundlegenden Korrekturen bei der Lochmaskenröhre erläutert. Der Blaustrahl muß dabei in zwei tangentialen Richtungen verschoben werden. Die Strahlen für Grün und für Rot sind jeweils in radialer Richtung zu korrigieren, um die drei Strahlen durch das gleiche Maskenloch zu bringen. Diese vier Einstellungen müssen für die verschiedenen Zonen des Bildschirmes (Nord-Süd-Korrektur, Ost-West-Korrektur, Eckenkorrekturen) getrennt durchgeführt werden. Dies ergibt die große Zahl von Einstellspindeln und Abgleichvorgängen.

Ordnet man nun die drei Strahlsysteme nicht im Dreieck, sondern nach Abb. 14.12 nebeneinander in einer Linie an (englischer Fachausdruck: In-line), dann benötigt man jeweils nur zwei Konvergenzeinstellungen, um die beiden äußeren Strahlen durch seitliches Verschieben mit dem mittleren zur Deckung zu bringen. Man nimmt hierbei im allgemeinen Grün als Bezugsstrahl, weil das Auge für diese Farbe sehr empfindlich ist, und ordnet das Strahlsystem für Grün in der Mitte zwischen den beiden anderen Strahlsystemen an.

Nach verschiedenen Zwischenlösungen brachte im Juni 1972 die Firma RCA den entscheidenden Fortschritt mit diesem Inline-Bildröhrensystem. Auch bei Valvo arbeitete man seit langem an dem Prinzip der drei in einer Ebene liegenden Strahlsysteme und kam mit den auf dieser Anordnung beruhenden Bildröhren des Typs Eurocolor 10 AX heraus. Sie werden mit 110°-Ablenkwinkel und mit den Bildschirmdiagonalen 47 cm, 56 cm und 66 cm geliefert. Die Strahlsysteme sind dabei wie in Abb. 14.12 nebeneinander angeordnet. Außerdem tritt an die Stelle der Lochmaske die sogenannte Schlitzmaske. Sie enthält nach Abb. 14.13 senkrechte Schlitze anstelle der bisherigen runden Löcher. Ferner werden statt runder Leuchtflecke auf dem Bildschirm senkrechte Leuchtstoffstreifen aufgebracht. Abb. 14.14 auf der Farbtafel vor Seite 49 gibt diese Anordnung stark vergrößert wieder.

Infolge dieser senkrechten Schlitze und Leuchtstoffstreifen ist die Anordnung von sich aus viel unkritischer gegen Nordsüdabweichungen der Strahlen. Damit entfällt bereits eine Reihe hierfür sonst notwendiger Korrektureinstellungen. Die eng nebeneinander fast parallel verlaufenden Strahlen lassen sich ohnehin optisch besser zur

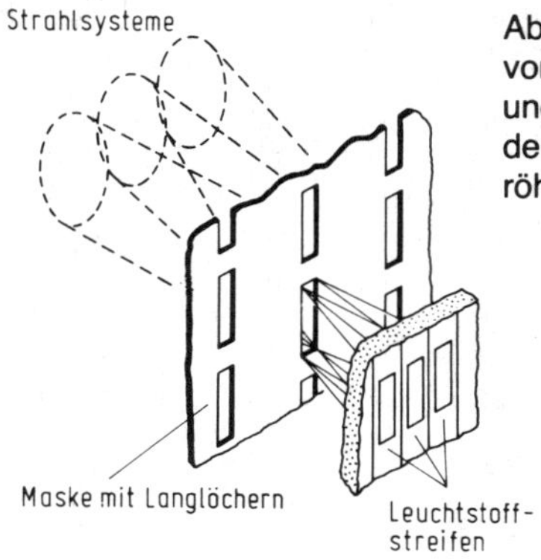


Abb. 14.13 Anordnung von Langlochmaske und Streifenschirm bei der Schlitzmasken-röhre

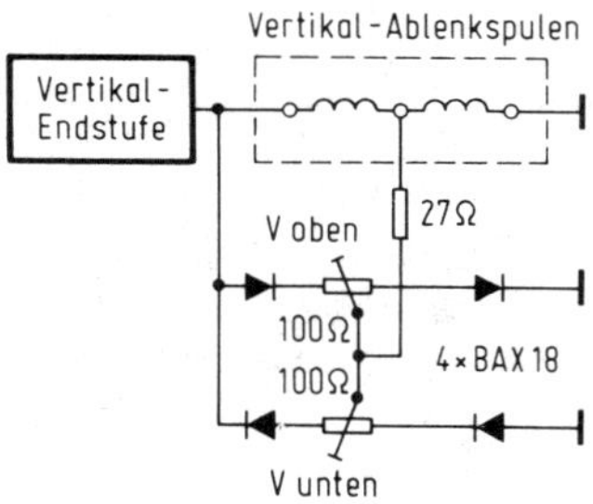


Abb. 14.15 Korrekturschaltung hinter der Vertikalendstufe

Deckung bringen. Außerdem hat man in den Bildröhrenfabriken die Genauigkeit der Fokussiersysteme und der Ablenkspulensätze so verbessert, daß sich dadurch eine „selbstkonvergierende" Anordnung ergibt. Zum Einstellen der statischen Konvergenzen dienen vier Paare von Permanentmagnetringen am Ablenkspulensatz. Nach dem genauen Justieren des Spulensatzes auf dem Bildröhrenhals und dem exakten Einstellen dieser Magnetringe werden Bildröhre und Spulensatz mit thermoplastischem Zement miteinander verkittet. Nach dem Aushärten ist die Einheit fest fixiert. Die Röhre wird farbrein abgeglichen an die Gerätefabriken ausgeliefert. Kleine Restfehler lassen sich durch einfache Konvergenzschaltungen mit nur sechs bis sieben Einstellern ausgleichen. Hierfür ist eine zusätzliche Vierpol-Toroidwicklung auf dem Ablenksystem angebracht. Die Schaltungen zur Feinkorrektur arbeiten ausschließlich mit passiven Bauelementen.

Abb. 14.15 zeigt das Prinzip der Vertikalkorrektur hinter der Bildablenkstufe. Parallel zu den Vertikalablenkspulen liegen zwei Einstellpotentiometer. Durch in Reihe geschaltete, unterschiedlich gepolte Dioden ist jedes Potentiometer nur für eine Stromrichtung wirksam. Durch Justieren der Potentiometer können die Ströme durch die beiden Spulenhälften so bemessen werden, daß am oberen und unteren Bildrand die beste Farbreinheit erzielt wird.

Am Ausgang der Horizontalendstufe befindet sich die Korrekturschaltung Abb. 14.16. In Serie mit den Zeilenablenkspulen liegt eine *Differenzeinstellspule*. Durch Ändern der Ströme in ihren Teilwicklungen können die Ströme in der Ablenkeinheit so beeinflußt werden, daß nur eine ganz geringe parabelförmige Abweichung zwischen den roten und blauen Linien am rechten und linken Bildrand verbleibt.

Der Ablenkstrom fließt außerdem durch das folgende Netzwerk mit den beiden 2,2-Ω-Widerständen. Die daran auftretende sägezahnförmige Spannung wird je nach Schleiferstellung des 6,8-Ω-Potentiometers mit der einen oder der anderen Polarität in den Korrekturtransformator AT 4043/34 transformiert. Durch Verstellen des Potentiometers lassen sich die roten und blauen Linien am rechten und linken Bildrand endgültig zur Deckung bringen.

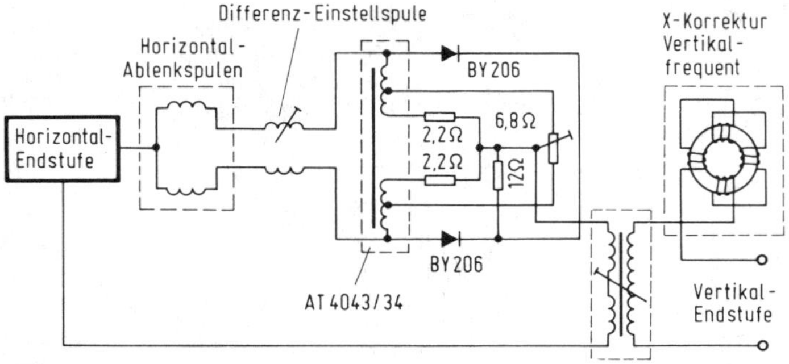


Abb. 14.16 Korrekturschaltung hinter der Horizontalendstufe

Rechts im Bild befindet sich die bereits erwähnte Vierpol-Toroidwicklung. Sie liegt an der Vertikalablenkendstufe, und dem von dort kommenden Sägezahnstrom wird über einen Übertrager mit einstellbarem Kopplungsgrad ein zeilenfrequenter Strom aus der eben besprochenen Korrekturschaltung überlagert.

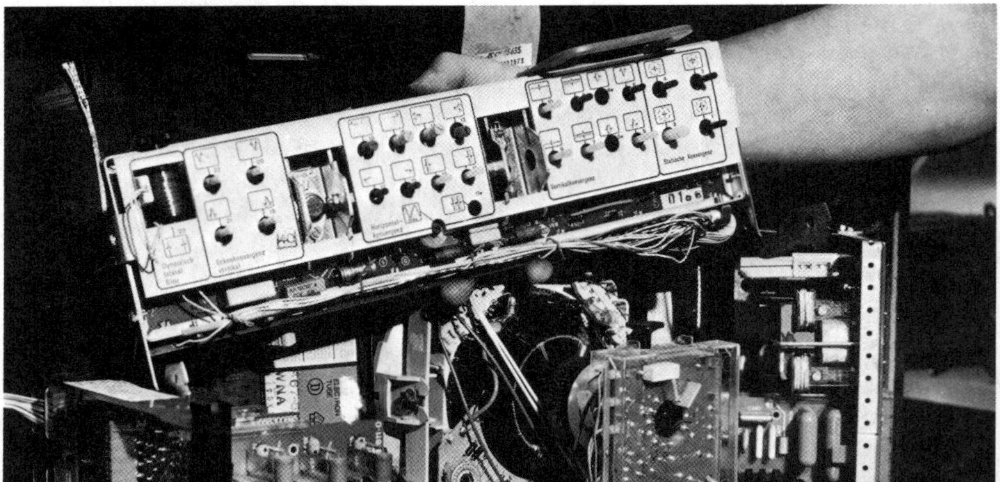

Abb. 14.17 Bei der PI-Schlitzmasken-Bildröhre sind nur noch zwei Korrektureinsteller am Ablenkspulensatz zu betätigen. Darüber zum Vergleich eine Konvergenzeinstellplatte mit 22 Einstellelementen für die Delta-Bildröhre (Foto: Siemens)

Einen weiteren Schritt zur Vereinfachung des Abgleichs gelang der RCA mit ihrer PI-(Precision Inline)Schlitzmasken-Bildröhre. Bei ihr wird das Ablenksystem schon beim Hersteller auf dem Bildröhrenhals so justiert, abgeglichen und zementiert, daß nur noch zwei Korrektureinsteller nachträglich im Gerät justiert werden müssen. Abb. 14.17 zeigt diese Anordnung bei den Siemens-Farbfernsehgeräten ab Jahrgang 1975/76. Zum Vergleich ist darüber die Konvergenzeinstellplatte einer bei den vorhergehenden Geräten verwendeten Delta-Bildröhre mit 22 Einstellorganen gezeigt.

## Hi-Bri-Farbbildröhren

Ständig kamen verbesserte Typen der Inline-Farbbildröhren heraus. Bei diesen Typen wurde die Helligkeit des Schirmbildes beträchtlich erhöht. Man bezeichnet sie deshalb als Hi-Bri-Bildröhren, abgeleitet vom englischen High Brightness = hohe Helligkeit).

Diese höheren Helligkeitswerte werden durch eine schwächere Einfärbung des Filterglases (vgl. Abb. 7.31) sowie durch eine neuartige Bildröhrenmaske mit größerer Lichtdurchlässigkeit erzielt. Insgesamt konnte der Helligkeitswert auf 170 Prozent gesteigert werden. Dadurch kann man auch in taghellen Räumen gut farbfernsehen und andererseits am Abend die Helligkeit verringern und somit Strom sparen. Gleichzeitig wird dadurch das Bild schärfer und farbkräftiger.

## Eurocolor-System siehe 14.24

### Black-Planigon-Bildröhren

Schon optisch unterscheidet sich die neue *BLACK-PLANIGON*-Bildröhre von Nokia deutlich von den bisherigen Bildröhren durch das dunkle Schirmglas. Je dunkler ein Hintergrund, desto gesättigter und brillanter erscheinen die Farben dem menschlichen Auge. Deshalb ist das Schirmglas der neuen BLACK-PLANIGON-Bildröhre neutral dunkel eingefärbt, störende Fremdlichtreflexionen werden dadurch erheblich reduziert.

Der Kontrast wurde um 25 % erhöht. Dieser Vorteil kommt bei hellem Fremdlicht voll zum Tragen. Bedingt durch das dunkle Schirmglas entsteht ein Helligkeitsverlust, der durch den sogenannten Doppel-Lackierungs-Prozeß (DLP) kompensiert wird. Mit diesem speziellen Verfahren wird eine spiegelglatte Aluminiumbeschichtung erreicht, die eine nahezu 100%ige Reflexion des vom Leuchtstoff emittierten Lichtes gewährleistet.

Durch konstruktive und prozeßtechnische Verbesserungen ist eine Erhöhung der sonst üblichen Anodenspannung von 25 kV auf max. 28 kV möglich und erlaubt.

1 Gesprochen „Hei-Brei“ in Anlehnung an die englische Aussprache.

## Black Line

Auch Philips erweiterte die 45-AX-Farbbildröhrenfamilie um die *Black-Line*-Serie, die sich durch außergewöhnlich brillante und kontrastreiche Farbwiedergabe auszeichnet.

Kernstück der Black-Line-Farbbildröhre ist eine neuartige Schattenmaske aus Invar, einer Nickel-Eisen-Legierung mit extrem niedriger Wärmeausdehnung. Dadurch wird die lokale Verformung der Schattenmaske bei hoher Belastung und die damit verbundene Farbfälschung – bekannt als local doming“ – vermieden. Black-Line-Röhren können mit bis zu 50 % höherer Strahlbelastung, bei absoluter Farbtreue, im Vergleich zu Standardröhren betrieben werden. Ferner kann die Anodenspannung auf 27,5 kV gesteigert werden, was gestochen scharfe, helle Bilder liefert.

Tabelle 14.19: Technische Daten Grundig Planatron:

| | |
|---|---|
| Bildschirmdiagonale: | 107 cm (42 Zoll), |
| Breitbildformat | 16:9 |
| Leuchtdichte: | 300 cd/m$^2$ |
| Kontrastumfang: | 70:1 |
| Auflösung: | 852 x RGB x 480 Bildpunkte |
| Bilddarstellung: | progressiv |
| Tonsystem: | HiFi-Stereo mit Dolby Surround und Prologic, 120 Watt |
| Schnittstellen: | VGA, RGB, Scart, Cinch für Audio- und Video |
| Leistungsaufnahme: | ca. 300 W Betrieb,<br>< 2 W stand by |
| Abmessungen | |
| Display: | 118 x 78 x 10 cm |
| Gewicht | |
| Display: | ca. 28 kg |
| Elektronik: | ca. 15 kg |

Abb. 14.18 Nur 10 cm flach und problemlos an die Wand zu hängen: der Flachbildschirm von Grundig. Er ist mehr als nur ein Gerät zur TV-Wiedergabe. Er eignet sich auch für Multimedia-Anwendungen, beispielsweise als Computerdisplay. Die Wiedergabequalität besticht in beiden Anwendungen durch große Helligkeit, auch bei Auf- und Tageslicht, hervorragende Farbbrillanz, flimmerfreies Bild sowie hohe Detailschärfe. Foto: Grundig AG

*Ablenkspulen, Zeilentrafos, Kaskaden und Konvergenzsysteme*

## Abb. 14.21 Ablenkmittel für Weithals-Bildröhren

Das Bild zeigt die Ablenkeinheit, das Konvergenzsystem und den Blauschiebemagnet für eine Deltaröhre. Man erkennt die dreiteilige Form der Konvergenzeinheit mit den Spulenwicklungen und den Anschlüssen für jedes Segment. Der Blauschiebemagnet besteht hier aus einem Magnetstab, der sich waagerecht verschieben und fixieren läßt.

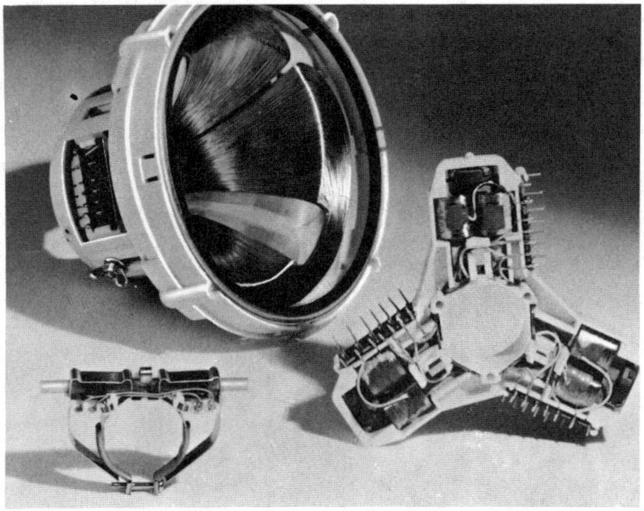

Abb. 14.21 Ablenkeinheit und Konvergenzeinstellmittel für eine Normhals-Bildröhre

Abb. 14.22 Ablenkeinheit für eine Dünnhals-Bildröhre

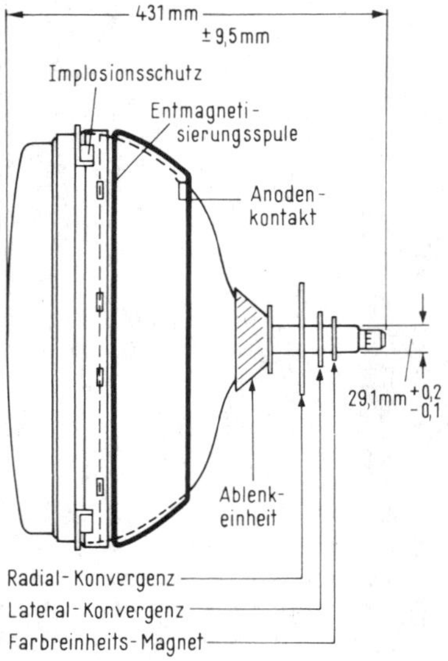


Abb. 14.23 Anordnung der Ablenkeinheit und der Entmagnetisierungsspule

## Abb. 14.22 und 14.23 Ablenkeinheiten für eine Dünnhalsröhre

1971 kam eine neue von der RCA entwickelte Bildröhrengeneration mit wesentlich dünnerem Hals (nur noch 29 mm Durchmesser) auf den Markt. Dadurch konnten die Ablenk- und Konvergenzmittel noch enger an die zu beeinflussenden Elektronenstrahlen herangerückt werden. Dies ergab eine Reihe von Vorteilen und Vereinfachungen. Die Vorteile wurden durch eine neue Ablenkeinheit Abb. 14.22 erzielt. Sie benötigt allerdings höhere Ablenkleistung und damit stärkere Ablenk-Endstufen, ergibt aber bereits eine gute Farbdeckung ohne aufwendige Eckenkonvergenzsysteme. Das Charakteristische dieser Ablenkeinheit ist eine in Rillen auf dem Wickelkörper exakt definierte Toroidwicklung. Abb. 14.23 zeigt die Seitenansicht der Röhre mit Ablenkeinheit, Entmagnetisierungsspule sowie mit den Konvergenz- und Farbeinheitselementen.

Bei den In-Line-Röhren sind die aus vertikalen Schlitzen gebildeten Leuchtfelder weit unabhängiger von eventuellen Landungsfehlern der Elektronenstrahlen.

Durch neuartige Toroidablenkeinheiten erzielte man eine totale Selbstkonvergenz. Dadurch wurde es möglich, die Ablenkeinheit bereits in der Bildröhrenfabrik fest mit der Röhre zu verbinden und zu justieren, so daß automatisch alle drei Teilbilder zur Deckung kommen. Damit entfällt viel Arbeit im Prüffeld und in der Servicewerkstatt.

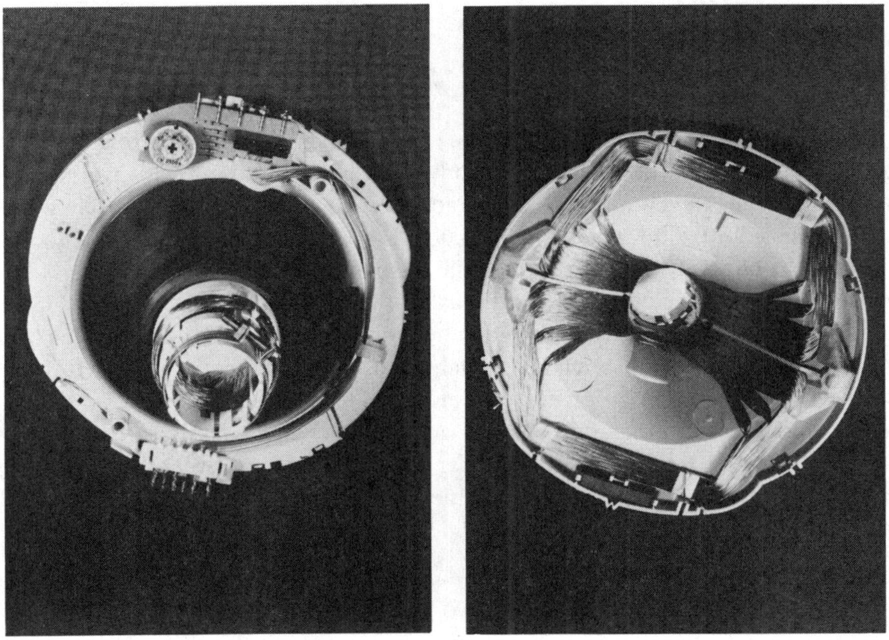

Abb. 14.24 Ablenkeinheit für 30 AX-Bildröhre

Abb. 14.25 Zeilentrafo für Farbfernsehgeräte

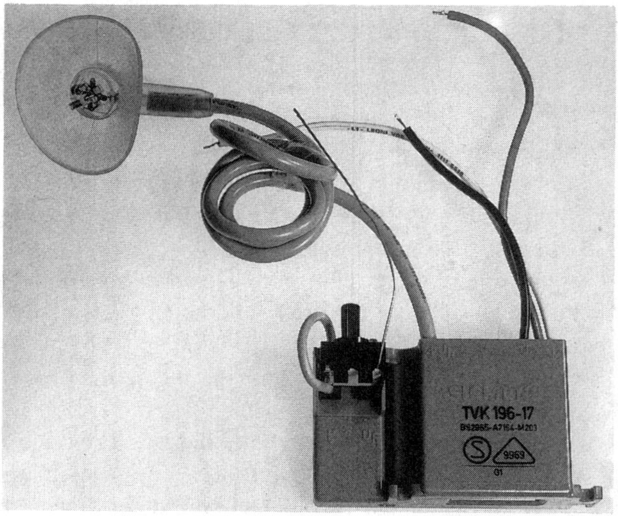


Abb. 14.26 Hochspannungskade für Farbfernsehgeräte

## Abb. 14.24 bis 14.26 Eurocolor-System 30 AX

Farbbildröhre und Ablenkeinheit bilden zusammen das abgleichfreie und selbstkonvergierende Farbbildsystem. Selbstkonvergierend heißt, daß die Konvergenz ohne zusätzliche, vom Anwender zu installierende Schaltungsmaßnahmen erreicht werden. Dazu ist aber die exakte Abstimmung von In-Line-Farbbildröhre und Ablenkeinheit erforderlich. Dies läßt sich nur durch eine besondere Wickelform der Vertikal- und Horizontal-Ablenkspulen erreichen. Die optimale Dimensionierung dieser Spulen war nur durch eine genaue Vermessung und Analyse der magnetischen Ablenkfelder möglich. Eine kleine Meßsonde diente dabei zur Aufnahme der von den Horizontal- und Vertikal-Ablenkspulen erzeugten Felder. Mit einem geeigneten Computerprogramm und Verknüpfung mit der Bewegungsgleichung des Elektrons in einem Magnetfeld wurden dann die Bahnen der drei Elektronenstrahlen nach beliebigen Schirmpunkten berechnet. Es erfolgte eine Korrektur der Ablenkmittel bis alle drei Farben exakt auf dem Bildschirm konvergierten.

*Flat-and-Square-System 45 AX*

Bei diesem System handelt es sich um eine Weiterentwicklung des 30 AX-Systems mit besonders flachem Bildschirm mit ausgeprägten Ecken.

Mit dem Aufkommen der flimmerfreien Fernsehgeräte wurde auch die Serienfertigung des 32-kHz-/100-Hz-fähigen Farbbildröhrensystems A66EAK50X32 aufgenommen. Mit 66 cm Schirmdiagonale ist sie damit die erste 110°-Farbbildröhre des Flat-and-Square-Farbbildröhrensystems 45AX von Valvo/Philips für die Darstellung ohne Großflächenflimmern.

## *Laufzeit- und Verzögerungsleitungen*

### Abb. 14.31 Laufzeit und Bandbreite

Als es nur Schwarzweiß-Empfänger gab, kümmerte sich der Fernsehtechniker wenig um die Laufzeiten von Signalen. „Geister" im Bild, die von Laufzeitunterschieden (Mehrwegeempfang) herrühren, blendete er durch Richtantennen aus. Die Laufzeit in der $\lambda$/2-Umwegleitung zum Anpassen von Dipolantennen an Koaxialkabeln wurde lediglich als Phasenumkehrung aufgefaßt. Im allgemeinen setzte man voraus, daß die Laufzeit von elektrischen Signalen im Empfänger selbst zu vernachlässigen sei. Das ist beim Farbfernsehempfänger nicht mehr möglich. Schickt man einen Spannungssprung durch einen Verstärker, dann erscheint er nach Abb. 14.31 am Ausgang erst nach der Zeit $t$. Diese Laufzeit hängt – so sonderbar dies zunächst erscheint – von der Bandbreite des Verstärkers ab und ist bei großer Bandbreite geringer als bei einem schmalbandigen Verstärker. Man kann dies mit viel Mathematik und der Wechselspannungstheorie beweisen. Hier sei jedoch eine kürzere Begründung versucht. Beim Breitbandverstärker schiebt man die obere Grenzfrequenz hinaus, indem man die Zeitkonstanten aus Arbeitswiderstand und schädlicher Parallelkapazität möglichst klein macht. In der Video-Endstufe mit 5,5 MHz Bandbreite verwendet man deshalb Arbeitswiderstände von nur 1 kΩ bis 3 kΩ. Bei $R_a = 2$ kΩ und einer Schaltungskapazität $C_s = 80$ pF beträgt die Zeitkonstante

$$T = 2 \cdot 10^3 \cdot 80 \cdot 10^{-12} = 160 \cdot 10^{-9} = 0{,}16\ \mu\text{s}$$

Bei einem Verstärker geringerer Bandbreite, z.B. 1,3 MHz, aber gleichem Aufbau kann man mit dem Arbeitswiderstand auf 10 kΩ hinaufgehen. Dann wird

Abb. 14.31 Verzögerung eines Spannungssprunges beim Durchlaufen eines Verstärkers

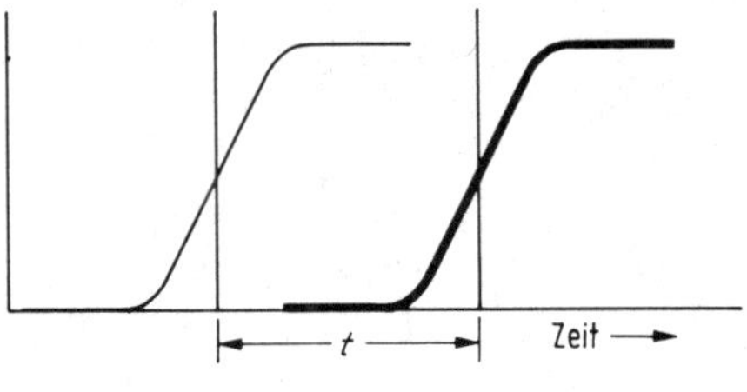

$$T = 10^4 \cdot 80 \cdot 10^{12} = 80 \cdot 10^{-8} = 0{,}8\ \mu s$$

Eine größere Zeitkonstante bedeutet aber eine größere Trägheit. Es dauert länger, bis sich die Parallelkapazität bei einem Spannungssprung auf das neue Potential umgeladen hat. Sollen Spannungssprünge, die gleichzeitig gestartet werden, aber verschiedene Verstärker parallel durchlaufen, an den Ausgängen wieder genau zusammentreffen, dann ist in den Verstärkerzug mit der kürzeren Laufzeit, also der größeren Bandbreite, eine Verzögerungsleitung einzuschalten.

## Abb. 14.32 und 14.33 Laufzeitketten

Eine Laufzeitkette ist ein mehrgliedriger Tiefpaß nach Abb. 14.32. Die Kondensatoren dieser Kette werden nacheinander durch einen Spannungssprung umgeladen. Das dauert um so länger, je größer die Kapazitäten und je mehr Kettenglieder vorhanden sind. Erst nach dieser Laufzeit kommt das Signal am Ausgang wieder zum Vorschein. Kettenleiter müssen mit ihrem Wellenwiderstand $Z = \sqrt{L/C}$ angepaßt werden. Im Farbfernsehempfänger würde man Laufzeitketten mit ziemlich vielen Kettengliedern benötigen. Das wäre recht teuer. Einfacher und billiger ist eine einlagige Zylinderspule mit einer geerdeten Metallfolie als verteilte Kapazität. Eine solche Konstruktion zeigt Abb. 14.33.

## Abb. 14.34 Laufzeitkabel

*Laufzeitkabel* beruhen ebenfalls auf dem Prinzip der Induktivität mit verteilten Kapazitäten gegen Erde. Abb. 14.34 zeigt einen Schnitt durch ein solches Kabel. Die Wicklung 2 besitzt einen biegsamen magnetischen Kern 1, um die Induktivität zu erhöhen. Über dem Dielektrikum 3 ist die Folie 4 als verteilte Kapazität und als Abschir-

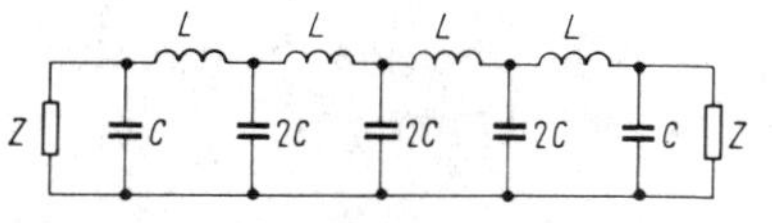

Abb. 14.32 Laufzeitkette aus LC-Gliedern

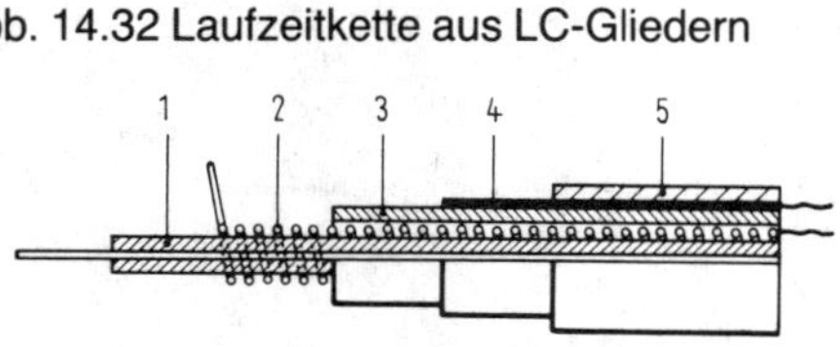

Abb. 14.34 Aufbau eines Laufzeitkabels: 1 = magnetischer biegsamer Kern, 2 = gewendelter Innenleiter, 3 = Dielektrikum, 4 = Außenleiter (Schirm), 5 = Kunststoffmantel

Abb. 14.33 Kurzzeitverzögerungsleitung

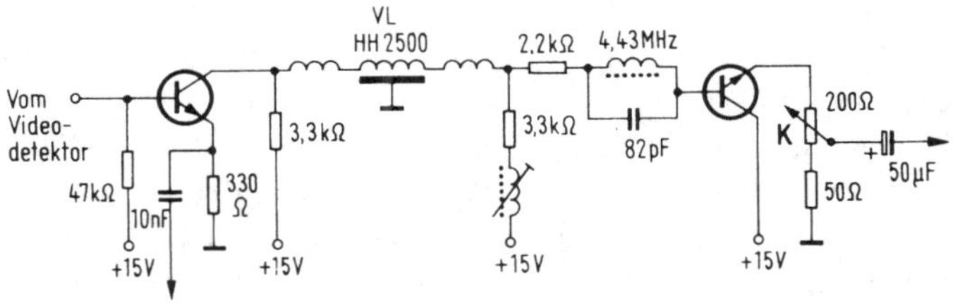


Abb. 14.35 Laufzeitkabel im Y-Verstärker eines Farbfernsehempfängers

mung angeordnet. Der Kunststoffmantel 5 dient zum Schutz. 40 cm Länge des Laufzeitkabels Tap HH 2500 der Firma *Hackethat* bewirken ≈ 0,8 $\mu$s Verzögerung.

## Abb. 14.35 Verzögerungsleitung im Y-Verstärker

In Abb. 14.35 liegt eine solche Verzögerungsleitung im Y-Verstärker eines Farbfernsehempfängers. Das Schaltzeichen deutet den geerdeten Belag an, von dem zu jeder Windung eine verteilte Kapazität besteht. Die Leitung wird durch zwei zusätzliche Spulen angepaßt. Die Laufzeitleitung ist in diesem Verstärkungszug notwendig, weil parallel zu ihm ein schmalbandiger Verstärker für das Farb-Signal liegt. Gleichzeitig an den Eingängen eingegebene Spannungssprünge sollen an den Ausgängen wieder genau zur gleichen Zeit erscheinen. Da aber das Sprungsignal den breitbandigen Y-Verstärker schneller durchläuft, muß eine Verzögerungsleitung als Hindernis eingebaut werden.

## Abb. 14.36 und 14.37 Ultraschall-Verzögerungsleitung

Beim Farbempfänger nach dem PAL-System muß jeweils der gesamte Signalinhalt einer Bildzeile um die Dauer einer Periode, d. h. um rund 64 $\mu$s verzögert werden. Ein Laufzeitkabel wäre hierfür zu lang und unhandlich. Man verwendet daher eine Ultra-

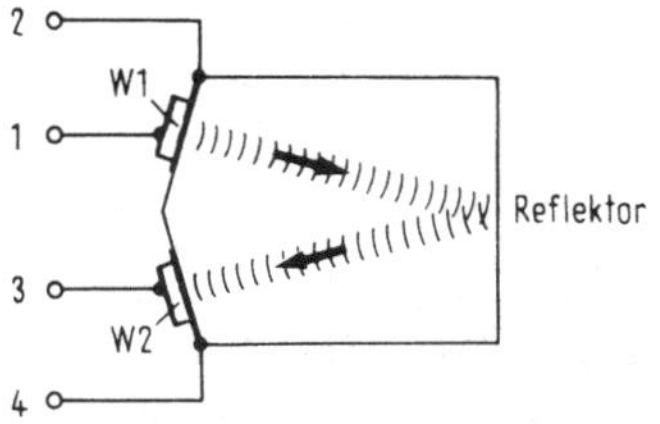


Abb. 14.36 Prinzip der Ultraschall-Verzögerungsleitung mit einfacher Reflexion

Abb. 14.37 PAL-Verzögerungsleitung 64 $\mu$s

schall-Verzögerungsleitung. Das elektrische Signal $u_E$ wird durch einen piezoelektrischen Wandler W 1 in eine Ultraschallwelle umgewandelt, die in die schräge Stirnfläche eines Glaskörpers eindringt. Sie läuft darin viel langsamer als eine elektrische Schwingung, nämlich nur mit einer Geschwindigkeit von etwa 3 km/s. Die Ultraschallwelle spiegelt sich innen an der rechten Stirnfläche des Glaskörpers, läuft V-förmig zurück und wird an der ursprünglichen leicht abgewickelten Schmalseite durch einen gleichartig aufgebauten Wandler W 2 in das elektrische Ausgangssignal $u_A$ zurückverwandelt. Es erscheint um rund 64 $\mu$s verzögert gegenüber dem Eingangssignal am Ausgang. Die Laufzeit läßt sich durch Feinschleifen der Reflexionsfläche auf den genauen Wert abgleichen.

Die Wandlerf W 1 und W 2 bestehen aus dünnen quadratischen Keramikschwingern mit Metallbelägen. Sie werden auf die Stirnflächen der Glaskörper aufgelötet.

Bei neueren Verzögerungsleitungen läßt man das Ultraschallsignal zickzackförmig dreimal oder fünfmal reflektieren, um kleinere Abmessungen für den Glaskörper zu erhalten.

Das Gesamtprinzip einer Pal-Decoderschaltung wird in Abb. 14.38 unten auf dieser Seite dargestellt.

## Abb. 14.38 Decoderschaltung

Das Farbartsignal $U_F$ steuert den Treibertransistor T 1. Die Verzögerungsleitung VL ist an den Treibertransistor über den Eingangstransformator Tr 1 mit dem Übersetzungsverhältnis 4 : 1 angekoppelt. Das direkte unverzögerte Signal wird über den Kondensator $C$ zum Mittelpunkt der Brückenschaltung mit den beiden 200-Ω-Widerständen geführt. Das verzögerte Signal gelangt über den Transformator Tr 2 an die Brücke. An den gegenphasig aus dem Übertrager Tr 2 gespeisten Transistoren T 2 und T 3 können dann die Signale $U_{R-Y}$ und $U_{B-Y}$ abgenommen werden.

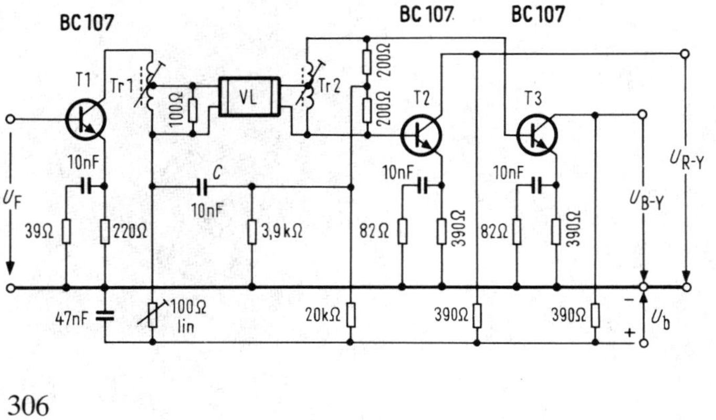


Abb. 14.38 Prinzip einer Decoderschaltung

### Durchlaufendes Schwarzweiß-Zeilensignal – Farbpunkte

Ein grundlegender Unterschied zwischen Schwarzweißempfängern und Farbfernsehempfängern sei hier kurz erwähnt. Bei Schwarzweißempfängern verläuft und ändert sich die Helligkeitseindruck innerhalb einer Zeile kontinuierlich. Bei Farbempfängern werden die Zeilensignale in Farbpunkte zerhackt. Diese folgen aber sehr dicht aufeinander, so daß, ähnlich wie bei der senkrechten Unterteilung des Fernsehbildes in Zeilen, das menschliche Auge doch einen stetigen Verlauf der Bildinfomation auch in waagerechter Richtung sieht. Nur mit einer Lupe kann man die Auflösung in Bildpunkte erkennen.

## *Sonstige Bauelemente*

### Abb. 14.40 Sperrwandlernetzteil

Die Abb. zeigt einen Trafo für einen Sperrwandlernetzteil. Trotz der kleinen Abmessung und des geringen Gewichtes ist hier eine Netztrennung nach den gültigen VDE-Vorschriften möglich. Dies ermöglicht nur die hohe Arbeitsfrequenz (18 – 70 kHz) des Sperrwandlers.

Abb. 14.40
Sperrwandlertrafo für Farbempfänger-Netzteil

# 15 Blockschaltungen und Prinzipschaltungen des Farbempfängers

## Abb. 15.01 und 15.02 Mehrfach-Übertragungstechnik

Die recht schwierig zu durchschauende Schaltungstechnik der Farbempfänger hat ihren Grund darin, daß bei der Einführung des Farbfernsehens in den USA bereits Millionen von Schwarzweißempfängern in Betrieb waren, die weiterhin alle Sendungen aufnehmen sollten, wenn auch ohne farbige Wiedergabe. Man mußte daher die Farbinformation zusätzlich in der vorhandenen Schwarzweißnorm unterbringen, wie dies bereits in Kapitel 2 dieses Buches erläutert wurde. Die dabei verwendete Mehrfachmodulation hat eine gewisse Ähnlichkeit mit der Hochfrequenz-Stereofonie in Rundfunkempfängern. Auch diese Technik wurde seinerzeit so durchgebildet, daß Stereosendungen mit Monoempfängern aufgenommen werden können, allerdings ohne Stereo-Effekt, d.h. sie werden nur einkanalig wiedergegeben. *H.-J. Wilhelmy* und später *M. Tuner* brachten dazu einen interessanten Vergleich.

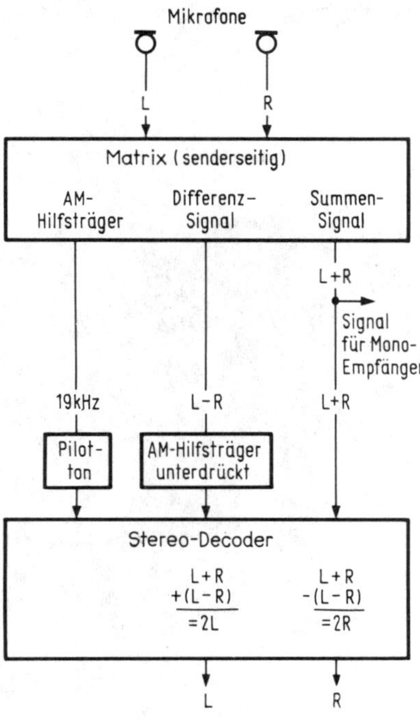


Abb. 15.01 Mehrfach-Übertragungsverfahren bei der Hochfrequenz-Stereofonie in Rundfunkempfängern

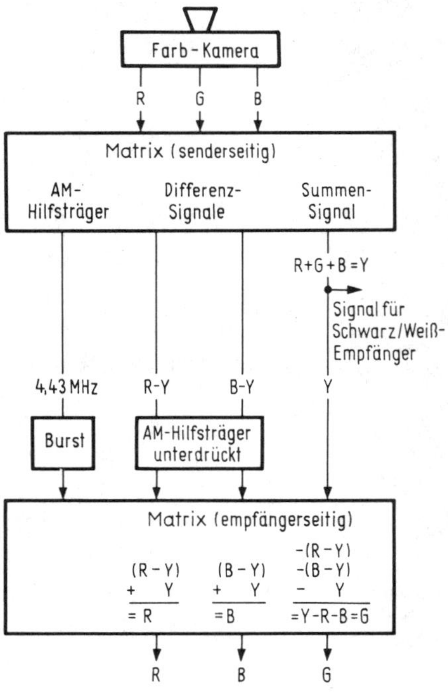


Abb. 15.02 Mehrfach-Übertragungsverfahren beim Farbfernsehen

Abb. 15.01 zeigt schematisch das Prinzip der Hf-Sterefonie mit zwei Mikrofonen. Zu übertragen sind das Links- und das Rechtssignal. Man bildet daraus (durch Gegeneinanderschalten in einer Matrix) das Differenzsignal $L - R$ sowie durch Addieren das Summensignal $L + R$. Das Summensignal entspricht dem normalen einkanaligen Eindruck, wird in gewohnter Weise in Frequenzmodulation über UKW-Sender ausgestrahlt und von Monoempfängern einkanalig wiedergegeben. Das Differenzsignal wird einer Hilfsfrequenz von 38 kHz aufmoduliert. Diesen Träger unterdrückt man aber dann, und das eigentliche $(L - R)$-Signalspektrum wird der Hauptsendefrequenz zusätzlich aufmoduliert und mit ihr ausgestrahlt.

Anstelle der unterdrückten Trägerfrequenz von 38 kHz sendet man die Pilotfrequenz 19 kHz mit aus und erzeugt daraus durch Verdopplung im Empfänger die zur Demodulation wieder benötigte Trägerfrequenz von 38 kHz.

Im Empfänger werden die Signale $(L - R)$ und $(L + R)$ durch Weichen auseinandersortiert und dann im Stereo-Decoder einmal addiert und zweitens voneinander subtrahiert. Nach der simplen in Abb. 15.01 unten aufgeführten Rechnung erhält man daraus die eindeutigen Links- und Rechtssignale.

Ähnlich ist der Ablauf beim Farbfernsehempfänger, Abb. 15.02. Die Farbkamera liefert die drei Signale Rot, Grün und Blau $(R + G + B)$. Daraus wird das Summensignal $R + G + B = Y$ gebildet. Es bewirkt im Schwarzweißempfänger ein normales Schwarzweißbild. Ferner werden zwei Differenzsignale $(R - Y)$ und $(B - Y)$ als Farbartsignale einem Hilfsträger von 4,43 MHz in Quadratmodulation (QAM)[1]) aufmoduliert. Der Träger wird anschließend unterdrückt, und das Farbartsignalspektrum wird vom Sender zusätzlich zum Helligkeitssignal $Y$ ausgestrahlt.

Zum Wiederherstellen der im Empfänger benötigten Trägerfrequenz wird der Burst, ein kurzer Schwingungszug dieser Farbhilfsträgerfrequenz 4,43 MHz, den Synchronisierimpulsen zugesetzt und mit ausgestrahlt.

Die Farbmatrix im Empfänger macht durch einfache elektrische Rechenvorgänge aus den vier Teilsignalen $(R - Y)$, $(B - Y)$, $Y$ und 4,43 MHz wieder die klar getrennten Farbsignale $R$, $B$ und $G$.

Es ist allerdings ein weiter Weg von diesem Prinzipschema Abb. 15.02 bis zur kompletten Schaltung eines Farbfernsehempfängers. Wir wollen diesen Weg Schritt für Schritt gehen und ihn durch Teil-Blockschaltungen und Prinzipschaltungen erläutern, denn es hat wenig Sinn, sich sogleich mit Schaltungseinzelheiten und großen Schaltplänen zu befassen. Nur wenn man den Zweck und die Grundfunktion einer Schaltungsstufe beherrscht, kann man mit Verständnis an den Aufbau und an den Service von Farbfernsehempfängern herangehen.

---

1 Vgl. Abb. 2.31 bis 2.33.

## Abb. 15.03 und 15.04 Zeichen und Bezeichnungen

In den Veröffentlichungen über die Wirkungsweise von Farbfernsehempfängern werden unterschiedliche Bezeichnungen für Farbsignale und Trägerfrequenzen verwendet. Sie haben jeweils ihre Berechtigung, wenn dadurch mathematische Zusammenhänge exakt dargestellt werden sollen. In diesem Buch geht es aber hauptsächlich darum, Schaltungsfunktionen zu erläutern. Dazu genügen wenige markante Ausdrücke, die hier nochmals zusammengestellt sind.

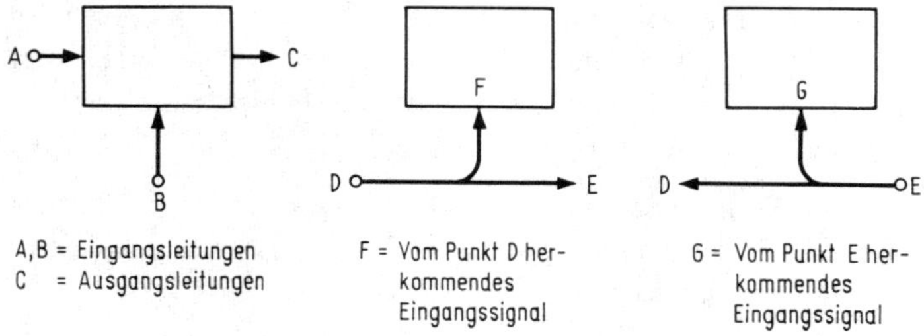


Abb. 15.03 Symbole für Blockschaltungen

$R, G, B$ = Signale der Primärfarben Rot, Grün, Blau mit Bandbreiten von 0...1,3 MHz.
(Anderweitige Bezeichnungen:
$U_R$, $U_G$, $U_B$)

$Y$ = Helligkeitssignal oder Leuchtdichtesignal mit einer Bandbreite von 0...5 MHz.
(Anderweitige Bezeichnungen:
$U_Y$, $E_Y$)

$Y$ = $0{,}30\,R + 0{,}59\,G + 0{,}11\,B$
= Y-Signal für eine weiße Fläche.

Um Schaltungsfunktionen besser zu übersehen, werden diese Grundgleichung rigoros vereinfacht. Mischt man nicht nur Bruchteile der Farbsignale, sondern die vollen Werte *R*, *G* und *B* zusammen, dann wird die Leuchtdichte *Y* rund dreimal so groß, denn nun sind gewissermaßen

$$70\,\%\,R + 41\,\%\,G + 89\,\%\,B = 200\,\%$$

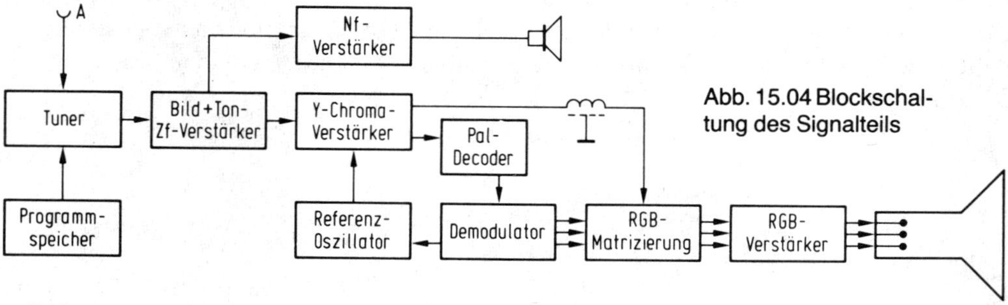


Abb. 15.04 Blockschaltung des Signalteils

mehr Licht hinzugekommen. Deshalb muß man auch auf der linken Seite der Gleichung 200 %, also 2 Y addieren, d.h.

$$Y + 2\,Y = R + G + B$$
$$3\,Y = R + G + B$$

| Farbdifferenzsignale | Anderweitige Bezeichnungen |
|---|---|
| $R - Y$ | $V$-Signal, $I$-Signal, $(R' - Y')$ |
| $G - Y$ | $(G' - Y')$ |
| $B - Y$ | $U$-Signal, $Q$-Signal, $(B' - Y')$ |

$F_{(R-Y)}$, $F_{(B-Y)}$ = dem Farbträger aufmodulierte Differenzsignale; Mittenfrequenz 4,43 MHz ± 1,3 MHz Modulationsbandbreite. (Anderweitige Bezeichnungen: $F_U$, $F_V$. Diese Bezeichnungen sind zwar kürzer und schreiben sich besser, aber sie geben keine klare Gedankenverbindung zum Rot- und Blausignal. Bleiben wir also bei $F_{(B-Y)}$!)

$F$ = gesamtes trägerfrequentes Farbartsignal, enthaltend die Informationen $(R - Y)$ und $(B - Y)$ in Quadraturmodulation (QUAM).

Die Trägerfrequenzen der Fernsehmodulation werden bei allgemeinen Schaltungsbetrachtungen durch Großbuchstaben abgekürzt. In Gleichungen dagegen muß man korrekterweise die Bezeichnung tiefstellen.

BT = *Bildträger,* $f_{BT}$ = Bildträgerfrequenz
Außerdem: EB = eigener Bildträger
NB = Nachbar-Bildträger

FT = *Farbträger,* $f_{FT}$ = Farbträgerfrequenz

TT = *Tonträger,* $f_{TT}$ = Tonträgerfrequenz
Außerdem: ET = eigener Tonträger
NT = Nachbar-Tonträger

FHT = *Farbhilfsträger*, im Empfänger wiederhergestellte durchlaufende Farbträgerschwingung, f = 4,43361875 MHz, abgekürzt 4,43MHz.

$f_H/2$ = *Pal-Kennsignal* = halbe Horizontalablenkfrequenz, abgerundet 7,8 kHz. (Anderweitige Bezeichnung: Pal-Identifikationssignal)

Die Trägerfrequenzbezeichnungen gelten sinngemäß für das jeweils betrachtete Frequenzband, d.h. sowohl im Zf-Bereich als auch im Videogebiet, wie beispielsweise in den später folgenden Abbildungen 15.13 und 15.14.

Um den folgenden Blockschaltungen einen größeren Aussagewert zu geben, wird nach Abb. 15.03 festgelegt:

1. Eingangsleitungen einer Stufe werden mit einer Pfeilspitze unmittelbar am Kästchensymbol gekennzeichnet. Leitungen ohne Pfeil sind daher Ausgangsleitungen (Abb. 15.03a).

2. Abzweigungen werden nicht einfach rechtwinklig weggeführt, sondern mit einem Bogen, der den Signalfluß erkennen läßt (15.03b und c).

Für die folgenden Kapitel sei außerdem darauf hingewiesen, daß die Bezeichnungen

Leuchtdichteverstärker Luminanzverstärker
Helligkeitsverstärker Y-Verstärker

identisch sind und gleichberechtigt in Fachaufsätzen und Serviceschriften gebracht werden. Man muß sie daher kennen und verstehen. Gleiches gilt für

Chrominanzverstärker = Farbartverstärker

sowie für

Amplitudensieb = Impulsabtrennung.

Dagegen sind die Ausdrücke

Videoteil oder Videoverstärker

beim Farbfernsehempfänger nicht ganz eindeutig. Sie werden manchmal, in Anlehnung an den Schwarzweißempfänger, nur für den Leuchtdichteverstärker benutzt. Aber es ist auch üblich, sie für den gesamten Komplex Leuchtdichteverstärker + Farbartverstärker + Matrix anzuwenden. Der Sinn ist jedoch meistens aus dem Zusammenhang zu erkennen. In diesem Buch wird „Videoteil" beim Farbempfänger als Sammelbegriff für alle Stufen benutzt, die videofrequente Signale verarbeiten.

Sinnfällig ist auch der Sammelbegriff „Signalteil" für alle Stufen, die nach Abb. 15.04 an der Aufbereitung der Tonfrequenzsignale und der Farbsignale beteiligt sind. Gegenstück hierzu ist der gesamte Ablenkteil.

## *Luminanzteil und Chrominanzteil*

### Abb. 15.11 Vereinfachte Blockschaltung eines Farbempfängers

Die sehr vernünftigen Grundforderungen, die bei der Entwicklung des Farbfernsehens in den USA gestellt wurden, lauteten:

1. Farbsendungen müssen auch mit den normalen Schwarzweißempfängern, allerdings unbunt zu empfangen sein.
2. Farbempfänger müssen auch schwarzweiß ausgestrahlte Sendungen wiedergeben.

Die zweite Forderung bedeutet, daß in einem Farbempfänger die Stufen eines Schwarzweißempfängers enthalten sind. Für die Farbwiedergabe sind weitere Schal-

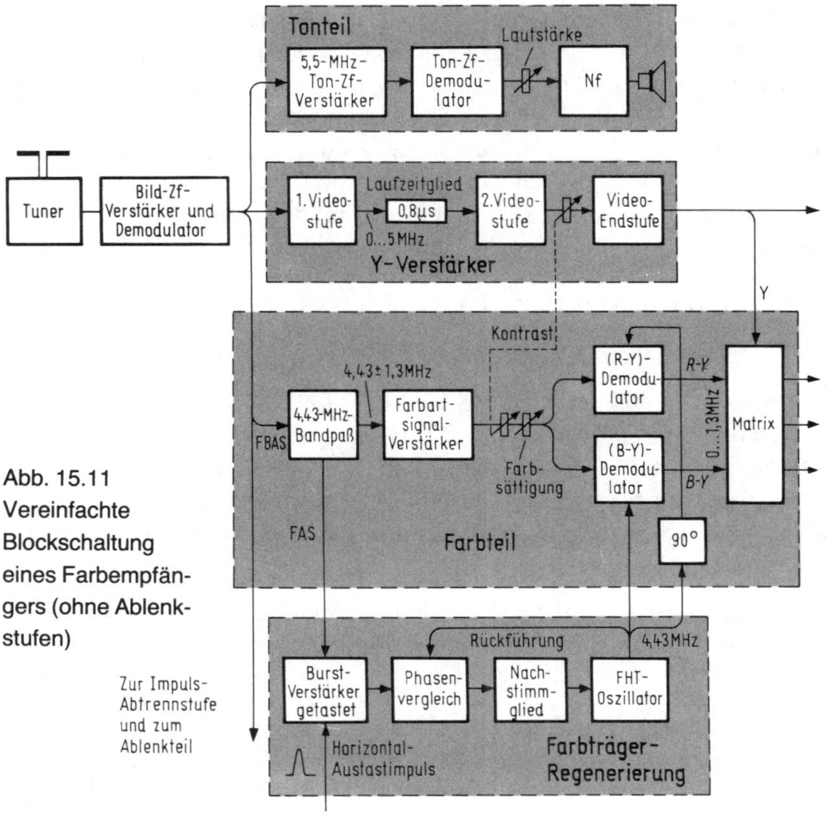


Abb. 15.11 Vereinfachte Blockschaltung eines Farbempfängers (ohne Ablenkstufen)

tungsteile erforderlich. Abb. 15.11 zeigt dies in vereinfachter Form. Tuner, Bild-Zf-Teil, Tonteil und Video- bzw. Y-Verstärker entsprechen denen eines Schwarzweißempfängers. Hinzugekommen gegenüber einem Schwarzweiß-Videoverstärker ist das *Laufzeitglied* mit einer Verzögerungszeit von 0,8 µs. Das Luminanz- oder Y-Signal für sich allein bewirkt in der Bildröhre eine solche Helligkeitsmodulation, daß sich ein normales Schwarzweißbild ergibt. Der Farbteil oder Chrominanzteil wird dazu nicht benötigt. Er wird bei den meisten Geräten sogar automatisch abgeschaltet, wenn Schwarzweißsendungen laufen. Das Laufzeitglied im Y-Verstärker hat keinen Einfluß auf den Schwarzweißempfang.

Hinter dem Bild-Zf-Demodulator erscheint das gesamte FBAS-Signal, also mit den *A*ustast- und *S*ynchronimpulsen. Dieses Gesamtsignal wird in Abb. 15.11 einem 4,43-MHz-Bandpaß zugeführt. Außerdem gelangt es zur Impulsabtrennstufe im Ablenkteil. Sie schneidet davon nur die Synchronisierimpulse heraus und gibt sie an die Ablenkoszillatoren weiter.

Der Bandpaß im Farbteil siebt aus dem FBAS-Spektrum das Gebiet um 4,43 MHz mit einer Bandbreite von ± 1,3 MHz heraus. Das Filter unterdrückt also das ausschließlich für Helligkeitsbildsignale reservierte Gebiet von etwa 0 bis 3 MHz. Das Spektrum von 4,43 MHz ± 1,3 MHz kann man gewissermaßen als Farb-Zf-Signal auffassen, ähnlich wie das Ton-Zf-Signal mit 5,5 MHz Mittenfrequenz. Erst durch Demodulation erhält man daraus die endgültigen Farbinformationen. Aber zunächst sind wir noch bei diesem farbträgerfrequenten Signal. Es wird dem Farbartsignalverstärker in Abb. 15. 11 zugeführt. Er enthält an geeigneter Stelle zwei Spannungsteiler. Die erste dieser Widerstandsbahnen gehört zu einem Doppelpotentiometer, dessen zweite Schleifbahn sich als Kontrasteinsteller im Videoteil befindet. Wenn man nämlich dort den Kontrast, d. h. die Verstärkung verändert[1]), dann muß dies proportional dazu auch im Farbkanal geschehen, damit die Gleichung für eine weiße Fläche, nämlich

$$Y = 0{,}30\,R + 0{,}59\,G + 0{,}11\,B$$

erhalten bleibt. Setzt man z. B. das Y-Signal auf die Hälfte herab, dann muß man auch die Verstärkung im Farbkanal auf die Hälfte herabsetzen, damit die Gleichung für Weiß und somit die weiße Farbe im Bild erhalten bleibt. Deswegen also das Doppelpotentiometer im Y-Verstärker und im Farbteil. Bei den modernen integrierten Schaltungen sind alle Potentiometer als gleichspannungsgesteuerte elektronische Potentiometer ausgeführt.

Hinter dem Kontrasteinsteller liegt noch ein weiteres Spannungsteilerpotentiometer, diesmal aber nur im Farbkanal. Es beeinflußt lediglich die Amplituden der Farbsignale, d. h. den Sättigungsgrad. Man kann damit zarte oder kräftige Farbtöne einstellen[2]).

Das Farb-Zf-Signal von 4,43 MHz ± 1,3 MHz wird dann zwei getrennten Demodulatoren zugeführt. In diesen Demodulatoren wird die im Sender unterdrückte Farbträgerfrequenz von 4,43 MHz wieder hinzugefügt. Das entspricht im Prinzip dem „Herabmischen" des trägerlosen Stereo-Zusatzsignals für $L - R$ in einem Rundfunkempfänger durch Zufügen der 36-kHz-Trägerfrequenz. Dort erhält man dann das herabgemischte Tonfrequenzspektrum $L - R$ von etwa 30 Hz bis 15 kHz Bandbreite.

Im Farbempfänger ergeben sich durch Demodulieren mit Hilfe der 4,43-MHz-Farbträgerfrequenz die herabgemischten Farbdifferenzsignale $R - Y$ und $B - Y$ mit einem Frequenzspektrum von je etwa 0 ... 1,3 MHz. Wie diese Trennung in die beiden unterschiedlichen Differenzsignale zustande kommt, wird in einem der nächsten Abschnitte behandelt werden. Hier sei vorerst nur erwähnt, daß die zum Demodulieren benötigte Farbträgerfrequenz von 4,43 MHz durch einen Farbhilfsträger-Oszillator (FHT-Oszillator) erzeugt und durch die vom Sender stammenden Burst-Schwingungszüge auf den genauen Trägerfrequenzwert synchionisiert wird.

Die zum Farbteil führende Leitung enthält das gesamte FBAS-Signal mit Austast- und Synchronisierimpulsen. Auf der hinteren Schwarzschulter der Farbsynchronisierimpulse sitzt der Burst, d.h. die wenigen Schwingungszüge der vom Sender kommen-

1 Vgl. Abb. 6.13 bis 6.15.
2 Vgl. Abb. 2.07.

den Farbträgerfrequenz 4,43 MHz[1]). Sie gelangen selbstverständlich auch am Ende jeder Zeile in den 4,43-MHz-Bandpaß des Farbteiles hinein. Ähnlich wie man zur automatischen Verstärkungsregelung im Schwarzweißempfänger die Synchronisierimpulse mit Hilfe von Horizontal-Rückschlagimpulsen und einer Koinzidenzschaltung zeitlich aus dem gesamten Zeilensignal heraustastet, so geschieht dies hier mit dem getasteten *Burst-Verstärker* im Farbteil. Dieser Verstärker wird nur während der kurzen Zeit geöffnet, in denen Synchronimpulse auftreten. Dann laufen also die wenigen Burst-Schwingungszüge durch diesen Verstärker hindurch und können den FHT-Oszillator synchronisieren, ähnlich wie die Zeilen- und Bildsynchronisierimpulse die Ablenkoszillatoren synchronisieren.

Mit der auf diese Weise durchlaufend wiederhergestellten oder regenerierten Farbträgerfrequenz werden dann die beiden Farbart-Demodulatoren im Chrominanzteil gesteuert. Sie liefern die herabgemischten Farbdifferenzsignale $R - Y$ und $B - Y$ mit Bandbreiten von 0...1,3 MHz.

In der darauffolgenden Matrixschaltung erzeugt man daraus die drei Farbsignale für Rot, Grün und Blau. Dabei ergeben sich für diese Matrix unterschiedliche Ausführungsformen, je nachdem ob man die RGB-Steuerung oder Farbdifferenzsteuerung der Bildröhre arbeitet[2]), doch seien diese Feinheiten zunächst außer acht gelassen. Ebenfalls zurückgestellt werde die Besprechung des Ablenk- und Konvergenzteiles. Er wird wie beim Schwarzweißempfänger mit Synchronisierimpulsen gesteuert und liefert die Ablenkspannungen für die Bildröhre und hier in Abb. 15.11 die Horizontal-Austastimpulse für den Burstverstärker.

## Abb. 15.12 bis 15.14 Durchlaßkurven beim Farbempfänger

Trotz der weitgehenden Übereinstimmung von Bild-Zf-Verstärker und Video-Vorverstärker mit denen eines Schwarzweißempfängers sind doch einige charakteristische Unterschiede bei Farbempfängern zu beachten. Erinnern wir uns nochmals: Das Modulationsfrequenzband eines Farbsenders besteht nach Abb. 15.12 aus dem Leuchtdichte- oder Y-Signal, der hineingeschachtelten Farbinformation und dem Tonträger bzw. den Tonträgern. Das Y-Signal hat den gleichen Umfang wie das Video- oder Helligkeitssignal eines Schwarzweißempfängers. Es besitzt vom Bildträger aus ein rund 5 MHz breites oberes Seitenband, und in 5,5 MHz Abstand liegt der frequenzmodulierte Tonträger 1. Das untere Seitenband ist zum größten Teil unterdrückt und fällt bei 1 MHz steil ab.

Um die Farbträgerfrequenz 4,43 MHz herum ist das Farbsignal in das Y-Signal hineingeschachtelt. Der Farbträger selbst ist unterdrückt. Das amplitudenmodulierte Farbartsignal hat ebenfalls unsymmetrische Seitenbänder, denn das obere Seitenband darf nicht in das Tonträgergebiet bei 5,5 MHz hineinragen.

1 Vgl. Abb. 1.07.
2 Vgl. Abb. 14.03.

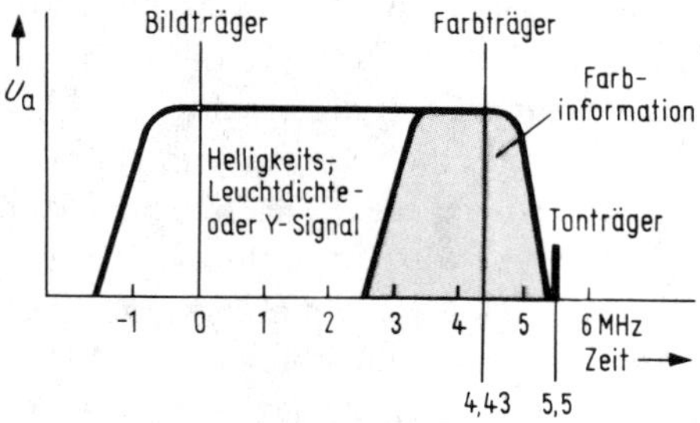


Abb. 15.12 Signalspektren beim Farbfernsehsender

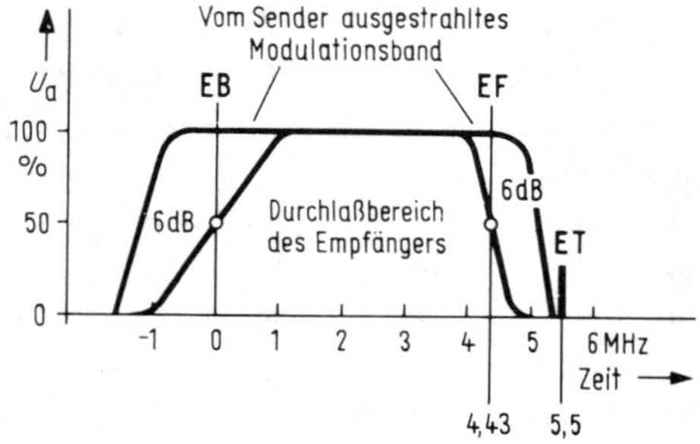


Abb. 15.13 Modulationsband des Senders und Durchlaßbereich des Empfängers

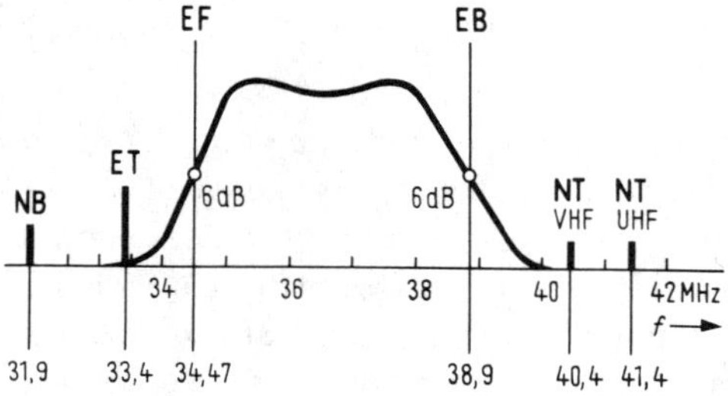


Abb. 15.14 Bild-Zf-Durchlaßkurve

Abb. 15.13 zeigt nochmals das dem Sender aufmodulierte Gesamtfrequenzband und zusätzlich den im Farbempfänger dafür notwendigen Durchlaßbereich. Bereits im Schwarzweißempfänger mußte man den Eigenton-Träger ET im Bild-Zf-Verstärker stark absenken, damit er nicht die Bildmodulation stört. Das gäbe „Ton im Bild", z.B Wellenlinien bei starkem Händeklatschen. Beim Farbempfänger droht eine ähnliche Gefahr vom Farbsignal. Seine Amplitude muß gegenüber dem durchschnittlichen Y-Signal erheblich herabgesetzt werden, um gegenseitige Beeinflussungen und damit eine perlschnurartige Modulation durch die Frequenzen um 4,43 MHz zu verhindern. Als Richtwert sieht man vor, das Frequenzgebiet bei 4,43 MHz, also beim eigenen Farbträger EF, um 6 dB, d.h. um 50 % abzusenken. Die Amplitude des Y-Signals sollte dazu von etwa 3,5 MHz an abfallen. Dadurch wird auch zwangsläufig der 5,5-MHz-Tonträger wie gewünscht reduziert, und zwar um rund 25 dB.

Auf der Seite des eigenen Bildträgers EB ist die Durchlaßkurve des Empfängers entsprechend der Nyquistflanke zu formen[1]). In Abb. 15.13 ist dafür ebenfalls eine Absenkung um 6 dB beim Bildträger vorgesehen.

Der Servicetechniker sieht dies allerdings nach Abb. 15.14 spiegelbildlich als Zf-Durchlaßkurve auf dem Oszillografenschirm. Wie üblich, werden die Frequenzen des zu empfangenden Kanals in der Mischstufe des Tuners so umgesetzt, daß die eigene Bildträgerfrequenz wie beim Schwarzweißempfänger auf 38,9 MHz zu liegen kommt. Neu merken muß man sich die Frequenz des eigenen Farbträgers EF im Zf-Verstärker. Sie liegt bei

1 Vgl. Abb. 4.01.

$$f_{EF} = 38{,}9 - 4{,}43 = 34{,}47 \approx 34{,}5 \text{ MHz}$$

Zu achten ist auch auf eine eventuell mögliche Störfrequenz $f_S$ durch Überlagerung von Farbträger EF und Tonträger ET im Bild-Zf-Teil. Dadurch ergäbe sich die Differenzfrequenz

$$f_S = 34{,}47 - 33{,}4 = 1{,}07 \text{ MHz}$$

Sie liegt mitten im Bildmodulationsspektrum und würde ein störendes Moiré[1]) erzeugen. Insgesamt erhält man die folgende Tabelle für die wichtigsten Frequenzen des Bild-Zf-Teiles eines Farbempfängers:

| Bezeichnung | Bild-Zf | Demoduliert |
|---|---|---|
| NB Nachbarbildträger | 31,9 MHz | – |
| ET1 Eigener Tonträger 1 | 33,4 MHz | 5,5 MHz |
| ET2 Eigener Tonträger 2 | 33,158 MHz | 5,742 MHz |
| EF Eigener Farbträger | 34,47 MHz | 4,43 MHz |
| EB Eigener Bildträger | 38,9 MHz | 0,0 MHz |
| NT Nachbartonträger 1 | | |
| Für VHF | 40,4 MHz | – |
| Für UHF | 41,4 MHz | – |

Durch Fallen bei 31,9 MHz und 40,4 MHz wird die Zf-Durchlaßkurve in gewünschter Weise abgesenkt. Durch Abgleichen von weiteren Kreisen werden die schrägen Flanken bzw. die 6-dB-Punkte der Durchlaßkurve erzeugt, und das Kurvendach wird glattgezogen. Diese Abgleichvorgänge sind in den Serviceschriften meist sehr gründlich Punkt für Punkt vorgeschrieben und sollten gut eingehalten werden. Bei neueren Geräten entfällt der komplizierte Abgleich durch das Oberflächenwellenfilter.

Interessant ist es übrigens, die Auswirkungen der möglichen Störfrequenz von 1,07 MHz rechnerisch zu überschlagen. Dividiert man ihre Schwingungszahl pro Sekunde durch die Zeilenfrequenz, so ergibt sich

$$\frac{1\,070\,000 \text{ Hz}}{15\,625 \text{ Hz}} = 68{,}5$$

Auf eine Zeilenbreite entfallen also 68,5 Störamplituden, und das ergibt ein flimmerndes, perlschnurartiges Muster über das gesamte Bild.

## Abb. 15.15 Zf-Durchlaßkurve in logarithmischem Maßstab

Bei der auf einem Oszillografenschirm durch Wobbeln dargestellten Kurve Abb. 15.14 ist die senkrechte Achse linear geteilt. Um den Einfluß der Filter und Fallen im

1 Moiré = schillerndes Muster (französisch); gesprochen Moaree.

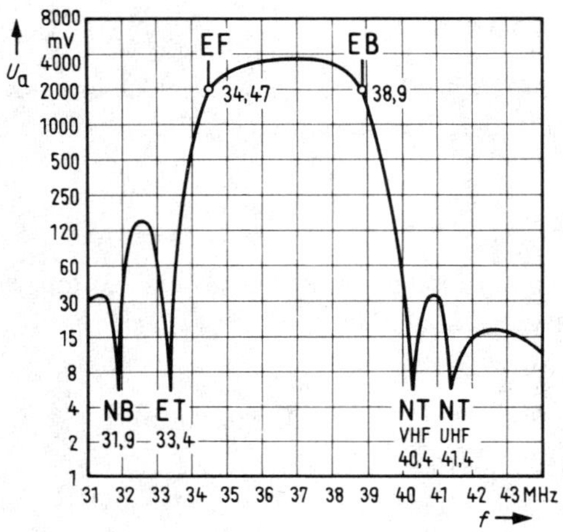


Abb. 15.15 Bild-Zf-Durchlaßkurve, in logarithmischem Maßstab aufgenommen

Bild-Zf-Teil besser zu erkennen, ist es günstiger, die Durchlaßkurve Punkt für Punkt mit Hilfe eines Meßsenders aufzunehmen und die Ausgangsspannungen nach Abb. 15.15 in ein Liniennetz mit logarithmischem Maßstab einzuzeichnen. Für störungsfreien Empfang werden dabei folgende Absenkungen für die einzelnen Punkte gefordert:

| | | | |
|---|---|---|---|
| Nachbarbildträger | 31,9 | MHz | ≥60 dB |
| Eigener Tonträger 1 | 33,4 | MHz | ≥60 dB |
| Eigener Farbträger | 34,47 | MHz | 6 dB |
| Eigener Bildträger | 38,9 | MHz | 6 dB |
| Nachbarton VHF | 40,4 | MHz | ≥50 dB |
| Nachbarton UHF | 41,4 | MHz | ≥50 dB |

Die weiter entfernt liegende Sperrstelle für den UHF-Nachbarton ergibt sich daraus, daß die Sender im UHF-Bereich einen Abstand von 8 MHz haben anstelle von 7 MHz am VHF-Bereich [1]). Vielfach sind die Zf-Filter aber so aufgebaut, daß die Durchlaßkurve in Richtung auf 41 MHz stark abfällt, so daß keine besondere Falle für 41,4 MHz einzustellen ist.

Abb. 15.15 (nach Telefunken-Unterlagen) vermittelt zugleich eine Vorstellung von den am Ausgang eines Bild-Zf-Verstärkers auftretenden Spannungswerten. Danach beträgt die Nutzspannung im Hauptdurchlaßgebiet bis zu 4000 mV = 4,0 V[2]). Hiermit ergeben sich relativ hohe Spannungen an den Zf-Demodulatoren. Nimmt man als Näherungswert an, daß der Scheitelwert der Signalspannung hinter dem Demodulator ebenfalls 4 V beträgt, dann würde der Weißpegel bei 0,4 V und der Schwarzpegel bei 3,0 V liegen[3]).

1 Vgl. Abb. 3.34.
2 Der Wert gilt für Röhrengeräte. Moderne Geräte haben hier 1–3 V.
3 Vgl. Abb. 1.06.

## Abb. 15.16 und 15.17 Zum Thema Demodulation

Die verschiedenen im Zf-Spektrum enthaltenen Signale müssen durch Demodulieren und durch Frequenzweichen voneinander getrennt werden. Demodulieren bedeutet das Umwandeln eines hochfrequenten oder zwischenfrequenten Signals in das ursprüngliche Nf-Band oder Videofrequenzband. Man kann dies auf zweierlei Weise erläutern.

1. *Hüllkurvendemodulation.* Sie ist dem Rundfunktechniker von der AM-Demodulation mit Hilfe einer Diode geläufig. Die Hf-Schwingungen werden gleichgerichtet, die hochfrequente Restwelligkeit wird durch Siebglieder beseitigt, und man erhält einen der ursprünglichen Modulation entsprechenden Signalverlauf. Abb. 15.16 stellt dies schematisch dar. Es ist gewissermaßen die Umkehrung zu Abb. 1.31. Diese Betrachtungsweise beruht auf dem *zeitlichen* Verlauf der Signale. Aus historischen Gründen spricht man dabei von *Hf-* oder *Zf-Gleichrichtung* bzw. von der Gleichrichterdiode. Treffender sind jedoch die Bezeichnungen Demodulieren, Demodulatordiode oder, kürzer, Signaldiode.
   Nach Abb. 15.16 erhält man den zeitlichen Verlauf des videofrequenten Zeilensignals zum Steuern des Strahlstromes. Aus diesen aufeinanderfolgenden Kurvenzügen tastet die Impulsabtrennstufe jeweils im richtigen Zeitpunkt die Gleichlaufzeichen heraus.

2. *Herabmischen.* Diese Betrachtungsweise ist bereits von der Gewinnung der Ton-Zwischenfrequenz im Fernsehempfänger bekannt[1]). Hierbei ist nicht der zeitliche Verlauf, sondern die frequenzmäßige Umwandlung der Signale maßgebend. Das in der Trägerfrequenz oder in der Zwischenfrequenz enthaltene Nutzsignal wird in ein niedrigeres Frequenzband umgesetzt oder herabgemischt.

Beim Gewinnen der 5,5-MHz-Ton-Zwischenfrequenz kann die Demodulatordiode am Ausgang des Bild-Zf-Verstärkers als additive Mischstufe oder als „Diodenmischer“ aufgefaßt werden. Sie mischt das bei 33,4 MHz liegende Tonsignal mit der Bildträgerfrequenz von 38,9 MHz, dies ergibt die Differenzfrequenz 5,5 MHz. In dieser Ton-Zwischenfrequenz sind auch die eigentlichen Nutzsignale enthalten.

Wie bei der Auffassung als Hüllkurvendemodulation müssen auch beim Herabmischen die nicht mehr benötigten höheren Frequenzanteile, darunter auch die Summenfrequenz, durch Siebglieder unterdrückt werden. Bei der 5,5-MHz-Ton-Zwischenfrequenz geschieht dies durch Resonanzkreise für diese Frequenz.

Abb. 15.17 zeigt schematisch eine mehrfache Frequenzumsetzung am Beispiel des Farbsignals. Um die Vorgänge leichter übersehen zu können, wurde die Farbträgerfre-

---

1 Abb. 5.01.

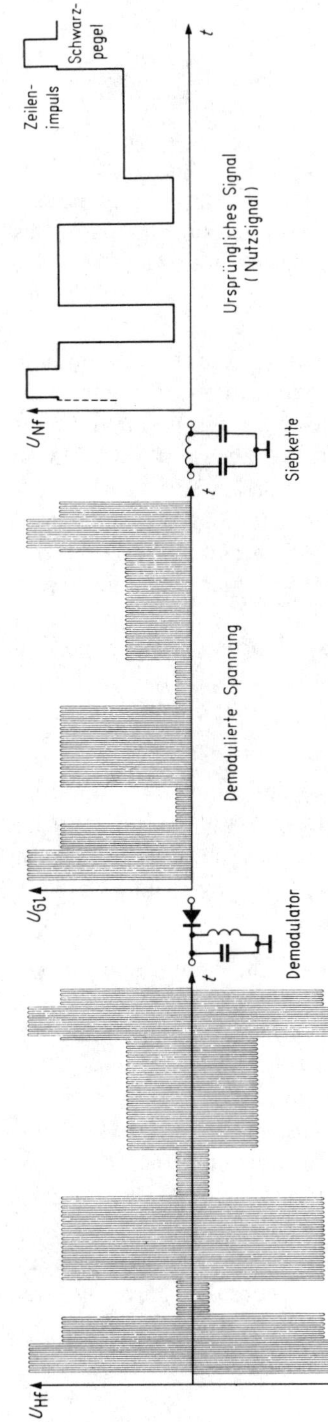


Abb. 15.16 Signalverlauf in Hüllkurvendarstellung

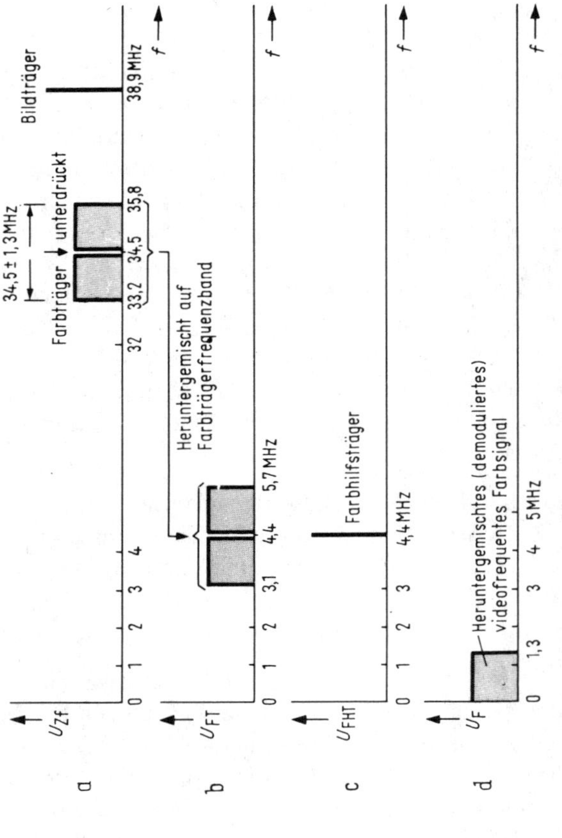


Abb. 15.17 Modulationsbänder des Farbsignals vom Zf-Teil bis zum Chrominanzteil

quenz von 4,43 MHz auf 4,4 MHz abgerundet. In der Teilabbildung 15.17a ist das im Bild-Zf-Verstärker enthaltene Farbsignalspektrum mit 34,5 ± 1,3 MHz bei unterdrücktem Träger angedeutet[1]). Hinter der Bild-Zf-Demodulatordiode entsteht daraus durch Mischen mit dem Bildträger das heruntergemischte Farbträgerfrequenzband nach Abb. 15.17b, nämlich bei der Mittenfrequenz

$$f_{FT} 38{,}9 - 34{,}5 = 4{,}4 \text{ MHz}$$

Dabei ist aber der Farbträger immer noch unterdrückt. Nun wird dieses Frequenzspektrum von 4,4 ± 1,3 MHz weiter herabgemischt, indem man in einem speziellen Synchrondemodulator den Farbhilfsträger von 4,4 MHz hinzufügt (Abb. 15.17c). Jede Teilfrequenz in den Seitenbändern von Abb. 15.17a ergibt mit diesem Farbträger eine Differenzfrequenz, und daraus bilden sich dann die endgültigen demodulierten, videofrequenten Farbsignale von 0...1,3 MHz in Abb. 15.17d.

(Man könnte einwenden, daß diese Art der Demodulation doch etwas anderes sei als die Hüllkurvendemodulation nach Abb. 15.16, weil dort keine Mischung mit einem Bildträger oder Farbhilfsträger stattgefunden hat. Mathematisch läßt sich jedoch beweisen, daß dabei ebenfalls ein „Herabmischen“ vorliegt, denn der Träger ist bereits im Zf-Band vorhanden, braucht also nicht künstlich hinzugefügt zu werden.

Man könnte ferner einwenden, daß beim Herabmischen nach Abb. 15.17d doch links vom Nullpunkt ebenfalls ein Seitenband, also mit „negativen Frequenzen“ liegen müßte. Daß dies nicht der Fall ist, läßt sich ebenfalls mathematisch über Phasenbeziehungen und Zeigerdiagramme beweisen. Die „negativen Frequenzen“ werden dabei durch Zeiger mit entgegengesetzt gerichteter Phasenlage dargestellt. (Diese Berechnungen sind aber für schaltungsmäßige Betrachtungen nicht erforderlich).

Hinter dem Bild-Zf-Verstärker eines Farbfernsehempfängers ergeben sich im wesentlichen die folgenden herabgemischten Frequenzbänder:

1. Die Differenzfrequenz zwischen Bildträger und Tonträger bewirkt die frequenzmodulierte Ton-Zwischenfrequenz

$$38{,}9 - 33{,}4 = 5{,}5 \text{ MHz}$$

2. Die Differenzfrequenz zwischen Bildträger und den Seitenbändern des Farbträgers ergeben das amplitudenmodulierte Farbartspektrum bei

$$38{,}9 - 34{,}47 = 4{,}43 \text{ MHz} \pm 1{,}3 \text{ MHz}$$

3. Ein höchst unerwünschtes Mischprodukt im Farbempfänger ist die Differenzfrequenz zwischen Farbträgerfrequenz $f_{FT} = 34{,}47$ MHz und Tonträgerfrequenz $f_{TT} = 33{,}3$ MHz, nämlich

$$34{,}47 - 33{,}4 = 1{,}07 \text{ MHz.}$$

Diese Störfrequenz würde das bereits erwähnte flimmernde Moire im Bild ergeben. Sie darf daher nicht zustande kommen. Man verhindert dies am einfachsten,

1 Vgl. Abb. 2.17 und 2.18.

indem man den 33,4-MHz-Tonträger durch Fallen vom Videoteil fernhält und die Ton-Zwischenfrequenz mit Hilfe einer getrennten Ton-Aufbereitung erzeugt.

Neben dieser 1,07-MHz-Störfrequenz bestehen bei der additiven Diodenmischung an einer nichtlinearen Kennlinie weitere Möglichkeiten zu erwünschten Kombinationsfrequenzen und Klirrverzerrungen, weil im Mischausgang auch noch die Ursprungsfrequenzen und deren Harmonische enthalten sind. Aus diesem Frequenzgemisch siebt man die Nutzsignale durch Resonanzkreise und Tiefpässe heraus und trennt sie durch Weichen voneinander.

Folgende Frequenzbänder werden für die weiteren Stufen des Farbfernsehempfängers benötigt:

| | |
|---|---|
| Ton-Zwischenfrequenz | 5,5 MHz ± 50 kHz |
| Leuchtdichtesignal | 0...5 MHz |
| Farbartsignal | 4,43 ± 1,3 MHz |
| Farbhilfsträger (aus dem Burst) | 4,43 MHz |
| H- und V-Synchronisierimpulse | 15 625 Hz, 50 Hz |

Zunächst beschäftigen wir uns mit den ersten drei Signalgruppen. Um sie zu gewinnen, bestehen verschiedene Möglichkeiten. Drei typische Beispiele davon seien herausgegriffen, man vergleiche hierzu auch Abb. 4.22.

## Abb. 15.18 Signalauftrennung mit gesonderter Tondiode

Hinter dem letzten, hier mit T1 bezeichneten Bild-Zf-Transistor liegt ein Zf-Bandfilter mit den Spulen L3 und L5. Es dient dazu, der Gesamt-Zf-Kurve den letzten Schliff zu geben. An den Kreisen dieses Filters steht das gesamte Zf-Durchlaßband

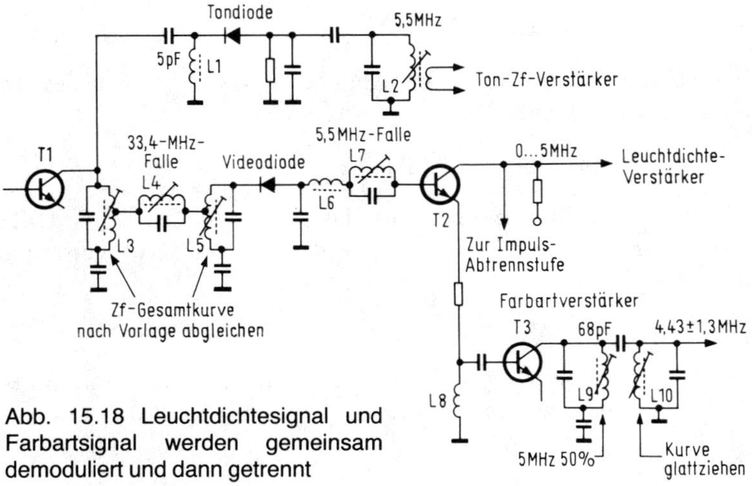


Abb. 15.18 Leuchtdichtesignal und Farbartsignal werden gemeinsam demoduliert und dann getrennt

nach Abb. 15.15 zur Verfügung. Es wird aus dem ersten Kreis ausgekoppelt und der mit *Tondiode* bezeichneten Mischdiode zugeführt. Aus dem entstehenden Mischfrequenzspektrum wird die Differenzfrequenz 5,5 MHz ausgefiltert und dem Ton-Zf-Verstärker zugeführt.

Die beiden zu einem Bandfilter gehörenden Spulen L3 und L5 sind über einen Sperrkreis gekoppelt, der auf die Ton-Zwischenfrequenz 33,4 MHz abgeglichen ist. Dies ist die erste Falle, um zu verhindern, daß die Trägerfrequenzen für Ton und Farbart an der nun folgenden Videodiode, die störende Mischfrequenz 1,07 MHz bilden können.

Hinter dieser Videodiode steht das gesamte Leuchtdichte- und Farbartsignal zur Verfügung. Ein Tiefpaß mit der Induktivität L6 hält alle bildfrequenten Anteile um 34...39 MHz zurück. Zur Sicherheit folgt dann noch eine weitere Falle, diesmal für 5,5 MHz, um zu verhindern, daß sich in den folgenden Stufen doch noch aus 5,5 MHz und 4,43 MHz das unerwünschte Mischprodukt 1,07 MHz bildet.

Der nun folgende Transistor T2 gehört bereits zum breitbandigen Leuchtdichteverstärker für das Y-Signal 0...5 MHz. Es wird an seinem Kollektor entnommen. Von dort führt auch eine Leitung zur Impulsabtrennstufe. An einer in der Emitterzuleitung liegenden Spule L8 wird eine Teilspannung ausgekoppelt und dem Transistor T3 des Farbartverstärkers zugeführt. Darauf folgt ein Bandfilter, das auf die Farbträgerfrequenz 4,43 MHz vorabgeglichen ist. Mit der Spule L9 ist lediglich bei 5 MHz die eine Flanke der Durchlaßkurve auf 50 % des Scheitelwertes abzugleichen, und mit L10 sind die Kurvenscheitel geradezuziehen. Damit erhält man dann das Farbartsignal bei 4,43 MHz mit etwa ± 1,3 MHz Bandbreite.
(Nach Telefunken-Unterlagen.)

## Abb. 15.19 Signalauftrennung mit gesonderter Leuchtdichtediode

Diese Schaltung arbeitet ebenfalls mit zwei Demodulatordioden, doch sind ihre Aufgaben anders verteilt.Ton-Zwischenfrequenz und Farbartsignal werden an der Diode D1 gewonnen, das Leuchtdichtesignal an der Diode D2. Der Ausgangskreis des letzten Bild-Zf-Transistors besteht aus einem Breitbandfilter L4–L6 für die Mittenfrequenz 37 MHz der Zf-Durchlaßkurve. Die beiden Kreise sind über einen Sperrkreis L5 für die Frequenz 33,8 MHz gekoppelt. Er stellt die Tonträgerfalle für den Leuchtdichteverstärker dar, wird aber auf 33,8 MHz statt auf 33,4 MHz abgeglichen, damit auch bei einer Empfängerverstimmung von 300...400 kHz keine Tonstörungen im Bild auftreten[1]). Die Diode D2 dient als Leuchtdichtedemodulator. Dahinter folgt ein Tiefpaß mit der Induktivität L7, um restliche Hf-Spannungen zurückzuhalten. Die Synchronsignale für das Amplitudensieb werden in einer folgenden Stufe des Leuchtdichteverstärkers ausgekoppelt.

Vor der Ton-Zf-Falle L5 wird die Spannung für den Farbart- und Ton-Zf-Verstärker abgezweigt. Dazu wird erst die Bildträgerfrequenz 38,9 MHz durch einen Reso-

1 Vgl. Abb. 15.15.

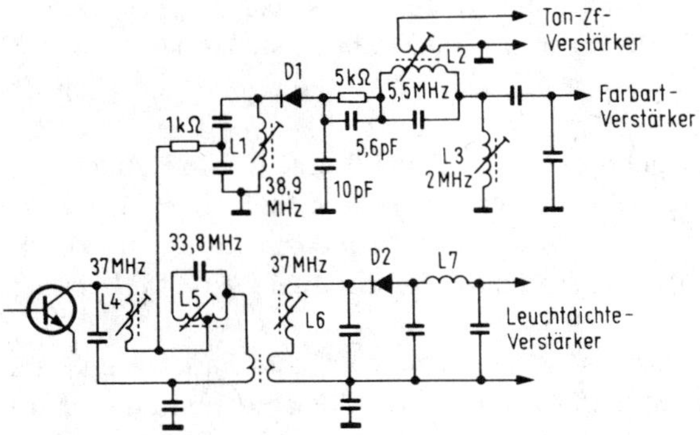


Abb. 15.19 Ton-Zf-Signal und Farbartsignal werden gemeinsam demoduliert und dann getrennt

nanzkreis mit der Spule L 1 angehoben, damit deren Amplitude auch bei Tunerverstimmungen in Richtung 33 MHz genügend groß bleibt, um eine einwandfreie Mischung mit dem Farbträger zu bewirken.

Das hinter der Diode D1 folgende Filternetzwerk besteht aus einer 5,5-MHz-Falle und einem Hochpaß mit der Querinduktivität L3. Die Falle schwächt das Ton-Zf-Signal vor dem Farbartverstärker ab. Sie verhindert, daß sich die 1,07-MHz-Interferenzstörung im Farbartverstärker bildet. Gleichzeitig dient sie dazu, die 5,5 MHz für den Ton-Zf-Verstärker auszukoppeln. Der Hochpaß, bestehend aus 5 kΩ, 5,6 pF und der Spule L3, schließt Frequenzen unterhalb der Grenzfrequenz 2 MHz für den Farbartverstärker kurz, so daß er vorzugsweise mit dem Spektrum um $f_{FT}$ = 4,43 MHz gespeist wird.
(Nach Valvo-Unterlagen.)

## Abb. 15.20 Zf-Demodulation mit Ringdemodulator

(Empfehlenswerter Wiederholungsstoff: Abb. 4.16)

Bei der Hüllkurvendemodulation bzw. beim Herabmischen durch additive Diodenmischung besteht die Schwierigkeit, daß im Ausgang zahlreiche nicht erwünschte Frequenzen vorhanden sind. Bedeutend günstiger in dieser Hinsicht verhalten sich Ringmodulatoren mit multiplikativer Mischung. Bei einem gut symmetrierten Ringmodulator entstehen am Ausgang nur die Summen- und die Differenzfrequenzen. Sogar die zu mischenden ursprünglichen Frequenzen fallen am Ausgang heraus. Der klassische Dioden-Ringmodulator ist allerdings sehr aufwendig, doch sei damit das Prinzip der multiplikativen Videodemodulation erläutert.

Der Ringmodulator ist eine Brückenschaltung aus vier in einem Leitungsring liegenden Schaltdioden. An jede Brückendiagonale ist ein Übertrager mit Mittelanzapfung angeschlossen. Liegt nur eine Wechselspannung am Übertrager Ü1 bzw. an den

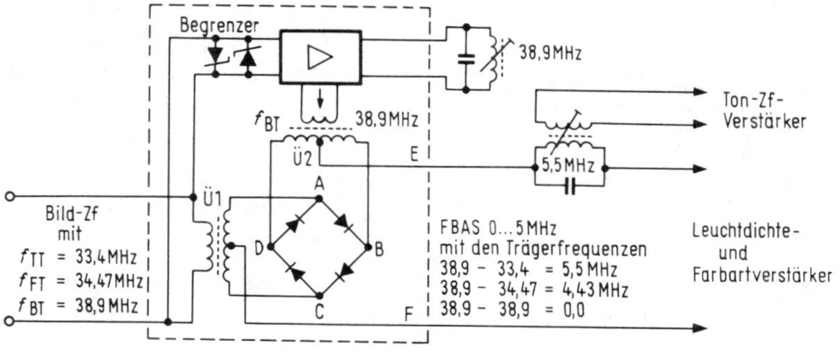


Abb. 15.20 Prinzip der Demodulation durch einen Ringdemodulator

Eckpunkten A – C, dann ergibt sich bei abgeglichener Brücke keine Spannung an der Diagonale B – D. Dann ist aber auch keine Spannung an den Ausgangsklemmen E – F vorhanden, denn Punkt E liegt ebenfalls an der spannungslosen Diagonale B – D, und Punkt F ist der Nullpunkt des Übertragers Ü1. – Die gleichen Überlegungen gelten, wenn nur der Übertrager Ü2 Spannung führt.

Legt man jedoch gleichzeitig zwei verschiedene Frequenzen an die Übertrager Ü1 und Ü2 und macht die eine Spannung, z. B. die mit der Frequenz $f_2$, bedeutend größer als die andere, dann schalten ihre Halbwellen paarweise je zwei Dioden der Brücke in Flußrichtung durch. Nur über die gerade durchgeschalteten Dioden fließt dann Strom der Frequenz $f_1$. Die Ströme von $f_1$ und $f_2$ überlagern sich, und am Ausgang erscheinen die Mischprodukte $f_2 - f_1$ und $f_2 + f_1$, während die Ursprungsfrequenzen $f_1$ und $f_2$, wie vorher besprochen, nicht vorhanden, also unterdrückt sind. Die Brücke ist nur für die Mischprodukte unsymmetrisch und liefert hiervon eine Diagonalspannung.

Bei der Verwendung als Videomodulator führt man dem Übertrager Ü1 das gesamte Bild-Zf-Spektrum zu. Übertrager 2 wird dagegen nur mit einer sauber sinusförmigen unmodulierten Bildträgerfrequenz $f_{BT}$ = 38,9 MHz gespeist. Dann ergeben sich am Ausgang die Differenzfrequenzen zwischen Bildträger und Bild-Zf-Spektrum, d. h. das gesamte rein videofrequente Fernsehsignal. (Die ebenfalls entstehenden Summensignale um 70 MHz sind leicht durch ein einfaches RC-Siebglied zu unterdrücken.) Hierzu einige markante Zahlenbeispiele:

| $f_2$ $f_1$ | | | $\Delta$ f | | | | |
|---|---|---|---|---|---|---|---|
| $f_{BT}$–$f_{BT}$ | = | 38,9–38,9 | = | 0,0 | MHz | | Leuchtdichtesignal |
| $f_{BT}$–$f_{Zmin}$ | = | 38,9–33,9 | = | 5,0 | MHz | | 0…5 MHz |
| $f_{BT}$–$f_{TT}$ | = | 38,9–33,4 | = | 5,5 | MHz | = Ton-Zf | |
| $f_{BT}$–$f_{FT}$ | = | 38,9–34,47 | = | 4,43 | MHz | = Farbträger | |

Diese Signale erscheinen sauber und ohne gegenseitige Beeinflussung am Ausgang. Dabei kann sich auch die gefährliche Störfrequenz 1,07 MHz nicht bilden.

Woher aber nun die reine Bildträgerfrequenz $f_{BT}$ = 38,9 MHz herbekommen? In Abb. 15.20 ist das Prinzip mit angedeutet. Man führt das gesamte Bild-Zf-Spektrum außerdem einer Begrenzerschaltung zu. Wir erinnern uns dabei an den zeitlichen Verlauf des amplitudenmodulierten trägerfrequenten Fernsehsignals, Abb. 1.14. Die Begrenzerschwelle wird so niedrig gelegt, daß die gesamte Amplitudenmodulation oberhalb des Weißpegels radikal weggeschnitten wird. Damit verbleibt dann nur eine Rechteckspannung, deren Grundfrequenz gleich der Bildträgerfrequenz ist, denn sie stellt den eigentlichen Modulationsträger dar[1]). Diese Rechteckspannung leitet man einem Resonanzkreis zu, der auf $f_{BT}$ = 38,9 MHz abgestimmt ist. Dieser Kreis siebt dann aus der oberschwingungsreichen Rechteckspannung die sinusförmige Grundfrequenz heraus. Sie dient nun als zweite Eingangsfrequenz für den Ringmodulator.

Die gesamte in Abb. 15.20 gestrichelt umrandete Anordnung läßt sich mit den heutigen Mitteln elegant in die Form einer integrierten Schaltung bringen. Die Übertrager, der Ringmodulator und die Begrenzerstufen werden dabei durch Transistorsysteme ersetzt, die so geschaltet sind, daß sie die gleiche Wirkung ergeben. Der Prüffeld- bzw. Servicetechniker hat dann nur noch ein einziges Bauteil zu überprüfen und den außen angeschlossenen 38,9-MHz-Kreis auf Maximum der videofrequenten Ausgangsspannung abzugleichen, denn dann ergibt sich von selbst die richtige Mischfrequenz. Eine solche Anordnung ist in der integrierten Schaltung Typ TDA 5800 enthalten, die bereits in Abb. 4.25 behandelt wurde. Aus dem Gesamtspektrum am Ausgang läßt sich die 5,5-MHz-Ton-Zwischenfrequenz leicht mit Hilfe eines Sperrkreises auskoppeln.

## *Der Leuchtdichteverstärker*

### Abb. 15.21 Durchlaßkurven und Bandbreiten

Man erinnere sich an Abb. 15.12. In das rund 5 MHz breite Helligkeitssignal wurde die Farbinformation bei 4,43 MHz hineingeschachtelt. Die Signale sind nun wieder voneinander getrennt worden. Man verstärkt sie in zwei verschiedenen Kanälen, dem Leuchtdichteverstärker und dem Farbartverstärker, führt sie aber dann in der Farbmatrix wieder zusammen; siehe Abb. 15.11, um die Bildröhre zu steuern. Der Leuchtdichteverstärker muß eine größere Bandbreite haben als der Farbartverstärker, denn er soll das gesamte Helligkeitssignal bis etwa 5 MHz wiedergeben. Dieser Durchlaßbereich des Y-Verstärkers ist schematisch in Abb. 15,21 als Kurve a dargestellt. Die 6-dB-Bandbreite beträgt rund 4,5 MHz.

---

1 Das Verfahren gleicht der Amplitudenbegrenzung im FM-Zf-Verstärker von Rundfunkempfängern. Dort schneidet man störende Amplitudenmodulationen ab, um eine saubere, allerdings frequenzmodulierte Trägerspannung zu erhalten.

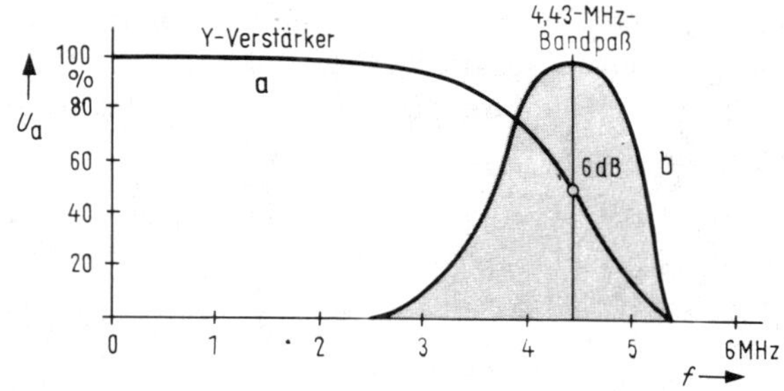


Abb. 15.21 Durchlaßkurven des Helligkeitsverstärkers und des Farbartverstärkers

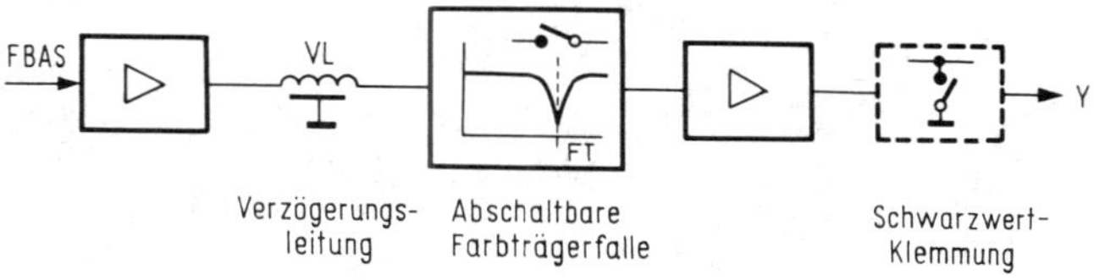


Abb. 15.22 Blockschaltung eines Leuchtdichteverstärkers mit Verzögerungsleitung und Farbträgerfalle

Der Farbartverstärker hat einen Durchlaßbereich entsprechend Kurve b. Sie verläuft infolge der Bandpaßwirkung der im Verstärker enthaltenen Selektionsmittel (vgl. Abb. 15.18, Spulen L9 und L10) etwa symmetrisch zur Farbträgerfrequenz. Die Kurve besitzt, grob angenähert, eine Bandbreite von 4,43 ± 1,3 MHz. Mit den beiden Durchlaßkurven a und b sind demnach die Farbmodulationsspektren von Abb. 15.12 gut zu verarbeiten. Meistens wird die Kurve b durch Bandfilter so geformt, daß sich ein flacher Scheitel mit zwei Höckern ergibt.

Hinter den Farbartdemodulatoren erhält man ein Frequenzband mit $B$ = 0...1,3 MHz. Der gesamte Farbteil hat also eine wesentlich geringere Bandbreite als der Leuchtdichteverstärker, nämlich 1,3 MHz gegenüber 5 MHz.

## Abb. 15.22 Blockschaltung eines Leuchtdichteverstärkers

Der Leuchtdichteverstärker eines Farbfernsehempfängers weist gegenüber einem Schwarzweißempfänger zwei wichtige Zusätze auf: die Verzögerungsleitung und die abschaltbare Farbträgerfalle.

*Verzögerungsleitung:* Wie bei Abb. 14.31 erläutert, ergibt sich bei einem Breitbandverstärker eine kürzere Laufzeit für die zu verstärkenden Signale als bei einem Verstärker mit geringerer Bandbreite. Das den breitbandigen Leuchtdichteverstärker ($B$ = 0...5 MHz) durchlaufende Helligkeitssignal würde also früher an der Bildröhre eintreffen als das Farbartsignal, das über den schmalbandigen Chrominanzteil ($B$ = 0...1,3 MHz) geschickt wird. Sollte also z.B. bei einer Fernsehübertragung ein heller roter Blitz aufleuchten, dann käme das Helligkeitssignal über den breitbandigen Y-Verstärker schneller zur Bildröhre als das Rotsignal über den Farbteil. Auf dem Bildschirm würde zuerst ein weißer Blitz erscheinen und dann, etwas versetzt, ein schwächerer roter Geisterblitz. Deswegen muß man in den Helligkeitsverstärker diese Verzögerungsleitung einschalten. Sie gibt dem Y-Signal die gleiche Laufzeit wie dem Farbartsignal, so daß beide zur gleichen Zeit an der Bildröhre eintreffen und Helligkeit und Farbe sich decken.

Für diese Verzögerungsleitung sind im allgemeinen Laufzeiten von 0,8 μs erforderlich. Dazu eine kleine rechnungsmäßige Betrachtung: Bei der Horizontal-Ablenkfrequenz 15 625 Hz beträgt die Zeilendauer

$$t_Z = \frac{1}{15\,625} \approx 64 \cdot 10^{-6} = 64\ \mu s$$

Würde man die Korrektur von 0,8 μs nicht vornehmen, dann würde bei einem 400 mm breiten Bildschirm farbige Säume im Abstand *a* von einem Helligkeitssprung auftreten. Hierfür gilt:

$$\frac{a}{400} = \frac{0{,}8}{64}$$

$$a = 400 \cdot \frac{0{,}8}{64} = 5\ \text{mm}$$

Das wäre ein recht störender Effekt

*Farbträgerfalle:* Das dem Leuchtddichteverstärker zugeführte FBAS-Signal enthält auch noch die Farbinformation. Hätte der Verstärker die volle Bandbreite von 5 MHz, dann würde dieses Farbsignal um 4,43 MHz ein leichtes Störmuster auf dem Bildschirm verursachen. Deswegen senkt man bereits die Durchlaßkurve im Zf-Teil und im Leuchtdichteverstärker bei der Farbträgerfrequenz um 6 dB ab (vgl. Abb. 15.15 und 15.21). Trotzdem ist es zweckmäßig, die Farbinformation im Leuchtdichtekanal noch stärker zu unterdrücken. Man ordnet deshalb an passender Stelle eine 4,43-MHz-Falle an.

Für Schwarzweißsendungen sollen dagegen auch diese Signalfrequenzen in voller Höhe übertragen werden, um anstelle der fehlenden Farbe nun ein gutes Bild mit möglichst vielen Schwarzweißeinzelheiten zu erhalten. Deswegen wird bei Schwarzweißsendungen die Falle häufig automatisch ausgeschaltet. Dies geschieht mit der gleichen Automatik, die auch den Farbteil abschaltet, wenn Schwarzweißsendungen laufen. Einzelheiten hierzu folgen bei der Besprechung dieses Farbabschalters.

Die eigentlichen Verstärkerstufen sind je nach Ermessen des jeweiligen Entwicklungslaboratoriums angeordnet. Bei Einzelbestückung enthält ein Leuchtdichteverstärker drei bis vier Transistoren. In neueren Geräten sind die Vorstufen zu einer integrierten Schaltung zusammengefaßt.

Bei einem Farbfernsehempfänger ist die Schwarzwerthaltung besonders wichtig, um die Signalpegel auf der richtigen Höhe zu halten, damit die Farbmischungen stimmen. Deswegen muß eine Schwarzwert-Klemmstufe vorgesehen werden, falls keine saubere Gleichspannungskopplung vom Verstärkereingang bis zur Bildröhre möglich ist.

## Abb. 15.23 Dreistufiger Leuchtdichteverstärker

Die erste Stufe mit dem Transistor T1 dient vorwiegend zum Auftrennen und Auskoppeln der verschiedenen Signale. Am Emitterwiderstand werden die Sienale für den Leuchtdichte- und den Farbartverstärker entnommen, und zwar für das Leuchtdichtesignal in Gleichstromkopplung und für Farbart kapazitiv über 10 pF, denn dieses Signal ist immer noch mit 4,43 MHz geträgert. Der Kondensator bildet mit dem darauf folgenden Eingangswiderstand des Farbartverstärkers einen Hochpaß, der das hier nicht benötigte Spektrum von 0 ... 3 MHz zurückhält.

Aus dem Kollektorkreis dieses Transistors wird die für die Impulstrennstufe benötigte Signalfolge rückwirkungsfrei abgenommen.

Im eigentlichen Heltigkeitsverstärker folgt nun die Verzögerungsleitung mit 0,8 $\mu$s Laufzeit. Diese Leitungen werden als komplette Bauelemente von den Einzelfirmen geliefert. Da sie auf dem Prinzip des Kettenleiters beruhen, siehe Abb. 14.32, müssen sie mit den richtigen Anpassungswiderständen abgeschlossen sein. Dazu liegen hier die Widerstände 1,4 kΩ, 400 Ω und 1 kΩ im Leitungsweg. Der 1-kΩ-Widerstand ist als Potentiometer ausgebildet und dient zur Kontrasteinstellung. Eine kleinere Signalspannung ergibt geringeren Bildkontrast, genau wie beim Schwarzweißempfänger.

Im Leitungszug vom Kollektor des Verstärkertransistors T2 zur Basis des Transistors T3 liegen zwei Sperrkreise, nämlich für den Farbträger mit 4,43 MHz und für die Ton-Zwischenfrequenz 5,5 MHz. Der Farbträgersperrkreis ist mit 3,3 kΩ bedämpft, damit er nicht durch steile Spannungssprünge zu Eigenschwingungen angestoßen wird. Eine Abschaltung dieser Farbträgerfalle bei Schwarzweißsendungen ist hier nicht vorgesehen.

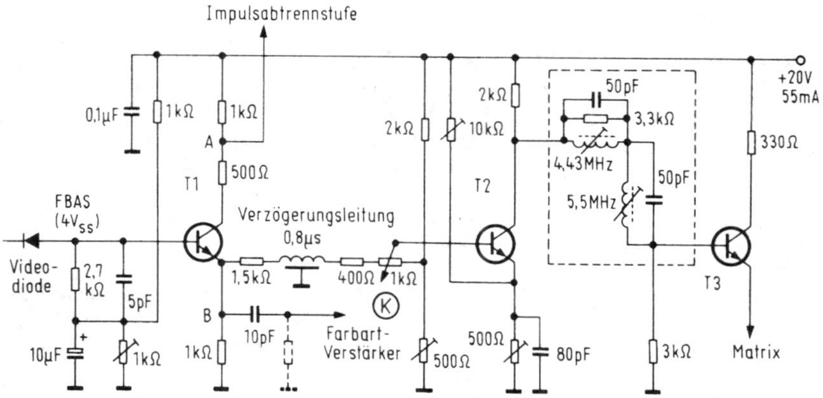

Abb. 15.23 Mit Transistoren bestückter dreistufiger Leuchtdichteverstärker

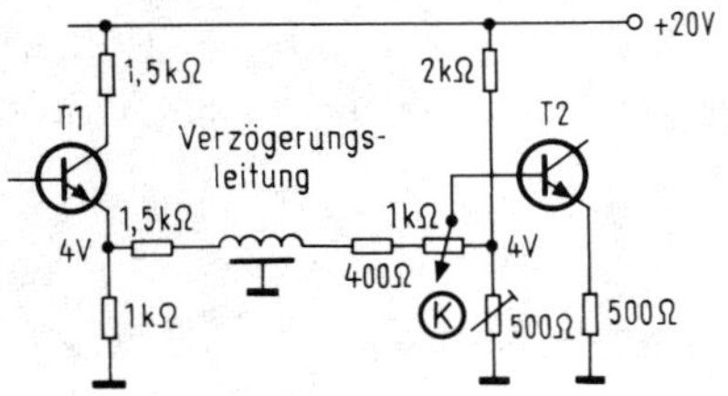


Abb. 15.24 Kontrasteinstellung über eine Brückenschaltung, um den Schwarzwert zu halten

Der dritte Verstärkertransistor wirkt als Emitterfolger bzw. Impedanzwandler für den niederohmigen Y-Eingang der Farbmatrix. Wie bereits erwähnt, sind jedoch Abwandlungen je nach Auslegung der Schaltung möglich.

## Abb. 15.24 Schwarzwerthaltung

Dies ist ein Ausschnitt aus der vorigen Abbildung, um die Funktion der Schwarzwerthaltung bei Gleichspannungskopplung besser zu erkennen. Kollektorwiderstand, Transistor T1 und dessen Emitterwiderstand bilden mit dem Spannungsteiler aus 2 kΩ und dem 500-Ω-Trimmwiderstand eine Brückenschaltung. Diese Brücke sei so abgeglichen, daß an den beiden Abzweigpunkten je 4 V Gleichspannung liegen. Die Brückendiagonale mit der Verzögerungsleitung und dem Kontrasteinsteller K ist dann stromlos bzw. gleichspannungsfrei. Sie führt jedoch die am 1-kΩ-Emitterwiderstand des Transistors T1 abgegriffene Signalwechselspannung. Man kann also mit dem Schleifer des Kontrasteinstellers mehr oder weniger große Teile der Signalspannung abgreifen, ohne daß die Basisgleichspannung des Transistors T1 sich ändert. Das bedeutet, daß die Gleichspannungspegel und damit auch der Schwarzwert festgehalten werden. Zum Abgleichen der Brücke bzw. zum Einstellen des Grundschwarzwertes dient das 500-Ω-Trimmpotentiometer.
(Nach Siemens-Unterlagen.)

## Abb. 15.25 Abschaltbare Farbträgerfalle

Bei diesem Schaltungsbeispiel liegt die Farbträgerfalle als Serienschwingkreis von der Y-Signalleitung gegen Masse. Parallel zur Spule ist eine Schaltdiode angeordnet.

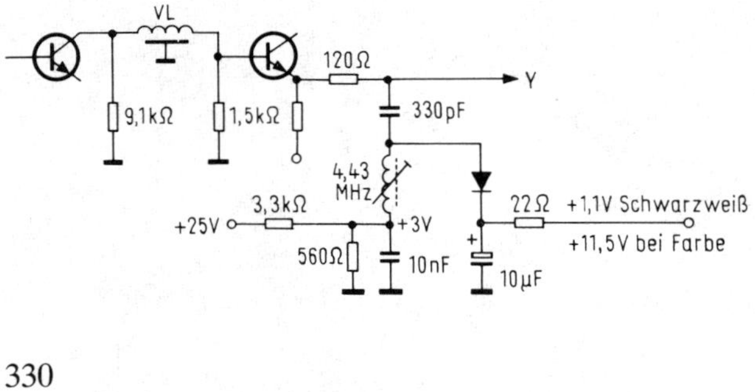


Ab. 15.25 Die 4,43-MHz-Farbträgerfalle wird beim Schwarzweißempfang durch die Schaltdiode kurzgeschlossen

Ihre Anode erhält über einen an der Betriebsspannung liegenden Spannungsteiler (3,3 kΩ-560 Ω) und über die Spulenwicklung eine Gleichspannung von + 3 V. Die Katode erhält beim Farbempfang aus einer vom Burstsignal gesteuerten Regelautomatik eine Spannung von +11,5 V. Die Katodendiode ist also positiv gegenüber der Anode. Die Diode sperrt, die Spule der Farbträgerfalle arbeitet unbeeinträchtigt und blendet Farbsignale im Helligkeitsverstärker aus.

Wird schwarzweiß gesendet, dann ist kein Burstsignal vorhanden, und die Regelspannung bricht auf +1,1 V zusammen. Die Diode ist dann in Flußrichtung mit 3 – 1,1 = +1,9 V vorgespannt. Sie schaltet durch und schließt die Spule der Farbträgerfalle wechselspannungsmäßig kurz. Dadurch entfällt die Sperrwirkung, und die Bandbreite vergrößert sich, das Schwarzweißbild erhält eine feinere Auflösung.

## Abb. 15.26 Festeingestellte Farbträgerfallen

Um möglichst beständige Empfänger zu schaffen und den Service zu vereinfachen, geht man immer mehr dazu über, auch die Schwingkreise von Filtern und Fallen mit festen, unveränderlichen Werten zukonstruieren. Ein Weg hierzu ist die Verwendung von Keramikfiltern, ein anderer der, Spulen mit gedruckten Leiterplatten, also sehr exakten und gleichbleibenden Abmessungen vorzusehen. Benutzt man außerdem dazu Ferritkerne mit definierten, eng tolerierten magnetischen Werten, dann braucht eine solche Falle nicht mehr abgeglichen zu werden. Die Abb. zeigt eine solche 4,43-MHz-Sperre aus dem Leuchtdichteverstärker eines Telefunken-Empfängers. Sie besteht aus einem Doppelloch-Ferritkern, durch den eine Hartpapierplatte mit gedruckten Spulenwindungen in U-Form hindurchgesteckt ist. Die Windungen werden auf der Unterseite beim Tauchlöten durchverbunden.

Abb. 15.26 Fest eingestellte 4,43-MHz-Sperre; sie besteht aus einem Doppelloch-Ferritkern, durch den eine U-förmige Hartpapierplatte mit gedruckten Leitungszügen gesteckt ist

## Anmerkung

Die bisher besprochenen Stufen des Farbfernsehempfängers und auch die noch folgenden werden vielfach in integrierten Schaltungen zusammengefaßt. Um die Funktionen der Einzelstufen innerhalb einer Gesamtschaltung zu verstehen, werden die Stufen hier zunächst für sich anhand des Aufbaues mit Einzeltransistoren erläutert. Am Schluß des Kapitels folgt dann die Besprechung von integrierten Bausteinen, in denen mehrere dieser Stufen vereinigt sind.

## *Farbartverstärker*

### Abb. 15.31 bis 15.33 ... und wieder einmal Durchlaßkurven

Die in Abb. 15.21 dargestellte glockenförmige Kurve b für den Durchlaßbereich eines Farbartverstärkers ist vorerst eine Wunschkurve. Dem Eingang des Verstärkers wird nämlich das vollständige FBAS-Signal zugeführt, bei dem die Farbträgerfrequenz um 6 dB abgesenkt worden ist[1]), damit möglichst wenig Farbinformation in den Y-Kanal eindringen und Störmuster verursachen. Abb. 15.31 zeigt nochmals eine Zf-Durchlaßkurve, diesmal seitenverkehrt, um den Zusammenhang zum Farbartsignalverstärker besser zu erkennen. Eingetragen sind die Zwischenfrequenzwerte.

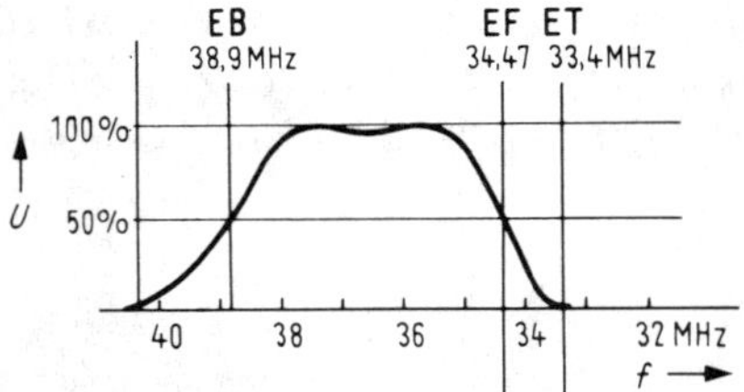


Abb. 15.31 Gesamtdurchlaßkurve des Zf-Verstärkers

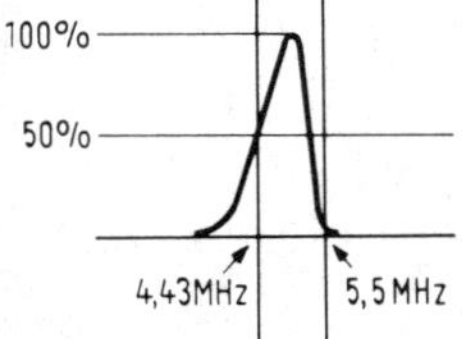


Abb. 15.32 Korrekturkurve des Farbartverstärkers

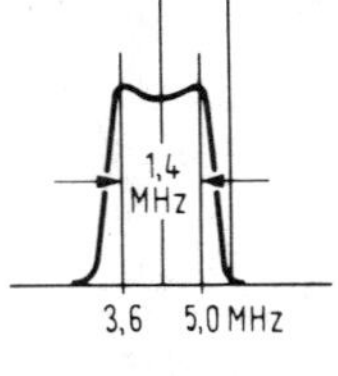


Abb. 15.33 Gesamtkurve des Farbartverstärkers

1 Vgl. die Abb. 15.13, 15.14 und 15.21

Nach dem Videodemodulator verläuft die Kurve genauso, aber anstelle der Frequenz 34,47 MHz steht nun der Wert 4,43 MHz für den Farbträger. Um den Flankenabfall der Durchlaßkurve des Bild-Zf-Verstärkers im Farbartverstärker auszugleichen, muß man dort einen gegenläufigen Flankenabfall hineinbringen. Dazu kann man einen Schwingkreis im Farbartverstärker so nach hohen Frequenzen zu verstimmen, daß an diesem Kreis nach Abb. 15.32 bei 4,43 MHz nur 50% der Maximalspannung vorhanden sind. Deswegen finden sich oft in den Abgleichanweisungen Vorschriften, einen Spulenkern so einzustellen, daß eine bestimmte Frequenz auf der Flanke der Durchlaßkurve bei 50% des Scheitelwertes liegen soll.

Weitere Schwingkreise im Farbartverstärker machen dann aus den beiden sich multiplizierenden Kurventeilen von Abb. 15.31 und 15.32 eine schöne symmetrische Durchlaßkurve mit einer Höckerbandbreite von vielleicht 1,4 MHz nach Abb. 15.33.

Das Gebiet von 0...3 MHz wird dabei, wie bereits mehrmals erwähnt, in diesem Farbartverstärker unterdrückt. Nicht vergessen sei, daß es sich bei der Farbinformation Abb. 15.33 immer noch um ein geträgertes Signal handelt. Zu beiden Seiten der an sich unterdrückten Farbträgerfrequenz 4,43 MHz ist die Farbinformation in Amplitudenmodulation angeordnet und muß erst noch demoduliert werden.

## Abb. 15.34 Gruppenlaufzeit

Die Farbfernsehtechnik beruht auf Phasenbeziehungen zwischen den Farbartsignalen, wie dies in Kapitel 2 behandelt worden ist[1]). Würden die Farbsignale im Empfänger unterschiedliche Laufzeiten haben, dann ergäbe dies Farbtonverfälschungen. Der große Vorteil des Pal-Systems besteht ja gerade darin, auf dem Übertragungsweg im Äther aufgetretene unvermeidliche Laufzeitunterschiede im Empfänger zu kompensieren. Deshalb dürfen im Farbartverstärker keine zusätzlichen Phasendrehungen und unterschiedliche Laufzeiten zwischen den einzelnen Farbfrequenzen neu entstehen. Ein wichtiges und nach außen hin wenig erwähntes Teilgebiet der Entwicklungsarbeit besteht darin, dem Farbartverstärker nicht nur eine saubere Amplitudendurchlaßkurve nach Abb. 15.33 zu geben, sondern auch den Phasengang bzw. die Gruppenlaufzeit im Durchlaßbereich gleichmäßig zu gestalten. Abb. 15.34 gibt ein Beispiel dafür.

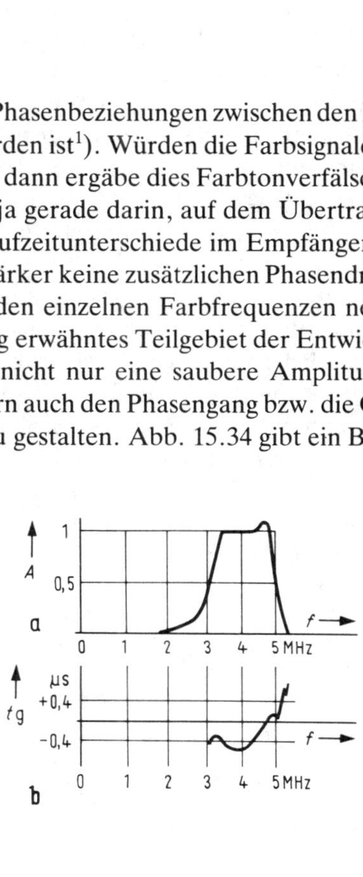


Abb. 15.34 Durchlaßkurve und Laufzeitkurve eines Farbartverstärkers

1 Vgl. Abb. 2.33 und 2.41 bis 2.44.

Zwischen 3 und 5 MHz bleibt die Gruppenlaufzeit $t_g$ innerhalb enger Grenzen. Erst außerhalb der Gesamtdurchlaßkurve werden die Abweichungen größer.

Unterschiedliche Gruppenlaufzeiten im Übertragungsbereich würden sich besonders stark bei plötzlichen Farbwechseln, z. B. von Grün auf Rot, auswirken. Die aneinandergrenzenden Farbflächen erscheinen dann nicht sauber abgegrenzt, sondern es bilden sich helle und dunkle Streifen nebeneinander.

Der Prüffeld- und Servicetechniker braucht sich allerdings mit diesen Problemen nicht zu belasten. Der gleichmäßige Phasenverlauf ergibt sich von selbst, wenn die Durchlaßkurve nach Vorschrift abgeglichen ist – das wird bei der Entwicklung der Schaltung eingeplant. Man sollte aber von diesen Eigenschaften eine Vorstellung haben, um richtig würdigen zu können, welche Entwurfsarbeit in den Filterkreisen von Fernsehempfängern steckt.

## Abb. 15.35 Prinzipschaltung eines Farbsignalverstärkers

Der Farbsignalverstärker muß eine automatische Verstärkungsregelung erhalten. Die bereits im Tuner und im Bild-Zf-Verstärker vorhandene Regelschaltung reicht dafür nicht aus. Bei der relativ schmalen und speziell abgeglichenen Durchlaßkurve des Farbartverstärkers besteht nämlich die Gefahr, daß bei geringen Tunerverstimmungen das Farbartsignal einseitig zum Durchlaßbereich zu liegen kommt. Dadurch sinkt die Verstärkung, und das bedeutet geringeren Farbkontrast. Dieser Effekt würde die Handabstimmung bzw. bei erstmaligem Einstellen der Programmtasten recht störend sein, wenn das Bild erst blaß ist und dann aufleuchtet. Er könnte aber auch bei der automatischen Scharfabstimmung stören, wenn sich die Abstimmlage des Tuner-Oszillators verschiebt.

Deshalb muß also die Ausgangsspannung des Farbsignalverstärkers konstant gehalten werden, auch wenn dessen Eingangsspannung sich ändert. Diese Regelung erfolgt auf die übliche Weise. Die Regelspannung wird aus der im Farbartverstärker vorhandenen Burstamplitude abgeleitet, denn sie ist auch ein Maß für die Gesamtamplitude. Da nicht nur die Verstärkung an sich, sondern der konstante Farbkontrast das Endziel ist, spricht man von „automatischer Farbkontrastregelung". Als Kurzzeichen ist auch ACC = Automatic Chroma Control üblich. Konstanter Farbkontrast bedeutet auch, daß die Farben stets ihre richtige Farbsättigung aufweisen. Das Bild soll nicht abwechselnd blaß und kräftig gefärbt sein. Man nennt diese Automatik deshalb auch *Farbsättigungsregelung*.

In Abb. 15.35 erfolgt diese Regelung in der ersten Stufe. Die Verstärkung sinkt beim Aufwärtssteuern des Kollektorstromes. Gleichzeitig steigt auch die Teilspannung an dem in der Kollektorleitung liegenden 3,9-kΩ-Widerstand. Infolgedessen wird die Spannung am Kollektor niedriger, dies verbessert die Regelwirkung.

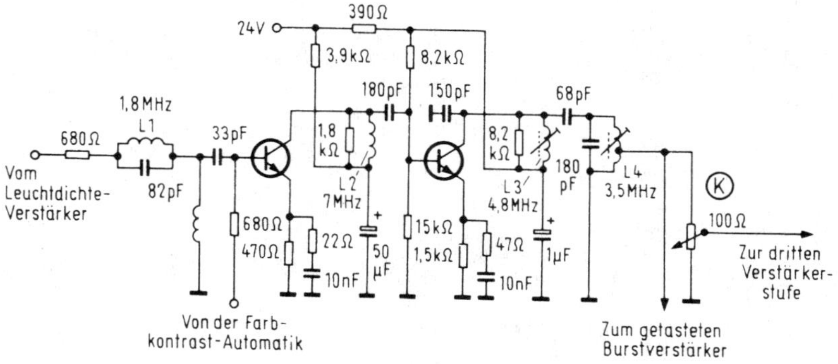


Abb. 15.35 Farbsignalverstärker mit Abgleichelementen

Am Eingang des Verstärkers liegt ein auf 1,8 MHz abgeglichener Sperrkreis mit der Spule L1. Er unterdrückt bereits einen großen Teil des im Farbartverstärker nicht benötigten Frequenzgebietes unterhalb 3 MHz. Die festeingestellte Spule L2 bildet mit den Schaltkapazitäten einen auf 7 MHz abgestimmten Parallelschwingkreis und hebt dadurch die 5-MHz-Seite des Durchlaßbereiches an. Das auf den zweiten Transistor folgende Bandfilter formt die endgültige Kurve. Die Eigenresonanz des Primärkreises mit der Spule L3 liegt bei 4,8 MHz, die des Sekundärkreises bei 3,5 MHz. In Verbindung mit der abfallenden Flanke des Bild-Zf-Verstärkers (vgl. Abb. 15.31) ergibt sich daraus - über alles gesehen - die erwünschte Bandpaßkurve.

Die Induktivität L4, die letzte dieser Schwingkreisspulen, ist niederohmig angezapft, um den 100-Ω-Kontrasteinsteller und die folgende Verstärkerstufe anzupassen. An dieser Stelle wird auch das für den Burstverstärker benötigte Signal niederohmig abgegriffen.

## *Synchrondemodulation*

Das Prinzip dieses Verfahrens wurde bereits kurz in Kapitel 2 mit den Abbildungen 2.34 bis 2.36 erläutert. Die folgende ausführliche Beschreibung behandelt auch die Verhältnisse bei unterdrückter Trägerfrequenz.

### Abb. 15.41 bis 15.43 AM-Modulation mit unterdrücktem Träger

Das am Ausgang des Farbartverstärkers stehende Signal muß demoduliert werden. Vereinfachen wir zunächst die Vorgänge und lassen außer acht, daß in diesem Signal eigentlich zwei phasenverschobene Informationen, nämlich für $R-Y$ und $B-Y$ enthal-

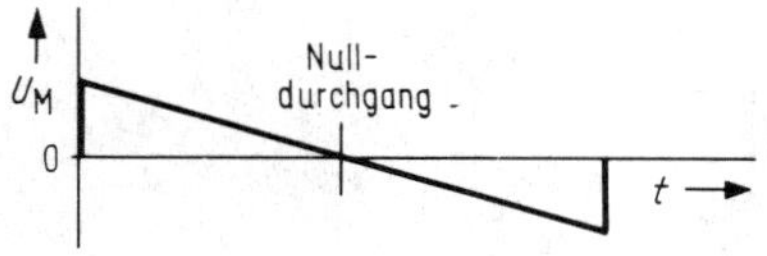


Abb. 15.41 Ein in Amplitudenmodulation zu übertragendes Sägezahnsignal

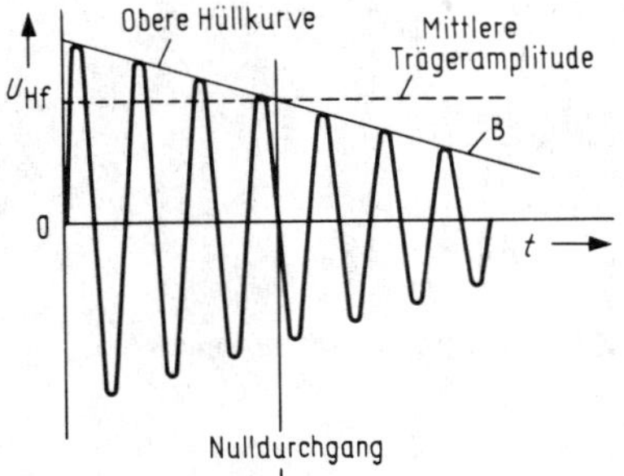


Abb. 15.42 Die Trägerfrequenzspannung ist mit dem Sägezahnsignal moduliert

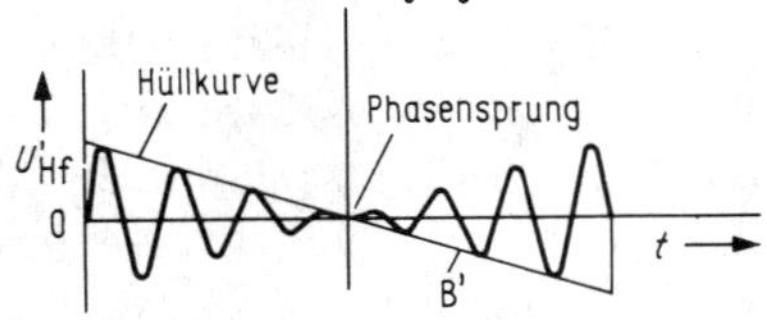


Abb. 15.43 Modulationsverlauf bei unterdrücktem Träger

ten sind. Wir betrachten das Farbartsignal lediglich als ein Zwischenfrequenzspektrum mit 1,3 MHz breiten Seitenbändern, bei dem die Mittenfrequenz oder Trägerfrequenz 4,43 MHz im Sender unterdrückt worden ist. Sie wurde auch in den bisher behandelten Stufen noch nicht wieder hinzugefügt. Nach Abb. 15.17 läßt sich die AM-Demodulation auffassen als das Herabmischen *auf der Frequenzskala*, indem man das Zf-Signalspektrum von 4,43 ± 1,3 MHz mit einer Oszillator- oder Trägerfrequenz von 4,43 MHz mischt. Die Differenzfrequenzen ergeben dann das gewünschte Frequenzband von 0...1,3 MHz.

Zum Verständnis der Synchrondemodulation benutzt man jedoch besser die Hüllkurvendarstellung *mit der Zeitskala*. Angenommen, das zu übertragende Modulationssignal $U_M$ habe die Form einer nach Abb. 15.41 durch Null gehenden Sägezahnspannung. Bei normaler Amplitudenmodulation einer Trägerfrequenz mit diesem Signal ergibt sich der hochfrequente Schwingungsverlauf $U_{Hf}$ nach Abb. 15.42. Die Hüllkurven der Trägerfrequenzschwingungen liegen symmetrisch zur mittleren Trägeramplitude.

Um den Träger zu unterdrücken, muß man in dieser Darstellungsweise die mittleren Trägeramplituden zur Nullinie zusammenschrumpfen lassen. Das bedeutet, daß zeichnerisch von jedem Kurvenpunkt in Abb. 15.42 die mittlere Trägeramplitude abzuziehen ist. Man erhält dann den Kurvenzug Abb. 15.43. Die beiden Hüllkurven schieben sich zur Nullinie und überschneiden sich an der Stelle, wo auch der Sägezahn in Abb. 15.41 durch Null geht. Die in Abb. 15.42 rechts bei B unterhalb der mittleren Trägeramplitude liegenden Kurvenstücke wechseln dabei in das negative Gebiet B' von Abb. 15.43, weil sich durch Subtrahieren der mittleren Trägeramplitude negative Werte ergeben. Das entspricht dann dem negativen Gebiet des ursprünglichen Sägezahnverlaufes von Abb. 15.41. An der Stelle, wo dort das Signal durch Null geht und das Vorzeichen wechselt, geschieht dies auch bei dem Modulationsspektrum mit unterdrücktem Träger in Abb. 15.43. Vorzeichenwechsel heißt: Die Phase springt um 180° gegenüber Abb. 15.42 um!

In dem stark zusammengeschrumpften Signal $U'_{Hf}$ ist demnach die ursprüngliche Sägezahnmodulation noch vollständig erhalten. Man erkennt, daß ein solches Signal mit unterdrücktem Träger bedeutend geringere Spannungen aufweist als bei normaler Amplitudenmodulation nach Abb. 15.42. Kleinere Spannungen werden aber nicht so leicht übersteuert und ergeben damit weniger Störungen und Kreuzmodulationen mit den anderen Signalen bei Mehrfachmodulation. Deswegen unterdrückt man den 19-kHz-Hilfsträger beim Stereo-Rundfunk und den 4,43-MHz-Farbträger beim Fernsehen, auch wenn dies einen zusätzlichen Aufwand erfordert, um diese Frequenzen als „Hilfsträger" im Empfänger wieder neu zu erzeugen.

Das Unterdrücken der Trägerfrequenz im Sender erfolgt durch Modulation mit einem Ringmischer, bei dem bekanntlich nur die Differenzfrequenzen am Ausgang erscheinen, also nur die Seitenbänder übrig bleiben. Aus solchen zeitlichen Modulationsverläufen wie in Abb. 15.43 bestehen auch die Farbartsignale. Wird z.B. ein Farbbalken-Testbild gesendet, dann ist der Modulationsverlauf längs einer Zeile nicht sägezahnförmig, sondern treppenförmig. Jeder Farbbalken ergibt eine Treppenstufe.

## Abb. 15.44 und 15.45 Demodulation bei unterdrücktem Träger

Um aus einem trägerfrequenten Signalverlauf $U'_{Hf}$ von Abb. 15.43 die Modulation zurückzugewinnen, tastet man nach Abb. 15.44 kurze Kurvenstücke in Abständen von einer Periode aus den Halbwellen heraus. Zum Heraustasten dient ein elektronischer Schalter, der genau im Rhythmus der Trägerfrequenz gesteuert wird. Dies ist durch die gestrichelten Linien zu der darunter gezeichneten Trägerfrequenzschwingung $U_T$ in Abb. 15.45 deutlich gemacht. Die aus dem Signalverlauf Abb. 15.44 herausgetasteten impulsartigen Spannungsstöße führt man einem Tiefpaß zu. Er glättet und siebt diese Impulse ähnlich wie das Siebglied hinter einem Hf-Diodendemodulator[1]). Die Hf-Anteile werden unterdrückt, und die Hüllkurve der Scheitelwerte dieser Impulsreihe stellt wieder das ursprüngliche Modulationssignal von Abb. 15.41 dar. (Um die Vorgänge deutlicher zu erkennen, wurde in diesen Abbildungen eine recht niedrige und daher grob wirkende Trägerfrequenz gezeichnet. In Wirklichkeit folgen die Trägerfrequenzschwingungen und damit die herausgetasteten Kurvenstücke viel dichter aufeinander.)Die zum Heraustasten der Kurvenstücke benötigte Schaltspannung erzeugt man nach Abb. 15.45 aus der künstlich wiederhergestellten Trägerfrequenzspannung $U_T$. Man gibt sie mit so großer Amplitude auf stark negativ vorgespannte Schaltdioden, daß nur die äußersten Kuppen der Sinuskurve die Schaltschwelle überwinden,

1 Vgl. Abb. 15.16.

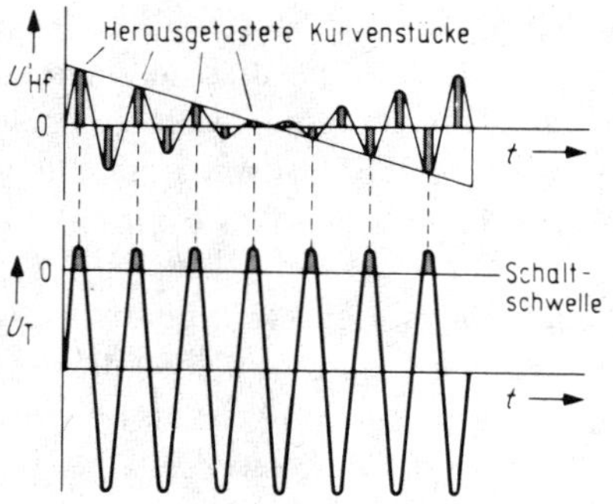


Abb. 15.44 Durch Heraustasten der markierten Kurvenstücke erhält man eine Hüllkurve entsprechend dem ursprünglichen Sägezahnsignal Abb. 15.41

Abb. 15.45 Tastspannung zu Abb. 15.44; die über die Schaltschwelle hinausragenden positiven Kuppen ergeben die Tastspannung

die Diode öffnen und sie auch für andere Spannungen und Ströme durchlässig machen[1]).

Die gestrichelten Verbindungslinien zwischen Abb. 15.44 und 15.45 zeigen aber auch, wie wichtig neben der genauen Frequenz dieses Hilfsträgers seine Phasenlage ist. Denkt man sich die Halbwellen von Abb. 15.45 im Extremfall z.B. um 180° phasenverschoben, dann erhält man keinen herausgetastetend Sägezahn mit abfallender, sondern mit ansteigender Flanke, also ein falsches Signal. Die Phasenlage eines vom Burst synchronisierten Farbhilfsträgers im Farbempfänger ist also sehr exakt einzuhalten, besonders auch deswegen, weil das Farbartsignal aus zwei um 90° phasenverschobenen Informationen besteht, vgl. Abb. 2.31 bis 2.34.

## Abb. 15.46 und 15.47 Prinzip des Synchrondemodulators

Die Wirkungsweise eines Synchrondemodulators ähnelt der eines Ringmodulators nach Abb. 15.20. Es handelt sich um eine Art multiplikativer Mischschaltung. Dem Eingang E1 in Abb. 15.46 wird die mit dem Nutzsignal modulierte trägerfrequente Spannung $U'_{Hf}$ zugeführt, dem anderen Eingang E2 die reine unmodulierte Trägerfrequenz. Die Differenzfrequenz am Ausgang ergibt dann das herabgemischte Nutzsignal bzw. die ursprüngliche Modulation $U_M$.

Beim Synchrondemodulator dient zwar die Trägerfrequenz dazu, entsprechend Abb. 15.44 und 15.45 periodisch nur einzelne Stücke aus dem modulierten Zf-Signal herauszutasten, doch ergibt sich im Endeffekt je nach Betrachtungsweise eine Hüllkurvendemodulation oder ein Herabmischen des Nutzsignals in das gewünschte Frequenzgebiet. Diese Funktion des Heraustastens wurde auch bereits kurz im Einleitungskapitel 2 beschrieben[2]). Sie sei nun ausführlicher an einer etwas anderen Grundschaltung Abb. 15.47 erläutert. Als trägerfrequente Schaltspannung dient der im Empfänger erzeugte und durch die Burstschwingungszüge synchronisierte Farbhilfsträger

1 Vgl. Abb. 2.36.
2 Abb. 2.35 und 2.36.

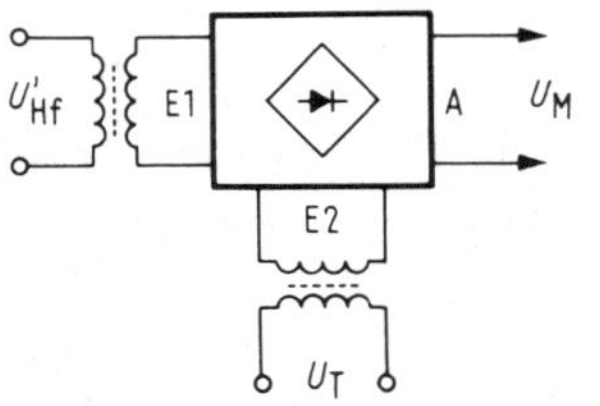


Abb. 15.46 Blockschaltung eines Synchrondemodulators

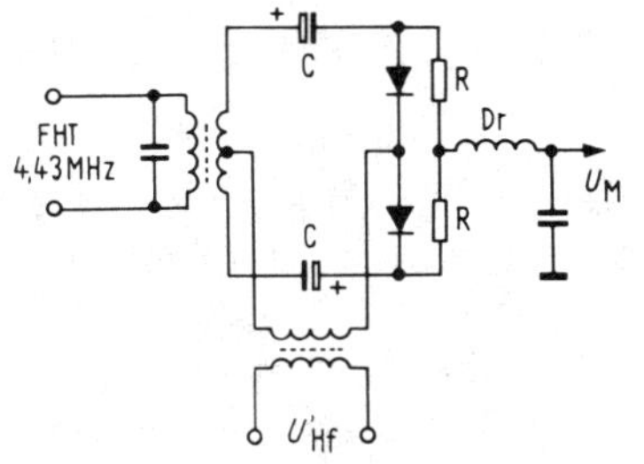


Abb. 15.47 Prinzipschaltung eines Synchrondemodulators (die Eingänge für Signalfrequenz und Trägerfrequenz liegen anders als in Abb. 15.46)

mit $f$ = 4,43 MHz. Diese ziemlich große Schaltspannung, sie entspricht der gesamten Sinusschwingung in Abb. 15.45, wird einer Brückenschaltung zugeführt. Sie besteht aus einer symmetrischen Übertragerwicklung und zwei Dioden. Das trägerfrequente Farbartsignal mit der Quadraturmodulation *(R – Y)* und *(B – Y)* liegt in der Brückendiagonale. Der Farbhilfsträger wird über einen auf 4,43 MHz abgestimmten Schwingkreis den anderen beiden Eckpunkten der Brücke zugeführt. (In Abb. 2.35 und 15.46 sind die Brückenzweige bzw. die beiden Eingänge anders angeordnet, die Wirkung ist jedoch die gleiche.)

Der Farbhilfsträger ladet über die Dioden die beiden Kapazitäten *C* abwechselnd fast bis auf den Scheitelwert auf. Die entstehenden Gleichspannungen sind so gepolt, daß die Dioden während des größten Teiles der Schaltfrequenzschwingung sperren (Minus an Diodenanode, Plus an Katode). Nur die Spitzen der positiven Halbwellen bewirken noch einen kurzen Stromstoß durch die Schaltdioden, wie dies bereits in Abb. 15.45 angedeutet worden ist. Während dieser kurzen Zeiten, in denen die Dioden durchschalten, werden die Kapazitäten *C* entsprechend dem Momentanwert der Farbartsignalspannung $U'_{Hf}$ umgeladen, und zwar in gleicher Richtung. Die von der Schaltfrequenz herrührende Aufladung der Kondensatoren *C* ist gegensinnig und hebt sich am Mittelpunkt der beiden Widerstände *R* auf. Übrig bleibt nur das gleichsinnige, jetzt demodulierte Nutzsignal ohne Farbträger. Das darauf folgende Drossel-Kondensatorglied schneidet außerdem Hf-Reste oberhalb 1,3 MHz ab.

## *Burst Auftaststufe*

In der ersten großen Blockschaltung Abb. 15.11 waren zwei Synchrondemodulatoren, nämlich für *(R – Y)* und *(B – Y)* vorgesehen, von denen jeder mit der Farbhilfsträgerfrequenz FHT geschaltet wurde. Auf das Zusammenarbeiten dieser beiden Stufen wird später eingegangen. Jetzt soll erst die eigentlich zum Abschnitt Signaltrennung gehörende Austastung der Burstschwingungszüge aus dem FBAS-Signal besprochen werden. Diese Burstschwingungen dienen dann zum Synchronisieren des für die Funktion der Demodulatoren notwendigen Farbhilfsträgers.

## Abb. 15.48 Prinzip der Burstauftastung

Die Funktion wurde bereits bei der Besprechung von Abb. 15.11 erwähnt. Der Burstverstärker soll die wenigen vom Sender herkommenden und auf der hinteren Schwarzschulter des Synchronsignals befindlichen Schwingungszüge der Farbträgerfrequenz 4,43 MHz aus dem gesamten FBAS-Signal heraustrennen. Dazu benutzt man eine Koinzidenzschaltung bzw. ein UND-Gatter. Dem einen Eingng wird das vollständige FBAS-Signal aus dem Farbteil zugeführt. Der andere Toreingang wird mit dem auch im Farbempfänger benötigten und vorhandenen Zeilenrückschlagimpuls oder Horizontal-Austastimpuls gesteuert. Nur während der Dauer dieses kurzzeitigen Impulses wird das Gatter geöffnet. Der im FBAS-Signal enthaltene und genau zum gleichen Zeitpunkt eintreffende Synchronimpuls mit der Burstschwingung auf der Schwarzschulter wird dann durchgelassen und die Burstschwingung verstärkt. Der auf 4,43 MHz abgestimmte Resonanzkreis hebt diese Schwingungszüge heraus. Sie stehen dann an der Auskoppelwicklung zum Synchronisieren des Farbhilfsträgers zur Verfügung. Alle anderen im Zeilenverlauf enthaltenen Signale sind ausgeblendet.

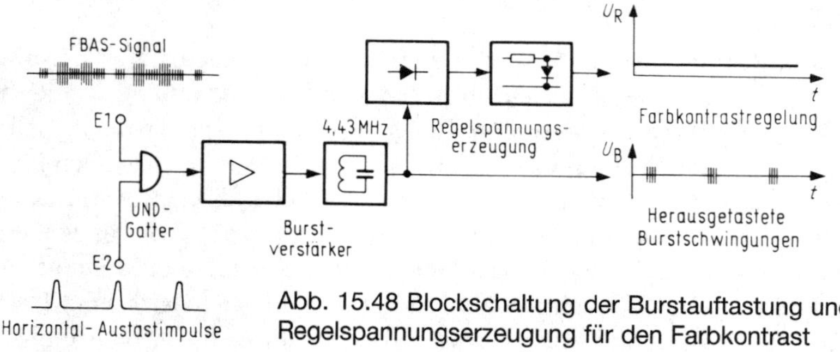


Abb. 15.48 Blockschaltung der Burstauftastung und der Regelspannungserzeugung für den Farbkontrast

Diese Burstschwingungszüge nach Abb. 15.48 rechts unten werden auch als *Farbsynchronimpulse* bezeichnet, weil damit der im Gerät erzeugte Farbhilfsträger synchronisiert wird. Aus der Amplitude dieser Burstschwingungszüge wird außerdem die Regelspannung für die Farbkontrastautomatik des Farbartverstärkers gewonnen[1]). Dazu führt man die Burstschwingungszüge einem Gleichrichter zu und schaltet dahinter ein Siebglied mit hoher Zeitkonstante. Die gewonnene Richtspannung ist ein Maß für die maximale Farbsignalamplitude und dient als Kontrast-Regelspannung für den Farbartverstärker (Diagramm für $U_R$ in Abb. 15.48 oben rechts).

Die Burstschwingungszüge hinter dem getasteten Burstverstärker sind nur bei einer Farbsendung vorhanden. Ist dies nicht der Fall, dann wird beim Ausbleiben des Burst eine andere Torschaltung betätigt, die den gesamten Farbteil abschaltet. Das Gerät arbeitet dann ausschließlich als Schwarzweißempfänger. Einzelheiten dieses Farbabschalters oder Farbkillers werden später besprochen.

---

1 Vgl. Abb. 15.35.

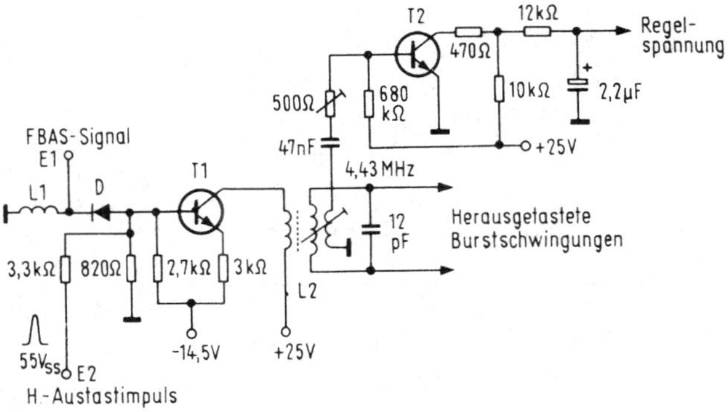


Abb. 15.49 Burstauftastung und Regelspannungserzeugung

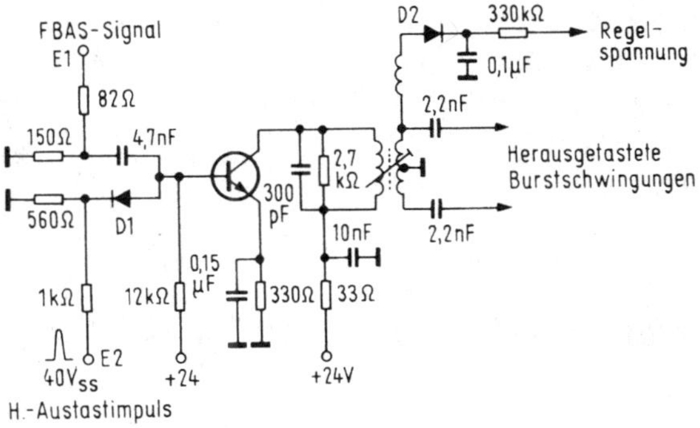


Abb. 15.50 Burstauftastung und Regelspannungserzeugung

## Abb. 15.49 und 15.50 Burstverstärker

Die beiden folgenden Abbildungen sind in der Anordnung der Ein- und Ausgänge weitgehend der Blockschaltung Abb. 15.48 angeglichen, so daß die Funktionen leicht zu übersehen sind (in großen Serviceschaltungen ist dies leider nicht immer möglich).

In Abb. 15.49 wird das FBAS-Signal der Schaltdiode D zugeführt. Sie ist normalerweise gesperrt, denn ihre Katode liegt über eine im Farbartverstärker befindliche Spule L1 gleichspannungsmäßig auf Masse, und die Anode ist von der negativen Speiseleitung (–14,5 V) über den Spannungsteiler 2,7 kΩ – 820 Ω negativ vorgespannt. Auch der Eingang des Transistors T 1 ist durch diese negative Vorspannung gesperrt. Nur während der kurzen Zeit der positiv gerichteten Horizontal-Austastimpulse wird die Diodenanode positiv gegenüber ihrer Katode. Die Diode schaltet durch, und der Verstärker wird entsperrt. Der Burst aus dem Synchronsignal gelangt dann an die Basis des Transistorverstärkers. Sein Kollektorspulensatz L2 ist auf 4,43 MHz abgestimmt. An der Zweitwicklung erscheinen dann nur die verstärkten Burstschwingungspakete ohne Synchronisier- und Austastimpulse.

Eine weitere Koppelwicklung auf diesem Spulensatz leitet außerdem die Burstspannung dem Transistor T2 zu. An seiner Basis-Emitterdiode wird der Burst gleichgerichtet und ladet den 47-nF-Kondensator in Abhängigkeit von der Burstamplitude negativ auf. Diese Spannung wird verstärkt und als Regelspannung über ein Siebglied aus 12 kΩ und 2,2 μF dem Farbartverstärker zur Kontrastregelung zugeführt.

In Abb. 15.50 liegt die Schaltdiode in der Zuleitung für den Horizontal-Austastimpuls. Die Diodenanode ist mit + 24 V über den 12-kΩ-Widerstand positiv vorgespannt, die Katode liegt über 560 Ω an Masse, die Diode ist durchgeschaltet und legt die Basis des Transistors an Masse. Er wird dadurch gesperrt, und seine Basis ist auch über die Diode wechselspannungsmäßig geerdet, so daß das Farbartsignal am Eingang E1 keine Wirkung hat.

Trifft jetzt am Eingang E2 der positiv gerichtete Horizontal-Austastimpuls ein, dann wird die Katode der Schaltdiode D1 positiv gegenüber ihrer Anode. Die Diode sperrt, die Basis wird nun von der + 24-V-Spannung über den 12-kΩ-Widerstand aufgetastet, und das am Eingang E1 liegende Synchronsignal wird durchgelassen. Der aufgetastete und verstärkte Burstschwingungszug erscheint am Kollektorschwingkreis.

Die Regelspannung für die Kontrastautomatik wird hier mit einer Diode D2 erzeugt und mit 0,1 μF geglättet.

## *Erzeugung des Farbhilfsträgers*

### Abb. 15.51 Erweiterte Blockschaltung eines Farbfernsehempfängers

In der ersten Blockschaltung Abb. 15.11 war lediglich dargestellt, daß der Burstverstärker die ausgetasteten Burstsignale an den Farbhilfsträger-Oszillator liefert und dieser die beiden Synchrondemodulatoren steuert. Diese Schaltungsstufen sollen jetzt genauer betrachet werden. Zunächst sei die Wiederherstellung (Regenerierung) eines stetig durchschwingenden Farbhilfsträgers aus den kurzen Burstschwingungszügen besprochen. Der Ausdruck Farbhilfsträger (FHT) wird dabei zum Unterschied von dem im Sender unterdrückten *Farbträger* benutzt, um zu kennzeichnen, daß es sich beim FHT um eine im Empfänger neu erzeugte Schwingung handelt, obgleich sie exakt die Frequenz $f_T$ = 4,43361875 MHz des im Sender benutzten Farbträgers haben soll. Merken muß man sich auch den Ausdruck *Referenzträger*, der in manchen Funktionsbeschreibungen angewendet wird. Wie aus den unteren in Abb. 15.51 neu hinzugekommenen Stufen zu ersehen ist, wird nämlich der Farbhilfsträger nicht nur zum Schalten der Synchrondemodulatoren benutzt, sondern auch auf eine Phasenvergleichsstufe zurückgeführt. *Referre*, aus dem Lateinischen, heißt *zurückführen*. Deshalb also die Bezeichnung Referenzträger. Man sollte sie korrekterweise nur für diesen auf die Phasenvergleichsstufe zurückgeführten Anteil, nicht aber durchweg für den Farbhilfsträger verwenden. (Übrigens hat *referre* auch die Bedeutung *bezugnehmen*. Eine Referenzspannung ist daher eine Bezugsspannung, eine Spannung, auf die man sich als Normalwert bezieht. Das steht eigentlich im Gegensatz zu der Bedeutung Referenzträ-

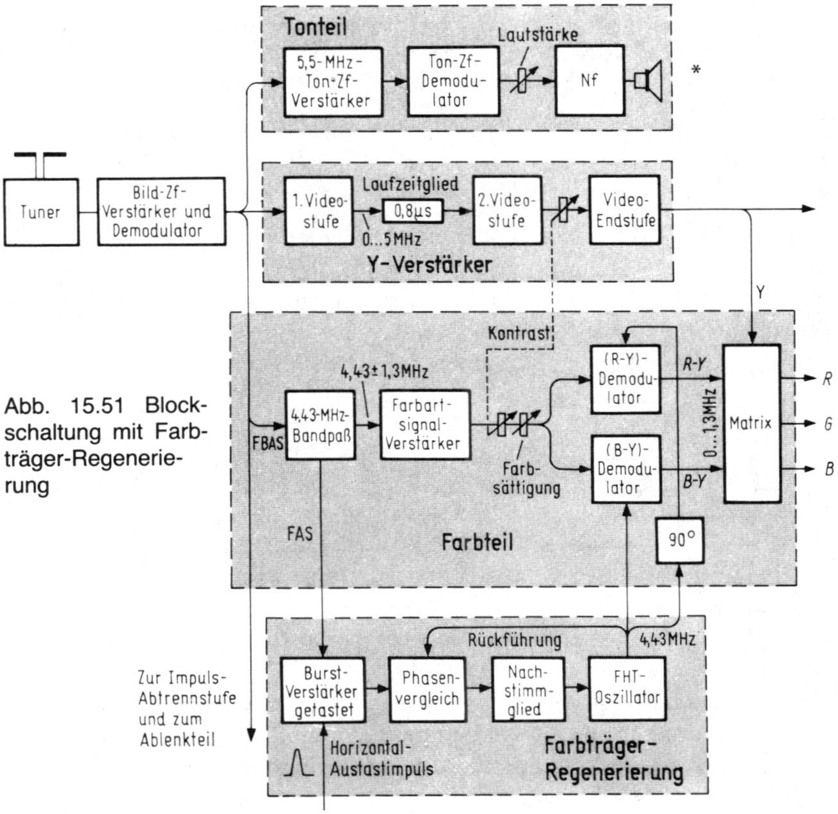


Abb. 15.51 Blockschaltung mit Farbträger-Regenerierung

ger in der Phasenvergleichsschaltung, denn dort ist der Normalwert oder Sollwert vom Sender kommende Burstschwingungsfrequenz, aber der Volksmund sagt: Fremdworte sind Glückssache!)

Der Farbhilfsträger in Abb. 15.51 steuert die beiden Synchrondemodulatoren für $F_{(R-Y)}$ und $F_{(B-Y)}$. Dabei muß in die Steuerleitung für $R - Y$ ein 90°-Phasenschieber eingefügt werden, um diesen Demodulator jeweils eine Viertelperiode später zu schalten, wie dies für die im Kapitel 2 besprochene Quadratur-Amplitudenmodulation (QUAM) notwendig ist. Dieser Phasenschieber ist meist so eng mit dem FHT-Oszillator kombiniert, daß er in der Gesamtschaltung eines Fernsehempfängers kaum in Erscheinung tritt.

In der Blockschaltung Abb. 15.51 sind die für das Pal-System erforderlichen Zusatzstufen noch nicht enthalten. Das Schema gilt gewissermaßen für den Vorläufertyp, also für einen Farbempfänger nach der amerikanischen NTSC-Norm. Diese schrittweise Einführung erleichtert das Verständnis der Gesamtfunktionen. Vorerst wird dazu die Wiederherstellung des Farbträgers besprochen.

---

* Hier nur für Mono-Empfang.

## Abb. 15.52 Blockschaltung für aktive Farbträger-Regenerierung

Zum Erzeugen des Farbhilfsträgers gibt es zwei Methoden:

1. Die aktive Rückgewinnung. Hierbei wird ein selbständig schwingender Oszillator mit Hilfe eines Regelkreises über eine Phasenvergleichsschaltung von den Burstschwingungen synchronisiert.
2. Die passive Farbträger-Regenerierung. Dabei stoßen die Burstschwingungen direkt einen sehr hochwertigen Quarzschwingkreis an, der dann langsam mit der vom Burst aufgeprägten Frequenz ausschwingt und beim nächsten Synchronimpuls erneut angestoßen wird.

Zunächst wird das erste dieser Verfahren beschrieben.

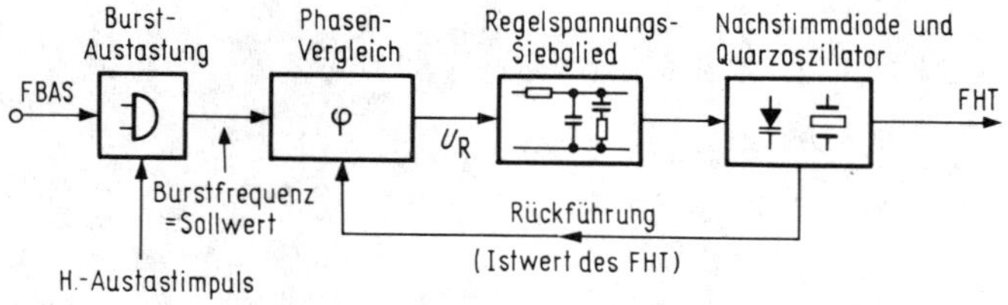


Abb. 15.52 Aktive Farbträger-Regenerierung über eine Phasenvergleichsschaltung

Regelkreise zum Synchronisieren eines Oszillators wurden bereits mehrfach behandelt. In Abb. 8.51 wurde das Grundprinzip am Beispiel des Zeilenfrequenzoszillators gezeigt. Ausführlicher besprochen wurde die Funktion bei Abb. 10.35. Genau das gleiche Verfahren wird auch beim Synchronisieren des Farbhilfsträgers angewendet. Neuerdings wird diese Schaltungsanordnung auch mit dem Ausdruck PLL = *P*hase *L*ocked *L*oop = phasengerasteter Regelkreis bezeichnet[1]).

Wegen der notwendigen Frequenz- und Phasenstarrheit wird die Farbhilfsträgerfrequenz durch einen Quarzoszillator erzeugt. Aber selbst ein Quarz ist nicht so konstant, daß er von sich aus ständig auf 0,75 Hz genau schwingt, wie es bei der Farbträgerfrequenz

$$4{,}43361875\ \text{MHz} = 4\,433\,618{,}75\ \text{Hz}$$

erforderlich ist. Deswegen wird der Quarzoszillator laufend von der genauen und zu den übrigen Signalen einer Farbsendung passenden Burstfrequenz mit Hilfe der Regelschaltung auf den exakten Sollwert nachgestimmt.

Nach Abb. 15.52 dienen die von der Burst-Austaststufe kommenden Burstfrequenzschwingungen als Sollwert einer Phasenvergleichsstufe. Die Quarzschwingungen werden als Istwert in diese Vergleichsstufe zurückgeführt. Sie bildet aus der Differenz zwischen Sollwert und Istwert eine Regelgleichspannung. Ein Tiefpaß-Siebglied glättet diese Spannung. Sie steuert dann eine Kapazitätsdiode als Nachstimmglied. Diese veränderliche Kapazität „zieht" den Quarzoszillator genau auf die Trägerfre-

1 Funktechnik ohne Ballast.

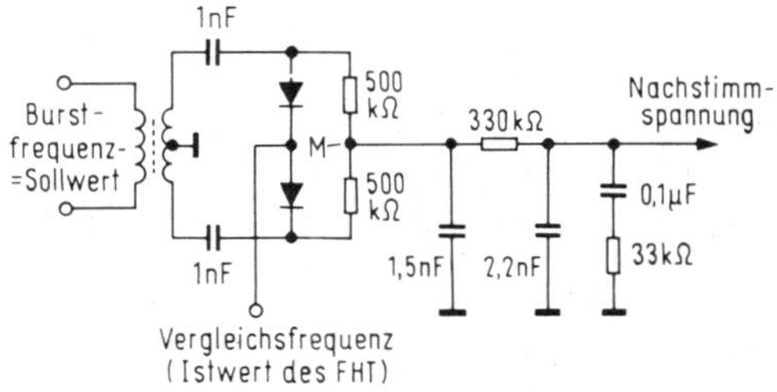


Abb. 15.53 Phasenvergleichsstufe mit Dioden

quenz hin. Selbst die Phasenlage des Oszillators stellt sich infolge der Siebwirkung des Tiefpasses auf den Mittelwert der beim Pal-System von – 45° auf + 45° umspringenden Burstphase ein[1]). Der in dieser Weise auf die richtige Frequenz hingezogene Quarzoszillator liefert dann den Farbhilfsträger.

## Abb. 15.53 Phasenvergleichsschaltung

Die Schaltung Abb. 15.53 wird vielfach auch als Phasendiskriminator bezeichnet, doch sollte man diesen Begriff besser für FM-Demodulatoren in Rundfunkempfängern reservieren. Die Wirkung einer Phasenvergleichsschaltung wurde bereits für Abb. 10.32 erläutert. In der hier in Abb. 15.53 dargestellten Anordnung laden die Halbwellen der Burstschwingungen die beiden 1-nF-Kondensatoren auf die gleiche Spitzenspannung, aber mit entgegengesetzter Polarität auf. Am Verbindungspunkt M der beiden 500-kΩ-Widerstände herrscht dann der Spannungswert Null.

Die gleiche Wirkung hat aber auch die dem zweiten Eingang zugeführte Vergleichsfrequenz. Sie ergibt ebenfalls den Spannungswert Null am Verbindungspunkt M, aber nur dann, wenn sie in Frequenz und Phase mit der Burstfrequenz übereinstimmt. Sind Phasenunterschiede vorhanden, dann bildet sich am Punkt M eine Differenzspannung. Beim einfacheren amerikanischen NTSC-System folgen die Burstschwingungszüge ständig mit der gleichen Phasenalge aufeinander. Im eingeregelten Zustand, wenn also der neu erzeugte Farbhilfsträger in Phase und Frequenz genau mit den Burstschwingungszügen übereinstimmt, herrscht tatsächlich am Punkt M die Spannung Null.

Beim Pal-System springt jedoch die Burstphase in den aufeinanderfolgenden Zeilen jeweils von – 45° auf + 45° um. Das ergibt also am Punkt M ebenfalls in der Polarität umspringende kleine Differenzspannungen. Sie sind jedoch unter sich gleich, und das anschließende Tiefpaßsiebglied bildet den Mittelwert daraus. Weicht jedoch die Frequenz des Farbhilfsträgers, also die des Quarzoszillators, in einer Richtung aus, dann ergibt sich eine echte Nachstimmspannung. Sie zieht den Oszillator wieder auf den richtigen Wert hin, bis der Mittelwert der Nachstimmspannung zu (fast) Null wird und der Quarzoszillator auf die Burstfrequenz einrastet.

---

1 Vgl. Abb. 2.43 und 2.44.

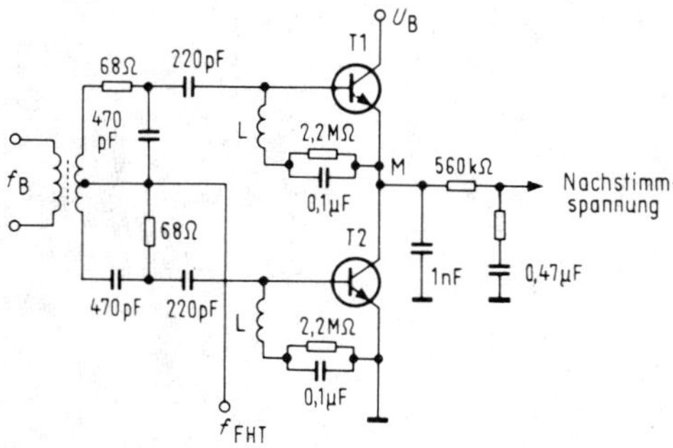


Abb. 15.54 Phasenvergleichsstufe mit Transistoren

## Abb. 15.54 Phasenvergleichsschaltung mit Transistoren

Ähnlich wie man die Dioden eines Ringmodulators durch Transistorschaltungen ersetzen kann, wenn man ihn z.B. als integrierte Schaltung aufbauen will, so ist dies auch bei den Phasenvergleichsschaltungen möglich. Im dargestellten Beispiel (nach Unterlagen von SEL) wird eine Phasenvergleichs-Brückenschaltung mit zwei Transistoren verwendet. Die Burstfrequenz $f_B$ gelangt wie im vorigen Bild über einen Übertrager an die Basisanschlüsse der Transistoren. Die Vergleichsfrequenz $f_{FHT}$ bzw. der Farbhilfsträger liegt an der Mittelanzapfung des Übertragers, also an der Brückendiagonale. Insgesamt erhält man auch hier bei Frequenz- und Phasengleichheit am Punkt M bzw. hinter dem Siebglied die Spannung Null und bei Abweichungen eine entsprechende Nachstimmspannung.

Diese Schaltung weist einige Feinheiten auf, die man sich nicht unbedingt zu merken braucht, zumal sie beim Übertragen der Anordnung in einen integrierten Mikrobaustein für den Servicetechniker ohnehin kaum mehr Bedeutung haben dürften. So wird die Summenspannung von $f_B$ und $f_{FHT}$ am unteren Ende der Übertragerwicklung über die in Reihe liegenden Koppelkondensatoren 470 pF und 220 pF der Basis des unteren Transistors zugeführt. Der mittlere Basisstrom erzeugt an dem 2,2-MΩ-Widerstand die erforderliche Vorspannung. Die Zeitkonstante dieses Gliedes (2,2 MΩ – 0,1 µF) ist so groß, daß die Vorspannung auch bei langsamen Schwebungen infolge geringer Frequenzdifferenzen zwischen Burstschwingung und Farbhilfsträger konstant bleibt. Das Emitterpotential des oberen Transistors bzw. die Spannung am Punkt M schwankt dagegen im Takt der Differenzfrequenz. – Die 220-pF-Koppelkondensatoren bilden mit den Spulen $L$ je einen Hochpaß, damit vorwiegend die trägerfrequenten Schwingungen die Basis steuern und die Transistoren nicht durch niedrige Differenzschwebungen übersteuert werden.

## Abb. 15.55 Quarzoszillator

Ein Schwingquarz stellt einen sehr hochohmigen Resonanzkreis dar, dessen Eigenfrequenz sich durch einen in Reihe geschalteten Trimmerkondensator um geringe

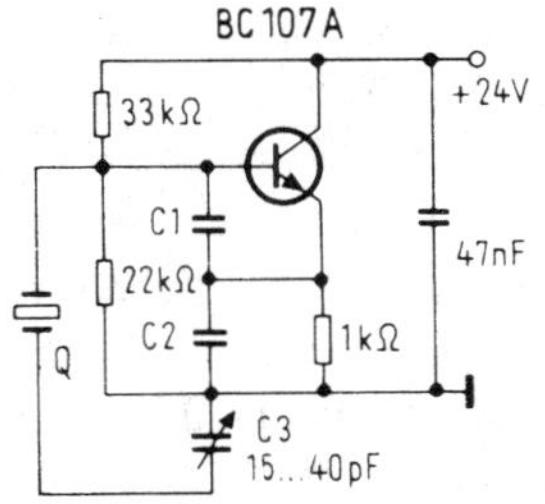


Abb. 15.55 Schaltung eines Quarzoszillators mit „Ziehkondensator“ C 3

Beträge verstimmen oder „ziehen“ läßt. Man kann damit z. B. bei quarzgesteuerten Normalfrequenzanlagen oder bei Quarzuhren restliche Toleranzen ausgleichen, die beim Schleifen des Quarzes oder bei großen Temperaturänderungen unvermeidlich sind.

Als Schwingschaltung dient vorzugsweise eine mit *Clapp-Oszillator* bezeichnete Anordnung. Der Quarz wirkt dabei als induktiver Blindwiderstand in einer kapazitiven Dreipunktschaltung. Die Teilspannung an der Kapazität C1 dient zur Rückkopplung. C3 ist der Ziehkondensator. Die Kapazitätswerte von C1 und C2 wählt man groß gegenüber C3 (100... 1000 pF). Damit ist dann der Einfluß der temperatur- und spannungsabhängigen inneren Kapazitäten des Transistors auf die Schwingungsfrequenz zu vernachlässigen. Der Kondensator C3 wird in den endgültigen Schaltungen durch eine steuerbare Kapazitätsdiode ersetzt.

## Abb. 15.56 und 15.57 Quarzoszillator für 4,43 MHz

In Abb. 15.56 bildet der Transistor T2 mit dem Quarz Q und den Kapazitäten C1, C2 und C3 die gleiche Grundschaltung wie in der vorigen Abbildung. Kondensator C3

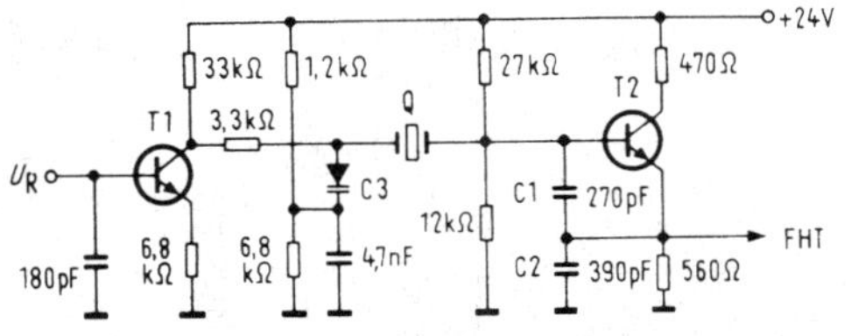


Abb. 15.56 Quarzoszillator mit Regelspannungsverstärker und Nachstimmdiode C 3

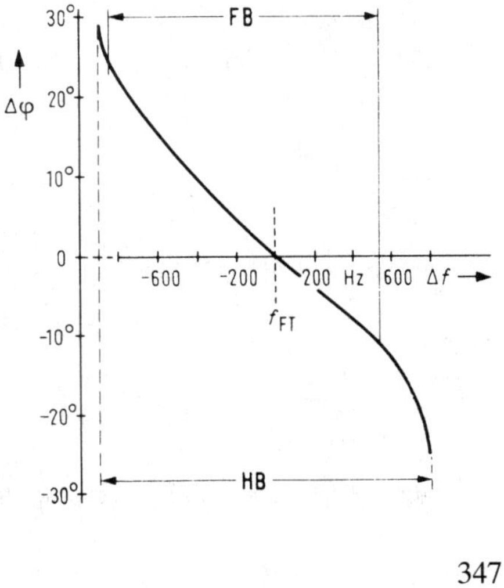


Abb. 15.57 Nachstimmverhalten eines Quarzoszillators.für 4,43 MHz; FB = Fangbereich; HB = Haltebereich

ist als Kapazitätsdiode ausgebildet und wird über ein Widerstandsnetzwerk im Sperrgebiet vorgespannt. Die Nachstimm- bzw. Regelspannung $U_R$ wird einem Regelspannungsverstärker mit dem Transistor T1 zugeführt. Seine sich beim Regeln ändernde Kollektorspannung steuert den Kapazitätswert der Diode so nach, daß der Quarzoszillator auf die richtige Frequenz hingezogen wird. Abb. 15.57 zeigt das Nachstimmverhalten dieser Schaltung. Sie reagiert bereits auf Phasenwinkelabweichungen von weniger als 10°. Fangbereich FB und Haltebereich HB betragen etwa ± 600 Hz. Das ist wichtig, um auch kleine, durch Temperatureinflüsse verursachte, Quarzfrequenzänderungen auszuregeln.

Der Farbhilfsträger wird in Abb. 15.56 niederohmig am Emitter von T2 ausgekoppelt.

In den Firmenschaltbildern findet man das Nachstimmelement jeweils zwischen der Phasenvergleichsstufe und dem 4,43-MHz-Quarz des FHT-Oszillators.

## Abb. 15.58 Passive Farbträger-Regenerierung

Stößt man ein schwingfähiges Gebilde impulsartig an, dann schwingt es in seiner Eigenfrequenz weiter, und die Schwingungen klingen um so langsamer ab, je geringer die Dämpfung ist. Bekanntestes mechanisches Beispiel hierfür ist die Stimmgabel.

Stößt man einen Schwingkreis mit einem kurzen elektrischen Schwingungszug von seiner eigenen Resonanzfrequenz an, dann schwingt der Kreis mit dieser Frequenz weiter, und die Amplituden klingen um so langsamer ab, je geringer die Kreisdämpfung, also je höher seine Güte ist. Einen solchen Kreis mit sehr hoher Güte stellt ein Schwingquarz dar. Daher ist es möglich, einen 4,43-MHz-Quarz direkt mit den Burstschwingungszügen anzustoßen und ihn dadurch zum kontinuierlichen Schwingen zu bringen, denn jeweils im Zeilenabstand, also nach 64 $\mu$s, facht der nächste Burst die Schwingungen erneut an.

In Abb. 15.58 wird dieser Quarz in Serienresonanz als Quarzfilter betrachtet. Transistor T1 stellt eine Burstverstärkerstufe mit einem auf 4,43 MHz abgeglichenen LC-Resonanzkreis dar. Die Burstsignale werden niederohmig mit relativ großer Leistung über den unteren Teil der Sekundärwicklung ausgekoppelt und auf den als Filter arbei-

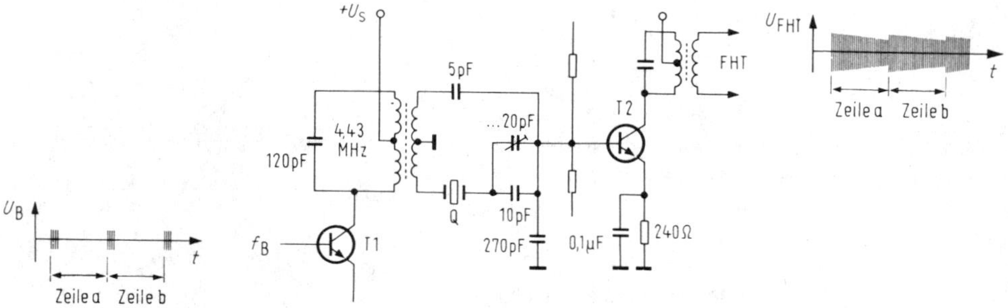


Abb. 15.58 Passive Farbträger-Regenerierung mit Hilfe eines Quarz-Schwingkreises

tenden Quarz Q gegeben. Er schwingt an, und seine Schwingungen klingen sehr langsam ab, wie in dem rechts unten gezeichneten Diagramm dargestellt.

Dieser Schwingungszug wird im Transistor T2 mit dem auf 4,43 MHz abgeglichenen Kollektorkreis nachverstärkt. Der geringe Amplitudenabfall innerhalb einer Zeilenperiode kann in Kauf genommen werden, wenn die Sinuskuppen jeweils noch entsprechend Abb. 15.45 die Schaltschwelle der Synchrondemodulatoren durchstoßen. In amerikanischen Empfängern, die nach der NTSC-Norm arbeiten und mit solchen Schaltungen ausgerüstet sind, ergibt sich damit eine durchlaufende phasenstarre Farbhilfsträgerschwingung. Bei Empfängern für das Pal-System tritt von Zeile zu Zeile eine kleine Phasendrehung infolge der umspringenden Burstphase auf. Allerdings ist der Quarz bestrebt, stetig durchzuschwingen und eine mittlere Phasenlage einzunehmen. Der Phasenfehler bleibt gering und stört die praktische Funktion nicht.

Der 5-pF-Kondensator im oberen Zweig des Filters ist ein Neutralisationskondensator, um die Kapazität der Quarzhalterung zu kompensieren. Der Trimmerkondensator hinter dem Quarz dient ähnlich wie in Abb. 15.55 dazu, die Quarzfrequenz auf den genauen Sollwert zu ziehen. Dies erfolgt durch Abgleichen auf Amplitudenmaximum der Ausgangsschwingung mit Hilfe eines Oszillografen. Die Schaltung liefert dann an den Ausgangsklemmen den direkt aus den Burstsignalen gewonnenen Farbhilfsträger.

Die passive Farbträger-Regenerierung wurde in Veröffentlichung der Firmen Telefunken und Valvo sehr gründlich beschrieben und durchgerechnet. Sie hat sich jedoch nicht recht durchgesetzt, aber man sollte auch ihre gegenüber der aktiven Oszillatorschaltung relativ einfache Funktion kennen. In der Literatur wird die Anordnung als passiver Farbträger-Regenerator, aber auch als *Quarzfilter* bezeichnet.

## Abb. 15.59 Gesamtschaltung eines aktiven FHT-Oszillators

Aus den bisher besprochenen Teilschaltungen ergibt sich diese Gesamtschaltung eines Oszillators mit aktiver Farbträger-Regenerierung. FBAS-Signal und Horizontal-Austastimpulse werden der Burst-Austaststufe zugeführt. Die herausgetasteten Burstschwingungen gelangen als Sollwert zur Phasenvergleichsstufe. Außerdem wird daraus im Transistor T2 die Regelspannung für die Kontrastautomatik des Farbsignalverstärkers gewonnen.

Die Dioden D2 und D3 der Phasenvergleichsstufe erhalten als Istwert eine Teilspannung aus dem Kollektorkreis des FHT-Oszillators. In der Phasenvergleichsstufe ergibt sich zwischen den beiden 470-kΩ-Widerständen am Punkt B die Nachstimmspannung für die Kapazitätsdiode D4 des Quarzoszillators. Diese Nachstimmspannung wird zuvor über den Tiefpaß geschickt, um die stoßweise bei jedem Burstschwingungszug entstehende Spannung zu glätten und bei Pal-Empfängern den Mittelwert aus den von − 45° auf + 45° umspringenden Burstphasen zu bilden[1]). In die Schaltung

1 Vgl. Text zu Abb. 15.52.

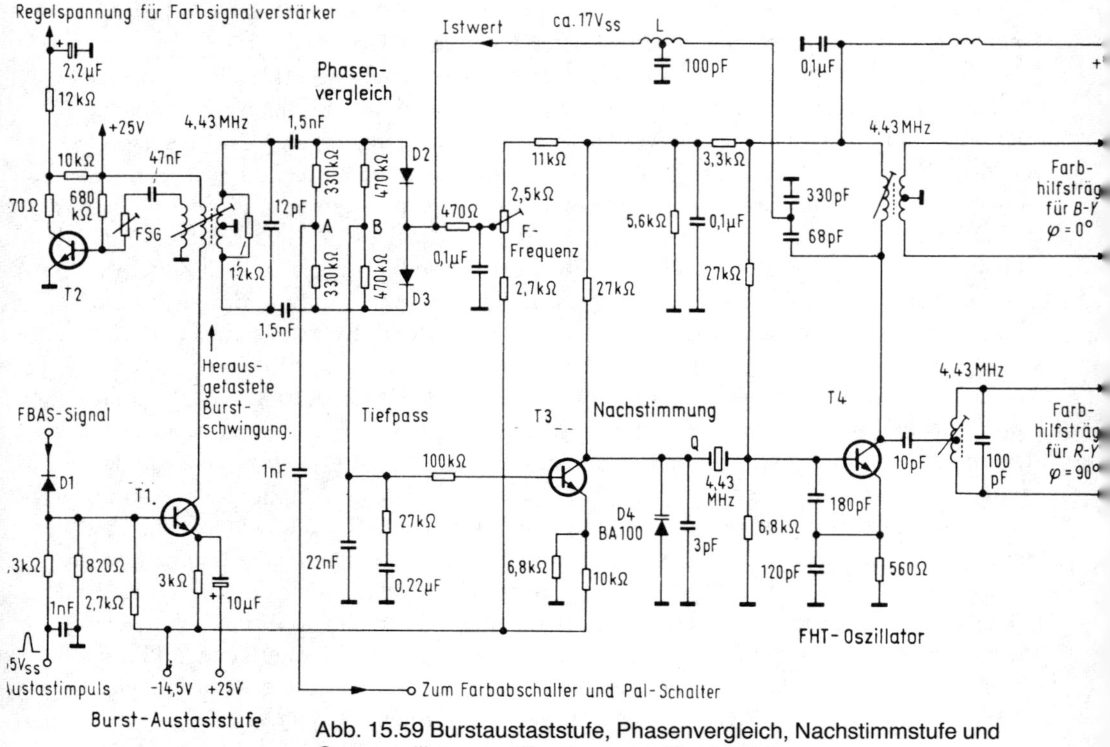


Abb. 15.59 Burstaustaststufe, Phasenvergleich, Nachstimmstufe und Quarzoszillator zum Erzeugen des Farbhilfsträgers

ist noch ein zweiter Brückenspannungsteiler aus den beiden 330-kΩ-Widerständen mit dem Mittelpunkt A, jedoch ohne nachfolgenden Tiefpaß eingefügt. Hiermit sei eine Funktion vorweg angedeutet, die erst später bei den speziellen Pal-Stufen erläutert wird. Die umspringende Burstphase bewirkt nämlich, wie eben erwähnt, eigentlich auch eine periodisch umspringende Regelspannung. Am Punkt B wird durch den 22-nF-Speicherkondensator ein Mittelwert daraus gebildet. Am Punkt A liegt keine Speicherkapazität. Dort springt deshalb bei jedem neuen Burstsignal die Spannung um, und es entsteht eine rechteckförmige Wechselspannung. Sie wird zum Betätigen des Farbabschalters oder vielmehr des Farbeinschalters benutzt, und sie dient außerdem als Steuerspannung für eine weitere beim Pal-System notwendige Schaltstufe, für den Pal-Schalter – doch davon später.

Die regenerierte Farbträgerfrequenz bzw. der Farbhilfsträger steht nun am Kollektorschwingkreis des Oszillatortransistors T4 zur Verfügung. An dem als kapazitiven Spannungsteiler ausgebildeten Schwingkreiskondensator wird der Istwert für die Phasenvergleichsstufe abgenommen. In dieser Leitung liegt ein Phasenverschieber mit der angezapften Spule L. Er paßt die Phasenlage des Farbhilfsträgers an die Burstphasenlage an, da in den Signalwegen

FBAS-Eingang – Farbartverstärker – Synchrondemodulator
und
FBAS-Eingang – FHT-Oszillator – Synchrondemodulator

in Abb. 15.51 kleine Phasenunterschiede auftreten. Dieser Phasenschieber hat also einen ähnlichen Zweck wie das Laufzeitglied im Leuchtdichteverstärker, ist aber weniger kritisch. Die Induktivität L ist fest eingestellt. Sie braucht nicht abgeglichen zu werden und bringt keine Komplikationen.

Wichtig ist aber das mit F-Frequenz = Farbträgerfrequenz bezeichnete 2,5-Ω-Trimmpotentiometer. Es erteilt der Phasenvergleichsstufe eine einstellbare Vorspannung. Sie beeinflußt über die Nachstimmstufe die Grundkapazität der Abstimmdiode und damit die Mittenfrequenz des Quarzoszillators im unsynchronisierten Zustand. Hierfür werden meist genaue Abgleichvorschriften gegeben. Beim absichtlichen Außertrittsetzen des FHT-Oszillators läuft nämlich ein auf dem Bildschirm erzeugtes Farbsignal nach rechts oder links durch, ähnlich wie bei einem außer Tritt gefallenen Bildkipposzillator das Bild nach oben oder unten durchläuft. Man muß daher dieses FHT-Einstellpotentiometer so justieren, daß es in der Mitte des Fangbereiches steht.

Der Trimmwiderstand FSG = Farbsättigung im Basiskreis des Transistors T2 beeinflußt die Höhe der Regelspannung für die Kontrastautomatik des Farbsignalverstärkers. Hierfür geben die Firmen Abgleichanweisungen in den Serviceschriften an.

Nochmals zurück zum Kollektorkreis des Quarzoszillators. Der Farbhilfsträger für den (B – Y)-Synchrondemodulator wird über eine symmetrische Auskoppelwicklung entnommen. Die trägerfrequente Schaltspannung zum Demodulieren des Signals $R - Y$ (vgl. Abb. 15.51) wird am Kollektor über eine Kapazität von 10 pF abgegriffen und nochmals auf einen auf 4,43 MHz abgeglichenen Schwingkreis gegeben. Die beiden über 10 pF gekoppelten und auf den Farbhilfsträger abgestimmten Kreise bilden dann einunterkritisch gekoppeltes Bandfilter. Ein solches Filter bewirkt eine Phasendrehung von 90° zwischen Eingangs- und Ausgangsspannung. Dadurch erhält man die Wirkung des in Abb. 15.51 eingezeichneten Phasenschiebers, der notwendig ist, um die Doppelmodulation richtig aus dem Farbartsignal herauszutasten. Dieser Phasenschieber ist demnach in den Gesamtschaltungen kaum als bestimmtes Bauteil zu erkennen.

Mit den beiden um 90° gegeneinander phasenverschobenen Spannungen am Ausgang von Abb. 15.59 kann man zwei Synchrondemodulatoren nach Abb. 15.51 steuern und die Signale $B - Y$ und $R - Y$ aus dem trägerfrequenten Farbartsignal heraustasten.

Deswegen müssen auch wir einen weiteren großen Schritt machen, um die für das vollständige Pal-System notwendigen Zusatzstufen zu erläutern.

## Abb. 15.60 90°-Phasenverschiebung durch Frequenzteilung

In der Praxis ist es schwierig, die genaue Phasendrehung von 90° bei der Fertigung des Gerätes einzustellen und über einen längeren Zeitraum zu garantieren. Deshalb ist

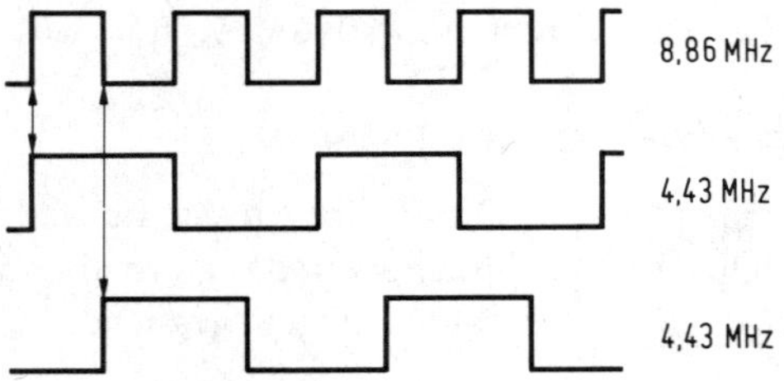


Abb. 15.60 Erzeugung zweier um 90° phasenverschobener Spannungen durch Frequenzteilung

man neuerdings zu einem anderen Prinzip übergegangen: Man erzeugt zunächst die doppelte Farbhilfsträgerfrequenz (8,86 MHz) und schaltet hinter den Oszillator zwei unterschiedliche Frequenzteiler. Der eine Frequenzteiler synchronisiert auf die steigende Flanke, der andere auf die fallende Flanke. So entstehen aus der Grundfrequenz 8,86 MHz (Abb. 15.60 obere Zeile) zwei exakt um 90° phasenverschobene Rechteckwechsel mit einer Frequenz von 4,43 MHz (mittlere und untere Zeile). Die 90°-Phasenverschiebung braucht weder bei der Fertigung des Gerätes einjustiert zu werden, noch ist sie irgendwelchen Alterungserscheinungen ausgesetzt.

## Abb. 15.61 Signaltrennung hinter dem Synchrondemodulator

(Empfehlenswerter Wiederholungsstoff: Abb. 2.35 bis 2.37 sowie Abb. 15.47.)

Nachdem jetzt der Farbhilfsträger zur Verfügung steht und sogar mit den für die Quadratur-Amplitudenmodulation notwendigen, um 90° gegeneinander phasenverschobenen Komponenten, können wir die Demodulation des Farbsignals und die Signaltrennung in *(B – Y)* und *(R – Y)* behandeln.

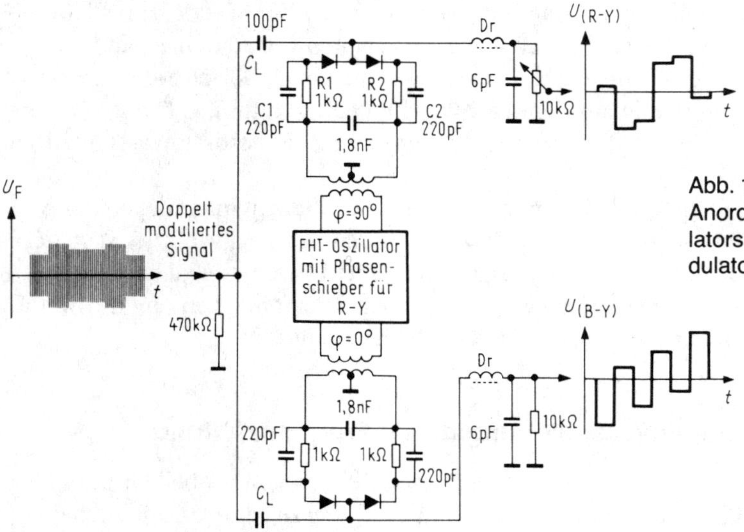


Abb. 15.61 Grundsätzliche Anordnung des FHT-Oszillators im Synchrondemodulator

Ein vollständiger Synchrondemodulator für einen Farbempfänger besteht aus zwei gleichartigen Stufen. Sie sind hier etwas anders aufgebaut als in Abb. 15.47, erzielen jedoch dieselbe Wirkung. Das doppeltmodulierte Farbartsignal wird über Kapazitäten $C_L$ den Schaltdioden zugeführt. Die Schalt- bzw. Farbhilfsträgerfrequenz gelangt mit der richtigen Phasenlage über zwei Übertrager zu den Demodulatoren. Dabei stellt sich die Vorspannung über die Widerstände $R_1$ und $R_2$ automatisch so ein, daß die beiden Dioden von den Sinuskuppen der Schaltfrequenz jeweils nur kurzzeitig geöffnet werden. Die leitende Diode legt das über die Kapazität $C_L$ eintreffende doppeltmodulierte trägerfrequente Signal auf Nullpotential. Dieser Kondensator $C_L$ dient als Ladekapazität, an der man das demodulierte Signal abnimmt. Ein Filter, bestehend aus der Drossel Dr und einem Kondensator von 6 pF, dient als Sieb- und Glättungsglied, und an dem 10-kΩ-Potentiometer kann das Teilsignal $R - Y$ abgegriffen werden. Das gleiche gilt für den unteren Zweig und das Teilsignal $B - Y$.

Die in Abb. 15.60 dargestellten Diagramme entsprechen einem Zeilenverlauf, der mit einem Farbbalkensignal moduliert ist. Links am Eingang liegt das mit 4,43 MHz geträgerte, also hochfrequente Farbartsignal $F$. Die Demodulatoren tasten daraus die rechts dargestellten Farbdifferenzsignale $(B - Y)$ und $(R - Y)$ heraus. Aus diesen Differenzsignalen und dem vom Leuchtdichteverstärker kommenden Y-Signal lassen sich in einer Matrixschaltung die ursprünglichen Farbsignale $R$, $G$ und $B$ zurückgewinnen.

Die Schaltung Abb. 15.61, bei der das doppelt-modulierte Farbartsignal direkt den Synchrondemodulatoren zugeführt wird, gilt für einen einfachen Empfänger ohne Pal-Zusatz, also z.B. für einen amerikanischen NTSC-Empfänger. Das selbsttätig die Farbwiedergabe korrigierende Pal-System erfordert mehrere Zusatzstufen, deren Funktion im Kapitel 16 erläutert wird.

## *Integrierte Schaltungen für den Farbteil*

Wie bereits in der Anmerkung nach Abb. 15.26 erwähnt, sind die Funktionen der Einzelstufen vielfach in integrierten Schaltungen zusammengefaßt. Wegen des hohen Integrationsgrades moderner integrierter Schaltungen ist es möglich geworden, immer mehr Funktionen auf einen Chip zu packen. Aus diesem Grunde erfolgt eine Beschreibung integrierter Schaltungen für den Farbteil erst am Ende des Abschnittes 16. Bei dieser Gelegenheit sei nochmals auf die Blockschaltung Abb. 15.51 hingewiesen. Sie stellt die Verbindung zu den in integrierten Schaltungen ausgeführten Stufen her.

# 16 Pal-Demodulation

## *Phasenwinkel und Phasenschalter*

### Abb. 16.01 bis 16.04 Zeigerdiagramme – eine trockene, aber notwendige Einleitung

(Empfehlenswerter Wiederholungsstoff: Abb. 2.31 bis 2.45 und Abb. 14.49.)

Rufen wir uns die in Kapitel 2 kurz behandelten Grundlagen der Farbartdemodulation ins Gedächtnis zurück. Dazu verwenden wir anstelle der dort benutzten Kurzzeichen $U$ und $V$ die markanteren Ausdrücke für die Farbdifferenzsignale, d.h.:

$$U = B - Y \text{ und } V = R - Y$$

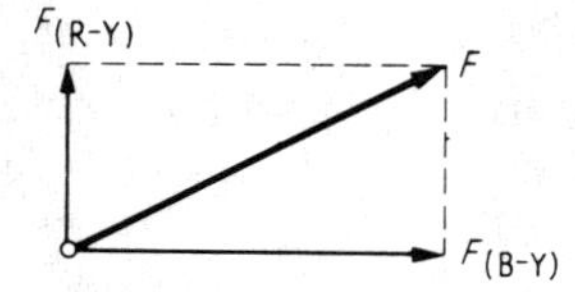


Abb. 16.01 Durch Quadraturmodulation entstandenes resultierendes Farbartsignal F

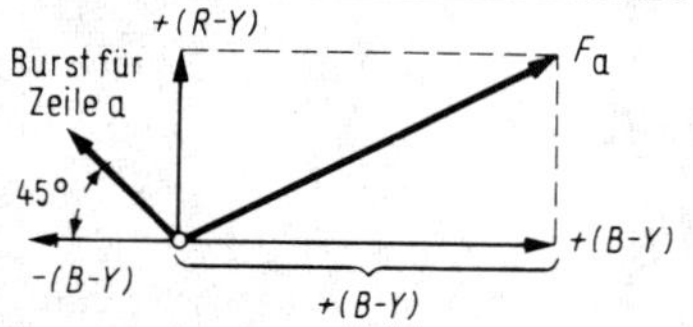


Abb. 16.02 Farbartsignal $F_a$ und Burst für Zeile a

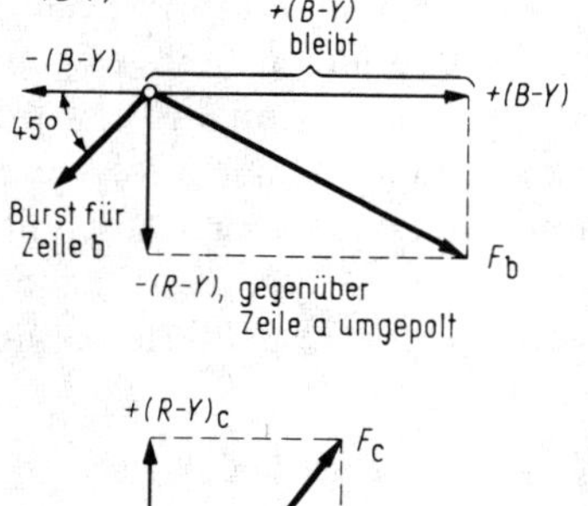


Abb. 16.03 Farbartsignal $F_b$ und Burst für Zeile b

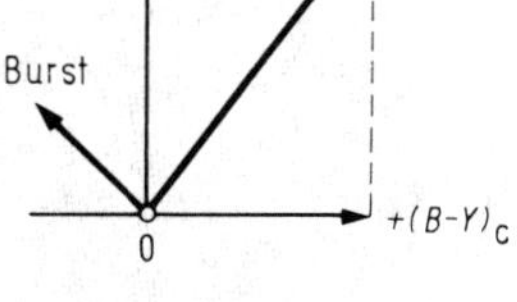


Abb. 16.04 Farbartsignal für die nächstfolgende Zeile c, hier mit geändertem Rot- und Blauanteil

Das gesamte Farbartsignal $U_{U+V}$ nennen wir kurz $F$ und die trägerfrequenten Farbdifferenzsignale dementsprechend $F_{(B-Y)}$ und $F_{(R-Y)}$. Als Nullage bei allen Phasenbeziehungen gilt stets das Signal $B - Y$ bzw. $F_{(B-Y)}$, vgl. Abb. 16.01.

Bei der Quadratur-Amplitudenmodulation wird die Information $R - Y$ einem zweiten um 90° phasenverschobenen Träger aufmoduliert. Die beiden trägerfrequenten Schwingungen werden geometrisch addiert und ergeben das Farbartsignal $F$ im Zeigerdiagramm Abb. 16.01.

Beim Pal-System gilt dies für die erste Zeile eines Bildes. Geben wir ihr das Kennzeichen a und nennen nun in Abb. 16.02 das geträgerte Farbartsignal für diese Zeile $F_a$. Damit im Empfänger eindeutig die richtige Phasenlage für diese Zeile identifiziert werden kann, bekommt im Sender der zu dieser Zeile gehörende Burstschwingungszug eine Phasenlage von 45° gegen die Bezugsachse oder, genauer gesagt, von + 45° gegenüber dem negativ gerichteten Achsenteil $-(B - Y)$. Zur Vereinfachung sei nun angenommen, daß bei einer Farbübertragung der Bildinhalt und damit die Anteile $(B - Y)$ und $(R - Y)$ von zwei zeitlich aufeinanderfolgenden Zeilen gleich geblieben wären. Für die nächste ausgestrahlte Zeile b wird beim Pal-System im Sender das Signal $R - Y$ um 180° umgepolt. Das resultierende Farbartsignal $F_b$ liegt nun nach Abb. 16.03 spiegelbildlich zu $F_a$ von der vorhergehenden Zeile. Dazu wird auch die Burstphase für diese Zeile b umgeschaltet, und zwar um 45° nach unten liegend, d.h. im Winkel von −45° zur Richtung $-(B - Y)$.

Diese Umkehrung wiederholt sich von Zeile zu Zeile. Zeile a läuft mit normaler Phasenlage, Zeile b mit künstlicher Phasenumkehr, Zeile c wieder mit Normallage usw., und jedesmal springt auch die Burstphasenlage zur besseren Orientierung mit um.

Abb. 16.04 stellt ein solches Zeigerdiagramm für die dritte Zeile, also für $F_c$, dar. Absichtlich sind hier andere Längen für $B - Y$ und $R - Y$ gewählt worden, denn in Wirklichkeit wechselt die Farbart ständig, wenn eine bunte Bildzeile abgetastet wird. Damit ändern sich nämlich die Werte $R$ und $B$ und somit auch die Amplituden $F$.

Mathematisch betrachtet, rotiert dieser trägerfrequente Farbzeiger sogar mit einer Frequenz von 4,43 MHz, also 4,43 Millionen mal in der Sekunde, um den Nullpunkt herum. Tritt plötzlich an einer Bildstelle ein steiler Sprung auf, z.B. von Blau auf Rot, dann muß der Zeiger sogar kurzzeitig noch etwas schneller drehen, um von der $(B–Y)$-Achse zur $(R - Y)$-Achse herumzuschwenken. Schneller drehen heißt: höhere Frequenz. Das ist eine Deutung für die infolge der Modulation mit verschiedenen Farbsignalen auftretenden Seitenbänder 4,43 ± 1,3 MHz. Aber überlassen wir die mathematischen Zusammenhänge mit ihren Kosinusfunktionen und ihren griechischen Buchstaben dem wissenschaftlich orientierten Entwicklungsingenieur und wenden wir uns nun der Schaltungstechnik zu. Einige weitere Zeigerdiagramme können wir uns allerdings nicht ersparen.

## Abb. 16.05 bis 16.08 Zeigerdiagramme für den Empfangsteil

Will man den Zweck des Pal-Verfahrens, nämlich die selbsttätige genaue Farbwiedergabe, richtig ausnutzen, dann muß die Phasenlagenumschaltung jeder zweiten Zeile wieder rückgängig gemacht werden. Die wechselnde Phasenlage des Burst gilt dabei im Empfänger als Kennung, ob eine Zeile mit richtig liegendem oder umgepoltem *(R – Y)*-Anteil vorhanden ist.

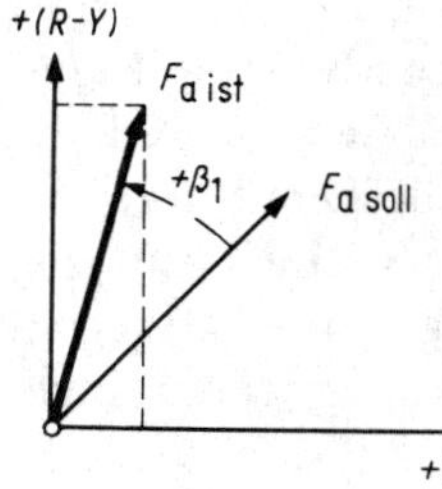


Abb. 16.05 Auf dem Übertragungsweg eingetretener Phasenfehler + $\beta_1$ für eine Zeile a

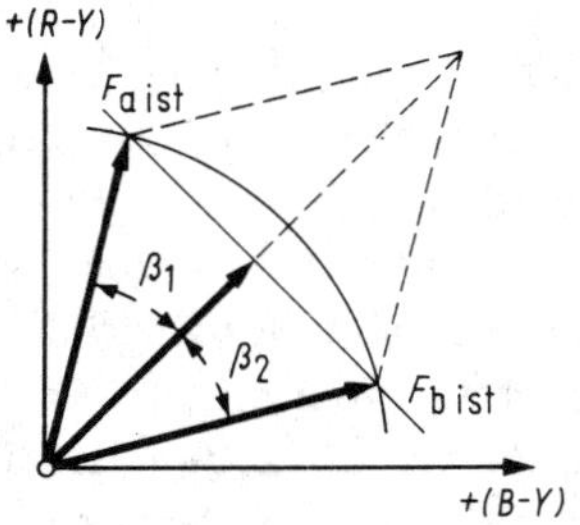


Abb. 16.07 Im Pal-Empfänger wird aus den beiden aufeinanderfolgenden, mit Fehlwinkeln behafteten Zeilensignalen ein neues mittleres Zeilensignal gebildet, dessen Richtung dem ursprünglichen Wert oder Sollwert entspricht

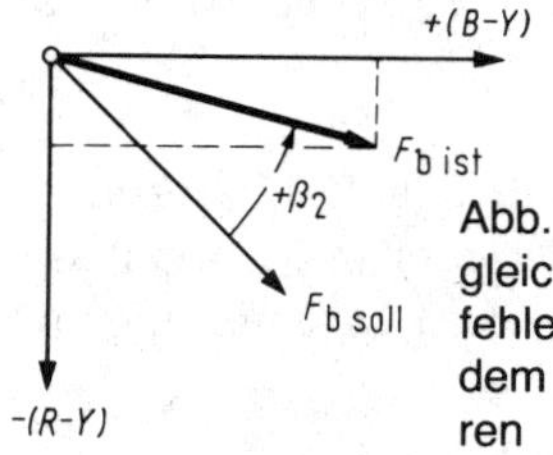


Abb. 16.06 Der gleiche Phasenfehler für die nach dem Pal-Verfahren folgende Zeile b

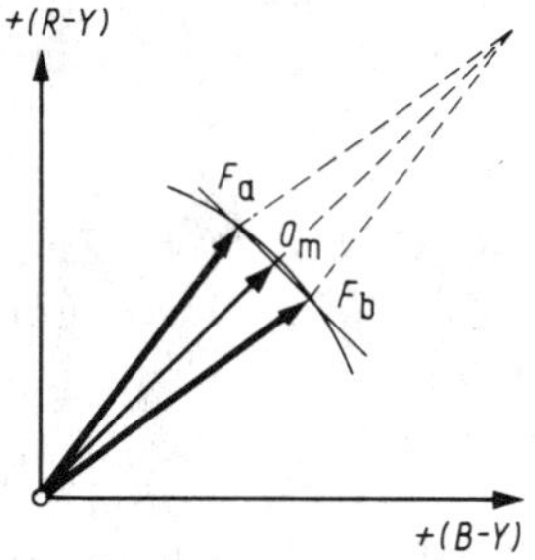


Abb. 16.08 Bei kleinen Phasen-Fehlwinkeln kann man auf die elektrische Mittelwertbildung verzichten, denn das menschliche Auge bildet selbst einen optischen Mittelwert $O_m$

Die vom Sender ausgestrahlten Zeilensignale $F_a$ und $F_b$ mögen unterwegs durch Reflexionen in bergigem Gelände einen voreilenden Phasenfehler $\beta$ erleiden. Das Farbartsignal für Zeile a weicht dann, wie in Abb. 16.05 dargestellt, um den Winkel $\beta_1$ in Richtung auf die *(R – Y)*-Achse vom Sollwert ab. Der unliebsam aufgetretene Phasenfehler würde also als Rottönung im Bild ergeben. Für die folgende Zeile b ergibt sich beim gleichen Phasenfehler $\beta_2$ der Istwert $F_b$ im Diagramm Abb. 16.06. $F_b$ hat sich also der *(B – Y)*-Achse genähert, grob gesagt, das Bild wird bläulich.

Im Empfänger werden nun die beiden Istwerte der Signale $F_a$ und $F_b$ entsprechend Abb. 16.07 zusammengebracht, das heißt, das Signal $F_b$ wird zurückgepolt und zeitlich mit dem Signal $F_a$ in Übereinstimmung gebracht. Nach den Regeln der Vektorrechnung (und der *Wechselstrom*rechnung) ergibt sich dann eine resultierende mittlere Spannung, die nun wieder genau in die Richtung des Sollwertes von Abb. 16.05 fällt. Die unterwegs aufgetretenen Phasenfehler $\beta_1$ und $\beta_2$ und somit auch die entgegengesetzten Farbenfehler heben sich auf.

Zwei Schaltungsfunktionen müssen also im echten Pal-Empfänger durchgeführt werden:

1. Zurückpolen, d.h. umkehren der Phasenlage des *(R – Y)*-Signals in jeder zweiten Zeile um 180°.
2. Einen Mittelwert aus den Signalen von zwei aufeinanderfolgenden Zeilen bilden, und das heißt, die vorhergehende Zeile muß jeweils um eine Zeilendauer, also rund 64 μs verzögert bzw. gespeichert werden, damit man sie mit der nachfolgenden Zeile zusammenbringen kann.

Im Empfänger geht man allerdings meistens in umgekehrter Reihenfolge vor: Erst wird verzögert, dann wird umgepolt. Aber zuvor noch eine Betrachtung zur Farbkompensation. Wie in Abb. 16.07 angedeutet, fällt das aus den beiden Zeilen a und b gewonnene neue Signal genau in die Richtung des ursprünglichen Sollwertes, dabei entspricht die Signalamplitude der halben Diagonale des dargestellten Parallelogramms. Diese Amplitude ist etwas geringer als die des ursprünglichen Sollwertes. Das bedeutet nach Abb. 2.07 aus dem Einführungskapitel, daß das Bild etwas blasser wird. Die Farben sind „entsättigt", und zwar um so mehr, je größer der Phasenfehler $\beta$ war. Dieses Blasserwerden wird aber vom Zuschauer kaum bemerkt. Es ist überhaupt nicht kritisch, wenn beispielsweise rote Lippen etwas blasser aussehen. Viel schlimmer wäre es, wenn sie ohne Pal-Kompensation bläulich anstatt rot erscheinen.

Halten wir nochmals fest: In Abb. 16.07 wurde das Signal der Zeile a elektrisch verzögert, so daß es gleichzeitig mit dem der Zeile b zusammenfällt und ein neues mittleres elektrisches Signal aus beiden Zeileninformationen bildet.

Man kann nun aber auch, um diese Verzögerungsstufe einzusparen und den Preis des Empfängers niedriger zu halten, auf die Verzögerungsleitung verzichten. Man polt nur die Zeile b um, das muß bei Pal-Sendungen immer geschehen, läßt sie aber nach der Zeile a in die Bildröhre einlaufen. Untereinander erscheinen dann eine etwas bläulich verfärbte Zeile und eine etwas rötlich verfärbte. Das menschliche Auge mittelt dann bei nicht allzu großen Phasenfehlern $\beta$ einen optischen Mittelwert $O_m$, so wie es schließlich auch aus den rot und gelb aufleuchtenden Punkten der Bildröhre die Farbe Orange mittelt. Dieses vereinfachte Pal-Verfahren ohne Verzögerungsleitung, Simple-Pal genannt, funktioniert aber befriedigend nur bis zu Fehlphasenwinkeln von ± 12°. Darüber hinaus sieht man die farbigen Streifen und spricht von Jalousie-Effekt. Spaßvögel nennen ihn auch „Palousie-Effekt". Für kleine tragbare, aus Übersee exportierte Empfänger werden derartige Vereinfachungen aus Preisgründen gern angewendet, zum Teil aber auch, um die Pal-Patente zu umgehen.

Der große Vorteil des Standard-Pal besteht aber gerade darin, daß aus je zwei aufeinanderfolgenden Zeilen, die einen Phasenfehler aufweisen, wieder die ursprüngliche, im Sender vorhanden gewesene Richtung des Farbartzeigers *F* rekonstruiert wird. Man erhält also im Empfänger tatsächlich wieder die Sollrichtung des Farbartzeigers in Abb. 16.07. Das funktioniert bis zu Phasendifferenzen von ± 40°. Theoretisch tritt dabei lediglich nach Abb. 16.07 eine gewisse Entsättigung auf, d.h. das Bild wird blasser. Das kann jedoch durch Erhöhen der Farbsättigung, also mit dem von Hand zu bedienenden Farbsättigungseinsteller ausgeglichen werden.

# *Die Pal-Zusatzstufen*

## Abb. 16.11 Blockschaltung mit Pal-Zusätzen

In diesem Schaltbild sind die noch nicht besprochenen Zusatzstufen für einen kompletten Pal-Empfänger durch Schattierung hervorgehoben. Dies sind:

1. Der Pal-Decoder oder Pal-Demodulator mit dem 64-$\mu$s-Laufzeitglied und der Addierstufe. Die Laufzeitleitung verzögert jeweils ein Zeilensignal um 64 $\mu$s. In der

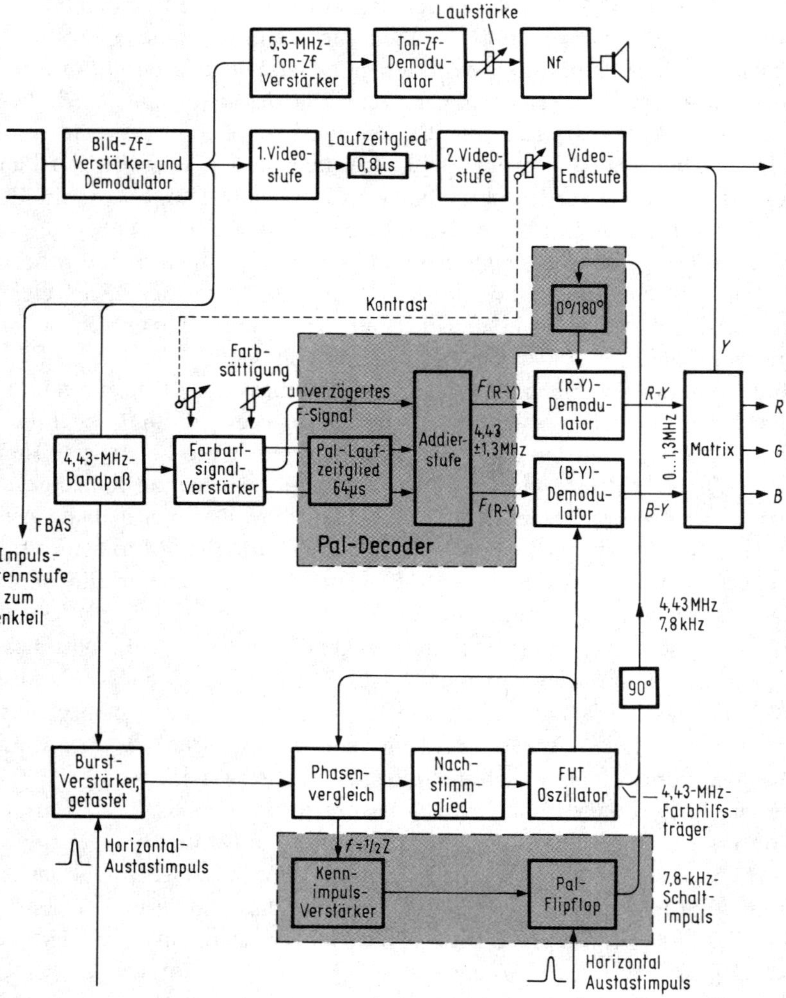


Abb. 16.11 Blockschaltung eines Farbfernsehempfängers mit den Pal-Zusätzen

Addierstufe läuft es dann mit dem folgenden Zeilensignal zum gleichen Zeitpunkt ein. Das Summensignal wird gebildet. Als erwünschte Zusatzwirkung ergibt sich beim Pal-Decoder, daß er bereits die Doppelmodulation voneinander trennt. Streng genommen trifft dies jedoch nur bei Signalen ohne Phasenfehler zu. Er liefert an den Ausgängen zwei zwar immer noch trägerfrequente Signale, aber das eine enthält nur die Komponente $R - Y$, das andere nur $B - Y$. Diese Informationen werden den bereits bekannten Synchrondemodulatoren zugeführt.

2. Nun muß aber noch das $(R - Y)$-Signal bei jeder zweiten Zeile umgepolt werden. Das geschieht in Abb. 16.11 dadurch, daß man den Farbhilfsträger für diesen Demodulator bei jeder zweiten Zeile um 180° umpolt. Er tastet dann um 180° versetzte Kurvenstücke aus dem trägerfrequenten Farbartsignal heraus – und der Zweck ist erfüllt.

   Dieses Umpolen von 0° auf 180° erfolgt in dem Phasenschieber oberhalb des $(R–Y)$-Demodulators. Umschalten bei jeder zweiten Zeile bedeutet, daßmit der halben Zeilenfrequenz geschaltet werden muß. Neben der in jedem Empfänger vorhandenen Zeilen- oder Vertikalfrequenz von 15 625 Hz ist demnach noch eine Hilfsfrequenz 15 625 : 2 = 7812,5 Hz, abgerundet 7,8 kHz, notwendig.

   Man leitet sie mit Hilfe eines Frequenzteilers 2 : 1 aus der Zeilenfrequenz ab und synchronisiert sie mit Impulsen aus der Phasenvergleichsstufe des Farbhilfsträgeroszillators. Dazu dient die dritte neue Schaltgruppe in Abb. 16.11.

Außer diesem umschaltbaren Phasenschieber muß das System aber noch einen festen 90°-Phasenschieber enthalten, der stets zum Demodulieren der Quadraturmodulation notwendig ist. Er ist immer für den $(R - Y)$-Demodulator vorgesehen. Es gibt auch noch andere Möglichkeiten, sowohl die 90°-Austastung für die Quadraturmodulation als auch die 0°/180°-Umschaltung für Pal durchzuführen. Man darf sich daher nicht wundern, wenn in Blockschaltungen der Firmen bisweilen recht unterschiedliche Anordnungen zu finden sind.

In den ausführlichen Gesamtschaltbildern ist der 90°-Phasenschieber ohnehin meist schlecht zu erkennen, weil er vielfach durch eine Bandfilterwirkung gegeben ist, vgl. Abb. 15.59. Bei integrierten Schaltungen sind die inneren Verbindungen ebenfalls schwer zu durchschauen. Trotzdem muß man die Grundprinzipien kennen. Dazu einige Variationen dieser Schaltungsanordnung.

## Abb. 16.12 und 16.13 Pal-Umschaltung

1. In Abb. 16.11 wurde folgende Schaltungsart angewendet:

   $B - Y$ wird mit 0° vom Farbhilfsträger geschaltet.
   $R - Y$ wird mit 90/270° vom Farbhilfsträger geschaltet.

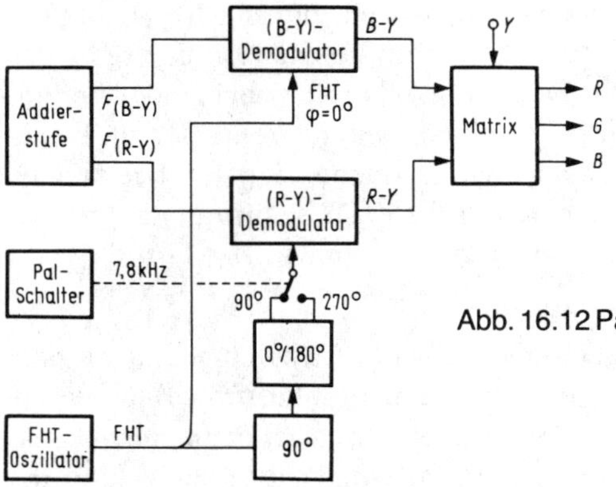


Abb. 16.12 Pal-Umschaltung des Farbhilfsträgers

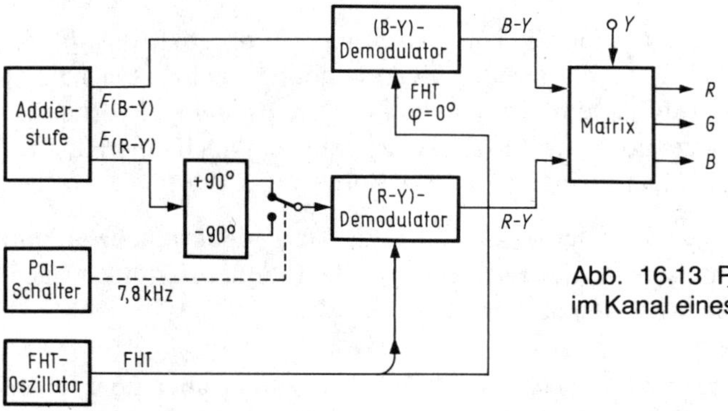


Abb. 16.13 Pal-Umschaltung im Kanal eines Farbartsignals

Die in Abb. 16.11 angedeutete Umpolschaltung 0°/180° für den Farbhilfsträger ist in der Praxis meist so eng verzahnt mit dem *(R – Y)*-Demodulator, daß sie in einer Gesamtschaltung kaum zu erkennen ist. Daneben gibt es noch eine weitere, und zwar recht sinnfällige Lösung, nämlich nicht den Farbhilfsträger, sondern das *(R – Y)*-Signal selbst von Zeile zu Zeile umzupolen, so wie es auch bei der Modulation im Sender erfolgt war. Dies ermöglicht folgende Lösungen:

2. Abb. 16.12
   $B - Y$ wird mit $\varphi = 0°$ vom Farbhilfsträger geschaltet.
   $R - Y$ wird mit $\varphi = 90°$ und zusätzlich mit 0°/180°, also insgesamt mit 90°/270° vom Farbhilfsträger geschaltet.
3. Abb. 16.13
   $B - Y$ wird mit $\varphi = 0°$ vom Farbhilfsträger geschaltet.
   $R - Y$ wird mit $\varphi = 0°$ vom Farbhilfsträger geschaltet.
   $F_{(R-Y)}$, also das trägerfrequente Signal, wird mit +90°/–90° zugeführt.

Das entspricht also noch sinnfälliger der Umpolung der *(R – Y)*-Information von Zeile zu Zeile. Dieses Verfahren funktioniert auch, wenn man auf die Addierstufe und die vorangehende Verzögerungsleitung verzichtet und das gesamte Farbartsignal *F* unmittelbar dem *(B – Y)*-Demodulator und zugleich dem + 90°/–90°-Umschalter zuführt. Man erhält damit einen Einfach-Pal-Empfänger, bei dem kleine Phasenfehler optisch gemittelt werden.

## Abb. 16.14 Funktion des Pal-Laufzeitdemodulators

Das Zeilensignal $F_a$ muß um eine Zeitdauer von 64 $\mu$s verzögert werden, damit es zum Signal $F_b$ der nächsten Zeile elektrisch addiert werden kann. Das gilt auch für jedes der nächsten Zeilenpaare, also für $F_b : F_c, : F_d$ usw. Dazu dient das Pal-Laufzeitglied in Abb. 16.11. Die verzögerten und unverzögerten Signale treffen in der Addierstufe zusammen. Sie addiert nicht nur die Werte der nacheinander folgenden Zeilen, sondern trennt auch das doppeltmodulierte Farbartsignal $F$ in die beiden immer noch trägerfrequenten Teilsignlae $F_{(R-Y)}$ und $F_{(B-Y)}$. Diese gelangen an die zugehörigen Synchrondemodulatoren. Dort werden die Farbdifferenzsignale $R - Y$ und $B - Y$ herausgetastet. Die rechnerische Funktion dieses Laufzeitdecoders sei nun an Abb. 16.14 erläutert. Die trägerfrequenten Farbartsignale der aufeinanderfolgenden Zeilen bestehen in vereinfachter Form aus folgenden Komponenten:

Zeile a $F_a = + F_{(B-Y)} + F_{(R-Y)}$
Zeile b $F_b = + F_{(B-Y)} - F_{(R-Y)}$
Zeile c $F_c = + F_{(B-Y)} + F_{(R-Y)}$

In der zweiten Zeile ist das *(R – Y)*-Signal entsprechend der Pal-Norm um 180° umgepolt, erhält also ein Minuszeichen. – Zur besseren Übersicht werden in den folgenden Rechnungen die trägerfrequenten Farbdifferenzsignale vorübergehend wieder durch große Buchstaben ersetzt, nämlich:

$F_{(B-Y)} = U$ und $F_{(R-Y)} = V$

Dann lauten die Zeilensignale vereinfacht:

Zeile a $F_a = U + V$
Zeile b $F_b = U - V$
Zeile c $F_c = U + V$

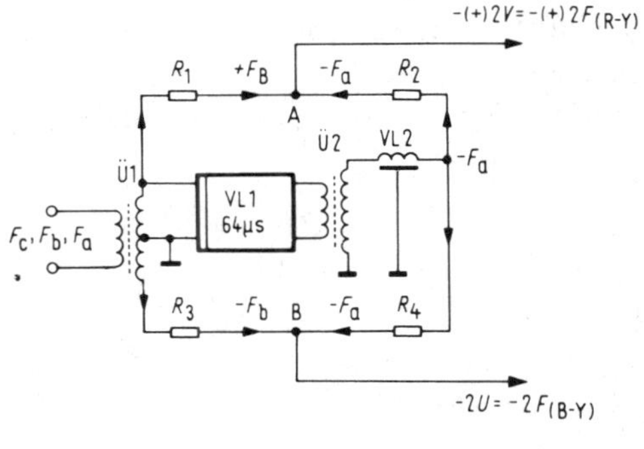


Abb. 16.14 Prinzip eines Pal-Laufzeitdemodulators

Diese Signale gelangen nacheinander an die symmetrischen Sekundärwicklungen des Eingangsübertragers in Abb. 16.14. Das Signal am oberen Wicklungsende speist die Ultraschall-Laufzeitleitung VL1. Ihre Funktion wurde bereits bei Abb. 14.36 und 14.38 besprochen. Der Glaskörper einer solchen Laufzeitleitung ließ sich in der Pionierzeit aber nie ganz exakt so schleifen, daß sich genau die richtige Verzögerungszeit ergibt. Man schliff daher etwas mehr ab, so daß die Verzögerungszeit etwas geringer ist, und fügte eine zusätzlich einstellbare Verzögerungsleitung VL2 in den Signalweg ein. Damit wird dann die Gesamtverzögerung auf die genaue Zeilendauer von 63,943 $\mu$s, also rund 64 $\mu$s abgeglichen. Heute stehen fertig abgeglichene Laufzeitleitungen mit geringen Toleranzen zur Verfügung (siehe Abb. 14.37).

Nachdem Zeile a die Verzögerungsleitung durchlaufen hat, liegt ihr Signal als $-F_a$ um genau 180° gegenüber dem Eingangssignal gedreht am Ausgang der Leitung und über die Widerstände $R_2$ und $R_4$ an den Punkten A und B.

Zum gleichen Zeitpunkt ist bereits das Signal $F_b$ am Eingangsübertrager vorhanden. Es erscheint mit $+F_b$ und $-F_b$ an den Enden der zur Phasenumkehr dienenden symmetrischen Sekundärwicklung. Diese Spannungen gelangen über die Widerstände $R_1$ und $R_3$ zu den Punkte A und B. Man erhält nun dort am

Punkt A:

$$-F_a + F_b = -(U + V) + (U - V)$$
$$= -U - V + U - V = -2V$$

Oder besser, damit die Gedankenverbindung zur Farbe nicht verlorengeht:

$$-2V = -F_{(R-Y)}$$

Punkt B:

$$-F_a - F_b = -(U + V) - (U - V)$$
$$= -U - V - U + V = -2U$$
$$-2U = -2F_{(B-Y)}$$

Im Punkt A werden die Signale stets subtrahiert, im Punkt B addiert. Auf elegante Weise ist damit folgendes gelungen:

1. Die Informationen $F_{(R-Y)}$ und $F_{(B-Y)}$ stehen jetzt getrennt zur Verfügung. Sie sind allerdings noch geträgert, d.h. mit der Farbträgerfrequenz $F$ behaftet.
2. Die Summen $2U$ und $2V$ bedeuten, daß die Spannungen von zwei zeitlich nacheinander eingelaufenen Signalen nunmehr addiert zum gleichen Zeitpunkt zur Verfügung stehen.

Beim Einlaufen der dritten Zeile mit dem Signal $F_c$ ergibt sich nun sinngemäß bei

Punkt A:

$$-F_b + F_c = -(U - V) + (U + V)$$
$$= -U + V + U + V = +2V$$

Punkt B:

$$-F_b - F_c = -(U - V) - (U - V)$$
$$= U + V - U + V = -2U$$

Am Punkt B ist demnach wieder ein Zeilensignal $-2\ U$, d.h. $-2\ F_{(B-Y)}$, also mit gleichem Vorzeichen entstanden. Am Punkt A dagegen, also im Kanal für $(R-Y)$, hat das Vorzeichen gewechselt. Diese Spannungen am Ausgang stellen bereits die Summen von jeweils zwei Zeilensignalen dar. Aber das Signal für $(R-Y)$ wechselt auch wieder von Zeile zu Zeile das Vorzeichen, wie dies beim Pal-Verfahren beabsichtigt ist. Deswegen stehen an diesem Decoderausgang die Vorzeichen $-$ (+), das soll andeuten, daß nacheinander das Vorzeichen wechselt. Die Form $\pm V$, die man oft der Kürze wegen anwendet, ist eigentlich nicht ganz so logisch, denn darunter versteht man im allgemeinen ein Gleichzeitiges, nicht aber ein Nacheinander.

Um das von Zeile zu Zeile wechselnde Vorzeichen rückgängig zu machen, muß hinter dem Laufzeitmodulator ein zeilenfrequenter Schalter wie in Abb. 16.12 angeordnet werden, damit der gewünschte Phasenfehlerausgleich stattfindet. Das Signal im Punkt B behält stets das gleiche Vorzeichen und braucht nicht von Zeile zu Zeile umgeschaltet zu werden. Das rechnerische Minuszeichen kann in der Empfängerschaltung leicht mit Hilfe eines Übertragers oder einer Inverterstufe beseitigt werden.

Nun muß noch auf die kleine zusätzliche Verzögerungsleitung VL2 in Abb. 16.14 eingegangen werden. Sie dient zum Abgleichen auf die genaue Zeilenlaufzeit und kann auch an anderer Stelle der Schaltung liegen. Bei manchen Geräten werden Laufzeittoleranzen auch durch Abgleichen der Induktivität des Ausgangsübertragers Ü2 ausgeglichen. In dem hier immer noch sehr hochfrequenten Spektrum um 4.43 MHz bewirken geringe Induktivitätsänderungen bereits Phasendrehungen und können somit zum genauen Einstellen der Laufzeit dienen.

In jedem Pal-Decoder ist außerdem noch ein Trimmpotentiometer notwendig, um die Amplitude des direkten unverzögerten Signals vor der Addierstufe auf den Wert herabzusetzen, den das verzögerte Signal hat, denn die Pal-Laufzeitleitung bewirkt auch eine Dämpfung. Damit die Rechnungen stimmen, müssen aber beide Signale die gleiche Amplitude haben. Für diesen Phasen- und Amplitudenabgleich eines Pal-Decoders bestehen mehrere Möglichkeiten. Die Abgleichvorgänge selbst sind in den Serviceschriften beschrieben. Kriterium für richtigen Abgleich ist, daß bei einem Farbbalkentestbild bestimmte Felder unbunt sind. Sind sie es nicht, würde es bedeuten, daß die am Ausgang des Decoders erscheinenden Signale $F_{(R-Y)}$ und $F_{(B-Y)}$ nicht im richtigen Verhältnis zueinander stehen.

## Abb. 16.15 Phasenlagen hinter dem Pal-Decoder

Die Plus- und Minuszeichen allein geben vielleicht noch nicht die richtige Vorstellung von der Wirkung des Pal-Decoders. Deshalb sind in diesem Bild schematisch die Zeigerdiagramme der Ausgangsspannungen des Pal-Decoders dargestellt. Am Ausgang $V$ erscheinen die Anteile für $F_{(R-Y)}$, und zwar abwechselnd in –90° und +90° zur Bezugsachse liegend. Zur Kennzeichnung und zur späteren richtigen Zuordnung ist außerdem jeweils die Burstphasenlage eingetragen.

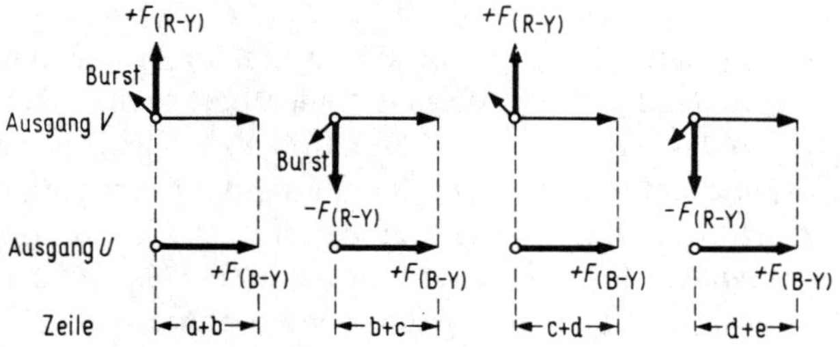


Abb. 16.15 Zeigerdiagramme für die Ausgangsspannungen eines Pal-Decoders bei aufeinanderfolgenden Zeilensignalen

Der Ausgang *U* führt die $F_{(B-Y)}$-Signale, stets in der gleichen Richtung der Bezugsachse liegend. Um so bessere Vergleichsmöglichkeiten zum Rotdifferenzsignal zu haben, sind diese Zeiger in positiver Richtung aufgetragen. Das Signal wurde also gegenüber den Angaben in Abb. 16.14 invertiert. Elektrisch bietet dies keinerlei Schwierigkeiten.

Nochmals erwähnt sei, daß diese neuen Zeilensignale aus der Addition von zwei aufeinanderfolgenden Zeilen a + b, b + c usw. entstanden sind. Diese Bildung der neuen Zeilensignale aus der Summe von zwei *zeitlich* aufeinanderfolgenden Zeilen gehört mit zur Grundlage des Pal-Verfahrens.

Die neugebildeten Zeilen liegen infolge der Verzögerung um 64 μs auf dem Bildschirm jeweils um eine Zeile tiefer, als dies beim Schwarzweißempfang der Fall wäre. Das spielt aber für den Gesamteindruck des Bildes keine Rolle. Das gilt auch für die dazwischenliegenden Zeilen des anderen Halbbildes, die jeweils 1/50 s später einlaufen. Geht man auf die elementare Darstellung des Zeilenrasters Abb. 1.05 in Kapitel 1 zurück, dann bedeutet dies:

Zeile 1 und 3 ergeben eine neue Zeile 2
Zeile 3 und 5 ergeben eine neue Zeile 4
Zeile 5 und 7 ergeben eine neue Zeile 6 usw.

In ähnlicher Weise setzt sich dies Schema beim nächsten Teilbild fort.

## Abb. 16.16 Gesamtschaltung eines Pal-Decoders

Die Grundschaltung Abb. 16.14 gestattet mehrere Abwandlungen. Wesentlich ist stets, daß die Verzögerungsleitung VL1 niederohmig angepaßt werden muß, denn die Umwandlung von elektrischer Spannung in Ultraschall und zurück erfordert eine gewisse Leistung. Dazu dienen hier die Übertrager Ü1 und Ü2. Am zweiten Übertrager läßt sich durch Verstellen des Spulenkerns die Gesamtverzögerungszeit auf den genauen Sollwert abgleichen. VL2 stellt ein weiteres festes Korrekturglied dar. Die Serieninduktivität L1 parallel zu 39 kΩ dient zur Frequenzgangkorrektur.

Die Widerstandsbrücke zum Addieren der verzögerten und unverzögerten Signale, also die Addierstufe, ist hier anders angeordnet als in Abb. 16.14, hat jedoch die glei-

Abb. 16.16 Erweiterte Schaltung eines Pal-Decoders

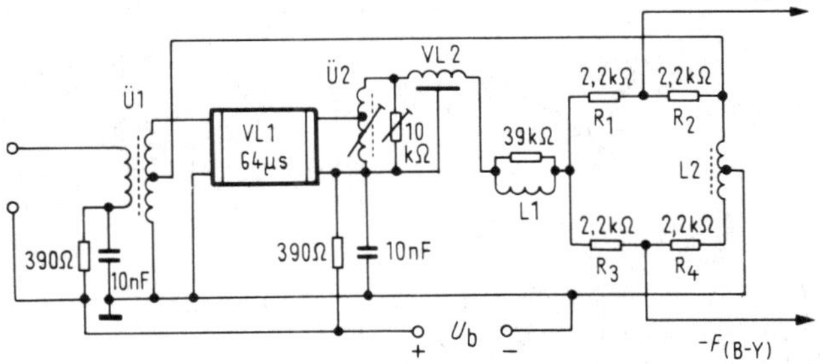


Abb. 16.17 Pal-Decoder mit Leistungs-Vorstufe ohne Übertrager

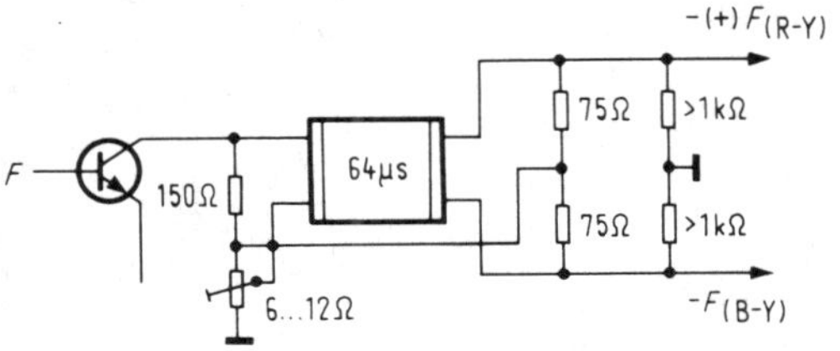


che Wirkung. Die Wicklung L2 entspricht dabei in der Wirkung der Sekundärwicklung des Übertragers Ü1 in Abb. 16.14.

Eine solche Decodierschaltung wird natürlich über Transistoren betrieben, dafür ist hier die Betriebsspannung $U_b$ angedeutet. Abb. 14.39 brachte bereits ein Beispiel dafür. Dort sind übrigens zwei Brückwiderstände der Addierschaltung durch Transistoren ersetzt.

### Abb. 16.17 Pal-Decoder ohne Übertrager

Sieht man genügend leistungsfähige Verstärkerstufen vor, dann kann man auch Pal-Decoder ohne Übertrager aufbauen, wie hier im Prinzip dargestellt. Das bietet Vorteile bei integrierten Schaltungen und ermöglicht unter Umständen auch niedrigere Preise, denn Spulen wickeln ist teurer als integrieren.

## *Der Pal-Zeilenschalter*

### Abb. 16.21 bis 16.24 Burstphase und Pal-Kennung

(Empfehlenswerter Wiederholungsstoff: Bilder 1.07, 2.43, 2.44, 15.48, 15.53.)

Die im Burst enthaltene 4,43-MHz-Schwingung springt von Zeile zu Zeile um ± 45° gegen die Achse $-(B-Y)$ um. In Abb. 16.21 ist dies nochmals für die beiden aufeinanderfolgenden Zeilensignale $F_a$ und $F_b$ dargestellt.

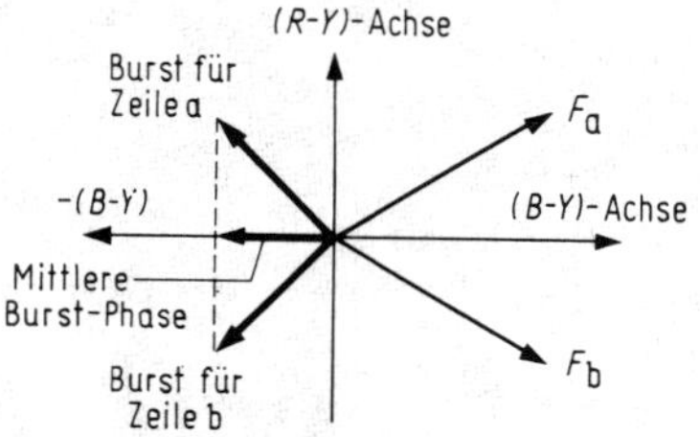


Abb. 16.21 Phasenlagen von Farbartsignalen und Burstschwingungen für zwei aufeinanderfolgende Zeilen

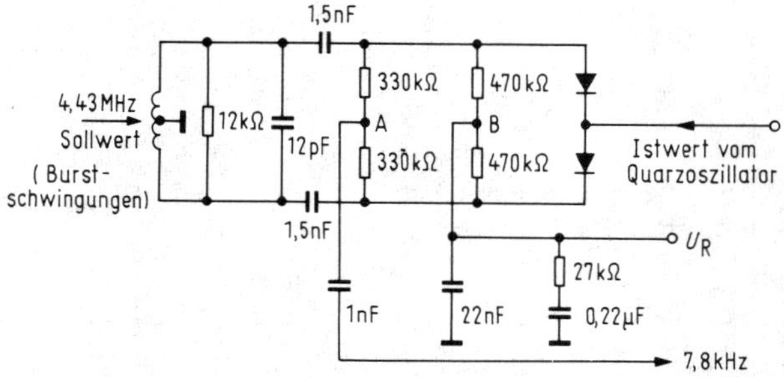


Abb. 16.22 Phasenvergleichsstufe für die Farbhilfsträgersynchronisierung mit getrennten Brückengliedern für die Regelspannung und die 7,8-kHz-Kennimpulse

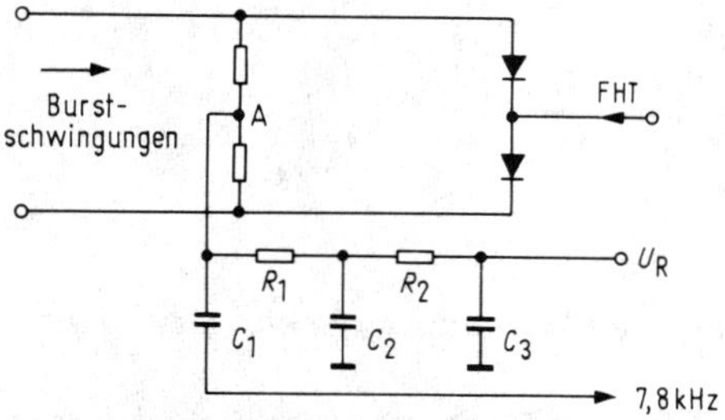


Abb. 16.23 Regelspannung und Kennimpulse werden am gleichen Spannungsteiler abgegriffen

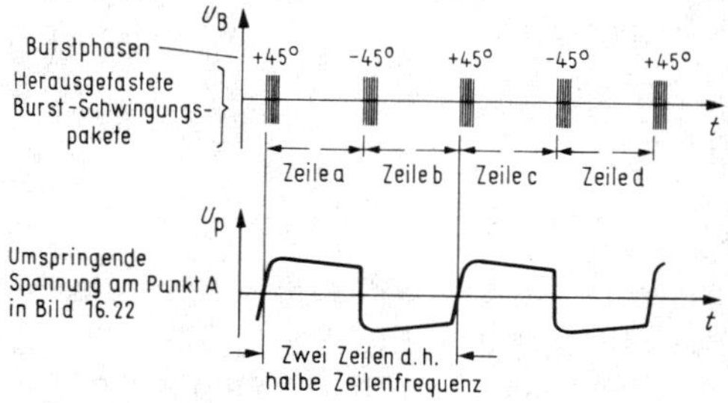


Abb. 16.24 Zuordnung der 7,8-kHz-Schwingung zu den Burst-Paketen

Der Phasenvergleichsstufe für die Farbhilfsträgersynchronisierung, Abb. 16.22, werden die Burstschwingungspakete als Sollwert und die 4,43-MHz-Schwingungen aus dem Quarzoszillator als Istwert zugeführt. Die Phasenlage dieser (ausgeregelten) Farbhilfsträgerfrequenz entspricht der $-(B-Y)$-Achse in Abb. 16.21. Dies rührt daher, weil die Steuerspannung für die Nachstimmdiode des Quarzoszillators durch eine sehr träge Kondensatorkombination, in diesem Fall 22 nF und 0,22 µF, so beruhigt und geglättet wird, daß sie auf das Umspringen der Burstphase um ± 45° gar nicht reagiert. Das Tiefpaßglied bildet eine Regelspannung $U_R$ für die mittlere Burstphasenlage in Richtung $-(B-Y)$, vgl. Abb. 16.21, und mit diesem Istwert kommt die vom Quarzoszillator rückgeführte Schwingung an.

Wie der Name sagt, handelt es sich aber bei Abb. 16.22 um eine *Phasenvergleichsschaltung*. Die umspringende Burstphase versucht trotzdem, über den Regelkreis sogar die Phase des Quarzoszillators bei jeder Zeile auf + 45° oder − 45° nachzuziehen. Sie bildet deshalb eine Regelspannung, die von Zeile zu Zeile umspingt. Sie richtet damit zwar im Punkt B von Abb. 16.22 wegen der Trägheit der angeschalteten Kondensatoren nichts aus, am Punkt A kann man jedoch diese von Zeile zu Zeile wechselnde Spannung über den 1-nF-Koppelkondensator abnehmen. Da diese Spannung nur bei jeder zweiten Zeile wieder ihre Anfangslage einnimmt, schwingt sie halb so langsam, ihre Frequenz beträgt $^1/_2 f_z$ oder abgerundet 7,8 kHz.

In manchen Empfängern findet man nach Abb. 16.23 nur einen einzigen Abgriffspunkt A in der Phasenvergleichsstufe. Die dort abgehende Leitung verzweigt sich dann. Über einen hochohmigen Entkopplungswiderstand $R_1$ wird der Ladekondensator $C_2$ für die Regelspannung $U_R$ des Farbhilfsträgeroszillators aufgeladen, während die 7,8-kHz-Wechselspannung wie in Abb. 16.22 über den Koppelkondensatorf $C_1$ direkt am Punkt A entnommen wird.

Der Verlauf dieser Spannung und das Zustandekommen der Frequenz $1/2\, f_z$ ist im Diagramm Abb. 16.24 erläutert. Der mit + 45° gerichtete Burst bewirkt eine positive, nach dem Aufhören des Burstpaketes langsam ein wenig abklingende Regelspannung. Das nächste Burstpaket mit – 45° Phasenlage ergibt eine negativ gerichtete Regelspannung. Insgesamt entsteht so für *zwei* Zeilen *eine* meist etwas verschliffene Rechteckschwingung. Das entspricht der halben Zeilenfrequenz, also rund 7,8 kHz. Diese Schwingung läßt sich leicht am Punkt A in Abb. 16.22 oder 16.23 mit Hilfe eines Oszillografen nachweisen. Diese Spannung sei als *Pal-Kennimpuls* bezeichnet. Ihr Wert liegt im allgemeinen bei $U_{ss}$ = 1...2 V.

## Abb. 16.25 Vom Kennimpuls zum Schaltimpuls

Die Pal-Kennimpulsspannung muß noch verstärkt und von Störungen befreit werden. Daraus wird dann eine leistungsfähige Schaltspannung abgeleitet, um den von 0° auf 180° umschaltbaren Phasenschieber für den *(R – Y)*-Demodulator zu steuern. Die dazu notwendigen Stufen wurden bereits als Blockschaltung in Abb. 16.11 unten dargestellt. Abb. 16.25 zeigt nun ein ausführliches Schaltungsbeispiel.

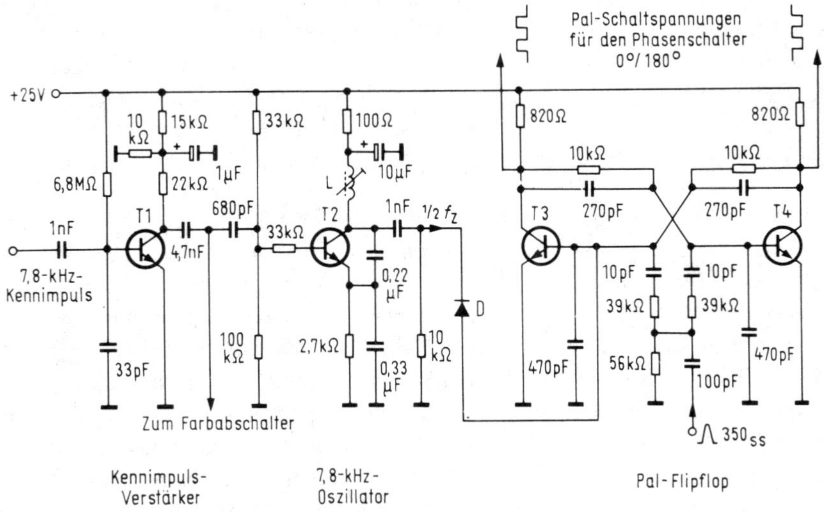


Abb. 16.25 Stabilisierung der Kennimpulsspannung durch einen 7,8-kHz-Oszillator und ein Flipflop

Man sollte annehmen, daß der aus der umspringenden Burstphase gewonnene 7,8-kHz-Kennimpuls mit dem Verlauf von Abb. 16.24 direkt eine äußerst exakte Schaltspannung für die 180°-Umpolung jeder zweiten Zeile ergeben müßte, denn schließlich stammt doch diese 7,8-kHz-Frequenz von der Zeilenumschaltung im Sender her. Sie sollte demnach auch die Zeilensignalumpolung im Empfänger wieder richtig steuern. Bei einer derartigen Direktsynchronisierung besteht jedoch immer die Gefahr, daß von außen kommende Störimpulse, z.B. von funkenden Lichtschaltern oder schlecht entstörten Kfz-Zündanlagen, zusätzliche falsche Impulse erzeugen und die Pal-Umschaltung außer Tritt bringen. Wenn aber das Rückpolen der Rotkomponente $-(R-Y)$ auf $+(R-Y)$ nicht funktioniert, dann würden die Zeilen abwechselnd in verschiedenen Farben flimmern.

Wie bereits seit den Anfangszeiten des Schwarzweiß-Fernsehempfängers von der Zeilensynchronisierung bekannt, fügt man deshalb einen Sinusoszillator für die gewünschte Kipp- oder Schaltfrequenz ein. Er schwingt von sich aus auf halber Zeilenfrequenz und wird von den Pal-Kennimpulsen synchronisiert. Enthält diese Synchronisierspannung Störimpulse oder treten während der breiten Bildwechselimpulse Pausen in diesem Schwingungszug auf, dann läuft der Sinusoszillator trotzdem in seiner Frequenz weiter, bis die Störung oder Unterbrechung abgeklungen ist und die richtige Synchronisierung wieder einsetzt. Er wirkt also wie das Schwungrad einer mechanischen Antriebsmaschine, das ebenfalls ruckartige Stöße oder kurzzeitige Pausen ausgleicht.

In Abb. 16.25 bildet die Stufe mit dem Transistor T1 den Kennimpulsverstärker. Der 7,8-kHz-Sinusoszillator mit dem Transistor T2 arbeitet in kapazitiver Dreipunktschaltung. Seine Frequenz wird mit dem Ferritkern der Spule L abgeglichen. Das Rezept hierfür lautet in den Serviceunterlagen meistens so, daß bei kurzgeschlossenem Kennimpuls (z.B. Basis des Transistors T1 mit Masse verbinden) die Oszillatorspule L so abzugleichen ist, daß sich keine waagerechten scharfkantigen Farbstreifen im Bild ergeben. Das würde nämlich bedeuten, daß die 0°/180°-Umpolung nicht im Tritt ist. Schwingt der Oszillator infolge dieses Abgleichvorganges von sich aus bereits mit der richtigen Frequenz, dann läßt er sich auch gut von den Kennimpulsen synchronisieren.

Die eigentlichen Pal-Schaltimpulse liefert die Flipflop-Schaltung mit den beiden Transistoren T3 und T4. Die Umschaltspannung muß nämlich sehr steilflankig sein und von einem Generator mit niedrigem Innenwiderstand geliefert werden, um die Schaltdioden in dem in den nächsten Bildern besprochenen Umpoler zu betätigen. Dafür eignet sich am besten eine bistabile Kippschaltung, kurz als *Flipflop* bezeichnet. Der ebenfalls dafür verwendete Ausdruck bistabiler Multivibrator oder Pal-Multivibrator sei vermieden. Die Bezeichnung Multivibrator bleibe besser den selbständig schwingenden Oszillatoren („Vibratoren“) vorbehalten. Das Pal-Flipflop schwingt aber nicht selbständig, sondern kippt jeweils nur von der einen in die andere Ruhelage, wenn es von außen her mit Impulsen gesteuert wird. Bleiben die Steuerimpulse aus, dann bleibt es in der zuletzt eingenommenen Stellung – ein Transistor durchgeschaltet, der andere gesperrt – stehen. Dann multivibriert also nichts mehr!

## Abb. 16.26 Die Doppelsteuerung des Pal-Flipflops

Der Basis des Transistors T3 des Pal-Flipflops in der vorigen Abbildung wird über eine Trenndiode D die Sinusspannung mit der Frequenz ½ $f_z$ des vorhergehenden Oszillators zugeführt. Nun kommt etwas seltsam Anmutendes: Das Flipflop wird eigentlich gar nicht von der mühselig gewonnenen hochkonstanten 7,8-kHz-Schwingung Abb. 16.26a synchronisiert, sondern mit den frequenzmäßig allerdings ebenso konstanten Zeilenrückschlagimpulsen, die über 100 pF und je 39 kΩ den Basisanschlüssen beider Transistoren T3 und T4 im vorhergehenden Bild zugeführt wurden. Jeder Rückschlagimpuls, Abb. 16.26b, läßt das Flipflop hinkippen oder herkippen. Im Zeitpunkt $t_1$ unterstützen sich der positiv gerichtete Zeilenrückschlagimpuls *und* die positiv ansteigende Flanke der Sinusspannung an der Basis des Transistors T3. Der Transistor wirkt zugleich als UND-Gatter, schaltet durch und ergibt die ansteigende Flanke der Rechteckschwingung Abb.16.26c.

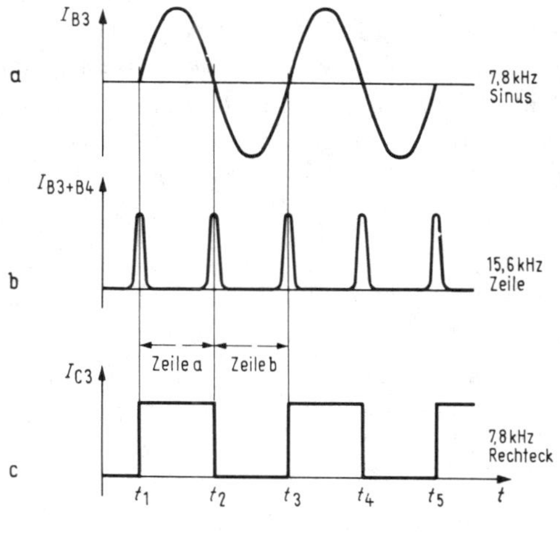


Abb. 16.26 Verlauf der Spannungen an einem Pal-Flipflop

Der nächste im Zeitpunkt $t_2$ an der Basis des Transistors 3 eintreffende positive Zeilenrückschlagimpuls wird aber durch das Zusammentreffen mit der jetzt negativ verlaufenden Sinuswelle so weit abgesenkt, daß er unwirksam bleibt. (Die Amplituden der Zeilenrückschlagimpulse werden durch die Spannungsteilung über 39 kΩ – 10 pF – 270 pF – 820 Ω an der Basis so herabgesetzt, daß sie in die Größenanordnung der Sinusspannung zu liegen kommen.) Jetzt wirkt sich aber an der Basis des Transistors 4 der positive Zeilenrückschlagimpuls aus. Transistor 4 zieht Strom, das Flipflop kippt, und der Kollektorstrom $I_{C3}$ des Transistors 3 springt auf Null.

Damit ist sichergestellt, daß die Pal-Schaltspannung 16.26c stets mit der richtigen Zeilenkennung erzeugt wird. Andernfalls könnte sich das Flipflop bei zufälligen Störungen „verschlucken". Die Rechteckspannung bekäme die entgegengesetzte Phasenlage und würde im Farbartteil die falschen Zeilen umpolen. Mit dieser Doppelsteuerung fällt bei Störungen höchstens eine Zeile aus. Dann fängt sich die Synchronisierung, und die richtige Zuordnung stellt sich wieder ein[1]).

In vielen Fällen wird die Stufe zum Rückpolen der *(R – Y)*-Information symmetrisch geschaltet. Dazu entnimmt man dann gegenphasige Pal-Schaltspannungen an den Kollektoren der beiden Transistoren T3 und T4 in Abb. 16.25.

## Abb. 16.27 und 16.28 Der 180°-Phasenschalter

Man könnte einen 180°-Phasenschalter so ausbilden, daß man das Signal der ersten Zeile direkt weiterleitet und das der zweiten über einen 180°-Phasenschieber schickt. Das gäbe jedoch eine gewisse Unsymmetrie, denn ein solcher Phasenschieber bringt meist auch eine Dämpfung gegenüber einem direkten Signal. Deshalb wählt man eine Anordnung nach dem Prinzip von Abb. 16.27. Man führt die aufeinanderfolgenden Signale + $(F_{(R-Y)}$ und – $F_{(R-Y)}$ einen symmetrischen Übertrager zu. An den Enden der Sekundärwicklung entstehen dann zeilenweise abwechselnd oben oder unten die Polungen $-F$ oder $+F$ gegen Masse. Man schaltet nun mit der richtigen Kennung vom Pal-Schalter aus die Ausgangsleitung immer stets an dasjenige Ende des Übertragers, das dann gerade die Polung $+F_{(R-Y)}$ hat.

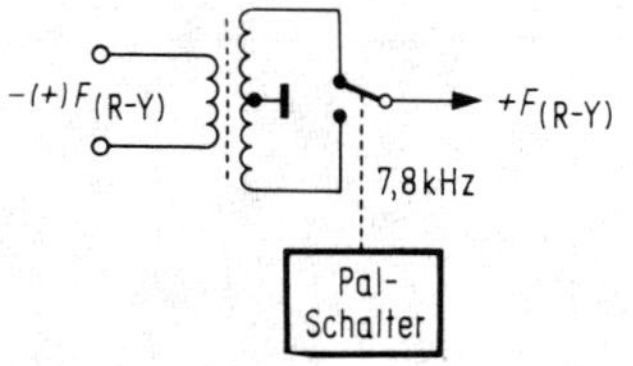


Abb. 16.27 Prinzip eines Pal-Schalters im Farbartsignal für $F_{(R-Y)}$

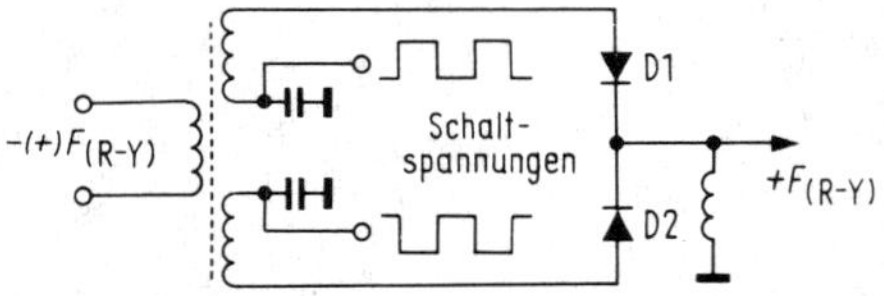


Abb. 16.28 Elektronischer Pal-Schalter

Ein so schnelles Umschalten funktioniert natürlich nur mit elektrisch gesteuerten Schaltdioden. Abb. 16.28 zeigt die erweiterte Anordnung. Die beiden Dioden werden wechselweise durch gegenpolige rechteckförmige Steuerspannungen aus dem Pal-Flipflop geöffnet und gesperrt. Am Ausgang erscheinen dann die nun bei jeder Zeile richtig liegenden Spannungen $F_{(R-Y)}$ und können dem Synchrondemodulator $R - Y$ zugeführt werden, vgl. Abb. 16.13. Meistens ist aber diese Umschaltstufe Abb. 16.28 bereits so mit dem Synchrondemodulator kombiniert, daß sie in der Gesamtschaltung eines Fernsehempfängers kaum auffällt. Man erkennt ihre Funktion allerdings daran, daß eine 7,8-kHz-Pal-Schaltspannung in diesen Demodulator hineinführt.

1 Die beschriebene Funktion beruht auf einer Anordnung mit Einzeltransistoren. Integrierte Schaltungen vereinfachen das Problem wesentlich.

## Abb. 16.29 und 16.30 Phasenumschaltung des Farbhilfsträgers

Wie bereits bei Abb. 16.12 ausgeführt, erzielt man die gleiche Wirkung, wenn man nicht das Signal $F_{(R-Y)}$ von Zeile zu Zeile umpolt, sondern den Farbhilfsträger. Viele Entwicklungsingenieure ziehen dieses Verfahren sogar vor, weil es weniger kritisch ist, die Phasenlage einer sauber durchlaufenden Sinusschwingung umzupolen als die Signale $F_{(R-Y)}$ mit einer Bandbreite von 2,6 MHz. Abb. 16.29 stellt ein Schaltungsbeispiel für diese 180°-Umschaltung des Farbhilfsträgers dar, kombiniert mit der eigentlichen Synchrondemodulatorstufe. Der Phasenschalter entspricht genau dem Prinzip von Abb. 16.28, aber ihm wird nicht das Farbartsignal, sondern der Farbhilfsträger zugeführt. Die vom Pal-Flipflop stammenden Rechteckspannungen schalten abwechselnd eine der Dioden D1 oder D2 durch. Die beiden Wicklungen des Übertragers sind so gepolt, daß dann der Farbhilfsträger einmal mit $\varphi = 0°$ und bei der nächsten Zeile mit $\varphi = 180°$ auf den Synchrondemodulator einwirkt. An dessen Ausgang erscheinen dann die demodulierten Signale + *(R – Y)* in einer Polarität.

Bei einer anderen Ausführungsform, Abb. 16.30, werden Farbhilfsträger und eine phasenrichtige Pal-Schaltspannung zuvor addiert und gemeinsam dem Mittelpunkt des Phasenschalters zugeführt. Diese Anordnung entspricht dem in der großen Blockschaltung Abb. 16.11 dargestellten Verfahren. Eine solche kombinierte Farbhilfsträger/Pal-Schaltspannung sieht am Oszillatorausgang so aus, wie unten links in Abb.

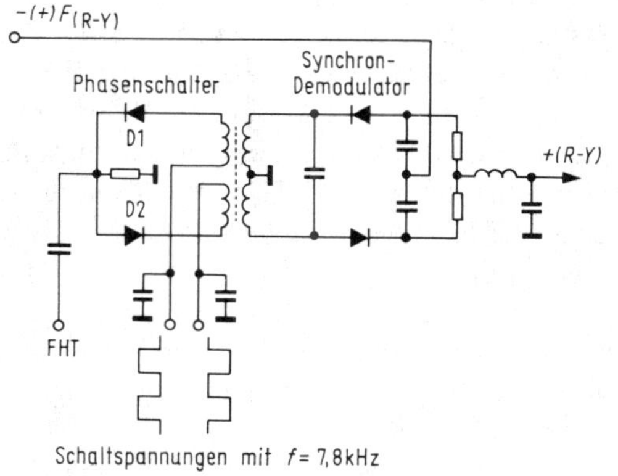


Abb. 16.29 Elektronischer Pal-Schalter in der Zuführung des Farbhilfsträgers

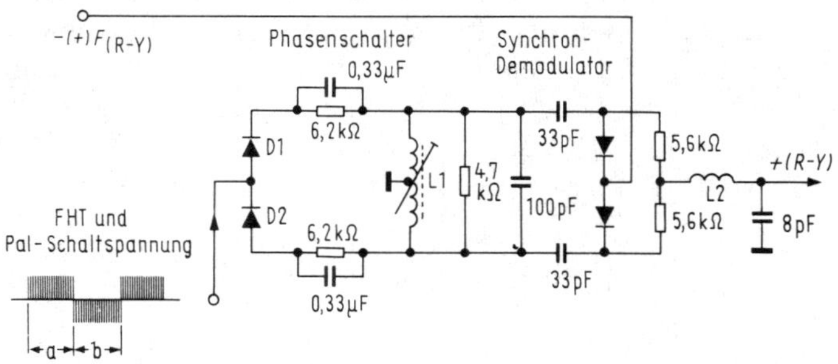


Abb. 16.30 Pal-Schalter mit gemeinsamer Zuführung von Farbhilfsträger und Pal-Schaltspannung

16.30 gezeigt. Der 7,8-kHz-Rechteckspannung sind die 4,43-MHz-Schwingungen überlagert. Die Halbwellen des Farbhilfsträgers stoßen sich damit selbst die jeweils richtige Schaltdiode D1 oder D2 auf. Die letzten Feinheiten der Phasenlage werden mit der Induktivität L abgeglichen. Dazu wird ein Farbbalkenmuster auf den Empfänger gegeben und auf dem Bildschirm auf geringste Streifenbildung im Blaubalken abgeglichen.

## *Farbabschalter und Farbsättigungsregelung*

### Abb. 16.31 Wenn die Farbe ausbleibt ...

Farbempfänger geben auch Schwarzweißsendungen wieder. Dazu genügt der Schwarzweißteil mit dem Leuchtdichte- oder Y-Verstärker. Der Farbteil mit Farbartverstärker, Pal-Decoder und den Synchrondemodulatoren ist hierzu nicht erforderlich. Es ist sogar schädlich, ihn gewissermaßen blind mitlaufen zu lassen. Man muß es sich stets wiederholen: Nicht Farben, sondern elektrische Signale werden übertragen. Wenn aber beim Schwarzweißempfang der Farbartverstärker mitläuft, dann würde er mit höchster Verstärkung arbeiten. Beim eigentlichen Farbempfang regelt nämlich die Farbkontrastautomatik oder Farbsättigungsregelung die Verstärkung in Abhängigkeit von der Burstamplitude zurück, vgl. Abb. 15.35. Beim Schwarzweißempfänger entfällt aber das Burstsignal, und die Verstärkung im Farbartkanal würde hochlaufen. Die vom Y-Verstärker über den 4,43-MHz-Bandpaß in den Farbartkanal gelangenden Schwarzweißsignale des Frequenzgebietes um 3,5...5 MHz würden dann im Farbartsignalverstärker extrem hoch verstärkt werden. Das ergibt folgende Störungsmöglichkeit:

Die hochgetriebenen Y-Signale erzeugen im Farbkanal, wo sie gar nicht hingehören, gänzlich unregelmäßige Farberscheinungen. Dem Schwarzweißbild ist dann ein *Farbfeuer* überlagert, es regnet Konfetti.

Der Farbartverstärker muß also beim Schwarzweißempfang abgeschaltet werden! Zum Betätigen dieses Farbabschalters oder Farbkillers benutzt man wieder eine der so nützlichen Phasenvergleichsschaltungen. Sie ist in Abb. 16.31 mit *Phasenvergleich 2* bezeichnet, zum Unterschied vom Phasenvergleich Nr. 1 für die Farbträgerregenerierung. Im Phasenvergleich 2 für den Farbabschalter werden ebenfalls zwei Spannungen oder Signale verglichen, die nur bei Farbsendungen vorhanden sind. Im vorliegenden Fall sind dies das Burstsignal und die Farbhilfsträgerfrequenz.

Man könnte nun einwenden, daß doch allein das Ausbleiben des Burst genüge, um eine Schaltspannung für den Farbabschalter zu gewinnen. Das gäbe jedoch Schwierigkeiten bei sehr schwachen Antennensignalen und somit stark verrauschtem Burst. Der

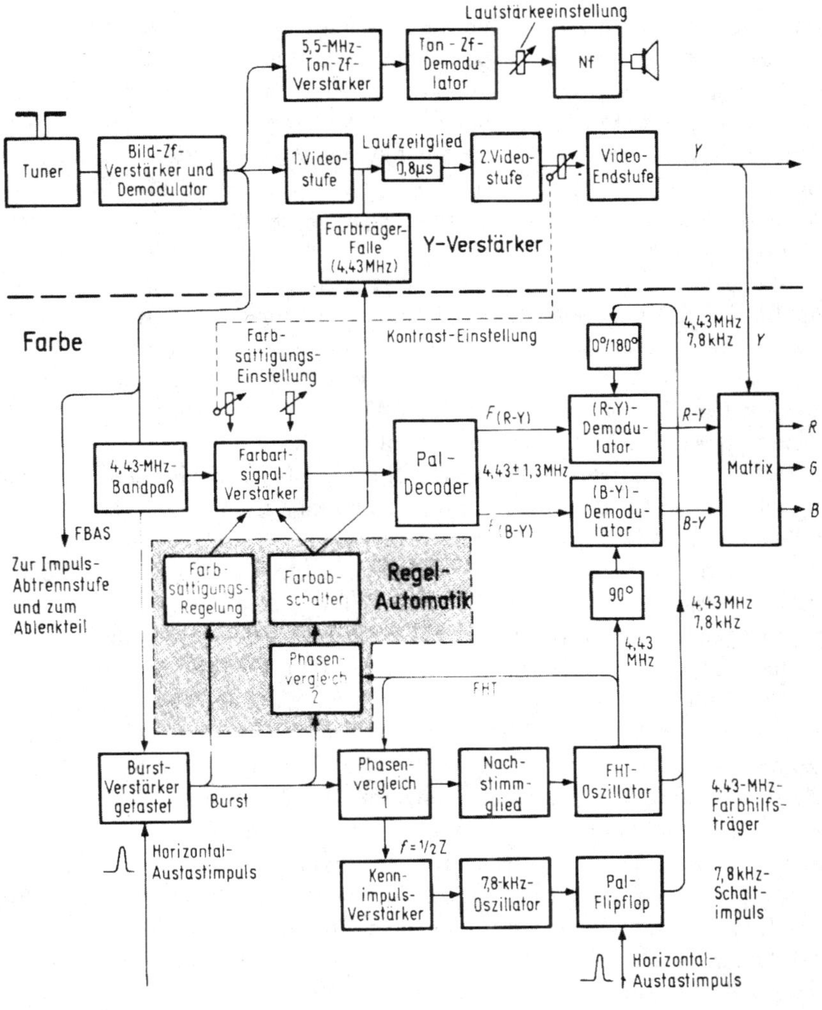


Abb. 16.31 Blockschaltung eines Farbfernsehempfängers mit Farbabschalter und Farbsättigungsregelung

Farbabschalter könnte dadurch hin- und herschalten, und das Bild würde zwischen Farbe und Schwarzweiß pendeln. Die Phasenvergleichsschaltung liefert dagegen eine eindeutige exakte Abschaltspannung, wenn die Burstamplitude zu schwach ist, um den Farbhilfsträger zu synchronisieren, aber auch, wenn aus irgendeinem Grunde kein

Farbhilfsträger zustande kommt. Die Stufe stellt gewissermaßen eine UND-Schaltung dar – Farbe gibt es nur, wenn Burst *und* Farbhilfsträger in ausreichender Amplitude vorhanden sind. Bei zu geringer Eingangsspannung wird auf Schwarzweiß umgeschaltet, denn ein verrauschtes Schwarzweißbild ist immer noch angenehmer als ein Farbbild mit Konfettiregen.

Dies entspricht der automatischen Rückschaltung von Stereo auf Mono beim Rundfunkempfänger, wenn das Stereo-Antennensignal zu schwach ist. Übrigens ist dies eine Eigenart aller Doppelmodulationen, ob Stereo oder Farbe, daß zu ihrem Empfang größere Antennenspannungen benötigt werden als bei Mono oder Schwarzweiß. Bürdet man dem Hochfrequenzträger zuviel an verschiedenartigen Modulationen auf, dann wird seine Reichweite verringert. Durch Umschalten auf Mono oder Schwarzweiß erhält man aber auch in größerem Senderabstand noch eine ausreichende Empfangsqualität.

Der Abschalter im Farbempfänger schaltet auch dann auf Schwarzweiß um, wenn im Empfänger selbst ein Defekt in der Burstverarbeitung oder Farbträgerregenerierung auftritt. Der Zuschauer kann dann wenigstens das Programm in Schwarzweiß weitergenießen. (Vielleicht ruft er inzwischen wütend beim Sender an, wo die Farbe geblieben ist.) Bei Empfängern nach der PAL-Norm kann auch das Ausfallen des PAL-Kennimpulses zur Farbabschaltung herangezogen werden.

Der Farbabschalter liefert außerdem direkt oder über eine Hilfsstufe noch ein weiteres Abschaltsignal für die 4,43-MHz-Farbträgerfalle im Y-Verstärker des Schwarzweißteiles. Diese Falle ist beim Farbempfang notwendig, um die Farbinformation im Leuchtdichtekanal abzusenken, damit sie dort keine Störungen verursacht[1]). Bei Schwarzweißsendungen sollen aber auch die Frequenzen dieses Gebietes in voller Höhe übertragen werden, um anstelle der fehlenden Farbe nun ein gutes Schwarzweißbild mit möglichst feinen Einzelheiten zu erhalten. Die Farbträgerfalle ist also bei Schwarzweißempfang abzuschalten oder kurzzuschließen.

Die Bedeutung der außerdem in Abb. 16.31 neu hinzugekommenen Stufe *Farbsättigungsregelung* wurde bereits kurz erwähnt. Die Ausgangsspannung des Farbsignalverstärkers muß auch dann konstant gehalten werden, wenn man den Empfänger durchstimmt oder wenn die Oszillatorfrequenz im Tuner infolge Toleranzen der automatischen Frequenzregelung etwas auswandert. Wegen der steilflankigen Durchlaßkurven des Farbartverstärkers[2]) würden sich ohne eine solche automatische Verstärkungsregelung die Farbsignalamplituden beim Verstimmen stark ändern, und das bedeutet Änderungen in der Farbsättigung, also blasser werdende Farben dicht neben der richtigen Abstimmung. Doch nun zu den Schaltungseinzelheiten.

1 Vgl. Abschnitt Farbträgerfalle im Text zu Abb. 15.21.
2 Vgl. Abb. 15.32 bis 15.34.

## Abb. 16.32 Farbabschalter mit zweistufigem Schaltverstärker

Die Eingangsstufe besteht aus der Phasenvergleichsbrücke mit den beiden Dioden D1 und D2. Über den Eingangsübertrager werden Burstschwingungszüge vom Burstverstärker zugeführt, am Verbindungspunkt der Dioden liegt der Farbhilfsträger. Die Schaltung arbeitet also fast genauso wie eine Phasenvergleichsstufe für die Farbträger-Regenerierung oder zum Erzeugen der Pal-Kennimpulse. Allerdings ist der Ladekon-

Abb. 16.32 Farbabschalter mit zweistufigem Transistorverstärker (Loewe Opta)

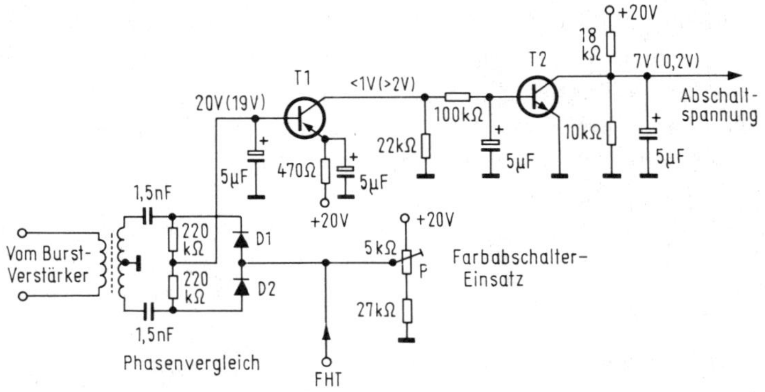


densator am Brückenmittelpunkt mit 5 µF Kapazität sehr träge, so daß er entstehende Regelspannungen lange speichert und nicht ins Pendeln kommt.

Diese Phasenbrücke erhält außerdem aus einem Gleichspannungsteiler mit dem 5-kΩ-Trimmwiderstand P eine einstellbare Vorspannung, die an die Basis des Transistors T1 weitergeleitet wird. Für den normalen Betriebsfall wird die Basisspannung mit etwa 20 V so bemessen, daß dieser pnp-Transistor sperrt. Die Spannung an seinem Kollektor wird dann über den 22-kΩ-Widerstand gegen das Massepotential gezogen und ist kleiner als 1 V (< 1 V). Damit wird Transistor 2 ebenfalls gesperrt. Am Abzweigpunkt des Spannungsteilers aus 18 kΩ und 10 kΩ stellt sich eine Gleichspannung von + 7 V ein. Sie steuert den eigentlichen Farbkanalverstärker auf. Das Chrominanzsignal wird verstärkt, und alle übrigen Stufen des Farbteiles arbeiten ebenfalls.

Eine in der Vergleichsstufe auftretende Phasenverschiebung oder das Ausbleiben des Burst oder des Farbhilfsträgers bewirken eine negativ gerichtete Regelspannung. Sie setzt das Basispotential des Transistors T1 herab, z.B. auf 19 V. Der Transistor zieht Strom, und sein Kollektorpotential steigt auf über 2 V an (> 2 V) und schaltet den Transistor T2 ebenfalls durch. Sein Kollektorpotential wird auf 0,2 V heruntergezogen, und diese Spannung sperrt den Farbkanal.

Mit dem Trimmpotentiometer P, bezeichnet mit *Farbabschalter-Einsatz*, kann die Grundvorspannung des Transistors T1 und damit die Schaltschwelle so justiert werden, daß bei Schwarzweißsendungen der Farbkanal gerade eben abschaltet. Dazu wird der Empfänger mit einem Schwarzweiß-Testbild betrieben und das Potentiometer langsam durchgedreht. In einer bestimmten Stellung öffnet der Farbkanal. Dadurch gelangen die hohen Frequenzen des Y-Signals in den Farbkanal und verursachen in dem schwarzweißen Testbild ein Farbfeuer[1]) oder farbiges Rauschen. Man dreht dann den Einsteller ein wenig zurück, so daß wieder ein klares Schwarzweißbild entsteht. Die Schaltschwelle ist dann günstig eingestellt. Bei Farbsendungen wird sie überwunden, und der Farbteil kommt in Gang.

Fällt bei einem Gerät die Farbe aus, arbeitet es also nur als Schwarzweißempfänger, dann drehe man als Servicetechniker dieses Potentiometer versuchsweise bis zu den Endanschlägen, um zu prüfen, ob vielleicht nur ein Fehler in den Abschaltstufen vorliegt.

Festgehalten sei, daß bei dieser Schaltung Abb. 16.32 die Phasenvergleichsstufe mit Burstschwingungen und mit dem Farbhilfsträger FHT gespeist wird. In der Originalschaltung dient der Eingangsübertrager sogar gleichzeitig als Eingangsübertrager für die Phasenvergleichsstufe des Farbträger-Regenerators.
(Nach Unterlagen der Firma Loewe Opta.)

## Abb. 16.33 Farbabschalter mit einstufigem Schaltverstärker

Im Gegensatz zur vorigen Schaltung wird diese Phasenvergleichsstufe mit Rechteckschaltspannungen vom Pal-Flipflop sowie mit Pal-Kennimpulsen gespeist. Liegen beide Spannungen in der richtigen Phasenlage vor, dann ist der pnp-Transistor durchgeschaltet. Sein Kollektor liegt annähernd auf Emitterpotential, und über den Teiler 8,2 kΩ gelangen + 12,2 V als Basisvorspannung des ersten Verstärkertransistors im Farbartkanal. Er wird geöffnet und arbeitet.

Wenn die Schaltspannung bzw. der Kennimpuls fehlt (beim Schwarzweißbild) oder mangelhaft ist (bei stark verrauschtem Bild), dann wird die Basisspannung des Transistors positiver und sperrt ihn. Sein Kollektorpotential wird durch die beiden Widerstände nach Masse gezogen. Dies ergibt die Abschaltspannung von 0,3 V für den Farbteil. Der Einsatzpunkt des Farbabschalters wird auch hier mit einem Trimmpotentiometer P auf einen optimalen Wert eingestellt.

Vom Farbkanal führt eine vom Schaltzustand abhängige Spannung über 68 kΩ zurück zur Phasenvergleichsstufe. Diese Spannung springt beim Abschalten des Farbkanals von + 23 V auf + 25 V und erhöht somit die positive Sperrspannung an der Basis des Transistors. Diese Mitkopplung bzw. Schaltverstärkung bewirkt eine Hysterese und sichert einen stabilen Schaltzustand. Um die Abschaltschwelle pendelnde Antennenspannungen führen nicht zum Pendeln zwischen Schwarzweiß und Farbe im Bild.
(Nach Unterlagen der Firma Metz.)

Bei anderen Empfängern wird als Schaltverstärker ein Schmitt-Trigger verwendet. Er bewirkt von sich aus eine sogenannte Schalthysterese, d.h. er schaltet z.B. bei 3,0 V ab und erst bei 2,7 V wieder ein. Das verhindert ebenfalls ein Pendeln zwischen

1 Im Englischen Cross-Color = Kreuzfarbe.

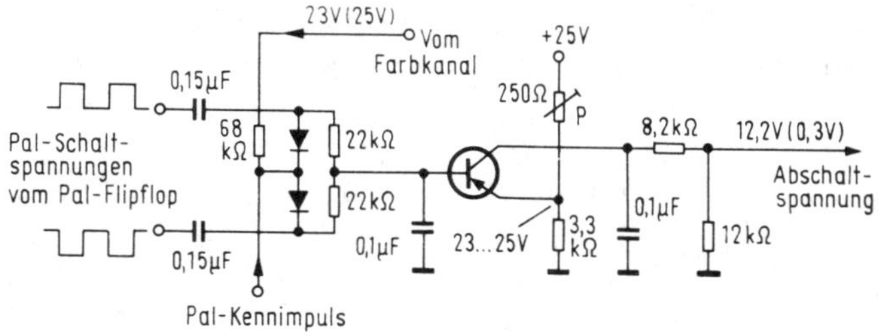


Abb. 16.33 Mit Pal-Schaltspannungen gesteuerter Farbabschalter (Metz)

Schwarzweiß und Farbe, wenn das Gerät hart an der Grenze der minimal notwendigen Farbsignalspannungen arbeitet.

Die Unterschiede in den beiden Abbildungen 16.32 und 16.33 zeigen, daß, wie in manchen anderen Stufen eines Farbempfängers, mehrere Lösungen möglich sind. Ein Gesamtkatalog hierfür würde umfangreich und verwirrend sein. Wenn man jedoch den grundsätzlichen Zweck erfaßt hat, nämlich:

1. Sperren des Farbkanals bei Schwarzweiß-Sendungen (kein Burst, kein Kennimpuls vorhanden),

2. Sperren des Farbkanals und Umschalten auf Schwarzweiß bei Fehlern im Farbteil (kein Farbhilfsträger, keine Pal-Schaltspannung gebildet),

dann findet man sich auch in den neueren Schaltungen zurecht.

In den Serviceschriften studiere man dazu auch die Anweisungen zum Einstellen des Potentiometers für die Einsatzschwelle des Farbabschalters.

## Abb. 16.34 Abschaltbare Farbträgerfalle

(Empfehlenswerter Wiederholungsstoff: Abb. 4.03, 4.21, 15.22 und 15.25)

Eine weitere Aufgabe des Farbabschalters ist die Bandbreitenumschaltung im Y-Verstärker. Dort sieht man nicht nur bei Schwarzweißempfängern, sondern erst recht bei Farbempfängern eine Farbträgerfalle vor, damit beim Farbempfang das Frequenzgebiet um 4,43 MHz ausgeblendet wird, um Störmuster zu vermeiden. Bei Schwarzweiß-Sendungen soll diese Falle ausgeschaltet werden, um die Bandbreite zu vergrößern und ein Bild mit möglichst vielen Schwarzweiß-Feinheiten zu erhalten. Die Farbträgerfallen lassen sich bei „Nichtgebrauch" leicht durch eine Schaltdiode kurzschließen.

Abb. 16.34 zeigt dies oben rechts. Die Gesamtschaltung stellt außerdem eine interessante Variante zum Thema Farbabschalter dar. Transistor T1 gehört zur Eingangsstufe des Pal-Decoders, und dieser Transistor, nicht die erste Farbartverstärkerstufe, wird bei Schwarzweiß abgeschaltet. Dazu dient der Farbabschalter mit dem Transistor T2. Er wird an der Basis von einer Abschaltspannung aus dem Phasenvergleich gesteu-

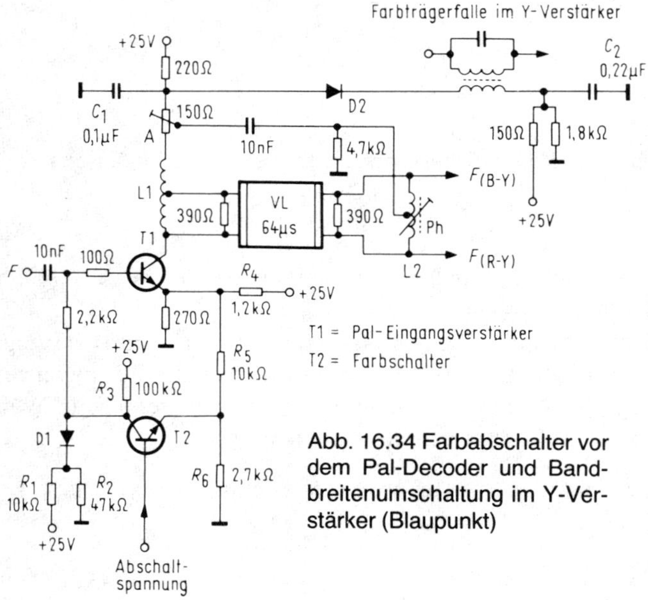


Abb. 16.34 Farbabschalter vor dem Pal-Decoder und Bandbreitenumschaltung im Y-Verstärker (Blaupunkt)

ert[1]). Dieser Transistor T2 erhält eine feste Emitterspannung aus dem Spannungsteiler $R_4 - R_5 - R_6$. Bei Farbe liegt an der Basis des Transistors eine Spannung von 0 V, und der Transistor ist stromlos, also hochohmig. Die Diode D1 wird in diesem Fall über den Widerstand $R_3$ von der Speisespannung + 25 V leitend gehalten, und die am Spannungsteiler $R_1 - R_2$ liegende Teilspannung gelangt über die durchgeschaltete Diode als Basisspannung zum Transistor T1. Sie gibt ihm seinen richtigen Arbeitspunkt; er verstärkt das zugeführte Farbartsignal *F* und speist den Pal-Decoder.

Die Diode D2 an der Farbträgerfalle im Leuchtdichteverstärker ist an ihrer Katode über 150 Ω positiv vorgespannt. Sie sperrt, die Koppelspule zur Farbträgerfalle, ist einseitig offen und hat keine Wirkung.

Bei Schwarzweiß-Sendungen wird die Abschaltspannung an der Basis des Transistors T2 positiv. Der Transistor schaltet durch und legt nun eine niedrigere Basisspannung, nämlich aus dem Spannungsteiler $R_5 - R_6$, an den Transistor T1. Gleichzeitig wird dadurch die Diode D1 gesperrt und die ursprüngliche Vorspannung abgetrennt. Infolge der niedrigeren Basisspannung des Transistors T1 sinkt auch seine Emitterspannung stark ab. Dabei ergibt sich eine Mitkopplung über $R_5$ auf den Emitter des Transistors T2. Dies unterstützt noch den Abschaltvorgang.

1 Siehe Abb. 16.32 und 16.33.

Da der Transistor 1 gesperrt ist, steigt seine Kollektorspannung und damit die Spannung an der Anode der Diode D2 auf den vollen Wert der Betriebsspannung von +25 V. Die Diode schaltet durch und bedämpft die Farbträgerfalle über die Koppelwicklung und die Kapazitäten $C_1$ und $C_2$. Die gesamte Bandbreite des Y-Signals wird nun übertragen.
(Nach Unterlagen der Firma Blaupunkt.)

## Abb. 16.35 Farbsättigungs-Regelstufe

Die Regelspannung für die Kontrastautomatik bzw. zum Konstanthalten der Farbsättigung wird meistens über eine Gleichspannungs-Verstärkerstufe gegeben, damit eine genügende Regelleistung zur Verfügung steht. In Abb. 16.35 wird das vom Burst-Austastverstärker kommende Burstsignal mit der Diode D gleichgerichtet. Die positiven Hüllkurvenimpulse werden durch die Kapazitäten $C_2$ und $C_3$ geglättet, so daß von

Abb. 16.35 Regelspannungserzeugung und Regelspannungsverstärker für eine Kontrastautomatik

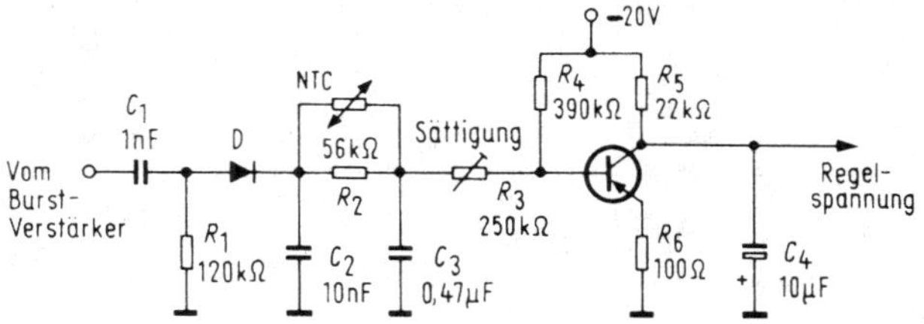


den kurzen Impulspaketen nur der positiv gerichtete Gleichspannungsmittelwert übrig bleibt. Er wirkt der über $R_4$ an die Basis des Transistors gelangenden negativen Vorspannung von der Speisespannungsquelle her entgegen. Der Kollektorstrom nimmt ab, und die Regelspannung am Kondensator $C_4$ wird negativ. Sie wird der geregelten Stufe im Farbartverstärker zugeführt. Mit $C_4 = 10\ \mu F$ ergibt sich eine weitere Beruhigung der Regelgleichspannung. Die Grundsättigung wird dem Trimmwiderstand $R_3$ in der Basisleitung abgegriffen.

Bei zunehmender Temperatur im Gerät würde auch der Kollektorstrom des Verstärkertransistors ansteigen und die Regelspannung ändern. Um dies zu verhindern, ist ein NTC-Widerstand in die Steuerleitung eingefügt worden. Er verringert bei ansteigender Temperatur seinen Widerstandswert und damit die negative Basis-Emitterspannung, so daß der Emitterstromanstieg kompensiert wird. Der NTC-Widerstand allein würde einen zu großen Einfluß haben, deswegen wird sein Regelbereich durch den Nebenschlußwiderstand $R_2$ eingeengt.

## Abb. 16.36 Farbsättigungsregelung mit Impedanzwandler

Die Phasenvergleichsstufe für den Farbträger liefern drei Steuerspannungen:

1. Die Nachstimmspannung für den Farbhilfsträgeroszillator.
2. Die Pal-Kennimpulse.
3. Die Regelspannung für die Farbsättigungsautomatik.

Die Spannungen 2 und 3 werden über eine Impedanzwandlerstufe mit dem Transistor T2 geschickt.

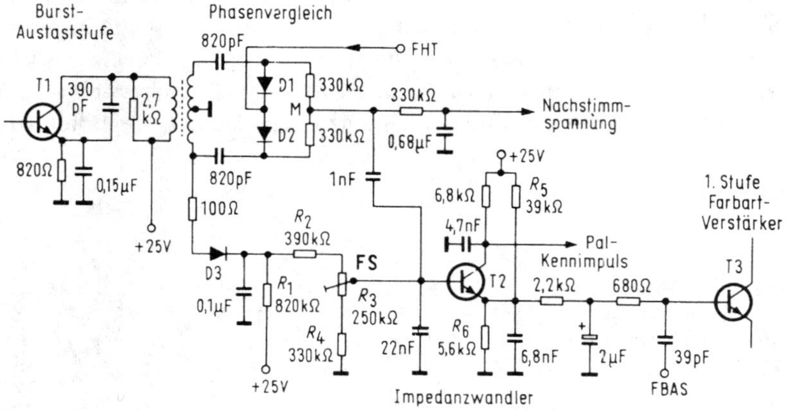


Abb. 16.36 Die Phasenvergleichsstufe für den Farbträger liefert auch die Regelspannung für die Farbsättigungsautomatik

Die Burstschwingungen aus der Burst-Austaststufe gelangen an den Eingangsübertrager der Phasenvergleichsstufe, werden dort mit der Phase des zurückgeführten Farbhilfsträgers verglichen und geben eine der Phasenabweichung proportionale Spannung am Punkt M. Sie wird über einen hochohmigen Entkopplungswiderstand von 330 kΩ als Nachstimmspannung für den Quarzoszillator verwendet.

Am Punkt M selbst springt die Phase noch bei jedem Burst-Phasenwechsel um. Dieser Pal-Kennimpuls gelangt über 1 nF an die Basis des Transistors T2, wird dort verstärkt und am Kollektor für die Pal-Identifikationsschaltung abgenommen. Transistor 2 dient also zur Entkopplung, und man kann die dahinter folgenden Siebglieder speziell für den Pal-Kennimpuls bemessen.

Am unteren Ende der Sekundärwicklung des Eingangsübertragers der Phasenvergleichsstufe entnimmt man die Burstschwingungen und richtet ihre positiven Halbwellen mit der Diode D3 gleich. Dies ergibt die Regelspannung für den Farbartverstärker bzw. für die Farbsättigungsautomatik. Diese Spannung wird ebenfalls im Transistor 2 verstärkt, aber am Emitter abgenommen und anschließend mit 2 µF geglättet. Transistor 2 arbeitet also für diese Steuerspannung als Emitterverstärker bzw. Impedanzwandler. Die Spannung wird dann mit 2 $\mu$F nochmals geglättet und dient als Regelspannung für die Basis des Transistors T3 in der ersten Stufe des Farbartverstärkers.

Der Gleichspannungsteiler $R_1$ bis $R_4$ mit dem Trimmpotentiometer FS = Farbsättigung bestimmt den Ruhearbeitspunkt der Transistoren 2 und 3. Damit wird also die richtige Farbsättigung abgeglichen. Über den Widerstand $R_5$ gelangt stets eine gewisse Grundvorspannung an die Basis des Transistors 3. Sie stellt sicher, daß die Regelung in jedem Fall wieder „anspringt", auch wenn zwischendurch schwarzweiß gesendet wurde und der Burst ausbleibt.

Derartige Schaltungsfeinheiten, wie Doppelsteuerung des Transistors 2 und die Bedeutung des Widerstandes $R_5$, lassen sich aus den Gesamtschaltungen eines Fernsehempfängers kaum klar erkennen. Für eine gute Serviceschrift sind deslialb Schaltungsauszüge mit Funktionsbeschreibungen, Spannungs- und Oszillogrammangaben zwingend notwendig, wenn die Herstellerfirma eine sachgemäße Betreuung ihrer Geräte wünscht und den Servicetechniker nicht zum simplen Modulaustauscher degradieren will.

## *Pal-Farbstufen in integrierten Schaltungen*

Im Laufe der Einführung von integrierten Schaltungen im Farbteil von Fernsehgeräten gibt es unterschiedliche Varianten. Hier sollen zwei typische Beispiele solcher Schaltungen behandelt werden: Ein kompletter Farbteil mit drei integrierten Schaltungen und ein Farbteil, bei dem alle Funktionen bis auf die Endstufen in einem Schaltkreis zusammengefaßt sind.

### Abb. 16.41 PAL-Decoder mit drei Integrierten Schaltungen

Dem Modul-Anschluß 3 wird das kombinierte FBAS-Signal mit einer Amplitude von ca. 1 $V_{ss}$ zugeführt (Abb. 16.41). Der Eingang des Luminanzverstärkers (Anschluß 14/TDA 2560) ist für eine Stromeinspeisung ausgelegt. Der Widerstand 3,3 kΩ bestimmt den Luminanzeingangsstrom. Eine 4,4 MHz-Falle beseitigt die Farbträgerfrequenz am Luminanzeingang. Mit dem Widerstand 33 kΩ nach +12 V wird der Gleichstromarbeitspunkt des Luminanzverstärkers festgelegt. Die Verstärkung bestimmt der zwischen den Anschlüssen 8 und 13 liegende Widerstand von 2,7 kΩ. Die Helligkeits- und Kontrasteinstellung erfolgt über integrierte elektronische Potentiometer, die über die Anschlüsse 11 und 16 mit Gleichspannung gesteuert werden. Der

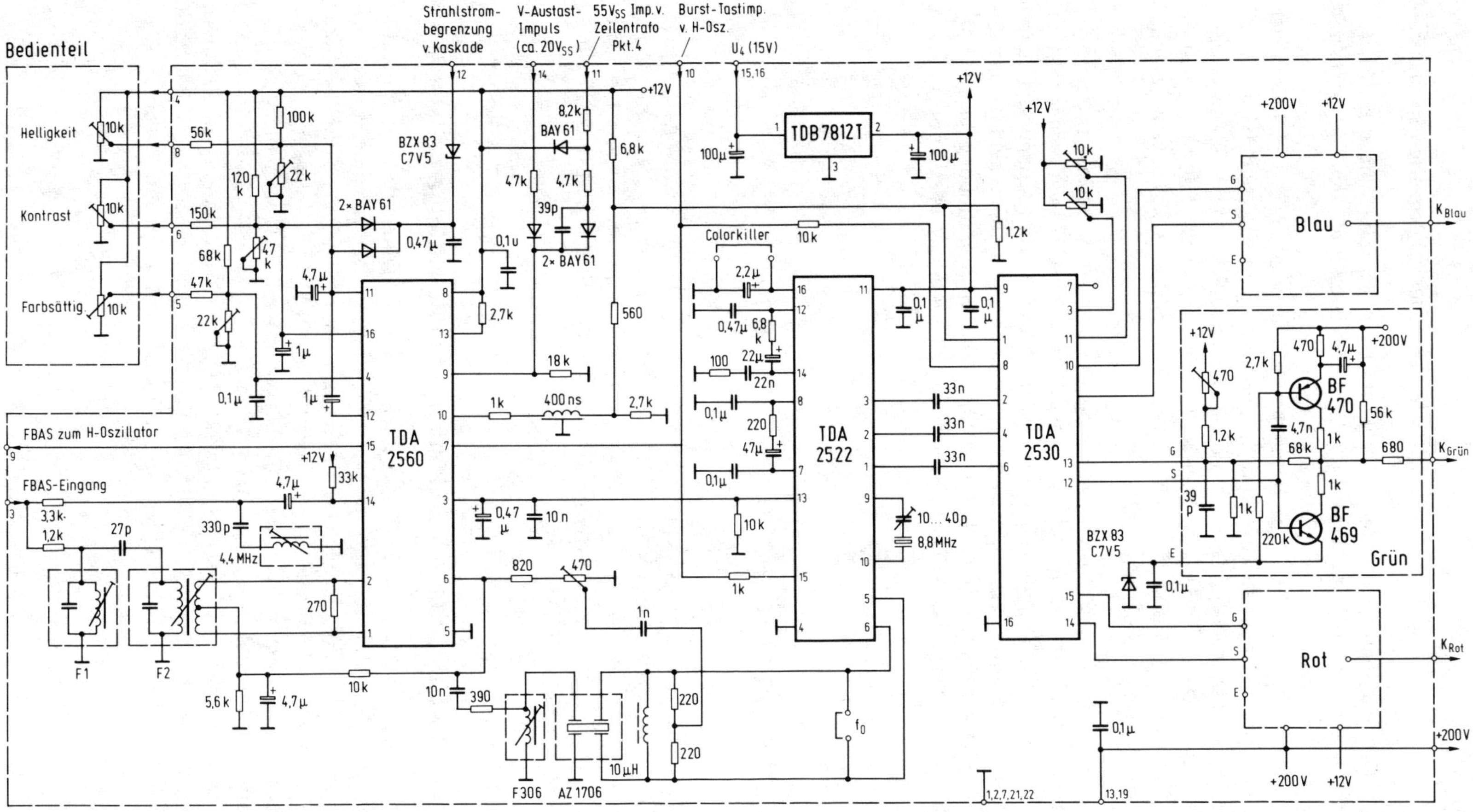


Abb. 16.41 Schaltbild eines Farbteiles mit drei integrierten Schaltungen

TDA 2560 enthält Schaltungen für die Rücklaufaustastung und Schwarzwertklemmung. Horizontal- und Vertikalaustastimpulse werden über 2 Schaltdioden BAY 61 verknüpft und dem Anschluß 9 zugeführt. Die Strahlstrombegrenzung wirkt über zwei Dioden BAY 61 sowohl auf die Helligkeits- als auch auf die Kontrasteinstellung. Die Strahlstrominformation wird vom Fußpunkt der 1. Diode der Hochspannungskaskade abgenommen.

Das Luminanzsignal gelangt dann vom Anschluß 10 über eine Kurzzeitverzögerungsleitung (400 ns) auf die IS TDA 2530 (Anschluß 1), welche die Umwandlung der Farbdifferenzsignale in RGB-Signale vornimmt. Zusätzlich zum Luminanzverstärker ist im TDA 2560 eine Inverterstufe für das Videosignal vorhanden. Sie liefert am Ausgang (Anschluß 15) ein Videosignal mit einer Amplitude von ca. 3 $V_{ss}$. Kontrast- und Helligkeitseinstellung haben keinen Einfluß auf den Inverter; der zur Ansteuerung der AS- und H-Oszillator-Kombination TDA 2593 dient. Er ist beim videofrequenten Anschluß von VCR-Geräten erforderlich, weil die normgerechte Zuführung des FBAS-Signales nur über eine Leitung erfolgt.

Das Chroma-Bandfilter (F1/F2) separiert das Chrominanzsignal aus dem ankommenden FBAS-Signal. Der geregelte Chroma-Verstärker wird symmetrisch angesteuert (Anschluß 1, 2). Eine Gleichspannungs-Gegenkopplung vom Ausgang (Anschluß 6) sorgt für gute Stabilität des Verstärkers. Die Regelspannung (ACC) wird an Anschluß 3 zugeführt. Burst- und Chroma-Signal stehen gemeinsam am Ausgang (Anschluß 6) zur Verfügung und werden über die Laufzeitleitung AZ 1706 der Demodulator-IS TDA 2522 zugeführt. Außerdem gelangt das nicht verzögerte Chromasignal über einen Einsteller (470 Ω) auf dem durch 2 Widerstände von 220 Ω gebildeten Symmetrierpunkt des Ausgangs der Laufzeitleitung. Die Ausgangsamplitude des Chromasignals läuft mit der Kontrasteinstellung mit, während die Burstamplitude von Kontrast- und Farbsättigungseinstellung nicht beeinflußt wird. Dies garantiert einen Gleichlauf der Farbsättigung mit der Kontrasteinstellung.

In der Demodulator-IS TDA 2522 sind die Synchrondemodulatoren für $(R - Y)$- und $(B - Y)$-Signale, Referenzträgeroszillator, Frequenzteiler 2 : 1, PAL-Schalter, PAL-Flipflop, Identifikationsschaltung, Colour-Killer, Chroma-Regelspannungserzeugung (ACC), temperaturkompensierte Emitterfolger für die Farbdifferenzausgänge und die Matrix für $(G - Y)$-Signal enthalten. Zur Unterdrückung von Referenzträgerresten sind Kapazitäten integriert. Die Zeitkonstanten für die Reaktanzschaltung und den H/2-Demodulator können durch externe Beschaltung unabhängig voneinander eingestellt werden. Der Referenzoszillator arbeitet auf 8,8 MHz. In einer nachfolgenden Teilerstufe wird die Oszillatorfrequenz auf 4,4 MHz heruntergeteilt. Dabei entstehen die beiden Referenzträgerkomponenten für die $(R - Y)$- und $(B - Y)$-Demodulatoren. Die erforderliche Phasenverschiebung von 90° ist automatisch dadurch gegeben, daß vor dem einen Frequenzteiler noch einmal ein Inverter für die 8,8 MHz geschaltet ist. Eine Einstellung ist also nicht notwendig. Der erforderliche Burst-Gate-Impuls wird der H-Oszillator-Kombination TDA 2593 entnommen. Die Farbdifferenzsignale gehen über 3 Kapazitäten von 33 nF direkt auf die RGB-Schaltung TDA 2530. In ihr sind die Klemmregelschaltung, die Matrizierungseinrichtung, elektronische Potentiometer zur Verstärkungseinstellung und gegengekoppelte Ansteuerverstärker für die Videoendstufen integriert. Die Videoendstufen für RGB bestehen aus 3 gleichartigen Schaltungen. eine Videoendstufe ist jeweils mit 2 komplementären Transistoren BF 469 und BF 470 bestückt. Während die Basis des BF 469 direkt angesteuert wird, ist der Transistor BF 470 nur über eine Kapazität von 4,7 nF mit der Basis angekoppelt. Dies hat zur Folge, daß bei tiefen Videofrequenzen der BF 470 nicht angesteuert wird. Die Verstärkung bei tiefen Frequenzen erfolgt nur mit dem BF 469, der in Verbindung mit der nunmehr als Stromquelle arbeitenden Schaltung des BF 470 und dem parallelen Widerstand von 56 kΩ als A-Verstärker arbeitet. Die Ruhestromeinstellung des BF 470 erfolgt durch den Spannungsteiler 220 kΩ/ 2,7 kΩ. Er ist so eingestellt, daß positive Auslenkungen der Bildröhren-Kathodenspannung (KB, KG, KR) bis in die Nähe der Betriebsspannung (200 V) möglich sind. Der Emitterwiderstand von 470 Ω dient als Gleichstromgegenkopplung für den PNP-Transistor. Bei höherfrequenten Signalanteilen wird der BF 470 über den Kondensator 4,7 nF angesteuert. Hierbei hat er vor allem die Aufgabe, die Lastkapazität (Bildröhre) bei positiven Transienten zu laden. Die Entladung der Lastkapazität erfolgt über den BF 469. Um eine genügend schnelle Aufladung der Lastkapazität bei schnellen positiven Transienten zu gewährleisten, wird die Gegenkopplung für den oberen Transistor bei den hohen Frequenzen durch Überbrückung des Emitterwiderstandes mit einer Kapazität von 4,7 $\mu$F aufgehoben. Die Gegenkopplung, bei der die IS TDA 2530 eingeschlossen ist, erfolgt über den Spannungsteiler 68 kΩ/1 kΩ. Zur Korrektur des Frequenzganges wird der untere Widerstand des Spannungsteilers mit einem Kondensator von 39 pF überbrückt. Da die Steuerausgänge der IS TDA 2530 ein Gleichspannungspotential von ca. 8,2 V aufweisen, müssen die Emitter der 3 Transistoren (RGB) BF 469 auf 7,5 V gelegt werden, hier durch die für alle 3 Endstufen gemeinsame Zenerdiode BZX 83/C7V5.

(Aus Siemens-Schaltbeispielen.)

## Abb. 16.42 und 16.43 Integrierter Einchip-PAL-Decoder

Die Integration hat in den letzten Jahren so große Fortschritte gemacht, daß es möglich ist, einen kompletten PAL-Decoder in integrierter Form in einem Gehäuse zu fertigen.

Ein Beispiel ist der von Motorola entwickelte TDA 3300 im 40-Pin-Gehäuse. Die Schaltung enthält alle Funktionen eines Luminanzverstärkers, PAL-Decoders, Chromaverstärkers und die RGB-Matrix. An den Ausgängen stehen RGB-Signale zur Verfügung, die direkt die Videoendstufen treiben können.

Abb. 16.42 zeigt ein vereinfachtes Blockschaltbild.

Der Eingangssignalpegel ist so ausgelegt, daß der Decoder mit einem genormten

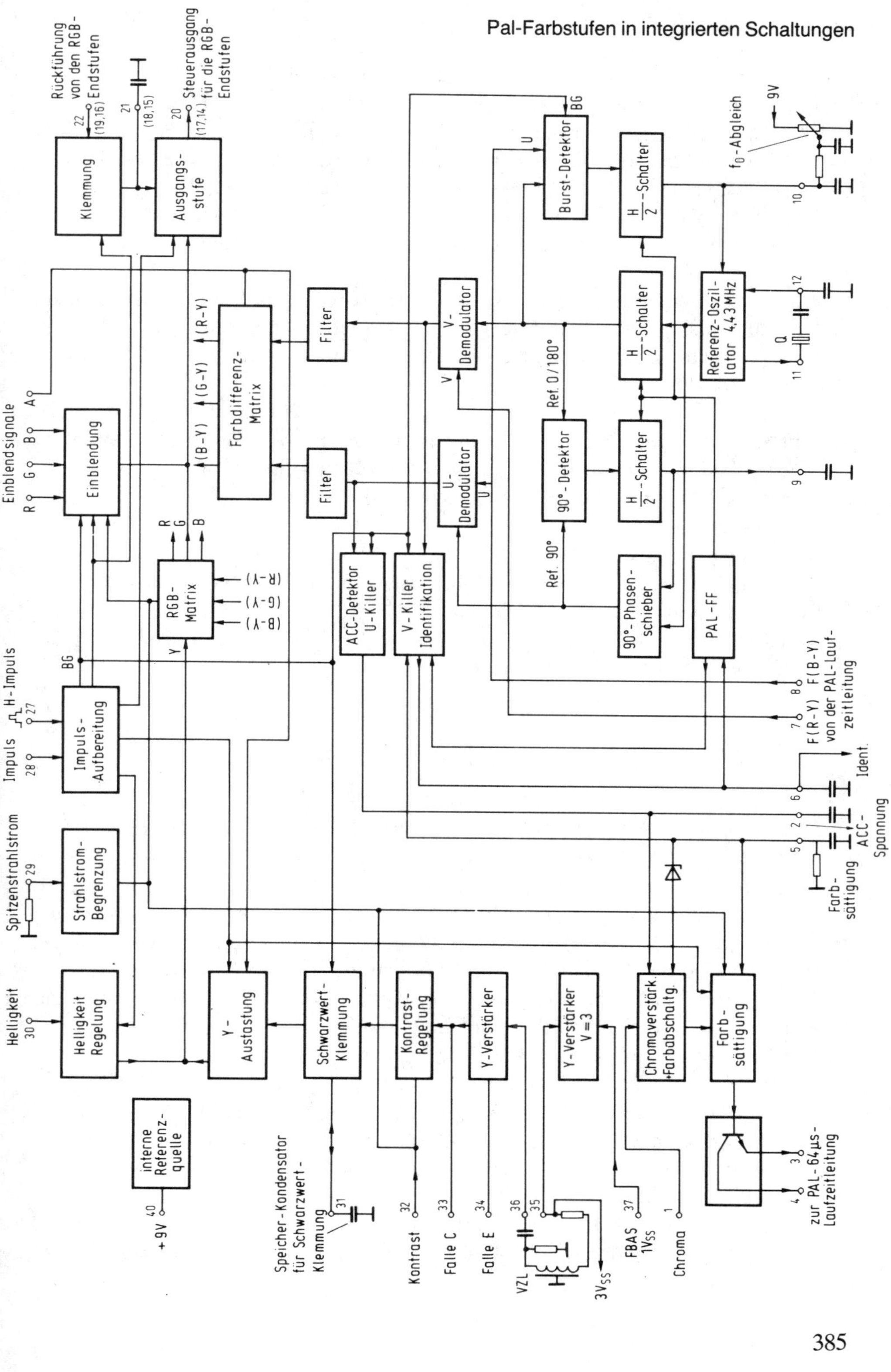


Abb. 16.42 Blockschaltbild des Einchip-PAL-Decoders TDA 3300

FBAS-Signal von 1 $V_{ss}$ betrieben werden kann (Normpegel für VCR-Geräte). Für die Speisung von Synchronimpulstrennstufen (Amplitudensieb) steht ein invertiertes Videosignal von 3 $V_{ss}$ zur Verfügung. Alle Eingänge für Bedienungsfunktionen (Kontrast, Helligkeit, Farbsättigung) haben hochohmige Eingänge. Dies garantiert den problemlosen Anschluß an D/A-Wandler von Fernsteuerungen.

Der TDA 3300 verfügt über eine auf dem Chip integrierte Spitzenstrahlstrombegrenzung, deren Einsatzschwelle mit einem externen Widerstand am Pin 29 einstellbar ist.

Für Bildschirmeinblendungen sind Anschlüsse vorgesehen. Es sind 3 Eingänge zur Einblendung analoger RGB-Signale sowie ein schneller Austasteingang vorhanden. Kontrast- und Helligkeitseinstellung und Strahlstrombegrenzung sind auch bei Einblendbetrieb wirksam.

Als Besonderheit ist die automatische Sperrpunkteinstellung für die Bildröhre hervorzuheben. Diese zeichnet sich dadurch aus, daß der Katodenstrom der Bildröhrensysteme für das Schwarzniveau stabilisiert wird und damit Bildröhrenänderungen (z.B. durch Alterung) mit einbezogen und korrigiert werden.

Die Vorteile sind:

1. Ein Sperrpunktabgleich entfällt
1. Korrektur des Sperrpunktabgleichs nach dem „Einbrennen" der Bildröhren beim Hersteller entfällt.
3. Änderungen der Sperrpunkte durch Alterung im Verlauf der Lebensdauer der Röhre werden automatisch korrigiert.

*Y-Verstärker (Luminanz)*

Das Videosignalgemisch FBAS kann der ersten Y-Verstärkerstufe über eine Kapazität zugeführt werden. Diese Stufe hat eine Verstärkung von 3. Der Ausgang wird zum Einfügen der Kurzzeitverzögerungsleitung herausgeführt und weist einen niedrigen Quellwiderstand auf. Dies erleichtert das Einfügen und die korrekte Anpassung der Y-Verzögerungsleitung; gleichzeitig steht bei dem Normeingangssignal (1 $V_{ss}$) ein invertiertes Videosignal von ca. 3 $V_{ss}$ für die Impulsabtrennstufe (Amplitudensieb) zur Verfügung. Nach der Y-Verzögerungsleitung folgt ein Verstärker, dessen Emitter und Kollektor herausgeführt sind. Hier kann die Farbhilfsträgerfalle angeschlossen sowie die Verstärkung der Stufe extern beeinflußt werden.

Die nachfolgende Stufe dient der Kontrasteinstellung und der Strahlstrombegrenzung. Darauf folgen Schwarzwertklemmung und Y-Austastung. In der Austaststufe wird das Y-Signal während der H- und V-Austastintervalle ausgetastet und durch ein Spannungsniveau von 5 V ersetzt. Einstellung der Helligkeit wird durch Verschieben dieses eingetasteten Niveaus um ± 1 V in bezug auf einen Referenzwert von 5 V erzielt. Der Luminanzkanal führt dann auf die RGB-Matrix, deren Ausgangssignale mit den jeweiligen einzublendenden RGB-Signalen kombiniert und den Ausgangsstufen zugeführt werden.

*Chrominanzkanal*

Der Farbartverstärker ist 3stufig. Die Ausgangsspannung der ersten Stufe wird durch die Chromaregelung (ACC) beeinflußt. Die nachfolgenden Stufen dienen zur Farbsättigungs- und Kontrasteinstellung, wobei ein Gleichlauf bei Kontrasteinstellung für Luminanz- und Chrominanzsignal erzielt wird.

In den Einstellstufen bleibt die Verstärkungsregelung während des Burst-Intervalls unbeeinflußt. Das Burstsignal bleibt in seiner Amplitude unberührt von Farbsättigungs- und Kontrasteinstellung, damit aus ihm die Chromaregelung abgeleitet werden kann. Burst- und Chromasignal passieren gemeinsam die PAL-Laufzeitleitung.

Der Farbabschalter wirkt auf den Chromaverstärker; dabei wird die Farbabschaltinformation aus 2 voneinander unabhängigen Quellen gewonnen:

1. Aus der PAL-Identifikation;
   Fehlen des Impulses schaltet die Farbsättigung aus.
2. Aus dem ACC-Detektor;
   bei zu kleiner Burstamplitude und damit verbundenem Absinken der ACC-Spannung, wird zunächst die Verstärkung im Farbkanal reduziert und schließlich die Farbe ganz unterdrückt.

Die 64 $\mu$s-Laufzeitleitung wird von einer Transistorstufe angesteuert. Kollektor und Emitter sind extern zugänglich. Die U- und V-Ausgänge des Laufzeit-Decoders gehen auf die entsprechenden Demodulatoren.

Demodulation, Filterung und Matrizierung erfolgen in der üblichen Weise.

Der Referenzoszillator (VCO) arbeitet mit 4,43 MHz. Mit Hilfe des PAL-Schalters wird daraus die alternierende Referenz für den $F_{(R-Y)}$-Demodulator erzeugt. Die Synchronisation des VCO wird mit Hilfe eines Burstphasendetektors erreicht, der die alternierende V-Referenz mit dem U-Burst vergleicht.

Die aus auftretenden Fehlerspannungen resultierende Regelinformation wird in einem externen PLL-Filter integriert und dem VCO zugeführt. Der Burstphasendetektor dient ausschließlich der Synchronisation. Für Identifikation, Killer und ACC sind separate Stufen vorgesehen.

Mit Hilfe eines elektronischen 90°-Phasenschiebers wird die U-Referenz aus dem VCO abgeleitet. Der 90°-Phasenschieber wird durch einen 90°-Phasendetektor über eine eigene Phasenregelschleife kontrolliert.

*Spitzenstrahlstrombegrenzung und automatische Sperrpunkteinstellung*

In jede der drei Katodenleitungen muß ein PNP-Transistor zur Messung des Strahlstromes eingefügt werden. Am Kollektorwiderstand ergibt sich eine dem Strahlstrom proportionale Spannung. Ein Teil dieser Spannung wird auf den TDA 3300 rückgeführt. Die Strahlstromauswertung erfolgt über einen Komparator, der den strahlstromabhängigen Spannungsabfall mit einer Referenzspannung vergleicht. Die Refe-

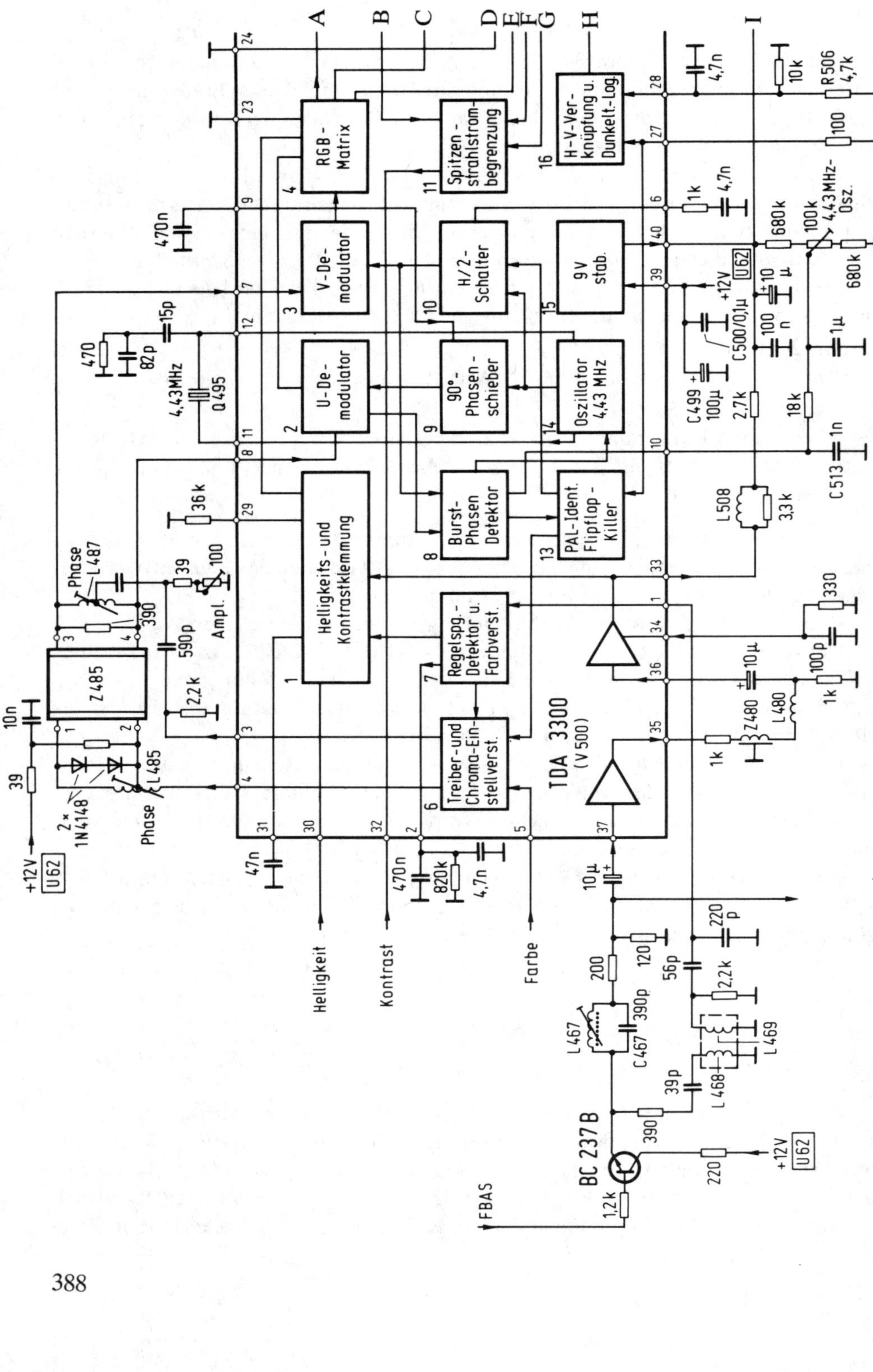


Abb. 16.43 Ein mit dem TDA 3300 bestückter Farbteil eines Farbfernsehempfängers (Auszug aus Blaupunkt Service-Anweisung)

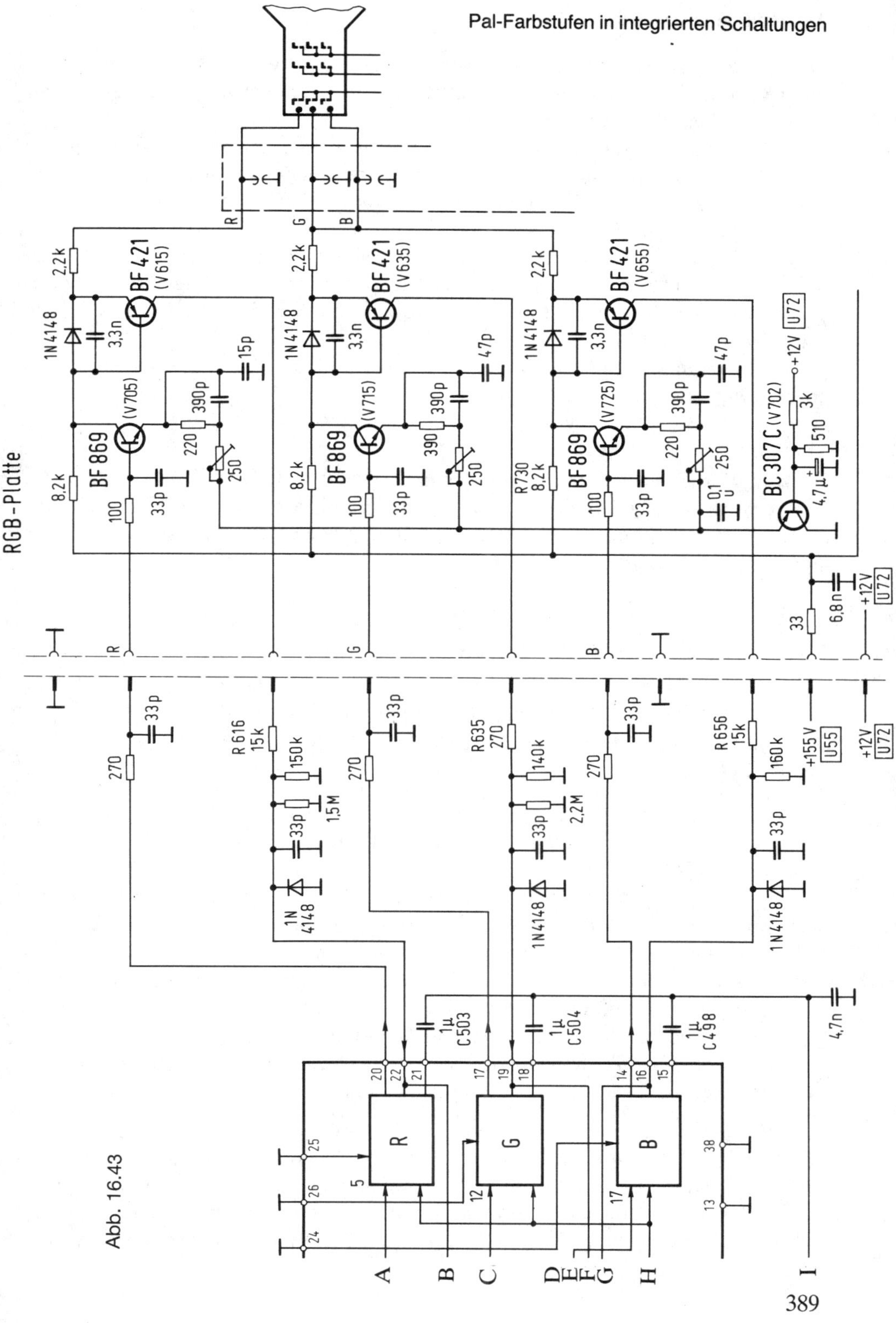
RGB-Platte
BF 421 (V615)
BF 421 (V635)
BF 421 (V655)
BF 869 (V705)
BF 869 (V715)
BF 869 (V725)
BC 307 C (V702)
1N4148
R 616
R 635
R 656
R730
C 503
C 504
C 498
+155 V
U55
+12V
U72
R
G
B
A
B
C
D
E
F
G
H
I

Abb. 16.43

renzspannung kann durch Stromänderung mittels eines externen Widerstandes beeinflußt werden. Überschreitet die strahlstromabhängige Spannung die Referenzspannung, so erfolgt Kontrastreduzierung.

Die Schwarzwertstabilisierung erfolgt in der Ausgangsklemmstufe. Vorher wurde ein Referenzpegel in die RGB-Signale der ersten beiden Zeilen nach dem Vertikalaustastimpuls eingetastet und während dieser Zeit eine dem Strahlstrom proportionale Spannung zum TDA 3300 zurückgeführt.

Bei Abweichungen dieser Spannung – von einer intern festgelegten Sollspannung – wird über einen Speicherkondensator der Arbeitspunkt der Ausgangsstufe nachgeregelt. Dies bewirkt eine Stabilisierung des Ausgangsreferenzpegels auf einen nominellen Schwarzwert.

Die Spannung des Speicherkondensators ist die Bezugsgröße für die Klemmung der Signale während der H-Austastung.

Abb. 16.43 zeigt die angewandte Schaltung in einem Industriegerät.
(Blaupunkt-Chassis FM 121.)

Der Wunsch nach Reduzierung des Bauteileaufwandes und damit verbundener Serviceerleichterung, ließen eine neue Chroma/Luminanzstufe entstehen. Sämtliche, bisher auf zwei Moduln untergebrachten Baugruppen wurden in der integrierten Schaltung TDA 3300 zusammengefaßt.

Zwei der wesentlichen Merkmale dieser IS sind:

1. Automatische Sperrpunktstabilisierung der Bildröhre und daraus resultierende, gleichbleibende Bildqualität über die gesamte Lebensdauer der Bildröhre.
2. Spitzenstrahlstrombegrenzung durch Messung des Strahlstromes zur Verhinderung von Defokussieren bei Spitzenlichtern.

Als Versorgung dient die am Pin 39 zugeführte Spannung U62 mit + 12 V. Die interne Stabilisierungsschaltung (Block 15) der IS stellt am Pin 40 eine Referenzspannung von + 9 V ein.

Das vom HF-Zf-Modul ausgekoppelte FBAS-Signal wird am Emitter des Impedanzwandlertransistors BC 237B in Y- und Chroma-Signal aufgeteilt. Das Y-Signal gelangt am Pin 37 in die IS V 500 und wird in einem internen Verstärker um den Faktor 3 verstärkt. Vom Ausgang Pin 35 wird das Signal über die Y-Verzögerungsleitung (= 470 $\mu$s) geleitet und in den Eingang Pin 36 eingespeist. In der IS durchläuft die Information die Kontrasteinstellung und Schwarzwertklemmung, Austastung von Horizontal- und Vertikalrückläufen, die Matrixstufe, in der die Farbdifferenzsignale zugeführt werden sowie die R-G-B-Ausgangsstufen.

Das vom Emitter des Transistors BC 237 B über L 468/L 469 ausgekoppelte Chroma-Signal wird der IS am Pin 1 zugeführt. Nach Durchlaufen von Farbverstärker und Chromaeinstellstufe steht die Information an den Ausgängen Pin 3 und 4 der IS TDA 3300 an. Über die Chroma-Verzögerungsleitung Z485 gelangt das Signal an die Farbdemodulatoreingänge Pin 7 und 8 der IS. Nach der Demodulation durchläuft das

Signal intern die Matrix-Stufe und die R-G-B-Ausgangsstufen. An den Ausgängen Pin 20 (R), Pin 17 (G) und Pin 14 (B) erfolgt dann die Ansteuerung der R-G-B-Endstufen.

*Automatische Sperrpunktstabilisierung*

Im Anschluß an die Vertikalaustastung wird von der IS TDA 3300 für 2 Zeilen ein Referenzpegel auf die R-G-B-Ausgänge (Pin 14, 17, 20) geschaltet. Über die Verstärkung der Video-Endstufe ergibt sich eine Katodenspannung von + 150 V. Der Strahlstrom der Bildröhre von ca. 17 $\mu$A pro Katode fließt über die Transistoren V 615, V 635 und V 655 durch die Kollektorwiderstände R 616, R 635, R 656 und ruft einen proportionalen Spannungsabfall hervor. Diese Spannung wird auf die Meßeingänge Pin 22, Pin 19 und Pin 16 gegeben. In der zweiten Zeile nach der Vertikal-Austastung schaltet die IS die Meßeingänge in den hochohmigen Zustand und vergleicht die anstehende Spannung mit einer internen Referenzspannung. Bei zu geringem Strahlstrom und damit zu geringer Meßspannung wird der jeweilige Klemmkondensator (C 503 am Pin 21, C 504 am Pin 18; C 498 am Pin 15) entladen und die Ausgangsgleichspannung der entsprechenden Stufe steigt an. Das Katodenpotential der Bildröhre sinkt und der Strahlstrom nimmt zu, bis der Gleichgewichtszustand zwischen Referenz- und Meßspannung erreicht ist. Somit werden unterschiedliche Alterungszustände der einzelnen Katoden automatisch ausgeglichen.

Eine manuelle Einstellung des Servicestriches entfällt hierbei. Lediglich die Schirmgitterspannung der Bildröhre ist so einzustellen, daß der Refernzpegel der Katode mit der höchsten DC-Spannung auf + 160 V einpegelt, um eine optimale Aussteuerbarkeit und Fokussierung des gesamten Systems zu gewährleisten.
(Nach Blaupunkt Service-Unterlagen)

Der Referenzoszillator (VCO) des TDA 3300 arbeitet mit 4,43 MHz. Mit dem PAL-Schalter wird daraus die alternierende Referenz für den V-Demodulator erzeugt. Die Synchronisation des VCO wird mit einem Burstphasendetektor erreicht, der die alternierende V-Referenz mit dem U-Burst vergleicht.

Die aus den auftretenden Fehlerspannungen resultierende Regelinformation wird in einem außen angeschalteten PLL-Filter (Pin 10) integriert und dem VCO zugeführt.

Der Burstphasendetektor dient ausschließlich der Synchronisation. PAL-Identifikation, Farbabschalter (Killer) und ACC sind in einer separaten Stufe. Mit einem elektronischen 90°-Phasenschieber wird die U-Referenz aus dem VCO abgeleitet. Der 90°-Phasenschieber wird durch einen 90°-Phasendetektor über eine eigene Phasenregelschleife nachgezogen.

Die Erweiterungsmöglichkeit für einen Mehrnormen-Empfänger ist gegeben. TDA 3300 kann direkt für einfache NTSC-Dekoder ohne Tintregler verwendet werden. Die Umschaltung von PAL auf NTSC erfolgt durch Anlegen einer einfachen Schaltspannung an Pin 6. Realisierung der Tintregelfunktion muß diskret oder über einen Zusatzbaustein erfolgen.

Die Erweiterung für SECAM kann mit dem SECAM-Nachrüstsatz IC TDA 3030 (28 Pin-Gehäuse) vorgenommen werden. Der SECAM-Zusatz TDA 3030 arbeitet nach dem Transkoder-Prinzip und ist nicht alleinstehend verwendbar. Er ist speziell auf den TDA 3300 zugeschnitten. Dabei enthält der TDA 3030 auch eine Tintregler-schaltung für NTSC-Decoder. Die Kombination TDA 3300 mit TDA 3030 erlaubt nicht nur den Aufbau von Mehrnormdecodern für PAL-SECAM sondern auch für NTSC.

Die Normumschaltung PAL/SECAM erfolgt dabei automatisch, für NTSC muß eine manuelle Umschaltung vorgenommen werden.

# 17 Steuer- und Betriebsspannungen der Farbbildröhre

## Steuersignale

### Abb. 17.01 G – Y wird zurückgewonnen

(Empfehlenswerter Wiederholungsstoff: Abb. 2.12, 2.13, 14.03, 15.02, 15.03.)

In den bisherigen Blockschaltungen des Farbteiles befand sich am rechten Rand eine mit *Matrix* bezeichnete Stufe. Ihr wurden die Signale $Y$, $(R-Y)$ und $(B-Y)$ zugeführt, und die Primärfarbensignale $R$, $G$ und $B$ erschienen am Ausgang. Diese Matrix oder Rechenschaltung ist nun zu untersuchen. Ihre erste Aufgabe besteht darin, das für die Farbe Grün zuständige und bisher fehlende Signal $(G-Y)$ zu erzeugen. Erinnern wir uns dazu an die im Text von Abb. 15.03 vereinfachte Gleichung für $Y$:

$$3\,Y = R + G + B$$

Durch Umstellen ergibt sich:

$$3\,Y - G = R + B$$

Nun zur Schaltung Abb. 17.01. Die im Synchrondemodulator gewonnenen Farbdifferenzsignale $+(R-Y)$ und $+(B-Y)$ werden den beiden Eingängen der Matrixschaltung zugeführt und erscheinen unverändert auch an den entsprechenden Ausgängen. Diese Eingangsspannungen liegen aber auch an den Spannungsteilern $R_1/R_3$ und $R_2/R_3$, d.h. am Widerstand $R_3$ werden Teilspannungen der Farbdifferenzsignalezusammengeführt und addieren sich. Ohne Rücksicht auf die Spannungsamplituden erhält man dann am Punkt A ein Summensignal $S_{R3}$:

$$S_{R3} = (R-Y) + (B-Y) = R + B - 2\,Y$$

Wie vorhin überlegt, kann man für $R + B$ auch sagen $3\,Y - G$ und in die vorige Gleichung einsetzen, d.h.:

$$S_{R3} = 3\,Y - G - 2\,Y$$
$$S_{R3} = +\,Y - G \text{ oder } -G + Y$$

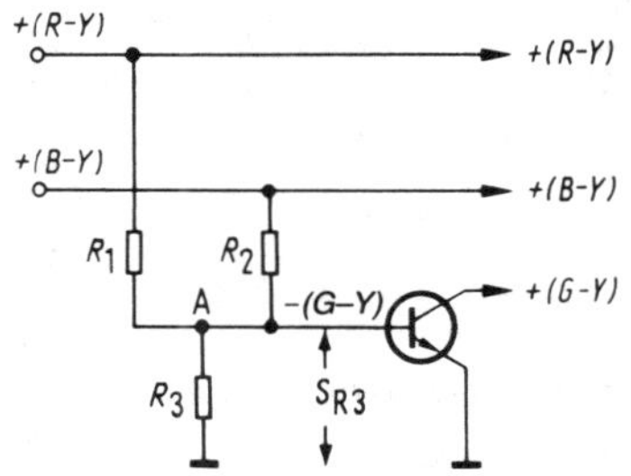


Abb. 17.01 Einfachste Form einer Farbmatrix

Diesen Spannungswert $- G + Y$ gibt man auf eine Phasenumkehrstufe, nämlich auf den in Emitterschaltung betriebenen Transistor. An seinem Kollektor kann man dann das invertierte Differenzsignal $+ G - Y$ abnehmen.

Am Ausgang dieser Matrix stehen nun alle drei Farbdifferenzsignale mit gleichen Vorzeichen zur Verfügung. Der Verstärkungsgrad des Transsistors wird so bemessen, daß die infolge der Spannungsteilung am Widerstand $R_3$ aufgetretene Dämpfung ausgeglichen ist, so daß die drei Signale das richtige Amplitudenverhältnis für Weiß ergeben.

## Abb. 17.02 und 17.03 Blockschaltungen für (G – Y)

Die eben erläuterte Addierschaltung mit Phasenumkehr ist in Abb. 17.02 als Blockschaltung gezeichnet. Die Differenzsignale $+ (R - Y)$ und $+ (B - Y)$ laufen zum Ausgang durch. Am Widerstand $R_3$ des Doppelspannungsteilers ergibt sich das Differenzsignal $- (G + Y)$, also mit negativem Vorzeichen, und erscheint hinter der Phasenumkehrstufe mit $+ (G - Y)$.

Bei den Schaltungen der Synchrondemodulatoren wurde bereits ausgeführt, daß Vorzeichenwechsel und Phasenumkehrungen innerhalb eines Signalweges durchaus nichts Ungewöhnliches sind. Der Rundfunktechniker stieß bisher nur bei Phasenumkehrstufen für Gegentaktverstärker darauf. Im Grunde ergibt aber jede Emitterbasisverstärkerstufe auch eine Phasenumkehrung des Signals. Nur spielt das innerhalb eines einzigen Signalkanals und bei reinen Musikmodulationen keine Rolle. Bei Fernsehempfängern laufen dagegen vier Signale parallel zueinander und müssen dann phasenrichtig wieder zusammengeführt werden. Dabei kann es vorkommen, daß bei der vom Entwicklungsingenieur ausgearbeiteten Schaltung die Differenzsignale mit negativen Vorzeichen auftreten. Sie müssen dann über eine Phasenumkehrstufe geschickt werden, wenn sie mit positivem Vorzeichen benötigt werden. Das geschieht in Abb. 17.03. Um das Grünsignal zurückzugewinnen, benutzt man wieder das Addiernetzwerk mit den Widerständen $R_1$ bis $R_3$. Wie in Abb. 17.01 und 17.02 ergibt dieses Netzwerk das entgegengesetzte Vorzeichen für $(G - Y)$, also in diesem Falle $+ (G - Y)$. Damit steht dieses Signal gleich mit der richtigen Polung am Ausgang zur Verfügung.

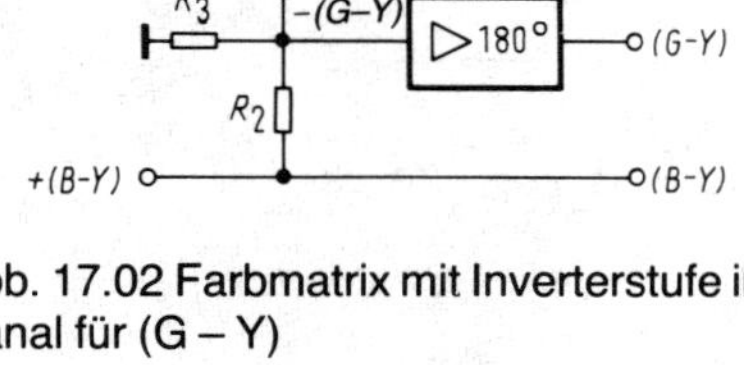


Abb. 17.02 Farbmatrix mit Inverterstufe im Kanal für (G – Y)

Abb. 17.03 Farbmatrix mit Inverterstufen in den Kanälen für (R – Y) und (B – Y)

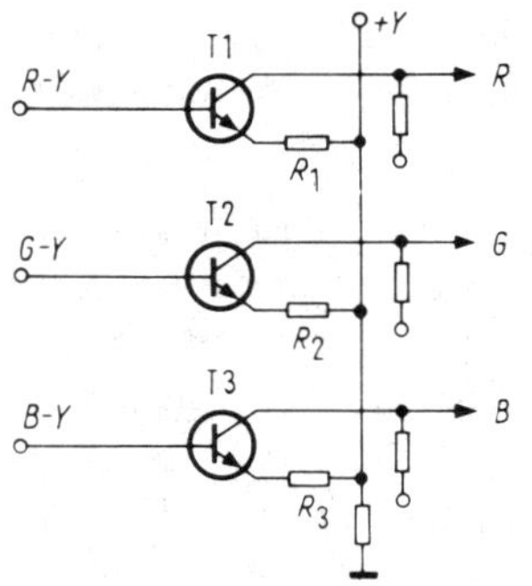


Abb. 17.04 Prinzip einer RGB-Matrix

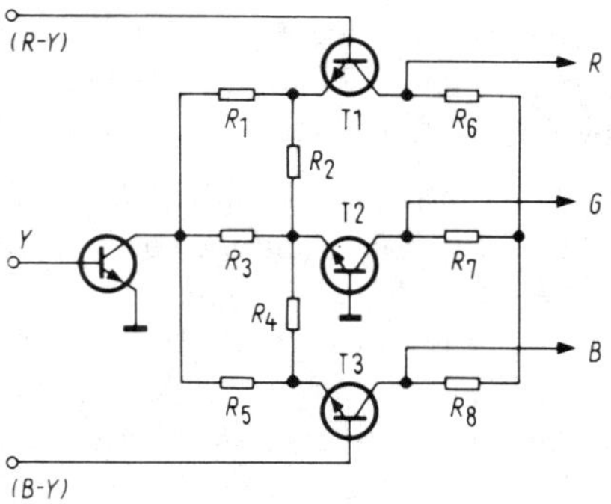


Abb. 17.05 RGB-Matrix mit Inverterstufe für Y

## Abb. 17.04 Die Farbsignale für R, G und B entstehen

Bei älteren Empfängern wird die Bildröhre direkt mit den Farbdifferenzsignalen gesteuert, bei neueren benutzt man direkt die Primärfarbsignale für Rot *(R)*, Grün *(G)* und Blau *(B)*. Sie können in einer weiteren Matrixschaltung aus den Farbdifferenzsignalen gewonnen werden, indem man gewissermaßen zu jedem Differenzsignal den Wert + *Y* hinzufügt. Er hebt sich dann gegen – *Y* auf, und das reine Farbsignal bleibt übrig, z.B.

$$(R - Y) + Y = R$$

In Abb. 17.04 ist das Prinzip einer solchen Addierschaltung dargestellt. Das Differenzsignal $G - Y$ sei bereits in einer vorhergehenden Stufe gewonnen worden. Die drei Differenzsignale steuern die drei Transistoren T1 bis T3 jeweils an der Basis. Diese Transistoren arbeiten über die Emitterwiderstände $R_1$ bis $R_3$ als Emitterfolger. An diesen Widerständen entstehen also wiederum die Farbdifferenzsignale, und zwar bei einem Emitterfolger mit gleichem Vorzeichen. Ihnen wird über die gemeinsame Leitung das Signal + *Y* aus dem Leuchtdichteverstärker hinzugefügt. Dadurch hebt sich in allen drei Kanälen – *Y* gegen + *Y* auf, und die Kollektorströme werden allein durch die Restsignale *R*, *Y* und *B* gesteuert. Diese Farbsignale können dann verstärkt abgenommen werden.

In manchen Schaltungen übernimmt der Transistor T2 auch gleichzeitig die Rolle des Inverters aus Abb. 17.01. Er wird dann in geeigneter Weise mit den Differenzsignalen *(R – Y)* und *(B – Y)* gesteuert, erzeugt das *(G – Y)*-Signal, dem dann sofort das Y-Signal hinzugefügt wird.

## Abb. 17.05 RGB-Matrix

Die rechnerische Funktion der RGB-Matrix wurde bereits in Abb. 15.02 dargestellt. Zu den Differenzsignalen für Rot und Blau kann nun das Y-Signal addiert werden. Aus der Summe der beiden Differenzsignale entsteht unter Hinzufügung von $+Y$ bei geeigneter Wahl der Vorzeichen das Signal für Grün. Abb. 17.05 stellt eine solche Schaltung dar, die diese verschiedenen Funktionen vereinigt.

Der Transistor T2 ist hier so geschaltet, daß er gleichzeitig die Rolle des Inverters aus Abb. 17.01 übernimmt. Die Transistoren T1 und T3 werden an der Basis mit den Differenzsignalen $(R-Y)$ und $(B-Y)$ gesteuert. Sie arbeiten über die Widerstände $R_2$ und $R_4$ als Emitterfolger und bilden am Emitter des Transistors T2 das Differenzsignal für $G-Y$. Allen drei Emittern wird über die Widerstände $R_1$, $R_3$, $R_5$ das Leuchtdichtesignal $Y$ zugeführt, und an den Kollektorwiderständen können dann die Signale $R$, $G$ und $B$ abgenommen werden. Die Werte der Widerstände sind so zu bemessen, daß sich das richtige Verhältnis der Ausgangsspannungen für Weißwiedergabe einstellt.

Man merke sich also die Grundfunktion der Wiederherstellung der Primärfarbsignale: Aus den Differenzsignalen für Rot und Blau wird das Gründifferenzsignal abgeleitet; durch Hinzufügen des Luminanz- oder Helligkeitssignals entstehen dann die Primärfarbsignale für Rot, Grün und Blau.

## *Bildröhrensteuerung, allgemein*

### Abb. 17.11 Steuerkennlinie eines Strahlsystems

Wie bei einer Schwarzweißbildröhre, so können auch die Strahlsysteme einer Farbbildröhre entweder an der Katode oder am Gitter $g_1$ gesteuert werden. Beim Farbempfänger werden vielfach beide Möglichkeiten kombiniert, und man steuert sowohl an der Katode als auch am Gitter. Der Aussteuerbereich kann, ähnlich wie bei einer Röhrenpentode, durch die Schirmgitterspannung beeinflußt werden. In Abb. 17.11 ist in logarithmischem Maßstab eine Steuerkennlinie der Bildröhre A 67-150 X dargestellt. Sie gilt für eine Schirmgitterspannung, bei welcher mit 100 V Steuerspannung der Leuchtpunkt verschwindet. Bei der Steuerspannung $U_{g1}/K = 0$ V ergibt sich der größtmögliche Strahlstrom von knapp 4 mA und damit die größte Helligkeit des Leuchtflekkes. Mit höheren Schirmgitterspannungen kann man die Helligkeit steigern. Dann benötigt man aber auch größere Signalspannungen, um vom Spitzenweiß bis zum Schwarz durchzusteuern, wenn man von einer Schwarzweißwiedergabe ausgeht. Das liegt ganz im Ermessen des Entwicklungsingenieurs. Wichtig ist dabei auch eine wirksame Strahlstrombegrenzung, denn bei der Farbröhre schießen ständig drei Elektronenkanonen mit 20...25 kV Anodenspannung auf Lochmaske und Bildschirm. Bei einem Langzeit-Mittelwert von 1 mA je System ergibt das eine Strahleistung von

$$P = 20 \cdot 10^3 \cdot 3 \cdot 10^{-3} = 60 \text{ W}$$

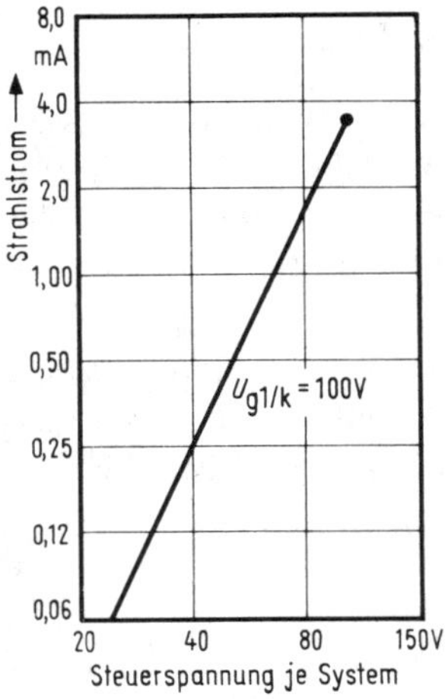


Abb. 17.11 Steuerkennlinie eines Strahlsystems; man benötigt rund 100 V Spannungsänderung zwischen Gitter 1 und Katode, um von Schwarz bis zum Spitzenweiß bei etwa 4 mA Strahlstrom durchzusteuern

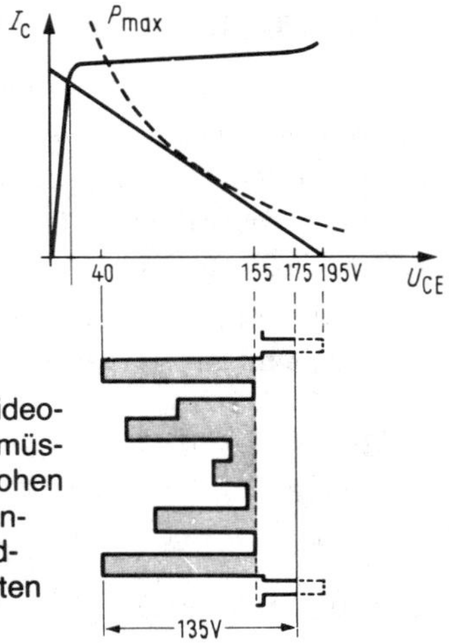


Abb. 17.12 Videotransistoren müssen die hohen Steuerspannungen für die Bildröhre verarbeiten können

Würde sie laufend überschritten, dann kann sich die Stahlmaske aufheizen und deformieren.

Abb. 17.11 soll auch eine Vorstellung von der Höhe der notwendigen Steuerspannungen vermitteln. Sie beträgt je nach vorgesehenem Arbeitspunkt bis zu 200 V.

## Abb. 17.12 Hochsperrende Videotransistoren

Gerade bei den Leistungsendstufen versprach der Übergang zu Transistoren große Vorteile, nämlich geringere Wärmeentwicklung, besseren Wirkungsgrad und einfacheren Aufbau. Aber hier waren zwei Grenzwerte sehr weit hinauszuschieben, nämlich die zulässige maximale Sperrspannung und die Grenzfrequenz, die bei den Videosignalen mindestens bis zu 5 MHz reichen sollte. Dies machte bei Hochleistungstransistoren mit ihren großen Abmessungen besondere Schwierigkeiten. Aber es gelang, diese Grenzen zu überwinden, und mit den Transistortypen BF 177 bis BF 179 standen erstmals geeignete Bauelemente zur Verfügung. Die Abbildung soll eine Vorstellung geben, welche Spannungsänderungen diese Transistoren liefern können. Als Ausgangsspannung ist der Verlauf eines Zeilensignals dargestellt, das mit einem Farbbalkenmuster moduliert ist. Ein unverzerrter Spitzenwert von 135 V ist aufzubringen, um vom Schwarzwert bis zur größten Helligkeit durchzusteuern. Dabei beträgt jedoch die zulässige Gesamtverlustleistung nur 1,7 W, und die Kollektor-Emittersperrspannung darf 160...250 V nicht überssteigen. Diese Angaben sollen hauptsächlich darauf hinweisen, daß solche Endtransistoren mit allergrößter Sorgfalt zu behandeln sind. Noch höhere Spannungen führen zu Durchschlägen. Entfernte oder schlecht befestigte Kühlkörper gefährden den Transistor durch Überhitzung.

## Abb. 17.13 und 17.14 RGB- und Farbdifferenzsteuerung

Bereits bei Abb. 14.03 wurden kurz die beiden Möglichkeiten erwähnt, eine Farbbildröhre zu steuern. Entweder man steuert mit den wiederhergestellten Primärfarbsignalen Rot, Grün und Blau die drei Katoden der Bildröhre (RGB-Steuerung), oder man steuert die drei Gitter mit den Farbdifferenzsignalen und die Katoden mit dem Leuchtdichtesignal *Y*.

Abbildung 17.13 zeigt schematisch die zuerst genannte Lösung. Die Matrix erzeugt aus *Y* und den beiden Farbdifferenzsignalen die RGB-Signale und gibt sie an drei gleiche Endstufen weiter. Diese steuern die drei Katoden der Bildröhre, um ein farbiges Bild zu erzeugen. Bei Schwarzweißsendungen wird der Farbteil abgeschaltet, dann gelangt nur das Y-Signal in die Matrix und steuert anteilmäßig die drei Strahlsysteme so, daß die Bedingung

$$Y = 0{,}3\,R + 0{,}59\,G + 0{,}11\,B$$

für Weiß erfüllt wird.

Jede Endstufe muß im vorliegenden Fall maximal 115 $V_{ss}$ Steuerspannung liefern und für die volle Videobreite b = 0...5 MHz bemessen sein. Die drei Steuergitter der Bildröhre sind frei und können zur Rücklaufaustastung dienen. In das Bild sind auch die Größen der bei Farbröhren üblichen Spannungen an den Gittern $g_2$, $g_3$ und an der Anode a eingetragen.

Bei der Farbdifferenzschaltung Abb. 17.14 werden die Differenzsignale *(R – Y)*, *(G – Y)* und *(B – Y)* auf die drei Steuergitter der Bildröhre gegeben. Die drei miteinander verbundenen Katoden erhalten das Luminanzsignal *Y*. Damit dient die Röhre selbst als RGB-Matrix. Innerhalb eines jeden Strahlsystems heben sich die Wirkungen der Werte + *Y* und – *Y* auf, und die Strahlstärke wird von den Farbsignalwerten *R*, *G* und *B* bestimmt. Die Schaltung erfordert insgesamt vier Leistungsendstufen. Für das Y-Signal benötigt man aus den mehrfach erwähnten Gründen eine Bandbreite von 4...5 MHz, für die Farbdifferenzstufen von je 1,3 MHz. Recht unterschiedlich sind die Grö-

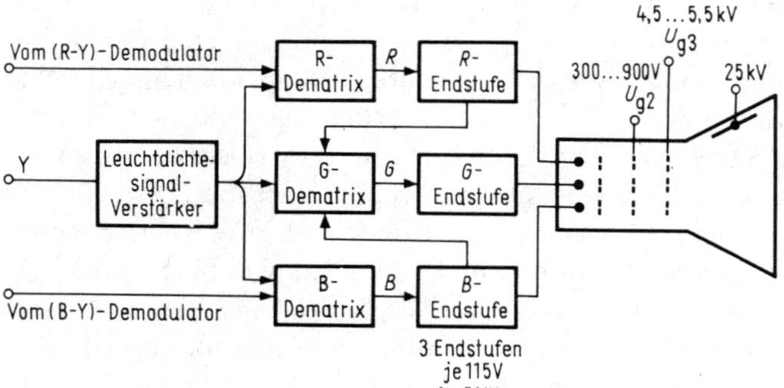


Abb. 17.13 Steuerspannungswerte und Bandbreiten bei der RGB-Steuerung

| | RGB-Steuerung | | | Farbdifferenz-Steuerung | | | |
|---|---|---|---|---|---|---|---|
| | R | G | B | Y | (R–Y) | (G–Y) | (B–Y) |
| Signale | 100 $V_{SS}$ (120 $V_{SS}$) | 100 $V_{SS}$ (120 $V_{SS}$) | 100 $V_{SS}$ (120 $V_{SS}$) | 100 $V_{SS}$ | 160 $V_{SS}$ | 100 $V_{SS}$ | 200 $V_{SS}$ |
| Bandbreite | 4 MHz | 4 MHz | 4 MHz | 4 MHz | 1 MHz | 1 MHz | 1 MHz |
| Stabilität der Grauskala | Gleichlauf der 3 Stufen und konstante statische Bildröhren-Einstellung | | | konstante statische Bildröhren-Einstellung | | | |
| Matrizierung | in einem Matrixverstärker | | | in der Bildröhre | | | |
| Synchronisation und Regelung | besondere Synchronisier- und Regelstufe | | | teilweise mit Hilfe der demodulierten Farbsynchronimpulse am Ausgang der Farbdifferenzstufen | | | |
| Dunkeltastung | an den Wehneltzylindern (oder an den Katoden) | | | an den Schirmgittern der Farbbildröhre | | | |
| Strahlstrom-begrenzung | nur im Hochspannungsteil möglich oder bei Gittersteuerung in der Katodenleitung der Farbbildröhre | | | in der Katodenleitung der Farbbildröhre | | | |
| Schwarzwert-haltung | bei Katodensteuerung mit Klemm-regelung, bei Gittersteuerung mit Klemmschaltung | | | in der Luminanzstufe automatisch durch Gleichspannungsübertragung in den Farbdifferenzstufen mit Klem-mung auf das Niveau vor dem Farbsychronimpuls | | | |

ßen der notwendigen maximalen Steuerspannungen. Dies geht auf andersartige Signalformen der Steuerspannungen zurück. Bei Schwarzweißsendungen werden auch hier die drei Farbdifferenzstufen abgeschaltet.

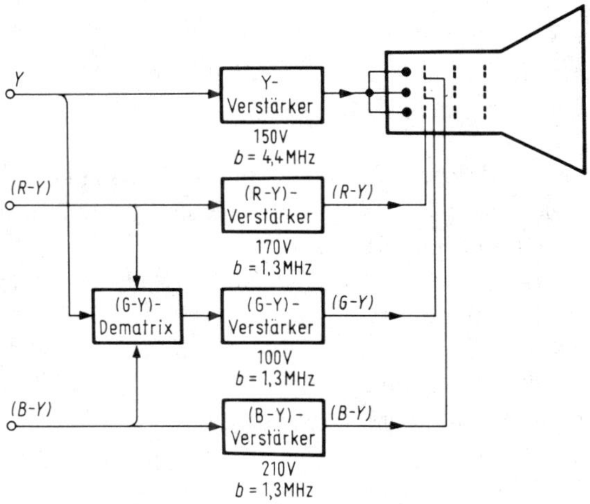


Abb. 17.14 Steuerspannungen und Bandbreiten bei der Farbdifferenzsteuerung

In der *Tabelle* auf Seite 389 sind die hauptsächlichsten Unterschiede zwischen RGB- und Farbdifferenzsteuerung dargestellt (nach Diplom-Physiker Robert Suhrmann, Valvo).

Die Frage, welche der beiden Grundschaltungen günstiger sei, führte zu vielen Diskussionen. Da sie in der Praxis beide vorkommen, sollte man auch ihre Funktionen kennen.

## Abb. 17.15 und 17.16 Farbbalkensignale

Abb. 17.12 brachte schematisch den Verlauf eines Zeilensignals, das mit einem Farbbalken moduliert war. Derartige Kurven, beruhend auf dem sogenannten Normalbalkensignal, sind in Fachaufsätzen und Serviceunterlagen ständig zu finden. Sie gehen zunächst einmal auf die Grundgleichung für das Weißsignal zurück:

$$Y = 0{,}3\,R + 0{,}59\,G + 0{,}11\,B$$

Auf Farbdifferenzsignale umgeformt, ergibt sich daraus:

$$\begin{aligned} R - Y &= \phantom{-}0{,}7\,R - 0{,}59\,G - 0{,}11\,B \\ B - Y &= -0{,}3\,R - 0{,}59\,G + 0{,}89\,B \\ G - Y &= -0{,}3\,R + 0{,}41\,G - 0{,}11\,B \end{aligned}$$

Wohlgemerkt, das sind die Anteile der drei Farbdifferenzsignale, die dann zusammen ein Weißsignal ergeben sollen. Für andere Farben gelten gänzlich andere Zahlenfaktoren, die man in Tabellen zusammengestellt finden kann. Solche Tabellen sind aber wenig anschaulich, deshalb werden die Verläufe hier an zwei Fällen aus der Praxis dargestellt. Es ergeben sich nämlich Unterschiede, je nachdem, ob RGB- oder Farbdifferenzsignale vorliegen[1]). Da diese Kurvenformen oft in den Serviceunterlagen enthalten sind, sollte man vertraut damit sein.

Abb. 17.15 zeigt die Signale an den Katoden eines RGB-Empfängers. Um den Weißpegel zu erhalten, sind alle Signale zu 100 % von der Schwarzschulter aus moduliert. Die Beziehung

$$Y = 0{,}3\,R + 0{,}59\,G + 0{,}11\,B$$

für Weiß wird durch den sogenannten Weißabgleich im Empfänger hergestellt. Allerdings spielt dabei der Wirkungsgrad der Leuchtpunkte noch eine Rolle, wie im nächsten Abschnitt erläutert werden wird.

Für Schwarz liegen die Pegel auf 0 %, alle drei Strahlströme sind unterdrückt, der Bildschirm bleibt dunkel.

Bei den Primärfarben Grün, Rot und Blau des Farbbalkentestbildes ergibt sich jeweils 100 % Pegel für das gleichlautende Signal, während die beiden anderen auf 0 % liegen. Gelb besteht aus 75 % Grün und 75 % Rot usw.

1 Man beachte hierzu auch die Spannungsangaben in der Tabelle auf der vorigen Seite.

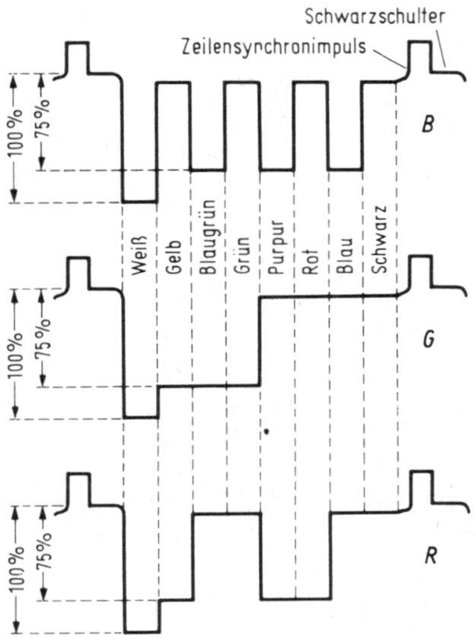

Abb. 17.15 Signale an den Katoden der Farbbildröhre eines RGB-Empfängers beim Normbalkentestbild

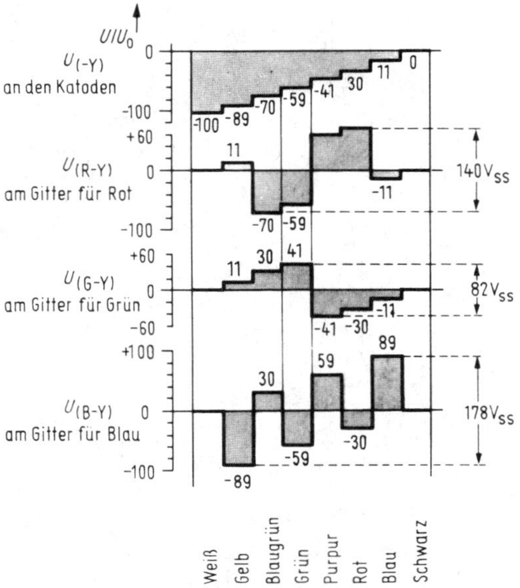

Abb. 17.16 Leuchtdichtesignal und Farbdifferenzsignale an den Katoden und Gittern der Farbbildröhre

Bei der Farbdifferenzsteuerung Abb. 17.16 verläuft das Y-Signal treppenförmig vom Pegel 100 für Weiß bis zum Pegel 0 für Schwarz. Die Farbdifferenzsignale für diese beiden Pegel liegen bei Null. Beachtenswert sind die starken Amplitudenunterschiede, z.B. 82 $V_{ss}$ für *(G – Y)* und 178 $V_{ss}$ für *(B – Y)*. Dies kam auch bereits in Abb. 17.14 zum Ausdruck. Die Endstufe für *(B – Y)* wird also am weitesten ausgesteuert.

Insgesamt ergibt sich, daß die RGB-Steuerung geringere und gleichmäßigere Steuerspannungen benötigt. Man vergleiche dazu auch die Tabelle zu den Abbildungen 17.13 und 17.14 auf Seite 389. Die RGB-Schaltung ist daher besser für Transistorbestückung geeignet, deswegen tritt sie in neueren Geräten, die mit integrierten Schaltungen arbeiten, stark in den Vordergrund.

## Abb. 17.17 bis 17.21 Grau- und Weißkorrekturen

Um auf dem Schirm der Bildröhre „Weiß“ zu erhalten, müssen die Strahlströme anders eingestellt werden als nach unserer Standardformel.

$$Y = 0{,}3\,R + 0{,}59\,G + 0{,}11\,B$$

Dies kommt daher, weil die drei Leuchtsubstanzen leider recht unterschiedliche Wirkungsgrade haben. Besonders der rote Leuchtstoff ist etwas müde. Man benötigt daher

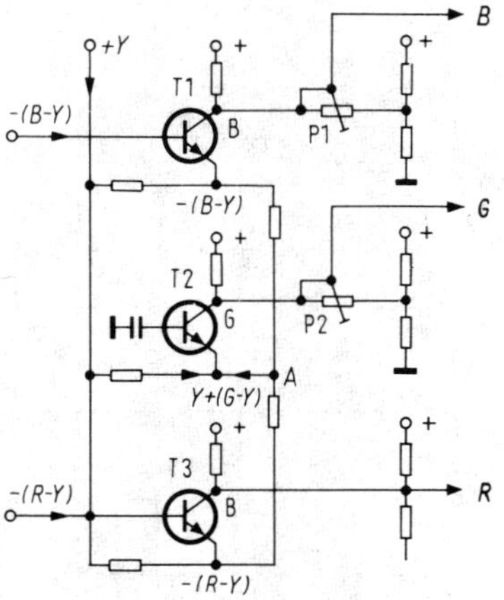


Abb. 17.17 Farbmatrix und Weißtonabgleich bei einem RGB-Empfänger (Nordmende)

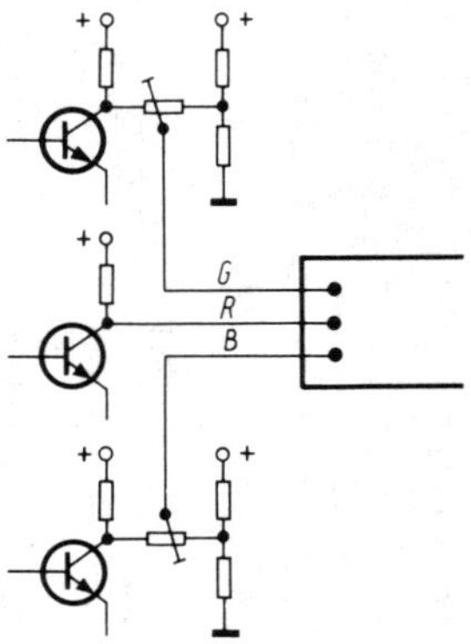


Abb. 17.18 Weißtonabgleich über Brückenschaltungen in den Endstufen

einen höheren Strahlstrom bzw. eine höhere Steuerspannung, damit das Auge ein sattes Rot sieht. Demgegenüber muß man für Blau und Grün die Steuerspannung drosseln. Irgendwo in den Farbsteuerstufen befinden sich daher Potentiometer, mit denen im Prüffeld und bei Servicearbeiten der richtige Weißton abgeglichen werden muß.

In Abb. 17.17 sind Matrix und Addierstufe einer RGB-Steuerung dargestellt. Die Funktion ähnelt einer Kombination aus den Abb. 17.04 und 17.05. Die Transistoren T1 und T3 werden an den Basisanschlüssen mit den Differenzsignalen mit negativem Vorzeichen und an den Emittern mit dem Y-Signal gesteuert. Sie liefern an die Kollektoren die Signale für *B* und *R*. Außerdem bilden sie über ihre Emitterwiderstände am Punkt A das Signal + $(G-Y)$. Dazu wird sofort das Y-Signal addiert, und am Kollektor des Transistors T2 erscheint das Signal *G*.

Die Ausgangsspannung des Rotkanals, also am Kollektor des Transistors T3, wird in voller Höhe an die Endstufe weitergeleitet. In den Zuleitungen für Blau und Grün liegen die Potentiometer P1 und P2. Mit ihnen werden die Strahlströme so abgeglichen, daß sich ein reines Weiß ergibt. Die Serviceanleitung der Firmen enthalten hierfür ausführliche Anweisungen. Das Gerät ist mit einem Schwarzweiß-Testbild (Grautreppe) aus einem Testbildgenerator zu betreiben. Als Richtlinie kann man sich merken:

| | |
|---|---|
| Gelbtönung | wird durch mehr Blau beseitigt. |
| Purpurtönung | wird durch mehr Grün beseitigt. |
| Blaugrüne Tönung | wird durch Zurückdrehen von Blau und Grün beseitigt. (Sollte auch ein Roteinsteller vorhanden sein, dann ist mehr Rot hinzuzufügen.) |

Man kann diesen Weißtonabgleich auch nach Abb. 17.18 in die Endstufen verlegen. Das Rotsignal wird wieder in voller Höhe übertragen. Die Steuerspannungen für *G* und *B* werden durch Potentiometer eingestellt und abgeglichen. Damit der Schwarzpegel erhalten bleibt, sind hierfür Brückenschaltungen vorgesehen. Einer der Brük-

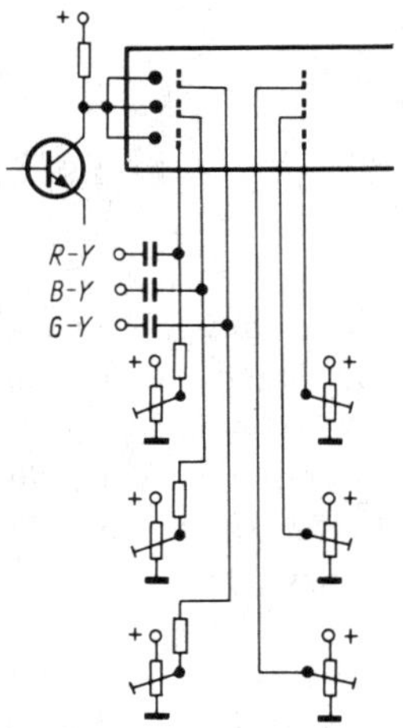


Links:
Abb. 17.19 Weißtonabgleich bei Farbdifferenzsteuerung

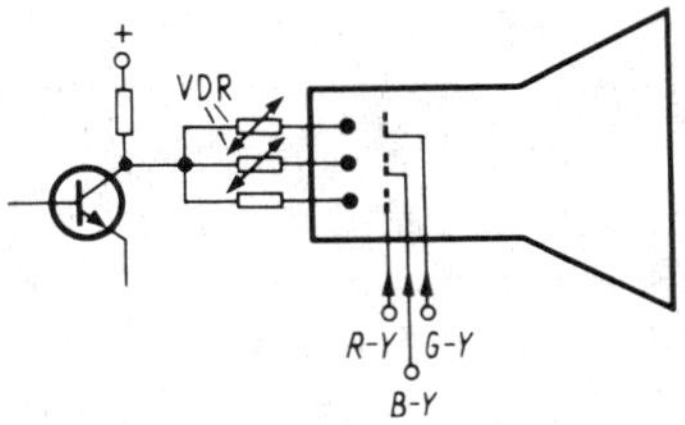


Abb. 17.20 Stabilisierung des Weißtonabgleichs durch VDR-Widerstände

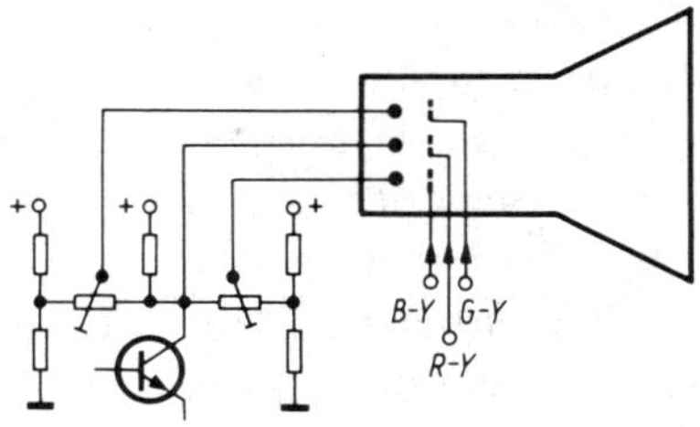


Abb. 17.21 Weißtonabgleich in der Y-Endstufe bei Farbdifferenzsteuerung

kenzweige wird von der Emitter-Kollektorstrecke des Transistors gebildet. Das Trimmpotentiometer liegt in der Brückendiagonale und führt keinen Gleichstrom. Mit dem Schleifer werden lediglich unterschiedlich große Farbsignalspannungen abgegriffen.

Die folgenden Abbildungen zeigen die Möglichkeiten zum Weißabgleich bei Farbdifferenzsteuerung. In Abb. 17.19 werden, wie bekannt, die drei Katoden der Bildröhre mit dem Y-Signal gesteuert. Die Größe der Strahlströme wird durch die Potentiometer an den Steuergittern und Schirmgittern eingestellt. Auf diese Weise läßt sich nicht nur der Weißton, sondern auch ein mittleres Grau abgleichen. Das Verfahren ist etwas umständlich und erfordert Übung.

In Abb. 17.20 werden die Strahlströme durch Widerstände in den Katodenleitungen auf die richtigen Werte gebracht. Durch Verwendung von VDR-Widerständen ergibt sich eine willkommene Regelwirkung und eine Art Strahlstrombegrenzung. Infolge Temperatureinfluß oder Netzspannungsänderungen auftretende Stromerhöhungen werden abgemildert.

In Abb. 17.21 werden die Y-Steuerspannungen für die Systeme *B* und *G* durch Potentiometer abgeglichen, während auf die Katode für Rot das volle Ausgangssignal der Y-Endstufe gegeben wird. Auch hier liegen wie in Abb. 17.18 die Potentiometer in einer Brückenschaltung, damit der Schwarzwert erhalten bleibt.
(Nach Unterlagen der Firma Nordmende.)

## *Farbtoneinstellung*

### Abb. 17.31 Weißton

(Empfehlenswerter Wiederholungsstoff: Abb. 2.05 bis 2.07)

Obgleich das Pal-System für gleichbleibende Farbtöne sorgt, besteht der Wunsch nach einem Farbtoneinsteller am Empfänger, um die Bildtönung dem persönlichen Geschmack anzupassen. Außerdem bestehen gewisse Unterschiede im Weißwert zwischen Farbsendungen und Schwarzweißsendungen. Bei Schwarzsendungen wird ein Bild mit einem etwas nach Blau tendierenden Weißwert als schärfer empfunden als eines mit gelblichem Farbton. Bei Farbe bevorzugt man dagegen einen leicht rötlichen Weißton, das Gesamtbild wirkt dann irgendwie sympathischer.

Diese geringfügigen Unterschiede kann man exakt definieren durch die Angabe der *Farbtemperatur* in Kelvin-Graden (0 °K = − 273 °C). Eine Farbtemperatur von 10 000 °K ergibt ein sehr helles, im Farbdreieck etwas zum Eckpunkt Blau liegendes weißes Licht. Dieser Farbton, in Abb. 17.31 mit SW gekennzeichnet, eignet sich gut für Schwarzweißbilder.

Für Farbbilder ist der etwas gegen Rot verschobene Weißton F mit 6000 °K Farbtemperatur willkommener. Zu berücksichtigen ist auch, daß bereits im Sender gewisse Farbtönungsunterschiede auftreten können, z.B. bei älteren Farbfilmaufnahmen oder andersartiger Ausleuchtung außerhalb der Studios. Auch dann möchte der Zuschauer die Möglichkeit haben, den Farbton neutraler einzustellen.

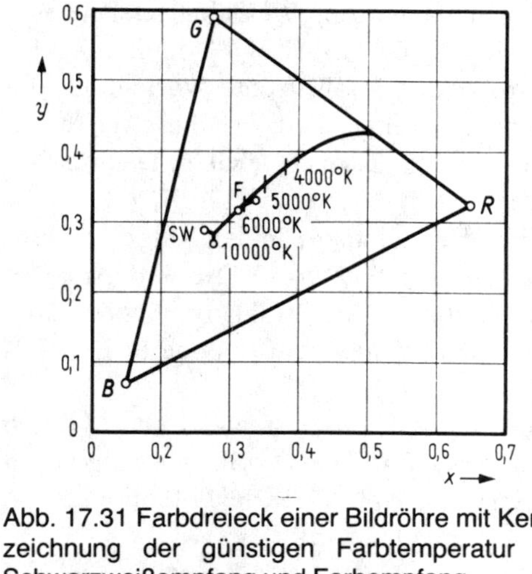


Abb. 17.31 Farbdreieck einer Bildröhre mit Kennzeichnung der günstigen Farbtemperatur für Schwarzweißempfang und Farbempfang

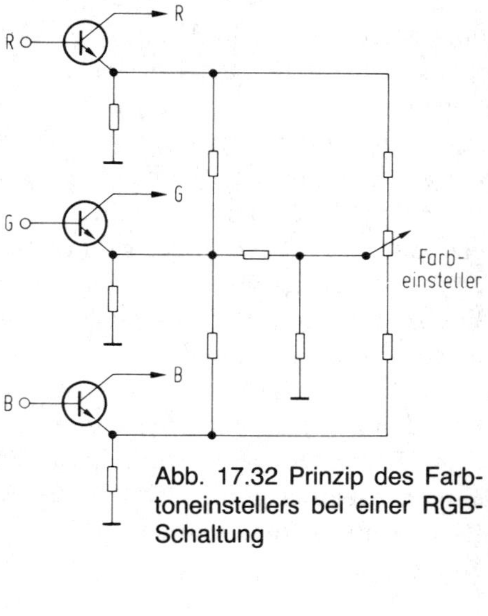


Abb. 17.32 Prinzip des Farbtoneinstellers bei einer RGB-Schaltung

## Abb. 17.32 Weißtoneinstellung

Gut zu übersehen ist die Wirkung eines Weißtoneinstellers bei einer RGB-Steuerung. In der vorliegenden Schaltung wird beim Durchdrehen des Farbtoneinstellers der Gegenkopplungsgrad der Emitterwiderstände für die Treibertransistoren der Endstufen für Rot und Blau gegenläufig verändert. Das bedeutet auch eine gegenläufige Änderung des Verstärkungsgrades. Die Schaltung ist so bemessen, daß sich der Weißwert in der Weise verschiebt, daß er über einen weiten Bereich annähernd auf der Linie der Farbtemperaturstrahlung von Abb. 17.31 verläuft. Diese Änderung beim Durchdrehen des Knopfes wird vom Auge als natürlicher milder Übergang empfunden.

Bei neuen Geräten läßt man diese Möglichkeit, den Weißton manuell und stetig zu verändern, meistens weg. Ein Farbempfänger hat ohnehin genügend Bedienungknöpfe. Man schaltet dann, wie in Abb. 17.34 besprochen werden wird, den Weißton automatisch um.

## Abb. 17.33 Hautfarbe und Weißton

Bei dieser Schaltung für FD-Steuerung (FD = Farbdifferenz) liegen zwei Einsteller in einer Brückenschaltung, die zugleich als Addierschaltung für das Signal *(G – Y)* dient. Der Weißton wird vorzugsweise mit dem Stellwiderstand $R_6$ beeinflußt. Er bringt mehr oder weniger Blauanteil in die Farbmischung hinein.

Der zweite verstellbare Widerstand $R_8$ verändert den Rotanteil des Bildes. Er ist hier mit „Hautfarbe“ bezeichnet. Viel markanter als der Weißton ist nämlich die menschliche Hautfarbe bei der Beurteilung eines Farbbildes. Erscheinen die Darsteller als „Bleichgesichter“, dann kann man sie mit diesem Knopf etwas rosiger aufhellen. Sind die Gesichter zu sonnenbraun, dann lassen sie sich damit blasser tönen. Diese Einstellungen werden von jedem Laien meist gefühlsmäßig recht gut getroffen. Leider kommen in den Bedienungsanweisungen und Beschriftungen auf der Frontplatte diese Funktionen zu wenig zum Ausdruck. An dem betreffenden Knopf sind meist nur farbige Markierungen angegeben. Die Bezeichnung *Hautfarbe* wäre sinnvoller und eindringlicher.

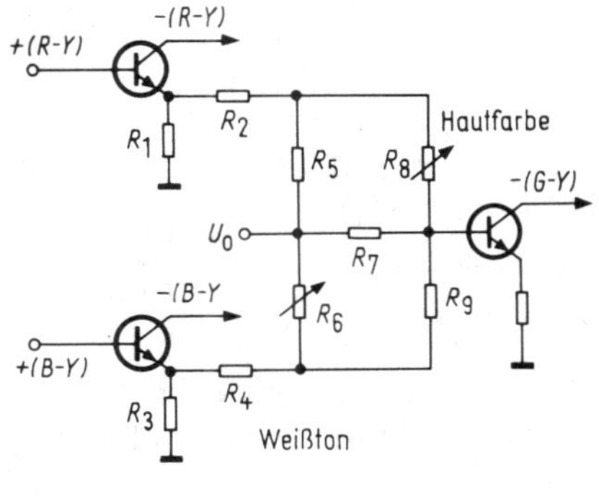


Abb. 17.33 Getrennte Farbeinsteller für Weißton und Hautfarbe (Rot)

## Abb. 17.34 Weißtonumschaltung

Die Umschaltung des Weißtons von der Farbtemperatur 6000 °K bei Farbempfang auf 10 000 °K für Schwarzweiß läßt sich auch selbsttätig vom Farbschalter steuern. In der vorliegenden Schaltung legt bei Farbsendungen ein von der Farbsperrautomatik gesteuerter elektronischer Schalter einen Widerstand parallel zum Emitterwiderstand der Endstufe für den Rotkanal. Dadurch verringert sich deren Gegenkopplung, die Verstärkung steigt an, es kommt etwas mehr „Rot" in den Weißton hinein, wie es für Farbsendungen als angenehm empfunden wird.

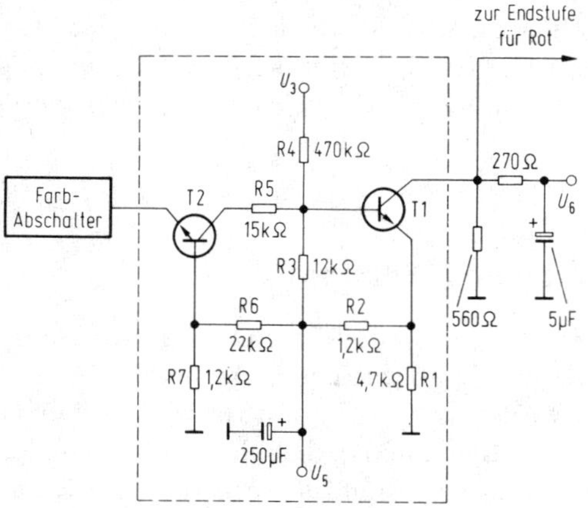


Abb. 17.34 Vom Farbabschalter automatisch gesteuerte Weißtonumschaltung

Hier wird der Transistor T2 vom Farbabschalter so gesteuert, daß er bei Schwarzweißempfang durchschaltet und bei Farbempfang sperrt. Der Schalttransistor T1 verhält sich infolge der Gleichspannungskopplung über die Kollektorwiderstände R3–R5 umgekehrt. Er ist also bei Schwarzweißempfang gesperrt und bei Farbempfang durchgeschaltet und legt dann die Widerstände R1 und R2 parallel zum Emitterwiderstand der Endstufe. Damit sich dabei ihr Gleichstromarbeitspunkt nicht verschiebt, wird außerdem über den Widerstand R2 eine zusätzliche Gleichspannung aus der Spannungsquelle *R*2 eine zusätzliche Gleichspannung aus der Spannungsquelle $U_5$ zugeführt.

In der Grundjustierung des Empfängers wird für Schwarzweißempfang eine leichte Blaubetonung eingestellt. Der Umschalter bewirkt dann die Rottönung beim Farbempfang. Von Telefunken wird diese Automatik als *Aureomat* bezeichnet (Aurora, lateinisch = Morgenröte).

Bei anderen Geräten wird nicht im Rotkanal, sondern im Blaukanal auf einen höheren Blauanteil bei Schwarzweißsendungen umgeschaltet.

*Schwarzwertklemmung*

## Abb. 17.41 Mittlerer Schwarzwert

Im Videosignal eines Schwarzweißempfängers stellt die Schwarzschulter einen gleichbleibenden Spannungswert dar. Diesen in jeder Austastlücke auftretenden Schwarzwert konnte man mit Hilfe einer Klemmdiode auf einem konstanten Pegel festhalten. Von dort aus ergibt sich dann eine stetig bis zum Spitzenweiß ansteigende Grautreppe.

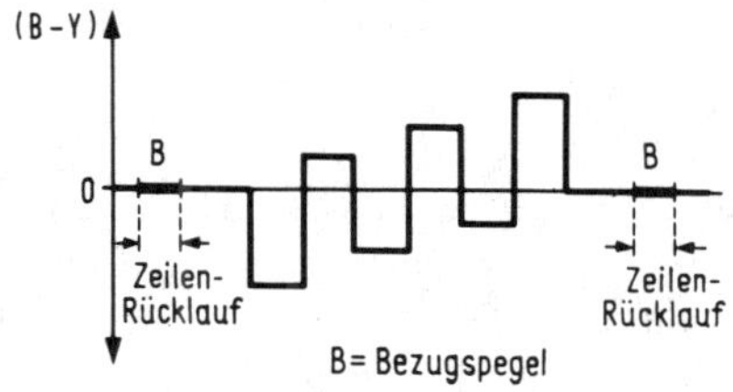


Abb. 17.41 Bezugspegel für ein Farbbalkensignal

Bei den Videosignalen eines Farbempfängers ist nicht der Schwarzwert der Maximalwert, sondern bei der FD-Steuerung liegen z.B. die Steuerspannungen für den Anteil *(B – Y)* eines Farbbalkensignals in der hier gezeichneten Weise zu beiden Seiten eines mittleren Gleichspannungspegels. Würde sich dieser Nullpegel oder Bezugspegel B verschieben, dann gäbe es Farbstiche. Man muß deshalb diesen Nullpegel des Farbsignals exakt bis zum Steuergitter der Bildröhre beibehalten. Er soll dort mit dem Arbeitspunkt bzw. der Gittervorspannung des betreffenden Strahlsystems übereinstimmen, damit die Kennlinie vom Arbeitspunkt aus gleichmäßig nach beiden Seiten ausgesteuert wird.

Die Steuergitter der Strahlsysteme sind aber stark negativ vorgespannt, denn dort müssen Signalspannungen bis zu 200 $V_{ss}$ verarbeitet werden. Wegen dieser hohen negativen Vorspannung ist keine direkte Kopplung möglich, sondern man muß die Gitter durch Kondensatoren gegen die FD-Endstufen abriegeln. Diese Kondensatoren übertragen aber nicht den Gleichspannungsmittelwert bzw. den Bezugspegel des FD-Signals. Er muß daher durch eine spezielle Klemmdiodenschaltung wieder hergestellt werden.

Der Bezugspegel B kehrt periodisch in jeder Austastlücke zwischen zwei Zeilensignalen wieder. Damit der normalerweise in der Austastlücke liegende Synchronimpuls nicht den Bezugspegel verfälscht, tastet man ihn bereits in einer vorhergehenden Empfängerstufe heraus.

## Abb. 17.42 Prinzip der getasteten Klemmschaltung

Da sich die Amplitude des eigentlichen Farbsignals längs des Zeilenverlaufes ständig ändert, tastet man mit Hilfe von Zeilenrückschlagimpulsen nur während der Rück-

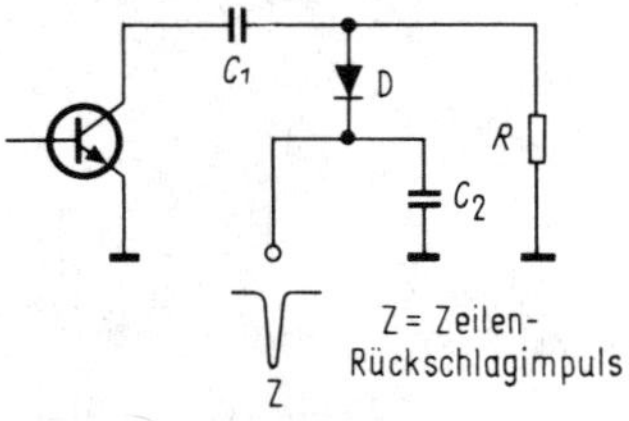


Abb. 17.42 Prinzip einer getasteten Klemmschaltung für den Bezugspegel der Farbsignale

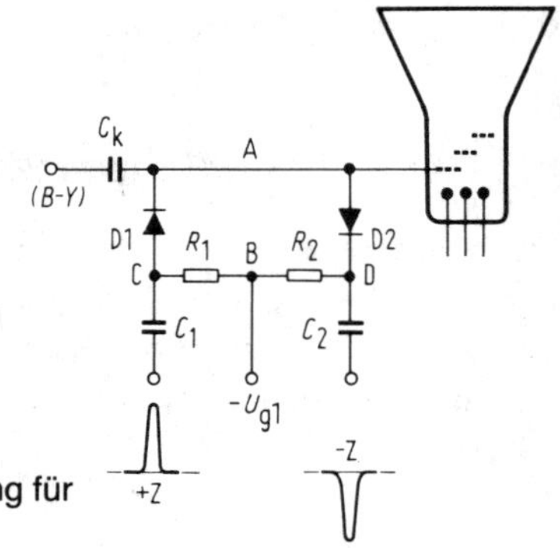


Abb. 17.43 Gegentaktklemmschaltung für den Bezugspegel

laufzeit den Bezugspegel aus dem Signal heraus und benutzt ihn als Klemmspannung. Um dies zu erreichen, führt man der Klemmdiode D negative Rückschlagimpulse zu, so daß sie während der Dauer der Austastlücke geöffnet wird. Diese Impulse erzeugen dann einen konstanten Bezugspegel hinter dem Koppelkondensator $C_1$, und die danach eintreffenden Farbdifferenzsignale werden an diesen Pegel geklemmt. Allerdings würde sich dieser Pegel bei sehr starken Amplitudenänderungen des Farbdifferenzsignals etwas mitändern und von dem gewünschten Bezugswert abweichen. Dieser Nachteil wird durch die anschließend besprochene getastete *Gegentakt-Klemmschaltung* beseitigt.

## Abb. 17.43 Gegentakt-Klemmschaltung

Sie besteht aus einer symmetrischen Brücke mit zwei Dioden und zwei Widerständen. Die Brückeneckpunkte sind mit A – B und C – D bezeichnet. Über den Kondensator $C_1$ und $C_2$ führt man den Dioden D1 und D2 gegenphasig und symmetrisch gegen Masse liegende Austastimpulse aus dem Horizontal-Ablenkteil zu. Diese Impulse schalten die Dioden kurzzeitig durch. Während dieser Zeit nimmt der Punkt A der Brückenschaltung über die Widerstände $R_1$ und $R_2$ das Potential des Punktes B an, d.h. das Gitter der Bildröhre erhält seine richtige Vorspannung – $U_{g1}$.

Gleichzeitig liegt an der Eingangsklemme das Bezugspotential des Zeilensignals. Der Koppelkondensator $C_k$ lädt sich dann auf diese Spannungsdifferenz zwischen Bezugspotential und Vorspann auf. Damit wird der Bezugspegel während der Austastlücke mit der Vorspannung des Bildröhrengitters geklemmt. Während des nun folgenden Farbdifferenzsignals werden die Dioden in Sperrichtung geschaltet. Auch der übrige Gitterkreis ist hochohmig ausgelegt, so daß der Kondensator $C_k$ sich nur langsam entladen kann und das Klemmpotential erhalten bleibt. Das Zeilensignal steuert das Strahlsystem richtig vom Arbeitspunkt nach beiden Seiten aus.

## Abb. 17.44 Klemmwirkung

Während der beiden gegenläufigen Zeilenaustastimpulse wird der Bezugspegel des Farbdifferenzsignals an die Nullspannung bzw. die Arbeitspunktspannung des Gitters geklemmt. Wegen der hohen Spannungswerte der eigentlichen Farbdifferenzsignale müssen die Impulsspannungen noch größer sein. Sie betragen in diesem Fall ± 350 V.

Die Gegentaktschaltung gleicht während der Schaltzeit bzw. Austastzeit die etwa inzwischen aufgetretenen positiven oder negativen Potentialverschiebungen weitgehend wieder aus, in dem sie entweder über die Diode D1 oder über die Diode D2 den Kondensator $C_k$ in Abb. 17.43 ladet.

Abb. 17.44 Die Klemmschaltung hält den Nullpegel der Farbdifferenzsignale fest

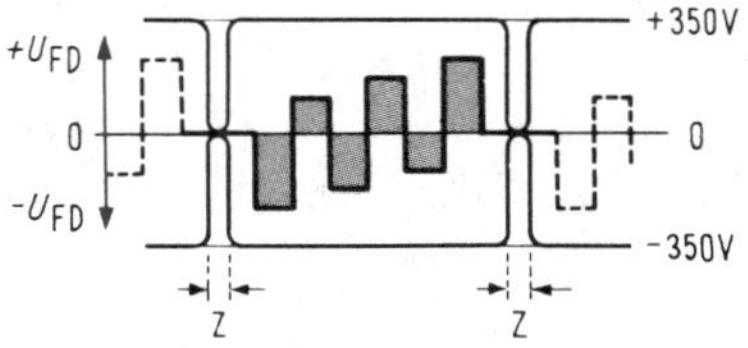


## Abb. 17.45 Klemmschaltung in den Farbdifferenzstufen

Der Farbdifferenzverstärker besteht aus einer Matrixstufe mit drei Transistoren BC 148 und drei mit den hochsperrenden Videotransistoren BF 179 bestückten End-

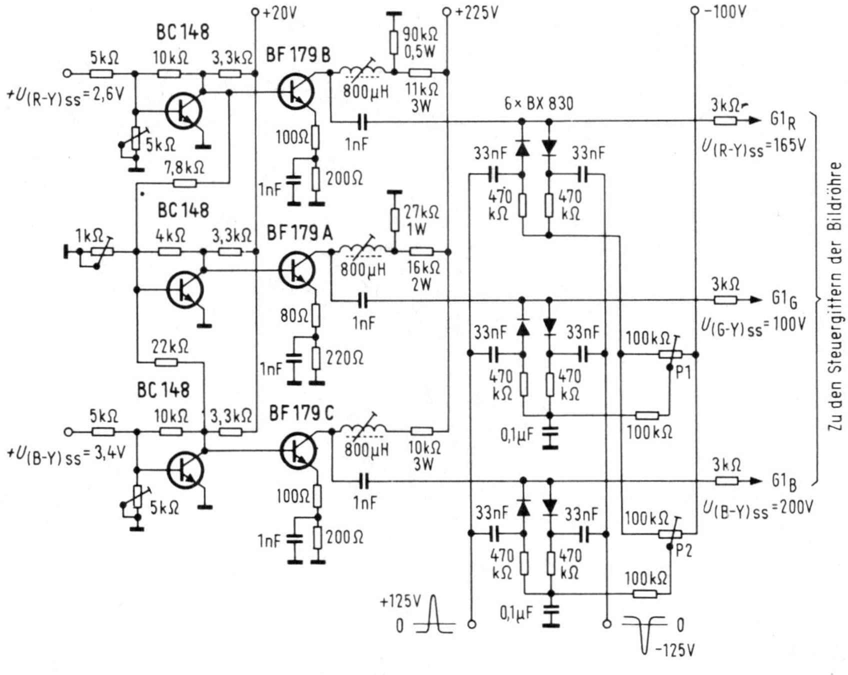


Abb. 17.45 Transistorbestückte Farbdifferenzstufen mit Klemmschaltungen

stufen. In dieser Schaltung sind die am Eingang notwendigen Spannungspegel sowie die Ausgangsspannungen angegeben, um ein Gefühl für die Größenordnungen dieser Werte zu bekommen. Die Koppelkondensatoren von den Ausgängen der Endstufe zu den Gittern der Strahlsysteme sind mit 1 nF so bemessen, daß eine der Speisespannung der Endstufen überlagerte Brummspannung von den Steuerelektroden der Bildröhre ferngehalten wird. Ferner werden etwa auftretende Arbeitspunktverschiebungen in den drei Kanälen durch die Klemmschaltung voneinander entkoppelt, so daß Änderungen in einem Kanal die anderen beiden Kanäle nicht beeinflussen.

Die Klemmstufen werden mit Austastimpulsten von ± 125 $V_{ss}$ getastet. Die Arbeitspunkte für die Kanäle *(G – Y)* und *(B – Y)* lassen sich mit Hilfe der Einstellpotentiometer P1 und P2 so abgleichen, daß sich ein günstiger Weißtonwert ergibt. – Die Induktivitäten in den Kollektorkreisen der Endtransistoren dienen zur Höhenanhebung.
(Nach Unterlagen der Firma Siemens.)

## *Integrierte Schaltungen mit RGB-Stufen*

Die im Kapitel 16 behandelten integrierten Schaltungen enthielten bereits Matrixstufen zum Wiederherstellen der eigentlichen RGB-Signale. Die Ausgänge dieser Stufen steuerten bereits die RGB-Endstufen an. Die Klemmschaltungen für RGB-Endstufen sind daher schon in der Integration enthalten.

Außerdem soll auf die erhöhte Anforderung an die Videostufen bei flimmerfreiem Fernsehen (Abschn. 6.05) hingewiesen werden.

# 18 Ablenkteil

Der Ablenkteil eines Farbempfängers arbeitet wie bei einem Schwarzweißempfänger. Dies ergibt sich aus der Forderung, daß das Farbfernsehsystem kompatibel sein soll, daß es sich mit der Schwarzweißnorm vertragen sollte. Deswegen müssen Zeilen- und Bildwechselfrequenzen aus den Synchronisierimpulsen gewonnen werden, und Linearität sowie Bildlage sind einzutrimmen.

Farbbildröhren, besonders die Dünnhalsröhre mit 110°-Ablenkung, erfordern jedoch höhere Ablenkleistungen als Schwarzweißröhren. Für Farbe müssen deshalb stärkere Endstufen in den Ablenkteilen vorgesehen werden.

Die Hochspannung ist mit 25 kV bedeutend größer als beim Schwarzweißempfänger. Sie muß deshalb besonders erzeugt und weitgehend stabilisiert werden, denn nunmehr sind drei Strahlsysteme damit zu speisen. Voll aufgetastet ergibt sich der dreifache Stromverbrauch und infolge der höheren Spannung eine noch weit mehr als dreifache Leistung gegenüber einem Schwarzweißempfänger. Würde infolge dieser Spitzenbelastung die Hochspannung zusammenbrechen, dann kämen Bildlinearität und Konvergenzen in Unordnung, und das Bild würde in allen Farben flimmern, nur nicht in den richtigen.

Hohe Ablenkleistung und höhere Hochspannungsleistung ergeben auch eine größere Erwärmung. Deswegen war man beim Farbfernsehempfänger besonders bemüht, die stark heizenden Röhren in den Ablenkteilen durch Halbleiter zu ersetzen, obgleich dies gerade wegen der hohen Spannungen große Schwierigkeiten machte.

Verkäufer und Servicetechniker sollten deswegen immer wieder nachdrücklich darauf hinweisen, daß ein großer Farbfernsehempfänger wegen der besseren Kühlung möglichst freistehend betrieben werden sollte. Beim Einbau in Regalwände muß für gute Luftzirkulation gesorgt werden.

## *Impulsabtrennung*

### Abb. 18.01 Zweistufiges Amplitudensieb

Die Farbfernsehtechnik brachte auch einige neue Lösungen für Amplitudensieb, Impulstrennung und Störaustastung. Das Amplitudensieb Abb. 18.01 arbeitet mit

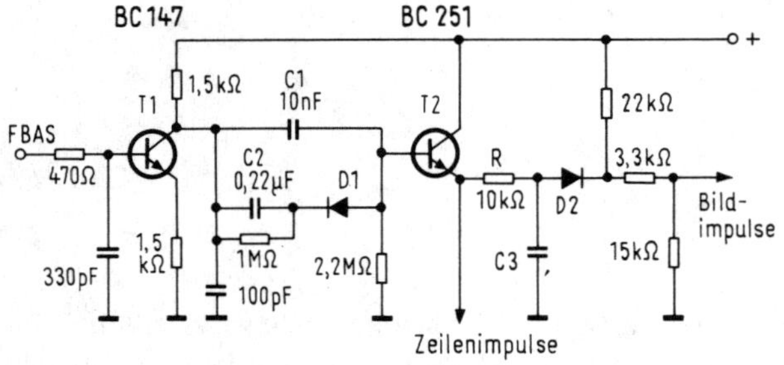


Abb. 18.01 Amplitudensieb mit zwei Transistorstufen

umschaltbarer Koppelkapazität für Zeilen- und Bildimpulse. Dem Transistor T1 wird das aus dem Y-Verstärker entnommene FBAS-Signal zugeführt. Der Tiefpaß vor der Basis des Transistors hat eine Grenzfrequenz

$$f_g = \frac{0{,}159}{R \cdot C} = \frac{0{,}159 \cdot 10^{12}}{470 \cdot 330} \approx 10^6 \text{ Hz} = 1 \text{ MHz}$$

Er unterdrückt damit die im FBAS-Signal noch enthaltene Burstfrequenz von 4,43 MHz und die übrigen über 1 MHz liegenden Videofrequenzen. Der Transistor verstärkt und begrenzt dann das FBAS-Signal, so daß an seinem Kollektor negativ gerichtete Synchronimpulse entstehen.

Für die schmalen Zeilensynchronisierimpulse wirkt die Kapazität C1 als normaler Koppelkondensator zum Transistor T2. Die breiten Bildsynchronimpulse laden den Kondensator C1 mehr auf, so daß die Diode D1 durchschaltet und den Kondensator C2 parallel zu C1 legt. Der Basiskreis arbeitet daher für die Bildsynchronimpulse mit größerer Zeitkonstante. Dies bewirkt eine „Vorsortierung" der Zeilen- und Bildimpulse und trägt außerdem zur Störbefreiung bei.

Transistor T2 beschneidet die andere Seite der Impulsreihe. Die Zeilensynchronisierimpulse werden unmittelbar am Emitter abgenommen. Das nachfolgende Integrierglied arbeitet, wie in Abb. 9.24 beschrieben. Die Diode D2 ist so vorgespannt, daß sie nur von der höheren Spannung der integrierten Bildsynchronimpulse durchgeschaltet wird. Nur diese werden zum Vertikalablenkteil weitergeleitet.

## Abb. 18.02 Amplitudensieb mit Störaustastung

(Empfehlenswerter Wiederholungsstoff: Abb. 8.20 und 9.05.)

Diese Schaltung ist ein Beispiel dafür, wie man durch sinnreiches Kombinieren von Funktionen und durch Mischen von Impulsen eine hohe Funktionssicherheit erzielen kann. Andererseits ist die Wirkungsweise solcher Schaltungen sehr schwierig zu durchschauen, wenn keine ausreichenden Erläuterungen in der Serviceschrift gegeben werden. Das gilt auch für integrierte Schaltungen und für die Modultechnik!

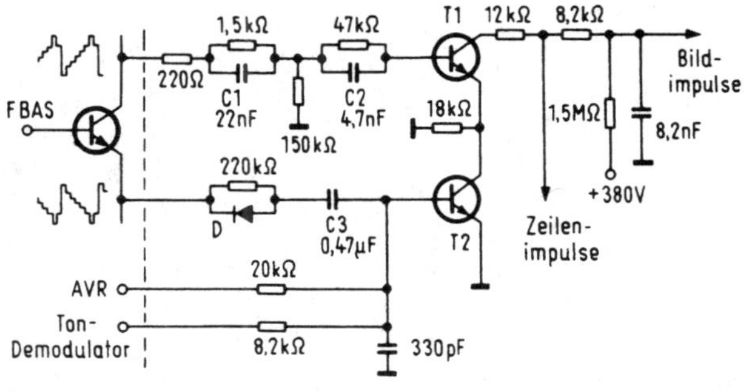


Abb. 18.02 Amplitudensieb mit Störaustastung über den Transistor T 2

Transistor T 1 arbeitet als Impulsabtrennstufe, und Transistor 2 dient zur Störaustastung. Beide Systeme zusammen stellen eine Antikoinzidenzschaltung für Störimpulse dar. An einem Transistor in der ersten Stufe des Y-Verstärkers werden FBAS-Signale mit positiv und negativ gerichteten Synchronimpulsen abgenommen. Das positiv gerichtete Signal gelangt über ein RC-Netzwerk zur Basis des Transistors T1. Während des normalen ungestörten Betriebes beträgt die mittlere Basisspannung +0,6 V, so daß der Arbeitspunkt des Transistors im Kennlinienknick liegt. Der während der positiven Synchronimpulse fließende Basisstrom lädt den Koppelkondensator C1 so auf, daß sich der Arbeitspunkt in den Sperrbereich verschiebt und die Videosignal-Information unterdrückt wird. Nur die Synchronimpulsspitzen bewirken entsprechende Kollektorstromimpulse. Das RC-Glied mit dem Kondensator C2 dient zum Abschwächen von Störimpulsen.

Im Kollektorkreis des Transistors 1 werden die zum Synchronisieren der Ablenkteile dienenden Zeilenimpulse und Bildimpulse durch ein Integrierglied (8,2 kΩ/ 8,2 nF) voneinander getrennt und den Ablenkstufen zugeführt.

Der Transistor 2 ist so vorgespannt, daß er im Normalbetrieb leitet und somit die Steuerwirkung des Transistors 1 nicht beeinträchtigt. Die negativen Synchronimpulse haben keinen Einfluß. Größere Störimpulse gelangen aber über die Diode D an die Basis, sperren den Transistor 2 und damit auch den in Reihe liegenden Transistor 1. Die dort gleichzeitig eintreffenden positiv gerichteten Störimpulse werden also nicht durchgelassen, sondern ausgetastet. Sie können daher nicht zu den Ablenksystemen gelangen und sie aus dem Tritt bringen.

Bei einem sehr dichten Störspektrum würde sich der Kondensator C3 durch Spitzengleichrichtung auf einen so hohen Wert aufladen, daß die Sperrwirkung aufhört. Um das zu verhindern, gibt man außerdem negativ gerichtete Impulse von dem am Ausgang des Bild-Zf-Verstärkers liegenden Ton-Demodulator auf die Basis des Transistors T2. Dadurch bleiben T2 und die Gesamtschaltung auch bei langanhaltenden Störungen gesperrt. Die Ablenkoszillatoren schwingen frei und werden nach dem Aufhören der Störungen wieder exakt synchronisiert.

Die Basis des Transistors 2 erhält ferner eine Regelspannung, um den Arbeitspunkt an den Pegel der FBAS-Signale anzupassen.

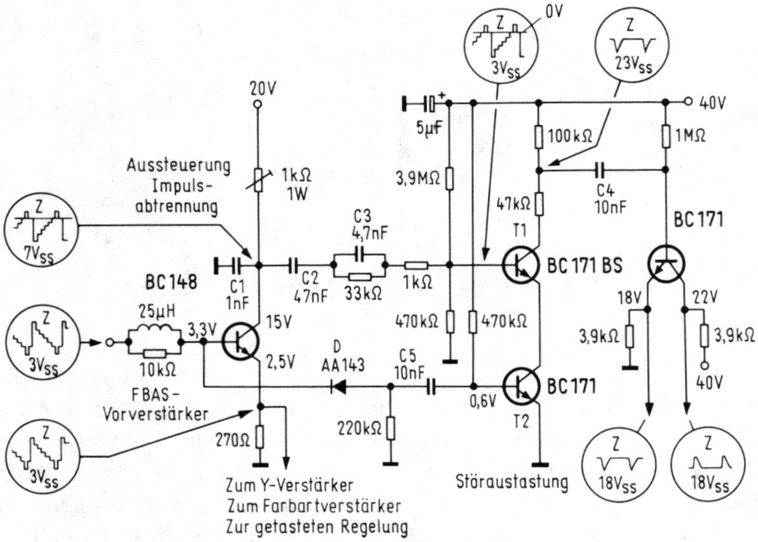


Abb. 18.03 Vollständige Impulsabtrennstufe

## Abb. 18.03 Impulsabtrennstufe mit symmetrischem Ausgang

Das Prinzip entspricht dem der vorhergehenden Schaltung, doch seien nun die Funktionen noch ausführlicher erläutert.

Der erste Transistor dient als Vorverstärker für das von der Videodiode kommende FBAS-Signal. An seinem Emitterwiderstand werden die Eingangssignale für den Y-Verstärker, für den Farbartverstärker und für die Regelspannungserzeugung niederohmig ausgekoppelt.

Am Kollektor dieser Vorstufe wird das Eingangssignal für den Transistor T1 der Impulsabtrennstufe abgenommen. Um die 4,43-MHz-Burstschwingung zu beseitigen und saubere Synchronisierimpulse zu erhalten, liegt vom Kollektor ein 1-nF-Kondensator C1 gegen Masse und setzt die Grenzfrequenz auf etwa 150 kHz herab. Mit dem 1-kΩ-Trimmpotentiometer im Kollektorkreis wird die Verstärkung und damit die Aussteuerung der darauffolgenden Impulsabtrennstufe günstig eingestellt.

Für die Aussteuerung dieser Stufe mit dem Transistor T1 sei zunächst angenommen, daß der Kondensator C3 kurzgeschlossen ist. (C3 entspricht dem Kondensator C2 in der vorhergehenden Schaltung.) Die Basis des Transistors T1 ist über den Basisspannungsteiler 3,9 MΩ/470 kΩ ziemlich bis in den Kennlinienknick vorgespannt, so daß gerade noch ein kleiner Kollektorstrom fließt. Gelangt nun über C2 ein BAS-Signal an die Basis, dann steuert es den Transistor T1 auf. Der dadurch fließende Basis-Emitterstrom lädt die rechte Belegung des Kondensators C2 negativ auf und verschiebt die Basisvorspannung so weit, daß im eingeschwungenen Zustand nur noch die Synchronimpulse entsprechende Kollektorstromimpulse verursachen. Die dadurch vom Videosignal abgetrennten Synchronimpulse gelangen über den 10-nF-Koppelkondensator C4 an die Basis des Transistors T3. Er besitzt gleich große Arbeitswiderstände (2 x 3,9 kΩ) im Emitter- und Kollektorkreis. Daran entstehen zwei in der Phase entgegengesetzte Impulsreihen mit gleichen Spannungswerten. Diese gegenphasigen Impulsspannungen werden den Ablenkteilen zugeführt und dort weiterverarbeitet. Die Angabe „Z“ in den Oszillogrammen bedeutet, daß diese Signale am Oszillografen mit zeilenfrequenter Ablenkspannung sichtbar gemacht wurden. Die Bildimpulsfrequenz ist noch nicht durch Integrieren herausgehoben und gesondert vorhanden.

Nun zur Störaustastung. Gegen langdauernde Störfolgen großer Amplitude ist eine Störaustastung mit dem Transistor T2 vorgesehen. Kurzzeitige Störfolgen, z. B . durch Lichtschalterknacken oder von einem vorbeifahrenden Auto, können den Zeilenoszillator durch einen „Zustopfeffekt“ im Basiskreis des Transistors T1 außer Tritt bringen. Störungen, die größer als die Amplitude des BAS-Signals sind, laden nämlich den Kondensator C2 auf den Spitzenwert der Störungen auf. Der Kollektorstrom wird nicht mehr durch die Synchronimpulse, sondern durch die Störspitzen aufgetastet. Trotzdem schwingt der Zeilenfrequenzeszillator infolge seiner Schwungradwirkung weiter. Nach dem Abklingen der Störungen würde aber bei kurzgeschlossenem Kondensator C3 der Transistor 1. so lange gesperrt bleiben, bis sich C2 über den hochohmigen Basisspannungsteiler so weit entladen hat, daß die Synchronimpulse im BAS-Signal wieder wirksam werden können. Inzwischen bestände aber die Gefahr, daß die lange Zeit nicht mehr synchronisierte Zeilenfrequenz auswandert.

Zur Abhilfe dient das in Reihe geschaltete RC-Glied mit dem Kondensator C 3. Seine Zeitkonstante ist wesentlich geringer und beträgt nur 150 $\mu$s. Dieses Glied wird bei Störungen bereits in wenigen Mikrosekunden auf die Störspitzenspannung aufgeladen. Es gibt dann in den Störpausen seine Ladung an den Kondensator C2 weiter, nur geschieht dessen Aufladung jetzt viel langsamer. Sind die Störfolgen kurz, dann lädt sich C2 gar nicht mehr auf den Spitzenwert auf, und entsprechend kürzer ist die Entladezeit, also der Zustopfeffekt.

Bei langanhaltenden Störfolgen tritt der Transistor T2 in Funktion. Seine Basis ist über den 470-kΩ-Widerstand positiv vorgespannt. Der Transistor leitet und schließt damit im Normalbetrieb den Emitterstromkreis des Transistors T2.

Die Basis liegt außerdem über den Kondensator C5 und die Diode D an der Basis der FBAS-Vorstufe. Das dort vorhandene, zum Kollektorsignal gegenphasige FBAS-Signal mit 3 $V_{ss}$ Spitzenwert kann die Sperrspannung der Diode nicht überwinden. Störspitzen, die negativer als 3,3 V sind, schalten aber die Diode durch, sperren den Transistor T2 und machen auch die Abtrennstufe stromlos. Die in der Steuerspannung des Transistors T1 gleichzeitig enthaltenen Störimpulse werden ausgetastet.

# *Vertikalablenkung bei Farbempfängern*

## Abb. 18.11 Impulsformer

Bei Farbempfängern sind Vertikal- und Horizontalablenkung über die Konvergenzeinheit stark miteinander verkoppelt. Dadurch können ziemlich hohe zeilenfrequente Spannungen in die Vertikalendstufen gelangen und von dort über Gegenkopplungsleitungen in den Vertikaloszillator eindringen. Dies würde seine Synchronisierung während des Teilbildwechsels stören. Die Zeilen der Teilbilder werden „paarig", das Bild wird unscharf. Deshalb muß man für eine exakte Zwangssynchronisierung des Vertikaloszillators sorgen. Das bei Schwarzweißempfängern übliche Bildsynchronisierzeichen nach Abb. 9.22 eignet sich nicht gut dafür, weil die synchronisierende Vorderflanke schräg ansteigt. Deshalb ist es zweckmäßig, sie in einer Impulsformerstufe steiler zu machen.

Abb. 18.11 stellt einen solchen Impulsformer dar. R1 und C1 bilden das übliche Integrierglied zum Herausheben der Bildsynchronisierimpulse hinter dem Amplitudensieb. Darüber ist der Spannungsverlauf am Kondensator C1 dargestellt. Über den Vorwiderstand R2 und den Koppelkondensator C2 gelangt dieses Signal an die Basis des Transistors BC 107. Infolge der starken Herunterteilung über R2 und R3 und durch eine gewisse Begrenzerwirkung der Basis-Emitterdiode ergibt sich der darüber dargestellte Kurvenverlauf mit abgekappten Einzelspitzen.

Der Transistor erhält über einen Spannungsteiler eine Betriebsspannung von 32 V und wird vom Basissignal so übersteuert, daß sich am Kollektorwiderstand die im dritten Diagramm dargestellte Impulsform ergibt. Die Vorderflanke hat eine Steilheit von 2,5 V/$\mu$s, die Reste der Zeilensynchronisierimpulse sind vollständig unterdrückt worden. Diese steilflankigen Bildsynchronisierimpulse mit über 30 $V_{ss}$ synchronisieren den nachfolgenden Vertikaloszillator so starr, daß er durch eingestreute Störimpulse nicht aus dem Tritt fällt.

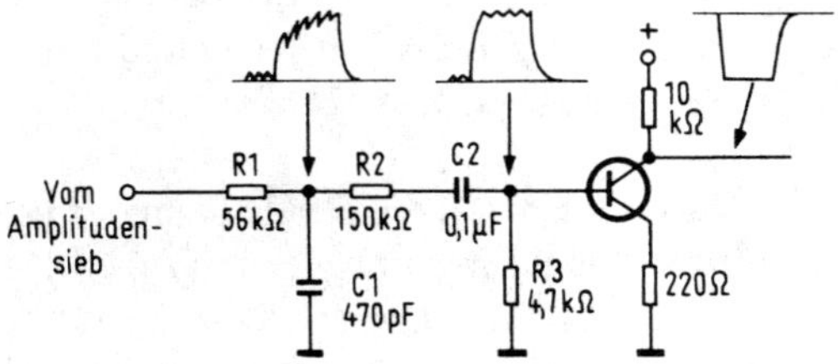


Abb. 18.11 Impulsformerschaltung für das Bildsynchronsignal

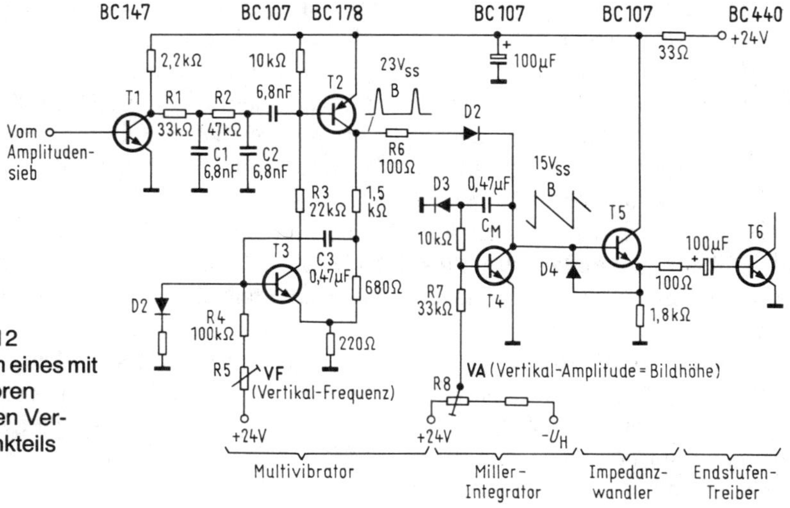


Abb. 18.12
Vorstufen eines mit Transistoren bestückten Vertikalablenkteils

## Abb. 18.12 Vertikalablenkteil mit Transistoren

Diese mit Einzeltransistoren aufgebaute Vorstufenschaltung arbeitet mit einem Multivibrator als Vertikaloszillator. Dies erspart den wegen der Wickelarbeit teuren Sperrschwingertransformator. Außerdem benötigt ein Multivibrator eine geringere Synchronisierspannung als ein Sperrschwinger.

Dem Transistor T1 werden positiv gerichtete Impulse aus dem Amplitudensieb zugeführt. Sie werden verstärkt und erscheinen negativ gerichtet am Kollektor des Transistors. Die Integrierglieder C1 – R1 und C2 – R2 heben die Bildsynchronisierimpulse heraus, die dann an der Basis des Transistors T2 den Vertikaloszillator synchronisieren. Die Funktion dieses Multivibrators[1]) ist aus der Schaltung nicht auf Anhieb zu erkennen, sondern man muß sich dazu erinnern, daß ein Multivibrator ein „überkreuz" gekoppelter Verstärker ist. So liegt hier der Kollektor des Transistor T2 über den Kondensator C3 an der Basis des Transistors T3, und dessen Kollektor ist über den Widerstand R3 direkt mit der Basis Transistor T2 gekoppelt.

Der Kondensator C3 ist das frequenzbestimmende Element der Schaltung. Er wird über die Widerstände R4 und R5 von der Betriebsspannung + 24 V her aufgeladen und über den pnp-Transistor T2 entladen, sobald an dessen Basis ein negativer Synchronimpuls die Emitter-Kollektorstrecke durchschaltet. Die Grundfrequenz wird durch die Höhe der Aufladespannung bestimmt und mit dem Trimmwiderstand R5 eingestellt.

Am Kollektor des Transistors T2 werden vertikalfrequente Impulse mit einer Amplitude von 23 $V_{ss}$ abgenommmen und über R6 und die Diode D2 auf den Kollektor des Transistors T4 gegeben. Diese Impulse bewirken dort den Schaltvorgang. Der

1 Vgl. Abb. 10.21 bis 10.23.

Transistor arbeitet in Verbindung mit der Kapazität $C_M$ als Millter-Integrator[1]). Die Kapazität $C_M$ kann man sich daher multipliziert mit dem Verstärkungsgrad des Transistors parallel zur Basis-Emitterstrecke liegend denken. Diese Kapazität wird über den Widerstand R7 aus dem Spannungsteiler R8 aufgeladen. Infolge des großen scheinbaren Kapazitätswertes findet der Ladevorgang im linearen Teil der Aufladekurve statt[2]). Die Spannung an der Basis und somit der Kollektorstrom steigen linear an, und die Kollektorspannung sinkt linear ab.

Der einlaufende positiv gerichtete Synchronimpuls schaltet die beiden Dioden D2 und D3 durch und entlädt dabei den Kondensator $C_M$ über den Widerstand R6 sowie über die während des Synchronisierimpulses ebenfalls durchgeschaltete Emitter-Kollektorstrecke des Transistors T2.

Nach dem Abklingen des Synchronisierimpulses beginnt das Spiel von neuem, und so entsteht die Sägezahnspannung mit 15 V Scheitelwert. Diese Amplitude hängt von der Aufladespannung an der Basis des Transistors T4 ab. Mit dem Widerstand R8 läßt sich daher die Bildhöhe einstellen.

Zur Bildhöhenstabilisierung wird dem einen Fußpunkt des Spannungsteilers R8 eine negative Spannung aus dem Hochspannungsteil des Gerätes zugeführt. Bei stei-

1 Vgl. Abb. 11.13. 2 Vgl. Abb. 10.02.

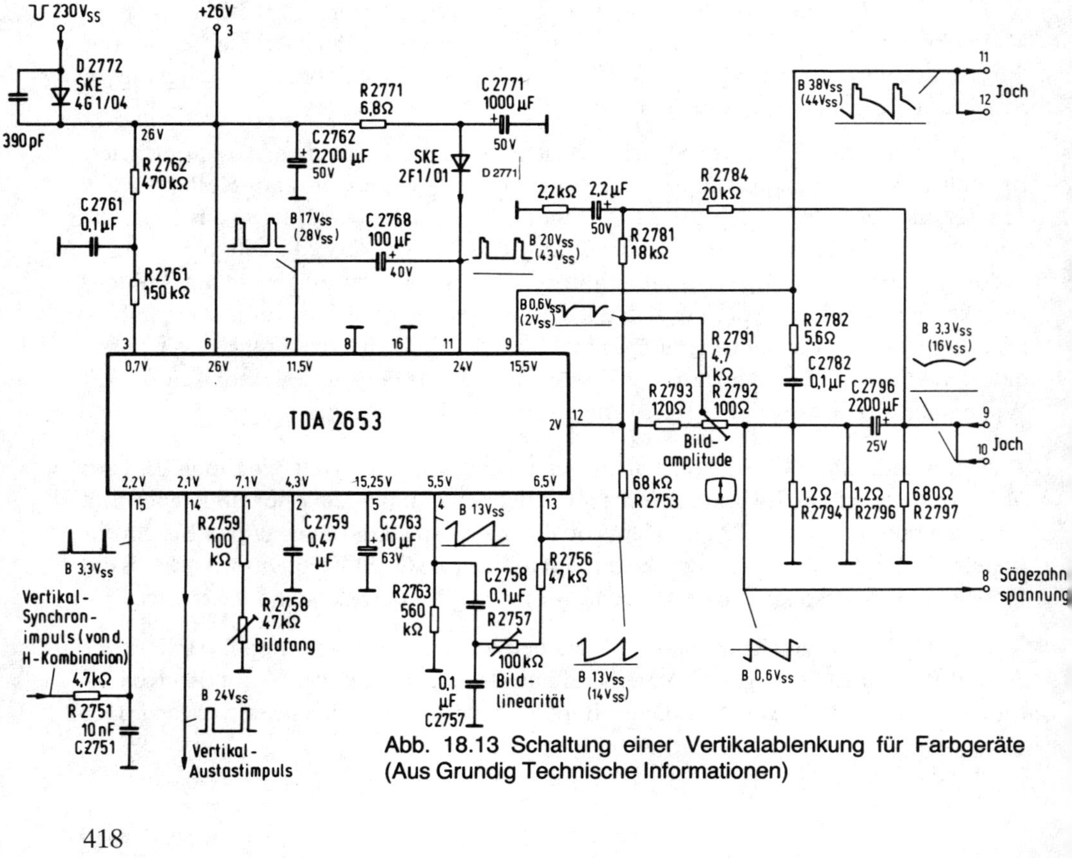


Abb. 18.13 Schaltung einer Vertikalablenkung für Farbgeräte (Aus Grundig Technische Informationen)

gendem Strahlstrom sinkt die Hochspannung infolge der größeren Belastung etwas ab. Geringere Strahlspannung bedeutet aber, daß der Strahl „weicher“ ist und sich leichter ablenken läßt. Die Bildhöhe würde also größer werden.

Die gleichfalls ansteigende negative Spannung – $U_H$ arbeitet dem entgegen. Sie verringert die Aufladespannung des Nüller-Kondensators, und die Bildhöhe bleibt stabil.

Vom Kollektor des Miller-Integrators wird die vertikalfrequente Sägezahnspannung dem als Impedanzwandler dienenden Transistor T5 zugeführt und von dessen Emitter an den Treibertransistor T6 gebracht. Er steuert eine Komplementär-Endstufe mit den Vertikalablenkspulen. Dazu sind noch verschiedene Korrekturspannungen notwendig, deren Funktion später im Kapitel Konvergenz behandelt werden soll.

## Abb. 18.13 und 18.14 Vertikal-Ablenkschaltung für Farbgeräte

Vertikal-Ablenkungen, auch für Farbgeräte, können durchwegs mit integrierten Schaltungen realisiert werden.

Die verwendete IS TDA 2653 ist eine Weiterentwicklung der IS TDA 2652. Sie wurde den speziellen Anforderungen der 30 AX-Ablenktechnik angepaßt. Durch interne Schaltungsmaßnahmen, so durch die Einführung des Rückschlaggenerators und durch Herabsetzung der Transistor-Kollektor-Emitter-Restspannung $U_{CEsat}$, der Endstufe konnte die für den Betrieb notwendige Versorgungsspannung auf 26 V gesenkt werden, wodurch sich die auftretende Verlustleistung entsprechend verringert. Neu ist im Kleinsignalteil ein integrierter Frequenzdektor mit Speicher und Amplitudenumschalter, der es ermöglicht, 50 Hz und 60 Hz-Signale bei gleichzeitigem Amplitudenausgleich zu synchronisieren.

Die Synchronisation des nach dem Schwellwertschaltprinzips arbeitenden RC-Oszillators erfolgt am Anschluß 15 mit positiven Bildsynchronimpulsen, die über das Integrationsglied R 2751/C 2751 zugeführt werden. Die Erweiterung des Synchronisationsbereichs des Oszillators auf 28 % seiner Periodendauer ermöglicht es, nach einmaliger Einstellung seiner Freilauffrequenz 50 Hz- und 60 Hz-Sender zu synchronisieren. Am Anschluß 14 steht ein Dunkeltastimpuls von 1,4 msec. Dauer zur Verfügung, dessen Länge von der Rücklaufzeit des Oszillators bestimmt wird. Bei fehlender Vertikalablenkung entsteht an diesem Anschluß statt des Dunkeltastimpulses ein Gleichspannungspegel gleicher Größe, der zum Dunkelsteuern der Bildröhre zur Verfügung steht, um die Entstehung eines Einbrennstrichs zu verhindern.

Ein vom Oszillator synchronisierter Sägezahngenerator mit kurzer Entladezeit liefert über eine Trennstufe an deren niederohmigen Ausgang am Anschluß 13 einen Sägezahnimpuls. Dessen Amplitude wird durch den über R 2762 und R 2761 am Anschluß 3 eingespeisten Strom bestimmt, der die Kapazität des Generators, die aus der Serienschaltung von C 2758 und C 2757 am Anschluß 4 besteht, auflädt. Eine notwendige erste S-Korrektur des Sägezahnstromes zum Erreichen einer ausreichenden

Bildlinearität erfolgt mit dem Widerstand R 2763 am Anschluß 4. Vom Ausgang der Trennstufe über R 2756, den Linearitätssteller R 2757 und C 2758 wird der Verlauf des Sägezahnstroms bestimmt. Der am Anschluß 3 zugeführte Ladestrom ändert seine Größe in Abhängigkeit vom Bildröhrenstrahlstrom, so daß durch entsprechende Dimensionierung von R 2762 und R 2761 ausreichende Konstanz der Bildamplitude bei Helligkeitsänderungen erreicht wird. Mit C 2761 werden Zeilenreste beseitigt.

Über R 2753 erfolgt die Ansteuerung der Vorstufe des dreistufigen Endverstärkers. Die Vorstufe arbeitet als Differenzverstärker, an dessen einem Eingang eine durch C2763 am Anschluß 5 geglättete, der Betriebsspannung proportionale Vorspannung steht. Diese bewirkt, daß auch bei Betriebsspannungsschwankungen ein symmetrischer Arbeitsbereich der Endstufe erhalten bleibt. Am anderen Eingang des Differenzverstärkers, der am Anschluß 12 zugänglich ist, liegt der Ansteuersägezahn. Die nachgeschaltete Treiberstufe steuert die Klasse-B-Quasi-Komplementär-Endstufe an. Vom Anschluß 9 fließt der sägezahnförmige Ablenkstrom über die beiden in Serie liegenden Ablenkspulen, den Koppelkondensator C 2796 und die parallelgeschalteten Widerstände R 2794/R 2796 nach Masse.

Die Gegenkopplung des Endverstärkers erfolgt vom Ausgang über ein Netzwerk auf den Eingang des Vorverstärkers am Anschluß12, wobei über die Widerstände R 2784 und R 2781 eine Gleichspannungsgegenkopplung wirksam ist. Das RC-Glied R 2783/C 2783 sorgt dabei durch Umformen der am Auskoppelelko C 2796 auftretenden Parabelspannung für eine weitere S-Korrektur des Ablenkstromes. Im Wechselstromgegenkopplungszweig kann mit dem veränderlichen Widerstand R 2792 die Bildamplitude eingestellt werden. Der Arbeitspunkt der Endstufe und damit die Höhe der Ausgangsgleichspannung ist im wesentlichen von der Größe der Widerstände R 2784/ R 2781, in geringerem Maße von R 2791 und R 2753 abhängig. Das parallel zur Ablenkwicklung liegende Dämpfungsglied R 2782/C 2782 verhindert das Entstehen höherfrequenter Schwingungen. Die an R 2797 entstehende Gleichspannungskomponente dient der vertikalen zentralen Lage des Rasters auf dem Bildschirm.

Durch die Einführung des Rückschlaggenerators in die Schaltung konnte die Speisespannung für die Endstufe, die am Anschluß 11 über die Diode D 2771 zugeführt wird, auf eine Größe gesenkt werden, die ausreicht, während des Hinlaufs einen genügend großen Aussteuerbereich zu garantieren. Zu Beginn des Rücklaufs entsteht am Anschluß 7 eine Erhöhung der dort stehenden Spannung auf Betriebsspannungspotential. Diese Spannungserhöhung addiert sich über C 2768 zu der am Anschluß 11 stehenden Speisespannung der Endstufe bei jetzt gesperrter Diode D 2771. Die höhere Speisespannung während des Bildrücklaufs ist ausreichend, um in der kurzen Zeit von ca. 1 msec. den Ablenkstrom vom negativen Maximum auf sein positives Maximum umzupolen. Die Einführung des Rückschlaggenerators bewirkt eine Leistungsersparnis von ca. 30 %.

Die Endstufe arbeitet in Verbindung mit einer Thermoschutzschaltung, die bei ungenügender Kühlung ein Überschreiten der zulässigen Kristalltemperatur verhindert und mit einer Überstrom-Schutzschaltung, die die Zerstörung der Endstufe durch Kurzschlüsse am Ausgang ausschließt.

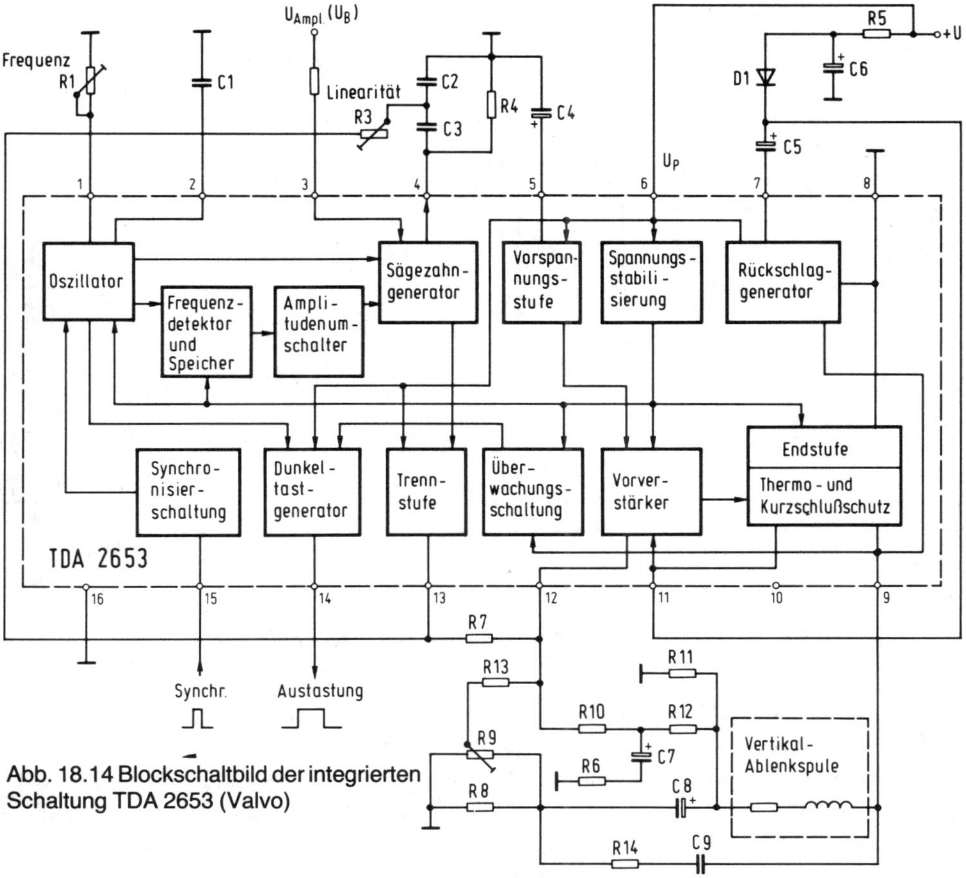


Abb. 18.14 Blockschaltbild der integrierten Schaltung TDA 2653 (Valvo)

Durch Hinlaufgleichrichtung von Zeilenimpulsen mit der Diode D 2772 wird die Betriebsspannung für die Vertikalablenkschaltung gewonnen. Eine erste Siebung erfolgt mit C 2762. Die dem Anschluß 6 des IC zugeführte Spannung wird intern stabilisiert. Die Speisespannung der Endstufe erhält eine weitere Siebung mit R 2771 und C 2771.
(Aus Grundig Technische Mitteilungen.)

Die neuen Funktionen des IC TDA 2653 gegenüber dem Vorläufertyp TDA 2652 und ihre Einordnung in die Schaltung läßt das Blockschaltbild (Abb. 18.14) erkennen.

## Abb. 18.15 Vertikalablenkung für Ablenkströme bis zu 1,5 $A_{ss}$

Die Schaltung benötigt keine weiteren aktiven Bauelemente. Vom Amplitudensieb gelangen die Vertikal-Synchronisierimpulse über ein doppeltes Integrationsglied auf

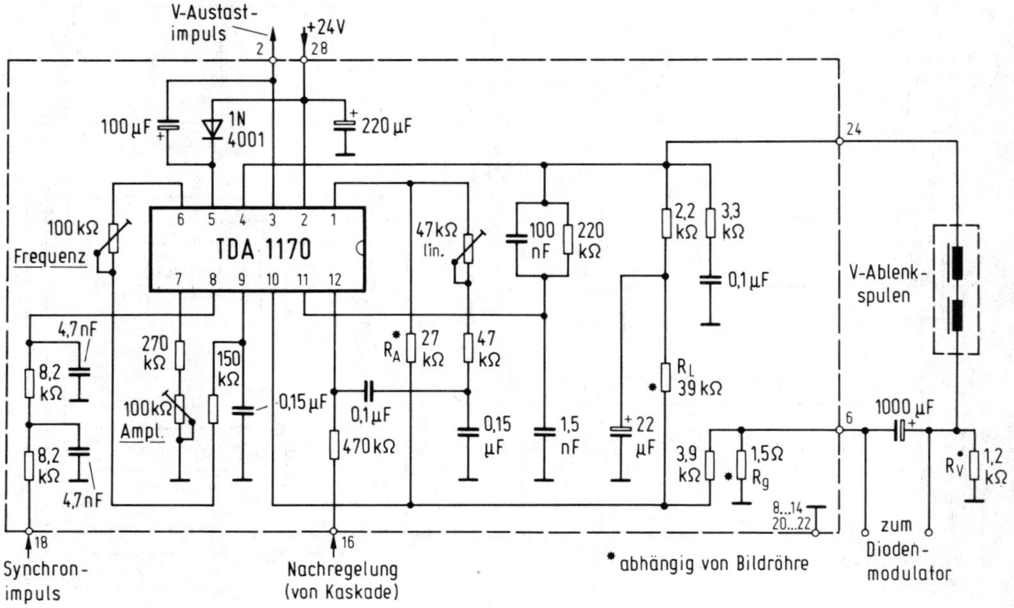


Abb. 18.15 Vertikalablenkschaltung für kleinere Farbgeräte

den Anschluß 8 des TDA 1170. Für die Nachregelung der Bildamplitude in Abhängigkeit vom Strahlstrom wird eine am Fußpunkt der Kaskade abgegriffene Regelspannung zugeführt. Sie verhindert, daß die Bildhöhe sich in Abhängigkeit von der Bildhelligkeit verändert. Zum Abgleich sind 3 Regler für Frequenz-, Amplituden- und Linearitätsregelung vorgesehen. Außer den Strom für die Ablenkspulen liefert die Schaltung einen Vertikal-Austastimpuls für die Videoendstufen bzw. für den PAL-Decoder. Für 26" 110°-Bildröhren kann ein Diodenmodulator parallel zu dem 1000 µF-Kondensator angeschlossen werden.

Eine Tabelle mit verschiedenen integrierten Schaltungen fanden Sie in 11.14; hier soll auch wieder auf die 100-Hz-Ablenkung bei flimmerfreiem Fernsehen hingewiesen werden.

## *Horizontalablenkung und Hochspannungserzeugung bei Farbempfängern*

Diese Zeilenkipp-Endstufe wird so gesteuert, daß sie während des Zeilenhinlaufes eine konstante Spannung an die Ablenkspulen liefert. Der Strom durch die Wicklung steigt infolge ihres induktiven Widerstandes sägezahnförmig an und bewirkt die Horizontralablenkung der drei Elektronenstrahlen in der Farbbildröhre. Am Schluß des Zeilensignals wird der Endtransistor gesperrt, die treibende Spannung abgeschaltet, und die Strahlen werden für den Rücklauf dunkelgetastet.

Für die Vorstufen der Zeilen- oder Horizontalablenkteile werden im allgemeinen die gleichen Schaltungen wie für Schwarzweißempfänger verwendet, d.h. man synchronisiert mit vom Amplitudensieb kommenden Zeilensynchronimpulsen den auf der Zeilenfrequenz schwingenden Oszillator. Er wird dadurch frequenz- und phasenmäßig mit den vom Sender ausgestrahlten Zeichen in Tritt gebracht, und es können keine unregelmäßigen Störimpulse in die Endstufe gelangen.

Durch das Abschalten entstehen hohe Induktionsspannungen im Zeilenausgangsübertrager. Sie dienen dazu, folgende Spannungen zu erzeugen, sofern nicht mit Schaltnetzteilen nach Kapitel 12 gearbeitet wird:

1. Die Hochspannung für die Bildröhre.
2. Die Fokussierspannungen für die drei Strahlsysteme.
3. Eine Reihe von Austastimpulsen, z.B. zum Dunkeltasten des Strahlrücklaufes und zum Austasten der Synchronisierimpulse des FBAS-Signals für die getastete Regelung und für das Amplitudensieb.

Die Wirkungsweise eines Zeilenablenkteils wurden bereits in den Kapiteln 10 und 11 ausführlich behandelt. Auf die Vorstufen, also auf die Synchronisierung und auf die Oszillator- und Impulsformerstufen, braucht deshalb nicht nochmals eingegangen zu werden.

Beim Farbempfänger ergeben sich aber wichtige Neuerungen in den Endstufen und in der Hochspannungserzeugung. Hauptgrund hierfür ist die wesentlich höhere Leistung, die zum Betrieb der Farbbildröhre notwendig ist. Der Hochspannungsteil muß bei 25 000 V Anodenspannung die Anodenströme für drei Strahlsysteme liefern. Der Stromverbrauch schwankt dabei zwischen dunklen Bildstellen und hellen Spitzlichtern von 0 bis 1,5 mA. Infolgedessen können Belastungsunterschiede von 0 W bis

$$P = U \cdot I = 25 \cdot 10^3 \cdot 1{,}5 \cdot 10^{-3} = 37{,}5\ \mathrm{W}$$

auftreten. Bei so großen Belastungsschwankungen ändern sich auch alle vorher aufgeführten und von der Endstufe bezogenen Spannungen. Dies gilt besonders für die Hochspannung und für die Ablenkspannungen. Dadurch würde sich zwischen hellen und dunklen Bildern die Bildgröße ändern, das Bild würde „atmen“. Man muß deshalb sehr leistungsfähige Endstufen vorsehen und außerdem die Hochspannung stabilisieren.

Diese Anforderungen wechselten auch noch im Laufe der Farbbildröhrenentwicklung. So ergaben sich nacheinander vier Gruppen von Farbbildröhren, nämlich:

1. 90° Ablenkung, 36,5 mm Halsdurchmesser;
2. 110° Ablenkung, 36,5 mm Halsdurchmesser (Normhalsröhre);
3. 110° Ablenkung, 29 mm Halsdurchmesser (Dünnhalsröhre).
4. Schlitzmaskenfarbbildröhren.

Jede Gruppe erforderte andere Ablenkstufen und andere Konvergenzschaltungen.

Parallel dazu verlief eine weitere Entwicklung, nämlich der Übergang von röhrenbestückten Endstufen zu solchen mit Transistoren und Thyristoren. Daher bestehen sehr viele Variationen für die Zeilenablenk-Endstufe mit der Hochspannungserzeugung. Im folgenden können davon nur die markantesten Beispiele aufgezeigt werden. Für die Betrachtung der Ablenkschaltungen eines Farbfernsehempfängers empfiehlt es sich, auf die Unterschiede der Horizontal*endstufen zu* schauen, nämlich, ob sie mit Transistoren oder Thyristoren bestückt sind. Zu beachten ist auch die Art der Stromversorgung aus dem Lichtnetz.

## Abb. 18.21 und 18.22 Die Hochspannungskaskade

Bereits in den Kapiteln 11 und 12 wurde auf die Erzeugung der Bildröhrenhochspannung aus den Rückschlagimpulsen des Zeilenausgangsübertragers hingewiesen. Für den dazu erforderlichen Hochspannungsgleichrichter wurden bei Schwarzweiß-Fernsehgeräten zunächst Stabgleichrichter aus vielen in Reihe geschalteten Selen- oder Siliziumdioden verwendet. Für Farbfernsehempfänger (und nun auch für Schwarzweißempfänger) führte man sogenannte Hochspannungskaskaden ein. Derartige Vervielfacherschaltungen wurden schon früher zur Hochspannungserzeugung für Oszillografenröhren verwendet. Wirkungsweise: Kondensator C1 wird über die Gleichrichterstrecke G1 auf den Spitzenwert $U_{sp}$ der Rücklaufspannung aufgeladen. An der Gleichrichterstrecke G1 addieren sich dann in jedem Augenblick die Impulsspannung des Übertragers und die am Kondensator C1 herrschende Gleichspannung. Man erhält an der Gleichrichterstrecke eine zwischen 0 V im Durchschaltzeitpunkt und 2 $U_{sp}$ während der Sperrphase pulsiegende Gleichspannung. Sie ladet dann über die Gleichrichterstrecke G2 den Kondensator C2 auf 2 $U_{sp}$ auf. Diese Vorgänge wiederholen sich an den folgenden Kaskadenstufen. Jedesmal wird zu der Summenspannung der vorhergehenden Stufe der Wert $U_{sp}$ aufgestockt. Die Gesamtschaltung ist so

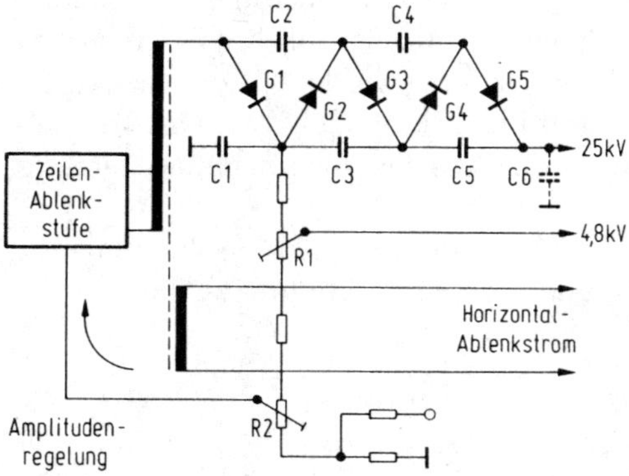


Abb. 18.21 Die Hochspannung wird durch Gleichrichten der Impulsspannung über die drei Dioden G1, G3 und G5 gewonnen. G2 und G4 sind während der Sperrphase leitend.

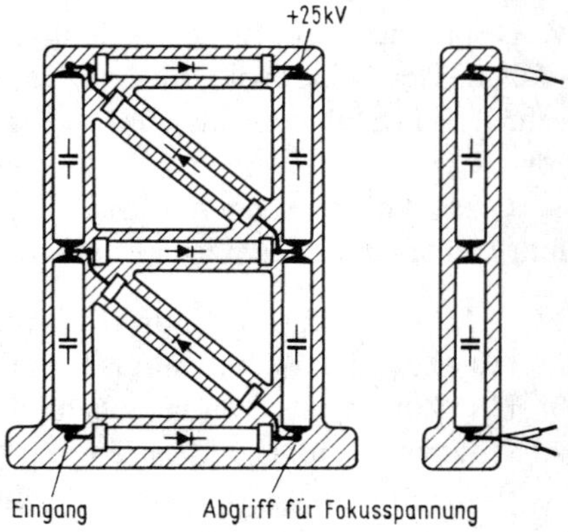


Abb. 18.22 Aufbau einer Hochspannungskaskade.

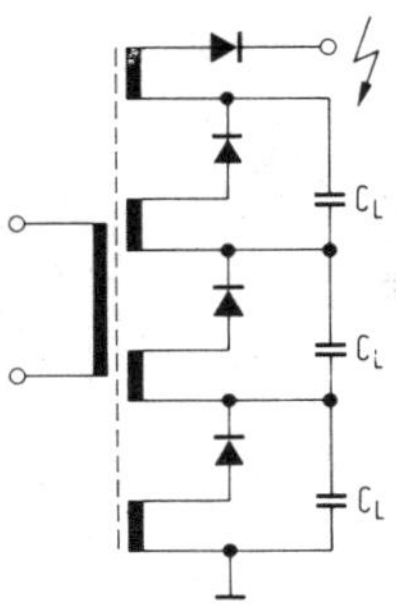


Abb. 18.23 Hochspannungsgewinnung über vier Teilwicklungen

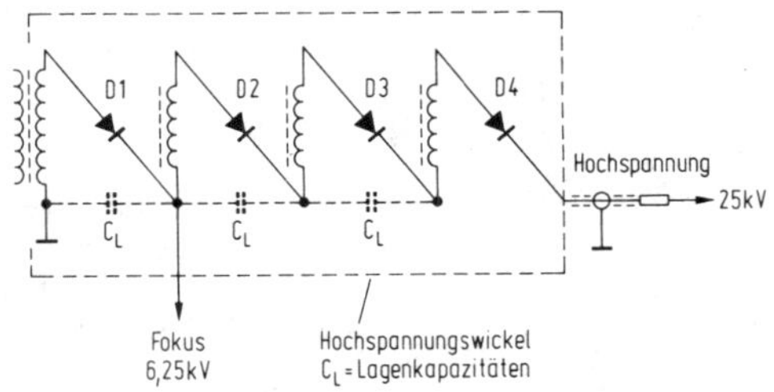


Abb. 18.24 Andere Darstellung der Diodensplit-Schaltung

bemessen, daß sich dann am Ausgang, nämlich an der Anoden-Massekapazität C6 der Bildröhre, eine Gleichspannung von 25 kV gegen Masse ergibt.

Am ersten Ladekondensator C1 dieser Kaskade wird nun gleichzeitig die Fokussierspannung für die Bildröhre abgegriffen und an einem Potentiometer R1 auf den benötigten Wert von z.B. 4,8 kV eingestellt. An dem Potentiometer R2 des gleichen Spannungsteilers wird außerdem eine Steuerspannung zur Amplitudenregelung der Zeilenablenkstufe entnommen. Dieser Regelkreis stabilisiert die Hochspannung und hält damit die Ablenkströme und die Bildbreite konstant.

Gleichrichterkaskaden dieser Art haben die Hochspannungsgleichrichterröhren fast vollständig verdrängt. Diese Vervielfacherbaugruppen werden nach dem Schema von Abb. 18.22 als kompakt geschaltete und vergossene Bauelemente geliefert, um der hohen Spannungsbelastung von 25 000 Volt gewachsen zu sein.

## Abb. 18.23 und 18.24 Hochspannung aus dem Diodensplit-Zeilentransformator

Bei dem Diodensplit-Zeilentransformator von Valvo ist die Hochspannungswicklung nach Abb. 18.23 in vier Lagen unterteilt, und zwischen den Wicklungen sind drei Gleichrichterdioden angeordnet[1]). Die Lagenkapazitäten $C_L$, die zwischen den einzelnen Wicklungslagen vorhanden sind, dienen dabei gleichzeitig als Ladekapazitäten für den jeweiligen Gleichrichterkreis. Jede Wicklung liefert 6,25 kV Gleichspannung, und durch das viermalige Aufstocken erhält man die benötigte Hochspannung von 25 kV.

Abb. 18.24 zeigt diese Art der Gleichrichterkaskade in anderer Darstellung. Dabei wird an der ersten Stufe die Fokussierspannung von 6,25 kV für die Bildröhre abgegriffen. – Zeilentransformator und Hochspannungsgleichrichter sind bei dieser Ausführung zu einem in Kunstsstoff gekapselten Hochspannungsmodul vereinigt.

## Abb. 18.25 und 18.26 5-H-Abstimmung

In Abb. 11.52 wurden bereits die Vorteile behandelt, die sich ergeben, wenn man die Sekundärseite des Zeilenausgangsübertragers auf die dritte Harmonische der

1 Daher die Bezeichnung Diodensplit: die Dioden spalten (spliten) die Wicklung in vier Teile auf.

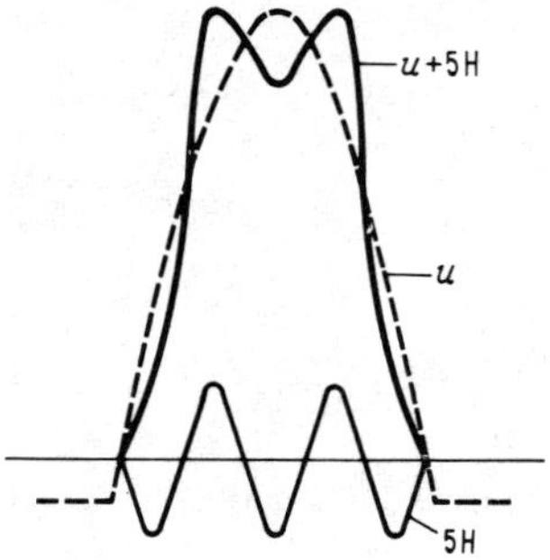


Abb. 18.25 Addition des auf die Sekundärseite transformierten Rücklaufimpulses und seiner 5. Harmonischen

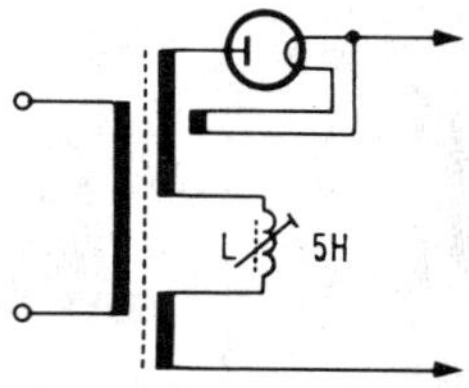


Abb. 18.26 Abgleichelement für die 5. Harmonische

Rücklauffrequenz abstimmt (3-H-Abstimmung). Bei Farbempfängern mit ihrer hohen aus der Ablenkstufe entnommenen Leistung ist es noch günstiger, die Sekundärseite des Übertragers auf die fünfte Harmonische abzustimmen. Dies ergibt den in Abb. 18.25 dick gezeichneten Verlauf der Zeilenrückschlagsspannung. Der Kurvenkopf ist gegenüber Abb. 11.52 verbreitert und eingeebnet worden. Dadurch verringert sich etwas die ohnehin schon hart an der Grenze liegende Spannungsbeanspruchung der Stufe. Außerdem führt der Hochspannungsgleichrichter während einer etwas längeren Zeit Strom, so daß er den Speicherkondensator für die Anodengleichspannung voll aufladen kann.

Zum Einstellen der 5-H-Abstimmung wird manchmal eine Zusatzinduktivität *L* nach Abb. 18.26 am Horizontal-Ablenktransformator angeordnet und fest vom Hersteller des Transformators abgeglichen. Falls in der Serviceanleitung ein Nachstimmen vorgesehen sein sollte, dann gleicht man einfach am Oszillografen auf gleiche Höhe der beiden Höcker der Kurve Abb. 18.25 ab.

In Abb. 18.26 ist außerdem die Heizung einer Hochspannungsgleichrichterröhre angedeutet. Sie besteht aus einer einzigen Spulenwindung auf dem Übertrager. Da sie die volle Hochspannung gegenüber sämtlichen anderen Bauteilen führt, muß sie sehr sorgfältig isoliert sein – eine weitere Komplikation, die dazu beitrug, die Hochspannungsgleichrichterröhre durch eine Hochspannungskaskade zu ersetzen.

## *Zeilenendstufen mit Transistorbestückung*

Empfehlenswerter Wiederholungsstoff: Abb. 11.25 bis 11.27, 12.04 und 12.16.

Die Transistorisierung von Zeilen-Ablenkendstufen wurde erst möglich, nachdem man Transistoren entwickelt hatte, die der hohen Rücklaufspannung beim Abschalten des Ablenkstromes gewachsen waren. Man muß sich dazu vor Augen halten, daß diese hohe Spannung dabei nicht mehr an der mehrere Millimeter dicken Isolierstrecke im Vakuum einer Röhre liegt, sondern an der hauchdünnen Sperrschicht eines Siliziumplättchens. Welche beachtlichen Werte bei der Entwicklung solcher Transistoren erreicht werden konnten, zeigt die nachstehende Tabelle der Grenzwerte des Hochvolttransistors BU208 für Horizontal-Ablenkschaltungen von Fernsehempfängern.

| | |
|---|---|
| $U_{CES}$ | 700 V |
| $U_{CEO}$ | 1500 V |
| $I_C$ | 5,0 A |
| $I_{CM}$ | 7,5 A |
| $P_{tot}$ | 12,5 W |
| $t_j$ | 115° C |
| $R_{thG}$ | 1,6 grd/W |

$U_{CES}$ = Kollektor-Emittersperrspannung bei kurzgeschlossener Basis-Emitterstrecke
$U_{CEO}$ = Kollektor-Emittersperrspannung bei offener Basis
$I_C$ = Maximaler Kollektorgleichstrom
$I_{CM}$ = Maximaler Kollektor-Spitzengleichstrom
$P_{tot}$ = Gesamtverlustleistung
$t_j$ = Maximal zulässige Sperrschichttemperatur
$R_{thG}$ = Wärmewiderstand zwischen Sperrschicht und Gehäuse

Die Sättigungsspannung, also die Spannung zwischen Emitter und Kollektor im durchgeschalteten Zustand, liegt bei diesem Transistor unter 5 V. Dabei darf der maximal zulässige Spitzengleichstrom von mehreren Ampere fließen. Das ergibt die in der Tabelle aufgeführten Verlustleistungen von 12,5 W. Für eine transistorbestückte Horizontal-Ablenkendstufe muß die gesamte Versorgung auf diese hohen Ströme zugeschnitten sein. Die auch als Spannungswandler dienende Endstufe formt einen Teil der großen zugeführten Gesamtleistung (bis zu 100 W!) für die Stromversorgung anderer Stufen um.

## Abb. 18.31 Horizontal-Ablenkstufe ohne Übertrager

Eine von Siemens vorgeschlagene Schaltungsvariante besteht darin, auf den Übertrager für die Ablenkspulen gänzlich zu verzichten und die Spulen ähnlich wie die Lautsprecherschwingspule bei eisenlosen Nf-Endstufen direkt aus einem Leistungstransistor zu speisen.

Diese Ablenkstufe mit dem Hochvolt-Leistungstransistor BU 208, der heute zu dem Standard-Ablenktransistor gezählt werden kann, wird hier mit einer Betriebsspannung von + 130...150 V versorgt. Die Drossel Dr tritt anstelle der Wicklung w 3 des Zeilenausgangsübertragers in den vorigen Bildern. Der Transistor BU 108 wird aus einer Komplementär-Treiberstufe über den Übertrager Ü1 mit zeilenfrequenten Steuerimpulsen in der üblichen Weise gesteuert.

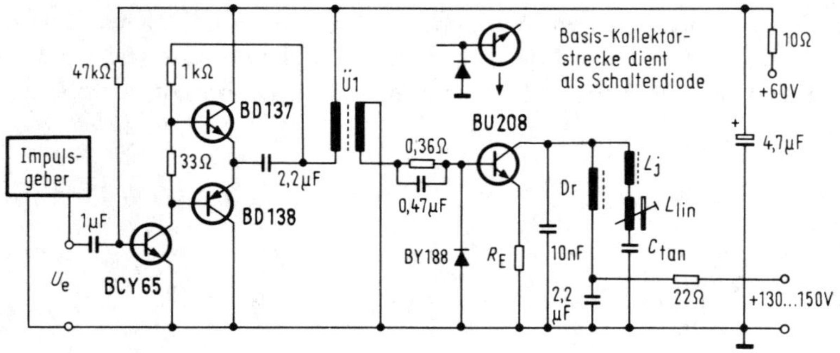


Abb. 18.31 Horizontalablenkstufe ohne Übertrager für den Ablenkspulensatz

Bemerkenswert ist dabei, daß anstelle einer besonderen Energiegewinnungsdiode, wie in den beiden vorigen Bildern, die Basis-Kollektorstrecke des Transistors BU 208 als Schaltdiode dient. Um den Kreis nach Masse zu schließen, ist außerdem die Diode BY 188 zwischen Basis und Bezugsleitung geschaltet.

## Abb. 18.32 Horizontalablenkung

Als Ablenktransistor wird entweder der BU 208 D mit integrierter Inversdiode oder ein BU 208 und eine schnelle Diode BY 231/1500 verwendet. Der vom H-Oszillator kommende Ansteuerimpuls wird im Treibertransistor BC 639 verstärkt und steuert über einen Anpassungstrafo Tr1 die Zeilenendstufe an.

Die mit Stern gekennzeichneten Bauelemente haben bei den verschiedenen Bildröhrentypen individuelle Werte. Für eine 26“-Röhre muß zusätzlich ein Diodenmodulator zur Korrektur der Kissenverzerrungen nach Abb. 18.35 angeschlossen werden.

## Abb. 18.33 Ablenktechnik bei 110°-Geräten mit 30 AX-Farbbildröhren

Die Treiberstufe (BC 637) wird von einer im Schaltnetzteil erzeugten, gleichgerichteten 19-V-Spannung versorgt. Diese Spannung steht reduziert über R 501 und durch C 501 gesiebt am Fußpunkt der Primärwicklung des Treibertrafos.

Von der Horizontal-Kombination TDA 2594 PIN 3 kommend, gelangt eine im Tastverhältnis 1,5 : 1 (Periodenzeit zu Sperrzeit) geteilte 0,9 $V_{ss}$ hohe, rechteckige Spannung an die Basis-Emitter-Strecke des Treibertransistors T 504, die mit C 502 zur Vermeidung von HF-Störungen abgeblockt ist.

Durch den in Emitterschaltung arbeitenden Treibertransistor T 504 baut sich an der Primärwicklung des Treibertrafos eine, gegenüber der Ansteuerung invertierte Spannung auf, die durch das RC-Netzwerk (R 504 – C 504) bedämpft und geformt wird (Abb. 18.33). Der schnelle Spannungsanstieg erfordert für C 504 eine Spezialausführung. C 503 verhindert HF-Störungen.

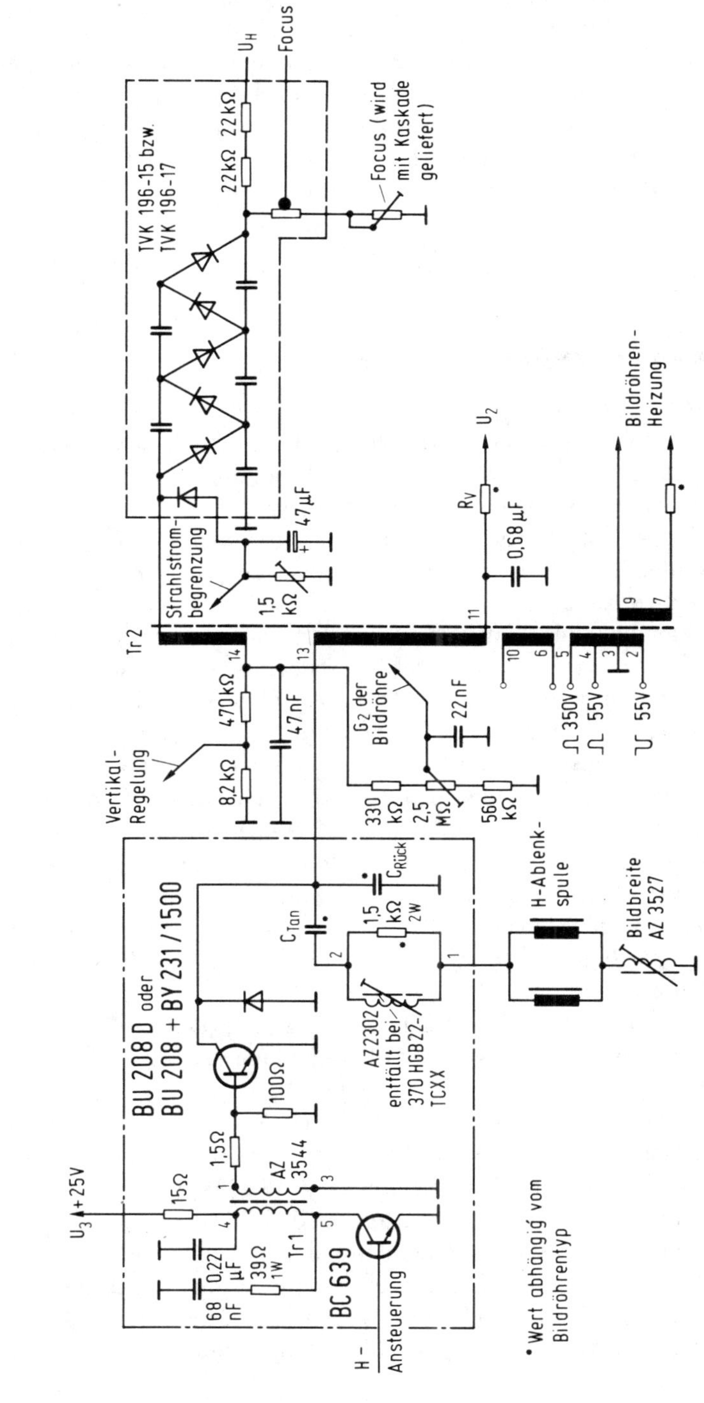


Abb. 18.32 Standard-Horizontal-Ablenkstufe für kleinere Farbbildröhren (Aus Siemens Schaltbeispielen)

Der Treibertrafo stellt durch Abwärtstransformation (8 : 1) die benötigte Stromamplitude am Ende des Hinlaufs ($J_{Bend}$), an der Basis des BU 208 (T 503) zur Verfügung.

Die Ablenkspule mit den in Serie geschalteten Korrekturgliedern (Linearität und Tangenskondensator) liegt parallel zum Rückschlagkondensator C 511, dem Ablenktransistor T 503 und dem Zeilentrafo. Die übliche Inversdiode ist in zwei Dioden D 571/D 572 aufgeteilt, die durch einen Korrekturstrom beeinflußt werden, der die Ost-West-Kissenverzerrung beseitigt (siehe auch Kapitel 19).

## Abb. 18.34 und 18.35 Primärmodulator

Bei den großen Farbgeräten mit 22 und 26 Zoll Bildschirmdiagonale und 110° Horizontalablenkung wird häufig die Farbbildröhre nach dem 30 AX-System verwendet. Diese Röhre stellt mit der austauschbaren Ablenkeinheit ein selbstkonvergierendes Ablenksystem dar, das vollkommen abgleichfrei ist.

Kissenverzeichnis in NS-Richtung konnten durch entsprechende Dimensionierung der Ablenkspulen kompensiert werden, vergrößerten aber den horizontalen Kissenfehler in OW-Richtung auf acht Prozent.

Dieser Fehler muß durch eine bildfrequente, parabelförmige Modulation des Horizontal-Ablenkstromes ausgeglichen werden, da bei der in SW-Geräten angewandten Kompensation durch Permanentmagnete, Farbreinheitsfehler und Konvergenzfehler entstehen würden.

Als einfache und zuverlässige Lösung für die Kissenkorrektur in OW-Richtung ist der in eine Paralleldiodenschaltung eingebundene Primär-Diodenmodulator bekannt.

Wie schon der Name Primärmodulator sagt, wird hier die Modulation des Horizontalablenkstromes auf der Primärseite des Zeilentrafos vorgenommen und übt keinen Einfluß auf die Hochspannung und die sonstigen Impulsspannungen aus.

Aus Abb. 18.35 geht hervor, daß die Spannung $U_{s1}$ (Betriebsspannung) an dem Kondensator $C_{s1}$ steht und sinngemäß dazu die Spannung $U_m$ (Modulationsspannung) am Kondensator $C_{s2}$ liegt.

Während des ersten Teils des Hinlaufs ($t_1$–$t_2$) sind die Dioden D1 und D2 leitend.

Der Transistor ist abhängig von der Flußspannung der beiden Dioden invers leitend.

Die in den beiden Induktivitäten $L_y$ und $L_m$ (Brückenspule) gespeicherte Energie fließt über die leitenden Dioden und über den invers betriebenen Transistor in die Kondensatoren $C_{s1}$ und $C_{s2}$ und lädt sie auf (Abb. 18.34a).

Die Spannung in der Diodenmitte entspricht der Flußspannung der Diode D2, am Kollektor des Transistors steht die Durchlaßspannung von Diode D1 plus D2.

Zum Zeitpunkt $t_2$ wird der Zeilenendtransistor positiv aufgesteuert, bleibt aber noch bis $t_3$ invers leitend. Die Diode D2 sperrt. Die Kondensatoren $C_{s1}$ und $C_{s2}$ werden auf ihren Spitzenwert Betriebsspannung minus Modulationsspannung ($U_s - U_m$) bzw. $U_m$ aufgeladen (Abb. 18.34b).

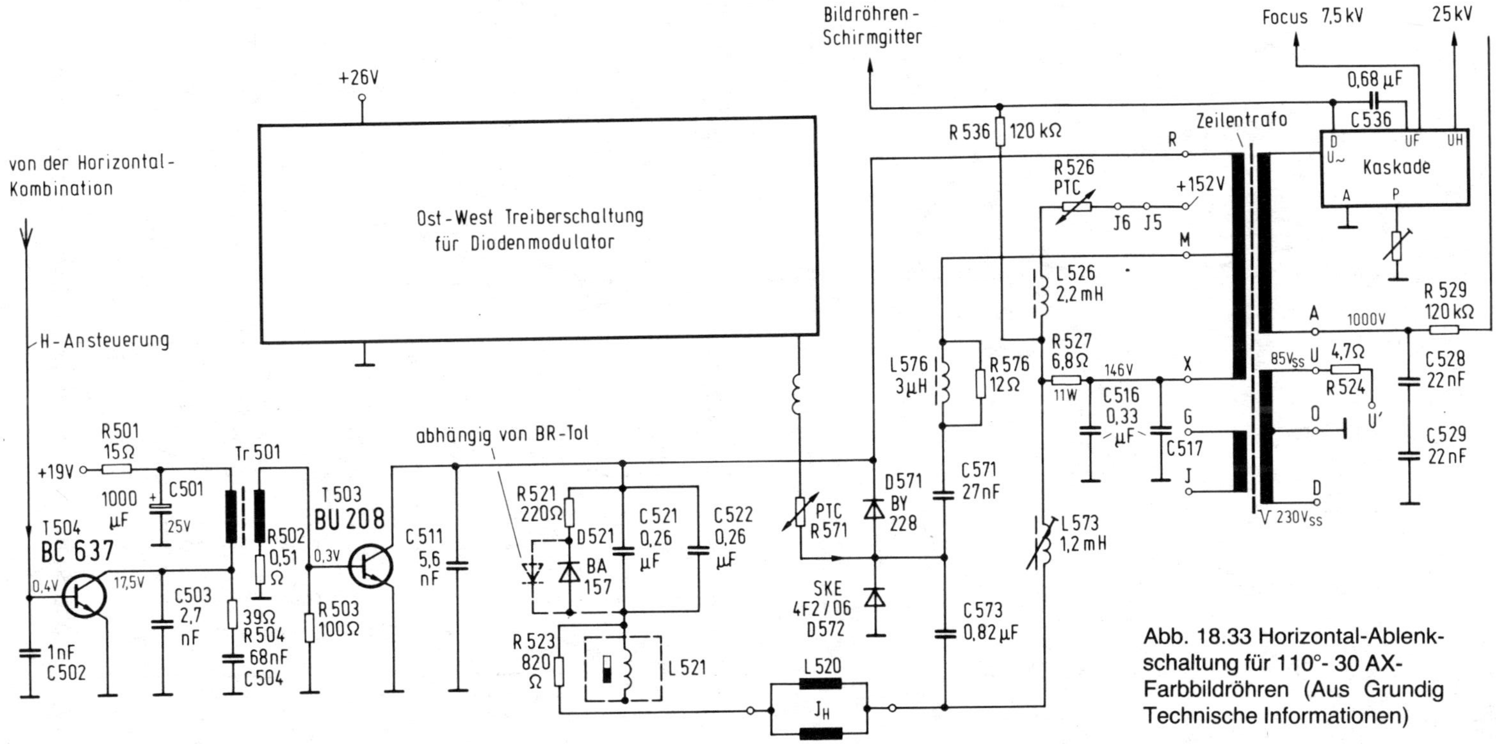


Abb. 18.33 Horizontal-Ablenkschaltung für 110°- 30 AX-Farbbildröhren (Aus Grundig Technische Informationen)

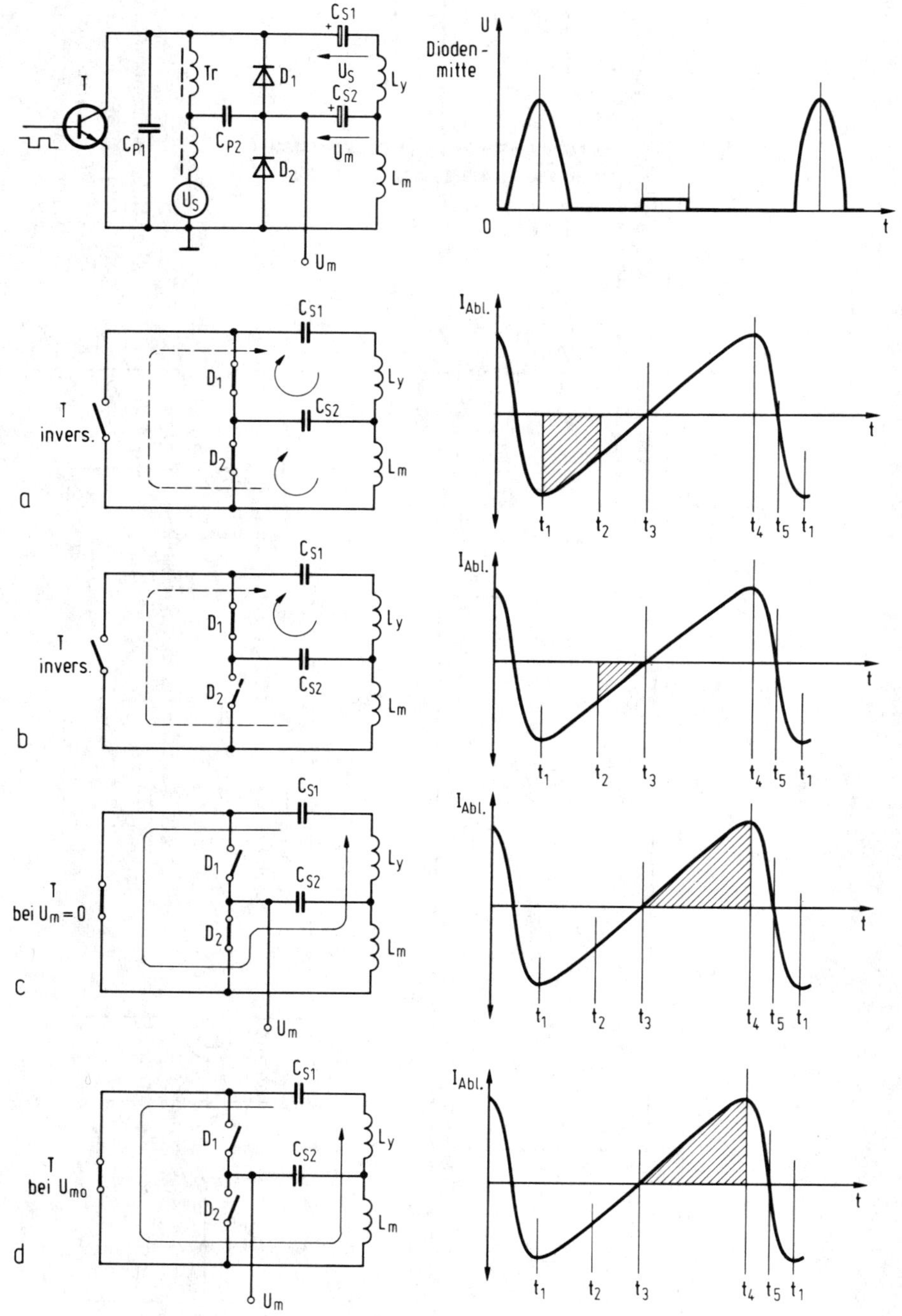


Abb. 18.34 Anschluß des Primärmodulators an die Zeilenendstufe

Abb. 18.35 Stromverlauf während einer Ablenkperiode
a) erstes Drittel des Hinlaufes
b) Hinlauf bis zum Nulldurchgang
c) Zweiter Teil des Hinlaufs bei leitender Diode D2
d) Zweiter Teil des Hinlaufs bei gesperrter Diode D2

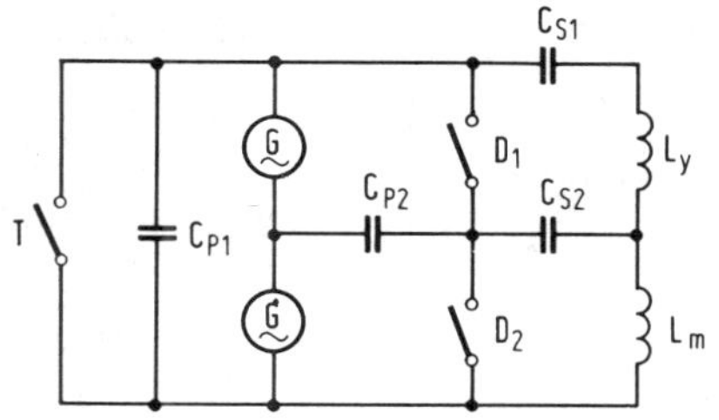


Am Transistor und in der Diodenmitte steht die Kollektor-Basis-Restspannung.

Im zweiten Teil der Hinlaufperiode $t_3 - t_4$ ist der Transistor normal leitend, am Kollektor steht die $U_{CEsat}$. Die Diode D1 sperrt. Die in den Kondensatoren $C_{s1}$ und $C_{s2}$ gespeicherte Energie fließt über den Transistor und über die leitende Diode D2 in $L_y$ und $L_m$. Durch die in Abhängigkeit von der Modulationsspannung leitende Diode D2 steht in der Diodenmitte statt der $U_{CEsat}$ die Flußspannung der Diode (Abb. 18.34c).

Die Höhe der Spannung an der Ablenkspule $L_y$ ist $U_y = U_s - U_m$, an $L_m$ steht die Modulationsspannung $U_m$.

Das heißt also, daß bei $U_m = 0$, an $L_y$ die Spannung $U_y = U_s$ steht und somit die größte Zeilenbreite erreicht wird.

Die Diode D2 wird in diesem Fall bei $t_3$ leitend und sperrt am Ende des Hinlaufs $t_4$ (Abb. 18.34c).

Die kleinste Zeilenbreite stellt sich bei $U_{mo}$ ein, wenn die Modulationsspannung so groß wird, daß die Diode D2 während der ganzen zweiten Hinlaufperiode gesperrt ist und $C_{s2}$ stromlos wird ($J_{mo}$) (Abb. 18.34d).

Um den Kollektorstrom des BU208 nicht unnötig zu erhöhen und ein einwandfreies Sperren der beiden Dioden D1 und D2 während des Rücklaufs zu gewährleisten, darf die Modulationsspannung $U_m$ nie größer als $U_{mo}$ (60 V) werden ($U_m < U_{mo}$).

In der nun folgenden Rücklaufzeit ($t_4 - t_1$), sind die Dioden D1 und D2 als auch der Transistor gesperrt. Die in $L_y$ und $L_m$ gespeicherte Energie lädt $C_{p1}$ und $C_{p2}$ auf den Maximalwert der Rücklaufspannung auf ($t_4 - t_5$). Diese Spannung steht am Transistor. In der Diodenmitte stellt sich eine, durch den Abgriff am Zeilentrafo und dem Wert von $C_{p2}$, $C_{s2}$ sowie $L_m$ bedingt, kleinere Rücklaufspannung ein. In der zweiten Hälfte entladen sich $C_{p1}$ und ${}_{p2}$ wieder in $L_y$ und $L_m$ (Abb. 18.35). Ein neuer Hinlauf kann beginnen.

Über die Veränderung der Zeilenbreite mittels der Diodenmodulation lesen Sie bitte den Text zu den Abbildungen 19.50 bis 19.54.
(Auszüge aus Grundig Technische Informationen)

## **Abb.** 18.36 Ablenkschaltung für 32 kHz Horizontalablenkung

Die doppelte Zeilenfrequenz kann nur durch besonders schnelle Ablenktransistoren, der etwa doppelt so hohe Ablenkstrom (ca. 9 A) durch zwei parallel geschaltete Transistoren (Abb. 18.36) BU 903 oder durch neue Typen erreicht werden.

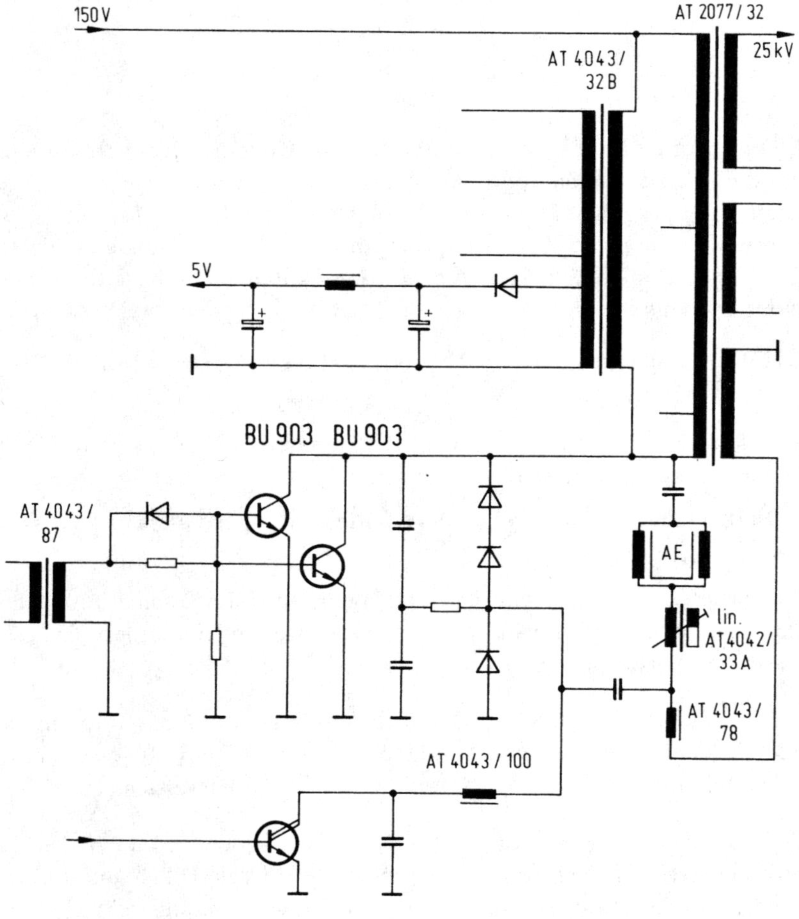


Abb. 18.36 Ablenkschaltung für 32 kHz Horizontalablenkung

# *Thyristorgesteuerte Horizontalablenkung*

## Abb. 18.41 Verlauf des Ablenkstromes

Um den Ablauf einer Thyristorsteuerung zu verfolgen, sei hier das Prinzip der elektromagnetischen Strahlablenkung kurz wiederholt. Um den Elektronenstrahl waagerecht über den Bildschirm zu bewegen, wird ein Sägezahnstrom durch die Ablenkspulen geschickt. Er steigt vom negativen Maximalwert am linken Bildrand an. In der Bildmitte geht der Strom durch Null und steigt dann weiter bis zum positiven Maximalwert am rechten Bildrand. Dieser Hinlauf dauert rund 52 $\mu$s. Dann läuft der Ablenkstrom schnell zum negativen Maximalwert zurück, d.h. daß auch der Strahl zum linken Bildrand zurückspringt. Er wird jedoch während der Rücklaufzeit dunkelgetastet, ergibt also keine Lichtspur auf dem Bildschirm. Der gesamte Vorgang dauert 64 $\mu$s. Im Bild sind einige wichtige Zeitpunkte markiert:

| | | |
|---|---|---|
| $t_0$ | = Beginn des Hinlaufs | $i = -i_{max}$ |
| $t_2$ | = Bildmitte | $i = 0$ |
| $t_5$ | = Beginn des Rücklaufs | $i = +i_{max}$ |
| $t_6$ | = Mitte des Rücklaufs | $i = 0$ |
| $t_7$ | $= t_0$ | |

## Abb. 18.42 und 18.43 Blockschaltung und Funktionsdiagramm

Thyristoren wurden als steuerbare elektronische Schalter für die Leistungselektronik entwickelt. Sie sind weit unempfindlicher gegen Spannungsspitzen als Transistoren und verbrauchen sehr wenig Leistung, so daß die Eigenerwärmung gering bleibt. Thyristoren eignen sich deshalb auch sehr gut als Hochleistungsschalter in der Zeilen-Ablenkendstufe. Allerdings haben diese Bauelemente eine Eigenschaft, die bei Zeilenendstufen einen etwas höheren Aufwand und eine andere Schaltungstechnik bedingt, als es mit Röhren bzw. Hochspannungstransistoren und Boosterdioden der Fall ist. Durchgeschaltete Thyristoren lassen sich nämlich nicht einfach abschalten, indem man die Steuerspannung am Toreingang wegnimmt, sondern man muß die Anodenspannung abschalten oder umpolen. Dazu sind in der Zeilenendstufe mindestens vier Halbleiterbauelemente erforderlich, nämlich zwei Thyristoren und zwei Leistungsdioden, die in Verbindung mit Induktivitäten und Kapazitäten den sägezahnförmigen Horizontalablenkstrom erzeugen. Abb. 18.42 zeigt die Blockschaltung hierfür.

Die Betriebsspannung $U_B$ wird über eine Ladedrossel $L_E$ an die Schaltung gelegt. Aus einer Koppelwicklung dieser Spule wird außerdem eine Spannung für die Zündelektrode bzw. Torelektrode des Thyristors $Th_H$ entnommen. Die Gesamtschaltung besteht aus drei Stufen, dem Rücklaufschalter, dem Hinlaufschalter und dem Ablenksatz.

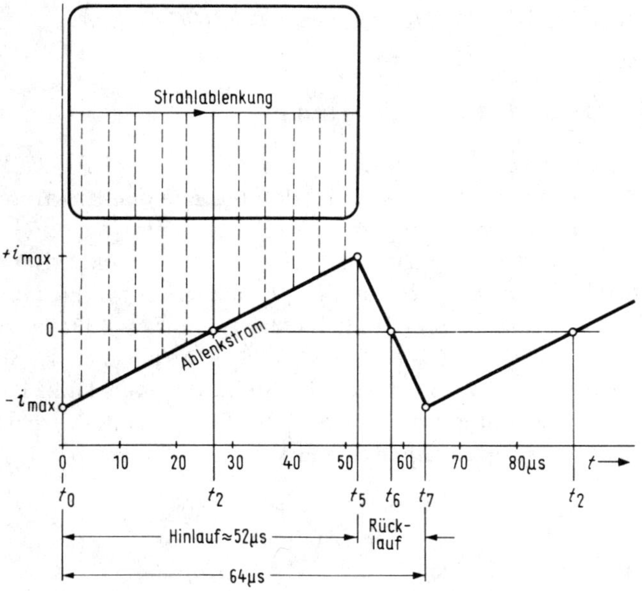


Abb. 18.41 Verlauf des Zeilenablenkstromes

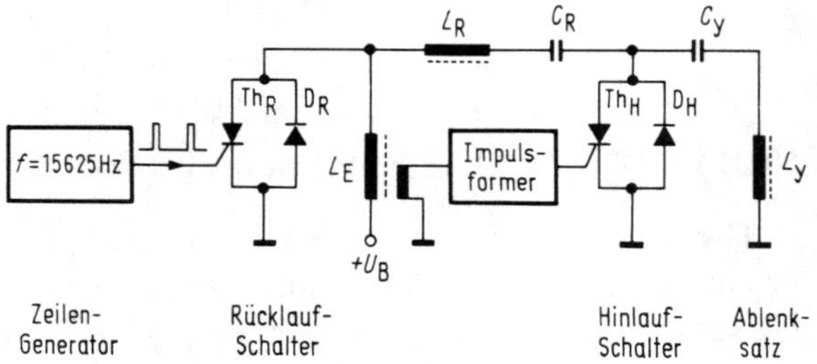


Abb. 18.42 Blockschaltung einer Horizontalablenkstufe mit Thyristoren

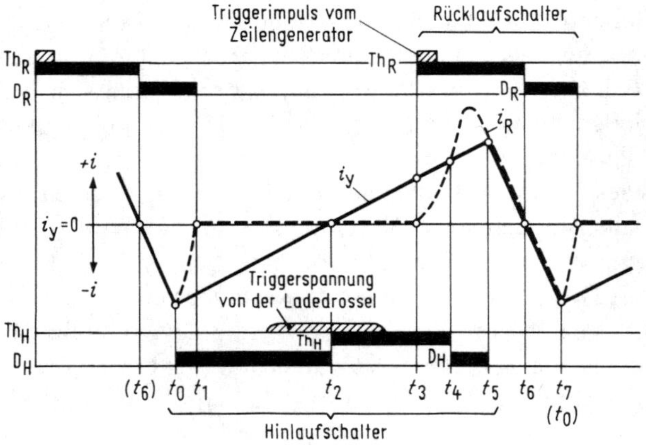


Abb. 18.43 Funktionsdiagramm; schwarze Balken kennzeichnen, daß die Dioden und Thyristoren während dieser Zeitabschnitte durchgeschaltet sind

Der *Rücklaufschalter* wirkt hauptsächlich im Zeitabschnitt $t_5$ bis $t_7$ von Abb. 18.41. Er besteht aus dem Rücklaufthyristor $Th_R$ und einer antiparallel geschalteten Rücklaufdiode $D_R$. Der Thyristor wird mit Impulsen aus dem Zeilenfrequenzgenerator, also mit $f = 15\,625$ Hz, gesteuert. – In der Zuleitung zur nächsten Stufe liegt ein Serienschwingkreis $L_R - C_R$. Er ist auf eine Resonanzfrequenz eingestellt, deren Periode etwa dem Zeilenrücklauf entspricht.

Der *Hinlaufschalter* besteht ebenfalls aus einem Thyristor $Th_H$ und einer antiparallel liegenden Diode $D_H$. Dieser Thyristor wird über ein Impulsformernetzwerk aus der bereits erwähnten Koppelwicklung getriggert.

Der *Ablenksatz*, bestehend aus Zeilenausgangsübertrager und den angeschlossenen Ablenkspulen, ist hier vereinfacht durch eine Induktivität $L_Y$ dargestellt. Sie ist über eine Kapazität $C_Y$ an die Thyristorsteuerung angeschlossen. Die Kapazität dient aber gleichzeitig zum Abnehmen einer Korrekturspannung für die Tangensentzerrung des Bildrasters. Diese Funktion sei jedoch hier außer acht gelassen. *$L_Y$ und $C_Y$* bilden ebenfalls einen Serienschwingkreis, der die Form der Hinlaufschwingung beeinflußt.

Dieses ganze System Abb. 18.42 funktioniert durch sich abwechselnde Lade- und Entladevorgänge der Spulen und Kondensatoren über die Thyristoren und Dioden. Um die Wirkungsweise dieser elektronischen Schaltung zu überblicken, muß man sich stets vor Augen halten, daß eine Diode durchschaltet, wenn positives Potential an der Anode liegt und daß sie sperrt, wenn die Spannung entfällt oder umgepolt wird.

Bei einem Thyristor muß zum Durchschalten positives Potential an der Torelektrode *und* an der Anode liegen. Er schaltet aber nicht ab, wenn die Torspannung oder Triggerspannung weggenommen wird, sondern man muß dazu die Anodenspannung wegnehmen oder umpolen. Bei Verwendung als Leistungsschalter, z.B. in Phasenanschnittsteuerungen, ist dies bei jedem Nulldurchgang der Wechselspannung von selbst der Fall.

Die Antiparallelschaltung von Thyristor und Diode in Abb. 18.42 findet man auch oft in Schaltungen der Industrie-Elektronik, wenn eine induktive Last über einen Thyristor abgeschaltet werden soll. Die beim Abschalten entstehende, entgegengesetzt gerichtete Induktionsspannung würde nämlich den Thyristor in Sperrichtung stark beanspruchen. Die Diode ist aber so gepolt, daß sie bei dieser Induktionsspannung leitend wird, durchschaltet und daher die hohe Spannungsspitze kurzschließt und ungefährlich macht. Man bezeichnet deshalb ein solches Bauelement als *Funkenlöschdiode* oder auch als *Freilaufdiode*, wenn sie die negative Halbwelle einer Wechselspannung durchlassen soll. Die gleiche Funktion übernehmen auch die Dioden $D_R$ und $D_H$ in Abb. 18.42. Sowie die Thyristoren sperren, werden die Dioden leitend und führen Strom in ihrer Flußrichtung.

Nach diesen Voraussetzungen nun zu Abb. 18.43. Man erkennt den sägezahnförmigen Ablenkstrom aus Abb. 18.41 wieder. Er ist hier mit $i_Y$ bezeichnet, weil es der Strom ist, der durch die Ablenkspule $L_Y$ in Abb. 18.42 fließt. Außerdem ist gestrichelt ein Strom $i_R$ eingezeichnet. Man kann ihn Rücklaufstrom oder Resonanzstrom nennen; Rücklaufstrom, weil er der abfallenden Rücklaufflanke des Ablenkstromes folgt, Resonanzstrom, weil er zwischen den Zeitpunkten $t_3$ und $t_6$ eine Schwingungshalbwelle bildet. Die Eigenfrequenz dieser Schwingung geht im wesentlichen auf den beim Rücklaufschalter erwähnten Serienschwingkreis $L_R - C_R$ zurück.

Oberhalb und unterhalb dieses Diagramms sind nun die Schließzeiten, d.h. die Durchschaltzeiten[1]) der Thyristoren und Dioden, in Form von Balken eingetragen. So schaltet beispielsweise die Hinlaufdiode $D_H$ für den Zeitablauf von $t_0$ bis $t_2$ durch.

Die Schaltzeiten der anderen Bauelemente werden anschließend behandelt. Hingewiesen sei zuvor noch auf den vom Zeilenfrequenzgenerator kommenden Triggerimpuls für den Thyristor $Th_R$ im Zeitpunkt $t_3$ und auf die bereits zwischen $t_0$ und $t_2$ einsetzende Triggerspannung des Thyristors $Th_R$. Ein Blick zurück zur Schaltung Abb. 18.42 läßt erkennen, daß der Thyristor $Th_R$ im Rücklaufschalter über die Induktivität $L_E$ ständig an der Betriebsspannung liegt, also jederzeit durch einen Triggerimpuls an der Torelektrode durchgeschaltet werden kann. Die Anode des Thyristors $Th_H$ im Hinlaufschalter ist dagegen zwischen zwei Kapazitäten angeschlossen. Der Thyristor wird zwar durch die Triggerspannung an der Torelektrode „zündwillig" gemacht, er kann aber nur durchschalten, wenn ihm von den Kapazitäten eine positive Ladespannung zur Verfügung gestellt wird. Dies ist nach dem Balkendiagramm in Abb. 18.43 zum Zeitpunkt $t_2$ der Fall. Doch nun zu den Funktionsabläufen selbst. Wir setzen den bereits eingeschwungenen Zustand voraus und beginnen die Betrachtung zweckmäßig im Zeitpunkt $t_2$, also bei der zweiten Hälfte des Hinlaufs.

### Hinlaufzeitraum $t_2 - t_3 - t_4 - t_5$

Im Zeitpunkt $t_2$ befindet sich der Elektronenstrahl in der Mitte des Bildschirms. Der Ablenkstrom geht gerade durch Null und will zu positiven Werten ansteigen. Die gesamte vorher in der Induktivität $L_Y$ der Ablenkeinheit gespeicherte Energie ist in die Kapazität $C_Y$ gewandert und hat den linken Belag von $C_Y$ in Abb. 18.42 positiv aufgeladen. Thyristor $Th_H$ schaltet durch. Die vollaufgeladene Kapazität $C_Y$ entlädt sich auf der einen Seite über den Thyristor gegen Masse, auf der anderen über die Induktivität $L_Y$; dies ergibt den Ablenkstrom $i_Y$ von $t_2$ bis $t_5$.

Parallel dazu läuft folgender Vorgang ab: Im Zeitpunkt $t_3$ schaltet der vom Zeilengenerator kommende Triggerimpuls den Thyristor $Th_R$ durch, dessen Anode bereits über die Induktivität $L_E$ am positiven Pol der Betriebsspannung lag. Der vorher ebenfalls auf die Betriebsspannung aufgeladene Kondensator $C_R$ entlädt sich nun auf der einen Seite über $L_R$ und den eben gezündeten Thyristor $Th_R$ gegen Masse, denn die andere Seite lag schon über den vom Zeitpunkt $t_2$ ab durchgeschalteten Thyristor $Th_H$ an Masse. In diesem zum Zeitpunkt $t_3$ über $Th_R$ geschlossenen Stromkreis fließt der Strom von dem positiv aufgeladenen linken Belag des Kondensators $C_R$ über $L_R$ in *Flußrichtung* durch den Thyristor $Th_R$ nach Masse und dann vom Masseanschluß im

1 Bei der Bezeichnung der Schaltphasen von Dioden können leider Mißverständnisse auftreten. Ein mechanischer Schalter ist *geschlossen*, wenn Strom hindurchfließen kann. Manche Autoren schreiben aber: Eine Diode ist *offen*, wenn Strom hindurchfließen kann, obgleich sie dann einen geschlossenen Schalter darstellt. Deshalb ist es zweckmäßiger, bei Dioden zu sagen, daß sie *durchgeschaltet* sind. Die sperrende oder gesperrte Diode entspricht dann einem offenen Schalter.

Hinlaufschalter über den Thyristor $Th_H$ aber entgegengesetzt zu dessen Flußrichtung, nämlich von der Katode zur Anode und weiter zum rechten Belag des Kondensators $C_R$. Dieser Stromfluß ist nur möglich, weil der Hinlaufthyristor $Th_H$ zum Zeitpunkt $t_3$ bereits durchgeschaltet ist und den Ablenkstrom $i_Y$ führt.

Infolge der Schwingkreiswirkung des Gliedes $L_R - C_R$ verläuft der Entladestrom in Form einer von der Nullinie aus im Zeitpunkt $t_3$ nach $t_4$ und weiter ansteigenden Halbwelle. Dieser Entladestrom $i_R$ bereitet das Abschalten des Hinlaufschalters im späteren Zeitpunkt $t_5$ vor.

Durch den Thyristor $Th_H$ fließen die Ströme $i_Y$ und $i_R$ in entgegengesetzter Richtung, wie vorher erläutert worden ist. Im Zeitpunkt $t_4$ sind beide Ströme gleich groß und heben sich auf, sie kompensieren sich! Damit wird der Strom durch den Thyristor $Th_H$ zu Null, also auch die Spannung zwischen Anode und Katode, der Thyristor schaltet ab. In der Abbildung wird dies durch seinen bei $t_4$ endenden Balken gekennzeichnet.

Beim Abschalten der Thyristorstrecke wird die antiparallel liegende Diode $D_H$ leitend. Sie übernimmt nun die Aufgabe des eben gesperrten Thyristors $Th_H$, und Ablenkstrom $i_Y$ und Resonanzstrom $i_R$ fließen weiter bis zum Zeitpunkt $t_5$. Der Resonanzstrom bildet während dieser Zeit seinen Kurvenscheitel aus. Die Funktion der durchgeschalteten Diode $D_H$ ist durch den kurzen Balken unten in Abb. 18.43 markiert.

## Rücklaufzeitraum $t_5 - t_6 - t_7$

Im Zeitpunkt $t_5$, wenn sich die Kurve von $i_R$ nach unten gewendet hat, ist wieder $i_R = i_Y$, und diese Ströme fließen immer noch in entgegengesetzter Richtung, nun allerdings durch die Diode $D_H$ so wie vorher durch den Thyristor $Th_H$. Im Punkt $t_5$ heben sich die Ströme wieder auf, und damit schaltet auch die Diode $D_H$ ab, so wie dies vorher bei dem Thyristor $Th_H$ bei Stromgleichheit der Fall war.

Der Hinlaufschalter ist nun gänzlich unterbrochen, und der Entladestrom $i_R$ muß nun über die Induktivität $L_Y$ abfließen, die Rücklaufphase beginnt.

Noch ist aber der Thyristor $Th_R$ durchgeschaltet. Dadurch liegen $L_R$, $C_R$, $C_Y$ und $L_Y$ in Serie und sind über $Th_R$ und Masse verbunden. Die Resonanzfrequenz dieses Kreises bestimmt die Rücklaufzeit. Während der Zeit $t_5$ bis $t_6$ bleibt der Stromfluß über den Thyristor $Th_R$ bestehen. Dann geht der Rückschlagstrom bei $t_6$ durch Null und kehrt sein Richtung um. Nun geschieht das gleiche wie beim Hinlauf im Zeitpunkt $t_2$. Infolge der Stromumkehr wird jetzt der Thyristor stromlos, schaltet ab, und die Diode $D_R$ wird leitend, und der Rücklaufstrom kann weiterfließen bis zum Zeitpunkt $t_7$.

## Aufladezeitraum $t_0 - t_1 - t_2$

Der Zeitpunkt $t_7$ am Ende des Rücklaufs ist identisch mit dem Zeitpunkt $t_0$. Von hier ab beginnt nun der aktive Aufladevorgang, der die Energie für die Gesamtfunktion zuführt und die Ablenkstufe für den ersten Teil des Hinlaufs vorbereitet. Dazu ist die Ladedrossel $L_E$ wichtig. Während der gesamten Rückschlagzeit ist, wie eben erläutert, der Rücklaufschalter in Abb. 18.42 leitend, und zwar von $t_5$ bis $t_6$ der Thyristor und von $t_3$ bis $t_7$ die Diode, wie auch das Balkendiagramm in Abb. 18.43 oben zeigt.

Infolge dieses geschlossenen Rücklaufschalters fließt Strom aus der Betriebsspannung + $U_B$ durch die Ladedrossel $L_E$ nach Masse. Die Drossel speichert Energie im dadurch bewirkten Magnetfeld.

Bis zum Zeitpunkt $t_7$ bzw. $t_0$ fließt der Rücklaufstrom, wie im vorigen Abschnitt ausgeführt, über die Diode $D_R$. Durch diesen Strom wird aber der Kondensator $C_R$ so aufgeladen, daß an seinem rechten Belag eine erst kleine, aber stetig ansteigende Spannung entsteht, die in Flußrichtung für die Diode $D_H$ gepolt ist. Dadurch wird diese Diode im Zeiptunkt $t_0$ durchgeschaltet. Infolgedessen fließt jetzt ein stetig ansteigender Strom $i_Y$ durch diese Diode. Der Strom durch die Rücklaufdiode nimmt schnell ab – gestricheltes Kurvenstück bis zum Zeitpunkt $t_1$ in Abb. 18.43 – Diode $D_R$ schaltet dann gänzlich ab.

Dadurch entfällt die Masseverbindung hinter der Ladedrossel $L_E$. Die positive Betriebsspannung ladet nun über die Induktivität $L_R$ den Kondensator $C_R$ auf, um die Vorgänge weiter in Gang zu halten und die Verluste zu decken. Durch das Öffnen des Rücklaufschalters steigt auch die Spannung an der Ladedrossel $L_E$. Diese Spannungsänderung wird auf die Koppelwicklung übertragen und ergibt über die Impulsformerstufe die vorbereitende Triggerspannung für die Torelektrode des Hinlaufthyristors $Th_H$, so daß er im Zeitpunkt $t_2$ wieder durchschalten kann. Der Ablauf wiederholt sich dann.

Der Rücklaufschalter bleibt während des Zeitraums $t_1$ bis $t_3$ offen, wie das freie Stück im oberen Balkendiagramm erkennen läßt. Die positive Betriebsspannung lädt daher über $L_E$ und $L_R$ und den während dieser Zeit ständig geschlossenen Hinlaufschalter (unteres Balkendiagramm) den Kondensator $C_R$ auf. Er liefert dann die Energie für den folgenden Ablauf und um die Verluste zu decken.

Die Ströme und Spannungen an den einzelnen Bauelementen haben einen recht verschiedenartigen Verlauf. Für die Betrachtung der Gesamtfunktion genügen jedoch die klaren Aussagen, ob die einzelnen Schalter offen oder geschlossen sind. Man kann dies auch nach Art der Digitaltechnik durch ein Schalterdiagramm darstellen. Darin bedeuten: L = Schalter leitend, O = Schalter offen.

| Zeitraum | $Th_H$ | $D_H$ | $Th_R$ | $D_R$ |
|---|---|---|---|---|
| $t_0 \ldots t_1$ | O | L | O | L |
| $t_1 \ldots t_2$ | O | L | O | O |
| $t_2 \ldots t_3$ | L | O | O | O |
| $t_3 \ldots t_4$ | L | O | L | O |
| $t_4 \ldots t_5$ | O | L | L | O |
| $t_5 \ldots t_6$ | O | O | L | O |
| $t_6 \ldots t_7$ | O | O | O | L |

## Abb. 18.44 bis 18.46 Horizontal-Ablenkendstufe mit Thyristoren

Abb. 18.44 zeigt eine praktische Ausführung des Prinzips von Abb. 18.42, und zwar für Blaupunkt-Farbfernseher mit der 11°-Dünnhalsröhre A 67-150 X. Für die Hinlauf- und Rücklaufschalter werden Thyristoren und Dioden der Firma RCA entsprechend folgender Typenaufstellung verwendet:

| $Th_H$ | $D_H$ | $Th_R$ | $D_R$ |
|---|---|---|---|
| 16 121 | 16 123 | 16 157 | 16 159 |

Die Bauelemente sind paarweise für die günstigste Wirkungsweise zusammengestellt. Die Betriebsspannung beträgt 240 V aus einem thyristorstabilisierten Netzteil, damit Bildbreite und Hochspannung konstant bleiben. Die Ladedrossel $L_E$ und die Spule $L_R$ ist einstellbar, um den damit gebildeten Schwingkreis auf die Rücklaufzeit abzugleichen. Der Rücklaufkondensator $C_R$ ist in zwei in Serie liegende Teilkapazitäten $C_{R1}$ und $C_{R2}$ unterteilt. Das hat den Vorteil, daß die Spannungsbeanspruchung der Teilkapazitäten geringer ist. Außerdem führt vom Verbindungspunkt ein durch den Widerstand R3 stark gedämpfter Serienschwingkreis C6 – L1 nach Masse. Dieser Zweig verhindert Entladestromspitzen und Einschwingvorgänge beim Beginn des Hinlaufs. Die Kapazität des Kondensators C6 kann durch Zuschalten von C4 und C5 in drei Stufen verändert werden. Dadurch wird die Amplitude des Ablenkstroms beeinflußt, und man erzielt Bildbreitenänderungen um ±15 mm, damit das Raster an die Bildschirmgröße angepaßt werden kann.

Der Rücklaufschalter ist mit einem RC-Glied C3 – R2 – C2 bedämpft, um die Spannungsanstiegsgeschwindigkeit $du/dt$ zu begrenzen. Ferritperlen Fe verhindern, daß beim Abschalten auftretende Störschwingungen in andere Schaltungsstufen abwandern. Der Tyristor $Th_R$ wird mit Triggerimpulsen vom Zeilengenerator geschaltet, vgl. Abb. 18.42 und 18.43.

Der Hinlaufschalter ist ebenfalls leicht zu erkennen. Das in Abb. 18.42 mit „Impulsformer" bezeichnete Netzwerk besteht aus den Bauteilen C7 – R4 – L2. Es ist hier nicht über eine getrennte Koppelwicklung, sondern an eine Anzapfung der Ladedrossel $L_E$ angeschlossen. Die Funktion der Koppelwicklung bei $L_E$ wird später besprochen. Infolge des periodischen Öffnens und Schließens des Rücklaufschalters (Balkendiagramm in Abb. 18.43 oben) entsteht an der Ladedrossel eine etwa rechteckförmige zeilenfrequente Impulsspannung. Der Hochpaß C7 – L2 formt daraus den zeitlichen Verlauf der Triggerspannung für den Hinlaufthyristor $Th_H$, entsprechend dem Diagramm in Abb. 18.43 unten.

Der Kondensator $C_y$ des Ablenksatzes liegt an der Anzapfung 10 des Zeilentransformators. Die Spannung für den Ablenksatz mit dem Linearitätseinsteller braucht über eine kleine Zusatzwicklung 10 – 11 nur wenig hinauftransformiert zu werden. Dadurch ergibt sich ein günstiger Wirkungsgrad. Die Ablenkeinheit ist praktisch direkt an die Thyristorstufe angekoppelt.

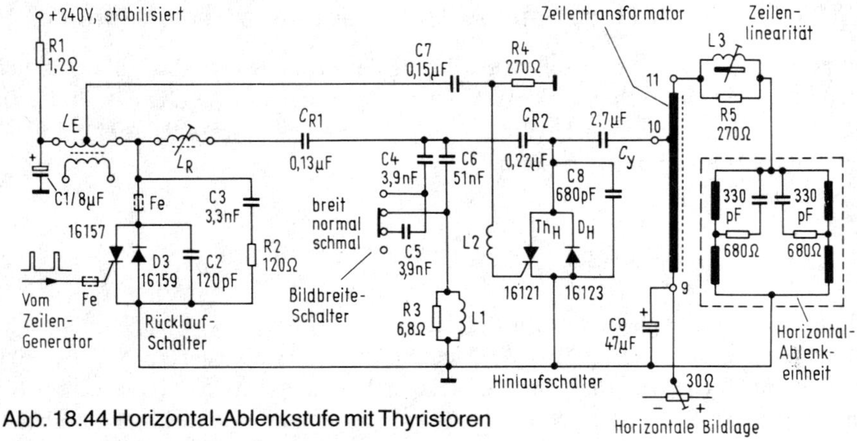


Abb. 18.44 Horizontal-Ablenkstufe mit Thyristoren

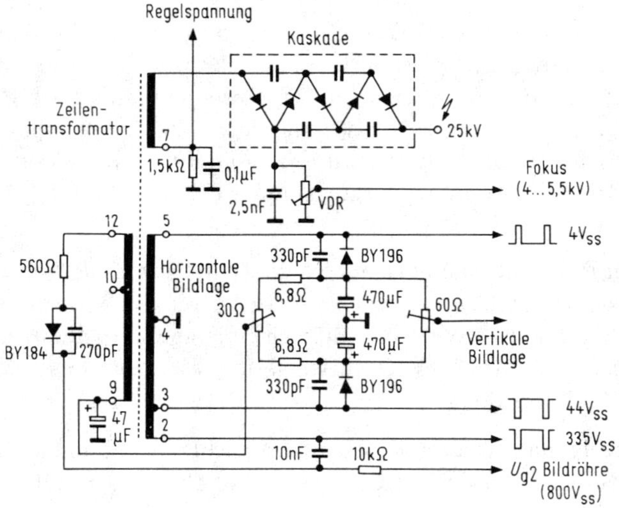


Abb. 18.45 Zeilentransformator mit der Sekundärbeschaltung

Die eigentlichen Sekundärwicklungen des Zeilenausgangsübertragers mit den angeschlossenen Kreisen sind in Abb. 18.45 dargestellt. Am oberen Ende der Hochspannungswicklung liegt die Vervielfacherkaskade mit der Anzapfung für die Fokussierspannung. Der Fußpunkt der Wicklung ist über ein RC-Glied mit Masse verbunden. Die daran abfallende Teilspannung ist dem Bildröhrenstrom proportional. Sie dient als Regelspannung zur Strahlstrombegrenzung, zur Bildhöhenregelung, zur Ost-West-Rasterentzerrung und außerdem, um bei Hochspannungsüberschlägen eine Abschaltautomatik im Netzteil auszulösen.

An der unteren Sekundärwicklung werden Austastimpulse für verschiedene andere Stufen entnommen. Die beiden Einweggleichrichter mit den Dioden BY 196 erzeugen eine Gleichspannung von ± 4 V. Mit den beiden damit gespeisten Trimmpoteniometern wird die vertikale und horizontale Mittenlage des Bildes eingestellt.

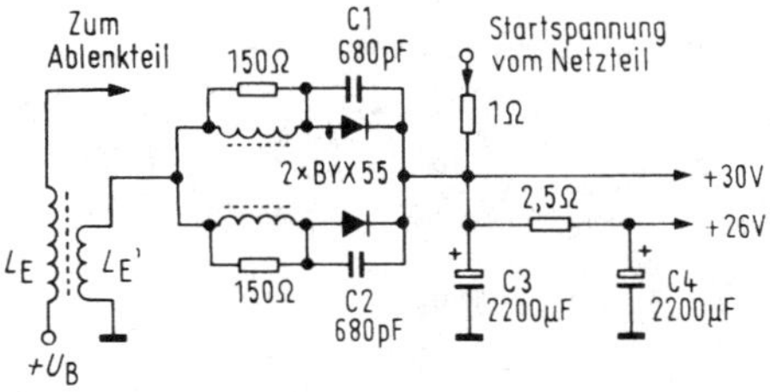


Abb. 18.46 Niedervoltstromversorgung aus dem Zeilenablenkteil

Am Punkt 12 der Primärwicklung ist die Diode BY 184 angeschlossen, um die Rückschlagspannung gleichzurichten. Die am 10-nF-Ladekondensator entstehende Gleichspannung wird auf die negativ gerichtete 335-V-Impulsspannung am Anschluß 2 aufgestockt. Daraus ergibt sich die Schirmgitterspannung von 800 $V_{ss}$ für die Bildröhre.

Wie mehrfach erwähnt, können durch Umformen der magnetischen Energie einer Zeilenendstufe weitere Versorgungsspannungen gewonnen werden, die den Vorteil haben, daß sie gleichzeitig mit der Endstufe stabilisiert sind. Nach Abb. 18.44 arbeitet der Empfänger mit einer geregelten Gleichrichterschaltung, die eine stabilisierte Spannung von 240 V liefert. Aus dem damit betriebenen Zeilenablenkteil wird nun, ähnlich wie in Abb. 18.37, eine Niedervoltspannung für die Versorgung der Transistorstufen des Empfängers gewonnen. Dazu dient die Koppelwicklung auf der Ladedrossel $L_E$, die in Abb. 18.46 nochmals herausgezeichnet worden ist. Der durch die Ladedrossel fließende zeilenfrequent geschaltete Strom erzeugt eine Spannung an dieser Koppelwicklung. Sie wird durch die beiden im Prinzip parallelliegenden Dioden BYX 55 gleichgerichtet und ergibt 30 V Gleichspannung am Ladekondensator. Hinter einem Entkopplungsglied stehen + 26 V für andere Stufen zur Verfügung. Die den Dioden vorgeschalteten Drosseln teilen die Belastung gleichmäßig auf, auch wenn die Dioden etwas unterschiedliche Eigenschaften haben sollten.

Die Drosseln flachen außerdem die infolge der steilflankigen Wechselspannung auftretenden hohen Ladestromstöße ab. Das ist besonders wichtig beim Einschalten des Gerätes, also bei leerem Ladekondensator C3. Dabei würden so hohe Ladestromstöße auftreten und die Spannungsverhältnisse an der Drossel $L_E$ so belasten, daß die Zeilenablenkung unsicher arbeitet. Um dies zu vermeiden, wurde hier ein besonderer Schaltungstrick vorgesehen. Der Ladekondensator C3 erhält nämlich sofort beim Einschalten aus dem Netzteil eine „Startspannung“ von 10 V, so daß der etwa 150 ms später anschwingende Zeilenablenkteil keine extrem hohen Ladestromstöße mehr zu liefern braucht.

Infolge der günstigen Auslegung und Bemessung der Gesamtschaltung wurde es damit möglich, bis zu 70W Leistung zu entnehmen. Dabei ändert sich die Spannung zwischen Leerlauf und Vollast nur von 32 V auf 30 V.

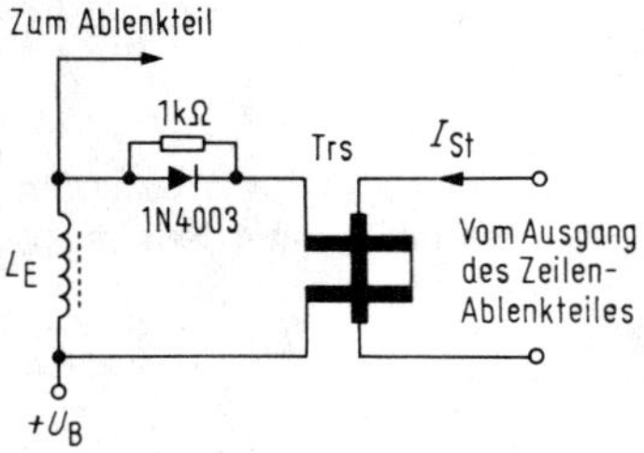


Abb. 18.47 Bildbreitenstabilisierung über einen Transduktor

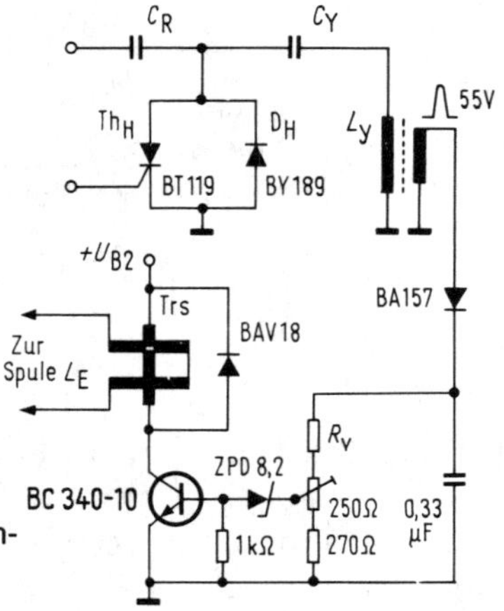


Abb. 18.48 Steuerstromkreis des Transduktors

## Abb. 18.47 und 18.48 Bildbreiten- und Hochspannungsstabilisierung

Einen anderen Weg, um Bildbreite und Hochspannung konstant zu halten, besteht darin, innerhalb der Zeilen-Ablenkendstufe einen Regelkreis vorzusehen. Man regelt dazu den Speisestrom der Ladedrossel $L_E$ so nach, daß die Ausgangsspannungen des Ablenkteils konstant bleiben. Als Stellglied dient die Arbeitswicklung eines Transduktors. Sie wirkt, wie bei Abb. 14.09 und 14.10 erläutert, als steuerbare Induktivität. Diese Induktivität schaltet man nach Abb. 18.47 parallel zur Ladedrossel $L_E$. Der Steuerwicklung führt man einen Strom $I_{St}$ zu, der von der Amplitude der Zeilenablenkspannung abhängt, und damit ist der Regelkreis bereits hergestellt.

Von den verschiedenen Möglichkeiteen, diese Steuerspannung zu gewinnen, ist in Abb. 18.48 ein Beispiel angeführt: Dem Zeilenausgangsübertrager wird eine dem Ablenkstrom proportionale Rückschlagspannung von 55 $V_{ss}$ entnommen und gleichgerichtet. Die am 250-Ω-Trimmpotentiometer eingestellte Teilspannung wird mit der konstanten Spannung der Z-Diode Typ ZPD 8.2 verglichen. Die Differenzspannung steuert den Regeltransistor BC 340 und damit den Strom durch die Steuerwicklung des Transduktors.

## Abb. 18.49 Horizontal-Ablenkschaltung mit Transduktor-Regelung

Die Schaltung ist mit den Thyristoren BT 119 und BT 120 von Intermetall bestückt. Sie besteht im wesentlichen aus den bisher besprochenen Funktionsstufen:

- Ladedrossel $L_E$ mit parallelgeschaltetem Transduktor zur Bildbreiten- und Hochspannungsstabilisierung;
- Rücklaufschalter mit dem Thyristor BT 120 und der Diode BY 189;
- Hinlaufschalter mit dem Thyristor BT 119 und einer Diode BY 189;

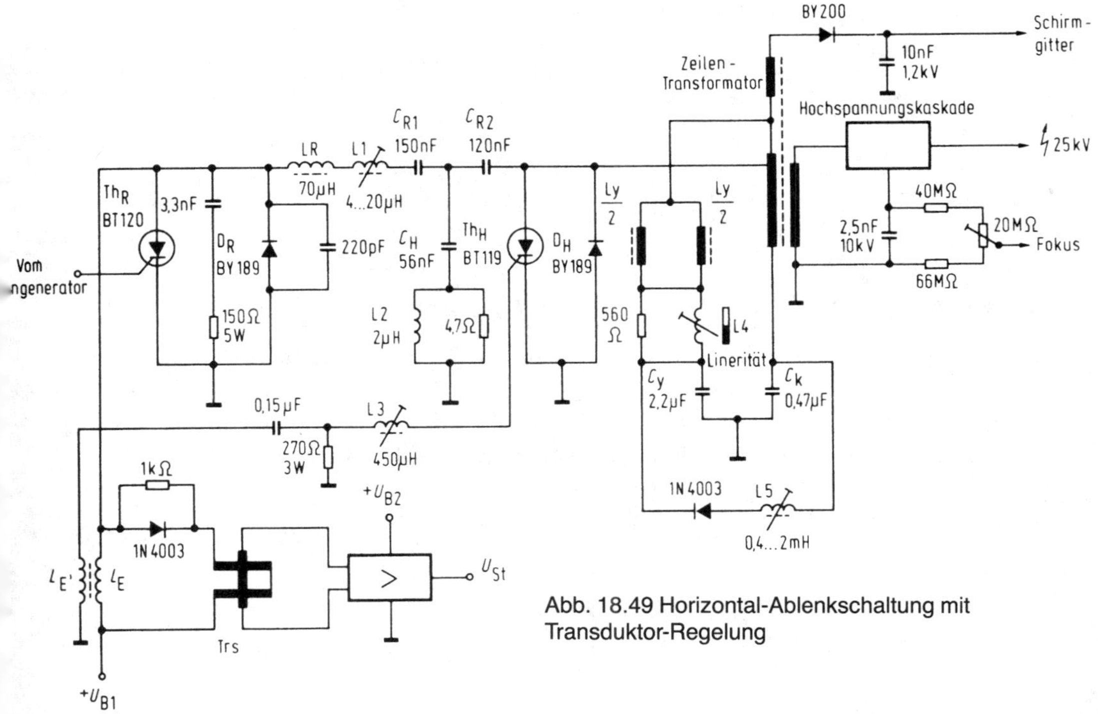


Abb. 18.49 Horizontal-Ablenkschaltung mit Transduktor-Regelung

- Ausgangsübertrager mit den Ablenkspulen $L_Y$ und dem hier am Fußpunkt liegenden Kondensator $C_3$;
- Hochspannungskaskade und Einweggleichrichter für die Bildröhrenspannungen.

Zum Abgleichen der Rückschlagzeit liegt eine Einstellspule $L_1$ in Serie mit der Rücklaufspule $L_R$.

Der Thyristor $Th_H$ im Hinlaufschalter erhält aus der Koppelwicklung der Spule $L_E$ seine Torspannung. Die Spule $L_3$ dient zum Abgleichen des Triggersignals. Die Regelstufe zum Steuern des Transduktors ist nur als Blockschaltung angedeutet. Ihre Steuerspannung kann nach Abb. 18.48 bezogen werden. Für die Regelwirkung wird angegeben, daß ±10 % Netzspannungsschwankungen sowie Strahlstromänderungen zwischen 0,1 mA und 1,5 mA die Bildbreite höchstens um 1 % ändern.

Die Thyristorsteuerung für Horizontal-Ablenkendstufen wurde hauptsächlich mit dem Aufkommen der Dünnhalsbildröhren aktuell. Geeignete Thyristoren werden von verschiedenen Firmen hergestellt. Die folgende Tabelle bringt eine Auswahl solcher Bauelemente. Besonders bemerkenswert sind die Typen der Firma Siemens, bei denen die zum Thyristor passende Diode im gleichen Siliziumplättchen integriert ist.

*Thyristoren für Horizontal-Ablenkendstufen*

| Firma | $Th_H$ | $D_H$ | $TH_R$ | $D_r$ |
|---|---|---|---|---|
| Intermetall | BT 119 | BY 189 | BT 120 | BY 189 |
| RCA | 40 640 | 40 642 | 40 641 | 40 643 |
| RCA | 40888 | 40 890 | 40 889 | 40 891 |
| Siemens | BSt CC 0146 H | integriert | BSt CC 0146 R | integriert |

## Abb. 18.50 Integrierte Steuerstufe für die Zellenablenkung

In den Abb. 11.31 bis 11.33 wurden bereits integrierte Schaltungen zum Steuern von Zeilenendstufen behandelt. Der nun zu besprechende Baustein TBA 920 wird vorzugsweise für Thyristor-Horizontalendstufen verwendet. Empfehlenswerter Wiederholungsstoff: Phasenvergleichsschaltungen Abb. 10.32 bis 10.35.

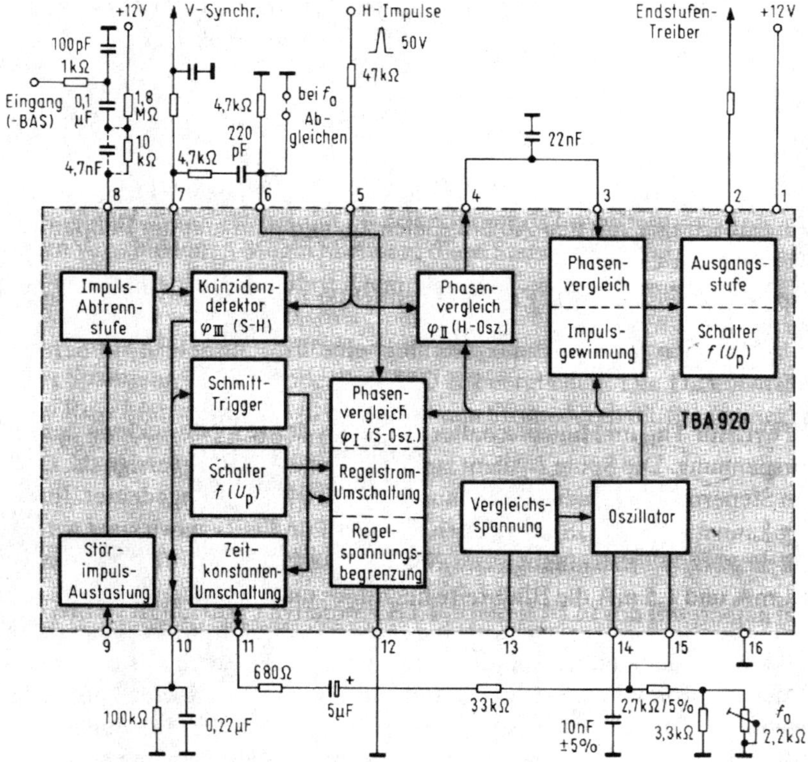


Abb. 18.50 Funktionsschema und Anschlußschaltung der Horizontalkombination TBA 920

Der Integrationsgrad der hier im Bockschema dargestellten integrierten Schaltung TBA 920 ist sehr hoch und umfaßt folgende Einheiten:

Störsignal-Austasteingang für ein Störsignal gleicher Polarität wie die des Nutzsignals.
Zeilenoszillator nach dem Schwellwertschalter-Prinzip.
Phasenvergleich I zwischen Synchronimpuls und Oszillator.
Zeitkonstanten- und Steilheitsumschaltung.
Phasenvergleich II zwischen Zeilenrücklauf und Horizontal-Austastlücke.
Ausgangsstufe zum Steuern von Halbleiter-Endstufen.
Möglichkeit für den Anschluß eines Videorecorders.

Mit einer Eingangsspannung (BAS) von 0,5 $V_{ss}$ an Klemme 8 liefert die Schaltung Steuerimpulse von 10 V an den Endstufentreiber. Ferner können an Klemme 7 positive Vertikal-Synchronimpulse mit 10 $V_{ss}$ für den Bildablenkteil entnommen werden. Die Grundfrequenz $f_0$ des internen Horizontaloszillators wird gleichstrommäßig mit dem Widerstandsnetzwerk an Klemme 15 abgeglichen. Für die Phasenvergleichsschaltung dieses Oszillators sind Horizontalimpulse mit 50 V Amplitude aus der Zeilenablenk-Endstufe zuzuführen.

Auch diese umfangreiche und viele Einzelelemente ersetzende integrierte Schaltung wird in einem Siliziumplättchen mit nur 1,5 mm Kantenlänge erzeugt und in einem kleinen Plastikgehäuse mit 16 Anschlüssen untergebracht.

## Abb. 18.60 und 18.61 Verbesserung der Bildschärfe bei Farbfernsehgeräten durch zusätzliche Steuerung der Horizontalablenkung

Die Bildschärfe in Fernsehgeräten kann durch Modulation des Horizontal-Ablenkstromes scheinbar erhöht werden. Die Ablenkgeschwindigkeit wird hierbei an den Bildinhalt, besser gesagt an die Änderungen des Bildinhaltes angepaßt. Durch Differentiation des Video-Signales wird ein Signal erzeugt, welches zur Modulation des H-Ablenkstromes und damit der Horizontal-Ablenkgeschwindigkeit verwendet wird (Abb. 18.60). In der oberen Zeile ist das ursprüngliche Y-Signal eingezeichnet, in der zweiten Zeile das differenzierte Y-Signal. Wird dieses differenzierte Video-Signal nun dazu benutzt, ein zusätzliches Ablenkfeld zu erzeugen, so kann dadurch die Horizontal-Ablenkgeschwindigkeit moduliert werden. Ein Verzögern der Horizontal-Ablenkgeschwindigkeit ergibt einen scheinbar schnelleren Übergang von Hell-Dunkelsprüngen und umgekehrt (untere Zeile Abb. 18.60). Es muß jedoch dafür gesorgt werden, daß der Modulationsstrom in der Zusatzwicklung der Horizontal-Ablenkung zeitlich genau den entsprechenden Video-Signalen an den Elektroden der Bildröhre zusammenfällt. Abb. 18.61 zeigt das Blockschaltbild für den Ablenkgeschwindigkeitsmodulator und dessen Anschlüsse am Y-Signal und an der Hilfsspule der Bildröhre. Hier wird das demodulierte Leuchtdichtesignal (Y) als Ausgangsbasis für die Erzeugung eines von der Bildinhaltsänderung abhängigen Korrektursignals verwendet. Das Y-

Signal wird differenziert und nach Verstärkung einer Zusatzspule zugeführt. Dadurch wird eine Modulation des Ablenkfeldes erreicht. Wie bereits erwähnt, ist die zeitliche Abstimmung von Leuchtdichtesignal an der Bildröhre und Korrektursignal ein wesentlicher Faktor. Korrektur- und Y-Signal unterliegen verschiedenen Verzögerungen in der Schaltung, so daß das Korrektursignal durch eine separate Verzögerungsleitung oder durch einen Abgriff an der vorhandenen Y-Verzögerungsspule an das Signal der Bildröhre zeitlich angepaßt werden muß.

Der Einsatz einer solchen Schaltung in einem Farbfernsehgerät mit einer 30 AX-Farbbildröhre erfordert nur geringe Schaltungsänderungen und -zusätze. Die Verzögerung des Y-Signals muß neu angepaßt werden. Die Modulationswicklung kommt bei

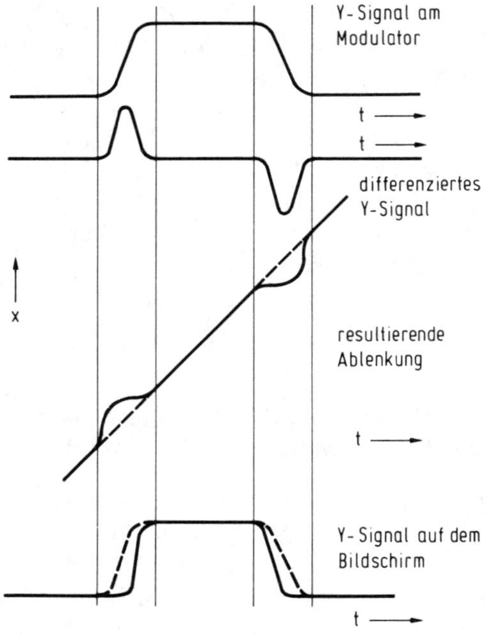


Abb. 18.60 Wirkung der Geschwindigkeitsmodulation anhand der Y-Signale und Ablenkgeschwindigkeit

Unten: Abb. 18.61 Blockschaltbild des Ablenkgeschwindigkeitsmodulators

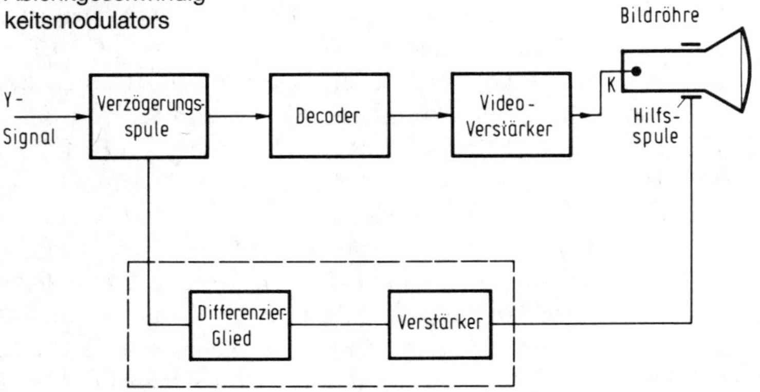

der Bildröhre hinzu. Sie besteht aus zwei gedruckten Spulen mit je vier Windungen. Der Öffnungswinkel beträgt 120°. Auf diese Weise ist die Beeinflussung der Konvergenz am geringsten, sie kann vernachlässigt werden. Die beiden Spulen sind in Serie geschaltet, damit eine Beeinflussung durch die Kompensationsströme in den Vertikal-Ablenkspulen vermieden wird. Die Folie mit den Zusatzspulen wird zwischen der Plastikmasse und den Zeilenablenkspulen angeordnet. Bei Videotext ist es zweckmäßig, diese Zusatzschaltung abzuschalten.

## Abb. 18.62 Bildschärfeverbesserung durch Bildsignal-Nachbearbeitung im Farbdecoder

Obwohl die Fernsehbildwiedergabe im Heimempfänger inzwischen einen hohen Stand erreicht hat, bleiben dennoch Wünsche nach weiteren Verbesserungen offen. Ihre Erfüllung erfordert aber meist einen beträchtlichen Schaltungsaufwand oder gar die Änderung der Fernsehnorm.

Hier eine weniger aufwendige Alternative: Die integrierte Schaltung **TDA 4670** zur Bildsignal-Nachverarbeitung, die folgendes leistet:

- Zur Verbesserung der Schärfe des s/w-Anteils des Fernsehbildes erfährt das Luminanzsignal eine Aperturkorrektur nach dem Prinzip des Kosinusentzerrers: Integrierte Verzögerungszellen liefern zwei zum Hauptsignal symmetrische Echos, aus denen das Korrektursignal gebildet wird. Eine nichtlineare Begrenzerschaltung wirkt der Anhebung des Rauschens entgegen.
- Die Flanken der Farbdifferenzsignale R–Y und B–Y werden mit einem Entzerrer versteilert. Dadurch werden die Farbübergänge etwa so scharf wie die s/w-Übergänge.

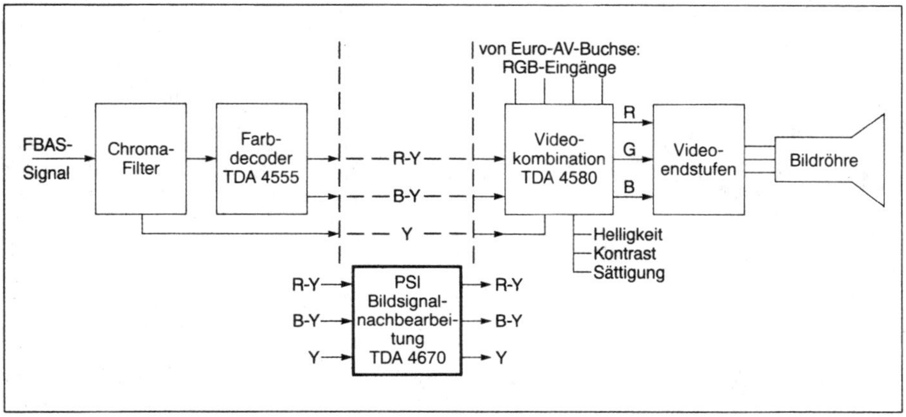


Abb. 18.62 Bildschärfe-Verbesserung durch Signalnachbearbeitung mit TDA 4670 im Farbdecoder (Valvo)

- Eine integrierte Luminanz-Verzögerungsleitung dient der zeitlichen Anpassung von Luminanz- und Farbdifferenzsignalen. Sie ist im Bereich 0 ... 1,2 $\mu$s in Schritten von 45 ns einstellbar.
- Ein integrierter $I^2$-C-Bus-Empfänger übernimmt verschiedene Steuerungsaufgaben wie Einstellung des Grades der Aperturkorrektur und Anpassung der Luminanz Verzögerungszeit oder der Echolaufzeit an die jeweiligen Signalbedingungen.

Ferner ist mit dieser Schaltung eine Verringerung der Crosscolour-Störung möglich, indem die Chromabandbreite vermindert wird. Die Versteilerungsschaltung sorgt trotzdem für gute Farbübergänge.

Die Schaltung TDA 4670 wurde in herkömmlicher Analogtechnik entwickelt. Sie kann optimal in Y-, R-Y- und B-Y-Signalpfade eingesetzt werden. Eine passende Schnittstelle im Dekoderkonzept ist natürlich vorauszusetzen.

# 19 Konvergenzteil

Im Zuge der Weiterentwicklungen von Farbbildröhren hat der Konvergenzteil immer mehr an Bedeutung verloren. Heute benötigen 90°-Farbbildröhren nicht mehr Entzerrungsmittel als Schwarzweiß-Röhren. Bei 110°-Bildröhren wird in der Regel ein Diodenmodulator zur Kissenentzerrung eingesetzt.

Da aber noch viele ältere Farbfernsehgeräte in Betrieb sind und repariert werden müssen, wird nachstehend auf die Konvergenzprobleme bei den verschiedenen Bildröhrentypen eingegangen. Außerdem sind Konvergenzschaltungen immer noch bei Großbildprojektoren und Fernsehkameras gebräuchlich.

Die Rasterkorrektur- und Konvergenzeinstellung beim Farbfernsehempfänger ist notwendig, um auf dem Bildschirm ein geometrisch genaues, rechteckiges Zeilenraster zu schreiben und um die drei Elektronenstrahlen stets durch dasselbe Maskenloch auf die zu diesem Loch gehörenden drei Farbpunkte zu richten. Dies sind zwei verschiedene Vorgänge, nämlich:

1. Die Rasterkorrektur oder Kissenentzerrung mit Hilfe von Korrekturströmen in der *Ablenkeinheit*.
2. Die Konvergenzeinstellung der Farbdeckung, d.h. das Zurdeckungbringen von Blau, Grün und Rot, damit an allen Stellen des Rasters Weiß erzeugt werden kann. Dazu dienen Korrekturströme, die der *Konvergenzeinheit* zugeführt werden.

Im Sprachgebrauch des Fernsehtechnikers hat sich allerdings eingeführt, beide Funktionen unter dem Sammelbegriff „Konvergenz" zusammenzufassen. Dazu mag auch beitragen, daß die Farbdeckung nicht nur über die Konvergenzeinheit erfolgt, sondern auch durch Zusatzströme in der Ablenkeinheit korrigiert wird.

Weil aber das Gebiet so verwickelt ist, gibt man sich ganz besondere Mühe, die Arbeit des Prüffeld- und Servicetechniker möglichst zu vereinfachen. Die Bedienungsorgane, um auf dem Bildschirm das Raster und die Farbdeckung sauber einzustellen, werden mit sinnfälligen Symbolen versehen, damit man ohne schriftliche Anweisungen die richtigen Handgriffe in der richtigen Reihenfolge ausführt.

In diesem Kapitel wird nur die Delta-Farbbildröhre behandelt, weil sie noch in Millionen von Empfängern in Gebrauch ist, und weil diese Geräte auf Jahre hinaus noch betreut werden müssen. Außerdem läßt sich aus diesen Betrachtungen erst so richtig ermessen, ein wie diffiziles mechanisches und elektronisches Erzeugnis die Farbbildröhre an sich ist, und welche Ingenieurleistungen aufgewendet worden sind, um mit der Schlitzmaskenröhre den Empfängerbau und den Service zu vereinfachen. Diese Vereinfachung wurde bereits auf den Seiten 284 bis 293 behandelt.

## *Rasterkorrektur oder Kissenentzerrung*

### Abb. 19.01 Ablenkwinkel und Bildschirmebene

Wie in Abb. 14.01 bis 14.04 behandelt, befindet sich im Inneren der Delta-Bildröhre die aus dünnem Stahlblech bestehende Lochmaske, und zwar in etwa 15 mm Abstand vom Leuchtschirm. Diese Lochmaske enthält fast eine halbe Million winziger, zeilenweise angeordneter Löcher, wie folgende Überschlagsrechnung beweist: Der Bildschirm hat ein Seitenverhältnis von 3 : 4. Das Bild ist rund 600 Zeilen hoch (25 Zeilen werden für den Bildrücklauf benötigt). Man braucht also 600 Lochreihen in der Höhe, d.h. bei einem Seitenverhältnis von 3 : 4

$$\frac{x}{600} = \frac{4}{3} \qquad x = 800 \text{ Löcher pro Zeile}$$

Dies ergibt eine Gesamtzahl von

$$n = 600 \cdot 800 = 480\,000 \text{ Löcher je Maske}$$

Die Bildröhrenherssteller nennen im allgemeinen eine Zahl von 440 000 Löchern, d.h. die Bildränder werden etwas beschnitten. Das fällt jedoch dem Zuschauer kaum auf, denn es handelt sich rechnerisch nur um einen Randstreifen von etwa 1,5 % in der Höhe und Breite des Bildes und gibt Sicherheit, daß keine schwarzen Bildränder auftreten.

Die drei Strahlsysteme innerhalb der Bildröhre sind in Form eines gleichschenkligen Dreiecks angeordnet und um etwa 1,5° gegen die Mittelachse der Röhre geneigt. Die drei Elektronenstrahlen sollen stets im gleichen Maskenloch zusammenlaufen

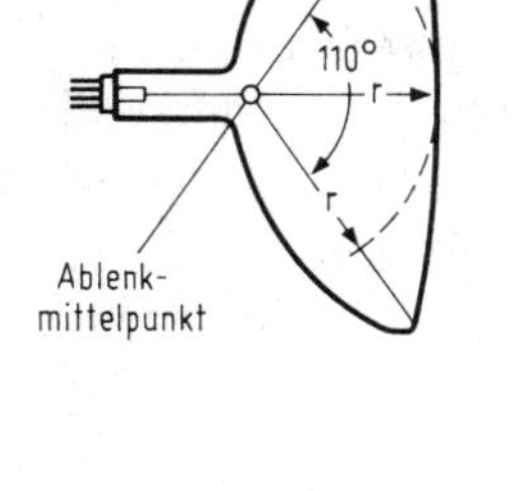


Abb. 19.01 Ablenkwinkel und Auslenkung auf dem Bildschirm sind nicht proportional zueinander

oder *konvergieren*[1]). Dahinter streben sie wieder etwas auseinander. Jeder Strahl trifft dann auf seinen eigenen Farbpunkt mit rotem, grünem oder blauem Leuchtstoff. Die drei Leuchtpunkte bilden ebenfalls ein gleichseitiges Dreieck. Zu jedem Loch in der Maske gehört eine Gruppe von drei Punkten, so daß der Bildschirm aus rund 1,3 Millionen Leuchtpunkten besteht.

Das Bündel der drei Elektronenstrahlen wird mit Hilfe der Ablenkströme in den Ablenkspulen zeilenweise über den Bildschirm geführt. Die ganz große Schwierigkeit besteht nun darin, daß auch wirklich immer die drei Strahlen sauber Loch für Loch auf einer waagerechten Löcherreihe entlangwandern und stets richtig auf den gerade zu diesem Loch gehörenden drei Leuchtpunkten landen. 1,3 Millionen Leuchtpunkte in je einer 50stel Sekunde richtig zu treffen, das ist wirklich eine harte Forderung, und es hat sehr viel Entwicklungsarbeit gekostet, um diese Technik zu beherrschen.

Die Konvergenz, das Vereinen der drei Elektronenstrahlen, muß also an allen Punkten der Lochmaske erzwungen werden, damit ein regelmäßiges Zeilenraster mit den richtigen Farben auf dem Bildschirm entsteht. Bereits bei der Schwarzweißröhre erforderte dies besondere Entzerrungsmaßnahmen, um die Zeilen in genau gleichmäßigen Abständen zu schreiben[2]). Tritt dort eine Abweichung auf, dann gibt dies allenfalls an den Rändern ein leicht gestauchtes oder gedehntes Bild. Drastisch gesprochen, wachsen also z.B. bei einem Sprecher die Haare länger aus dem Kopf heraus.

Beim Farbempfänger geraten dann aber noch die Farben durcheinander, besonders, wenn die Zeilen nicht geradlinig verlaufen, sondern kurvenförmig „verbogen" sind. Die zu lang geratenen Haare färben sich dann vielleicht außerdem noch grün.

Das ist aber nur eine der vielen Fehlerquellen der Bildschirmgeometrie. Das Raster wird nämlich *kissenförmig* verzeichnet. Nach Abb. 19.01 kann man sich die Strahlen von einem Ablenkmittelpunkt innerhalb der Ablenkeinheit ausgehend denken. Der linear ansteigende Ablenkstrom bewirkt proportional dazu sich ändernde Ablenkwinkel. Die zugehörigen Bildsignale müßten daher eigentlich auf einen kugelförmigen Bildschirm mit dem Radius $r$ projiziert werden. Ein auf den Rand des wirklichen Bildschirms gerichteter Strahl hat einen weiteren Weg zurückzulegen als auf der Mittelachse, weil der Bildschirm flacher gewölbt ist als die Kugelschale, die gleichen Wegen oder Radien $r$ entspricht. Infolge des weiteren Weges zum Bildschirmrand gelangt der Strahl um das Maß $a$ weiter nach außen als eigentlich beabsichtigt. In den Bildecken sind die Ablenkwinkel zur Mittelachse und damit diese Fehler am größten. Die Darstellung gilt für die Diagonale einer 110°-Bildröhre. Man kann aus der Zeichnung erkennen, daß die Abweichungen $a$ in den äußersten Ecken sehr groß sein müssen.

## Abb. 19.02 Kissenentzerrung

Soll also auf dem Bildschirm ein Rechteck wiedergegeben werden, so wird es zu einer Kissenform verzeichnet. An den am weitesten vom Mittelpunkt entfernten

1 convergere (lateinisch) = sich zusammenneigen.
2 Abb. 7.29, 11.07 und 11.53 bis 11.55.

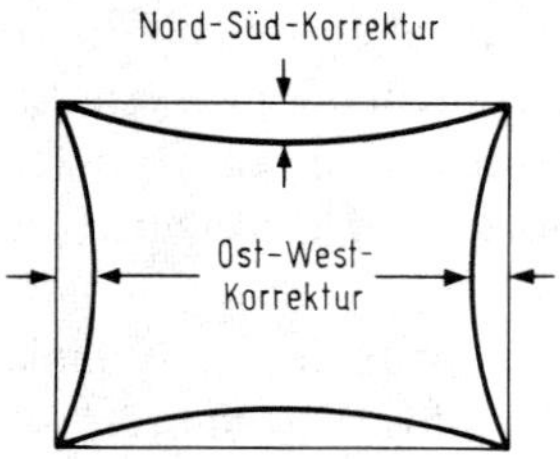


Abb. 19.02 Entstehen der Kissenverzerrung auf dem Bildschirm

Ecken bilden sich die Kissenzipfel aus. Die bogenförmigen Kissenkanten müssen nun wieder geradlinig gemacht werden. Man spricht dabei sehr sinnfällig von der Nordsüdkorrektur und der Ostwestkorrektur. Diese Korrektur erfolgt durch Zusatzströme in den Ablenkspulen. Die Ströme verlaufen dann nicht mehr genau sägezahnförmig mit linearer Anstiegsflanke, sondern gegenläufig gekrümmt, um den Durchgang der Kissenkanten auszugleichen. Diese Beeinflussung der Anstiegsflanken ist verwandt mit der Linearitätseinstellung oder Tangensentzerrung bei Schwarzweißbildröhren.

## Abb. 19.03 Ost-West-Korrektur

Die Abbildung zeigt oben nochmals eine gleichmäßige Kissenverzerrung infolge des flachen Bildschirms. Kissenverzeichnung bedeutet, daß die Zeilen oben und unten verbogen und in der Mitte zu kurz sind. Diese gekrümmten Linien werden mathematisch als Parabeln bezeichnet. Dies sind Kurven, die sich ergeben, wenn man einen Kegel schräg durchschneidet. Und in der Tat beschreibt der Strahl auch beim Schreiben einer Zeile eine Kegelfläche, die von der Schirmfläche geschnitten wird. Betrachten wir vorerst nur die notwendige Ostwestkorrektur. Wir nehmen zur Vereinfachung an, daß das Raster aus 601 Zeilen besteht und die übrigen 24 Zeilen auf den Rücklauf entfallen. Zeile 1 ist dann zu lang und hängt nach unten durch. Die mittlere Zeile 301 ist zwar geradlinig, aber zu kurz. Zeile 601 ist wieder zu lang und nach oben durchgebogen.

Interessieren wir uns zunächst nur für die Zeilenlänge. Macht man elektrisch die Zeilenamplituden in der Mitte größer als oben und unten, dann kann man den Ostwestfehler kompensieren oder korrigieren. Dazu müssen wir nach Abb. 19.03 unten während einer Bildperiode die Amplituden des Zeilenablenkstroms so modulieren, daß die 301. Zeile gerade um diese Ostwestkorrektur länger ist, als es die Zeilen am oberen und unteren Bildrand sind. Die Modulationshüllkurve muß die Form einer entgegengesetzt zur Kissenverzeichnung liegenden Parabel haben. Aus der optischen Verzerrung auf dem Bildschirm und der elektrischen Vorverzerrung der Zeilenablenkung ergeben sich dann als Mittelwerte lineare, senkrechte Begrenzungskanten des Bildrasters.

Die parabelförmigen Zusatz- oder Korrekturströme müssen für jeden Bildwechsel wiederholt werden. Ihre Frequenz entspricht also der Bildkippfrequenz, die Ströme

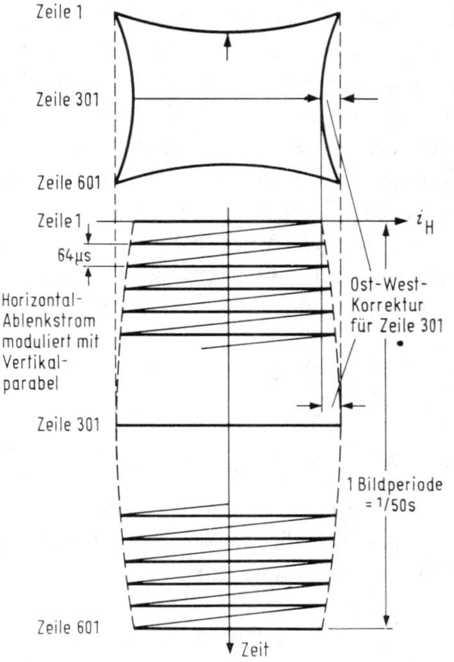


Abb. 19.03 Ostwestkorrektur durch größere Ablenkamplituden in Bildschirmmitte

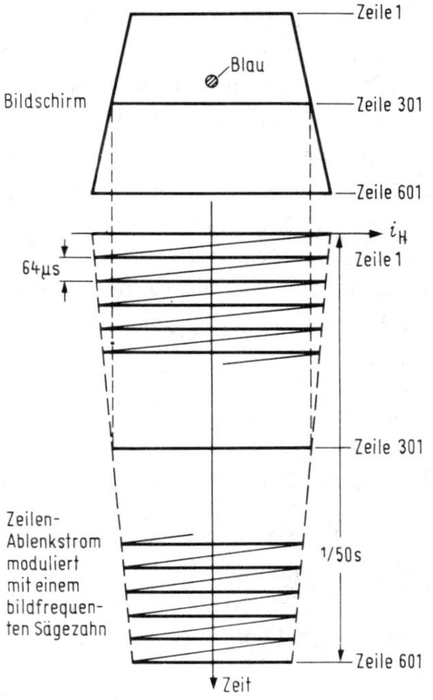


Abb. 19.04 Trapezverzerrung und ihre Korrekturmöglichkeit

werden deshalb aus dem Vertikalablenkteil gewonnen. Für die Ostwestkorrektur muß demnach der Horizontalablenkstrom, der auf so kunstvolle Weise in der Zeilenendstufe erzeugt worden ist, mit der Bildfrequenz amplitudenmoduliert werden. Diese zum Modulieren erforderlichen Parabelspannungen gewinnt man, ähnlich wie bei Abb. 11.07 erwähnt, durch Integrieren von Bildkippimpulsen.

## Abb. 19.04 Trapezkorrektur

Ein Rechteckmuster wird aber nicht nur kissenförmig verzeichnet, sondern es tritt auch eine trapezförmige Verzerrung auf. Sie rührt z.B. beim Strahlsystem für Blau daher, daß dieses System etwas oberhalb der Mittelachse der Röhre sitzt. Der Strahl muß bis zum unteren Rand einen etwas weiteren Weg zurücklegen, d.h. er kommt weiter nach außen, die Zeile 601 ist länger als die Zeile 1. Im Bild ist dies übertrieben dargestellt.

Wie kann nun eine solche Trapezverzerrung ausgebügelt werden? Das ist leicht zu übersehen. Bei einem unten breiten Trapez auf dem Bildschirm (Zeile 601) muß der Zeilenablenkstrom während einer Bildperiode mit einem entgegengesetzt verlaufenden Sägezahn moduliert werden, wie im Unterteil des Bildes angedeutet. Die elektrisch verkürzte Zeilenamplitude, bzw. der kleinere Ablenkstrom ergibt dann auch eine optisch verkürzte Zeile auf dem Bildschirm – die Trapezseite wird kürzer.

Ist das Trapez außerdem an den Seiten kissenförmig verzeichnet, dann muß man gleichzeitig mit Parabel- und Sägezahnströmen modulieren. Das alles haben die Entwicklungsingenieure der Farbbildröhren und Farbfernsehempfänger xmal durchdacht, durchgerechnet und durchprobiert, um Korrekturschaltungen zu finden, mit denen Parabel- und Sägezahnströme so erzeugt werden, daß sie der Servicetechniker dann routinemäßig hintrimmen kann. Er braucht sich normalerweise gar nicht um die Form der Korrekturströme zu kümmern, sondern nur den Bildschirm zu beobachten, ob beim Betätigen der Abgleichelemente ein Gittermuster richtig geradlinig und parallel wird.

## Abb. 19.05 bis 1907 Parabeln und Sägezähne

In Abb. 19.05 sind die beiden Verzerrungen für ein blaues Rechteck kombiniert gezeichnet, nämlich die Kissenverzeichnung und die überlagerte Trapezverzerrung, die entsteht, weil das Strahlsystem für Blau etwas oberhalb der Mittellinie des Bildschirms liegt. Die obere Rechteckkante verlängert sich infolgedessen um das Maß *a* gegenüber der waagerechten Mittellinie. Die untere Bildkante ist um das Maß *b* weiter hinausgerückt. (Um die Verhältnisse deutlicher zu machen, wurden die Verzeichnungen übertrieben groß dargestellt.)

Um diese verschieden langen Zeilen über die Bildhöhe hinweg wieder auf gleiches Maß zu bringen, muß man einen Parabelstrom und einen Sägezahnstrom überlagern

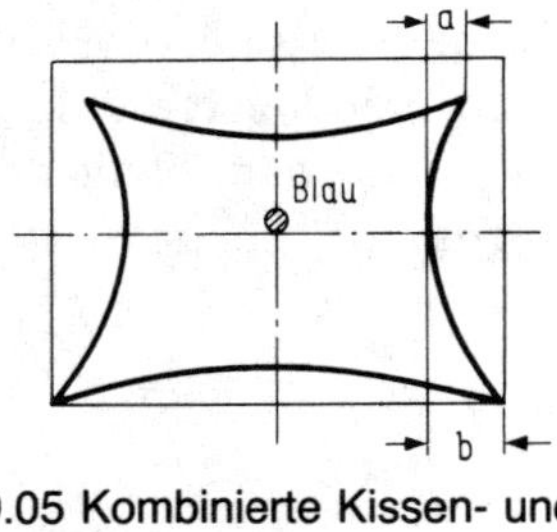


Abb. 19.05 Kombinierte Kissen- und Trapezverzerrung

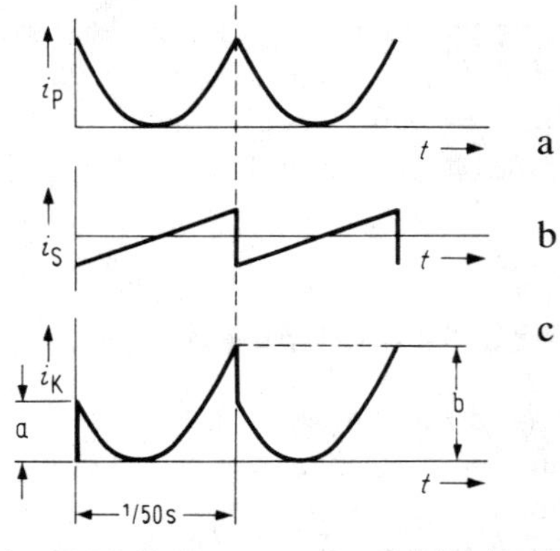


Abb. 19.06 Zusammensetzung des Konvergenzstromes aus Parabelströmen und Sägezahnströmen

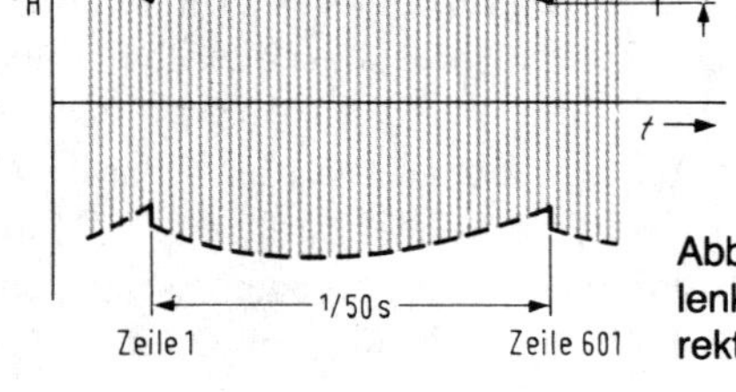


Abb. 19.07 Modulation des Horinzontalablenkstromes mit vertikalfrequenten Korrekturströmen

und mit diesem Summensignal den Zeilenablenkstrom modulieren. Das Entstehen des Summensignals ist in Abb. 19.06 schematisch dargestellt. Der Parabelstrom (Abb. 19.06a) wird durch Integrieren von Bildkippimpulsen gewonnen[1]). Der Sägezahnstrom Abb. 19.06b kann aus dem Vertikalablenkteil entnommen werden. Durch Addieren ergibt sich die Kurvenform 19.06c. Zum Zeitpunkt 0, also am oberen Bildrand, besitzt sie die Anhebung *a* gegenüber der Grundlinie. Nach Ablauf eines Bildes, d.h. am unteren Bildrand, hat der Abstand den Wert *b*, ist also größer als *a*, wie dies nach Abb. 19.05 erforderlich ist.

Nach dem Modulieren des Zeilenablenkstroms mit diesem Korrekturstrom ergibt sich ein Verlauf nach Abb. 19.07. Gegenüber den Abbildungen 19.03 und 19.04 wurde die Zeitachse jetzt waagerecht angeordnet, so, wie man ein solches Diagramm auf einem Elektronenstrahloszillografen sehen würde.

## Abb. 19.08 Nord-Süd-Korrektur

Bei der Nordsüdkorrektur Abb. 19.08a und b sieht die Sache ziemlich verzwickt aus. Normalerweise steuert man den Elektronenstrahl oder das Strahlenbündel bei der Farbröhre während einer Vertikalablenkung mit einem stetig verlaufenden Sägezahnstrom von oben nach unten. Die Zeile 1 hängt aber auf dem Bildschirm in der Mitte durch. Während der Dauer der Zeile 1 muß man deshalb diesem 64 μs dauernden Sägezahnabschnitt einen Stoß nach oben geben, und zwar wieder in Form einer gegenläufigen Parabel. Diese Nordsüdkorrektur in der Mitte der Zeile 1 muß elektrisch gerade den optischen Durchgang auf dem Bildschirm kompensieren. Bei den nächsten Zeilen wird diese Parabelkorrektur immer kleiner, und bei Zeile 301 braucht nichts kompensiert zu werden, sie verläuft ohnehin geradlinig. Zum unteren Bildrand wie-

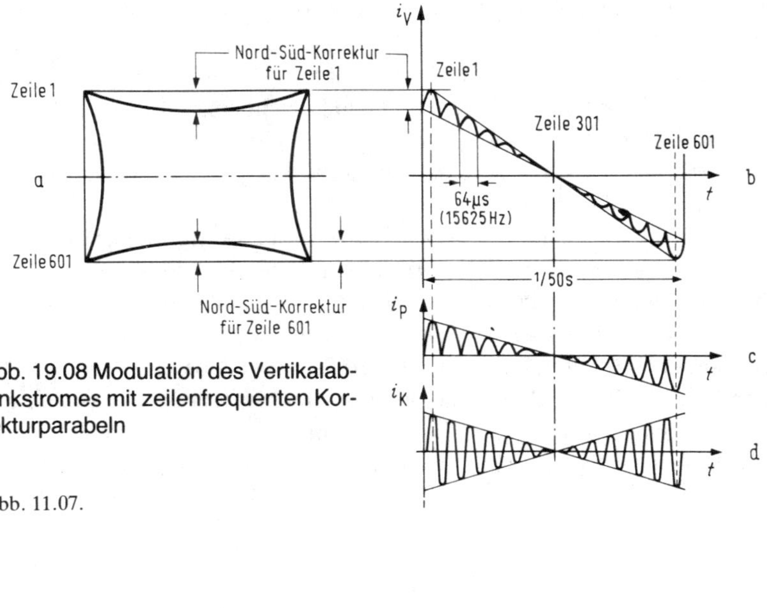


Abb. 19.08 Modulation des Vertikalablenkstromes mit zeilenfrequenten Korrekturparabeln

1 Vgl. Abb. 11.07.

derholt sich das Spiel in umgekehrter Richtung, also: Der Vertikalablenkstrom muß mit horizontalfrequenten Parabeln moduliert werden, um die Nordsüdverzeichnungen zu entzerren.

In Abb. 19.08c ist der Verlauf dieses Parabelstroms für sich allein dargestellt. Wie man daraus entnehmen kann, wechselt beim Nulldurchgang der sägezahnähnlichen Hüllkurve das Vorzeichen der Parabelspannungen. (Der Zeitmaßstab für die zeilenfrequente Parabelspannung mußte in diesen Bildern vergröbert werden, damit man die Zusammenhänge besser erkennen kann. In Wirklichkeit entfallen natürlich rund 600 Zeilenparabeln auf eine Bildperiode.)

Aus der relativ hohen Zeilenfrequenz von 15 625 Hz ist es etwas schwierig, Parabelströme durch Integrieren zu gewinnen. Glücklicherweise genügt es aber, wenn man diese Parabelfolge von Abb. 19.08c durch einen Schwingungszug nach Abb. 19.08d annähert. Er muß allerdings auch nach dem Nulldurchgng die richtige Phasenlage haben.

Diesen Schwingungszug braucht man nicht durch Integrieren der Zeilenimpulse zu gewinnen, sondern man erzeugt ihn durch einen Hilfsschwingkreis. Man stimmt z.B. die Ausgangswicklung des Bildkipp-Ausgangsübertragers durch eine Kapazität auf diese Frequenz ab und stößt den Kreis mit Zeilenimpulsen an. Die Schwingungen überlagern sich dann in gewünschter Weise dem Bildablenkstrom ähnlich Abb. 19.08b.

## Abb. 19.09 und 19.10 Rasterkorrektur mit einem Transduktor

Man unterscheidet passive und aktive Kissenentzerrungen. Bei der passiven Entzerrung entnimmt man die Korrekturströme direkt aus der einen Ablenkstufe und überlagert sie dem Ablenkstrom der anderen Endstufe. Bei der aktiven Entzerrung beeinflußt man über Verstärkerstufen die Steuerspannung der Endstufen in der gewünschten Weise. Diese aktive Entzerrung ist notwendig bei 110°-Bildröhren, weil sie sehr hohe Korrekturströme benötigen, die man nicht einfach aus den Ablenkteilen selbst entnehmen kann. Für 90°-Bildröhren kommt man mit passiver Entzerrung aus. Viel verwendet wurde die hier schematisch dargestellte Korrekturschaltung Abb. 19.09 mit einem Transduktor.

Betrachten wir zunächst die *Ostwestkorrektur*. Über die Steuerwicklung des Transduktors fließt der sägezahnförmige Vertikalablenkstrom $i_V$. Die Arbeitswicklung liegt über große Kapazitäten parallel zur Horizontalablenkspule. Bei den Spitzenwerten $+ i_V$ und $- i_V$ des Vertikalablenkstromes Abb. 19.10 wird die Arbeitswicklung in die Sättigung gesteuert. Sie nimmt einen größeren Strom auf, belastet dadurch den Zeilentransformator, die Zeilenablenkspannung bricht entsprechend zusammen, und die Zeilen werden kürzer, wie dies nach Abb. 19.03 und 19.07 notwendig ist.

Geht der Vertikalablenkstrom durch Null, dann tritt auch kein Strom in der Steuerwicklung des Transduktors auf. Die Arbeitswicklung behält ihren hohen Induktivitäts-

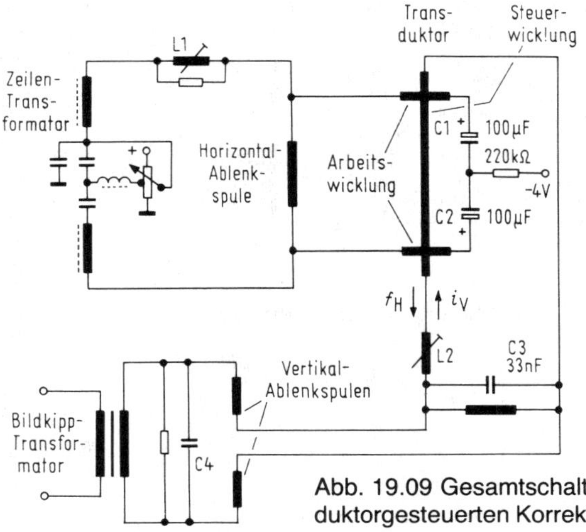


Abb. 19.09 Gesamtschaltung einer transduktorgesteuerten Korrektureinrichtung

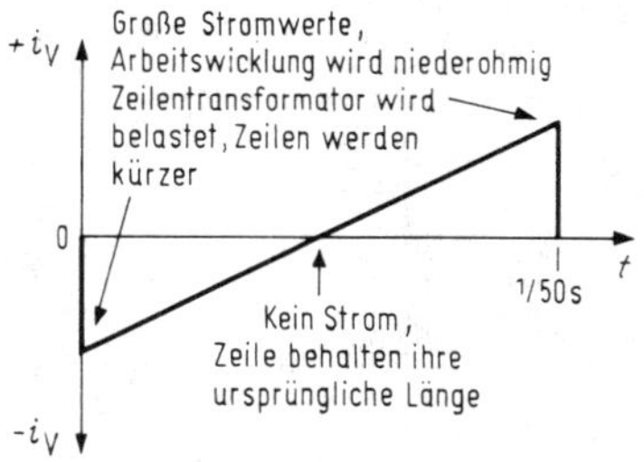


Abb. 19.10 Steuerstrom für den Transduktor

wert, dämpft den Zeilenausgangsübertrager nicht mehr, und die Zeilenablenkströme behalten ihre ursprünglichen Amplituden.

*Nordsüdkorrektur.* Über den Transistor gelangen aber auch in umgekehrter Richtung zeilenfrequente Impulse der Frequenz $f_H$ aus der Arbeitswicklung in die Steuerwicklung und von dort zu den Vertikalablenkspulen. Sie überlagern sich dem Bildablenkstrom, und man erhält den „schartigen" Sägezahnverlauf nach Abb. 19.08b. Das ergibt dann die Nordsüdkorrektur. Der parallel zum Bildkipp-Ausgangsübertrager liegende Kondensator stimmt auf die erforderliche Schwingungsform entsprechend Abb. 19.08d ab. Mit den Einstellspulen L1 und L2 werden Nordsüdkorrektur und Ostwestkorrektur abgeglichen.

## Abb. 19.11 und 19.12 Rasterkorrektur mit zwei Transduktoren

Die gegenseitige Beeinflussung von Bildkippendstufe und Zeilenkippendstufe über einen einzigen Transduktor bringt gewisse Schwierigkeiten, die aber für 90°-Bildröhren beseitigt werden konnten. Für die 110°-Technik mit ihren höheren Korrekturströmen mußte man aber die Funktionen auftrennen und zwei Transduktoren vorsehen. Abb. 19.11 zeigt eine Anordnung zur Nordsüdkorrektur. Eine Hilfswicklung auf dem Zeilenausgangsübertrager steuert den Transduktor Typ TD 703 mit Horizontalimpulsen. Der Transduktor wird mit einem Gleichstrom vormagnetisiert, um den Arbeitspunkt günstig zu legen.

Die vom Transduktor gelieferte Korrekturspannung $U_{K1}$ wird durch den Resonanzkreis aus $L_{Ph}$ und C1 auf 250...300 V erhöht und als Korrekturspannung $U_{K2}$ in den Vertikalablenkkreis eingeführt. Er ist durch den Kondensator C2 zu einem Schwingkreis ergänzt, um die Schwingung entsprechend Abb. 19.08d zu formen.

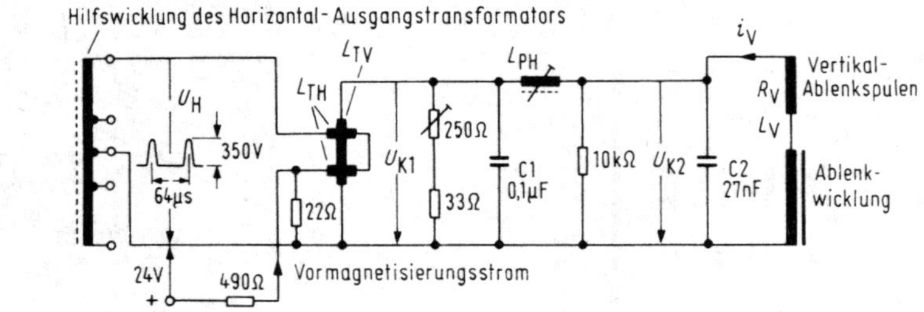


Abb. 19.11 Transduktorschaltung für die Nordsüdkorrektur

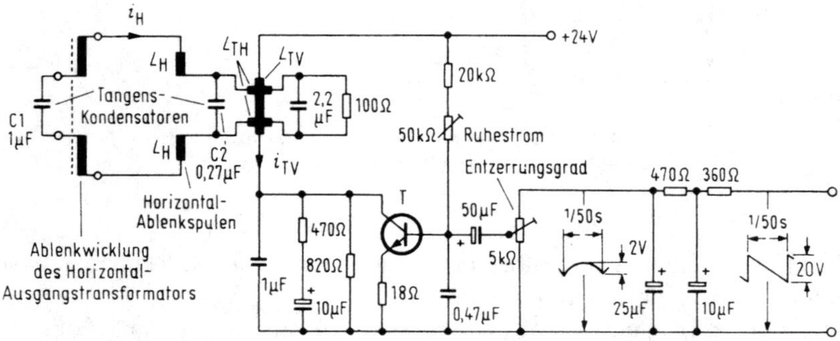


Abb. 19.12 Transduktorschaltung für die Ostwestkorrektur

Für die Ostwestkorrektur ist die Schaltung Abb. 19.12 mit dem Transduktor TD 702 vorgesehen. Der Steuerfluß in dieser Schaltung geht von rechts nach links. Eine bildfrequente Sägezahnspannung mit $u_{ss}$ = 20 V wird durch ein doppeltes RC-Glied integriert und ergibt eine Parabelspannung mit $u_{ss}$ = 2 V. Diese wird in einer Transistorstufe verstärkt. Ihr Ausgangsstrom steuert den Transistor, und dieser moduliert den Ablenkstrom für den Zeilenablenkkreis. Verschiedene RC-Glieder beeinflussen zusätzlich die Form des Korrekturstroms und verhindern unerwünschte Rückwirkungen der Zeilenablenkspannung auf den Vertikalablenkteil.

## Konvergenzeinstellung bei der Deltaröhre

(Empfohlener Wiederholungsstoff: Abb. 14.01 bis 14.13 die Farbbildröhre. Nochmals sei betont, daß diese Abschnitte für die Deltaröhre mit ihrem Dreieck angeordneten Leuchtflecken gilt. Bei der neueren Schlitzmaskenröhre vereinfachen sich die Dinge wesentlich.

## Abb. 19.21 und 19.22 „Divergenz" der Auftreffpunkte

Das Gegenteil von konvergieren = zusammenlaufen ist divergieren = auseinanderlaufen. Und dazu haben die drei Strahlen in der Farbbildröhre eine sehr große Neigung. Die Strahlsysteme sind, in der Bildröhrenachse gesehen, nach Abb. 19.21 angeordnet. Beim Blausystem muß der Strahl, wie bereits behandelt, zum unteren Rand und in die unteren Ecken einen weiteren Weg zurücklegen als zum oberen Rand. Das bedeutet, daß das Kissen für Blau zusätzlich trapezförmig verzeichnet ist (in der Abb. übertrieben dargestellt).

Bei den beiden anderen Systemen ergeben sich aus den gleichen Gründen schiefe trapezförmige Verzeichnungen mit einem weiter ausladenden Zipfel nach rechts oben für Rot und nach links oben für Blau. Dadurch ziehen sich auch die zugehörigen senkrechten und waagerechten Mittellinien an den Rändern gabelförmig auseinander. Die Bildröhrenhersteller, die zugleich auch die Ablenksysteme für ihre Bildröhren bauen, streben an, dieses unvermeidliche Auseinanderlaufen an den Ecken und Rändern so zu beeinflussen, daß die Auftreffpunkte der drei Strahlen an diesen charakteristischen Stellen etwa nach Abb. 19.22 liegen, d.h. Dreiecke bilden, bei denen Rot und Grün nebeneinander zu liegen kommen und Blau darunter.

Diese Divergenzen müssen dann durch elektrische Korrekturschaltungen beseitigt werden, damit sich ein einwandfreies Bild ergibt. Dabei geht man ähnlich vor, wie früher in Abb. 14.07 und 14.08 kurz behandelt, daß man zunächst die roten und grünen Linien waagerecht aufeinander zuschiebt und in einem weiteren Abgleichvorgang Blau damit zur Deckung bringt.

Aus Abb. 19.22 lassen sich folgende Gruppen von Konvergenzeinstellungen ableiten:

1. Statische Konvergenz in Bildmitte
2. Vertikalkonvergenz in einer mittleren senkrechten Zone des Bildschirms
3. Horizontalkonvergenz an den Bildschirmrändern
4. Eckenkonvergenz an den Bildschirmecken

Abb. 19.21 Unterschiedliche Rasterverzeichnungen bei einer Deltaröhre

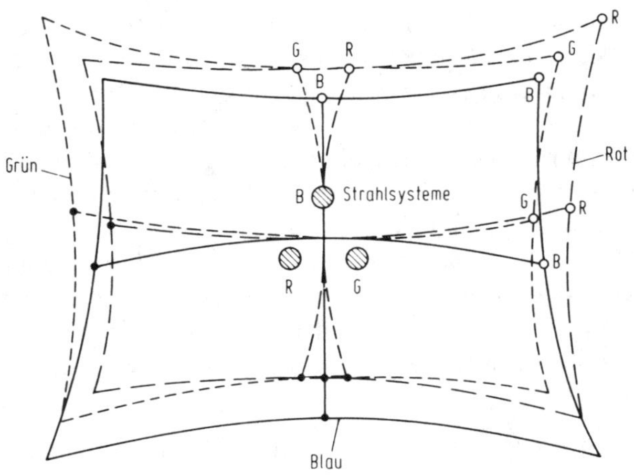

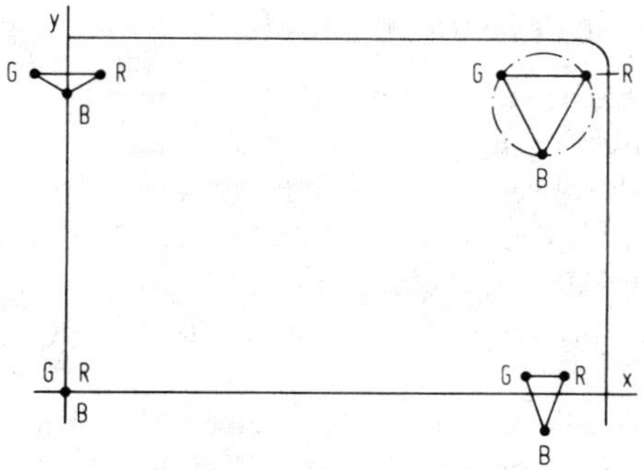


Abb. 19.22 Auftreffpunkte der Einzelstrahlen auf dem Bildschirm einer 110°-Röhre

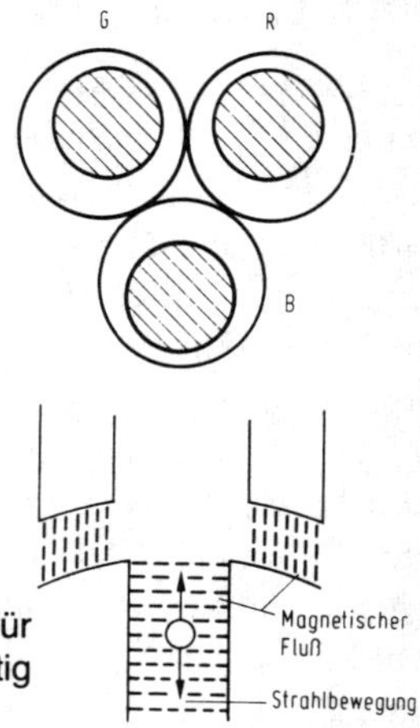


Abb. 19.23 R, G, B = Leuchtstoffpunkte für Rot, Grün und Blau; schraffiert: richtig gelandete Elektronenstrahlen

Für alle diese Einstellungen wird die Konvergenzschaltung so ausgebildet, daß jeweils die obere und die untere Bildhälfte bzw. die linke und die rechte Bildhälfte unabhängig voneinander abgeglichen werden können. Bei den Konvergenzgruppen 2 bis 4 mit getrennten Einstellungen für oben und unten oder links und rechts sind dies bereits sechs Abgleichmöglichkeiten. Dabei müssen aber jeweils Rot/Grün und Blau getrennt eingestellt werden. Zusammen mit der statischen Konvergenzeinstellung und einigen weiteren Justierungen kommt man dann leicht auf 20 bis 22 Einstellknöpfe auf der Konvergenzplatte.

## Abb. 19.23 Farbreinheit

Elektronenstrahl ist Elektronenstrahl, ganz gleich, aus welcher Katode er kommt. Nicht Farben, sondern *elektrische* Signale werden übertragen. Trifft ein Strahl auf einen falschen Leuchtpunkt, dann erscheint beispielsweise Rot, obgleich das elektrische Signal für Grün bestimmt war. Aber selbst wenn nur der Rand des benachbarten Leuchtpunktes gestreift wird, gibt es einen andersartigen Schimmer, die gewünschte Farbe ist nicht rein. Die Elektronenstrahlen müssen also richtig auf dem zugehörigen Leuchtpunkt landen. Dabei steht bei gut fokussiertem Strahl nur eine ringförmige Toleranzzone von 0,03 mm Breite. Die Leuchtstoffpunkte sind also nur wenig größer als der Strahldurchmesser.

Bei der Bildröhrenfertigung wird das Strahlsystem mit größter Sorgfalt zur Lochmaske passend justiert. Winzige Fertigungstoleranzen lassen sich jedoch nicht vermeiden. Um sie auszugleichen und die Elektronenstrahlen genau auf die Leuchtpunkte zu richten, hat man die Farbreinheitseinstellung vorgesehen, denn nur bei richtigem Auftreffen gilt grob vereinfacht:

$$0{,}3\,\text{Rot} + 0{,}6\,\text{Grün} + 0{,}1\,\text{Blau} = \text{Weiß}$$

Das Einstellen der Farbreinheit ist also eigentlich ein Ausgleichen mechanischer Fertigungstoleranzen. Dieser Abgleichvorgang erfolgt mit großer Sorgfalt im Prüffeld der Gerätefirma nach der Rasterkorrektur und der Konvergenzeinstellung, denn zunächst muß die Bildschirmgeometrie stimmen, ehe man die Farbreinheit beurteilen kann. Diese Justierung zum Ausgleichen mechanischer Toleranzen unterliegen keiner Alterung. Wenn also beim ersten Überprüfen eines Gerätes ein klares Weiß in der Mittelzone des Bildschirms vorhanden ist, sollte man an der Farbreinheitseinstellung nichts ändern. Eine Neueinstellung ist allerdings dann notwendig, wenn die Bildröhre ausgewechselt wurde.

Zum Einstellen der Farbreinheit in der Mitte des Bildschirms dienen die auf dem Röhrenhals befindlichen Farbreinheitsmagnete[1]). Man verdreht sie vorsichtig gegeneinander und beobachtet mit einem der dazu erhältlichen Spezialmikroskope, ob die Leuchtpunkte richtig kreisförmig in ihrer jeweiligen Farbe aufleuchten.

## Abb. 19.24 und 19.25 Statische Konvergenzeinstellung

Die statische Konvergenzeinstellung ist im Grunde genommen ebenfalls eine Farbreinheitseinstellung in Bildmitte, dabei wird aber nicht das Strahlenbündel als Ganzes geschwenkt, sondern die Einzelstrahlen werden mit Hilfe von Permanentmagneten an den Ferritkernen der Konvergenzeinheit oder mit Hilfe von Gleichströmen in den Konvergenzspulen beeinflußt. Das Verstellen von Magneten, wie bei Abb. 14.05 besprochen, ist beim Service unbequem. Deswegen sieht man meistens auch für die statische Konvergenz elektrische Einsteller auf der Konvergenzplatte vor.

Die Ferritkerne der Konvergenzeinheit Abb. 19.24 besitzen jeweils zwei Wicklungen. Zum Justieren der statischen Konvergenz werden einstellbare Gleichströme durch die Vertikalkonvergenzspulen geschickt. Diese Ströme gewinnt man durch Gleichrichten von Zeilenrückschlagimpulsen.

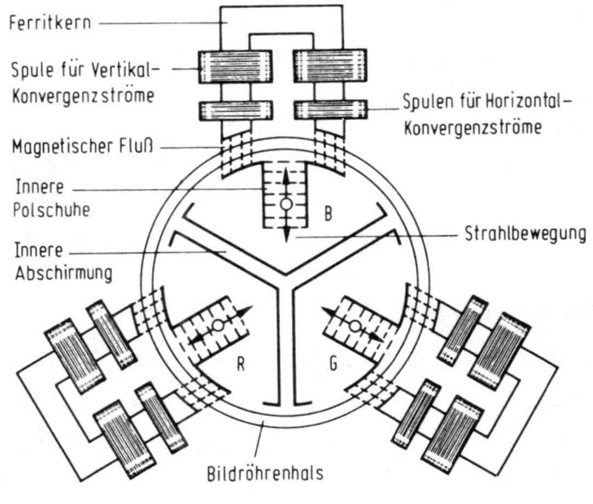


Abb. 19.24 Die Korrekturströme der Konvergenzeinheit wirken über magnetische Leitbleche auf die drei Elektronenstrahlen jeweils in radialer Richtung

1 Vgl. Abb. 14.23.

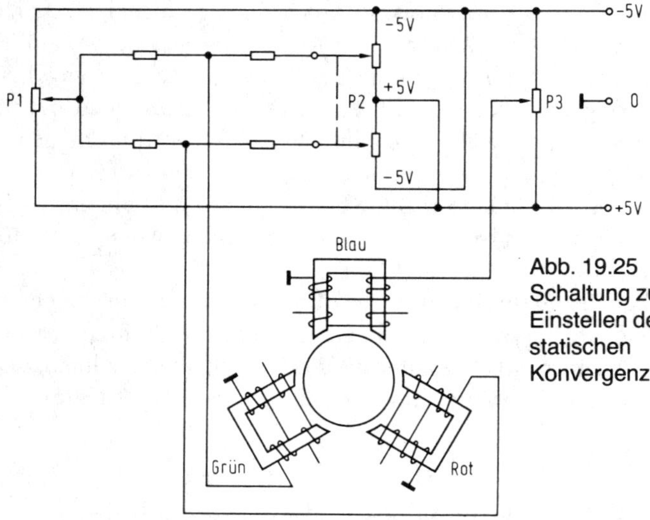


Abb. 19.25 Schaltung zum Einstellen der statischen Konvergenz

Um das Abgleichen zu vereinfachen, werden die Einstellungen für Rot und Grün *matriziert*, d.h. die zugehörigen Elektronenstrahlen werden gemeinsam von einem Einstellpotentiometer gleichsinnig oder gegensinnig so gesteuert, daß sich die roten und grünen Linien eines Gitternetzes nähern, zur Deckung kommen und eine einzige gelbliche Linie ergeben. Dann braucht man nur noch Blau nachzustellen, um endgültig Weiß zu erzielen.

Abb. 19.25 zeigt das Schaltungsprinzip einer solchen matrizierten Einstellung für die statische Konvergenz. Die Gleichspannungen + 5 V und − 5 V werden, wie eben erwähnt, durch Gleichrichten von Zeilenimpulsen gewonnen und speisen eine Brükkenschaltung. Beim Verstellen des Potentiometers P1 werden die Spulenströme für Grün und Rot gleichsinnig verändert. Dadurch kann der horizontale Abstand dieser Linien ausgeglichen werden, sie rücken aufeinander zu und ergeben Gelb.

Mit dem Doppelpotentiometer P2 werden die Ströme für Grün und Rot gleichzeitig und gegensinnig geändert. Dadurch lassen sich die entsprechenden vertikalen Farblinien zur Deckung bringen.

Anschließend wird mit dem Potentiometer P3 der Strom durch den Ferritkern für Blau so eingestellt, daß Blau zur Deckung kommt und Weiß im Bildmuster ergibt.

## Abb. 19.26 Vertikalkonvergenz

Die statische Konvergenzeinstellung gilt nur im Bereich der Bildschirmmitte. Zu den Rändern hin, wo sich die Felder stark vergrößern, vgl. Abb. 19.22, muß man ähnlich wie bei der Rasterkorrektur mit parabelförmigen Korrekturströmen arbeiten, die aus den Ablenkstufen gewonnen werden. Die Korrekturströme ändern sich also dyna-

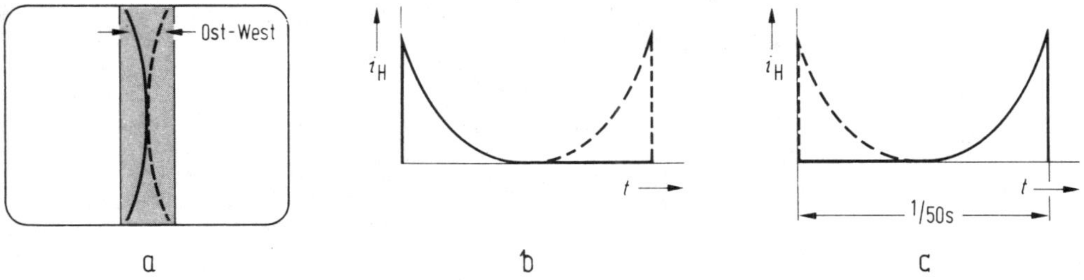


Abb. 19.26 Prinzip der dynamischen Konvergenzeinstellung; a = Bildschirmfehler, b = Korrekturstrom für die obere Bildhälfte, c = Korrekturstrom für die untere Bildhälfte

misch, und man spricht deshalb von dynamischer Konvergenzeinstellung. Dabei gilt auch hier wieder:

Ostwestfehler werden korrigiert mit Vertikalparabeln (1/50 s), Nordsüdfehler werden korrigiert mit Horizontalparabeln (64 $\mu$s).

Bei der Vertikalkonvergenz werden Deckungsfehler in einer senkrechten Mittelzone des Bildschirms korrigiert, also die oben und unten gabelförmig auseinanderstrebenden Mittellinien von Abb. 19.26a. Man muß sie durch gegenläufige Parabelspannungen zusammenschieben, das bedeutet eine Ostwestkorrektur mit Vertikalparabeln. Bringt man die Mittellinien in dieser Weise zur Deckung, dann ziehen sich auch bereits die Außenzipfel des Kissens etwas ein. Man muß allerdings die Linien in der oberen und in der unteren Bildhälfte getrennt voneinander mit Hilfe von halben Parabelbögen korrigieren können.

Für die obere Bildhälfte wird demnach ein Korrekturstrom entsprechend Abb. 19.26b benötigt, der nur während der ersten, also oberen Bildhälfte wirksam ist. Sein Größtwert $i_H$ zieht dann am oberen Bildrand die auseinanderlaufenden Linien zusammen, ohne daß sich in der unteren Bildhälfte etwas ändert. Dort wird dann der Korrekturstrom Abb. 19.26c wirksam.

Die Amplituden der beiden Halbparabeln müssen daher getrennt einzustellen sein. Das bedingt eine verwickelte Impulsmischerei. Wenn auch der praktisch tätige Fernsehtechniker keine solche Impulsschaltungen zu entwerfen hat, sollte er doch deren Grundlagen einmal durchdacht haben, um besser zu verstehen, wie die einzelnen Abgleichknöpfe auf der Konvergenzplatte funktionieren.

## Abb. 19.27 Parabelaufteilung

Um Halbparabeln zu erhalten, tastet man durch elektronische Schalter aus einer vollen Parabelschwingung nur den linken oder den rechten Ast heraus. Die volle Parabelschwingung erhält man, wie mehrfach erwähnt, durch Integrieren von Rechteck- oder Sägezahnschwingungen. Diese komplette Parabelschwingung liegt hier am Eingang 1 der Schaltung.

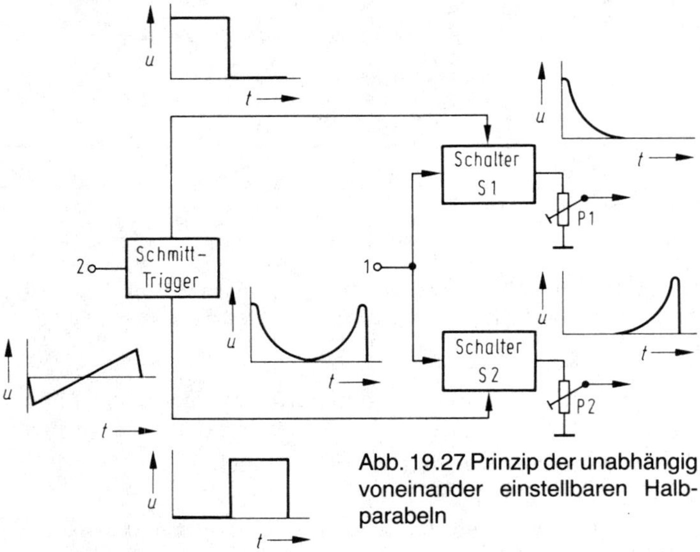


Abb. 19.27 Prinzip der unabhängig voneinander einstellbaren Halbparabeln

Dem Eingang 2 wird eine durch Null gehende Sägezahnschwingung der gleichen Frequenz zugeleitet. Dieser Eingang 2 führt zu einem Schmitt-Trigger, einem elektronischen Schalter mit zwei Ansprechschwellen. Er macht aus dem Sägezahnsignal zwei Rechtecksignale, wie sie oben und unten im Bild angedeutet sind. Der zu negativen Werten gerichtete Teil der Sägezahnschwingung schaltet den oberen Ausgang durch, der zu positiven Werten ansteigende Teil den unteren.

Diese gegeneinander versetzten Schaltspannungen werden auf die beiden elektronischen Schalter S1 und S2 gegeben. S1 öffnet während der ersten Hälfte des Schwingungszuges und läßt den währenddessen am Eingang 1 liegenden Kurventeil hindurch. An seinem Ausgang erscheint also nur eine links ansteigende Halbparabel.

Schalter S2 öffnet während der zweiten Hälfte der Periode und läßt nur die rechte Halbparabel hindurch.

Damit stehen zwei voneinander unabhängige Korrekturspannungen zur Verfügung, und mit Hilfe von Potentiometern können ihre Amplituden getrennt voneinander eingestellt werden. Diese Art der Parabelaufteilung gilt für Vertikal- und auch für Horizontalkorrekturspannungen. Im ersten Fall legt man bildfrequente Parabel- und Sägezahnspannungen an, im zweiten Fall zeilenfrequente Spannungen.

## Abb. 19.28 Parabelstromgenerator mit einem Transistor

Der Ausgang der vorhergehenden Schaltung liefert Halbparabel*spannungen*. Zur Konvergenzkorrektur werden aber *Ströme* benötigt. Man muß daher noch eine Lei-

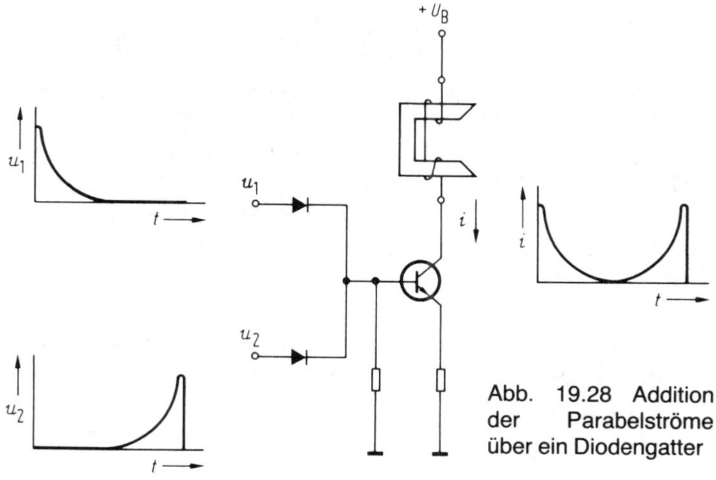


Abb. 19.28 Addition der Parabelströme über ein Diodengatter

stungsstufe nachschalten. Die Abb. zeigt eine solche mit einem Transistor arbeitende Endstufe. Die beiden Halbparabelspannungen werden über Entkopplungsdioden der Basis des Transistors zugeführt. Die Spannungen ergänzen sich zwar dort wieder zu einer vollen Parabelschwingung, aber die beiden Äste sind unabhängig voneinander durch die Trimmpotentiometer am Ausgang von Abb. 19.27 zu beeinflussen.

Der im Kollektorkreis entstehende Parabelstrom fließt durch die Konvergenzspule des Ablenksystems. Je nachdem, ob man P1 oder P2 in Abb. 19.27 verstellt, ändert sich nur der linke oder der rechte Parabelast. Auf diese Weise kann man die Konvergenz oben oder unten bzw. links und rechts getrennt einstellen. In vielen Konvergenzschaltungen sind solche Anordnungen mit zwei Dioden zu finden. Man trifft aber auch Schaltungen, bei denen die Korrekturspannungen über zwei Transistoren zugeführt werden.

## Abb. 19.29 und 19.30 Horizontalkonvergenz

Sie wird nach Abb. 19.29 innerhalb eines horizontalen mittleren Streifens auf dem Bildschirm eingestellt, man bringt also damit die etwa in waagerechter Richtung ver-

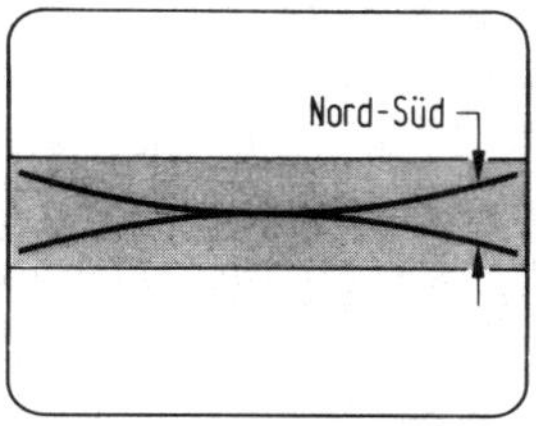


Abb. 19.29 Die Horizontalkonvergenz

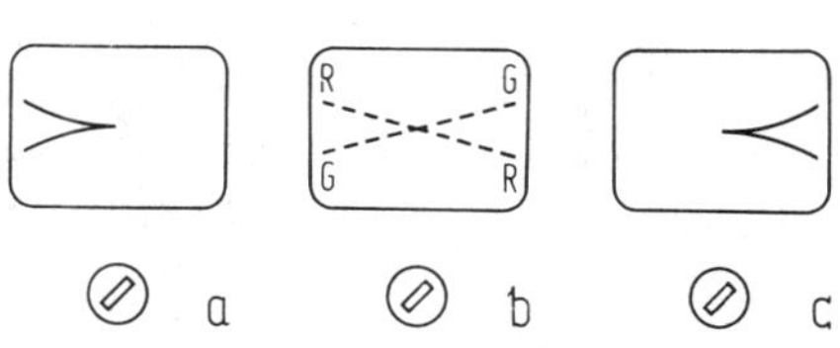


Abb. 19.30 Korrekturmöglichkeiten

laufenden mittleren Linien von Abb. 19.21 zur Deckung. Da es sich hierbei um eine Art Nordsüdkorrektur handelt, sind horizontalfrequente, also zeilenfrequente Korrekturströme erforderlich, jeweils wieder getrennt in Form von Halbparabeln für die rechte und für die linke Bildseite. Die zugehörigen Einstellelemente auf der Konvergenzplatte werden durch Symbole nach Abb. 19.30a und c gekennzeichnet.

Um diese Korrekturen durchzuführen, sind eigene Spulenpaare für die Horizontal-Korrekturströme auf der Konvergenzeinheit Abb. 19.24 angeordnet, weil für die zeilenfrequenten Korrekturströme (15 625 Hz) der induktive Widerstand der Vertikalkonvergenzspulen zu hoch sein würde.

In der waagerechten Zone für die Horizontalkonvergenz können sich die roten und grünen Mittellinien kreuzen, wie dies im Symbol Abb. 19.30b angedeutet ist. Dieser Fehler wird mit Hilfe der folgenden Schaltung beseitigt.

## Abb. 19.31 Bildsymmetrierung

Die Korrektur erfolgt nicht über die Konvergenzeinheit, sondern über die Horizontalablenkspulen. Durch Verstellen des Eisenkerns der Symmetrierspule vergrößert sich die Induktivität des einen Spulenzweiges, während die andere sich verringert. Dies beeinflußt das Ablenkfeld in der Weise, daß der Fehler von Abb. 19.30c ausgeglichen wird. In der Schaltung ist außerdem ein normaler Linearitätseinsteller vorgesehen.

## Abb. 19.32 und 19.33 Dynamische Blaukonvergenz

Das Prinzip der Blauschiebemagneten wurde bereits bei Abb. 14.06 besprochen. In Abb. 19.32a ist ein Magnetsystem für diese Blaulateralkonvergenz dargestellt. Es besteht hier aus einem drehbaren Permanentmagneten mit mehreren Magnetpolpaaren. Der Magnetfluß schließt sich über die Innenschenkel 2 – 3 und lenkt den Blaustrahl seitlich ab.

Parallel dazu laufen weitere Magnetfelder vom Außenschenkel 1 zum Innenschenkel 2 und vom Innenschenkel 3 zum Außenschenkel 4. Diese Felder lenken die Strahlen für Rot und Grün nach der anderen Seite ab. Durch Verdrehen des Permanentma-

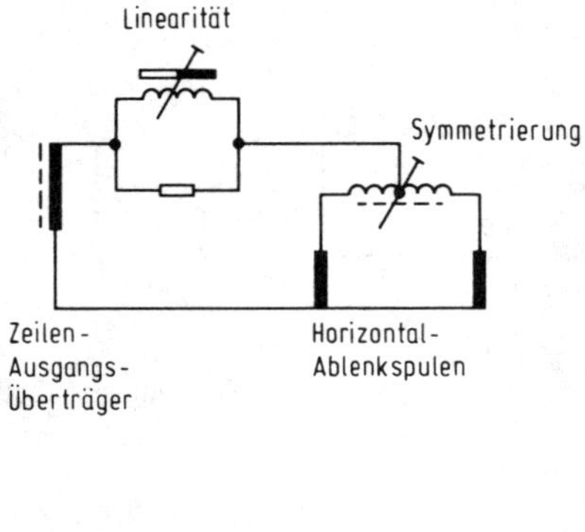


Abb. 19.31 Schaltung zur Bildsymmetrierung

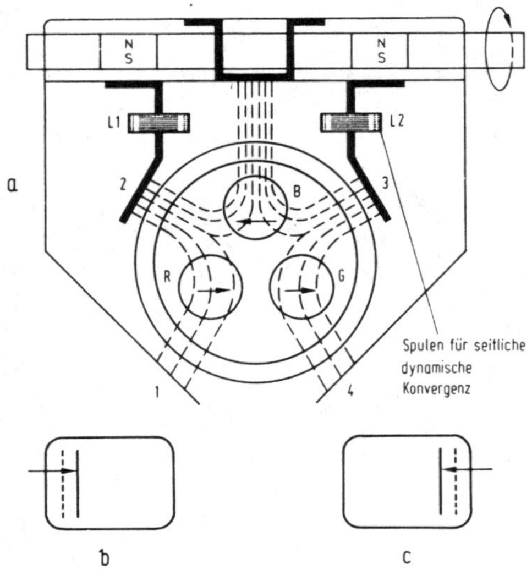


Abb. 19.32 Das System für die seitliche Blauverschiebung wirkt mit der gleichen Einstellung auf den Strahl für Blau und entgegengesetzt auf die Strahlen für Rot und Grün

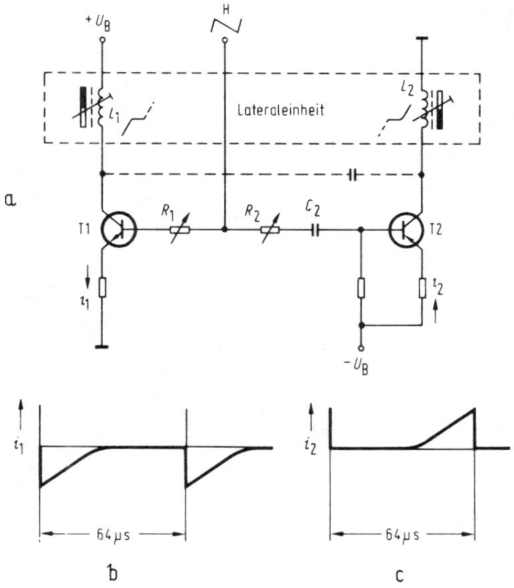


Abb. 19.33 Prinzipschaltung für die dynamische Blaukonvergenz und Verlauf der Korrekturströme

gneten lassen sich auf diese Weise senkrechte blaue Linien in Bildmitte mit den bereits vereinigten roten und grünen Linien zur Deckung bringen.

Bei der dynamischen Blaukonvergenz schickt man Sägezahnströme durch die Spulen $L_1$ und $L_2$ dieses Blausystems und kann dadurch nach Abb. 19.32b und c die blauen Linien an den seitlichen Bildrändern mit dem Gesamtgittermuster zur Deckung bringen. Dazu benötigt man Korrekturströme, die nur am linken und rechten Zeilenende wirksam sind und sich getrennt einstellen lassen, ähnlich wie die Halbparabeln in Abb. 19.27 bis 19.29.

Eine Prinzipschaltung hierfür ist in Abb. 19.33 angegeben. Ein npn-Transistor T1 ist mit der Teilspule $L_1$ und ein pnp-Transistor mit der Teilspule $L_2$ der Lateraleinheit in Reihe geschaltet. Beide Transistoren werden gemeinsam von einer horizontalfrequenten Sägezahnspannung gesteuert. Infolge der komplementären Transistortypen fließt bei entsprechend eingestelltem Ruhepunkt durch den Transistor T1 und die Spule $L_1$ ein Korrekturstrom nach Abb. 19.33b, also nur am Zeilenanfang. Durch den zweiten Transistor und die Spule $L_2$ fließt der Korrekturstrom nach Abb. 19.33c am Zeilenende. Durch Verstellen der Trimmerwiderstände $R_1$ und $R_2$ läßt sich damit die Blaukonvergenz am linken und rechten Bildrand getrennt einstellen. Während der Zeilenmitte bleiben beide Transistoren gesperrt, damit die statische Konvergenz nicht gestört wird.

Im Bild sind außerdem die Permanentmagnete zum Einstellen der statischen Blaukonvergenz angedeutet.

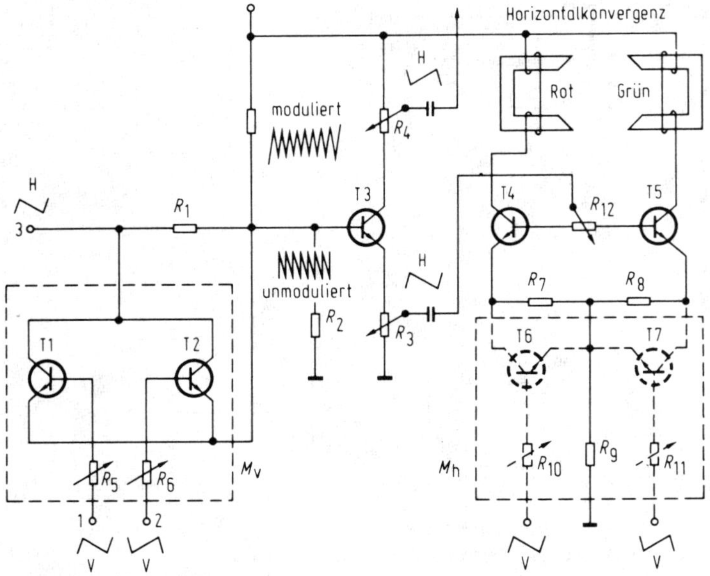


Abb. 19.34 Prinzipschaltung für die Rot-Grün-Korrektur

## Abb. 19.34 Rot-Grün-Korrektur

Dieses Schaltungsbeispiel zeigt, wie umfangreich eine Mischschaltung für Korrekturströme werden kann. Es handelt sich hierbei um eine Anordnung zur Korrektur der roten und grünen vertikalen Linien auf der linken Bildseite. Die Transistoren T1 und T2 werden an den Eingängen 1 und 2 mit vertikalfrequenten Sägezahnspannungen von um 180° verschiedener Phasenlage gesteuert. Transistor 1 wird am oberen und Transistor 2 am unteren Bildrand niederohmig. Die Emitter-Kollektorstrecken liegen parallel zu dem Vorwiderstand $R_1$ in der Basisleitung des Transistors T3.

Vom Eingang 3 wird über diese Zuleitung der Transistor T3 mit horizontalfrequenten Impulsen gesteuert. $R_1$ und die parallelliegenden Transistorstrecken bilden mit dem Widerstand $R_2$ einen veränderlichen Spannungsteiler. Liegen keine Signale an den Eingängen 1 und 2, dann bleibt das zeilenfrequente Signal *unmoduliert.*

Im Betrieb werden jedoch die Transistorstrecken am oberen und unteren Bildrand niederohmig. Dadurch gelangen zu diesen Zeitpunkten höhere Horizontalspannungen zum Transistor T3, die Signale werden bildfrequent moduliert.

Die am Emitterwiderstand $R_3$ abgegriffene Spannung steuert über das Trimmpotentiometer $R_{12}$ die beiden Leistungstransistoren T4 und T5 der Horizontalkonvergenzspulen für Rot und Grün. Das Verstellen von $R_{12}$ bewirkt eine gegenläufige Steuerung, also eine Matrizierung, um mit einer Drehbewegung die beiden Linien zueinander zu bewegen.

Gestrichelt angedeutet ist außerdem der Modulator $M_h$ zur Korrektur von horizontalen Linien.

## Abb. 19.35 Gesamtschaltung eines Konvergenzteiles

Die Beschriftungen in dieser Schaltung sollen die Gedankenverbindungen zu den Anweisungen auf einer Konvergenzeinstellplatte herstellen. Um eine gute Übersicht zu bieten, wurde als Beispiel eine Schaltung gewählt, bei der Impulsreihen mit genü-

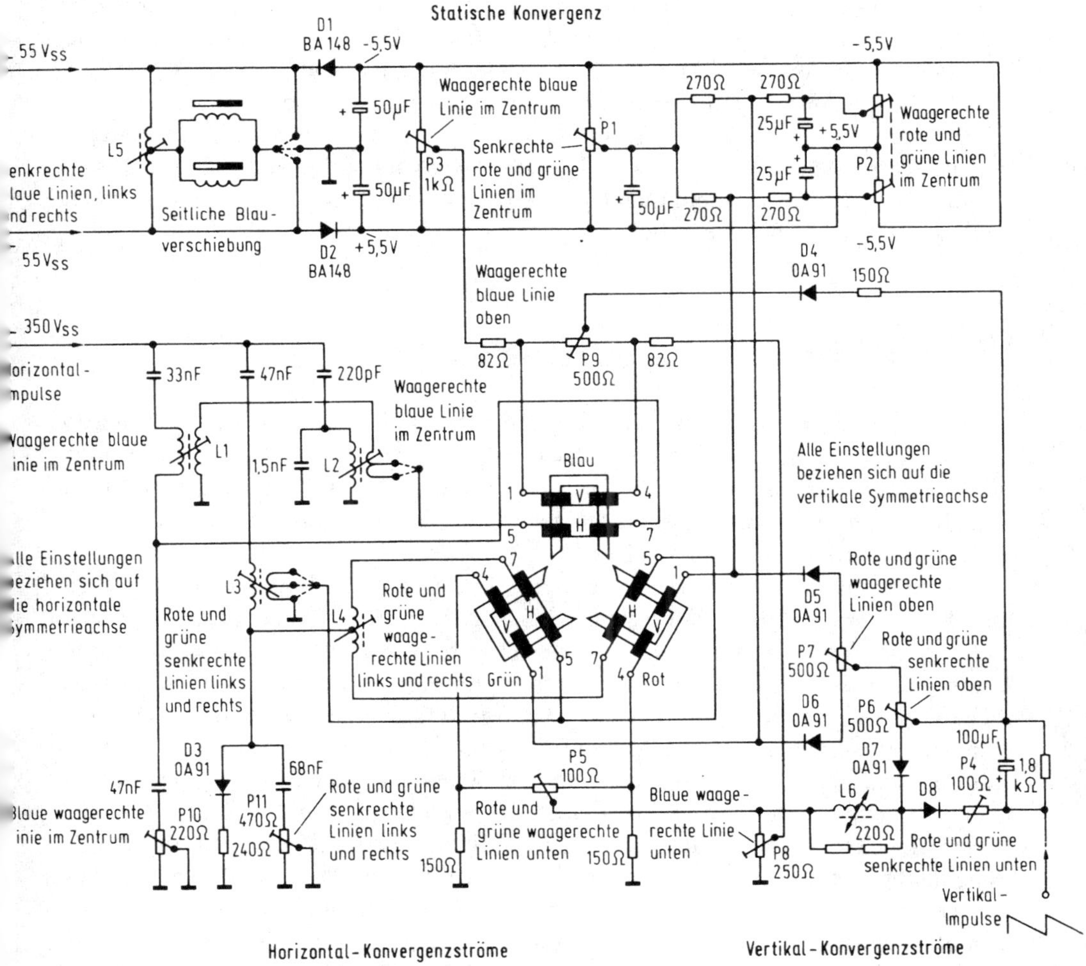


Abb. 19.35 Schaltung eines Konvergenzteils; aus den Einstellhinweisen läßt sich die Wirkung der Potentiometer und Abgleichspulen erkennen

gender Leistung angeliefert werden, so daß im Schaltbild selbst keine aktiven Elemente in Erscheinung treten.

Die Gleichspannung für die statische Konvergenzeinstellung wird durch Gleichrichten von Zeilenrückschlagimpulsen mit Hilfe der Dioden 131 und D2 gewonnen. Das Potentiometer P1 wirkt über die Widerstandsbrücke 4 x 270 Ω *gleichsinnig* auf die Vertikalkonvergenz für Rot und Grün, dadurch wandern die senkrechten roten und grünen Linien. Potentiometer P3 wirkt spannungsmäßig *gegensinnig* auf die Spulen, dadurch wandern die waagerechten Linien. Ähnliche Matrixschaltungen sind für die dynamischen Konvergenzeinstellungen vorgesehen.

Zum Ausrichten der vertikalen (senkrechten) Mittellinie wird eine vertikalfrequente Sägezahnspannung unten rechts im Schaltbild zugeführt. Die Induktivität L6 formt in Verbindung mit den übrigen Schaltungsteilen daraus die Parabelspannungen für die Vertikalablenkspulen. Die Einsteller P4 bis P9 sind sinngemäß zu bedienen, je nachdem, ob es sich um Einstellungen oben oder unten am Bildrand handelt.

Für die dynamische Horizontalkonvergenz werden Zeilenimpulse von 350 $V_{ss}$ am linken Bildrand der Schaltung zugeführt und zu sägezahnförmigen Steuerspannungen für die Konvergenzspulen verformt. Aus den Angaben bei den Einstellern läßt sich wiederum erkennen, wie damit unabhängig voneinander entweder die waagerechten oder senkrechten Linien beeinflußt werden.

## Abb. 19.40 und 19.41 Eckenkonvergenz

Die Konvergenzeinstellung wird erleichtert, wenn die drei Elektronenstrahlen so auf den Bildschirm treffen, daß sie gleichschenklige oder noch besser gleichseitige Dreiecke bilden, wie in Abb. 19.22 skizziert worden ist. Rot und Grün lassen sich dann mit Hilfe der Matrixschaltung zur Deckung bringen, und auch für Blau ist nur eine einzige Korrekturbewegung notwendig.

Leider können diese regelmäßigen dreieckförmigen Auftreffpunkte an den Ecken von 110°-Bildröhren nicht durch die mechanische Konstruktion allein erzielt werden. Selbst wenn man nach Abb. 19.40 mit Hilfe der Konvergenzeinheit in den Mittelachsen die drei Strahlen zum Weißeindruck vereinigt hat, bleiben in den Ecken unregelmäßige Fehlerfiguren bestehen, wie dies oben rechts vergrößert herausgezeichnet ist. Die dünnen Verbindungslinien auf dem Bildschirm deuten an, wie diese Fehler von den bereits zur Deckung gebrachten Weißpunkten aus zunehmen. Diese Eckenfehler werden aber dann mitkompensiert, wenn man erzwingt, daß anstelle der schiefwinkligen Dreiecke gleichseitige Dreiecke gebildet werden. Im Prinzip bedeutet dies eine Art Trapezentzerrung ähnlich Abb. 19.05 bis 19.08, denn wie ein Blick auf Abb. 19.40 zeigt, handelt es sich auch hier um trapezartige Rasterverzeichnungen. Man kann sie über die Horizontalablenkspulen entzerren. Dazu muß der die Spulen durchfließende Zeilenablenkstrom beim Schreiben der Zeilen laufend geändert werden. Am oberen Bildrand, also bei Zeile 1, ist die Änderung am größten. In der Mitte bei Zeile 301 war bereits

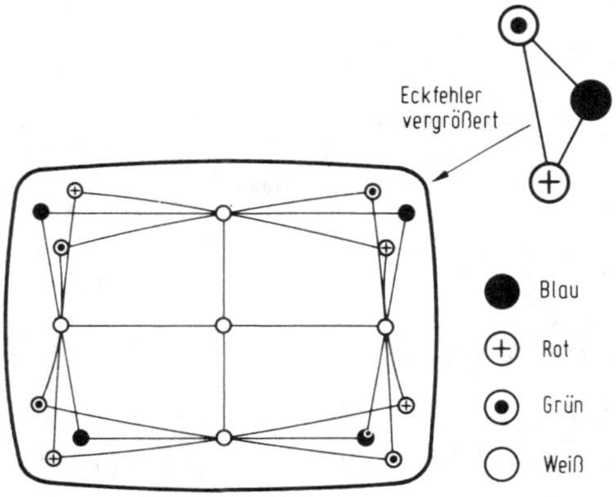


Abb. 19.40 Eckenfehler bei einer Farbbildröhre

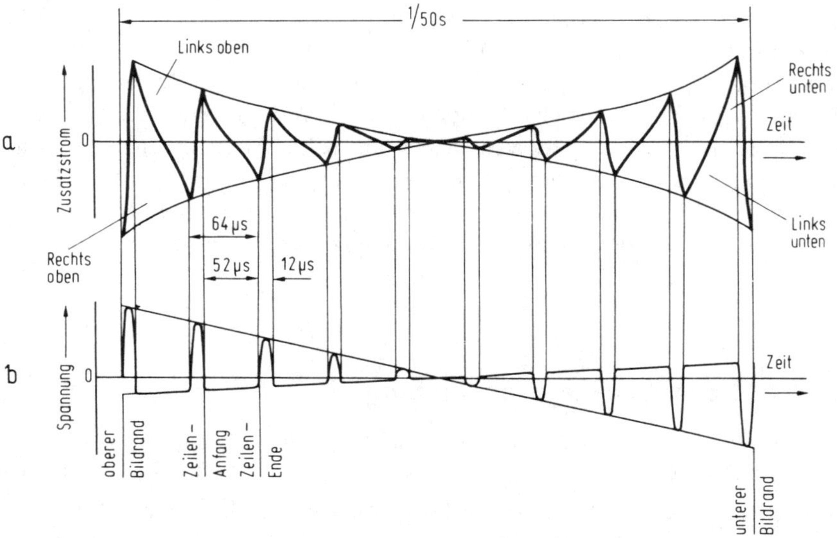


Abb. 19.41 Zur Eckenkorrektur; a = erforderlicher Verlauf des Korrekturstroms, b = zum Bilden des Korrekturstroms notwendige zeilenfrequente Spannungsimpulse

Konvergenz vorhanden, und zum unteren Bildrand hin müssen die Zeilen wieder stärker korrigiert werden. Man benötigt über die Bildablenkung hinweg einen Korrekturstrom nach Abb. 19.41a und erkennt daran die Verwandtschaft zu dem Korrekturstrom von Abb. 19.08d, wie er zur Rasterentzerrung vorgesehen ist.

Links im Diagramm liegen die Zeilenkorrekturspannungen für den oberen Bildrand. Die Zeile 1 muß links oben und links unten durch diesen Zusatzstrom korrigiert werden. Dann nehmen die Amplituden zur Bildmitte hin ab und mit entgegengesetzter Richtung zum unteren Bildrand hin wieder zu. Diesen sägezahnförmigen Zusatzstrom gewinnt man genau wie die Horizontalablenkströme dadurch, daß man zeilenfrequente Spannungsimpulse auf die Ablenkinduktivitäten gibt. Abb. 19.41b zeigt den notwendigen Impulsspannungsverlauf, bereits moduliert mit einem Vertikalsägezahn.

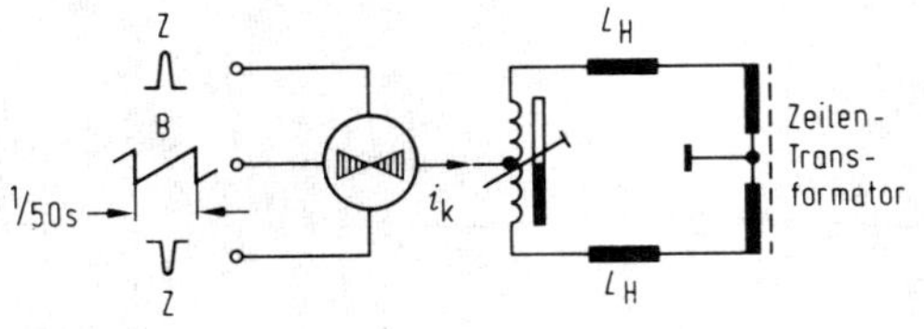


Abb. 19.42 Blockschaltung eines Zusatzstromgenerators zur Eckenkonvergenz

## Abb. 19.42 Zusatzstromgenerator zur Eckenkonvergenz

Ein Zusatzgenerator, der den Kurvenverlauf von Abb. 19.41b erzeugen soll, besteht aus einer Anordnung, in der gegenphasige Zeilenimpulse Z mit einer bildfrequenten Sägezahnspannung B gemischt werden. Außerdem ist durch eine Schaltanordnung ähnlich Abb. 19.27 dafür zu sorgen, daß während der oberen Bildhälfte die nach oben gerichteten Zeilenimpulse wirksam werden und in der unteren Bildhälfte die nach unten gerichteten, daß also in Bildmitte ein Phasensprung von 180° eintritt. Diese Korrekturspannung wird verstärkt über die Symmetriespule auf die Horizontalablenkspulen gegeben. Der sich bildende Korrekturstrom verläuft entsprechend Abb. 19.41a. Denkt man sich den Kurvenverlauf dort seitlich zusammengedrängt und aus 601 eng benachbarten, zeilenfrequenten Impulsen bestehend, dann ergibt sich ein schmetterlingsartiges Bild. Macht man es mit einem Elektronenstrahloszillografen sichtbar, dann bezeichnet man es als „Modulationsschmetterling" zur Eckenkorrektur.

## Abb. 19.43 Eckenkonvergenzschaltung

Bei einem solchen Zusatzstromgenerator für die Eckenkonvergenz muß man die Korrektur für jede Ecke getrennt einstellen können. Dazu dient der linke Teil der Schaltung. Rechts erkennt man das Prinzip von Abb. 19.42 wieder. Der Korrekturstrom $i_K$ wird über die Symmetrier- bzw. Linearitätseinstellspule zugeführt. Zu den Teilwicklungen L5 und L6 des Zeilentransformators ist das gleichstromdurchflossene Potentiometer P6 zum Einstellen der Bildmitte hinzugekommen. Als Stromgenerator dienen die beiden Transistoren. Sie arbeiten ähnlich der in Abb. 19.33 besprochenen Schaltung. Der npn-Transistor T1 liefert die negativen, der pnp-Transistor T2 die positiven Anteile des Korrekturstroms. Für die Impulsmischung und Korrekturstromformung werden zwei bildfrequente und zwei zeilenfrequente, jeweils gegenphasige Impulsspannungen an den Klemmen 1 bis 4 unten links im Bild zugeführt.

Die Wirkungsweise der Schaltung sei für den Teilstrom zum Korrigieren der linken oberen Ecke erläutert. Dazu werden dem Potentiometer P4 von der Klemme 2 über den Kondensator C5 positiv gerichtete Zeilenfrequenzimpulse zugeführt. Sie gelangen dann vom Schleifer über die Diode D6 zum Transistor T2.

Dem Potentiometer P4 wird außerdem von der Klemme 1 eine abfallende vertikalfrequente Sägezahnspannung zugeleitet. Man kann sie als zusätzliche Basisvorspan-

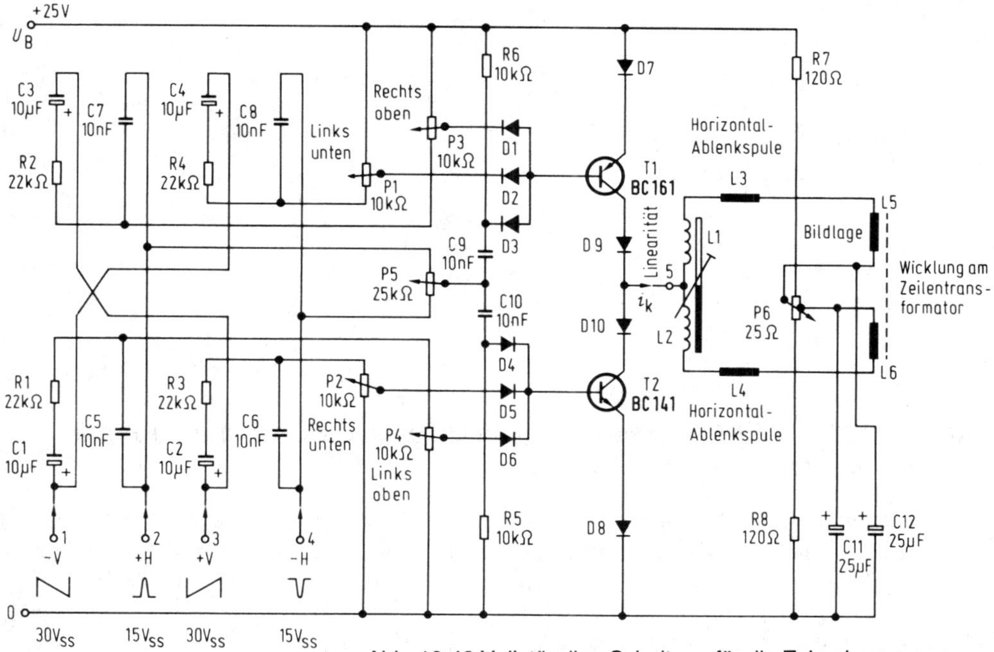


Abb. 19.43 Vollständige Schaltung für die Eckenkonvergenz

nung des Transistors T2 auffassen. Wird sie negativer, weil die Sägezahnflanke abfällt, dann wird der Transistor stärker in Sperrichtung vorgespannt, d.h. die Zeilenimpulse werden vom oberen Rand bis zur Bildmitte ständig kleiner und für die zweite Bildhälfte vollständig unterdrückt. Damit erhält man den Spannungsverlauf nach Abb. 19.41b links und kann am Potentiometer P4 den Korrekturstrom für die linke obere Bildecke einstellen.

Für die rechte obere Ecke muß die positive Richtung der Zeilenimpulse erhalten bleiben. Dazu dient der Stromkreis von der Klemme 2 über den Kondensator C7 zum Potentiometer P3. Von der Klemme 3 gelangt aber über R2 und C3 eine ansteigende vertikalfrequente Sägezahnflanke zu diesem Potentiometer und ergibt damit die untere Begrenzungslinie in Abb. 19.41b.

Mit dem Potentiometer P5 werden über die Kapazitäten C9 und C10 sowie über die Dioden D3 und D4 den Transistoren zusätzliche zeilenfrequente Anteile zugeleitet. Durch Verstellen von P5 läßt sich die Symmetrie abgleichen.

Die Diodengatter D1 bis D6 entkoppeln die einzelnen Spannungen voneinander und machen die Einstellglieder unabhängig.

Die beträchtliche Vereinfachung der Konvergenzeinstellung durch die Schlitzmaskenröhre wurde auf den Seiten 284 bis 293 behandelt. Man erkennt in Abb. 14.17 auf Seite 287, die hier in Abb. 19.44 gezeigte Einstellplatte wieder.

## Abb. 19.50 bis 19.54 Kissenentzerrung durch Diodenmodulator bei 30-AX-Röhren

Aufgrund der unterschiedlichen horizontalen Ablenkwinkel der 30 AX-Röhre (siehe Abb. 14.24) im oberen und unteren Bildteil gegenüber der Mitte muß der Ablenkstrom in eine nieder- und höherfrequente Komponente zerlegt werden (*Modulierte S-Korrektur*, Abb. 19.50).

Wie Abb. 19.51 zeigt, muß der horizontale Ablenkstrom im oberen und unteren Bildteil, hervorgerufen durch den Kissenfehler, klein sein.

Durch Aufteilung des horizontalen Ablenkstromes in zwei Teilströme läßt sich dieses Problem mit dem Diodenmodulator lösen (Abb. 19.52).

Bei kleinen Ablenkströmen fließt der Hauptteil des Ablenkstromes über den Strompfad $I_1$. $C_{s1}$ wird mit seiner hauptsächlich niederfrequenten Komponente im oberen und unteren Bildteil wirksam (Abb. 19.53).

In der Bildmitte fließt zur Korrektur des Kissenfehlers ein größerer Ablenkstrom ($I_2$), gesteuert durch die Modulationsspannung $U_m$ über die Diode D2 und $C_{s2}$.

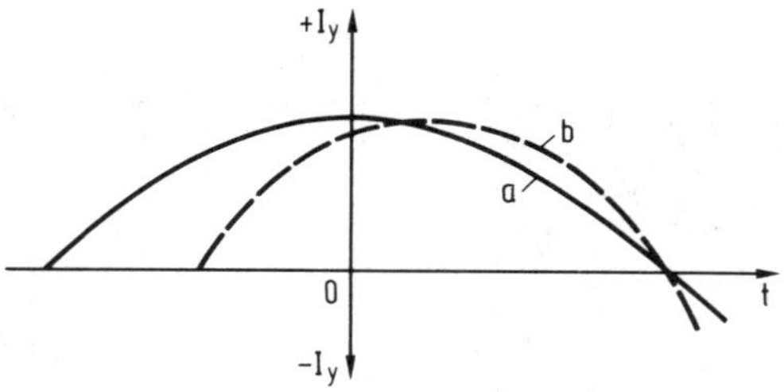


Abb. 19.50 Modulierte S-Korrektur

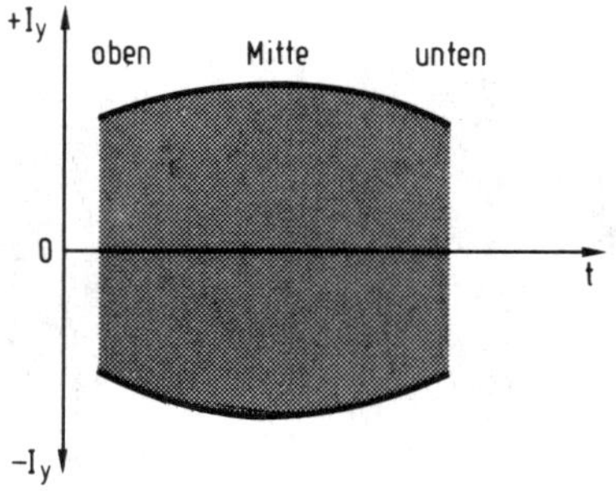


Abb. 19.51 Erforderliche Horizontalablenkung an den verschiedenen Bildteilen

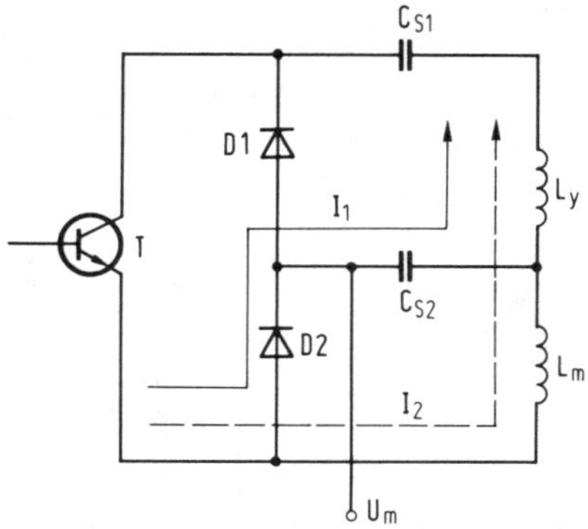


Abb. 19.52 Aufteilung des horizontalen Ablenkstromes in zwei Teilströme

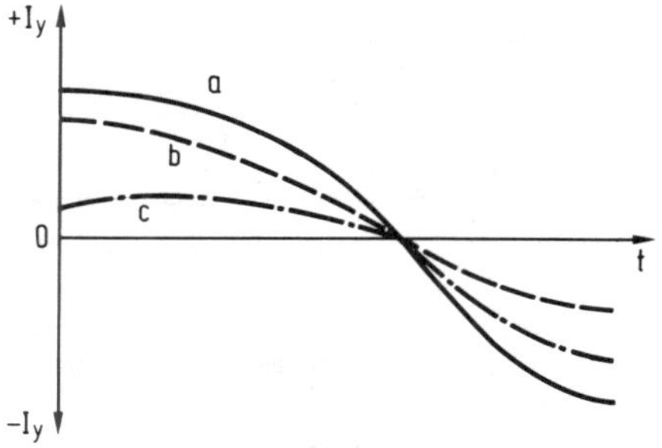


Abb. 19.53 $C_{s1}$ wird im oberen und unteren Bildteil wirksam a = Gesamtkurve
b = niederfrequente Komponente
c = hochfrequente Komponente

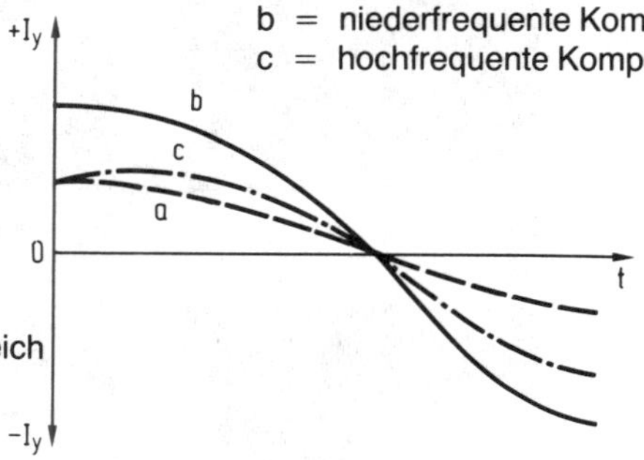


Abb. 19.54 Die Serienschaltung von $C_{s1}$ und $C_{s2}$ entzerrt die Kissenverzeichnung in der gewünschten Weise
b = Korrektur für den mittleren Bereich
a = niederfrequente Komponente
c = hochfrequente Komponente

Durch die „Serienschaltung" von $C_{s1}$ und $C_{s2}$ bekommt man eine hochfrequentere Komponente, die dann die Kissenverzeichnung in der gewünschten Weise entzerrt (Abb. 19.54).
(Vgl. auch Abb. 18.34 und 18.35.)

## Abb. 19.55 und 19.56 Ansteuerung des Diodenmodulators

Die OW-Treiberschaltung besteht aus einem einfachen Gleichspannungsverstärker, gebildet aus zwei PNP-Transistoren (T 556 und T 561) mit gemeinsamen Emitterwiderstand (R 561) und geschaltetem Endtransistor T 567 (Abb. 19.55).

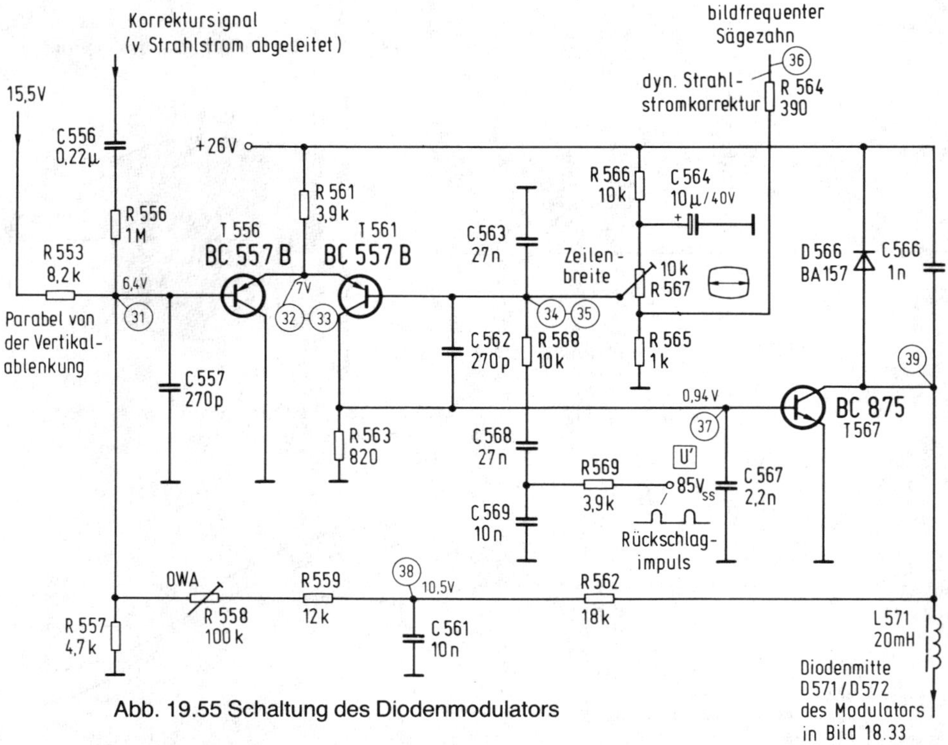


Abb. 19.55 Schaltung des Diodenmodulators

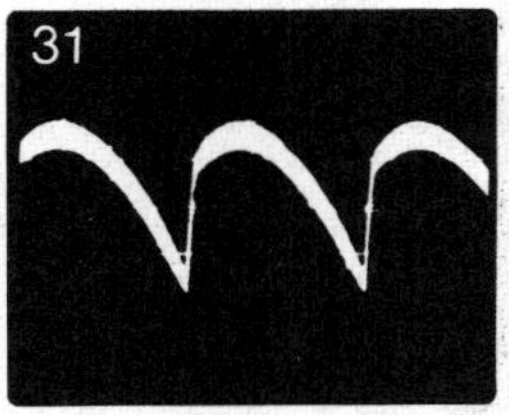


**B 6,2 Vs 0,7 Vss**
**0,2 V/5 ms/Div**

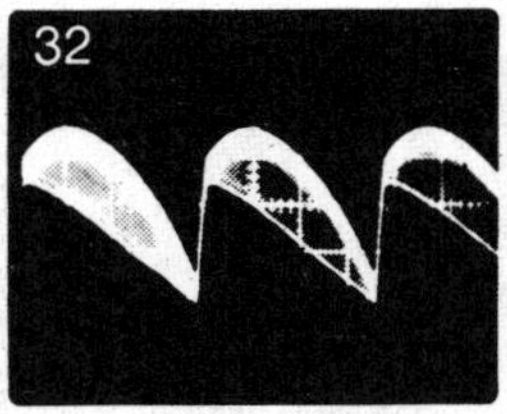


**B 6,9 VS 0,7 Vss**
**0,2 V/5 ms div**

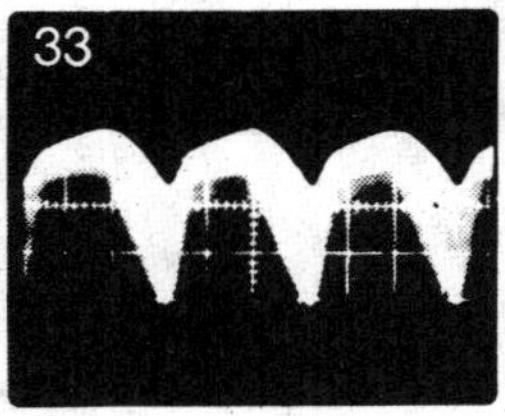


**Z 6,9 Vs 0,7 Vss**
**0,2 V/20 μs div**

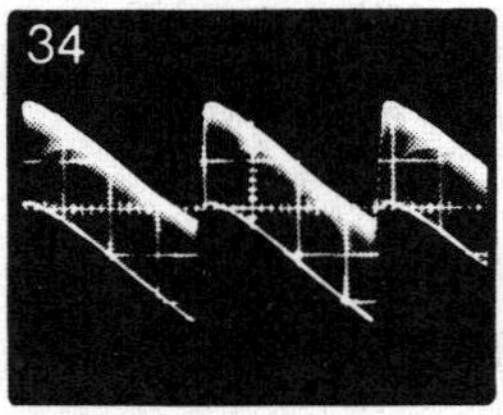


**B 6,4 Vs 1 Vss**
**0,2 V/5 ms div**

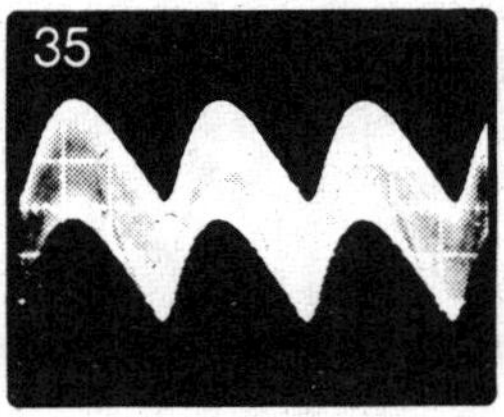


**Z 6,4 Vs 1 Vss**
**0,2 V/20 μs div**

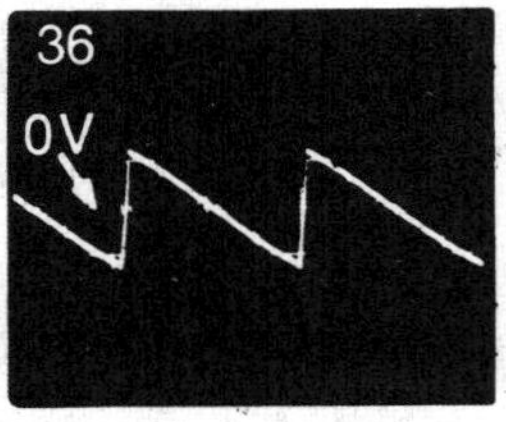


**B 1,3 Vss**
**0,5 V/5 mV div**

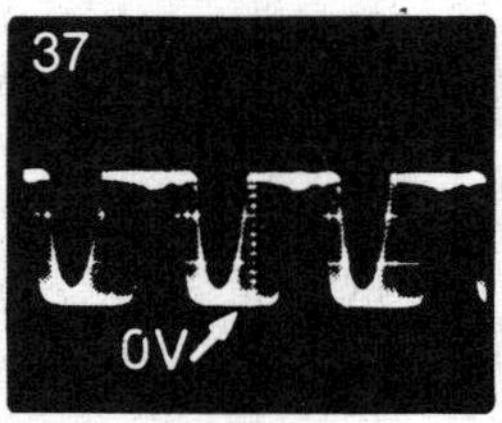


**Z 1,5 Vss**
**0,5 V/20 μs div**

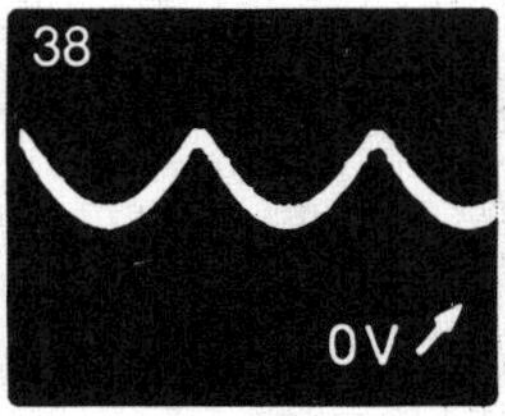


**B 18 Vs 10 Vss**
**5 V/20 μs div**

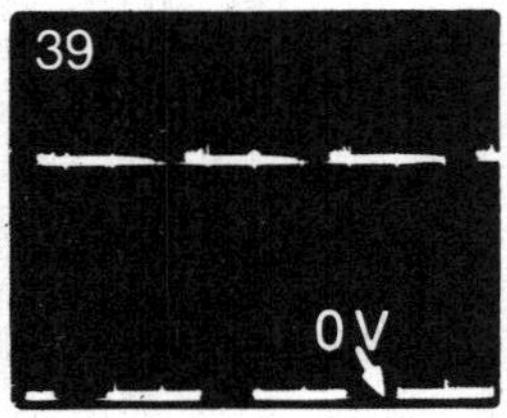


**Z 26 Vss**
**5 V/20 μs div**

Abb. 19.56 Pulslängenmodulierte Spannung zur Steuerung des Endtransistors

Die Versorgungsspannung für die Vertikal-Ablenkung (+ 26 V) speist auch die beiden Transistoren T 556 und T 561. Der erste in Kollektorschaltung arbeitende Transistor T 556 erhält seine bildfrequente Steuerspannung von der Vertikalablenkung.

Die etwa 3,5 $V_{ss}$ große parabelförmige Spannung, einer sägezahnförmigen Spannung überlagert, wird über R 553 der hochohmigen Basis von T 556 zugeführt. R 557 teilt die Spannung leicht herunter. (Oszillogramm 31). Am gemeinsamen Emitterwiderstand R 561 steht die parabelförmige Steuerspannung für den in einer „Pseudo-Basisschaltung" betriebenen Transistor T 561 (Oszillogramm 32 und 33).

Der Basis des T 561 wird hingegen über die Integrations- und Differenzierglieder R 569/C 569, C 568, R 568 und C 563 eine, durch R 567 in ihren Gleichspannungsniveau veränderliche, zeilenfrequente Sägezahnspannung, gewonnen aus dem 85 $V_{ss}$ hohen Rückschlagimpuls U', zugeführt. (Oszillogramme 34 und 35 – siehe auch Abb. 18.34.)

Je nach Parabelspannungsgröße am Emitterwiderstand (bildfrequent) erhält man in Abhängigkeit der jeweiligen zeilenfrequenten Sägezahnspannung an der Basis des T 561, eine mehr oder weniger breite (pulslängenmodulierte) Spannung am Kollektorwiderstand R 563 (Abb. 19.56) zur Steuerung des Endtransistors. (Oszillogramm 37)

Die sägezahnförmige Unterlegung der Ansteuerspannung (Oszillogramm 31) ruft einen starken Trapezfehler hervor. Durch Anlegen einer gleichphasigen Sägezahnspannung am zweiten „Differenz"-Eingang (Basis T 561) läßt sich dieser Fehler kompensieren. Dafür wird von der Vertikalablenkung eine 0,6 $V_{ss}$ große Sägezahnspannung (Oszillogramm 36) dem Teiler R 564 und R 565 zugeführt. Über R 567 gelangt die verringerte Spannung an die Basis von T 561.

Durch Integrieren der am Kollektor von T 567stehenden phasenmodulierten Spannung (Oszillogramm 39) entsteht am C 561 eine ca. 10 V hohe parabelförmige Spannung (Oszillogramm 38). Rückgekoppelt über R 559 und R 558 auf die Basis von T 556 kann an R 558 die benötigte OW-Amplitude eingestellt werden.

R 556 und C 556 korrigieren über eine vom Aquadagbelag der Bildröhre kommende, vom Strahlstrom abhängige Spannung, das Weißbalkenverhalten.

C 557, C 562, C 567 und C 566 verhindern HF-Störungen. Der Elko C 564 siebt die Versorgungsspannung und verbessert somit OW-Korrektur und das Strahlstromverhalten.

## Abb. 19.61 Entmagnetisierungsschaltung

Trotz sorgfältigster Konvergenzeinstellung können farbige Wolken auf dem Bildschirm entstehen, wenn die Lochmaske und die am Kolben angeordnete Eisenabschirmung durch Fremdfelder magnetisch werden. Dazu genügt u.U. das Magnetfeld der Erde. Ein noch so schwaches Magnetfeld an diesen Eisenteilen hat aber die Neigung, die Elektronenstrahlen in der Röhre abzulenken, also Farbfehler zu verursachen. Deshalb sieht man für Farbbildröhren eine automatische Entmagnetisierung bei jedem Einschalten des Empfängers vor. Zu diesem Zweck befindet sich am Kolbenrand der Bildröhre eine Entmagnetisierungswicklung *L*. Beim Einschalten des Gerätes fließt über den Kaltleiter PTC 1 und über die Entmagnetisierungsspule L ein ziemlich hoher Wechselstromstoß (bis zu 5 A). Der PTC 1 heizt sich durch Strom auf, sein Widerstandswert wird größer, und der Strom nimmt stetig ab, wie dies für eine wirksame Entmagnetisierung erforderlich ist. Das allein genügt jedoch auf die Dauer nicht, um dann den Strom durch die Entmagnetisierungsspule so klein zu halten, daß das Magnetfeld keine Bildstörungen verursacht. Deshalb ist „thermisch“, also in engem Wärmekontakt mit dem PTC 1 ein zweiter Kaltleiter PTC 2 angeordnet. Er liegt ständig an Netzspannung, erwärmt sich beim Einschalten ebenfalls und heizt dadurch den PTC 1 so auf, daß nur noch ein extrem kleiner Strom ($\leq 2$ mA) durch die Entmagnetisierungsspule L fließen kann.

Diese Kaltleiterkombination wurde 1977 von Siemens neu auf den Markt gebracht. Vorher bestanden Anordnungen, bei denen zusätzliche Widerstände oder Hilfsspannungen notwendig waren. Wesentliches Kennzeichen aller Entmagnetisierungsschaltungen ist jedoch stets ein Kaltleiterwiderstand in Reihe mit der Entmagnetisierungsspule.

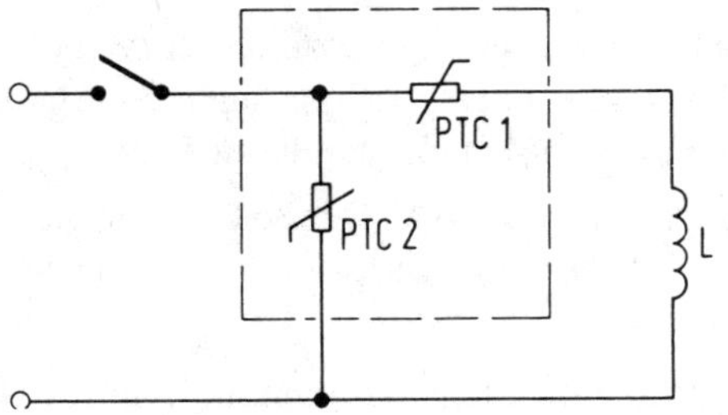


Abb. 19.61 Entmagnetisierungsschaltung für eine Farbbildröhre unter Verwendung einer Kaltleiterkombination P 7350-T von Siemens

# 20 Bedienungskomfort und Zusatzeinrichtungen

## Abb. 20.01 Flimmerfreies Fernsehen durch Verdopplung der Bild- und Zeilenfrequenz

Der Einsatz von digitalen Normenwandler-Schaltungskonzepten in Fernsehgeräten (Abb. 20.01), insbesondere der von digitalen Bildspeichern, zusammen mit der 32-kHz-Version der Flat und Square Bildröhre ermöglicht die Beseitigung des störenden Großflächenflimmerns, das bei einer Halbbildwechselfrequenz von 50 Hz bei hellen Flächen im Fernsehbild wahrnehmbar ist. Nach Verdopplung dieser Frequenz auf 100 Hz sind die Halbbildwechsel nicht mehr zu bemerken. Weitere Schaltungen finden Sie in Kapitel 21 digitale Signalverarbeitung.

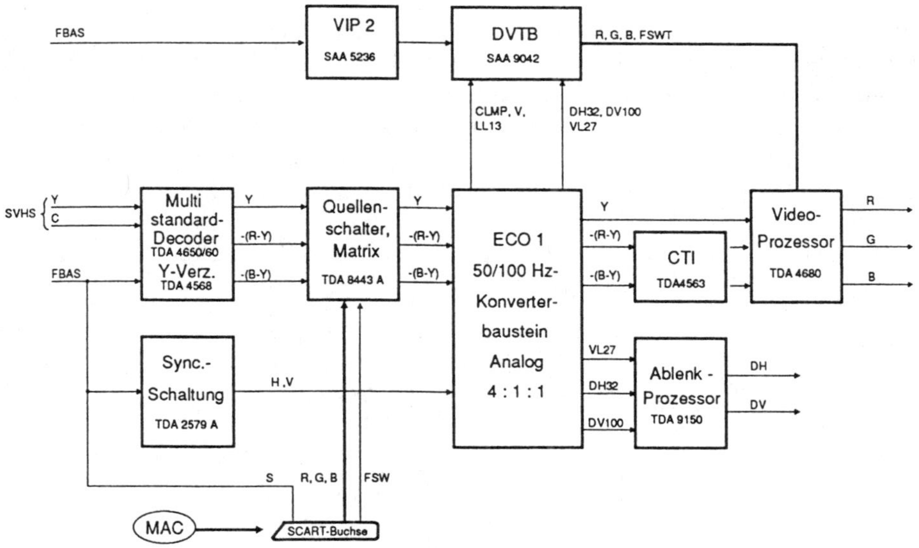


Abb. 20.01 Analoges Fernsehkonzept mit Standardbandbreite (Philips Bauelemente)

## *Fernsehton über Ultraschall oder Infrarot*

Vielfach besteht der Wunsch, den Ton vom Fernsehempfänger über Kopfhörer abzuhören. Das kann entweder sein, um die Nachbarn nicht zu stören, beispielsweise beim Camping, oder aber bei beengten Wohnverhältnissen, wenn nicht alle im Zimmer weilenden Personen zugleich fernsehen (und fernhören) wollen. Von der einfachsten Lösung, den Kopfhörer über eine lange Leitung direkt an das Fernsehgerät anzuschließen, ist man sehr bald abgekommen, weil der „Stolperdraht“ am Fußboden höchst lästig sein kann.

Man moduliert deshalb mit der Tonfrequenz entweder einen kleinen Ultraschallsender oder eine Infrarotlichtquelle, nimmt den Schall oder die Lichtstrahlen am Sitzplatz oder am Kopfhörer wieder auf und wandelt sie in die Niederfrequenzschwingungen für den Hörer zurück. Ultraschall oder Infrarot als Übertragungsmittel hat sich deswegen eingeführt, weil diese Schall- oder Lichtquelle nicht über den Raum hinaus gelangen und deshalb keine Schwierigkeiten nach dem Fernmeldegesetz oder anderweitige Störungen ergeben.

### Abb. 20.11 Ultraschallsender

Philips bevorzugt seit langem das Prinzip der Tonübertragung mittels Ultraschall. Der Sender im Fernsehgerät arbeitet mit einem RC-Generator für 40 kHz[1]). Die Nf-Spannung wird am Nf-Verstärker des Fernsehempfängers vor dem Lautstärkeeinsteller ausgekoppelt und moduliert über einen Gegentaktmodulator GR 1/GR 2 die Amplitude der 40-kHz-Trägerfrequenz. Man kann somit den Lautstärkeeinsteller am Empfänger selbst auf Null stellen und erhält noch Spannung für den Sender.

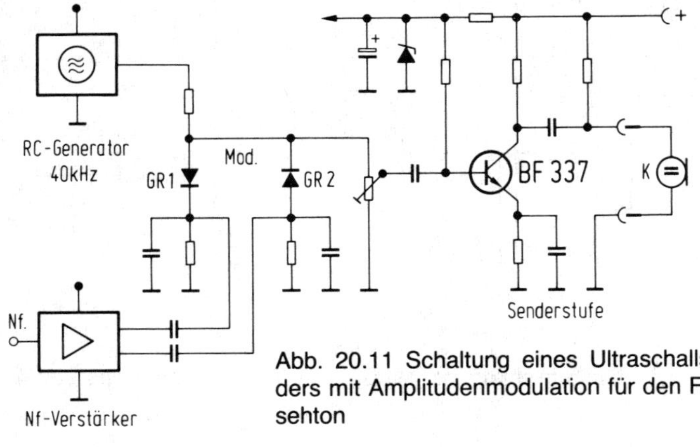


Abb. 20.11 Schaltung eines Ultraschallsenders mit Amplitudenmodulation für den Fernsehton

1 Man will auf 62 kHz gehen, um Störungen durch die für Fernbedienungen übliche Ultraschallfrequenz um 40 kHz zu vermeiden.

Diese Spannung wird nochmals in einer Transistorstufe verstärkt und mit $U_{ss} = 140$ V auf eine Kondensatormikrofonkapsel K gegeben. Sie sitzt an der Frontseite des Fernsehempfängers und strahlt den Schall in Richtung auf die Zuschauer. Als Empfänger dient ein kleines Kästchen mit einem piezoelektrischen Mikrofon als Antenne. Darauf folgen ein Verstärker für die Ultraschallfrequenz, ein Demodulator und ein Nf-Verstärker. Eine automatische Verstärkungsregelung hält die Lautstärke konstant. Das ist wichtig, falls man den Kopf dreht, und mit zwei Schiebepotentiometern können Lautstärke und Klang individuell eingestellt werden. Ein leichter Ohrhörer dient zur Wiedergabe. Der Empfänger wird aus vier Mignonzellen gespeist. Er verbraucht etwa 10...15 mA. Eine Leuchtdiode zeigt an, daß das Bedienungsteil eingeschaltet ist.

## Abb. 20.12 Ultraschallempfänger für Fernsehton

Schaub-Lorenz propagierte ebenfalls ein Ultraschallsystem zur Tonübertragung. Der Sender arbeitet mit zwei integrierten Schaltungen, und zwar dem Typ TCA 440 als Nf-Vorstufe, Oszillator und Modulator und dem Typ TBA 820 als Senderendstufe. Als

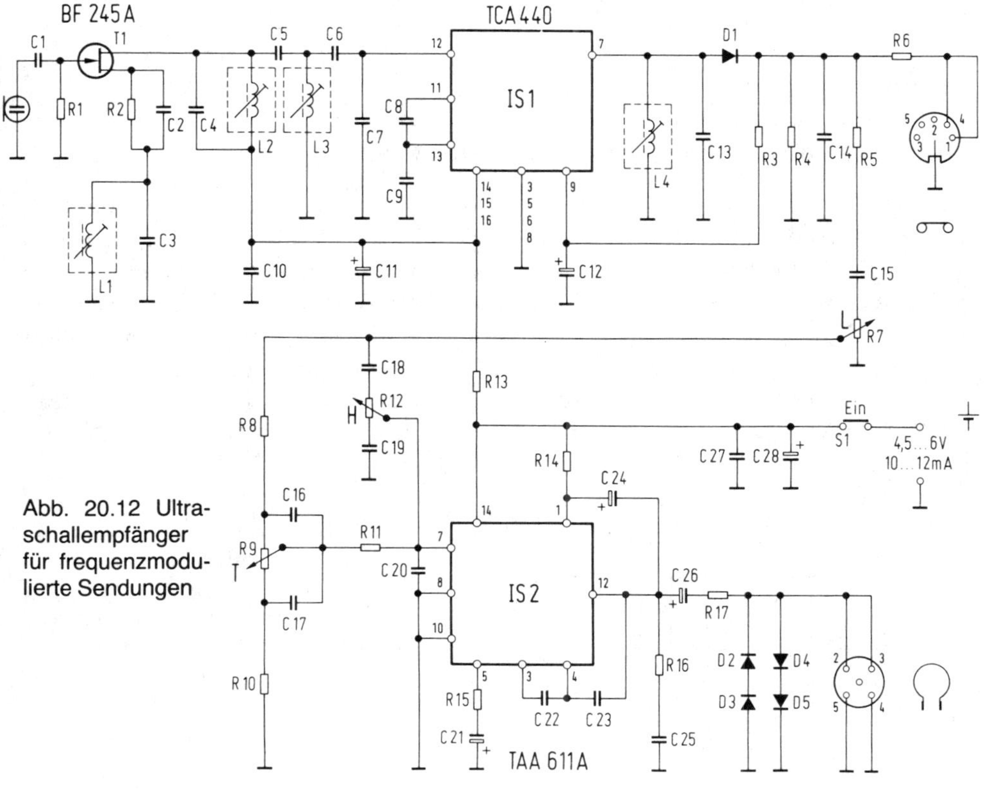


Abb. 20.12 Ultraschallempfänger für frequenzmodulierte Sendungen

Strahler dient gleichfalls ein Kondensatormikrofon. Der Abstrahlwinkel beträgt rund 90°, so daß man sich bequem vor dem Sender placieren kann. Die Anlage hat eine Reichweite von 15 m.

Die Empfängerschaltung Abb. 20.12 nimmt den Ultraschall mit einer Elektretmikrofonkapsel auf. Der Transistor BF 245 dient hauptsächlich zur Anpassung an die folgende Stufe Die Anlage arbeitet mit 70 kHz Trägerfrequenz. Um Störungen durch andere Frequenzen zu unterdrücken, sind Selektionskreise mit den Spulen L1, L2 und L3 vorgesehen. Von der integrierten Schaltung TCA 440 wird der geregelte Verstärker benutzt, um Lautstärkeschwankungen zu verhindern. Die Diode D1 wirkt als Demodulator. Darauf folgen der Lautstärkeeinsteller L und ein Klangeinstellnetzwerk H und T für Höhen und Tiefen. Die integrierte Schaltung TAA 611 übernimmt die eigentliche Nf-Verstärkung. Die Dioden D1 bis D5 in Verbindung mit dem Widerstand R 17 dienen als Amplitudenbegrenzer bei zu hohen Schalldrücken.

Hinter der Demodulatordiode D1 ist über den Widerstand R 6 eine Diodenbuchse zum Anschluß eines Cassetten-Recorders vorgesehen. Der Frequenzumfang des Nf-Teils wird mit 30...15 000 Hz angegeben. Gespeist wird der Empfänger aus vier Mignonzellen. Die Stromaufnahme liegt bei 10...12 mA.

Dieser Empfangsteil wird in das für die Fernsehempfänger vorgesehene Fernbedienungskästchen mit eingebaut.

## Abb. 20.13 Infrarotsender für den Fernsehton

Infrarotwellen verhalten sich wie Lichtwellen und werden an den Raumwänden reflektiert, so daß man selbst mit dem Rücken zum Bildschirm den Ton gut hören kann. Infrarotübertragungstechnik ist ein Teilgebiet der Optoelektronik und konnte sich erst entwickeln, nachdem mit lichtemittierenden Dioden (LED) kleine und preisgünstige Bauelemente geschaffen worden sind, die sich mit hoher Frequenz in ihrer Helligkeit modulieren lassen. Als zweckmäßig hat es sich herausgestellt, eine Trägerfrequenz um 95 kHz zu benutzen. Abb. 20.13 zeigt die Blockschaltung eines einfachen Infrarotsenders. Man geht von der frequenzmodulierten 5,5-MHz-Tonzwischenfre-

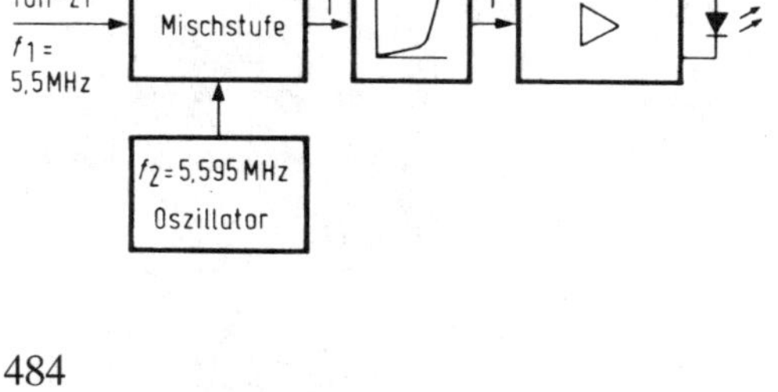


Abb. 20.13 Blockschaltung des Infrarot-Senders zur Fernsehtonübertragung

quenz aus und überlagert sie aus einem Hilfsoszillator mit 5,595 MHz. Aus dem entstehenden Frequenzgemisch wird die Differenzfrequenz 95 kHz durch einen Tiefpaß abgefiltert und verstärkt. Dieses „herabgemischte“ Zf-Signal enthält die Tonmodulation. Es wird verstärkt und steuert mit entsprechenden Rechtecksignalen von 95 kHz Trägerfrequenz die Helligkeit von mehreren an der Frontseite des Fernsehempfängers angebrachten Infrarot-Leuchtdioden. Der Empfangsraum ist dadurch gewissermaßen mit für das menschliche Auge unsichtbaren Infrarot-Lichtblitzen erfüllt. Da der 95-kHz-Träger das Tonsignal in Frequenzmodulation enthält, kann man durch Begrenzerstufen im Empfänger Amplitudenstörungen abschneiden. Der beim Fernsehton relativ große Modulationshub ergibt außerdem eine gute Übertragungsqualität. Allerdings ist der Aufwand für einen solchen Infrarotsender ziemlich groß. Eine Ausführung von Grundig arbeitet z. B. mit zwei integrierten Schaltungen und drei Transistoren. Der Philips-Infrarottonsender enthält eine integrierte Schaltung und sieben Transistoren als aktive Elemente.

Als Lichtsender dienen in allen Fällen spezielle Infrarot-Leuchtdioden. Sennheiser benutzt eine Anordnung von fünf in einer Zeile angeordneten Dioden. Die flache Bauform dieser Einheit ermöglicht es, den vollständigen Tonsender auch nachträglich unterhalb eines Fernsehgerätes anzuordnen.

## Abb. 20.16 bis 20.18 Kopfhörer für Infrarotempfang

Der Infrarotempfänger läßt sich ziemlich klein aufbauen. Abb. 20.16 zeigt die Blockschaltung eines Gerätes der Firma Sennheiser. Eine Fotodiode nimmt das Infrarotlicht auf und wandelt es wieder in elektrische Schwingungen mit 95 kHz Trägerfrequenz um. Sie werden verstärkt, ein Begrenzer schneidet Störspitzen ab, ein Demodulator erzeugt das eigentliche Nf-Signal, und darauf folgt der Nf-Verstärker.

Mit einer integrierten Schaltung läßt sich die Anordnung so klein bauen, daß man sie auf Kopfhörerkapseln aufstecken kann, wie Abb. 20.17 erkennen läßt. Die rechts und links an den Kapseln befindlichen nach vorne gerichteten Kalotten enthalten die Fotodioden.

Eine andere Empfangsanordnung zeigt Abb. 2.18. Der Empfänger mit einer Fotodiode und dem Lautstärkeeinsteller befindet sich in dem Verbindungsstück zwischen den beiden leichten Ohrhörerbügeln. Das unten angesteckte geriffelte Teil enthält die zum Betrieb notwendige Batterie. Sie ist übrigens in der gleichen Ausführung in Abb. 20.17 an der linken Hörerkapsel hinten zu erkennen.

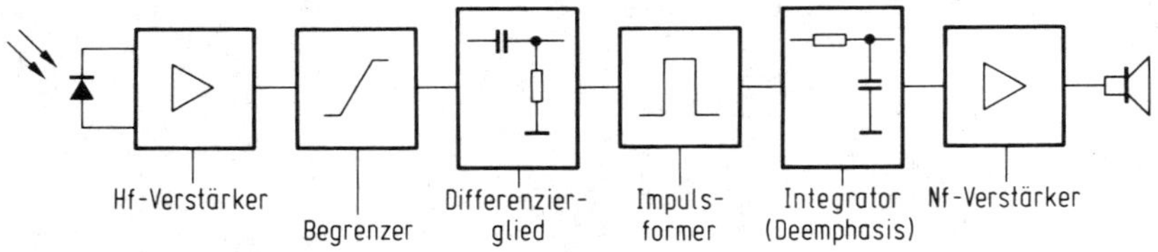


Abb. 20.16 Blockschaltung eines Infrarotempfängers

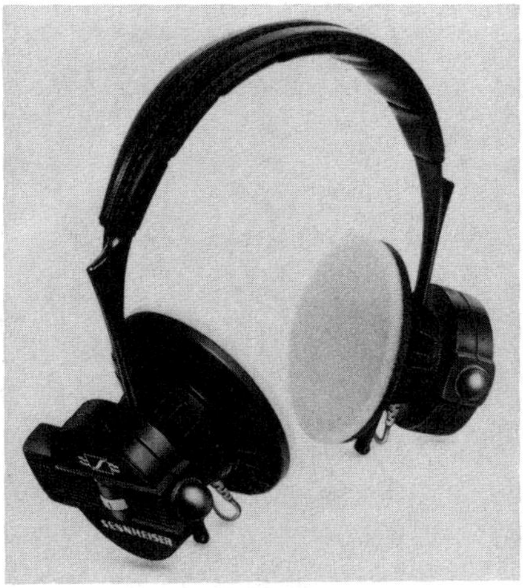

Abb. 20.17 Infrarot-Nachrüstung für Kopfhörer (Sennheiser)

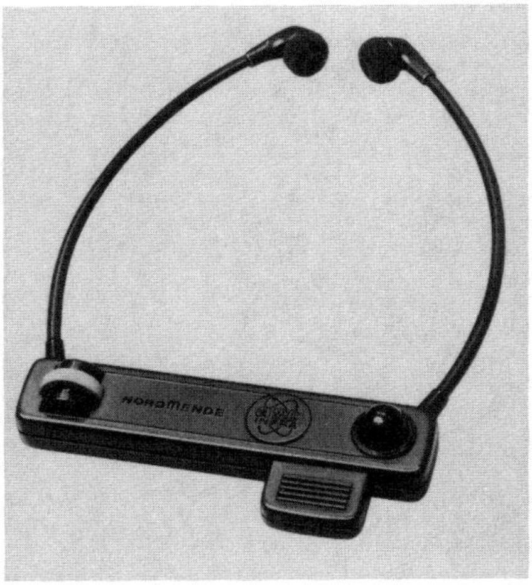

Abb. 20.18 Sehr leichter Kopfhörer mit Infrarotempfänger für Geräte von Nordmende

## *Ultraschall-Fernbedienung*

Für die Fernbedienung eines Empfängers ging die Entwicklung ebenfalls zur drahtlosen Übertragung. Dabei befindet sich der Signalgeber in einem kleinen Kästchen beim Zuschauer, und der Empfangsteil sitzt im Gerät. Zunächst hatte es sich eingeführt, diese Steuersignale durch Ultraschallfrequenzen zu übertragen. Später gingen aber die Empfängerfirmen dazu über, wie beim drahtlosen Fernsehton Infrarot als Träger für die Fernbedienungssignale zu verwenden. Die drahtlose Fernbedienung vermeidet ebenfalls lästige Drahtverbindung zum Fernsehempfänger (wichtig, wenn man während des Fernsehens zum Schnapsschrank gehen will, um sich einen einzugießen).

Ausführliche Beschreibungen für Ultraschall-Fernbedienungen fanden Sie bis zur 14. Auflage dieses Buches.

## *Infrarot-Fernbedienung*

Die Ultraschall-Fernbedienungen sind bei der Produktion von Infrarot-Fernbedienungen gänzlich abgelöst. Durch die Verwendung von Infrarotlicht als Übertragungsmedium werden gegenüber Ultraschall wesentliche Vorteile erreicht. Es treten keine Störungen durch Wandreflexionen, Klirrgeräusche und Dopplereffekte auf. Es ist eine höhere Informations-Übertragungsgeschwindigkeit realisierbar und durch die Verwendung von Pulscodemodulations-Verfahren sind höhere Spitzenleistungen bei intermitierendem Betrieb möglich.

### **Abb. 20.30 bis 20.32 Sender**

Der Sender besitzt eine Eingabematrix aus 8 Zeilen und 4 Spalten. Um einen Befehl einzugeben, muß eine Spalte mit einer Zeile verbunden werden. Damit wird der Sender eingeschaltet und der zugehörige Befehl ausgegeben. Ohne weitere Maßnahmen ist es so möglich, 32 Befehle zu senden. Der Befehlsvorrat läßt sich mit zusätzlichen Dioden (Abb. 20.31) auf 60 Befehle erweitern.

Gegen Mehrfachverbindungen (Druck auf mehrere Tasten gleichzeitig) besitzt der Schaltkreis eine Verriegelung. Eine Ausnahme bildet die Doppelbedienung innerhalb einer Spalte mit einer der Zeilen 1 bis 7 und Zeile 8, da diese Kombination zur Befehlsvorratserweiterung mittels Dioden verwendet wird. Nach dem Aussenden des ersten auf den Startbefehl folgenden Infrarotbefehls wird jedoch auch diese Doppelbedienung verriegelt.

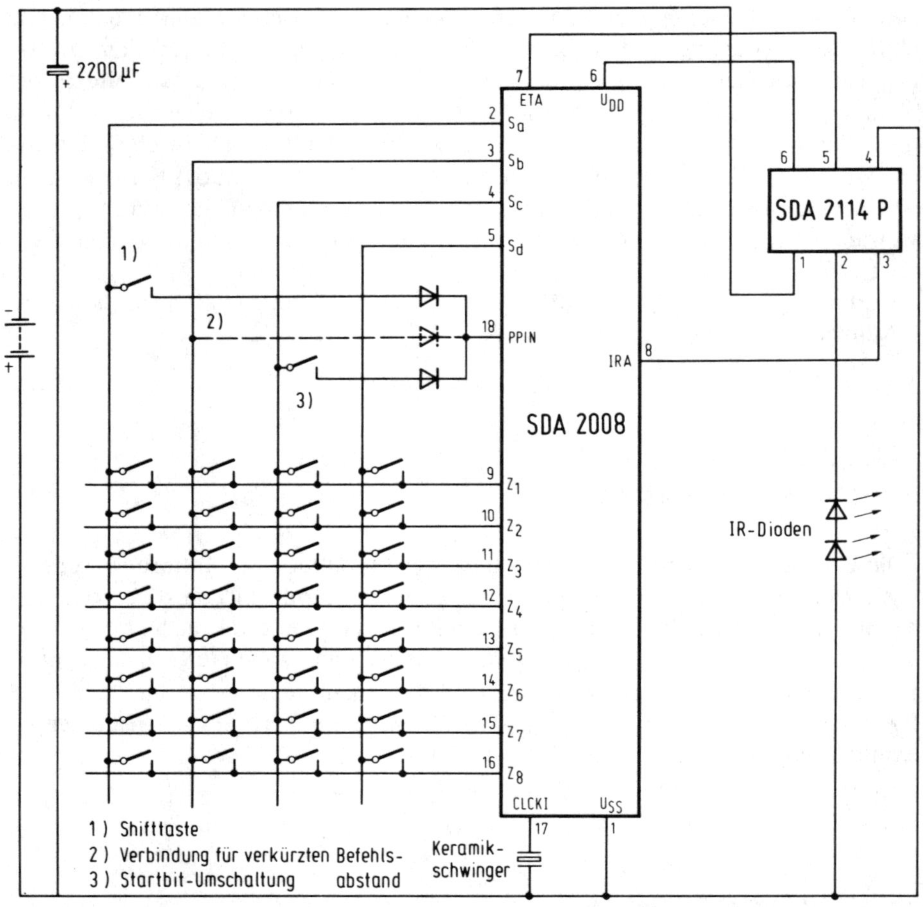


Abb. 20.30 Anwendungsschaltbild eines Infrarotsenders für 32 Befehle mit der integrierten Schaltung SDA 2008 (Siemens)

Nach dem Einschalten wird der Befehl Nr. 62 als Startbefehl ausgegeben, um dem Empfänger den Beginn einer Befehlsübertragung anzuzeigen. Der Sender setzt den eingegebenen Befehl in einen BIPHASE-Code um (Abb. 20.32). Vor den 6 Informationsbits wird ein Vorsignal und ein Startbit gesendet. Das Vorsignal erlaubt auf der Empfangsseite eine einfache Verstärkungsregelung, das Startbit eine Empfängerunterscheidung. Dadurch ist es z.B. möglich, mit dem gleichen System unabhängig voneinander ein Fernsehgerät und ein Rundfunkgerät im gleichen Raum fernzusteuern.

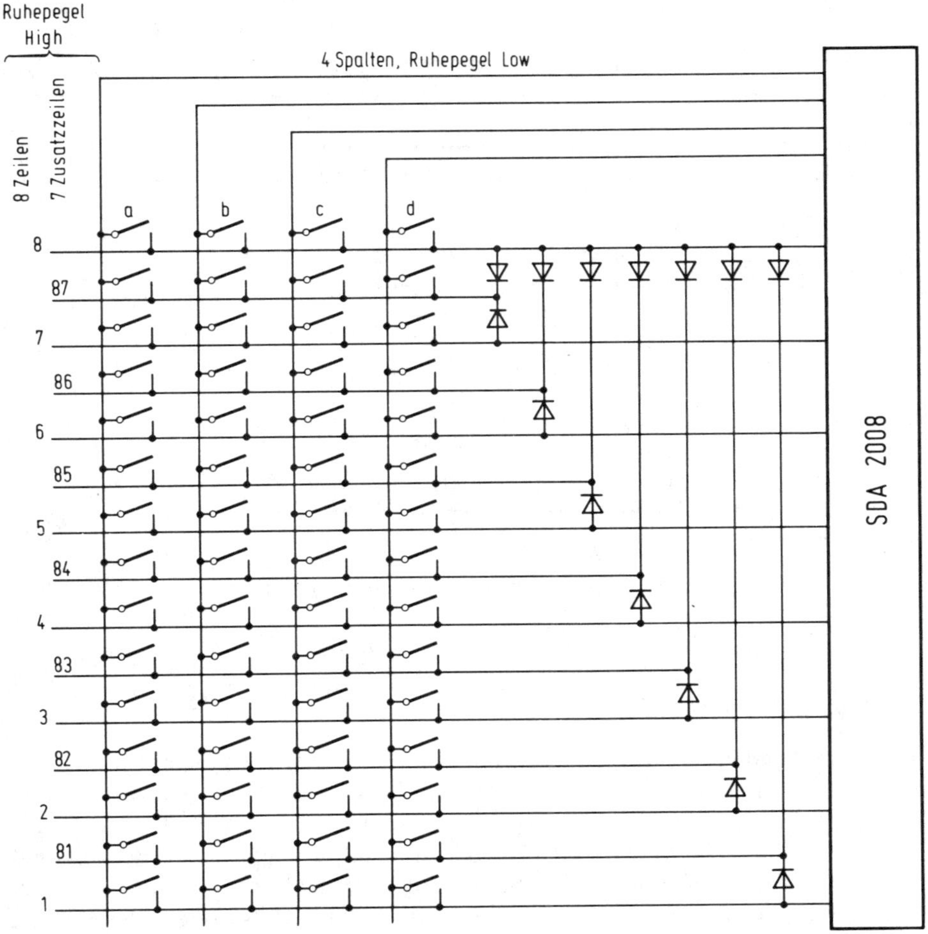


Abb. 20.31 Erweiterung des Infrarotsenders auf 60 Befehle mit 14 zusätzlichen Dioden
Abb. 20.32 nächste Seite

Der SDA 2114 P (Abb. 20.30) dient als Treiber für die Infrarot-Dioden und wird vom SDA 2008 direkt angesteuert. Die integrierte Schaltung enthält ferner einen Einschalttransistor, welcher beim Berühren einer Taste den SDA 2008 voll in Funktion setzt, aber während der Ruhezeit gesperrt ist, um die Stromaufnahme des SDA 2008 auf wenige $\mu$A herabzusetzen.

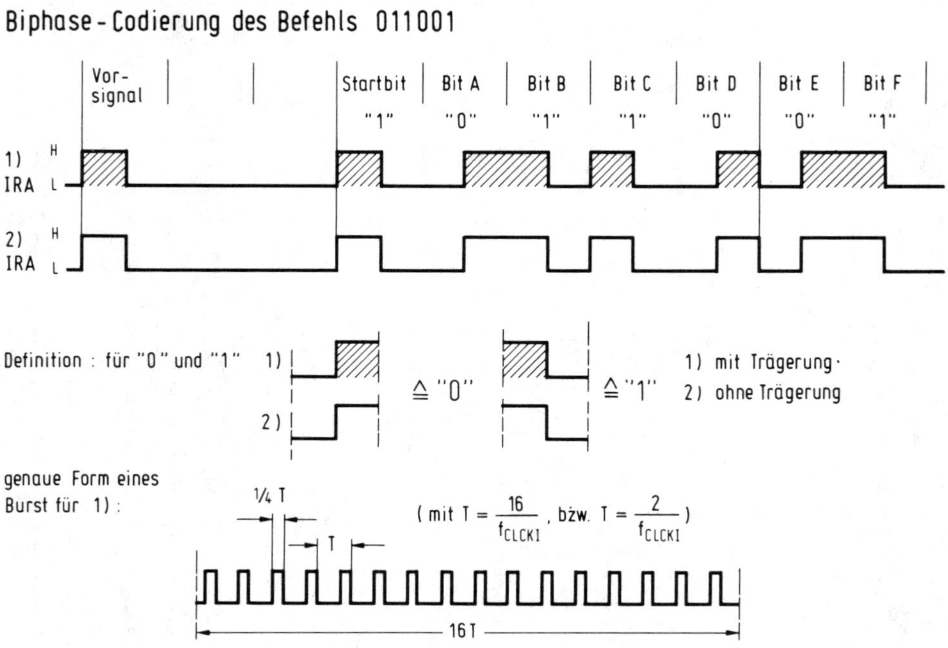


Abb. 20.32 Biphase-Codierung des Befehls 011001

## Abb. 20.33 Der Empfänger

Die vom Sender ausgestrahlten Infrarotimpulse werden von einer Fotodiode empfangen, in der integrierten Schaltung, hier als Beispiel TDA 4050 B, verstärkt und auf einen hohen, geregelten Ausgangspegel gebracht. Durch den am Eingang angeordneten Schwingkreis werden Fehlfunktionen durch Fremdlicht vermieden und außerdem wird verhindert, daß die in Sperrichtung betriebene Fotodiode bei hohen Beleuchtungsstärken in die Sättigung gerät. Als weitere Entstörmaßnahme gegen Umweltlicht ist vor der Fotodiode ein Infrarotfilter angebracht, das das Licht unter 800 nm Wellenlänge abhält.

Der Baustein SAB 4209 nimmt das empfangene Signal auf, verarbeitet es und gibt die empfangenen Befehle an die Serienschnittstelle ab. Das Signal besteht aus Wechselstromimpulsen mit einer Frequenz von ca. 30 kHz und einer Dauer von ca. 0,5 ms je Zyklus. Die Befehle werden als 7-Bit-Worte im BIPHASE-Code übertragen. Die Signale wiederholen sich ca. alle 120 ms. Alle Befehle werden vom Empfangsteil als Repeat-Befehle in der Folgefrequenz der ankommenden Signale abgegeben.

Seit einiger Zeit werden Fernbedienungen mit dem Abstimmsystem (Abb. 3.67) integriert. Dann dient der Mikrocomputer-Baustein SDA gleichzeitig auch als Empfangsdecoder für die Fernbedienung.

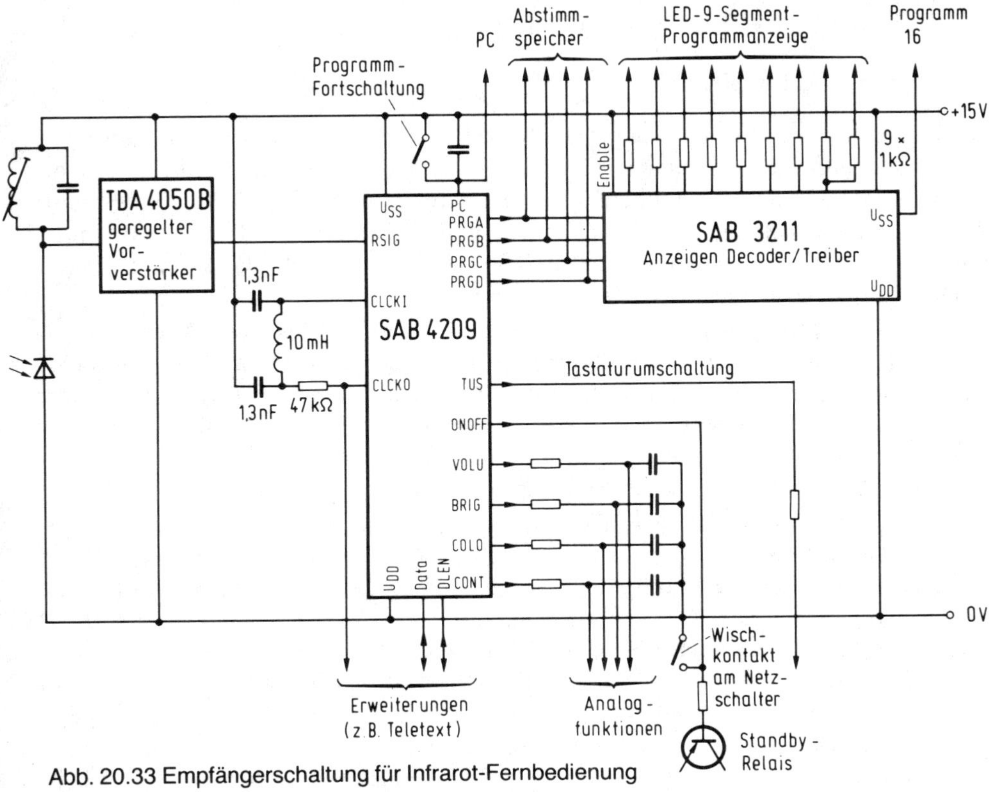


Abb. 20.33 Empfängerschaltung für Infrarot-Fernbedienung

## Bildschirmanzeige

In Farbfernsehgeräten mit großem Bildschirm werden vielfach zusätzliche Informationen in den Bildschirm eingeblendet. So ist es möglich, bei der Programmwahl die Kanalziffer in der oberen rechten Ecke aufleuchten zu lassen und beim Abstimmen des Tuners durch Leuchtbalken die Frequenzlage zu kennzeichnen. Auch beim Einstellen von Lautstärke, Helligkeit und Farbsättigung, besonders über Fernbedienungen, sind solche Leuchtbalken üblich geworden.

Andere Geräte enthalten eine Digitaluhr, deren Anzeige sich am unteren Bildschirmrand einblenden läßt, damit man das Umschalten auf ein anderes Programm nicht verpaßt (oder damit man feststellen kann, wie lange man vor dem Fernseher geschlafen hat). Bei anderen Gerätemodellen dient diese Schaltuhr auch als Programmuhr, um zu einem bestimmten Zeitpunkt den Empfänger einzuschalten.

Bildschirmeinblendungen erfolgen über umfangreiche Digitalschaltungen. Meist wird dazu ein freilaufender Impulsgenerator im Frequenzgebiet um 1,5 MHz oder sogar 4 MHz durch Zeilenimpulse synchronisiert. Über Speicherstufen, Zähler und Gatterschaltungen können dann in die Zeilen einzelne Impulsgruppen dieses Generators eingetastet werden, um dort die Zeile aufleuchten zu lassen. Bei Farbempfängern ist es sogar möglich, grüne und rote Balken erscheinen zu lassen.

## Abb. 20.41 Bild im Bild

Doch auch für intensive Fernsehprogramm-Zuschauer hat die neuere Bildschirmanzeige-Elektronik eine willkommene Ergänzung geschaffen. Um rechtzeitig von einem laufenden Programm auf das ebenfalls interessierende später beginnende Programm eines anderen Kanals umschalten zu können, wird ein kleineres Bild oder ein Bildausschnitt dieses anderen Programms in das Hauptbild eingeblendet. Man kann somit laufend verfolgen, wann umgeschaltet werden muß.

Um dieses Monitorbild zu erzeugen, besitzt entweder das Fernsehgerät einen zweiten Empfangsteil mit Tuner, Programmspeicher, Zf-Verstärker sowie Bild- und Ton-Demodulator oder es wird ein eigenständiges, komplettes Gerät, ein sogenannter „p. i. p.“[1])-Receiver beigestellt und das Signal für das zweite Bild über die Scart-(Euro-AV)-Buchse eingespeist. Dieses Empfangsteil liefert die Signale für ein weiteres Bild, das dann verkleinert in das Hauptraster eingetastet wird.

Außerdem besteht die Möglichkeit, eine eigene Fernsehkamera anzuschließen, die dann die Bildschirmeinblendung liefert. Damit kann man beispielsweise während des Fernsehens gleichzeitig kontrollieren, was gerade auf dem Kinderspielplatz passiert oder welcher Gast an der Gartenpforte läutet.

Alle Bild-im-Bild-Systeme lassen sich über die bei diesen Komfort-Geräten ohnehin vorhandene drahtlose Fernbedienung betätigen und programmieren. Außerdem kann man mit Hilfe eines drahtlosen Kopfhörers zusätzlich den Ton des Parallelprogramms verfolgen, während das Hauptprogramm aus dem Gerätelautsprecher tönt.

Schaltungen zu Bild-im-Bild finden Sie in Kapitel 21 über Digitale Signalverarbeitung im Fernsehgerät.

[1]) p. i. p. bedeutet picture in picture (engl.), ins Deutsche übersetzt: Bild im Bild

Abb. 20.41 Der Chip SDA 9088 ermöglicht die Einblendung eines verkleinerten Bildes in den normalen Fernsehschirm (Siemens-Pressebild)

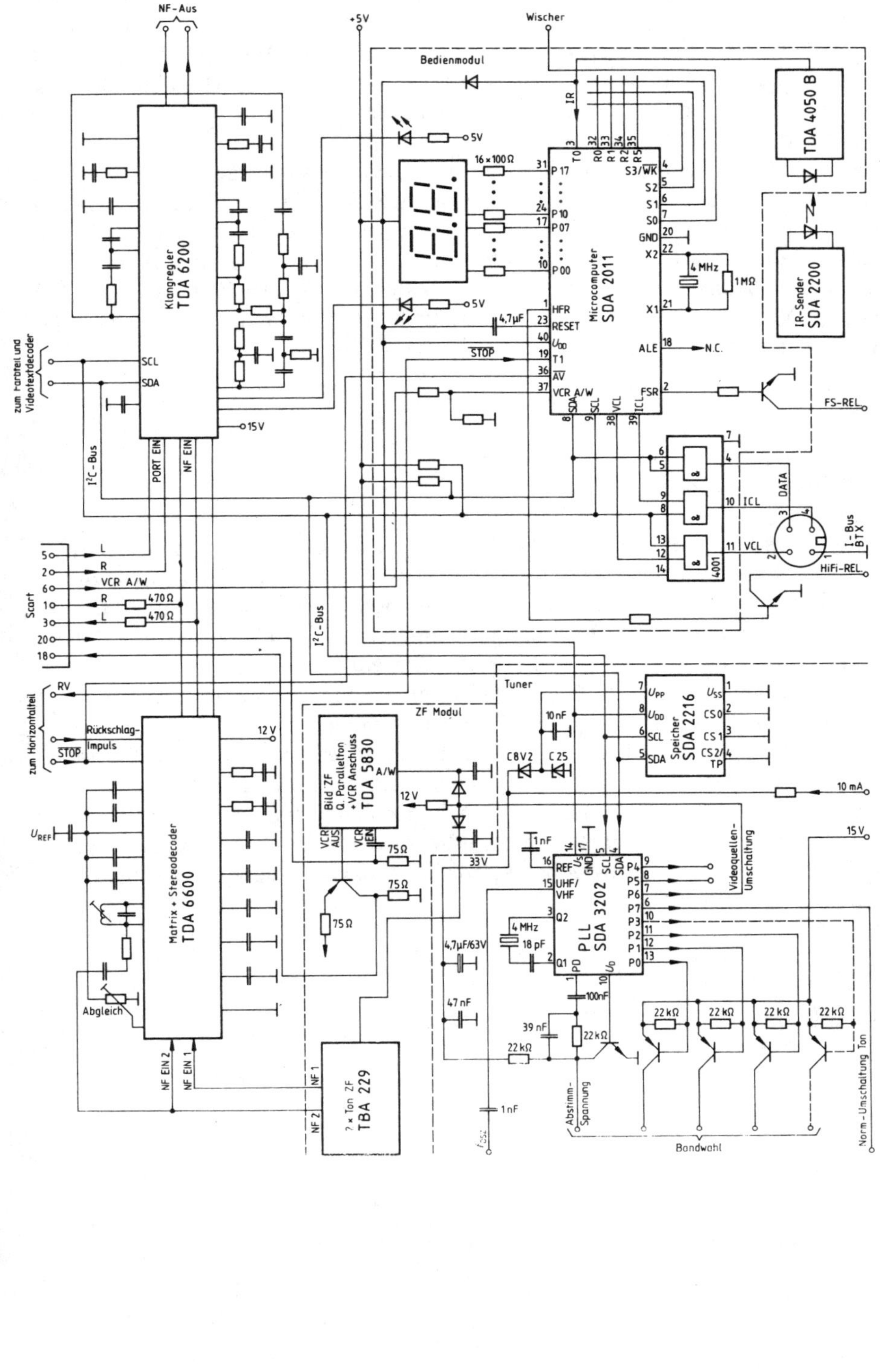


Abb. 20.42 Blockschaltbild eines TV-Frequenzsynthese-Systems Europa mit $I^2C$-Bus (Siemens)

## Abb. 20.42 Mikroprozessor-Steuerung im Fernsehgerät

Was 1977 eine Neuigkeit war, ist heute eine Selbstverständlichkeit. Kaum eine Ausnahme, fast alle in Europa gefertigten Farbfernsehgeräte enthalten einen Mikrocomputer. Er übernimmt die Steuerfunktionen für das Abstimmsystem, für die Fernbedienung, das Videotext(Teletext)-System und dient selbstverständlich, wie ursprünglich bei den ersten Geräten mit Mikroprozessor zur Erhöhung des Bedienungskomforts.

Abb. 20.42 zeigt ein Beispiel eines mikrocomputergesteuerten TV-Systems mit $I^2C$-Bus. Es ist ausgelegt für Frequenzsynthese mit Schrittweite 62,5 kHz, für Mehrnormenbetrieb (CCIR, Europa, Frankreich), durch Dioden programmierbar, mit automatischem Kanalsuchlauf, Feinabstimmung und manueller Kanaleinstellung auf- und abwärts. Für die Nahbedienung stehen 16 Befehle, für die Fernbedienung 511 Befehle zur Verfügung. Direkte Programmwahl von 30 Programmen sowie komfortable Videotextsteuerung sind selbstverständlich.

## Abb. 20.50 bis 20.54 $I^2C$-Bus

Der $I^2C$-Bus (**I**nter **IC**-Bus) ist ein serieller, asynchroner, bidirektionaler 2-Draht-Bus zur Steuerung und Regelung. Er vereinigt alle für einen umfassenden Datenverkehr erforderlichen Funktionen wie Adressierung, Schreib-/Lesesteuerung, Datenübertragung und Quittung. Er dient der geräteinternen Verbindung zwischen Mikrocontroller und Peripherieschaltungen. Dieser 2-Draht-Bus besteht aus Taktleitung **SCL** und Datenleitung **SDA**. Auf dem $I^2C$-Bus gibt es Sender, die Steuerbefehle und Daten aussenden, und Empfänger, die diese Nachrichten erhalten.

Da die serielle Schnittstelle programmierbar ist, können von mehreren Mikrocomputern, die an den seriellen $I^2C$-Bus angeschlossen sind, jeweils zwei miteinander kommunizieren, ohne dabei die anderen Schaltungen zu beeinflussen.

Jeder Mikrocomputer in einer derartigen Schaltung kann Master oder Slave und Sender oder Empfänger sein, wobei sämtliche 4 Kombinationen (Betriebsarten) möglich sind (Abb. 20.50):

Master-Sender,
Master-Empfänger,
Slave-Sender,
Slave-Empfänger.

[1]) Das in der BRD als Videotext bekannte System wird in den anderen Ländern mit Teletext bezeichnet.

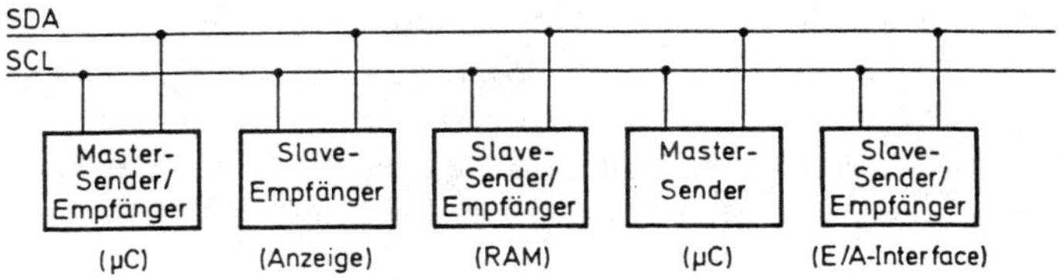


Abb. 20.50 Blockschaltbild für den Anschluß mehrerer Bausteine an den I²C-Bus (Valvo)

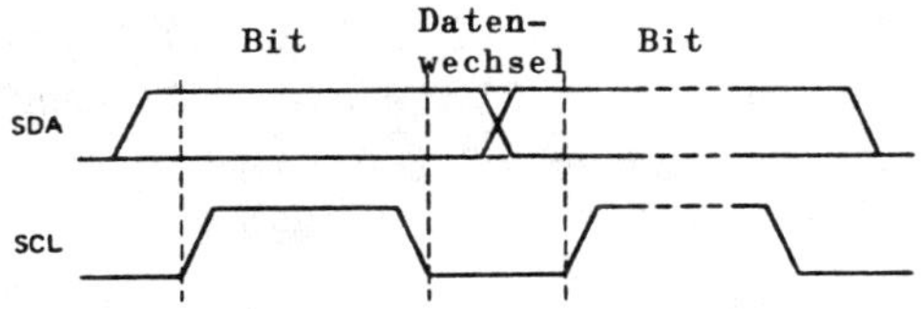


Abb. 20.51 Bit-Transfer über den seriellen I²C-Bus (Valvo)

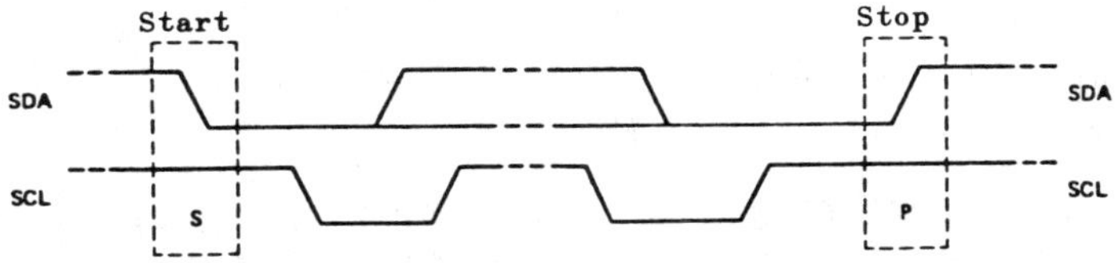


Abb. 20.52 Start- und Stop-Bedingung beim I²C-Bus (Valvo)

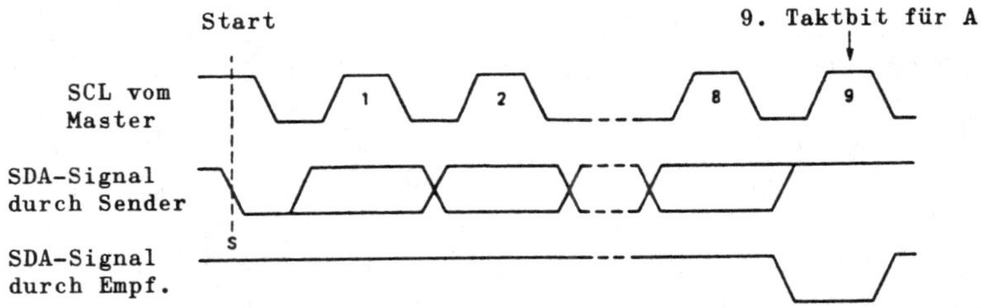


Abb. 20.53 Quittung eines korrekt empfangenen Signales beim 9. Taktbit (Valvo)

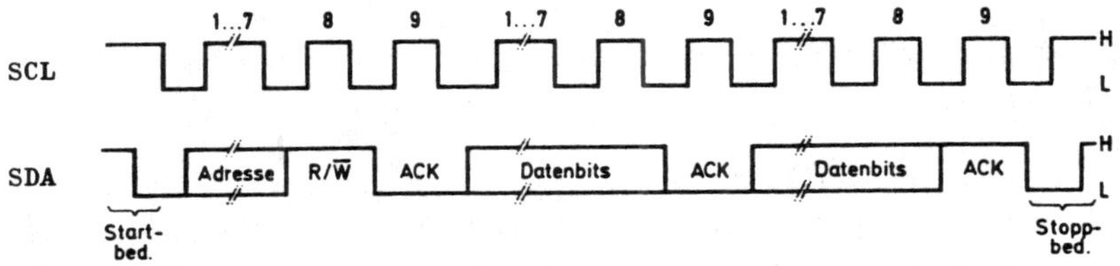


Abb. 20.54 Beispiel einer Datenübertragung mit Adresse und zwei Datenbytes (Valvo)

Busteilnehmer zum gleichen Zeitpunkt zu senden beginnen. Eine in der seriellen Schnittstelle integrierte Überwachungslogik (Arbitrationsschaltung) sorgt dann dafür, daß derjenige Teilnehmer „gewinnt", der den niedrigsten Binärwert anbietet. Somit kann nur ein Master seine Übertragung fortsetzen, d. h. zu einer bestimmten Zeit Zugriff zum Bus haben: Der serielle Bus ist multimasterfähig.

*Systemkonfiguration*

Die Datenübertragung zwischen mehreren Schaltungen mit $I^2C$-Bus-Schnittstelle am selben Bus kann wie folgt ablaufen. Eine Daten abgebende Schaltung ist Sender, eine Daten empfangende Schaltung ist Empfänger. Schaltungen, welche den Datenverkehr steuern, sind Master und Schaltungen, welche gesteuert werden, sind Slave. In der Praxis gibt es Master-Sender, Master-Empfänger, Slave-Sender- und Slave-Empfänger (Abb. 20.50).

Abb. 20.53 zeigt die Pulse auf der Datenleitung SDA und der Taktleitung SCL, wobei zunächst symmetrischer Takt vorausgesetzt wird. Beim Informationstransfer (Adressen, Daten) auf diesen Leitungen lassen sich folgende Phasen unterscheiden:

1. Im Ruhezustand, d. h., wenn der Bus frei ist, befinden sich sowohl die Takt- als auch die Datenleitung im Zustand HIGH.
2. Der Informationstransfer beginnt mit einer Startbedingung. Hierbei ändert sich der Pegel auf der Datenleitung von HIGH nach LOW, während der HIGH-Pegel auf der Taktleitung unverändert bleibt. Nach dieser Startbedingung ist der Bus belegt.
3. Auch die Taktleitung nimmt jetzt LOW-Pegel an, und von nun an bestimmt der Master die Taktfrequenz. Anschließend wird auf der Datenleitung das erste zu transferierende Bit eingestellt, solange die Taktleitung LOW ist; der Pegel auf der Datenleitung kann sich also ändern.
4. Jetzt erscheint auf der Taktleitung der erste Taktimpuls (HIGH), wodurch das auf der Datenleitung stehende Bit transferiert wird. Durch die Hardware ist sichergestellt, daß während dieser Zeit – im Gegensatz zur Start- und Stoppbedingung – keine Änderung auf der Datenleitung erfolgt. Derartige Änderungen sind grundsätzlich nur dann möglich, wenn die Taktleitung LOW ist.
5. Nach dem ersten Taktimpuls wird die Taktleitung wieder LOW. In dieser Zeit wird das zweite Bit auf der Datenleitung eingestellt; d. h., der SDA-Pegel darf sich jetzt wieder ändern.
6. Während des zweiten Taktimpulses wird das zweite Bit transferiert, der Pegel auf der Datenleitung muß wieder konstant sein, usw.
7. Der Datentransfer wird durch eine Stoppbedingung abgeschlossen. Der Pegel auf der Taktleitung ist hierbei HIGH, während auf der Datenleitung ein Übergang von LOW nach HIGH stattfindet. Nach dieser Stoppbedingung haben beide Leitungen wieder HIGH-Pegel, und der Bus ist frei.

Mit jedem Taktimpuls wird also ein Bit transferiert, bis der gesamte Informationstransfer abgelaufen ist. Das Bit mit dem höchsten Stellenwert in einem Wort wird als erstes transferiert (MSB first). Die Einstell- und Standzeiten sowie die Flankensteilheiten der einzelnen Impulse müssen natürlich bestimmten Forderungen entsprechen.

Start- und Stoppbedingungen werden ausschließlich von Mastern erzeugt, wobei das Bit BB (bus busy) in den Statusregistern S1 aller Busteilnehmer gesetzt bzw. rückgesetzt wird.

*Quittung*

Auf jedes Byte = 8 Bits folgt ein Quittungsbit, wenn das Bit ACK (acknowledge) gesetzt ist. Beim Betrieb mit dem $I^2C$-Bus ist dies obligatorisch.

Der Master gibt den hierfür erforderlichen zusätzlichen Taktimpuls auf die Taktleitung (Abb. 20.53), und vom Sender wird der Pegel HIGH auf dem Bus erzeugt. Die Empfängerschaltung überschreibt die auf HIGH liegende Datenleitung mit LOW, und zwar muß dieser Pegel während der gesamten HIGH-Periode des Taktimpulses vorhanden sein.

Im Normalfall erzeugt jeder adressierte Empfänger nach dem Empfang eines jeden Bytes = 8 Bits ein Quittungsbit, das vom Sender gelesen wird. Bestätigt jedoch ein Slave-Empfänger den Empfang der Slave-Adresse nicht, z. B. weil der Slave zum Empfang noch nicht in der Lage ist, so muß die Datenleitung durch den Slave auf HIGH-Pegel gehalten werden. Der Master erzeugt dann eine Stoppbedingung, um den Transfer abzubrechen.

Kann ein Slave-Empfänger keine weiteren Datenwörter entgegennehmen, so zeigt er dies dem Master an, indem er ihm nach dem nächsten Wort kein Quittungsbit mehr erteilt. Auch in diesem Fall muß der Slave die Datenleitung auf HIGH-Pegel halten, und der Master erzeugt wieder eine Stoppbedingung, um den Transfer abzubrechen.

Ein Master-Empfänger muß einem Slave-Sender das Ende des Datentransfers ebenfalls anzeigen, indem er nach dem letzten Byte vom Slave kein Quittungsbit abgibt. Auch hier muß der Slave-Sender die Datenleitung auf HIGH-Pegel halten, damit der Master eine Stoppbedingung erzeugen kann.

*Datenübertragung*

Ein Master-Sender muß mit der Startbedingung und dem Adreßbyte beginnen. Das 8. Bit des Adreßbytes $R/\overline{W}$ gibt an, ob der Master-Sender im folgenden Byte Schreiben ($R/\overline{W} = 0$) oder Lesen ($R/\overline{W} = 1$) will (Abb. 20.54). Vier direkt auf das Startbit S folgende Bits geben den Schaltungstyp (vom Hersteller vorgegeben) an. Die Bits A2, A1 und A0 müssen mit der Verdrahtung der Setzeingänge übereinstimmen, um eine bestimmte Schaltung zu adressieren. Bei gültiger Adressierung quittiert der Empfänger durch A. Das zweite Byte kann Daten oder weitere Adressierungen und Befehle beinhalten.

Wird die allgemeine Adresse (general call, 8 Nullen) vom Master ausgesandt, gehen sämtliche übrigen Schaltungen in die Betriebsart Slave-Empfänger über, um die Daten des Masters zu empfangen, und erzeugen ein Quittungsbit. Auf diese Weise kann man alle am Bus angeschlossenen Empfänger mit nur einer Übertragung erreichen, was vor allem bei der Systeminitialisierung oder in Notsituationen (z. B. erwarteter Spannungsausfall) nützlich ist.

# 21 Digitale Signalverarbeitung im Fernsehgerät

Eines muß man zunächst festhalten: Der Mensch sieht und hört „analog“. Wenn von einem digitalisierten Fernsehgerät gesprochen wird, dann sind hier nur Teilfunktionen gemeint. Solange die bestehende Fernsehnorm nicht geändert wird, und das ist nicht zu erwarten, läuft von der Antenne ein analog gesendetes Fernsehsignal in das Fernsehgerät hinein. Aus dem Gerät heraus müssen ein sichtbares Bild und ein hörbarer Ton kommen, so daß als Digitalisierungsbereiche der Bild- und Tonkanal zwischen dem Demodulator einerseits und dem Nf-Leistungsverstärker bzw. der RGB-Stufe andererseits in Frage kommen. Zum gegenwärtigen Zeitpunkt schließt sich eine digitale Signalverarbeitung im Zf-Verstärker aus. Eine Umsetzung von der analogen auf die digitale Ebene kann mit vertretbarem Aufwand erst hinter dem Video-Demodulator vorgenommen werden.

Betrachtet man ein stark vereinfachtes Blockschaltbild eines Farbfernsehempfängers, so sind die Fernbedienung (bei Infrarot) und das Abstimmsystem in Digitaltechnik ausgeführt. Grundsätzlich ist es möglich, den Farbteil und den Ablenkteil ebenfalls zu digitalisieren. Am Eingang ist dann jeweils ein Analog-Digital-Wandler vorzuschalten; der Ausgang speist einen Digital-Analog-Wandler. Im Falle der flachen Bildröhre können die digitalen Signale bereits die Zeilen- und Spalten-Ansteuerung der Bildröhre speisen; im Falle einer Kathodenstrahlröhre sind dort leistungsfähige analoge Endstufen für die Video-Signale und Ablenk-Signale notwendig.

### Abb. 21.01 bis 21.05 ITT-DIGIT 2000

Auf der Funkausstellung 1981 in Berlin zeigte ITT Intermetall als erster Bauelementehersteller ein Konzept für ein digitalisiertes Farbfernsehgerät mit 6 digitalen Chips:

| | |
|---|---|
| Mikrocomputer | MAA 2000 als zentrale Steuerschaltung |
| Video-Codec | MAA 2100 |
| Video-Prozessor | MAA 2200 |
| A/D-Interface | MAA 2300 |
| Audio-Prozessor | MAA 2400 |
| Ablenk-Steuerschaltung | MAA 2500 |

1983 begann die Serienfertigung des TV-Systems DIGIT 2000, das zu dieser Zeit als einziges Digitalsystem in der Welt die vollständige Bild-, Ton- und Textverarbeitung umfaßte.

1985 kam der digitale Einchip-D2-MAC-Decoder für den Satellitenempfang hinzu, 1986 dann die Realisierung des flimmerfreien und zeilensprungfreien Fernsehens durch Bild-Zwischenspeicherung.

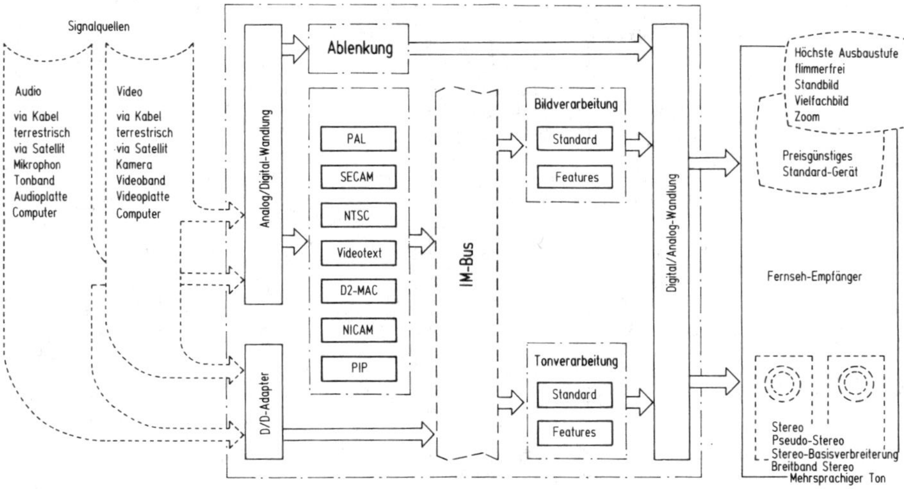


Abb. 21.01 Überblick über die Realisierungsmöglichkeiten mit DIGIT 2000 (ITT Intermetall)

Abb. 21.01 zeigt die Realisierungsmöglichkeiten mit DIGIT 2000. Alle existierenden und zukünftigen Signalquellen, ob analog oder digital, können angeschlossen werden; die Video-, Audio- und Textprozessoren verarbeiten sämtliche Übertragungsnormen. Die gesamte Signalverarbeitung wird über den IM-Kommunikationsbus zentral gesteuert.

Der flexible, modulare Aufbau des Systems gestattet die Realisierung verschiedener Ausbaustufen, vom Standard-Fernsehempfänger bis zum Gerät der Spitzenklasse, in dem eine Reihe von Qualitäts- und Leistungsmerkmalen verwirklicht sind.

Die Vorteile von DIGIT 2000 sind dabei:

- wenige externe Bauelemente
- keine Toleranzen
- keine Drift und Alterung
- programmierbar
- Umfang des Bedienungskomforts durch Software bestimmt computergesteuerter, automatischer Abgleich des Fernsehempfängers bei der Herstellung
- Ton in Stereo oder zweisprachig
- geeignet für alle Fernsehnormen, PAL, NTSC, SECAM, D2-MAC.

Das System DIGIT 2000 bietet außerdem eine Reihe zusätzlicher Möglichkeiten:

- Empfang von digital übertragenen Fernsehprogrammen, z. B. über Satelliten (D2-MAC)
- adaptive Reduzierung des Rauschens durch Korrelation oder durch nichtlineare Kennlinie

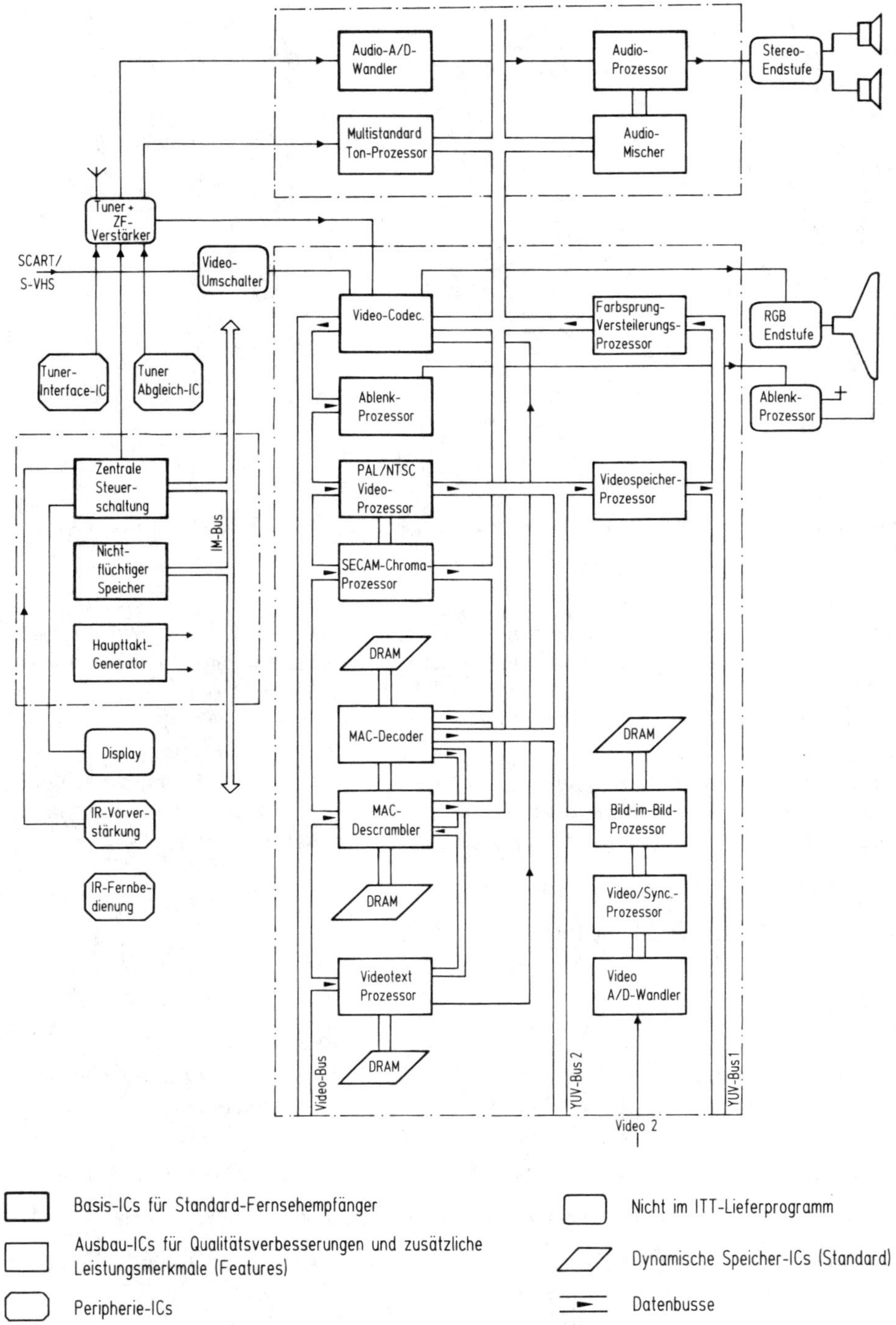


Abb. 21.02 Blockdiagramm DIGIT 2000 (ITT Intermetall)

flimmerfreies Bild durch Zwischenspeicherung und Wiedergabe mit erhöhter Ablenkfrequenz

automatische Unterdrückung von Geisterbildern (Reflexionen)

bessere Bildqualität bei NTSC durch digitales Kammfilter

Bild im Bild (ein weiterer Kanal als Kleinbild eingeblendet)

Bildplatten- und Bildbandgeräte beliebiger Norm anschließbar

direkte Verarbeitung digitaler Tonsignale

Textverarbeitung (Bildschirmtext, Videotext usw.)

Terminal für Heimcomputersysteme

Bildverbesserung bei NTSC durch die automatische *Bildsteuerschaltung*.

Wie aus Abb. 21.02 zu entnehmen ist, spiegelt sich die Modulbauweise von DIGIT 2000 in der Untergliederung des Systems in *Funktionsblöcke* auf verschiedenen Ebenen wieder, von denen jeder eine eigene Datenbusstruktur besitzt.

Man unterscheidet fünf Gruppen von Bauelementen, wobei hier jetzt wegen der Typenvielfalt*) bewußt nur auf die Funktionen eingegangen werden soll:

## Zentrale Steuerschaltungen

Sämtliche Signalverarbeitungsblöcke des DIGIT 2000-Systems werden durch einen zentralen 8-Bit-Mikrocomputer (die CCU) über einen bidirektionalen Dreileiterbus, den *INTERMETALL-Kommunikationsbus* (IM-Bus) gesteuert.

Die *zentralen Steuerschaltungen* sind ein hochwirksames Interface zwischen Benutzer und Fernsehempfänger. Da sie programmierbar sind, haben unterschiedliche Fernsehempfänger-Hersteller die Möglichkeit, individuelle Empfänger zu entwickeln. Die Steuerschaltungen haben die Hauptfunktionen:

Verarbeiten der durch den Benutzer gegebenen Befehle

Steuerung der digitalen Signalprozessoren für Video, Ton, Ablenkung, Videotext usw.

Zusammen mit dem nichtflüchtigen Speicher (EEPROM) steuert die CCU die Speicherung und Ausgabe der während der Herstellung des Fernsehempfängers programmierten Abgleichwerte.

Alle Einstellungen, wie Kanalwahl, Sendersuchlauf, Einstellung von Lautstärke, Helligkeit, Farbsättigung usw. werden entweder über die Infrarot-Fernbedienung oder durch das Tastenfeld des Fernsehempfängers eingegeben.

Als Abstimmsystem ist eine Frequenzsyntheseschaltung vorgesehen. Die Stationstasten können mit den empfangenen Sendern programmiert werden, wobei die

*) Die augenblicklich gültigen Typenbezeichnungen können beim Hersteller durch Anforderung des Lieferprogrammes aktualisiert werden.

Abstimminformation in dem EEPROM gespeichert wird. Dessen Kapazität reicht aus für die Speicherung von:

99 Fernsehkanälen

bevorzugten Werten von Lautstärke, Helligkeit, Kontrast usw.

werksseitigen Abgleichwerten.

Die Kanalinformation wird über die Ports P2 und P3 der CCU im Siebensegment-Code ausgegeben und kann ohne Interface direkt auf einem zwei- oder vierstelligen LED-Display angezeigt werden. Zusätzlich stehen programmierbare Ein-/Ausgangsschaltungen zurVerfügung, die weitere Schaltungsvarianten ermöglichen, wie z. B. Sendersuchlauf, Anzeige in abweichenden Codes, automatische Frequenznachstimmung (AFC), Stummschaltung, Videorecorder-Steuerung usw.

Die Kommunikation der Schaltungen des DIGIT-2000-Systems untereinander erfolgt über den bidirektionalen, seriellen IM-Bus und wird nur von der CCU gesteuert. Die anderen Schaltungen sind Sklaven. Weiterhin werden über den IM-Bus während der Herstellung des Fernsehempfängers die später erläuterten Abgleichwerte eingegeben. Sowohl Einstellungen durch den Benutzer, wie Lautstärke, Klangfarbe, Helligkeit usw., als auch interne Steuer-und Regelsignale, z. B. für die Amplitudenregelung der Farbsignale, die Ost-West-Parabel, die Kissenentzerrung usw. werden ebenfalls über den IM-Bus übertragen.

Der Hersteller des Fernsehempfängers hat über den seriellen IM-Bus Zugriff zum EEPROM. In der Fertigungslinie ist ein Rechner über den IM-Bus mit der CCU verbunden und schreibt Abgleichwerte in das EEPROM, wo diese gespeichert bleiben und bei jedem Einschalten des Empfängers ausgegeben und den entsprechenden Schaltungsteilen zugeführt werden.

Für stromsparenden Betrieb ist Standby-Mode vorgesehen. Dabei sind von der gesamten Steuerschaltung nur der Fernbedienungs-Decoder, die Reset-Schaltung, der Takt-Oszillator, das Netz-Flipflop sowie einige RAM-Speicherplätze in Betrieb, und erst nach Empfang eines Einschaltbefehls geht die Steuerschaltung in vollen Betrieb über.

Eine andere CCU bietet die Möglichkeit der Anzeige von Buchstaben und Ziffern auf dem Bildschirm. Es können zwei Zeilen von je sechs Zeichen abgebildet werden. Es ist die Anzeige von Kanalnummer oder Uhrzeit möglich oder, allgemeiner gesagt, jede in der CCU vorhandene Information kann angezeigt werden. Für die Synchronisation der Anzeige mit dem Hauptbild werden keine externen Bauelemente benötigt. Alle anderen Daten der CCU sind mit denen des Basistyps identisch. Folgende Eigenschaften werden geboten:

verschiedene Zeichen (Größe und Farbe wählbar)

Zeichenform gegeben als Matrix von $7 \times 5$ Punkten

Rundung und Umrandung der Zeichen ist vorgesehen, und die Farben von Umrandung und Hintergrund sind wählbar

Anzeigedauer wählbar.

Eine andere Variante der CCU enthält einen programmierbaren Fernbedienungs-Decoder, der es erlaubt, die CCU an jedes auf dem Markt befindliche Infrarot-Fernbedienungssystem anzupassen. Durch die Programm-Maske läßt sich der Decoder entsprechend programmieren. Alle anderen Daten dieser CCU sind mit denen der Basistypen identisch.

## Standard-Video-ICs

Der Videoverarbeitungsteil besitzt zwei interne Bussysteme: den *Video-Bus* (7 Bit parallel), der das FBAS-Signal vom A/D-Teil des Video-Codecs zu den einzelnen Prozessoren transportiert, und den YUV-Bus, der das resultierende Helligkeits- und Farbdifferenzsignal (8+8 Bit parallel auf 12 Leitungen im Zeitmultiplex) zur Weiterverarbeitung in den Bildverbesserungs-ICs VMC/PSP und DTI (siehe Abschnitt Feature-ICs) oder direkt zum D/A-Teil des Video-Codecs leitet.

Die Standardbauelemente des Videoteils sind die *Videoprozessoren* (PVPU), die als *Video-Codecs* bezeichneten A/D-D/A-Wandlerkombinationen (VCU), die *Ablenkprozessoren* (DPU), die *SECAM-CHROMA-Prozessoren* (SPU), der *Video/Sync-Prozessor* (VPS) sowie die *Video-A/D-Wandler* (VAD).

Die *Video-Codec-ICs* dienen dazu, das vom Video-Demodulator des Fernsehempfängers gelieferte analoge FBAS-Signal in ein Digitalsignal umzuwandeln, welches dann in den verschiedenen Video-Prozessoren, Videospeicher-Prozessoren, Ablenk-Prozessoren, Videotext-Prozessoren, Bild-im-Bild-Prozessoren usw. digital weiterverarbeitet wird. Nach der digitalen Verarbeitung im Video-Prozessor (und im Videospeicher-Prozessor bei double-scan-Betrieb) werden dessen digitale Ausgangssignale (Luminanz- und Farbdifferenzsignale) zurückgewandelt, aus denen in der RGB-Matrix die RGB-Signale entstehen, welche nach Verstärkung in den integrierten RGB-Verstärkern, die RGB-Endstufen des Fernsehempfängers ansteuern.

Zusätzlich führt der Video-Codec folgende Funktionen aus:

Helligkeitseinstellung (durch den Benutzer)
automatischen Dunkelstromabgleich
Weißwertregelung und Strahlstrombegrenzung.

Außerdem hat der VCU direkte Eingänge für Textsignale einschließlich der Einstellung von Helligkeit und Kontrast für diese Signale. Die im VCU integrierten Schaltungsteile RGB-Matrix und RGB-Verstärker arbeiten analog. Der Dunkelstromabgleich wird über den Arbeitspunkt der RGB-Verstärker durchgeführt, während für die Weißwertregelung die Verstärkung dieser Verstärker geändert wird.

Der *Videoprozessor* PVPU verarbeitet das vom Video-Codec-IC VCU digitalisierte FBAS-Signal digital weiter, worauf dann die erhaltenen Digitalsignale im Video-Codec VCU wieder in analoge zurückgewandelt werden, um die Katoden der Bildröhre mit den analogen RGB-Signalen zu steuern. Außerdem führt der PVPU im

Zusammenspiel mit dem VCU eine Reihe von Messungen und Regelvorgängen im Zusammenhang mit dem Bildröhrenabgleich aus, wie Dunkelstromabgleich, Weißwertabgleich, Strahlstrombegrenzung. Der SECAM-Chroma-Prozessor SPU verarbeitet die vom Video-Codec-IC VCU im Gray-Code (7-Bit-parallel) gelieferten Signale weiter. Er arbeitet dabei parallel mit dem Video-Prozessor PVPU, trennt die Farbinformation vom FBAS-Signal und filtert das SECAM-Signal im Glockenfilter und im ZF-Kompensationsfilter. Danach gelangt das mit 17,734 MHz abgetastete Signal zum digitalen Demodulator. Der Demodulator erzeugt ein mit 4,43 MHz abgetastetes 8-Bit-Signal, dessen Amplitude der Frequenz des frequenzmodulierten Farbdifferenz-Eingangssignals proportional ist. Nach der Demodulation werden die Farbdifferenz-Signale im digitalen Deemphasis-Filter gefiltert und durchlaufen anschließend eine 64-μs-Verzögerungsleitung und einen Kreuzschalter. Danach folgen ein Farbsättigungs-Multiplizierer und ein Multiplexer, der die Farbdifferenzsignale in die gleiche Form bringt, wie sie im PVPU verarbeitet werden.

Der SPU enthält weiter eine Schaltung zur automatischen SECAM-Erkennung und eine (R-Y)-, (B-Y)-Zeilenerkennung und -Synchronisation. Da die Signalverarbeitungs-Verzögerung bei SECAM-Decodierung größer ist als bei PAL- oder NTSC-Decodierung, wird das Videosignal, das dem PVPU zugeführt wird, im SPU um einen entsprechenden Betrag (3,7 μs) verzögert.

*Ablenkprozessoren* (DPU) sind programmierbare VLSI-Schaltungen in N-Kanal-MOS-Technik für die Ablenkfunktionen in digitalen Farbfernsehempfängern. Entsprechend ihrer Anwendung unterscheiden sich drei Typen:

Für normale Horizontalablenkung in Standard-Farbfernsehempfängern, auch für Geräte mit Videotext

Für double-scan-Horizontalablenkung in Empfängern mit verdoppelter Horizontalablenkung (double-scan) zur Verbesserung der Bildqualität.

Für normale Horizontalablenkung, jedoch mit einem anderen Flag auf dem IM-Bus. Es können so zwei Ablenkprozessoren simultan in einem Farbfernsehgerät betrieben werden, wenn für Videotext oder Bildschirmtext verbesserte Bildqualität gewünscht wird. In dieser Anwendung wird der eine zur Synchronimpulsabtrennung bei den Videotext- und Bildschirmtextsignalen und der andere als Ablenkprozessor für die angezeigte Seite, oder umgekehrt, eingesetzt.

Die Ablenk-Prozessoren DPU enthalten folgende Funktionen:

Video-Klemmschaltung

Synchronimpuls-Abtrennung

Horizontal- und Vertikal-Synchronisation

Normal- und Double-Scan-Horizontalablenkung

Ost-West-Korrektur auch für Trinitron-Bildröhren

Normal- und Double-Scan-Vertikalablenkung

Sägezahn-Erzeugung

Betriebsart für Textanzeige mit erhöhten Ablenkfrequenzen (18,7-kHz-Horizontal- und 60-kHz-Vertikal-Ablenkfrequenz)

Betriebsart D2-MAC

Folgende Eigenschaften sind programmierbar:

Auswahl der Fernsehnorm (PAL oder NTSC)

Auswahl der Ablenkung (Videotext, D2-MAC, Horizontal- und Vertikal-Double-Scan, Normalablenkung)

Filter-Zeitkonstante für die Horizontal-Synchronisation

Vertikal-Amplitude, S-Korrektur und Vertikal-Position für Inline-, Flatscreen- und Trinitron-Bildröhren

Ost-West-Parabel, Bildbreite und Trapezkorrektur für Inline-, Flatscreen- und Trinitron-Bildröhren

Umschaltcharakteristik zwischen den verschiedenen Synchronisationsarten.

## Standard-Audio-ICs

Das Digitalkonzept erleichtert die Verarbeitung der neuen, digitalen Tonübertragungsnormen ebenso wie die Einspeisung externer Signalquellen wie z. B. Digital Audio Tape (DAT) und Compact Disk (CD).

Mono-, Stereo- und mehrsprachige Sendungen werden automatisch durch die Software erkannt und entsprechend verarbeitet. Die hohe Auflösung der A/D-D/A-Wandler ermöglicht dabei eine Tonqualität auf CD-Niveau, wobei natürlich eine digitale Anlieferung des Signales vorausgesetzt ist.

Den Datentransfer zwischen den Bauelementen des Audioteils leistet der S-Bus, dessen Aufgabe insbesondere bei MAC- und NICAM-Decoderngerechtfertigt ist. Er überträgt die Toninformation in 64-Bit-Frames, die in vier aufeinanderfolgenden 16-Bit-Samples entsprechend vier Tonkanälen unterteilt sind.

Im *Audio-A/D-Wandler* (ADC) werden die durch die Analogschalter ausgewählten Tonsignale zuerst in den zwei Pulsdichte-Modulatoren für den linken und rechten Tonkanal in ein pulsdichtemoduliertes Signal umgewandelt. Dieses, ein 1-Bit-Datenstrom mit einer Rate von maximal 4 MHz, wird dann an den Audio-Prozessor (APU) weitergegeben. Dieser enthält am Eingang das digitale Audiofilter, wo der zweite Schritt der Umwandlung erfolgt. Die digitalen Ausgangsdaten des gesamten Wandlersystems haben einen Störspannungsabstand, der mit dem eines herkömmlichen 13-Bit-A/D-Wandlers verglichen werden kann.

Analogschalter, die über den IM-Bus gesteuert werden, wählen die benötigten Verbindungen zwischen den vier Analogeingängen und den zwei Digitalausgängen sowie den zwei zusätzlichen Analogausgängen aus. Wenn die Dematrizierungs-Schaltung über den IM-Bus eingeschaltet wird, liefert sie die 2R- und 2L-Signale für Stereo zu den Analogausgängen. Diese Signale werden aus den Eingangssignalen L + R und 2R entsprechend der deutschen Fernseh-Stereoton-Norm gewonnen.

Die Pulsdichte-Modulatoren PDM sind Sigma-Delta-Modulatoren mit zwei Rückkopplungsschleifen. Am Ausgang liefern sie Impulszüge, deren Pulsdichte proportional der Eingangssignalamplitude ist. Die maximale Abtastrate und somit die maximale Pulsrate beträgt 4,7 MHz.

Der *Audio-Prozessor* verarbeitet entweder bei normalem Fernsehempfang die vom *Audio A/D-Wandler* (ADC) kommenden pulsdichtemodulierten Tonsignale oder bei D2-MAC-Empfang die vom *Audio-Mischer für D2-MAC* (AMU), gelieferten digitalisierten seriellen Tonsignale.

Obwohl die Hauptfunktionen maskenprogrammiert sind, können sie über den seriellen IM-Bus modifiziert werden. Der *Audio-Prozessor USA* (APU) enthält festverdrahtete Digitalfilter zur Wandlung von pulsdichtemodulierten Daten, einen DSP-Kern und vier D/A-Wandler. Softwaregesteuert werden folgende Funktionen ausgeführt:

- Umwandlung der pulsdichtemodulierten Eingangssignale in parallele Daten
- Gleichspannungs-Offset-Unterdrückung
- feste Pre-Emphasis
- Dematrizierung des Fernseh- und Hilfskanals
- Einstellung der Höhen und Tiefen
- Vergrößerung der Basisbreite
- Balance-Einstellung
- Lautstärke-Einstellung
- D/A-Wandlung der digitalen Tonsignale
- Ermittlung der Übertragungsart (Mono, Stereo, zweisprachig) aus der digitalisierten Kennungsinformation.

Ein weiterentwickelter *Audioprozessor* ACP bietet auf einem Chip die Funktionen der A/D-D/A-Umsetzer und eines leistungsfähigen, programmierbaren Signalprozessors und ist damit in der Lage, die komplette Audio-Signalverarbeitung im Basisband durchzuführen.

Mit dem *Multistandard-Audio-Prozessor* (MSP) kann die Tonverarbeitung im TV-Gerät für *Multistandard* ausgelegt werden. Der MSP verarbeitet nämlich nicht nur nach dem neuen digitalen NICAM-Verfahren codierten Hifi-Ton, sondern auch sämtliche z. Z. in Europa üblichen analogen Audionormen.

## Feature-ICs

Im Rahmen des DIGIT 2000-Systems können eine Menge interessanter Qualitäts- und Leistungsmerkmale verwirklicht werden, viele davon durch Einbau eines zusätzlichen IC.

Während die etablierten Fernsehnormen PAL, SECAM und NTSC von jedem DIGIT 2000-Standard-Empfänger verarbeitet werden, ist zum Empfang der teilweise verwendeten neuen MAC-Satellitennormen und der neuen NICAM-Tonübertragungsverfahren mit Digitalton ein *D2-MAC-* oder *Multi-MAC-Decoder/Descrambler-*Chipsatz (DMA) und ein *Multistandard-Audio-Prozessor* (MPS) erforderlich. Beachtliche Bild- und Tonverbesserungen werden damit erreicht (Siehe auch Kapitel über Satellitenempfang).

Bemerkenswerte Verbesserungen der Bildqualität lassen sich auch im Rahmen der bestehenden Übertragungsnormen durch Zwischenspeicherung und „Bearbeitung“ von Bildanteilen erreichen. Auf dieser Grundlage arbeitet auch der neuentwickelte *adaptive Kammfilterprozessor* (ACVP). Dieser IC beseitigt fast vollständig die bekannten Übersprechstörungen zwischen Helligkeits- und Farbsignalen (*Cross-Color und Cross-Luminance*) ohne andere Bildstörungen zu erzeugen. Das bedeutet Bildqualität auf S-VHS-Niveau für PAL und NTSC.

Eine weitere Zeilenspeicherschaltung ist der *Videospeicher-Prozessor* (PSP) für doppelte Zeilenfrequenz (NTSC-*Double-Scan*), der die insbesondere bei NTSC störende Zeilenstruktur nahezu unsichtbar macht. Er ist als Dual-Port-Videospeicher ausgelegt, d. h. in diesen Videospeicher kann zugleich geschrieben und daraus gelesen werden.

Mit dem digitalen *Farbsprung-Versteilerungsprozessor* (DTI) erreicht man eine stärkere Farbtrennung.

Bei Farbfernsehempfängern nach dem gegenwärtigen Stand der Technik wird das Bild durch die kleine Chroma-Bandbreite des Übertragungssystems beeinträchtigt, die aus der Forderung nach Kompatibilität mit dem vorherigen Schwarzweiß-System resultiert. Die Helligkeits-Information wird mit einer Bandbreite von 4 MHz übertragen, während die Farb-Information durch einen Hilfsträger 4,43 MHz bei PAL und 3,579 MHz bei NTSC, mit einer Bandbreite von 1 MHz übertragen wird. Dies führt mitunter zu unbefriedigender Bildschärfe bei Farbsprüngen, besonders wenn die gleichzeitige Helligkeitsänderung klein ist. Eine beträchtliche Verbesserung verspricht der digitale Farbsprungversteilerungs-Prozessor, der fast ohne Zusatzkosten in das bekannte System DIGIT 2000 einsetzbar ist.

Zusätzlich zur Flankenversteilerungsschaltung selbst enthält der DTI zwei Verzögerungsschaltungen, die dazu dienen, die im System im Luma- und Chroma-Pfad entstehenden Verzögerungen dadurch zu kompensieren, daß eine weitere einstellbare Verzögerung hinzugefügt wird, die die Verzögerung des Video-Prozessors soweit vergrößert, daß eine Gesamtverzögerung von einer Zeile erreicht wird.

Der DTI ist eine N-Kanal-MOS-Schaltung und enthält in einem IC die folgenden Funktionsblöcke:

einstellbare Luminanz-Verzögerungsleitung (0...61 µs)
einstellbare Chrominanz-Verzögerungsleitung (0...61 µs)
Chroma-Nibble-Demultiplexer
R-Y/B-Y-Demultiplexer
Interpolationsfilter R-Y und B-Y
Anstiegsdetektor für R-Y und B-Y
Halt-Impuls-Generator

Chroma-Nibble-Multiplexer
Taktgenerator und Multiplexer-/Demultiplexer-Steuerung
die DTI-Luminanz-Verzögerungsschaltung
das IM-Bus-Interface

Eine neuere Version des DTI wartet zusätzlich mit einem besonderen Feature auf:

sie kann im herkömmlichen 4:3-Seitenverhältnis gesendete Fernsehbilder verzerrungsfrei auf den zukünftigen 16:9-formatigen HDTV-Bildröhren abbilden.

Die umgekehrte Formattranformation (*Panning*), notwendig bei Abbildung von 16:9-Bildern auf 4:3-Bildschirmen, leistet so „nebenbei" der *MAC-Descrambler* DMA. DTI und DMA zusammen können also beide Bildformate – egal mit welcher Bildröhre – verarbeiten.

Ein weiteres interessantes Feature ist das Einfügen eines zweiten (kleinen) Bildes eines anderen Programmes oder von einer anderen Videoquelle in das Hauptbild des laufenden Programmes. Zur Verwirklichung dieser *Bild-im-Bild*-Darstellung braucht man einen PIP-IC und einige weitere Bauelemente (Abb. 21.03).

Der Bild-im-Bild-Prozessor (PIP) ist ein schneller Signalprozessor in CMOS-Technik. Die Schaltung wird im System DIGIT 2000 zum Einblenden eines zweiten kleineren Bildes in das Hauptbild eingesetzt. Der Benutzer des Fernsehempfängers kann so gleichzeitig das Programm zweier Fernsehkanäle oder das Programm eines Fernsehkanals und das Bild von einem Videorecorder oder einer ähnlichen Signalquelle betrachten. Das Hauptbild entsteht in bekannter Weise, während, wie im Blockschaltbild gezeigt, für das Signal des zweiten Bildes eine zweite Videosignal-Quelle erforderlich ist. Double-scan-Ablenkungssysteme können verwendet werden.

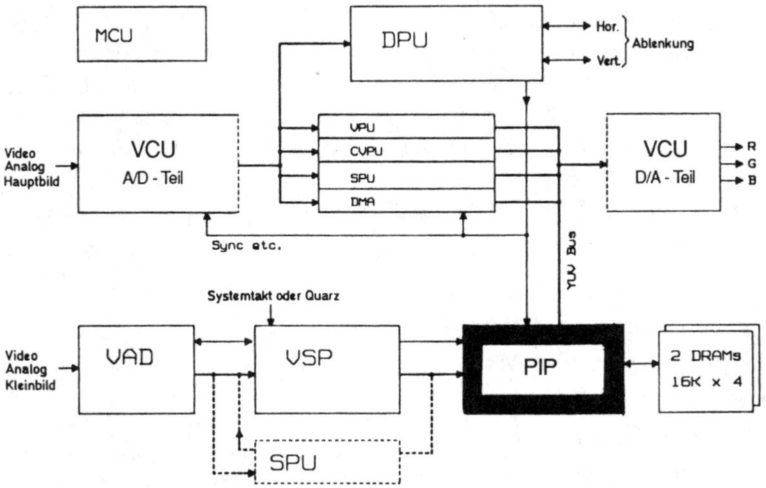


Abb. 21.03 Blockschaltbild des DIGIT 2000-Bild-im-Bild-Systems (ITT Intermetall)

Abb. 21.04 Intermetall Bild-im-Bild-Kit (Werksfoto: ITT Intermetall, Freiburg)

Der Bild-im-Bild-Prozessor PIP wandelt die Digitalsignale Y, R–Y und B–Y so, daß sie in den DRAMs (zwei DRAMs mit je 16 K × 4) gespeichert werden können, und liest die RAMs, wenn ihre Information zur Anzeige benötigt wird. Bei einer typischen Anwendung werden nur 80 % der aktiven Bildfläche verarbeitet. Nur 1/9 dieser Information wird verwendet, weil ein Bild mit der Fläche 1/3 × 1/3 des Hauptbildes erzeugt wird. Der PIP übernimmt die im DRAM gespeicherte Information und übergibt die Daten zur richtigen Zeit an den VCU zur D/A-Wandlung, die gleichzeitig mit der D/A-Wandlung der Information für das Hauptfeld erfolgt. Abb. 21.04 zeigt den kompletten Bild-im-Bild-Kit mit insgesamt 8 ICs.

Last but not least gibt es die digitalen *Text- und Graphikprozessoren* (TPU). Diese können nicht nur *Videotext* sämtlicher Fernseh- und Videotextnormen der Welt verarbeiten und auf dem Bildschirm darstellen, sondern gestatten auch die Realisierung einer *Benutzerführung* und eines *„Service-Mode“* über Menüs mit Zeichenanzeige auf dem Bildschirm, welche die Bedienung und Wartung der zunehmend komplexeren Fernsehgeräte erleichtert.

Die *Videotext-Prozessoren* (TPU) verarbeiten Level-1.5-Teletext-Informationen (in Deutschland: Videotext), die heute von Fernsehstationen in England, Deutschland und anderen europäischen Ländern gesendet werden. Der TPU arbeitet dabei mit den anderen VLSI-Schaltungen und -Prozessoren des DIGIT-2000-Systems zusammen. Weitere Informationen in Kapitel Videotext.

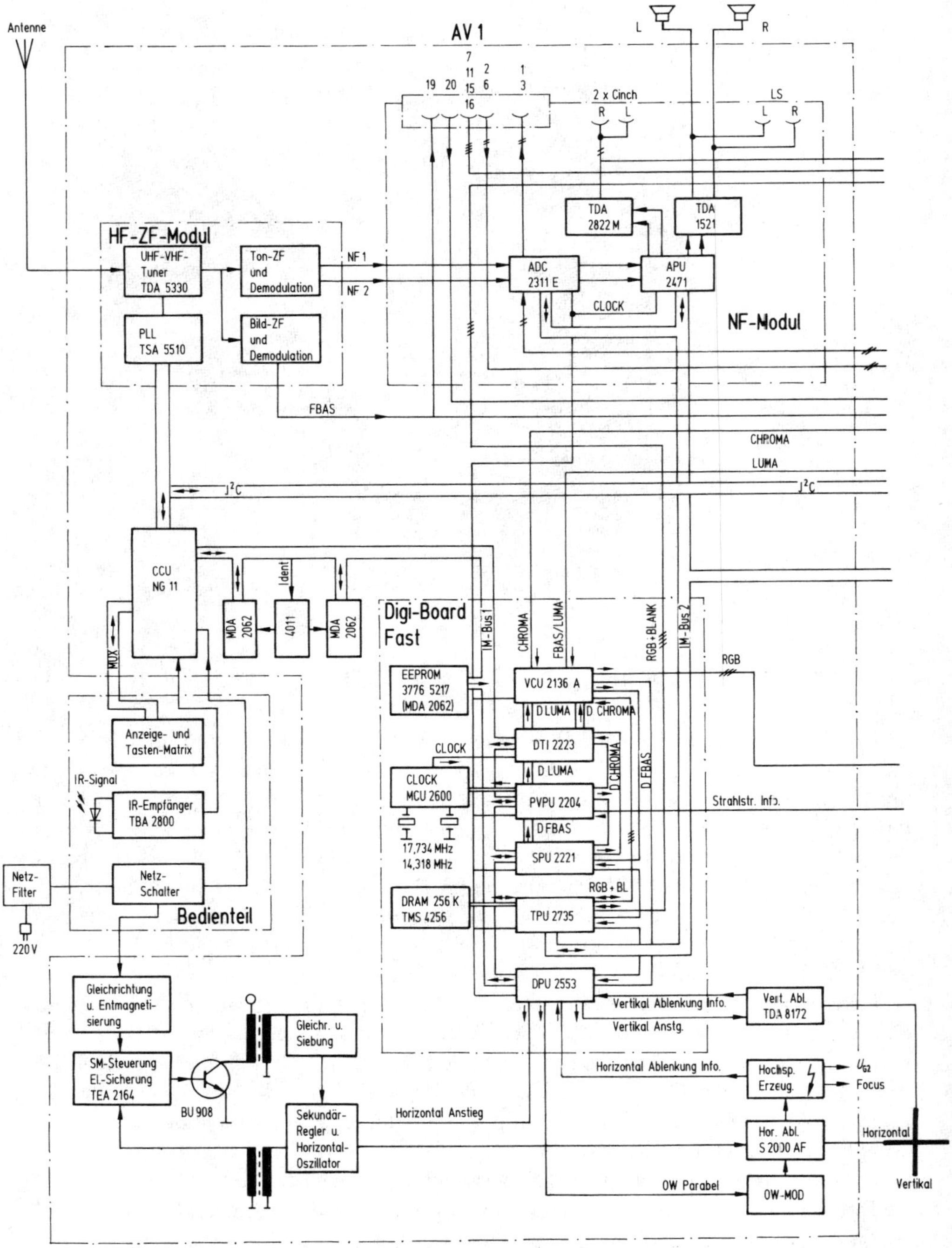

Antenne
AV 1
HF-ZF-Modul
UHF-VHF-Tuner TDA 5330
PLL TSA 5510
Ton-ZF und Demodulation
Bild-ZF und Demodulation
NF 1
NF 2
FBAS
2 x Cinch
LS
TDA 2822 M
TDA 1521
ADC 2311 E
APU 2471
CLOCK
NF-Modul
CHROMA
LUMA
CCU NG 11
MDA 2062
4011
Ident
MUX
Digi-Board Fast
IM-Bus 1
IM-Bus 2
FBAS/LUMA
RGB+BLANK
RGB
EEPROM 3776 5217 (MDA 2062)
VCU 2136 A
D LUMA
D CHROMA
DTI 2223
CLOCK MCU 2600
17,734 MHz
14,318 MHz
PVPU 2204
D FBAS
SPU 2221
Strahlstr. Info.
DRAM 256 K TMS 4256
RGB + BL
TPU 2735
DPU 2553
Vertikal Ablenkung Info.
Vertikal Anstg.
Vert. Abl. TDA 8172
Anzeige- und Tasten-Matrix
IR-Signal
IR-Empfänger TBA 2800
Netz-Filter
Netz-Schalter
Bedienteil
220 V
Gleichrichtung u. Entmagnetisierung
SM-Steuerung El.-Sicherung TEA 2164
BU 908
Gleichr. u. Siebung
Sekundär-Regler u. Horizontal-Oszillator
Horizontal Anstieg
Horizontal Ablenkung Info.
Hochsp. Erzeug.
Focus
Hor. Abl. S 2000 AF
Horizontal
Vertikal
OW Parabel
OW-MOD


Abb. 21.05

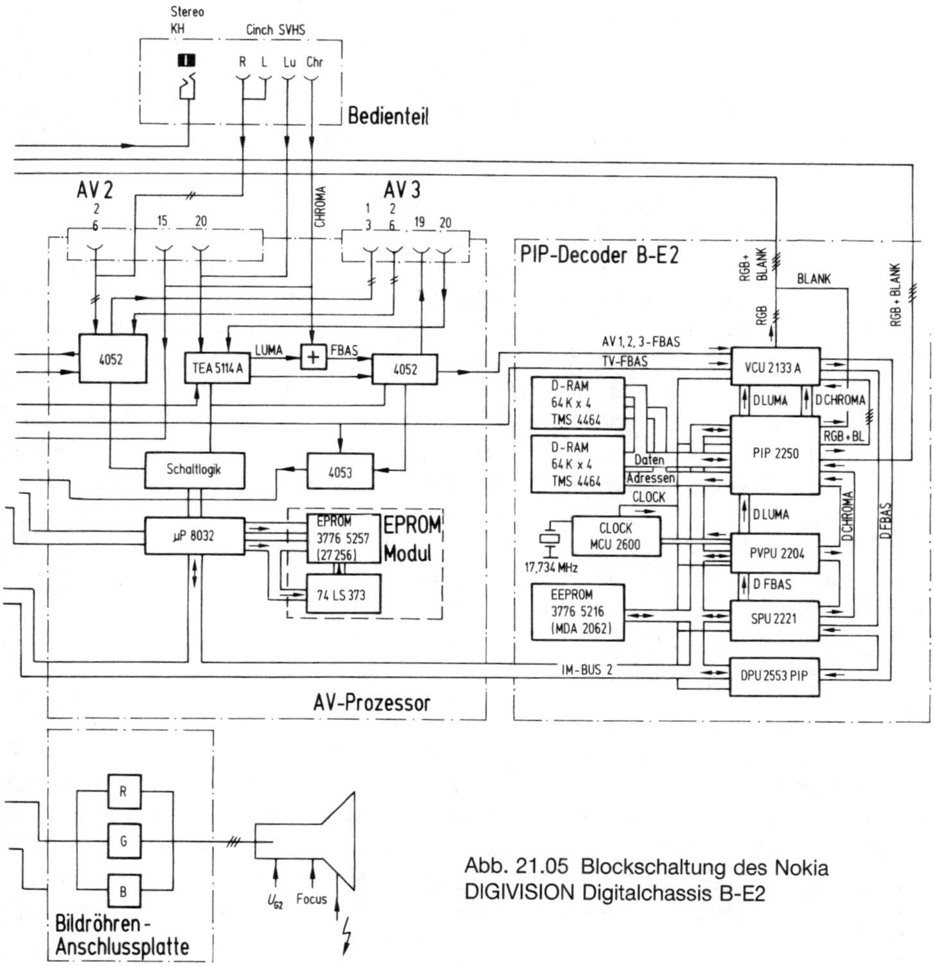


Abb. 21.05 Blockschaltung des Nokia DIGIVISION Digitalchassis B-E2

## Peripherie-ICs

Das DIGIT 2000-IC-Paket wird durch eine Reihe von Peripherieschaltungen wie Taktgenerator (MCU), Speicher (MDA, NVM), Fernbedienungs-ICs (IRT, SAA) abgerundet. *Taktgenerator-ICs* (MCU) sind integrierte Schaltungen in CI-Technologie zur Erzeugung des Haupttaktes und des Double-Scan-Taktes für Fernsehempfänger nach dem DIGIT-2000-Konzept. Der Taktgenerator versorgt die digitalen Signalprozessoren, Decoder, Wandler usw. des DIGIT-2000-Konzeptes mit den benötigten Haupt-und Double-Scan-Taktsignalen. Diese Frequenzen sind:

| | |
|---|---|
| für PAL und SECAM: | 4 × 4,43361875 MHz = 17,734475 MHz |
| | 8 × 4,43361875 MHz = 35,468949 MHz |
| für NTSC: | 4 × 3,579545 MHz = 14,318180 MHz |
| | 8 × 3,579545 MHz = 28,63636 MHz |
| für D2-MAC | 2 × 10,125 MHz = 20,25 MHz |

Drei spannungsgesteuerte Oszillatoren VCO, die im MCU integriert sind (je einer für PAL und SECAM, für NTSC und für D2-MAC), sind Teile einer PLL-Schaltung, deren andere Teile, der Phasenkomparator und das digitale PLL-Filter, sich in den Prozessoren VPU, CVPU, und DMA befinden.

Das digital gefilterte Phasendifferenz-Signal $\Delta\varphi$ wird in digitaler serieller Form dem MCU zugeführt. Diese Datenübertragung wird durch den Datentakt des MCU gesteuert. Die Frequenz des Datentaktes ist gleich ¼ der Frequenz des Haupttaktes ØM. Die geschlossene Regelschleife bewirkt eine phasenrichtige Rastung zwischem dem Oszillatorsignal (von dem der Haupttakt ØM und der Double-Scan-Takt ØD abgeleitet werden) und dem Farbträger-Burst im empfangenen Video-Signal. Dadurch sind die beiden Takte zum Takten der im Video-Prozessor PVPU integrierten PAL- bzw. NTSC-Decoder, des SECAM-Prozessors SPU oder des D2-MAC-Decoders DMA.

Der *Abgleichinformationsspeicher*, ein elektrisch umprogrammierbarer Festwertspeicher (EEPROM = Electrically Erasble Programmable Read Only Memory) in N-Kanal-Floating-Gate-Technik mit folgender Kapazität:

MDA: 128 Worte zu 8 Bit
NVM: 512 Worte zu 8 Bit

Diese EEPROMs sind umprogrammierbare Festwertspeicher im Zusammenhang mit den Zentralen Steuerschaltungen CCU des DIGIT-2000-Systems oder dem Fernbedienungs- und Abstimm-IC SAA vorgesehen. Sie speichern Abstimminformationen, verschiedene analoge Einstellungen und Abgleichinformationen. Diese Informationen bleiben auch bei ausgeschalteter Versorgung gespeichert. Lesen und Programmieren erfolgen über den IM-Bus. Alle Eingangs- und Ausgangssignale sind TTL-kompatibel. Ein Adressenwahl-Eingang ermöglicht den Parallelbetrieb zweier Speicher. Auf diese Weise erhält man eine Speicherkapazität von 2048 oder 8192 Bit.

Die Programmierungs-Matrix enthält einen geschützten Bereich, der nur dann programmiert werden kann, wenn der Schutz-Eingang $\overline{\text{IS}}$ auf hohem Potential liegt. Dieser Bereich ist so, auch wenn falsche Informationen über den IM-Bus empfangen werden, gegen unbeabsichtigte Umprogrammierung geschützt.

### Gesamtgerät

*Abb. 21.05* (Seite 510/11) zeigt das Blockschaltbild des *Nokia DIGIVISION Digital-Chassis B-E 2,* eines mit dem IC-Satz DIGIT 2000 realisierten Gerätes. Dabei wurden hier als neue Techniken die Anschlußmöglichkeit von S-VHS-Recordern, die Erweiterung der Textfunktionen auf TOP und FASTTEXT, die Bestückungsmöglichkeit mit einem Satellitenempfangsmodul einschließlich ON-SCREEN-Bedienerführung sowie die Nachrüstmöglichkeit auf das digitale HIFI-Tonsystem NICAM eingeführt.

## Abb. 21.10 bis 21.19 Siemens-Dig-TV-System

Das Siemens-Dig-TV-System besteht aus einem Bausteinpaket, das in einem Fernsehgerät mit digitaler Verarbeitung der Basisband-Videosignale und der Synchronsignale eine sichtbare Verbesserung der Bildqualität sowie neue Features ermöglicht.

Das Blockschaltbild (Abb. 21.10) zeigt das vollständige Systemkonzept des digitalen Fernsehens mit A/D-Wandlung, Farbdecodierung (PAL, NTSC, Secam), Synchronisierung, Feature Box, 100-Hz-Videotext, 100-Hz-Ablenkprozessor und RGB-Prozessor. Am Eingang werden analoge 50/60-Hz-FBAS-Signale zugeführt; der Ausgang liefert analoge RGB-Signale mit doppelter Bandbreite und die Ansteuersignale für die Ablenkstufen.

*Großflächenflimmerbefreiung*

Das Großflächenflimmern wird durch Verdoppeln der Halbbildfrequenz von 50 Hz auf 100 Hz bzw. 60 Hz auf 120 Hz unter die Wahrnehmbarkeitsschwelle des menschlichen Auges gesenkt. Da diese Verdopplung durch direkte Wiederholung der Halbbilder (AB → AABB) vorgenommen wird, treten keine Bewegungsartefekte auf.

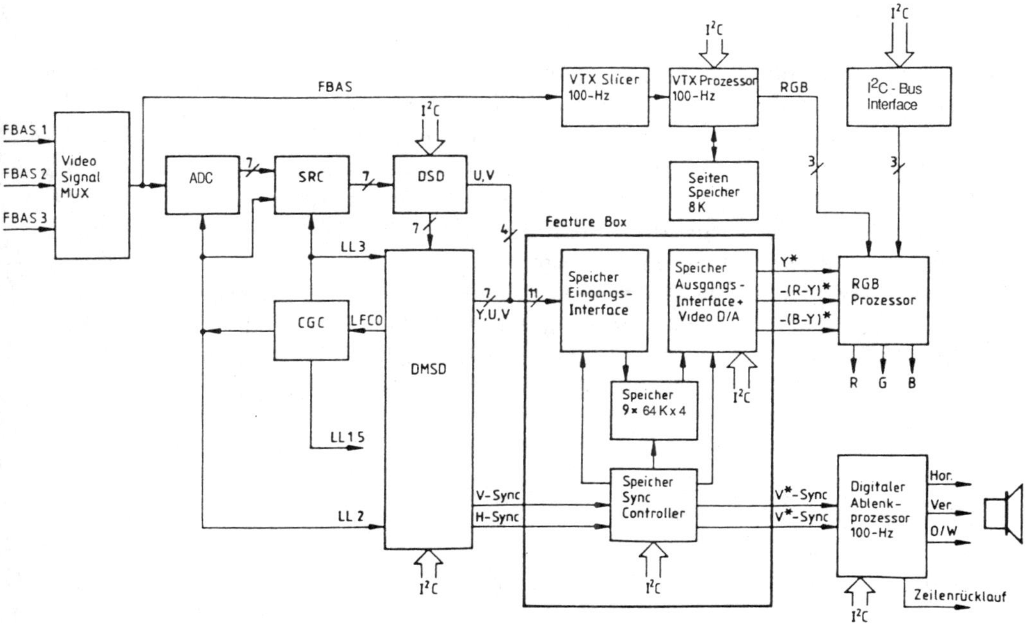


Abb. 21.10 Blockschaltbild des Siemens-Systems „Digitales Fernsehen“ (Siemens)

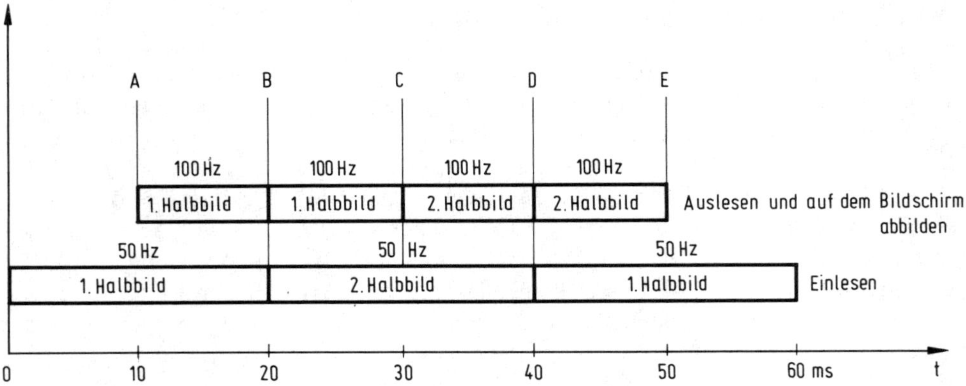


Abb. 21.11 Zeitablauf der Ein- und Auslesung der Halbbilder in bzw. aus dem Halbbildspeicher

Außerdem genügt zur Realisierung ein Halbbildspeicher, wobei ein besonderer „Trick" angewendet wird (Abb. 21.11): Vom ankommenden 50-Hz-Halbbild wird zunächst die Hälfte in den Halbbildspeicher eingelesen (A), dann erst beginnt gleichzeitig!! die Auslesung des Speichers mit der doppelten Geschwindigkeit. Inzwischen füllt die Einlesung den Speicher ganz auf. Die Auslesung holt die Einlesung bei (B) ein.

Es wird aber nur der aktive, mit Bildinhalt versehene Teil des Halbbildes ein- und ausgelesen, sonst würde es nicht klappen. Die nicht in diesen Vorgang miteinbezogenen Rücklaufzeiten ergeben genug Spielraum, daß keine Überschneidungen auftreten.

Jetzt am Zeitpunkt (B) ist ein volles 50-Hz-Halbbild eingelesen und kann ein zweites Mal mit doppelter Geschwindigkeit (100 Hz) ausgelesen werden. Da die Auslesung doppelt so schnell erfolgt, wie die gleichzeitige Einlesung des 2. Halbbildes werden rasch genug die Speicherzellen für die neue Information frei. Beim Zeitpunkt (C) wird die Information des 1. Halbbildes nicht mehr benötigt, da es bereits zweimal auf dem Bildschirm abgebildet wurde. Der halbe Speicher ist bereits mit dem 2. Halbbild gefüllt, so daß dessen Auslesung beginnen kann. Am Punkt (D) trifft dann für das 2. Halbbild das gleiche zu wie am Punkt (B) für das erste. Am Punkt (E) ist dann das komplette Vollbild, bestehend aus vier 100-Hz-Halbbildern auf dem Bildschirm. Zwei aufeinanderfolgende Zeilen haben dabei den gleichen Inhalt (Abb. 21.12). Der Zeilenabstand ist auf die Hälfte gesunken, so daß die Zeilen praktisch kaum mehr zu sehen sind.

Abb. 21.12 Zeilenraster beim flimmerfreien Fernsehen

*Standbild*

Standbilder sind wahlweise mit und ohne Interface darstellbar. In beiden Fällen ist das Standbild frei von Großflächen- und Kantenflimmern. Da nur ein Halbbild dargestellt wird, entstehen keine Bewegungsarteffekte.

*Realisierung mit Featurebox*

Wie aus dem Blockschaltbild (Abb. 21.13) hervorgeht, besteht die Feature-Box im wesentlichen aus 9 Dual-Port-DRAM-Bausteinen als Halbbildspeicher, 2 Memory-Interface-Bausteinen (MIIF, MOIF) und dem Memory-Sync-Controller (MSC).

Der Memory-Input-Interface(MIIF)-Baustein wandelt die vom digitalen Farbdecoder DMSD kommende digitale Information für Luminanz (Y) und Chrominanz (U, V) in ein speichergerechtes Signal um.

Am Speicherausgang stehen zwei zeitlich ineinander verschachtelte Digitalsignale zur Verfügung, die vom Memory-Output-Interface (MOIF) getrennt und wieder in das ursprüngliche Format zurückgewandelt werden. Das erste Signal stellt das Ausgabe-Signal für den Display-Teil dar. Es hat zur Erzielung der Flimmerfreiheit die doppelte Horizontal- und Vertikalfrequenz und damit auch die doppelte Pixel-Rate. Das zweite Signal wird erst nach Aufrüstung der Feature-Box durch einen rausch- und cross-color-vermindernden Bildprozessor am Speichereingang benötigt. Es hat die gleiche Taktrate wie das Eingangssignal des MIIF und dient zur Interfield-Verarbeitung bzw. -Filterung.

Die Phasenlage dieses zweiten Signals wird vom MSC über die Adressierung so gesteuert, daß sie bis auf eine Halbbildverzögerung genau mit der des Eingangssignals am MEF übereinstimmt. Die Verarbeitungszeit im nachrüstbaren Bildprozessor läßt sich durch die Speicheradressierung in Schritte von 24 Taktperioden ausgleichen.

Der Signalzweig der Feature-Box ist für Luminanz- und Chrominanzsignale von je 8-Bit-Wortbreite ausgelegt. Dies gestattet die volle Ausnutzung des Speicherplatzes, wird die Rausch- und Cross-Color-Verminderung durch den Bildprozessor erleichtern und gestattet den Einsatz von Farb-Decodern mit 8-Bit-Ausgangssignal. Da derzeitige Farbdecoder nur 7-Bit-Wortbreite ausgeben, ist der Luminanz-D/A-Wandlung im Ausgangsbaustein eine adaptive Schaltung zur Verbesserung der Amplitudenauflösung vorgeschaltet.

Um analoge Nachfilter zu vermeiden, wird vor der D/A-Wandlung für die Chrominanz eine digitale Interpolation auf die vierfache Abtastfrequenz vorgenommen.

Die Abtastfrequenzen betragen am Eingang der Feature-Box 13,5 MHz für die Luminanz-(Y) und 3,375 MHz für die beiden Chrominanzsignale (U und V). Um zu einer einheitlichen Datentaktrate zu kommen, werden die 8 (7) Bit breiten Chrominanzworte teilweise seriell mit 2 Bit pro Komponente übertragen, so daß zusammen 8 Bit (Y) + 2 Bit (U) + 2 Bit (V) = 12 Bit für ein 13,5-MHz-Datenwort erforderlich sind.

Der MSC erzeugt die notwendigen Steuersignale für die Dual-Port-DRAM-Bausteine des Halbbildspeichers. Außerdem ist er für die Erzeugung der Ablenksynchron-

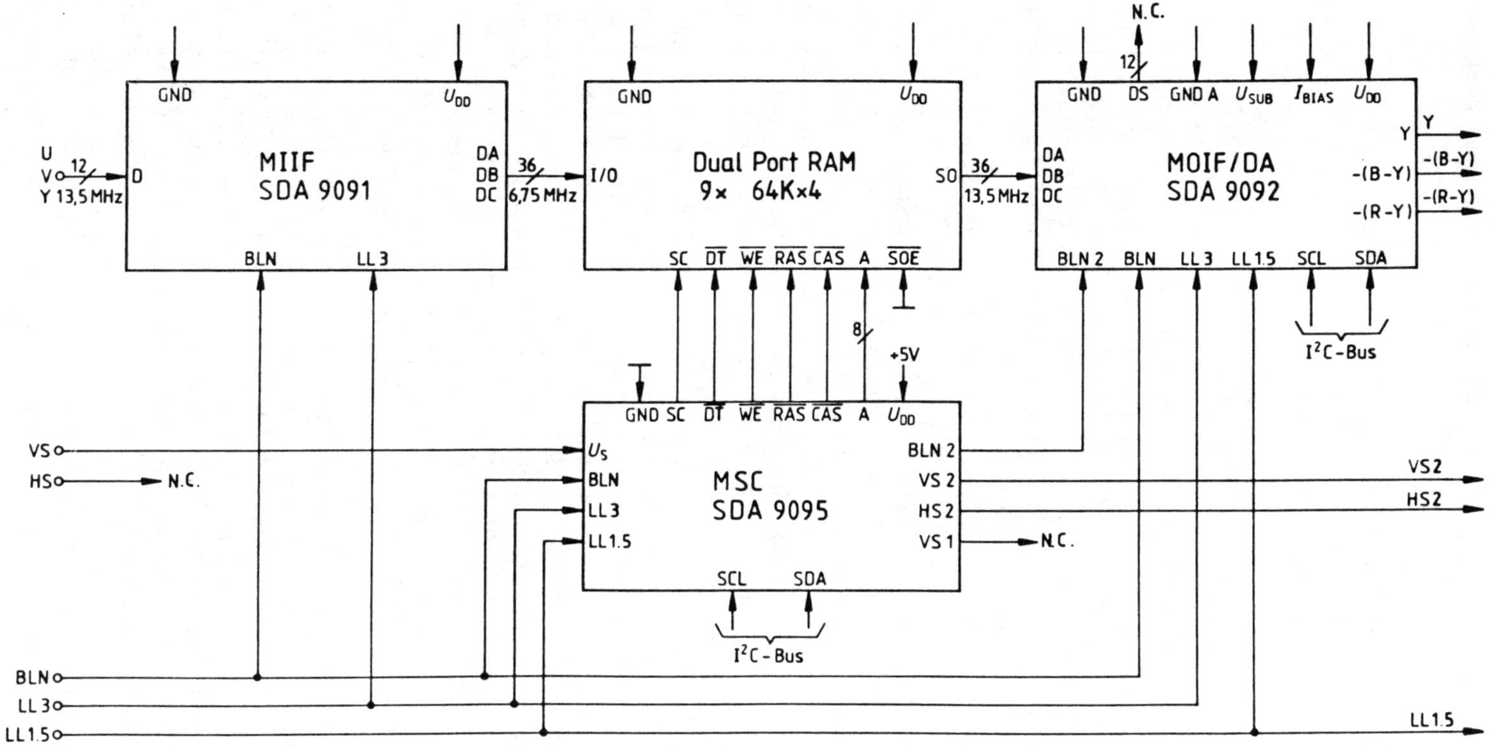


Abb. 21.13 Blockschaltbild der Siemens Feature Box 87 (Siemens)

signale doppelter Frequenz zuständig, die entweder aus den vom DMSD angebotenen Synchronsignalen abgeleitet oder selbst erzeugt werden (z. B. im Videotext-Mode).

*Rausch- und Cross-Color-Verminderung mit Featurebox*

Durch Austausch von drei Bausteinen läßt sich eine sehr wirksame Rausch- und Cross-Color-Verminderung bei gleichzeitiger Großflächen-Flimmerbefreiung erreichen (Abb. 21.14):

Videoprozessor SDA 9090 anstelle des MIIF SDA 9091
Memory-Output-Interface SDA 9093 anstatt MOIF/DA SDA 9092
...Neuer Memory-Sync-Constroller SDA 9099 statt SDA 9095.

Die Rauschverminderung erfolgt durch pixelweise bewegungsadaptive Interfield-Filterung; dadurch werden Bewegungsartefakte vermieden. Diese Art der Rauschverminderung vermindert gleichzeitig auch die störenden Cross-Color-Störungen.

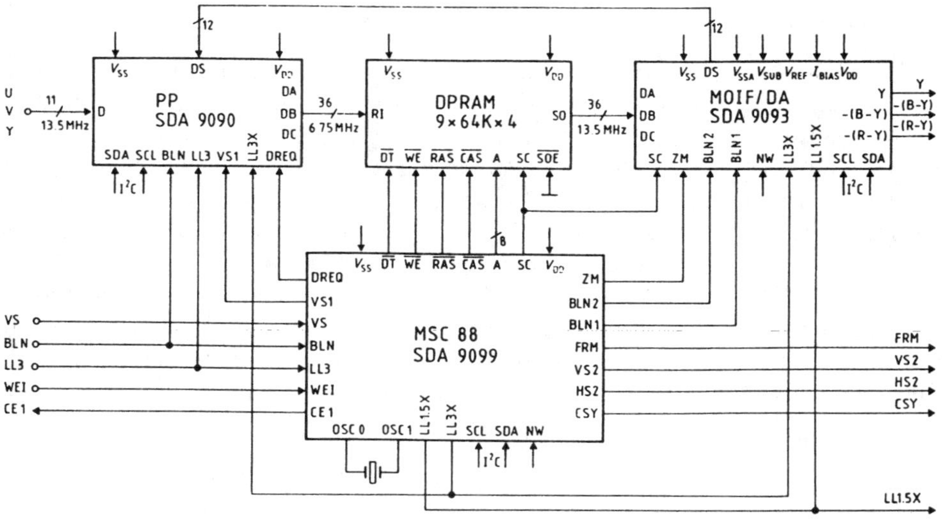


Abb. 21.14 Blockschaltbild der Featurebox 88 (Siemens)

*Bildspeicher*

Der Bildspeicher ist ein wesentlicher Bestandteil der Feature-Box. Neben ausreichender Speicherkapazität stellt die hohe Datenrate besondere Anforderungen an die Speicherbausteine. So beträgt die Eingangswortrate 13,5 MHz. Gleichzeitig wird ein Ausgangsdatenstrom mit 27-MHz-Wortrate benötigt.

Dual-Port-DRAMs sind anwendungsspezifische Speicherbauelemente, die sich im Aufbau von üblichen RAMs lediglich durch ein zusätzliches serielles Port unterscheiden. Bei inaktivem seriellen Port läßt sich das DPRAM über das RAM-I/O-Port exakt wie ein DRAM betreiben. „Seriell“ bedeutet hier „inkrementale Adressierung“ durch einen Schiebetakt, der entweder direkt ein Schieberegister taktet oder z. B. über einen Zähler die Adresse für ein allgemeineres Zwischenregister erzeugt. Dieses Zwischenregister stellt den wichtigsten Hardware-Zusatz auf dem Speicherchip dar. Es dient als Pufferspeicher und Parallel/Serienwandler zwischen der Speichermatrix und dem seriellen Port. Da die Transfer-Operation zwischen der Speichermatrix und dem Zwischenregister parallel erfolgt (und somit einen relativ geringen Anteil an der Gesamt-Schreib-/Lesezeit am seriellen Port beansprucht), kann von einer weitgehenden Unabhängigkeit beider Ports gesprochen werden.

Die Gesamtspeicherkapazität von ca. 2 400 000 Bit kann von 9-Dual-Port-DRAMs der Organisation 64 KBit × 4 aufgebracht werden. In der Feature-Box hat das abgespeicherte Bild ein Format von 281 Zeilen × 696 Spalten bei 50-Hz-Standards und 243 Zeilen × 696 Spalten bei 60-Hz-Standards. Gleichzeitig wird ein Ausgangsdatenstrom mit 27-MHz-Wortrate benötigt.

*Billd-im-Bild-System*

Dieses System (Abb. 21.15) besteht aus dem *Analog to Digital converter-Interface for the Inserted Picture* (ADIIP) und dem *Picture Insertion Prozessor* (PIP). Das eingesetzte Bild kann die Größen 1/9 oder 1/16 vom Originalbild haben. Der Betrieb mit normaler oder doppelter Ablenkfrequenz ist möglich.

Der ADIIP wandelt ein analoges Videosignal mit den Komponenten *Y, U, V* und *Sandcastle-Puls* in die Digitalsignale *Y, U, V* und *data clock* für den Eingang des einzusetzenden Bildes im PIP um. Für den Laufzeitausgleich zwischen Y und UV kann der ADIIP in das digitalisierte Y-Signal eine in neun Stufen einstellbare Verzögerung von 0...1,18 µs einfügen. Die digitalen Signale (*Y, U, V*), jeweils 5 Bit, werden dem PIP zugeführt. In ihm formt ein horizontales Filter immer vier (bei 1/16 Bild) oder drei (bei 1/9 Bild) Bildpunkte durch iterative Addition zu einem neuen

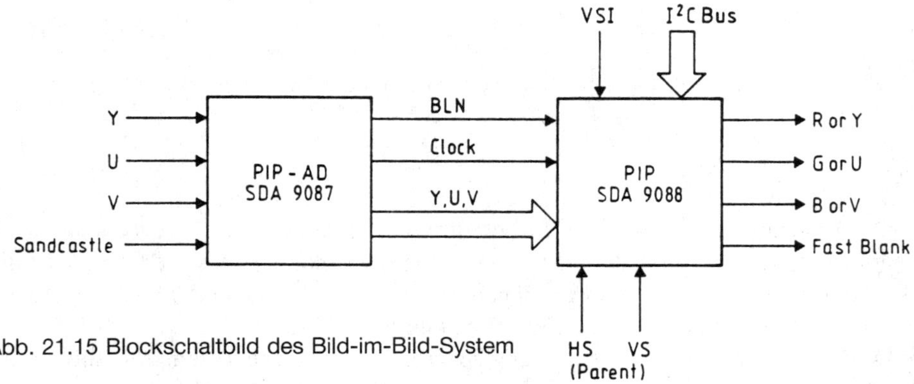


Abb. 21.15 Blockschaltbild des Bild-im-Bild-System

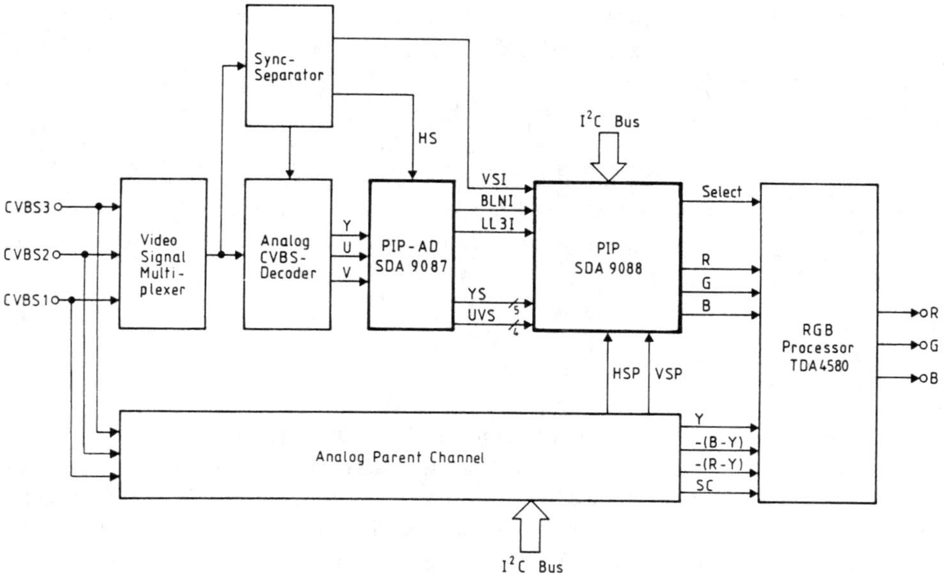


Abb. 21.16 Bild-im-Bild-Aufbereitung bei analogem Hauptbild

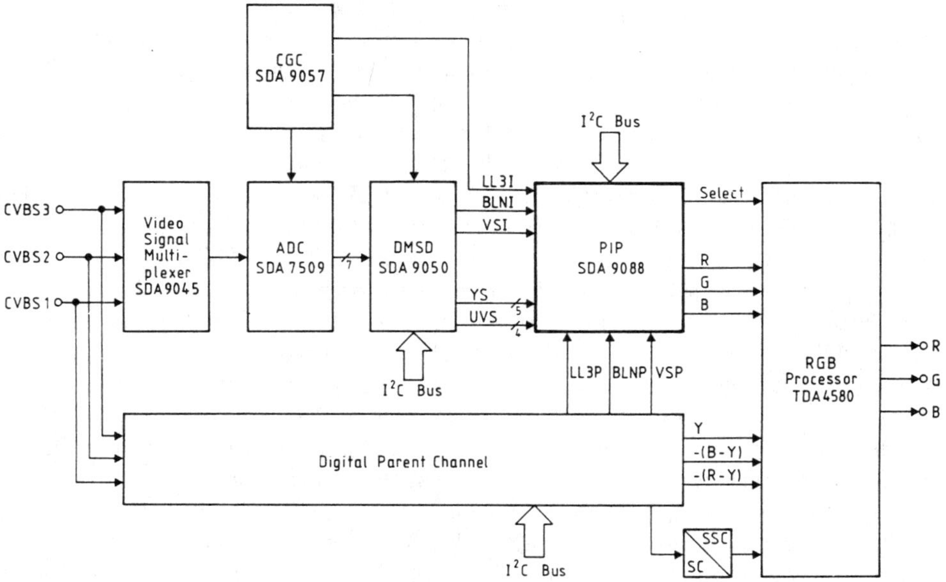


Abb. 21.17 Bild-im-Bild-Aufbereitung bei digitalem Hauptbild

Bildpunkt um. Die Zwischenergebnisse werden in einem Zeilenspeicher für eine spätere weitere Addition abgelegt. Jeweils die Inhalte von vier oder drei Zeilen werden gemittelt und dann als 6 Bit im *PIP-Memory* abgelegt. Das dabei verwendete DRAM besteht aus zwei Speicher-Arrays, die ein gleichzeitiges Schreiben und Lesen der Zellen gestattet. Um die gleichzeitige Synchronisation des eingeschrieben und ausgelesenen Bildes nicht zu gefährden, werden die Schreibdaten gepuffert.

Die analogen Ausgangssignale des Prozessors sind entweder Y,-(B-Y),-(R-Y) oder RGB. Abb. 21.16 zeigt die Anwendung der ICs in analogen Systemen, Abb. 21.17 in rein digitalen Systemen. Bei letzteren kann der ADIIP entfallen.

*Text-PIP*

Neuere Videotext-Decoder bieten eine weitere Funktion an: Text-PIP. Der Name steht für die Einblendung eines Kleinbildes während des Videotext-Betriebes. Wenn die Sendung für Werbeeinblendung unterbrochen ist, kann man mal schnell in den Videotext schauen und dabei auf der Kleinbildeinblendung, entsprechend 1/9 der gesamten Bildschirmgröße das Fernsehprogramm weiter verfolgen.

*Digitaler Ablenkprozessor*

Der digitale Ablenkprozessor SDA 9064 (Abb. 21.18 erzeugt aus den Eingangs-Synchronsignalen HS2 und VS2 sowie aus Datenwerten, die er entweder über $I^2C$-Bus erhält oder einem internen Speicher entnimmt, pulsdauermodulierte Ausgangssignale zur Ansteuerung von drei externen Endstufen: vertikal, horizontal und Ost-West-Korrektur. Als Vertikal-Endstufe kann entweder ein einziger Schalttransistor, der über eine Hilfswicklung des Zeilentransformators gespeist wird, oder ein Linearverstärker, eingesetzt werden. Die Modifikation ist maskenprogrammierbar. Der SDA 9064 ist für einen linearen Verstärker mit DC-Kopplung der Ablenkspulen ausgelegt. Die Ost-West-Rasterkorrekturendstufe besteht aus einem geschalteten Kleintransistor, der einen Diodenmodulator ansteuert. In der H-Treiberstufe erzeugen zwei geschaltete Klein-Signal-SIPMOS-Transistoren die für den H-Ablenktransistor benötigte Basisstrom-Kurvenform. Es ist aber auch die Beschaltung mit einer herkömmlichen Treiberstufe möglich. Die oben erwähnten rasterbestimmenden Datenwerte sind bildröhrentypisch in einem on-chip-ROM für 100-Hz- bzw. 120-Hz-Vertikal-Ablenkfrequenz abgelegt. Es kann aber auch ein individueller Abgleich durchgeführt werden. Die hierbei gewonnenen Daten können in einem nichtflüchtigen Speicher abgelegt werden. Sie werden beim Einschalten über den $I^2C$-Bus in den RAM des Ablenkprozessors übertragen. Zusätzlich wird die Abschalt-Phasenkorrektur des Zeilen-Endtransistors (sog. $\Phi_2$-Funktion) durchgeführt, wobei die Störbefreiung der V-Synchronimpulse in dem MSC SDA 9095 durchgeführt wird. Das System enthält auch eine Regelschleife mit Eingangs-A/D-Wandler zur Konstanthaltung von Lage und Amplitude des Vertikalablenkstroms (V-Gegenkopplung).

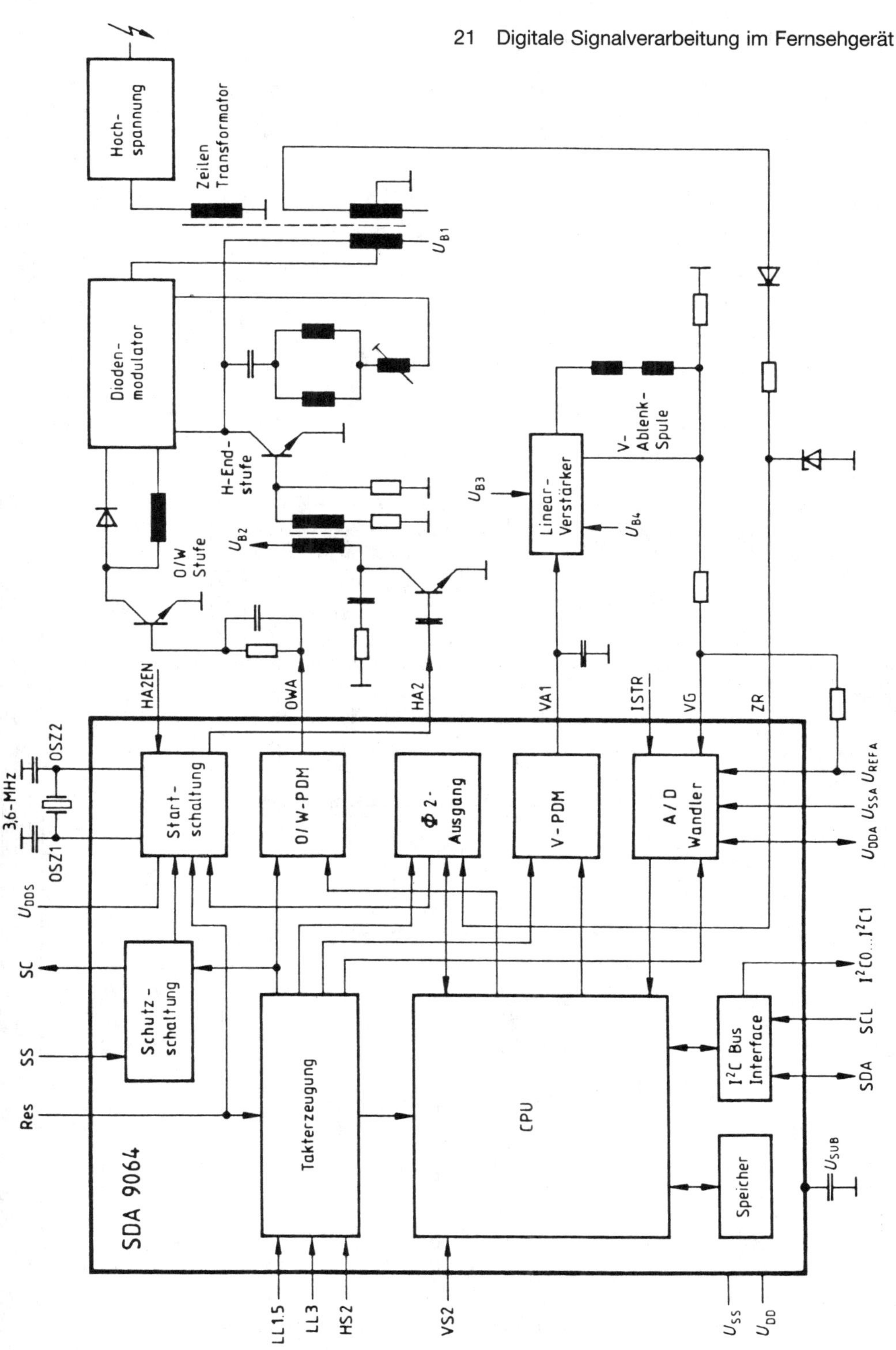


Abb. 21.18 Blockschaltbild des digitalen Ablenkprozessors und der Ausgangsperipherie (Siemens)

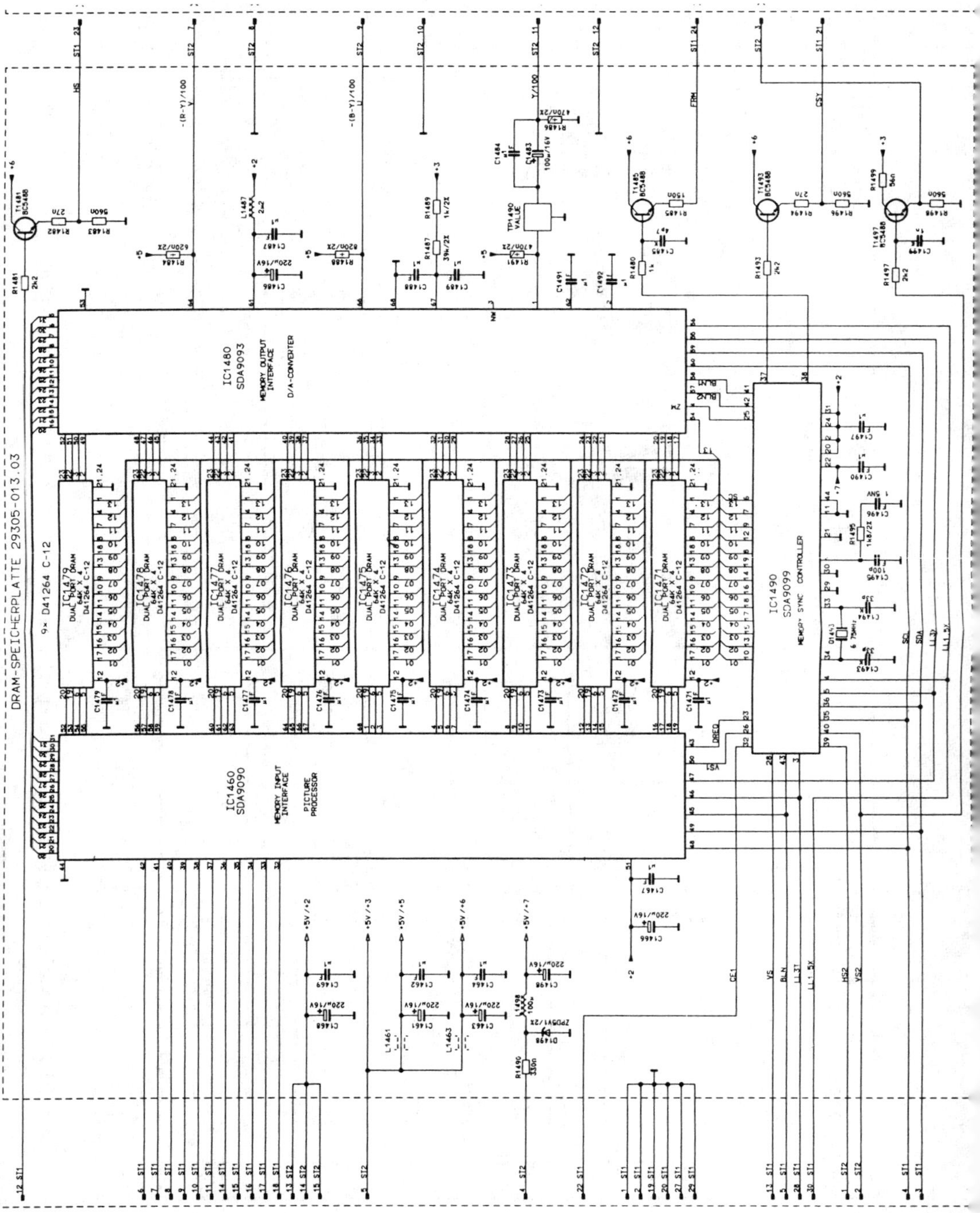


Abb. 21.19 Ausschnitt aus dem Schaltbild des Grundig-Farbfernsehgerätes M70-100IDTV

Ebenso werden Bildbreite und -höhe in Abhängigkeit vom Strahlstrom nachgesteuert. Eine Standby-Insel mit Anlauf-Oszillator und Phasenkomparator sowie eine Rücklauf-Blockierung gewährleisten ein störungsfreies Anlauf- und Abschaltverhalten der Zeilen-Endstufe.

Über einen Schutzeingang wird die Zeilen-Endstufe beim Überschreiten eines definierten Pegels des Eingangssignals abgeschaltet. Beim Unterschreiten eines zweiten Pegels wird das Bild dunkelgetastet.

### Featurebox in einem Industriegerät

Abb. 21.19 zeigt die Featurebox des Grundig Farbfernsehgerätes M70-100IDTV. Sie ist mit den vorher beschriebenen ICs bestückt. Das Gerät zählt bereits zu IDTV (**I**mproved **D**efinition **T**elevision) und gehört zur Spitzenklasse der Geräte.

### Wide Digital Plus

Eine weitere Verbesserung bringt das 100 Hz Vollbildspeicher-System *Wide Digital Plus* von Panasonic. Es arbeitet mit der sogenannten „*Motion Controlled Interpolation*“. Mit einem bewegungsabhängigen Signal wird zwischen den beiden Halbbildern hin- und hergeschaltet und zwischen beiden Werten interpoliert. So wird das Kantenflackern beseitigt, was sonst entsteht, wenn Objekte in vertikaler Richtung wandern.

Es arbeitet ferner mit der doppelten Bandbreite in der Farbverarbeitung, was zwar bei PAL-Sendungen keine Verbesserung bringt, wohl aber bei Camcordern.

# 22 Videotext

Seit langem wurden die Möglichkeiten diskutiert, auf dem Bildschirm eines Fernsehempfängers schriftliche Informationen wiederzugeben, also gewissermaßen eine Bildschirm-Zeitung erscheinen zu lassen.

Beim Videotext-Verfahren nutzt man die Schwarzlücke in der Bildwechselfolge aus. Man blättere zurück auf Seite 30 dieses Buches. In Abb. 1.08 sind dort die Zeilen, die Bildinformationen enthalten, gestrichelt. Während der beiden Rasterwechsel-Impulsfolgen am Schluß des ersten und des zweiten Teilbildes sind je 25 Zeilen ohne Bildinformation. Dies ist die „Schwarzlücke" während des Teilbildwechsels. In diese Austastlücke können beim Sender zusätzliche Zeichen für Textinformationen in digitaler Verschlüsselung eingegeben werden. Am Fernsehempfänger ist eine Zusatzeinrichtung und eine Bedienungstastatur erforderlich. Man wählt die Videotext-Taste. Das Fernsehbild verschwindet, und statt dessen erscheint eine Art Inhaltsverzeichnis auf dem Bildschirm. Darin sind zum Beispiel aufgeführt: Neueste Nachrichten, Wetterbericht, Sportbericht, Daten über den Autor der gerade laufenden Bildsendung und ähnliches. Für jede Position ist eine dreistellige Kennziffer angegeben. Tippt man diese ein, dann erscheint die gewünschte Information in Druckschrift auf dem

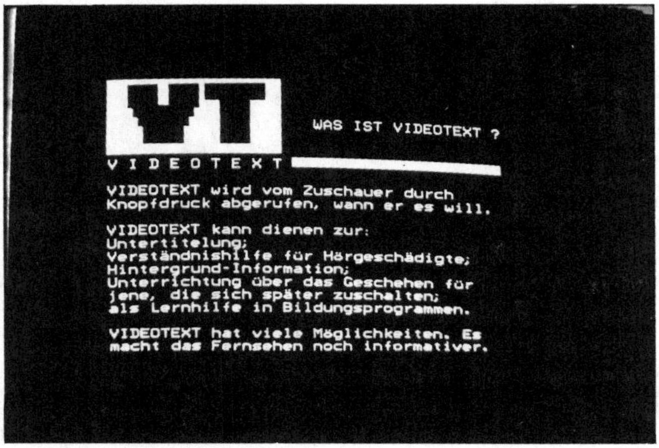


Abb. 22.01 Eine Seite eines Videotextes

Bildschirm (Abb. 22.01). Diese kann gespeichert und in Ruhe gelassen werden. 24 Zeilen zu je 40 Anschlägen lassen sich maximal übertragen, und 800 solcher „Textseiten" sind inzwischen vorgesehen. Allerdings dauert es bisweilen 25 Sekunden, bis die gewünschte Nachricht erscheint, denn die Seiten werden im Sender jeweils nacheinander auf einer Art Endlosband abgespielt.

## Abb. 22.02 bis 22.03 Videotext-Übertragung

Das zeilengebundene Videotext-System gestattet die Übertragung von 24 Textreihen zu je 40 Zeichen pro Seite. Die einzelnen Videotext-Tafeln werden in einem Zeilenpaar der Austastlücke des Fernsehsignals nacheinander ausgesendet (Abb. 22.02).

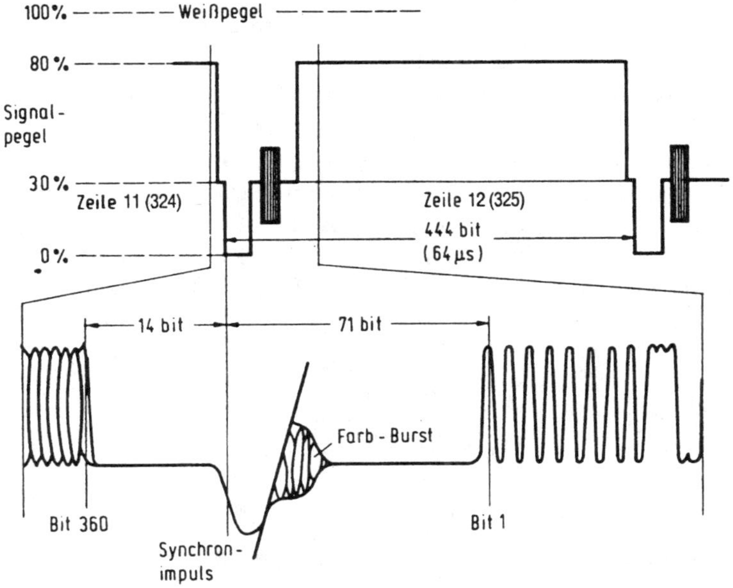


Abb. 22.02 Anordnung der Videotext-Daten auf einer freien Zeile

Dieser Zyklus wird ständig wiederholt. Die Gesamtzahl der Tafeln beeinflußt daher direkt die mittlere Zugriffszeit, d. h. Zeit, die ein Teilnehmer durchschnittlich warten muß, bis er die von ihm gewünschte und ausgewählte Tafel auf dem Fernsehbildschirm dargestellt bekommt. Folgende Informationen werden auf einer Zeile dargestellt: Ein Taktsynchronisierungs-Burstsignal, bestehend aus zwei Wörtern zu je 8 Bit, ein Rahmenwort (Startwort 8 Bit, weiches den Beginn der Videotext-Datenübertragung signalisiert), eine Codierung mit zwei Wörtern zu je 8 Bit für die Reihennummer sowie 40 alphanumerische Zeichen. Pro Halbbild werden zwei Textreihen gesendet, dies ergibt pro Sekunde vier vollständige Textseiten zu je 24 Reihen. Die Übertragung eines kompletten 100-Seiten-Magazins dauert daher 25 Sekunden. Jede Seite beginnt mit der Seiten-Überschrift. Abb. 22.03 zeigt ein vereinfachtes Blockschaltbild eines Videotext-Decoders. Der Videoprozessor übernimmt die Abtrennung des im FBAS-Signal enthaltenen Videotextes (ab Zeilen 11 und 324). Hierzu enthält der Videoprozessor eine Datenabtrennschaltung, die ständig die Amplituden der empfangenen Videotextsignale mißt und stets bei 50 % der Amplitude abtrennt. Aus den Nulldurchgängen der so gewonnenen Videotext-Signale werden kurze Impulse erzeugt. Diese Impulse werden auf einen leicht gedämpften Schwingkreis gegeben, der auf die Taktfrequenz 6,937 MHz abgestimmt ist. Durch Verstärkung des Signals erhält man den Datentakt. Dieser wird intern mit Hilfe eines einstellbaren Verzögerungsgliedes automatisch so abgeglichen, daß er mit den abgetrennten Videotext-Signalen zeitlich genau übereinstimmt. Hierbei liegt die positive Flanke des Taktsignals stets genau in der zeitlichen Mitte der Datenimpulse. Datentakt und Videotext-Daten werden dann vom Videoprozessor an die Datenverarbeitungsschaltung weitergegeben. Die Datenverarbeitungsschaltung ist das „Herz“ des Videotext-Systems. Sie besteht aus zwei Hauptteilen: Dem Datenverarbeitungs- und dem Steuerteil. Im Datenverarbeitungsteil werden die empfangenen Videotext-Daten so aufbereitet, daß sie in den Seitenspeicher geschrieben werden können, im Steuerteil werden die über die Fern- oder die Nahbedienung eingegebenen Befehle dekodiert. Damit der Datenverarbeitungsteil nur Impulse auswertet, die während der Vertikal-Rückläufe empfangen werden, wird er durch ein Signal von der Taktsteuerung, das sog. „Dateneingangsfenster“, bei beiden Halbbildern nur für bestimmte Zeitintervalle aktiviert. Diese Zeitintervalle entsprechen den Zeilen, in denen Videotext gesendet wird. Der hierin empfangene Bit-Strom muß nun zunächst

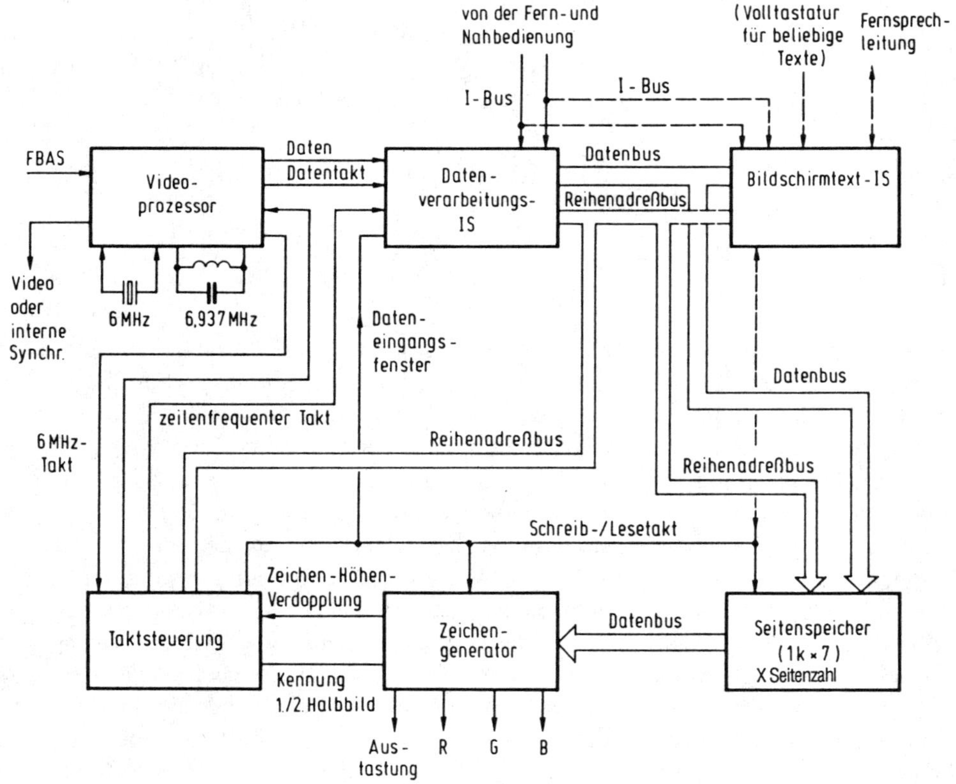


Abb. 22.03 Vereinfachtes Blockschaltbild eines Videotext-Decoders

in 8 Bitwörter zerteilt werden. Diese Seriell-/Parallelumwandlung geschieht in einem Empfangs-Schieberegister, dessen Inhalt mit einem Testwort laufend auf Vorhandensein eines Rahmenwortes untersucht wird. Ist ein Rahmenwort erkannt worden, so werden die nachfolgenden Bits als Videotext-Datenbits interpretiert und das Schieberegister jeweils nach Aufnahme von 8 Datenbits parallel entladen. Die 8 Bit-Wörter werden an die Code- und Paritäts-Prüfschaltungen weitergeleitet. Alle Steuerwörter sind hierbei durch den Hamming-Code geschützt. Wenn die Reihe Null empfangen wird, tritt im Datenverarbeitungsteil ein Seitenvergleicher in Aktion. Dabei wird die Nummer einer vom Benutzer zuvor eingegebenen Seite mit der neu empfangenen Seitennummer verglichen. Stimmen die Seitennummern überein, so wird die nachfolgende Information in den Seitenspeicher geschrieben. Dazu werden zwei Signale erzeugt: Ein Schreibbefehl, der dem Speicher mitteilt, daß die angebotene Information eingeschrieben werden soll und ein Taktsignal, das einen Zähler treibt, der wiederum die Position der Information innerhalb der Reihe bestimmt. Die Zeichendaten werden in den Seitenspeicher in 40 Blöcken mit je 8 Bit zugeführt. Der Datenverarbeitungsteil übernimmt ferner die Decodierung der eingegebenen Befehle.

Der Seitenspeicher nimmt eine oder bis zu 128 vollständige Textseiten auf. Die erforderliche Speicherkapazität für eine Seite beträgt $24 \times 40$, d. h. 960 7-Bit-Wörter.

Der Zeichengenerator enthält einen Lesespeicher (PROM), aus dem die zu den 7 Bit-Zeichenwörtern im Seitenspeicher gehörigen Zeichen abgerufen und in Form einer 5 x 9-Rasterpunkt-Matrix auf den Bildschirm gebracht werden. Neben der Umsetzung der Zeichenwörter aus dem Seitenspeicher übernimmt der Zeichengenerator die Aufgabe, spezielle Steuerfunktionen auszuführen, falls solche in Datenwörtern des Seitenspeichers niedergelegt sind. Hierzu gehören z.B. die Steuerung der Wiedergabefarbe, die Wahl von alphanumerischen oder graphischen Zeichen, die Untertitelung, blinkende Textteile und Wiedergabe mit teilweiser Abdeckung (z.B. Quizantworten).

Die Taktsteuerung steuert den gesamten Zeitablauf im System. Ihre wichtigsten Funktionen mit den anderen Schaltungen ist die Herunterteilung des vom Videoprozessors gelieferten 6-MHz-Taktes auf ein zeilenfrequentes Signal, welches mit dem ebenfalls vom Videoprozessor gelieferten Horizontal-Synchronimpuls-Signal synchronisiert wird, wodurch 6 MHz Takt und Bildsignal phasenstarr miteinander verkoppelt sind. Aus den vertikalen und horizontalen Synchronsignalen wird eine Kennung für das jeweils gesendete Halbbild erzeugt und an den Zeichengenerator gegeben. Die Taktsteuerung liefert das sog. Dateneingangsfenster als Freigabesignal an die Datenverarbeitungsschaltung. Außerdem liefert die Taktsteuerung ein vollständiges und normgerechtes Synchronsignal, das bei Senderausfall die stabile Videotextwiedergabe sicherstellt.

## Abb. 22.04 bis 22.07 Videotext-Decoder der 2. Generation

Ein Videotext-Decoder hat zwei grundlegende Aufgabenbereiche abzudecken, und zwar erstens die durch die Übertragungsspezifikationen festgelegten Standardfunktionen – typische Beispiele sind die Datenabtrennung und die Synchronsignal-Erzeugung – sowie zweitens spezielle Funktionen, die in Abhängigkeit vom Kunden und von der Applikation sehr unterschiedlich sein können, z. B. Einschaltung des Zeichensatzes für eine bestimmte Sprache.

Der Videotext-Decoder der 2. Generation unterscheidet zwischen beiden Aufgabenbereichen und erlaubt auf sehr ökonomische Weise eine viel höhere Anwendungsflexibilität: Die festen Funktionen werden durch zugeordnete Schaltungen in den ICs ausgeführt, die variablen Funktionen laufen unter Programmsteuerung eines angeschlossenen Mikrocontrollers ab. Dieser steuert die *Videotext-Schaltung SAA 5240.* (EURO CCT = EUROpean Computer-Controlled Teletext chip; die Bezeichnung „EURO" weist darauf hin, daß der Chip für 625-Zeilen-Betrieb entwickelt wurde.)

Abb. 22.04 zeigt einen auf EURO CCT basierenden Decoder, hier ausgelegt für die Speicherung von acht Videotext-Seiten. Beim vorliegenden Konzept werden die rapiden Fortschritte in der Fertigungstechnik seit Entwicklung der Videotext-Decoder der 1. Generation voll genutzt, indem diverse Funktionen des ursprünglichen Decoderkonzeptes zusammengefaßt wurden. Dabei wurden die Eigenschaften der neuen Chips gegenüber verschiedenen Schaltungen des ursprünglichen Decoders weiter verbessert: Der neue *Videoprozessor SAA 5230* (VIP 2, Video Input Processor) bestimmt die Empfangseigenschaften des Decoders und ermöglicht Videotext-Empfang auch bei ungünstigen Empfangsverhältnissen; die Steuerung des gesamten Systems durch einen Mikrocontroller erfolgt über eine serielle 2-Draht-$I^2C$-Bus-Schnittstelle.

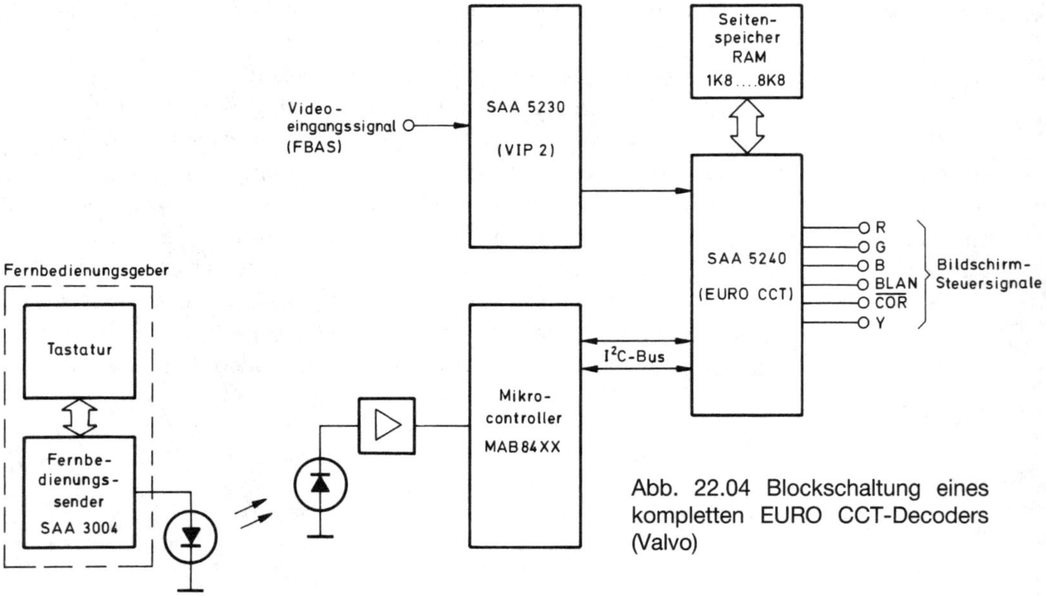


Abb. 22.04 Blockschaltung eines kompletten EURO CCT-Decoders (Valvo)

Das neue Videotext-Konzept verfügt über verbesserte Bildschirmwiedergabe-Eigenschaften: Durch zeilensprungfreie Textwiedergabe bei normaler-Fernsehübertragung ist das Flimmern reduziert. Die Zeichendarstellung wurde durch Übergang von der bisherigen 5 x 9-Rasterpunktmatrix auf eine 12 x 10-Rasterpunktmatrix-Organisation mit entsprechend erweitertem Zeichen-ROM erheblich verbessert.

Die Datenabtrennung und -aufbereitung aus dem Videosignal wird in der Schaltung SAA 5230 (VIP 2) vorgenommen. Die Digitalschaltung SAA 5240 (EURO CCT) ersetzt sieben ICs des Decoders der 1. Generation, und zwar SAA 5040 (TAC), SAA 5020 (TIC), SAA 5051 (TROM) sowie vier Standard-TTL-Interfaceschaltungen; nicht enthalten sind lediglich die Decodierung von Fernbedienungsbefehlen sowie die Statusfunktionen, die beim bisherigen Decoder in der Schaltung SAA 5040 ausgeführt wurden. Diese Funktionen werden jetzt vom Mikrocontroller übernommen.

Zur Seitenspeicherung werden statische Standard-RAMs an die EURO CCT-Schaltung angeschlossen. Für einen Ein-Seiten-Decoder werden 1-K-8-Bit-RAM-Kapazität benötigt. Die RAM-Kapazität kann jedoch bis auf 8 K 8 Bit erhöht werden, d. h., maximal acht Videotext-Seiten lassen sich gleichzeitig speichern.

Die Schnittstelle zwischen dem Mikrocontroller und der EURO CCT-Schaltung SAA 5240 bildet der serielle 2-Draht-$I^2$-C-Bus. Der Datenfluß erfolgt hauptsächlich vom Mikrocontroller zur EURO CCT-Schaltung. Der bidirektionale Bus erlaubt es aber beispielsweise auch, im Seitenspeicher stehende Daten durch den Mikrocontroller zu lesen.

*Videoprozessor SAA 5230 (VIP 2)*

Die Bipolarschaltung SAA 5230 (VIP 2), deren Blockschaltung Abb. 22.05 zeigt, führt im wesentlichen die meisten der von der bisherigen Schaltung SAA 5030 (VIP 1)

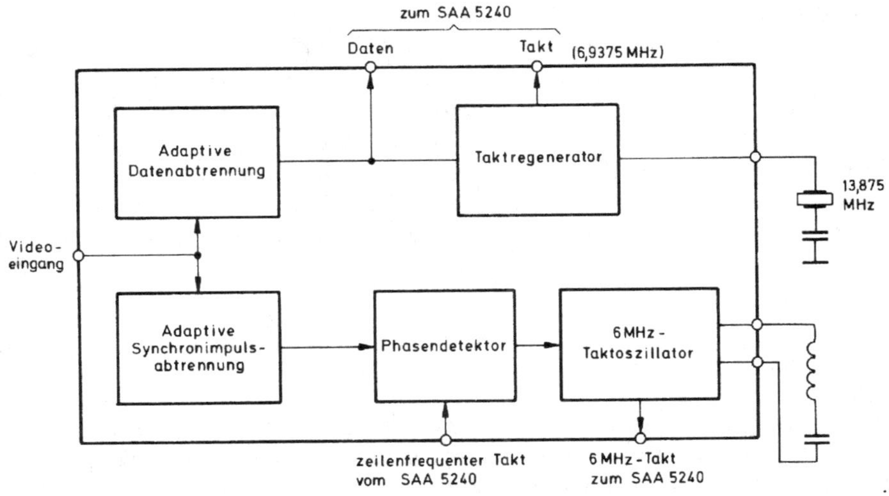


Abb. 22.05 Blockschaltung des Videoprozessors SAA 5230

her bekannten Funktionen aus. Die einzelnen Funktionsblöcke wurden jedoch überarbeitet, um – auf den mit der Schaltung SAA 5030 gewonnenen Erfahrungen aufbauend – die Eigenschaften zu verbessern. Insbesondere die Datenabtrennfunktion wurde weiterentwickelt, um den Einsatz kritischer Peripherie-Bauelemente zu vermeiden und eine leichte Anpassung für den Betrieb mit unterschiedlichen Datenraten zu ermöglichen. Zwei Funktionen des SAA 5030, nämlich Vertikalsynchronimpulsintegration und Signalqualitätsdetektion sind in der Schaltung SAA 5230 nicht enthalten. Diese Funktionen werden jetzt in der EURO CCT-Schaltung SAA 5240 digital ausgeführt.

Der Datendetektor in der Schaltung SAA 5230 erzeugt den Abtrennpegel zur Gewinnung der Videotext-Daten und vergleicht diesen zwecks Datenabtrennung mit dem Videosignal. Der Abtrennpegel läßt sich dadurch Schwankungen der Datenamplitude und niederfrequenten Verzerrungen, z. B. Gleichkanalstörungen, automatisch anpassen, andererseits wird er durch Echos, durch den Dateninhalt selbst oder durch Rauschen kaum beeinflußt.

Der Taktgenerator nimmt die abgetrennten Datenimpulse entgegen und erzeugt einen hierzu synchronen Takt. Als Taktbasis dient ein aus einem freilaufenden Quarzoszillator gewonnenes, kontinuierliches Taktsignal, dessen Phase über eine Rückkopplungsschleife so lange verschoben wird, bis sie eine optimale Lage für die Übernahme der Daten erreicht hat. Eine PLL-Schleife wird nicht verwendet, da diese zuviel Zeit bis zum Einrasten beanspruchen würde; die verwendete Schaltung erreicht die korrekte Taktphase vor dem Ende des Dateneinlaufs. Dieses Regenerator-Prinzip erzeugt weniger Phasen-Jittern als das bisherige Konzept mit Schwingkreis und abgeglichener Spule, kommt ohne abzugleichende Komponenten aus und vermeidet Taktfehler-Zyklen, die mit teilweisem Verlust der Bitsynchronisation verbunden wären.

Der Videoprozessor SAA 5230 enthält als Taktquelle für die Bildschirmwiedergabe einen spannungsgesteuerten 6-MHz-Oszillator (VCO). Dieser Taktoszillator ist Bestandteil einer PLL-Schleife, um die Videotextzeichen auf dem Bildschirm exakt mit dem Videosignal synchronisieren zu können. Die PLL-Schleife wurde so ausgelegt, daß die Zeichenwiedergabe auch mit dem Videosignal eines Videokassettenrecorders synchronisiert werden kann, z. B. zur Einblendung von Status-Informationen usw. Nachfolgetyp ist der SAA 5231 bzw. SAA 5190.

Der Videoprozessor enthält eine adaptive Synchronimpuls-Abtrennschaltung mit erweitertem Arbeitsbereich zur Steuerung der PLL-Schleife. Die abgetrennten Synchronimpulse werden an die EURO CCT-Schaltung SAA 5240 ausgegeben und dort zur Vertikalsynchronisation der Bildschirmwiedergabe benutzt.

### *EURO CCT-Schaltung SAA 5240*

Abb. 22.06 zeigt eine vereinfachte Blockschaltung des EURO CCT-ICs SAA 5240. Die Schaltung besteht aus fünf Funktionsblöcken: Taktsteuerung, Zeichengenerator, Datenakquisition, Speicher-Interface sowie $I^2C$-Bus-Interface und Steuerung.

Die seriellen Daten- und Taktsignale vom Videoprozessor werden an den

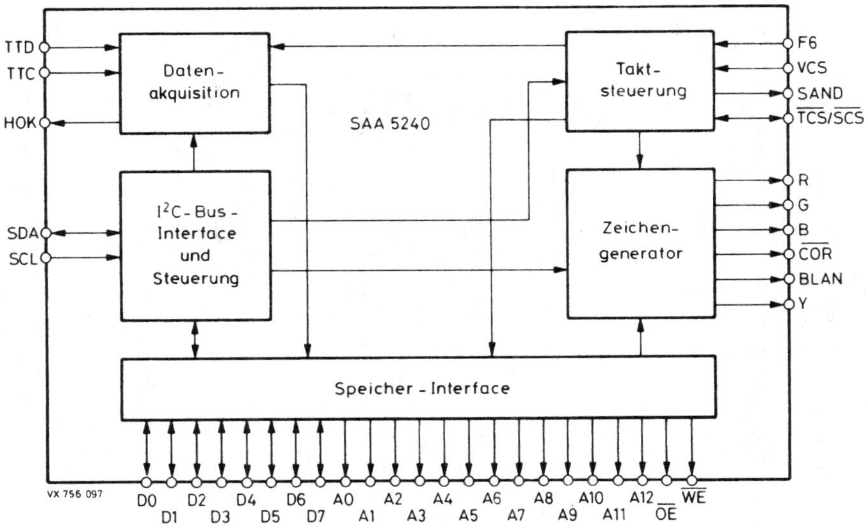


Abb. 22.06 Blockschaltbild der EURO CCT-Schaltung SAA 5240

Anschlüssen TTD bzw. TTC empfangen und nach Überprüfen auf Korrektheit in den Datenakquisitionsblock übernommen. Anschließend gelangen die Daten über das Speicher-Interface in den RAM-Speicher und von dort wieder in den Zeichengenerator, der seinerseits die RGB-Treibersignale für die Videostufen des Fernsehempfängers oder Monitors erzeugt und ausgibt. Weitere Ausgangssignale des Zeichengenerators stehen für die Austastung (BLAN) und Kontrastreduzierung ($\overline{COR}$) des Fernsehbildes zur Verfügung, außerdem ein monochromes Textsignal (Y) zur Steuerung eines Druckers. Nachfolgetypen sind die ECCT-Schaltung SAA 5243 und SAA 5246.

*Aufbau eines kompletten 8-Seiten-EURO CCT-Decoders*

Abb. 22.07 zeigt die Gesamtschaltung eines 8-Seiten-Videotext-Decoders mit den integrierten Schaltungen SAA 5230 und SAA 5240.

Der Videoprozessor SAA 5230 trennt die Videotext-Daten aus dem vom Videodemodulator des Empfängers gelieferten Videosignal ab und erzeugt parallel hierzu Synchron- und Taktsignale, die zusammen mit den Videotextdaten der EURO CCT-Schaltung SAA 5240 zugeführt werden. Dabei bilden beide ICs eine PLL-Schleife zur Synchronisation der Bildwiedergabe mit den Synchronsignalen des Fernsehempfängers.

Die Schnittstelle zwischen der EURO CCT-Schaltung SAA 5240 und dem Seitenspeicher-RAM ist sehr einfach aufgebaut- Sie besteht lediglich aus 13 Adreßleitungen (A0 … A12), 8 Datenleitungen (D0 … D7) und 2 Steuerleitungen ($\overline{OF}$, $\overline{WE}$). Eine Seite Videotext-Daten benötigt 1 KByte Speicherkapazität; bei einem 1-Seiten-Decoder sind daher nur die Adreßleitungen A0 … A9 zu verdrahten.

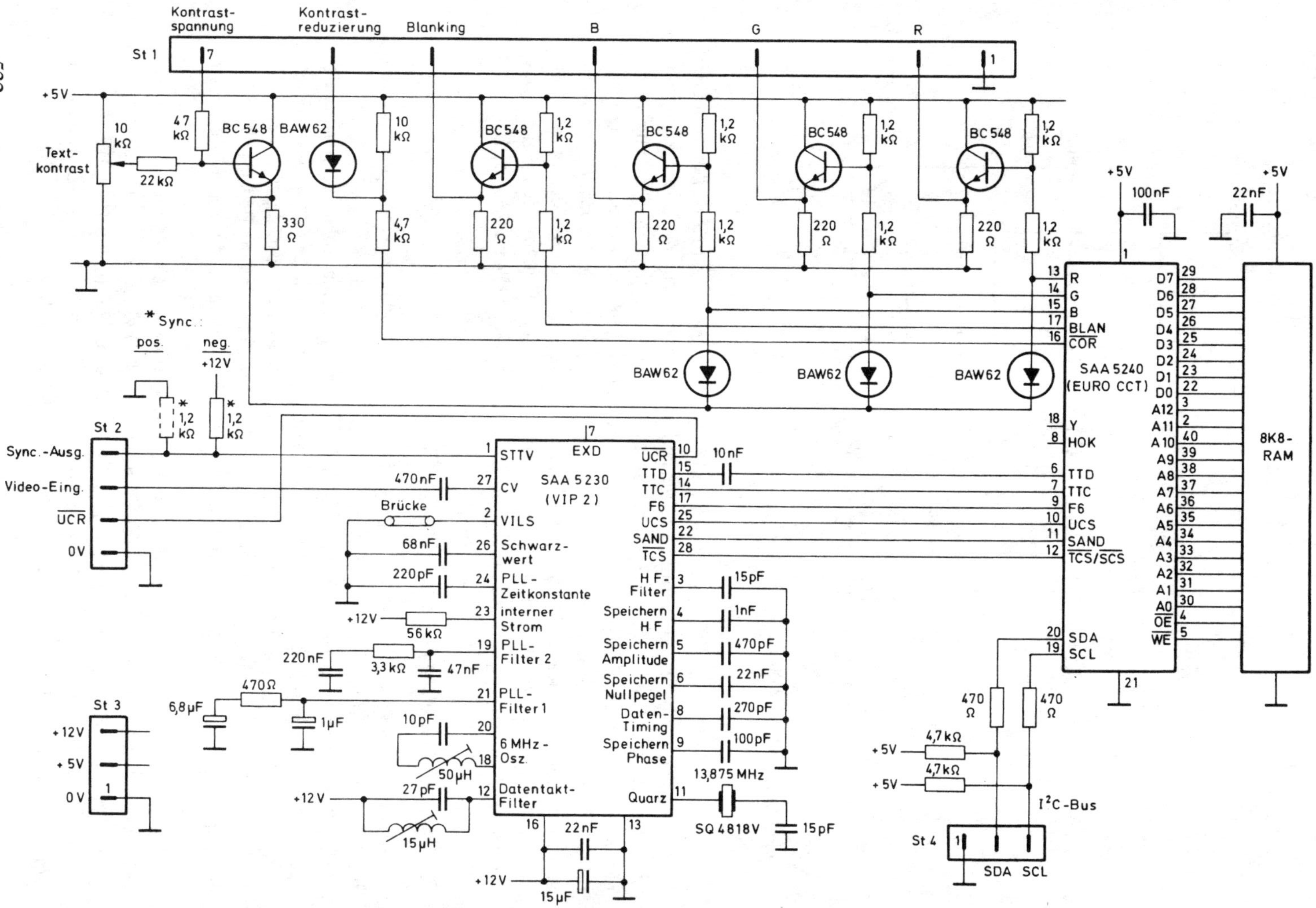


Abb. 22.07 Gesamtschaltung des EURO CCT-Decoders für die Speicherung von 8 Videotext-Seiten

Die Ansteuerung des Videotext-Decoders erfolgt über den $I^2C$-Bus, der über entsprechende Software in einem Mikrocontroller die Schnittstelle zur Fernbedienung darstellt.

Nahezu alle Decoderfunktionen lassen sich über die Fernbedienung steuern. Ähnlich aufgebaut sind die Decoder mit SAA 5231 und SAA 5243.

## FLOF

Die Erweiterung des Videotext-Angebotes um eine automatische Benutzerführung, verbunden mit erheblicher Wartezeitreduktion ist in einigen europäischen Ländern bereits Wirklichkeit. Das unter dem Namen „Full Level One Feature" (FLOF) bekannte Verfahren wurde Anfang 1987 in England eingeführt und wird in Spanien und Irland genutzt. Die Benutzerführung entspricht vollkommen dem bisherigen Videotext-System. In den genannten Ländern werden die Videotext-Decoder-ICs SAA 5231 und SAA 5240 von Philips benutzt, die mit einer geänderten Software den Empfang dieser Service-Erweiterung ermöglichen. (Nach Philips-Unterlagen)

## TOP

*Table Of Pages* (TOP) ist der in der BRD eingeführte Zusatzdienst der ARD und des ZDF zur effizienteren Nutzung von Videotext. Dazu wird in Form einer normalen Videotext-Seite eine Tabelle übertragen, auf der alle Seiten des gerade gesendeten Videotext-Zyklus markiert sind. Diese Tabelle *Basic-TOP-Table* bildet zusammen mit der *Multipage-Table* und den *Additional Information Tables* die Basis für das TOP-Verfahren.

Die herkömmliche Anwahl von Videotext-Seiten erfolgt über eine dreistellige Nummer; dabei kann es zu Fehleingaben oder zur Anwahl von nicht vorhandenen Seiten kommen. Das TOP-Verfahren bietet dem Videotext-Benutzer eine einfachere, sichere und schnellere Anwahl von Videotext-Seiten, auch ohne Kenntnis der Seitennummer. Die Videotext-Seiten werden nach Themenbereichen (Blöcken) sortiert angeordnet (Abb. 22.08a), ähnlich wie bei einem Karteikasten. Jeder Block kann in mehrere Gruppen unterteilt sein, wobei jede Gruppe die zusammengehörigen Seiten umfaßt.

In der *Basic-TOP-Table* (BTT) werden alle verfügbaren Videotextseiten zusammen mit den von den Redaktionen festgelegten speziellen Markierungen für Block-, Gruppen-, Fernseh-Programmvorschaublock-, Untertitel- und Normalseiten sowie „Seite nicht vorhanden" aufgelistet (Abb. 22.08b).

Für die Seitenverkettung ist in den Reihen 21 und 22 der BTT eine *Page-Linking-Table* (PLT) enthalten, in der die Seitennummern der weiteren TOP-Tabellen angegeben werden. Die *Multipage-Table* (MPT) enthält die Markierungen aller gesendeten Mehrfachseiten und die Anzahl ihrer Unterseiten.

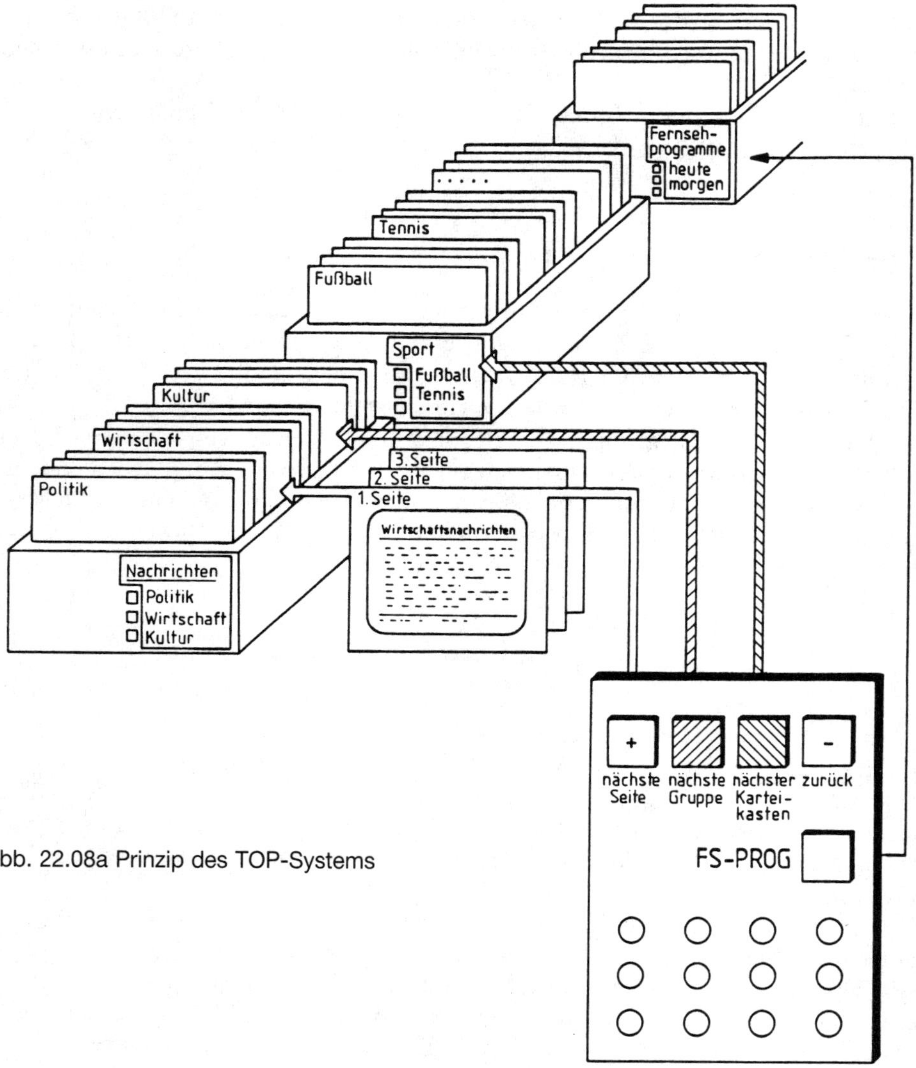


Abb. 22.08a Prinzip des TOP-Systems

Für die Direktwahlseiten werden die Codes und die Texte zur Benutzerführung in der *Additional Information Table* (AIT) übertragen.

Die Daten werden mit Ausnahme der Titel mit erhöhtem Fehlerschutz durch Hamming-Codierung 4/8 versehen. Die Schriftzeichen der Titel werden durch das Paritätsbit bei der Übertragung gesichert (ungerade Parität).
Die TOP-Informationen können also maximal 11 Seiten umfassen:

1 Seite Basic-TOP-Table + PLT,
1 Seite Multipage-Table,
9 Seiten Additional Information Tables.

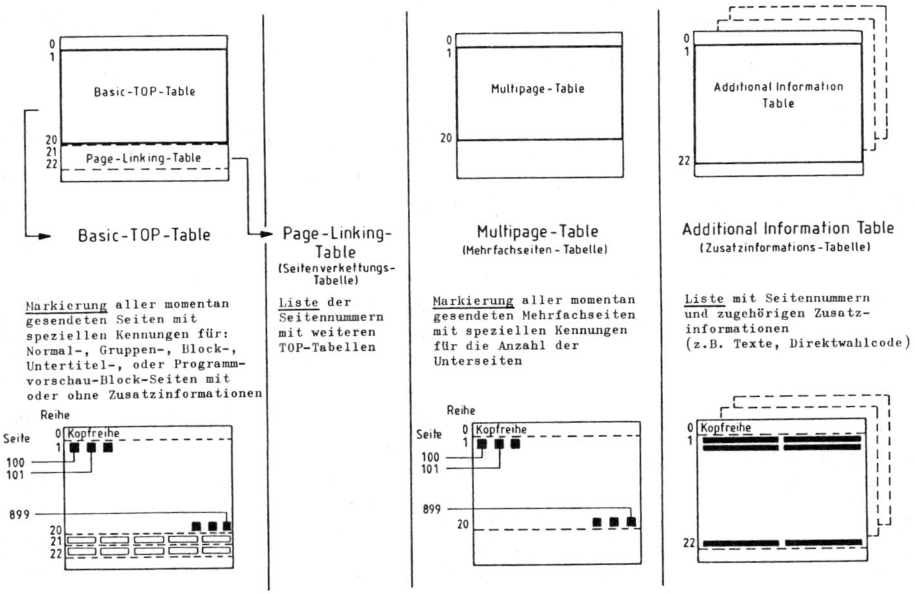


Abb. 22.08b Aufbau des TOP-Systems

Die Software für die Bedienung ist im Programmspeicher für die Fernbedienung untergebracht.

Obwohl die Bedienungsvereinfachung beim Suchen nach der gewünschten Seite durch TOP erheblich verbessert wird, kommen die Vorteile erst bei der Programmierung von Videorecordern (siehe VPT) so richtig zum Tragen.

## Abb. 22.09 Videotext-Prozessor für 5 Sprachen

Siemens stellt den Prozessor-Baustein (SDA 5241) her (Abb. 22.09), der „europaweit" konzipiert ist und den Empfang von Videotexttafeln im deutschen, italienischen, französischen, englischen und skandinavischen Sprachraum ermöglicht. Mit seinem Zeichenvorrat kann dieser Videotext-Prozessor französische Akzente ebenso setzen wie deutsche oder schwedische Umlaute erzeugen.

Nachfolgetypen sind der SDA 5243 und SDA 5248.

Vorgeschaltet ist dem Prozessor ein „Dataslicer" (SDA 5231), mit dem die ausgestrahlten Videotextsignale eingefangen werden.

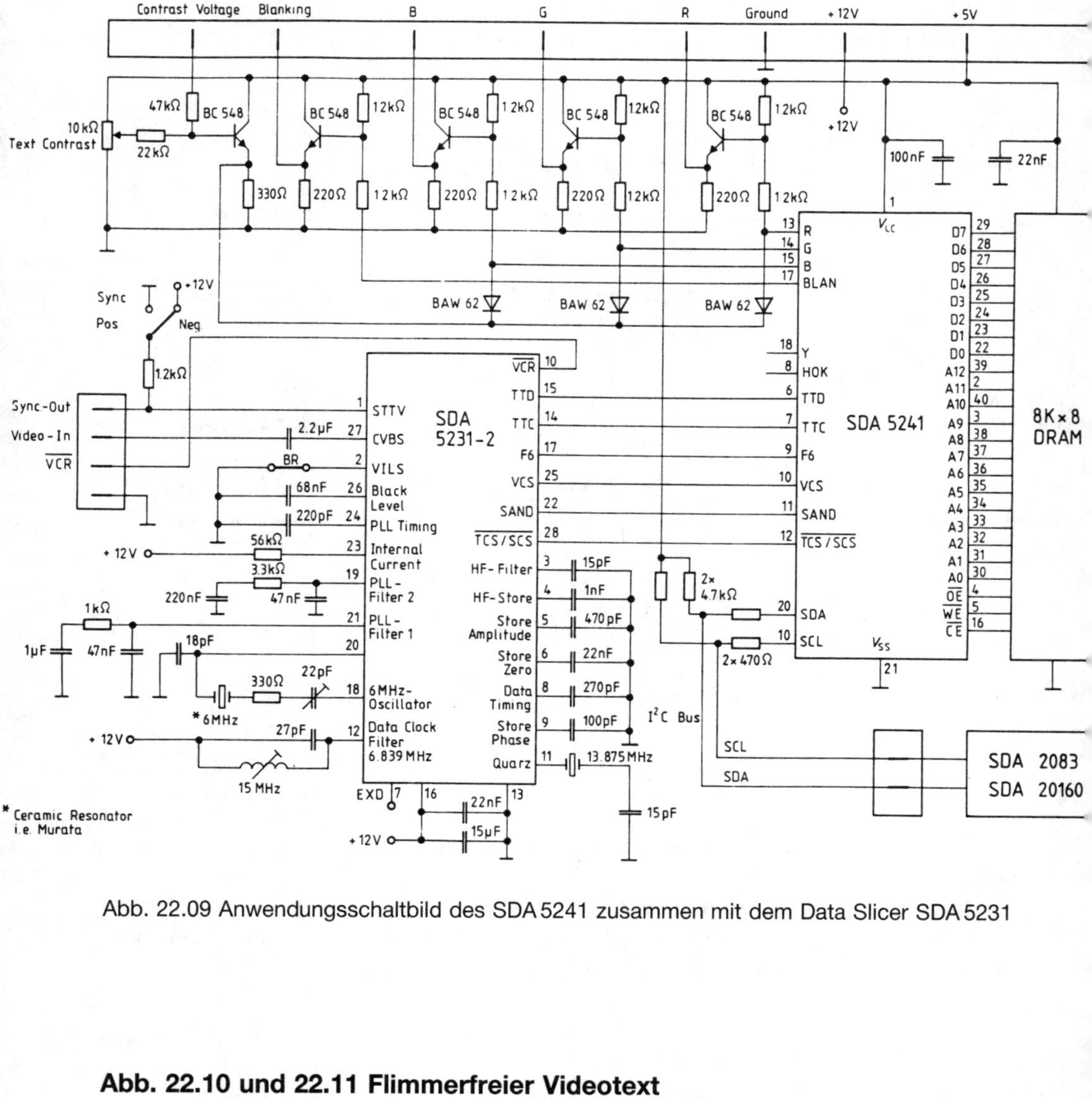


Abb. 22.09 Anwendungsschaltbild des SDA 5241 zusammen mit dem Data Slicer SDA 5231

## Abb. 22.10 und 22.11 Flimmerfreier Videotext

Die Feature-Box in Abb. 22.10 ermöglicht einen Videotext, der folgende Merkmale vereinigt:

kein Großflächenflimmern
kein Kantenflimmern
keine Zeilenlücken.

Erreicht wird dies durch Übergang auf die Interlace-Rasterfolge „α β α β“ anstelle von „α α β β“ (hierbei steht „α“ bzw. „β“ für das Interlace-Raster des einlaufenden ersten bzw. zweiten Halbbilds).

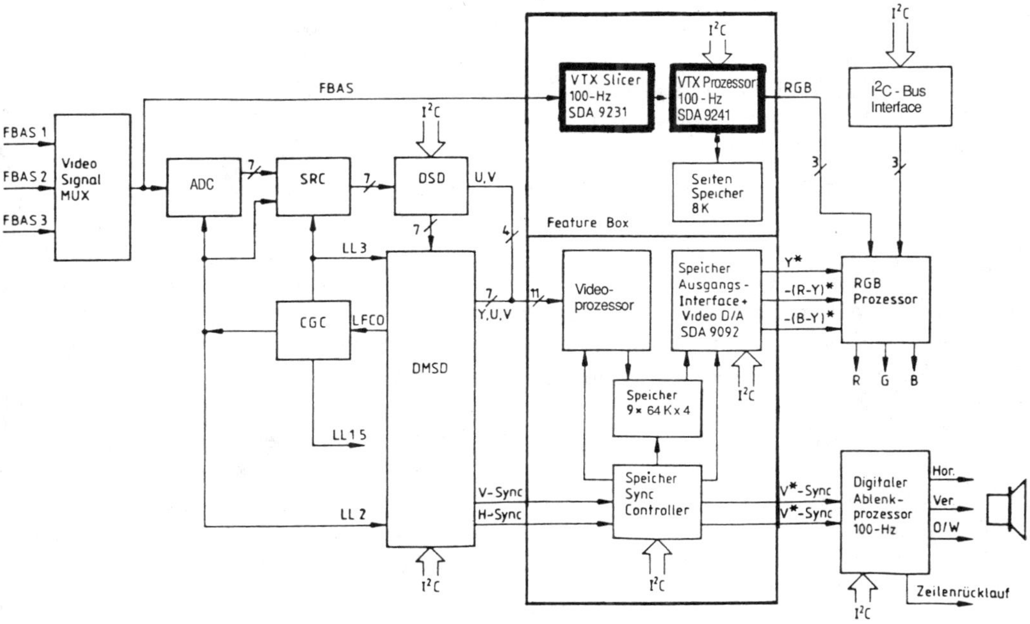


Abb. 22.10 Blockschaltbild des Dig TV mit 100-Hz-Videotext (Siemens)

Innerhalb der Feature-Box wird die Videotext-Funktion durch zwei neue IC realisiert:

VTX-Data-Slicer SDA 9231

VTX-Prozessor SDA 9241.

Die Bausteine, eine Weiterentwicklung des SDA 5231 und 5241, ermöglichen Videotext-Datenakquisition von einem FBAS-Signal mit 50-Hz-Bildwechselfrequenz und gleichzeitig flimmerfreie Wiedergabe mit 100-Hz-Bildwechselfrequenz. Alle benötigten Clock- und Sync-Signale sind in der Feature-Box vorhanden. Das Bildraster wird vom MSC SDA 9095 bestimmt und ist über den I²C-Bus programmierbar. In einem 64-KBit-Speicherbaustein können bis zu 8 VTX-Seiten abgelegt werden.

*Folgende Eigenschaften kennzeichnen das Videotext-System:*

Normgerechte 100-Hz-Wiedergabe von 5 europäischen Sprachen;

einsetzbar als Einblendbaustein für 100/120-Hz-Bildwechselfrequenz;

Wiedergabe im Interlace-Verfahren möglich ohne Großflächen- und Kantenflimmern;

Mikrocomputersteuerung und Seitenspeicherzugriff über I²C-Bus;

Synchronisation:
Akquisition 50 Hz und 15 625 kHz vom Farbdecoder SDA 9050;
Wiedergabe 100/120 Hz und 31,25 kHz vom MSC SDA 9095;

Anzeigeformat:
bei 100 Hz 24 VTX bzw. 24 Einblendreihen + 1 Statusreihe
bei 120 Hz 22 Einblendreihen + 1 Statusreihe
40 Zeichen/Reihe
12 × 10 Rasterpunkte/Zeichen

*Daten-Akquisition*

Das NRZ (No-Return-to-Zero)-Videotextsignal wird im Data-Slicer durch eine adaptive Abtrennungsstufe automatisch vom FBAS-Videosignal getrennt. Dabei wird das Videotextsignal in die Dateninformation und in ein dazu synchrones Taktsignal umgewandelt.

Eine Akquisition von 4 Seiten und eine Speicherung von 8 Seiten ist gleichzeitig möglich.

Die in „Ghost Rows" enthaltene Zusatzinformation kann für bis zu vier Seiten aufbereitet und gespeichert werden.

Angezeigt wird die laufende Seitenzahl sowie die übertragene Uhrzeit.

Weitere Eigenschaften sind:
7 Bit + Paritätsbit für Videotext oder 8 Bit für Video-Software,
Möglichkeit der Abschaltung der Datenerfassung,
Ansteuerung von Standard-RAMs ohne zusätzliches Interface,
Automatische Speicherlöschung beim Einschalten,
Löschung einzelner Seiten durch Softwarebefehl.

*Zeichengenerator*

128 alphanumerische Zeichen sowie automatische Selektion von fünf Sprachen (Deutsch, Englisch, Schwedisch, Italienisch, Französisch),

2 × 64 grafische Sonderzeichen (Blocksymbole),

32 Steuerzeichen,

Open-Drain-Ausgänge für R, G, B, Y, Kontrastreduzierung und Dunkeltastung,

Cursor-Einblendung.

Data-Slicer

Der Baustein SDA 9231 findet Verwendung in Fernsehempfängern mit 100-Hz-Halbbildwechselfrequenz und Videotext-System. Hier dient er zur Aufbereitung der Videotext-Informationen, Systemtakterzeugung und Umschaltung der horizontalen und vertikalen Synchronisationssignale.

Folgende Funktionen charakterisieren den Baustein:

quarzgenaue Datentakt-Regeneration der Videotext-Datenzeilen für die Bit-Rate von 6,9375 MHz,

Abtrennung und Regenerierung der Videotext-Informationen aus dem FBAS-Signal,

Abtrennen der Horizontal- und Vertikal-Synchronisationssignale,

Phasenstarre Verkopplung eines 12-MHz-Oszillators mit der Systemablenkfrequenz (31,25 MHz),

wahlweise Anpassung an 1-V- oder 2,5-V-FBAS-Signalpegel,

Verarbeitung extern abgetrennter Videotext-Daten,

$I^2C$-Bus-Anschluß.

*Videotext-Prozessor*

Der Videotext-Prozessor SDA 9241 (Abb. 22.11) besteht aus 5 Funktionsblöcken:

Ablaufsteuerung mit 50 Hz Timing, 100/120 Hz Timing, Systemtakt,

Datenakquisition,

Speicherschnittstelle,

Zeichengenerator,

$I^2C$-Bus.

Der Data-Slicer SDA 9231 übergibt die seriellen Videotext-Daten und den Videotext-Takt an den VTX-Prozessor. Die gewünschten Daten werden in der Akquisition ausgewählt und über die Speicherschnittstelle im externen RAM abgelegt. Die von RAM ausgelesenen Daten gelangen über die Speicherschnittstellen zum Zeichengene-

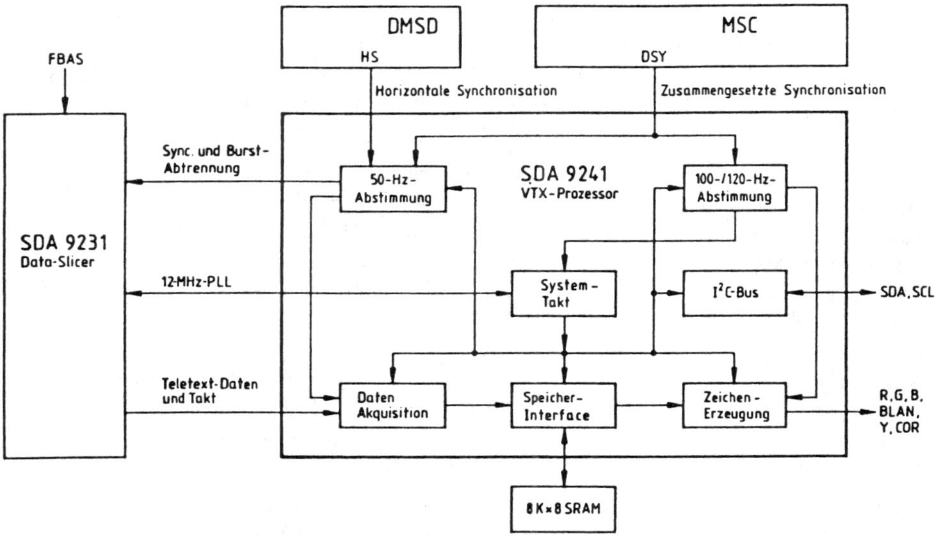


Abb. 22.11 Blockschaltbild des Videotext-Prozessors SDA 9241 (Siemens)

rator, wo sie in entsprechende R-, G-, B-Signale für die Video-Ausgangsstufen umgewandelt werden. Als weitere Ausgangssignale werden ein Blanking-Signal, ein Kontrastreduzierungs-Signal und ein Text-Signal Y zum Anschluß eines externen Druckers erzeugt. Über den $I^2C$-Bus können 14 Register geschrieben und 1 Register geschrieben und gelesen werden.

(Nach Siemens-Unterlagen)

## Abb. 22.20 Videotext beim DIGIT-2000-System

Der TPU 2740 (Abb. 22.20) verarbeitet Level-1.5-Videotext-Information und bietet erweiterte Darstellungsmöglichkeiten. Er gehört zum digitalen Fernsehsystem DIGIT 2000.

Der TPU 2740 ist eine N-Kanal-MOS-Schaltung und hat die folgenden Eigenschaften:

Anzeige-Steuerschaltung für Zeichenanzeige, mit vertikalem Scrollen

Eingangssignal ist das digitalisierte 7-Bit-Video-Signal, das im Gray-Code vom Video-Codec VCU geliefert wird (Abb. 22.20)

interne Geisterbild-Kompensation

IM-Bus-Interface für die Kommunikation mit der CCU

acht Anforderungs-Seiten-Register

DRAM-Interface für 256 KBit, 1 MBit oder 4 MBit

**Blockschaltbild TPU 2732**

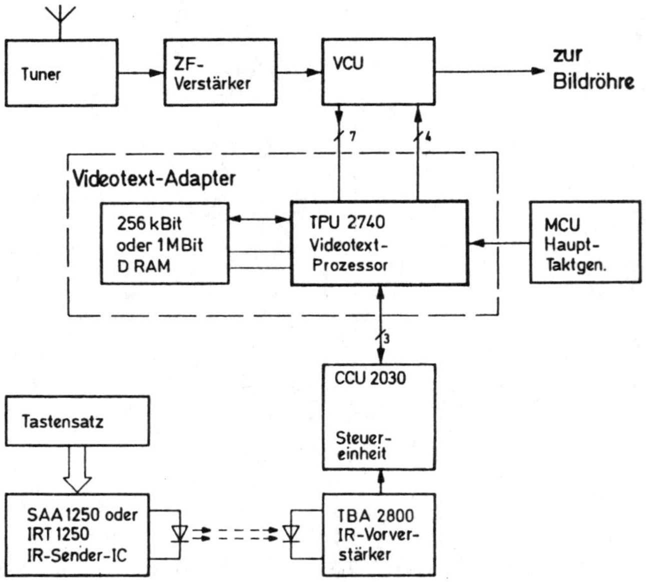


Abb. 22.20 Blockschaltbild eines digitalen Fernsehempfängers mit Videotext-Adapter (ITT Intermetall)

Speicherung von: max. 32 Seiten (DRAM 256 KBit)
max. 128 Seiten (DRAM 1 MBit)
größer 200 Seiten (DRAM 4 MBit)

Umschaltung PAL/NTSC/D2-MAC

FLOF/TOP

Full-Channel-Videotext

drei frei definierbare Zeichen

flimmerfreie Anzeige möglich (100 Hz vertikal)

verbesserte Zeichendarstellung (Matrix 10 × 12)
(Nach ITT-Intermetall-Unterlagen)

# 23 Bildschirmtext BTX

## Abb. 23.01 Prinzip des Bildschirmtext-Verfahrens

Ein anderes Verfahren stellte die Deutsche Bundespost erstmalig auf der Funkausstellung 1977 unter der Bezeichnung „Bildschirmtext“ vor. Dies ist eine Erweiterung und Ergänzung zu Videotext. Der Fernsehempfänger muß mit einer Bildschirmtext-Einrichtung und der zugehörigen Fernbedienungstastatur versehen sein. Außerdem muß der Teilnehmer einen Fernsprechanschluß besitzen. Das Fernsehgerät wird über eine Kopplungseinrichtung mit dem Fernsprechnetz verbunden.

Um einen Bildschirmtext zu empfangen, wählt man telefonisch die Bildschirmtextzentrale im Fernsprechamt. Nachdem die Verbindung zustande gekommen ist, drückt man eine Taste am Bedienungskästchen und legt den Hörer auf. Auf dem Bildschirm erscheint dann ebenfalls eine Programmübersicht. Danach kann man durch Eintasten der Kennziffer der gewünschten Information den Text auf dem Bildschirm erscheinen lassen. Hierbei werden ebenfalls 24 Zeilen zu je 40 Zeichen geschrieben. Die Möglichkeiten sind aber umfassender als bei Videotext. Die Zentrale kann zu einem gewählten Thema auf Wunsch noch zusätzliche detaillierte Auskünfte liefern. Zum Beispiel kann man Mitteilungen an andere Teilnehmer übermitteln lassen. Außerdem lassen sich persönlich wichtige Bildschirmtexte mit einem zusätzlich angeschlossenen Drucker kopieren oder in einem Kassettengerät speichern.

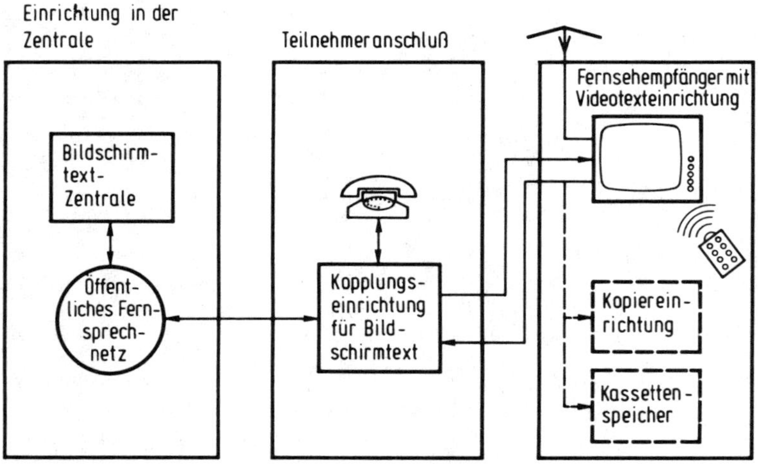


Abb. 23.01 Prinzip der Bildschirmtext-Information über das öffentliche Fernsprechnetz. Kopiereinrichtung und Kassettenspeicher beim Teilnehmer sind zusätzliche Ergänzungen

**Abb. 23.02 bis 23.05 Die Post begann Mitte 1984 mit dem endgültigen BTX-Betrieb**

Das Bundespostministerium startete 1980 einen Versuchsbetrieb mit etwa 2000 Teilnehmern und begann Mitte 1984 mit dem endgültigen BTX-Betrieb. Abb. 23.02 zeigt, wie man den Bildschirmtext über Telefon und Bediengerät abruft.

Abb. 23.03 zeigt eine Programmseite „Bildschirmtext".

Btx ist in aller Munde; dabei werden oft Begriffe und Abkürzungen wie CEPT, Videotex, Stack, ISO-Modell usw. benutzt, deren Bedeutung nicht immer ganz klar ist, was zu Mißverständnissen und Fehlbeurteilungen führen kann.

Vielleicht können die folgenden Ausführungen zur Klärung beitragen.

Beim endgültigen Btx-Dienst der Deutschen Bundespost (DBP) wird zur Seitendarstellung dabei der sogenannte CEPT-Standard (CEPT = Konferenz der 26 europäischen Fernmeldeverwaltungen) benützt.

Zum bundesweiten Abruf der gesamten Btx-Daten und zu deren Verwaltung dient die von IBM vorgeschlagene und ausgearbeitete Btx-Zentralentechnik mit der als „Mutter" fungierenden Btx-Leitzentrale – kurz Btx-LZ genannt – in Ulm und zunächst 12 regionalen (Type A) und 9 örtlichen (Type B) Btx-Vermittlungsstellen (Btx-VST) im gesamten Bundesgebiet (Abb. 23.04).

Eine entscheidende Forderung ist dabei der Betrieb an 7 Tagen der Woche rund um die Uhr für zunächst 150 000 Teilnehmer.

Eine regionale Btx-VST (A) hat maximal sechs Teilnehmerrechner (TNR), von denen zwei ausgelagert werden können und dann als örtliche Btx-VST (B) gelten.

Die TNR sind beim direkten Dialog mit dem Btx-Teilnehmer für die Abwicklung aller Aktivitäten verantwortlich. Sie haben eigene Datenspeicher, in denen sich jeweils Kopien der zuletzt abgerufenen Seiten befinden. Man schätzt, daß damit 95 % aller Anfragen bedient werden können, d. h. diese können direkt vom Teilnehmer abgerufen werden.

Für nicht vorhandene Seiten wird als nächste Ebene in der zentralen Hierarchie der Datenbankrechner (DBR) der regionalen Btx-VST (A) angesprochen; damit sollten ca. 98 % aller Anfragen erledigt werden können.

Die DBR sind außerdem für die Seitenverwaltung und die Sicherung aller von dem TNR benötigten Daten sowie für den Zugang zu externen Rechnern verantwortlich.

Erst wenn die angefragte Seite auch hier nicht vorhanden ist, wird die Btx-LZ einbezogen, die den jeweils neuesten Stand der gewünschten Seite zur Verfügung stellt. Diese Seite wird dann im TNR abgespeichert; bei bereits vollem Speicher wird im TNR vorher die am wenigsten aufgerufene Seite gelöscht (Paging-Verfahren).

Die Btx-LZ kontrolliert und steuert das gesamte Btx-Rechnernetz (Bild 23.05) und verwaltet die Btx-Datenbank mit allen Seitenoriginalen und sämtlichen diensterforderlichen Informationen (z. B. auch Benutzungsgebühren und Entgelte).

Durch das Rechnerkonzept mit drei Hierarchiestufen wird der Benutzerdialog entscheidend verbessert und beschleunigt. Außerdem benötigt der bundesweite Betrieb weniger Aufwand als bei anderen Konzepten, was aus betriebswirtschaftlichen Gesichtspunkten entscheidend ist.

Abb. 23.02 Eine Bildschirmtext-Anlage

Abb. 23.03 Beispiel einer Programmübersicht. Nach Wahl einer der hier angegebenen Ziffern werden zunächst noch feinere, unterteilte Übersichten des betreffenden Themas gegeben (mit Ausnahme von Ziffer 9)

Weitere Vorteile des dezentralisierten Rechnernetzes sind, daß bei Ausfall einer Btx-VST kein Totalausfall eintritt und daß bei Bedarf das System problemlos erweitert werden kann.

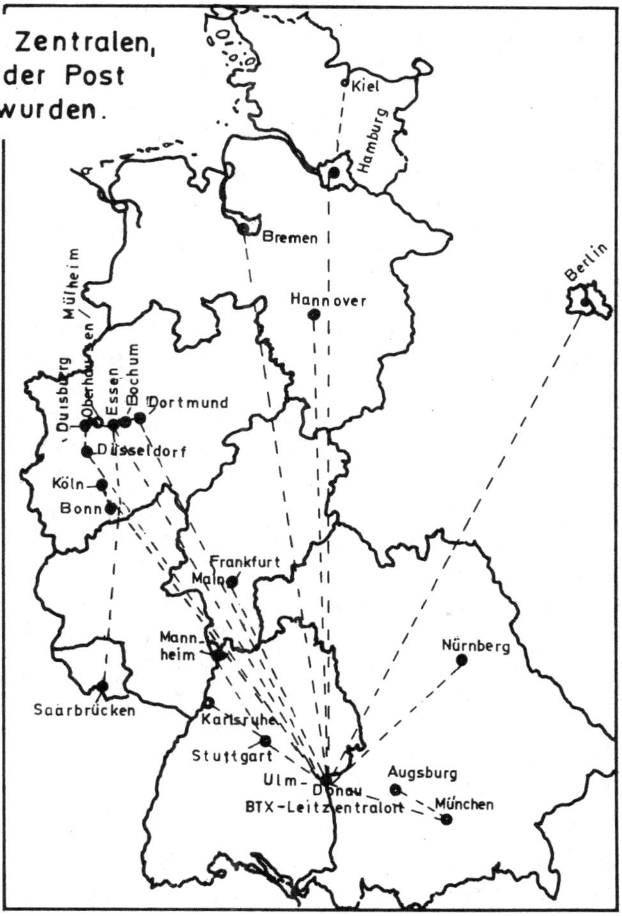


Abb. 23.04 Btx-Netz

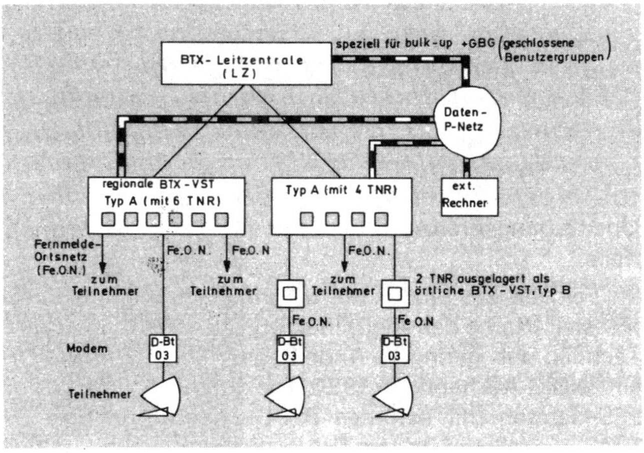


Abb. 23.05
Btx-Rechnernetz

Der normale Teilnehmer erreicht den Btx-Zugang über das Fernmelde-Ortsnetz, d. h. zu Telefon-Ortsgebühren von derzeit 23 Pfennigen für 8 bzw. 12 min. je nach Tageszeit (außer Berlin, wo der Zeittakt nicht eingeführt wurde).

Er benötigt allerdings zusätzlich eine Btx-Anschlußbox D-BT 03 (Modem), die von der Post für derzeit 8.– DM/Monat gemietet werden muß. Die Miete für andere Daten-Modems ist erheblich höher.

Diese Anschlußbox wählt auch automatisch die zuständigen Btx-VST an und gibt die erforderlichen Kennungen zur Identifizierung des Teilnehmers aus; dieser braucht also nur noch sein persönliches Kennwort einzugeben, welches von ihm beliebig oft geändert werden kann. Dies wird der weitaus häufigste Zugangsweg zu Btx sein.

Während des Btx-Dialogs ist das normale Telefon des Teilnehmers abgeschaltet. Einziger Ausweg ist zur Zeit ein zweiter Hauptanschluß zu ermäßigten Gebühren von derzeit 13.– DM/Monat statt 27.– DM.

Als Standard-Übertragungsgeschwindigkeit für das Fernmelde-Netz (Fe-Netz) wurde eine Bit-Rate von 1200/75 Bit/s gewählt (1200 Bit/s für die Datenübertragung von der Zentrale zum Teilnehmer (= 120 Zeichen/s) und 75 Bit/s in Gegenrichtung, was für Tastatureingaben des Teilnehmers ausreicht). Die gewählte Geschwindigkeit ist sehr störunanfällig und erlaubt die Produktion preiswerter Übertragungseinrichtungen.

Die Verbindung läuft über die Ortsvermittlung zur Vermittlungsstelle für *In*formations- und *Di*alog-Dienste (INDI-VST); dies ist im Fe-Netz der Übergang zur Datenanwendung. Die abgehende Rufnummer des D-BT 03 lautet in diesem Fall „190“.
(Nach Grundig-Unterlagen)

### *Neuer technischer Standard nach CEPT*

Der endgültige Btx-Dienst unterscheidet sich vom bisherigen Btx-Feldversuch, der seit 1980 in Berlin und Düsseldorf mit einigen tausend Teilnehmern und Anbietern lief, sowohl bezüglich der Darstellung als auch bezüglich des Übertragungsprotokolls und der neuen Leistungsmerkmale.

Es ist somit möglich, höher auflösende und besser strukturierte Bild- und Textseiten zu erstellen, was aber in den Endgeräten analoge Videoverstärker und unter Umständen höher auflösende Farbbildröhren erforderlich macht.

Bildschirmtext arbeitet jetzt nach dem als europäischem Standard angenommenen CEPT-Videotex-(!!nicht Tex**t**!!)-Norm.

### *Was ist CEPT-Videotex?*

Das CEPT-Videotex-System, das bereits in 26 europäischen Ländern als Standard angenommen wurde, ist eine aufwärtskompatible Erweiterung der zwei ursprünglichen Videotex-Systeme Prestel aus England und Teletel aus Frankreich (CEPT ist die Vereinigung europäischer Post- und Telefongesellschaften). Das Videotex-System erlaubt die Nutzung bestehender Datensätze, bietet zahlreiche zusätzliche Feature und ist in einer Art codiert, die zukünftige Erweiterungen ermöglicht.

Das in der CEPT-Spezifikation[1]) beschriebene Terminal-Modell A4 ist im wesentlichen ein alpha-mosaic-Terminal der Ebene 3. Es zeigt leistungsfähige Attribute sowie dynamisch ladbare Farben und Zeichen (DRCS). Dadurch ist eine nahezu unbegrenzte Erweiterung des Zeichensatzes und eine deutliche Verbesserung der graphischen Darstellungen möglich.

*Was ist EUROM?*

EUROM ist ein bei Philips entwickelter IC und erweitert die bereits bestehende und bei Prestel und Teletel im Einsatz befindliche IC-Familie. Es ist ein CRT-Controller-IC in NMOS-VLSI-Technik mit 40 Anschlüssen zur Bearbeitung aller Anzeige-Funktionen, die im CEPT Videotex Terminal-Modell A4 beschrieben sind.

Zum Aufbau eines Videotex-Basis-Terminals unter Verwendung des EUROMs wird zusätzlich nur wenig Hardware benötigt – im einfachsten System nur ein Mikrocontroller und 4-kB-Speicher (2 kB für Zeichencodes, 2 kB für DRCS).

Ergänzend zur Erfüllung der CEPT-Anforderungen bietet der EUROM einige zusätzliche Möglichkeiten für weitere Applikationen – 80 Zeichen/Reihe (mit Farbmöglichkeiten); Mehr-Seiten-Speicher; „full field DRCS“ für volle Grafik-Möglichkeiten auf dem gesamten Bildschirm; externe Synchronisation; 25 Statusreihen; parallel-mode; Cursor und „smooth scroll“.

*EUROM[2])-Btx-Decoder der neuen Generation*

Beim Btx-Decoder der neuen Generation ist die Integration der bisher noch benötigten Standard-Peripherieschaltungen weiter fortgeschritten. Neben der bereits bekannten Schaltung SAA 5350 EUROM wird dies durch die neuen Schaltungen Data Link Protokol Controller SAA 5390 (auch Linehandler genannt) und Dual Port Controller DPC erreicht. Die Decoder-Konfiguration besteht nun aus EUROM-CRT-Controller, Mikrocontroller, Program-ROM und -RAM, zwei 2-kByte-Bildspeicher, Linehandler sowie DPC und kann auf einer Steckkarte im EUROPA-Format aufgebaut werden.

Mit dieser neuen Generation des Btx-Decoders ist es möglich, die Verlustleistung und den Flächenbedarf für einen Bildschirmtext-Decoder zu reduzieren.

**Abb. 23.06 Aufbau und Arbeitsweise des EUROM-Btx-Decoders**

Die vom Modem D-BT 03 kommenden Daten werden im Linehandler SAA 5390 (Abb. 23.06) für den Decoder aufbereitet. Im DPC werden die vom Übertragungspro-

1 CEPT Videotex Präsentation Layer Data Syntax T/CD 6-2, September 1983.
2 Eingetragenes Warenzeichen der Philips GmbH.

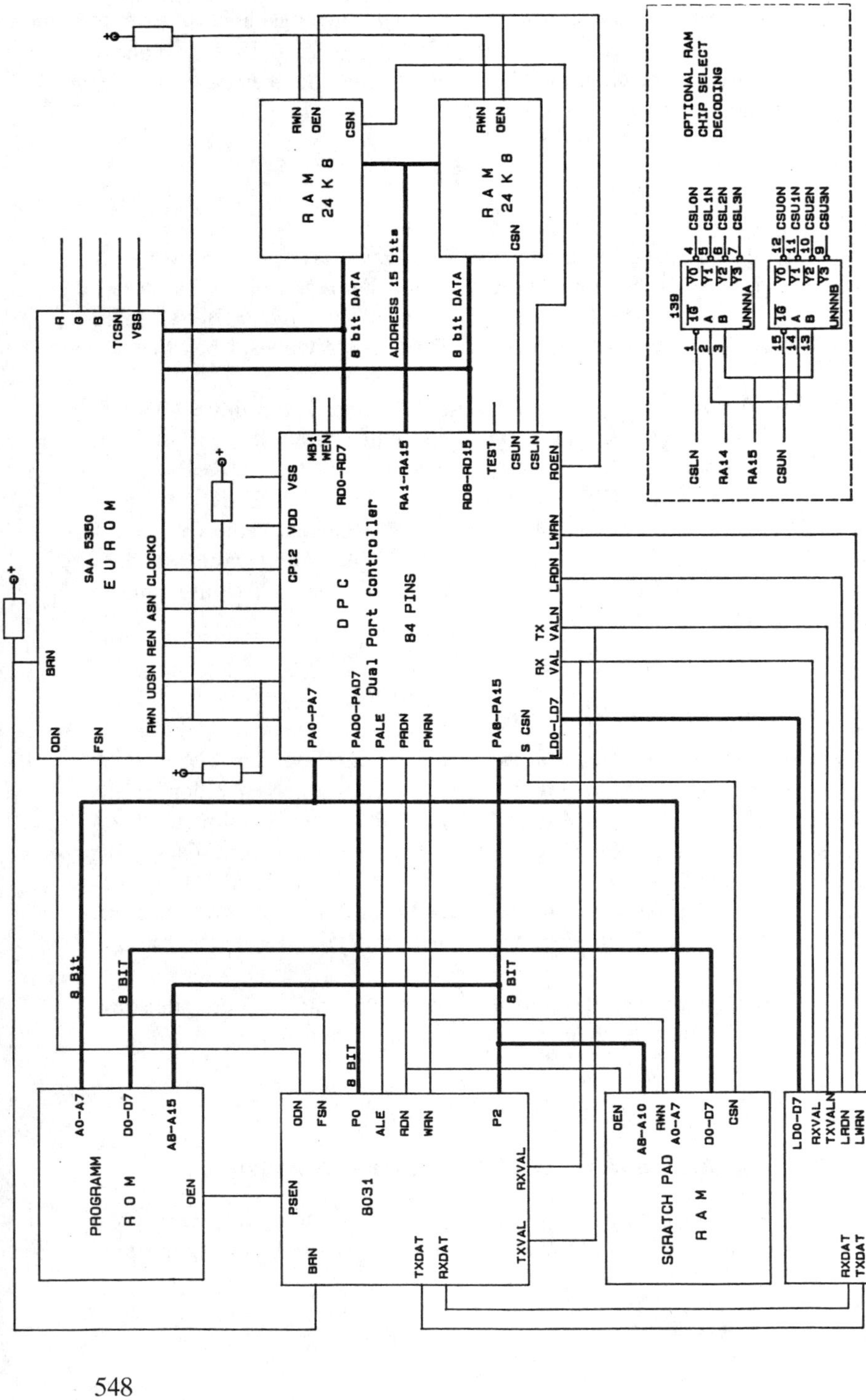


Abb. 23.06 Gesamtschaltung eines Bildschirmtext-Decoders (Valvo)

tokoll befreiten Daten in dem integrierten Register zwischengespeichert. Der Mikrocontroller holt sich aus diesem Register die Adressen und Daten und arbeitet diese nach dem vorgegebenen Programm ab. Daten, die der Linehandler lesen muß, werden ebenso in das 8-Bit-Register des DPC vom Mikrocontroller geschrieben. Im DPC wird der Datenverkehr vom Mikrocontroller zum Linehandler, Display-RAM, EUROM und in umgekehrter Richtung gesteuert. Der Bildschirmspeicher wird über den DPC vom EUROM gelesen. Um diesen Datenfluß zu koordinieren, ergänzen Steuerleitungen den Aufbau dieses Btx-Decoders. Das notwendige Ausgangssignal des Decoders wird vom EUROM in Form von RGB-Signalen für einen Monitor zur Verfügung gestellt.

## Kurzbeschreibung der Decoder-Bausteine

*CRT-Controller SAA 5350 EUROM*

Die CRT-Controller-Schaltung SAA 5350 EUROM beherrscht die Darstellungsmöglichkeiten, wie sie vom CEPT-Btx-Terminal gefordert werden. Die wichtigsten Leistungsmerkmale des EUROM sind: Die Bildschirmwiedergabe mit 40/80 Zeichen in 1...25 Reihen, Zeichenvorrat von 512 alphanumerischen und grafischen Zeichen, frei definierbare, fernladbare Zeichen (DRCS), Betrieb mit 8/16-Bit-Mikrocontroller, integrierter Scroll-Speicher, Speicherinterface für Mehrseiten-Terminals (bis zu 128 KByte Bildschirmspeicherkapazität ist adressierbar). Die 25. Statusreihe für lokale Statusbotschaften und die verschiedenen Synchronisiermodi für externe Video-Signal-Kombination vervollständigen die Merkmale dieser Schaltung.

*Mikrocontroller MAB 8031*

Zur Steuerung des EUROM-Btx-Decoders wird ein 8-Bit-M-Controller verwendet. Dieser Mikrocontroller liest und schreibt in den internen Registersatz des EUROM und hat den direkten Zugriff auf den Bildschirmseitenspeicher. Dieser Seitenspeicherzugriff muß abhängig vom EUROM steuerbar sein, weil der EUROM eine Echtzeit-Datenverarbeitung betreibt und somit beim Zugang zum Seitenspeicher Priorität haben muß. Gesteuert wird dieses Verhalten des Mikrocontrollers durch das BUS-Request-Signal mit programmierbarer Vorwarnzeit, die es erlaubt, den aktuellen Arbeitszyklus des Mikrocontrollers rechtzeitig abzuschließen.

*Speicherbausteine*

Für diesen EUROM-Btx-Decoder werden für den Bildschirmseitenspeicher $2 \times 2$ kByte RAM benötigt. Das Decoder-Programm wird in ein 256-kBit-EPROM eingegeben, der Mikrocontroller erhält ein 1-kByte-Scratch-Pad-RAM.

*Linehandler SAA 5390/91*

Der Linehandler ist ein speziell für die Prüfung und Aufbereitung des Daten-Protokolls gestalteter Mikrocontroller, der den Datenfluß mit dem Postmodem D-BT 03 abhandelt. Diese als Interface eingesetzte Schaltung hat das fertige Programm integriert, um das Übertragungsprotokoll für den Decoder auszuführen.

## Abb. 23.07 bis 23.08 Aufbau und Arbeitsweise der Schaltung SAA 5350 (EUROM)

Abb. 23.07 zeigt eine Funktionsblockschaltung des EUROM. Die Schaltung enthält folgende Funktionsblöcke: Taktsteuerung, Zeichengenerator (ROM), Attribut-Logik, Scrollspeicher, Logik für die Bildschirmfarbe (Farbspeicher), DRCS-Logik und Mikroprozessor-Schnittstelle.

Zur Reduzierung der System-Gesamtkosten enthält EUROM darüber hinaus ein Farb-RAM sowie D/A-Umsetzer, die RGB-Signale mit Kompensierung der Bildröhren-Nichtlinearitäten ausgeben. Der integrierte Scrollspeicher macht eine umfangreiche Datenübertragung beim „Durchrollen" der Anzeigeinformation überflüssig.

Die Zeichen- und Attribut-Daten werden aus dem externen Speicher gelesen, durch eine Logik entsprechend dem Stack-Codierschema verarbeitet (im Stack-

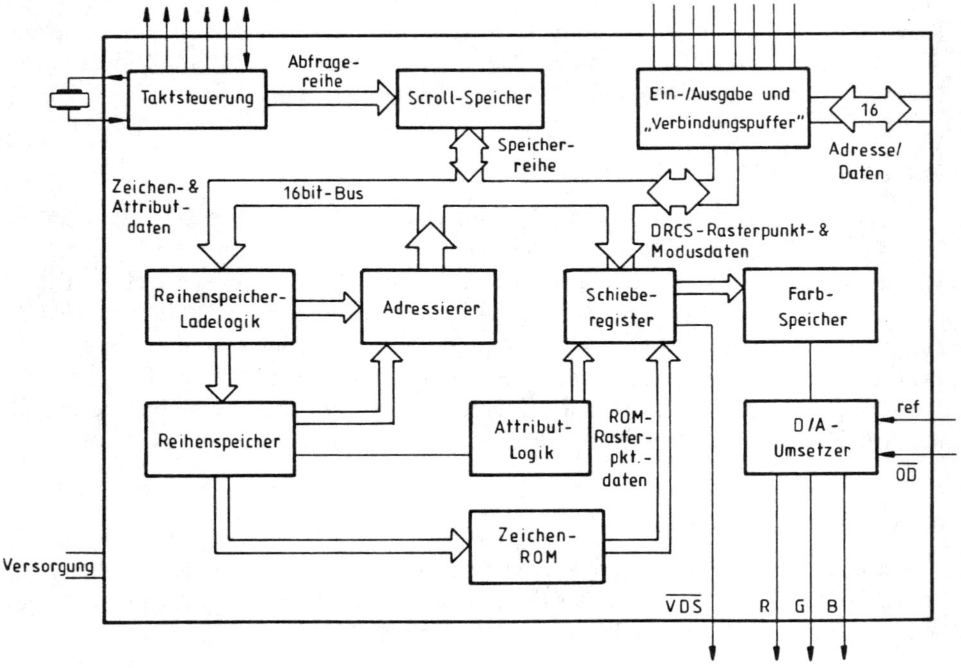


Abb. 23.07 Funktionsschaltbild des EUROM SAA 5350 (Philips)

Modus) und in eine Hälfte des Reihenspeichers geladen. Der Datenschreibvorgang läuft für jede Reihe während einer Zeilenrücklaufphase ab; gleichzeitig wird die andere Hälfte des Reihenspeichers für die Bildschirmwiedergabe benutzt. Die beiden Reihenspeicher tauschen nach jeder Reihe ihre Funktionen aus; jeder Speicher enthält dabei die 40 Zeichencodes mit je 32 Bit, wodurch jedes Zeichen einer Reihe explizit definiert wird.

Der Adressierer dient zum Füllen des Reihenspeichers und zum Auslesen der Bildschirmfarben. Während der Bildwiedergabephase wird er darüber hinaus zur Adressierung von DRCS-Zeichen eingesetzt.

*Taktsteuerung*

Die eingebaute Taktsteuerung arbeitet entweder mit einem externen 6-MHz-Takt oder mit dem eingebauten quarzgesteuerten Oszillator des EUROM. Das Basis-Wiedergabeformat ist 40 Zeichen pro Reihe, 24/25 Reihen pro Seite, 10 Videozeilen pro Reihe.

EUROM kann auch in einem Modus mit 12 Zeilen pro Reihe arbeiten, wobei 20/21 Reihen pro Seite wiedergegeben werden. (Hiermit werden die Empfehlungen gemäß Ref. 2 erfüllt, die die DIN-Forderung nach besserer Lesbarkeit des wiedergegebenen Textes enthält.) Die beiden Zusatzzeilen pro Reihe werden vertikalsymmetrisch addiert. Bei alphanumerischen Zeichen aus dem ROM enthalten diese Zeilen die Hintergrundfarbe. DRCS-Zeichen, Block- und Schrägmosaiken wie auch Strich- und Sondergrafiken dagegen belegen alle 12 Videozeilen.

Die Bildschirmwiedergabe wird nach der üblichen 625-Zeilen-/50-Hz-Norm erzeugt, mit oder ohne Zeilensprung. Zusätzlich zum Synchronsignal für konventionelle Zeitbasen ist ein 1-MHz- oder 6-MHz-Takt-Ausgangssignal zur Steuerung anderer Videotex-Geräte extern verfügbar, außerdem ein 12-MHz-Takt zur Rasterpunkt-Synchronisierung von Druckern. Ein weiteres Taktsignal, „Defined Display Area“, vereinfacht die Applikation externer Peripherie-Bausteine, z. B. von Lichtgriffeln. Dieses Signal ist normalerweise mit der Zeichen-Rasterpunktinformation koinzident.

*Zeichenerzeugung*

EUROM unterstützt 8 Zeichentabellen, von denen jede nominell aus 128 Zeichen besteht. Vier Tabellen davon sind als feste Zeichen in dem eingebauten ROM gespeichert, die übrigen vier Tabellen für DRCS-Zeichen werden in einem externen RAM abgelegt. Der Inhalt der Festzeichentabellen (Tabellen 0...3) ist in der Abb. 23.08 wiedergegeben.

Tabelle 0 (Abb. 23.08, links) enthält die 128 meistverwendeten Zeichen: Lateinisches Alphabet in Groß- und Kleinbuchstaben, Ziffern, Satzzeichen und Buchstaben mit gewöhnlicher Akzentuierung. Bei normaler Textübertragung wird größtenteils diese Tabelle 0 benutzt.

Tabelle 1 (Abb. 23.08, 2. von links) enthält weitere akzentuierte und einige zusätzliche Buchstaben.

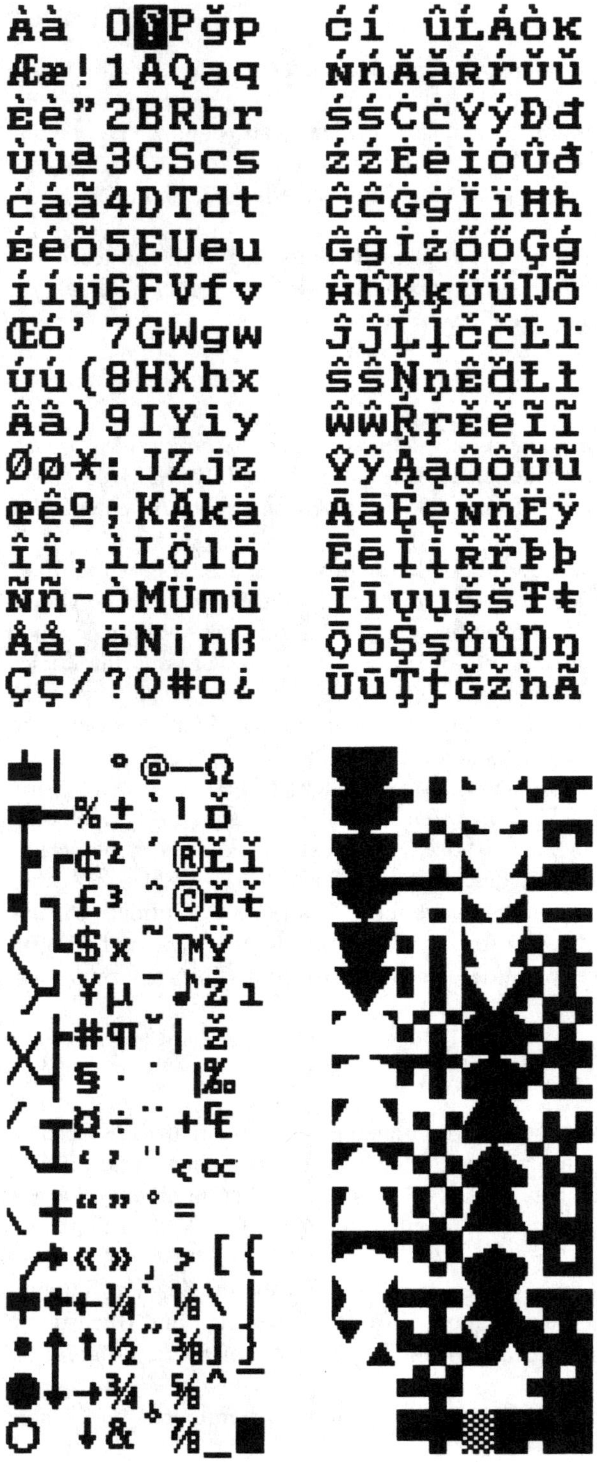

Abb. 23.08 Integrierter Zeichensatz auf dem EUROM, Tabellen 0 bis 3 (Valvo)

Tabelle 2 (Abb. 23.08, links unten) enthält eine Anzahl spezieller Zeichen aus verschiedenen Bereichen, mathematische Symbole, den Zeichensatz für Strichzeichnungen sowie Akzente ohne die zugehörigen Buchstaben.

Tabelle 3 (Abb. 23.08, unten rechts) enthält die Blockgrafik-Zeichen für den normalen Alphamosaik-Betrieb, zusammen mit den neuen Schräggrafik-Zeichen. Die beiden Zeichensatz-Hälften sind komplementär und lassen sich daher auf einfache Weise zur Erstellung ansprechender grafischer Darstellungen, z. B. von Schaubildern, kombinieren.

Obwohl die Notwendigkeit, diese Zeichen editieren zu können, durch die Ladbarkeit von DRCS-Zeichen in gewissem Umfang an Bedeutung verloren hat, erlauben diese vordefinierten und auf dem Chip integrierten Zeichen Einsparungen in der Abrufzeit; außerdem lassen sich hiermit die mit dem Laden von DRCS-Zeichen verbundenen Wartezeiten vermeiden.

Weitere Tabellen 4, 5, 6, 7 werden – wie bereits oben erwähnt – in einem externen Speicher abgelegt; sie sind durchweg für frei definierbare DRCS-Zeichen bestimmt.

*Scrollspeicher*

Der Scrollspeicher – ein 26-Byte-Abschnitt des eingebauten RAMs – ist mit der Taktsteuerung verbunden. Er ordnet in Form einer Übersetzungstabelle den Bildschirmreihen Reihenadressen des externen Speichers zu. Dieses erlaubt die Wiedergabe einer gespeicherten Seite in beliebiger Reihenfolge. Für jede (Text-)Reihe wird dazu ein 8-Bit-Pointer im Scrollspeicher abgelegt, der auf die Adresse der Seitenspeicher-Reihe weist. Scrollvorgänge können daher ohne jede Datenübertragung zum oder vom Seitenspeicher ablaufen. Zusätzlich abgespeicherte Steuerbits erlauben die Wiedergabe von 1 bis 25 Reihen in beliebiger (Vertikal-)Position auf dem Bildschirm.

*Farbspeicher und D/A-Umsetzer*

Durch Mitintegrierung von Farbspeicher und D/A-Umsetzern wurde der Aufwand für die externe Beschaltung erheblich reduziert. Das Farbspeicher-RAM nimmt 32 12-Bit-Wörter auf, die vom Mikroprozessor/-controller geladen und mit Rasterpunkt-Geschwindigkeit ausgegeben werden. Dabei werden die RAM-Ausgabewörter in drei 4-Bit-Gruppen aufgeteilt, die je in einen nichtlinearen (Gamma-korrigierten) D/A-Umsetzer eingespeist werden. Die zugehörigen RGB-Ausgänge sind niederohmig.

*Cursor*

Im Stack-Modus ist ein Cursor verfügbar. Seine Position, Zeichencode, Zeichentabelle, Vordergrundfarbe und Hintergrundfarbe sind ebenso wie die Attribute „Unterstreichen“ und „Blinken“ sämtlich über interne Registerbits per Software programmierbar.

*Vordergrundfarbe*

Die Vordergrundfarbe ist in 5 Bit codiert; daher sind insgesamt 32 Farben darstellbar. Hiervon werden 31 Farben durch Datenwörter in Farbspeicher definiert, die 32. Farbe wird als transparent interpretiert.

Ist ein Zeichen-Rasterpunkt auf „transparent" gesetzt, so wird der Pointer für die Wiedergabefarbe an dieser Stelle auf den Wert für die Bildschirmfarbe gesetzt. Wenn hierbei auch das Bildschirmfarben-Attribut „transparent" aktiv ist, wird das darunterliegende TV-Bild – sofern vorhanden – wiedergegeben.

Die 32. Farbe (genauer: 32. Datenwert im Farbspeicher) wird auch zur Ausgabe des Austastpegels (schwarz) während des Zeilen- bzw. Bildrücklaufs verwendet.

*Hintergrundfarbe*

Die Hintergrundfarbe wird in derselben Weise erzeugt wie die Vordergrundfarbe. Die fünf Datenbits definieren 31 Farben und den Zustand „transparent".

*Bildschirmfarbe*

Die Farbe des Bildschirms kann ebenfalls auf jede der 31 Farben oder „transparent" gesetzt werden. Der Bildschirm ist, entsprechend den 25 Reihen sowie oberer und unterer Begrenzung, in 27 Bereiche eingeteilt. Jeder dieser 27 Bereiche kann durch einen eigenen Speicherplatz im Farbspeicher definiert werden.
(Nach Philips-Unterlagen)

## Btx-Decoder mit EUROM-IC

Grundig – ein führender Hersteller von Fernsehgeräten in der Bundesrepublik Deutschland – hat die Marktchancen und technischen Möglichkeiten des neuen Kommunikationsmediums frühzeitig erkannt und ist seit Beginn der Feldversuche dabei, optimale Voraussetzungen für die private wie kommerzielle Nutzung in Form *zukunftssicherer Hardware* zu schaffen. Heute kann Grundig ein auf den geplanten Einsatz zugeschnittenes Btx-Geräteprogramm anbieten. An den „Normalverbraucher", der mit seiner Fernbedienung nur ab und zu mal eine Information auf den Schirm seines Wohnzimmerfernsehers holen will, ist ebenso gedacht wie an den „Btx-Voll-Profi".

Die Basis aller Grundig-Btx-Geräte ist der Grundig-Btx-Decoder, der elektronische Baustein also, der die von der Postanschlußbox empfangenen Btx-Signale in ein farbiges Bild mit Text und/oder Grafik umsetzt.

Und das „Herzstück" des Decoder-Bausteins wiederum ist der hochintegrierte EUROM-Schaltkreis, ein Wunderwerk moderner Elektronik mit ca. 120 000 Transistorfunktionen. Also einer Riesenzahl von Funktionen, so daß damit eine Menge

„diskreter“ Bauteile ersetzt werden. Dieser Mikrochip ist es, der die Zukunftssicherheit von Grundig-Bildschirmtext garantiert.
(Nach Grundig-Unterlagen)

Ebenso werden von allen größeren Herstellern von Farbfernsehgeräten Btx-Decoder für Farbfernsehgeräte angeboten.

## Abb. 23.11 PCs (IBM-Kompatible) werden zum Btx-Terminat

Diese Entwicklung vervielfacht die Einsatzmöglichkeiten des Personal Computers durch Anschluß an das umfassende Kommunikationssystem Btx. Damit wird aus dem stationären Datenspeicher ein vielseitiger Dialogpartner mit neuer Informationskapazität. Auf EUROM-Basis konzipiert, ist der Blaupunkt Software-Decoder für handelsübliche PCs (IBM-Kompatible) geeignet. Weil der Decoder

Abb. 23.11 Foto eines Btx-Einschubes für PCs (IBM-kompatible)

direkt in den PC integriert wird, entsteht kein zusätzlicher Platzbedarf, die Verarbeitung wird beschleunigt.

Der Personal Computer wird durch Btx-Funktionen erweitert, in einem ersten Ansatz zu einem multifunktionalen Terminal. Im Gegensatz zu aufwendigen Hardware-Lösungen bietet der sogenannte „Software-Decoder" (Abb. 21.11) eine kostengünstige Alternative zu der Btx-Realisierung für PC-Anwender: Der wesentliche Teil der Decoder-Funktionen wird über eine Diskette als Software in den PC geladen – nur ein kleiner Rest der üblichen Schaltungen wird als Hardware-Karte eingefügt.

Für den Einsatz des Software-Decoders gibt es zwei verschiedene Möglichkeiten:

die Zweischirmlösung mit zusätzlichem RGB-Monitor

die Einschirmlösung.

Die klassische Zweischirmlösung wird überall dort eingesetzt, wo Btx im vollen Umfang genutzt und alle Möglichkeiten des CEPT-Standards zum Einsatz kommen sollen. Also gerade dort, wo Editierfunktionen ausgeführt werden müssen und gleichzeitig eine Benutzerführung dargestellt wird. Im Gegensatz zur monochromen Wiedergabe auf dem PC-Monitor erscheint das Btx-Bild auf dem RGB-Monitor in den definierten Orignalfarben. Das gesamte Spektrum der 4096 möglichen Farben kann benutzt werden. Alle Hinweise zur Bedienung des Gerätes und zum Durchführen der Editier- oder Dialogaufgabe werden auf dem monochromen Bildschirm dargestellt.

Die Einschirmlösung wird vor allem dort bevorzugt, wo der anwendungsspezifische Schwerpunkt auf dem Daten- und Informationstransfer liegt: Textverarbeitung, Mitteilungsversand, Datentransfer jeder Art wie z. B. Abwicklung des Bestellwesens oder des Bankenverkehrs über Btx, um nur einige Nutzungsmöglichkeiten aufzuzählen. Benutzerfreundlich ist die gleichzeitige Darstellung des Btx-Bildes und der Bedienungsanleitung auf dem PC-Monitor. Zur ständigen und gleichzeitigen Benutzerführung und zur Statusanzeige ist die linke Bildschirmhälfte reserviert. Die rechte Bildschirmhälfte zeigt den Inhalt der farbigen Btx-Seite in verkleinertem Format.

# 24 Satellitenfernsehen

Ab 1988 sollte es[1]) in Europa direktstrahlende Rundfunksatelliten (DBS = Direct Broadcast Satellites)[2]) geben, die jedermann empfangen darf. Aber es dauerte noch ein Jahr länger, bis der am 11. Dezember 1988 in den Weltraum beförderte Satellit Astra *1A* seine Programme ausstrahlte.

Es folgte der deutsche Fernmeldesatellit DFS 1 *Kopernikus* am 7. Juli 1989, etwas später der französische TDF 1; inzwischen sind die Astra-Satelliten 1B bis 1G am Himmel. Abb. 24.01 zeigt die Kanalraster im 11- und 12-GHz-Satelliten-Rundfunkbereich, in dem die neuen Sender ausstrahlen. Um im Bereich mehr Kanäle unterbringen zu können, arbeiten die Kanäle mit unterschiedlichen Polarisationen, entweder horizontaler und vertikaler (Astra und Kopernikus) oder mit links- und rechtsdrehender zirkularer Polarisation (TFD1 und TV-SAT 2). Der Fernsehsatellit TV-SAT 2 wurde im April 1995 abgeschaltet. Die Modulationsart ist Frequenzmodulation. Die Orbit-Position sind 19,2° Ost für Astra, 23,5° Ost für Kopernikus und 19° West TDF/ TV-Sat.

*Antenne*

In diesem Frequenzbereich haben normale Dipole einen viel zu kleinen Antennengewinn, es müssen Parabolempfangsantennen (Abb. 24.02), im Volksmund „Schüsseln“ genannt, verwendet werden. Die ankommenden Wellen werden durch den Parabolspiegel gebündelt, der Resonator des Eingangskonverters (Abb. 24.03) liegt im „Brennpunkt“ des Spiegels. Übliche Durchmesser der „Schüssel- sind 60 cm bis 3 m. Bei kommerziellen Anlagen findet man sogar Durchmesser von 15 ... 20 m. Der unbedingt notwendige Durchmesser hängt von vier Faktoren ab:

1. Von der Sendeleistung des Satelliten
2. Von der Lage des Empfangsortes zur Ausleuchtzone des Satelliten (man unterscheidet: Kernempfangsgebiet, Mittelzone und Randzone)
3. Von der Rauscharmut des Eingangsteiles
4. Von der gewünschten Empfangsqualität.

Da die Sendeleistung des Satelliten begrenzt ist, muß, um den Durchmesser der Antenne klein zu halten, bei guter Empfangsqualität ein möglichst rauscharmer Converter (LNC = Low Noise Converter) angestrebt werden. Ein weiteres Problem bei den Parabolantennen ist die höhere Windlast. In einem Windkanal werden die Antennen bis zu Windgeschwindigkeiten von 200 km/h geprüft.

1 Der Start des deutschen TV-Sat1-Satelliten ist am 21. Nov. 1987 erfolgt, jedoch war er wegen eines nicht entfalteten „Sonnensegels“ zur Stromversorgung nicht funktionsfähig,

2 Im Gegensatz zu den bisherigen Fernmelde-Verteilsatelliten (FSS = Fixed Satellite Services).

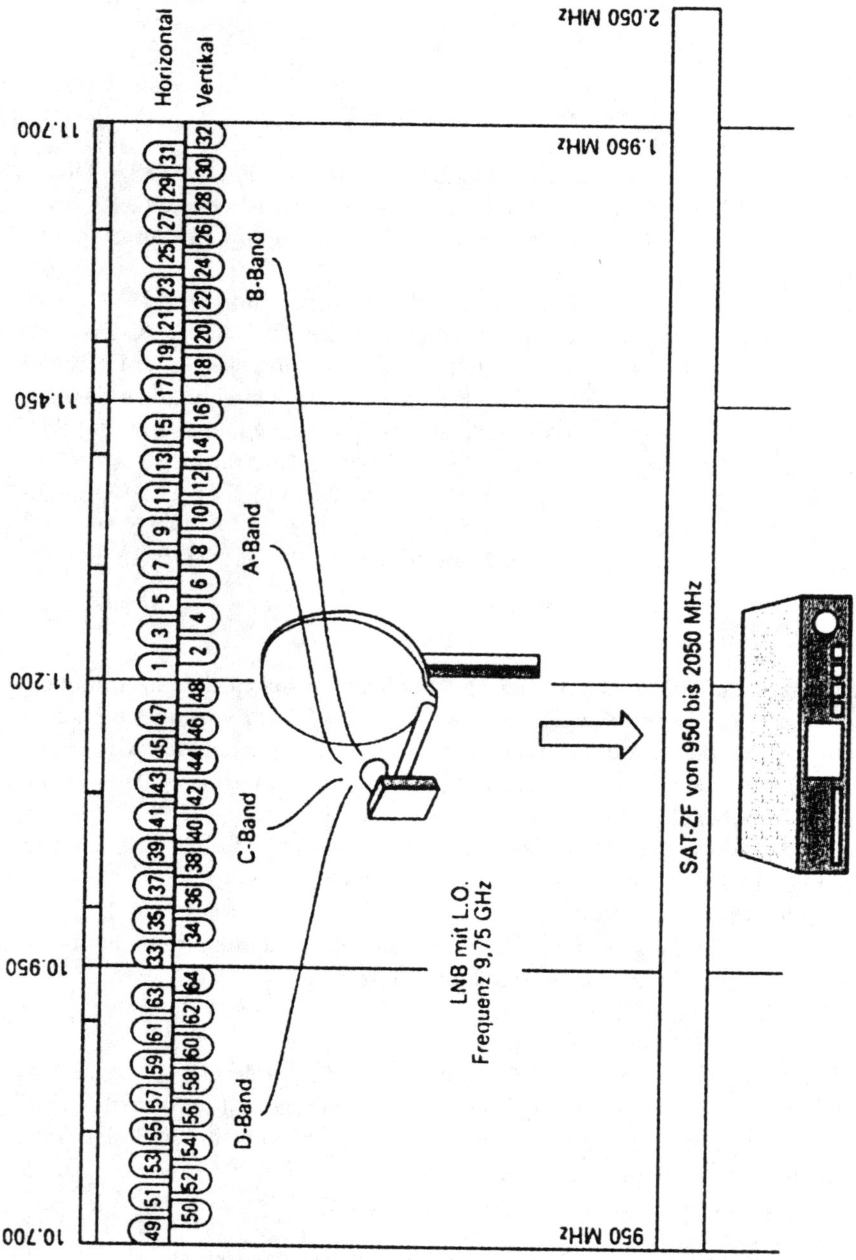


Abb. 24.01 Kanalbelegung beim Empfang von Astra 1A bis 1D und einem LNC mit 9.75 GHZ Oszillatorfrequenz

Abb. 24.02 Satellitenfunk-Empfangsantenne (FUBA-Pressebild)

Abb. 24.03 Nahansicht des Konverters (LNC) an der Antenne (FUBA)

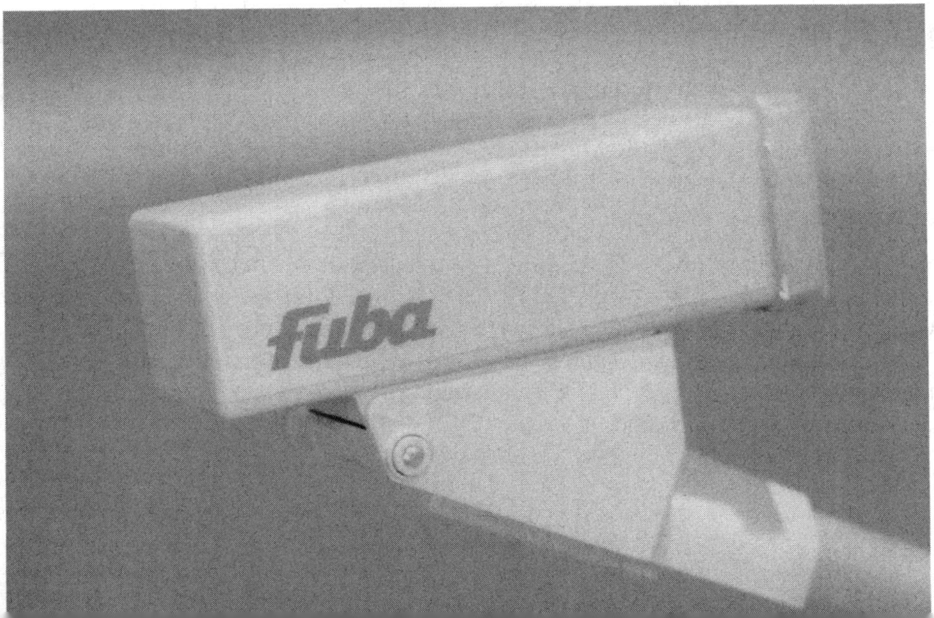

Abb. 24.04 Flachantenne, eine FUBA-Studie für den Empfang von Rundfunksatelliten (FUBA-Pressebild)

Als Studie von Fuba wurde deshalb als Alternative zur Parabolantenne eine Flachantenne mit 50 cm Durchmesser (Abb. 24.04) entwickelt. Ihr Gewinn entspricht etwa dem einer Parabol-Offset-Antenne mit 50 cm Durchmesser. Mit besonders rauscharmen Convertern in HEMT-Technologie und Rauschzahlen von unter 1,5 dB ist der Empfang sogar von Satelliten mittlerer Sendeleistung, wie der Astra-Satellit

*Außenbaugruppe (outdoor unit)*

Zur Außenbaugruppe (Abb. 24.05) gehört neben der eigentlichen Antenne der sogenannte LNC (Low Noise Coverter). Er setzt den 11-GHz-Empfangsbereich in den Eingangsfrequenzbereich 950...2050 MHz des Satellitenreceivers um. Will man beide Polarisationen empfangen, sind 2 LNC nötig, es sei denn, man will den Resonator um 90" schwenken. Aber Mechanik ist teuer und so haben sich Doppel-LNC mit 2 Kabelherunterführungen durchgesetzt.

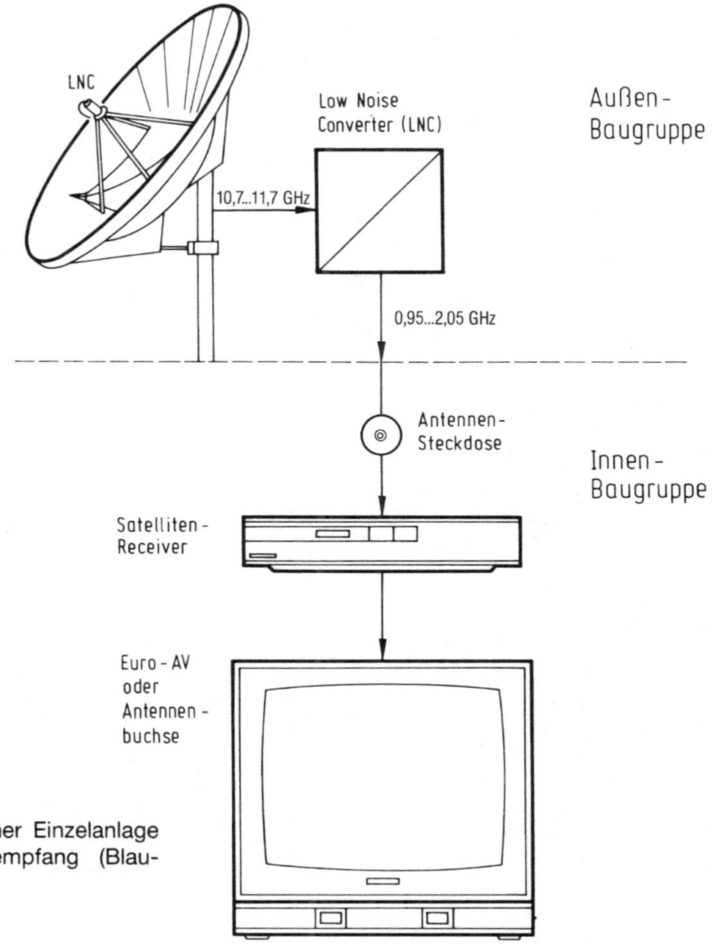


Abb. 24.05 Prinzip einer Einzelanlage zum Satelliten-Direktempfang (Blaupunkt)

*Innenbaugruppe (indoor unit)*

Die Innenbaugruppe besteht aus dem Satellitenreceiver und dem eigentlichen Wiedergabegerät (Farbfernseher). Beide Teile werden sicher bald integriert sein[1]), wenn viele Haushalte Satellitendirektempfang wünschen und noch nicht an einer Kabelanlage angeschlossen sind, in der die über Satellit laufenden Programme eingespeist werden.

[1]) Viele Gerätehersteller liefern bereits Farbfernsehgeräte mit integrierten Satelliten-TV-Receiver.

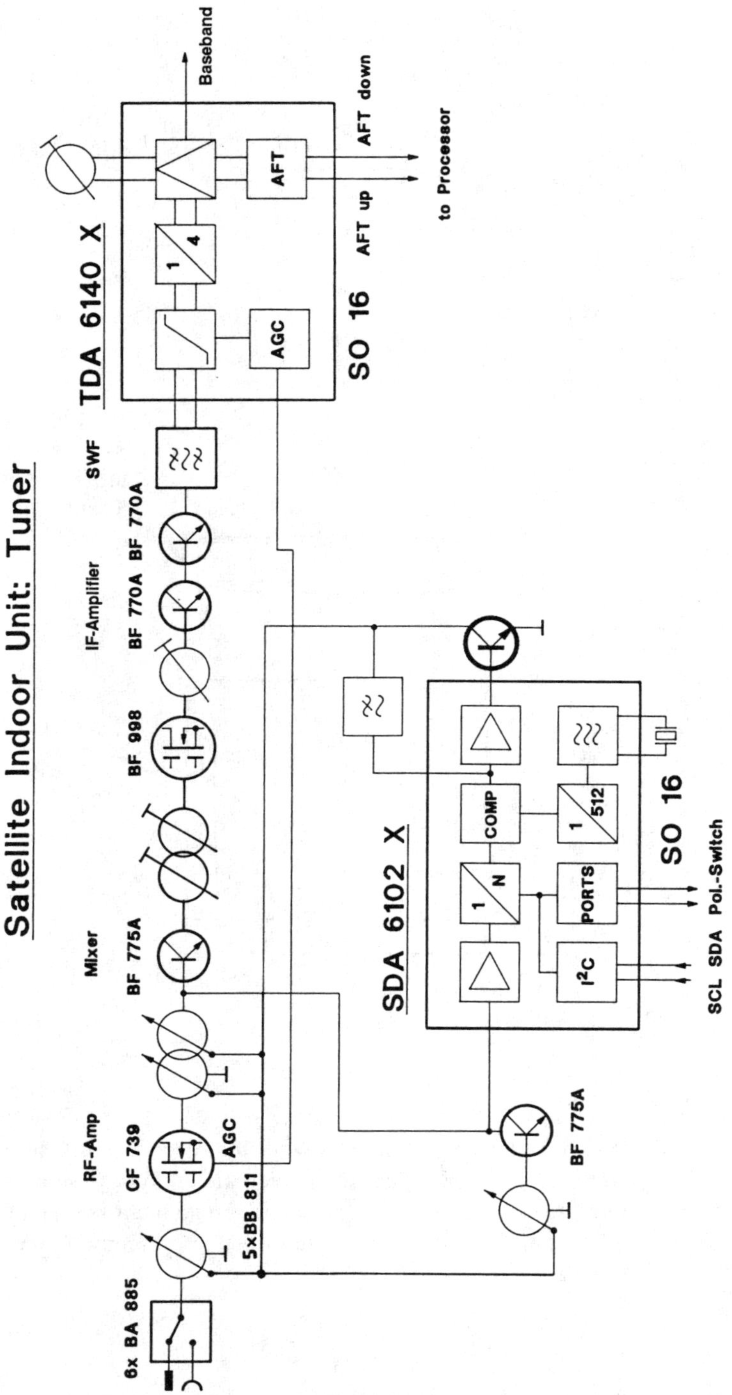


Abb. 24.06 Blockschaltbild eines Satelliten-TV-Tuners (Siemens)

*Satelliten-Tuner*

Der Satelliten-Tuner (Abb. 24.06) ist ein Bestandteil des Satellitenreceivers. Er hat zwei separate Eingänge für die beiden Polarisationsarten, über die gleichzeitig die Fernspeisung der LNC erfolgt, ein getrenntes Netzteil ist also für die LNC nicht notwendig. Mit dem PIN-Dioden-Umschalter am Eingang kann die Polarisationsart und damit die Kanalgruppe ausgewählt werden. Im Frequenzbereich 950...2050 MHz ähnelt der Tuner den UHF-Teilen von normalen Fernsehempfängern, er ist nur etwas breitbandiger und kritischer. Eine Vorstufe mit dem sehr rauscharmen Gallium-Arsenid-Transistor CF 739 sorgt für eine gute Eingangsempfindlichkeit. Der Kanalwähler zur Frequenzwahl wird von der 1-Chip-PLL SDA 6102 gesteuert, welche das Steuersignal über den $I^2C$-Bus bekommt. In der Mischstufe BF 775 wird die 1. Zf in die 2. Zf (479,5 MHz) umgesetzt. Diese relativ hohe Zf garantiert eine große Sicherheit gegen Spiegelfrequenzstörungen.

Nach 3stufiger Zf-Verstärkung gelangt das frequenzmodulierte Signal über ein Oberflächenwellenfilter *SWF* zum Quadraturdemodulator TDA 6140 und wird dort zum sogenannten *Baseband* demoduliert.Das Oberflächenwellenfilter mit einer typischen Nachbarkanalselektion >43 dB (Abb. 24.07) hält Nachbarkanalinterferenzen klein. Die Gruppenlaufzeitwelligkeit liegt im Bereich von ± 4 ns und verursacht daher kaum meßbare Verzerrungen, neben der Abgleichfreiheit einer der typischen Vorteile gegenüber klassigen Spulenfiltern.

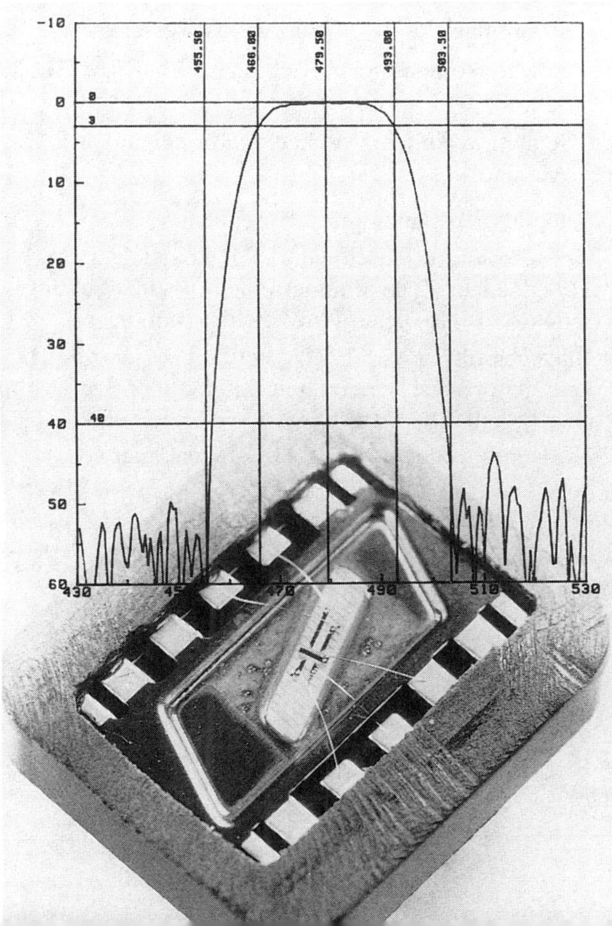


Abb. 24.07 Durchlaßkurve des Oberflächenwellenfilters für die zweite Zwischenfrequenz in Satelliten-Tunern (Siemens-Pressebild)

*Satellitenübertragungsnormen*

Im Gegensatz zu dem Satelliten ASTRA und den europäischen Fernmeldesatelliten, wie z.B. Kopernikus, die als Basismodulation PAL bzw. SECAM verwenden, arbeiten die direktstrahlenden Rundfunksatelliten TDF und TV-Sat mit D2-MAC als Satellitenübertragungsstandard. Dies haben jedenfalls im Juni 1985 der französische und deutsche Postminister entschieden.
Die Absicht dabei war, dieses Verfahren langfristig als neuen gemeinsamen europaweiten Übertragungsstandard einzuführen, was aber inzwischen als überholt anzusehen ist.

Als Vorteile des D2-MAC[1])-Übertragungsstandards wurden angesehen:

Optimale Nutzung der Satellitenstrecke
kein „Cross Colour"
kein „Cross Luminance"
„Clean Luminance" (kein Farb-/Ton-Träger)
höhere Bandbreite (keine Farbträgerfalle)
HiFi-Ton in Digitalqualität
zusätzliche Tonkanäle (Mehrsprachigkeit)
zusätzliche Datenkanäle für Videotext, VPS, VPV usw.
Scrambling, Pay-TV, prinzipiell vorgesehen
aufwärtskompatibel in Richtung zukünftiger HD-MAC-Verfahren war geplant.

Die Gemeinsamkeiten zwischen den bestehenden PAL- und SECAM-Verfahren und D2MAC sind:

Vollbildübertragung mit 625 Zeilen

Zeilensprungverfahren mit zwei ineinander verschachtelten Halbbildern von je 312½ Zeilen, Zeilenflimmern bleibt (lösbar zukünftig mit digitaler Signalverarbeitung und Bildspeichern im Fernsehempfänger)

Bildwechselfrequenz 25 Hz, Vertikalfrequenz 50 Hz, Großflächenflimmern bleibt, kann jedoch wie bei Geräten mit digitaler Signalverarbeitung durch Halbbildspeicher beseitigt werden

Horizontalfrequenz 15625 Hz, Zeilendauer 64 μs.

Die Unterschiede sind:

D2-MAC-Signalübertragung nur noch in einer einzigen Modulationsart für Bild, Ton und Daten (Frequenzmodulation)

nur noch ein Träger vorhanden

---

1 Die Norm D2-MAC gehört zur sogenannten MAC-Familie (C, D, D2), MAC bedeutet dabei Multiplexed Analog Component, ein zeitliches Multiplexen analoger Helligkeits- und Farbsignale.

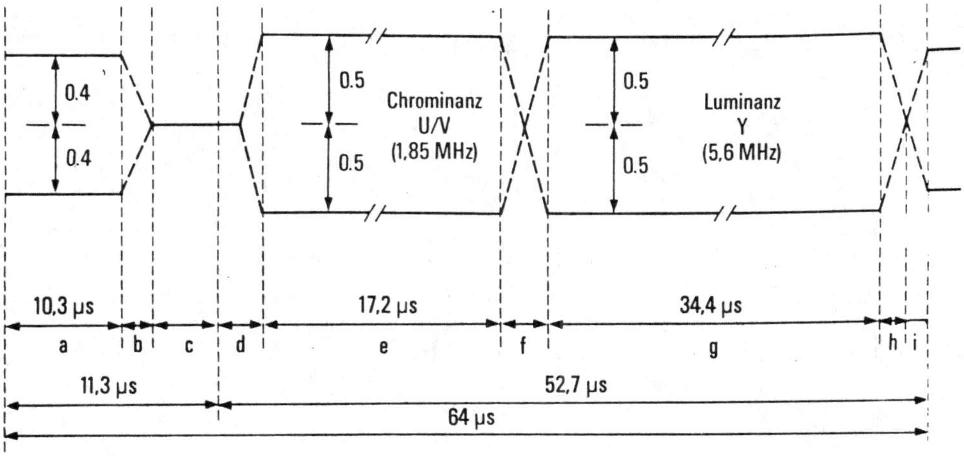


*Clock: 20,25 MHz*

*a = 209 Clock-Perioden für 105 Bit Datenburst (Synchronisation und Daten)*
*b = 4 Clock-Perioden Übergang vom digitalen Datenburst*
*c = 15 Clock-Perioden Klemmphase auf 0,5 V*
*d = 10 Clock-Perioden Übergang zum Chrominanzsignal (für Scrambling)*
*e = 349 Clock-Perioden eines der beiden Chrominanzsignale U, V*
*f = 5 Clock-Perioden Übergang zwischen Chrominanz- und Luminanzsignal (für Scrambling)*
*g = 697 Clock-Perioden Luminanzsignal Y*
*h = 6 Clock-Perioden Übergang vom Luminanzsignal (für Scrambling)*
*i = 1 Clock-Periode Übergang zum digitalen Datenburst*

*1296 Clock-Perioden*

Abb. 24.11 Eine Zeile eines D2-MAC-Signales

Tonübertragung als digitaler Datenstrom in der Austastlücke
kein Synchronimpuls mehr, dafür digitales Zeilensynchronwort
aus dem analogen Frequenzmultiplexsignal wird ein analoges Zeitmultiplexsignal.

An einem Zeilensignal (Abb. 24.11) erkennt man die zeitliche Aufeinanderfolge der Datensignale und der komprimierten Farb- und Helligkeitssignale. Die zeitliche Kompression ist erforderlich, um die Kompatibilität zu den Ablenkfrequenzen der vorhandenen Fernsehempfänger zu wahren. Selbstverständlich muß man das auf der Decoderseite durch entsprechende Dekompression wieder rückgängig machen, was mit Hilfe digitaler Speicherschaltungen heute leicht möglich ist.

Neben der Bildverbesserung ist ein wesentlicher Vorteil von D2MAC die Verbesserung der Tonqualität und die Verfügbarkeit zusätzlicher Tonkanäle.

Für die Aussendung der Tonkanäle gibt es verschiedene Variationsmöglichkeiten:

ein HiFi-Stereo-Kanal (ähnlich Compact-Disc-Qualität) mit erhöhtem Fehlerschutz
zwei HiFi-Stereo-Kanäle mit geringerem Fehlerschutz
vier HiFi-Mono-Kanäle
bis maximal acht mischbare Kommentatorkanäle mit etwa halber Bandbreite.

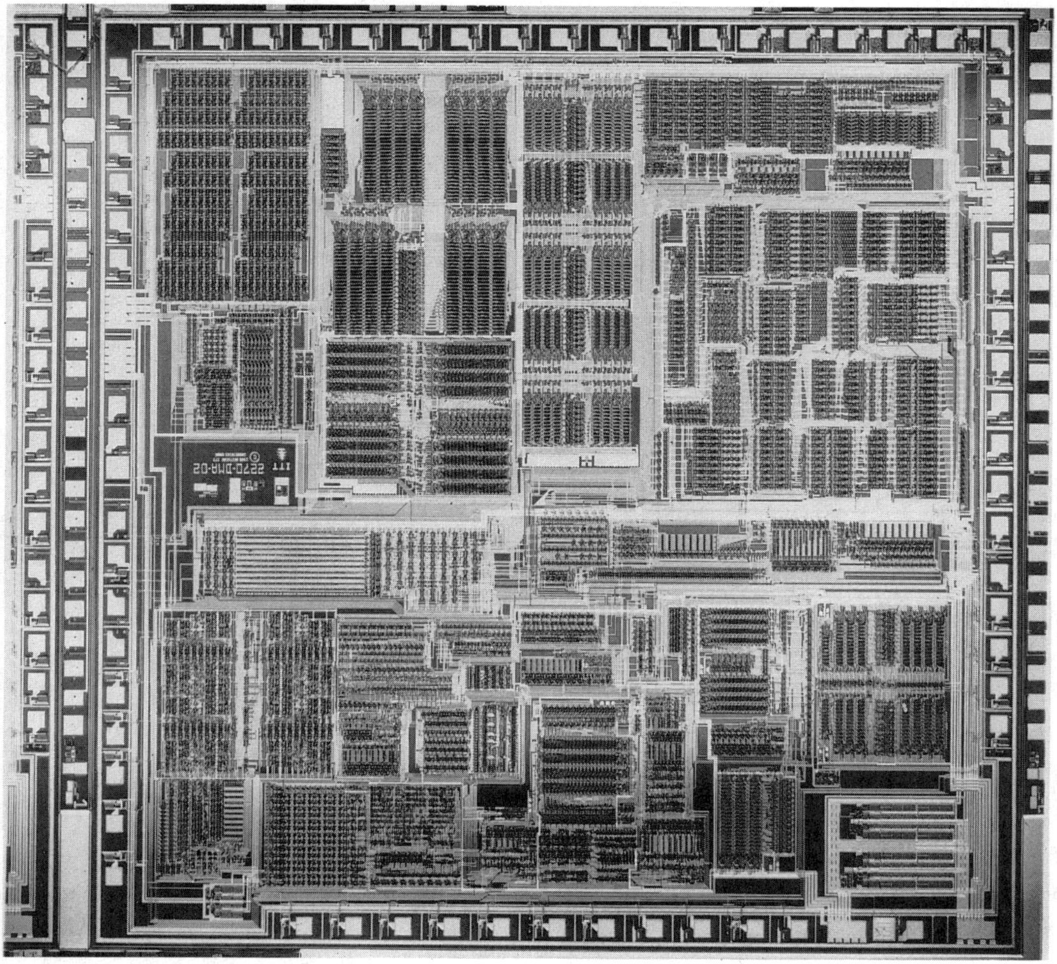

Abb. 24.12 Chip-Foto des D2-MAC-Decoder-ICs von Intermetall (Werksfoto: ITT Intermetall, Freiburg)

Abb. 24.13 Blockschaltbild eines D2-MAC-Decoders mit DIGIT-2000-Bausteinen (ITT Intermetall)

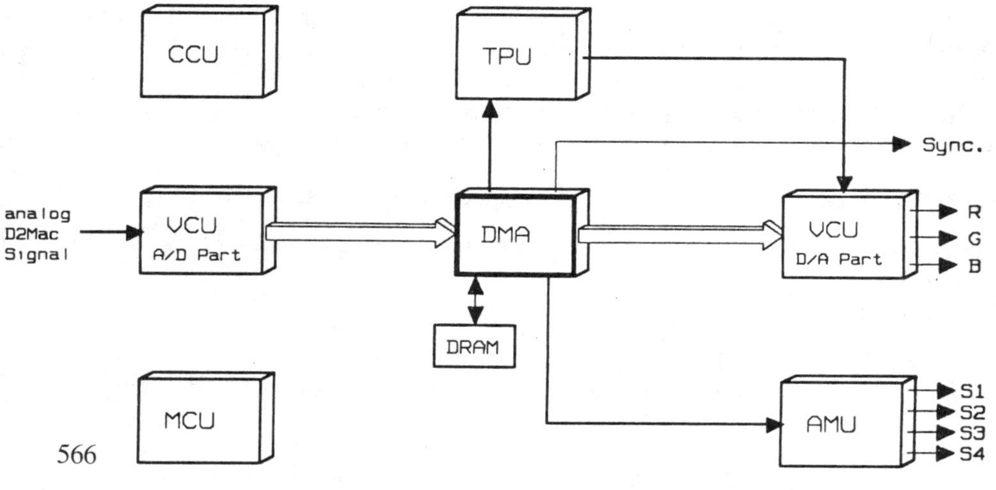

*D2-MAC-Decoder*

Der Einchip-D2-MAC-Decoder von Intermetall beherbergt auf 52 $mm^2$ Chipfläche rund 150 000 Transistoren (Abb. 24.12). Diese Dichte konnte nur erreicht werden mit Strukturbreiten von 1,5 µm, wobei die Leistungsaufnahme des C-MOS-Bausteins 300 mW beträgt.

Der Baustein verarbeitet das durch den A/D-Wandler VCU digitalisierte D2-MAC-Basisband. Heraus kommen digitale Videosignale, die der VCU, der D/A-Wandler des Digit-2000-Systems, wiederum in analoge RGB-Signale umwandelt. Zudem verarbeitet der Decoder die digital übermittelten Tonsignale so weit, daß ein Audio-Prozessor (AMU) nur noch die Verwaltung der acht möglichen Tonkanäle und die Ausführung der Steuerfunktionen (Lautstärke, Höhen, Tiefen, Balance usw.) übernehmen muß (Abb. 24.13).

Grob kann man den Decoder (Abb. 24.14) unterteilen in drei Funktionsblöcke: in die Daten- und Takt-Rekonstruktion, in die Video- sowie in die Ton- und Daten-Verarbeitung.

## Daten- und Taktrekonstruktion

Der Code-Konverter links oben setzt das digitalisierte D2-MAC-Basisband-Signal (Gray-Code) in ein einfaches Binär-Signal um.

Der Klemmspannungs-Generator darunter mißt den Spannungspegel des Basisband-Signals in der Klemm-Periode und setzt diesen gleich mit konstant 5,5 V. Für die automatische Pegelanpassung der Schwarz- und Weiß-Werte liefert eine AGC (Automatic Gain Control) – entsprechend den Referenzpegeln der Kontrollzeile 624 – Spannung an einen Ausgang des Decoders.

Der Phasen-Komparator links in der Mitte mißt die Phasenfehler der Eingangssignale und steuert über das PLL-Filter einen externen VCO (Voltage Controlled Oszillator). Dadurch wird das Taktsignal des TV-Chassis mit dem des duobinär codierten D2-MAC-Ton- und Datensignals synchronisiert.

Die Datenrückgewinnung und das Synchronisationsteil nehmen einen großen Teil der Chipfläche ein. Dort werden die durch widrige Empfangsbedingungen verbogenen Ton- und Daten-Bit wieder geradegerückt sowie Farbe und Helligkeit des D2-MAC-Multiplexsignals miteinander synchronisiert.

Die Synchronisation geschieht bei D2-MAC nicht mehr über analoge Synchron-Impulse, wie bei Pal oder Secam, sondern über ein 64-Bit-Synchron-Wort. Ein Korrelator vergleicht die hereinkommenden Daten mit dem fest vorgegebenen Synchron-Wort und löst bei Übereinstimmung den Bild- und Zeilenstart aus.

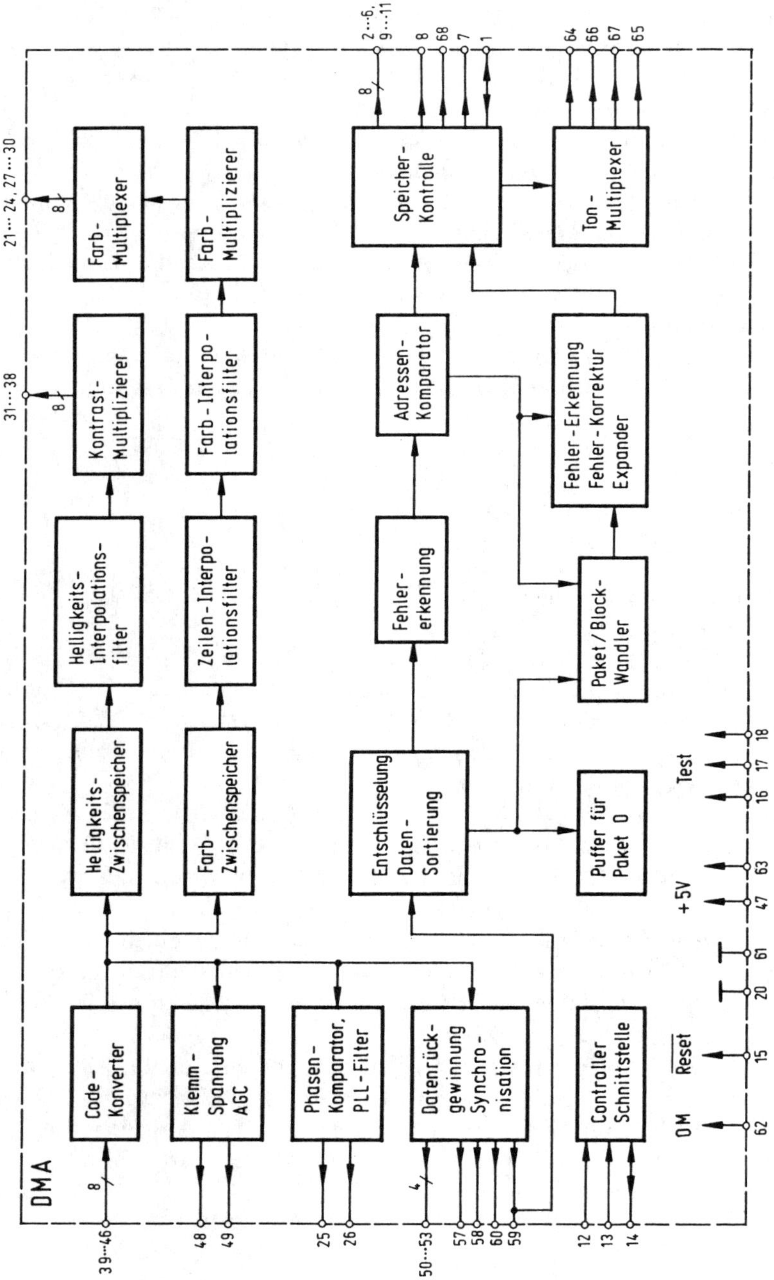


Abb. 24.14 Blockschaltbild des D2-MAC-Decoderbausteins DMA (ITT Intermetall)

## Farb- und Helligkeitsverarbeitung

Die digitalisierten Farb- und Helligkeitssignale werden im Video-Funktionsblock getrennt verarbeitet. Beide Signale werden zunächst jeweils in einem Speicher abgelegt und zeitlich gedehnt wieder ausgelesen. Das ist nötig, weil die Farbsignale um den Faktor 3, die Helligkeits-Signale um den Faktor 1,5 komprimiert übertragen und deshalb vom Chip entsprechend wieder expandiert werden müssen. Das Laden der Farbsignale in den Speicher erfolgt mit 20,25 MHz, das Auslesen mit 6,75 MHz. Entsprechend beim Helligkeitssignal – Einlesen: 20,25 MHz, Auslesen: 13,5 MHz.

Damit nun nicht noch verschiedene Takte für die Decodierung generiert werden müssen und um die Rekonstruktionsfilter der D/A-Wandler zu vereinfachen, werden die digitalen Bildsignale frequenzinterpoliert. Dadurch bleibt es bei der Signalverarbeitung weiterhin bei einer 20,25 MHz Abtastrate. Es wird aus zwei Helligkeits-Samples der dritte Abtastwert berechnet. Entsprechend wird das Farbsignal (Sample-Frequenz 6,75 MHz) durch Interpolation auf 10,125 MHz umgesetzt. Ein Mehrnormen-TV-Gerät benutzt dann einen Taktgenerator mit drei Schwingquarzen: einen mit 17,7 MHz für PAL und SECAM, einen mit 14,3 MHz für NTSC sowie den angesprochenen 20,25-MHz-Quarz für D2-MAC.

Das Farbsignal wird als zeilenalternierendes (R–Y)- und (B–Y)-Signal übertragen, d. h. in jeder zweiten Bildzeile fehlt eines der beiden Farbsignale. Dieses wird im Zeilen-Interpolations-Filter aus der vorhergehenden und der nachfolgenden Zeile berechnet.

Die Helligkeitsverarbeitung schließt ein Kontrast-Multiplizierer ab, der, fein unterteilt in 64 Schritte, den Kontrastwert bis zum Faktor 2:1 einstellt. Gleiches geschieht auch im Farbkreis; über den Farb-Multiplizierer kann die Farbsättigung beeinflußt werden. Nur wird das Farbsignal über einen Farb-Multiplexer ausgekoppelt, der – je nach Wiedergabegüte – über vier oder acht Leitungen die Information an die D/A-Wandler weitergibt.

Die Daten- und Ton-Verarbeitung beginnt bereits im Block für die Daten-Rückgewinnung. Die duobinär codierten Signale werden dort in binär codierte Signale umgewandelt und von dort dem Block für Daten-Entschlüsselung und -Sortierung zugeführt. Dazu ist vorzubemerken, daß die Daten des Basisband-Signals in Paketen zu je 751 Bit übertragen werden. Diese 751 Bit werden aber nicht nacheinander in der Reihenfolge 1...751 zur Verarbeitung weitergeleitet, sondern „interleaved", d. h. man überträgt das Bit 1, dann das Bit 95, darauf das Bit 189 usw. Die nächste Zeile fängt dann mit Bit 2 an, dann folgt Bit 96, darauf Bit 190 ... Dieser Trick verhindert, daß bei Störungen gleich mehrere benachbarte Bit unbrauchbar werden.

Jedes der Datenpakete trägt eine eigene Adresse. Diese Adresse ist besonders gut fehlergeschützt, indem sie mittels eines speziellen Codes (Golay-Code) verschlüsselt wird. Diese Codierung wird in der Fehlererkennung rückgängig gemacht.

### *Tonübertragung*

Alle Tonsignale werden in einem externen dynamischen RAM abgespeichert. Das ist nötig, weil die Informationen paketweise gesendet werden, aber am Lautsprecher kontinuierlich anliegen müssen. Das RAM dient dabei als Puffer, die Samples werden dort mit 32 KBit/s ausgelesen und der Audio-Mixing-Unit AMU zugeführt.

Das Paket „0" der Tondaten trägt alle programmbegleitenden Informationen. Sprich: welches Codierungs-Verfahren für die verschiedenen Kanäle gewählt wurde, in welcher Sprache das Programm ausgestrahlt wird oder ob ein Kanal beispielsweise ein Kommentatorkanal ist, der in einen Hauptkanal eingemischt werden soll.

## Bildqualitätsverbesserungen

Zusätzlicher Aufwand wird sich aber kaum vermeiden lassen, wenn man auch die Vorteile des D2-MAC genießen möchte. Denn die höhere Bandbreite des D2-MAC-Satellitensignals kann nur in bessere Bilder umgesetzt werden, wenn der Empfänger diese auch verarbeiten kann.
(Abschnitt über D2-MAC-Decoder nach ITT Intermetall-Unterlagen)

## TV-SAT-Receiver

Nach dem Stand von Anfang 1991 muß zwischen zwei grundsätzlichen Typen unterschieden werden:

1. TV-Sat-Receiver für den Empfang von Astra – sowie TV-Fernmelde-Satelliten, wie z. B. der DFS 1 Kopernikus, welche lediglich die Frequenzmodulation des ankommenden Signales demodulieren und an den nachgeschalteten Farbfernsehempfänger ein PAL- bzw. SECAM-FBAS-Signal über die Scartbuchse liefern. Für ältere Modelle ohne Scartbuchse ist ähnlich wie bei den Videorecordern häufig ein Hf-Modulator eingebaut, der das Videosignal einem Kanal im UHF-Band aufmoduliert (Abb. 24.21).

Manche Geräte besitzen auch einen Basisbandausgang, um ggf. eine andere Norm in nachfolgenden Gerät verarbeiten zu können.

2. TV-Sat-Receiver für den direkten Empfang von Rundfunk-Satelliten, wie z. B. DTF oder TV-Sat.

Das Basisband nach dem FM-Demodulator muß anschließend dem D2-MAC-Decoder zugeführt werden und steht als RGB-Signal an der Scartbuchse zur Verfügung.

Wird ein UHF-Ausgang gewünscht, muß dem Hf-Modulator ein PAL-Modulator vorgeschaltet sein, damit ein normaler Empfänger zur Wiedergabe verwendet werden kann, eine recht aufwendige und teure Lösung.

Deshalb zeichnet sich heute bereits eine dritte Lösung ab: Bei Farbfernsehgeräten mit digitaler Signalverarbeitung wird der D2-MAC-Decoder als Erweiterungsplatine im Hauptgerät eingesetzt, die ohnehin vorhandenen A/D- und D/A-Wandler werden mitbenutzt.

Vom Satellitenreceiver (z. B. Typ 2) wird das Basisband dem Fernsehgerät zugeführt. Der A/D-Wandler macht daraus ein digitales Signal, welches vom D2-MAC-Decoder decodiert und vom D/A-Wandler in RGB-Signale umgewandelt wird.

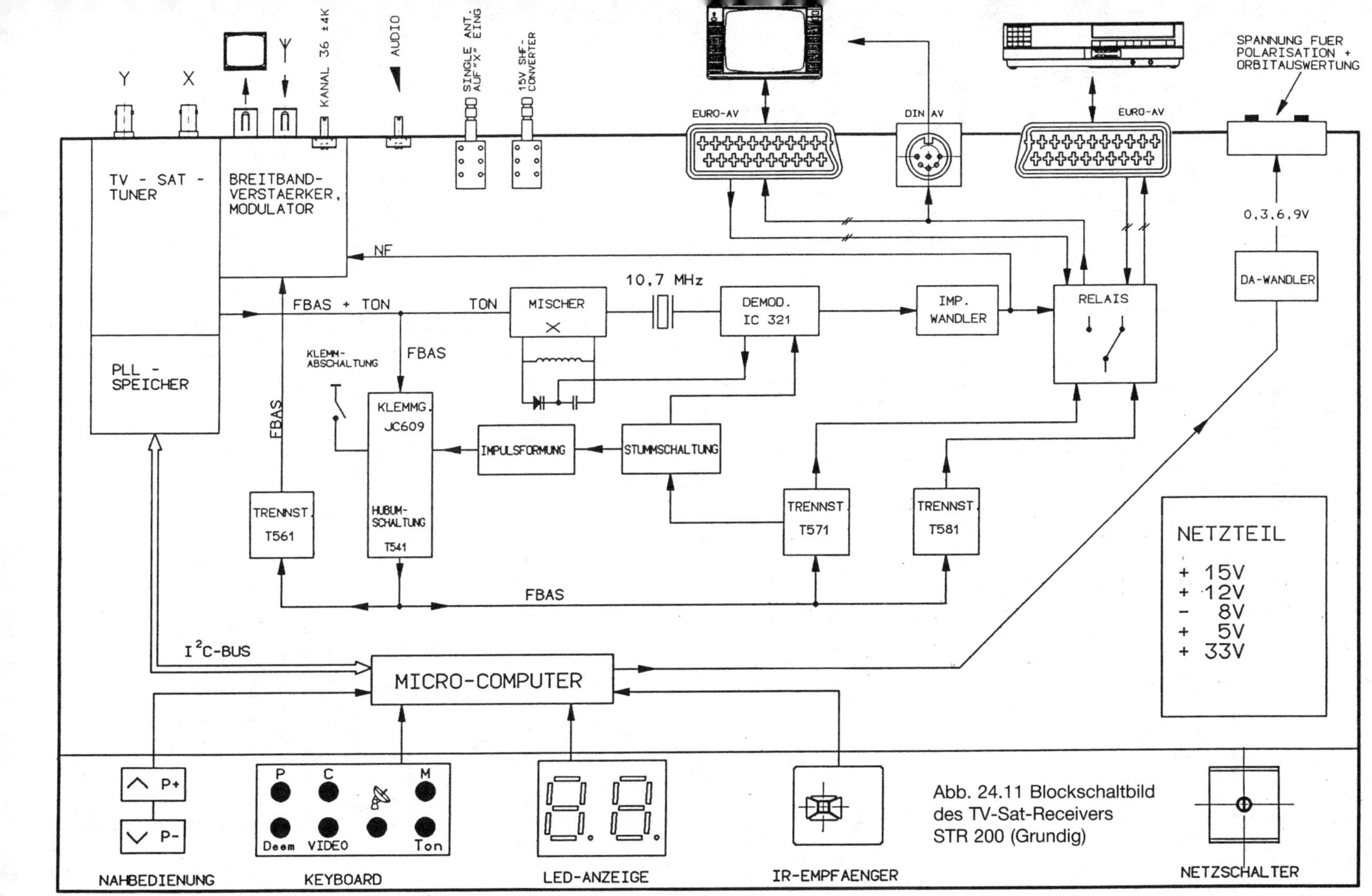


Abb. 24.11 Blockschaltbild des TV-Sat-Receivers STR 200 (Grundig)

## Satellitenempfang bei Gemeinschaftsanlagen

### Außenbaugruppe

Die Außenbaugruppe unterscheidet sich nicht von der bei Einzelanlagen, lediglich wird manchmal aus Qualitätsgründen ein größerer Spiegeldurchmesser genommen. Die Satelliten-Empfangsantenne ist entweder eine Offset- oder eine symmetrische Parabolantenne. Bei der Offset-Antenne wird das Speisesystem von einem Arm so gehalten, daß es im Brennpunkt steht. Das Speisesystem macht keinen „Schatten" auf der Schüssel, was sonst die Empfangsleistung mildern würde. Da die Offset-Antennen steiler stehen, sammelt sich kein Schnee in ihnen. Offset-Antennen werden jedoch nur mit bis zu 90 cm Durchmesser hergestellt, was zum Empfang von Astra in den meisten Fällen ausreicht.

Die durch den Parabolspiegel gebündelten Wellen gelangen dann zur eigentlichen Antenne, auch „feed" genannt, deren Öffnungswinkel auf den Reflektor abgestimmt sein muß. Eine Polarisationsweiche trennt dann die beiden Polarisationebenen. Durch die Verwendung zweier Polarisationsebenen kann die doppelte Anzahl von Kanälen Übertragen werden. Es folgt in der Regel noch ein Bandpaßfilter vor dem LNC.

Entscheidend für einen guten Empfang ist ein besonders rauscharmer SHF Umsetzer auch LNC (Low-Noise-Converter) genannt. Er setzt die ankommenden hohen Frequenzen 11 bzw. 12 GHz in die vom Satelliten-Empfänger verarbeiteten Frequenzen (950 ... 2050 MHz) um.

Feed, Polarisationsweiche, Bandpässe und ein oder zwei LNC sind in einem wasserdichten Gehäuse untergebracht und bilden das oben bereits erwähnte Speisesystem, mechanisch vom Arm der Satelliten-Empfangsantenne gehalten.

Der Verfasser möchte anhand von vier Beispielen zeigen, welche Konfigurationen inzwischen üblich sind und welche Vor- und Nachteile die einzelnen Lösungen haben.

## Abb. 24.31 und 24.32 Jeder Teilnehmer hat seinen eigenen Satellitenempfänger

Diese Lösung (Abb. 24.31) wird vom Verfasser hauptsächlich für Neuanlagen empfohlen, ist aber auch bei Nachrüstungen dann akzeptabel, wenn in die vorhandenen Rohre noch ein weiteres Kabel paßt. Genau betrachtet ist es eigentlich eine Mischung aus Gemeinschaftsanlage, indem nur ein Parabolspiegel aufgestellt ist und Einzelanlage, wo jeder Teilnehmer seinen eigenen Satellitenempfänger hat. Die Hauptkomponenten sind Massenware und daher preiswert. In Zukunft wird es immer mehr Fernsehgeräte geben, bei denen der Satellitenempfänger bereits eingebaut ist. Die Satellitenantenne mit LNC ist genauso, wie bei einer Einzelanlage. Die beiden Signalbündel aus den beiden Polarisationsebenen gehen über die Sat-Einspeiseverstärker (950 ... 2050 MHz) und Verteiler auf zwei parallel geführte 75-Ω-Kabel zu jeweils zwei Satelliten-Steckdosen für jeden Teilnehmer. Die Satelliten-Steckdosen unterscheiden sich von den sonst üblichen Antennendosen bei TV durch ihre Eignung bis 2050 MHz.

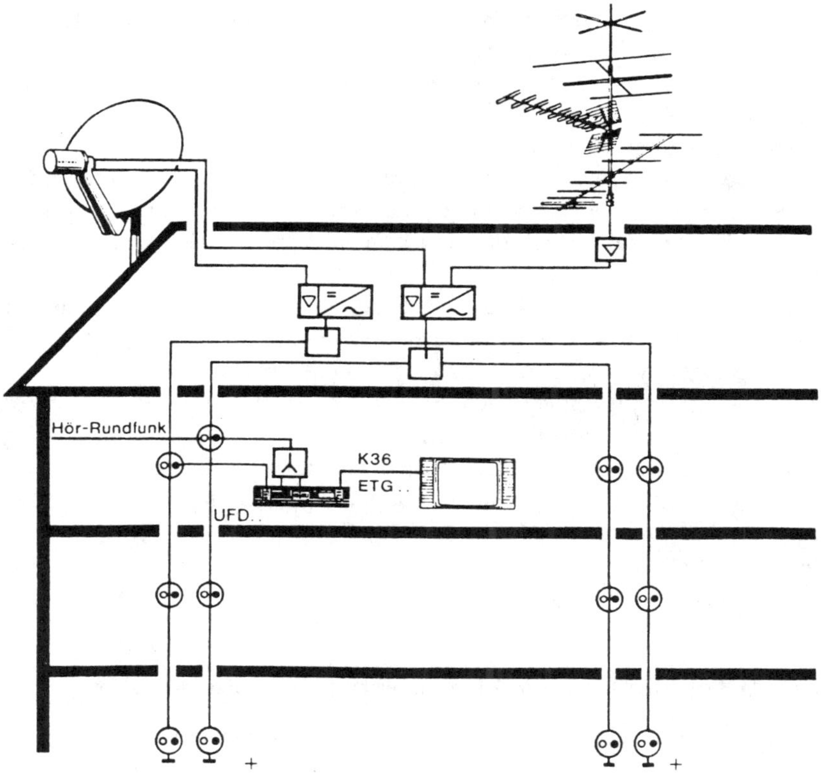


Abb. 24.31 Gemeinschaftsanlage (GA), 2 Polarisationen Astra 1 A...D und terrestrisch (Kathrein)

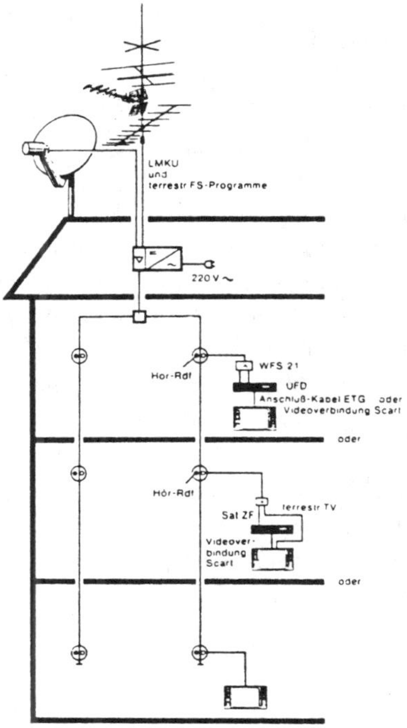


Abb. 24.32 Gemeinschaftsanlage (GA), 1 Polarisation Astra 1 A...D und terrestrisch (Kathrein)

Die terrestrischen Programme werden einem der beiden Sat-Einspeiseverstärker zugeführt, aber durch diesen nicht verstärkt.
**Vorteile:** Die Eignergemeinschaft bzw. der Hauseigentümer wird mit erheblich weniger Kosten belastet.

D2-MAC-Empfang und evtl. späteres HDTV-Fernsehen ist möglich, wenn der empfangene Satellit diese Varianten ausstrahlt und ein entsprechender Empfänger angeschlossen wird. Auch die per Satellit ausgestrahlten Rundfunkprogramme mit CD-Oualität können bei Anschaffung eines entsprechenden Empfangsgerätes gehört werden.
**Nachteile:** Es müssen zwei Kabel durchgezogen werden. Die ganze Anlage muß bis 2050 MHz tauglich sein und auch bei dieser Frequenz noch genügend Pegel an die letzte Dose bringen, was bei vielen Altanlagen nicht der Fall ist.

Abb. 24.32 zeigt eine ähnliche Konfiguration, jedoch mit nur einer Polarisationsebene. Dieses Beispiel empfiehlt der Verfasser für die Nachrüstung von Altanlagen bei Eigentumswohnungen. Es unterscheidet sich vom vorhergehenden Beispiel dadurch, daß nur die bereits vorhandenen Kabelnetze benötigt werden. Voraussetzung ist allerdings, daß die Kabel bis 2050 MHz tauglich sind.
**Vorteile:** Geringste Kosten.
**Nachteile:** Nur die halbe Anzahl Programme wie im vorhergehenden Beispiel.

## Abb. 24.33 Kopfstationen mit Einzelkanal-Satellitenempfängern

Abb. 24.33 zeigt das Blockschaltbild für die Nachrüstung einer vorhandenen Hausanlage. Die von den beiden Polarisationsebenen stammende Signalbündel X und Y (950 ... 2050 MHz) gelangen über Gleichstrom-Trennweichen und Verteilfeldern zu den Kopfstationen, hier im Beispiel die Typen SAT-HR/SAT-HM.

Die SAT-HR ist ein programmierbarer mikroprozeßgesteuerter Einzelkanal-Satelliten-Empfänger (Demodulator) für Kopfstationen in kleinen und mittleren GAAnlagen. 100 Satellitenkanäle sind über den eingebauten Codierschalter vor Ort einstellbar.

Die Ausgänge liefern Video- und Audiosignale mit Normpegel. Beide Signale gelangen zum SAT-HM, einem programmierbaren mikroprozessorgesteuerten PLL TV-Modulator für 21 Kanäle im Band III und Sonderkanalbereich (Kanal S8 ... S20). Die Kanäle sind über Codierschalter wählbar. Ein Oberflächenwellenfilter in der Zf-Ebene sorgt für die normgerechte Vorverzerrung und Absenkung des zweiten, Seitenbandes. Damit werden Nachbarkanalbelegungen möglich. Der Hf-Ausgangspegel beträgt ca. 250 mV und gelangt über Richtkoppler auf den Nachverstärker für die Hausanlage.
**Vorteile:** Günstig, wenn nur wenige Satelliten-Kanäle von verschiedenen Polarisationsebenen zum terrestischen Empfang ergänzt werden sollen. Leichte Nachrüstbarkeit einzelner SAT-Nanäle.
**Nachteile:** Mit den im Beispiel genannten Komponenten für D2-MAC nicht geeignet.

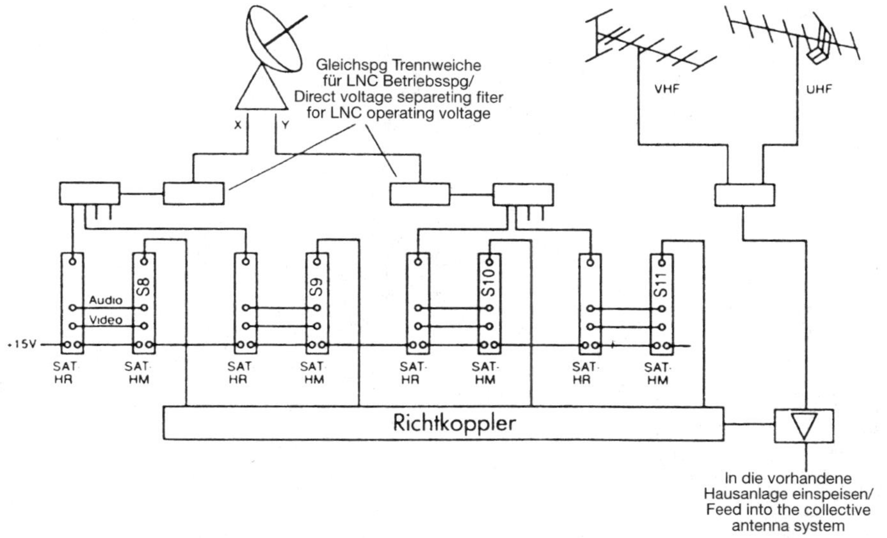


Abb. 24.33 Empfang aller aktuellen Satelliten-TV-Programme mit den Kopfstationen SAT-HR und SAT-HM (Grundig)

## Abb. 24.34 Mit Kompakt-SAT.Aufbereitungseinheit als Kopfstation

Eine weitere Lösungsmöglichkeit bietet die Kompakt-SAT-Aufbereitungseinheit, bei der Satelliten-Empfänger, Modulator und Netzteil in einem Gehäuse (Abb. 24.34) untergebracht sind und für den Empfang zweier Satellitenprogramme einer Polarisationsebene wie z. B. RTLplus und SAT 1 bei Astra ausgelegt sind.

Die Satellitenantenne mit LNC ist genauso wie in den oben bereits beschriebenen Beispielen ausgeführt. Das Sat-Zf-Signalgemisch 950 ... 2050 MHz gelangt über die Fernspeiseweichen mit Stromversorgungsteil für den LNC und Sat-Zf-Verstärker OLV auf die Kompakt-SAT-Aufbereitungseinheit, hier der Typ für die TV-Ausgangskanäle 2 und 4 im Band 1. Über den Abzweiger GLA werden die beiden Satellitenprogramme den vorhandenen terrestischen Programmen hinzugefügt. Da nur noch in wenigen Gebieten Band-I-Sender existieren, kann die Aufbereitungseinheit mit vielen bereits installierten Antennenanlagen problemlos verbunden werden. Selbstverständlich können auch mit diesen Kompakteinheiten Satellitenempfangsanlagen für 4, 8, 12 oder noch mehr Sat-Kanäle und mehreren Polarisationsebenen aufgebaut werden, jede weitere Einheit bringt zwei weitere Kanäle.

Für Ausgangskanäle im Bereich 174 ... 300 MHz und 470 ... 790(542 ... 862) MHz stehen unterschiedliche Ausführungen zur Verfügung.

**Vorteile:** Preiswerte Lösung, wenn zwei Programme gleicher Polarisationsebene ergänzt werden sollen. Netzteil bereits integriert.

**Nachteile:** Mit den im Beispiel genannten Komponenten nicht für D2-MAC geeignet. Höhere Reparaturkosten, wenn bei Ausfall komplettes Modul getauscht wird.

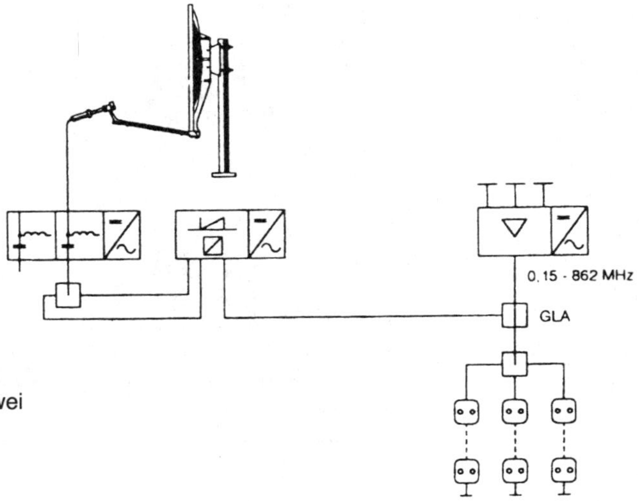


Abb. 24.34 Einspeisung von zwei Satellitenprogrammen einer Polarisationsebene in eine Gemeinschaftsanlage (Fuba)

## Abb. 24.35 Mehr-Satellitenempfang

Für den Empfang von mehreren Satelliten sind drei Möglichkeiten bekannt:
Die Drehantenne
Die Mehrantennenanlage
Die Multi-Feed-Antenne
Jede Art hat seine Vor- und Nachteile.

*Drehantenne*

Dabei wird die Antenne vom Receiver per Motor auf den gewünschten Satelliten ausgerichtet (Abb. 5.19). Vorteil ist, daß eine Vielzahl von Satelliten empfangen werden können. Nachteilig ist, daß immer nur die Programme von einem Satelliten empfangen werden können und der Antennendurchmesser nach dem schwächsten Sender bemessen sein muß.

*Mehrantennenanlage*

Technisch einfacher ist es für jeden interessierenden Satelliten eine eigene, in der Größe auf die einfallende Feldstärke angepaßte Antenne zu installieren (Abb. 24.35), hier im Beispiel für ASTRA und EUTELSAT, die jenach Bedarf über einen Schalter zum Analog-Receiver oder zur Set-Top-Box durchgeschaltet werde. Diese Lösung ist nicht aufwendig, sondern verbietet sich häufig aus ästhetischen oder praktischen Gründen.

*Multi-Feed-Antenne*

Bei Multi-Feed-Antennen (Abb. 24.36) werden meist zwei Speisesysteme so vor einem gemeinsamen Spiegel angebracht, daß jedes einen anderen Satelliten anpeilt,

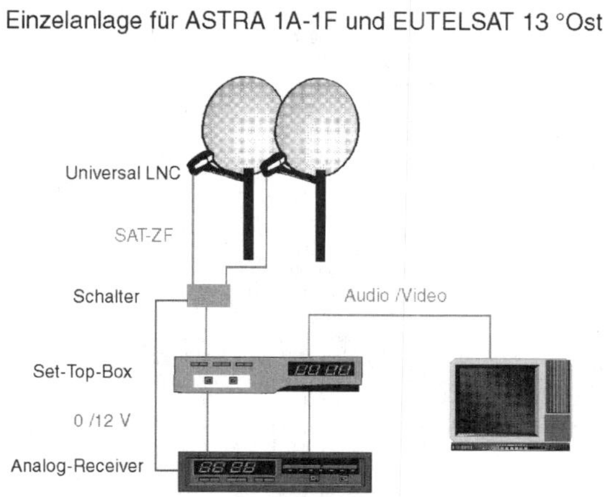


Abb. 24.35 Beispiel einer Einzelanlage mit zwei „Schüsseln“

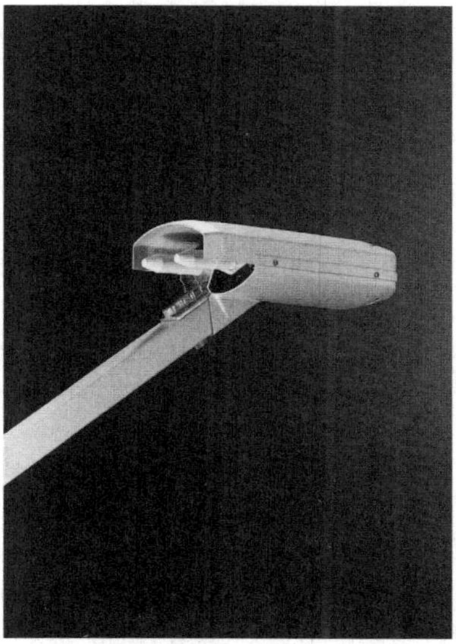

Abb. 24.36 Blick in die geöffnete Wetterschutzkappe der Duo-Feed OP90 von Wisi. Sichtbar sind die dielektrischen Linsen-Feeds der beiden LNC (Foto: Wisi)

hier z.B. Astra auf 19,2 Grad Ost und Eutelsat auf 13 Grad Ost. Eine solche Antenne wird als Duo-Feed-Antenne bezeichnet. Abb. 24.37 verdeutlicht das Prinzip. Bei einem Parabolspiegel gibt es nur einen Punkt, in dem sich achsenparallele Strahlen kreuzen, dem Brennpunkt. Hier sollte das Phasenzentrum des Erregers (Feed) liegen, um den besten Empfang zu erhalten. In der Praxis wird neben dem Brennpunkt ein zweites Speisesystem angebracht, welches schräg zur Antennenachse in die Apertur *hineinschielt*. Nach dem Refexionsgesetz *Einfallswinkel = Ausfallswinkel* zielt der

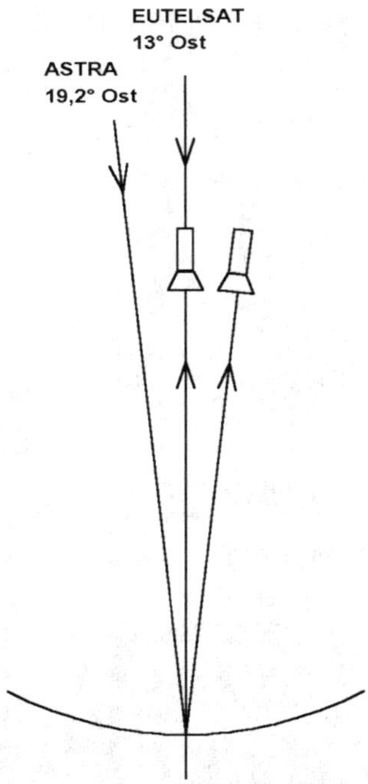


Abb. 24.37 Blick von oben auf den Strahlengang einer Duo-Feed-Antenne

Blick dann spiegelbildlich in den Orbit. Die Empfangseigenschaften des schielenden Speisesystems sind zwar ein klein wenig schlechter als bei der zentralen Justierung, reichen aber für die Praxis durchweg aus.

## Abb. 24.40 Satellitenempfangsanlagen für digitales Fernsehen

Für den Empfang von digitalen Fernsehsignalen benötigt man eine mit einem sogenannten *Universal LNB*[1] ausgerüstete Empfangsanlage. Diese erlauben sowohl den Zugang zum analogen Programmangebot (auf Astra im unteren Frequenzband von 10,7 bis 11,7 GHz) als auch zum digitalen Angebot (bei Astra von 11,7 bis 12,75 MHz). Für die Umschaltung zwischen den beiden Freqenzbändern liefert der Satellitenreceiver über das Antennenkabel ein Tonsignal von 22 kHz. Zusätzlich wird bekanntlich über die LNB-Versorgungsspannung (13 oder 18 V) die gewünschte Polarität (horizontal oder vertikal) ausgewählt.

Achtung, bei der Umrüstung alter Anlagen auf Universal LNB's verschiebt sich die Sat-Zwischenfrequenz um 250 kHz nach oben. Die analogen Receiver müssen neu programmiert werden.

1 LNB = **L**ow **N**oise **B**lockconverter

# 25 Video-Recorder

Magnet-Bildaufzeichnungsgeräte oder Videorecorder stellen eine weitere interessante Ergänzung des Fernsehempfängers dar. So wie man mit einem Tonbandgerät Rundfunksendungen „mitschneiden“ kann[1]), um sie später nochmals abzuhören, so kann man mit dem Videorecorder-Fernsehsendungen aufzeichnen und später wieder vorführen. Dabei muß auf dem Magnetband das gesamte Fernsehfrequenzband einschließlich der Austast- und Synchronsignale sowie das Tonsignal aufgebracht werden.

Die Video-Recordertechnik ist ein eigenes umfangreiches Fachgebiet, das hier nur gestreift werden kann. Besprochen sei jedoch die Anschlußtechnik des Recorders an den Fernsehempfänger und das VPS-System.

Videorecorder arbeiten mit Magnetband-Cassetten, daher hat sich als Abkürzung dafür die Bezeichnung für Video-Cassetten-Recorder, nämlich VCR-Gerät eingeführt.

Das in der Welt am meisten verbreitete System ist VHS. Wegen eines umfangreichen Angebots an bespielten Cassetten hat es das früher in Deutschland führende System Video 2000, trotz besserer Wiedergabequalität, abgelöst.

## Abb. 25.01 bis 25.03 Grundlagen der Signalaufzeichnung

Eingangs wurde erwähnt, daß man den Videoaufnahmeprozeß mit der Nf-Aufnahme vergleichen kann. Man schließt deshalb auch bei Video auf die Möglichkeit der direkten Signalaufzeichnung. Das ist aber aus verschiedenen Gründen nicht möglich. Da das Videosignal tiefe Frequenzen und Gleichspannungsanteile enthält, kann die Direktaufzeichnung nicht angewendet werden. Auch würden Band-Kopf-Kontaktfehler zu Amplitudenverfälschungen führen, die sich direkt auf die zu übertragende Information auswirken würde. Deshalb arbeitet man im Bild-Signalteil der Videosigaalverarbeitung mit Frequenzmodulation. Die Aufzeichnung des Bild-Signals in frequenzmodulierter Form ist zwar aufwendiger, vermeidet aber die genannten Nachteile der amplitudenmodulierten Aufzeichnung. Bei Fernsehsendungen liegen etwa 90 % der vorkommenden Y-Signalfrequenzen unterhalb von 3 MHz, nur 10 % liegen darüber. Durch eine Begrenzung des Videosignals auf ca. 3 MHz ist es möglich, bei wesentlich verringertem Bandverbrauch 90 % der Bildinformationen auf dem Magnetband unterzubringen. Abb. 25.01 zeigt die Frequenzaufteilung im VHS-System und

1 Der Ausdruck „mitschneiden“ hat sich aus der Frühzeit der Schallplattenaufnahme erhalten. Damals wurde die Tonspur mit einem Stichel in die Wachsplatte oder Aluminiumfolie hineingeschnitten.

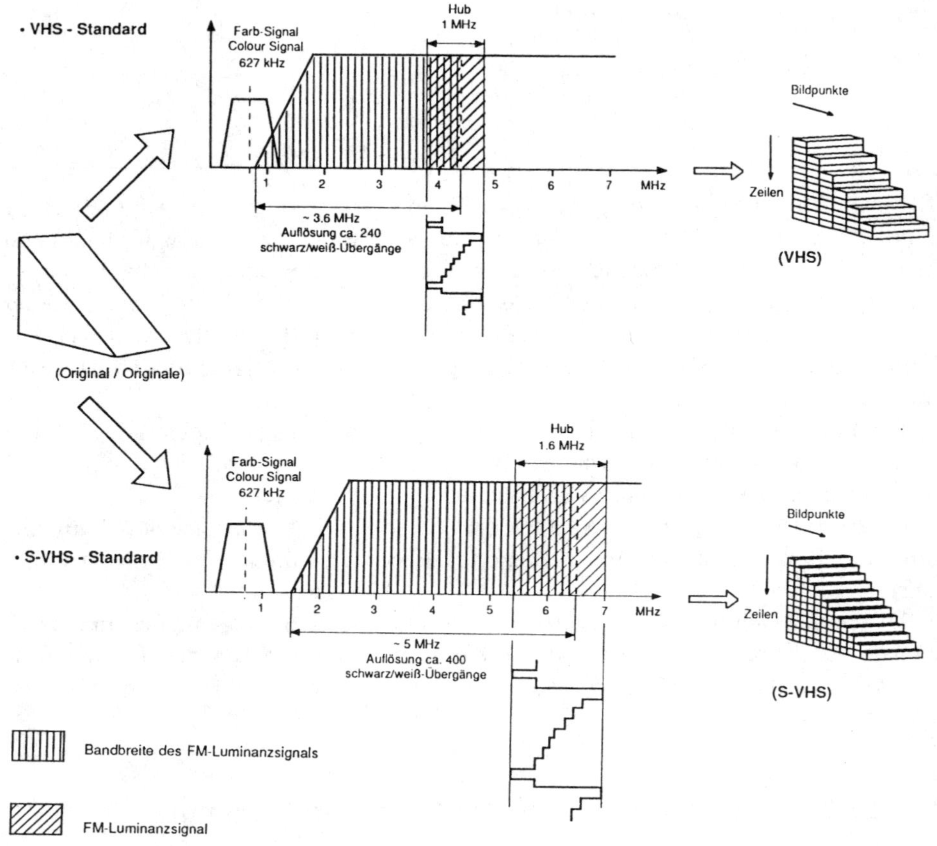


Abb. 25.01 Frequenzaufteilung und moduliertes FM-Spektrum bei a) VHS, b) S-VHS (nach Grundig-Unterlagen)

im S-VHS-System. Für den FM-Kanal bedeutet dies, daß je nach System ein Frequenzbereich von ca. 0,82 … 7,0 MHz übertragen werden muß.

Das S-VHS-Verfahren (Super-VHS) wurde entwickelt, um die gehobenen Ansprüche an die Bildqualität zu befriedigen. Das konventionelle VHS-Format bietet horizontal eine Auflösung von ca. 240 Schwarzweiß-Übergängen. Die Spezifikation der S-VHS-Technologie hebt die Auflösung auf über 400 Schwarzweiß-Übergänge an. Das erreicht man durch Verschieben und Erweitern des Hubbereiches des FM-modulierten Luminanzsignales von 3,8 … 4,8 MHz (VHS) auf 5,4 … 7,0 MHz (S-VHS). Erhöht man die Auflösung, steigt normalerweise auch der Rauschanteil. Durch eine Vergrößerung des Hubbereiches, sowie einer linearen Preemphasis (Anhebung der höheren Frequenzen) wurde dieses Problem gelöst.

Abb. 25.02 Umsetzung des Y-Signales im FM bei VHS

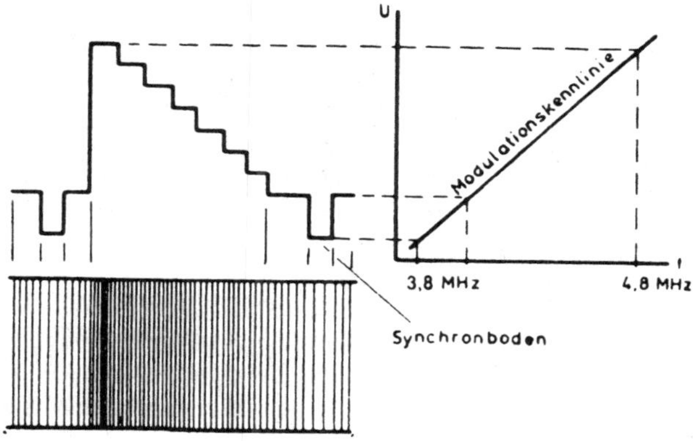


In der Frequenzmodulation ist jedem Spannungswert des Y-Signals eine Frequenz innerhalb des Hubbereiches zugeordnet. Bei VHS ist dies 3,8 ... 4,8 MHz (Abb. 25.02). Der Synchronboden des Y-Signals entspricht der tiefsten Frequenz. Damit die festgelegten Marken nicht überschritten werden, die Eingangssignale jedoch schwanken dürfen, muß die Amplitude des Videosignals nachgeregelt werden. Dazu dient eine Verstärkungsautomatik.

In beiden Systemen wird ein Farbaufzeichnungsverfahren angewendet, bei dem das Farbartsignal in einen niedrigeren Frequenzbereich umgesetzt wird. Bei der Aufnahme benutzt man die Zeilenfrequenz des Videosignals zum Umsetzen des Farbhilfsträgers auf den niedrigeren Frequenzbereich. Im Wiedergabebereich wird dann das umgesetzte Farbartsignal wieder mit Hilfe der Zeilenfrequenz in seiner Original-Frequenzlage zurückversetzt. Dabei kommen beide Signale vom Band; unterliegen also demselben Zeitfehler. Bei der Umsetzung in die Original-Frequenzlage hebt sich der Zeitfehler dadurch auf. Das aufzuzeichnende Farbartsignal liegt bei VHS auf der Frequenz von genau 626,9 kHz.

Das 4,4336-MHz-Farbartsignal muß also in die Frequenz 626,9 kHz umgesetzt werden. Das geschieht durch Mischung mit einer zweiten Frequenz, die um diesen Betrag höher oder niedriger liegt, als die Farbhilfsträgerfrequenz. Im VHS-System wird eine Frequenz gewählt, die höher liegt (Abb. 25.03). Damit ergibt sich:

$$4{,}4336\ \text{MHz} + 0{,}6269\ \text{MHz} = 5{,}06\ \text{MHz}$$

## Abb. 25.04 Aufnahme

Videorecorder besitzen einen eigenen Empfangsteil mit Tuner und komplettem Bild- und Tonteil. Mit diesen Geräten läßt sich eine Sendung direkt aufnehmen und aufzeichnen. Während der Fernsehteilnehmer mit seinem Fernsehempfänger viel-

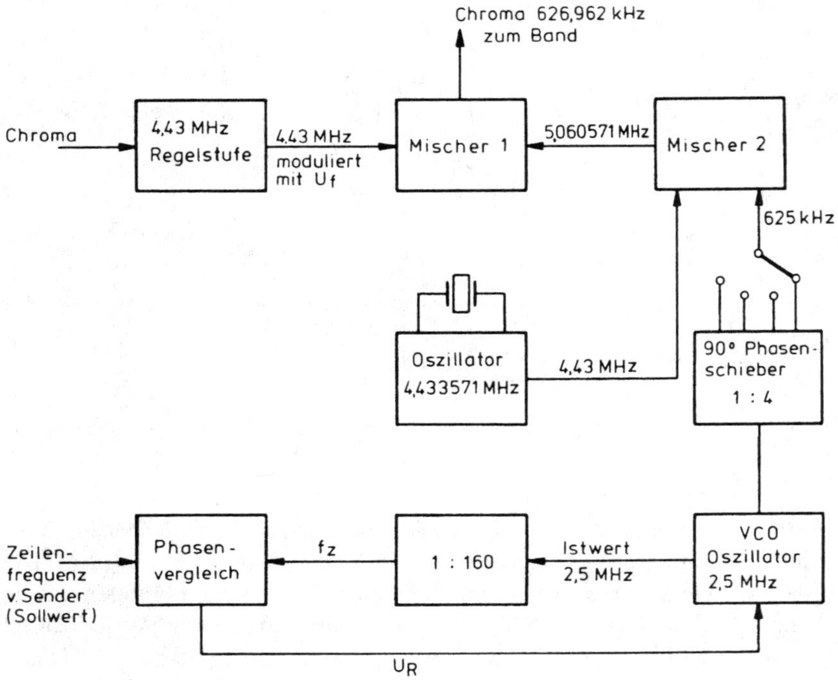


Abb. 25.03 Chroma-Signalumsetzung bei der Aufnahme bei VHS

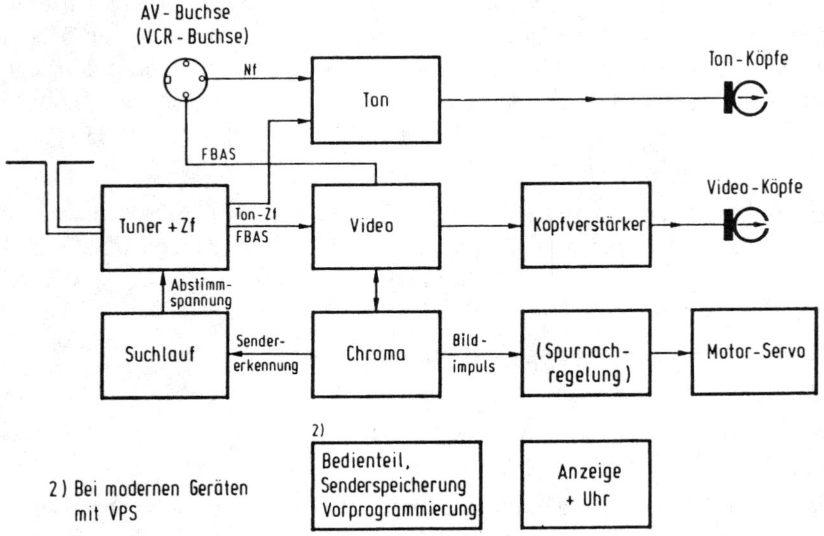


Abb. 25.04 Blockschaltbild eines Video-Recorders bei Aufnahme

leicht ein Fußballspiel im 1. Programm anschaut, kann er gleichzeitig mit dem Videorecorder einen im 2. Programm laufenden Krimi für später aufnehmen.

Gleichzeitig besitzt der Videorecorder eine sog. VCR-Buchse, modernere Geräte auch eine Scartbuchse (Euro-AV-Buchse), die es gestattet FBAS- und Nf-Signale dem Videorecorder zuzuführen.

Für Aufnahmen im S-VHS-Standard benötigt man neben dem S-VHS-Recorder die qualitativ hochwertigere S-VHS-Cassette. Diese hat ein Kennloch auf der Unterseite, damit der S-Videorecorder bei der Aufnahme zwischen S-VHS und VHS unterscheiden kann.

## Abb. 25.05 und 25.06 Wiedergabe

Die Magnetköpfe des Recorders liefern bei der Wiedergabe das Y-FM-Signal, die Farbinformation, die beiden Tonkanäle und (bei Bedarf) einen Steuerkanal. Das Y-Signal und der Farbkanal werden wieder zu einem FBAS-Signal zusammengefügt und können zusammen mit den Niederfrequenzen über den VCR-Anschluß[1]) entnommen werden. Sofern das verwendete Fernsehgerät einen VCR-Anschluß[1]) besitzt, wird man wegen der besseren Wiedergabequalität anstreben, bei Wiedergabe die Signale nicht erst wieder in die Hochfrequenzlage zu transportieren (Qualitätsverlust). Sie werden dann als FBAS- und Niederfrequenz-Signal direkt vom Fernsehgerät verarbeitet.

Moderne Videorecorder besitzen jedoch nonngerechte Modulatoren für das Bild und die Ton-Signale. Sie werden im allgemeinen im UHF-Bereich, einstellbar Kanal 32 ... 40, gesendet.

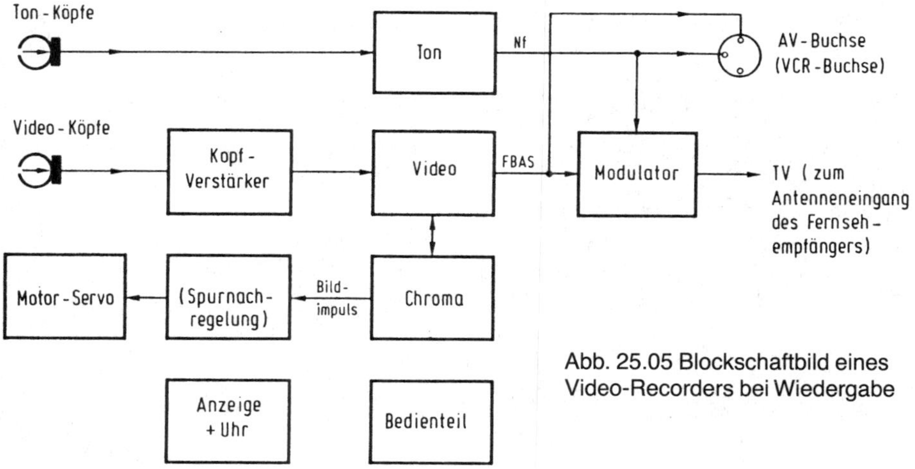


Abb. 25.05 Blockschaftbild eines Video-Recorders bei Wiedergabe

1 bzw. Euro-AV-Buchse (Scart)

Tabelle 25.06 Wiedergabemöglichkeiten bei Aufnahmen mit verschiedenen Kombinationen von Videorecordern und Cassetten beider Standards

| Videocassette/Videorecorder | S-VHS | VHS |
|---|---|---|
| Aufnahme im S-VHS-Standard auf S-VHS-Cassette | S-VHS-Standard | nicht möglich |
| Aufnahme im VHS-Standard auf S-VHS-Cassette | VHS-Standard | VHS-Standard |
| Aufnahme im VHS-Standard auf VHS-Cassette | VHS-Standard | VHS-Standard |

Da die Verbindung zwischen dem VCR-Anschluß des Videorecorders und dem VCR-Anschluß des Fernsehgerätes eine gewisse Kabellänge (etwa 10 m) nicht überschreiten darf, wird man bei größeren Entfernungen, ggf. unter Einschaltung eines Antennenverstärkers, die Hochfrequenz-Übertragung wählen.

Zu erwähnen sei noch, daß Fernsehgeräte mit VCR-Anschluß eine Netztrennung haben müssen. Eine solche ist jedoch bei den modernen Schaltnetzteilen ohne einen Mehraufwand gegeben.

Cassetten, die im VHS-Standard bespielt sind, werden auch in einem S-VHS-Recorder automatisch nur in VHS-Qualität wiedergegeben; solche, die im S-VHS-Standard bespielt sind, automatisch in S-VHS. Deshalb ist es bei Wiedergabe nicht nötig, einen „Standard-Schalter“ zu betätigen. Wird einmal eine im VHS-Standard bespielte S-VHS-Cassette wiedergegeben, leuchtet ein Hinweis auf. Wenn Sie versuchen, eine S-VHS-Aufnahme auf einem herkömmlichen VHS-Videorecorder wiederzugeben, ist kein Bild erkennbar (siehe auch Tabelle 25.06).

## Abb. 25.07 Spurschema

Abb. 25.07 zeigt das Spurschema von VHS. Die Audiospur und die Kontrollspur sind längs aufgezeichnet, die beiden Videospuren schräg.

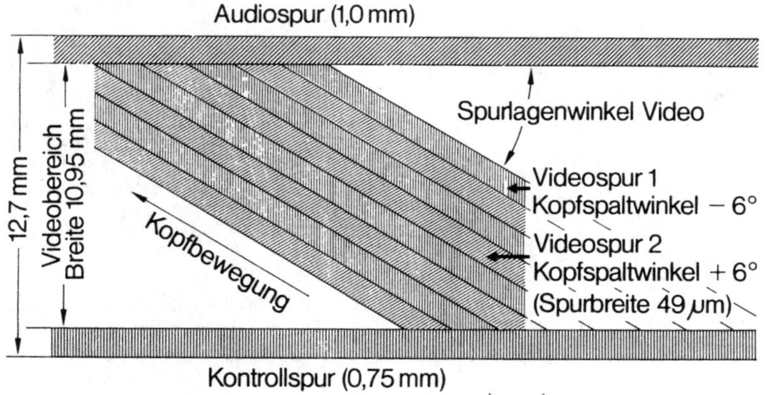


Abb. 25.07 Spurschema Videoband VHS-System

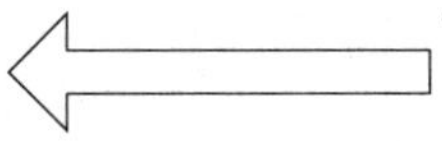

## Kontrollfunktionen

Sämtliche Steuer- und Kontrollfunktionen werden von einem Mikrocomputer ausgeführt. So kann man beispielsweise den Videorecorder zu beliebigen Zeiten ein- und ausschalten lassen. Dabei wird mitangegeben, welches eingespeicherte Programm aufgenommen werden soll. Der Mikrocomputer kann je nach Fabrikat z. B. 4 bis 10 Ereignisse für die nächsten 14 bis 99 Tage speichern. Auf diese Art und Weise ist es möglich, Programme auch bei Abwesenheit aufzuzeichnen.

## Abb. 25.11 VPS-System

Jeder, der früher mit Hilfe seines Videorecorders Fernsehsendungen aufnahm, um sie sich zeitversetzt zu einem ihm passenden Zeitpunkt in Ruhe anschauen zu können, kannte das Problem: Überzieht jemand seine Sendezeit, der Anfang des Krimis ist nicht auf dem Anfang des Bandes, und in dem Moment, wo der Täter endlich entlarvt wird, ist das Videoband zu Ende.

In der Bosch/Blaupunkt-Vorentwicklung in Hildesheim ist schon 1977 die Idee geboren worden, Fernsehsendungen mit einer Zusatzkennung zu versehen, um Videorecorder auch bei zeitverschobenen Sendungen erst dann sekundengenau auf Aufnahme zu schalten, wenn die Sendung wirklich anfängt, und erst dann die Aufnahme zu beenden, wenn auch im Falle z. B. einer Verlängerung eines Fußballspieles die Sendung wirklich zu Ende ist.

Um eine Fernsehsendung mit einer Zusatzkennung zu versehen, benötigt man zunächst einen geeigneten Datenkanal.

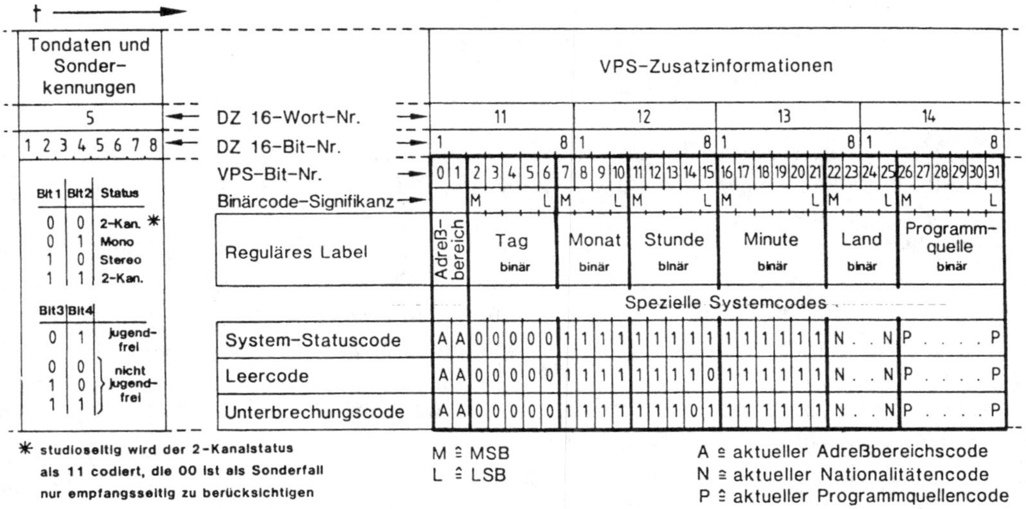


Abb. 25.11 VPS-Zusatzinformation in Datenzeile 16, Byte 5 und Bytes 11 bis 14

Dieser muß einmal mit dem vorhandenen Fernsehübertragungsverfahren kompatibel sein, d. h. er darf nicht zu einer Beeinträchtigung des Bild- und Tonsignals führen, zum zweiten muß die benötigte Datenmenge mit hoher Störsicherheit übertragen werden können.

Zur Beurteilung der Übertragungssicherheit wird hier als Vergleich der Videotext-Dienst herangezogen.

Da ein Biphase-Code infolge des niedrigeren Datentaktes und der Eigenschaft, daß zu jedem Übertragungs-Bit ein komplementäres Bit gehört, eine höhere Übertragungssicherheit als NRZ-Code besitzt, wurde für VPS festgelegt, die Daten in den vier noch freien Bytes der Datenzeile 16 (dies sind die Wörter 11 ... 14) mit zu übertragen.

Pro Vollbild stehen also alle 40 ms 32 Bits für VPS zur Verfügung.

Das VPS-Datenformat (Abb. 25.11) nutzt diese 32 Informations-Bits wie folgt aus:

2 Bits für die 4 Adreßbereiche
5 Bits für den Kalendertag
4 Bits für den Kalendermonat
5 Bits für die Stunde
6 Bits für die Minute
4 Bits für die Landeskennung
6 Bits für die Programmquellenkennung

Die vier Adreßbereiche erlauben eine Erweiterung der Programmquellenkennzeichnung, denn 6 Bits = 64 Möglichkeiten reichen nicht für eine Kennzeichnung aller zukünftigen regionalen Programmquellen, insbesondere in Kabelfernsehanlagen aus.

Der Videorecorder ist weiterhin so zu programmieren wie bisher im Timer-Betrieb, d. h. mit

Programmnummer
Startzeit (wie in der Programmankündigung)
Stoppzeit (beliebig)
Datum (nach Mitternacht neues Kalenderdatum)

Vom beschriebenen VPS-Kennungssignal des Femsehsenders, das von Beginn bis Ende der jeweiligen Sendung mitabgestrahlt wird, wird allerdings nur die Anfangszeit und das Datum ausgewertet.

10 Minuten vor der gewünschten Sendung hat der Bedienteil-Mikrocomputer das Empfangsteil auf den Programmplatz eingestellt. Dort empfängt der VPS-Decoder das Datentelegramm einer laufenden Sendung und überprüft den logischen Inhalt. Sobald das empfangene Datentelegramm den Inhalt des gewünschten Programms aufweist und damit dem einprogrammierten Benutzerwunsch entspricht, schaltet der Videorecorder auf Aufnahme und bleibt in diesem Modus so lange, bis das Datentelegramm der nächsten Sendung einsetzt.

Sendet der gewünschte Sender kein VPS-Telegramm, z. B. weil es ein Auslandssender ist, erkennt dies der VPS-Decoder und schaltet automatisch mit Hilfe seiner eingebauten Echtzeituhr wie bisher zeitgesteuert ein. Programmverschiebungen können so natürlich nicht mehr berücksichtigt werden. Zum Ausschalten wird für diesen Betriebsfall die einprogrammierte Endzeit benötigt.

Ebenso, falls die VPS-Kennung ausfällt.

## Unterbrechungscode

Im Falle z. B. eines Filmrisses wird ein Unterbrechungscode gesendet, der Recorder geht auf Stopp und läuft automatisch weiter, wenn der VPS-Code wiederkommt. Der Videorecorder-Benutzer wird später beim Betrachten der Sendung von der Störung nichts merken.

Eine Sendung, die aus zwei Teilen besteht mit einer eingeschobenen Sendung dazwischen, typisches Beispiel Fußball mit erster und zweiter Halbzeit und Kurznachrichten dazwischen, wird so mit einem Unterbrechungscode gekennzeichnet, daß der Benutzer hinterher die Fußballsendung nahtlos auf dem Band hat; natürlich einschl. des 11-m-Schießens nach Verlängerung. Dieses Beispiel zeigt besonders deutlich die Vorteile, die das VPS-System bietet.

## Aufwand auf der Empfangsseite

Um am VPS-System teilnehmen zu können, benötigt man einen Videorecorder mit eingebautem VPS-Empfänger und der entsprechenden Software im Bedienteil-Mikroprozessor.
(Nach Blaupunkt-Unterlagen)

## Abb. 25.12 bis 25.15 VPS-Empfänger-Bausteine

Zum Zeitpunkt der Einführung von VPS war noch eine 2-Chip-Lösung sehr verbreitet, die 1-Chip-Lösung folgte bald.

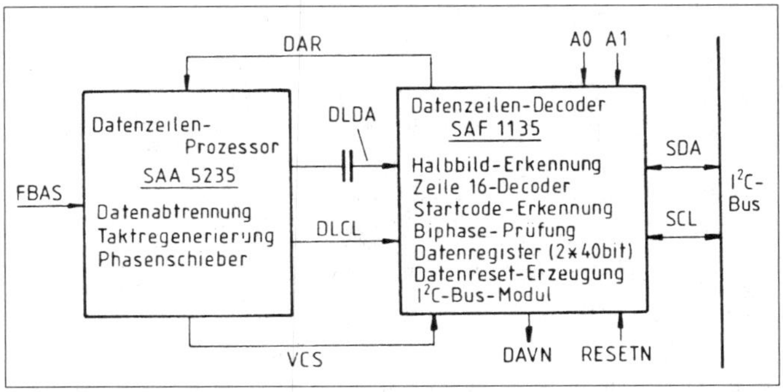


Abb. 25.12 Blockschaltbild eines VPS Empfängers mit zwei ICs (Philips)

Abb. 25.12 zeigt das Blockschaltbild des Philips-Zweichip-VPS-Empfängers der 2. Generation. Die Schnittstellensignale im Videorecorder sind das Videoeingangssignal (FBAS) für die Bipolarschaltung SAA 5235/SAA 5236 und die 12 CBus-Signale am Ausgang der CMOS-Schaltung SAF1135; letztere enthalten die VPS-Steuerdaten, die vom nachgeschalteten Mikrocontroller gelesen und zur beitragssynchronen Steuerung von TV-Programmaufzeichnungen benutzt werden.

## Datenzeilen-Prozessor SAA 5235

Abb. 25.13 zeigt eine vereinfachte Blockschaltung des Datenzeilen-Prozessors SAA 5235. Der Nachfolgetyp SAA 5236 ist sehr ähnlich. Das Videosignal wird über einen Kondensator am Anschluß 27 in den Datenzeilen-Prozessor eingespeist. Der wirksame Generatorwiderstand sollte dabei unter 250 Ω liegen. Der Kondensator am Anschluß 26 dient als Speicher für den Schwarzwert. Der Sync-Separator arbeitet adaptiv, d. h., der Sync-Abtrennpegel liegt stets bei 50% der Sync-Amplitude, in einem großen Bereich unabhängig vom Eingangspegel des FBAS-Videosignals. Am Anschluß 25 der Schaltung wird über eine Pufferstufe ein zusammengesetztes Sync-Signal VCS extern zur Verfügung gestellt.

Das Videosignal wird im Sync-Separator auf den Schwarzwert geklemmt und dann in den Videosignal-Pegelschalter eingespeist, der über Anschluß 2 gesteuert wird; Anschluß 2 offen für einen typischen Wert der FBAS-Eingangsspannung am Anschluß

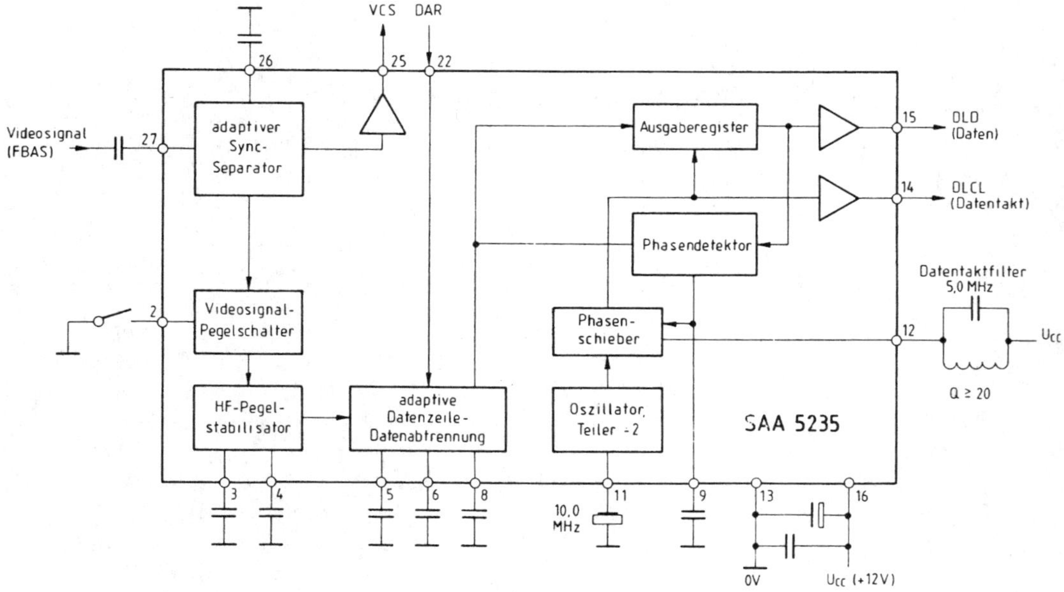


Abb. 25.13 Blockschaltbild des Datenzeilen-Prozessors SAA 5235

27 von 2,5 V (Spitze-Spitze), Anschluß 2 an Masse für einen typischen Wert dieser Spannung von 1 V (Spitze-Spitze).

Anschließend gelangt das Signal in den HF-Pegel-Stabilisator, der extern mit zwei Kondensatoren beschaltet ist. Der Kondensator am Anschluß 3 arbeitet als Tiefpaßfilter, der Kondensator am Anschluß 4 speichert den HF-Pegel zur Zeit der HIGH/LOW- bzw. LOW/HIGH-Übergänge der VPS-Information, um bei schwachen Signalen sowie beim Auftreten von Störungen ein einwandfreies VPS-Signal zu regenerieren.

Das regenerierte Videosignal wird in die Datenzeilen-Datenabtrennstufe eingespeist. Diese arbeitet - wie der Sync-Separator - ebenfalls adaptiv, mit Hilfe zweier externer Speicherkondensatoren (am Anschluß 5 für die Videoamplitude, am Anschluß 6 für den Schwarzpegel), und trennt stets beim 50 %-Wert der Videoamplitude ab. Der Kondensator am Anschluß 8 wird über eine interne Stromquelle der Datenabtrennschaltung aufgeladen und entladen. Er bestimmt zusammen mit internen Spannungspegelschaltern die Zeitsteuerung der Datenabtrennung.

Zum Löschen der alten Informationen in der Datenabtrennstufe sowie zum Rücksetzen der gesamten Taktsteuerung benötigt die Schaltung SAA 5235 am Anschluß 22 ein zeilenfrequentes Datenrücksetzsignal DAR (Data Reset), das von der Decoderschaltung SAF 1135 geliefert wird.

Das abgetrennte Video-Datensignal wird in ein Schieberegister (in Abb. 25.10 „Ausgaberegister“) geladen. Der erforderliche Schieberegistertakt wird von einem freilaufenden Oszillator mit einem 10-MHz-Quarz am Anschluß 11 über einen Teiler mit der Teilerzahl 2 und einen Phasenschieber geliefert. Ein Phasendetektor vergleicht die Phasenlagen von Daten- und Taktsignal. Gesteuert durch ein Tiefpaßfilter mit externem Kondensator am Anschluß 9 wird das Taktsignal im Phasenschieber so lange verschoben, bis es eine optimale Lage für die Übernahme der Daten erreicht hat: Die LOW-/HIGH-Flanken des Taktsignals DLCL werden in die zeitliche Mitte zwischen zwei aufeinanderfolgenden Flanken des Datensignals DLD gebracht. Damit ist sichergestellt, daß die Daten zu den Zeitpunkten der LOW-/HIGH-Flanken des Datentaktes stabil sind.

Der Phasendetektor arbeitet mit zwei Zeitkonstanten: einer kleinen Zeitkonstante zum Korrigieren der Phasenlage und einer größeren Zeitkonstante, um die Phasenkorrektur über eine gesamte Datenzeile hinweg durchführen zu können.

Die Taktphase kann vom Phasendetektor über zwei Taktperioden geschoben werden, d. h., es kann ein Phasenfehler $\Delta\varphi$ im Bereich von –360°...+360° bzw. bei einer Taktfrequenz von $f_T$ = 5 MHz eine zeitliche Ablage $\Delta f$ im Bereich von -200...+200 ns korrigiert werden. Die Toleranz des Phasenfehlers beträgt ±20 ns.

Außerhalb der Datenzeilen 16 und 329 läuft der 10-MHz-Oszillator frei.

Das hier verwendete Taktgeneratorprinzip erzeugt nur wenig Phasenjittern und kommt ohne abzugleichende externe Komponenten aus. Der Phasenschieber benötigt ein externes Datentaktfilter zwischen den Anschlüssen 12 und 16 ($U_{CC}$); dieser Resonanzkreis wird auf 5 MHz abgestimmt. Die Spulengüte muß mindestens 20 betragen.

Der Datenzeilenslizer SAA 5236 ist eine Weiterentwicklung im DIL-20-Gehäuse.

## Datenzeilen-Decoder SAF 1135

Die Datenzeilen-Decoderschaltung SAF 1135 ist das Schlüsselbauelement im VPS-Empfänger, das die vom Datenzeilen-Prozessor SAA 5235 aus dem Videosignal abgetrennten VPS-Daten in eine vom nachgeschalteten Mikrocontroller lesbare Form decodiert und diesem die Daten über eine serielle I²-C-Bus-Schnittstelle anbietet, in Abb. 25.14 ist eine (vereinfachte) Blockschaltung wiedergegeben.

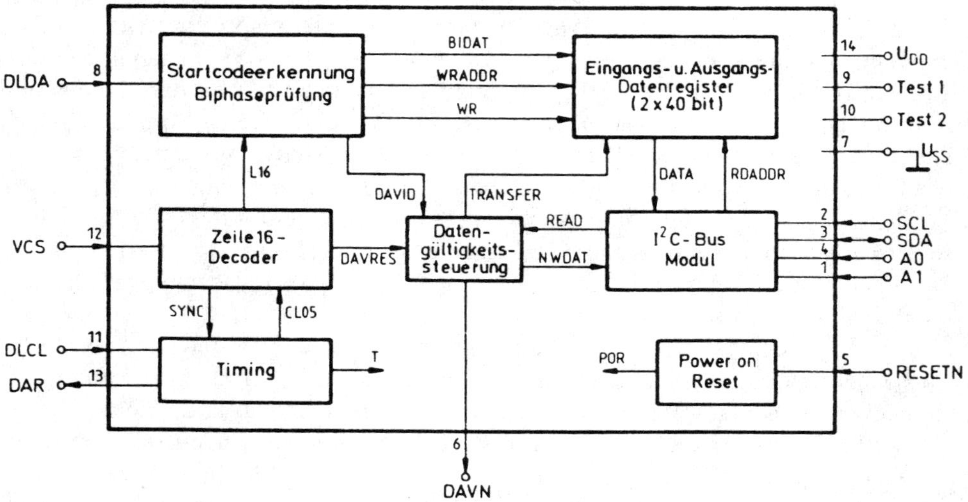


Abb. 25.14 Blockschaltbild des Datenzeilen-Decoders SAF 1135 (Valvo)

Die Decoderschaltung SAF 1135 beinhaltet folgende Funktionen:

Halbbilderkennung und Zeile-16-Decodierung
Startcode- und Biphase-Prüfung
Datenregister und Datengültigkeitssteuerung (DAVN)
I²-C-Bus-Interface.

## Halbbilderkennung und Zeile-16-Decodierung

Die VPS-Information wird ausschließlich im 1. Halbbild in der Zeile 16 des Fernsehsignals übertragen. Die im 2. Halbbild gesendete Datenzeile 329 enthält als Startcode die gleiche Bitfolge wie die Datenzeile 16, d. h., zur Identifizierung des VPS-Labels aus der Zeile 16 sind eine Halbbilderkennung und eine Zeile-16-Decodierung erforderlich. Zur Halbbilderkennung wird der im Fernsehsignal pro Vollbild einmal auftretende spezifische VCS-Impulsverlauf ausgewertet, der in Abb. 25.15

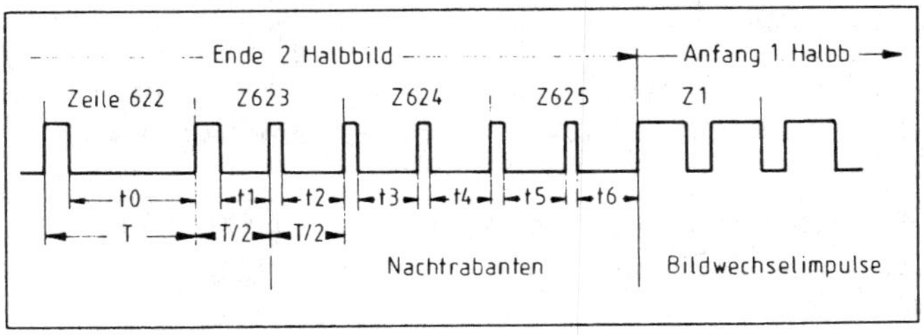


Abb. 25.15 Verlauf des Signales VCS beim Wechsel vom 2. Halbbild auf das erste Halbbild

skizziert ist. Die zeitliche Folge der letzten halben Zeile des 2. Halbbildes und der fünf Nachtrabanten wird durch einen internen Binärzähler der Decoderschaltung ausgewertet und daraus ein Halbbildkennungssignal nach dem 1. Bildwechselimpuls des 1. Halbbildes gewonnen. Anschließend arbeitet dieser Binärzähler als Zeilenzähler, und die entsprechend ausgelegte Decoderschaltung erzeugt das Startsignal L 16 zu Beginn der Hinlaufzeit der Zeile 16. Mit diesem Startsignal wird die Startcode-Kennschaltung freigegeben und das extern herausgeführte Datengültigkeitssignal DAVN (Data Valid Negative [= aktiv LOW]) auf HIGH zurückgesetzt.

## Startcodeerkennung und Biphase-Prüfung

Die nach Erreichen der Zeile 16 am Eingang DLDA (Anschluß 8) anliegenden Daten werden mit dem Takt DLCL (Anschluß 11) in ein Schieberegister getaktet. Nachdem eine regelmäßige „10 10"-Datenfolge (Wort 1, Run-in-Code) erkannt wurde, erfolgt die Identifizierung des festgelegten Startcode-Bitmusters (Wort 2). Wurde der Startcode erkannt, so werden die VPS-relevanten Datenwörter 5 und 11 … 14 decodiert. Eine Exklusiv-ODER-Schaltung untersucht jedes Datenbit auf einen entuellen Biphase-Fehler. Gültige VPS-Daten werden in das 5 x 8-Bit-Dateneingangsregister geschrieben.

## Datenregister

Die Datenregister bestehen aus einem Eingangs- und einem Ausgangsregister von jeweils 40 Bit Wortlänge. Sind alle VPS-Daten fehlerfrei eingelaufen, so werden das Datenfreigabesignal DAVID erzeugt, das NEW-DATA-Flag gesetzt und die Daten mit dem TRANSFER-Signal in das Datenausgangsregister übernommen.

Damit die letztgültig empfangene VPS-Information nicht verlorengeht, besitzt die Schaltung SAF 1135 getrennte Eingangs- und Ausgangsregister für die Speicherung der VPS-Daten.

## I²C-Bus-Schnittstelle

Die Ausgabe der VPS-Daten (Wörter 11 ... 14 und 5) erfolgt über die serielle I²C-Bus-Schnittstelle (Anschluß 3, SDA = Serial Data und Anschluß 2, SCL = Serial Clock).

Die im Ausgangsregister abgelegten VPS-Daten können über den Bus von einem Mikrocontroller, der als Master-Empfänger arbeitet, angefordert und abgeholt werden.

Die Decoderschaltung SAF1135 kann über den Bus nur als sogenannter Slave-Sender arbeiten, d. h., über den Bus können keine Daten empfangen werden.

Zur Videorecorder-Steuerung werden die Daten der Wörter 11...14 benötigt, die daher nach Abfrage im 12 C-Bus-Datenformat zuerst ausgegeben werden. Das Wort 5 für den Tonstatus (und später auch für die Jugendfrei-Kennung) folgt als letztes Datenbyte.

## Datengültigkeitssignal DAVN

Am Anschluß 6 gibt die Decoderschaltung SAF 1135 zur Datenkennung das Datengültigkeitssignal DAVN aus, das folgende Funktionen ermöglicht:

Kontrolle der Senderabstimmung
Erkennen von Störungen auf dem HF- und Videoeingangssignal
Bereitstellung eines Triggersignals.

Der Anschluß DAVN bietet die Möglichkeit, mittels einer hieran angeschlossenen Leuchtdiode die Abstimmung auf einen TV-Sender mit VPS-Informationen optisch zu kontrollieren.

## Abb. 25.16 bis Abb. 25.18 Schaltungen von VPS-Empfängern

Abb. 25.16 zeigt das vollständige Schaltbild eines VPS mit 2 ICs, Abb. 25.17 den 1-Chip-VPS-Empfänger. Diese Einchip-Lösung bietet vor allem folgende Vorteile:

kein Quarz erforderlich (aufgrund neuartiger Oszillatorschaltung)
Wegfall der Spule für das 5-MHz-Datentaktfilter
nur eine 5-V-Versorgungsspannung
geringere Verlustleistung (typ. 100 mW).

Der letztgenannte Punkt erlangt große Bedeutung, denn eine in den Programmzeitschriften angekündigte TV-Sendung kann laut VPS-Spezifikation maximal 28 Stunden verspätet ausgestrahlt werden, d. h., ein vorprogrammierter Videorecorder muß in diesem Fall 28 Stunden lang im Bereitschaftsbetrieb (Stand by) arbeiten. In dieser Zeit muß u. a. auch der VPS-Empfänger eingeschaltet sein. Die geringe Verlustleistung des VPS-Prozessors SAA 4700 (Blockschaltbild Abb. 25.18) war daher ein wichtiges Entwicklungsziel.
(Nach Philips-Unterlagen)

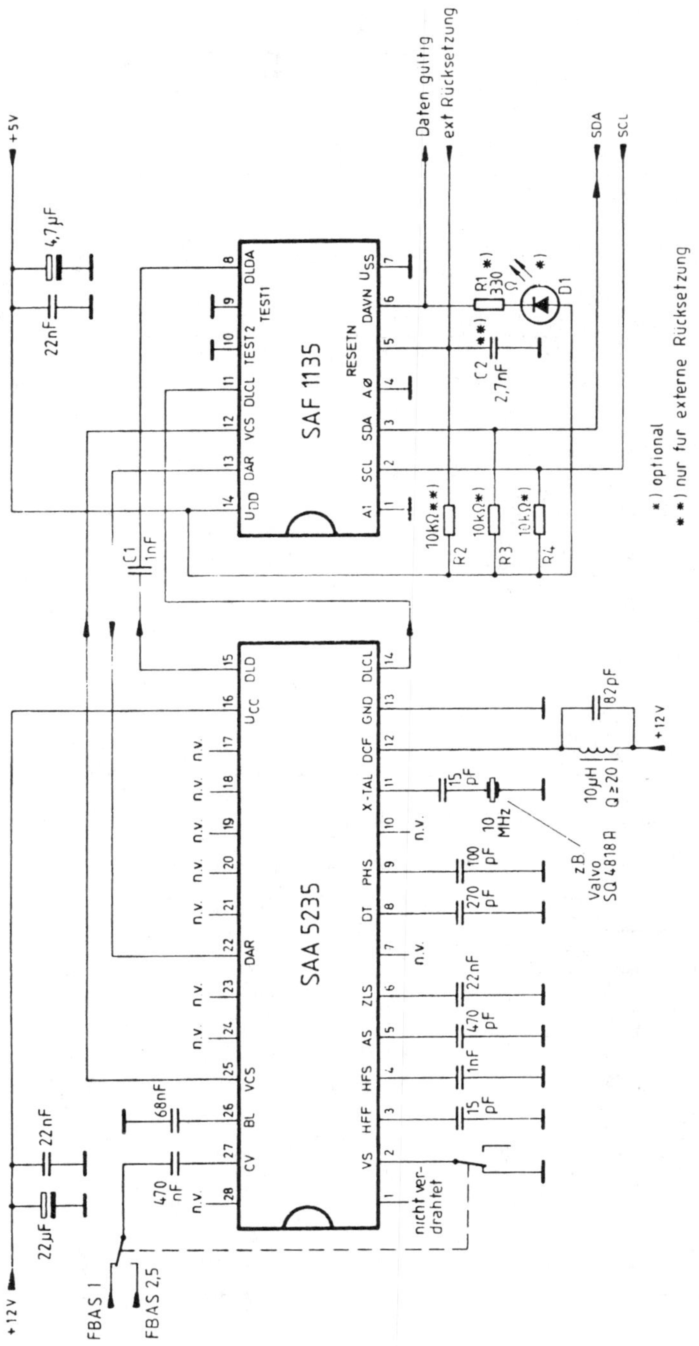


Abb. 25.16 Schaltung eines VPS-Empfängers mit zwei ICs (Philips)

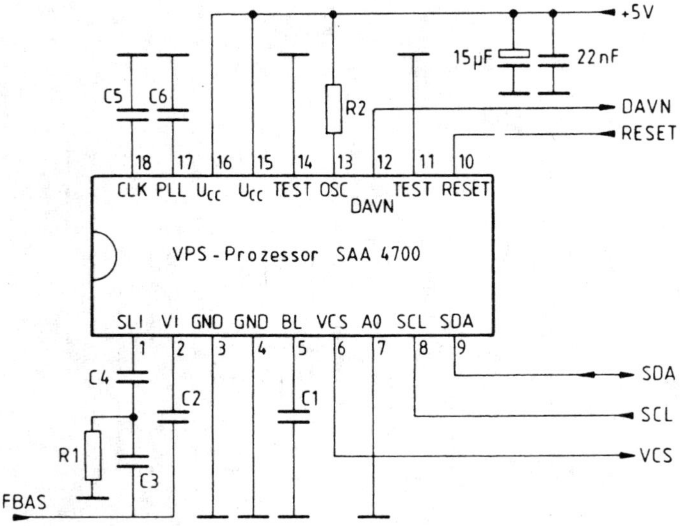


Abb. 25.17 Schaltung eines Einchip-VPS-Empfängers (Philips)

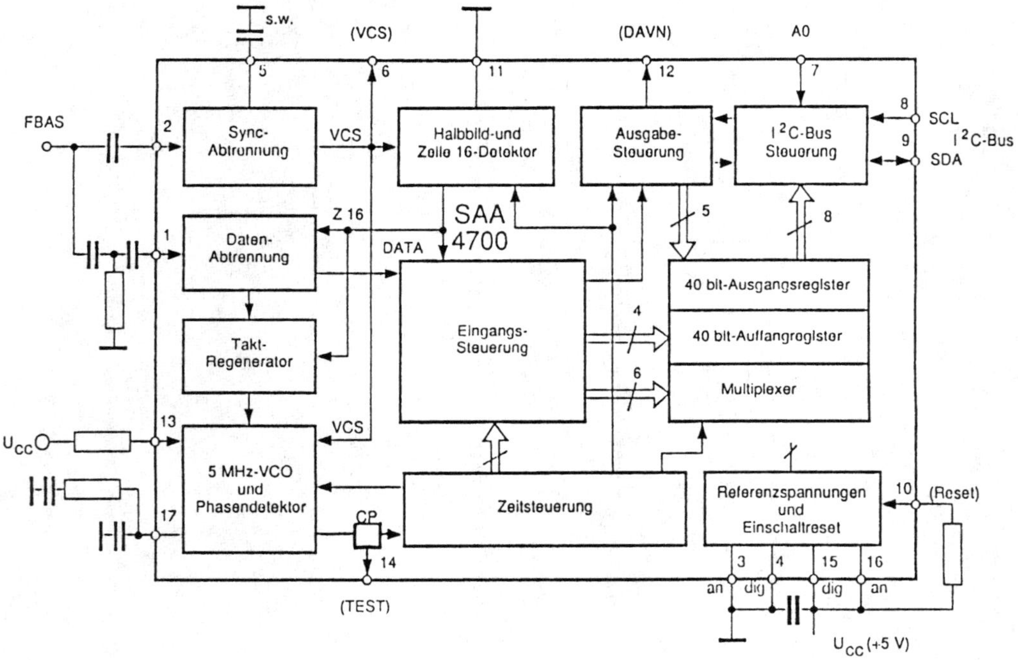


Abb. 25.18

## 25.19 Adapter für VPS

VPS funktioniert natürlich nur, wenn der Videorecorder auch für VPS ausgerüstet ist. Zumindest für die Besitzer von Grundig-Geräten ist das jedoch kein Problem, denn die Grundig-Recorder des Systems V2000 (Serien 2000, 2080, 2200 und 2280) sowie alle VHS-Typen haben dank der zukunftsorientierten Entwicklung bereits sämtliche technischen Grundvoraussetzungen: numerische Eingabetasten, den zentralen Programm-Computer mit direkter Datum-Eingabe und -speicherung sowie einen elektronischen Datenbus zur Fernsteuerung.

## Abb. 25.20 Videorecorder-Programmierung per Strichcode

Man ersetze die Programmierung der Maschine durch den Menschen mittels multipler Tastenbetätigung durch einfaches Überstreichen eines Stricheodes mit einem Lesestift, wie das heute im Supermarkt bereits bei jeder Milchdose Industriestandard ist, und auch auf Gebieten, auf denen man es zunächst gar nicht vermutet hätte.

Mit Hilfe einer kleinen Strichcodekarte (Abb. 25.20), in der alle notwendigen Einzelcodes für

Programmierspeicherplatz
Datum, Monat, Tag
Startzeit
Endzeit

abgedruckt sind, ist jederzeit eine schnelle, bequeme „Programmierung“ möglich.

Ist der Code in den Speicher eingelesen, ertönt ein sogenannter „Roger Piep“ (Roger = phonetisch für R, aus der Funktechnik für „Right“ als Bestätigungszeichen für „verstanden“ entlehnt) als Bestätigung für eine korrekte Codeabtastung. Durch Betätigung der Sendetaste wird der zweite Funktionsblock aktiviert, der für das Auslesen des Codes aus dem Zwischenspeicher und die Übertragung via Infrarotsender-Logik zum Empfangsteil des Videorecorders sorgt.

Die IR-Strecke ist die gleiche, wie bei jedem fernbedienten Blaupunkt-Videorecorder.

Dann erfolgt nach dem Absenden des Code zum Videorecorder sofort die Klarschrift-Darstellung im Display des Recorders. Dies schließt eine Fehlprogrammierung so gut wie sicher aus und garantiert eine hohe Programmiersicherheit.

Als erste Zeitschrift in Europa druckte Video jeden Monat ein strichcodelesbares TV-Programm von ARD und ZDF aus.

Abb. 25.20 Der Automatic-Code-Timer (ACT) erlaubt die einfache Programmierung des Recorders mit einem Lesestift vom Strichcode

## Abb. 25.21 VPT Videorecorder programmiert mit Teletext

*VPT* (Videorecorder programmiert mit Teletext) löst die alte Bezeichnung VPV (Videotext programmiert Videorecorder) ab. Prinzipiell befinden sich in den Programmseiten der Videotext-Tafeln alle Daten, die auch zur VPS-Programmierung des Videorecorders erforderlich sind. Diese sind in Form von ASCII-Code-Zeichen im Speicher des Videotext-Decoders vorhanden. Die Videotextseiten zeigen nicht nur die Start- und Stoppzeichen eines Programmes an, sondern verdeckt auch die VPS-Zeit, VPS-Datum, die Programmquelle und ein Checkwort. Wenn sich durch eine Programmänderung die ursprüngliche Startzeit eines Programmbeitrags verändert hat, ist die VPS-Zeit nicht mehr verdeckt.

Wählt man nun mit Hilfe eines Cursors eine derartige Zeile per Fernbedienung an, ist es technisch leicht möglich, auf den Datensatz zuzugreifen, ihn per Software in das VPS-Format umzucodieren und dem VPS-Timer-Speicher einzuprogrammieren Moderne Geräte führen dieses Programmieren mit Hilfe des Zusatzdienstes TOP (siehe Videotext) durch, bei dem ein schneller Zugriff auf die verschiedenen Programmseiten erfolgen kann. Dies führt zu der erwünschten Vereinfachung bei der Videorecorder-Programmierung über VPT.

Der Videorecorder muß also über VPS und Videotext (Teletext) verfügen, ferner über einen Mikrocomputer, in dem die Software untergebracht werden kann. An sich nichts neues bei modernen Videorecordern.

Abb. 25.21 zeigt ein Blockschaltbild der Hardware, die das VPT-Systern benötigt. Der *Teletext Data Slicer* SDA 5231 besorgt die Datenabtrennung und -aufbereitung aus dem Videosignal. Der *Teletext Prozessor* SDA 5241 (bzw. SDA 5243 oder SDA 5248) führt die Datenakquisition durch und gibt sie an den *Textprozessor* über den 12C-Bus weiter. Parallel dazu trennt der *VPS Data Line Receiver* SDA 5642 die VPS-Daten aus Zeile 16 ab und gibt sie ebenfalls über den $I^2$-C-Bus auf den Textprozessor. Der eigentliche Textprozessor, ein Mikrocomputer, kann der gleiche Baustein (z. B. SDA 20160 oder SDA 30161) sein, der die Fernbedienung und Abstimmung vornimmt. Es können aber auch wie hier in Abb. 25.21 gezeichnet zwei separate Mikrocomputerbausteine sein, die über einen $I^2$-C-Bus miteinander verbunden sind. Die Software ist je nach Art des Bausteines im internen ROM oder in einem zusätzlichen externen Festwertspeicher abgelegt.

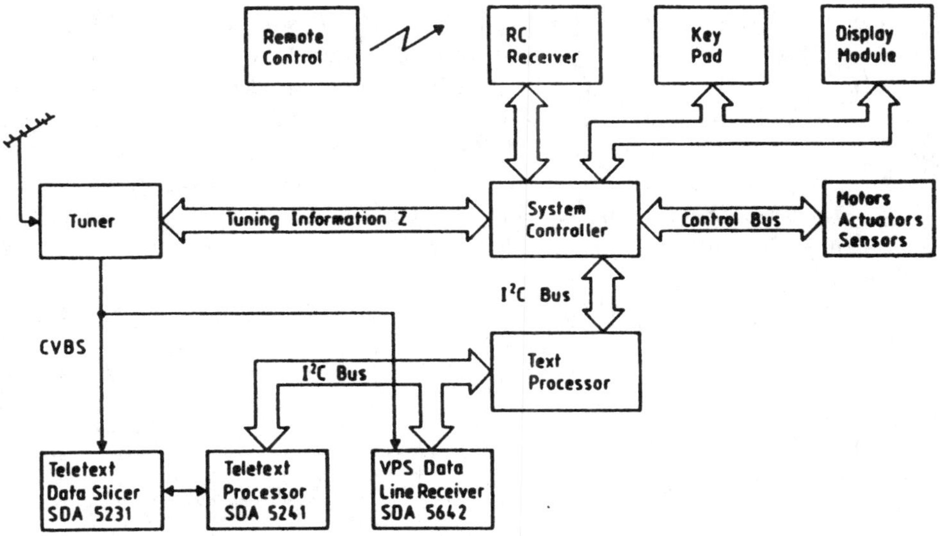


Abb. 25.21 Blockschaltbild der Videorecorderprogrammierung VPT (Siemens)

## Abb. 25.22 bis 25.24 Programmieren mit „ShowView“

Da für den Laien die Programmierung des Videorecorders immer noch mit gewissen Schwierigkeiten verbunden ist, wurde eine andere Methode entwickelt, bei der jedem gewünschten Programm eine bis zu neunstellige Nummer zugeordnet ist. Sie wird in den Programmzeitschriften mit ausgedruckt. Man nennt diese Nummer den ShowView-Code. In ihm sind Datum, sowie Start- und Stop-Zeit des Programmes enthalten, sowie auch der Sendername.

Um eine korrekte Zuordnung von Sender und Programmplatz zu erhalten, müssen der Fernbedienung oder dem Programmspeicher des Gerätes folgende Kennungen eingegeben werden:

| | | |
|---|---|---|
| 001 ARD | 011 VOX | 024 DRS |
| 002 ZDF | 012 DSF | 029 SÜDWEST3 |
| | 013 EURONEWS | 032 MDR |
| 004 RTL | 014 ORF1 | 117 Premiere |
| 005 SAT1 | 015 ORF2 | 118 Bayern |
| 006 PR07 | | 119 NORD3 |
| 007 NTV | 017 WEST3 | 121 VIVA |
| 008 Kabel1 | 018 Bayern | 144 SUPERCHANNEL |
| 009 RTL2 | 019 NORD3 | 149 TNT |
| 010 ARTE | | |

Die noch offenstehenden Nummern können von weiteren Sendern, die sich der „ShowView"-Programmierung anschließen, in Anspruch genommen werden.
In der Praxis sieht dann die Programmierung folgendermaßen aus:

Nachdem Fernseher und Videorecorder eingeschaltet sind, wählt man beim Fernseher den Programmplatz für den zu programmierenden Videorecorder. Nach Drükken der Taste „Timer" auf der Fernbedienung erscheint auf dem Bildschirm ein Bild wie in Abb. 25.22. Jetzt gibt man den gesamten ShowView-Code ein und bestätigt mit der Taste „Timer". Es erscheint ein Bild wie in Abb. 25.23, wenn die ShowView-Leitzahlen richtig im Speicher stehen, oder Abb. 25.24, wenn kein zugehöriger Sendername gefunden wurde. Sie müssen jetzt mit den Tasten 0-9 der Fernbedienung die gewünschte Programmnummer, z.B. 01 eingeben. Die Programmierung wird dann mit der Taste VTP beendet.

Auf dem Bildschirm erscheint jetzt eine Übersicht aller bisher gespeicherten TIMER-Blöcke.

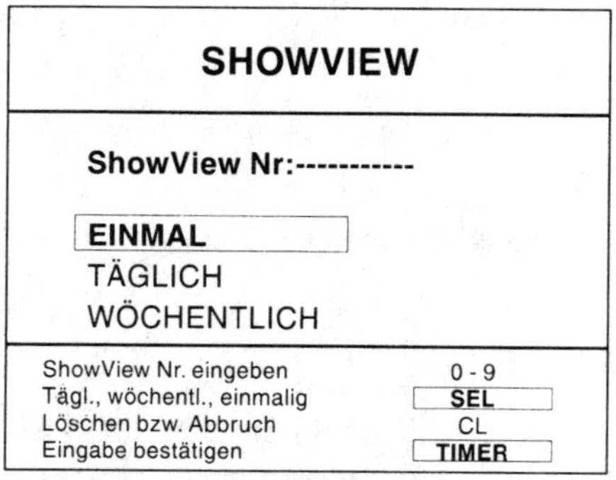


Abb. 25.22 Auf dem Bildschirm erscheint nach Drücken der Taste „TIMER" dieses Bild

Abb. 25.23 Nach Eingabe des ShowView-Codes und erneutem Drücken der Taste „TIMER" erscheint dieses Bild, wenn eine Zuordnung des Codes zu einem Sender gefunden wurde

Abb. 25.24 Nach Eingabe des ShowView-Codes und erneutem Drücken der Taste „TIMER" erscheint dieses Bild, wenn keine Zuordnung des Codes zu einem Sender gefunden wurde

## Abb. 25.30 Digital Video Disc

Als Alternative zum Videorecorder wird in steigendem Maße die digitale Videodisc eine Rolle spielen. Jeder von uns kennt die Audio-Compact-Disk und vom Computer her die CD-ROM-Laufwerke mit Speicherkapazitäten von etwa 680 Megabyte. Durch Verkleinerung der Strukturen kommen die Videodisc's auf die 10- bis 100-fache Kapazität.

Abb. 25.31 zeigt die Querschnitte durch eine Standard-CD-ROM und durch die Dual-Layer-Disc, Abb.25.32 einen Vergleich der Pit-struktur einer CD zur DVD. Abb. 25.33 zeigt das Prinzip der Abtastung mit zwei Seiten.

Zusätzlich zur Verkleinerung der Strukturen benutzt die DVD beide Seiten und kommt damit auf 17 GByte Speicherkapazität. Im Vergleich zur alten Compact Disc wird nicht nur das Signal bitratenintensiver, sondern es ändert sich auch die Wellenlänge des verwendeten Lasers. Während bei der CD und CD-ROM ein Infrarot-Laser mit einer Wellenlänge von 780 mm zum Einsatz kommt, wird bei der DVD Laserlicht mit einer Wellenlänge von 635 oder 650 mm verwendet. So kann der Spurabstand von 1,6 auf 0,74 $\mu$m reduziert werden. Außerdem hat eine neue Optik ein stärker gebündelten Lichtstrahl. Für weitere Generationen sind sogar 0,5 $\mu$m vorgesehen.

Um kompatibel zur CD-ROM-Technik zu sein, müssen die Laufwerke mit zwei Abtastern ausgestattet sein.

Trotz der höheren Speicherdichte kommt die DVD nicht ohne Datenreduktion aus. So wird ein 4:2:1 Komponentensignal einer Kompression von 20:1 bis 50:1 unterzogen. Dazu wird das MPEG-2-Codierverfahren (siehe auch im späteren Kapitel 30 digitalfernsehen) verwendt, und zwar in der Version Main Profil at Main Level (MP@mML). Die durchschnittliche Nettobitrate liegt bei 3,5 MBit/s, brutto kommen durchschnittlich 4,7 MBit/s zustande. Die erzielbare Bildqualität entspricht etwa PAL, kann sich also durchaus mit SVHS vergleichen.

In der nächsten Generation strebt Pioneer eine Kapazität von 60 GByte pro Scheibe an (Abb. 25.34).

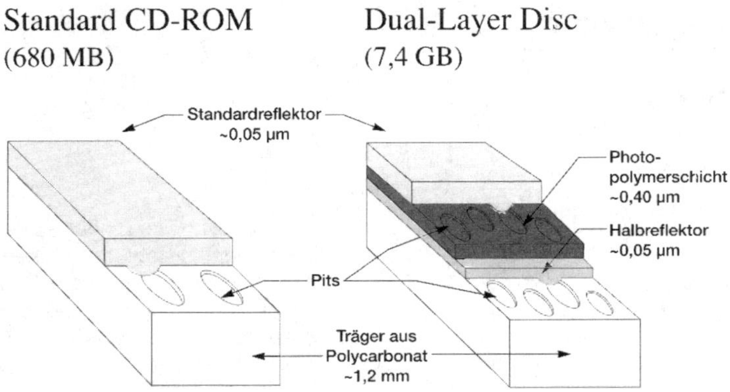


Abb. 25.31 Standard-CD mit 680 MByte (links) und einseitige Dual-Layer-DVD mit 8,5 GByte (rechts). Der Abstand zwischen den beiden Ebenen ist mit 40 $\mu$m dünner als ein Haar.

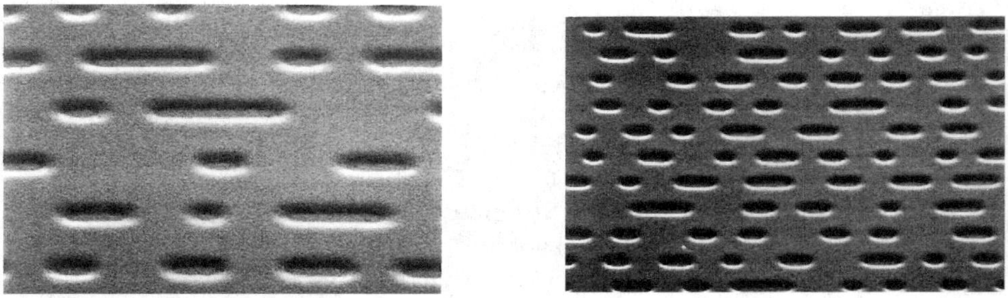

Abb. 25.32 Konventionelle Pit-Struktur einer CD (oben= im Vergleich zur DVD (unten)

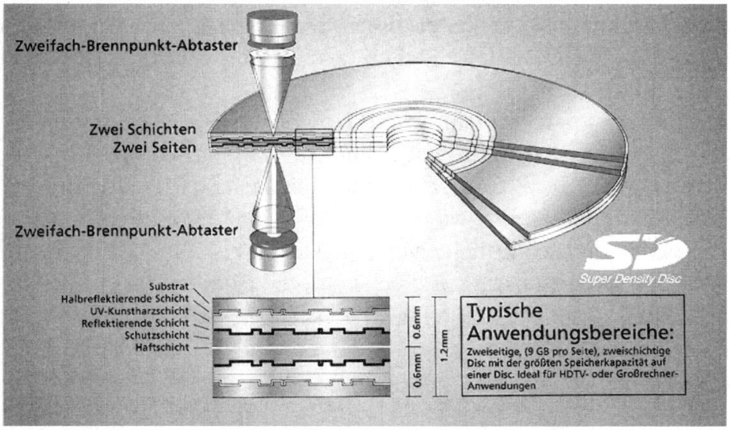


Abb. 25.33 zwei Seiten, zwei Schichten ergeben 17 GByte Speicherkapazität bei einer DVD

Abb. 25.34 Pioneer will bei der nächsten Generation 60 GByte pro Scheibe erreichen

# 26 PALplus-Verfahren

PALplus ist ein PAL-kompatibles Verfahren, bei dem eine bessere Bildqualität bei Verwendung eines digitalen Kammfilters und ein Format mit einem Bildseitenverhältnis von 16:9 wiedergegeben wird. Auf der Senderseite sind für die PALplus-Übertragung nur geringe Modifikationen notwendig. Ein digitales Komponentenstudio, wie es seit geraumer Zeit Stand der Technik ist, liefert die Bildsignale für den PALplus-Coder, der sich am Studioausgang befindet. Außerdem werden in Zeile 23 noch Signalisierungsbits hinzugefügt, damit der Empfänger den richtigen Betriebsmode einstellt. Da das Ausgangssignal des PALplus-Coders verträglich zu Standard-PAL (abwärtskompatibel) ist, können alle alten Empfänger ohne Modifikation weiter benutzt werden.

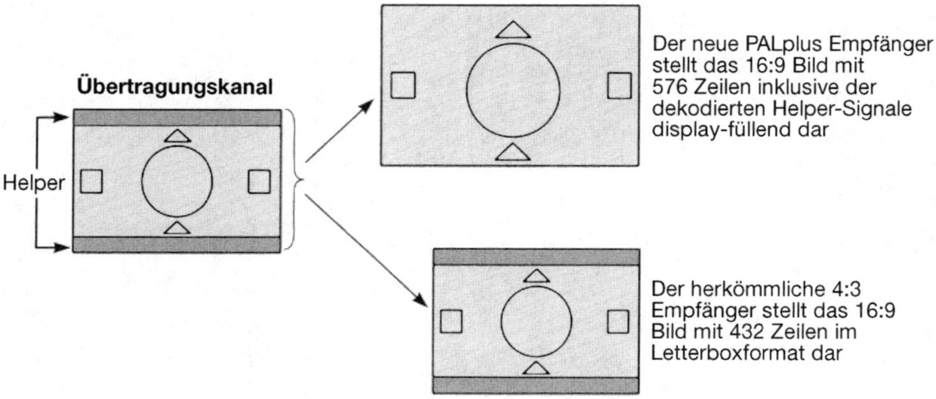


Abb. 26.1 PALplus-Bilder werden auf 16:9 und 4:3 Empfängern unterschiedlich abgebildet (Grundig)

## Abb. 26.1 PALplus auf 16:9 und 4:3 Empfängern

Ein normaler 4:3-PAL-Empfänger zeigt bei Übertragung einer 16:9-PALplus-Sendung ein sogenanntes Letterbox-Bild (432 Zeilen Bildinhalt) mit schwarzen Streifen am oberen und unteren Bildrand, wie es der Zuschauer bereits früher bei Filmsendungen gewohnt war. Anders bei echten PALplus-Geräten (Abb.26. 1). Sie haben formatfüllende Darstellung im Bildseitenverhältnis von 16:9 bei voller Auflösung mit 576 Zeilen Bildinhalt.

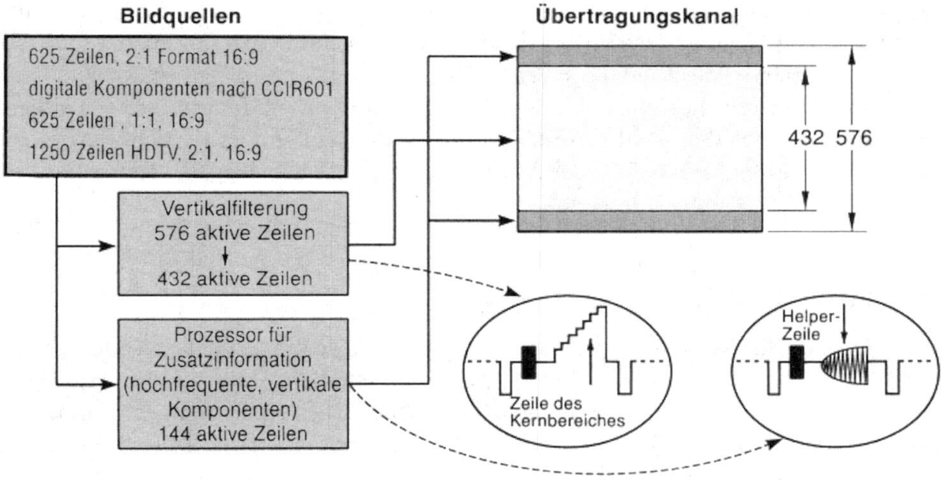


Abb. 26.2 PALplus Formatkonversation und Codierung des Helpers (Grundig)

## Abb. 26.2 PALplus Formatkonversation und Codierung des Helpers

Beim PALplus-Verfahren macht man sich die Tatsache zunutze, daß 144 Zeilen, die bei der Übertragung eines 16:9 Bildes in einem 4:3 Format keinen realen Bildinhalt enthalten. In ihnen wird beim PALplus-Verfahren eine Zusatzinformation, der sogenannte „Helper", übertragen (Abb. 26.2). Diese Information besteht aus hochfreqenten und vertikalen Komponenten und ist so codiert, daß sie auf einem normalen PAL-Empfänger nicht zu sehen ist. Beim PALplus-Gerät, welches von Haus aus ein Bild-

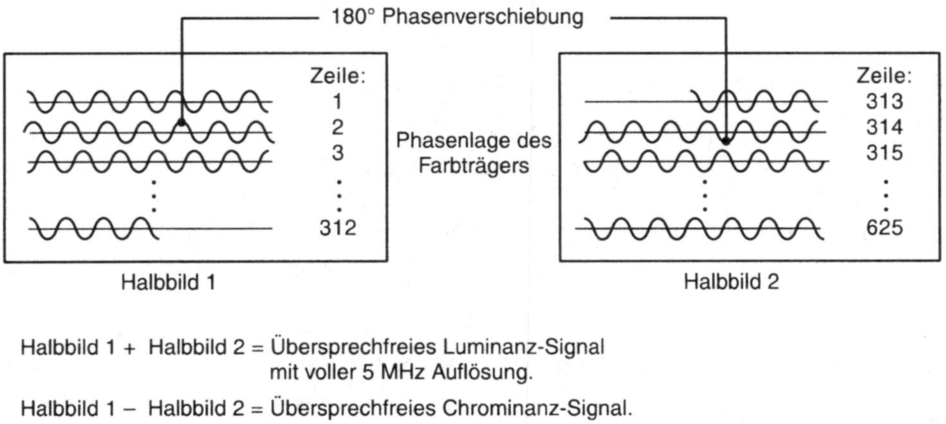


Abb. 26.3 Beim Colorplus-Verfahren erhält der Farbträger im Halbbild 2 eine Phasenverschiebung von 180° (Grundig)

format von 16:9 hat, rückt der Teil sowieso nicht in den sichtbaren j Bereich. Der „Helper“ wird dann bei der Decodierung dazu benutzt, um aus dem 432-Zeilen-1 Qualität eines 576-Zeilen-Bildes wiederherzustellen.

Anm.: Dies geht nur mit Hilfe der Digitaltechnik und umfangreichen Zwischenspeichern, die nach dem heutigen Technologie-Stand kein Hindernis mehr darstellen. (Zur Wiederholung: Ein 625-Zeilen-Fernsehen hat nur 576 sichtbare Zeilen)

## Abb. 26.3 Das Colorplus-Verfahren

Beim PALplus-Verfahren wird die Phasenlage des Farbträgers in den Zeilen 313 bis 625 um 180 Grad gegenüber den Zeilen 1 bis 312 verschoben. Stellt man sicher, daß das Helligkeitssignal und das Farbsignal in diesen wegen des Zeilensprungverfahrens auf dem Bild nebeneinander liegenden Zeilen identisch ist, also Zeile 1 mit 313, Zeile 2 mit 314, usw., so läßt sich durch Addition der beiden Halbbilder das Farbsignnal auslöschen (Abb. 26.3), man erhält ein Luminanzsignal mit der vollen Bandbreite von 5 MHz, im Gegensatz zum früher üblichen Verfahren mit Farbträgerfalle, wo nur etwa 3,5 MHz für das Helligkeitssignal übrig blieben.

Durch Subtraktion läßt sich das Helligkeitssignal auslöschen, man erhält ein übersprechfreies Chrominanzsignal. Nochmals zum Verständnis, hier handelt es sich zusätzlich um den Phasenwechsel nach jedem Halbbild, im Gegensatz zum Standard-PAL-Verfahren, wo nur nach jeder Zeile der Phasensprung eintritt. Dieses Verfahren läßt sich wiederum nur mit der Digitaltechnik und einem aufwendigen Zwischenspeicher für ein Halbbild realisieren. Vorteil bei der Anwendung eines solchen digitalen Kammfilters ist dabei: Keine Crosscolor oder Cross-Luminanz-Störungen an den Farb- und Schwarz/Weiß-Übergängen mehr. Ferner wird eine erhöhte Auflösung für Helligkeits- und Farbsignale erreicht; das Bild wird schärfer und brillanter.

## Abb. 26.4 Blockschaltbild eines PALplus-Coders

Abb. 26.4 zeigt das sehr vereinfachte Blockschaltbild. Da, wie oben bereits gesagt, sich nur alle Funktionen digital realisieren lassen, wird ein ankommendes analoges Farbfernsehsignal mit dem Analog/Digitalwandler zunächst in ein digitales gewandelt. Kamera bzw. Film liefern bereits nach dem heutigen Stand digitale Signale.

Helligkeit (oberer Zweig) und Farbe (unterer Zweig) werden getrennt aufbereitet. Der Bildinhalt mit 576 Zeilen wird zunächst mit einem Vertikalfilter zur Format-Konversation in einen Bildinhalt mit 432 Zeilen gewandelt und aus dieser Wandlung auch der „Helper“ abgeleitet. Die Helper-Verarbeitung ist im wesentlichen eine Zwischenspeicherung der verschiedenen höherfrequenten Helligkeitsinformationen über ein Halbbild und hängt eng mit dem Block „IFA“ zusammen IFA = INTRA FRAME AVERAGE heißt so viel wie durchschnittliches inneres Teilbild.

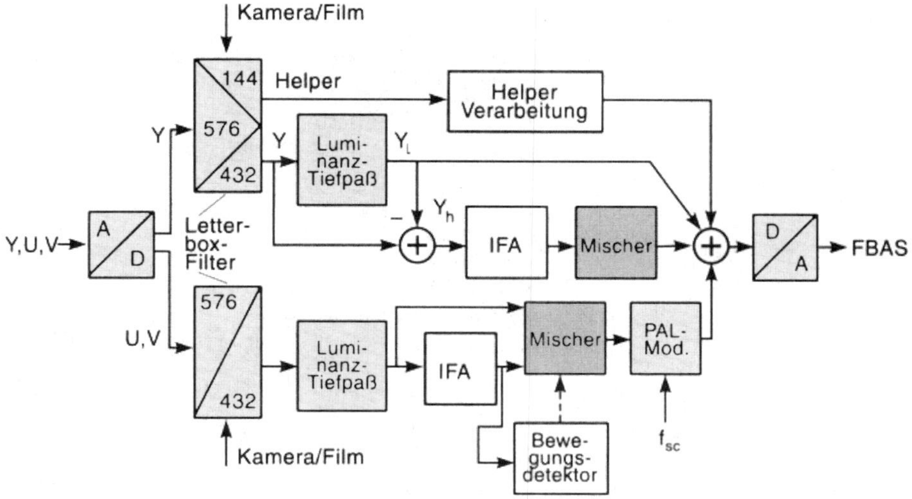


IFA: Intra Frame Average
$Y_L$: tieffrequentes Luminanzspektrum
$Y_h$: hochfrequentes Luminanzspektrum

Abb, 26.4 Blockschaftbild eines PALplus-Coders (Grundig)

Im oberen Luminanzzweig werden die niederfrequenten Helligkeitssignale nach einem Tiefpaß direkt weitergeleitet, während die durch Substraktion gewonnenen höherfrequenten Anteile noch einmal über den IFA mit weiteren Informationen versorgt werden, die sonst durch die 5761432-Zeilenwandlung verlorengegangen wären.

Ähnlich geschieht die Verarbeitung des Farbsignales im unteren Zweig. Neu ist hier noch ein Bewegungsdetektor, der das störende 25-Hz-Bewegungsrucken bei sich schnell bewegenden farbigen Objekten verhindert. Nach PAL-Modulation wird das Farbsignal mit den 3 Helligkeitssignalen vereint.

Ein Digital/Analog-Wandler stellt das übliche FBAS-Farbvideosignal wieder her, mit dem der Sender moduliert wird.

## Abb. 26.5 und 26.6 PALplus Decoder

Beim Empfänger wird das Fernsehsignal wie üblich empfangen und nach dem Demodulator als FBAS-Signal einem Analog/Digital-Wandler zugeführt (Abb. 26.5).

Auch hier wird zunächst das niederfrequente, hochfrequente und Helper-Luminanzsignal getrennt im oberen Zug aufbereitet, dem inversen Letterbox-Filter zugeführt, welcher aus den 432 Zeilen wieder 576 Zeilen macht.

Im unteren Zug demoduliert ein üblicher (digitaler) PAL-Demodulator die Farbe. Der IFA Komplex korrigiert das Signal. Wie beim Coder verhindert der Bewegungsdetektor ruckartige Bewegungen und das Bildformat wird auf 576 Zeilen gebracht. Nach dem Digital/Analog-Wandler stehen die Farbdifferenzsignale U und V zur Verfügung.

Wie man sieht, erfordert die Kompatibilität doch einen erheblichen Aufwand, aber ohne diese Kompatibilität ließe sich bei den vielen bestehenden Altgeräten kein Fort-

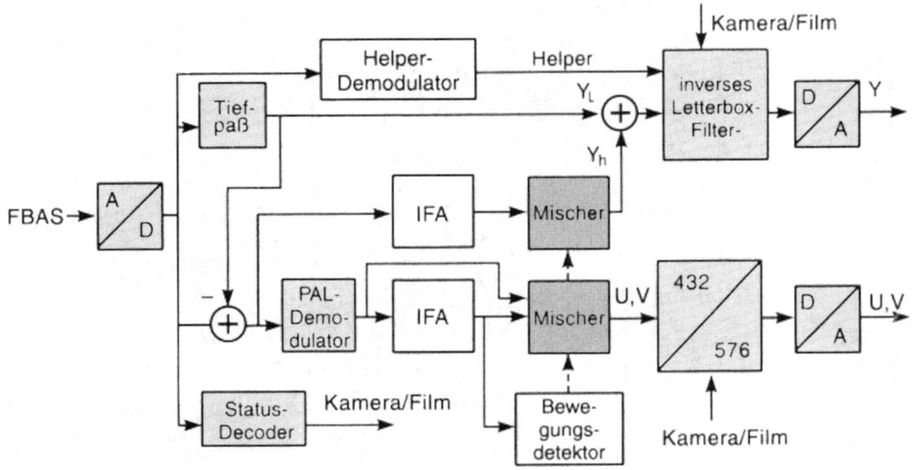


IFA: Intra Frame Average
$Y_L$: tieffrequentes Luminanzspektrum
$Y_h$: hochfrequentes Luminanzspektrum

Abb. 26.5 PALplus Decode

Abb. 26.6 PALplus Decoder-Platine von Grundig für TV-Geräte

schritt erzielen. Abb. 26.6 zeigt die von Grundig entwickelte PALplus-Decoder-Platine. Vergleicht man diese mit den üblichen Platinen in einem PC. so scheint der Aufwand doch wieder gerechtfertigt.

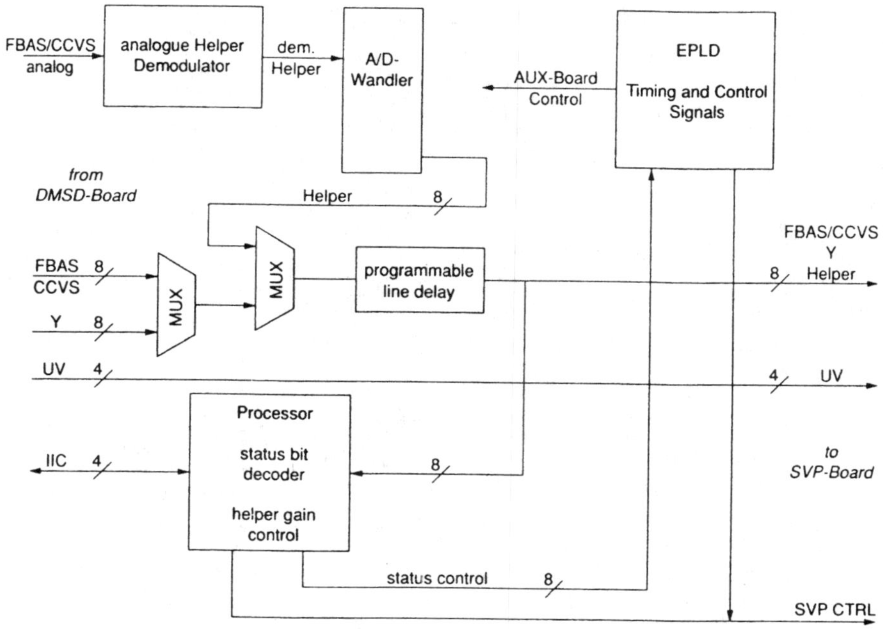


Abb. 26.7 Blockschaltbid der AUX-Platte (Grundig)

## Abb. 26.7 bis 26.9 PALplus-Teil im Grundig-Fernsehgerät

Der PALplus-Teil besteht in der Praxis aus den beiden Platinen AUX-Platte und SVP-Platte. Die AUX-Platte (Abb, 26.7) enthält die vier Funktionsgruppen:

1. Helperdemodulation mit A/D-Wandlung
2. Datenmultiplexer mit variabler Verzögerungsleitung
3. uP mit Statusbitdecoder und Helperamplitudensteuerung
4. EPLD zur Erzeugung der benötigten Steuersignale

*Helperdemodulation mitA/D-Wandlung*

Über einen Puffertransistor wird das zunächst noch analoge FBAS-Signal dem Hochpaßfilter HPF (siehe auch Abb. 26.9) zugeführt und gelangt von dort in den Helperdemodulator TDA4510, Ähnlich wie bei der Farbdemodulation wird mit einer AGC-Stufe (automatic gain control) das Signal auf konstanten Pegel gebracht und mit der PLL-stabilisierten Referenzträgerfrequenz demoduliert. Gleichzeitig wird dem Synchrondemodulator das SSC-Signal zugeführt, welches vorher aus den drei Komponenten Y/C, HVSC und HSC vom UM kommend im CT1620/CT zusammengesetzt wurde.

Nach dieser Synchrondemodulation erscheint am (B-Y-)Ausgang das Helpersignal im Basisband. Über den Inverter-Transistor geht das Signal weiter zum A/D-Wandler TDA 8709A, wobei das HCLP-Signal die Klemmung steuert. Der Takt für den A/D-Wandler kommt aus dem Taktgenerator 74F86.

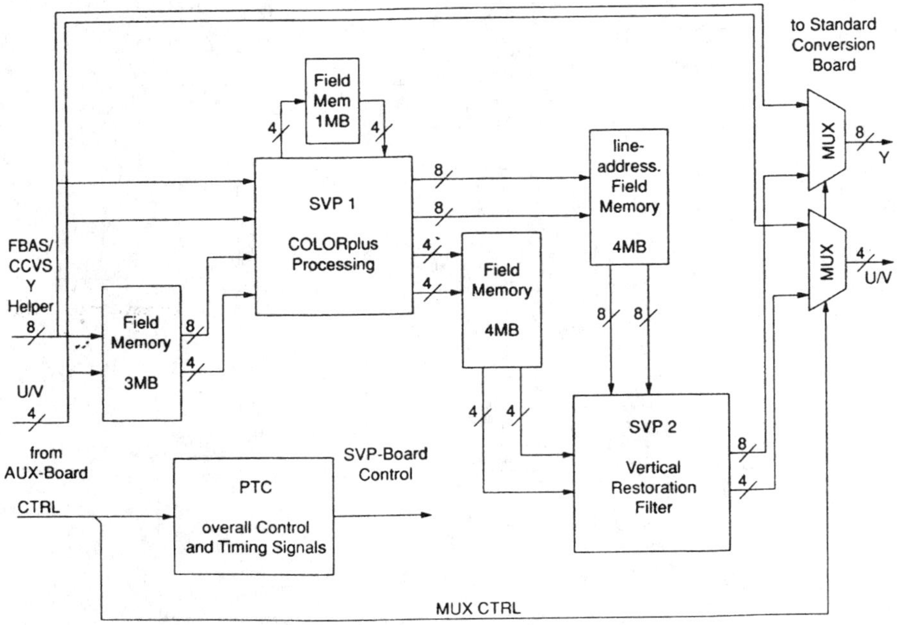


Abb. 26.8 Blockschaltbild der SVP-Platte (Grundig)

*Datenmultiplexer mit variabler Verzögerungsleitung*

Die IC's 1675, 1680 und 1685 bilden zusammen einen Mach-Multiplexer. Ihre Ausgänge sind im Ruhezustand hochohmig. Durch den EPM gesteuert, kann bei Bedarf mit einem „Low"-Pegel (jeweils an nur einem der ICs) der jeweilige Eingang durchgeschaltet werden.

„HEEN", eines der Steuersignale aktiviert für die Dauer der Helperzeilen den Ausgang des Helper-A/D-Wandlers. Das zweite Steuersignal „CVBSEN" aktiviert die Ausgangsdaten vom (abgeschalteten) Kammfilter (auf der Decoderplatine), damit umgehen diese die Demodulation im DMSD (Digitalen Multi-Standard Decoder). Er ist aktiv während der Zeile 23 und in den 432 Zeilen des PALplus Kernbildes. Letztlich werden mit dem Steuersignal „YEN" die Ausgangsdaten des DMSD durchgeschaltet, nämlich immer dann, wenn ein normales PAL-Signal gesendet wird.

Nach dem Multiplexer folgt eine digitale Verzögerungsleitung mit variabler Laufzeit, die durch den Abstand der beiden Signale „DELRSTRN" und „DELRSTWN" bestimmt und für jede Betriebsart getrennt eingestellt wird.

*µP mit Statusbitdecoder und Helperamplitudensteuerung*

Der als Speicher arbeitende µP-IC 1705 hält den gesamten Inhalt der Zeile 23 für die nachfolgende Auswertung im IC 1715 bereit. Die erste Hälfte von Zeile 23 enthält die Statusinformation. Nach Prüfung und Auswertung dieser Daten werden sie, unter Be-

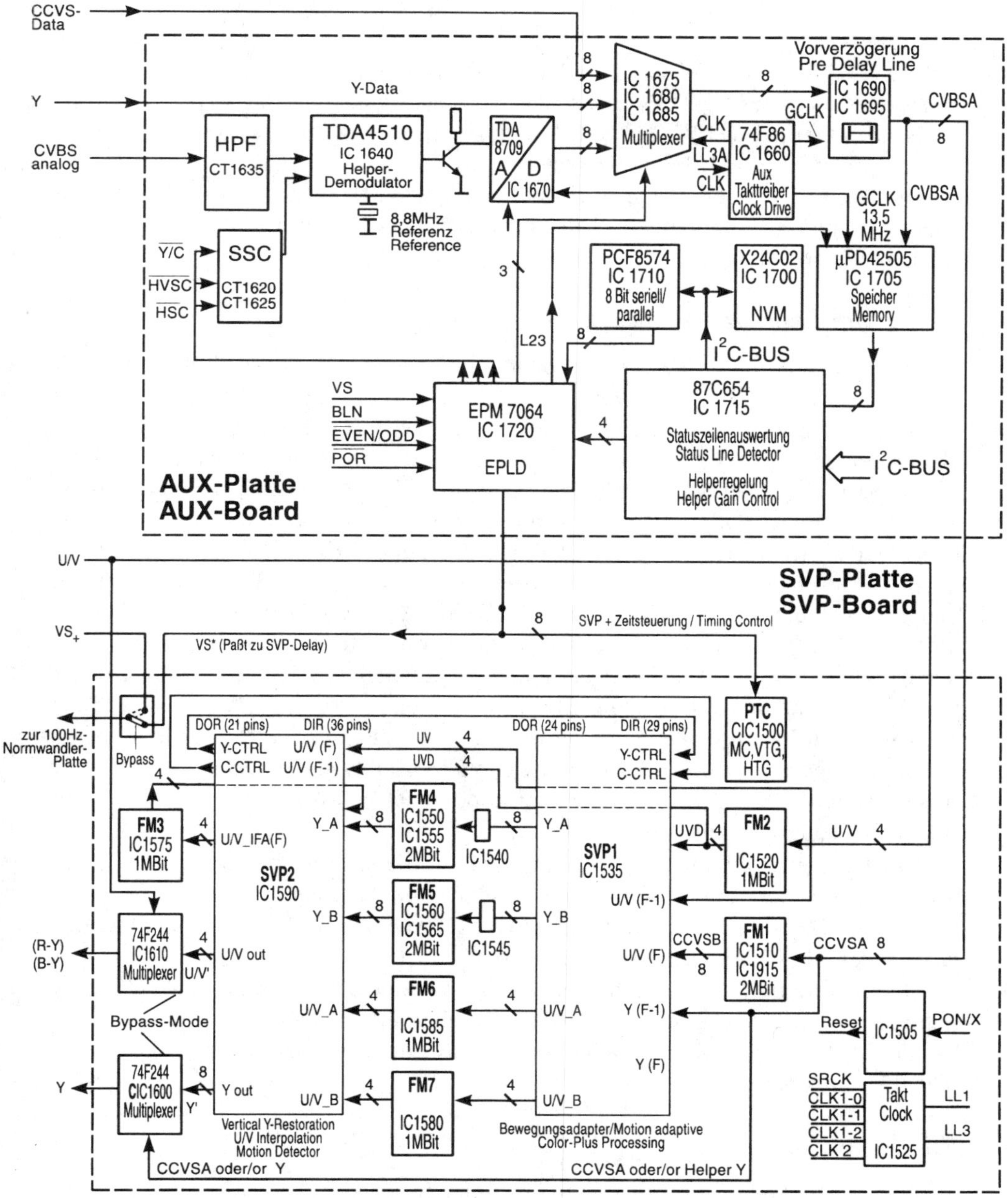


Abb. 26.9 Erweiterte Blockschaltbilder der AUX- und SVP-Platten und deren Zusammenschaltung (Grundig)

achtung einer zeitlichen Hysterese, auf drei Bus-Systeme gegeben. Der interne Bus schaltet:
- über IC 1710 die Betriebsmodi im EPLD IC 1720
- über den SVP-Bus CMD DT und CMD CKZ die Betriebsart der SVPs
- über den Gerätebus 12C (SCL,SDA) den Hauptrechner im Abstimmbaustein für OSD-Display usw.

Die zweite Hälfte der Zeile 23 enthält einen 4,43 MHz-Burst. Der uP mißt seine Amplitude und regelt mit einem variablen Verstärkungssteller im SVP die Helperamplitude auf den Sollwert.

*EPLD zur Erzeugung der benötigten Steuersignale*

Das EPLD IC 1720 stellt verschiedene Steuersignale bereit. Als Eingangssignale werden „GCLK" (13,5 MHz), „BLN". „VS", „EVEN/ODD" und „PORN" zugeführt. Zusätzlich wird über die Leitungen P0..P7 das decodierte Statuswort angelegt. Neben den in der AUX-Platte generierten spezifischen AUX-Signale werden noch die für die SVP-Platte benötigten Signale „HSYNC", „FSYNC", „PONX" und „MUX" erzeugt. Zusätzlich wird für die Normwandlerplatte (100 Hz Technik) „VS" (zum Ausgleich der Verarbeitungszeit in den SVPs entsprechend verschoben) bereitgestellt.

Die SVP-Platte (Abb. 26.8) arbeitet rein digital. Der 12-Bit-Datenbus liefert die Daten mit einer Rate von 13,5 MHz. Die Field-Memory-IC's FM1 und FM2 (siehe auch Abb. 26.9) dienen der COLORplus-Verarbeitung. Im nachfolgenden SVP1 werden die Helligkeits- und Farbinformationen exakt voneinander getrennt und die Helperamplitude auf den Sollwert eingestellt. Die Halbleiterspeicher FM4 ... 7 speichern ein Vollbild für die anschließende Verarbeitung in SVP2, wo die Helperzeilen in das Kernbild eingerechnet und die fehlenden U- und V-Zeilen neu berechnet werden. Am Ausgangsbus des SVP2 steht dann das verarbeitete PALplus-Signal mit einer Verzögerung von 3 Halbbildern zur Verfügung.

Um die Kompatibilität bei NTSC- und VCR-Betrieb zu gewährleisten, wird bei dieser Betriebsart der Signalweg zwischen Eingang und Ausgang der SVP-Platte durchverbunden. Dazu dienen die Multiplexer-IC's 1600 und 1610, die mit einem Steuersignal von der AUX-Platte umgeschaltet werden.

Um die unterschiedlichen Laufzeiten mit und ohne SVP-Verarbeitung zu berücksichtigen, wird der nachgeschalteten Normwandlerplatte im Falle des PALplus-Betriebes das Vertikalsignal VS*, im anderen Fall das direkt aus dem DMSD kommende Signal VS angeboten.

*Formatumschaltung*

Wie weiter oben bereits erwähnt, wurde mit der Einführung von PALplus die neue Informationszeile 23 in das Fernsehsignal eingefügt. Sie wurde durch die gemischte Verwendung von 16:9 und 4:3-Bildquellen notwendig. Abb. 26.10 zeigt die Aufteilung der Zeilen bei PALplus-Sendungen, Abb. 26.11 ein Oszillogramm der Zeile 23. Um bei Fernsehsendungen in Standard PAL im Format 4:3 keine Änderungen bei alten Empfängern trotz Vorhandensein der neuen WSS-Bits1) vornehmen zu müssen, wird

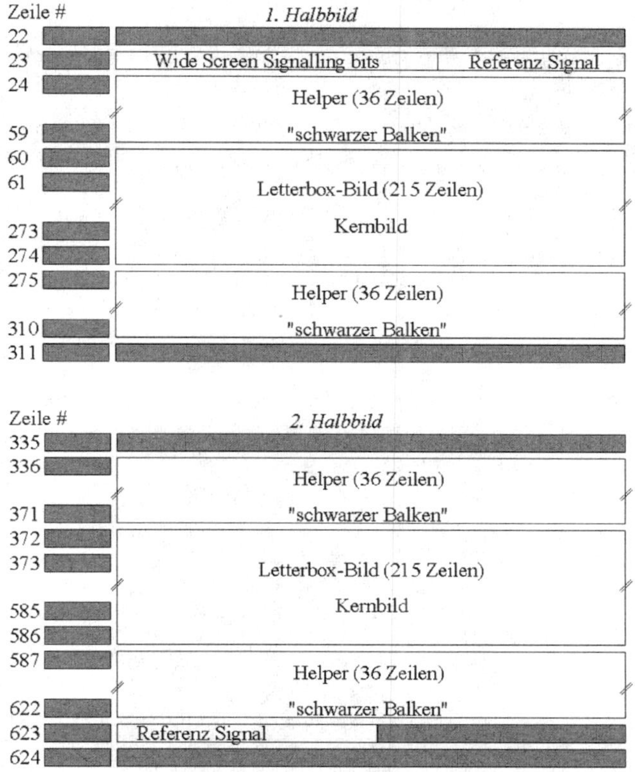


Abb. 26.10 Aufteilung der Zeilen beim PALplus-Bild

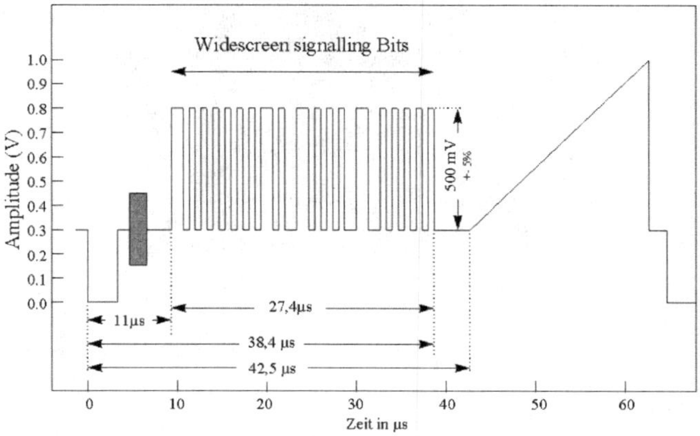


Abb. 26.11 Oszillogramm der Zeile 23

Tabelle 26.12 WSS-Bits zur Formatsteuerung

| Bit b0 | b1 | b2 | b3 | Bildformat | Vollformat oder Letterbox | Position | Zahl der aktiven Zeilen |
|---|---|---|---|---|---|---|---|
| 0 | 0 | 0 | 1 | 4:3 | Vollformat | – | 576 |
| 1 | 0 | 0 | 0 | 14:9 | Letterbox | mittig | 504 |
| 0 | 1 | 0 | 0 | 14:9 | Letterbox | oben | 504 |
| 1 | 1 | 0 | 1 | 16:9 | Letterbox | mittig | 430 |
| 0 | 0 | 1 | 0 | 16:9 | Letterbox | oben | 430 |
| 1 | 0 | 1 | 1 | >16:9 | Letterbox | mittig | nicht festgelegt |
| 0 | 1 | 1 | 1 | 14:9 | Vollformat | – | 576 |
| 1 | 1 | 1 | 0 | 16:9 | Vollformat (anamorphotisch) | – | 576 |

Tabelle 26.13 WSS-Bits zur Helper,- Farb- und Tonübertragung

| | |
|---|---|
| **Bit b4** | **Film Bit** |
| 0 | Camera Mode |
| 1 | Film Mode |
| **Bit b5** | **Farbcodierung** |
| 0 | Standard PAL |
| 1 | MACP |
| **Bit b6** | **Helper** |
| 0 | kein Helper |
| 1 | modulierter Helper |
| **Bit b7** | **reserviert (=0)** |
| **Bit b11** | **Surround Sound Bit** |
| 0 | no Surround Sound Information |
| 1 | Surround Sound Mode |
| **Bit b12** | **reserviert (=0)** |
| **Bit b13** | **reserviert (=0)** |

Tabelle 26.14 WSS-Bits für Untertitel

| | |
|---|---|
| **Bit b8** | **Untertiteleinblendung** |
| 0 | keine Untertitel in TXT |
| 1 | Untertitel in TXT vorhanden |
| **Bit b9b10** | **Position der Untertiteleinblendung** |
| 0 0 | keine offenen Untertitel |
| 1 0 | Untertitel innerhalb des aktiven Bildbereiches |
| 0 1 | Untertitel außerhalb des aktiven Bildbereiches |
| 1 1 | reserviert |

in diesem Fall in der zweiten Hälfte der Zeile 23 weiterhin Bildinhalt gesendet; bei PALplus werden hier jedoch zusätzlich verschiedene Referenzsignale übertragen. Gegenüber der VPS-Information in Zeile 16 (siehe Abschnitt 25.11) ist die Datenrate der WSS-bits auf ein Drittel, nämlich auf 833 kBit/s reduziert.

Tabelle 26.12 zeigt die Bitfolge für die einzelnen Bildformate, Tabelle 26.13 die WWS-Bits zur Helper,- Farb- und Tonübertragung, letzlich Tabelle 26.14 die Bedeutung der Bits 8 bis 10 für die Untertitelsignalisierung und Bildgestaltung.

1 WSS = **W**ide **S**creen **S**ignalling

# 27 Schritte zur Qualitätsverbesserung des Fernsehens

## IDTV

*Improved Definition TV.* Unter IDTV versteht man Verbesserungen der PALSignalverarbeitung im Fernsehempfänger ohne Änderung der Norm. Sie wurden im Kapitel 21 bereits beschrieben:

100 Hz-Technik (Beseitigung von Großflächen-Flimmern)
Beseitigung von Kantenflackern
Reduktion von Cross-Color
Verminderung des Bildrauschens
Versteilerung der Farbsprünge

## Wide Digital Plus

Eine weitere Verbesserung bringt das Vollbildspeicher-System. Es arbeitet nicht nur mit der doppelten Bandbreite in der Farbverarbeitung, sondern mit der sogenannten „Motion Controlled Interpolation" wird das Zeilenflimmern beseitigt, was sonst entsteht, wenn Objekte in vertikaler Richtung wandern.

## EDTV

*Extended Definition TV.* EDTV sieht kompatible Änderungen des PAL-Systems im Sender und Empfänger vor, die zusätzlich zu den Verbesserungen durch IDTV auch Steigerungen der Auflösung bewirken. Die Qualitätsverbesserungen sind dabei auch bei herkömmlichen Geräten sichtbar.

## I-PAL

*Improved PAL.* 1-PAL ist ein Entwicklungsprojekt des IRT (Institut für Rundfunktechnik), das auf kompatiblen Weg die Fehler des PAL-Systems beseitigen soll.

## Q-PAL

*Quality PAL.* Q-PAL wurde an der Universität Dortmund entwickelt und verbessert auf kompatiblen Weg das PAL-System.

## PALplus

PALplus ist ein PAL-kompatibles Verfahren, bei dem eine bessere Bildqualität durch ein neues Modulationsverfahren erreicht und ein Format mit einem Bildseitenverhältnis von 16:9 gesendet wird (siehe auch Kapitel über PALplus-Verfahren). Es wurde zur Funkausstellung 1995 eingeführt.

## HD-MAC

High Definition MAC (MAC = Multiplexed Analog Components) war eine für Europa zunächst vorgesehene neue Übertragungsnorm für HDTV, mit doppelter Zeilenzahl und einem Bildseitenverhältnis von 16: 9. Durch die Einführung von PALplus hat dieser Vorschlag an Bedeutung verloren.

## HDTV

High Definition TV steht für eine neue Fernsehdimension, bei der neben der Beseitigung der technischen Fehler des derzeit bestehenden Standards auch die Verdopplung der vertikalen und horizontalen Auflösung sowie das Bildseitenverhältnis 16:9 eingeführt werden soll.

Mit dem technologischen Fortschritt von schnellen und immer größeren Halbleiterspeichern zu geringen Preisen hat man sich für ein rein digitales Modulationsverfahren für die weitere Zukunft entschieden.

Das Hauptproblem ist aber immer noch die hohe Datenrate für eine so gute Auflösung und die damit erforderliche Bandbreite. Zur Vermeidung der hohen Bandbreite wird das Fernsehbild komprimiert. Bei der digitalen Kompression z.B. des MPEG-II-Standards wird nur jede halbe Sekunde ein „echtes“ Bild zugrunde gelegt. Aus den Daten der gesendeten Bilder werden diejenigen Bilder errechnet, die zeitlich dazwischen liegen. Die Menge der gesendeten Informationen orientiert sich an der Veränderung innerhalb zweier aufeinanderfolgenden Bilder. Je weniger sich das Bild im Vergleich zum vorherigen Bild ändert, desto weniger Informationen müssen übertragen werden.

# 28 Flacher Bildschirm

Bereits seit einigen Jahren gibt es LCD-Mini-Farbfernseher (z.B. von Casio). Das Bildformat war aber nur 5 cm diagonal.

Dann stellte Nokia bereits 1990 Labormuster eines 27,5 cm-Farbflachbildschirmes vor. Die Entwicklung schritt in den folgenden Jahren rasch voran. Zunächst wurde die LCD-Technik[1] (Abb. 28.01) bei den Computer-Monitoren eingesetzt, dann aber auch bald bei Labormustern von Fernsehgeräten (Abb. 28.02).

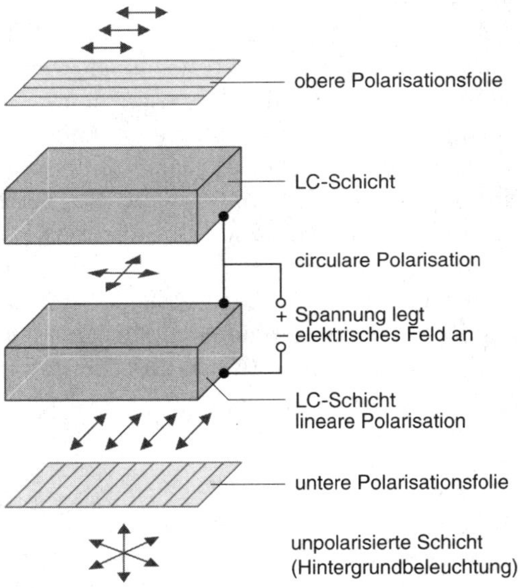


Abb. 28.01 Schnitt durch ein Pixel der Flüssigkristall-Anzeige; die mehrfachen Schichten dienen zur Kontrasterhöhung.

Abb. 28.02 Labormuster eines 16:9-Displays von Sharp

1 Liquid Crystal Display, im deutschen Sprachgebrauch: Flüssigkristall-Anzeige

Den nächsten Schritt machte Sony mit seinem Plasmatron[2] (Abb. 28.03 und 28.04); bei ihm baut sich zwischen dem elektrisch leitenden Plasma und der Gegenelektrode ein Feld auf, das die Moleküle der Flüssigkristalle in eine lichtdurchlässige Richtung dreht. Wie beim normalen Flüssigkristall-Display sorgt dann die Hintergrundbeleuchtung in Verbindung mit einem Farbfilter für ein buntes Bild. Nachteilig bei diesem Verfahren ist aber der relativ kleine Blickwinkel und die notwendige Hintergrungbeleuchtung.

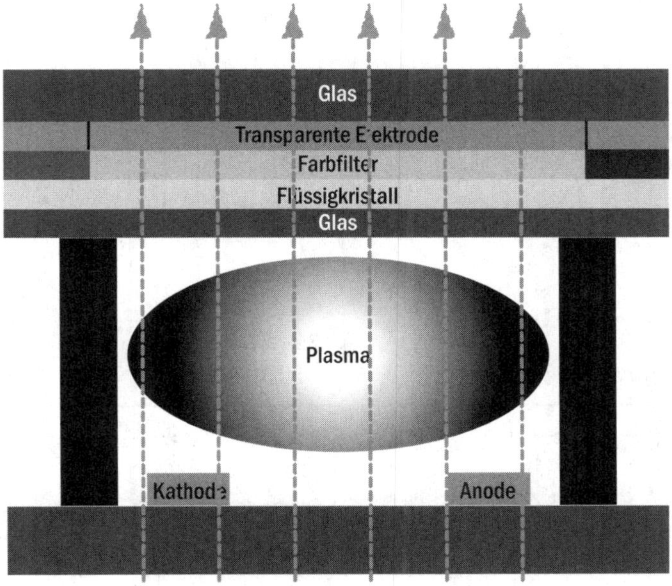


Abb. 28.03 Prinzip des Plasmatron (Sony)

Abb. 28.04 Plasmatron-Display von Sony

2) genauer: Plasma Adressed Liquid Crystal

Daher entschied sich Grundig bei seinem Planatron (siehe auch Abb. 14.18) für ein echtes Plasma-Display (Abb. 28.05). Der Leuchtstoff wird bei dieser Technologie im Gegensatz zur normalen Bildröhre nicht von einem Elektronenstrahl, sondern durch ultraviolettes Licht, welches durch eine Gasentladung entsteht, (also Plasma) angeregt. Daraus resultieren die Stärken eines kontrastreichen, flimmerfreien und aus jedem Blickwinkel brillanten Fernsehbildes, das auch bei Tageslicht und direktem Lichteinfall beste Qualität garantiert. Die Modulation der Helligkeit erfolgt nicht

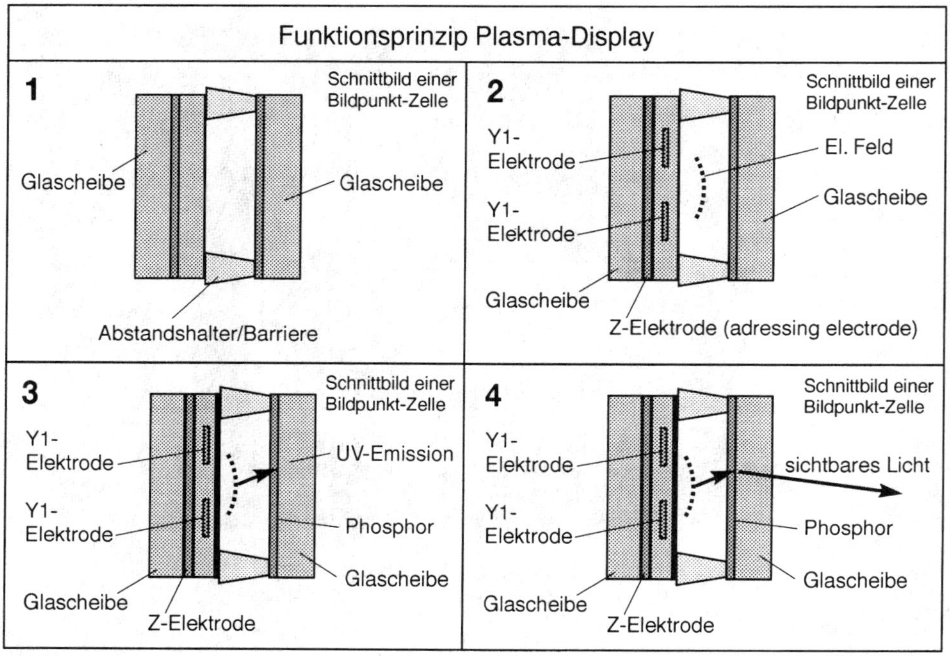


Abb. 28.05 Funktionsprinzip einer „Plasma"-zelle

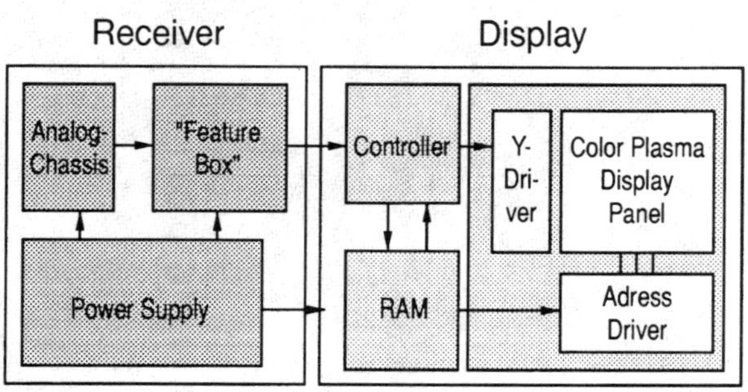


Abb. 28.06 Blockschaltbild eines flachen TV-Gerätes, bestehend aus Recveiver und Display

Vergleich Direct-View-Displays

| Bildröhre CRT | Plasma | PALC* | LCD** |
|---|---|---|---|
| + Preis | + Blickwinkel | | + Displaypg. |
| + Bildqualität | + Spitzenweiß | + Kontrast | + Kontrast |
| + Zuverlässigkeit | + rel. Größe | | |
| – Volumen | – Leistungs-aufnahme | – Blickwinkel | Blickwinkel |
| – Masse | | – Hintergrund-beleuchtung | – Hintergrund-beleuchtung |
| | | – Leistungs-aufnahme | – real. Größe |

*) **P**lasma **A**dressed **L**iquid **C**ristal, z.B. Sony-"Plasmatron"
**) **L**iquid **C**ristal **D**isplay

Abb. 28.07

durch die Höhe der Spannung, denn der Wechsel würde beim Plasma nur sprunghaft erfolgen. Vielmehr wird die Helligkeit durch den Zeitwert definiert, wie lange das UV-licht das Plasma erregt. Liegt die Spannung nur ganz kurz an, wird das Phosphor nur schwach leuchten, bei maximaler Länge des Stromstosses wird die größte Helligkeit erreicht.

Bei einer Bildschirmdiagonale von 107 cm (42 Zoll) beträgt die Tiefe des kompletten Displays nur ca. 10 cm.

Bei der Hauptanwendung „an der Wand hängend“, ist im Lieferumfang das Display und ein TV-Receiver enthalten (Blockschaltbild in Abb. 28.06).

Tabelle 14.19 faßt die technischen Eigenschaften einer solchen Kombination zusammen.

Tabelle 28.07 vergleicht noch einmal die Vor- und Nachteile der flachen Bildschirme mit der bisher gebräuchlichen Bildröhre.

# 29 Multimedia

Unter diesem Begriff werden Empfangsgeräte verstanden, die alle Fernsehnormen, auch das neue Digital-Fernsehen empfangen und abbilden können, sowie auch als Monitor für Computer dienen können. Im letzteren Fall ist eine sogenannte VGA-Schnittstelle erforderlich. Auf der letzten Funkausstellung stellte die Industrie Ansätze zu Geräten aus. Abb. 29.01 zeigt ein Blockschaltbild, wie ein solches Gerät aussehen könnte. Die Industrie wartet aber die weitere Entwicklung des digitalen Fernsehens ab und beschränkt sich meist nur auf die Bereitstellung der VGA-Schnittstelle bei den Spitzengeräten.

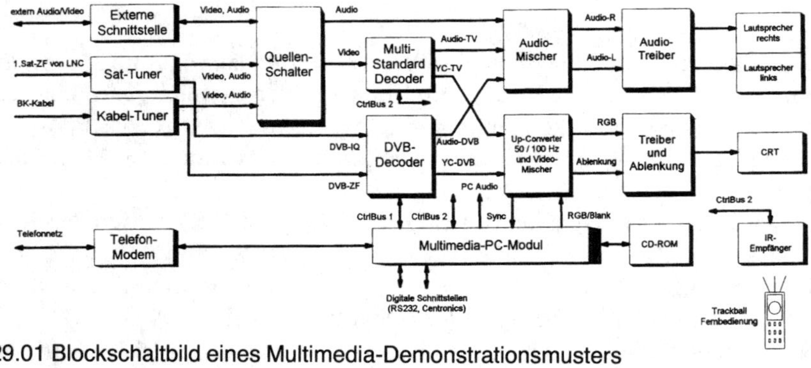


Abb. 29.01 Blockschaltbild eines Multimedia-Demonstrationsmusters

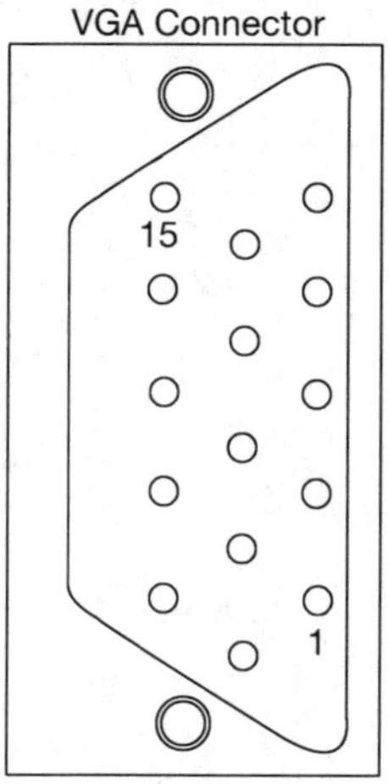


Abb 29.02 Pinbelegung der VGA-Schnittstelle

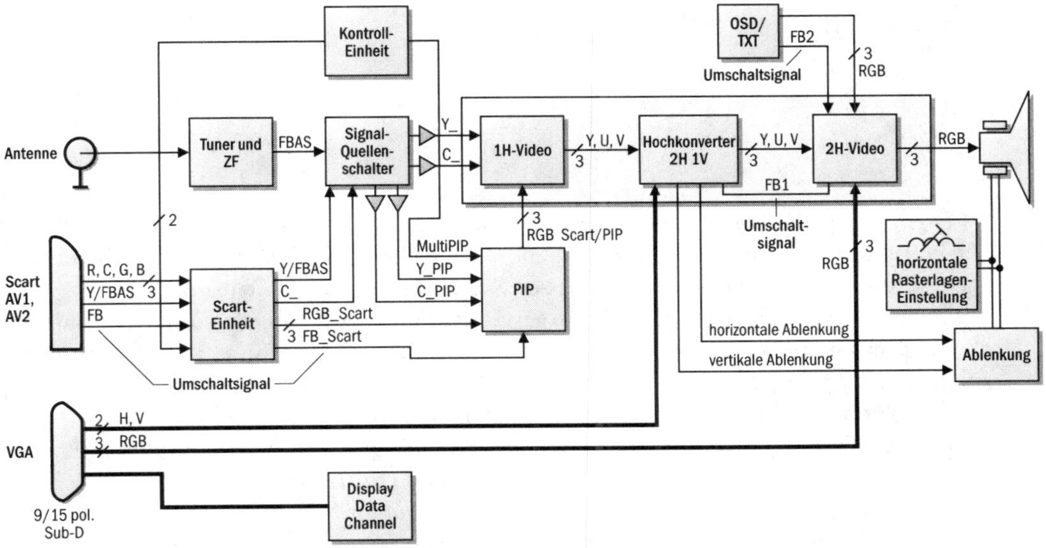


Abb. 29.03 VGA-Anschluß beim Thomson-Chassis ICC11

Besonders bei Großbildgeräten bietet sich eine solche Schnittstelle an; damit kann in den meisten Fällen der Overhead-Projektor abgelöst werden. Neben der universelleren Anwendungsmöglichkeit und dem vergleichbar günstigen Preis ist die Abdunklung des Raumes bei Präsentationen von Grafiken und Charts nicht mehr nötig.

Abb 29.02 zeigt die übliche VGA-Buchse mit ihrer Pin-Belegung. Bei den Grundig 100-Hz-Geräten sind folgende Auflösungen möglich:

640 × 480 Pixel / 60 Hz / 31,47 kHz
720 × 400 Pixel / 70 Hz / 31,47 kHz
640 × 350 Pixel / 70 Hz / 31,47 kHz

Der 2. Wert ist die Vertikal-Frequenz, der 3. Wert die Horizontal-Frequenz; Das Tonsignal kann über zwei Cinch-Buchsen zugeführt werden.

Abb. 29.03 zeigt den „Eingriff" in ein 100-Hz-Gerät zur VGA-Wiedergabe. Entsprechende neue, abgewandelte IC's sind dazu nötig. Wichtig dabei ist, daß die Grafikkarten die Pixel mit einer Horizontalfrequenz um die 31 kHz abgeben. Die computermäßige Bildwechselfrequenz von 60 oder 70 Hz wird beibehalten, statt des Zeilensprunges gibt es eine progressive (Non-interlaced) Darstellung, was nur bei 100-Hz-Geräten geht.

# 30 Digitales Fernsehen

Digitale Signale kennen nur zwei Zustände, nämlich „ein" und „aus". Sie lassen sich vollständig regenerieren. Damit ist eine störungsfreie Übertragung gewährleistet, auch wenn die Übertragungswege gewissen Störeinflüssen ausgesetzt sind.

Die moderne Halbleitertechnologie gestattet seit ein paar Jahren die Datenkompression im Übertragungweg, sodaß man mit vertretbaren Bandbreiten im Übertragungkanal auskommt, obwohl eine digitale Datenübertragung grundsätzliche eine wesentlich höhere Bandbreite erfordert, als eine analoge Übertragungstechnik.

Die klassischen Farbfernsehnormen *PAL, NTSC* und *SECAM* kennen bei der Signalverarbeitung die beiden örtlichen Dimensionen *horizontal/vertikal* und in Verbindung mit der Farbinformation eine *zeitliche Modulation*.

Bei der Digitaltechnik ist als *dritte Dimension* für die Signalverarbeitung infolge des Einsatzes preiswerter Bildspeicher die Zeit hinzugekommen. Eine solche seit einigen Jahren bekannte Anwendung der *digitalen Signalverarbeitung* ist das *flimmerfreie Fernsehbild*, auch als *100-Hz-Technik* bekannt (siehe Kapitel 21).

*Dreidimensionale* Filtertechniken haben erst die Entwicklung von *HD-Mac* (Kapitel 24) und *PALplus* (Kapitel 26) möglich gemacht. Bei diesen beiden Normen ist zwar die Übertragung analog, ihre Signalverarbeitung jedoch bereits rein *digital*.

Bei der im *digitalen Fernsehen* eingeführten Norm *MPEG2*[1]) geht man noch einen Schritt weiter. Hier werden die Bildsignale nicht einfach bandbegrenzt und für die Farbe verschachtelt, sondern die Datenrate wird dadurch reduziert, daß überflüssige Informationen entfernt werden (Redundanz und Irrelevanz).

*Digitalisierung eines analogen Bildes*

Zur Digitalisierung eines (analogen) Bildinhaltes wird das Bild in einzelne Bildpunkte zerlegt (Abb. 30.01), hier allerdings zur besseren Sichtbarkeit relativ grob dargestellt. Entsprechend der Abtastrate sind dies aber in Wirklichkeit ganz kleine Bildpunkte.

Jedem Bildpunkt werden 16–256 Helligkeitstufen zugeordnet; und dies für jede Grundfarbe Rot/Grün/Blau, bzw. Leuchtdichte *Y* (Luminanz) und die beiden Farbdifferenzkomponenten *U* und *V* (Chrominanz).

Abb. 30.02 zeigt diesen Weg schematisch für eine Farbe: Das analoge Signal wird mittels des Tiefpasses *TP1* bandbegrenzt und im Analog/Digital-Wandler *A/D* in einzelnen Schritten in eine Digitalzahl gewandelt. Dann erfolgt die eigentliche digitale Signalverarbeitung. Erst vor der Bildröhre wird mit einem Digital/Analog-Wandler

---

1 MPEG steht für Moving Pictures Experts Group, also eine Gruppe von Fachleuten für bewegliche Bilder; die 2 bedeutet, daß es sich um die 2., verbesserte Version handelt.

Abb. 30.01 Zerlegung eines Fernsehbildes in einzelne Bildpunkte, hier zur Demonstration nur eine grobe Zerlegung

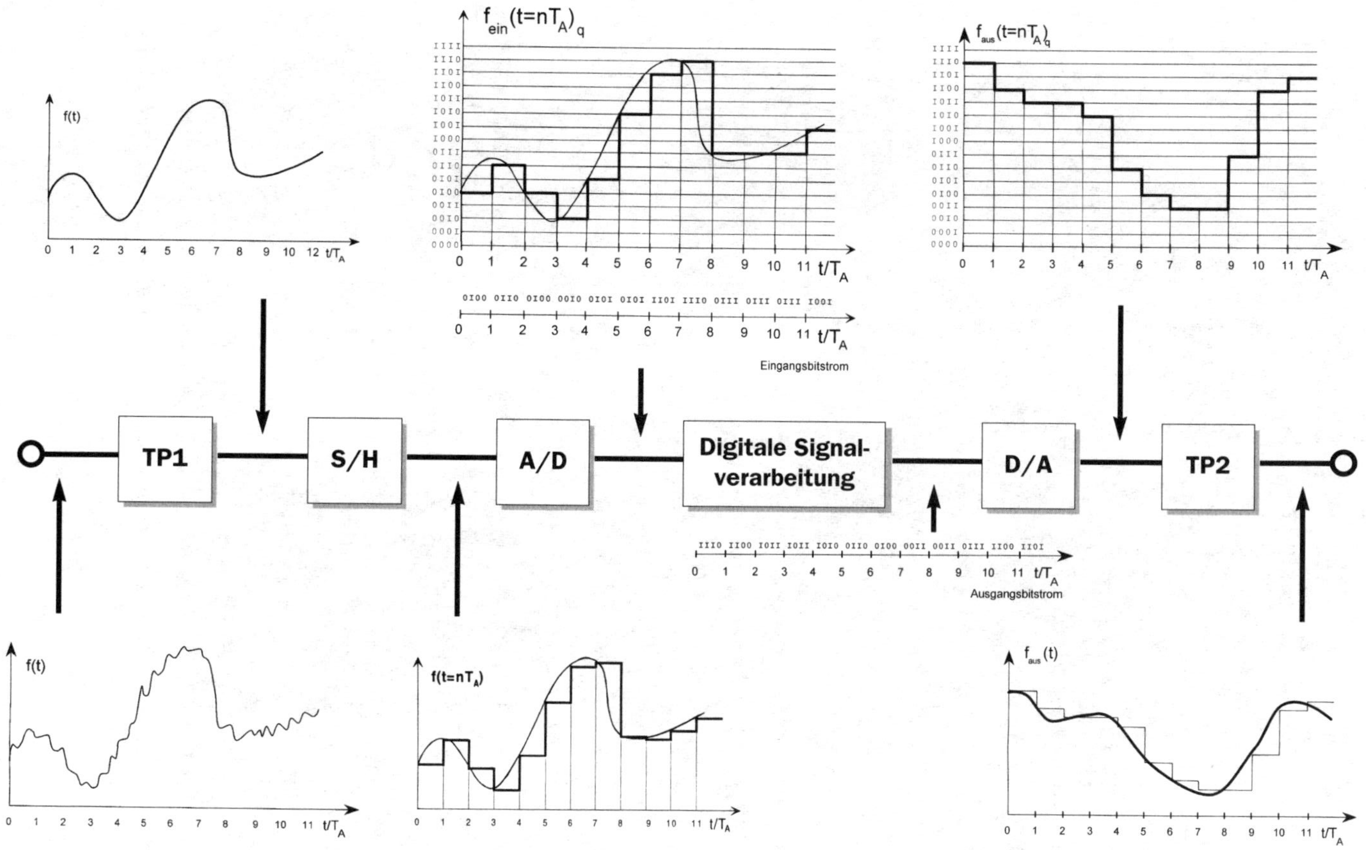


Abb. 30.02 Übertragungskette beim digitalen Fernsehen von der Quelle bis zu Bildröhre

*D/A* das Signal wieder rückgewandelt, da die Bildröhre zur Ansteuerung analoge Werte benötigt. Andere Anzeigemedien können direkt digital angesteuert werden.

*Bandbreitenbedarf und dessen Reduzierung*

Ein angenommenes Bild mit einer horizontalen Auflösung von 640 Pixeln[2]), vertikal 480 Pixeln und 25 Bildern pro Sekunde ergibt eine

$$\text{Bitrate} = 640 \times 480\,\frac{\text{Pixel}}{\text{Bild}}\,3\,\frac{\text{Farben}}{\text{Pixel}}\,8\,\frac{\text{bit}}{\text{Farbe}}\,25\,\frac{\text{Bilder}}{\text{s}} = 184.320.000\,\frac{\text{bit}}{\text{s}}$$

Eine Bandbreite von rund 200 MHz, die in der Praxis nicht zur Verfügung gestellt werden kann. Daher hat sich als Standard zur Datenkompression das Verfahren *MPEG2* durchgesetzt, welches erheblich Bandbreite einspart. Es wendet gleichzeitig mehrere Mittel zur Bandbreitenreduzierung an.

*Redundanzreduzierung*

Ein einfaches Beispiel soll dieses Prinzip klarmachen. Ein Testbild, welches den ganzen Tag lang übertragen wird, birgt nach der ersten Übertragung des Vollbildes keinen neuen Informationsgehalt mehr. Man braucht es also nur 40 ms lang übertragen, einem Zwischenspeicher zuführen und von diesem Zwischenspeicher immer wieder abrufen.

Bilder mit sich bewegenden Details haben natürlich einen entsprechend höheren Datenfluß. Aber auch hier gibt es viele Bildflächen, wo sich wenig verändert. Werden aufeinanderfolgende Bilder subtrahiert, bleiben nur dort Signalanteile übrig, wo eine Bewegung eine Veränderung des Bildinhaltes hervorruft.

*Interpolation*

Hier wendet man folgenden Trick an: Der sich bewegende Teil der Bilder wird nicht bildpunktweise abgefragt, sondern beispielsweise nur nach jedem 10. Bild. Im Empfänger werden die fehlenden 9 Bilder durch Interpolation der Differenz wieder hergestellt.

Um die Bildqualität aber wieder zu verbessern, wird die Datenkompression mit bidirektionaler Bewegungskompensation vorgenommen.

*Irrelevanzreduktion*

Bilddetails, die das Auge nicht erkennen kann, brauchen auch nicht übertragen werden. Diagonale Bilddetails werden daher gröber quantisiert

2 Pixel ist ein Kunstwort, gebildet aus „picture element“. Es bedeutet: Kleinstes unterscheidbares Bild-Element, welches im digitalen Videosignal als Abtastpunkt vorkommt.

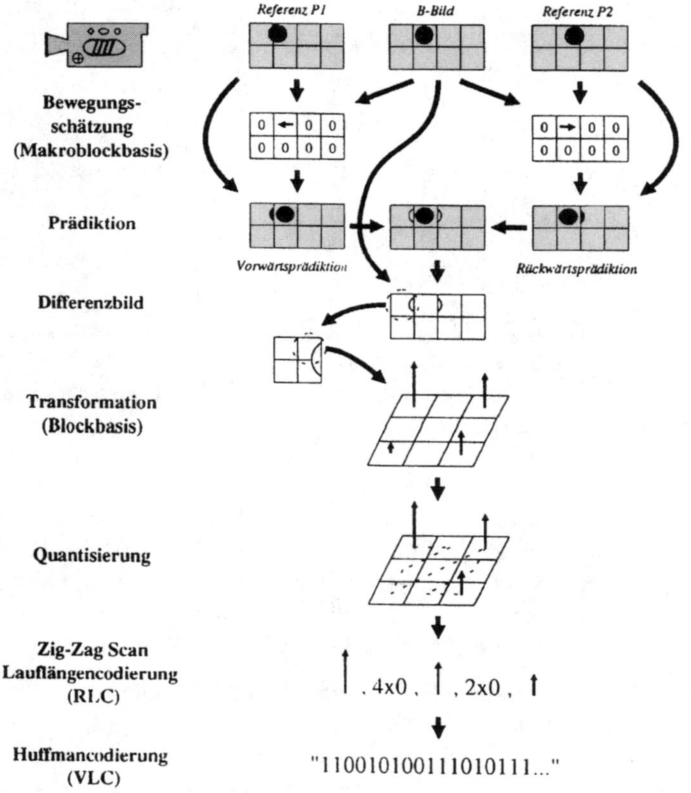


Abb. 30.03 Prinzip der Datenkompression bei MPEG2

*Prinzip der MPEG2-Datenkompression*

Abb. 30.03 zeigt vereinfacht das Prinzip der Datenkompression. Als erster Schritt wird mittels Bewegungsabschätzung die Verschiebung des Bildinhalte der Punkte *P1* und *P2* (obere Reihe links und rechts) im Vergleich zum Punkt *B* (obere Reihe Mitte) ermittelt. Dies geschieht im Macroblock-Bereich. Jeder Makroblock setzt sich aus 16 × 16 Bildpunkten zusammen. Die Verschiebungsrichtung sehen Sie in der zweiten Reihe von oben. Lediglich dem Makroblock mit der Kugel wird eine Verschiebung zugeordnet. In der Praxis werden dabei sowohl horizontale, als auch vertikale Verschiebungen zwischengespeichert. Die nächste Reihe veranschaulicht die Prädiktion[3]). Auf diese basierend entstehen Differenzbilder (nächste Zeile).

Jeder der Makroblöcke des Differenzbildes wird nun in vier Blöcke mit 8 × 8 Bildpunkten unterteilt (hier vereinfacht mit 3 × 3 Bildpunkten dargestellt), die einer zweidimensionalen diskreten Cosinustransformation (*DCT*) unterzogen werden.

3 Prädiktion (engl. prediction) = Vorhersage

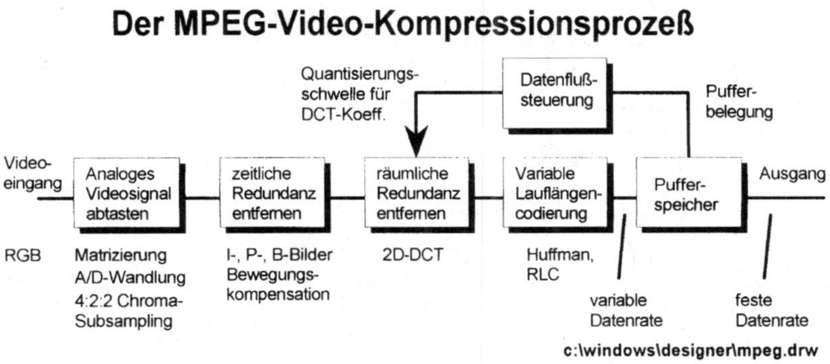


Abb. 30.04 Blockdarstellung des MPEG2-Kompressionsprozesses

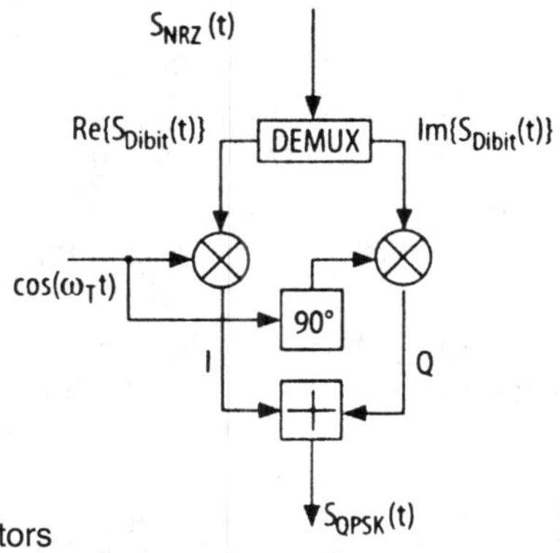


Abb. 30.05 Prinzip des QPSK-Modulators

Die DCT setzt den Bildinhalt in den Frequenzbereich um, dabei entsteht ein Block *cosinusförmiger* Grundschwingungen unterschiedlicher Frequenz.

Die quantisierte Matrix wird dann in einen eindimensionalen Vektor überführt, in dem die Koeffizienten nach steigender Ortsfrequenz umgeordnet werden. Dies geschieht durch zigzag-förmiges Auslesen (vorletzte Zeile). Die höchste Diagonalfrequenz bildet das Ende des Vektors, der dann einer Lauflängencodierung[4]) und einer variablen Längencodierung[5] nach Huffmann unterzogen wird.
Das ganze erscheint etwas kompliziert; Tatsache ist, daß sich durch diese Prozedur die mittlere Datenrate entscheidend reduziert. Abb. 30.04 zeigt diesen Vorgang etwas vereinfachter in einem Blockbild. Als wichtiges Element ist hier noch ein Pufferspeicher zu nennen, damit die an den Sender gelieferte Datenrate nicht schwankt. Für eine dem heutigen Fernsehen entsprechenden Bildqualität werden mit *MPEG2* etwa 6 Mbit/s benötigt.

4 Lauflängencodierung RLC = (engl.) Run Length Coding
5 variable Längencodierung VLC = (engl.) Variable Length Coding

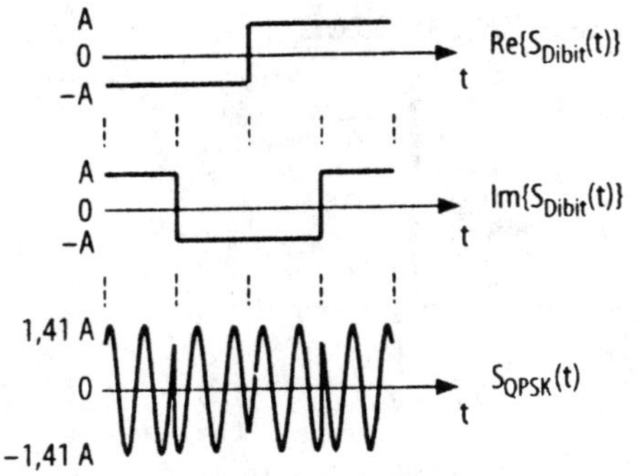


Abb. 30.06 Aus den beiden Digital-Signalen Re und Im entsteht im QPSK-Modulator der hochfrequente Schwingungszug SQPSK

*QPSK*

Als Modulationsart zur Übertragung digitaler Fernsehbilder über Satelliten wurde QPSK[6]) gewählt. Die QPSK bietet die Möglichkeit, gleichzeitig zwei Bits pro Symbol zu übertragen. Dadurch verdoppelt sich die Bandbreiteausnutzung. Der serielle Datenstrom wird zunächst durch einen Demultiplexer auf zwei Datenströme aufgeteilt (Abb. 30.05). Nach dieser Parallelisierung können immer zwei Bits gleichzeitig verarbeitet werden. Der linke Pfad wird mit der Trägerfrequenz multipliziert, der rechte Pfad mit der um 90° phasenverschobenen Trägerfrequenz. Es entsteht ein hochfrequenter Schwingungszug nach Abb. 30.06 (unten).

*D-Box*

Ein analoges Fernsehgerät kann jedoch diese digitalen Signale nicht verarbeiten. Bei der Drucklegung dieses Buches waren dem Verfasser keine Multistandardempfänger, die auch digitales Fernsehen verarbeiten können, bekannt. Vielmehr benötigt man ein Zusatzgerät, welches bei Satellitenempfang an die Sat-Zwischenfrequenz angeschlossen wird. Hier unterscheidet man grundsätzlich vier Varianten: Die sogenannte *d-Box*, die speziell für das DF1-Pay-TV System von Kirch entwickelt wurde und als zweiten Typ die sogenannte Set-Top-Box, die nur die freien digitalen Sendungen von ARD, ZDF, SAT1, usw. empfangen kann. Beide Systeme gibt es für Satellitenempfang mit QPSK-Modulation und für Kabelempfang mit QAM-Modulation, sodaß man in der Praxis auf 4 Typen kommt.

Abb. 30.07 zeigt das Blockschaltbild einer Box für QPSK-Modulation. Das Zusatzgerät wird in die Satelliten-Zf-Leitung eingeschleift. Ein Verteiler (Splitter) teilt die Signale auf: Der erste Zweig führt über einem SAT-Zf-Ausgang zum analogen Satelliten-Receiver, mit dem man in gewohnter Weise die analogen Satellitenprogramme empfangen kann. Der zweite Zweig geht zum QPSK-Demodulator. In ihm ist eine

6 QPSK = Quadratur Phase Shift Keying, eine Sonderform der PSK, bei der vier Phasenzustände im Abstand von 90 Grad unterschieden werden, um 2 bit pro Symboldauer übertragen zu können. PSK ist ein digitales Modulationsverfahren, bei dem Daten-Symbole in diskreten Phasenzuständen einer Trägerschwingung abgebildet sind.

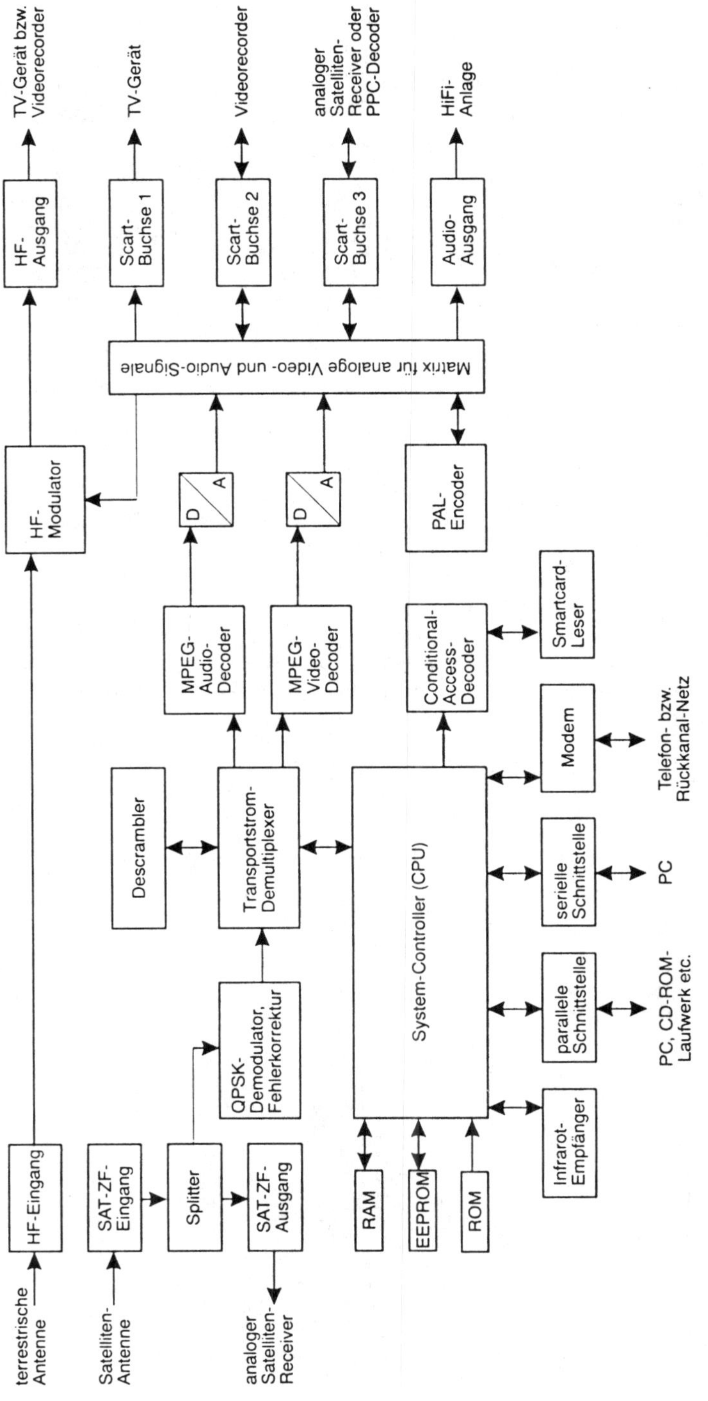


Abb. 30.07 Blockschaltbild einer Set-Top-Box für den Empfang QPSK-modulierter Signale

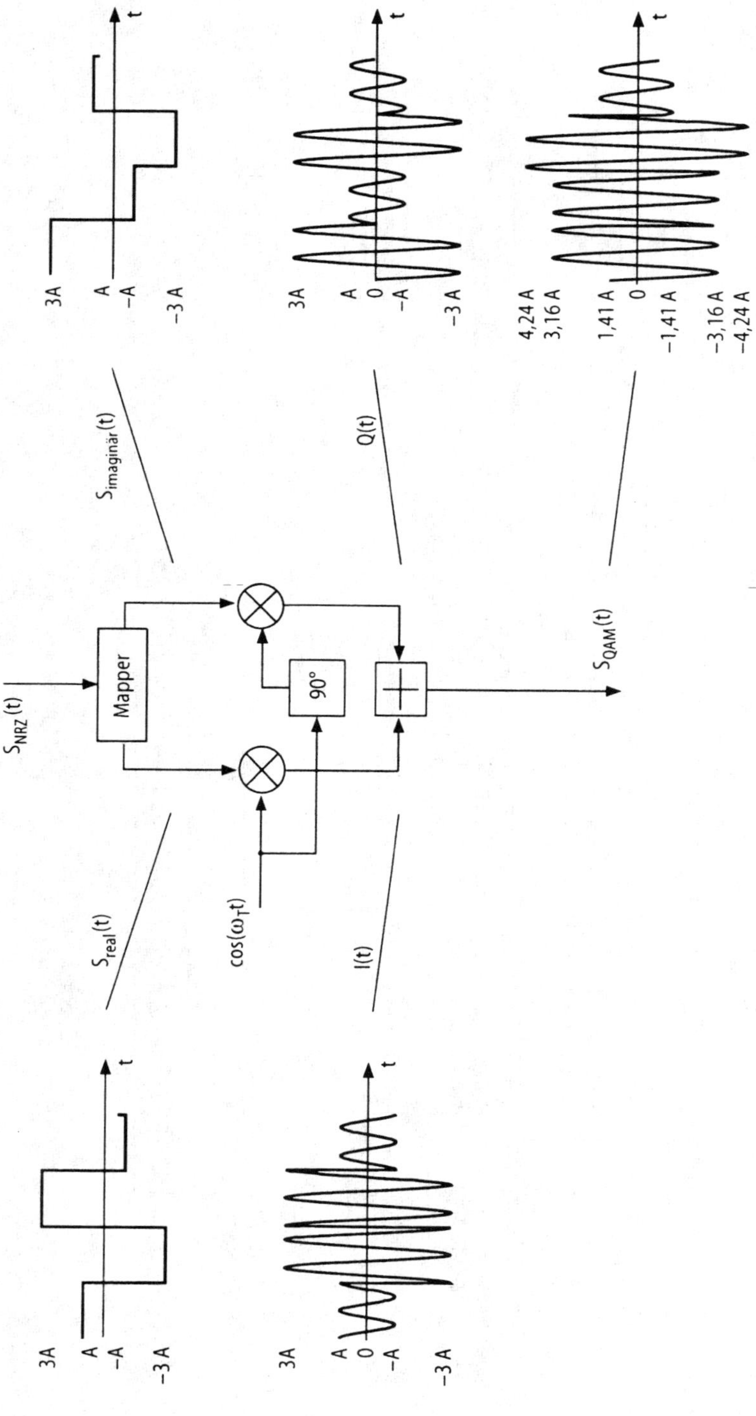


Abb. 30.08 Blockschaltung und Signalverlauf in einem QAM-Modulator

wirksame Fehlerkorrektur. Dadurch werden die Vorteile der digitalen Übertragung voll ausgenutzt. Es folgt der Transportstrom-Demultiplexer, benötigt, wenn mehrere Programme über einen Kanal übertragen werden. Er ist auch gleichzeitig ein Zwischenspeicher, welcher den konstanten Datenstrom in einen variablen Datenstrom entsprechend der Bewegungsabläufe verwandelt. Der Descrambler ordnet wieder die Zick-Zack-Abtastung.

Es folgen zwei MPEG-Decoder, einer für das Video-Signal und einer für den Ton. Für beides folgen Digital/Analog-Wandler ***D/A***. In der Matrix entstehen sowohl RGB- als auch PAL-FBAS-Signale sowie Stereo-Ton. Sie können entweder über eine Scart-Buchse oder über einen Hf-Modulator den analogen Fernseher übergeben werden.

### *Digital-TV im Kabel*

Während Digital-TV-Signale über Satellit QPSK-moduliert übertragen werden, wird im Kabel mit der platzsparenden Modulation QAM[7] gesendet. Bei dieser Modulationsart wird der digitale Datenstrom in einem sogenanten *Mapper* (Abb. 30.08) in einen Realteil (links im Bild) und einen Imaginärteil (rechts im Bild) zerlegt. Der Realteil wird mit der Cosinus-Phase, der Imaginärteil mit der Sinus-Phase der Trägerschwingung multipliziert. Es entstehen die Schwingungen I (links) und Q (rechts). Anschließend werden beide Schwingungen addiert. Es ensteht das *QAM*-Signal (rechts unten). Der Vorgang ist der gleiche wie bei der Farbübertragung im PAL-System (siehe Abschnitt 2.31 bis 2.33).

Da das Kabelfernsehen seine Programme über Satelliten bezieht, muß das PQSK-Signal durch einen *Transmodulator* (Abb. 30.09) in ein QAM-Signal umgewandelt werden. Für die Kopfstellen des Breitbandkabels der Telecom wurde von Rohde & Schwarz der QAM-Transmitter CT100QT entwickelt Mit ihm können alle QAM-Modi eingestellt werden, also 16-, 32-,64-, 128- und 256QAM mit DVB-konformen Mapping.

### *Set-Top-Box für Kabelempfang*

Die Set-Top-Box für Kabelempfang (Abb. 30.10) ähnelt nach den Demodulatoren der Box für Satellitenempfang. Der Eingang ist jedoch wesentlich einfacher.

Ein Splitter teilt das Breitbandsignal so auf, daß die analogen Kanäle wie gewohnt vom Fernseher bzw. Videorecorder aufgenommen werden können (oberer Zweig).

Der zweite Zweig (nach unten) geht dann zum QAM-Demodulator mit Fehlerkorrektur. Ab dort sind die beiden Boxen wieder identisch.

---

7 QUAM = Quadratur-Amplitudenmodulation, Modulationsverfahren, mit dem zur gleichen Zeit zwei unabhängige Signale auf einem Träger moduliert werden können (siehe auch Abschnitt 2.31 bis 2.33).

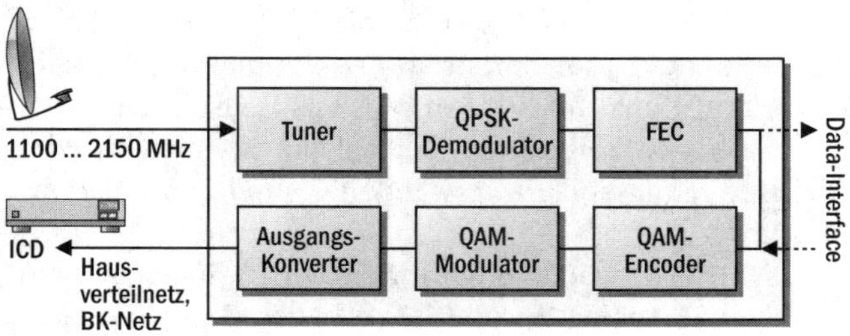


Abb. 30.09 Blockschaltbild für die Umwandlung eines vom Satelliten kommenden QPSK-Signales in ein QAM-Signal für Breibandkabel

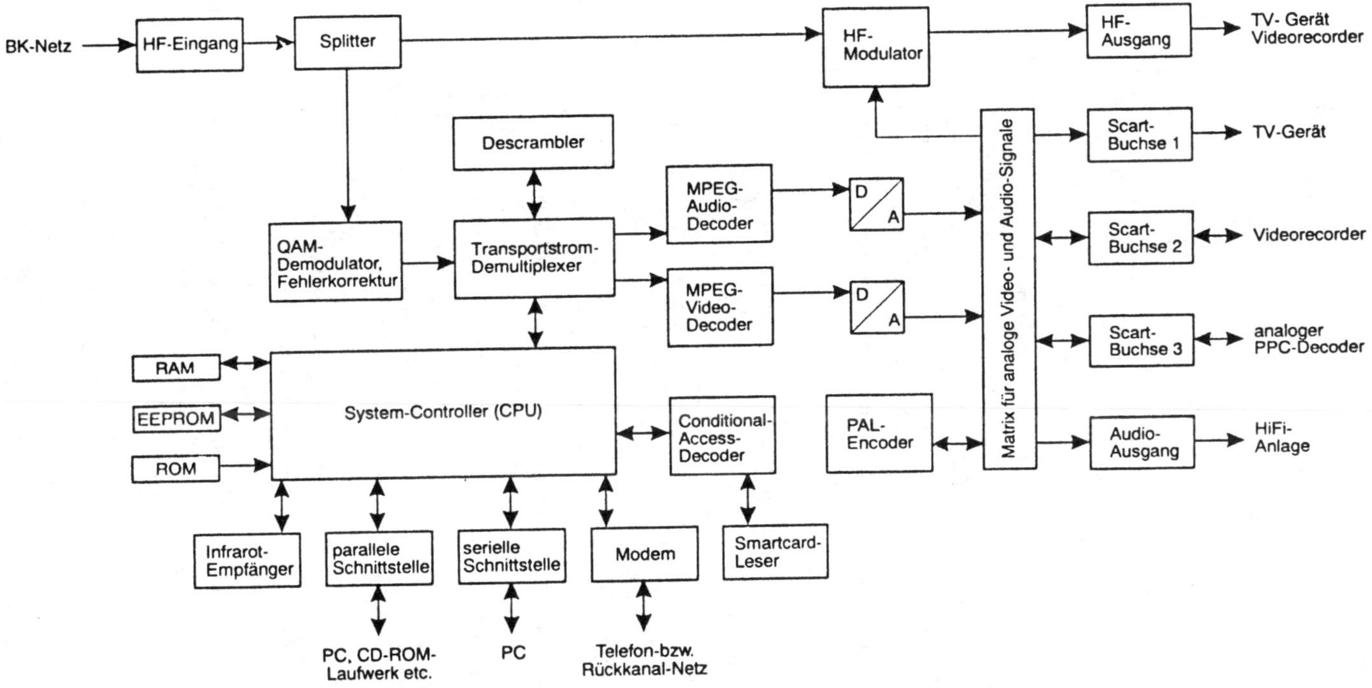


Abb. 30.10 Blockschaltbild einer Set-Top-Box für den Empfang QAM-modulierter Signale aus dem Breitbandkabelnetz

# Literatur


| | |
|---|---|
| Eric Meyer: | Startschuß ins Digitale Fernsehzeitalter<br>Funkschau 22/1994, S. 26…34 |
| Horst Pelka: | Satellitenempfang bei Gemeinschaftsanlagen<br>de 9/1991, S. 705…707 |
| Sand: | Raumbilder als optische Täuschung<br>Funkschau 6/1991, S. 72…73 |
| Helge-Jörg Otto: | Astra und Eutelsat auf einen Streich<br>Funkschau 24/1994, S. 50…53 |
| Grigat und Ibenthal: | Audio- und Videodatenkompression mit MPEG2<br>Funkschau 3/1995, S. 26…33 |
| Jean-Claude Bisenius: | Aufrüstung der Einzel-Anlage (digital)<br>Funkschau 2/1996, S. 51…55 |
| Eckhard Eckstein: | Glückliches Ende im Decoder-Streit<br>Funkschau 3/1996, S. 39 41 |
| Rainer Bücken: | Wettstreit zwischen Plasma und Flüssigkristall<br>Funkschau 5/1996, S. 66…69 |
| –: | Die neuen LNB und Multischalter<br>Funkschau 6/1996, S. 62…63 |
| Dr. U. Bach, R. Gaidzig: | Multimedia-Terminal als Endgerät<br>Funkschau 6/1996, S. 70…75 |
| Eckhard Eckstein: | Der nächste Astra-Countdown für Digital-TV<br>Funkschau 7/1996, S. 28…33 |
| Eckhard Eckstein: | Das terrestrische Fernsehen wird digital<br>Funkschau 8/1996, S. 40..43 |
| Karsten Jungk: | Mehr-Satellitenempfang<br>Funkschau 8/1996, S. 65…66 |
| Karsten Jungk: | Digitale Sat-Programme in Verteilanlagen<br>Funkschau 10/1996, S. 42…45 |
| Eckhard Eckstein: | Premiere startet Digital-TV<br>Funkschau 11/1996, S. 22…27 |
| Bechtold,Freese,Lohse: | Der Ausbau des Hyperbandes<br>Funkschau 11/1996, S. 32…34 |
| Rainer Bücken: | Digital Video Disc<br>Funkschau 11/1996, S. 37..41 |
| Dirk Giggenbach: | Neue Technik für flache Displays<br>Funkschau 15/1996, S. 68…69 |
| Ullrich v. Löhneysen: | 100-Hertz-TV-die zweite Generation<br>Funkschau 17/1996, S. 38…41 |

| | |
|---|---|
| Ullrich v. Löhneysen: | Neues TV-Konzept: Wide Digital Plus<br>Funkschau 21/1996, S. 52…54 |
| Karsten Jungk: | Bitratenreduktion nach MPEG<br>Funkschau 22/1996, S. 54…57 |
| Helg J. Otto: | Neue Sat-Receiver<br>Funkschau 22/1996, S. 74…79 |
| Henning Kriebel: | Digitales Fernsehen monopolisiert<br>Funkschau 23/1996, S. 26…33 |
| Stefan Hofmeir: | Pro Kanal 24 TV-Programme<br>Funkschau 26/1996, S. 55…57 |
| Stefan Hofmeir: | Digital-Fernsehen ohne Aufpreis<br>Funkschau 6/1997, S. 90…93 |
| Eckhard Eckstein: | Neue Digital-Programme bei Premiere<br>Funkschau 7/1997, S. 64…67 |
| Rainer Bücken: | Digital-TV: Vom Satellit ins Kabel<br>Funkschau 14/1997, S. 48…50 |
| Karl Hallmann: | Digital-Fernsehen im Kabelnetz<br>Funkschau 15/1997, S. 50…52 |
| Karsten Jungk: | Digitale Sat-Signale im BK-Netz<br>Funkschau 16/1997, S. 56…58 |
| Stefan Hofmeir: | Gemeinsamer Weg bei Digital-TV<br>Funkschau 17/1997, S. 24…29 |
| Stefan Hofmeir: | Durchbruch für das digitale Fernsehen<br>Funkschau 19/1997, S. 26…30 |
| Rainer Bücken: | Die flachste Bildröhre<br>Funkschau 20/1997, S. 48…50 |
| Ullrich v. Löhneysen: | Die Flachbildschirm-Offensive<br>Funkschau 21/1997, S. 26…31 |
| Rainer Bücken: | Decoder-Streit<br>Funkschau 21/1997, S. 43 |
| Rainer Bücken: | Das digitale TV-Chaos<br>Funkschau 23/1997, S. 34…40 |
| Walter Berner: | Terrestriches Digital-TV<br>Funkschau 23/1997, S. 70…73 |
| Dietmar Kurrer: | Formatumschaltung beim Fernsehen<br>Funkschau 24/1997, S. 72…75 |
| Rainer Bücken: | Internet und das 16:9-Format<br>Funkschau 25/1997, S. 96…99 |
| Walter Bschor: | Aufbereitung digitaler Fernsehsignale für Kabelkopfstellen<br>Neues von Rohde & Schwarz H.154 (1997/II)S. 15…17 |
| Valentin Sarreiter: | Terrestrisches Digital Video Broadcasting<br>Neues von Rohde & Schwarz H.157 (1998/I)S. 4…6 |
| Stefan Hofmeir: | Sat-Anlagen digital aufrüsten<br>Funkschau 4/1998, S. 50…53 |

Literatur


| | |
|---|---|
| Stefan Hofmeir: | Unsicherheiten beim Digital-TV im Kabel<br>Funkschau 4/1998, S. 54…57 |
| Helmuth Lemme: | Neue Technik für flache Bildröhren<br>Funkschau 4/1998, S. 61…63 |

# Sachverzeichnis